Cisco/H3C 交换机高级配置与管理技术手册

王　达　编著

中国水利水电出版社
www.waterpub.com.cn

内 容 提 要

本书是国内唯一一本专门针对 Cisco/H3C 以太网交换机高级功能进行系统、全面、深入介绍的大型配置与管理手册，与本书姊妹篇《Cisco/H3C 交换机配置与管理完全手册》（第二版）一起组成国内最强的交换机配置与管理手册套装。

全书共 4 篇：交换机高可用性配置与管理、ACL 和 QoS 配置与管理、IP 组播配置与管理、交换机端口监控和安全管理；分 21 章，分别介绍了 Cisco、H3C 以太网交换机中的交换机集群、VRRP/HSRP、ACL、QoS、IGMP/IGMP Snooping/PIM 组播、端口镜像、端口安全、RADIUS/TACACS（或 HWTACACS）AAA 安全控制方案、IEEE 802.1x 认证、MAC 地址认证、Portal 认证等非常复杂、应用非常广泛的高级功能。

本书内容翔实、实用，是全面学习交换机高级功能配置与管理的最佳选择，也是第三方网络设备培训机构高级交换机配置与管理培训的最佳教材，同时是各高校计算机网络专业的最佳辅导教材。

图书在版编目（CIP）数据

Cisco/H3C交换机高级配置与管理技术手册 / 王达编著. -- 北京 : 中国水利水电出版社，2012.3（2015.4重印）
ISBN 978-7-5084-9467-8

Ⅰ. ①C… Ⅱ. ①王… Ⅲ. ①计算机网络－信息交换机－技术手册 Ⅳ. ①TN915.05-62

中国版本图书馆CIP数据核字(2012)第025718号

策划编辑：周春元　　责任编辑：李　炎　　加工编辑：李　刚

书　　名	Cisco/H3C 交换机高级配置与管理技术手册
作　　者	王　达　编著
出版发行	中国水利水电出版社 （北京市海淀区玉渊潭南路 1 号 D 座　100038） 网址：www.waterpub.com.cn E-mail：mchannel@263.net（万水） sales@waterpub.com.cn 电话：（010）68367658（发行部）、82562819（万水）
经　　售	北京科水图书销售中心（零售） 电话：（010）88383994、63202643、68545874 全国各地新华书店和相关出版物销售网点
排　　版	北京万水电子信息有限公司
印　　刷	北京蓝空印刷厂
规　　格	210mm×285mm　16 开本　55 印张　1606 千字
版　　次	2012 年 3 月第 1 版　2015 年 4 月第 2 次印刷
印　　数	4001—6000 册
定　　价	108.00 元

前　　言

如果你一直不清楚还有哪些高级交换机配置与管理技能需要学习，本书将给你一个全面、系统的答案；如果你一直在寻找像 QoS、IP 组播、HSRP、VRRP、安全管理等高级技能的学习资料，本书是你唯一的选择；如果你想在竞争 IT 经理位置时凭借高超的设备配置与管理技能力压群雄，本书是你取胜的法宝；如果你想有朝一日实现进军大中型企业，甚至电信级企业的梦想，本书是你必修的功课；如果你想面试时凭借侃侃而谈的高级设备配置与管理能力表现成功脱颖而出，请选择本书；如果你想找一本既有助于通过 CCNP、H3CNE 认证，又能从中真正学到技能的图书，请选择本书；如果你还没阅读《Cisco/H3C 交换机配置与管理完全手册》(第二版)，请不要阅读本书；如果你对自己将长期工作在薪酬较低的中小型企业并不在意，请不要选择本书；如果你认为交换机配置与管理很容易，没什么好学的，请不要选择本书；如果你从来没想过要在网络设备方面学得太深，请不要选择本书。

艰巨的历史使命

一直以来，在我的十几个读者 QQ 群中，经常有读者问哪里有 QoS、HSRP/VRRP、IEEE 802.1x、AAA 等这类系统的、深入的学习资料或图书。笔者也尝试过从网上和网上书店搜索，但比较失望，不要说中文的，就连英文的这方面的学习资料或图书都几乎没有，基本上都是零碎的、个别案例的文章，根本不可能凭借这些网上的资料系统、全面深入地学习这些高级交换机配置与管理技能。作为一位有着上百万读者信任、支持的老 IT 图书作者，看到这些，无名中感受到前所未有的责任感和使命感。于是，在众多读者朋友的殷切期待中，一年前毅然决定暂时放弃本来要进行的《网管员必读》系列改版的图书编写计划，在完成《Cisco/H3C 交换机配置与管理完全手册》(第二版）的基础上，再写一本在《Cisco/H3C 交换机配置与管理完全手册》(第二版）中还没有包括的许多高级交换机配置与管理技能的图书，作为送给百万支持我的海内外读者朋友的 2012 年新年礼物。当时，当我在群中公布我将写这样一本图书时，就得到了无数读者朋友的支持和热切期待。在这一年的写作过程中也总有不少热心的读者朋友非常关心这本图书的编写进程，纷纷向我打听这本书什么时候可以上市，有许多读者还早早地在我这里登记预订了；就在最近我在微博中发布了我即将完成这本图书的编写工作时，许多读者急不可待地想对新书目录一睹为快。真是非常感谢这些一直支持我的读者朋友！这或许就是一位作者最大的欣慰和成就感吧，因为还有那么多读者朋友需要。

说句实话，要写这样一本书对我个人来说也是一次极大的挑战，因为笔者虽然以前对这些方面也懂得一些，但的确没有总结过，对是否可以把这些非常高级、非常复杂的知识技能非常系统地总结出来，并没有十分的把握。但就像将军接受了军令一样，再难也要把任务完成好，不能让那么多支持、信任我的读者朋友失望，只能迎难而上。尽管最终的结果可能不那么完美，但一定要尽自己最大的能力，付出最大的努力来做这项具有历史性的工作，为国内的网管职业奉献自己一点微薄的贡献。于是自一年前开始，在边写、边学、边做实验的基础上开始了这本历史性巨著的创作。在这其中所遇到的困难是常人难以想象的，因为这本书的技术相对来说非常复杂，特别是一些技术原理，往往要涉及到许多基层的协议工作原理，不是看产品手册就可以看得明白的。当然在这里要特别说明的是，在写过程中借鉴了 Cisco 和 H3C 的产品手册，在这里要特别表示最由衷的感谢！但是，仅靠这些产品手册是远远不够的，因为不仅要从这浩瀚的产品文档中总结出通用的配置方法和思路，还要对不同系列，甚至不同机型对功能的支持和配置加以区别，还要辅以大量自己的个人经验和借鉴其他资料，最终才可能使这本书的每章的内容都是那么翔实，那么有针对性。我自己是一位追求完美的人，所以如果在图书内容中发现了问题或者不够完美的地方，我一定会尽全力去解决的，不惜多花许多时间和精力。有时因一个原理性的问题，反复地琢磨，反复地实验，反复地查找各方面的资料来印证，远不是一个产品手册就可以全面解决的。虽然我十分清楚，这样下来，花在这本书上的写作时间可能会很长，但我觉得这是十分值得的，因为对于技术类图书来说往往是作者多花十分钟，可能最终为读者节约一个小时，甚至更长的时间。那么多读者，这样节省下来的时间就相当可观了。

迫切的时代要求

对于交换机，许多初级网管朋友往往认为没什么好学的，无非是些交换机系统映像、以太网端口、VLAN、STP之类的配置，这当然是非常片面的。现在的交换机大多数已具有OSI/RM三层功能，所以一些中端甚至低端的交换机都是三层交换机，具备许多原来只有在路由器，甚至防火墙设备中才具有的功能，这就决定了交换机配置和管理的复杂性。

对于小型的企业网络，可能用不到企业级网络设备，基本上都是宽带级路由器，二层可网管，甚至非网管的傻瓜型交换机。随着这些年来小型企业的不断发展，越来越多原来的小型企业已成长为中型，甚至大型企业，所以目前国内对高级网络设备管理人员的需求越来越大，这是我们网络管理员实现职业晋级的一个绝好机会。但同时我们又要看到，随着网络技术和网络应用的发展，企业用户对网络管理人员的设备配置和管理能力的要求也在不断提高，特别是一些互联网运营商企业。这不仅体现在网络设备本身的管理上，更集中体现在对网络用户、网络应用和网络设备本身的安全访问控制和灵活的管理策略配置上。所以说，现在对网络管理人员的技能要求与十年前的网管真是不可同日而语，我们不仅应该看到这大好的形势，同时又要充分意识到时代对网管人员的要求更高了。

本书所介绍的技术绝大多数适用于大中型企业或者电信运营商企业，可能成为你进军大中型企业，甚至电信级企业的有力资本。本书把目前最主要的两个企业网络设备厂商Cisco和H3C的以太网交换机高级配置与管理内容集中在一起，可以更好地以对比的方式进行学习。如本书第一篇中介绍的交换机集群、HSRP和VRRP方案，就是为了解决单一交换机性能不足或容易出现单点故障而设计的；第二篇介绍的ACL和QoS技术则是为了解决通信流控制、用户访问控制和为不同类型通信提供不同等级服务质量而设计的；第三篇介绍的IP组播技术则是为了满足当前越来越多的像远程音/视频会议、远程教学、远程会诊、音/视频点播等新型互联网应用而设计的；第四篇中所介绍的各种端口镜像、端口安全管理（如端口安全技术、MAC地址认证）和交换机安全访问控制（如特权用户密码保护、用户特权级别划分、IEEE 802.1x认证、Portal认证和AAA访问控制方案等）技术，则是出于对网络通信流量监控、用户对交换机或者对网络资源访问权限的控制而设计。无论你学会了这其中的哪一项技能，都可能成为你傲视群雄的资本，当然如果你能把这些技能全部掌握，那你在交换机领域绝对是权威的，这或许是你成就更好的职业，或者出任更高职位的致胜法宝。

【注意】如果你是一名对交换机配置知之甚少，没有系统地学习过交换机的基础配置与管理技能的读者朋友，建议您先阅读本书的姊妹篇——《Cisco/H3C交换机配置与管理完全手册》（第二版）。

鸣谢及读者服务支持

本书由王达主笔并统稿，参加编写、校验和排版的人员有：何艳辉、王珂、沈芝兰、马平、何江林、刘凤竹、卢京华、周志雄、洪武、高平复、周建辉、孔平、尚宝宏、姚学军、张磊、刘学、李翔、王娇、李敏、吴鹏飞、宋希岭、刘中洲、潘朝阳、刘伟、曾平辉、李京杨、张跃、周平辉、王新宇、王薄、韩大为、宋宝强、史鹏宇、陆伟等。在此一并表示我对您们的最由衷谢意！

由于编者水平有限，尽管我们花了大量时间和精力校验，但书中可能还存在一些错误，敬请各位读者批评指正，万分感谢！有任何问题大家可以通过以下各种渠道向我们反馈，我们表示最由衷的感谢：

- 作者博客：http://winda.blog.51cto.com、http://blog.csdn.net/lycb_gz、http://winda.blog.chinaunix.net。
- 作者微博：http://weibo.com/winda、http://t.qq.com/winda2010。
- 读者服务 QQ 群：目前可加入的读者 QQ 群还有：74496579（北京、天津、河南、河北地区读者专用）、21576699（辽宁、黑龙江、吉林、西藏、内蒙古地区读者专用）、69537591（江苏、浙江、上海、福建地区读者专用）、19129079（湖南、湖北、江西、云南、四川地区读者专用）、41283311（广东、广西、海南地区读者专用）、101580747（山东、山西、陕西、重庆、贵州地区读者专用）、5208368（宁夏、青海、甘肃、台湾、香港、澳门地区读者专用）。每人仅限加入自己当前所在地区对应的一个读者群。

编 者

2011 年 12 月

目　　录

第二篇 ACL 和 QoS 配置与管理

第三篇 IP 组播配置与管理

第四篇 交换机端口监控和安全管理

Cisco/H3C

第一篇

交换机高可用性配置与管理

在一些较大型网络或者较复杂的网络应用环境中，某些拓扑层次对交换机的性能和可用性有较高要求，单台交换机无法满足，此时就得利用一些高级的交换机高可用性技术来实现。如交换机集群技术可以把多台交换机逻辑地组成一台高性能虚拟交换机，并且可以单一 IP 地址进行管理，可有效地解决单台交换机性能不足、容易出现单点故障的问题；而 HSRP（主机冗余备份协议）和 VRRP（虚拟路由器冗余协议）的冗余备份功能则可以很好地解决单台交换机的单点故障，同时可通过其负载分担功能解决单台交换机性能不足的问题。

本篇共 4 章，以对比的方式集中介绍了 Cisco Catalyst IOS 以太网交换机和 H3C 以太网交换机在高可用性应用方案方面的交换机集群、HSRP 和 VRRP 功能配置与管理：

第 1 章　Cisco IOS 交换机集群配置与管理

第 2 章　Cisco IOS 交换机 HSRP 和 VRRP 配置与管理

第 3 章　H3C 交换机集群配置与管理

第 4 章　H3C 交换机 VRRP 配置与管理

1 Cisco IOS 交换机集群配置与管理

交换机集群也是一种交换机连接、管理方式，主要是为了解决单一交换机性能不足，容易出现单点故障而推出的。集群的多台交换机可以看成是一台交换机进行管理，同时各成员交换机又可彼此进行负载分担、均衡和容错功能，集群中的任一成员交换机出现故障都不引起网络连接的中断，这也就是通常所说的交换机容错功能。交换机集群与交换机堆叠的用途不一样，因为交换机堆叠主要目的是为了便于端口扩展，提高交换机之间通信的带宽，当然也有一定的容错功能。但要注意，并不是所有 Cisco IOS 交换机都支持集群功能，主要是一些中低端交换机系列，如 Cisco 3750/3750-E/3750-X/3560/3560-E/3560-X/2900/2950/2960/2970 等系列。

本章主要介绍 Cisco IOS 交换机的集群原理、应用配置和管理方法。相对交换机堆叠来说，无论是应用配置，还是使用和管理方法都更复杂一些。本章在前面会有比较详细的 Catalyst 交换机集群基础知识的介绍，然后通过大量的应用和管理配置示例介绍各种功能配置和管理的方法。

1.1 Cisco IOS 交换机集群基础

Cisco IOS 交换机集群技术可以最多互联 16 台交换机，形成可管理的单一 IP 地址的虚拟交换机。交换机集群可解决单一交换机的性能不足和容易出现单点故障两方面问题。

1.1.1 Cisco 交换机集群基础

交换机集群就是把多台交换机（最多 16 台）加入到一个集群组中，其中有一台称之为命令交换机（或者称之为管理交换机）。命令交换机负责整个交换机集群的管理，通过命令交换机来管理 IP 地址就可以管理整个集群中的成员交换机，通过成员号可以访问其他集群的成员交换机。交换机集群对外是以一台独立交换机呈现的，在集群内部各成员交换机间可以彼此分担负载，提供容错支持。交换机集群与 Cisco IOS 交换机堆叠，堆叠中的各交换机必须使用专门的堆叠接口和电缆进行连接，而 Cisco IOS 交换机集群中，各交换机的连接是以普通的以太网端口连接，而且交换机堆叠主要解决的是单一交换机端口不足的问题，对性能提升有少许帮助，但不能实现冗余备份功能，而交换机集群主要解决的是单一交换机性能不足和容易出现单点故障的问题。

1. 集群交换机角色

Cisco IOS 交换机集群中的交换机可以是以下三种角色之一：命令交换机（Command Switch）、成员交换机（Member Switch）和候选交换机（Candidate Switch）。

- 命令交换机为整个集群提供主要的管理接口，用来配置、管理整个交换机集群功能，通常是集群中唯一配置 IP 地址的交换机。每个管理请求在重定向到对应的成员交换机前都必须到达命令交换机。每个集群中，必须有且只有一台主交换机，称之为命令交换机，其余的交换机都是成员交换机。出于可用性的考虑，可以配置一个或者多个备用命令交换机。备用命令交换机必须与命令交换机是相同的型号。
- 成员交换机通常是不配置 IP 地址的（也可以配置），接受经命令交换机重定向的管理命令。集群成员在同一时刻仅可以在一个集群中，而不能是多个集群中的成员。
- 候选交换机是可以添加到集群成为成员交换机，但还没有添加到集群的交换机，不是集群成员，只是它具有加入集群的资格和能力。

2. 交换机集群所带来的好处

交换机集群所带来的好处包括：

- 集群中的各交换机可以不管它们所采用的连接介质类型，也不管它们各自所处的物理位置，只要是兼容支持 Cisco IOS 交换机集群功能的都可以放进一个集群中，进行统一管理，当然不同系列交换机可以担当的集群交换机角色不同。集群中的交换机可以在同一位置，也可以是分布在二层或者三层（如果集群中是使用 Catalyst 3560、Catalyst 3750、Catalyst 3560-E、Catalyst 3750-E、Catalyst 3560-X 或者 Catalyst 3750-X 系列交换机作为集群中二层交换机之间的三层路由器）网络中。
- 如果要避免因集群中命令交换机失效而引起的集群功能失常，还可以采用命令交换机冗余配置方案。设计一个或者多个备用集群命令交换机可以避免与集群成员的连接丢失。集群备用组（Standby Group）是一个备用集群命令交换机的组。
- 可通过在命令交换机上配置的单一 IP 地址管理集群中各成员交换机。所有与交换机集群的通信是通过集群命令交换机的 IP 地址进行的。

3. 支持集群功能的 Cisco IOS 交换机

在 Cisco IOS 的以太网交换机系列中，可以用来进行集群的 Cisco Catalyst 交换机系列如表 1-1 所示。其中列出了各系列交换机支持 Cisco IOS 集群的最低 IOS 版本和所支持的集群交换机角色（命令交换机或成员交换机）。

表 1-1　可以作为集群成员的 Cisco IOS 交换机系列

交换机型号	Cisco IOS 版本	集群能力
Catalyst 3750-X	12.2(53)SE2 或更高版本	成员或命令交换机
Catalyst 3750-E	12.2(35)SE2 或更高版本	成员或命令交换机
Catalyst 3750	12.1(11)AX 或更高版本	成员或命令交换机
Catalyst 3560-X	12.2(53)SE1 或更高版本	成员或命令交换机
Catalyst 3560-E	12.2(35)SE2 或更高版本	成员或命令交换机
Catalyst 3560	12.1(19)EA1b 或更高版本	成员或命令交换机
Catalyst 3500 XL	12.0(5.1)XU 或更高版本	成员或命令交换机
Catalyst 3550	12.1(4)EA1 或更高版本	成员或命令交换机
Catalyst 2970	12.1(11)AX 或更高版本	成员或命令交换机
Catalyst 2960	12.2(25)FX 或更高版本	成员或命令交换机
Catalyst 2955	12.1(12c)EA1 或更高版本	成员或命令交换机
Catalyst 2950	12.0(5.2)WC(1) 或更高版本	成员或命令交换机
Catalyst 2950 LRE	12.1(11)JY 或更高版本	成员或命令交换机
Catalyst 2940	12.1(13)AY 或更高版本	成员或命令交换机
Catalyst 2900 XL（8MB）	12.0(5.1)XU 或更高版本	成员或命令交换机
Catalyst 2900 XL（4MB）	11.2(8.5)SA6（建议）	仅可以是成员交换机
Catalyst 1900/2820	9.00(-A 或-EN) 或更高版本	仅可以是成员交换机

1.1.2 Cisco 交换机集群命令和备用命令交换机特征

随着交换机集群功能的启用，就会在命令交换机上指派一个虚拟 IP 地址，这也就是通常所说的集群管理协议（Cluster Management Protocol，CMP）的启用。当一台交换机成为集群成员时，命令交换机会为新的成员交换机产生另一个 CMP 地址。这个地址用于任何集群内部通信（Intra-Cluster Communication，ICC）。但要注意：用于 ICC 的 CMP 地址与用于交换机或集群管理的 IP 地址是不同的。CMP 地址不响应 ping 操作，也就是不能 ping 这个 CMP 地址。命令交换机使用这个 CMP 地址向候选交换机发送一个添加消息。候选交换机在从添加消息中提取 CMP 地址和集群信息之前会先确认其不属于其他集群，然后候选交换机应答命令交换机。

在 Cisco IOS 交换机集群中，总有一台交换机是作为命令交换机的，相当于交换机堆叠中的堆叠主交换机。作为集群命令交换机必须满足以下要求：

- 按表 1-1 所示，运行了对应版本的 IOS 系统，并且要能配置为命令交换机角色。
- 有一个 IP 地址。
- 启用（默认是启用的）了 CDP（Cisco Discovery Protocol，思科发现协议）v2。
- 不是其他交换机集群中的命令交换机或成员交换机。
- 它是通过管理 VLAN 与备用集群命令交换机连接，通过普通 VLAN 与集群成员交换机连接的。

在 Cisco 交换机集群中，可以有一台或多台备用命令交换机，用于在当前命令交换机失效时接替它的工作。一个备用集群命令交换机必须满足以下要求：

- 按表 1-1 所示，运行了对应版本的 IOS 系统。
- 有一个 IP 地址。
- 启用了 CDP v2。

- 它是通过管理 VLAN 与集群命令交换机或者其他备用集群命令交换机连接的。
- 它是通过普通 VLAN 与所有其他集群成员交换机（除命令交换机和备用命令交换机外）连接的。
- 它不是其他集群中的命令交换机或者成员交换机。

【说明】备用集群命令交换机必须与集群命令交换机是相同的型号。例如，如果集群命令交换机是一台 Catalyst 3750-E 系列交换机，则备用集群命令交换机也必须是 Catalyst 3750-E 系列交换机。

1.1.3　候选交换机和集群成员交换机特征

候选交换机（Candidate Switch）是支持 Cisco IOS 交换机集群，但还没加入集群的交换机和交换机堆叠，但必须在当时没有加入到其他集群中。集群成员交换机是已加入到交换机集群中的交换机和交换机堆叠。尽管不是必需的，但候选交换机和集群成员交换机可以有自己的 IP 地址和密码。要加入集群，候选交换机必须满足以下要求：

- 运行支持集群的 IOS 软件版本。
- 启用 CDP v2。
- 不是其他集群中的命令交换机或者成员交换机。
- 如果已有集群备用组（将在本章后面的 1.2.2 节介绍），它是通过至少一个普通 VLAN 与每个备用集群命令交换机连接的，但连接到每个备用集群命令交换机的 VLAN 可以不同。
- 它是通过一个普通 VLAN 与集群命令交换机连接的。但 Catalyst 1900、Catalyst 2820、Catalyst 2900 XL、Catalyst 2940、Catalyst 2950 和 Catalyst 3500 XL 候选交换机或集群成员交换机必须通过它们的管理 VLAN 与命令交换机和备用命令交换机连接。但如果集群中有一台 Catalyst 2960、Catalyst 2970、Catalyst 3550、Catalyst 3560、Catalyst 3560-E、Catalyst 3750、Catalyst 3750-E、Catalyst 3560-X 或者 Catalyst 3750-X 集群命令交换机，则这些候选交换机或集群成员交换机可通过任一普通 VLAN 与命令交换机和备用命令交换机进行连接。

1.2　Cisco IOS 交换机集群规划

在创建 Cisco IOS 交换机集群前，我们首先要针对以下几个主要方面进行详尽的规划，当然并不是所有集群都要对这几个方面进行全面的规划，只是在需要时才选择进行。

- 集群候选交换机和成员交换机的自动发现方案规划
- HSRP 和备用集群命令交换机规划
- IP 地址规划
- 主机名规划
- 密码规划

1.2.1　集群候选交换机和成员交换机的自动发现方案规划

在部署交换机集群时，我们首先要考虑两个问题：一个是命令交换机如何发现配置了集群功能的候选交换机和成员交换机？另一个是，是不是只要配置了集群功能的交换机都可以加入到集群中？本节要解答以上两个问题。

在 Cisco IOS 交换机集群中，命令交换机可以采取以下方法自动发现集群候选交换机和成员交换机：

- 通过 CDP 跳数（hop）发现。
- 通过不支持 CDP 和不支持集群的设备发现。
- 通过不同 VLAN 发现。
- 通过不同的管理 VLAN 发现。
- 通过路由端口发现。
- 新安装的交换机的发现。

1．通过 CDP 跳数发现

通过 CDP（思科发现协议，是思科的私有协议）v2 版本，包括命令交换机在内的所有交换机可以发现 CDP 邻居，并在各自的 CDP 邻居缓存中保存这些信息。支持集群功能的交换机传递自身和邻居交换机信息到命令交换机。这一功能的实现是在 UDP 协议之上使用 ICC 机制完成的。命令交换机过滤这些信息，然后创建一个候选交换机列表。

使用 CDP 协议的集群命令交换机可以自动发现集群成员交换机、候选交换机、邻居交换机集群，跨接多个 VLAN 的边缘设备和星型或者树状网络拓扑结构。使用 CDP 协议，集群命令交换机可以从集群边缘中发现远端最多 7 个（默认为 3 个）CDP 跳数的交换机。集群边缘是指同时连接到交换机集群和候选交换机中最后一个成员交换机。例如，图 1-1 中的集群成员交换机 9 和 10 都是集群的边缘，因为它们都一端连接集群，另一端连接的是候选交换机。此时假设采用了默认的 CDP 设置（CDP 跳数数为 3），则本示例中集群命令交换机可以发现交换机 11、12、13、14，因为它们是在从集群边缘开始的 3 个跳数内，而不能发现交换机 15，因为它距离集群边缘（集群成员交换机 10）有 4 个跳数了。

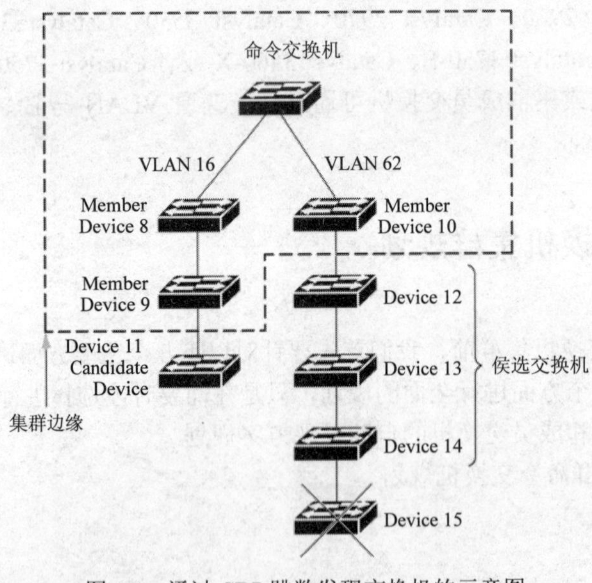

图 1-1　通过 CDP 跳数发现交换机的示意图

2．通过不支持 CDP 和不支持集群的设备发现

如果集群命令交换机连接了不支持 CDP 协议的第三方 Hub（非 Cisco 的 Hub），它可以发现连接到这个第三方 Hub 上支持集群的设备。但是，如果集群命令交换机连接了一台不支持集群的 Cisco 设备，则它不能发现连接到这台不支持集群的设备上的集群设备。图 1-2 中显示了集群命令交换机发现连接到一个第三方 Hub 上的候选交换机，但是集群命令交换机没有发现连接到 Catalyst 5000 上的候选交换机。

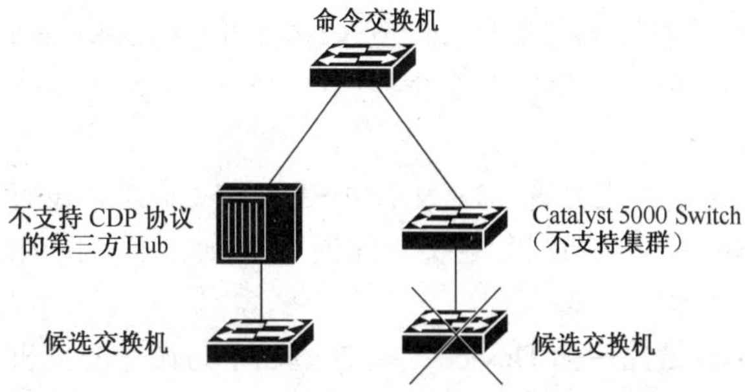

图 1-2 通过不支持 CDP 协议和集群发现交换机的示意图

3. 通过不同 VLAN 发现

如果集群命令交换机是 Catalyst 3560-E、Catalyst 3750-E、Catalyst 3560-X 或 Catalyst 3750-X 交换机，则集群中可以有位于不同 VLAN 中的集群成员。作为集群成员交换机，必须通过至少一个集群命令交换机中的 VLAN 进行连接。在图 1-3 中的集群命令交换机有分配给 VLAN 9、VLAN 16 和 VLAN 62 的端口，所以可以发现这些 VLAN 中的交换机（注意，VLAN 9 和 VLAN 16 是通过中继方式与集群命令交换机直接连接）。它不能发现在 VLAN 50 中的交换机，也不能发现在图中第一列的 VLAN 16 中的交换机，因为集群命令交换机没有 VLAN 连接到它们。但 Catalyst 2900 XL、Catalyst 2950 和 Catalyst 3500 XL 系列集群成员交换机必须通过它们的管理 VLAN 连接到集群命令交换机。

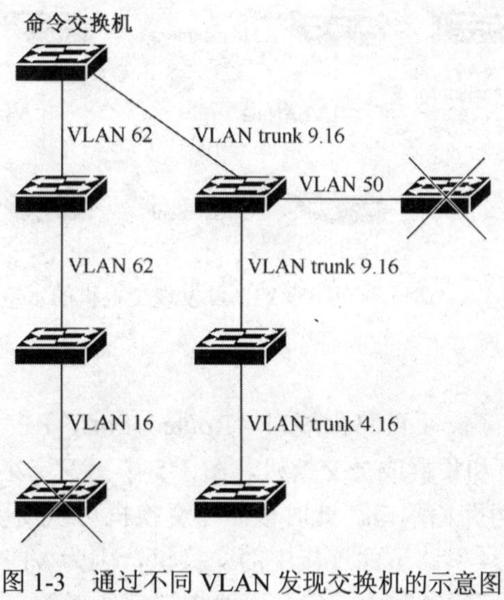

图 1-3 通过不同 VLAN 发现交换机的示意图

4. 通过不同的管理 VLAN 发现

Catalyst 2970、Catalyst 3550、Catalyst 3560、Catalyst 3560-E、Catalyst 3750、Catalyst 3750-E、Catalyst 3560-X 或者 Catalyst 3750-X 系列集群命令交换机可以发现、管理不同 VLAN 和不同管理 VLAN（Management VLAN）中的集群成员交换机。作为集群成员交换机必须通过至少一个与集群命令交换机相同的 VLAN 进行连接，但不一定要通过它们的管理 VLAN 与集群命令交换机连接。默认的管理 VLAN 是 VLAN 1。

【注意】如果交换机集群中有一台 Catalyst 3750-E、Catalyst 3750-X 或 Catalyst 3750 系列交换机或者交换机堆叠，则这台交换机或者交换机堆叠必须是集群命令交换机。

在图 1-4 中，集群命令交换机和备用命令交换机（假设为 Catalyst 2960、Catalyst 2970、Catalyst 3550、Catalyst 3560、Catalyst 3560-E、Catalyst 3750、Catalyst 3750-E、Catalyst 3560-X 或者

Catalyst 3750-X 集群命令交换机）已有端口分配到 VLAN 9、VLAN 16 和 VLAN 62，管理 VLAN 是 VLAN 19。此时，示例中的两个集群命令交换机（其中一个为备用命令交换机）可以发现除以下交换机外的所有其他交换机：

- Device 7：因为上行链路仅允许 VLAN 4 和 VLAN 60 通过，没有用命令交换机上的对应端口的 VLAN 62 与命令交换机进行连接。如果上行链路允许了 VLAN 62 通过，则该交换机就可以发现了。
- Device 9：因为上行链路中的 Device 7 交换机已不与命令交换机连接了，所以它也就被中断了，尽管它采用了与命令交换机上相同的 VLAN 62 进行连接。
- Device 10：因为上行链路仅允许 VLAN 4 通过，没有用命令交换机上的对应端口的 VLAN 9 与命令交换机进行连接。

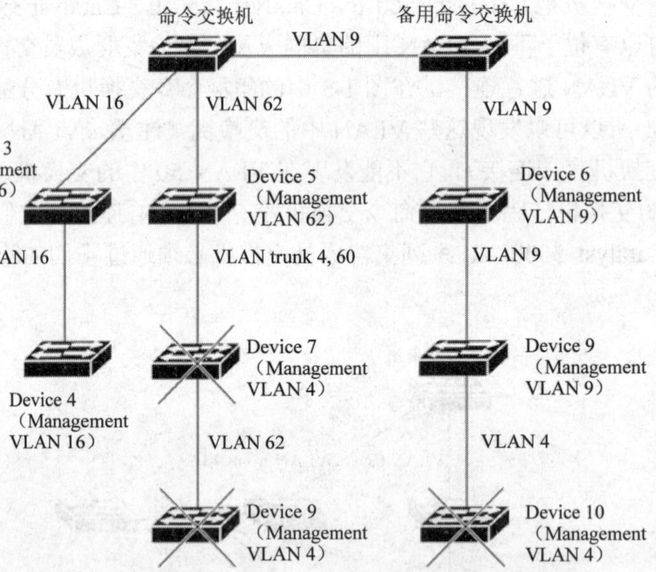

图 1-4　通过不同管理 VLAN 发现交换机的示意图

5．通过路由端口发现

如果集群命令交换机配置了一个可路由端口（Routed Port，RP），它仅可发现与可路由端口在同一个 VLAN 中的候选交换机和集群成员交换机。图 1-5 中，三层集群命令交换机上有两个分别配置了 VLAN 9 和 VLAN 62 的可路由端口。此时该命令交换机可以发现 VLAN 9 和 VLAN 62 中的交换机，但是不能发现在 VLAN 4 链路下面连接中的交换机，因为 VLAN 4 链路下面的交换机是连接在命令交换机的可路由端口的下行链路中，但与可路由端口所属的 VLAN 62 不一样。如果在集群命令交换机和集群成员交换机 Device 7 之间的可路由端口路径丢失，集群命令交换机与集群成员交换机 Device 7 的连接仍是保持的，因为有通过 VLAN 9 这条冗余的路径。

6．新安装的交换机的发现

加入集群的新交换机必须通过它的一个访问端口（Access Port，AP）与集群连接。访问端口仅承载一个 VLAN 中的通信。默认情况下，新交换机和它的访问端口是分配到 VLAN 1 的。

在新的交换机加入集群时，默认的 VLAN 改变为其直接的上游邻居的 VLAN。新的交换机也配置它的访问端口属于直接的上游邻居的 VLAN。图 1-6 中的集群命令交换机上的两个端口分别属于 VLAN 9 和 VLAN 16。在新的集群成员交换机加入到集群时，把这两个新加入的交换机与上行链路连接的端口分别分配到 VLAN 9 和 VLAN 16 中即可。

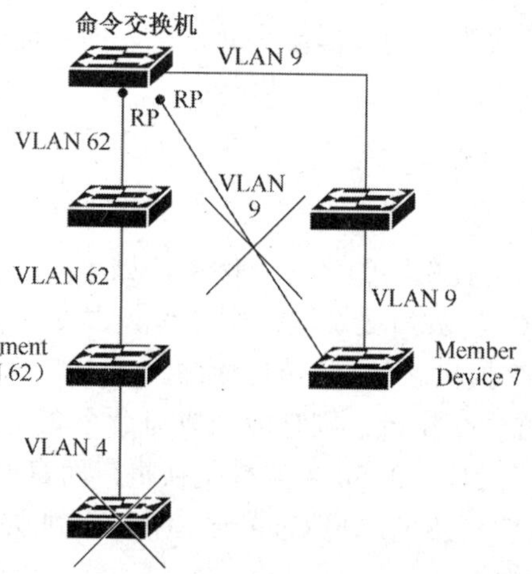

图 1-5　通过路由端口发现交换机的示意图

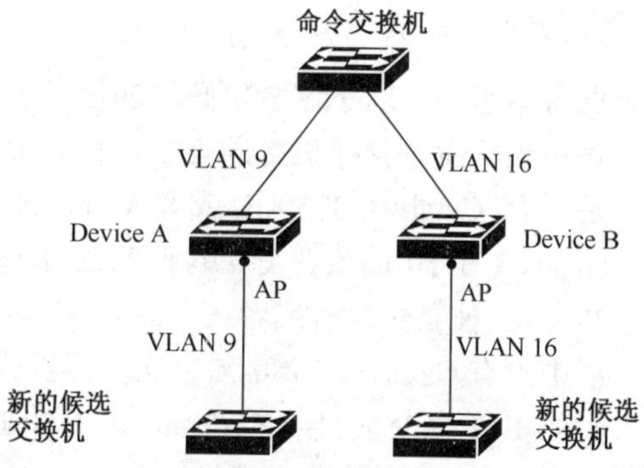

图 1-6　新安装的交换机的发现示意图

1.2.2　HSRP 和备用集群命令交换机规划

为了提高集群交换机的可用性，可能需要在交换机集群中利用 HSRP（Hot Standby Router Protocol，热备份路由器协议）配置一台或者多台备用的命令交换机，形成一个集群备用组（Cluster Standby Group），以便在当前命令交换机失效时，交换机集群仍能正常工作。如果集群命令交换机是一个交换机堆叠，则需要配备一个相同的备用集群命令交换机堆叠。但是，如果在一个命令交换机堆叠中仅堆叠主失效，这个交换机堆叠将选择新的堆叠主，接管失效的堆叠主角色，形成新的集群命令交换机堆叠，而不用使用备份的命令交换机堆叠来接管原来的命令交换机堆叠。有关 Cisco IOS 交换机的 HSRP 基础知识和详细配置方法将在本书第 3 章中进行介绍。

集群备用组是一个命令交换机组（每个集群中只能创建一个集群备用组），也即一个 HSRP 组，每个备用的命令交换机同样必须满足本章 1.1.2 节所介绍的命令交换机配置要求。如果在交换机上禁用了 HSRP 协议也就禁用了集群备用组，所以要使用备用命令交换机就必须在交换机上启用 HSRP 协议。

在集群备用组中的交换机是按照 HSRP 优先级来划分等级的。组中具有最高优先级的交换机将成为活动集群命令交换机（Active Cluster Command Switch，AC）；优先级第二高的交换机是备用集群命令交换机（Standby Cluster Command Switch，SC）；其他交换机称之为被动集群命令交换机（Passive Cluster Command Switch，PC）。如果活动集群命令交换机和备用集群命令交换机同时不可用，则被动集群命令交换机中优先级最高的将成为活动集群命令交换机。以下介绍集群备用组的相关配置要求。

1. 集群备用组的虚拟 IP 地址

集群备用组对外是以一台独立的命令交换机呈现的，所以首先需要为集群备用组分配一个唯一的虚拟 IP 地址、组号和名称，作为集群的命令交换机配置。而且，这些信息必须在一个特定的 VLAN 接口或者活动集群命令交换机的可路由端口上配置。活动集群命令交换机接收目的 IP 地址为虚拟 IP 地址的通信。为了管理集群，必须通过这个虚拟 IP 地址访问活动集群命令交换机，而不要通过命令交换机自身的 IP 地址。当然这是在活动集群命令交换机的 IP 地址与这个集群备用组的虚拟 IP 地址不同的情况下。

如果活动集群命令交换机失效，则备用集群命令交换机取得虚拟 IP 地址的所有权，而成为活动集群命令交换机。对集群备用组中的被动交换机比较他们的优先级，以决定哪台交换机可以成为新的备用集群命令交换机。具有最高优先级的被动交换机将成为备用集群命令交换机。在原来的活动集群命令交换机再次激活后，它又将恢复它的角色成为活动集群命令交换机，而当前的活动集群命令交换机再次成为备用集群命令交换机。

2．集群备用组的其他考虑

在集群备用组中，以下这些也必须加以考虑：

- 备份集群命令交换机必须与集群命令交换机具有相同的型号。例如，如果集群命令交换机是一台 Catalyst 3750-E 或者 Catalyst 3750-X 系列交换机，则备份集群交换机也必须是 Catalyst 3750-E 或者 Catalyst 3750-X 系列交换机。如果你的交换机集群中有一台 Catalyst 3750-X 独立交换机或者 Catalyst 3750-X 堆叠交换机，则它应当成为命令交换机；如果集群中没有 Catalyst 3750-X 独立交换机或者 Catalyst 3750-X 堆叠交换机，而有一台 Catalyst 3750-E 独立交换机或者 Catalyst 3750-E 堆叠交换机，则 Catalyst 3750-E 独立交换机或者 Catalyst 3750-E 堆叠交换机应配置为命令交换机。
- 仅可为交换机集群指派一个集群备用组，但可以有多个 HSRP 组。一个 HSRP 组可以作为集群备用组和路由器冗余组。但是，如果一个路由器冗余组成为了一个集群备用组，则在该组中的路由器冗余功能也将失效，当然可以在 CLI 界面使用相应命令再次启用。
- 所有备用组（standby-group）成员必须是集群成员。分配作为备用集群命令交换机的交换机数是没有限制的。但是，在集群中的交换机数（包括活动集群命令交换机、备用组成员和集群成员交换机）不能超过 16 台。
- 每个备用组成员必须通过相同的 VLAN 连接集群命令交换机。在如图 1-7 所示的示例中，集群命令交换机和备用集群命令交换机是 Catalyst 3560-E、Catalyst 3750-E、Catalyst 3560-X 或者 Catalyst 3750-X 系列的集群命令交换机。每个备用组成员也必须通过至少一个与交换机集群相同的 VLAN 冗余连接到下级的其他交换机。在图 1-7 中，备用组中的三台命令交换机都通过集群中的一个 VLAN（VLAN 9 或者 VLAN 16）与下级的两台交换机进行了连接。

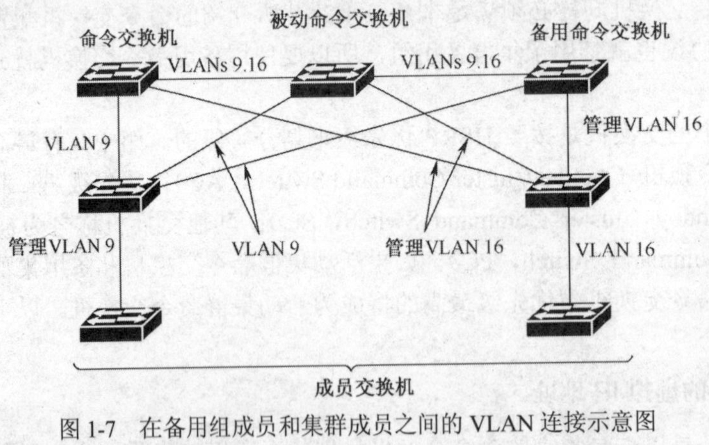

图 1-7 在备用组成员和集群成员之间的 VLAN 连接示意图

Catalyst 1900、Catalyst 2820、Catalyst 2900 XL、Catalyst 2950 和 Catalyst 3500 XL 系列集群成员交换机必须通过它们的管理 VLAN（如图 1-7 中的管理 VLAN 9 和管理 VLAN 16）与集群备用组连接。

【说明】有关集群交换机中的 VLAN 参见 1.2.1 节的“通过不同 VLAN 发现”和“通过不同的管理 VLAN 发现”两部分中的内容。

3．集群备用组中的配置自动发现

在集群备用组中，活动集群命令交换机不断地转发集群配置信息（但是不转发设备配置信息）到备份集群命令交换机上（但不转发到被动命令交换机上），确保备份集群命令交换机可以在活动集群命令交换机失效后立即接管集群管理工作。

自动发现有以下局限性：

- 以下局限性仅适用于有 Catalyst 2950、Catalyst 2960、Catalyst 2970、Catalyst 3550、Catalyst 3560、Catalyst 3560-E、Catalyst 3560-X、Catalyst 3750、Catalyst 3750-E 和 Catalyst 3750-X 系列活动或者备用集群命令交换机的集群中：如果活动集群命令交换机和备用集群命令交换机同时不可用，则具有高优先级的被动集群命令交换机将成为集群命令交换机。但是，因为它是被动集群命令交换机，原先的集群命令交换机不能转发集群配置信息到被动集群命令交换机上（活动集群命令交换机仅转发集群配置信息到备用集群命令交换机上），所以此时必须重新构建集群。
- 以下局限性适用于所有集群：如果活动集群命令交换机失效，并且在集群备用组中有两台以上的交换机，则新的集群命令交换机不能发现任何 Catalyst 1900、Catalyst 2820 和 Catalyst 2916M XL 这些早期系列的集群成员交换机，必须重新添加这些集群成员交换机到集群中。
- 以下局限性适用于所有集群：如果活动集群命令交换机失效，然后再次激活，它也将不能发现任何 Catalyst 1900、Catalyst 2820 和 Catalyst 2916M XL 这些早期系列的集群成员交换机，也必须重新添加这些集群成员交换机到集群中。

在原先的活动集群命令交换机恢复为活动角色时，它将从当前的活动集群命令交换机上接收一个最近的集群配置，包括在原先的活动集群命令交换机停工时新加入的集群成员交换机。同时，活动集群命令交换机也发送一份集群配置到集群备用组。

1.2.3 交换机集群的 IP 地址规划

在 Cisco IOS 集群中，必须为集群命令交换机配置 IP 地址信息，与其他任何可路由端口一样，也可以为命令交换机的多个可路由端口或者 VLAN 接口分别配置 IP 地址，这样命令交换机就相当于有多个可用于管理集群的 IP 地址。如果配置一个集群备用组（Standby Group），则必须为备用组配置一个虚拟 IP 地址，然后使用这个虚拟 IP 地址在活动集群命令交换机上管理集群。使用虚拟 IP 地址确保即使在活动集群命令交换机失效时也可以保持与集群的连接，并且此时备用的集群命令交换机将成为新的活动集群命令交换机。如果活动集群命令交换机失效，备用集群命令交换机接管集群管理工作，则必须使用备用组虚拟 IP 地址或者在新的活动集群命令交换机上可用的任何一个 IP 来访问集群。

可以为支持集群的交换机分配一个 IP 地址，但这不是必需的，因为集群成员交换机的管理，以及与其他集群成员的通信都是通过命令交换机的 IP 地址进行的。如果集群成员交换机离开了集群，但是没有配置自己的 IP 地址，则必须为该交换机分配一个 IP 地址，作为独立交换机进行管理。

在可路由端口或 VLAN 接口上配置 IP 地址的方法是在对应端口或者 VLAN 接口视图下使用 **ip address** *ip-address subnet-mask* 接口配置模式命令进行，配置默认网关的方法是在对应端口或者 VLAN 接口视图下使用 **ip default-gateway** *ip-address* 接口配置模式命令进行。具体请参见本书的姊妹篇——《Cisco/H3C 交换机配置与管理完全手册》（第二版）。

1.2.4 交换机集群的主机名规划

一般情况下，没有必要为集群命令交换机和集群成员配置主机名，但是为集群命令交换机配置主机名有助于对交换机集群的标识。命令交换机的默认主机名是 Switch。交换机主机名的配置方法是在全局配置模式下使用 **hostname** *name* 命令进行的。

如果加入到集群中的成员交换机没有配置主机名，则集群命令交换机在自己的主机名后面附加相应交换机的集群成员号作为新加入的成员交换机的主机名。集群成员号其实代表的是交换机加入集群的一种顺序，因为每次加入时，所得到的成员号都是从可使用的成员号取数值最小的号码。例如，集群命令交换机命名为 *eng-cluster*，则 *eng-cluster-5* 就代表第 5 个加入到集群的成员交换机主机名。

如果一个加入集群的交换机配置了主机名，则它可以继续保持使用这个主机名。如果一个交换机从前一个加入的交换机集群（现在已离开）的命令交换机上接收了一个由集群自动分配的主机名，然后加入到一个新的交换机集群中，并且保持相同的成员号（如 5），则交换机的旧主机名（如 *eng-cluster-5*）用新交换机集群中的集群命令交换机主机名进行替代（如 *mkg-cluster-5*）（成员号不变）；如果交换机在新的集群中的成员号发生了改变（如 3），则交换机继续保持原来的主机名（如 *eng-cluster-5*），这要特别引起注意。

1.2.5 交换机集群的密码规划

可以无须为集群成员配置密码，因为在交换机加入交换机集群时，将继承命令交换机密码，并且在它离开集群时仍将保持这个密码。如果集群命令交换机都没有配置密码，则集群成员交换机继续使用这个空密码。集群成员交换机仅继承命令交换机的密码。

如果改变了集群成员交换机的密码，而且与集群命令交换机的密码不一样，并且保存设置改变，则该成员交换机不能被集群命令交换机管理，直到重新改变该交换机的密码与命令集群交换机的密码一致。即使重启成员交换机也不能使它的密码与集群命令交换机的密码一致，建议在交换机加入集群时不要改变成员交换机的默认密码。

你可以采取以下方案之一阻止未授权用户修改你的交换机配置或者查看交换机配置信息。典型配置是允许管理员访问你的交换机，而限制通过串行端口连接的外部网络、本地网络终端或工作站拨号连接交换机的用户访问交换机。

- 最基本的配置是你应当在每个交换机端口上配置密码，这些密码是在交换机上本地存储的。当用户企图通过端口或线路访问交换机时，他们必须正确键入所配置的密码。
- 更安全的方案是你可以配置用户账户名/密码对，它们也是在交换机本地存储的。这个用户账户名/密码对可应用于用户通过端口或者线路访问交换机时。如果定义了特权级别，你还可以为不同用户指派不同的特别级别。
- 如果你想要使用用户账户名/密码对，但是你想要把这些信息存储在本地服务器中，你可以把它们存储在安全服务器中。这样多个网络设备可以使用相同的数据库。

有关 Cisco IOS 交换机的这些安全配置参见本书第 20 章。

1.2.6 交换机集群和交换机堆叠的比较

最后，综合比较一下 Cisco IOS 交换机的集群和堆叠功能的主要异同，但要注意的是，在交换机集群中同样可以使用交换机堆叠，一个交换机集群可以有一个或者多个支持交换机集群的不同系列交换机堆叠，每个交换机堆叠可以作为集群命令交换机或者单个集群成员。表 1-2 所示为 Cisco IOS 交换机堆叠和交换机集群之间的比较。

表 1-2 交换机堆叠和交换机集群之间的比较

交换机堆叠	交换机集群
仅由 Catalyst 3750/3750-E/3750-X/3560/3560-E/3560-X 等系列的交换机组成	可以由支持集群的任何交换机组成，如 Catalyst 3750/3850-E/3750-X、Catalyst 3560/3560-E/3560-X、Catalyst 3550 和 Catalyst 2950 等系列交换机
堆叠成员是通过专门的 StackWise 端口连接的	集群成员是通过 VLAN 端口连接的
需要一个堆叠主，并且支持最多 8 个其他的堆叠成员	需要一个集群命令交换机，支持最多 15 个其他的集群成员

续表

交换机堆叠	交换机集群
可以成为集群命令交换机或者集群成员交换机	不能成为堆叠主或者堆叠成员
堆叠主是单点全面管理特定堆叠中的所有堆叠成员	集群命令交换机是单点管理特定交换机集群中的集群成员的部分工作
在堆叠主失效时，备份堆叠主是自动决定的	在集群命令交换机失效时，备用集群命令交换机必须被预分配
交换机堆叠支持 8 个堆叠成员同时失效	交换机集群在同一时刻仅支持一个集群命令交换机失效
交换机堆叠中的所有堆叠成员在网络中的行为表现为单个统一实体	集群中的所有集群成员是独立的交换机，并不表现为统一系统，也不能以统一实体形式进行管理
堆叠成员的综合管理是通过配置文件进行的	集群成员有独立的、各自的配置文件
堆叠和接口级别配置存储在每个堆叠成员中	集群配置存储在集群命令交换机和备用集群命令交换机上
新的堆叠成员自动添加到交换机堆叠中	新的集群成员必须手动添加到交换机集群中

回顾一下在《Cisco/H3C 交换机配置与管理完全手册》（第二版）中介绍的 Cisco IOS 交换机堆叠可以知道，堆叠成员是以统一系统形式（作为单一交换机堆叠）在网络中协同工作，可以在网络中的第二层或者第三层中出现。所以，交换机集群可以认可交换机堆叠作为其集群成员，但不能认可个别的交换机堆叠成员作为集群成员。个别交换机堆叠成员不能加入到交换机集群中。因为交换机集群必须有一个集群命令交换机，可以最多有 15 个集群成员，这样一来，就意味着一个交换机集群中最多可以有 144（9×16）个交换机设备。

交换机堆叠的集群配置是通过堆叠主进行的。但在交换机集群中存在交换机堆叠时，需要注意以下事项：

- 如果集群命令交换机不是 Catalyst 3750-E 系列交换机或者交换机堆叠，而且在集群成员交换机堆叠中选举了新的堆叠主，在交换机堆叠和集群命令交换机之间没有冗余连接，交换机堆叠将失去与交换机集群之间的连接。此时必须重新添加交换机堆叠到交换机集群中。
- 如果集群命令交换机是一个交换机堆叠，而且在集群命令交换机堆叠中的新堆叠主同时被选举产生，在集群成员交换机堆叠中，在交换机堆叠与集群命令交换机之间没有冗余连接，在交换机堆叠之间的连接将丢失。必须添加交换机堆叠到集群之中，包括集群命令交换机堆叠。
- 所有堆叠成员都应当有到交换机集群中的 VLAN 的冗余连接，否则，如果新的堆叠主被选举，连接到任何在堆叠主中没有配置的 VLAN 的堆叠成员都将失去与交换机集群的连接。必须改变堆叠主或者堆叠成员中的 VLAN 配置，并且把堆叠成员添加回交换机集群中。
- 如果集群交换机堆叠重载，并且选举了一个新的堆叠主，则交换机堆叠会失去与集群命令交换机的连接。必须把交换机堆叠添加回交换机集群中。
- 如果一个集群命令交换机重载，并且原来的堆叠主不再被选举为新的堆叠主，则必须重新构建整个交换机集群。

1.3 使用 CLI 配置 Cisco IOS 交换机集群

Cisco IOS 集群的配置有两种方案：一是通过 CLI 命令进行，另一种是通过 Cisco 提供的集群管理工具程序（Cluster Management Suite，CMS）进行。本节先介绍通过 CLI 方式创建和管理 Cisco IOS 交换机集群的方法。在创建交换机集群时，必须完成以下任务：

- 用电缆把运行集群功能的交换机连接在一起，注意每台与命令交换机直接连接的下级交换机都要与每台命令交换机进行冗余连接。
- 为要担当命令交换机的交换机配置 IP 地址，并使它成为命令交换机。

在 Cisco IOS 交换机集群配置中主要包括以下任务：

- 创建和管理交换机集群（必需）
- 创建和管理命令交换机备用组（可选）

下面分别予以介绍。

1.3.1 通过 CLI 创建和管理 Cisco IOS 交换机集群

要配置 Cisco IOS 交换机集群，首先要做的就是配置命令交换机，创建交换机集群，然后把候选交换机加入到这个集群中。在这个过程中假设候选交换机和命令交换机通过相同管理 VLAN 中的端口连接。交换机的所有管理特性访问都是通过交换机管理 IP 地址进行的，而交换机管理 IP 地址总是属于管理 VLAN。默认的管理 VLAN 为 VLAN 1。本节配置任务是在命令交换机上进行，实现把当前交换机配置为命令交换机，并把需要添加的候选交换机添加到集群中。具体步骤如表 1-3 所示。

表 1-3 通过 CLI 启动命令交换机并添加候选交换机的配置步骤

步骤	命令	说明
1	**configure terminal** 例如：Switch# **configure terminal**	进入全局配置模式
2	**cluster enable** *name* [*command-switch-member-number*] 例如：Switch(config)# **cluster enable** clu1 0	启用命令交换机，并为集群命名，分配集群成员号。参数 *name* 用来指定创建的集群名，不超过 31 个字符，仅可是数字、字母、连接符和下划线等；可选参数 *command-switch-member-number* 用来指定分配给命令交换机的成员号，取值范围为 0~15，命令交换机一般是分配最小的成员号 0
3	**end** 例如：Switch(config)#**end**	返回到特权模式
4	**show cluster candidates** [**detail** | **mac-address** *H.H.H*] 例如：Switch# **show cluster candidates detail**	（可选）显示当前网络中可添加到集群的候选交换机列表或者特定候选交换机。二选一选项 **detail** 用来表示显示所有候选交换机的详细信息；二选一参数 **mac-address** *H.H.H* 用来指定要显示信息的候选交换机的 MAC 地址
5	**show cluster members** [*n* | **detail**] 例如：Switch# **show cluster members**	（可选）显示当前集群中的所有集群成员交换机列表或特定成员交换机。二选一参数 *n* 用来指定要显示的成员交换机的成员号，取值范围为 0~15；二选一选项 **detail** 指定显示所有成员交换机的详细信息
6	**configure terminal** 例如：Switch#**configure terminal**	进入全局配置模式
7	**cluster member** [*n*] **mac-address** *H.H.H* [**password** *enable-password*] [**vlan** *vlan-id*] 例如：Switch(config)# **cluster member** 1 **mac-address** 11.22.33 **vlan** 5	添加候选交换机到集群中，命令中的参数说明如下： ● *n*：可选参数，为要添加到集群中的候选交换机分配一个唯一的序列号，取值范围为 0～15，但是不要分配在第 5 步显示中已分配的序列号。如果不指定，则命令交换机自动为该候选交换机分配一个当前可用的最小成员号 ● **mac-address** *H.H.H*：用来指定要添加的候选交换机的 MAC 地址（十六进制表示），候选交换机的 MAC 地址可以从第 4 步中得到，具体要求参见下面给出的对应示例 ● **password** *enable-password*：可选参数，启用该候选交换机配置的特权密码作为集群特权密码，但如果候选交换机没有配置特权密码，则不需要指定 ● **vlan** *vlan-id*：可选参数，用来指定添加到集群中所使用的 VLAN，一定要是命令交换机对应链路上允许通过的 VLAN。如果不指定，则使用默认的管理 VLAN 1 进行添加 可用 **no cluster member** *n* 命令删除指定的成员交换机
8	**end** 例如：Switch(config)#**end**	返回到特权模式
9	**show cluster members** 例如：Switch# **show cluster members**	显示集群状态

【说明】集群成员的删除操作也可在对应成员交换机上进行，只需在全局配置模式下使用 **no cluster commander-address** 命令，但采用这种方法仍没有真正从集群中删除成员，只是暂时中断了该成员交换机与集群的绑定。

在集群创建后，NAT 命令会添加到命令交换机配置文件中。不要删除这些命令。命令交换机也可根据交换机主机名、密码和 SNMP 团体字符串改变进行自动配置。

1. 主机名的改变

如果不为成员交换机分配主机名，命令交换机会为每个成员交换机分配一个在命令交换机主机名后面附加一个唯一的成员号（以“-”连接）的主机名。成员号指示成员交换机添加到集群的先后顺序。例如，命令交换机主机名为 eng-cluster，则 5 号成员交换机的主机名为 eng-cluster-5。

如果没有为命令交换机分配主机名，则保持默认的 Switch 主机名。

无论如何，交换机是集群的一部分，从命令交换机上接收它的主机，在它从集群中移去并添加到新的集群中时，它的主机名会被以前的集群命名规则所取代。

2. SNMP 团体字符串的改变

在成员交换机添加到集群后，以下 SNMP 团体字符串会添加到成员交换机上：

- commander-readonly-community-string@esN：N 是成员交换机的成员号。
- commander-readwrite-community-string@esN：N 是成员交换机的成员号。

如果命令交换机有多个只读（RO）或者读写（RW）团体字符串，仅第一个只读和读写字符串会传播到成员交换机上。

Catalyst 2900、Catalyst 2950、Catalyst 2900 XL 和 Catalyst 3500 XL 交换机支持不受限数量的团体字符串和字符串长度。Catalyst 1900 和 Catalyst 2820 交换机支持最多 4 个只读和 4 个读写团体字符串，每个字符串长度最多为 32 个字符。当交换机加入到集群时，命令交换机的第一个只读和读写团体字符串会覆盖成员交换机上的 4 个只读和读写团体字符串。支持 32 个字符限制的 Catalyst 1900 和 Catalyst 2820 交换机，在传播到成员交换机时，团体字符串会只取前面的 27 个字符，@esN（N 为成员号，可以是 2 位）会附加到这些团体字符串后面。

3. 密码的改变

在加入集群后，成员交换机继承命令交换机的加密特性或者启用密码的特性，并且在离开集群后仍然保留。如果命令交换机没有配置密码，则成员交换机的密码为空。成员交换机仅继承命令交换机的特权级别 15（最高级别，也就是通常所说的特权模式密码）的密码。但是在 Catalyst 1900 和 Catalyst 2820 交换机作为集群成员时会出现以下这些在密码和特权级别方面的警报：

（1）密码长度。如果命令交换机配置的密码超过 8 个字符时，则成员交换机的密码只取前面 8 个字符；如果命令交换机的密码在 1～8 个字符之间，则成员交换机启用与命令交换机一样的密码。

命令交换机和成员交换机都支持最多 25 个字符（加密后最多为 52 个字符）的密码。

（2）特权级别。命令交换机支持 1～15 共 15 个级别，Catalyst 1900 和 Catalyst 2820 成员交换机仅支持 1 和 15 共两个级别。命令交换机特权级别 1～14 映射到成员交换机上的级别 1；命令交换机特权级别 15 映射到成员交换机的级别 15 上。

【示例 1】启用命令交换机，命名集群名为 Engineering-IDF4，命令交换机的集群成员号为 4。

```
Switch(config)# cluster enable Engineering-IDF4 4
```

【示例 2】显示所有候选交换机列表。从中可以看出已配置了六台候选交换机，并显示了每台候选交换机的 MAC 地址、名称（Name）、机型（Device Type）、与命令交换机的连接端口（PortIf）、FEC（快速以太网通道）数、CDP 跳数（hops）、上行端口（Upstream）等。

```
Switch> show cluster candidates

                                                          |---Upstream---|
MAC Address     Name          Device Type      PortIf  FEC Hops SN PortIf  FEC
00d0.7961.c4c0 StLouis-2      WS-C3750E-24TD   Gi6/0/1       2   1  Fa0/11
```

```
00d0.bbf5.e900 ldf-dist-128 WS-C3524-XL      Fa0/7     1   0  Fa0/24
00e0.1e7e.be80 1900_Switch   1900              3       0   1   0  Fa0/11
00e0.1e9f.7a00 Surfers-24    WS-C2924-XL      Fa0/5     1   0  Fa0/3
00e0.1e9f.8c00 Surfers-12-2 WS-C2912-XL       Fa0/4     1   0  Fa0/7
00e0.1e9f.8c40 Surfers-12-1 WS-C2912-XL       Fa0/1     1   0  Fa0/9
```

【示例 3】显示 MAC 地址为 00d0.7961.c4c0 的候选交换机信息。其中显示了此台候选交换机的机型、上游交换机的 MAC 地址、本地连接的端口、上行端口、CDP 跳数（当前显示为 1，表明是直接与命令交换机连接的）。

```
Switch> show cluster candidates mac-address 00d0.7961.c4c0
Device 'Tahiti-12' with mac address number 00d0.7961.c4c0
        Device type:            cisco WS-C3750E-24TD-S
        Upstream MAC address:   00d0.796d.2f00 (Cluster Member 0)
        Local port:             Gi6/0/1    FEC number:
        Upstream port:          GI6/0/11   FEC Number:
        Hops from cluster edge: 1
        Hops from command device: 1
```

【示例 4】显示所有候选交换机的详细信息。这时除了会显示示例 2 中的所有候选交换机列表外，还会显示示例 3 所示的每台交换机的详细信息。

```
Switch> show cluster candidates detail
Device 'Tahiti-12' with mac address number 00d0.7961.c4c0
        Device type:            cisco WS-C3512-XL
        Upstream MAC address:   00d0.796d.2f00 (Cluster Member 1)
        Local port:             Fa0/3    FEC number:
        Upstream port:          Fa0/13   FEC Number:
        Hops from cluster edge: 1
        Hops from command device: 2
Device '1900_Switch' with mac address number 00e0.1e7e.be80
        Device type:            cisco 1900
        Upstream MAC address:   00d0.796d.2f00 (Cluster Member 2)
        Local port:             3        FEC number: 0
        Upstream port:          Fa0/11   FEC Number:
        Hops from cluster edge: 1
        Hops from command device: 2
Device 'Surfers-24' with mac address number 00e0.1e9f.7a00
        Device type:            cisco WS-C2924-XL
        Upstream MAC address:   00d0.796d.2f00 (Cluster Member 3)
        Local port:             Fa0/5    FEC number:
        Upstream port:          Fa0/3    FEC Number:
        Hops from cluster edge: 1
        Hops from command device: 2
```

【示例 5】显示所有集群成员交换机列表。显示的成员交换机列表信息与示例 2 中所显示的候选交换机列表信息基本一样，只是在最后多了一项成员交换机状态（State）列，显示对应成员交换机的当前状态。

```
Switch# show cluster members
                                                  |---Upstream---|
SN MAC Address      Name            PortIf FEC Hops   SN PortIf  FEC   State
0  0002.4b29.2e00 StLouis1                  0                        Up    (Cmdr)
1  0030.946c.d740 tal-switch-1 Fa0/13       1       0  Gi0/1         Up
```

```
2  0002.b922.7180 nms-2820     10       0   2      1  Fa0/18       Up
3  0002.4b29.4400 SanJuan2     Gi0/1        2      1  Fa0/11       Up
4  0002.4b28.c480 GenieTest    Gi0/2        2      1  Fa0/9        Up
```

【示例 6】显示成员号为 3 的集群成员交换机信息。这里显示的信息也与示例 3 中所显示的候选交换机信息一样。不同的只是这里显示的交换机是集群成员交换机。

```
Switch# show cluster members 3
Device 'SanJuan2' with member number 3
        Device type:              cisco WS-C3750E-24TD-S
        MAC address:                0002.4b29.4400
        Upstream MAC address:     0030.946c.d740 (Cluster member 1)
        Local port:               Gi6/0/1    FEC number:
        Upstream port:            GI6/0/11   FEC Number:
        Hops from command device: 2
```

【示例 7】显示所有集群成员交换机的详细信息。这里显示的信息也与示例 4 中所显示的候选交换机详细信息一样。不同的只是这里显示的交换机是集群成员交换机。

```
Switch# show cluster members detail
Device 'StLouis1' with member number 0 (Command Switch)
        Device type:              cisco WS-C3750E-24TD-S
        MAC address:                0002.4b29.2e00
        Upstream MAC address:
        Local port:                          FEC number:
        Upstream port:                       FEC Number:
        Hops from command device: 0
Device 'tal-switch-14' with member number 1
        Device type:              cisco WS-C3548-XL
        MAC address:                0030.946c.d740
        Upstream MAC address:     0002.4b29.2e00 (Cluster member 0)
        Local port:               Fa0/13     FEC number:
        Upstream port:            Gi0/1      FEC Number:
        Hops from command device: 1
Device 'nms-2820' with member number 2
        Device type:              cisco 2820
        MAC address:                0002.b922.7180
        Upstream MAC address:     0030.946c.d740 (Cluster member 1)
        Local port:               10         FEC number: 0
        Upstream port:            Fa0/18     FEC Number:
        Hops from command device: 2
Device 'SanJuan2' with member number 3
        Device type:              cisco WS-C3750E-24TD-S
        MAC address:                0002.4b29.4400
        Upstream MAC address:     0030.946c.d740 (Cluster member 1)
        Local port:               Gi6/0/1    FEC number:
        Upstream port:            Fa6/0/11   FEC Number:
        Hops from command device: 2
Device 'GenieTest' with member number 4
        Device type:              cisco SeaHorse
        MAC address:                0002.4b28.c480
        Upstream MAC address:     0030.946c.d740 (Cluster member 1)
        Local port:               Gi0/2      FEC number:
        Upstream port:            Fa0/9      FEC Number:
```

```
        Hops from command device: 2
Device 'Palpatine' with member number 5
        Device type:              cisco WS-C2924M-XL
        MAC address:              00b0.6404.f8c0
        Upstream MAC address:     0002.4b29.2e00 (Cluster member 0)
        Local port:               Gi2/1    FEC number:
        Upstream port:            Gi0/7    FEC Number:
        Hops from command device: 1
```

【示例 8】通过 VLAN 3 添加 MAC 地址为 00E0.1E00.2222 的候选交换机作为集群成员号为 2 的成员交换机，并启用该交换机上配置的 key 特权密码作为集群特权密码。

```
Switch(config)# cluster member 2 mac-address 00E0.1E00.2222 password key vlan 3
```

【示例 9】添加 MAC 地址为 00E0.1E00.3333 的候选交换机作为下一个可用的集群成员号的成员交换机，该交换机上没有配置特权密码。

```
Switch(config)# cluster member mac-address 00E0.1E00.3333
```

1.3.2 通过 CLI 创建命令交换机备用组

为了提高交换机集群的可用性，还可以在集群中创建一个命令交换机备用组。备用组也是一个 HSRP 组，所以本节所做的就是创建 HSRP 组。在备用组中除了有一台活动命令交换机外，还可以有多台备用命令交换机和被动命令交换机。在当前活动命令交换机失效时，备用命令交换机可以接替原来命令交换机的角色，被动命令交换机则需要手动配置成命令交换机。通过两个步骤在 CLI 下配置一个备用组：①在组中的每台交换机（包括命令交换机）上键入 HSRP 组名称、虚拟 IP 地址；②在集群命令交换机上通过键入 **redundancy-enable** 命令绑定 HSRP 组到集群中。

在使用 CLI 配置一个命令交换机备用组时，请遵照以下指南：

- 每个集群仅可配置一个 HSRP 组。
- 为 HSRP 组中分配一个唯一的虚拟 IP 地址。
- 为 HSRP 组中的每台交换机分配一个唯一的名称。
- 为 HSRP 组中的每台交换机分配一个与活动命令交换机相关的备用优先级。也就是活动命令交换机具有最高的优先级，希望接替命令交换机的交换机成员具有次高的优先级。
- 在 HSRP 组中的每台交换机上键入 **preempt** 命令，以确保这个优先级是可以保持的。

可在各个指定用来担当不同角色的命令交换机的特权模式下按照表 1-4 所示的步骤创建一个 HSRP 组，并与命令交换机进行绑定。

表 1-4 创建 HSRP 备用组并与命令交换机绑定的步骤

步骤	命令	说明
1	**configure terminal** 例如：Switch#**configure terminal**	进入全局配置模式
2	**interface vlan1** 例如：Switch#**interface vlan1**	进入 VLAN 1 接口配置模式（VLAN 1 为默认的管理 VLAN）
3	**standby** *number* **ip** *ip_address* 例如：Switch(config-if)# **standby** 1 **ip** 192.168.1.10	创建备用组，并为它分配一个组号和虚拟 IP 地址。参数 *number* 用来指定要创建的备用组组号，取值范围为 0～255。在一个 IP 子网中，组号必须唯一，默认为 0；参数 *ip-address* 用来指定备份组虚拟 IP 地址
4	**standby** *number* **name** *name* 例如：Switch(config-if)# **standby** 1 **name** lycb	为以上备用组指定一个组名。参数 *name* 用来指定备用组的组名，最多不超过 32 个字符
5	**standby** [*number*] **priority** *priority* 例如：Switch(config-if)#**standby** 1 **priority** 100	设置当前交换机在指定备用组中的优先级。参数 *priority* 的取值范围为 0～255，默认值为 100。要为活动命令交换机分配最高的优先级。如果不指定备份组，则该交换机在所有备用组中的优先级都是一样的
6	**standby** *number* **preempt** 例如：Switch(config-if)# **standby** 1 **preempt**	设置当前交换机在指定备用组中具有优先级抢占权限，也就是在当前交换机的优先级高于当前活动命令交换机时，就会抢占成为活动命令交换机

续表

步骤	命令	说明
7	**end** 例如：Switch(config-if)#**end**	返回到特权模式
8	**show running-config** 例如：Switch#**show running-config**	校验创建的备用组
9	在 HSRP 组中的每台交换机上重复上述第 1～6 步。确保想要用来接替活动命令交换机工作的备用交换机的优先级仅次于活动命令交换机	
10	**configure terminal** 例如：Switch#**configure terminal**	当所有具有资格的交换机都添加到组中后，返回到命令交换机的全局配置模式
11	**cluster standby-group** *name* 例如：Switch(config)#**cluster standby-group** lycb	通过与指定的备用组进行绑定来启用集群命令交换机冗余功能。参数 *name* 用来指定要绑定的备用组名称
12	使用第 3 步中键入的虚拟 IP 地址来管理交换机集群	

【说明】如果想要删除命令交换机备用组的一台交换机，则可在对应交换机上对表 1-4 中的第 3、4、5、6 步全部采用 no 格式命令（依次为：**no standby** *number* **ip**、**no standby** *number* **name**、**no standby** *number* **priority**、**no standby** *number* **preempt**）执行一次；如果要全部删除这个备用组，则需要在备用组中的每台交换机上执行以上四步的 no 格式命令，然后在活动命令交换机上执行 **no cluster standby-group** 命令即可。

【示例 1】为备用组 1 设置 1.1.1.1/24 的虚拟 IP 地址。

```
Switch(config-if)#standby 1 ip 1.1.1.1
```

【示例 2】设置当前交换机在备用组 1 中的优先级为 120。

```
Switch(config-if)#standby 1 priority 120
```

【示例 3】设置当前交换机在备用组 1 中具有活动命令交换机抢占权限。

```
Switch(config-if)# standby 1 preempt
```

【示例 4】为备用组 1 设置名称为 SanHA。

```
Switch(config-if)#standby 1 name SanHA
```

【示例 5】把名为 my_hsrp 的备用组与交换机集群进行绑定。

```
Switch(config)# cluster standby-group my_hsrp
```

但要注意的是，所绑定的备用组在当前交换机上必须已创建，否则在执行以上命令时会出现如下错误提示：

```
Switch(config)# cluster standby-group my_hsrp
%ERROR: Standby (my_hsrp) group does not exist
```

而且该命令只能在命令交换机（包括备用组中的所有命令交换机）上执行，如果是在成员交换机上执行该命令，则会出现如下错误提示：

```
Switch(config)# cluster standby-group my_hsrp
%ERROR: This command runs on a cluster command switch
```

1.3.3　通过 CLI 添加成员交换机到备用组

创建了命令交换机备用组后，这个备用组中的几台不同角色的命令交换机对外就相当于普通交换机集群中的一台命令交换机，但是它所使用的 IP 地址不是命令交换机上的实际接口 IP 地址，而是为其配置的虚拟 IP 地址。在这样的环境中组建交换机集群，同样需要把其他候选交换机加入到集群中，作为集群成员交换机。但在这些候选交换机可以被添加到一个已有的 HSRP 组中前，它们必须有一个 IP 地址，而且必须运行 IOS 12.0(5)XU 版本软件。自特权模式开始，可按照表 1-5 所示的步骤进行配置。

表 1-5　向备用组中添加成员的步骤

步骤	命令	说明
1	**show cluster** 例如：Switch# **show cluster**	显示与命令交换机绑定的 HSRP 组号
2	**show standby** *number* 例如：Switch#**show standby** 1	显示指定的 HSRP 组信息，并记下虚拟 IP 地址、名称和优先级
以上两步是在命令交换机上执行的，以下步骤是在对应的候选交换机上进行操作的		
3	**configure terminal** 例如：Switch#**configure terminal**	进入成员交换机的全局配置模式
4	**standby** *number* **ip** *ip_address* 例如：Switch(config)# **standby** 1 **ip** 192.168.1.10	键入 HSRP 组号和虚拟 IP 地址
5	**standby** *number* **name** *name* 例如：Switch(config)#**standby** 1 **name** lycb	键入 HSRP 组号和名称
6	**standby** *number* **priority** *priority* 例如：Switch(config)#**standby** 1 **priority** 110	在 0～255 之间设置交换机优先级
7	**standby** *number* **preempt** 例如：Switch(config)#**standby** 1 **preempt**	设置备用组总是维护优先级顺序，即使在命令交换机失效，然后重新激活时
8	**end** 例如：Switch(config)#**end**	返回到特权模式
9	**show cluster members** 例如：Switch#**show cluster members**	校验成员交换机是否加入到集群中

因为其中的命令都在本节之前已有介绍，所以在此不再举具体的示例。

1.4　使用 CMS 配置 Cisco IOS 交换机集群

在本章前面已说到，Cisco IOS 交换机集群可以通过 CLI 方式创建、配置与管理，也可以通过 Cisco 提供的专门集群管理程序 CMS 进行。上节我们介绍了 CLI 方式，本节要介绍通过 CMS 创建、配置与管理 Cisco IOS 交换机集群的方法。

1.4.1　用集群管理程序创建集群

本节是一个一步步向大家介绍使用集群管理程序（CMS）创建一个简单 Catalyst 交换机集群的示例。配置中所使用的交换机是 Catalyst 3500 XL 和 Catalyst 2900 XL 系列交换机。当然，也可以用其他支持 CMS 的交换机组合。另外，如图 1-8 所示的页面会因不同的交换机而有所不同，这些不同是因为在交换机上安装了不同的 CMS 程序版本。

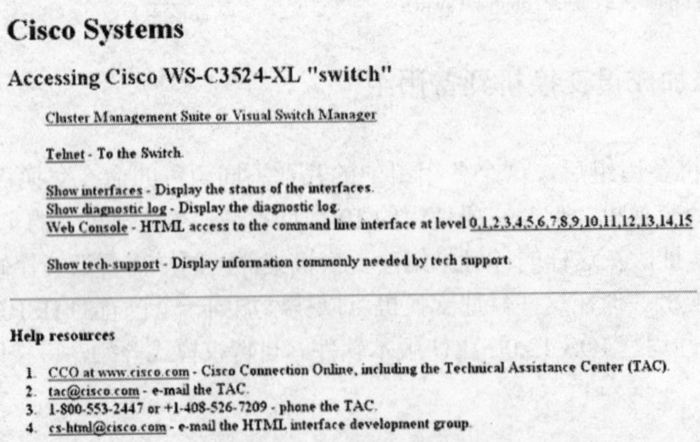

图 1-8　Cisco 系统访问页面

配置交换机集群的最简单方法是通过 Web 界面。但是必须知道如何进入后台管理程序。本节将同时介绍 Web 集群配置的窗口和 CMS 配置两种方式。本配置示例如图 1-9 所示，使用了具有千兆以太网端口和快速以太网端口的三台交换机。本示例先是在集群命令交换机上创建集群，然后添加其他的成员交换机。

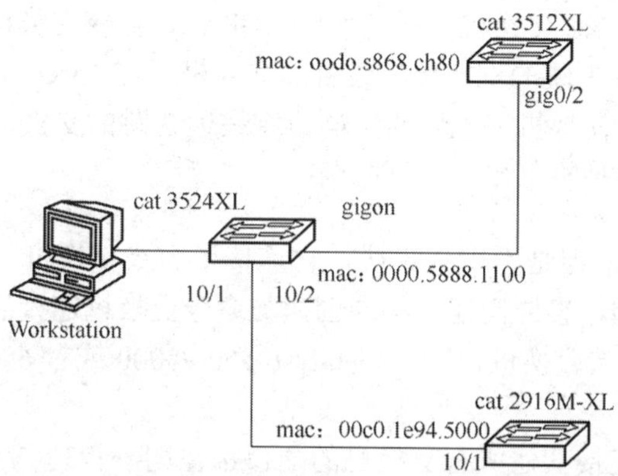

图 1-9 通过 CMS 配置交换机集群的示例

（1）检查所有交换机是否都具有命令交换机或者成员交换机集群支持特性，具体型号参见表 1-1。在本实验中使用的是 Catalyst 2900 XL/3500 XL 交换机，要验证是否支持集群，可以在命令提示符下输入 **show version** 命令查看输出信息，看各交换机是否支持交换机集群功能。具体如下（注意输出信息中的粗体字部分）：

```
Switch> show version
Cisco Internetwork Operating System Software
IOS (TM) C3500XL Software (C3500XL-C3H2S-M), Version 12.0(5.2)XU,
MAINTENANCE INTERIM SOFTWARE
Copyright (c) 1986-2000 by cisco Systems, Inc.
Compiled Mon 17-Jul-00 18:29 by ayounes
Image text-base: 0x00003000, data-base: 0x00301F3C

ROM: Bootstrap program is C3500XL boot loader

Switch uptime is 3 days, 1 hour, 45 minutes
System returned to ROM by reload
System image file is "flash:c3500XL-c3h2s-mz-120.5.2-XU.bin"


cisco WS-C3524-XL (PowerPC403) processor (revision 0x01) with 8192K/1024K
bytes of memory.
Processor board ID , with hardware revision 0x00
Last reset from warm-reset

Processor is running Enterprise Edition Software
Cluster command switch capable   !---显示支持集群命令交换机功能
Cluster member switch capable    !---显示支持集群成员交换机功能
24 FastEthernet/IEEE 802.3 interface(s)
2 Gigabit Ethernet/IEEE 802.3 interface(s)

32K bytes of flash-simulated non-volatile configuration memory.
Base ethernet MAC Address: 00:D0:58:68:F1:80
Configuration register is 0xF
```

（2）在以上输出中，Cluster command switch capable 和 Cluster member switch capable（参见上述输出的粗体部分）显示了该交换机运行了同时具备 command-capable（命令交换机功能）和 member-capable（成员交换机功能）的软件。如果这个交换机仅运行 member-capable 软件，那么在输出中仅显示 Cluster member switch capable。也可以配置一台运行 command-capable 软件的交换机作为成员交换机，但是不能配置仅运行 command-capable 软件的交换机作为命令交换机。如果在上一步的输出中发现交换机没有运行 cluster-capable 软件，则请升级。一旦交换机运行 cluster-capable 映像软件，则直接进行下一步。

（3）用电缆连接交换机，以便命令交换机可以发现这个候选交换机。在图 1-9 所示的方案中，命令交换机是 Catalyst 3524 XL 交换机。通过使用 CDP v2，命令交换机可以在星型或者菊花链结构中自动发现离集群边缘最远 3 跳的支持集群设备的交换机。在 Cisco IOS 12.0(5)XU 或者更高版本的交换机中，可以配置命令交换机来发现离集群边缘最远 7 跳的交换机。如果想要启用 7 跳候选交换机发现功能，则在命令交换机上键入以下命令：

```
Switch(config)# cluster discovery hop-count 7
```

如果一个交换机支持 CDP，但是不支持集群，它连接了命令交换机，则集群不能发现连接到该交换机上的候选交换机。例如，集群构建器不能创建与命令交换机连接的 Catalyst 5500/5000 或者 6500/6000 系列交换机上的候选交换机，因为 Catalyst 5500/5000 或者 6500/6000 系列交换机不支持集群。

同样，要确保交换机用于连接其他所有交换机的端口都在同一管理 VLAN 中。访问所有集群管理功能都是通过命令交换机的 IP 地址进行的。命令交换机的 IP 地址总是属于管理 VLAN（默认为 VLAN 1），在交换机集群中的所有交换机必须与命令交换机处于同一个管理 VLAN 中。

【注意】在运行 Cisco IOS 12.0(5)XP 的 Catalyst 2900 XL/3500 XL 交换机中，可以从默认的 VLAN 1 改变管理 VLAN。在 Cisco IOS 12.0(5)XU 或以后版本中允许为整个交换机集群改变管理 VLAN。这种改变需要通过 CMS 的 Web 界面中的命令。

（4）在确定命令交换机后，为它分配一个 IP 地址。在本示例中是 172.16.84.35（Catalyst 3524 XL 交换机的 IP 地址）。使用以下命令在命令交换机上完成初始化配置：

```
Switch> enable
Switch# configure terminal
Enter configuration commands, one per line. End with CNTL/Z.
Switch(config)# enable password mysecret
Switch(config)# interface vlan1
Switch(config-if)# ip address 172.16.84.35 255.255.255.0
Switch(config-if)# exit
Switch(config)# ip default-gateway 172.16.84.1
Switch(config)# ip http server      !--启用到交换机的 Web 访问功能
Switch(config)# end
Switch#
%SYS-5-CONFIG_I: Configured from console by console
Switch# write memory
Building configuration...
[OK]
```

【说明】这里仅是命令交换机的初始化配置，以便通过 Web 方式访问命令交换机，真正的集群配置并未开始。如果在命令交换机上键入 **show running-config** 命令，则不会注意到在配置文件中添加的任何集群命令。

（5）打开 Web 界面，在浏览器中键入命令交换机的 IP 地址，格式如下：**http://*x.x.x.x***，进入如图 1-8 所示页面。如果交换机使用的是 Cisco IOS 12.0(5)XU 或更高版本，则页面如图 1-10 所示。在进入页面时可能会提示输入密码，使用命令交换机的特权密码即可。

（6）在图 1-8 所示的 Cisco 系统访问页面中，单击 Cluster Management Suite or Visual Switch Manager 链接，进入如图 1-11 所示的图形交换机管理（Visual Switch Manager）徽标页面。交换机管理主页如图 1-12 所示。

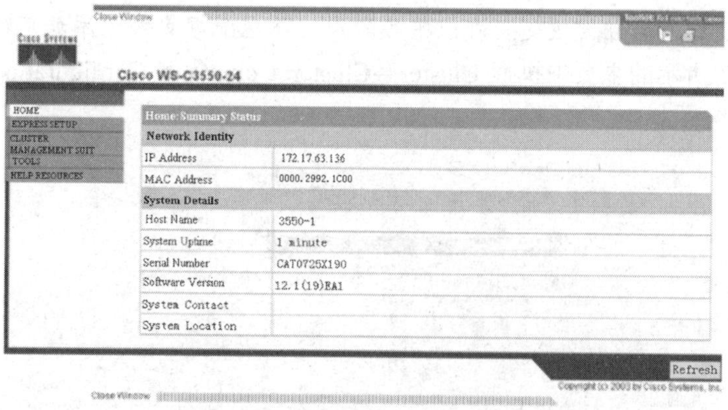

图 1-10 新版本 IOS 映像的 Cisco 系统页面

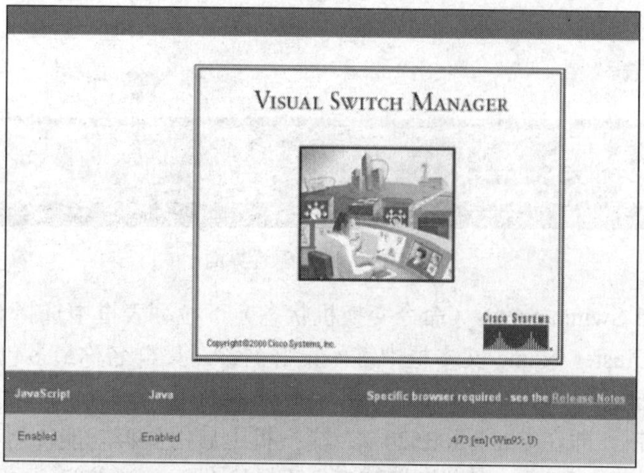

图 1-11 图形交换机管理徽标页面

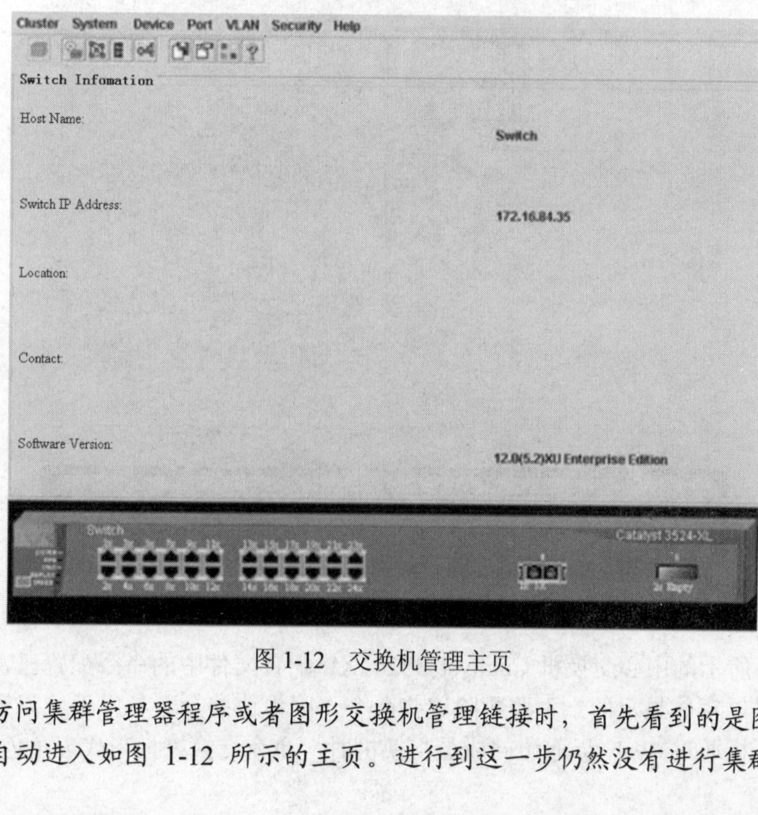

图 1-12 交换机管理主页

【说明】在访问集群管理器程序或者图形交换机管理链接时，首先看到的是图形交换机管理徽标界面，然后会自动进入如图 1-12 所示的主页。进行到这一步仍然没有进行集群配置，所以集群中各交换机的配置没有发生任何改变。在以下步骤中，将在配置文件中添加集群命令。

（7）在图 1-12 所示的主页中执行 Cluster→Cluster Command Configuration 命令，进入集群配置界面，如图 1-13 所示。

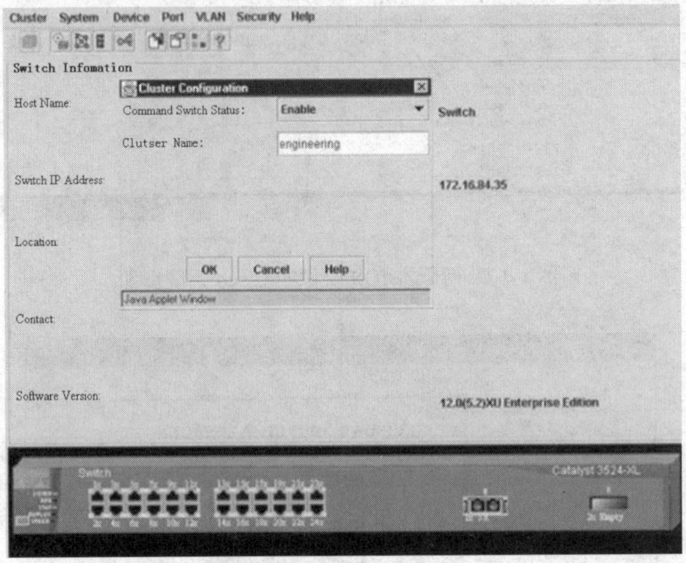

图 1-13　集群配置界面

（8）在 Command Switch Status（命令交换机状态）下拉列表框中选择 Enable 选项，使它成为命令交换机。然后在 Cluster Name 文本框中键入集群名称。集群名称最多包括 31 个字符。本示例的集群名称为 engineering。

（9）单击 OK 按钮，即在 Catalyst 3524 XL 交换机上启用集群功能，创建了一个集群，并把该交换机设置为命令交换机。随后，在交换机管理主页中会显示集群信息，如图 1-14 所示。此时可以见到命令交换机的 IP 地址和集群名称。

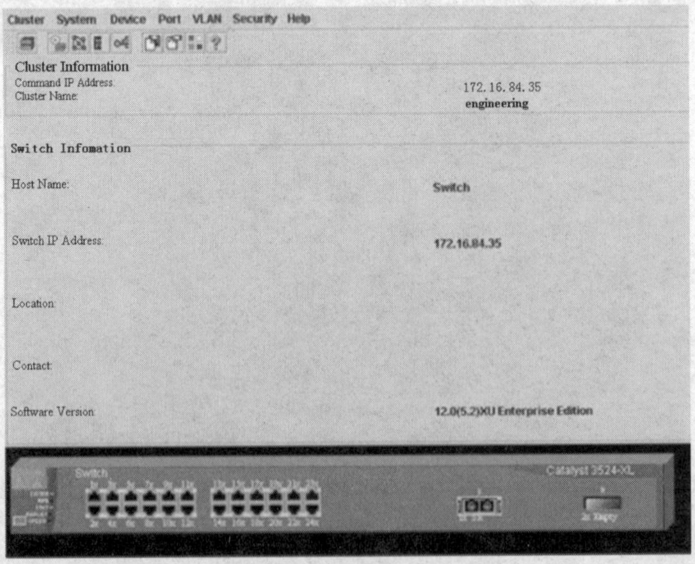

图 1-14　在交换机管理窗口中显示的集群信息

至此，图 1-9 所示的中心交换机 Catalyst 3524 XL 配置文件中的命令配置已发生了变化，新添加的命令在下面是以粗体显示的。不要删除这些命令，因为这些命令是用于访问集群中的成员交换机的。在命令交换机通过 Web 界面访问成员交换机时，命令交换机担当代理角色，转发 HTTP 呼叫连接请求到成员交换机。命令交换机使用虚拟内部 NAT 地址，即 CMP（Cluster Management Protocol，集群管理协议）地址来完成此项操作。

```
!
hostname Switch
!
enable password mysecret
!
ip subnet-zero
cluster enable engineering 0
!
!
!
interface VLAN1
ip address 172.16.84.35 255.255.255.0
no ip directed-broadcast
ip nat outside
!
!
ip default-gateway 172.16.84.1
ip Nat inside source list 199 interface VLAN1 overload
access-list 199 dynamic Cluster-NAT permit ip any any

!--（略）
```

（10）下面来添加成员交换机。在图 1-14 中执行 Cluster→Cluster Management 命令，打开一个新的集群管理窗口。在窗口中显示集群构建器（包括了交换机地图）。在窗口中，出现了 Suggested Candidate Window（建议候选窗口），如图 1-15 所示。可以移动或者最小化建议候选窗口，以便更清楚地看到集群构建器窗口，在其中显示了命令交换机和候选交换机。

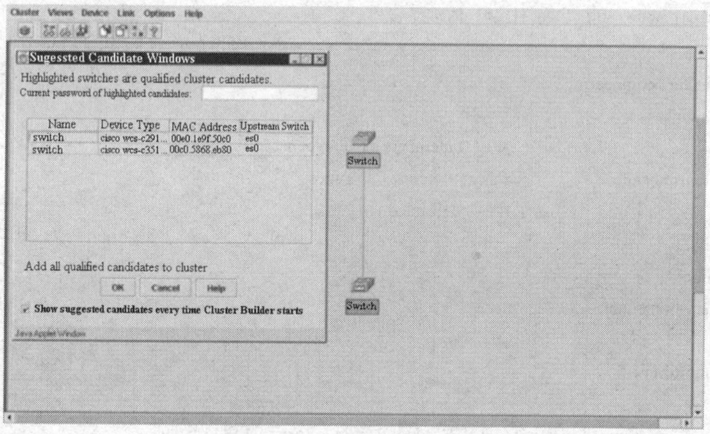

图 1-15　建议候选窗口

集群构建器使用 CDP 发现有资格成为候选的交换机。通过 CDP 协议，命令交换机可以自动发现星型或者菊花链结构中离集群边缘最多 3 级的候选交换机。在 Cisco IOS 12.0(5)XU 或者更高版本中，可以配置命令交换机发现离集群边缘最多 7 跳的候选交换机。

【注意】在建议候选窗口中，Show suggested candidates every time Cluster Builder starts（每当集群构建器启动时显示建议候选）复选项是选择的。通过这个复选项，可以选择在构建器启动时是否显示建议候选窗口。默认是显示的。

在图 1-15 所示的地图中仅显示了一个候选交换机。命令交换机是以绿色显示的，而候选交换机是以蓝色显示的。但在此时，仍没有候选交换机加入到集群中。在集群管理器中，当只有两台交换机的时候，在拓扑结构中只显示一台交换机。可以从图 1-15 所示的建议候选窗口中看到正确的候选交换机数量，也可以使用 CLI 检查当前候选交换机的数量。例如：

```
Switch# show cluster candidates
                                                          |---Upstream---|
MAC Address      Name     Device Type     PortIf  FEC  Hops  SN   PortIf  FEC
00e0.1e9f.50c0   Switch   WS-C2916M-XL    Fa0/1          1    0   Fa0/2
00d0.5868.eb80   Switch   WS-C3512-XL     Gi0/2          1    0   Gi0/1
```

（11）在图 1-15 中单击 OK 按钮，约 30 秒后，可以看到正确的成员交换机数量和命令交换机，如图 1-16 所示。中心交换机是一台命令交换机，Switch-1 和 Switch-2 交换机是成员交换机。现在所有的交换机图标都是呈绿色的，表示它们都在名为 engineering 的集群中。

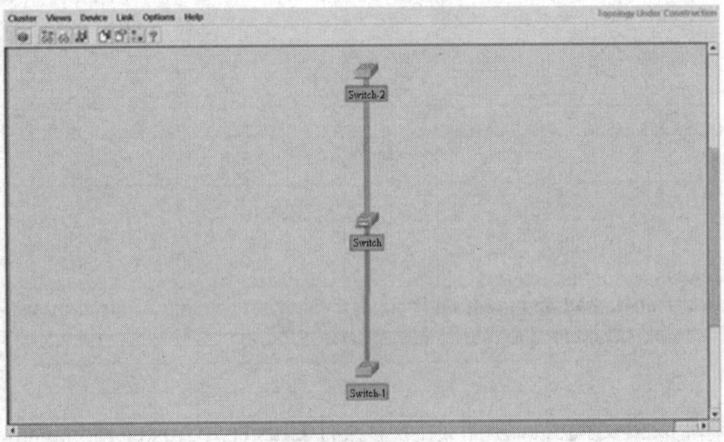

图 1-16　集群的拓扑结构

如果在命令交换机（Catalyst 3524 XL）上键入 **show cluster**（显示集群基本信息）、**show cluster members**（显示集群成员）或者 **show cluster view**（显示集群成员配置）命令，则可以校验图 1-16 中显示的是否正确。命令输出如下：

```
Switch# show cluster
Command switch for cluster "engineering"
      Total number of members:             3
      Status:                              0 members are unreachable
      Time since last status change:       0 days, 0 hours, 7 minutes
      Redundancy:                          Disabled
      Heartbeat interval:                  8
      Heartbeat hold-time:                 80
      Extended discovery hop count:        3

Switch# show cluster members
                                                  |---Upstream---|
SN  MAC Address     Name      PortIf  FEC  Hops  SN  PortIf  FEC  State
0   00d0.5868.f180  Switch                 0                      Up (Cmdr)
1   00e0.1e9f.50c0  Switch-1  Fa0/1        1     0   Fa0/2        Up
2   00d0.5868.eb80  Switch-2  Gi0/2        1     0   Gi0/1        Up

Switch# show cluster view
                                                          |---Upstream---|
SN  MAC Address     Name      Device Type    PortIf  FEC Hops  SN  PortIf  FEC
0   00d0.5868.f180  Switch    WS-C3524-XL                0
1   00e0.1e9f.50c0  Switch-1  WS-C2916M-XL   Fa0/1       1     0   Fa0/2
2   00d0.5868.eb80  Switch-2  WS-C3512-XL    Gi0/2       1     0   Gi0/1
```

此时在命令交换机的配置文件中发生了以下变化（以粗体显示）：

```
!
ip subnet-zero
cluster enable engineering 0
```

```
cluster member 1 mac-address 00e0.1e9f.50c0
cluster member 2 Mac-address 00d0.5868.eb80
!
!
!

!--（略）
```

当一个候选交换机成为了成员交换机后，在命令交换机配置文件中会添加这个成员交换机的 MAC 地址。同时，在成员交换机中也会添加命令交换机的 MAC 地址。下面是在图 1-16 中最底端的成员交换机 Catalyst 2916M XL 上执行 **show cluster** 命令的输出（从中可以看出该交换机的成员号、集群名、管理 IP 地址、命令交换机 MAC 地址等信息）。

```
Switch-1# show cluster
Cluster member 1
Cluster name: engineering
Management ip address: 172.16.84.35
Command device Mac address: 00d0.5868.f180
Switch-1#
```

在成员交换机 Switch-2 顶端的交换机——Catalyst 3512 XL 中键入"**show cluster**"命令，输出如下（从中可以看出该交换机加入的集群名、成员号、管理 IP 地址、命令交换机 MAC 地址等信息）：

```
Switch-2# show cluster
Member switch for cluster "engineering"
        Member number:                          2
        Management IP address:                172.16.84.35
        Command switch Mac address:           00d0.5868.f180
        Heartbeat interval:                 8
        Heartbeat hold-time:                80
Switch-2#
```

（12）在图 1-16 所示的窗口中执行 Views→Toggle Labels 命令，可以看到更详细的集群信息，如图 1-17 所示。这些附加的信息包括：

- 成员交换机的 MAC 地址
- 命令交换机的 IP 地址
- 端口数量和链接类型（快速以太网或者千兆以太网链接）

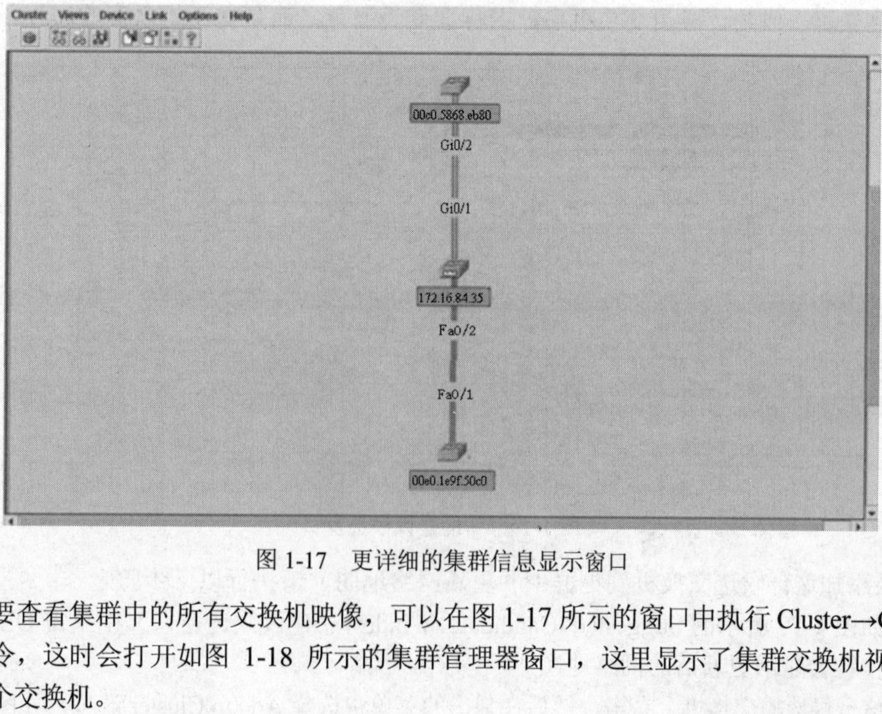

图 1-17　更详细的集群信息显示窗口

（13）要查看集群中的所有交换机映像，可以在图 1-17 所示的窗口中执行 Cluster→Go to Cluster Manager 命令，这时会打开如图 1-18 所示的集群管理器窗口，这里显示了集群交换机视图，可以看到集群中各个交换机。

图 1-18　集群管理器视图

1.4.2　通过 CMS 向交换机集群中添加成员交换机

上节介绍了通过 CMS 创建 Cisco IOS 集群，添加成员交换机的一个完整示例。本节要介绍如何向现有集群中单独添加成员交换机。本示例是要向如图 1-16 所示的集群中添加 Catalyst 2924M XL 成员交换机，具体步骤如下：

（1）把要添加的 Catalyst 2924M XL 交换机连接到集群中的命令交换机或者其他成员交换机上。本示例假设是把该交换机的 **fastethernet 0/2** 端口直接连接到命令交换机上。

（2）在图 1-16 所示的窗口中，执行 Cluster→Cluster Management 命令，此时会在新的浏览器窗口中打开集群构建器，最后显示如图 1-19 所示的界面。可以看到在建议候选窗口中列出了新的交换机（Catalyst 2924M XL）作为候选交换机。此时这台新的交换机图标也是显示为蓝色（表示目前只是候选，并未加入到集群中）。而且这台交换机是直接连接到命令交换机的。当这台候选交换机成功加入到集群，成为了成员交换机后，图标会变为绿色，而且交换机名会改为 Switch-3。

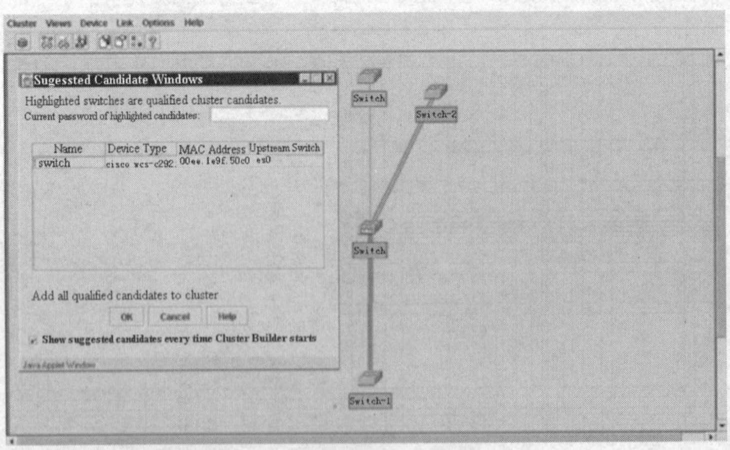

图 1-19　新的建议候选窗口

（3）要添加这台候选交换机到集群中并更新网络地图，请执行以下步骤之一：

- 在如图 1-19 所示的 Suggested Candidate Window（建议候选窗口）中单击 OK 按钮，等待几秒钟会显示更新后的网络地图。
- 在这台候选的交换机上右击，然后在弹出的菜单中选择 Add to Cluster 选项，如图 1-20 所示。

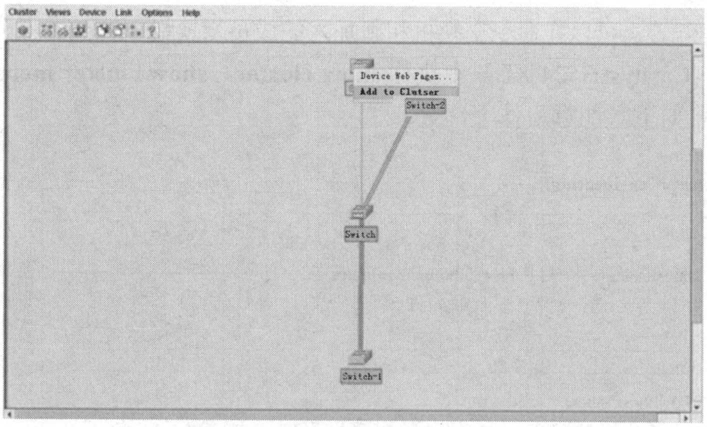

图 1-20　在候选交换机上右击

完成以上任一操作后即可把候选交换机加入到集群中，显示如图 1-21 所示的视图。此时新加的成员交换机（Switch-3）的图标已变为绿色了。

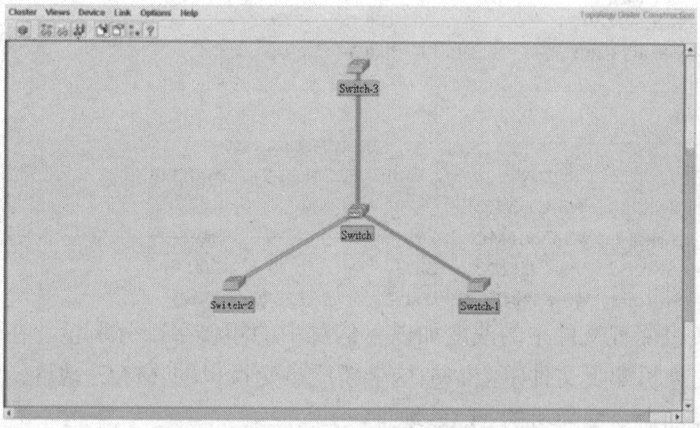

图 1-21　成功加入集群的集群结构视图

（4）执行 **Views→Toggle Labels** 命令，在网络地图中查看更详细的集群配置信息，如图 1-22 所示。其中也显示了：

- 成员交换机的 MAC 地址
- 命令交换机的 IP 地址
- 端口数量和链接类型（快速以太网或者千兆以太网链接）

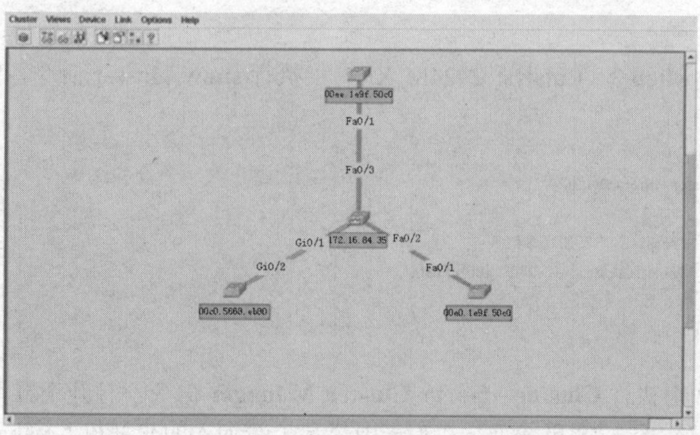

图 1-22　详细的集群网络地图

如果要校验集群配置，可以在命令交换机和新加入的成员交换机 Switch-3 上分别进行如下操作：

在命令交换机（Catalyst 3524 XL）上执行 **show cluster**、**show cluster members** 和 **show cluster view** 命令，输出信息如下（注意粗体字部分）：

```
Switch# show cluster
Command switch for cluster "engineering"
        Total number of members:              4
        Status:                                0 members are unreachable
        Time since last status change:     0 days, 0 hours, 7 minutes
        Redundancy:                            Disabled
        Heartbeat interval:                8
        Heartbeat hold-time:               80
        Extended discovery hop count:      3

Switch# show cluster members
                                                  |---Upstream---|
SN   MAC Address       Name         PortIf   FEC  Hops SN PortIf FEC   State
0    00d0.5868.f180    Switch                      0                    Up (Cmdr)
1    00e0.1e9f.50c0    Switch-1 Fa0/1              1    0  Fa0/2         Up
2    00d0.5868.eb80    Switch-2 Gi0/2              1    0  Gi0/1         Up
3    00ee.1e9f.50c0    Switch-3 Fa0/1              1    0  Fa0/3         Up

Switch# show cluster view
                                                               |---Upstream---|
SN   MAC Address       Name       Device Type    PortIf  FEC Hops SN   PortIf FEC
0    00d0.5868.f180    Switch     WS-C3524-XL               0
1    00e0.1e9f.50c0    Switch-1   WS-C2916M-XL   Fa0/1      1    0     Fa0/2
2    0d0.5868.eb80     Switch-2   WS-C3512-XL    Gi0/2      1    0     Gi0/1
3    00ee.1e9f.50c0    Switch-3   WS-C2924M-XL   Fa0/1      1    0     Fa0/3
```

此时，命令交换机配置文件中的改变如以下信息中的粗体字部分所示。在候选交换机成为了成员交换机时，命令交换机配置文件中会添加这个新成员交换机的 MAC 地址，同样，在新的成员交换机配置文件中会添加命令交换机的 MAC 地址。

```
!
ip subnet-zero
cluster enable engineering 0
cluster member 1 Mac-address 00e0.1e9f.50c0
cluster member 2 Mac-address 00d0.5868.eb80
cluster member 3 Mac-address 00ee.1e9f.50c0
!
!
!

!--（略）
```

在成员交换机 Switch-3（Catalyst 2924M XL）上执行 **show cluster** 命令，验证集群配置（注意输出中的粗体字部分）。

```
Switch-3# show cluster
Member switch for cluster "engineering"
    Member number:          3
    Management IP address:        172.16.84.35
    Command switch Mac address:        00d0.5868.f180
    Heartbeat interval:     8
    Heartbeat hold-time:        80
Switch-3#
```

（5）在图 1-22 中执行 **Cluster→Go to Cluster Manager** 命令，打开集群管理器，如图 1-23 所示。此时集群视图已较图 1-18 更新了，在列表中显示了新加入的交换机 Catalyst 2924M XL。

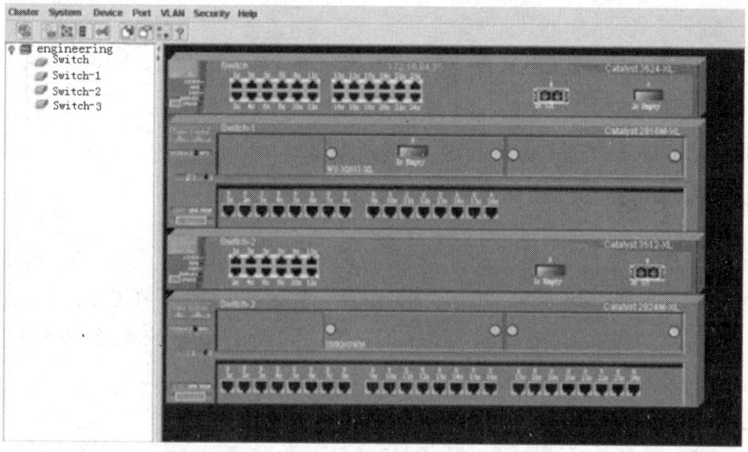

图 1-23　添加新成员后的集群管理器视图

1.5　Cisco IOS 交换机集群管理

Cisco IOS 交换机集群也可以通过 CMS、CLI 和 SNMP 多种方式进行管理。本节要介绍 CMS 和 CLI 这两种主要管理模式下的 Cisco IOS 交换机集群管理方法。

要通过 CMS 管理交换机集群，首先要知道如何进入 CMS 管理程序界面。方法很简单，只需在连接交换机的 PC 机浏览器中键入命令交换机的 IP 地址，就会显示如图 1-24 所示的 Cisco Systems 访问页面。单击 Cluster Management Suite or Visual Switch Manager（集群管理套件或者可视交换机管理器）链接则打开如图 1-25 所示的集群构建器或者集群管理器。

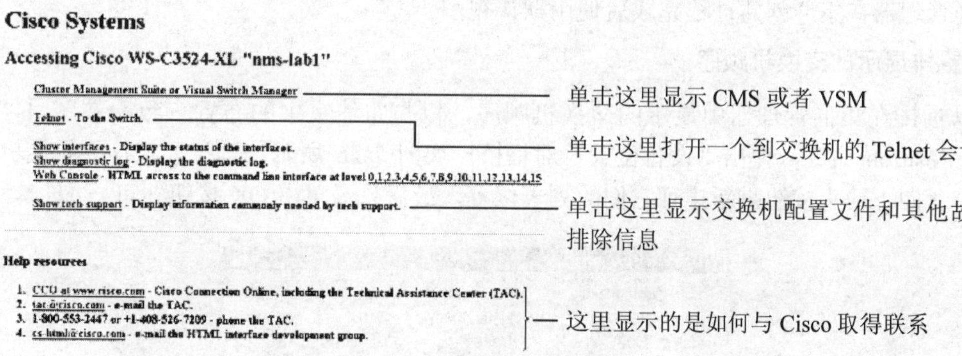

图 1-24　Cisco 系统访问页面

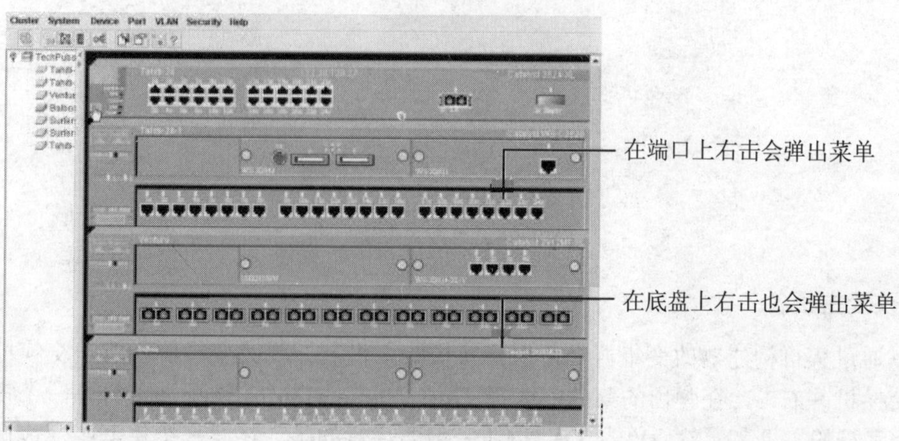

图 1-25　集群管理器窗口

1.5.1 通过 CMS 管理集群的基本配置

本节介绍如何通过 CMS 管理 Cisco IOS 交换机集群的基本配置。

1．部署和保存网络地图

可以在集群构建器和集群视图中重新配置设备，并且保存这些信息（通常称为“网络地图”）。在部署和保存这个网络地图前，确保命令交换机已发现了所有设备，并且已把它们添加到了集群中。可通过在图 1-25 中所列的设备上按住鼠标左键并拖动到新的位置来重新调整网络地图风格，然后执行 Options→Save Layout 命令来保存重新部署的网络地图。

2．保存用户设置

可在图 1-25 中单击 Cluster→User Settings 命令来改变在以下列表中描述的参数。用户设置是自动保存在命令交换机的永久存储器中的。

（1）集群构建器和集群管理器轮询间隔。选择交换机在轮询新集群和端口信息前所需要等待的时间。在改变或者测试集群交换机时选择较低的轮询间隔比较有益，默认是 120 秒。较长的轮询间隔会减少命令交换机产生的请求数量，拓扑结构更新也不会很频繁。而太短的轮询间隔则有相反的影响。建议仅在排除故障或者构建集群时使用较短的轮询间隔。

（2）链路和设备图轮询。选择在应用新的视图信息前交换机所需等待的时间，默认为 24 秒，刷新页面可以使新设置生效。

（3）在集群管理程序启动时显示闪屏。选择在启动程序时总是闪屏。

（4）改变默认视图。选择在 CMS 启动时集群管理器或者集群构建器所显示的视图。例如，可以使集群管理器在集群创建过程完成后使用默认视图。

3．重排显示的交换机顺序

可以重排在集群管理器中显示的交换机顺序，以与布线室中的布置一致。在图 1-25 中单击 Cluster→Position 命令，弹出“设备位置”对话框，如图 1-26 所示。选择要重排的交换机，然后使用向上或者向下箭头按钮重新排列它们的列表位置，最后只需单击 OK 按钮即可。

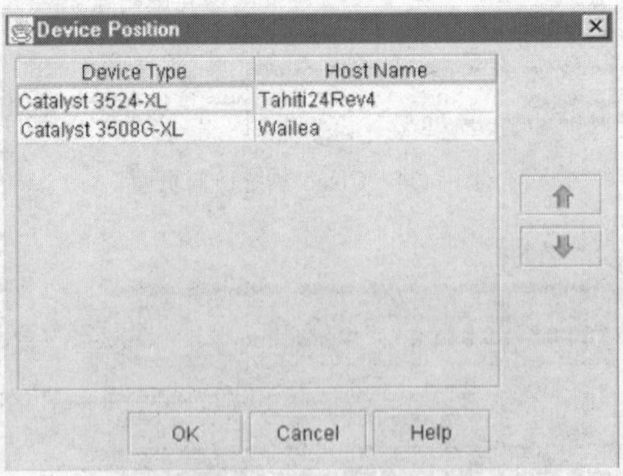

图 1-26 “设备位置”对话框

4．改变主机名

可以通过集群构建器改变集群中任何交换机的主机名。要改变集群中成员交换机的主机名，选择相应交换机并右击，在弹出的菜单中选择 **Host Name Config** 选项即可打开一个窗口。键入不超过 28 个字符的主机名，然后单击 OK 按钮。但要注意的是，在同一个集群中，成员交换机的主机名必须唯一，也不要在交换机主机名的最后使用数字。也可以改变命令交换机的主机名，同样主机名不能超过 28 个字符。

5．保存配置改变

在大多数型号的 Cisco IOS 集群成员交换机中的配置改变不会自动保存在闪存中，直到在如图 1-25 所示的集群管理器中执行了 System→Save Configuration 命令，或者在集群构建器或集群视图中执行了 Options→Save Configuration 命令。但这些操作在 Catalyst 1900/2820 交换机中是不会应用的，因为配置改变会自动保存在闪存中。

要使集群配置改变（除了网络地图和在用户配置窗口中的改变），建议定期保存配置。配置改变将同时在命令交换机和成员交换机上保存。

6．显示集群交换机清单

可以显示一个集群中所有交换机的列表。这个集群清单包括以下信息：

- Cisco 型号和序列号
- 交换机上运行的 IOS 版本
- 交换机的 IP 信息
- 交换机位置
- 交换机安装的模块

要显示集群清单，可以在如图 1-25 所示的集群管理器窗口中执行 System→Inventory 命令，显示的清单如图 1-27 所示。要显示单一交换机信息，则选择相应的交换机并右击，在弹出的菜单中选择 System→ Inventory 选项。

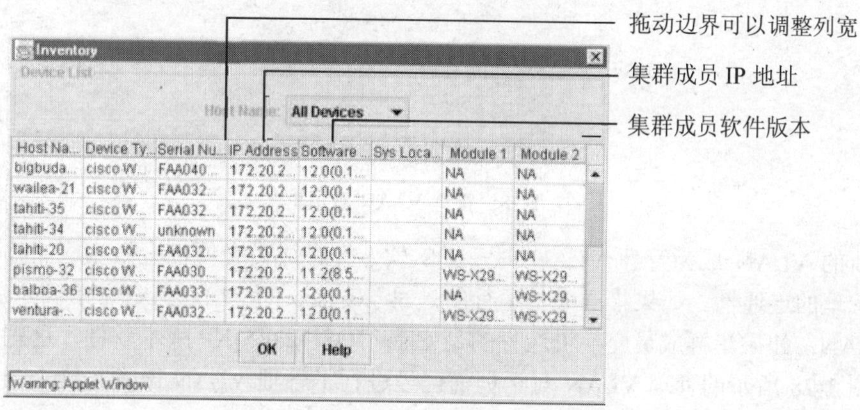

图 1-27　集群清单示例

1.5.2　通过 CMS 改变集群管理 VLAN

集群中的所有交换机管理功能访问是通过交换机的 IP 地址进行的，而交换机管理 IP 地址总是属于管理 VLAN，默认都是 VLAN 1。本节介绍如何配置一个集群，以便在管理 VLAN 发生改变时支持管理连接。

1．改变管理 VLAN 指南

管理 VLAN 具有以下特性：

- 在静态访问、多 VLAN、动态访问和中继端口上由 VSM 或者 CLI 创建。不能通过 SNMP 创建或者删除管理 VLAN。

- 每次仅一个管理 VLAN 的管理功能是活动的。
- 除 VLAN 1 外的其他管理 VLAN 是可以被删除的。
- 在新的管理 VLAN 创建后，原来的管理 VLAN 的管理功能将关闭。

在交换网络中改变管理 VLAN 之前，要确保遵循了以下指南：

- 新的管理 VLAN 应当没有配置 HSRP 备用组。
- 必须可以移动网络管理站点到一个分配给新的管理 VLAN 的交换端口。
- 在管理 VLAN 改变后，必须存在从网络管理站点到所有相关交换机的良好网络连接。
- 运行早于 Cisco IOS 12.0(5)XP 版本的交换机不能改变管理 VLAN。
- 运行 Cisco IOS 12.0(5)XP 版本的交换机应当升级到在 Cisco IOS 12.0(5)XU 版本说明中描述的当前软件版本。

2．改变集群管理 VLAN

为了管理集群中的交换机，在命令交换机、成员交换机和候选交换机间连接的端口必须在一个管理 VLAN 中。可以使用图 1-25 中的 VLAN 菜单打开如图 1-28 所示的管理 VLAN 对话框，或者通过 CLI 来管理命令交换机和成员交换机的管理 VLAN。任何 VLAN 可以作为管理 VLAN，只要它们在命令交换机和成员交换机间存在连接。

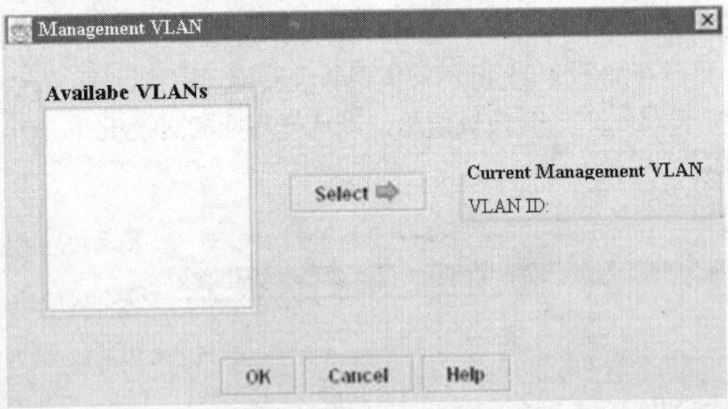

图 1-28　管理 VLAN 对话框

在选择新的 VLAN 成为管理 VLAN 时，IOS 软件会在成员交换机上做相应的改变，以确保集群继续保持管理的连通性。如果集群成员运行的是早于 Cisco IOS 12.0(5)XP 的版本，则不能改变集群的管理 VLAN；如果集群成员交换机运行的是 Cisco IOS 12.0(5)XP 版本软件，这些成员交换机需要在使用如图 1-28 所示的管理 VLAN 对话框前已经进行了管理 VLAN 改变。这个改变流程是包括在 Cisco IOS 12.0(5)XP 的 Cisco IOS 桌面交换软件配置指南中的。

【注意】改变管理 VLAN 会终止 HTTP 或者 Telnet 会话。必须通过在浏览器中键入交换机 IP 地址重启 HTTP 会话，或者通过 Telnet 重启 CLI 会话。可以在不中断连接的情况下通过控制台改变管理 VLAN。

3．改变新交换机的管理 VLAN

对于新加入到集群中的交换机，必须首先连接到属于集群管理 VLAN 的端口。如果集群中所配置的管理 VLAN 不是默认的 VLAN，命令交换机为新加入的交换机改变管理 VLAN。通过这种方法，新的交换机才可以与命令交换机交换 CDP 消息，才可能被选举为集群候选交换机。

【说明】对于命令交换机，改变新交换机上的管理 VLAN，则不能改变交换机配置，且必须没有 config.text 文件。因为交换机是新的、未配置的，在它第一次加入到集群时，它的管理 VLAN 被改变为集群管理 VLAN。在发生改变的时候，所有具有活动链路的端口都将成为新的管理 VLAN 的成员。

4．通过 CLI 中的 Telnet 连接改变管理 VLAN

在进行以下步骤前，请参见本节中“改变管理 VLAN 指南”部分的内容。在命令交换机的特权模式下，可通过 **cluster management-vlan** *vlan_id* 命令改变集群的管理 VLAN，然后把连接交换机的端口移到新的管理 VLAN 端口。

1.5.3 通过 CMS 监控和配置端口

通过在如图 1-25 所示的集群管理器中单击交换机，可以在一台交换机上配置一个或者多个端口。也可以从不同交换机上配置多个端口为一个组，并且可以显示每个端口设置。表 1-6 所示为可以监控和配置的参数。

表 1-6 可以监控和配置的端口参数

参数	说明
Status（状态）	端口的可管理性，也就是是否启用管理功能
Duplex（双工）	Catalyst 2900/3500 XL 交换机：设置端口双工模式（包括全双工、半双工和自动协商 3 种模式），默认为自动协商模式。对于 ATM 端口，这项配置为只读，显示为全双工模式。 Catalyst 1900/2820 交换机：设置以太网通道的双工模式（全双工或者半双工两种模式），默认为半双工模式。 在 100Base-TX 快速以太网端口上，设置全双工、半双工或者自动协商模式，或者全双工流量控制模式，默认为半双工模式。但是 Catalyst 2820 交换机的快速以太网模块不支持双工协商模式。 在 100Base-FX 快速以太网端口上设置全双工、半双工或者全双工流量控制，默认为半双工模式
Speed（速率）	设置 10/100Mbps 端口为 10Mbps、100Mbps 或者自动协商（Auto），默认为自动协商。但是不能在 Catalyst 1900/2820 交换机上进行以上配置。 对于千兆以太网端口，在集群管理器中相应配置选项显示的是 1000Mbps，并且不可改变。对于 ATM 端口，这个配置选项显示的是 155Mbps，而且也不可更改
Port Fast（端口快速）	设置端口立即进入 STP 转发状态，而不再需要经过侦听和学习状态
802.1p	为端口分配服务类型（Class of Service，CoS）优先级。CoS 取值范围为 0～7，数字越大，优先级越高。 在千兆以太网上启用或者禁止流量控制。流量控制可以使千兆以太网端口在出现拥塞时控制通信速率。如果一个端口出现了拥塞，不能接收任何更多的通信了，它会通知其他端口停止发送数据到该端口，直到拥塞现象消除
Flow Control（流量控制）	要在本地端口完成远程端口的流量控制，则仅当远程端口也可以完成对本地端口的流量控制时才有效，选择 Symmetric（对称）选项。 当仅在本地端口完成远程端口的流量控制时选择 Asymmetric（非对称）选项。 在本地端口可以支持远程端口所需求的任一级别流量控制时选择 Any 选项。如果选择的是 None 选项，则禁止在端口上进行流量控制。 注意，这个选项仅在千兆以太网端口上有效，不支持快速以太网和 ATM 端口
Inline Power（内联电源）	Catalyst 3524-PWR 交换机为 Cisco 7960 IP 电话提供电源。选择 Auto 选项可以使端口在检测到 IP 电话没有连接电源时总是提供供电；选择 never 选项时，端口从不为 IP 电话供电

1．监控端口设置

交换机映像中的 LED 参数与实际的指示类显示了同样的信息，但是是使用颜色来替代交换机面板中指示灯的开关状态的。在 Catalyst 1900/2820/2900 XL 和 Catalyst 3500 XL 交换机中，图 1-25 中的端口上的指示灯可以显示端口状态（STAT）或者双工（FDUP）设置。在 Catalyst 2900/3500 XL 交换机端口上的指示灯还可以显示端口速率。在 Catalyst 3524-PWR 上，如果端口是为 Cisco 7960 IP 电话供电，则还可以为交换机选择指示内联电源（LINE PWR）。在选择内联电源时，端口指示灯可以有以下含义：

- 绿色：端口正在为内联电源供电。
- 琥珀色：端口上的内联供电失败。

如图 1-29 所示，单击 Mode（模式）按钮以高亮显示 STAT（状态）、SPD（速率）、FDUP（双工）或者 LINE PWR（内联电源，仅适用于 Catalyst 3524-PWR XL 交换机）。端口指示灯传达所选择的信息，可以通过执行 Help→Legend 命令显示各种指示灯颜色的含义。

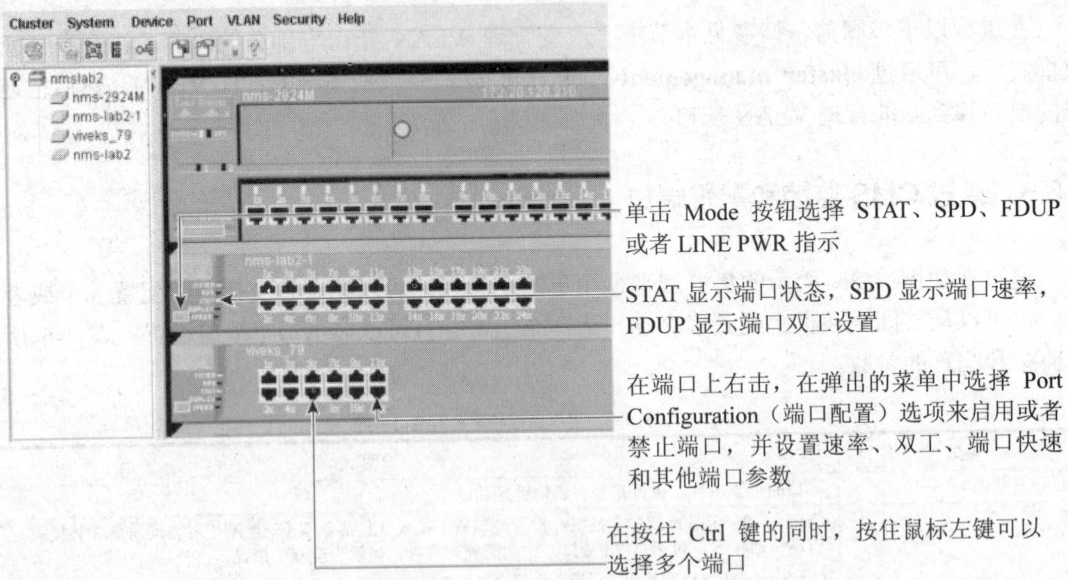

图 1-29　使用 Mode 按钮了解交换机指示灯

2．监控其他交换机指示灯

其他指示灯功能如下：

- 系统指示灯显示交换机的状态。
- 在交换机上连接了 Cisco RPS（Redundant Power System，冗余电源系统）时，RPS 指示灯打开。

以上两个指示灯在模块交换机上安装了相应模块时才会打开。

3．配置端口指南

在集群管理器的端口配置窗口中显示了每个端口被请求和实际的设置。连接到不支持请求设置或者没有连接到设备的端口可能会引起请求和实际设置不一致。

在配置双工和速率设置时，请遵循以下指南：

- 千兆以太网端口总是设置为 1000Mbps，但是可以是协商双工模式。
- 在千兆以太网端口与所连接设备的连接设置不一致时，将丢失它们的连接，而且不会产生统计信息。
- ATM 端口总是设置为全双工模式，不能自动协商双工模式或者速率。
- 千兆堆叠到千兆堆叠的堆叠连接工作在半双工模式，而千兆堆叠到千兆堆叠的点到点连接工作在全双工模式。
- 如果启用了 STP（生成树协议），在端口重新配置时，交换机可以在 30 秒内检查环路。端口指示灯在启用了 STP 后呈琥珀色。

在实施了改变之后，可以通过集群管理器的主页或者使用 Mode 按钮校验端口的改变。

4．连接不自动协商的设备

要连接远程不能自动协商的 100BaseT 设备，设置双工模式为全双工或者半双工，设置速率为自动（Auto）。速率的自动协商可以在设备不支持自动协商时选择使用。

要连接到远程不支持自动协商的千兆以太网设备，则要在本地设备上禁止自动协商，并且设置与所连设备兼容的双工模式、速率和流量控制参数。

5．配置端口

要监控和重新配置交换机上的所有端口，则在集群管理器窗口中选择该交换机，然后执行 Port→Port Configuration 命令，打开如图 1-30 所示的“端口配置”对话框。在其中显示了每个端口的配置和当前实际状态表。因为有些是采用自动协商模式，所以端口的实际状态可能与所配置的相同。要重新配置一个端口，选择相应的行，然后单击 Modify（编辑）按钮即可在弹出的对话框中进行修改。

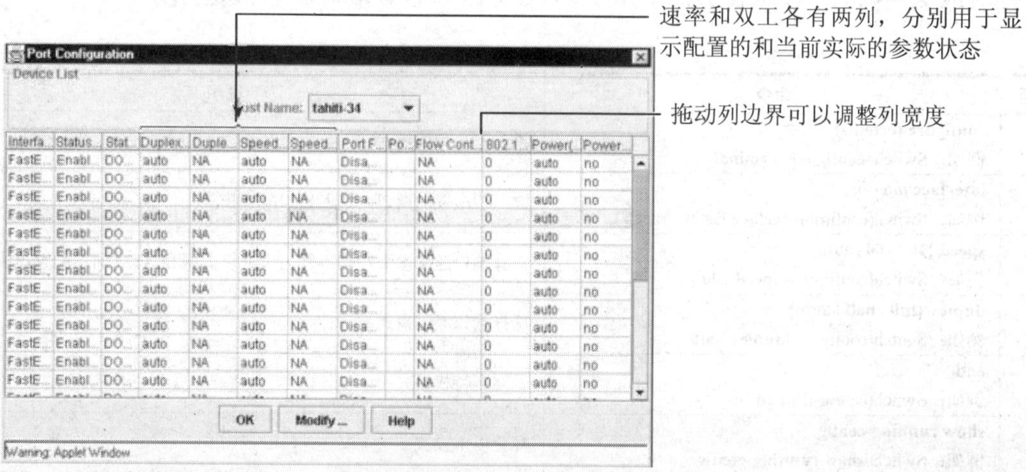

图 1-30　“端口配置”对话框

要监控或者重新配置单个端口，则在相应端口上右击，然后在弹出的菜单中选择 Port→Port Configuration 选项，弹出如图 1-31 所示的“端口配置”对话框，显示该端口的状态和设置。在各选项下拉列表框中选择需要的配置项，然后单击 OK 按钮。

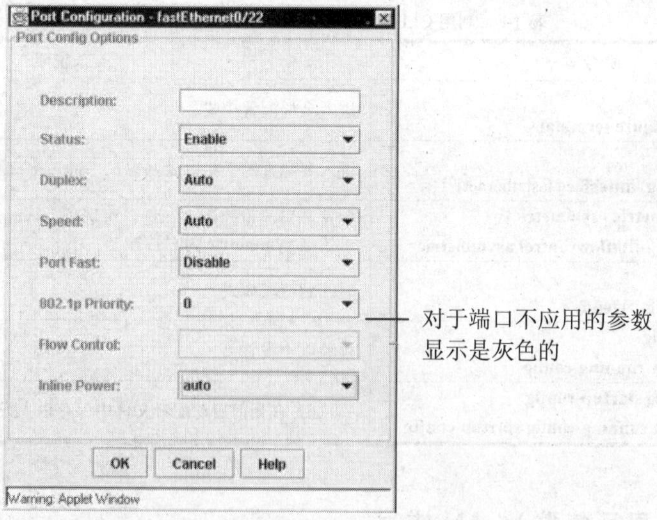

图 1-31　“端口配置”对话框

如果要同时改变一组端口，则在如图 1-30 所示的对话框中选择一行或者多行，然后单击 Modify 按钮，同样会打开如图 1-31 所示的“端口配置”对话框。当选择多行时，对话框中不会显示这些端口的实际设置。

尽管可以配置多个混合端口的设置，但有些设置是不会应用到所选的所有端口上的（不能应用的参数呈灰色），如图 1-31 所示。例如，可以为混合以太网、千兆以太网和 ATM 端口选择半双工模式，但这项设置仅会在以太网和千兆以太网端口上应用。

也可以配置不同交换机上的多个端口。通过按住 Ctrl 键然后按住鼠标左键选择多个要配置的端口，然后右击，在弹出的菜单中选择 Port→Port Configuration 选项，弹出与图 1-31 所示一样的端口配置对话框。可以通过这个对话框为所选择的端口进行配置，但是对话框不会显示实际的端口设置或者 VLAN 信息。

6. 利用 CLI 设置速率和双工参数

在对应交换机上，按照表 1-7 所示的步骤在 CLI 中设置端口速率和双工模式。

表 1-7　设置端口速率和双工模式的步骤

步骤	命令	说明
1	**configure terminal** 例如：Switch#**configure terminal**	进入全局配置模式
2	**interface** *interface* 例如：Switch(config)#**interface** fastethernet1/1	键入要配置的端口，进入接口配置模式
3	**speed {10 | 100 | auto}** 例如：Switch(config-if)# **speed** 100	选择端口速率参数，但不能为千兆以太网和 ATM 端口配置该参数
4	**duplex {full | half | auto}** 例如：Switch(config-if)#**duplex half**	选择端口双工模式
5	**end** 例如：Switch(config-if)#**end**	返回到特权模式
6	**show running-config** 例如：Switch#**show running-config**	校验以上设置
7	**copy running-config startup-config** 例如：Switch#**copy running-config startup-config**	（可选）在当前启动配置文件中保存以上设置

7. 利用 CLI 配置千兆以太网端口流量控制

在相应交换机上，自特权模式开始，按照表 1-8 所示的步骤配置千兆以太网端口的流量控制。

表 1-8　利用 CLI 配置千兆以太网端口流量控制的步骤

步骤	命令	说明
1	**configure terminal** 例如：Switch#**configure terminal**	进入全局配置模式
2	**interface** *interface* 例如：Switch(config)#**interface** fastethernet1/1	键入要配置的千兆以太网端口，进入接口配置模式
3	**flowcontrol [asymmetric | symmetric]** 例如：Switch(config-if)#**flowcontrol asymmetric**	配置端口流量控制：二选一可选项 **asymmetric** 为非对称控制，二选一可选项 **symmetric** 为对称控制
4	**end** 例如：Switch(config-if)#**end**	返回到特权模式
5	**show running-config** 例如：Switch#**show running-config**	校验以上设置
6	**copy running-config startup-config** 例如：Switch#**copy running-config startup-config**	（可选）在当前启动配置文件中保存以上设置

1.5.4　通过 CMS 显示集群 VLAN 成员

在如图 1-25 所示的集群管理器界面中执行 VLAN→VLAN Membership 命令，在打开的如图 1-32 所示的 VLAN 成员对话框中显示了在交换机上自定义的 VLAN 列表。通过选择一个 VLAN，可以在集群管理器中显示属于这个 VLAN 的所有相应端口。也可以使用该对话框配置 VLAN 和中继。具体的 VLAN 和中继配置方法将在后面介绍，在此不再赘述。

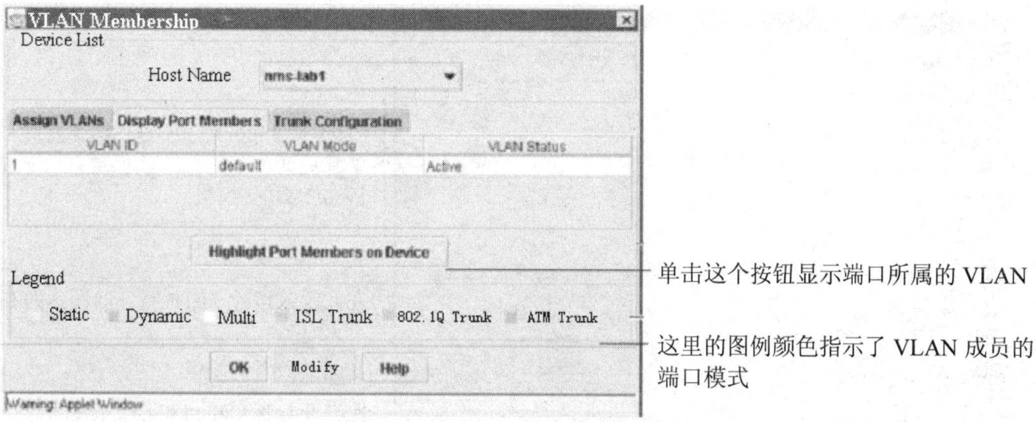

图 1-32　VLAN 成员对话框

要显示交换机上的活动 VLAN，在如图 1-32 所示的对话框的相应交换机底盘上右击，或者执行 VLAN→VLAN Membership 命令。但要注意，在 Catalyst 1900/2820 交换机上不能使用以上 VLAN 成员功能。

要显示某个端口属于哪个 VLAN，在如图 1-32 所示的对话框中单击选择 Display Port Members（显示端口成员）选项卡，选择相应的 VLAN，然后单击 Highlight Port Members on Device 按钮，这样就会高亮显示所有属于该 VLAN 的端口。在对话框下面的 Legend（图例）中显示所选 VLAN 成员的端口模式。

1.5.5　更新集群中的交换机系统软件

可在如图 1-25 所示的集群管理器中，执行 System→Software Upgrade 命令，打开如图 1-33 所示的“软件更新”对话框，每次更新一组或者一台集群交换机。新的软件可以在 Cisco 网站上下载或者从授权机构购买。

1．更新交换机软件指南

可以一次更新集群中的所有或者部分交换机软件，但是软件首先要完成一系列的检测。要加速更新过程，请遵守以下原则：

- 不能在同一时间更新 Catalyst 2900 和 Catalyst 3500 XL 交换机，但可以在同一时间组合更新 Catalyst 1900 和 Catalyst 2820 交换机。
- 不能更新带有 4MB DRAM 的 Catalyst 2900 XL 到 8MB 映像。带有 4MB DRAM 的型号是 WS-C2908-XL、WS-C2916M-XL、WS-C2924C-XL 和 WS-C2924-XL。这些交换机必须运行 IOS 11.2(8.x)SA6 初版软件来成为集群成员。对于这种版本，已没有原始版本软件包可用了。要检查交换机的 DRAM 大小，可运行 **show version** 用户模式命令。
- 不能为带有 4MB DRAM 的 Catalyst 2900 交换机和带有 8MB DRAM 的 Catalyst 3500 XL 交换机安装初版软件。
- 最后更新 Catalyst 1900 和 Catalyst 2820 交换机。为了使更新生效，这些交换机需要在更新发生后短时间内重启。如果在更新后 30 秒内不单击 Reboot Cluster 按钮，Catalyst 1900 和 Catalyst 2820 交换机会自动重启。
- 对于 Catalyst 2900 和 Catalyst 3500 XL 交换机，在 New File Name 文本框中键入 *image_name*.tar 文件名；而对于 Catalyst 1900 和 Catalyst 2820 交换机，则需要在 New File Name 文本框中键入 *image_name*.bin 文件名。tar 或者 bin 文件包括 IOS 映像和 Web 管理代码。

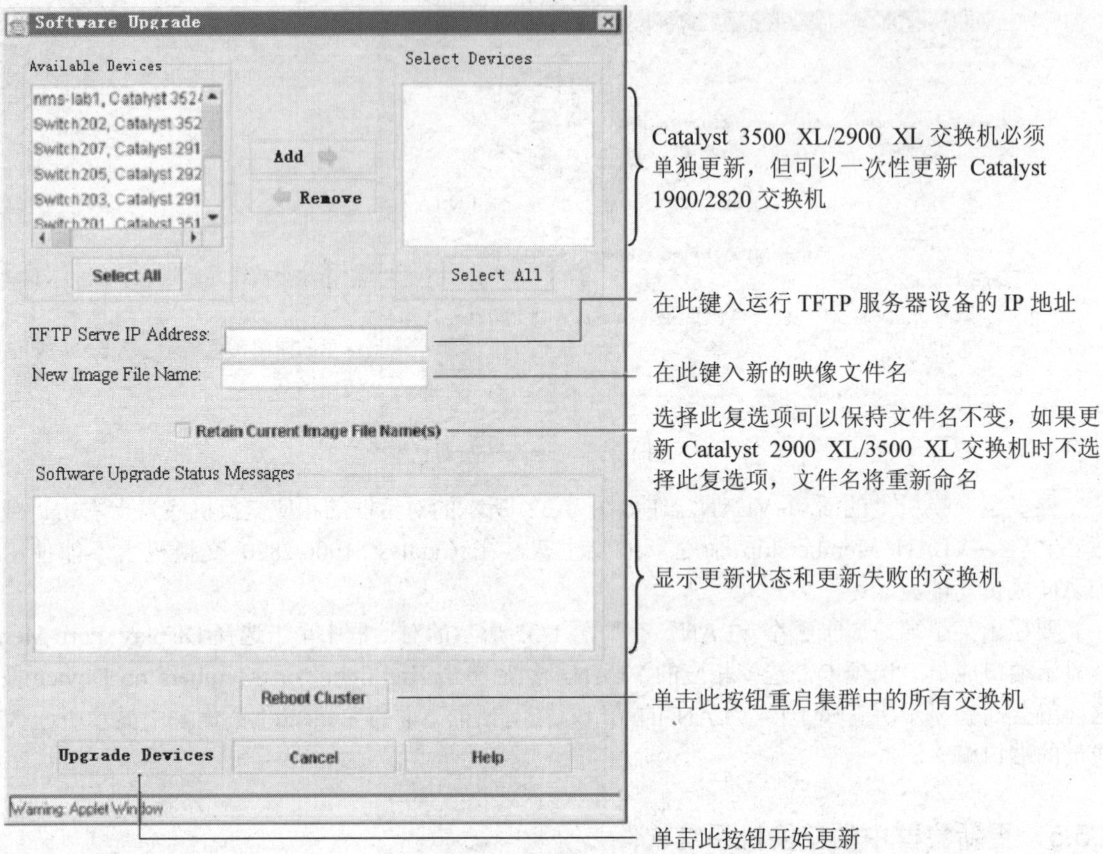

图 1-33 “软件更新”对话框

2．配置用于更新多台交换机的 Cisco TFTP 服务器

Cisco TFTP 服务器应用可以处理多个请求和会话，但是必须首先禁止 TFTP 服务器显示文件传输进程，而启用日志选项，以避免 TFTP 服务器失效。如果是用不同的 TFTP 服务器（非 Cisco 的）完成多个交换机的更新，则这个 TFTP 服务器必须能在同一时间管理多个请求和会话。

3．使用 CLI 从交换机上复制配置文件到 PC 或者服务器上

在更改了交换机配置时，这些更改将成为运行配置文件的一部分。在键入命令来保存这些更改到启动配置文件时，交换机复制配置到闪存中的 config.text 文件中。

为了确保在交换机失效后仍可以重载交换机，复制交换机中的这个 config.text 文件到 PC 或者服务器上。按照表 1-9 所示的步骤复制交换机配置到有 TFTP 服务器的 PC 或者服务器上。

表 1-9 复制交换机配置文件到 PC 或者服务器的步骤

步骤	命令	说明
1	**copy flash:config.text tftp**	复制闪存中的文件到 TFTP 服务器的根目录上
2	**Address or name of remote host []?** ip_address	在提示下键入 TFTP 服务器的 IP 地址
3	**Destination filename [config.text]?** *yes/no*	在提示下键入目标文件名，应仍为 config.text
4		在 PC 或者服务器上校验根目录中是否有复制得到的 config.text 文件

4．使用软件更新页面来更新交换机软件

在如图 1-33 所示的对话框中，按图示说明键入包含交换机软件映像和 Web 管理代码的 tar 文件（为 Catalyst 2900 和 Catalyst 3500 XL 交换机）或者 bin 文件（为 Catalyst 1900 和 Catalyst 2820 交换机）。可以在 New Image File Name 文本框中仅键入文件名或者路径。如果所定义的映像文件路径已是 TFTP 根目录，则无须键入这个路径。

在 Catalyst 2900 和 Catalyst 3500 XL 交换机上，新的映像是复制到闪存中的，不会影响交换机的运作。交换机检查闪存，以确保在更新时有足够的空间存放新的文件。如果在闪存中没有足够的空间，则旧的映像文件将被删除，然后再下载新的映像文件。如果有足够的空间，则在下载新的映像文件的同时不会删除旧的映像文件，在新映像文件下载完后，旧的才删除。这样可以确保在复制新的映像文件出错时仍可以使用旧的映像启动交换机。

在 Catalyst 1900 和 Catalyst 2820 交换机上，新的映像在更新过程中会覆盖旧的映像。新映像的特征只有在重载交换机后才显现。

5．通过 CLI 更新独立交换机

通常交换机的 IOS 有两种文件，一种以 tar 结尾，另一种以 bin 结尾。.tar（压缩文件）格式的包含 bin 文件、boot 文件和 HTML 文件，用于 Web 形式管理交换机；.bin 格式的只有 IOS 文件，不包含 HTML 文件。交换机文件可以通过 TFTP 拷贝到交换机上，要更新独立交换机软件（也就是单独更新一台交换机上的软件），可使用 Telnet 或者控制台端口登录交换机。这个过程用于带有 8MB DRAM 的交换机。早期 IOS 版本的交换机可能具有更低的内存配置，则更新过程与本节介绍的有些区别。要更新带有 4MB DRAM 的 Catalyst 2900 XL 交换机，则参照运行 Cisco IOS 11.2(8.1)SA6 或者 11.2(8.2)SA6 的 Catalyst 2900 Series XL 和 Catalyst 3500 Series XL 交换机的更新说明。这些交换机不能更新到 IOS 12.0(5)XU 版本。

主要更新过程如下：

（1）使用 **rename** 命令更改当前映像文件名为要复制的新文件名，文件名后缀为.bin。

（2）在更新软件前通过 **no ip http server** 禁止访问 HTML 页面，通过 **delete flash:html/***命令删除现有 HTML 文件，以避免在软件更新过程中与用户访问 Web 页面相冲突。

（3）使用 **tar /x tftp:**命令从 TFTP 服务器上下载新的包括.bin 文件、boot 文件和 HTML 文件的 IOS 文件，文件名后缀为.tar。

（4）通过 **ip http server** 命令重启 HTML 文件。

（5）通过 **reload** 命令重载交换机，应用新的 IOS 映像。

具体步骤如表 1-10 所示。

表 1-10　更新独立交换机的步骤

步骤	命令	说明
1	**show version** 例如：Switch#**show version**	校验交换机是否具有 8MB DRAM
2	**show boot** 例如：Switch#**show boot**	显示当前映像文件名
3	**rename flash:***current_image*.bin **flash:***new_image*.bin 例如：Switch# **rename flash:**c2900XL.c3h2.mz.112.8.5.SA6.bin **flash:**c2900XL.c3h2s.mz.120.5.2.XU.bin	重命名当前映像文件为要下载的 IOS 系统映像文件名，文件扩展名为.bin
4	**dir flash:** 例如：Switch#**dir flash:**	显示闪存中的内容，校验上步文件更名是否成功
5	**configure terminal** 例如：Switch#**configure terminal**	进入全局配置模式
6	**no ip http server** 例如：Switch(config)#**no ip http server**	禁止访问交换机的 HTML 文件
7	**end** 例如：Switch(config)#**end**	返回到特权模式
8	**delete flash:html/*** 例如：Switch#**delete flash:html/***	删除 HTML 文件，按回车键进行确认
9	**delete flash:html/snmp/*** 例如：Switch#**delete flash:html/snmp/***	（可选）对于运行 IOS 11.2(8)SA5 和更早版本的 Catalyst 2900 XL 交换机，删除在 SNMP 目录中的文件（注意目录中的 S 要大写），按 Enter 键进行确认

续表

步骤	命令	说明
10	**tar /x tftp:**//*server_ip_address*//*path*/*filename*.tar **flash:** 例如：Switch#**tar /x tftp:**//10.1.1.2/c2900XL.c3h2s.mz.120.5.2.XU.bar **flash:**	使用 tar 命令从 TFTP 服务器上下载新的 IOS 文件到交换机闪存中。注意此时是 tar 格式的 IOS 文件，包括在第 3 步重命名后.bin 格式的 IOS 文件。依据不同的 TFTP 服务器，在 *server_ip_address* 参数后可能仅需要一个反斜杠（/）
11	**configure terminal** 例如：Switch#**configure terminal**	进入全局配置模式
12	**ip http server** 例如：Switch(config)#**ip http server**	重启交换机的 HTML 文件
13	**end** 例如：Switch(config)#**end**	返回到特权模式
14	**reload** 例如：Switch#**reload**	重载新的软件

6．使用 CLI 更新 Catalyst 2900 或者 Catalyst 3500 XL 成员交换机

因为成员交换机可能分配了 IP 地址，命令行软件通过 TFTP 的更新是受命令交换机管理的。在 Catalyst 2900 或者 Catalyst 3500 XL 成员交换机上更新软件的步骤如下：

（1）在命令交换机的特权模式下，输入 **show cluster members** 命令显示集群成员信息。在输出信息中可以得到需要更新的成员交换机的成员号。

```
switch# show cluster members
```

（2）输入 **rcommand** n 命令（n 为要更新的成员交换机的成员号）进入成员交换机。

```
switch# rcommand 1
```

（3）如果是从命令交换机上启动 TFTP 复制，则用 **tar /x tftp:**//*server_ip_address*//*path*/*filename.tar* **flash:**命令启动 TFTP 复制。下面是一个该命令的输出示例。

```
switch-1# tar /x tftp://192.168.2.11/c2900xl-c3h2s-tar.120-5.WC17.tar flash:
```

（4）键入 **reload** 命令重启交换机，下面是一个示例。按 Enter 键后即开始下载新的软件，然后重启并使用新的软件。

```
switch-1# reload
System configuration has been modified. Save? [yes/no]:y
Proceed with reload? [confirm]

Press Enter to start the download.
```

7．更新 Catalyst 1900 或者 Catalyst 2820 成员交换机

因为这种型号的成员交换机可能没有分配 IP 地址，TFTP 服务器的命令行软件更新是命令交换机进行管理的。以下是在 Catalyst 1900 或者 Catalyst 2820 成员交换机上更新软件的步骤（注意与上述介绍的在 Catalyst 2900 或者 Catalyst 3500 XL 交换机上的软件更新步骤进行对比，区别比较大）：

（1）在命令交换机的特权模式下，输入 **show cluster members** 命令显示集群成员信息。在输出信息中可以得到需要更新的成员交换机的成员号。

```
switch# show cluster members
```

（2）键入 **rcommand** n 命令（n 为要更新的成员交换机的成员号）登录成员交换机。

```
switch# rcommand 1
```

（3）对于运行标准版本软件的交换机，键入密码（在提示时），从菜单控制台中选择 Firmware Configuration 菜单项，执行更新。

如果命令交换机处于特权级别 15，则 Telnet 会话访问菜单控制台（菜单驱动接口），如果命令交换机处于特权级别 1，则会被提示键入进入菜单控制台的密码，也就是特权级别 15（默认的特权模式）的使能密码。

下载完成后交换机会重新启动，并且使用新的软件。

（4）对于运行企业版软件的交换机，如果正在从成员交换机上启动 TFTP 复制，则使用 **copy**

tftp://*host*/*src_file* opcode 命令启动 TFTP 复制。

例如，执行 **copy tftp:**//spaniel/op.bin **opcode** 命令将从主机 spaniel 上下载新的 IOS 映像文件 *op.bin*，交换机重置后即可开始使用新的映像软件。

8．重装交换机软件

在更新一台交换机时，交换机会在复制新的映像软件到闪存中时继续进行正常工作。如果闪存没有足够的空间容纳新、旧两套映像软件系统，则新的映像将覆盖旧的。如果闪存有足够的空间同时容纳新、旧两套映像软件系统，新的映像会复制到闪存中，而正在运行的旧映像也不会被替换。仅当新的映像完全下载时，旧的才会被删除。如果在文件复制过程中出现了失败，仍然可以使用旧的映像重启交换机，新的软件将会在下次启动的交换机上安装。

1.5.6　通过 CLI 管理交换机集群

可以在第一次登录到集群命令交换机 CLI 界面时配置集群成员交换机。键入 **rcommand** 用户模式命令和集群成员交换机号开始一个 Telnet 会话（通过控制台或者 Telnet 连接），访问集群成员交换机 CLI。在集群成员交换机上键入 exit 特权执行模式命令返回到命令交换机 CLI。

从命令交换机 CLI 进入成员号为 3 的成员交换机 CLI 的示例如下：

```
switch# rcommand 3
```

如果不知道成员交换机的成员号，则在集群命令交换机的特权执行模式下键入 **show cluster members** 命令来查看各成员交换机的成员号。

若交换机集群中有运行标准版本软件的 Catalyst 1900 和 Catalyst 2820 交换机，如果集群命令交换机的特权级别为 15，则 Telnet 会话访问管理控制台；如果集群命令交换机的特权级别是 1～14，则会提示以密码方式来访问菜单控制台。

命令交换机特权级别是按照以下方式映射到运行标准和企业版软件的 Catalyst 1900 和 Catalyst 2820 集群成员交换机中的：

- 如果命令交换机特权级别是 1～14，则集群成员交换机是以特权级别 1 访问的。
- 如果命令交换机特权级别是 15，则集群成员交换机是以特权级别 15 访问的。

【说明】Catalyst 1900 和 Catalyst 2820 系列交换机的集群 CLI 仅在交换机运行企业版软件时可用。

1.5.7　通过 CLI 恢复失效的命令交换机

本节介绍如何在 CLI 模式下恢复失效的命令交换机。如果是运行 Cisco IOS 12.0(5)XU，则可以通过使用 HSRP 配置冗余命令交换机备用组实现，具体配置方法参见 1.3.2 节。

如果没有配置备用命令交换机，而命令交换机又断开了电源或者失效等，这样对成员交换机的管理就会丢失，而需要安装新的命令交换机。但是，交换机间的连接仍是保持不受影响的，而且成员交换机也可像往常一样转发数据包。可以像管理独立交换机一样通过控制台管理成员交换机，如果这些交换机配置了 IP 地址，还可以通过其他管理方式（如 Web 方式、Telnet 方式等）进行管理。

可以通过为成员交换机或者其他符合担当命令交换机的交换机分配一个 IP 地址来为命令交换机失效做准备，记下命令交换机密码，并且连接到集群上，以用成员交换机替代命令交换机。本节介绍两种替代失效命令交换机的方案：

- 用集群成员替代失效的命令交换机
- 用其他交换机替代失效的命令交换机

1. 用集群成员替代失效的命令交换机

按照以下步骤用具有担当命令交换机资格（各型号交换机是否可以担当命令交换机参见表 1-1）的同一个集群中的成员交换机替代失效的命令交换机：

（1）断开失效的命令交换机与集群的连接。

（2）在失效的命令交换机位置用成员交换机进行替代，并且用两条链路与成员交换机连接。

（3）在新的命令交换机上启动 CLI。可以通过控制台访问 CLI，如果交换机分配了 IP 地址，也可以使用 Telnet 方式。

（4）键入 **enable** 命令进入特权模式，并输入原来失效的命令交换机的特权密码。

（5）键入 **config terminal** 命令进入全局配置模式。

（6）在全局配置模式中键入 **no cluster commander-address** 命令删除集群中的成员交换机。

（7）键入 **exit** 命令返回到特权模式。

（8）键入 **setup** 命令，使用设置程序配置交换机 IP 地址。设置程序会提示键入 IP 地址、子网掩码、默认网关和密码，如下所示：

```
    Switch# setup
    --- System Configuration Dialog ---
    At any point you may enter a question mark '?' for help.
Use Ctrl-c to abort configuration dialog at any prompt.
Default settings are in square brackets '[]'.
    Continue with configuration dialog? [yes/no]:
```

（9）键入 Y，出现以下提示：

```
Continue with configuration dialog? [yes/no]: y
```

如果以上提示没有出现，键入 setup 命令，然后按 Enter 键，进入设置程序，然后再按 Enter 键，开始设置程序。

（10）在以下提示下键入交换机的 IP 地址，然后按 Enter 键。

```
Enter IP address: ip_address
```

（11）在以下提示下键入交换机的子网掩码地址，然后按 Enter 键。

```
Enter IP netmask: ip_netmask
```

（12）在以下提示下键入 Y。

```
Would you like to enter a default gateway address? [yes]: y
```

（13）在以下提示下键入默认网关的 IP 地址，然后按 Enter 键。

```
Enter router IP address: IP_address
```

（14）在以下提示下键入交换机的主机名，然后按 Enter 键。

```
Enter host name: host_name
```

（15）在以下提示下再次键入失效命令交换机中原来配置的特权密码，然后按 Enter 键。

```
Enter enable secret password: secret_password
```

（16）在以下提示下键入 Y，然后键入 Telnet 密码（可以自己配置），然后按 Enter 键。

```
Would you like to configure a telnet password? [yes]: y
Enter telnet password: password
```

此时会显示初始化配置，并生成以下配置命令脚本：

```
ip subnet-zero
interface VLAN1
ip address IP_address IP_netmask
ip default-gateway IP_address
hostname host_name
enable secret 5 $1$yDsa$/YLihJcV8e/HODagkW1Ff0
line vty 0 15
password password
snmp community private rw
snmp community public ro
!
```

```
end
Use this configuration? [yes/no]:
```

（17）校验以上脚本上的配置，如果确认采用，则按 **Y** 键，否则按 **N** 键，返回到第 8 步，重新开始设置程序。

（18）打开浏览器，键入该交换机的 IP 地址。显示如图 1-12 所示的交换机集群管理器页面，然后执行 Cluster→Cluster Command Configuration 命令，在打开的如图 1-13 所示对话框的 Command Switch 下拉列表框中选择 Enabled 选项，并在下面的 Cluster Name 文本框中键入集群名，单击 OK 按钮。

（19）返回到集群管理器主界面后，显示集群构建器视图，提示要加入候选交换机。在添加候选交换机时要使用原来失效的命令交换机的特权密码。

有关使用 CLI 添加或者删除集群成员，参见 1.3.1 节。

2．用其他交换机替代失效的命令交换机

用其他非集群中的交换机替代失效命令交换机的配置步骤与上节用集群成员交换机替代的配置步骤非常类似，只是无须进行删除集群成员的操作。以下是如何使用其他符合条件的交换机（但当前不是集群成员）替代失效的命令交换机的步骤说明。

第 1～4 步与上节的第 1～4 步完全一样。无须进行上节的第 5～7 步，然后接着执行上节的第 8～19 步即可。

2 Cisco IOS 交换机 HSRP 和 VRRP 配置与管理

一般情况下，PC 用户都是配置一台路由器的 LAN IP 地址作为默认网关，这就存在一个单点故障问题，那就是当这台路由器不可用时，则整个网络都不能与外网络通信了。为了解决这个问题，就推出了 HSRP（主机冗余路由器协议）和 VRRP（虚拟冗余路由器协议）。这两个协议都是通过路由器（同样可以是具有路由功能的三层交换机）冗余方案来解决第一跳单点故障问题的，以提高网络的可用性。它们的功能是一样的，在 Cisco 设备中的配置方法也很类似，但 HSRP 是 Cisco 专用的协议，而 VRRP 是通用协议，所以 H3C 等其他品牌设备中同样可以使用 VRRP。

HSRP 和 VRRP 都可以把多个路由器组成一个组，形成一台虚拟路由器，并可为这个虚拟路由器配置虚拟 IP 地址和虚拟 MAC 地址，而且组中的每台物理路由器上都要配置这个相同的虚拟 IP 地址，网络中的 PC 用户的默认网关也指向这个虚拟路由器的虚拟 IP 地址。这样一来，当虚拟路由器组中的当前活动路由器失效时，其中的备份路由器可以接替活动路由器的工作，继续为网络中的用户提供数据包路由、转发任务，以实现路由器的冗余。当然除了路由器冗余这个功能外，还可以实现组中各路由器的负载共享，甚至负载分担。因为 VRRP 在本书第 4 章介绍 H3C 交换机 VRRP 配置时已有详细介绍，所以本章仅介绍一些最基本的 VRRP 的基础知识，主要介绍 Cisco HSRP 基础知识及 Cisco IOS 交换机上 HSRP 和 VRRP 配置与管理方法。

2.1　理解 HSRP

HSRP（Hot Standby Router Protocol，热备份路由器协议）是 Cisco 开发的第一跳冗余协议，是 Cisco 的私有协议。它与通用的 VRRP 功能一样，都是设计用来允许第一跳路由器的传输切换（也就是有自动用其他主机接替第一跳网关路由器的功能），以实现网络高可用性。HSRP 路由 IP 通信不依靠任何单一路由器（因为 HSRP 主要应用于路由器，但也在一些三层交换机中得到支持，本章统称为路由器）的可用性。HSRP 通过把多个路由器接口组合在一起，对外以单一虚拟路由器或者默认网关呈现。HSRP 用来在一组路由器中选举一个活动路由器和一个或多个备份路由器。在这个路由器组中，活动路由器用来转发路由包，备份路由器用来在活动路由器失效时接管活动路由器的工作，成为新的活动路由器。

2.1.1　HSRP 概述

实现 HSRP 的条件是系统中有多台路由器，它们组成一个“热备份组”，这个组形成一个虚拟路由器。**在任一时刻，一个组内只有一个路由器是活动的**，并由它来转发数据包；如果活动路由器发生了故障，将选择一个备份路由器来替代活动路由器，但是在本网络内的主机看来，虚拟路由器没有改变。所以主机仍然保持连接，没有受到故障的影响，这样就较好地解决了传统模式下因路由器切换而带来的数据丢失问题。

1. HSRP 基本工作原理

HSRP 协议提供了一种决定使用活动路由器还是备份路由器的机制，并指定一个虚拟的 IP 地址作为网络系统的默认网关地址。如果活动路由器出现故障，备份路由器（Standby Router）就会自动接管活动路由器（Active Router）的所有任务，并且不会导致主机连通中断现象。当在网络或者网段中配置了 HSRP 时，会提供一个由 HSRP 路由器组中各路由器共享的虚拟 MAC 地址和虚拟 IP 地址。**但是 HSRP 路由器组中的各路由器转发协议数据包的源地址使用的仍是物理路由器接口上的实际 IP 地址，而并非虚拟 IP 地址**。正因如此，HSRP 组中的路由器间能相互识别。

HSRP 组中各路由器的识别是通过 HSRP Hello 广播包来维系的。HSRP 运行在 UDP 上，发送 HSRP 通告包时所采用的端口号为 UDP 1985。为了减少网络的数据流量，在设置完活动路由器和备份路由器之后，**只有活动路由器向备份路由器定时发送 HSRP 报文**，而备份路由器不会向活动路由器发送 HSRP 报文。如果当前活动路由器失效，备份路由器将接管成为新的活动路由器。如果备份路由器失效或者变成了活动路由器，将有另外的路由器被选为备份路由器。

HSRP 设计用来在支持多路访问、组播、广播的以太局域网中工作，不是用来替换现存的动态路由协议的。

2. HSRP 版本

目前一些 Cisco IOS 交换机支持两种 HSRP 版本：HSRPv1 和 HSRPv2。默认都是 v1 版本。在 HSRPv1 版本中，备份组的组号取值范围为 0~255，虚拟 MAC 地址为 0000.0C07.AC??（“??”为 HSRPv1 组号）。HSRPv1 使用组播 IP 地址 224.0.0.2 来发送 Hello 包，这样就会与使用相同组播 IP 地址的 CGMP（Cisco Group Management Protocol，思科组管理协议）相冲突，所以不能同时启用 HSRPv1 和 CGMP。

HSRPv2 备份组的组号可以与子接口的 VLAN ID 号进行匹配，取值范围为 0～4095，虚拟 MAC 地址的取值范围为 0000.0C9F.F000～0000.0C9F.FFFF。HSRPv2 使用组播 IP 地址 224.0.0.102

来发送 Hello 包，这样就不再与 CGMP 有冲突了，可以同时启用这两个协议。

另外，HSRPv2 与 HSRPv1 的包格式也不一样。运行 HSRPv1 的交换机不能识别发送 Hello 包的物理路由器，因为包中的源 MAC 地址是虚拟 MAC 地址。而 HSRPv2 包使用 TLV（type-length-value）格式，并有一个 6 字节、带有发送 Hello 包的物理路由器 MAC 地址的标识（identifier）字段。如果运行 HSRPv1 的接口接收到一个 HSRPv2 的包，则 type（类型）字段将被忽略。

在实际的一个特定的局域网中，可能有多个热备份组并存或重叠，这就是我们下面将要介绍的 MHSRP（多 HSRP）。每个热备份组模拟成一个虚拟路由器工作，都有一个公认的（Well-known）MAC 地址和一个 IP 地址。该 IP 地址、组内路由器的接口地址、主机在同一个子网内，但是不能一样。当在一个局域网上有多个热备份组存在时，把主机分布到不同的热备份组，可以实现负载分担。

【注意】在 HSRP 备份组中的路由器可以是支持 HSRP 的任一路由器接口，包括可路由端口和 VLAN 的 SVI 接口。但对于交换机来说，这台交换机不能运行 LAN Base 特性集。

2.1.2 HSRP 工作原理

多数 IP 主机有一个以单一路由器作为默认网关的 IP 地址。当使用 HSRP 时，IP 主机的默认网关将以 HSRP 组的虚拟 IP 地址替代具体物理路由器接口的 IP 地址。HSRP 通过为网络中的主机提供冗余的 IP 通信路由来实现网络的高可用性。

1. HSRP 组中路由器的两种角色

在 HSRP 路由器组中的路由器分成两种角色：活动路由器（Active Router）和备份路由器（Standby Router），共同构成一台虚拟路由器。活动路由器承担路由包转发工作，而备份路由器只是在当前活动路由器出现故障或者满足某种条件时才接管活动路由器的工作。HSRP 对于那些不支持路由发现协议（如 ICMP 路由发现协议，IRDP），不能在它们所选择的路由器重载，或者关闭时切换到新的路由器的主机网络中非常有用。因为在启用 HSRP 后，现存的 TCP 会话可以继续，避免中断，为主机动态选择下一跳恢复 IP 路由通信。

运行 HSRP 的路由器发送和接收基于 UDP 的组播 Hello 消息来检测路由器的失效，指定活动路由器和备份路由器。当活动路由器在所配置的期间内没有发送一个 Hello 包，具有最高优先级的备份路由器将成为新的活动路由器，网络中所有主机的数据通信将同时切换到新的活动路由器上。

2. HSRP 组虚拟 MAC 地址和虚拟 IP 地址

在一个网段配置了 HSRP 后，它将提供一个供运行 HSRP 的路由器组中的各成员路由器共享的虚拟 MAC 地址（Virtual MAC Address）和虚拟 IP 地址（Virtual IP Address），各路由器的 HSRP 备份组 IP 地址必须都设置成这个虚拟 IP 地址。在这些路由器中将选择一台路由器作为活动路由器，活动路由器接收、路由包到路由器组的虚拟 MAC 地址。当活动路由器失效时，HSRP 会检测到，同时会选举一个备份路由器来控制路由器组的虚拟 MAC 地址和虚拟 IP 地址。

通过共享一个虚拟 MAC 地址和虚拟 IP 地址，两台或者多台路由器可以作为一台虚拟路由器。虚拟路由器并不是实际存在的，它是作为 HSRP 组中相互备份的路由器的公共默认网关。无需在网络中用活动路由器的物理接口 IP 地址为主机配置默认网关，而要用虚拟路由器的虚拟 IP 地址作为主机的默认网关。如果活动路由器在所配置的延时时间内没有发送 Hello 包，则备份路由器会认为活动路由器已失效，备份路由器之间会选举一台新的路由器作为新的活动路由器，控制虚拟 IP 地址的使用。

3. HSRP 优先级

HSRP 还使用优先级机制来决定哪台 HSRP 路由器成为默认的活动路由器。要配置一台路由器作为活动路由器，需要分配一个比组中其他路由器更高的优先级。默认的优先级是 100，所以如果仅配置一台路由器的优先级大于 100（值越大，优先级越高），则这台路由器就会成为默认路由器了。

4．MHSRP

可以在多台交换机或交换机堆叠间配置多个路由器备份组，并为每个备份组指定一个组号。这就是 MHSRP（多 HSRP）。例如，可以在 Switch 1 上配置一个接口作为活动路由器，在 Switch 2 上配置一个接口作为备份路由器，同时也可以在 Switch 2 上配置一个接口作为活动路由器，而在 Switch 1 上配置另一个接口作为备份路由器。

有关 MHSRP 的具体工作原理将在下节介绍。

5．HSRP 示例

图 2-1 显示了一个网段的 HSRP 配置。其中的备份组中有两台路由器，Router A 是活动路由器，Router B 是备份路由器。它们两个一起形成一个虚拟路由器。每台路由器都用虚拟路由器的 MAC 地址和 IP 地址进行配置。

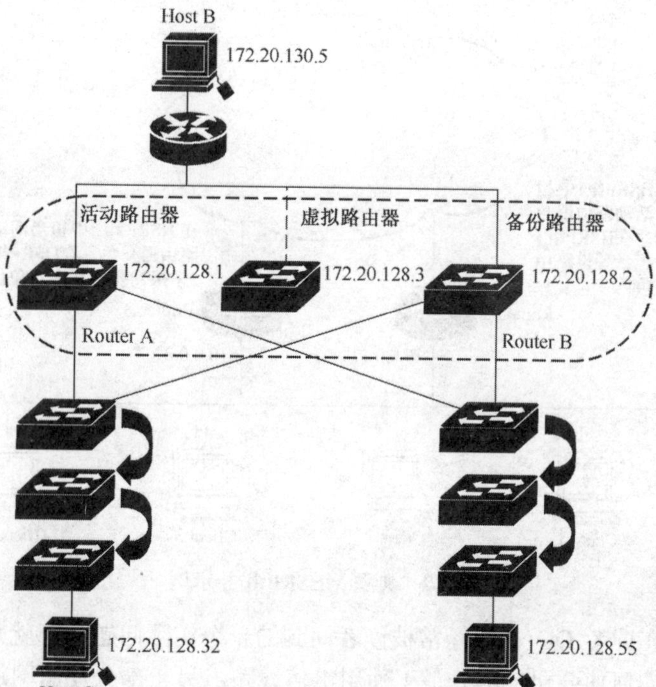

图 2-1　典型 HSRP 拓扑示例

在这样一个示例中，网络中的主机默认网关配置是指向这个虚拟路由器 IP 地址，而不是指向 Router A 或者 Router B。当 Host C 发送一个数据包到 Host B 时，它会先以虚拟路由器的 MAC 地址作为源 MAC 地址把数据包发送到虚拟路由器。正常情况下，肯定是通过 Router A 来对 Host C 的请示进行响应，因为它是备份组的活动路由器。如因某种原因，Router A 停止了工作，则 Router B 会以虚拟路由器的 MAC 地址和 IP 地址的 ARP 映射表项进行响应，同时成为活动路由器。然后，Host C 使用 Router B 的 ARP 响应包中的虚拟路由器 IP 地址发送数据包给 Host B。当 Router B 接收到数据包后，再转发给 Host B。直到 Router A 恢复正常工作之前，HSRP 一直允许 Router B 为 Host C 网段到达 Host B 所在网段的用户提供不间断的服务，当然同时它仍然负责正常的 Host A 和 Host B 网段之间的用户通信。

2.1.3 MHSRP

支持 HSRP 的 Cisco IOS 交换机一般都还支持 MHSRP（Multiple HSRP，多 HSRP）。MHSRP 是 HSRP 的扩展，允许在两个或者多个 HSRP 备份组中实现负载共享。可以配置 MHSRP 实现负载共享分担（**但不能自动实现负载均衡**），从一个主机网络到一个服务器网络中使用两个或多个备份组。

在图 2-2 中，有一半用户配置使用 Router A 作为默认网关，另一半用户配置使用 Router B 作为默认网关。它们组合在一起建立两个 HSRP 备份组。在组 1 中，Router A 是默认的活动路由器，因为它已被分配了最高的优先级，Router B 则是备份路由器；在组 2 中，Router B 是默认的活动路由器，因为它已被分配了最高的优先级，而 Router A 则是备份路由器。在正常工作情况下，这两台路由器共享 IP 通信负载。当其中有一台路由器失效，另一台路由器即成为活动路由器。在 MHSRP 中，必须在 HSRP 接口上配置 **standby preempt** 命令，以便在一个活动路由器失效或者恢复时，其他备份路由器可以抢占活动路由器角色或者恢复备份路由器角色，继续实现负载共享。

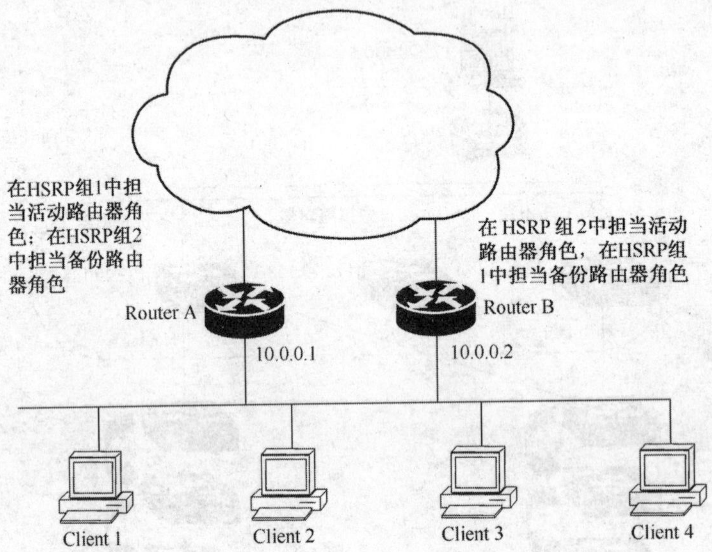

图 2-2　典型 MHSRP 拓扑示例

在这里我联想到在读者 QQ 群中经常被读者问到的一个实际问题，那就是公司中有电信和网通的接入线路各一条，如何使公司一部分员工使用电信线路，另一部分使用网通线路，而同时当电信或者网通线路不可用时，所有员工的互联网访问仍不会中断。这时就可以采用这种 MHSRP 方案，通过把两台路由器建立两个 HSRP 组就可解决这一问题。

【说明】如果加入 HSRP 备份组的交换机是一个堆叠交换机，则 HSRP Hello 包是由堆叠主发送。如果活动 HSRP 堆叠主失效，则可能会产生 HSRP 活动状态抖动。这是因为 HSRP Hello 包消息在新的堆叠主选举和初始化过程中是不会产生的，在当前活动堆叠主失效时备份路由器可能成为活动路由器。

2.1.4 HSRP 认证

HSRP 认证可以阻止错误的 HSRP Hello 包引起的拒绝服务（denial-of-service，DoS）攻击。例如，Router A 的优先级为 120，并且为当前的活动路由器。如果一个主机非法发送一个带有优先级为 130（比当前活动路由器的优先级还高）的 HSRP Hello 欺骗包，则 Router A 停止成为活动路由器。如果 Router A 配置了认证，则以上的 HSRP Hello 欺骗包会被忽略，Router A 继续保持为活动路由器。

HSRP 支持两种认证方式：文件认证（Text Authentication）和 MD5 认证（MD5 Authentication）。HSRP 忽略非认证的 HSRP 消息（也就是必须配置 HSRP 认证），默认为文本认证。在文本认证方式中，以下两种情形下的 HSRP 包都将被忽略：

- 流入包和路由器上配置的认证方案不一样
- 流入包和路由器上配置的认证字符串不一样

HSRP MD5 认证是对上面的 HSRP 文本认证的增强，它在 HSRP 包中产生一个 MD5 消息摘要。MD5 认证方式更加安全，可以更有效地阻止 HSRP 欺骗攻击。

MD5 认证允许每个 HSRP 组成员路由器使用一个密钥产生一个加密的 MD5 哈希值作为发出的 HSRP Hello 包的一部分。当流入 Hello 包所产生的加密哈希值与路由器中所产生的哈希值不一样时，这个流入 Hello 包将被忽略。

MD5 哈希值可以在配置中使用一个密钥字符串直接给出，也可以间接通过一个密钥链提供。

2.1.5 HSRP 消息和状态

配置了 HSRP 的路由器间需要交换以下三种类型的组播消息：

- Hello：HSRP 组中的一台路由器向其他路由器传送本路由器的 HSRP 优先级和状态信息。
- Coup：在一个备份路由器试图担当活动路由器时，它将向其他备份路由器发送一个 Coup 消息。
- Resign：在活动路由器将要关闭时，或者接收到一个具有更高优先级的路由器发来的 Hello 或者 Coup 消息时，活动路由器将发送 Resign 消息。

在任何时间，配置了 HSRP 的路由器都会处于以下状态之一：

- Active：活动路由器状态，负责完成包路由功能。
- Standby：备份路由器状态，当活动路由器失效时用来接替活动路由器的工作。
- Speak：说话状态，指正在发送和接收 Hello 消息的路由器。
- Listen：侦听状态，指正在接收 Hello 消息的路由器。
- Learn：学习状态，指没有从活动路由器检测到虚拟 IP 地址，没有发现认证的 Hello 消息的路由器。在这种状态下，该路由器将继续等待从活动路由器中学习虚拟 IP 地址和接收 Hello 消息。
- Init 或者 Disabled：初始化或者禁止状态，是指还没有准备好，或者还不能参与到 HSRP 组中的路由器，可能是因为关联的接口没有打开。配置了 HSRP 组，但却处于关闭状态的接口，或者没有配置 HSRP 虚拟 IP 地址的接口都是处于初始化状态。

2.1.6 HSRP 的 ICMP 重定向支持

ICMP（Internet Control Message Protocol，Internet 控制消息协议）是一个提供报告错误和其他与 IP 进程相关信息的三层互联网协议。ICMP 可以发送错误报告消息（如我们执行 ping 命令时的回显）到主机上，也可以发送重定向包到主机上，让主机在以后的包发送时选择重定向后的路径发送。

在运行 HSRP 时，最重要的一点就是要阻止主机发现 HSRP 组中物理路由器的真实接口 IP 地址。如果一台主机通过 ICMP 被重定向到 HSRP 组中一台已失效的物理路由器的真实 IP 地址上，则从主机中发送的包将被丢失。

在配置了 HSRP 的接口上，ICMP 的重定向消息功能是自动启用的，是通过 HSRP 过滤输出的

ICMP 重定向消息来实现的。这时可以把主机发送的数据包的下一跳地址改为 HSRP 组的虚拟 IP 地址，这样 HSRP 组中的新的活动路由器将接替原来活动路由器的工作继续实现包的路由和转发，避免了因组中某台路由器的失效而引起的单点故障。

1. ICMP 重定向到活动的 HSRP 路由器

重定向中的"下一跳 IP 地址"选择是最关键的，它是通过路由计算，与网络中的活动的 HSRP 路由器（**此处"活动的 HSRP 路由器"是指此 HSRP 路由器工作正常，而并非指 HSRP 组中的活动路由器**）列表进行比较。如果在网络中活动的 HSRP 路由器列表中找到了通过路由计算最佳下一跳路由器所对应的 HSRP 组虚拟 IP 地址，则原来包中真实的下一跳（也就是网关）IP 地址将被替换成对应的 HSRP 组的虚拟 IP 地址，并且重定向消息，继续路由、转发。如果没有在网络中活动的 HSRP 路由器列表中找到与通过路由计算最佳下一跳路由器所对应的 HSRP 组虚拟 IP 地址，则 ICMP 仅当找到了新的不运行 HSRP 的路由器作为下一跳地址时才发送，否则将直接忽略。但是不允许重定向到被动 HSRP 路由器（被动 HSRP 路由器是指运行了 HSRP，但在它的接口上不包括活动的 HSRP 组的 HSRP 路由器）。

最佳配置环境是网络中的每一个支持 HSRP 的路由器应当至少包含一个活动的 HSRP 组，以避免被动 HSRP 路由器的出现。每个 HSRP 路由器不需要在同一个 HSRP 组中；每一个 HSRP 路由器都会探听网络中的所有 HSRP 包，以维护一个活动的路由器列表。

在图 2-3 中 8 台路由器连接了 6 个不同网段，创建了 4 个 HSRP 组，其中 R1 和 R2 组建了两个 HSRP 组，R1 和 R2 分别是这两个组中的活动路由器/备份路由器（两台路由器在两个组中的角色不同）；R3 和 R4 组建了两个 HSRP 组，R3 和 R4 分别是这两个组中的活动路由器/备份路由器（两台路由器在两个组中的角色不同）。这 4 个 HSRP 组都支持 HSRP ICMP 重定向过滤。

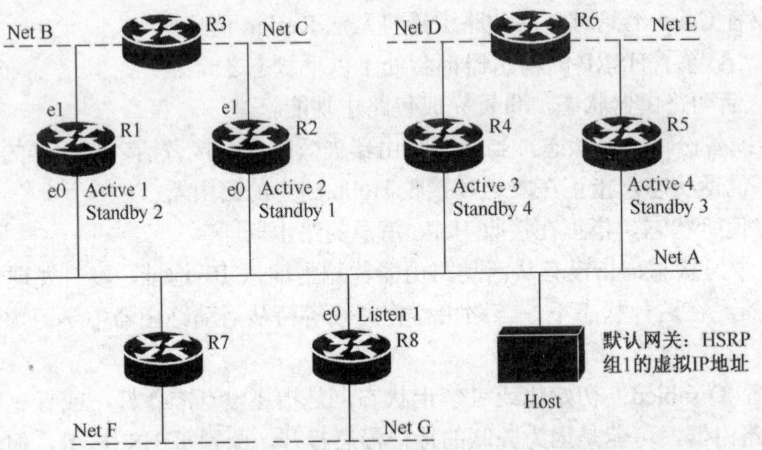

图 2-3　HSRP ICMP 重定向示例

在这个示例中，假设位于 Net A 的 Host 配置的默认网关是 HSRP 组 1 的虚拟 IP 地址，现 Host 想要发送包到达 Net D 网络上的主机，按照网关的设置，它首先会向默认网关（HSRP 组 1 的虚拟 IP 地址）发送要到达 Net D 上主机的数据包。包头信息如下：

- dest MAC（目的 MAC 地址）=HSRP group 1 virtual MAC（HSRP 组 1 的虚拟 MAC 地址）
- source MAC（源 MAC 地址）= Host MAC（Host 自己的 MAC 地址）
- dest IP（目的 IP 地址）= host-on-netD IP（位于 Net D 上主机的 IP 地址）
- source IP（源 IP 地址）= Host IP（Host 自己的 IP 地址）

R1 在接收到这个包后，通过路由计算得出 R4 可以为 Host 提供到达 Net D 的最佳路径（因为 R4 直接连接 Host 和 Net D 上的主机），所以它准备向 Host 发送一个重定向消息，把 Host 发送的包重定向到 R4 的真实 IP 地址（因为在 R1 的路由表中仅有 R4 的真实 IP 地址）。此时准备发送的重定向包的包头信息如下：

- dest MAC（目的 MAC 地址）= Host MAC（Host 自己的 MAC 地址）
- source MAC（源 MAC 地址）= router R1 MAC（R1 的真实 MAC 地址）
- dest IP（目的 IP 地址）= Host IP（Host 自己的 IP 地址）
- **source IP（源 IP 地址）= router R1 IP（R1 的真实 IP 地址）**
- **gateway to use（下次使用的网关）= router R4 IP（R4 的 IP 地址）**

但在发生重定向前，R1 通过 HSRP 又确定 R4 是 HSRP 组 3 的活动路由器，所以它把重定向消息中的下一跳地址从 R4 的真实 IP 地址改变为 HSRP 组 3 的虚拟 IP 地址。另外，改变发给 Host 的重定向包中的源 IP 地址为 HSRP 组 1 的虚拟 IP 地址。结果包头信息如下（与上面未修改前的包头进行比较，注意粗体字部分）：

- dest MAC（目的 MAC 地址）= Host MAC（Host 自己的 MAC 地址）
- source MAC（目的 IP 地址）= router R1 MAC（R1 的真实 MAC 地址）
- dest IP（目的 IP 地址）= Host IP（Host 自己的 IP 地址）
- **source IP（源 IP 地址）= HSRP group 1 virtual IP（HSRP 组 1 的虚拟 IP 地址）**
- **gateway to use（下次使用的网关）= HSRP group 3 virtual IP（HSRP 组 3 的虚拟 IP 地址）**

第二次修改是必需的，因为主机会把 ICMP 重定向消息中的源 IP 地址与默认网关的 IP 地址进行比较。如果这些地址不一致（如在修改前的重定向包的源 IP 地址为 R1 的真实 IP 地址，而它们的默认网关地址为 HSRP 组 1 的虚拟 IP 地址），则 ICMP 重定向消息将被忽略，因为它们认为这个重定向消息是非法的，不是从原来包中的目的地址发送过来的。此时，Host 的路由表中就会包括默认网关、HSRP 组 1 的虚拟 IP 地址和通过 HSRP 组 3 虚拟 IP 地址到达 Net D 网络的路由。

2．ICMP 重定向到被动 HSRP 路由器

重定向到被动 HSRP 路由器是不允许的。如果学习到的 HSRP 路由器真实 IP 地址不可达时不再有冗余功能。

现假设在图 2-3 中的 R8 也是在 HSRP 组 1 中，但它处于侦听状态，为一台被动 HSRP 路由器，所以重定向到 R8 是不允许的。在这种情况下，从 Host 发送到 Net D 的包首先将发送到 R1，然后再被转发到 R4，也就是要在网络中传输两次。

配置了被动 HSRP 路由器的网络被认为是错误的配置。对于 HSRP ICMP 重定向的最佳操作是，在网络中的每台 HSRP 路由器都应该至少包括一个活动的 HSRP 组。

3．ICMP 重定向到非 HSRP 路由器

重定向到没有启用 HSRP 的路由器是允许的，但如果主机所学习到的非 HSRP 路由器的真实 IP 地址联系不上时不再有冗余功能。

在图 2-3 中，重定向到 R7 是允许的，因为 R7 没有运行 HSRP。在这种情形下，重定向包中的下一跳地址不变，源 IP 地址的改变要依据原来包中的目的 MAC 地址来确定，为主机默认网关 IP 地址。

4．被动 HSRP 路由器通告

被动 HSRP 路由器会周期性或者在其进入或者退出被动状态时发送 HSRP 通告消息。这样，所有 HSRP 路由器可以确定网络中的任何 HSRP 路由器的状态。这些通告告知网络中的其他 HSRP 路由器的 HSRP 接口状态。这些状态包括如下几种：

- Dormant：静止状态，表示接口没有加入到任何 HSRP 组中。这时路由器仅会在它退出最后一个 HSRP 组时发送一次 HSRP 通告。

- Passive：被动状态，表示接口至少加入到一个非活动 HSRP 组中。这时，路由器会周期性地发送 HSRP 通告。
- Active：活动状态，表示接口至少加入到一个活动 HSRP 组中。这时路由器仅在它的第一个组激活时发送一个 HSRP 通告。

可以通过使用命令调整通告发送的时间间隔和隔多少时间没收到对方的 HSRP 通告后即宣告对方路由器关闭。

2.2 Cisco IOS 交换机 HSRP 配置与管理

在 Cisco IOS 交换机上可以进行的 HSRP 配置和管理任务包括以下几个方面：

- 启用和管理 HSRP（必需）
- 配置和管理 HSRP 优先级（可选）
- 配置和管理 MHSRP（可选）
- 配置和管理 HSRP 认证和计时器（可选）

下面先来了解一下 Cisco IOS 交换机上的 HSRP 默认配置和相关的配置指南。

2.2.1 默认 HSRP 配置和配置指南

Cisco IOS 交换机上的默认 HSRP 配置如表 2-1 所示。

表 2-1 默认 HSRP 配置

特性	默认配置
HSRP 版本	Version 1
HSRP 备份组	没配置
备份组号	0
备份组虚拟 MAC 地址	0000.0c07.acXX，其中 XX 为 HSRP 备份组号
HSRP 优先级	100
HSRP 活动路由器角色抢占延时	0（不延时）
跟踪接口优先级	10
HSRP Hello 包发送时间间隔	3 秒
宣告路由器关闭前所需等待的时间	10 秒

在 Cisco IOS 交换机进行 HSRP 配置时，需参考以下指南：

- HSRPv2 和 HSRPv1 是相互排斥的，在一个接口上，HSRPv2 是不兼容 HSRPv1 的，反之亦然，所以在一个 HSRP 组中的路由器必须使用相同版本的 HSRP。
- 在 HSRP 配置中，指定的接口必须是：可路由接口、SVI 和三层以太网通道之一。
- 所有 HSRP 三层接口必须配置至少一个 IP 地址。
- HSRP 备份组可以从 HSRPv2 改变为 HSRPv1，但必须是组号小于 256 的前提下。
- 如果在一个接口上改变 HSRP 版本，接口上的每个 HSRP 备份组都将重置，因为它已有一个新的虚拟 MAC 地址（HSRPv2 和 HSRPv1 所用的虚拟 MAC 地址取值范围不同，具体参见本章 2.1.1 节）。

2.2.2 启用 HSRP

在三层接口配置模式下使用 **standby ip** 命令可以激活 HSRP。如果指定了具体的 IP 地址，则这个 IP 地址作为 HSRP 备份组的目的 IP 地址（也就是 HSRP 备份组的虚拟 IP 地址）。如果没有指定具体的 IP 地址，则这个地址会通过 HSRP 功能学习到。必须至少在 HSRP 路由器组中的一个三层端口上配置这个虚拟 IP 地址。配置这个 IP 地址后总是会覆盖当前正在使用的其他目的 IP 地址。

在接口配置了 **standby ip** 命令，并且启用了代理 ARP 功能时，如果该接口的热备状态是活动的，代理 ARP 请求会使用 HSRP 备份组的虚拟 MAC 地址进行应答；如果该接口的热备状态为非活动状态，则接口上的代理 ARP 功能是抑制的，不会响应。可以在特权模式下，按照表 2-2 所示的步骤来在交换机的三层接口下启用 HSRP。

表 2-2　在三层接口上创建 HSRP 备份组和启用 HSRP 的配置步骤

步骤	命令	说明
1	**configure terminal** 例如：Switch#**configure terminal**	进入全局配置模式
2	**interface** *interface-id* 例如：Switch(config)#**interface** fastethernet 1/1	键入要启用 HSRP 的三层接口，进入接口配置模式
3	**standby version** {**1** | **2**} 例如：Switch(config-if)#**standby version 2**	（可选）在以上三层接口上配置 HSRP 版本，v1 或者 v2。如果不执行该命令，则默认为 v1 版本
4	**standby** [*group-number*] **ip** [*ip-address* [**secondary**]] 例如：Switch(config-if)#**standby** 1 **ip** 1.1.1.1	创建（或启用）HSRP 备份组，并为它指定组号和虚拟路由器的虚拟 IP 地址。至少要在 HSRP 组中的一台路由器上配置此虚拟 IP 地址，组中的其他路由器可以从这台路由器学习到。该命令自 IOS 10.0 版本引入。命令中的参数和选项说明如下： ● *group-number*：可选参数，指定接口上创建的 HSRP 备份组的组号，v1 版本的 HSRP 备份组号取值范围为 0~255，v2 版本的 HSRP 备份组号取值范围为 0~4095，默认为 0。如果接口上仅一个 HSRP 备份组，则可以不键入具体的组号 ● *ip-address*：可选参数（但路由器上至少有一个三层接口需要配置），指定 HSRP 虚拟路由器的虚拟 IP 地址。如果没有指定 IP 地址，则该接口可以从其他配置了虚拟 IP 地址的三层接口上学习到，只要该接口上启用了 HSRP ● **secondary**：可选项，指定为接口的从虚拟 IP 地址 可用 **no standby** [*group-number*] **ip** [*ip-address*]在对应接口上禁止 HSRP。 【注意】HSRP 组的虚拟 IP 地址必须与组中的路由器接口 IP 地址在同一网段，组中各路由器接口 IP 地址也必须在同一网段
5	**standby** [*group-number*] **mac-address** *mac-address* 例如：Switch(config-if)#**standby** 1 **mac-address** 0.C9F.F000	（可选）指定 HSRP 的虚拟 MAC 地址，一般无需配置。如果没有执行此命令，且在使用 HSRPv1 版本时，则使用标准的 HSRP 虚拟 MAC 地址——0000.0C07.AC*xy*，其中 *xy* 为 HSRP 备份组号的十六进制格式。可用 **no standby** [*group-number*] **mac-address** 命令恢复使用标准的 HSRP 虚拟 MAC 地址
6	**end** 例如：Switch(config-if)#**end**	返回特权模式
7	**show standby** [*type number* [*group*]] [**all**] [**brief**] 例如：Switch#**show standby**	显示 HSRP 备份组信息，校验以上 HSRP 配置。命令中的参数和可选项说明如下： ● *type number*：可选参数，指定要显示备份组信息的接口 ● *group*：可选参数：指定要显示备份组信息的备份组号 ● **all**：可选项，指定显示当前交换机上所有备份组信息 ● **brief**：可选项，指定以摘要方式显示备份组信息，默认显示备份组详细信息
8	Switch#**copy running-config startup-config**	（可选）保存以上配置到启动配置文件中

【说明】在 Cisco IOS Release 12.2(33)SXI、12.4(24)T 或者 12.2(33)SRE 以前的版本中，HSRP 组维持在初始化状态，除非 HSRP 的虚拟 IP 地址与物理接口主 IP 地址具有相同的网络 ID。但在 Cisco IOS Release 12.2(33)SXI、12.4(24)T、12.2(33)SRE 和以后版本中，HSRP 组可以被配置带有一个与物理接口从 IP 地址所在子网的网络 ID 相同的 IP 地址。当 HSRP 组的虚拟 IP 地址与物理接口从 IP 地址的网络 ID 相同时，HSRP 消息的源 IP 地址会自动设置为最适宜的从 IP 地址网段中的一个 IP 地址。示例如下：

```
Switch(config)#interface Ethernet1/0
```

```
Switch(config-if)#ip address 192.168.1.1 255.255.255.0
Switch(config-if)# ip address 192.168.2.1 255.255.255.0 secondary
Switch(config-if)# standby 1 ip 192.168.1.254
Switch(config-if)# standby 1 priority 105
Switch(config-if)# standby 1 preempt
Switch(config-if)# standby 2 ip 192.168.2.254   !---采用与物理接口从 IP 地址的网络 ID 相同的一个 IP 地址
```

【示例 1】在 ethernet 0 接口上启用 HSRP，并创建 HSRP 备份组 1，但不配置虚拟 IP 地址，可以从其他配置了虚拟 IP 地址的三层接口上学习到。

```
Switch(config)#interface ethernet 0
Switch(config-if)#standby 1 ip
```

【示例 2】配置 HSRP 备份组 1 的虚拟 MAC 地址为 4000.1000.1060。

```
Switch(config-if)# standby 1 mac-address 4000.1000.1060
```

【示例 3】显示当前交换机上的 HSRP 备份组的详细信息。输出信息中显示了交换机 Ethernet0/1 接口上配置的 HSRP 组 1 的详细配置信息，包括备份组的主/从虚拟 IP 地址、虚拟 MAC 地址、Hellotimer 计时器、Holdtimer 计时器、活动路由器、备份路由器、当前交换机的优先级等。

```
Switch# show standby

Ethernet0/1 - Group 1
  State is Active
   2 state changes, last state change 00:30:59
  Virtual IP address is 10.1.0.20
   Secondary virtual IP address 10.1.0.21
  Active virtual MAC address is 0004.4d82.7981
   Local virtual MAC address is 0004.4d82.7981 (bia)
  Hello time 4 sec, hold time 12 sec
   Next hello sent in 1.412 secs
  Gratuitous ARP 14 sent, next in 7.412 secs
  Preemption enabled, min delay 50 sec, sync delay 40 sec
  Active router is local
  Standby router is 10.1.0.6, priority 75 (expires in 9.184 sec)
  Priority 95 (configured 120)
   Tracking 2 objects, 0 up
      Down Interface Ethernet0/2, pri 15
      Down Interface Ethernet0/3
Group name is "HSRP1" (cfgd)
Follow by groups:
    Et1/0.3 Grp 2 Active 10.0.0.254 0000.0c07.ac02 refresh 30 secs (next 19.666)
    Et1/0.4 Grp 2 Active 10.0.0.254 0000.0c07.ac02 refresh 30 secs (next 19.491)
  Group name is "HSRP1", advertisement interval is 34 sec
```

【示例 4】显示当前交换机上备份组的摘要信息。输出信息中仅显示了 HSRP 备份组 0 的基本配置信息。

```
Switch# show standby brief

Interface   Grp Prio P State    Active addr     Standby addr    Group addr
Et0          0   120   Init     10.0.0.1         unknown          10.0.0.12
```

【示例 5】显示当前交换机上配置的带 MD5 认证的 HSRP 备份组的详细信息。

```
Switch # show standby

Ethernet0/1 - Group 1
  State is Active
    5 state changes, last state change 00:17:27
  Virtual IP address is 10.21.0.10
  Active virtual MAC address is 0000.0c07.ac01
    Local virtual MAC address is 0000.0c07.ac01 (default)
```

```
Hello time 3 sec, hold time 10 sec
  Next hello sent in 2.276 secs
Authentication MD5, key-string, timeout 30 secs
Preemption enabled
Active router is local
Standby router is unknown
Priority 110 (configured 110)
Group name is "hsrp-Et0/1-1" (default)
```

2.2.3 HSRP 优先级和接口跟踪配置

Cisco IOS 交换机中的 **standby priority**、**standby preempt** 和 **standby track** 接口配置命令都是用来设置查找活动路由器、备份路由器，以及在一个新的活动路由器接管时所发生的行为。

在配置 HSRP 优先级时请参考以下指南：

- 指派优先级，允许选择活动和备份路由器。如果允许抢占，则拥有最高优先级的路由器将成为活动路由器；如果优先级相等，则当前活动路由器不会发生变化。
- 优先级的取值范围是 1~255，值越大，优先级越高，优先级最高的将最有可能成为活动路由器。
- 当设置了优先级、抢占，或者同时设置，必须指定以下至少一个关键字：**priority**、**preempt**。
- 如果路由器的一个接口配置了 **standby track** 命令，而其他接口关闭了，则路由器的优先级可以动态改变。
- **standby track** 接口配置命令捆绑了该接口可用的路由器热备优先级，对于跟踪没有配置 HSRP 的接口很有用。当一个 tracked 接口失效，则路由器的热备优先级值将减少 10。如果一个接口没有被跟踪，它的状态改变不会影响所对应路由器的热备优先级。对于每个配置了热备的接口，可以配置一个被跟踪的接口列表。
- **standby track** *interface-priority* 接口配置命令指定在 tracked 接口关闭后路由器的热备优先级的减少量。当接口恢复后，优先级又以相同数量增加。
- 当路由器上多个配置了接口优先级的减少量（**standby track** *interface-priority* 命令中的 *interface-priority* 参数值）的 tracked 接口关闭了，则路由器的热备优先级减少量是累积的（也就是把所有关闭了的 tracked 接口的优先级减少量累加起来）；如果是没有配置热备优先级减少量的 tracked 接口关闭了，则路由器的热备优先级默认递减量为 10，并且不是累积的。
- 当一个接口第一次启用了路由，它没有完整的路由表。如果此时配置允许抢占，则它将成为活动路由器，即使它不能提供相应的路由服务。为了解决这个问题，则需要配置延时，允许路由器更新它的路由表。

在 HSRP 三层接口上配置 HSRP 优先级的步骤如表 2-3 所示。

表 2-3 在 HSRP 三层接口上配置 HSRP 优先级的步骤

步骤	命令	说明
1	**configure terminal** 例如：Switch#**configure terminal**	进入全局配置模式
2	**interface** *interface-id* 例如：Switch(config)#**interface** fastethernet 1/1	键入要配置优先级的 HSRP 接口，进入接口配置模式
3	**standby** [*group-number*] **priority** *priority* 例如：Switch(config-if)#**standby** 1 **priority** 120	为当前路由器配置优先级，用于参加活动路由器选举。该命令自 IOS 11.3 版本引入。命令中的参数和选项说明如下： ● *group-number*：用来指定要应用这个优先级设置的 HSRP 备份组号，v1 版本的组号取值范围为 0~255，v2 版本的组号取值范围为 0~4095。默认的组号为 0

续表

步骤	命令	说明
3	**standby** [*group-number*] **priority** *priority* 例如：Switch(config-if)#**standby** 1 **priority** 120	● *priority*：用来指定接口的 HSRP 优先级，取值范围为 1~255，值越大，优先级越高。默认值为 100。可用 **no standby** [*group-number*] **priority** *priority* 命令恢复优先级为默认值
4	**standby** [*group-number*] **preempt** [**delay** [**minimum** *seconds*] [**reload** *seconds*] [**sync** *seconds*]] 例如：Switch(config-if)#**standby** 1 **preempt delay minimum** 3600	配置允许该路由器抢占活动路由器角色，也就是在本地路由器优先级高于当前活动路由器优先级时，本地路由器将成为新的活动路由器。命令中的参数和选项说明如下： ● *group-number*：可选参数，指定要应用抢占特性的 HSRP 备份组的组号，v1 版本的取值范围为 0~255，v2 版本的取值范围为 0~4095。如果不指定，则默认为 0 ● **delay minimum** *seconds*：可选参数，设置本地路由器在满足抢占条件后延时接管当前活动路由器的时间，取值范围为 0~36000 秒，0 代表不延时，立即接管 ● **delay reload** *seconds*：可选参数，设置本地路由器在重载后多少时间接管当前活动路由器角色，取值范围为 0~36000 秒，0 表示重载后立即接管，不延时 ● **delay sync** *seconds*：可选参数，设置在本地路由器接管当前活动路由器前等待备份组中其他备份路由器响应（备份组中的其他路由器可以拒绝本地路由器的接管，但一旦超过这个设置的时间，则拒绝无效）的时间，取值范围为 0~36000 秒，0 表示不等待备份组中其他路由器的响应，立即接管 可用 **no standby** [*group-number*] **preempt** [**delay** {**minimum** *seconds* | **reload** *seconds* | **sync** *seconds*}] 命令恢复对应参数值为默认值
5	**Cisco IOS Release 12.2(15)T 及以后版本：** **standby track** {*object-number* [*priority-decrement*] | *interface-type interface-number* [**decrement** *priority-decrement*]} 例如：Switch(config-if)#**standby track** 10 10 或 **Cisco IOS Release 12.2(13)T、12.2(14)SX、12.2(17dSXB)、12.2(33)SRA 和早期版本：** **standby track** *interface-type interface-number* [*interface-priority*] 例如：Switch(config-if)#**standby track** fastethernet 1/1 或 **Cisco IOS Release 12.2(33)SXH、12.2(33)SRB 及以后版本：** **standby track** {*object-number* | *interface-type interface-number* [**decrement** *priority-decrement*]} [**shutdown**] 例如：Switch(config-if)#**standby track** fastethernet 1/1 **decrement** 10 或 **Cisco IOS Release 12.4(9)T 及以后版本：** Switch(config-if)#**standby track** {*object-number* [*priority-decrement*] | *interface-type interface-number* [**decrement** *priority-decrement*]} [**shutdown**] 例如：Switch(config-if)#**standby track** 10 fastethernet 1/1 **decrement** 10	配置 HSRP 跟踪一个对象，并且基于对象状态对交换机的热备优先级进行改变。该命令自 IOS 11.2 版本引入，但这条命令在不同的 IOS 版本中有不同的格式，可用对应的 no 格式命令取消对指定对象的跟踪。各命令中的参数说明如下： ● *object-number*：二选一参数，表示被跟踪的对象号，取值范围为 1~1000，默认为 1。如果使用对象号来指定跟踪的对象，则先要使用 **track** *object-number* **interface** *type number* {**line-protocol** | **ip routing**} 命令来定义对象号 ● *interface-type interface-number*：二选一参数，表示要跟踪的接口 ● **decrement** *priority-decrement* 或 *interface-priority*：可选参数，当被跟踪的对象关闭或者恢复时交换机优先级要减小或者增加的量，取值范围为 1~255，默认为 10 ● **shutdown**：可选项，在被跟踪的对象关闭后，把当前 HSRP 组置于初始化状态，禁用 HSRP 组 【注意】如果配置了 HSRP 跟踪一个接口，而那个接口由于联机插入又移去操作原因被物理断开了，这时 HSRP 认为这个接口永久关闭。此时，不能删除 HSRP 接口跟踪配置，必须在物理移除接口前使用 **no standby track** 命令。 如果一个对象已被一个 HSRP 组跟踪了，不能改变配置来使用 HSRP 组的 Shutdown 功能来禁止 HSRP 组。必须先使用 **no standby track** 命令删除跟踪配置，然后再重新使用带 **shutdown** 关键字的 **standby track** 命令配置来禁止 HSRP 组
6	**end** 例如：Switch(config-if)#**end**	返回特权模式
7	**show running-config** 例如：Switch#**show running-config**	校验以上 HSRP 配置
8	**copy running-config startup-config** 例如：Switch#**copy running-config startup-config**	（可选）保存当前配置到启动配置文件中

【示例 1】以下示例是把 gigabitethernet1/0/1 接口转换成三层接口，并设置它的虚拟 IP 地址为 172.20.128.3、优先级值为 120（高于默认的 100），然后设置它在试图抢占当前活动路由器角色时需等待的时间为 300 秒。

```
Switch# configure terminal
```

```
Switch(config)# interface gigabitethernet1/0/1
Switch(config-if)# no switchport   !---把该接口转换成三层接口
Switch(config-if)# standby ip 172.20.128.3   !---配置虚拟 IP 地址 172.20.128.3
Switch(config-if)# standby priority 120   !---配置当前接口的 HSRP 优先级为 120
Switch(config-if) # standby preempt delay 300   !---配置当前接口的 HSRP 抢占延时为 300 秒
Switch(config-if)# end
```

【示例 2】在启用了 HSRP 的 Ethernet0/0 接口（虚拟 IP 地址为 10.1.0.1，优先级为 105）上跟踪 serial 1/0 接口，在 serial 1/0 关闭时，当前路由器的优先级值减少 10。

```
Switch (config)# interface Ethernet0/0
Switch (config-if)# ip address 10.1.0.21 255.255.0.0
Switch (config-if)# standby 1 ip 10.1.0.1
Switch (config-if)# standby 1 preempt
Switch (config-if)# standby 1 priority 105
Switch (config-if)# standby 1 track serial 1/0 decrement 10
```

【示例 3】在路由器 Ethernet 0/0 接口上跟踪 serial 1/0 接口的 IP 路由能力，如果 serial 1/0 接口关闭，则该路由器的 HSRP 优先级减小 10。如果在 HSRP 备份组中有两台路由器，Router A 为活动路由器（优先级为 105）。当 Router A 上的 serial 1/0 接口失去 IP 路由能力，则它的优先级减小 10，这时 Router B 的优先级更高（为 100），将接管 Router A 的活动路由器角色，继续为网络中的主机提供路由服务。注意，本示例是通过跟踪对象来配置的。

```
Router(config)# track 100 interface serial1/0 ip routing   !---指定跟踪 s1/0 接口 IP 路由的对象号为 100
Router(config-track)# exit
Router(config)# interface Ethernet0/0
Router(config-if)# ip address 10.1.0.21 255.255.0.0
Router(config-if)# standby 1 ip 10.1.0.1
Router(config-if)# standby 1 preempt
Router(config-if)# standby 1 priority 105
Router(config-if)# standby 1 track 100 decrement 10
```

【示例 4】禁用跟踪了对象 101 的 HSRP 组 1。先要用 **no standby track** 删除对对象的跟踪，然后才能使用带关键字的 **standby track** 命令禁用 HSRP 组 1。

```
Router(config-if)# no standby 1 track 101 decrement 10
Router(config-if)# standby 1 track 101 shutdown
```

2.2.4 用于负载分担的 MHSRP 配置

要启用 MHSRP 以实现负载分担，可以在两个包括相同路由器的 HSRP 备份组中各自配置一个活动路由器，各个 HSRP 备份组的配置方法与前面介绍的 HSRP 备份组的配置方法完全一样，只是要在不同 HSRP 备份组中指定不同的路由器担当活动路由器。需要在每个 HSRP 接口上配置 **standby preempt** 命令，以便如果有一个路由器失效时，另一个备份路由器来接管，实现活动路由器角色抢占，恢复负载分担。具体配置步骤如表 2-4 所示。

表 2-4 MHSRP 的配置步骤

步骤	命令或操作	说明
1	**configure terminal** 例如：Switch#**configure terminal**	进入全局配置模式
2	**interface** *interface-id* 例如：Switch(config)#**interface** fastethernet 1/1	键入要配置 HSRP 的三层接口，进入接口配置模式
3	**ip address** *ip-address mask* [**secondary**] 例如：Switch(config-if)#**ip address** 10.1.1.1 255.255.255.0	为三层接口配置主/从 IP 地址
4	**standby** [*group-number*] **priority** *priority* 例如：Switch(config-if)#**standby** 1 **priority** 80	配置当前路由器的 HSRP 优先级，具体参数说明参见表 2-3 中的第 3 步
5	**standby** [*group-number*] **preempt** [**delay** {**minimum** *delay* | **reload** *delay* | **sync** *delay*}] 例如：Switch(config-if)#**standby** 1 **preempt**	配置允许当前路由器抢占活动路由器角色，并配置抢占延时，具体参数说明参见表 2-3 中的第 4 步

续表

步骤	命令或操作	说明
6	**standby** [*group-number*] **ip** [*ip-address* **[secondary]**] 例如：Switch(config-if)#**standby** 1 **ip**	配置对应备份组的虚拟 IP 地址，激活 HSRP 功能
7	在当前路由器上为其他 HSRP 备份组重复以上 4~6 步的配置。但路由器角色、HSRP 组的优先级和抢占延时可以相同，也可以不同	
8	**exit** 例如：Switch(config-if)#**exit**	退出全局配置模式
9	在 MHSRP 的其他路由器上重复以上 2~8 步的配置，以实现负载分担	

在图 2-2 所示的 MHSRP 示例中，Router A 配置为 HSRP 备份组 1 的活动路由器，而 Router B 配置为 HSRP 备份组 2 的活动路由器。Router A 的 HSRP 接口的 IP 地址为 10.0.0.1，在组 1 中的热备优先级为 110，而 Router B 的 HSRP 接口的 IP 地址为 10.0.0.2，在组 2 中的热备优先级为 110。在两台路由器中，组 1 使用虚拟 IP 地址 10.0.0.3，组 2 使用虚拟 IP 地址 10.0.0.4。下面是这两台路由器中两个 HSRP 备份组的配置。下面是本示例的具体配置。

Router A 上的配置如下：

```
RouterA# configure terminal
RouterA(config)# interface gigabitethernet1/0/1
RouterA(config-if)# no RouterAport
RouterA(config-if)# ip address 10.0.0.1 255.255.255.0
RouterA(config-if)# standby 1 ip 10.0.0.3
RouterA(config-if)# standby 1 priority 110
RouterA(config-if)# standby 1 preempt
RouterA(config-if)# standby 2 ip 10.0.0.4
RouterA(config-if)# standby 2 preempt
RouterA(config-if)# end
```

Router B 上的配置如下：

```
RouterB# configure terminal
RouterB(config)# interface gigabitethernet1/0/1
RouterB(config-if)# no RouterBport
RouterB(config-if)# ip address 10.0.0.2 255.255.255.0
RouterB(config-if)# standby 1 ip 10.0.0.3
RouterB(config-if)# standby 1 preempt
RouterB(config-if)# standby 2 ip 10.0.0.4
RouterB(config-if)# standby 2 priority 110
RouterB(config-if)# standby 2 preempt
RouterB(config-if)# end
```

2.2.5 HSRP 认证和计时器配置

可以选择配置 HSRP 认证字符串（也就是认证密码），或者改变 Hello 包发送时间间隔（hellotime）和保持时间（holdtime）。在配置 HSRP 认证和计时器时请参考以下配置指南：

- 认证字符串在所有 HSRP 消息中发送时都是不加密的，必须在所有路由器和访问服务器上配置相同的认证字符串。如果配置的认证字符串不一样，将会阻止一个设备学习目的热备 IP 地址以及其他路由器上配置的 HSRP 计时器值。
- HSRP 备份组中没有配置计时器的路由器或者访问服务器可以从活动或者备份路由器中学习计时器值配置。活动路由器上的计时器配置总是覆盖其他任何计时器配置。
- 在 HSRP 备份组中的所有路由器使用相同的计时器配置。通常情况下，保持时间会大于或者等于 3 倍的 Hello 包发送时间间隔。

自特权模式开始，按照表 2-5 所示步骤在 HSRP 接口上配置 HSRP 认证和计时器。

表 2-5 在 HSRP 接口上配置 HSRP 认证和计时器的步骤

步骤	命令	说明
1	**configure terminal** 例如：Switch#**configure terminal**	进入全局配置模式
2	**interface** *interface-id* 例如：Switch(config)#**interface** fastethernet 1/1	键入要配置认证和计时器的 HSRP 接口，进入接口配置模式
3	**standby** [*group-number*] **authentication** {**text** *string* | **md5** {**key-string** [0 | 7] *key* [**timeout** *seconds*] | **key-chain** *name-of-chain*}} 例如：Switch(config-if)#**standby** 1 **authentication text** lycb **timeout** 30	（可选）设计指定 HSRP 备份组的认证字符串。命令中的参数和选项说明如下： ● *group-number*：可选参数，指定要应用本项命令设置的 HSRP 备份组的组号，v1 版本中的取值范围为 0~255；v2 版本中的取值范围为 0~4095，默认均为 0 ● **authentication** *string* 或者 **text** *string*：设置 HSRP 认证的字符串，最长 80 个字符（第一个字符不能是数字），默认为 cisco ● **md5**：多选一选项，指定采用 MD5 消息摘要认证方式 ● **key-string** *key*：多选一参数，指定 MD5 认证的密钥，最多 64 个字符，建议至少 16 个字符 ● 0：二选一可选项，指定密钥为非加密的，为默认选项 ● 7：二选一可选项，指定密钥为加密的 ● **timeout** *seconds*：可选项，设置 HSRP 接受新密钥前保持使用旧密钥的时间 ● **key-chain** *name-of-chain*：多选一参数，指定一组 MD5 认证密钥，需要与 **key** *number* 和 **key-string** *string* 命令配合使用 可用 **no standby** [*group-number*] **authentication** {**text** *string* | **md5** {**key-string** [0 | 7] *key* [**timeout** *seconds*] | **key-chain** *name-of-chain*}} 命令删除指定的认证字符串
4	**standby** [*group-number*] **timers** [**msec**] *hellotime* [**msec**] *holdtime* 例如：Switch(config-if)#**standby** 1 **timers** 60 120	（可选）设置自该路由器发送 Hello 包后多长时间没收到对方路由器响应时即宣告对方路由器关闭，即设置保持时间。命令中的参数和可选项说明如下： ● *group-number*：指定要应用该项配置设置的 HSRP 组号，v1 版本中的取值范围为 0~255；v2 版本中的取值范围为 0~4095，默认均为 0 ● *hellotime*：设置 HSRP 路由器发送 Hello 包的时间间隔，取值范围为 1~254 秒，默认为 3 秒，如果选择了 **msec** 可选项，则时间单位为毫秒，取值范围为 15~999 毫秒 ● *holdtime*：设置保持时间，取值范围为 x~255 秒，默认为 10 秒，如果选择了 **msec** 可选项，则取值范围为 y~3000 毫秒，默认为 10 秒。x 为 50 毫秒+*hellotime* 参数值，然后以秒为单位取最接近的值，y 至少等于 3 倍 *hellotime* 参数值，不小于 50 毫秒 ● **msec**：（可选），指定要以毫秒为单位，毫秒计时器允许更加快速的失效恢复
5	**end** 例如：Switch(config-if)#**end**	返回特权模式
6	**show running-config** 例如：Switch#**show running-config**	校验以上配置
7	**copy running-config startup-config** 例如：Switch#**copy running-config startup-config**	（可选）保存以上配置到启动配置文件中

【示例 1】配置 HSRPv1 组 1 的认证字符串为 word。

```
Switch# configure terminal
Switch(config)# interface gigabitethernet1/0/1
Switch(config-if)# no switchport
Switch(config-if)# standby 1 authentication word
Switch(config-if)# end
```

【示例 2】在 HSRPv2 组 1 中配置 MD5 认证方式，密钥为 345890，在接受新密钥前保持旧密钥的时间为 30 秒。

```
Switch# configure terminal
Switch(config)#interface Ethernet0/1
Switch(config-if)# standby 1 ip 10.21.0.12
Switch(config-if)# standby 1 priority 110
Switch(config-if)# standby 1 preempt
```

```
Switch(config-if)# standby 1 authentication md5 key-string 345890 timeout 30
```

【示例 3】在 HSRPv2 组 1 中使用名为 hsrp1 的 MD5 密钥链。在这个密钥链中包括当前可用的密钥和密钥 ID。

```
Switch(config)#key chain hsrp1
Switch(config- keychain)# key 1
Switch(config- keychain-key)# key-string 543210
Switch(config- keychain-key)#exit
Switch(config)#interface Ethernet0/1
Switch(config-if)# standby 1 ip 10.21.0.10
Switch(config-if)#standby 1 priority 110
Switch(config-if)#standby 1 preempt
Switch(config-if)#standby 1 authentication md5 key-chain hsrp1
```

【示例 4】在 HSRPv1 组 1 中配置 Hello 包发送计时器为 5 秒，在 Hello 包发送 15 秒后仍没有收到响应，则宣告对应的路由器关闭。

```
Switch# configure terminal
Switch(config)# interface gigabitethernet1/0/1
Switch(config-if)# no switchport
Switch(config-if)# standby 1 ip
Switch(config-if)# standby 1 timers 5 15
Switch(config-if)# end
```

【示例 5】在 HSRPv2 组 1 中，设置 ethernet 0 接口的 IP 地址为 172.19.10.1，Hello 包发送时间间隔为 300 毫秒，到 Hello 包发送后的 900 毫秒内没有收到对方响应，则认为对方路由器已关闭。

```
Switch# configure terminal
Switch(config)#interface ethernet 0
Switch(config-if)# standby ip 172.19.10.1
Switch(config-if)# standby timers msec 300 msec 900
```

【示例 6】使用 **debug standby errors** 命令查看 MD5 认证配置错误。示例中 Router A 采用的是 MD5 文本认证，而 Router B 采用的是默认的文本认证（明文认证）。

```
Router# debug standby errors

A:Jun 16 12:14:50.337:HSRP:Et0/1 Grp 0 Auth failed for Hello pkt from 10.21.0.5, MD5
confgd but no tlv
B:Jun 16 12:16:34.287:HSRP:Et0/1 Grp 0 Auth failed for Hello pkt from 10.21.0.4, Text auth
failed
```

【示例 7】使用 **debug standby errors** 命令查看 MD5 认证配置错误。示例中 Router A 和 Router B 所配置的 MD5 认证字符串不一致。

```
Router# debug standby errors

A:Jun 16 12:19:26.335:HSRP:Et0/1 Grp 0 Auth failed for Hello pkt from 10.21.0.5, MD5 auth
failed
B:Jun 16 12:18:46.280:HSRP:Et0/1 Grp 0 Auth failed for Hello pkt from 10.21.0.4, MD5 auth
failed
```

2.2.6 HSRP ICMP 重定向配置

配置了 HSRP 的路由器接口会自动启动 ICMP 重定向的。ICMP 提供了诊断功能，如发送和定向传送错误消息包到主机上。在启用了重定向的 HSRP 接口上，还可以配置重定向包的发送时间间隔。具体的配置步骤如表 2-6 所示。

表 2-6　HSRP ICMP 重定向配置步骤

步骤	命令	说明
1	**configure terminal** 例如：Switch#**configure terminal**	进入全局配置模式
2	**interface** *interface-id* 例如：Switch(config)#**interface** fastethernet 1/1	键入要启用重定向的 HSRP 接口，进入接口配置模式
3	**standby redirect [timers** *advertisement holddown*] [**unknown**] 例如：Switch(config-if)#**standby redirect timers** 80 240	在接口上启用 HSRP ICMP 消息过滤功能。该命令自 IOS 12.1(3)T 版本引入，命令中的参数和选项说明如下： ● **timers**：可选项，指定调整 HSRP 通告消息发送计时器 ● *advertisement*：可选参数，调整 HSRP ICMP 重定向通告的发送时间间隔，取值范围为 10~180 秒，默认为 60 秒 ● *holddown*：可选项，设置当前 HSRP 路由器在 ICMP 重定向通告发送后多长时间内没收到重定向后的路由器的应答时被宣告无效，取值范围为 61~3600 秒，默认为 180 秒。通常是至少 3 倍 ICMP 重定向包发送的时间间隔值 ● **unknown**：可选参数，允许在包中包含在 HSRP 真实 IP 和活动的虚拟 IP 地址列表中没有的下一跳 IP 地址时发送 ICMP 包。可用 **no standby redirect unknown** 命令停止向这类包发送重定向包，以免为非法的包提供重定向服务 在启用了 HSRP ICMP 重定向功能时，重定向包中下一跳或者网关中的路由器真实 IP 地址替换为 HSRP 虚拟 IP 地址。HSRP 根据真实 IP 地址查找对应的虚拟 IP 地址，以确定下一跳 IP 地址，如果没有发现匹配的，则 HSRP 路由器允许重定向包不作任何改变地发送出去。主机的 HSRP 路由器被重定向到一台物理路由器时，就称之为 unknown（未知），也就是在这台路由器上没有活动的 HSRP 组。可以使用 **no standby redirect unknown** 命令停止这种重定向消息发送。 【说明】在全局配置模式，可以使用 **standby redirects [disable | enable]** 命令启用或者禁用 HSRP ICMP 重定向配置。启用 HSRP ICMP 重定向后，可以一个 HSRP 虚拟 IP 地址作为重定向包的网关 IP 地址。可使用 **no standby redirects** 命令删除这个全局配置。 当在接口上第一次配置 HSRP 时，接口的这个重定向设置将从全局设置中继承，如果在接口上专门禁止 ICMP 重定向功能，即使全局配置中已启用了重定向功能，也不能在接口上启用重定向功能
4	**end** 例如：Switch(config-if)#**end**	返回特权模式
5	**show standby redirect** [*ip-address*] [*interface-type interface-number*] [**active**] [**passive**] [**timers**] 例如：Switch#**show standby redirect**	显示接口上配置的 HSRP ICMP 重定向配置。该命令自 IOS 12.2 版本引入，命令中的参数和选项说明如下： ● *ip-address*：可选参数，指定重定向后的路由器 IP 地址 ● *interface-type interface-number*：可选参数，指定要显示 HSRP ICMP 重定向信息的接口 ● **active**：可选项，指定显示当前子网中活动的 HSRP 路由器 ● **passive**：可选项，指定显示当前子网中被动的 HSRP 路由器 ● **timers**：可选项，指定显示 HSRP ICMP 重定向计时器配置信息

【示例 1】在接口 Ethernet 0 上启用 HSRP ICMP 重定向功能。

```
Switch(config)#interface Ethernet 0
Switch(config-if)#ip address 10.0.0.1 255.0.0.0
Switch(config-if)#standby redirect
Switch(config-if)#standby 1 ip 10.0.0.11
```

【示例 2】在接口 Ethernet 0 上配置 HSRP ICMP 重定向通告的时间间隔为 90 秒，在重定向通告发送 270 秒后没收到应答时宣告对方路由器无效。

```
Switch(config)#interface Ethernet 0
Switch(config-if)# ip address 10.0.0.1 255.0.0.0
Switch(config-if)# standby redirect timers 90 270
Switch(config-if)# standby 1 ip 10.0.0.11
```

【示例 3】执行不带任何参数的 **show standbyre redirect** 命令的输出。

```
Router# show standby redirect


Interface          Redirects Unknown     Adv         Holddown
```

```
Ethernet0/2        enabled   enabled   30        180
Ethernet0/3        enabled   disabled  30        180

Active       Hits  Interface      Group Virtual IP      Virtual MAC
10.19.0.7    0     Ethernet0/2    3     10.19.0.13      0000.0c07.ac03
local        0     Ethernet0/3    1     10.20.0.11      0000.0c07.ac01
local        0     Ethernet0/3    2     10.20.0.12      0000.0c07.ac02

Passive      Hits  Interface      Expires in
10.19.0.6    0     Ethernet0/2    151.800
```

【示例 4】显示 Ethernet0/3 接口上的 HSRP ICMP 重定向配置。

```
Router# show standby redirect e0/3

Interface          Redirects Unknown   Adv       Holddown
Ethernet0/3        enabled   disabled  30        180

Active       Hits  Interface      Group Virtual IP      Virtual MAC
local        0     Ethernet0/3    1     10.20.0.11      0000.0c07.ac01
local        0     Ethernet0/3    2     10.20.0.12      0000.0c07.ac02
```

【示例 5】显示 Ethernet0/3 上所有活动 HSRP 组中的活动的路由器。

```
Router# show standby redirect e0/3 active

Active       Hits  Interface      Group Virtual IP      Virtual MAC
local        0     Ethernet0/3    1     10.20.0.11      0000.0c07.ac01
local        0     Ethernet0/3    2     10.20.0.12      0000.0c07.ac02
```

【示例 6】显示 IP 地址为 10.19.0.7 的接口上的 HSRP ICMP 重定向配置。

```
Router# show standby redirect 10.19.0.7

Active       Hits  Interface      Group Virtual IP      Virtual MAC
10.19.0.7    0     Ethernet0/2    3     10.19.0.13      0000.0c07.ac03
```

【示例 7】配置两个支持 ICMP 重定向消息过滤的 HSRP 组。

下面是担当 HSRP 组 1 活动路由器，担当 HSRP 组 2 备份路由器的 Router A 上的配置。

```
RouterA(config)# interface Ethernet1
RouterA(config-if)# ip address 10.0.0.10 255.0.0.0
RouterA(config-if)# standby redirect   !---启用 HSRP ICMP 重定向
RouterA(config-if)# standby 1 priority 120   !---设置 Router A 在 HSRP 组 1 中的优先级为 120
RouterA(config-if)# standby 1 preempt delay minimum 20   !---设置 Router A 在 HSRP 组 1 中的抢占延时值为最少 20 秒
RouterA(config-if)# standby 1 ip 10.0.0.1   !---设置 HSRP 组 1 的虚拟 IP 地址为 10.0.0.1，同一个 HSRP 组各路由器上所配置的虚拟 IP 地址设置必须一致
RouterA(config-if)# standby 2 priority 105   !---设置 Router A 在 HSRP 组 1 中的优先级为 105
RouterA(config-if)# standby 2 preempt delay minimum 20   !---设置 Router A 在 HSRP 组 2 中的抢占延时值为最少 20 秒
RouterA(config-if)# standby 2 ip 10.0.0.2   !---设置 HSRP 组 2 的虚拟 IP 地址为 10.0.0.1，同一个 HSRP 组各路由器上所配置的虚拟 IP 地址设置必须一致
```

下面是担当 HSRP 组 2 活动路由器，担当 HSRP 组 1 备份路由器的 Router B 上的配置。

```
RouterB(config)# interface Ethernet1
RouterB(config-if)# ip address 10.0.0.11 255.0.0.0
RouterB(config-if)# standby redirect
RouterB(config-if)# standby 1 priority 105
RouterB(config-if)# standby 1 preempt delay minimum 20
RouterB(config-if)# standby 1 ip 10.0.0.1
RouterB(config-if)# standby 2 priority 120
RouterB(config-if)# standby 2 preempt delay minimum 20
RouterB(config-if)# standby 2 ip 10.0.0.2
```

2.2.7 HSRP 备份组和集群配置

在本书第 1 章介绍交换机集群配置时就已介绍到，在交换机集群中可以结合 HSRP 来实现命令

交换机组内部的负载共享。当一个交换机同时启用了 HSRP 和集群功能时，则可以在命令交换机备份组中使用与 HSRP 备份组相同的命令。如使用 **cluster standby-group** *HSRP-group-name* [**routing-redundancy**]全局配置模式命令来启用 HSRP 备份组，用于命令交换机和路由冗余。如果创建了一个与 HSRP 备份组名称一样的集群命令交换机备份组，但却在以上命令中没有使用 **routing-redundancy** 关键字，则在集群的命令交换机备份组中的 HSRP 备份路由功能是禁用的。具体参见本书第 1 章的 1.2.2 节和 1.3.2 节。

以下示例显示了如何绑定 HSRP 备份组 my_hsrp 到集群中，启用这个 HSRP 备份组用于命令交换机冗余和路由器冗余。以下配置命令仅可以在命令交换机上执行。如果备份组名和组号不存在，或者当前交换机是集群成员交换机，则会出现错误提示。

```
Switch# configure terminal
Switch(config)# cluster standby-group my_hsrp routing-redundancy
Switch(config)# end
```

2.3 Cisco IOS 交换机 VRRP 基础

VRRP（Virtual Router Redundancy Protocol，虚拟路由器冗余协议）与上面介绍的 Cisco HSRP 的功能非常类似，但它是通用标准，所以各个厂商都可以用，如本书后面介绍的 H3C 交换机中就专门介绍了 VRRP 的配置。

VRRP 也可以实现动态选择局域网中由多个路由器组成的 VRRP 组中的一个或多个路由器担当虚拟路由器角色，允许多个路由器使用相同的虚拟 IP 地址。在 VRRP 路由器组中必须指定一个路由器作为主路由器，其他路由器作为备份路由器，用于在当前主路由器失效时接替主路由器的工作。它与 HSRP 最大的不同是 VRRP 组中的虚拟 IP 地址可以是组中某物理路由器接口的 IP 地址（在 HSRP 组中不允许这样），而且它们发布通告消息的组播 IP 地址和路由器组的虚拟 MAC 地址都不一样。

可以在一台交换机或交换机堆叠中同时配置 HSRP 和 VRRP。但是不能添加仅支持 HSRP 或者 VRRP 一个协议的交换机到同时配置两种协议的交换机堆叠中。

【说明】因为有关 VRRP 的基础知识已在本书第 4 章介绍 H3C 交换机的 VRRP 配置时有详细介绍，所以在此仅作基本介绍。在此建议大家先阅读第 4 章的 4.1 节和 4.2 节，然后再继续阅读本章后面的内容。

2.3.1 VRRP 基本特性

VRRP 支持以下基本特性：

- 路由器冗余：VRRP 与 HSRP 一样也允许配置多个路由器作为默认网关，减少网络中单点故障出现的可能性。
- 负载共享：可以通过配置多个 VRRP 组来实现网络中负载的共享。
- 多虚拟路由器：VRRP 支持在一个物理路由器接口上最多 255 个虚拟路由器，也就是最多可以创建 255 个 VRRP 组。多个虚拟路由器可以实现网络中的路由器冗余和负载共享。路由器物理接口上实际配置的虚拟路由器数量依据以下因素决定：①路由器处理性能；②路由器内存容量；③路由器接口的多 MAC 地址支持。在一个路由器接口上配置了多个虚拟路由器的拓扑环境中，接口可以在一个虚拟路由器中担当虚拟路由器主（在 H3C 中称之为“主路由器”，下同，不再另外说明）角色，而在其他一个或多个虚拟路由器中担当备份路由器角色。

- 多 IP 地址：在 VRRP 虚拟路由器中可以管理多个 IP 地址，包括从 IP 地址。所以，如果在一个以太网接口上配置了多个子网，可以为每个子网配置 VRRP。
- 允许角色抢占：VRRP 冗余方案允许比当前活动的虚拟路由器主优先级更高的备份路由器接管虚拟路由器主角色，成为新的虚拟路由器主。
- VRRP 认证：VRRP MD5 算法认证保护 VRRP 欺骗类的软件攻击，使用工业标准的 MD5 算法可以提高 VRRP 应用的可靠性和安全性。
- VRRP 通告：VRRP 使用专门的 IANA 标准多播 IP 地址 224.0.0.18 进行 VRRP 通告发送。这个地址方案可以最小化需要多播服务的路由器数，允许测试环境下正确识别 VRRP 包。
- VRRP 对象跟踪：VRRP 的对象跟踪功能通过改变被跟踪对象（如接口或者 IP 地址）的 VRRP 优先级提供了确保最佳的 VRRP 路由器成为虚拟路由器主的方法。

2.3.2 主要 VRRP 特性概述

在 VRRP 中最主要的特性包括以下几个：①VRRP 路由器优先级和抢占；②VRRP 通告；③VRRP 认证；④VRRP 对象跟踪。

1．VRRP 路由器优先级和抢占

VRRP 冗余方案的一个重要特征就是 VRRP 路由器优先级。优先级决定了每个 VRRP 路由器在虚拟路由器主失效时可以扮演的角色。如果一个 VRRP 路由器的物理接口 IP 地址与虚拟路由器的 IP 地址相同，则认为它是虚拟路由器 IP 地址拥有者，会自动成为虚拟路由器主。

VRRP 路由器的优先级也决定了在虚拟路由器主失效时备份路由器可能成为新的虚拟路由器主的顺序。可以使用 **vrrp priority** 命令为每个备份路由器配置 1~254 的优先级，因为 255 是最高优先级，是虚拟路由器 IP 地址拥有者的优先级，不可改变的。

例如，如果当前的虚拟路由器主 Router A 失效了，这时就会在 Router B 和 Router C 这两台备份路由器间进行新的虚拟路由器主选举。如果 Router B 和 Router C 这两台路由器的优先级分别配置为 101、100，这时 Router B 将被选举为新的虚拟路由器主，因为它的优先级更高。如果 Router B 和 Router C 这两台路由器的优先级都配置为 100，这时就要考虑这两台路由器的 IP 地址配置了，IP 地址大的将成为新的虚拟路由器主。

默认情况下，具有更高优先级的备份路由器可以接管当前的虚拟路由器主，而成为新的虚拟路由器主。可以使用 **no vrrp preempt** 命令禁止 VRRP 路由器的抢占功能。如果禁止了抢占功能，则选举成为新的虚拟路由器主的备份路由器将一直保持虚拟路由器主角色，直到原来的虚拟路由器主恢复，重新成为虚拟路由器主。

2．VRRP 通告

启用了 VRRP 后，虚拟路由器主发送 VRRP 通告到其他 VRRP 路由器，向其他路由器传递虚拟路由器主的优先级和状态。VRRP 通告封装在 IP 包中，并用分配给 VRRP 组的多播 IP 地址进行发送。VRRP 通告会按配置的发送时间间隔向 VRRP 组中的每个备份路由器发送。

尽管 VRRP 按照 RFC 3786 是不支持毫秒级计时器，但在 Cisco 路由器中仍允许配置毫秒级计时器。需要手动在虚拟路由器主和备份路由器上配置毫秒级计时器。要注意的是，在备份路由器上使用 show vrrp 命令显示的虚拟路由器主的通告计时器值总是为 1 秒，因为备份路由器不接受毫秒时间值。

3．VRRP 对象跟踪

对象跟踪是一个独立管理创建、监控和删除被跟踪对象（如接口线路协议状态）的进程。

HSRP、GLBP（Gateway Load Balancing Protocol，网关负载平衡协议）和 VRRP 客户端注册被跟踪对象，在这些对象的状态发生改变时采取相应的行动。

每个被跟踪的对象由一个唯一的号码标识，VRRP、HSRP、GLBP 等使用这个号码对对象进行跟踪，这与比较新的 IOS 版本中的 HSRP 对象跟踪方法是一样的。跟踪进程会周期性地轮换跟踪被跟踪的对象，并注意它们的任何参数值的改变。一旦被跟踪的对象发生任何改变，则会通知 VRRP、HSRP 或 GLBP。

VRRP 也可仅跟踪特定的对象，如接口状态、线路协议、IP 路由状态和路由的可达性。每个 VRRP 组可以跟踪多个可能影响 VRRP 路由器优先级的对象，只需要指出其要跟踪的对象号，VRRP 就会在被跟踪对象发生任何改变时得到通知，然后 VRRP 会根据相应的状态改变减小或者增加虚拟路由器的优先级。

4. VRRP 认证

VRRP 会忽略没有认证的 VRRP 消息，默认的认证类型为文本认证，但也可以配置使用密钥字符串的简单 MD5 认证，或者 MD5 认证密钥链。

MD5 认证提供了比纯文本认证更高的安全性。MD5 认证允许每个 VRRP 路由器组成员使用一个加密密钥产生一个加密的 MD5 哈希值，并作为出站包的一部分。从其他 VRRP 路由器流入的入站包也会产生一个加密的 MD5 哈希值，如果入站包中的哈希值与本 VRRP 路由器的出站包中的哈希值不一致，则这个入站包将被忽略。

MD5 哈希值可以直接在配置中使用密钥字符串给出，也可以通过密钥链间接提供。VRRP 路由器将忽略来自不是相同认证配置的 VRRP 路由器发来的 VRRP 包。

2.3.3　VRRP 基本工作原理

图 2-4 显示了一个配置了 VRRP 的局域网拓扑结构。在这个示例中，Router A、Router B 和 Router C 是组成 VRRP 虚拟路由器的 VRRP 路由器成员。虚拟路由器 IP 地址与 Router A 的 IP 地址一样——10.0.0.1（HSRP 中的虚拟 IP 地址不能与物理路由器的 IP 地址一样）。

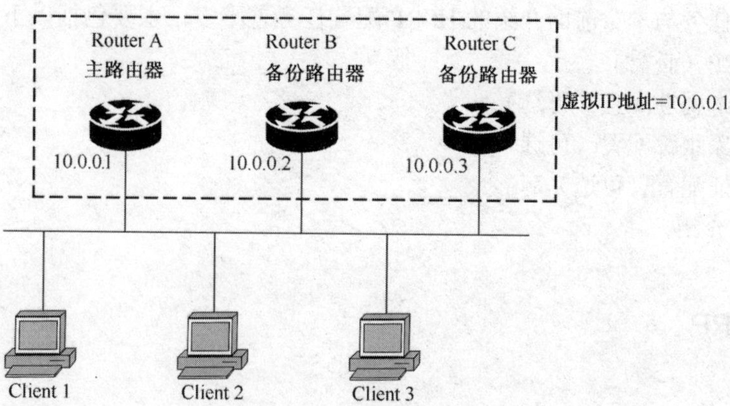

图 2-4　基本的 VRRP 拓扑

因为虚拟路由器使用 Router A 上的物理接口 IP 地址，Router A 就自动成为虚拟路由器主角色，并成为虚拟 IP 地址拥有者。作为虚拟路由器主，Router A 控制着虚拟路由器的 IP 地址，并且对转发到这个虚拟 IP 地址的数据包进行响应。在本示例中，Client 1~ Client 3 配置 Router A 的 IP 地址 10.0.0.1 作为默认网关。

此时，Router B 和 Router C 作为虚拟路由器的备份。如果虚拟路由器主（Router A）失效，

Router B 和 Router C 中优先级更高的将成为新的虚拟路由器主，为局域网中的主机提供不间断的服务。当 Router A 恢复后，它又将成为虚拟路由器主。

图 2-5 显示了一个配置了两个 VRRP 组的 LAN 拓扑，Router A 和 Router B 共享到达或者来自 Client 1~ Client 4 的负载，Router A 和 Router B 为相互备份的关系，因为此时这两个路由器已创建了两个 VRRP 组，而且两个路由器分别为两个 VRRP 组中的虚拟路由器主。

在这个示例中，就有两个 VRRP 虚拟路由器了。对于 VRRP 组 1，Router A 是虚拟 IP 地址 10.0.0.1 的拥有者，自动成为虚拟路由器主，Router B 作为备份路由器。Client 1 和 Client 2 以虚拟 IP 地址作为默认网关。而在 VRRP 组 2 中，Router B 是虚拟 IP 地址 10.0.0.2 的拥有者，自动成为虚拟路由器主，Router A 作为备份路由器。Client 3 和 Client 4 以虚拟 IP 地址作为默认网关。

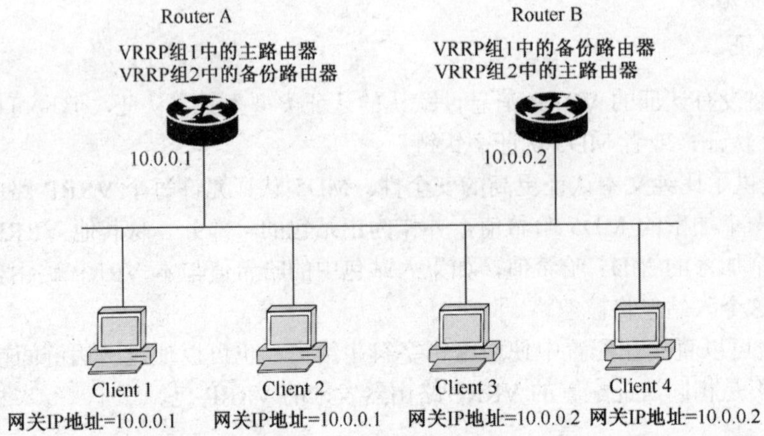

图 2-5　双 VRRP 组负载共享的拓扑示例

2.4 Cisco IOS 交换机 VRRP 配置与管理

VRRP 的配置任务与本章前面介绍的 HSRP 配置任务差不多，主要包括以下几项：

- 启用 VRRP（必需）
- VRRP 基本属性配置（可选）
- VRRP 对象跟踪配置（可选）
- VRRP 认证配置（可选）

下面分别予以介绍。

2.4.1 启用 VRRP

VRRP 与 HSRP 一样，也是需要在三层接口上配置，可以是三层可路由端口或者三层 VLAN 接口，但均需首先为它们配置 IP 地址，然后通过在接口上配置 VRRP 虚拟 IP 地址来启用 VRRP。具体步骤如表 2-7 所示。

表 2-7　启用 VRRP 的配置步骤

步骤	命令	说明
1	**configure terminal** 例如：Switch#**configure terminal**	进入全局配置模式

续表

步骤	命令	说明
2	**interface** *type number* 例如：Switch(config)#**interface** gigabitethernet 1/0/1	键入要启用 VRRP 的三层接口，并进入接口配置模式
3	**ip address** *ip-address mask* 例如：Switch(config-if)#**ip address** 172.16.1.10 255.255.0.0	为该接口配置 IP 地址
4	**vrrp** *group* **ip** *ip-address* **[secondary]** 例如：Switch(config-if)#**vrrp** 1 **ip** 172.16.1.254	通过在接口上配置虚拟 IP 地址启用 VRRP，并可为该接口配置从虚拟 IP 地址，指示对应 VRRP 组也支持添加的从 IP 地址。该命令自 IOS 12.0(18)ST 版本引入，命令中的参数和选项说明如下： ● *group*：指定要创建或者启用的 VRRP 组的组号，取值范围为 1~255 ● *ip-address*：在三层接口上设置 VRRP 虚拟 IP 地址，可以与前面配置的主 IP 地址一样 ● *secondary*：指定以上虚拟 IP 地址为从虚拟 IP 地址 VRRP 组中每台路由器都必须配置相同的主虚拟 IP 地址和一个从虚拟 IP 地址列表。如果配置了不同的主虚拟 IP 地址和从虚拟 IP 地址列表，VRRP 组中的路由器将不能与其他路由器通信，而且不同配置的路由器可能改变虚拟路由器主的状态。 可用 **no vrrp** *group* **ip** *ip-address* **[secondary]**或 **vrrp group shutdown** 命令在接口上禁用 VRRP，并且删除所配置的 VRRP 虚拟 IP 地址
5	**end** 例如：Switch(config-if)#**end**	返回特权模式
6	**show vrrp [brief |all]** 例如：Switch# **show vrrp**	（可选）显示路由器上指定或者所有已配置的 VRRP 组摘要或者详细状态信息。该命令自 IOS 12.0(18)ST 版本引入，命令中的选项说明如下： ● **all**：二选一可选项，显示当前交换机上所有的 VRRP 组信息，包括处于禁止状态的 VRRP 组，默认是显示全部 VRRP 组信息 ● **brief**：二选一可选项，显示当前路由器上的 VRRP 组摘要信息
7	Switch #**show vrrp interface** *type number* **[brief]** 例如：Switch #**show vrrp interface** gigabitethernet 1/0/1	（可选）显示指定接口上的 VRRP 组及它们的状态，该命令自 IOS 12.0(18)ST 版本引入，命令中的参数和选项说明如下： ● *type number*：显示指定接口上的 VRRP 组信息 ● **brief**：可选项，摘要显示当前路由器上全部或指定 VRRP 接口上的 VRRP 组信息

【示例 1】为 ethernet 0 接口配置主/从 IP 地址分别为 10.0.1.1/24、10.0.2.1/24，然后在该接口上启用 VRRP，创建 VRRP 组 1，配置主/从虚拟 IP 地址分别为 10.0.1.20/24、10.0.2.20/24。

```
Switch(config)#interface ethernet 0
Switch(config-if)# ip address 10.0.1.1 255.255.255.0
Switch(config-if)# ip address 10.0.2.1 255.255.255.0 secondary
Switch(config-if)# vrrp 1 ip 10.0.1.20
Switch(config-if)# vrrp 1 ip 10.0.2.20 secondary
```

【示例 2】显示当前路由器上已配置的所有 VRRP 组信息。输出信息中包括当前路由器所担当的 VRRP 角色、虚拟 IP 地址、虚拟 MAC 地址、VRRP 通告发送间隔、抢占通告发送延时、当前路由器的 VRRP 优先级、对象跟踪设置，以及 VRRP 虚拟路由器主 IP 地址、VRRP 优先级、VRRP 通告发送间隔等。

```
Router# show vrrp

Ethernet1/0 - Group 1
State is Master
Virtual IP address is 10.2.0.10
Virtual MAC address is 0000.5e00.0101
Advertisement interval is 3.000 sec
Preemption is enabled
  min delay is 0.000 sec
Priority 100
  Track object 1 state down decrement 15
Master Router is 10.2.0.1 (local), priority is 100
```

```
Master Advertisement interval is 3.000 sec
Master Down interval is 9.609 sec

Ethernet1/0 - Group 2
State is Master
Virtual IP address is 10.0.0.20
Virtual MAC address is 0000.5e00.0102
Advertisement interval is 1.000 sec
Preemption is enabled
  min delay is 0.000 sec
Priority 95
Master Router is 10.0.0.1 (local), priority is 95
Master Advertisement interval is 1.000 sec
Master Down interval is 3.628 sec
```

【示例 3】显示配置了 MD5 认证的 VRRP 配置信息。

```
Router# show vrrp

Ethernet0/1 - Group 1
State is Master
Virtual IP address is 10.21.0.10
Virtual MAC address is 0000.5e00.0101
Advertisement interval is 1.000 sec
Preemption is enabled
  min delay is 0.000 sec
Priority is 100
Authentication MD5, key-string
Master Router is 10.21.0.1 (local), priority is 100
Master Advertisement interval is 1.000 sec
Master Down interval is 3.609 sec
```

【示例 4】显示当前路由器上所有 VRRP 组配置摘要。

```
Router# show vrrp brief

Interface        Grp  Prio   Time   Own  Pre  State    Master addr     Group addr
Ethernet1/0      1    100    3609        P    Master   10.0.0.4        10.0.0.10
Ethernet1/0      2    105    3589        P    Master   10.0.0.4        10.0.0.20
```

【示例 5】显示当前路由器 ethernet 1/0 接口配置的 VRRP 组信息。从输出信息可以看出，在 Ethernet 1/0 接口上配置了两个 VRRP 组，并显示了每个组中的详细配置信息。

```
Router# show vrrp interface ethernet 1/0

Ethernet1/0 - Group 1
State is Master
Virtual IP address is 10.2.0.10
Virtual MAC address is 0000.5e00.0101
Advertisement interval is 3.000 sec
Preemption enabled, delay min 4 secs
Priority is 100
Master Router is 10.2.0.1 (local), priority is 100
Master Advertisement interval is 3.000 sec
Master Down interval is 9.609 sec

Ethernet1/0 - Group 2
State is Master
Virtual IP address is 10.0.0.20
Virtual MAC address is 0000.5e00.0102
Advertisement interval is 1.000 sec
Preemption enabled, delay min 2 sec
Priority is 95
Authentication MD5, key-string
Master Router is 10.0.0.1 (local), priority is 95
```

```
Master Advertisement interval is 1.000 sec
Master Down interval is 3.628 sec
```

2.4.2　VRRP 组基本属性配置与管理

在路由器接口上创建并启用了 VRRP 组后，接下来就要对对应的 VRRP 组进行基本的属性配置，这就是在上节通过 **show vrrp** 命令所显示的那些属性。主要包括路由器在对应 VRRP 组中的优先级、抢占通告发送延时、VRRP 通知发送时间间隔等。至于 VRRP 认证配置将在下节具体介绍。

VRRP 组基本属性配置步骤如表 2-8 所示。但要说明的是，各属性的配置没有固定的先后次序，只是为了便于说明，在此列出了它们配置的先后次序。

表 2-8　VRRP 组基本属性配置步骤

步骤	命令	说明
1	**configure terminal** 例如：Switch#**configure terminal**	进入全局配置模式
2	**interface** *type number* 例如：Switch(config)#**interface** gigabitethernet 1/0/1	键入要配置 VRRP 的接口，进入接口配置模式
3	**ip address** *ip-address mask* 例如：Switch(config-if)#**ip address** 172.16.1.10 255.255.0.0	为 VRRP 接口配置 IP 地址和子网掩码（如果以前已配置，可跳过此步），但此处配置的物理接口 IP 地址，不是 VRRP 组虚拟 IP 地址
4	**vrrp** *group* **description** *text* 例如：Switch(config-if)#**vrrp** 1 **description** vrrp1	为 VRRP 组设置描述，自 IOS 12.0(18)ST 版本引入。参数 *group* 用来指定要添加描述的 VRRP 组的组号，取值范围为 1~255；参数用来设置 VRRP 组描述，最多 80 个字符
5	**vrrp** *group* **priority** *level* 例如：Switch(config-if)#**vrrp** 1 **priority** 120	设置当前路由器在指定 VRRP 组中的优先级，自 IOS 12.0(18)ST 版本引入。参数 *group* 用来指定要设置优先级的 VRRP 组的组号，取值范围为 1~255；参数 *level* 用来设置当前路由器在指定 VRRP 组中的优先级，取值范围为 1~254，默认为 100
6	**vrrp** *group* **preempt** [**delay minimum** *seconds*] 例如：Switch(config-if)#**vrrp** 1 **preempt**	配置允许当前路由器在优先级高过当前虚拟路由器主时接管虚拟路由器的工作，并设置接管前的延时，默认为不延时。 参数 *group* 用来指定要设置允许抢占的 VRRP 组的组号，取值范围为 1~255；可选参数设置路由器发布声称已抢占了虚拟路由器主角色的通告的延时，默认为不延时，也就是抢占后即发布通告
7	**vrrp** *group* **timers advertise** [**msec**] *interval* 例如：Switch(config-if)#**vrrp** 1 **timers advertise** 120	配置虚拟路由器主发送 VRRP 通告的时间间隔（其他备份路由器会依据此设置来计算应该多长时间内能收到虚拟路由器主发来的通告，然后确定虚拟路由器主的状态）。 参数 *group* 用来指定要设置虚拟路由器主发送通告的时间间隔的 VRRP 组的组号，取值范围为 1~255；可选项 **msec** 用来改变所设置的时间间隔单位为毫秒；参数 interval 用来设置虚拟路由器主发送通告的时间间隔，当没有选择 **msec** 可选项时，单位为秒，取值范围为 1~255 秒；当选择了 **msec** 可选项，单位为毫秒，取值范围为 55~999 毫秒。默认为 1 秒。 VRRP 组中每台路由器都必须设置相同的通告发送时间间隔值，否则不能相互通信，而且不同配置的路由器可能改变虚拟路由器主的状态
8	**vrrp** *group* **timers learn** 例如：Switch(config-if)#**vrrp** 1 **timers learn**	（可选）在当前路由器为 VRRP 中的备份路由器时可以向虚拟路由器主学习通告发送时间间隔。参数 *group* 用来指定要设置当前路由器启用向虚拟路由器主学习通告发送时间间隔的 VRRP 组的组号，取值范围为 1~255

【示例 1】在 ethernet 0 接口上启用 VRRP，创建 VRRP 组 1，并描述为“Marketing and Administration”。

```
Switch(config)#interface ethernet 0
Switch(config-if)# ip address 10.0.1.1 255.255.255.0
Switch(config-if)# vrrp 1 ip 10.0.1.20
Switch(config-if)# vrrp 1 description   Marketing and Administration
```

【示例 2】配置当前交换机允许抢占虚拟路由器主角色，并且设置等待 15 秒再发布抢占为虚拟路由器主的通告。

```
Switch(config-if)#vrrp 1 preempt delay minimum 15
```

【示例 3】配置虚拟路由器主发送通告的时间间隔为 4 秒。

```
Switch(config-if)#vrrp 1 timers advertise 4
```

【示例 4】设置备份路由器向虚拟路由器主学习通告发送时间间隔。

```
Switch(config-if)#vrrp 1 timers learn
```

2.4.3 VRRP 认证配置与管理

VRRP 认证就是为了避免接收到非法的 VRRP 通告消息，提供 VRRP 组中各路由器间通信的安全性。与本章前面介绍的 HSRP 一样，VRRP 也支持文本明文认证和 MD5 加密认证两种认证方式。VRRP 认证的具体配置步骤如表 2-9 所示。

表 2-9 VRRP 认证配置步骤

步骤	命令	说明
1	**configure terminal** 例如：Switch#**configure terminal**	进入全局配置模式
2	**key chain** *name-of-chain* 例如：Switch(config)#**key chain** 1	（可选）定义一个 MD5 密钥链，进入密钥链配置模式。仅采用 MD5 密钥链认证配置方式时需要采用
3	**key** *key-id* 例如：Switch(config-keychain)#**key** 2	（可选）定义密钥链中的密钥 ID，进入密钥链配置模式。仅采用 MD5 密钥链认证配置方式时需要采用，ID 号必须是数字
4	**key-string** *string* 例如：Switch(config-keychian-key)#**key-string** lycb	（可选）定义以上密钥 ID 中的真实密钥字符串，仅采用 MD5 密钥链认证配置方式时需要采用，取值范围为 1~80 个字符，但第一个字符不能是数字
5	**exit** 例如：Switch(config-keychian-key)#**exit**	（可选）返回全局配置模式
6	**interface** *type number* 例如：Switch(config)#**interface** gigabitethernet 1/0/1	键入要配置 VRRP 认证的接口，并进入接口配置模式
7	**ip address** *ip-address mask* **[secondary]** 例如：Switch(config-if)#**ip address** 172.16.1.10 255.255.0.0	为接口配置主/从 IP 地址
8	**vrrp** *group* **priority** *priority* 例如：Switch(config-if)#**vrrp** 1 **priority** 120	配置 VRRP 优先级，具体参见表 2-8 中的第 5 步
9	**vrrp** *group* **authentication** { **text** *text-string* | **md5** {**key-chain** *key-chain* | **key-string** [**0** | **7**] *key-string* [**timeout** *seconds*]}} 例如：Switch(config-if)#**vrrp** 1 **authentication text** lycb **timeout** 30	为 VRRP 接口配置 VRRP 认证字符串，自 IOS 12.0(18)ST 版本引入。命令中的参数和选项说明如下： ● *group*：指定要配置 VRRP 认证的 VRRP 组的组号，取值范围为 1~255 ● **text** *text-string*：多选一参数，设置文本认证（明文认证），明文认证字符串最多 8 个字符 ● **md5**：多选一选项，指定采用 MD5 认证方式 ● **key-chain** *key-chain*：多选一选项，指定采用密钥链 MD5 认证方式，密钥链需要先按第 2~4 步进行定义 ● **key-string**：多选一选项，指定直接给出 MD5 认证密钥字符串，如果选择的是 **0**（二选一可选项），则这个密钥不加密，如果选择的是 **7**（二选一可选项），则这个密钥是加密的 ● *key-string*：直接给出的 MD5 认证密钥，最多 64 个字符，建议至少 16 个字符 ● **timeout** *seconds*：可选参数，指定 VRRP 接受新密钥后仍允许旧密钥发生作用的时间 要注意的是，在指定 VRRP 组中的所有路由器的认证配置必须一致，否则不能相互通信，也可能改变虚拟路由器主的状态
10	**vrrp** *group* **ip** [*ip-address* **[secondary]**] 例如：Switch(config-if)#**vrrp** 1 **ip**	在接口上为对应的 VRRP 组配置虚拟主/从 IP 地址
11	在 VRRP 组中的其他路由器上重复以上配置	

【示例 1】配置 VRRP 组 1 的文本认证字符串为 x30dn78k。注意在同一个 VRRP 组中，每台路由器中的 VRRP 配置要一样。

```
Switch(config-if)#vrrp 1 authentication x30dn78k
```

【示例 2】配置 VRRP 组 1 的 MD5 认证字符串为 f00c4s。

```
Switch(config-if)#vrrp 1 authentication md5 key-string f00c4s
```

【示例 3】下面的示例中，两台交换机上的 MD5 认证密钥字符串提供方式不同（Switch 1 是采用由密钥链中的 0 号密钥提供认证字符串，而 Switch 2 是采用直接给出 MD5 认证字符串），但 MD5 密钥字符串是相同的。这是允许的配置方式，只要最终的认证方式和认证字符串一样即可。

Switch 1 上的配置：

```
Switch(config)#key chain vrrp1
Switch(config-keychain)# key 0
Switch(config-keychain-key)# key-string 54321098452103ab
Switch(config-keychain-key)#exit
Switch(config)#interface Ethernet0/1
Switch(config-if)#vrrp 1 ip 10.21.0.10
Switch(cpnfig-if)#vrrp 1 authentication md5 key-chain vrrp1
```

Switch 2 上的配置：

```
Switch(config)#interface Ethernet0/1
Switch(config-if)#vrrp 1 ip 10.21.0.10
Switch(config-if)#vrrp 1 authentication md5 key-string 54321098452103ab
```

2.4.4　VRRP 对象跟踪配置

在本章前面介绍 HSRP 时也介绍了对象跟踪的配置，此处的 VRRP 对象跟踪的作用和配置方法与 HSRP 中的基本一样。VRRP 跟踪就是在 VRRP 路由器接口上配置可能影响 VRRP 路由器优先级的跟踪对象（如可以是某些接口的线路协议状态或者 IP 路由状态等）。当被跟踪的对象的状态发生改变时，配置了跟踪这些对象的 VRRP 路由器优先级也将做相应改变。

VRRP 对象跟踪的具体配置步骤如表 2-10 所示。

表 2-10　VRRP 对象跟踪配置步骤

步骤	命令	说明
1	**configure terminal** 例如：Switch#**configure terminal**	进入全局配置模式
2	**track** *object-number* *interface type number* {**line-protocol** | **ip routing**} 例如：Switch(config)#**track** 10 gigabitethernet 1/0/1 **ip routing**	配置一个要跟踪的接口，该接口状态的改变可能影响本路由器 VRRP 组优先级。本命令自 IOS 12.2(14)S 版本引入，命令中的参数和选项说明如下： ● *object-number*：指定要跟踪的对象号，取值范围为 1~1000 ● **interface** *type number*：指定要跟踪的接口 ● **line-protocol**：二选一选项，指定要跟踪以上接口的线路协议状态，也就是要跟踪其是否已打开 ● **ip routing**：二选一选项，指定要跟踪以上接口的路由可达性 可用 **no track** *object-number* **interface** *type number* {**line-protocol** | **ip routing**}命令取消对指定接口对象的定义
3	**interface** *type number* 例如：Switch(config)#**interface** gigabitethernet 1/0/1	键入 VRRP 接口，进入接口配置模式
4	**vrrp** *group* **ip** *ip-address* 例如：Switch(config-if)#**vrrp** 1 **ip** 172.16.1.254	（可选）为 VRRP 接口配置指定 VRRP 组中的虚拟 IP 地址。如果在此之前交换机上已配置了虚拟 IP 地址，则可跳过此步
5	**vrrp** *group* **priority** *level* 例如：Switch(config-if)#**vrrp** 1 **priority** 80	（可选）配置 VRRP 接口在指定 VRRP 组中的优先级。如果在此之前交换机上已配置了优先级，则可跳过此步
6	**vrrp** *group* **track** *object-number* [**decrement** *priority*] 例如：Switch(config-if)#**vrrp** 1 **track** 10 **decrement** 15	配置 VRRP 要跟踪的对象。该命令自 IOS 12.3(2)T 版本引入，命令中的参数说明如下： ● *group*：指定要配置跟踪对象的 VRRP 组的组号，取值范围为 1~255 ● *object-number*：指定要跟踪的对象号，这里的对象必须事先在第 2 步中已定义好，取值范围为 1~1000 ● **decrement** *priority*：可选，设置当被跟踪对象的状态发生改变时，路由器的优先级的改变值（当被跟踪对象关闭时优先级值降低对应的设置值，而当被跟踪对象恢复时优先级值又增加对应的设置值），默认为 10，取值范围是 1~255 可用 **no vrrp** *group* **track** *object-number* [**decrement** *priority*]命令取消对指定对象的跟踪

续表

步骤	命令	说明
7	**end** 例如：Switch(config-if)#**end**	返回特权模式
8	**show track** [*object-number*] 例如：Switch#**show track** 10	显示指定或者全部对象的跟踪状态。该命令自 IOS 12.2(15)T 版本引入，命令中的 *object-number* 参数用来指定要显示跟踪信息的对象号，取值范围为 1~1000

【示例 1】在路由器 VRRP 接口 FastEthernet 0/0 跟踪 serial 2/0 和 serial 3/0 的启用状态。如果 serial 2/0 关闭了，则路由器的 VRRP 优先级值降低 10；如果 serial 3/0 关闭了，则路由器的 VRRP 优先级值将降低 30（这样，如果两个串口同时关闭了，则路由器的 VRRP 优先级值将降低 30）。

```
Router(config)# track 1 interface serial 2/0 line-protocol
Router(config-track)# exit
Router(config)# track 2 interface serial 3/0 line-protocol
Router(config-track)# exit
Router(config)# interface FastEthernet 0/0
Router(config-if)# ip address 10.21.8.32 255.255.255.0
Router(config-if)# vrrp 1 track 1 decrement 10
Router(config-if)# vrrp 1 track 2 decrement 30
```

【示例 2】在路由器 VRRP 接口 FastEthernet 0/0 跟踪 serial 2/0 的 IP 路由可达到状态。如果 serial 2/0 的路由不可达，则路由器的 VRRP 优先级值降低 20。

```
Router(config)# track 2 interface serial 2/0 ip routing
Router(config-track)# exit
Router(config)# interface FastEthernet 0/0
Router(config-if)# ip address 10.21.8.32 255.255.255.0
Router(config-if)# vrrp 1 track 2 decrement 20
```

【示例 3】显示对象 1 的跟踪状态。输出信息中显示了该对象的跟踪配置、被跟踪对象的当前状态，以及跟踪对象的 VRRP 接口。

```
Router# show track 1

Track 1
 Interface Ethernet0/2 ip routing
 IP routing is Down (no IP addr)
  1 change, last change 00:01:08
 Tracked by:
  HSRP Ethernet0/3 1
```

2.5 Cisco IOS 交换机 VRRP 配置示例

本节介绍几个综合示例，以便加深对以上各功能配置步骤的理解。

2.5.1 VRRP 综合配置示例

本示例中有两台路由器，共加入了三个 VRRP 组，其中 VRRP 组 1 中的虚拟 IP 地址为 10.1.0.10，Router A 是虚拟路由器主，其优先级为 120（Router B 在 VRRP 组 1 中的优先级采用默认值 100），VRRP 通告发送时间间隔为 3 秒，允许抢占。

VRRP 组 5 中的虚拟 IP 地址为 10.1.0.50，Router B 是虚拟路由器主，其优先级为 200（Router A 在 VRRP 组 5 中的优先级采用默认值 100），VRRP 通告发送时间间隔为 30 秒，允许抢占。

VRRP 组 100 中的虚拟 IP 地址为 10.1.0.100，Router A 和 Router B 在 VRRP 组 100 中的优先级均为默认的 100，但由于 Router A 的 IP 地址（10.1.0.2）大于 Router B 的 IP 地址（10.1.0.1），所以

Router A 将首先作为虚拟路由器主，VRRP 通告发送时间间隔为默认的 1 秒，不允许抢占。

下面是本示例中两台路由器、三个 VRRP 组的配置。

Router A 上的配置：

```
RouterA(config)# interface ethernet 1/0
RouterA(config-if)# ip address 10.1.0.2 255.0.0.0   !---配置三层接口 ethernet 1/0 的真实 IP 地址
RouterA(config-if)# vrrp 1 priority 120   !---配置 Router A 路由器在 VRRP 组 1 中的优先级
RouterA(config-if)# vrrp 1 authentication cisco !---配置 VRRP 组 1 的文本认证字符串
RouterA(config-if)# vrrp 1 timers advertise 3 !---配置 VRRP 组 1 中虚拟路由器主发送 VRRP 通告的时间间隔
RouterA(config-if)# vrrp 1 timers learn   !---配置允许备份路由器向虚拟路由器主学习通告发送时间间隔
RouterA(config-if)# vrrp 1 ip 10.1.0.10   !---配置 VRRP 组 1 的虚拟 IP 地址
RouterA(config-if)# vrrp 5 priority 100
RouterA(config-if)# vrrp 5 timers advertise 30
RouterA(config-if)# vrrp 5 timers learn
RouterA(config-if)# vrrp 5 ip 10.1.0.50
RouterA(config-if)# vrrp 100 timers learn
RouterA(config-if)# no vrrp 100 preempt   !---在 VRRP 组 100 中禁止抢占
RouterA(config-if)# vrrp 100 ip 10.1.0.100
RouterA(config-if)# no shutdown
```

Router B 上的配置：

```
RouterB(config)# interface ethernet 1/0
RouterB(config-if)# ip address 10.1.0.1 255.0.0.0
RouterB(config-if)# vrrp 1 priority 100
RouterB(config-if)# vrrp 1 authentication cisco
RouterB(config-if)# vrrp 1 timers advertise 3
RouterB(config-if)# vrrp 1 timers learn
RouterB(config-if)# vrrp 1 ip 10.1.0.10
RouterB(config-if)# vrrp 5 priority 200
RouterB(config-if)# vrrp 5 timers advertise 30
RouterB(config-if)# vrrp 5 timers learn
RouterB(config-if)# vrrp 5 ip 10.1.0.50
RouterB(config-if)# vrrp 100 timers learn
RouterB(config-if)# no vrrp 100 preempt
RouterB(config-if)# vrrp 100 ip 10.1.0.100
RouterB(config-if)# no shutdown
```

2.5.2　对象跟踪配置示例

本示例配置在 Ethernet1/0 接口上跟踪 Serial0/1 接口的线路协议状态，如果 Serial0/1 接口的线路协议状态关闭，则本路由器在 VRRP 组 1 中的优先级降低 15。

```
Router(config)# track 1 interface Serial0/1 line-protocol
Router(config-track)# exit
Router(config)# interface Ethernet1/0
Router(config-if)# ip address 10.0.0.2 255.0.0.0
Router(config-if)# vrrp 1 ip 10.0.0.3
Router(config-if)# vrrp 1 priority 120
Router(config-if)# vrrp 1 track 1 decrement 15
```

下面通过 **show vrrp** 命令查看 VRRP 配置信息，特别注意对象跟踪部分（注意输出信息中的粗体字部分）。从中可以看出对象跟踪配置与前面是一致的。

```
Router# show vrrp

Ethernet1/0 - Group 1
  State is Master
  Virtual IP address is 10.0.0.3
  Virtual MAC address is 0000.5e00.0101
  Advertisement interval is 1.000 sec
  Preemption is enabled
```

```
    min delay is 0.000 sec
  Priority is 105
    Track object 1 state Down decrement 15
  Master Router is 10.0.0.2 (local), priority is 105
  Master Advertisement interval is 1.000 sec
  Master Down interval is 3.531 sec
```

再通过 **show track** 命令查看以上示例中已配置的对象跟踪状态信息。

```
Router# show track

Track 1
  Interface Serial0/1 line-protocol
  Line protocol is Down (hw down)
    1 change, last change 00:06:53
  Tracked by:
    VRRP Ethernet1/0 1
```

2.5.3 VRRP 认证配置示例

本节所介绍的示例包括：VRRP 文本认证配置示例、直接给出密钥的 MD5 认证配置示例，以及由密钥链提供认证密钥的 MD5 认证配置示例。

【示例 1】配置 VRRP 组 1 的文本认证字符串为 stringxyz。

```
Router(config)# interface fastethernet 0/0
Router(config-if)# ip address 10.21.8.32 255.255.255.0
Router(config-if)# vrrp 10 authentication text stringxyz
Router(config-if)# vrrp 10 ip 10.21.8.10
```

【示例 2】配置 VRRP 组 1 使用直接给出的认证字符（f00c4s）的 MD5 认证，并且配置在接受新密钥前原来的旧密钥仍在 30 秒内有效。

```
Router(config)# interface Ethernet0/1
Router(config-if)# description ed1-cat5a-7/10
Router(config-if)# vrrp 1 ip 10.21.0.10
Router(config-if)# vrrp 1 priority 110
Router(config-if)# vrrp 1 authentication md5 key-string f00c4s timeout 30
Router(config-if)# exit
```

【示例 3】配置 VRRP 组 1 采用由密钥链 vrrp1 定义的 1 号密钥所对应的字符串作为 MD5 认证字符串。

```
Router(config)# key chain vrrp1
Router(config-keychain)# key 1
Router(config-keychain-key)# key-string f00c4s
Router(config-keychain-key)# exit
Router(config)#interface ethernet0/1
Router(config-if)# description ed1-cat5a-7/10
Router(config-if)# vrrp 1 priority 110
Router(config-if)# vrrp 1 authentication md5 key-chain vrrp1
Router(config-if)# vrrp 1 ip 10.21.0.10
```

3 H3C 交换机集群配置与管理

在本书第 1 章介绍了 Cisco 以太网交换机的集群配置，本章要介绍的是 H3C 以太网交换机的集群功能配置，学习时可以采用对比的方式进行，以加深理解两个品牌交换机在交换机集群形成原理和配置方面的区别。交换机集群的目的是为了解决单台交换机性能不足的问题，同时还可以实现负载均衡和链路容错。还可通过交换机的集群功能实现在管理交换机上对各成员交换机的远程管理。

在配置 H3C 交换机集群功能时，方法也比较简单，主要是在管理交换机上启用集群所需的 NDP、NTDP 和 Cluster 功能及它们各自所需的相关的参数，在成员交换机上启用 NDP、NTDP 和 Cluster 功能，然后通过手动方式（使用 build 命令）或者自动方式（使用 auto-build 命令）构建交换机集群即可。在集群内部还可配置集群各交换机公用的 FTP/TFTP 服务器、SNMP 和 Logging 主机。

3.1　H3C 以太网交换机的集群配置与管理

对于交换机之间的连接，比较熟悉的有两种：一种是堆叠，另一种是级联。对于级联的方式比较容易造成交换机之间的瓶颈，虽然堆叠技术可以增加背板速率，能够消除交换机之间连接的瓶颈问题，但是，受到距离等的限制很大，而且对交换机数量的限制也比较严格，于是各种主要的网络设备厂商就推出了交换机集群技术。交换机集群可以看成是堆叠和级联技术的综合，可以将分布在不同地理范围内的交换机（最多可集群 256 台交换机）逻辑地组合到一起，既可以实现用一个 IP 进行统一管理，又可实现集群内部各交换机间的负载均衡，就像我们部署 Windows 服务器系统集群一样，解决单一交换机性能不足的问题。具体的实现方式就是在集群之中选出一个管理交换机，而其他的交换机处于从属地位，由管理交换机统一管理。

在本书第 1 章我们学习到了 Cisco 交换机的集群（Cluster）功能，在 H3C 交换机上同样可以实现。IRF 堆叠功能主要用于中低档交换机，而集群则主要是在中高档交换机中提供支持（在低档交换机中也有支持的），用来提供高可扩展性、高可用性。目前在 H3C 的交换机产品线中，支持交换机集群的主要有以下几个系列：S7500、S58、S5500-SI、S5100-EI、S5120-SI、S5120-EI、S3600、S3100-EI 等。

3.1.1　H3C 以太网交换机集群简介

H3C 以太网交换机的集群功能是通过 HGMP V2（Huawei Group Management Protocol，华为组管理协议）实现的。在交换机集群内各交换机被划分为三种类型：管理交换机、成员交换机和候选交换机（分别对应 Cisco IOS 交换机集群中的命令交换机、成员交换机和候选交换机）。使用 HGMP V2 功能，管理员只需在管理交换机上配置 IP 地址，即可以通过这个 IP 地址对集群内的各个交换机进行管理。成员交换机一般不设置 IP 地址，通过管理交换机重定向来实现对成员交换机的管理和维护。交换机集群的典型应用环境如图 3-1 所示。

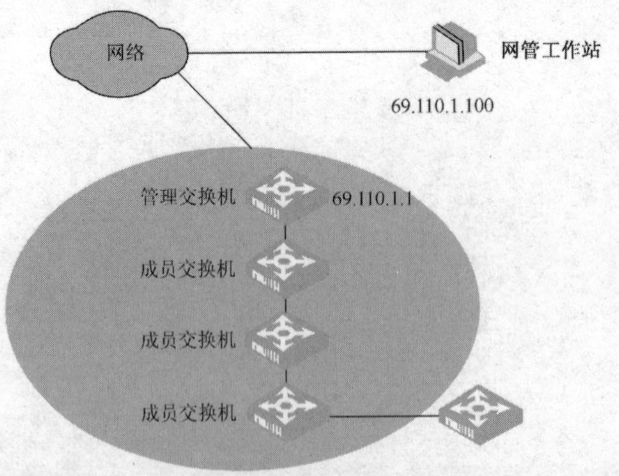

图 3-1　H3C 交换机集群示意图

H3C 以太网交换机集群中所用到的 HGMP V2 包括三个功能子协议：NDP（Neighbor Discovery Protocol，邻接发现协议）、NTDP（Neighbor Topology Discovery Protocol，邻接拓扑发现协议）和 Cluster（集群管理协议）。下面先来了解这三个子协议的主要功能。

1. NDP

NDP 运行在数据链路层，用来发现邻接信息，且可支持不同的网络层协议，相当于 Cisco 设备中的 CDP（Cisco 发现协议）。这些邻接信息包括邻接设备的设备类型、软/硬件版本、连接端口、设备 ID、端口单双工、产品版本、Bootrom 版本等。支持 NDP 的设备都维护 NDP 邻接信息表，邻接信息表中的每一表项都会自动老化。一旦超过老化时间，NDP 自动删除相应的邻接表项，同时用户也可以手工清除当前的 NDP 信息，以重新收集邻接信息。

运行 NDP 的设备会定时向所有激活的端口广播带有 NDP 数据的报文，报文中携带有效保留时间字段，该字段指示接收设备必须保留该 NDP 数据的时间。接收 NDP 报文的设备保存报文中的信息，但不转发 NDP 报文。收到的信息如果与原来的信息不同，则更新 NDP 表中的相应数据项；如果相同，则只更新有效保留时间。

2. NTDP

NTDP 用来收集邻接设备网络拓扑信息，为集群管理提供可加入集群的设备信息。NDP 为 NTDP 提供邻接表项信息，NTDP 根据这些邻接表项信息发送和转发 NTDP 拓扑收集请求，收集一定网络范围内每个设备的 NDP 信息和它与所有邻接的连接信息。收集完这些信息后，管理交换机或者网管可以根据需要使用这些信息完成所需的功能。

当成员交换机上的 NDP 发现邻接有变化时，通过握手报文将邻接改变的消息通知管理交换机，管理交换机可以启动 NTDP 进行指定拓扑收集，从而使 NTDP 能够及时反映网络拓扑的变化。管理交换机可以定时在网络内进行拓扑收集，用户也可以通过手工配置命令启动一次拓扑收集。管理交换机收集拓扑信息过程如下：

（1）管理交换机从启用 NTDP 功能的端口定时发送 NTDP 拓扑收集请求报文。

（2）收到请求报文的设备立即发送拓扑响应报文至管理交换机，并在已启用 NTDP 功能的端口复制此请求报文并发送到其他邻接设备。拓扑响应报文包含本设备的基本信息和所有邻接交换机的 NDP 信息。

（3）邻接设备在收到请求报文后将执行同样操作，直至拓扑收集请求报文扩散到指定跳数范围内的所有设备。

【注意】当拓扑收集请求报文在网络内传播时，大量网络设备同时收到拓扑收集请求并同时发送拓扑响应报文，为了避免网络拥塞和管理交换机任务繁忙，可采取以下措施控制拓扑收集请求报文传播速度：

- 设备收到拓扑收集请求后不立即转发该拓扑收集请求报文，而是延迟等待一定时间才开始在启用 NTDP 功能的端口转发该拓扑收集请求报文。
- 在同一个设备上，除第一个端口外，每个启用了 NTDP 功能的端口在前一个端口发送拓扑收集请求报文后都会延迟一定时间再进行拓扑收集请求报文的转发。

【说明】管理交换机上需要启动系统和端口上的 NTDP，并且配置 NTDP 的参数。而成员交换机和候选交换机上只需要启动系统和相应端口上的 NTDP，在协议运行过程中，它们采用管理交换机发送过来的 NTDP 参数值。

3. Cluster

每个 H3C 以太网交换机集群必须指定一个（而且只能指定一个）管理交换机（相当于 Cisco 以太网交换机集群的“命令交换机”，没有备用管理交换机，也没有被动管理交换机）。由于一个集群只能有一个管理交换机，因此在建立集群时：

- 需要确定一个管理交换机。外部网络对集群内部各成员交换机的访问、配置、管理、监控等都需要经过管理交换机，管理交换机是访问集群成员的出、入口。

- 管理交换机识别并控制集群中的所有成员交换机，不管这些成员交换机分布在网络的什么地方，也不管它们是如何相连的。
- 在集群建立过程中，为了给用户提供可供参考的候选交换机信息以及网络拓扑结构信息，管理交换机将负责收集所有成员交换机和候选交换机的拓扑信息。
- 管理交换机通过收集 NDP/NTDP 信息了解网络的拓扑结构，从而进行设备的管理与监控。

在各项配置任务中，必须先启用集群功能，才能配置其他任务。

经验之谈

管理交换机上需要启动集群功能，并且配置集群的参数。而成员交换机和候选交换机上只需要启动集群功能，从而接受管理交换机的管理。

在复杂的网络结构中，网络管理员可以通过 HGMP 功能，对网络内的交换机进行远程管理。这样可以节省大量的重复配置时间，降低配置复杂程度。网络管理员只需要在管理交换机上建立集群，并打开成员交换机的 NDP 功能，启用集群功能后就可以通过管理交换机管理集群成员了。

3.1.2 H3C 交换机在集群中的交换机角色

根据集群中各交换机所处的地位和功能的不同，可以把集群中的各交换机划分、指定为不同的角色。这些角色包括：管理交换机、成员交换机和候选交换机三种，具体如表 3-1 所示。但各种角色可以按一定的规则进行切换。

表 3-1 集群内的三种交换机角色

角色	配置	作用
管理交换机	● 配置公用 IP 地址 ● 用户通过网络将管理命令发送到管理交换机上，由管理交换机处理	● 为集群内所有的交换机提供管理接口 ● 管理交换机通过命令重定向来对成员交换机进行管理，即管理交换机如果发现此命令是送往某个成员交换机上执行的命令，则将此命令转发到成员交换机上处理 ● 管理交换机具有发现邻接信息、收集整个网络的拓扑结构、管理集群、维护集群状态、支持各种 FTP 服务器和 SNMP 主机代理等功能
成员交换机	一般不配置 IP 地址	● 集群中的成员 ● 成员交换机具有发现邻接信息、接受管理交换机的管理、执行代理发过来的命令、上报故障/日志等功能
候选交换机	一般不配置 IP 地址	没有加入任何集群中但具有集群能力、能够成为集群成员的交换机

此外，用户还可以在管理交换机上为整个集群配置公用的 FTP 服务器、TFTP 服务器、日志主机和网管主机。集群的成员交换机在与外部服务器进行通信时先把数据传送到管理交换机上，然后再由管理交换机传送到外部的服务器。在未配置集群公用 FTP 服务器/TFTP 服务器的情况下，集群管理交换机就是默认的集群公用 FTP 服务器/TFTP 服务器。

1. 集群交换机角色指定和转换

集群中的各种角色指定和转换规则如下（结合图 3-2）：

- 用户在建立集群前应首先指定一个（且只能是一个）管理交换机，管理交换机通过 NDP 和 NTDP 协议发现和确定候选交换机，将候选交换机自动加入集群，也可以通过手工配置将候选交换机加入到集群中。候选交换机成功加入集群后，将获得管理交换机为它分配的集群成员序列号、集群管理使用的私有 IP 地址等。
- 成员交换机从集群中删除后将恢复为候选交换机角色，但管理交换机只有在删除集群时才能恢复为候选交换机。

【说明】在集群建立以后，S5600 及以前系列交换机会根据用户设定的定时拓扑收集时间自动收集网络的拓扑信息，并将发现的候选交换机自动加入集群。因此如果定时拓扑收集时间设定得太短（默认情况下为 1 分钟），则交换机作为集群候选交换机存在的时间就会很短。如果用户不需要候选交换机自动加入集群，可以将定时拓扑收集时间通过 **ntdp timer** 命令设定为 0，即不进行定时拓扑收集。

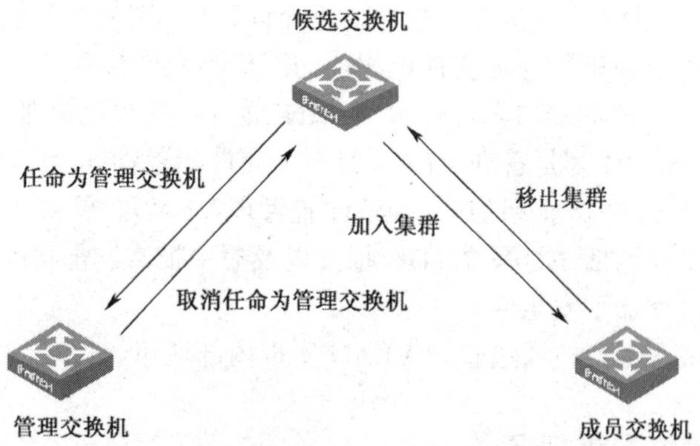

图 3-2　集群中各种角色的指定和转换规则

2. 集群中管理交换机和成员交换机的状态转换

在集群内部，管理交换机与成员交换机通过握手报文进行实时通信，以维护它们之间的连接状态。管理交换机和成员交换机的连接状态如图 3-3 所示。

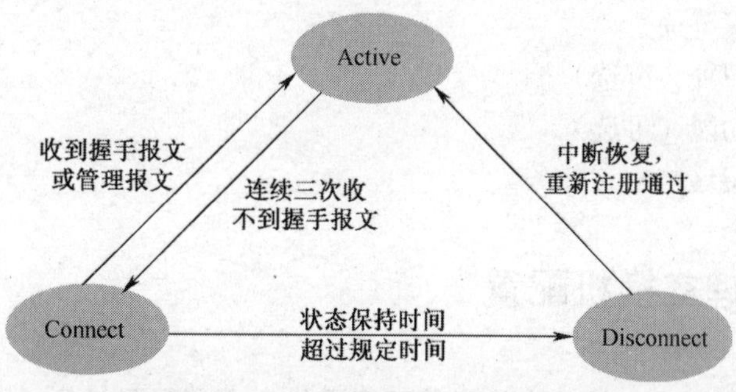

图 3-3　集群中管理交换机和成员交换机的状态转换过程

（1）集群建立成功，候选交换机加入集群成为成员交换机后，管理交换机将成员交换机的状态信息保存到本地，并将成员状态标识为 Active，成员交换机也将自身的状态信息保存到本地，并将自身状态标识为 Active。然后，管理交换机和成员交换机互相定时发送握手报文。管理交换机在收到成员交换机发送的握手报文后不做应答，将成员交换机保持为 Active 状态；成员交换机在收到管理交换机发送的握手报文时也不做应答，只将自身状态保持为 Active。

（2）如果管理交换机向成员交换机发送握手报文后，在三倍握手报文发送时间间隔内没有收到成员交换机发送的握手报文，则将保存在本地的成员交换机的状态由 Active 迁移为 Connect；同样的，如果成员交换机向管理交换机发送握手报文后，在三倍握手报文发送时间间隔内没有收到管理交换机发送的握手报文，其自身状态也将从 Active 迁移为 Connect。

（3）如果管理交换机收到了处于 Connect 状态的成员交换机在有效保留时间内发送的握手报文或管理报文，则将成员交换机的状态重新转换成 Active，否则将其转换成 Disconnect，此时管理交换机会认为该成员断开；处于 Connect 状态的成员交换机若在有效保留时间内收到了管理交换机发送的握手报文或管理报文，则将自身状态转换成 Active，否则将转换成 Disconnect。

当管理交换机和成员交换机被中断的通信恢复时，处于 Disconnect 状态的成员交换机将重新加入集群，加入成功后，成员交换机在管理交换机以及本地的状态都将恢复为 Active。

（4）如果发现拓扑改变，成员交换机也通过握手报文向管理交换机传递变化信息。

3. 管理 VLAN 对交换机集群的影响

管理 VLAN 限制了集群管理的范围，集群管理要求管理交换机与成员/候选交换机相连的端口允许管理 VLAN 通过。如果成员/候选交换机端口不允许管理 VLAN 通过，则该端口所在的设备不能加入集群，因此当候选交换机与管理交换机相连的端口不允许管理 VLAN 通过时，可通过管理 VLAN 自协商修改候选交换机的端口允许管理 VLAN 通过。只有当管理交换机与成员/候选交换机相连接的端口的默认 VLAN ID 都是管理 VLAN 时，才允许配置管理 VLAN 的报文不带标签通过，否则管理 VLAN 的报文都必须带标签通过。通过配置管理 VLAN，可实现如下功能：

- 集群的管理报文（包括 NDP、NTDP 报文以及握手报文）都将限制在管理 VLAN 内，与其他报文隔离，增加了安全性。
- 管理交换机和成员交换机通过管理 VLAN 实现内部通讯。

3.1.3 H3C 交换机集群配置任务

在确定好要做 H3C 交换机集群后，首先需要明确集群内各个交换机的集群角色，然后按照以下顺序配置好相关的集群功能，做好与集群内部交换机进行通信的规划工作。

- 配置管理交换机（必需）
- 配置成员交换机（必需）
- 集群内的操作（可选）
- 集群增强特性配置（可选）
- 集群配置同步功能（可选）

下面各节将分别介绍这些配置任务。

3.2 H3C 集群管理交换机配置

在 H3C HGMP V2 集群中，管理交换机的配置是最主要的配置任务，因为绝大多数配置任务都需要在管理交换机上进行配置。这些配置任务如下：

- 在系统全局和端口上启用 NDP（必需）
- 在系统全局和端口上配置 NDP 相关参数（可选）
- 在系统全局和端口上启用 NTDP（必需）
- 在系统全局和端口上配置 NTDP 相关参数（可选）
- 全局启用集群功能（必需）
- 全局集群参数配置（必选）
- 集群内外交互配置（可选）
- 集群管理网管接口配置（可选）

下面对以上配置任务分别予以介绍。

3.2.1 NDP 的启用

这项配置任务虽然在指定为集群管理交换机角色的交换机上是必须要进行的，但因为默认情况下，无论是在系统全局，还是在端口上都启用了 NDP 功能，所以实际来说这项配置任务可以不用进行。可按照表 3-2 所示的步骤在管理交换机上系统全局和端口上启用 NDP（邻接发现协议）。

【注意】在端口上启用 NDP 功能前一定要先在系统视图下全局启用 NDP 功能，否则端口上的 NDP 配置（包括启用 NDP 的配置）不能生效。

表 3-2 在系统全局和端口上启用 NDP 的配置步骤

步骤	命令	说明
1	**system-view** 例如：<Sysname> **system-view**	进入系统视图
2	**ndp enable** [**interface** *interface-list*] 例如：[Sysname] **ndp enable**	在系统视图下全局启用 NDP，或者在指定的端口上启用 NDP。默认情况下，系统全局和所有端口上均已启用 NDP 功能
3	**interface** *interface-type interface-number* 例如：[Sysname] **interface** GigabitEthernet1/0/1 **ndp enable** 例如：[Sysname-GigabitEthernet1/0/1] **ndp enable**	在具体的以太网端口视图下，启用指定端口的 NDP。默认情况下，端口 NDP 也是处于启用状态

表中的 **ndp enable** 命令用来开启全局或指定端口上的 NDP 功能。默认情况下，全局及所有端口的 NDP 均处于开启状态。可用 **undo ndp enable** [**interface** *interface-list*]命令关闭全局或者指定端口上的 NDP 功能。可选参数 *interface-list*：用来指定要开启 NDP 功能的以太网端口列表，表示方式为{ *interface-type interface-number* [**to** *interface-type interface-number*] } &<1-10>。**to**：表示端口范围，&<1-10>表示前面的参数最多可以输入 10 次。如果是分离的多个端口，则各端口间用空格分隔。在系统视图下使用该命令时，如果不输入 **interface** 参数，则表示开启全局的 NDP 特性；如果指定了 **interface** 则表示开启指定端口的 NDP 特性。在以太网端口视图下使用该命令时，不能输入 **interface** 参数，仅打开当前端口的 NDP 特性。需要注意的是：只有全局使用了 NDP，端口的 NDP 功能才生效。

下面是一个先开启全局 NDP 功能，再开启 GigabitEthernet1/0/1 端口 NDP 功能的示例。

```
<Sysname> system-view
System View: return to User View with Ctrl+Z.
[Sysname] ndp enable
[Sysname] interface GigabitEthernet1/0/1
[Sysname-GigabitEthernet1/0/1] ndp enable
```

3.2.2 NDP 参数配置

在集群管理交换机上配置 NDP（邻接发现协议）参数的步骤如表 3-3 所示。因为这些参数都有默认值，所以本项配置任务是可选的。

表 3-3 NDP 参数的配置步骤

步骤	命令	说明
1	**system-view** 例如：<System > **system-view**	进入系统视图
2	**ndp timer aging** *aging-in-seconds* 例如：[System] **ndp timer aging** 120	（可选）指定接收设备应该保持本设备发送的 NDP 报文的时间，超过该时间后接收设备将丢弃此 NDP 邻接节点信息。邻接设备在接收到 NDP 报文时，可以从报文中携带的有效保留时间知道发送报文的邻接设备的 NDP 信息的有效时间，并在超出有效时间后丢弃该邻接设备的 NDP 信息。参数 *aging-in-seconds* 用来指定对端保持该信息的时间，取值范围为 5～255 秒。默认情况下，NDP 信息的报文保持时间为 180 秒。可用 **undo timer aging** 命令恢复 NDP 信息有效保留时间为默认值。 【注意】本命令所设置的 NDP 信息有效保留时间一般大于通过 **ndp timer hello** 命令设置的 NDP 发送时间间隔，否则将引起 NDP 端口邻接信息表的不稳定

续表

步骤	命令	说明
3	**ndp timer hello** *seconds* 例如：[System] **ndp timer hello** 80	（可选）修改 NDP 信息的更新频率，也就是指定发送 NDP 报文的时间间隔。参数 *seconds* 用来指定发送 NDP 报文的时间间隔，取值范围为 5~254 秒。默认情况下，NDP 报文发送时间间隔为 60 秒。可以用 **undo ndp timer hello** 命令恢复 NDP 报文发送时间间隔为默认值。在集群中，必须对邻接节点的 NDP 信息进行实时更新，以确保邻接节点改变后能够及时更新本地保留的邻接信息

【示例 1】配置本设备发送的 NDP 报文被接收设备保持 60 秒后丢弃的示例。

```
<System > system-view
System View: return to User View with Ctrl+Z.
[System] ndp timer aging 60
```

【示例 2】配置 NDP 报文发送时间间隔为 80 秒的示例。

```
<System> system-view
System View: return to User View with Ctrl+Z.
[System] ndp timer hello 80
```

3.2.3 NTDP 的启用

在管理交换机上除了要启用和配置用于收集邻接设备信息的 NDP 外，还需要启用和配置用于收集邻接设备拓扑信息的 NTDP。虽然本项配置任务是必须进行的，但由于支持集群的 H3C 交换机无论是系统全局，还是端口都是默认启用 NTDP，所以实际上本项配置任务可以不用进行。

要在 H3C 以太网交换机上启用全局系统和端口 NTDP（邻接拓扑发现协议），可按表 3-4 所示步骤进行。但要注意的是，与前面介绍的 NDP 功能启用一样，也只有在全局和端口上同时启用 NTDP，端口上启用的 NTDP 功能才能够正常运行。

表 3-4　启用全局系统和端口 NTDP 的配置步骤

步骤	命令	说明
1	**system-view** 例如：<Sysname> **system-view**	进入系统视图
2	**ntdp enable** 例如：[Sysname] **ntdp enable**	在全局系统中启动 NTDP，默认情况下，系统 NTDP 处于开启状态
3	**interface** *interface-type interface-number* 例如：[Sysname] **interface** Ethernet1/0/1	进入要启用 NTDP 功能的以太网端口
4	**ntdp enable** 例如：[Sysname-Ethernet1/0/1] **ntdp enable**	在端口上启动 NTDP，默认情况下，端口 NTDP 处于开启状态

表中的 **ntdp enable** 命令，在系统视图下，用来启用系统全局的 NTDP 功能，可用 **undo ntdp enable** 命令全局禁止系统的 NTDP 功能；在以太网端口视图下，用来启用端口的 NTDP 功能，可用 **undo ntdp enable** 命令来禁止对应端口上的 NTDP 功能。默认情况下，系统全局和各以太网端口上都已启用 NTDP 功能。但要注意的是，要使端口上启用的 NDP 功能生效，必须先确保该交换机的系统全局已启用了 NTDP 功能。

【注意】NTDP 只能在管理 VLAN 内起作用。H3C 以太网交换机默认是以 VLAN 1 作为管理 VLAN（可以通过 **management-vlan** *vlan-id* 系统视图命令修改），所以 NTDP 功能只能在 VLAN 1 内起作用。否则，即使启用了系统和端口上的 NTDP 功能，NTDP 仍然不能运行。

下面是一个使用 **ntdp enable** 命令先开启全局 NTDP 功能，再开启 Ethernet1/0/1 端口的 NTDP 功能的配置示例。

```
<Sysname> system-view
System View: return to User View with Ctrl+Z.
[Sysname] ntdp enable
[Sysname] interface Ethernet1/0/1
[Sysname-Ethernet1/0/1] ntdp enable
```

3.2.4　NTDP 参数配置

与 3.2.2 节介绍的 NDP 参数配置一样，这里介绍的 NTDP 参数配置任务也是可选的，因为这些参数都已有默认值。如果要修改这些参数的默认值，可按表 3-5 所示步骤进行。注意，这些参数的配置没有固定的先后次序，可不按表中规定的步骤进行。

表 3-5　配置 NTDP 参数的步骤

步骤	命令	说明
1	**system-view** 例如：< Sysname> **system-view**	进入系统视图
2	**ntdp hop** *hop-value* 例如：[Sysname] **ntdp hop** 10	（可选）配置拓扑收集范围。默认情况下，拓扑收集的范围为 3 跳之内
3	**ntdp timer hop-delay** *time* 例如：[Sysname] **ntdp timer hop-delay** 300	（可选）配置当前设备转发拓扑收集请求的跳数延迟时间。默认情况下，设备延迟时间为 200ms
4	**ntdp timer port-delay** *time* 例如：[Sysname] **ntdp timer port-delay** 60	（可选）配置当前设备转发拓扑收集请求的端口延迟时间。默认情况下，端口延迟时间为 20ms
5	**ntdp timer** *interval-in-minutes* 例如：[Sysname] **ntdp timer** 120	（可选）配置定时拓扑收集的时间间隔。默认情况下，定时拓扑收集的时间间隔为 0
6	**quit** 例如：[Sysname] **quit**	退出系统视图
7	**ntdp explore** 例如：< Sysname> **ntdp explore**	（可选）启动拓扑信息的收集过程

1．ntdp hop 命令

通过前面的介绍已经知道，NTDP 是用来收集邻接设备拓扑信息的，那么该如何控制所收集的拓扑范围呢？毕竟收集拓扑信息是需要耗费设备资源的。这就要用到 NTDP 中的 *hop-value* 参数了。通过它，用户可以配置拓扑收集范围，以收集确定范围内设备的拓扑信息，从而避免无限地扩展收集过程。控制收集范围采用从收集发起者开始控制允许发现的跳数。例如，如果设置收集范围为 2，则只发现从发起拓扑收集请求的交换机开始两跳内的交换机（也就是下面两级级联的交换机）。表中的 **ntdp hop** *hop-value* 系统视图命令用来配置拓扑收集的范围。参数 *hop-value* 用来表示收集的拓扑中最远的设备距离拓扑收集设备的跳数，即拓扑收集的范围，取值范围为 1～16。默认情况下，拓扑收集的范围为 3 跳之内。可用 **undo ntdp hop** 命令将拓扑收集范围恢复为默认值。

下面是一个使用 **ntdp hop** 命令配置拓扑收集范围为 5 的示例。

```
< Sysname> system-view
System View: return to User View with Ctrl+Z.
[Sysname] ntdp hop 5
```

2．ntdp timer hop-delay 命令

为了避免拓扑收集设备由于同时接收大量的拓扑响应报文而出现拥塞，网络内每个被收集设备在接收到拓扑收集请求后，需要延迟等待一定时间再从每一个开启了 NTDP 的端口向外转发拓扑请求报文。表中的 **ntdp timer hop-delay** *time* 系统视图命令用来配置被收集设备在转发拓扑收集请求报文前延迟等待的时间。参数 *time* 用来指定被收集设备在转发拓扑收集请求报文前应等待的时间，取值范围为 1～1000，单位为 ms。默认情况下，设备延迟时间为 200ms。可用 **undo ntdp timer hop-delay** 命令恢复设备延迟时间为默认值。被收集设备依据拓扑收集请求报文中 *time* 值来决定从接收到请求报文到转发该报文之间等待的延迟时间。

下面是一个使用 **ntdp timer hop-delay** 命令配置被收集设备接收到 NTDP 请求后等待 300ms 才开始转发 NTDP 报文的示例。

```
< Sysname> system-view
System View: return to User View with Ctrl+Z.
[Sysname] ntdp timer hop-delay 300
```

3. ntdp timer port-delay 命令

为了避免拓扑收集设备由于同时接收大量的拓扑响应报文出现拥塞，还可使用一定的端口延迟时间来延迟向网络中发送拓扑请求报文。被收集设备依据收到的请求报文中的端口延迟值决定自己在转发拓扑请求报文时使用的端口延迟时间。表中 **ntdp timer port-delay** *time* 系统视图命令用来配置设备发送拓扑请求报文时的端口延迟时间，即设备依次向所有开启了 NTDP 功能的端口发送拓扑请求报文时，每两个端口发送拓扑请求报文之间的时间间隔。默认情况下，端口延迟时间为 20ms。参数 *time* 用来指定设备从每个开启了 NTDP 功能的端口依次向外发送拓扑请求报文之间间隔的时间，取值范围为 1～100 毫秒。可用 **undo ntdp timer port-delay** 命令来恢复端口延迟时间为默认值。

以下示例是配置被收集设备在发送 NTDP 请求报文时使用的端口延迟时间为 40ms。

```
< Sysname> system-view
System View: return to User View with Ctrl+Z.
[Sysname] ntdp timer port-delay 40
```

4. ntdp timer 命令

表中的 **ntdp timer** *interval-in-minutes* 系统视图命令用来配置定时拓扑收集的时间间隔。在设置了时间间隔后，交换机以此间隔为周期进行拓扑收集。参数 *interval-in-minutes* 用来指定定时拓扑收集的时间间隔，取值范围为 0～65535，单位为分钟。其中 0 表示不进行定时拓扑收集。默认情况下，定时拓扑收集的时间间隔为 1 分钟。可用 **undo ntdp timer** 命令恢复定时拓扑收集的时间间隔为默认值。

【注意】只有集群管理交换机才能进行定时的拓扑收集，成员交换机不能定时收集，但可以通过 **ntdp explore** 命令使其进行手动的拓扑收集工作（在管理交换机上同样可以采用该命令手动收集拓扑信息）。在集群建立以后，管理交换机会根据用户设定的定时拓扑时间自动收集网络的拓扑信息，并将发现的候选交换机自动加入集群。如果用户不需要候选交换机自动加入集群，可以将定时拓扑时间设定为 0，并使用 **add-member** 命令将候选交换机手动加入集群。

下面是一个使用 **ntdp timer** 命令配置定时拓扑收集的时间间隔为 30 分钟的示例。

```
< Sysname> system-view
System View: return to User View with Ctrl+Z.
[Sysname] ntdp timer 30
```

5. ntdp explore 命令

通常情况下，NTDP 会周期性地收集网络拓扑信息。如果用户想收集即时的网络拓扑信息，可以使用 **ntdp explore** 用户视图命令手动启动拓扑信息的收集过程。NTDP 将在一定网络范围内（收集范围通过 **ntdp hop** 命令设置）收集每个设备的 NDP 信息和它与所有邻居的连接信息。该命令同时适用于管理交换机和成员交换机。

以下是一个使用 **ntdp explore** 命令手动进行拓扑信息收集的示例。

```
<Sysname> ntdp explore
```

3.2.5 交换机集群功能启用

本项配置任务在管理交换机是必须进行的。在 H3C 以太网交换机上启用集群功能的方法很简单，只有一条 **cluster enable** 命令，只不过要在系统视图下操作。可用 **undo cluster enable** 命令禁止集群功能。默认情况下，集群功能处于开启状态。

【注意】在管理交换机上必须先执行 **cluster enable** 命令，然后才能用下节将要介绍到的 **build** 命令或 **auto-build** 命令建立集群。

如果在管理交换机上执行 **undo cluster enable** 命令，将禁止交换机的集群功能，同时交换机将失去管理交换机的身份，并删除已创建的集群以及集群的成员。如果在成员交换机上执行 **undo cluster enable** 命令，交换机的集群功能将关闭，并从集群中退出。如果在非集群内的交换机上执行 **undo cluster enable** 命令，交换机的集群功能将被禁止，该交换机无法创建集群或加入已存在的集群。

下面是一个使用 **cluster enable** 命令开启交换机的集群功能的示例。

```
<Sysname> system-view
System View: return to User View with Ctrl+Z
[Sysname] cluster enable
```

3.2.6　H3C 交换机集群参数配置

H3C 以太网交换机的集群功能参数可以手动创建，也可以自动创建。

1．手动配置集群参数

手动建立集群并配置集群参数的步骤如表 3-6 所示。

表 3-6　手动配置集群参数的步骤

步骤	命令	说明
1	**system-view** 例如：<Sysname> **system-view**	进入系统视图
2	**management-vlan** *vlan-id* 例如：[Sysname] **management-vlan** 2	指定管理 VLAN，适用于 S7500 以前系列交换机
	interface Vlan-interface *vlan-id* 例如：[Sysname] **interface Vlan-interface** 1	进入 VLAN1 接口视图，配置 VLAN 接口 IP 地址、网络掩码或者掩码长度（掩码长度也就是通常所说的地址前缀长度）。 本配置仅适用于 S7500 系列交换机。S7500 系列以太网交换机要求在集群创建前必须先配置好相应的管理 VLAN 接口的三层虚拟接口 IP 地址，否则集群创建不能成功
	ip address *ip-address* { *mask* | *mask-length* } 例如：[Sysname-Vlan-interface1] **ip address** 10.10.0.1 24	
	quit [Sysname-Vlan-interface1] **quit**	
3	**cluster** 例如：[Sysname] **cluster**	进入集群视图
4	**ip-pool** *administrator-ip-address* { *ip-mask* | *ip-mask-length* } 例如：[Sysname-cluster] ip-pool 10.200.0.1 24	配置集群 IP 地址范围
5	**build** *name* 例如：[Sysname-cluster] **build** h3c	创建集群，并为集群命名。*name* 为集群的名称
6	**holdtime** *seconds* 例如：[h3c_0.Sysname-cluster] **holdtime** 120	（可选）配置交换机的有效保留时间，默认为 60 秒
7	**timer** *interval* [h3c_0.Sysname-cluster] **timer** 30	（可选）配置握手报文定时发送的时间间隔。默认情况下，握手报文定时发送的时间间隔是 10 秒

（1）**management-vlan** 命令。**management-vlan** *vlan-id* 命令是用来在交换机上指定管理 VLAN，但在 S7500 系列交换机上不可用。对于管理 VLAN 的配置，有如下要求：

- 同一个集群内的设备指定的管理 VLAN 要为同一个 VLAN。
- 只能在建立集群前指定管理 VLAN。设备已经加入集群后，用户不能修改管理 VLAN。如果集群建立后需要改变管理 VLAN，需要先删除当前交换机上的集群配置，然后重新指定管理 VLAN，最后重新建立集群。
- 集群的管理 VLAN 默认为 1，为了将集群的管理报文与其他报文隔离，提高集群信息的安全性，建议将集群的管理 VLAN 配置为其他 VLAN。

默认情况下，VLAN 1 为管理 VLAN，可用 **undo management-vlan** 命令恢复管理 VLAN 的默

认配置。

以下示例是指定当前交换机的管理 VLAN 为 VLAN 2。

```
<Sysname> system-view
System View: return to User View with Ctrl+Z.
[Sysname] management-vlan 2
```

（2）**cluster** 命令。**cluster** 系统视图命令用来进入集群视图。下面是一个使用该命令进入集群视图的配置示例。

```
<H3C> system-view
System View: return to User View with Ctrl+Z
[H3C] cluster
[H3C-cluster]
```

（3）**ip-pool** 命令。在建立集群前，用户必须首先设置集群中成员交换机使用的私有 IP 地址的范围，当候选交换机加入时，管理交换机动态分配一个能够在集群范围内使用的私有 IP 地址，并下发给候选交换机，用于集群内部的通信，以实现管理交换机对成员交换机的管理和维护。但要注意，该命令需要在创建集群之前配置，如果集群已经建立，则用户不能修改 IP 地址范围。

ip-pool *administrator-ip-address* { *ip-mask* | *ip-mask-length* }系统视图命令用来在管理交换机上设置用于分配给成员交换机使用的私有 IP 地址的范围。命令中的参数说明如下：

- *administrator-ip-address*：集群中管理交换机的 IP 地址。
- *ip-mask*：二选一选项，指定集群 IP 地址池的地址掩码。
- *ip-mask-length*：二选一选项，指定集群 IP 地址池的掩码长度。

可以使用 **undo ip-pool** 命令取消原有的集群 IP 地址池配置。

下面是一个使用 **ip-pool** 命令配置集群 IP 地址范围的示例。示例中指定管理交换机的 IP 地址为 10.200.0.1/24，分配给成员交换机的 IP 地址就是在 10.200.0.0/24 这个子网中，当然要排除已分配给管理交换机的 IP 地址 10.200.0.1/24。

```
<Sysname> system-view
System View: return to User View with Ctrl+Z.
[Sysname] cluster
[Sysname-cluster] ip-pool 10.200.0.1 24
```

（4）**build** 命令。**build** *name* 集群视图命令用来配置或修改集群名称。参数 *name* 用来指定集群名称，最多 8 个字符，仅可包含字母、数字、减号“-”和下划线“_”。可以用 **undo build** 命令删除集群。

build 命令可以在候选交换机或管理交换机上执行。在候选交换机上执行此命令，会将当前交换机配置为管理交换机，同时分配一个集群名称，管理交换机的成员编号为 0（其他成员交换机的编号在 1~255 之间，也就是整个集群中最多可以有 256 台交换机）；在管理交换机上执行此命令，会修改集群名称。

与 **auto-build** 命令不同的是，执行 **build** 命令后，仅是在管理交换机上创建了集群，但不会立刻进行拓扑搜集并加入候选交换机，而需要等待一个时间间隔（使用 **ntdp timer** 命令配置）后再发起拓扑搜集。

【说明】S7500 以前的可支持集群的 H3C 以太网交换机为防止恶意用户对未使用 SOCKET 的攻击，提高交换机的安全性，提供了如下功能：

- 在实现集群功能时，才打开集群使用的 UDP 40000 端口。在关闭集群功能时，同时关闭 UDP 40000 端口。

在主交换机上的具体实现方法是：

- 执行 **build** 命令或 **auto-build** 命令创建集群的同时，即可打开 UDP 40000 端口。

- 应用 **undo build** 命令或者使用 **undo cluster enable** 命令删除集群的同时，即可关闭 UDP 40000 端口。

在成员交换机上的具体实现方法是：

- 管理交换机使用 **add-member** 命令将候选交换机加为成员的同时，打开新加入集群的该成员的 UDP 40000 端口。
- 管理交换机使用 **auto-build** 命令将候选交换机加为成员的同时，打开新加入集群的该成员的 UDP 40000 端口。
- 在当前交换机上执行 **administrator-address** 命令的同时即可打开 UDP 40000 端口。
- 管理交换机使用 **delete-member** 命令删除集群成员的同时，关闭该成员交换机的 UDP 40000 端口。
- 管理交换机使用 **undo build** 命令删除集群的同时，关闭所有集群成员交换机的 UDP 40000 端口。
- 在成员交换机上执行 **undo administrator-address** 命令的同时，即可关闭该成员交换机的 UDP 40000 端口。

在 S7500 系列交换机上，集群自动建立后，ACL 3998 和 ACL 3999 表项会自动生成相关的配置。当集群自动建立以后，ACL 3998 和 ACL 3999 表项不允许进行任何配置或者更改，也不能被删除。

下面是一个使用 **build** 命令配置当前交换机为管理交换机，并配置集群名称为 H3C 的示例。

```
<Sysname> system-view
System View: return to User View with Ctrl+Z
[Sysname] cluster
[Sysname-cluster] build h3c
There is no base topology, if set up from local flash file?（Y/N）
n

#Apr 3 08:15:03:166 2000 Sysname CLST/5/Cluster_Trap:- 1 -
OID:1.3.6.1.4.1.2011.6.7.1.0.3（hgmpMemberStatusChange）:member 00.00.00.00.00.12.
a9.90.22.40 role change, NTDPIndex:0.00.00.00.00.00.12.a9.90.22.40, Role:1
[Sysname-cluster]
```

（5）**holdtime** 命令。**holdtime** *seconds* 集群视图命令用来配置集群中的交换机对邻接信息的有效保留时间。参数 *seconds* 用来设置邻接信息的有效保留时间值，取值范围为 1～255 秒。默认情况下，邻接信息的有效保留时间为 60 秒。可用 **undo holdtime** 命令恢复该有效保留时间为默认值。

【说明】如果管理交换机在有效保留时间内没有收到相连成员交换机的 NDP 消息，则管理交换机将成员交换机的状态设置为 down。当管理交换机重新收到 NDP 消息时，相应的成员交换机需要重新进行加入操作（成员重新加入过程是自动进行的）。

如果在有效保留时间内重新收到 NDP 消息，则不需要重新进行成员加入操作，成员交换机的状态始终为正常状态。

该命令仅在管理交换机上配置，由管理交换机把时间值传播给其他的成员交换机。

下面是一个使用 **holdtime** 命令配置集群内设备的邻接信息有效保留时间为 30 秒的示例。

```
<h3c_0.Sysname> system-view
System View: return to User View with Ctrl+Z.
[h3c_0.Sysname] cluster
[h3c_0.Sysname-cluster] holdtime 30
```

（6）**timer** 命令。在集群内部，成员交换机与管理交换机的实时通信是通过握手报文来维系的。通过成员交换机和管理交换机之间的定时握手可以监视集群内各成员的状态以及链路状态。**timer** *interval* 集群视图命令用来配置握手报文定时发送的时间间隔。参数 *interval* 用来设置握手报文的发送时间间隔，取值范围是 1～255 秒。默认情况下，握手报文定时发送的时间间隔是 10 秒。可用 **undo timer** 命令恢复时间间隔为默认值。要注意，该命令仅在管理交换机上配置，由管理交换机把时间值传播给其他的成员交换机。

下面是一个使用 **timer** 命令配置握手报文定时发送的时间间隔为 3 秒的示例。

```
<h3c_0.H3C> system-view
System View: return to User View with Ctrl+Z
[h3c_0.H3C] cluster
[h3c_0.H3C-cluster] timer 3
```

2. 自动创建集群

在 H3C 以太网交换机上部署自动集群创建的配置步骤就比较简单，如果管理交换机是 S7500 系列交换机，则要先配置好管理 VLAN 1 的 VLAN1 接口 IP 地址，如果管理交换机不是 S7500 系列交换机，则直接在系统视图下使用 **cluster** 命令进入集群视图，再使用 **ip-pool** *administrator-ip-address* { *ip-mask* | *ip-mask-length* }命令配置集群 IP 地址池，最后使用 **auto-build** [**recover**]命令自动创建集群即可。

auto-build [**recover**]命令可以自动将候选交换机加入集群成为成员交换机。**auto-build** 命令可以在管理设备或需要配置为管理设备的交换机上执行。可选项 **recover** 指定重新自动和所有成员设备建立联系，可以让集群找回成员表中 down 掉的成员，并重新加入集群。

在管理设备上执行此命令，则直接进行候选设备的收集；在候选交换机上执行此命令，会首先要求用户输入集群名，建立集群。随后自动收集候选交换机，并由用户确认是否将收集到的候选交换机加入集群；在管理交换机上执行此命令，则直接进行候选交换机的收集。要注意的是，对候选交换机和成员的收集是基于 NTDP 的，应该保证 NTDP 启用。收集的范围也是由 NTDP 决定的，可以在系统视图下使用 **ntdp hop** 命令修改。

但要注意：自动加入成员时，如果成员配置了与管理交换机不同的级别为 3 的用户密码，会导致加入不成功。

下面是一个使用 **auto-build** 命令自动建立集群的配置示例。

```
<H3C> system-view
System View: return to User View with Ctrl+Z.
[H3C] cluster
[H3C-cluster] auto-build

Please input cluster name:h3c
Collecting candidate list, please wait...

Candidate list:

Name                    Hops   MAC Address      Device
H3C                     1      000f-e200-016a   H3C 2016-EI

Add all to cluster?（Y/N）y
%May 30 09:07:30 2006 aaa_0.H3C S7506R CLST/5/LOG:
Member 000f-e200-016a is joined in cluster h3c.

Cluster auto-build Finish!
1 member（s）added successfully.

[h3c_0.H3C-cluster]
```

3.2.7 H3C 交换机集群内外交互配置

集群内外交互配置是指配置在集群内部公用的各种主机（如公用的 FTP 服务器主机、TFTP 服务器主机、日志主机和网管主机等）的位置，以便集群交换机可以使用指定的公用主机进行各项管理功能。具体的步骤如表 3-7 所示，但各种主机的配置没有固定的先后顺序。

表 3-7　集群内外交互配置的步骤

步骤	命令	说明
1	**system-view** 例如：<System> **system-view**	进入系统视图
2	**cluster** 例如：[System] **cluster**	进入集群视图
3	**ftp-server** *ip-address* 例如：[System-cluster] **ftp-server** 192.168.0.10	（可选）配置集群内部公用的 FTP 服务器。默认情况下，管理交换机作为集群公用的 FTP 服务器
4	**tftp-server** *ip-address* 例如：[System-cluster] **tftp-server** 192.168.0.11	（可选）配置集群内部公用的 TFTP 服务器。默认情况下，集群没有公用的 TFTP 服务器
5	**logging-host** *ip-address* 例如：[System-cluster] **logging-host** 192.168.0.12	（可选）配置集群内部公用的日志主机。默认情况下，集群没有公用的日志主机
6	**snmp-host** *ip-address* 例如：[System-cluster] **snmp-host** 192.168.0.13	（可选）配置集群内部公用的网管主机。默认情况下，集群没有公用的网管主机

1．ftp-server 命令

集群内部的成员交换机要通过管理交换机来访问 FTP 服务器时，先要为集群配置 FTP 服务器的 IP 地址，然后集群内部的成员交换机就可以通过管理交换机访问 FTP 服务器了。**ftp-server** *ip-address* 集群视图命令用来在管理交换机上配置集群内部成员交换机公用的 FTP 服务器。参数 *ip-address* 用来指定集群公用的 FTP 服务器的 IP 地址。默认情况下，管理交换机作为 FTP 服务器。可用 **undo ftp-server** 命令删除集群内部成员交换机公用的 FTP 服务器。

下面是一个使用 **ftp-server** 命令在管理交换机上配置集群 FTP 服务器的 IP 地址的示例。

```
< H3C> system-view
System View: return to User View with Ctrl+Z.
[H3C] cluster
[H3C-cluster] ftp-server 10.10.0.7
```

2．tftp-server 命令

为集群配置 TFTP 服务器的 IP 地址后，集群内部的成员交换机就可以通过管理交换机访问 TFTP 服务器了。但要注意的是，此命令只能在管理交换机上进行配置。**tftp-server** *ip-address* 集群视图命令用来在管理交换机上配置集群内部成员交换机公用的 TFTP 服务器。参数 *ip-address* 用来指定集群公用的 TFTP 服务器的 IP 地址。默认情况下，集群没有公用的 TFTP 服务器。可用 **undo tftp-server** 命令删除集群内部成员交换机公用的 TFTP 服务器。

下面是一个使用 **tftp-server** 命令在管理交换机上配置集群 TFTP 服务器的示例。

```
< H3C> system-view
System View: return to User View with Ctrl+Z
[H3C] cluster
[H3C-cluster] tftp-server 10.10.0.8
```

3．logging-host 命令

为集群配置日志主机的 IP 地址以后，集群内部的成员交换机就可以通过管理交换机向日志主机发送日志信息。**logging-host** *ip-address* 集群视图命令用来在管理交换机上配置集群内部成员交换机公用的日志主机。参数 *ip-address* 用来指定集群公用的日志主机的 IP 地址。默认情况下，没有公用的日志主机。可用 **undo logging-host** 命令删除集群内部成员交换机公用的日志主机。

下面是一个使用 **logging-host** 命令在管理交换机上配置集群日志主机的 IP 地址的示例。

```
< H3C> system-view
System View: return to User View with Ctrl+Z
[H3C] cluster
[H3C-cluster] logging-host 10.10.0.9
```

4．snmp-host 命令

为集群配置网管站的 IP 地址后，集群内部的成员交换机可以通过管理交换机向网管站发送 SNMP trap 信息。**snmp-host** *ip-address* 集群视图命令用来在管理交换机上配置集群内部成员交换机公用的 SNMP 网管站配置。参数 *ip-address* 用来指定集群公用的 SNMP 网管站的 IP 地址。默认情况下，没有公用的 SNMP 网管站。可用 **undo snmp-host** 命令删除集群内部成员交换机公用的 SNMP 网管站配置。

下面是一个使用 **snmp-host** 命令在管理交换机上配置集群 SNMP 网管站的示例。

```
< H3C> system-view
System View: return to User View with Ctrl+Z
[H3C] cluster
[H3C-cluster] snmp-host 10.10.0.10
```

3.2.8 集群管理网管接口配置

一般来说，管理 VLAN 的接口是作为交换机的网管接口的，在 S5600 及以前支持交换机集群的 H3C 以太网交换机系列中，可以专门为集群管理配置网管接口，而且可以不同于管理 VLAN（管理 VLAN 是使用 **management-vlan** *vlan-id* 系统视图命令指定的）所对应的接口。用户可以通过指定管理交换机的网管接口，使网络管理人员从网管接口登录到管理交换机，对集群内部的设备进行网络管理。但要注意，S7500 系列不支持这样配置，因为在 S7500 系列，管理 VLAN 就只能是 VLAN 1，也不能为集群管理配置其他的网管接口，集群网管接口就是 VLAN 1。

配置集群网管接口的方法就是在系统视图使用 **nm-interface Vlan-interface** *vlan-id* 命令。参数 *vlan-id* 是用来指定作为管理接口的 VLAN 的编号，取值范围为 1～4094，且必须是已经配置了 VLAN 接口的 VLAN。网管接口只能够有一个，且重新配置后自动覆盖原配置。

以下示例是配置 Vlan-interface 2 为集群的网管接口。

```
<Sysname> system-view
System View: return to User View with Ctrl+Z.
[Sysname] cluster
[Sysname-cluster] nm-interface Vlan-interface 2
```

3.3 H3C 集群成员交换机配置

配置好集群的管理交换机后，接下来就要配置集群中的成员交换机。H3C 交换机集群中的成员交换机的配置任务如下：

- 启用系统和端口 NDP（必需）
- 启用系统和端口 NTDP（必需）
- 启用集群功能（必需）
- 成员设备访问集群 FTP/TFTP 服务器的配置（必需）

1．启用系统和端口 NDP

在成员交换机上启用系统和端口 NDP 功能的配置方法与在管理交换机上启用系统和端口 NDP 功能的配置方法一样，所以只需参见 3.2.1 节即可。

2．启用系统和端口 NTDP

在成员交换机上启用系统和端口 NTDP 功能的配置方法与在管理交换机上启用系统和端口 NTDP 功能的配置方法一样，所以只需参见 3.2.3 节即可。

3．启用集群功能

在成员交换机上启用集群功能的配置方法与在管理交换机上启用集群功能的配置方法一样，所以只需参见 3.2.5 节即可。只是如果在集群管理交换机上执行 **undo cluster enable** 命令，将删除集群以及集群的成员，中止交换机成为管理设备的功能，同时交换机的集群功能将被禁止；而如果是在集群成员交换机上执行 **undo cluster enable** 命令，则交换机将从集群中退出，集群功能被禁止；如果是在非集群内的交换机上执行 **undo cluster enable** 命令，交换机的集群功能将被禁止。

4．成员交换机访问集群 FTP/TFTP 服务器

在成员交换机的用户视图下执行表 3-8 所示命令操作即可完成对应的服务器访问。

表 3-8 成员交换机访问集群 FTP/TFTP 服务器的命令

操作	命令
访问集群内部公用的 FTP 服务器	**ftp cluster**
从集群内部公用的 TFTP 服务器下载文件	**tftp** { **cluster** | *tftp-server* } **get** *source-file* [*destination-file*]
上传文件到集群内部公用的 TFTP 服务器	**tftp** { **cluster** | *tftp-server* } **put** *source-file* [*destination-file*]

（1）**ftp cluster** 命令。**ftp cluster** 集群视图命令用来与集群公用的 FTP 服务器建立控制连接，并进入 FTP 客户端视图。用户可以在管理交换机上通过 **ftp-server** 命令设置集群的公用 FTP 服务器，用于集群成员的版本升级、配置文件备份等维护工作，具体参见 3.2.7 节。

下面是一个使用 **ftp cluster** 命令连接到集群公用的 FTP 服务器的示例。

```
<Sysname> ftp cluster
Trying ...
Press CTRL+K to abort
Connected.
220 FTP service ready.
User（none）:hello
331 Password required for hello.
Password:
230 User logged in.
```

（2）**tftp get** 命令。**tftp** { **cluster** | *tftp-server* } **get** *source-file* [*destination-file*]集群视图命令用来将文件从 TFTP 服务器的指定目录下载到当前交换机上。命令中的选项和参数说明如下：

- **cluster**：二选一选项，指定通过集群公用的 TFTP 服务器下载文件。用户可以在管理交换机上通过 **tftp-server** 命令设置集群公用的 TFTP 服务器，用于集群成员的版本升级、配置文件备份等维护工作，具体参见 3.2.7 节。
- *tftp-server*：二选一选项，指定通过指定的 IP 地址或主机名的 TFTP 服务器下载文件。
- *source-file*：指定要下载的文件名。
- *destination-file*：指定下载后保存在当前交换机上的文件名。

下面是一个使用 **tftp get** 命令从集群公用的 TFTP 服务器上将文件 config.cfg 下载到本机并保存为 config-test.cfg 的示例。

```
<Sysname> tftp cluster get config.cfg config-test.cfg
```

（3）**tftp put** 命令。**tftp** { **cluster** | *tftp-server* } **put** *source-file* [*destination-file*] 集群视图命令用来将交换机上的文件上传到 TFTP 服务器的指定目录下。命令中的选项和参数说明参见 **tftp get** 命令介绍。用户可以在管理交换机上通过 **tftp-server** 命令设置集群公用的 TFTP 服务器，用于集群成员的版本升级、配置文件备份等维护工作，具体参见 3.2.7 节。

下面是一个使用 **tftp put** 命令将本机的 config.cfg 文件上传到集群公用的 TFTP 服务器上并保存为 test.cfg 的示例。

```
<Sysname> tftp cluster put config.cfg test.cfg
```

3.4 H3C 交换机集群管理

集群创建和配置好后，有时因管理需要，还可能需要进行一些集群内部操作，如添加新成员、删除原有成员、更改成员名、切换要访问的成员交换机等，还经常需要查看相关的集群信息。这些都是集群的管理任务。

3.4.1 H3C 交换机集群基本管理操作

本节所介绍的集群内操作主要包括添加新成员、删除原有成员、更改成员名、切换要访问的成员交换机等，具体步骤如表 3-9 所示。

表 3-9 集群内的操作步骤

步骤	命令	说明
1	**system-view** 例如：<System> **system-view**	进入系统视图
2	**cluster** 例如：[System] **cluster**	进入集群视图
3	**add-member** [*member-number*] **mac-address** *H-H-H* [**password** *password*] 例如：[System-cluster] **add-member** 10 **mac-address** 1111-2222-3333	（可选）加入指定的交换机作为集群成员交换机
4	**administrator-address** *mac-address* **name** *name* 例如：[System-cluster] **administrator-address** 1-2-3 **name** h3c	（可选）配置管理交换机的 MAC 地址。仅 S5600 及以前支持集群的交换机系列可用。默认情况下，交换机不是任何集群的成员
5	**delete-member** *member-number* 例如：[System-cluster] **delete-member** 11	（可选）集群成员的删除
6	**reboot member** { *member-number* | **mac-address** *H-H-H* } [**eraseflash**] 例如：[System-cluster] **reboot member** 5 **eraseflash**	（可选）重启指定的成员交换机
7	**quit** 例如：[System-cluster] **quit**	退出到系统视图
8	**quit** 例如：[System] **quit**	退出到用户视图
9	**cluster switch-to** { *member-number* | **mac-address** *H-H-H* | **administrator** } 例如：<System> **cluster switch-to** 10	（可选）访问指定成员交换机。用来在管理交换机和成员交换机视图之间互相切换
10	**tracemac** { **by-mac** *mac-address* **vlan** *vlan-id* | **by-ip** *ip-address* } [**nondp**] 例如：<System> **tracemac by-ip** 10.10.0.10	（可选）通过 MAC 地址或 IP 地址追踪设备。仅 S5600 及以前支持集群的交换机系列可用。此命令可在任意视图下执行

1. add-member 命令

集群管理交换机和成员交换机配置好后，还需要把成员交换机（此时其实只是候选交换机）加入到集群中。可通过 **add-member** [*member-number*] **mac-address** *H-H-H* [**password** *password*]系统视图命令将候选交换机加入到集群中，使之成为集群的成员交换机。命令中的参数选项说明如下：

- *member-number*：可选参数，指定候选交换机加入集群后的成员编号，取值范围为 1～255（管理交换机的成员编号固定为 0）。
- *H-H-H*：指定要添加为集群成员的候选交换机的十六进制 MAC 地址。
- *password*：可选参数，输入候选交换机的最高权限管理员密码，取值为 1～256 个字符，因为加入集群可能需要经过密码验证。但没有设置密码，则要输入这个参数。

【注意】集群成员的加入操作必须在管理交换机上进行，否则将显示错误提示信息。加入集群时可以不指定成员交换机的成员编号，管理交换机会自动为新加入的成员交换机指定当前可用的下一个成员编号。当此候选交换机加入集群后，该交换机级别为 3（最高级别）的用户密码（如设置为最高级别的 Telnet 用户密码）被自动替换为管理交换机密码。

下面是一个使用 **add-member** 命令将 MAC 地址为 1111-2222-3333、级别 3 的用户密码为 123456、成员编号为 6 的候选交换机加入到集群中的示例。

```
< H3C> system-view
System View: return to User View with Ctrl+Z.
[H3C] cluster
[H3C-cluster] add-member 6 mac-address 1111-2222-3333 password 123456
```

2．administrator-address 命令

在交换机加入集群成为成员交换机后，通过表中的 **administrator-address** *mac-address* **name** *name* 集群视图命令在候选交换机上设定管理交换机的 MAC 地址，并加入集群。这样，成员交换机在重启时可自动识别管理交换机。可用 **undo administrator-address** 命令将管理交换机的 MAC 地址从成员交换机的 MAC 地址列表中删除，即将成员交换机退出集群，一般用于调试或恢复过程。在通常情况下，建议用户在管理设备上使用 **delete-member** 命令来删除成员设备。命令中的参数说明如下：

- *mac-address*：指定管理交换机的 MAC 地址。
- *name*：已存在的集群名称，最多 8 个字符，仅可包含字母、数字、减号“-”和下划线“_”。

默认情况下，交换机不是任何集群的成员。一个集群中有且只能有一个管理交换机，通过指定管理交换机的 MAC 地址，可以使候选交换机加入集群，并在系统重引导时能够保持对管理交换机的识别。通过 **administrator-address** 命令将候选交换机加入集群时，无论候选交换机的级别 3 的用户密码是否与管理交换机相同，均能够成功加入集群。

下面是一个使用 **administrator-address** 命令将当前成员交换机从集群中删除的示例。

```
<Sysname> system-view
System View: return to User View with Ctrl+Z
[Sysname] cluster
[Sysname-cluster] undo administrator-address
```

3．delete-member 命令

如果需要将集群中原来某台成员交换机从集群中删除，则可用 **delete-member** *member-number* 集群视图命令进行。参数 *member-number* 用来指定要删除的成员交换机的成员编号，取值范围为 1～255。集群成员的删除操作必须在管理交换机上进行，否则将显示错误提示信息。

下面是一个使用 **delete-member** 命令删除编号为 5 的成员交换机的示例。

```
< H3C> system-view
System View: return to User View with Ctrl+Z.
[H3C] cluster
[H3C-cluster] delete-member 5
```

4．reboot member 命令

如果用户由于某些错误的配置造成成员交换机的故障时，管理员可以在管理交换机上对成员交换机进行维护操作。例如，删除成员交换机上的启动配置文件并重启成员交换机，将已备份的正确配置恢复到成员设备上，以便使成员设备迅速恢复正常工作。**reboot member** { *member-number* | **mac-address** *H-H-H* } [**eraseflash**]集群视图命令用来在管理交换机上重新启动指定的成员交换机。命令中的可选项和参数解释如下：

- *member-number*：二选一参数，指定要重启的成员交换机编号，取值范围为 1～255。

- **mac-address** *H-H-H*：二选一参数，指定要重新启动的成员交换机的 MAC 地址。
- **eraseflash**：可选项，指定在成员交换机重启时删除配置文件。可通过该选项来控制在成员交换机重启时是否删除启动时的配置文件。

下面是使用 **reboot member** 命令对成员编号为 5 的成员交换机重新启动的示例。

```
< H3C> system-view
System View: return to User View with Ctrl+Z
H3C] cluster
[H3C-cluster] reboot member 5
```

5．cluster switch-to 命令

管理员可以在管理交换机上切换到成员交换机的视图下，对指定的成员交换机进行配置管理，在配置完毕后用户可以使用 **quit** 命令返回管理交换机。候选交换机一旦加入集群成为成员交换机，它的级别 3 的用户密码即会被自动替换为管理交换机密码，从管理交换机切换到成员交换机时无需鉴别权利；从成员交换机切换到管理交换机时，只能应用级别 1 的用户权限。使用 **super** 命令并提供级别 3 的用户密码后，可应用级别 3 的用户权限。**cluster switch-to** { *member-number* | **mac-address** *H-H-H* | **administrator** }集群视图命令用来在管理交换机和成员交换机之间互相切换，以进行配置管理。命令中的可选项和参数解释如下：

- *member-number*：三选一参数，指定要切换的成员交换机编号，取值范围为 1～255。
- *H-H-H*：三选一参数，指定要切换的成员交换机的 MAC 地址。
- **administrator**：三选一选项，指定从成员交换机重定向到管理交换机。

在管理交换机上使用此命令进行切换时，如果指定的成员号不存在，将显示出错信息。如果想结束切换，则只需输入 **quit** 命令。

下面是一个使用 **cluster switch-to** 命令从管理交换机上切换到成员编号为 6 的成员交换机，再切换回管理交换机的示例。

```
< aaa_0.H3C> cluster switch-to 6
<aaa_6.H3C> quit
<aaa_0.H3C>
```

6．tracemac 命令

tracemac { **by-mac** *mac-address* **vlan** *vlan-id* | **by-ip** *ip-address* } [**nondp**]任意视图命令用来追踪集群内的指定设备，并显示从当前设备到目标设备之间经过的路径。用户可以通过指定目的 MAC 地址的方式或者通过指定目的 IP 地址的方式追踪设备。命令中的可选项和参数解释如下：

- **by-mac** *mac-address* **vlan** *vlan-id*：二选一参数，指定通过目的交换机 MAC 地址方式进行追踪，并指定在指定的 VLAN 内追踪，取值范围为 1～4094。
- **by-ip** *ip-address*：二选一参数，指定通过目的交换机 IP 地址方式进行追踪。
- **nondp**：可选项，指定追踪时不检测 NDP 邻接信息。

【说明】当使用指定目的 IP 地址的方式追踪设备时，交换机将查找该 IP 地址对应的 ARP 表项，根据 ARP 表项查找 MAC 地址表项。如果查找的 IP 地址有对应的 ARP 表项，但该 IP 对应的 MAC 地址并不存在于 MAC 地址表中，则追踪设备失败。

当使用 **tracemac** 命令追踪指定设备时，需要注意途经的所有设备必须支持 **tracemac** 功能。目前除 S7500 系列外，其他所有支持集群功能的 H3C 以太网交换机均支持该命令。

当在管理 VLAN 内使用 **tracemac** 命令追踪设备时，需要注意途经的所有设备都必须和待追踪设备在同一个管理 VLAN 内。

下面是一个使用 **tracemac** 命令，通过指定目的 MAC 地址的方式追踪属于 VLAN 1 的 MAC 地址为 000f-e232-0005 的设备的示例。输出信息中显示的是追踪的路径，从上到下依次是从当前设备

到目的设备之间的连接路径。

```
<aaa_0.Sysname> tracemac by-mac 000f-e232-0005 vlan 1
Tracing MAC address 000f-e232-0005 in vlan 1
1 000f-e232-0001   H3C01   GigabitEthernet1/0/2
2 000f-e232-0002   H3C02   GigabitEthernet1/0/7
3 000f-e232-0003   H3C03   GigabitEthernet1/0/4
4 000f-e232-0005   H3C05   Local
```

3.4.2　H3C 交换机集群信息管理

可在任意视图下执行表 3-10 中的一系列 **display** 命令显示配置集群后的运行情况，验证配置的效果；可在用户视图下使用表中的 **reset** 命令清除集群信息。

表 3-10　集群配置显示和维护的命令

命令	说明
display ndp[**interface** *interface-list*]	显示系统或指定端口的 NDP 配置信息
display ntdp	显示全局 NTDP 信息
display ntdp device-list [**verbose**]	显示 NTDP 收集到的设备信息列表
display cluster	显示集群状态和统计信息
display cluster candidates [**mac-address** *H-H-H* | **verbose**]	显示候选交换机信息
display cluster members [*member-number* | **verbose**]	显示集群成员信息
reset ndp statistics [**interface** *interface-list*]	清除 NDP 端口的统计信息

1．display ndp 命令

display ndp [**interface** *interface-list*]命令用来显示全局或指定端口的 NDP 配置信息，包括 NDP 报文发送时间间隔、NDP 信息有效保留时间以及所有端口的邻接信息。可选参数 **interface** *interface-list* 用来指定要显示 NDP 配置信息的端口列表，取值可以为编号连续的端口列表，也可以为单个端口，或者前两者的组合，具体形式为 *interface-type interface-number* | [**to** *interface-type interface-number*] <1-10>。*interface-type* 参数用来指定端口类型；*interface-number* 参数用来指定端口号，采用槽位编号/设备编号/端口编号的格式；**to** 关键字表示端口范围；<1-10>参数表示前面的参数最多可以输入 10 次，两次之间以空格分隔。

下面是一个使用 **display ndp** 命令显示系统全局 NDP 配置信息的示例。

```
<aaa_0.H3C> display ndp
Neighbor Discovery Protocol is enabled.
Neighbor Discovery Protocol Ver: 1, Hello Timer: 10（s）, Aging Timer: 10（s）
Interface: GigabitEthernet2/0/1
      Status: Enabled, Pkts Snd: 179, Pkts Rvd: 6723, Pkts Err: 0
      Neighbor 1:   Aging Time: 8（s）
          MAC Address : 000f-e200-6502
          Host Name     : S7506
          Port Name     : GigabitEthernet2/0/1
          Software Ver: 3.10
          Device Name : S7506
          Port Duplex : AUTO
          Product Ver : S7506-3135
          BootROM Ver : 520

Interface: GigabitEthernet2/0/2
    Status: Enabled, Pkts Snd: 0, Pkts Rvd: 0, Pkts Err: 0

Interface: GigabitEthernet2/0/3
Status: Enabled, Pkts Snd: 0, Pkts Rvd: 0, Pkts Err: 0
```

下面是一个使用 **display ndp interface** 命令显示以太网端口 Ethernet 2/0/1 的 NDP 配置信息的示例。

```
<aaa_0.H3C> display ndp interface GigabitEthernet 2/0/1
Interface: GigabitEthernet2/0/1
    Status: Enabled, Pkts Snd: 179, Pkts Rvd: 6723, Pkts Err: 0
    Neighbor 1:    Aging Time: 8（s）
        MAC Address : 000f-e200-6502
        Host Name       : S7506
        Port Name       : GigabitEthernet2/0/1
        Software Ver: 3.10
        Device Name : S7506
        Port Duplex : AUTO
        Product Ver : S7506-3135
        BootROM Ver : 520
```

表 3-11 列出了使用 **display ndp interface** 命令的输出信息描述。

表 3-11　display ndp interface 命令的输出信息描述

字段	描述
Neighbor Discovery Protocol is enabled	本交换机上的系统 NDP 处于启用状态
Neighbor Discovery Protocol Ver: 1	NDP 的版本是 V1
Hello Timer	当前设备的 NDP 报文发送时间间隔配置
Aging Timer	邻接设备保留本设备 NDP 邻接信息的时间配置
Interface	端口号，要显示 NDP 配置信息的端口
Status	端口的 NDP 的启用状态
Pkts Snd	端口发送的 NDP 报文数
Pkts Rvd:	端口接收到的 NDP 报文数
Pkts Err:	端口接收到的错误的 NDP 报文数
Neighbor 1:　Aging Time	本端口连接的邻接设备的 NDP 信息老化时间
MAC Address	邻接设备的 MAC 地址
Host Name	邻接设备的系统名
Port Name	邻接设备与本端口相连的端口名称
Software Ver	邻接设备的软件版本
Device Name	邻接设备的设备名称
Port Duplex	邻接设备的端口单双工属性
Product Ver	邻接设备的产品版本
BootROM Ver	邻接设备的 BootROM 版本

2．display ntdp 命令

display ntdp 命令用来显示系统全局 NTDP 配置信息，包括拓扑收集的范围、定时拓扑收集的时间间隔、设备转发拓扑收集请求延迟时间、端口转发拓扑收集请求延迟时间及上次拓扑收集所用时间等。

下面是一个使用 **display ntdp** 命令显示系统 NTDP 信息的示例。

```
<aaa_0.H3C> display ntdp
  NTDP is running.
  Hops         : 3
  Timer        : 0 min
  Hop Delay : 200 ms
  Port Delay: 20 ms
  Last collection total time: 1ms
```

表 3-12 所示是使用 **display ntdp** 命令后的输出信息描述。

表 3-12　使用 display ntdp 命令后的输出信息描述

字段	描述
NTDP is running.	当前设备 NTDP 全局启用
Hops	拓扑收集跳数配置
Timer	定时拓扑收集的时间间隔配置
Hop Delay	设备转发拓扑收集请求延迟时间配置
Port Delay	端口转发拓扑收集请求延迟时间配置
Last collection total time	上次拓扑收集所用时间

3．display ntdp device-list 命令

display ntdp device-list 命令用来显示 NTDP 收集到的设备信息列表。**verbose** 可选项用来指定要显示设备的详细信息。

下面是一个使用 **display ntdp device-list** 命令显示 NTDP 收集到的设备列表的示例。

```
<aaa_0.H3C> display ntdp device-list
MAC              HOP   IP                PLATFORM
000f-e200-6506   0     100.100.1.1/24    S7506
000f-e201-6506   1     16.1.1.1/24       S7506
```

表 3-13 所示是使用 **display ntdp device-list** 命令后的输出信息描述。

表 3-13　使用 display ntdp device-list 命令后的输出信息描述

字段	描述
MAC	设备的 MAC 地址
HOP	距离收集设备的跳数
IP	设备的管理 VLAN 接口的 IP 及掩码长度
PLATFORM	设备的平台信息

下面是一个使用 **display ntdp device-list verbose** 命令显示 NTDP 收集到的设备详细信息的示例。表 3-14 所示是使用 **display ntdp device-list verbose** 命令后的输出信息描述。

```
<aaa_0.H3C> display ntdp device-list verbose

Hostname   : aaa_0.H3C
MAC        : 000f-e200-6506
Hop        : 0
Platform   : S7506
IP         : 100.100.1.1/24
Version    :
H3C Comware Platform Software.
 Comware Software, Version 3.10, Release 3135
 Copyright (c)  2004-2007 Hangzhou H3C Technologies Co., Ltd. All rights reserved.
 S7506R-3135
Cluster    :  Candidate switch

Peer MAC         Peer Port ID       Native Port ID       Speed Duplex
000f-e200-3190   Ethernet2/0/22     Ethernet3/0/21       100    FULL

----------------------------------------------------------------------
Hostname   : aaa_1.H3C
MAC        : 000f-e201-6506
Hop        : 1
Platform   : S7506
IP         : 16.1.1.1/24
Version    :
H3C Comware Platform Software.
 Comware Software, Version 3.10, Release 3135
 Copyright (c)  2004-2007 Hangzhou H3C Technologies Co., Ltd. All rights reserved.
```

```
S7506R-3135
Cluster     :  Candidate switch

Peer MAC          Peer Port ID              Native Port ID       Speed Duplex
000f-e200-3900    Ethernet3/0/21            Ethernet1/0/22       100    FULL
5600-0000-3334    GigabitEthernet7/0/32     Ethernet1/0/4        100    FULL
```

表 3-14　display ntdp device-list verbose 命令的输出信息描述

字段	描述
Hostname	NTDP 收集到的设备的系统名
MAC	该设备的 MAC 地址
Hop	该设备距离发起拓扑收集设备的跳数
Platform	该设备的软件平台
IP	该设备集群管理 VLAN 接口的 IP 地址（S7500 系列以太网交换机的集群管理 VLAN 确定为 VLAN 1）
Version	该设备的版本
Cluster	该设备在集群中的角色
Peer MAC	邻接设备的 MAC 地址
Peer Port ID	邻接设备与本地端口相连的端口名
Native Port ID	连接邻接设备的本地端口名
Speed	邻接设备的端口速度
Duplex	邻接设备的端口双工状态

4．display cluster 命令

display cluster 命令用来显示交换机所属集群的状态和统计信息。在成员交换机上使用此命令将显示集群名、本交换机的成员号、管理交换机的 MAC 地址、状态以及有效保留时间和定时发送间隔。在管理交换机上使用此命令将显示集群名、成员个数、集群状态以及有效保留时间和定时发送间隔。在非集群成员上使用此命令将提示设备不属于集群。

下面是使用 **display cluster** 命令在管理交换机上显示集群信息的示例。

```
<aaa_0.H3C> display cluster
System View: return to User View with Ctrl+Z
[aaa_0.H3C] display cluster
Cluster name:"aaa"
Role:Administrator

Handshake timer:10 sec
Handshake hold-time:60 sec
IP-Pool:2.2.2.2/24
No logging host configured
No SNMP host configured
FTP server:8.8.8.8
No TFTP server configured

21 member（s） in the cluster, and 1 of them down.
```

下面是一个使用 **display cluster** 命令在成员交换机上显示集群信息的示例。

```
<aaa_2.H3C> display cluster
Cluster name:"aaa"
Role:Member
Member number:2

Handshake timer:10 sec
Handshake hold-time:60 sec

Administrator device mac address:000f-e200-6506
Administrator status:Up
```

表 3-15 所示是使用 **display cluster** 命令后的输出信息描述。

表 3-15 display cluster 命令的输出信息描述

字段	描述
Cluster name	集群名字
Role	成员角色
Member number	成员编号
Handshake timer	握手间隔
Handshake hold-time	有效保留时间
Administrator device mac address	管理交换机的 MAC 地址
Administrator status	管理交换机的状态

5. display cluster candidates 命令

display cluster candidates [**mac-address** *H-H-H* | **verbose**]命令用来显示候选交换机列表。要注意，该命令仅用于管理交换机。它的可选项和参数解释如下：

- **mac-address** *H-H-H*：指定要显示的候选交换机的 MAC 地址。
- **verbose**：指定要显示候选交换机的详细信息。

下面是使用 **display cluster candidates** 命令显示全部候选交换机列表的示例。

```
<aaa_0.H3C> display cluster candidates
MAC              HOP  IP                    PLATFORM
0000-0000-004d   3    192.169.121.258/24    S7506R
000f-e200-6502   2    8.8.8.3/24            S7506
000f-e200-1234   1    8.8.8.2/24            S7502
```

表 3-16 所示是使用 **display cluster candidates** 命令后的输出信息描述。

表 3-16 display cluster candidates 命令的输出信息描述

字段	描述
MAC	MAC 地址
Hop	距离管理交换机的跳数
IP	IP 地址
Platform	设备的平台信息

下面是使用 **display cluster candidates mac-address** 命令显示指定候选交换机信息的示例。

```
<aaa_0.H3C-cluster> display cluster candidates mac-address 000f-e200-6502

 Hostname   : S7506
 MAC        : 000f-e200-6502
 Hop        : 1
 Platform   : S7506
 IP         : 8。8。8。3
```

下面是使用 **display cluster candidates verbose** 命令显示全部候选交换机的详细信息的示例。

```
<aaa_0.H3C S7506R>display cluster candidates verbose

 Hostname   : S7502
 MAC        : 000f-e201-0110
 Hop        : 1
 Platform   : S7502
 IP         :
```

表 3-17 所示是使用 **display cluster candidates verbose** 命令后的输出信息描述。

6. display cluster members 命令

display cluster members [*member-number* | **verbose**]命令用来显示集群成员信息。要注意，该命令仅用于管理交换机。它的可选项和参数解释如下：

- *member-number*：指定要显示的集群成员编号，取值范围为 0～255。

- **verbose**：指定显示所有成员交换机的详细信息。

表 3-17　display cluster candidates verbose 命令的输出信息显示描述

字段	描述
Hostname	候选交换机名称
MAC	MAC 地址
Hop	距离管理交换机的跳数
IP	IP 地址
Platform	设备的平台信息

下面是使用 **display cluster members** 命令显示成员交换机的配置信息的示例。

```
<aaa_0.H3C> display cluster members
SN   Device    MAC Address          Status Name
0    S7506R    000f-e200-6506  Admin   aaa_0.H3C
1    S7502     000f-e200-1234  Up      aaa_1.H3C-1
2    S7506     000f-e200-6502  Up      aaa_2.H3C-2
3    S7506R    0000-0000-004d  Up      aaa_3.H3C-3
```

表 3-18 所示是使用 **display cluster members** 命令后的输出信息描述。

表 3-18　display cluster members 命令的输出信息描述

字段	描述
SN	集群成员编号
Device	设备类型
MAC Address	设备 MAC 地址
Status	设备的状态
Name	设备名字

下面是使用 **display cluster members verbose** 命令显示管理交换机和成员交换机的详细配置信息的示例。

```
<aaa_0.H3C> display cluster members verbose
Member number:0
Name: aaa_0.H3C
Device: S7506R
MAC Address:000f-e200-6506
Member status:Admin
Hops to administrator device:0
IP: 8.8.8.1/24
Version:
H3C Comware Platform Software.
 Comware Software, Version 3.10, Release 3135
 Copyright（c） 2004-2007 Hangzhou H3C Technologies Co., Ltd. All rights reserved.
 S7506R-3135

Member number:1
Name:aaa_1.H3C-1
Device: S7502
MAC Address:000f-e200-1234
Member status:Up
Hops to administrator device:
IP: 8.8.8.2/24
Version:
H3C Comware Platform Software.
 Comware Software, Version 3.10, Release 3135
 Copyright（c） 2004-2007 Hangzhou H3C Technologies Co., Ltd. All rights reserved.
```

```
S7506R-3135

Member number:2
Name:aaa_2. H3C-2
Device: S7506
MAC Address:000f-e200-6502
Member status:Up
Hops to administrator device:
IP:8.8.8.3/24
Version:
H3C Comware Platform Software.
 Comware Software, Version 3.10, Release 3135
 Copyright (c)  2004-2007 Hangzhou H3C Technologies Co., Ltd. All rights reserved.
 S7506R-3135

Member number:3
Name: aaa_3.H3C-3
Device: S7506R
MAC Address:0000-0000-004d
Member status:Up
Hops to administrator device:2
IP: 192.168.1.26/24
Version:
H3C Comware Platform Software.
 Comware Software, Version 3.10, Release 3135
 Copyright (c)  2004-2007 Hangzhou H3C Technologies Co., Ltd. All rights reserved.
 S7506R-3135
```

表 3-19 所示是使用 **display cluster members verbose** 命令后的输出信息描述。

表 3-19 display cluster members verbose 命令的输出信息描述

字段	描述
Member number	集群成员编号
Name	集群成员名字
Device	设备类型
MAC Address	设备 MAC 地址
Member status	设备的状态
Hops to administrator device	从成员交换机到管理交换机的跳数
IP	成员交换机 IP 地址
Version	成员交换机的软件版本信息

7．reset ndp statistics 命令

reset ndp statistics [**interface** *interface-list*]命令用来清除 NDP 统计信息，将 NDP 统计计数清零。可选参数 *interface-list* 用来指定端口的端口列表，取值可以为编号连续的端口列表，也可以为单个端口，或者前两者的组合，具体形式为 *interface-type interface-number* [**to** *interface-type interface-number*] <1-10>。*interface-type* 参数用来指定端口类型；*interface-number* 参数用来指定端口号，采用槽位编号/设备编号/端口编号的格式；**to** 参数表示端口范围；<1-10>参数表示前面的参数最多可以输入 10 次。

下面是使用 **reset ndp statistics** 命令清除 NDP 的统计信息的示例。

```
<H3C> reset ndp statistics
```

3.5 H3C 交换机集群配置示例

最后通过一个综合示例，介绍 H3C 以太网交换机的集群配置与管理。本示例拓扑结构如图 3-4 所示，是由 3 台交换机构成的一个交换机集群（假设管理交换机为 S5600 系列交换机）。另外，在集群中配置了公用的 FTP/TFTP 服务器和 SNMP/日志主机各一台。FTP/TFTP 服务器的 IP 地址为 10.10.0.1；（网管工作站）SNMP 及日志主机的 IP 地址为 10.11.0.1。

通过对本章前面内容的学习可以知道，H3C 以太网交换机集群的配置总体上包括两部分：①管理交换机中的集群功能、相关协议启用和相关参数配置，以及内部公用服务器的配置；②成员交换机上的集群功能、相关协议启用和相关参数配置。这两部分的具体配置任务可参见本章 3.2 节和 3.3 节中的说明。

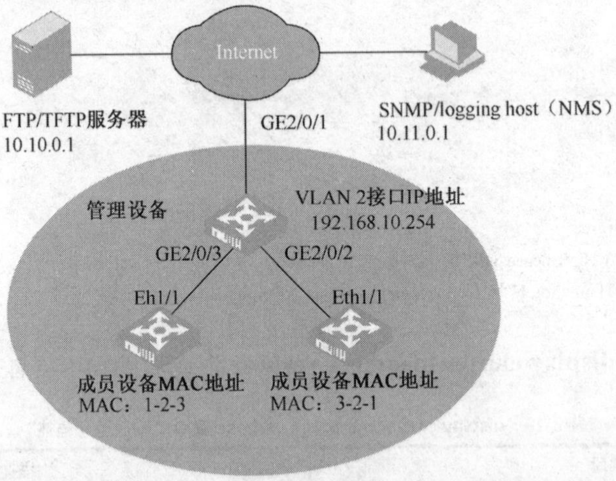

图 3-4 H3C 交换机集群配置示例

下面是具体的配置步骤。

1. 配置管理交换机

（1）设置 VLAN 2 为管理 VLAN，并将端口 GigabitEthernet 1/0/1 加入 VLAN 2。

```
<H3C> system-view
[H3C]management-vlan 2
[H3C] vlan 2
[H3C-vlan2] port GigabitEthernet 1/0/1
[H3C-vlan2] quit
```

【说明】如果管理交换机是 S7500 系列交换机，则管理 VLAN 只能是 VLAN 1，需要为 VLAN1 接口配置 IP 地址。

（2）配置 VLAN2 接口地址为 192.168.10.254。

```
[H3C] interface Vlan-interface 2
[H3C-Vlan-interface2] ip address 192.168.10.254 255.255.255.0
[H3C-Vlan-interface2] quit
```

（3）因为管理交换机中的上行端口 GigabitEthernet 2/0/1 并不是与集群内部其他成员交换机连接，所以无需集群功能，可关闭它上面的 NDP 和 NTDP 功能。

```
[H3C] ndp enable
[H3C] undo ndp enable inteface GigabitEthernet 2/0/1
[H3C] interface GigabitEthernet 1/0/1
[H3C-GigabitEthernet1/0/1] undo ntdp enable
```

```
[H3C-GigabitEthernet1/0/1] quit
```

（4）启用集群内部连接的端口 GigabitEthernet2/0/2、GigabitEthernet2/0/3 上的 NDP 功能，并配置相关的参数。

```
[H3C] interface GigabitEthernet 2/0/2
[H3C-GigabitEthernet2/0/2] ndp enable
[H3C-GigabitEthernet2/0/2] quit
[H3C] interface GigabitEthernet 2/0/3
[H3C-GigabitEthernet2/0/3] ndp enable
[H3C-GigabitEthernet2/0/3] quit
[H3C] ndp timer aging 200    !---配置 NDP 信息的有效保留时间为 200 秒
[H3C] ndp timer hello 70    !---配置 NDP 报文发送的时间间隔为 70 秒
```

（5）启用集群内部连接的端口 GigabitEthernet2/0/2、GigabitEthernet2/0/3 上的 NTDP 功能，并配置相关的参数。

```
[H3C] ntdp enable
[H3C] interface GigabitEthernet 2/0/2
[H3C-GigabitEthernet2/0/2] ntdp enable
[H3C-GigabitEthernet2/0/2] interface GigabitEthernet 2/0/3
[H3C-GigabitEthernet2/0/3] ntdp enable
[H3C-GigabitEthernet2/0/3] quit
[H3C] ntdp hop 2    !---配置拓扑收集范围为 2 跳，因为集群中三台交换机都是直接连接的，最多就为 2 跳
[H3C] ntdp timer hop-delay 150    !---配置被收集设备转发拓扑收集请求的延迟时间为 150ms
[H3C] ntdp timer port-delay 15    !---配置被收集设备的端口转发拓扑收集请求的延迟时间为 15ms
[H3C] ntdp timer 3    !---配置定时拓扑收集的时间间隔为 3 分钟
```

（6）启用并构建集群，配置集群 IP 地址池。

```
[H3C] cluster enable    !---启用管理交换机的集群功能
[H3C] cluster    !---进入集群视图
[H3C-cluster] ip-pool 172.16.0.1 255.255.255.248    !---配置集群内部使用的 IP 地址池，地址范围在 172.16.0.1/27 子网中
[H3C-cluster] build aaa    !---配置集群名字为 aaa，建立集群
```

（7）通过指定 MAC 地址将两个候选交换机加入到集群中，并配置相关参数。

```
[aaa_0.H3C-cluster] add-member 1 mac-address 1-2-3
[aaa_0.H3C-cluster] add-member 17 mac-address 3-2-1
[aaa_0.H3C-cluster] holdtime 100    !---配置成员交换机信息的保留时间为 100 秒
[aaa_0.H3C-cluster] timer 10    !---配置握手报文定时发送的时间间隔为 10 秒
```

（8）配置集群内部公用的 FTP 服务器、TFTP 服务器、网管主机及日志主机。

```
[aaa_0.H3C-cluster] ftp-server 10.10.0.1
[aaa_0.H3C-cluster] tftp-server 10.10.0.1
[aaa_0.H3C-cluster] logging-host 10.11.0.1
[aaa_0.H3C-cluster] snmp-host 10.11.0.1
```

2. 配置成员交换机

因为两台成员交换机的配置方法和拓扑完全一样，所以仅以其中一台成员交换机为例，另一台成员交换机的集群配置完全一样。

（1）启用设备上的 NDP 和端口 Ethernet 1/1 上的 NDP。

```
<H3C> system-view
[H3C] ndp enable
[H3C] interface Ethernet 1/1
[H3C-Ethernet1/1] ndp enable
[H3C-Ethernet1/1] quit
```

（2）启用设备上的 NTDP 和端口 Ethernet 1/1 上的 NTDP。

```
[H3C] ntdp enable
[H3C] interface Ethernet 1/1
[H3C-Ethernet1/1] ntdp enable
[H3C-Ethernet1/1] quit
```

（3）启用集群功能。

```
[H3C] cluster enable
```

3. 集群成员上的操作

在成员交换机上进行如下操作：

（1）连接到集群公用的远程 FTP 服务器。

```
<aaa_1.H3C> ftp cluster
```

（2）成员交换机从集群内部公用的 TFTP 服务器下载文件 test.txt 到本地。

```
<aaa_1.H3C> tftp cluster get test.txt
```

（3）成员交换机上传文件 aaa.txt 到集群内部公用的 TFTP 服务器。

```
<aaa_1.H3C> tftp cluster put aaa.txt
```

【说明】在进行了上述配置之后，用户只要在管理交换机上通过 **cluster switch-to** { *member-number* | **mac-address** *H-H-H* }命令切换到成员交换机配置视图就可以对成员交换机进行维护管理，通过 **cluster switch-to administrator** 命令切换回管理交换机配置视图。

在管理交换机上用户还可以通过 **reboot member** { *member-number* | **mac-address** *H-H-H* } **[eraseflash]**命令对成员交换机进行重启操作。关于这些配置操作的具体描述请参见本章前面的相关配置描述。在进行了上述配置之后，用户可以在网管站接受集群所有成员的日志和 SNMP trap。

当然，各集群交换机与 FTP/TFTP 服务器和网管/日志主机之间的通信还需要配置相关的路由，但这不是本章要介绍的内容。有关路由方面的配置参见《路由器配置与管理完全手册——H3C 篇》一书。

4 H3C 交换机 VRRP 配置与管理

在网络的核心层，为了避免单点故障，提高网络的可用性，核心层的网络设备通常采用以下几种解决方案：设备集群、每个汇聚层设备与每个核心层设备之间的冗余连接，以及设备备份。在本书的第 1 章和第 3 章分别对 Cisco 交换机和 H3C 交换机的集群解决方案进行了详细介绍。冗余连接没有特别的技术，只需要将汇聚层的设备与每个核心层设备连接，然后启用对应的生成树协议，以确保没有网络环路的情况下，提供核心层设备的容错功能。设备备份解决方案就是通常见到的 HSRP（主机冗余路由器协议）和 VRRP（虚拟路由器冗余协议）方案。HSRP 是 Cisco 专用的协议，VRRP 则是通用协议。在本书的第 2 章已对 Cisco 交换机的 HSRP 协议方案的配置与管理方法做了全面介绍，本章要对 H3C 交换机的 VRRP 方案的配置与管理方法进行全面介绍。

在 VRRP 解决方案中，既可以实现在一个备份组中多个交换机的主备备份模式应用，还可以通过创建多个备份组实现备份组中的多个交换机的负载分担应用，以及在一个备份组中的多个交换机间实现负载均衡模式应用。

4.1 H3C 交换机 VRRP 基础

VRRP（Virtual Router Redundancy Protocol，虚拟路由器冗余协议）可以说是一种设备虚拟化的技术，把多个路由器（同样适用于支持路由功能的三层交换机）虚拟成一个虚拟路由器。其中有一台路由器称之为主路由器（Master），其他的都称之为从路由器（或者备份路由器，Backup）。当主路由器出现故障时，VRRP 可以指定其他从路由器中的一台接替原来主路由器的工作，以实现不间断路由功能。它与我们在本书第 2 章中介绍的 Cisco 交换机中的 HSRP 协议的功能是类似的，但实现机制有些区别，具体将在本章后面介绍。

4.1.1 VRRP 简介

VRRP 是将可以承担网关功能的一组路由器加入到一个备份组中，形成一台虚拟路由器，由 VRRP 的选举机制决定哪台路由器承担转发任务。在具有多播或广播能力的局域网（如以太网）中，借助 VRRP 能在某设备故障时提供高利用率的默认链路，而无需修改动态路由协议、路由发现协议的配置信息。通过 VRRP 建立备份链路，提高了网络的安全性，能有效避免单一链路发生故障后网络中断问题出现。

在 VRRP 组网应用环境中，局域网内的主机只需将虚拟路由器的 IP 地址配置为默认网关即可，而不用配置某台物理路由器的 IP 地址作为网关。VRRP 是一种容错协议，在提高可靠性的同时，简化了主机的配置，是为消除在静态默认路由环境下的默认路由器单点故障引起的网络失效而设计的主、备模式的协议，使得在发生故障而进行设备功能切换时可以不影响内外数据通信，不需要再修改内部网络的网络参数。目前，VRRP 协议的实现有 VRRPv2 和 VRRPv3 两个版本。其中，VRRPv2 基于 IPv4，VRRPv3 基于 IPv6。VRRPv2 和 VRRPv3 在功能实现上并没有区别，只是应用的网络环境不同。本章仅介绍基于 IPv4 的 VRRPv2 应用配置与管理方法。

VRRP 协议将两台或多台路由器设备虚拟成一个设备，对外提供虚拟路由器 IP（一个或多个）地址，而在路由器备份组内部，如果某个路由器的实际 IP 地址与虚拟路由器 IP 地址一样，且这台路由器工作正常，则自动成为 Master 路由器（主路由器），或者是通过算法选举产生，备份组中的其他路由器称之为 Backup 路由器（备份路由器）。Master 路由器实现针对虚拟路由器 IP 的各种网络功能，如 ARP 请求、ICMP 消息和数据的转发等；Backup 路由器不拥有该 IP，除了接收 Master 路由器发送的 VRRP 通告信息外，不执行对外的网络功能。仅当主机失效时，Backup 路由器接管原先 Master 路由器的网络功能。

VRRP 备份组具有以下特点：

- 虚拟路由器具有 IP 地址，称为虚拟 IP 地址。局域网内的主机仅需要知道这个虚拟路由器的 IP 地址，并将其设置为默认路由的下一跳地址。
- 网络内的主机通过这个虚拟路由器与外部网络进行通信。
- 备份组内的路由器根据优先级，选举出 Master 路由器，承担网关功能。其他路由器作为 Backup 路由器，当 Master 路由器发生故障时，取代 Master 路由器继续履行网关职责，从而保证网络内的主机不间断地与外部网络进行通信。

如图 4-1 所示，Router A、Router B 和 Router C 组成一个虚拟路由器。此虚拟路由器有自己的 IP 地址。局域网内的主机将虚拟路由器设置为默认网关。Router A、Router B 和 Router C 中优先级最高的路由器作为 Master 路由器，承担网关的功能。其余两台路由器作为 Backup 路由器。

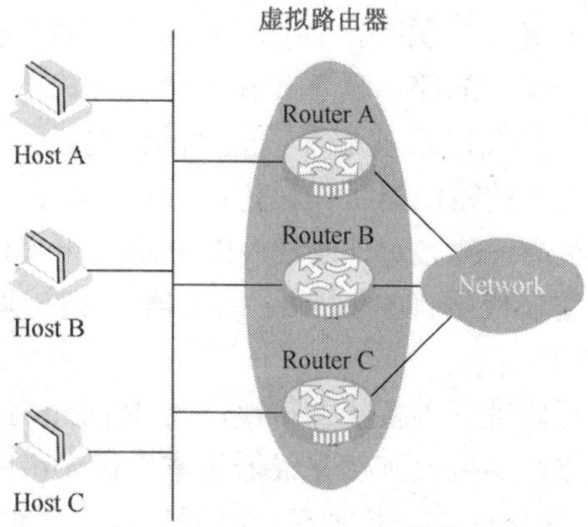

图 4-1　VRRP 组网示例

4.1.2　VRRP 的路由器标识、控制报文、认证和 Master 选举

在理解 VRRP 工作原理之前，先来了解一下 VRRP 的虚拟路由器标识、VRRP 控制报文、Master 路由器选举方法和 VRRP 备份组中路由器加入的认证方法。

1. VRRP 虚拟路由器标识

在 VRRP 虚拟路由器有唯一的标识：VRID，范围为 0~255。该路由器对外表现为唯一的虚拟 MAC 地址，地址的格式为 00-00-5E-00-01-[*VRID*]。VRRP 协议使用多播数据来传输 VRRP 数据，Master 路由器转发数据时所使用的就是这个特殊的虚拟源 MAC 地址，负责源 MAC 地址为虚拟 MAC 地址的 ARP 请求应答，而不是自身网卡的 MAC 地址。这样无论备份组中担当转发任务的实际路由器如何切换，都可保证呈现终端设备的是唯一一致的 IP 和 MAC 地址，减少了网关路由器切换对终端设备的影响。

2. VRRP 控制报文

VRRP 控制报文只有一种，那就是 VRRP 通告（Advertisement）。VRRP 备份组中的 Master 路由器会定时发送 VRRP 通告报文，通知备份组内的路由器自己工作正常。它使用 IP 多播数据包进行封装，使用的组播 IP 地址为 224.0.0.18（IP 协议号为 112；IP 包的 TTL 值必须为 255），发布范围只限于同一局域网内。这保证了 VRID 在不同网络中可以重复使用。用户可以通过设置 VRRP 定时器来调整 Master 路由器发送 VRRP 通告报文的时间间隔。如果 Backup 路由器在等待了三个间隔时间后仍然没有收到 Master 路由器发送的 VRRP 通告报文，则认为原来的 Master 路由器失效，把自己当成 Master 路由器，并对外发送 VRRP 通告报文，重新进行 Master 路由器的选举。

3. Master 路由器选举

VRRP 根据优先级来确定备份组中每台路由器的角色（Master 路由器或 Backup 路由器）。优先级越高，则越有可能成为 Master 路由器。在 VRRP 路由器组中，按优先级选举 Master 路由器，VRRP 协议中优先级范围是 0~255 的正整数。优先级 0 一般用在 IP 地址所有者主动放弃 Master 路由器角色时使用，所以实际可配置的优先级范围为 1~254。若 VRRP 路由器的 IP 地址和虚拟路由器的 IP 地址相同，则称该路由器为 VRRP 组中的 IP 地址所有者，具有最高优先级（255），自动成为 Master 路由器，无需进行选举。

如果 VRRP 备份组中没有具备虚拟路由器 IP 地址的路由器，则要进行 Master 路由器选举。首先各路由器都宣告自己是 Master，发送 VRRP 通告信息，如果收到的其他机器发来的通告信息的优先级比自己高，自己将转换为 Backup 角色；如果相等的话，将比较两个路由器的实际 IP 地址，IP

值较大的优先级高，成为 Master 角色。另外，备份组中的路由器具有以下两种工作方式：

- 非抢占方式：如果备份组中的路由器工作在非抢占方式下，则只要 Master 路由器没有出现故障，Backup 路由器即使随后被配置了更高的优先级也不会成为 Master 路由器。
- 抢占方式：如果备份组中的路由器工作在抢占方式下，它一旦发现自己的优先级比当前的 Master 路由器的优先级高，就会对外发送 VRRP 通告报文，导致备份组内路由器重新选举 Master 路由器，并最终取代原有的 Master 路由器。相应地，原来的 Master 路由器将会变成 Backup 路由器。

为了避免备份组内的成员频繁进行主备状态转换，让 Backup 路由器有足够的时间搜集必要的信息（如路由信息），Backup 路由器接收到优先级低于本地优先级的通告报文后，不会立即抢占成为 Master 路由器，而是等待一定时间——抢占延迟时间后，才会对外发送 VRRP 通告报文取代原来的 Master 路由器。

4．VRRP 认证

为了防止非法用户构造报文攻击备份组，VRRP 通过在 VRRP 报文中增加认证字的方式，验证接收到的 VRRP 报文。VRRP 提供了两种认证方式：

- **simple**：简单字符认证。发送 VRRP 报文的路由器将认证字填入到 VRRP 报文中，而收到 VRRP 报文的路由器会将收到的 VRRP 报文中的认证字和本地配置的认证字进行比较。如果认证字相同，则认为接收到的报文是真实、合法的 VRRP 报文；否则认为接收到的报文是一个非法报文。
- **md5**：MD5 认证。发送 VRRP 报文的路由器利用认证字和 MD5 算法对 VRRP 报文进行摘要运算，运算结果保存在 Authentication Header（认证头）中。收到 VRRP 报文的路由器会利用认证字和 MD5 算法进行同样的运算，并将运算结果与认证头的内容进行比较。如果相同，则认为接收到的报文是真实、合法的 VRRP 报文；否则认为接收到的报文是一个非法报文。

在一个安全的网络中，用户也可以不设置认证方式。

4.1.3 VRRP 工作原理

通常，在如图 4-2 所示网络内的所有主机都设置同一个网关作为报文转发的下一跳，这个网关的 IP 地址又被称为默认路由的下一跳地址（如图中的 10.100.10.1）。图中 Switch 作为网络内主机的网关，对主机发往其他网段的报文进行转发，从而实现了主机与外部网络的通信。当 Switch 发生故障时，本网段内所有以 Switch 为默认网关的主机将无法与外部网络进行通信。VRRP 就是为解决上述问题而提出的，通过物理设备和逻辑设备的分离，很好地解决了上述问题。

图 4-3 所示就是图 4-2 所示网络的一个 VRRP 组网示例。在这个示例中，虚拟路由器拥有自己的虚拟 IP 地址 10.100.10.1（这个 IP 地址可以和备份组内的某个路由器的接口地址相同，注意，Cisco 中的 HSRP 就不能这样，虚拟路由器必须有单独的 IP 地址），备份组内的路由器也有自己的实际 IP 地址（如 Master 路由器的 IP 地址为 10.100.10.2，Backup 路由器的 IP 地址为 10.100.10.3）。局域网内的主机仅仅知道这个虚拟路由器的 IP 地址 10.100.10.1，而并不知道具体的 Master 路由器的 IP 地址 10.100.10.2 以及 Backup 路由器的 IP 地址 10.100.10.3，它们将自己的默认路由下一跳地址设置为该虚拟路由器的 IP 地址 10.100.10.1。于是，网络内的主机就通过这个虚拟的路由器来与其他网络进行通信。如果备份组内的 Master 路由器出现了故障，Backup 路由器将会通过选举策略选出一个新的 Master 路由器，继续向网络内的主机提供路由服务。从而实现网络内的主机不间断地与外部网络进行通信。

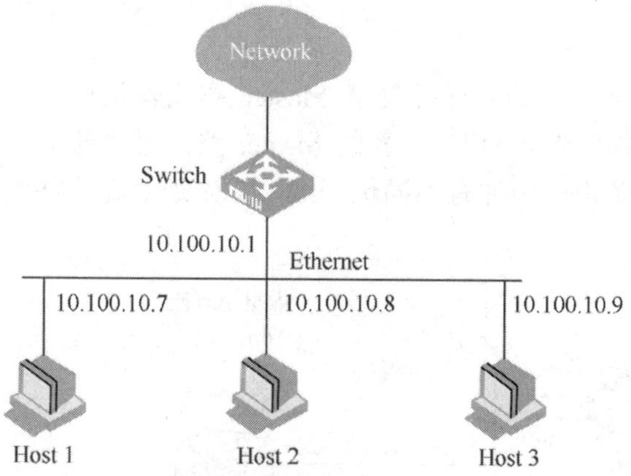

图 4-2 单一网关设备的局域网示例

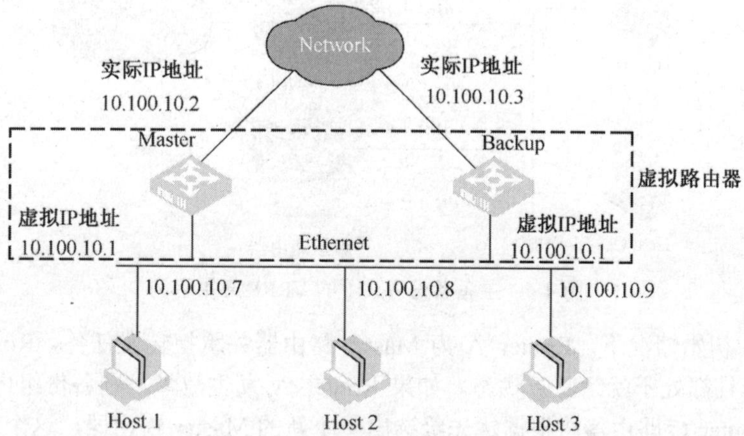

图 4-3 VRRP 网络示例

VRRP 的工作过程如下：

（1）路由器启用 VRRP 功能后，会根据优先级确定自己在备份组中的角色。优先级高的路由器成为 Master 路由器，优先级低的成为 Backup 路由器。Master 路由器定期发送 VRRP 通告报文，通知备份组内的其他路由器自己工作正常；Backup 路由器则启动定时器等待通告报文的到来。

（2）在抢占方式下，当 Backup 路由器收到 Master 路由器发送的 VRRP 通告报文后，会将自己的优先级与通告报文中的优先级进行比较。如果大于通告报文中的优先级，则成为 Master 路由器；否则将保持 Backup 状态。

（3）在非抢占方式下，只要 Master 路由器没有出现故障，备份组中的路由器始终保持 Master 或 Backup 状态，Backup 路由器即使随后被配置了更高的优先级也不会成为 Master 路由器。

（4）如果 Backup 路由器的定时器超时后仍未收到 Master 路由器发送来的 VRRP 通告报文，则认为 Master 路由器已经无法正常工作，此时 Backup 路由器会认为自己是 Master 路由器，并对外发送 VRRP 通告报文。

备份组内的路由器根据优先级选举出 Master 路由器，承担报文的转发功能。有关 Master 路由器的选举原理，参见 4.1.2 节。

4.1.4 VRRP 的两种应用模式

本节仅以基于 IPv4 的 VRRP 为例介绍 VRRP 的两种主要应用模式：主备备份和负载分担。

1. 主备备份方式

VRRP 的主备备份方式表示转发任务仅由 Master 路由器承担，仅当 Master 路由器出现故障时，才会从其他 Backup 路由器选举出一个新的 Master 路由器接替工作。主备备份方式仅需要一个备份组，不同路由器在该备份组中拥有不同优先级，优先级最高的路由器将成为 Master 路由器，如图 4-4 所示。

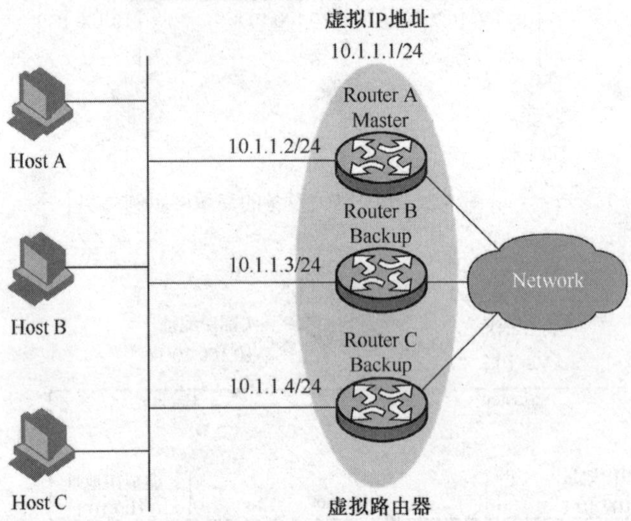

图 4-4　主备备份方式下的 VRRP 应用示例

在本示例中，初始情况下，Router A 为 Master 路由器并承担转发任务，Router B 和 Router C 是 Backup 路由器且都处于就绪监听状态。如果 Router A 发生故障，则备份组内处于 Backup 状态的 Router B 和 Router C 路由器将根据优先级选出一个新的 Master 路由器，这个新 Master 路由器继续向网络内的主机提供路由服务。

2. 负载分担方式

在前面介绍的主备备份方式中，我们可以看到，在同一时间实际上使用的只有一台路由器，对于这样价格昂贵的路由器或三层交换机设备来说，这显然代价有点过高。为了克服这一不足，同时又可以实现主备备份方式，通过创建多个备份组可实现多个路由器的负载分担。这就是此处所介绍的负载分担方式。

负载分担方式是指多台路由器同时承担业务，因此负载分担方式需要两个或者两个以上的备份组，每个备份组都包括一个 Master 路由器和若干个 Backup 路由器，各备份组的 Master 路由器各不相同。VRRP 的负载分担方式是在路由器的一个接口上创建多个备份组，并使该路由器在一个备份组中作为 Master 路由器，在其他的备份组中作为 Backup 路由器。同一台路由器可同时加入多个 VRRP 备份组，在不同备份组中有不同的优先级。

如在图 4-5 所示的负载分担方式 VRRP 应用中，有三个备份组存在：

- 备份组 1：对应虚拟路由器 1。Router A 作为 Master 路由器，Router B 和 Router C 作为 Backup 路由器。
- 备份组 2：对应虚拟路由器 2。Router B 作为 Master 路由器，Router A 和 Router C 作为 Backup 路由器。
- 备份组 3：对应虚拟路由器 3。Router C 作为 Master 路由器，Router A 和 Router B 作为 Backup 路由器。

为了实现业务流量在 Router A、Router B 和 Router C 之间进行负载分担，需要将局域网内的主机的默认网关分别设置为虚拟路由器 1、2 和 3。在配置优先级时，需要确保三个备份组中各路由器的 VRRP 优先级形成一一对应。

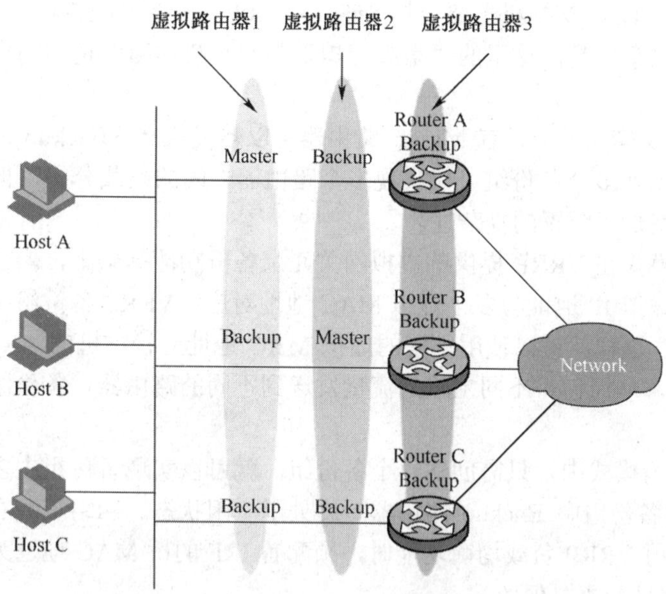

图 4-5　负载分担方式的 VRRP 应用示例

4.1.5　VRRP 与 HSRP 的比较

一说起 VRRP，大家自然就想到了 Cisco 专用的 HSRP（Hot Standby Router Protocol，热备份路由器协议）。在功能上，VRRP 和 HSRP 非常相似，具体的比较如表 4-1 所示。

表 4-1　VRRP 与 HSRP 的比较

比较项目	VRRP	HSRP
是否通用	是	否（Cisco 专用）
虚拟路由器 IP 地址	可以是路由器接口的实际 IP 地址	不能是路由器接口的实际 IP 地址
路由器特征	一个备份组中只能有一个活动路由器和一个备份路由器	一个备份组中只能有一个主路由器和一个或多个备份路由器
认证机制	包括无认证、明文认证和 MD5 消息认证三种方式	明文认证（IOS 12.3 及以上系统软件版本中支持 MD5 消息认证方式）
状态类型	三种（Initialize、Master 和 Backup）	六种（Initial、Learn、Listen、Speak、Standby 和 Active
报文类型	一种（VRRP 通告）	三种（Hello、Resign 和 Coup）
采用的通信协议	IP（协议号为 112）	UDP（端口号为 1985）
采用的组播 IP 地址	224.0.0.18	HSRPv1:224.0.0.2，HSRPv2：224.0.0.102
虚拟路由器的 MAC 地址	00-00-5e-00-01-*VRID*	00-00-0c-07-ac-xx（xx 为备份组 ID）

4.2　H3C 交换机的 VRRP 负载均衡模式

在一些 H3C 交换机中同时支持以下两种模式的 VRRP：

- 标准协议模式：基于 RFC 实现的 VRRPv2 和 VRRPv3。其中，VRRPv2 基于 IPv4，VRRPv3 基于 IPv6。VRRPv2 和 VRRPv3 在功能实现上并没有区别，只是应用的网络环境不同。前面各小节所介绍的都是针对标准协议模式进行的。下面将要介绍的 VRRP 负载均衡模式以 VRRP 标准协议模式为基础，VRRP 标准协议模式中的工作机制（如 Master 路由器的选举、抢占、监视功能等），VRRP 负载均衡模式均支持。

- 负载均衡模式：它是在标准协议模式的基础上进行了扩展，实现了负载均衡功能。支持负载均衡模式的 H3C 交换机主要包括 S58、S9500E 系列，但 S5600、S7500、7500E 系列不支持。但要注意的是，这里的"负载分担"与"负载均衡"是不同意义的，具体将在本节后面介绍。

在 VRRP 标准协议模式中，只有 Master 路由器可以转发报文，Backup 路由器处于监听状态，无法转发报文。虽然创建多个备份组可以实现多个路由器之间的负载分担，但是局域网内的主机需要设置不同的网关，增加了配置的复杂性。

VRRP 负载均衡模式在 VRRP 提供的虚拟网关冗余备份功能基础上，增加了负载均衡功能。其实现原理为：将一个虚拟 IP 地址与多个虚拟 MAC 地址对应，VRRP 备份组中的每个路由器都对应一个虚拟 MAC 地址，这样就可以使用不同的虚拟 MAC 地址应答主机的 ARP（IPv4 网络中）/ND（IPv6 网络中）请求，从而使得不同主机的流量发送到不同的路由器，备份组中的每个路由器都能转发流量。

在 VRRP 负载均衡模式中，只需创建一个备份组，就可以实现备份组中多个路由器之间的负载分担，避免了 VRRP 备份组中 Backup 路由器始终处于空闲状态、网络资源利用率不高的问题。但在 IRF 堆叠模式下使用 VRRP 负载均衡功能时，须配置 IRF 的桥 MAC 地址为永久保留（默认情况下，IRF 的桥 MAC 地址为永久保留）。

4.2.1 负载均衡模式下的虚拟 MAC 地址分配

在 VRRP 负载均衡模式中，Master 路由器负责为备份组中的路由器分配虚拟 MAC 地址，并为来自不同主机的 ARP/ND 请求应答不同的虚拟 MAC 地址，从而实现流量在多个路由器之间分担。备份组中的 Backup 路由器不会应答主机的 ARP/ND 请求。

以图 4-6 所示的 IPv4 网络为例，VRRP 负载均衡模式的具体工作过程为：

（1）Master 路由器为备份组中的路由器（包括 Master 路由器自身）分配虚拟 MAC 地址。在虚拟 IP 地址为 10.1.1.1/24 的备份组中，Router A 作为 Master 路由器，Router B 作为 Backup 路由器。Router A 为自己分配的虚拟 MAC 地址为 000f-e2ff-0011，为 Router B 分配的虚拟 MAC 地址为 000f-e2ff-0012。

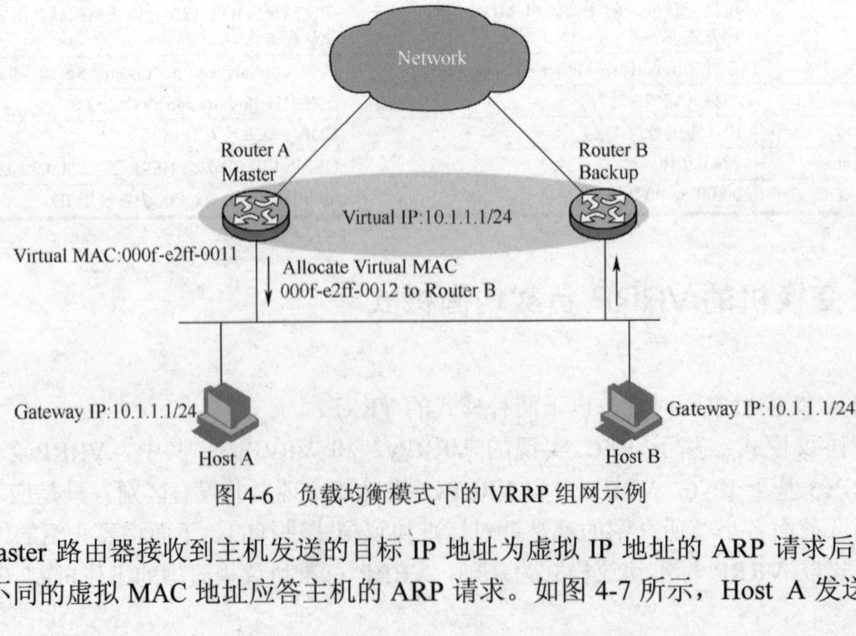

图 4-6 负载均衡模式下的 VRRP 组网示例

（2）Master 路由器接收到主机发送的目标 IP 地址为虚拟 IP 地址的 ARP 请求后，根据负载均衡算法使用不同的虚拟 MAC 地址应答主机的 ARP 请求。如图 4-7 所示，Host A 发送 ARP 请求获取网关 10.1.1.1 对应的 MAC 地址时，Master 路由器（即 Router A）使用 Router A 的虚拟 MAC 地址应答该请求；Host B 发送 ARP 请求获取网关 10.1.1.1 对应的 MAC 地址时，Master 路由器使用 Router B 的虚拟 MAC 地址应答该请求。

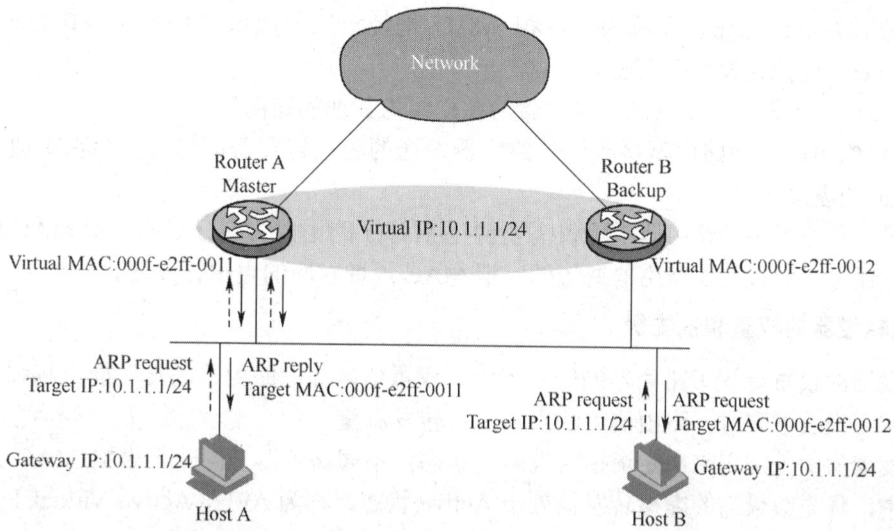

图 4-7　负载均衡模式下 Master 路由器应答 ARP 请求的示例

（3）Master 路由器通过使用不同的虚拟 MAC 地址应答主机的 ARP 请求，可以实现不同主机的流量发送给不同的路由器。如图 4-8 所示，Host A 认为网关的 MAC 地址为 Router A 的虚拟 MAC 地址，从而保证 Host A 的流量通过 Router A 转发；Host B 认为网关的 MAC 地址为 Router B 的虚拟 MAC 地址，从而保证 Host B 的流量通过 Router B 转发。

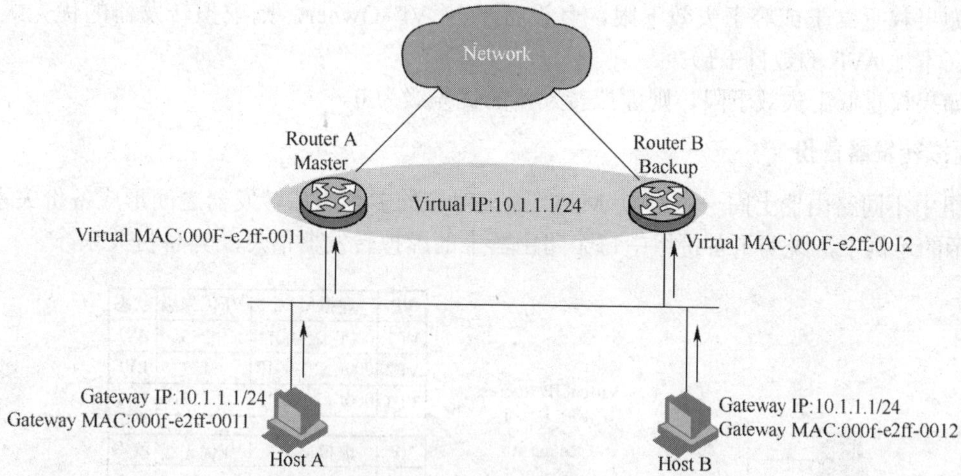

图 4-8　负载均衡模式下主机通过不同路由器转发流量的示例

4.2.2　负载均衡模式下的虚拟转发器

通过前面介绍的 Master 路由器虚拟 MAC 地址的分配功能实现了不同主机将流量发送给备份组中不同的路由器。但为了使备份组中的路由器能够转发主机发送的流量，还需要在路由器上创建虚拟转发器。每个虚拟转发器都对应备份组的一个虚拟 MAC 地址，负责转发目的 MAC 地址为该虚拟 MAC 地址的流量。

1．虚拟转发器的创建

虚拟转发器的创建过程如下：

（1）备份组中的路由器获取到 Master 路由器为其分配的虚拟 MAC 地址后，创建该 MAC 地址对应的虚拟转发器，该路由器称为此虚拟 MAC 地址对应的虚拟转发器的 VF Owner（Virtual Forwarder Owner，虚拟转发器拥有者）。

（2）该路由器将虚拟转发器的信息通告给备份组内其他的路由器。

（3）备份组内的其他路由器接收到该路由器发送的虚拟转发器信息后，会在本地创建该虚拟 MAC 地址对应的虚拟转发器。

由此可见，备份组中的路由器上不仅需要创建 Master 路由器为其分配的虚拟 MAC 地址对应的虚拟转发器，还需要创建其他路由器通告的虚拟 MAC 地址对应的虚拟转发器。

2．虚拟转发器的权重和优先级

虚拟转发器的权重标识了路由器的转发能力。权重值越高，路由器的转发能力越强。当权重低于一定的值——失效下限时，路由器无法再为主机转发流量。

虚拟转发器的优先级用来决定虚拟转发器的状态：不同路由器上同一个虚拟 MAC 地址对应的虚拟转发器中，优先级最高的虚拟转发器处于 Active 状态，称为 AVF（Active Virtual Forwarder），负责转发流量；其他虚拟转发器处于 Listening 状态，称为 LVF（Listening Virtual Forwarder），监听 AVF 的状态。虚拟转发器的优先级取值范围为 0～255，其中，255 保留给 VF Owner 使用。如果 VF Owner 的权重高于或等于失效下限，则 VF Owner 的优先级为最高值 255。

设备根据虚拟转发器的权重计算虚拟转发器的优先级的规则如下：

- 如果权重高于或等于失效下限，且设备为 VF Owner，则虚拟转发器的优先级为最高值 255。
- 如果权重高于或等于失效下限，且设备不是 VF Owner，则虚拟转发器的优先级为权重/（本地 AVF 的数目＋1）。
- 如果权重低于失效下限，则虚拟转发器的优先级为 0。

3．虚拟转发器备份

备份组中不同路由器上同一个虚拟 MAC 地址对应的多个虚拟转发器之间形成备份关系。在如图 4-9 所示的示例中，说明了备份组中每个路由器上的虚拟转发器信息及其备份关系。

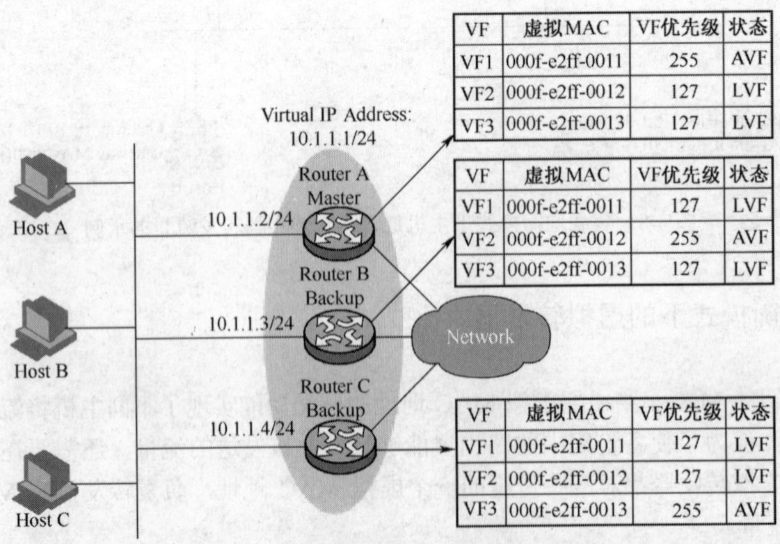

图 4-9　负载均衡模式下的虚拟转发器备份

在本示例中，Master 路由器 Router A 为自己、Router B、Router C 分配的虚拟 MAC 地址分别为 000f-e2ff-0011、000f-e2ff-0012 和 000f-e2ff-0013。虚拟 MAC 地址对应的虚拟转发器分别为 VF 1、VF 2 和 VF 3。在 Router A、Router B 和 Router C 上都创建了这三个虚拟转发器，并形成备份关系。例如，Router A、Router B 和 Router C 上的 VF 1 互相备份：

- Router A 为 VF 1 的 VF Owner，Router A 上 VF 1 的虚拟转发器优先级为最高值 255。因此，Router A 上的 VF 1 作为 AVF，负责转发目的 MAC 地址为虚拟 MAC 地址 000f-e2ff-0011 的流量。
- Router B 和 Router C 上 VF 1 的虚拟转发器优先级为：权重 255/（本地 AVF 数目+1）=127，低于 Router A 上 VF 1 的优先级。因此，Router B 和 Router C 上的 VF 1 作为 LVF，监视 Router A 上 VF 1 的状态。
- 在 Router A 上的 VF 1 出现故障时，将从 Router B 和 Router C 上的 VF 1 中选举出虚拟转发器优先级最高的 LVF 作为 AVF，负责转发目的 MAC 地址为虚拟 MAC 地址 000f-e2ff-0011 的流量。

【说明】虚拟转发器始终工作在抢占模式。对于不同路由器上互相备份的 LVF 和 AVF，如果 LVF 接收到 AVF 发送的虚拟转发器信息中虚拟转发器优先级低于本地虚拟转发器优先级，则 LVF 将会抢占成为 AVF。

4. 虚拟转发器的定时器

虚拟转发器的 AVF 出现故障后，接替其工作的新的 AVF 将为该 VF 创建 Redirect Timer 和 Timeout Timer 两个定时器。

- Redirect Timer：VF 重定向定时器。该定时器超时前，Master 路由器还会采用该 VF 对应的虚拟 MAC 地址应答主机的 ARP/ND 请求；该定时器超时后，Master 路由器不再采用该 VF 对应的虚拟 MAC 地址应答主机的 ARP/ND 请求。如果 VF Owner 在 Redirect Timer 超时前恢复，则 VF Owner 可以迅速参与流量的负载分担。
- Timeout Timer：VF 生存定时器，即 AVF 接替 VF Owner 工作的期限。该定时器超时前，备份组中的路由器上都保留该 VF，AVF 负责转发目的 MAC 地址为该 VF 对应虚拟 MAC 地址的报文；该定时器超时后，备份组中的路由器上都删除该 VF，不再转发目的 MAC 地址为该 VF 对应虚拟 MAC 地址的报文。

5. 虚拟转发器的监视功能

AVF 负责转发目的 MAC 地址为虚拟转发器 MAC 地址的流量，当 AVF 连接的上行链路出现故障时，如果不能及时通知 LVF 接替其工作，局域网中以此虚拟转发器 MAC 地址为网关 MAC 地址的主机将无法访问外部网络。

虚拟转发器的监视功能可以解决上述问题。利用 NQA（Network Quality Analyzer，网络质量分析）、BFD（Bidirectional Forwarding Detection，双向转发检测）等监测 AVF 连接的上行链路的状态，并通过 Track 功能在虚拟转发器和 NQA/BFD 之间建立联动。当上行链路出现故障，Track 项的状态变为 Negative，虚拟转发器的权重将降低指定的数额，以便虚拟转发器优先级更高的路由器抢占成为 AVF，接替其转发流量。

虚拟转发器监视功能还可以用来在 LVF 上通过 Track 监视 AVF 的状态，当 AVF 出现故障时，工作在虚拟转发器快速切换模式的 LVF 能够迅速成为 AVF，以保证通信不会中断。

4.2.3　VRRP 负载均衡模式的报文

VRRP 标准协议模式中只定义了一种报文——VRRP 通告报文，且只有 Master 路由器周期性发送该报文，Backup 路由器不会发送 VRRP 通告报文。

为了实现负载均衡，VRRP 负载均衡模式中定义了四种报文：

- Advertisement 报文：不仅用于通告本路由器上备份组的状态，还用于通告本路由器上处于 Active 状态的虚拟转发器信息。Master 路由器和 Backup 路由器均周期性发送该报文。
- Request 报文：处于 Backup 状态的路由器如果不是 VF Owner，则发送 Request 报文，请求 Master 路由器为其分配虚拟 MAC 地址。
- Reply 报文：Master 路由器接收到 Request 报文后，将通过 Reply 报文为 Backup 路由器分配虚拟 MAC 地址。收到 Reply 报文后，Backup 路由器会创建虚拟 MAC 地址对应的虚拟转发器，该路由器称为此虚拟转发器的拥有者。
- Release 报文：VF Owner 的失效时间达到一定值后，接替其工作的路由器将发送 Release 报文，通知备份组中的路由器删除 VF Owner 对应的虚拟转发器。

上述报文的格式与 VRRP 标准协议模式中定义的报文格式类似，只是在其基础上增加了选项字段，用来携带实现负载均衡所需要的信息。

4.3 H3C 交换机 VRRP 配置

在支持标准协议 VRRP 模式的 H3C 交换机中配置 VRRP 功能，主要包括创建备份组、添加虚拟路由器 IP 地址、启用虚拟路由器 IP 地址、配置备份组优先级等基本功能，以及包括配置备份组成员交换机的抢占方式、VRRP 认证方式、VRRP 定时器和 VRRP 监视功能等高级配置。在支持负载均衡 VRRP 模式的 H3C 交换机中，首先还要配置 VRRP 的工作模式。下面分别予以介绍。

4.3.1 VRRP 工作模式配置

本节仅适用于同时支持标准协议 VRRP 模式和负载均衡 VRRP 模式的 H3C 交换机，如 58 系列和 S9500E 系列交换机。配置 VRRP 的工作模式后，路由器上所有的 VRRP 备份组都工作在该模式。VRRP 工作模式的配置步骤如表 4-2 所示。

表 4-2 VRRP 工作模式的配置步骤

<table>
<tr><th>步骤</th><th>命令</th><th colspan="2">说明</th></tr>
<tr><td>1</td><td>system-view
例如：<Sysname> system-view</td><td colspan="2">进入系统视图</td></tr>
<tr><td rowspan="2">2</td><td>undo vrrp mode
例如：[Sysname] undo vrrp mode</td><td>配置 VRRP 工作在标准协议模式</td><td rowspan="2">（二者选择其一），默认情况下，VRRP 工作在标准协议模式</td></tr>
<tr><td>vrrp mode load-balance
例如：[Sysname] vrrp mode load-balance</td><td>配置 VRRP 工作在负载均衡模式</td></tr>
</table>

【注意】通过本命令配置 VRRP 的工作模式后，基于 IPv4 和 IPv6 的备份组均工作在指定的模式。VRRP 工作在负载均衡模式时，要求备份组虚拟 IP 地址和 VRRP 备份组中交换机物理端口的 IP 地址不能相同，且虚拟 IP 地址需要与虚拟 MAC 地址对应，也不能采用 VRRP 备份组中交换机物理端口上的实际 MAC 地址。否则，VRRP 负载均衡功能将无法正常工作。

创建 VRRP 备份组后，仍然可以修改 VRRP 的工作模式。修改 VRRP 的工作模式后，路由器上所有的备份组都工作在该模式。

以下示例是配置 VRRP 工作在负载均衡模式。

```
<Sysname> system-view
[Sysname] vrrp mode load-balance
```

4.3.2 H3C 交换机 VRRP 基本功能配置

在标准协议模式下配置 H3C 交换机的 VRRP 基本功能，涉及到一个重要的知识点，那就是 VRRP 备份控制 VLAN。也就是 VRRP 报文终结的 VLAN。VLAN 终结是指某个端口在接收到 VLAN 报文后去掉报文中的 VLAN 标记，再进行三层转发或其他处理。VLAN 终结分为：

- 明确终结：终结特定的 VLAN。某端口在接收到特定 VLAN 的报文后去掉该报文中的 VLAN 标记。
- 模糊终结：终结某个范围的 VLAN。某端口在接收到 VLAN 报文后，如果该报文属于指定的 VLAN 范围，则去掉该报文中的 VLAN 标记。

默认情况下，三层以太网端口或 VLAN 接口上配置 VLAN 模糊终结后，该接口不支持发送广播或组播报文。只有启用了 VLAN 终结支持广播/组播报文功能，该接口才可以正常发送广播/组播报文，且广播/组播报文需要在所有终结的 VLAN 内发送。

在如图 4-10 所示的网络中，在 VRRP 备份组中三个路由器的三层以太网接口上配置了模糊 VLAN 终结，要求终结 VLAN 10 和 VLAN 20。为了保证 Master 路由器可以周期性地向 Backup 路由器发送 VRRP 通告报文（组播报文），需要在三层以太网接口上启用 VLAN 终结支持广播/组播功能。启用该功能后，VRRP 通告报文将发送给所有终结的 VLAN。但三层以太网接口上模糊终结的 VLAN 较多时，会导致发送的 VRRP 通告报文数量过多，严重影响设备的性能。为了解决这个问题，就诞生了 VRRP 控制 VLAN 功能。只需关闭 VLAN 终结支持广播/组播功能，然后配置 VRRP 控制 VLAN，就可以使得 Master 路由器仅在控制 VLAN 内发送 VRRP 通告报文，避免发送过多的 VRRP 通告报文。

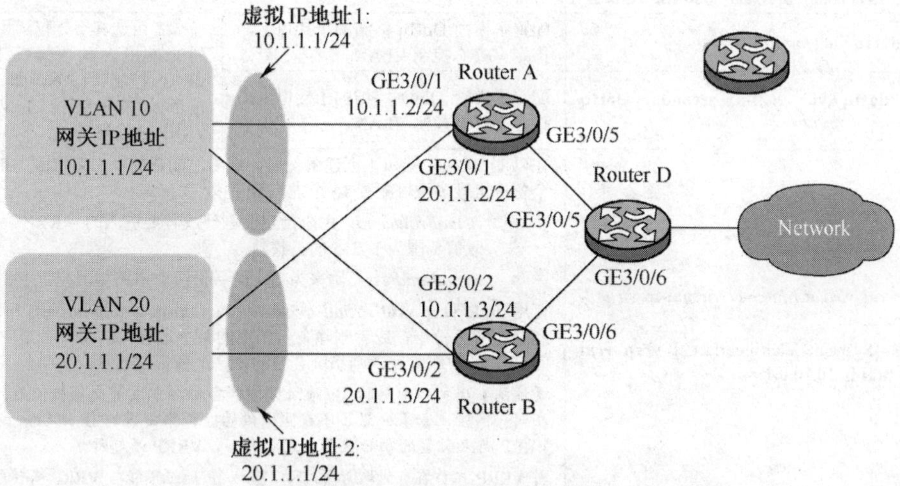

图 4-10 VRRP 控制 VLAN 示意图

VRRP 控制 VLAN 分为两种：

- 只指定一层 VLAN 标记：配置了模糊 Dot1q 终结的子接口上，需要指定此类控制 VLAN。
- 指定两层 VLAN 标记：配置了模糊 QinQ 终结的子接口上，需要指定此类控制 QinQ VLAN。

在支持 VRRP 功能的 H3C 以太网交换机上所需进行的基本功能配置如表 4-3 所示。但要注意，不要在远程镜像 VLAN（Remote-probe VLAN）的三层接口上，进行 VRRP 备份组相关特性的配置，否则可能影响报文镜像效果。

表 4-3 VRRP 基本功能的配置步骤

<table>
<tr><th>步骤</th><th>命令</th><th colspan="2">说明</th></tr>
<tr><td>1</td><td>system-view
例如：<Sysname> system-view</td><td colspan="2">进入系统视图</td></tr>
<tr><td>2</td><td>vrrp ping-enable
例如：[Sysname] vrrp ping-enable</td><td colspan="2">（可选）启用备份组虚拟路由器对 ping 操作的响应功能。默认情况下，备份组虚拟路由器的 IP 地址不能被 ping 通，可用 undo vrrp ping-enable 命令恢复为默认情况。如果不想要虚拟 IP 地址可以被 ping 通，则本步可不执行。
要注意的是，本命令需要在配置备份组之前执行。在设备上创建了备份组之后，将不允许执行本命令</td></tr>
<tr><td>3</td><td>vrrp method { real-mac | virtual-mac }
例如：[Sysname] vrrp method virtual-mac</td><td colspan="2">（可选）配置备份组虚拟路由器的 IP 地址和 MAC 地址的对应关系，可使用路由接口的实际 MAC 地址对应备份组虚拟路由器的 IP 地址，也可使用虚拟 MAC 地址对应备份组虚拟路由器的 IP 地址。
● real-mac：二选一选项，用来指定在 VRRP 进行备份的时候采用交换机路由接口的实际 MAC 地址和备份组的虚拟路由器的 IP 地址对应
● virtual-mac：二选一选项，用来指定在 VRRP 进行备份的时候采用虚拟 MAC 地址和备份组的虚拟 IP 地址对应
默认情况下，交换机采用备份组的虚拟 MAC 地址和备份组虚拟路由器的 IP 地址对应，可用 undo vrrp method 命令恢复虚拟路由器 IP 地址与虚拟路由器 MAC 地址的默认对应关系。
【注意】备份组的 MAC 地址和 IP 地址的对应形式需要在配置备份组之前就设定。如果在交换机上已经创建了备份组，系统将不允许设置备份组的 MAC 地址和 IP 地址的对应关系。
本配置在负载均衡模式下不会生效。无论如何配置虚拟 IP 地址对应的 MAC 地址的类型，在负载均衡模式下，始终是虚拟 IP 地址与虚拟 MAC 地址对应</td></tr>
<tr><td>4</td><td>vlan vlan-id
例如：[Sysname] vlan 2</td><td colspan="2">创建备份组对应的控制 VLAN，vlan-id 为 VLAN 接口的 VLAN ID。但要注意，VRRP 工作在负载均衡模式时，不能配置 VRRP 控制 VLAN</td></tr>
<tr><td>5</td><td>quit
例如：[Sysname] quit</td><td colspan="2">退回系统视图</td></tr>
<tr><td>6</td><td>interface Vlan-interface vlan-id
例如：[Sysname] interface Vlan-interface 2</td><td colspan="2">进入 VLAN 接口视图</td></tr>
<tr><td rowspan="2">7</td><td>vrrp dot1q vid vlan-id</td><td>配置了模糊 Dot1q 终结的子接口上，指定 VRRP 控制 VLAN</td><td rowspan="2">（二者可选其一）仅适用于 S9500E 系列交换机。默认情况下，没有指定 VRRP 控制 VLAN，即 Master 路由器在所有模糊终结的 VLAN 内发送 VRRP 通告报文</td></tr>
<tr><td>vrrp dot1q vid vlan-id secondary-dot1q secondary-vlan-id</td><td>配置了模糊 QinQ 终结的子接口上，指定 VRRP 控制 VLAN</td></tr>
<tr><td>8</td><td>vrrp vrid virtual-router-id virtual-ip virtual-address
例如：[Sysname-Vlan-interface2] vrrp vrid 10 virtual-ip 10.10.0.1</td><td colspan="2">在以上 VLAN 接口上创建备份组，或为已创建的备份组配置虚拟 IP 地址，一个备份组最多可以配置 16 个虚拟 IP 地址
● virtual-router-id：用来指定要创建或者要进入的 VRRP 备份组的组号，取值范围为 1~255 的正整数
● virtual-address：用来为指定的备份组虚拟路由器配置虚拟 IP 地址
可用 undo vrrp vrid virtual-router-id [virtual-ip virtual-address]命令删除一个已经存在的备份组，或者删除备份组中的某个地址。如果备份组中的虚拟路由器的 IP 地址被删除完，则系统会自动将这个备份组删除。
【注意】虚拟路由器的 IP 地址必须和备份组中成员交换机使用的真实 IP 地址在同一网段，如果配置了不在同网段的虚拟路由器的 IP 地址，该备份组会处于 VRRP 尚未配置的初始状态，此状态下，VRRP 不起作用。
当 VRRP 工作在负载均衡模式时，虚拟 IP 地址不能与 VRRP 备份组中路由器的接口 IP 地址相同，即负载均衡模式的 VRRP 备份组中不能存在 IP 地址拥有者</td></tr>
<tr><td>9</td><td>vrrp vrid virtual-router-id priority priority
例如：vrrp vrid 10 priority 100</td><td colspan="2">（可选）设置当前交换机在备份组中的优先级。优先级决定交换机在备份组中的地位，优先级越高，越有可能成为 Master 路由器。优先级 0 为系统保留给特殊用途来使用，255 则是系统保留给 IP 地址拥有者，当交换机为 IP 地址拥有者时，其优先级始终为 255，不允许对其进行优先级的配置
● virtual-router-id：用来指定当前交换机配置的优先级所在的 VRRP 备份组号，取值范围为 1~255
● priority：设置当前交换机在指定的备份组中的优先级，取值范围为 1~254
默认情况下，备份组的优先级为 100，可用 undo vrrp vrid priority 命令恢复交换机在备份组的优先级为默认值</td></tr>
</table>

【示例 1】启用备份组的虚拟路由器 IP 地址的被 ping 功能。

```
<Sysname> system-view
System View: return to User View with Ctrl+Z.
[Sysname] vrrp ping-enable
```

【示例 2】指定当前交换机的备份组虚拟路由器 IP 地址和交换机的路由接口实际 MAC 地址对应，也就是使用交换机的路由接口 MAC 地址。

```
<H3C> system-view
System View: return to User View with Ctrl+Z.
[H3C] vrrp method real-mac
```

【示例 3】在 VLAN2 接口上创建一个备份组 1，并配置虚拟 IP 地址为 10.10.0.1。

```
<H3C> system-view
System View: return to User View with Ctrl+Z.
[H3C] interface Vlan-interface 2
[H3C-Vlan-interface2] vrrp vrid 1 virtual-ip 10.10.0.1
```

【示例 4】在 VLAN2 接口上删除虚拟路由器的 IP 地址 10.10.10.10。

```
<H3C> system-view
System View: return to User View with Ctrl+Z.
[H3C] interface Vlan-interface 2
[H3C-Vlan-interface2] undo vrrp vrid 1 virtual-ip 10.10.10.10
```

【示例 5】在 VLAN2 接口上删除备份组 1。

```
<H3C> system-view
System View: return to User View with Ctrl+Z.
[H3C] interface Vlan-interface 2
[H3C-Vlan-interface2] undo vrrp vrid 1
```

【示例 6】在 VLAN2 接口上设置当前交换机在备份组 1 中的优先级为 100。

```
<H3C> system-view
System View: return to User View with Ctrl+Z.
[H3C] interface Vlan-interface 2
[H3C-Vlan-interface2] vrrp vrid 1 priority 100
```

4.3.3　H3C 交换机 VRRP 高级功能配置

在支持 VRRP 功能的 H3C 以太网交换机上所需进行的高级配置任务如下（均为可选配置）：

- 备份组中成员交换机抢占方式和抢占延时时间配置
- 备份组中成员交换机的 VRRP 认证方式以及认证字配置
- VRRP 定时器配置
- VRRP 监视功能配置

这些高级功能的配置均需要在进行上节介绍的一些必选基本功能配置后进行，特别是需要先为备份组配置虚拟路由器 IP 地址。

1．备份组中成员交换机抢占方式和抢占延时时间配置

在本章前面已介绍到，H3C 以太网交换机的 VRRP 有抢占方式和非抢占方式之分。如果需要优先级高的交换机能够主动抢占成为 Master，就需要将这台交换机设置为抢占方式；如果需要将抢占的时间延长，还可以设置延迟时间。在非抢占方式的备份组中，一旦某台交换机成为 Master，只要它没有出现故障，即使在备份组中的其他交换机的优先级被配置成高于它，也不会成为 Master。相反，如果为抢占方式，则一旦备份组内的 Backup 交换机发现自己的优先级比当前的 Master 交换机的优先级高，就会抢占 Master 角色，成为 Master 交换机，这样原来的 Master 交换机将会变成 Backup 角色。

在设置抢占的同时，还可以设置延迟时间，使得优先级较高的 Backup 交换机延迟一段时间再成为 Master 交换机。其目的在于：在性能不够稳定的网络中，Master 交换机正常工作时，也可能由于网络堵塞导致 Backup 交换机收不到原来 Master 交换机发来的 VRRP 通告报文，使得备份组内

的成员频繁地进行主备状态转换。设置延迟时间后，Backup 交换机没有按时收到来自 Master 交换机的 VRRP 通告报文时，会再等待一段时间，只有在这段等待时间过后 Backup 交换机还没有收到来自原 Master 交换机的 VRRP 通告报文，Backup 交换机才会转换为 Master 角色。

备份组中成员交换机抢占方式和抢占延时时间的配置方法是在配置了虚拟 IP 地址的 VLAN（备份组中的交换机接口属于这个 VLAN）接口视图下使用 **vrrp vrid** *virtual-router-id* **preempt-mode** [**timer delay** *delay-value*]命令。参数 *virtual-router-id*：用来设置要配置抢占方式的 VRRP 备份组号，取值范围为 1~255 的正整数，参数 *delay-value*：用来设置 Backup 交换机抢占 Master 角色前所需等待的时间，取值范围为 0~255 秒。

默认情况下，备份组内的交换机被设置为抢占方式，延迟时间为 0 秒。可用 **undo vrrp vrid preempt-mode** 命令取消备份组的抢占方式。

【示例 1】设置备份组 1 为抢占方式。

```
<H3C> system-view
System View: return to User View with Ctrl+Z.
[H3C] interface Vlan-interface 2
[H3C-Vlan-interface2] vrrp vrid 1 preempt-mode
```

【示例 2】设置备份组 1 的 Backup 交换机抢占 Master 角色时的等待时间为 5 秒。

```
<H3C> system-view
System View: return to User View with Ctrl+Z.
[H3C] interface Vlan-interface 2
[H3C-Vlan-interface2] vrrp vrid 1 preempt-mode timer delay 5
```

【示例 3】取消备份组 1 中交换机的抢占方式设置。

```
<H3C> system-view
System View: return to User View with Ctrl+Z.
[H3C] interface Vlan-interface 2
[H3C-Vlan-interface2] undo vrrp vrid 1 preempt-mode
```

2．备份组中成员交换机的 VRRP 认证方式以及认证字配置

在本章前面 4.1.3 节中介绍了 VRRP 支持三种认证方式：无认证、明文认证和 MD5 消息摘要认证，默认方式为无认证，也就是要加入到 VRRP 备份组的交换机无需认证就可以加入到 VRRP 备份组中。VRRP 认证方式和认证字（也就是认证密码）的配置方法是直接在虚拟路由器所在 VLAN 的 VLAN 接口下使用 **vrrp vrid** *virtual-router-id* **authentication-mode** *authentication-type authentication-key* 命令。命令中的三个参数说明如下：

- *virtual-router-id*：用于指定要配置认证方式的 VRRP 备份组编号，取值范围为 1～255。
- *authentication-type*：用于指定以上备份组的认证方式，主要有以下两种：可选值有两种①**simple**：表示进行简单字符认证；②**md5**：表示用 MD5 算法进行认证。
- *authentication-key*：用于指定所选认证方式的认证字。当采用 **simple** 认证方式时，为明文验证字，长度为 1～8 个字符；当采用 **md5** 认证方式时，为明文验证字或者 MD5 密文验证字。如果以明文形式输入，长度为 1～8 个字符，如：1234567；如果以密文形式输入，长度必须为 24，并且必须是密文形式（只能通过从其他加密的密文复制得到，不能直接输入）。

【注意】认证字区分大小写，但在进行配置前，需要先在接口上创建备份组并配置虚拟 IP 地址。而且，这里所配置的 VRRP 认证适用于同一个接口上的所有 VRRP 备份组，也就是在同一个接口上只需进行一次 VRRP 认证即可，无论它加入了多少个备份组，该接口上的所有备份组都使用相同的 VRRP 认证和认证字。另外，加入同一备份组的所有成员也要设置相同的认证方式和认证字。

下面的示例是设置 VRRP 备份组 1 的认证方式为 simple 方式，认证字为 123456。注意，这是在对应的备份组所在 VLAN 的 VLAN 接口中配置的，所以需要先确保该 VLAN 接口上已配置虚拟 IP 地址，并且所指定的 VRRP 备份组已创建。

```
<Sysname> system-view
System View: return to User View with Ctrl+Z.
[Sysname] interface Vlan-interface 2
[Sysname-Vlan-interface2] vrrp vrid 1 virtual-ip 10.10.0.1
[Sysname-Vlan-interface2] vrrp vrid 1 authentication-mode simple 123456
```

3．VRRP 定时器配置

在 VRRP 中因为只有一种报文，那就是 VRRP 通告报文，向组内的成员交换机通知自己工作正常，所以在 VRRP 的配置中仅需要配置 Master 交换机 VRRP 通告报文发送的定时器（也就是报文发送的时间间隔）。如果 Backup 交换机在等待了 3 个间隔时间后，依然没有收到 VRRP 通告报文，则认为自己是 Master 交换机，并对外发送 VRRP 通告报文，进行 Master 交换机重新选举。VRRP 报文发送定时器也需要在配置好 VRRP 备份组和所属的 VLAN 的 VLAN 接口上的虚拟路由器 IP 地址后进行，就是在对应的 VLAN 接口下使用 **vrrp vrid** *virtual-router-id* **timer advertise** *adver-interval* 命令进行 VRRP 报文发送定时器配置。命令中的两个参数说明如下：

- *virtual-router-id*：用于指定要设置 VRRP 报文发送定时器的 VRRP 备份组编号，取值范围为 1～255。
- *adver-interval*：用于指定备份组中的 Master 交换机发送 VRRP 报文的定时器，取值范围为 1~255 秒。

默认情况下，备份组中的 Master 交换机发送 VRRP 报文的定时器为 1 秒，可用 **undo vrrp vrid** *virtual-router-id* **timer advertise** 命令来恢复为默认值。

【注意】同一备份组内的交换机要配置相同的定时器值，否则导致配置错误。

下面的示例是设置备份组 1 中 Master 交换机发送 VRRP 报文的定时器为 15 秒。

```
<Sysname> system-view
System View: return to User View with Ctrl+Z.
[Sysname] interface Vlan-interface 2
[Sysname-Vlan-interface2] vrrp vrid 1 timer advertise 15
```

4．VRRP 监视功能配置

通过本章前面的学习我们已经知道，VRRP 备份组中的 Backup 交换机会在 Master 交换机出现故障时重新选举新的 Master 交换机。这就涉及到一个如何识别 Master 交换机出现故障的问题了。这就是此处所要介绍的 VRRP 监视功能，它是监视 Master 交换机在备份组中的接口状态，VRRP 协议一旦发现该接口 Down 了，立即降低 Master 主机的优先级，这样就可以重新进行 Master 交换机选举。

其实这里的 VRRP 端口监视包括两个方面，一是监视 VRRP 备份组中 VLAN 接口状态，另一个是监视某个 VLAN 中的交换机物理端口状态。VRRP 的 VLAN 接口监视功能更好地扩充了备份功能，即不仅能在备份组所在的接口出现故障时提供备份功能，而且在交换机的其他接口不可用时，也可以使用备份功能。当被监视的接口 Down 掉时，拥有这个接口的交换机的优先级会自动降低一个数额，可能导致备份组内其他交换机的优先级高于这个交换机的优先级，从而使得其他优先级高的交换机转变为 Master。启动 VRRP 备份组端口监视功能后，将对物理端口进行链路状态监视，在物理端口发生故障时，会降低所在交换机的优先级。如果备份组内管理交换机（Master）与上游连接的物理端口发生故障时，管理交换机的优先级按照设定的优先级降低值自动降低，从而促使备份组内重新选举管理交换机。

这两种监视功能的具体步骤如表 4-4 所示。

【注意】当备份组内存在“IP 地址拥有者”（也就是 VRRP 备份组中某个交换机的物理端口 IP 地址与 VRRP 虚拟 IP 地址相同的交换机）时，IP 地址拥有者上配置的 VRRP 备份组的监视端口功能不生效，因为该交换机永久是 VRRP 备份组的 Master，具有最高优先级 255，不可改变。监视物理端口时，该端口可以包含在备份组所在 VLAN 接口的 VLAN 中，但最多只可以对 8 个物理端口进行监控。

表 4-4 VRRP 监视功能的配置步骤

步骤	命令	说明
1	**system-view** 例如：<Sysname> **system-view**	进入系统视图
2	**interface Vlan-interface** *vlan-id* 例如：[Sysname] **interface Vlan-interface** 1	进入 VLAN 接口视图
3	**vrrp vrid** *virtual-router-id* **virtual-ip** *virtual-address* 例如：[Sysname-Vlan-interface1] **vrrp vrid** 1 **virtual-ip** 10.10.0.1	添加备份组虚拟路由器的 IP 地址，参见 4.2.1 节介绍
4	**vrrp vrid** *virtual-router-id* **track interface vlan-interface** *vlan-id* [**reduced** *value-reduced*] 例如：[Sysname-Vlan-interface1] **vrrp vrid** 1 **track interface vlan-interface** 1 **reduced** 30	（可选）启用 VRRP 备份组 VLAN 接口监视功能。参数说明如下： ● *virtual-router-id*：用来指定要启用备份组 VLAN 接口监视功能的 VRRP 备份组编号，取值范围为 1～255 ● *vlan-id*：用来指定要监视的 VLAN 接口（不一定是属于 VRRP 备份组所加入的 VLAN） ● **reduced** *value-reduced*：可选参数，在指定的 VLAN 接口上出现 Down 状态后，指定交换机的优先级降低的数额，取值范围为 1～255。默认情况下，出现这种情况时对应 VLAN 接口的交换机的优先级降低数额为 10，若未输入 *value-reduced* 参数，则表示使用默认值 可用 **undo vrrp vrid** *virtual-router-id* **track interface vlan-interface** *vlan-id* 命令取消监视接口
5	**quit** 例如：[Sysname-Vlan-interface1] **quit**	退出
6	**interface** *interface-type interface-number* 例如：[Sysname] **interface** GigabitEthernet 1/0/1	进入以太网端口视图
7	**vrrp vlan-interface** *vlan-id* **vrid** *virtual-router-id* **track** [**reduced** *value-reduced*] 例如：[Sysname-GigabitEthernet1/0/1] **vrrp vlan-interface** 1 **vrid** 1 **track reduced** 50	启用 VRRP 备份组物理端口监视功能。命令中的参数说明如下： ● *vlan-id*：指定要监视的物理端口所属 VLAN 的 VLAN 编号（不一定是属于 VRRP 备份组所加入的 VLAN） ● *virtual-router-id*：指定要启用物理端口监视功能的 VRRP 备份组编号，取值范围为 1～255 ● **reduced** *value-reduced*：监视到指定 VLAN 的物理端口处于 Dwon 状态时指定对应以太网端口的优先级降低的数额，取值范围为 1～255。默认情况下，以太网端口优先级降低的数额为 10，若未输入 *value-reduced* 参数则表示使用该默认值 可用 **undo vrrp vlan-interface** *vlan-id* **vrid** *virtual-router-id* **track** 命令关闭 VRRP 备份组物理端口的监视功能

【示例 4】在启用了 VRRP 功能的 VLAN2 接口上设置监视 VLAN1 接口，当 VLAN1 接口 Down 掉时，VLAN2 上的备份组 1 的 Master 交换机优先级降低 50。

```
<Sysname> system-view
System View: return to User View with Ctrl+Z.
[Sysname] interface Vlan-interface 2
[Sysname-Vlan-interface2] vrrp vrid 1 track interface vlan-interface 1 reduced 50
```

【示例 5】监视 VLAN2 中以太网端口 GigabitEthernet1/0/1，在出现 Down 状态时，该端口优先级降低 50。

```
<Sysname> system-view
[Sysname] vlan 2
[Sysname-vlan2] port GigabitEthernet1/0/1
[Sysname-vlan2] quit
[Sysname] interface GigabitEthernet 1/0/1
[Sysname-GigabitEthernet1/0/1] vrrp vlan-interface 2 vrid 1 track reduced 50
```

5．虚拟转发器监视配置

在配置虚拟转发器监视功能之前，需要先在接口上创建备份组并配置虚拟 IP 地址。在 VRRP 标准协议模式和负载均衡模式下均可配置虚拟转发器监视功能，但只有在 VRRP 负载模式下虚拟转发器监视功能才会起作用。

在这里先来简单介绍 Track 功能。

为了避免报文转发失败，提高通信的可靠性，一些模块需要及时感知接口的状态、链路的状态、网络的可达性或网络的性能。例如，静态路由需要及时感知路由下一跳是否可达。当下一跳不可达时，报文无法通过该静态路由到达目的网络。此时，应该将静态路由置为无效，确保报文不再通过该静态路由转发。需要感知接口状态、网络可达性等的模块，称为应用模块。

设备可以通过多种方式监测接口状态、链路状态、网络可达性和网络性能，如 NQA（Network Quality Analyzer，网络质量分析）、BFD（Bidirectional Forwarding Detection，双向转发检测）和接口管理。负责监测接口状态、网络可达性等的模块，称为监测模块。

应用模块可以直接与监测模块关联。监测模块负责监测接口状态、链路状态、网络可达性或网络性能，并将监测结果通知给应用模块；应用模块根据监测结果，进行相应的处理，例如，将静态路由置为无效。应用模块支持与多种监测模块关联时，由于不同监测模块通知给应用模块的监测结果形式各不相同，应用模块需要分别处理不同形式的监测结果。

在应用模块和监测模块之间增加 Track 模块，可以屏蔽不同监测模块的差异，简化应用模块的处理。Track 模块中可以创建多个 Track 对象，分别与不同的应用模块和监测模块关联。该 Track 对象称为 Track 项，通过编号来标识。Track 项的状态包括以下三种：

- Possitive：表示监测的对象正常工作，如接口处于 Up 状态、网络可达。
- Negative：表示监测的对象出现异常，如接口处于 Down 状态、网络不可达。
- Invalid：表示监测结果无效，如 NQA 作为监测模块时，与 Track 项关联的 NQA 测试组不存在。

配置虚拟转发器监视 Track 项的方法是在 VRRP 备份所属 VLAN 的 VLAN 接口（先要为该 VLAN 接口配置 VRRP 虚拟 IP 地址）视图下使用 **vrrp vrid** *virtual-router-id* **weight track** *track-entry-number* [**reduced** *weight-reduced*]命令。VRRP 工作在负载均衡模式时，如果配置虚拟转发器监视 Track 项，则当 Track 项状态为 Negative 时，路由器上所有虚拟转发器的权重都将降低指定的数额；被监视的 Track 项状态由 Negative 变为 Positive 或 Invalid 后，路由器中所有虚拟转发器的权重会自动恢复。命令中的参数说明如下：

- *virtual-router-id*：指定要配置虚拟转发器监视功能的 VRRP 备份组号，取值范围为 1～255。
- **track** *track-entry-number*：指定被监视的 Track 项序号，*track-entry-number* 取值范围为 1～1024。
- **reduced** *weight-reduced*：可选参数，指定当 Track 项状态为 Negative 时，虚拟转发器的权重降低的数额，*weight-reduced* 取值范围为 1～255，默认值为 30。

默认情况下，没有指定虚拟转发器监视的 Track 项，可用 **undo vrrp vrid weight track** 命令取消虚拟转发器监视指定的 Track 项。

【注意】只有 VRRP 工作在负载均衡模式时，执行本命令才会生效。

在进行本配置之前，需要先在 VLAN 接口上创建备份组并配置虚拟 IP 地址。

被监视的 Track 项可以是未创建的 Track 项。可以通过 **vrrp vrid weight track** 命令指定监视的 Track 项后，再通过 **track** 命令创建该 Track 项。

默认情况下，虚拟转发器的权重为 255；虚拟转发器的失效下限为 10。

由于 VF Owner 的权重高于或等于失效下限时，它的优先级始终为 255，不会根据虚拟转发器的权重改变，因此只有配置的权重降低数额能够保证监视的上行链路出现故障时 VF Owner 的权重低于失效下限，即权重降低的数额大于 245，其他的虚拟转发器才能接替 VF Owner 成为 AVF。

下面的示例是在 VLAN 接口 2 上配置虚拟转发器权重监视 Track 项 1，当 Track 项 1 状态为 Negative 时，VLAN 接口 2 上备份组 1 所有虚拟转发器的权重都降低 50。

最权威的交换机配置与管理技术手册

```
<Sysname> system-view
[Sysname] interface vlan-interface 2
[Sysname-Vlan-interface2] vrrp vrid 1 virtual-ip 10.1.1.1
[Sysname-Vlan-interface2] vrrp vrid 1 weight track 1 reduced 50
```

4.4 H3C 交换机 VRRP 管理

可在任意视图下执行表 4-5 所示的 **display** 命令查看配置 VRRP 功能后的运行情况，验证配置的效果。还可在用户视图下执行表 4-5 中的 **reset** 命令清除 VRRP 的统计信息。

表 4-5 VRRP 配置的显示与维护命令

命令	说明
S58 及以前系列支持 VRRP 的交换机（分两条命令）： **display vrrp** [**verbose**] [**interface vlan-interface** *vlan-id* [**vrid** *virtual-router-id*]] **display vrrp statistics** [**interface vlan-interface** *vlan-id* [**vrid** *virtual-router-id*] **S7500 及以后系列交换机（仅一条命令）：** **display vrrp** [**interface Vlan-interface** *vlan-id* | **statistics** [**Vlan-interface** *vlan-id*]] [*virtual-router-id*]	显示 VRRP 的状态信息和统计信息。**display** 命令可以在任意视图下执行
S58 及以前系列支持 VRRP 的交换机： **reset vrrp statistics** [**interface vlan-interface** *vlan-id* [**vrid** *virtual-router-id*]] **S7500 及以后系列交换机：** **reset vrrp statistics** [**vlan-interface** *vlan-id*] [*virtual-router-id*]	清除 VRRP 的统计信息。**reset** 命令可以在用户视图下执行

1. display vrrp 命令

display vrrp [**verbose**] [**interface vlan-interface** *vlan-id* [**vrid** *virtual-router-id*]] 用来显示 VRRP 备份组的状态信息，该命令仅适用于 S58 及以前支持 VRRP 功能的 H3C 交换机系列。命令中的可选项和参数说明如下：

- **verbose**：可选项，指定显示 VRRP 状态的详细信息。
- **vlan-interface** *vlan-id*：可选参数，显示指定 VLAN 接口对应的 VRRP 备份组状态信息，其中，*vlan-id* 为 VLAN 接口的编号。
- **vrid** *virtual-router-id*：可选参数，指定仅显示指定备份组的 VRRP 状态信息。其中，*virtual-router-id* 为 VRRP 备份组号，取值范围为 1～255。

如果不输入接口号和备份组号，将显示该设备上所有备份组的状态信息；如果只输入接口号，不输入备份组号则显示该接口上所有备份组的状态信息；如果同时输入接口号和备份组号，则仅显示指定接口上的指定备份组的状态信息。

【示例 1】显示当前交换机上的所有 VRRP 备份组信息。输出信息中各字段的描述如表 4-6 所示。

```
<Sysname> display vrrp
 Run Method         : VIRTUAL-MAC
 Virtual Ip Ping : Disable
 The total number of the virtual routers:   1
  Interface      VRID   State          Run       Adver.   Auth    Virtual
                                       Pri       Time     Type    IP
 ---------------------------------------------------------------------
  Vlan2           2      Initialize  100       1          NONE    173.160.0.1
```

【示例 2】显示当前交换机 VRRP 功能运行状态的详细信息。输出信息中各字段的描述如表 4-7 所示。

表 4-6　display vrrp 输出信息字段说明

字段	说明
Run Method	VRRP 当前的运行模式，包括： ● REAL-MAC：采用 VRRP 备份组中设备的实际 MAC 地址 ● VIRTUAL-MAC：采用 VRRP 备份组虚拟 MAC 地址
Virtual IP ping	备份组的虚拟 IP 地址能否被 ping 通
Interface	当前交换机上启用 VRRP 功能的 VLAN 接口
VRID	当前交换机的 VRID
State	当前交换机在备份组中的状态，包括 Master、Backup 和 Initialize 三种状态
Run Pri	当前交换机在 VRRP 备份组中的运行优先级
Adver.Timer	所设置的 VRRP 通告报文发送时间间隔
Auth Type	所设置的 VRRP 认证类型，包括无认证（NONE）、SIMPLE 和 MD5
Virtual IP	VRRP 备份组的虚拟 IP 地址

```
<Sysname> display vrrp verbose
 Run Method       : VIRTUAL-MAC
 Virtual Ip Ping : Disable
 Interface        : Vlan-interface1
 VRID             : 1                 Adver. Timer    : 1
 Admin Status     : UP                State           : Master
 Config Pri       : 120               Run Pri         : 100
 Preempt Mode     : YES               Delay Time      : 0
 Auth Type        : NONE
 Virtual IP       : 192.168.0.100
 Virtual MAC      : 0000-5e00-0101
 Master IP        : 192.168.0.18
```

表 4-7　display vrrp verbose 输出信息字段说明

字段	说明
Run Method	VRRP 当前的运行模式，包括： ● REAL-MAC：采用 VRRP 备份组中设备的实际 MAC 地址 ● VIRTUAL-MAC：采用 VRRP 备份组虚拟 MAC 地址
Virtual Ip Ping	备份组的虚拟 IP 地址能否被 ping 通
Interface	当前交换机上启用 VRRP 功能的 VLAN 接口
VRID	当前交换机的 VRID
Adver. Timer	所设置的 VRRP 通告报文发送时间间隔
Admin Status	当前交换机的可管理状态，包括 UP 和 DOWN 两种状态
State	当前交换机在备份组中的状态，包括 Master、Backup 和 Initialize 三种状态
Config Pri	当前交换机所配置的 VRRP 优先级
Run Pri	当前交换机在 VRRP 备份组中的运行优先级
Preempt Mode	当前交换机上所配置的抢占模式
Delay Time	当前交换机上所配置的抢占延迟
Auth Type	当前交换机上所配置的认证类型，包括无认证（NONE）、SIMPLE 和 MD5
Virtual IP	VRRP 备份组的虚拟 IP 地址
Virtual MAC	备份组虚拟 IP 地址对应的虚拟 MAC 地址，只在交换机为 Master 状态时，才显示此表项
Master IP	处于 Master 状态的交换机所对应接口的主 IP 地址

2．display vrrp statistics 命令

display vrrp statistics [**interface vlan-interface** *vlan-id* [**vrid** *virtual-router-id*]] 命令用来显示 VRRP 备份组的统计信息。本命令也仅适用于 S58 及以前系列支持 VRRP 的 H3C 交换机，不适用于 S7500 及以后系列支持 VRRP 的 H3C 交换机。命令中的参数说明如下：

- **vlan-interface** *vlan-id*：可选参数，指定显示指定 VLAN 接口中所有 VRRP 备份组统计信息。其中，*vlan-id* 为 VLAN 接口的编号。
- **vrid** *virtual-router-id*：可选参数，指定显示 *vlan-id* 参数所对应 VLAN 接口中指定的备份组

VRRP 统计信息。其中，*virtual-router-id* 为 VRRP 备份组号，取值范围为 1～255 的正整数。

如果不输入 VLAN 接口号和备份组号，将显示该设备上所有备份组的统计信息；如果只输入 VLAN 接口号，不输入备份组号，则显示该 VLAN 接口上所有备份组的统计信息；如果同时输入接口号和备份组号，则显示该接口上指定备份组的统计信息。

【示例 3】显示当前交换机上所有 VRRP 备份组的统计信息。输出信息中各字段的说明如表 4-8 所示。

```
<Sysname> display vrrp statistics
 Interface                  : Vlan-interface1
 VRID                       : 1
 CheckSum Errors            : 0     Version Errors                  : 0
 VRID Errors                : 0     Advertisement Interval Errors   : 0
 IP TTL Errors              : 0     Auth Failures                   : 0
 Invalid Auth Type          : 0     Auth Type Mismatch              : 0
 Packet Length Errors       : 0     Address List Errors             : 0
 Become Master              : 1     Priority Zero Pkts Rcvd         : 0
 Advertise Rcvd             : 0     Priority Zero Pkts Sent         : 0
 Invalid Type Pkts Rcvd : 0
```

表 4-8 display vrrp statistics 输出信息字段说明

字段	说明
Interface	虚拟路由器所在的 VLAN 接口
VRID	备份组号
CheckSum Errors	校验和发生错误的次数
Version Errors	版本号错误次数
VRID Errors	虚拟路由器的 VRID 错误次数
Advertisement Interval Errors	VRRP 通告报文发送时间间隔错误的次数
IP TTL Errors	TTL 错误的次数
Auth Failures	认证错误的次数
Invalid Auth Type	认证类型无效的次数
Auth Type Mismatch	认证类型不匹配的次数
Packet Length Errors	VRRP 报文长度错误的次数
Address List Errors	虚拟 IP 地址列表错误的次数
Become Master	当前交换机在 VRRP 备份组中充当 Master 的次数
Priority Zero Pkts Rcvd	收到的优先级为 0 的 VRRP 通告报文的数目
Advertise Rcvd	收到的 VRRP 通告报文的数目
Priority Zero Pkts Sent	发送的优先级为 0 的 VRRP 通告报文的数目
Invalid Type Pkts Rcvd	报文类型错误的次数

【说明】以上两条命令在 S7500 及以后支持 VRRP 的 H3C 交换机系列中就合并成了一条命令，那就是 **display vrrp** [**interface Vlan-interface** *vlan-id* | **statistics** [**Vlan-interface** *vlan-id*]] [*virtual-router-id*]。该命令只是不支持前面 S58 及以前系列交换机所支持的 **verbose** 可选项，但包括了上面两条命令的功能。参数说明也可参见以上两条命令中的对应参数。

3．reset vrrp statistics 命令

reset vrrp statistics [**interface vlan-interface** *vlan-id* [**vrid** *virtual-router-id*]] 命令用来清除当前交换机上的 VRRP 统计信息。它是在用户视图下执行的。命令中的参数说明如下：

- **vlan-interface** *vlan-id*：可选参数，指定清除指定 VLAN 接口中所有 VRRP 备份组统计信息。其中，*vlan-id* 为 VLAN 接口的编号。
- **vrid** *virtual-router-id*：可选参数，指定清除 *vlan-id* 参数所对应 VLAN 接口中指定的备份组 VRRP 统计信息。其中，*virtual-router-id* 为 VRRP 备份组号，取值范围为 1～255 的正整数。

如果不输入接口号和备份组号，则清除该交换机上所有备份组的统计信息；如果只输入接口号，不输入备份组号，则清除该接口上所有备份组的统计信息；如果同时输入接口号和备份组号，则清除该接口上指定备份组的统计信息。

【示例 4】清除当前交换机所有接口上所有备份组的 VRRP 统计信息。

```
<Sysname> reset vrrp statistics
```

4.5　H3C 交换机 VRRP 配置示例

在本章前面已介绍到 H3C 交换机支持标准协议和负载均衡两种 VRRP 工作模式。在标准协议工作模式中，又有主备备份和负载分担两种应用模式。下面分别用一个示例进行介绍。但与前面一样，此处也仅介绍基于 IPv4 协议的这些 VRRP 应用示例。

4.5.1　简单主备备份模式的 VRRP 应用配置示例

VRRP 的最简单应用就是主备备份模式，就是创建一个 VRRP 备份组，然后在这个备份组中指定或选举一个 Master 交换机，备份组中的其他交换机均为 Backup 交换机。平时只有 Master 交换机担当数据转发任务，只有在 Master 交换机失效，或者重新选择新的 Master 交换机时，Backup 交换机中的一台才可能接替原来 Master 交换机的工作。但任一时刻实际上都只有 Master 一台交换机担当数据转发任务，备份组中的其他交换机只是起到一个备份的作用。

本示例拓扑如图 4-11 所示。Host A 需要访问位于 Internet 上的 Host B，Host A 的默认网关为 210.110.10.1/24。Switch A 和 Switch B 共同组成一个 VRRP 备份组 1，虚拟 IP 地址为 210.110.10.1/24。要求当 Switch A 正常工作时，Host A 发送给 Host B 的报文通过 Switch A 转发；当 Switch A 出现故障时，Host A 发送给 Host B 的报文通过 Switch B 转发。

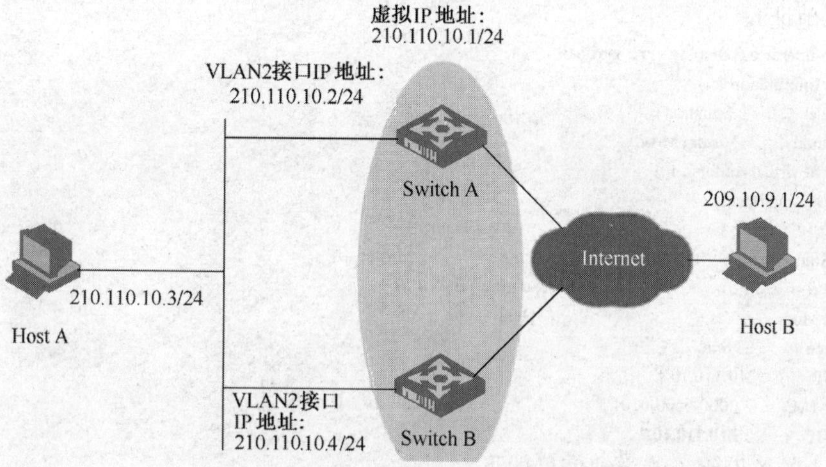

图 4-11　主备备份方式 VRRP 应用示例

下面是具体的配置步骤。

1. Switch A 上的配置

（1）创建 VRRP 备份组所属的 VLAN2（不是固定的，可以是其他任一 VLAN），为这个 VLAN 接口配置 IP 地址（注意，不是 VRRP 备份组的虚拟 IP 地址），并把交换机的 Gigabitethernet 1/0/5 接口加入到这个 VLAN 中。

```
<SwitchA> system-view
[SwitchA] vlan 2
[SwitchA-vlan2] port gigabitethernet 1/0/5
[SwitchA-vlan2] quit
[SwitchA] interface vlan-interface 2
[SwitchA-Vlan-interface2] ip address 210.110.10.2 255.255.255.0
```

（2）配置 VRRP 属性。

```
[SwitchA-Vlan-interface2] vrrp vrid 1 virtual-ip 210.110.10.1  !---创建备份组 1，并配置备份组 1 的虚拟 IP 地址为 210.110.10.1
[SwitchA-Vlan-interface2] vrrp vrid 1 priority 120  !---设置 Switch A 在备份组 1 中的优先级为 120，高于 Switch B 所采用的默认的优先级 100，以保证 Switch A 成为 Master，负责转发流量
[SwitchA-Vlan-interface2] vrrp vrid 1 preempt-mode timer delay 5  !---设置 Switch A 工作在抢占方式，以保证 Switch A 故障恢复后，能再次抢占成为 Master，即只要 Switch A 正常工作，就由 Switch A 负责转发流量。为了避免频繁地进行状态切换，配置抢占延迟时间为 5 秒
```

2．Switch B 上的配置

（1）创建与 Switch A 相同的 VRRP 备份组所属的 VLAN2，为该 VLAN 的 VLAN 接口配置 IP 地址（VRRP 组中的所有 IP 地址必须在同一个网段），并把交换机的 Gigabitethernet 1/0/5 接口加入到这个 VLAN 中。

```
<SwitchB> system-view
[SwitchB] vlan 2
[SwitchB-Vlan2] port gigabitethernet 1/0/5
[SwitchB-vlan2] quit
[SwitchB] interface vlan-interface 2
[SwitchB-Vlan-interface2] ip address 210.110.10.4 255.255.255.0
```

（2）配置 VRRP 属性。

```
[SwitchB-Vlan-interface2] vrrp vrid 1 virtual-ip 210.110.10.1  !---创建备份组 1，并配置备份组 1 的虚拟 IP 地址为 210.110.10.1
[SwitchB-Vlan-interface2] vrrp vrid 1 preempt-mode timer delay 7 !---设置 Switch B 工作在抢占方式，抢占延迟时间为 7 秒
```

3．验证配置结果

配置完成后，在 Host A 上可以 ping 通 Host B。通过 **display vrrp verbose** 命令查看配置后的结果。在 Switch A 上的备份组 1 信息如下（注意输出信息中粗体字部分所显示的 Master 交换机的 VLAN 接口 IP 地址）。

```
[SwitchA-Vlan-interface2] display vrrp verbose
 IPv4 Standby Information:
     Run Mode         : Standard
     Run Method       : Virtual MAC
 Total number of virtual routers : 1
   Interface Vlan-interface2
     VRID            : 1                 Adver Timer   : 1
     Admin Status    : Up                State         : Master
     Config Pri      : 120               Running Pri   : 120
     Preempt Mode    : Yes               Delay Time    : 5
     Auth Type       : None
     Virtual IP      : 210.110.10.1
     Virtual MAC     : 0000-5e00-0101
     Master IP       : 210.110.10.2
```

Switch B 上的备份组 1 的详细信息如下。

```
[SwitchB-Vlan-interface2] display vrrp verbose
 IPv4 Standby Information:
     Run Mode         : Standard
     Run Method       : Virtual MAC
 Total number of virtual routers : 1
   Interface Vlan-interface2
     VRID            : 1                 Adver Timer   : 1
     Admin Status    : Up                State         : Backup
     Config Pri      : 100               Running Pri   : 100
     Preempt Mode    : Yes               Delay Time    : 5
```

```
Auth Type          : None
Virtual IP         : 210.110.10.1
Master IP          : 210.110.10.2
```

对比两个交换机上的 VRRP 备份组 1 信息可以看出，在备份组 1 中 Switch A 为 Master 路由器，Switch B 为 Backup 路由器，Host A 发送给 Host B 的报文通过 Switch A 转发。

在 Switch A 出现故障后，在 Host A 上仍然可以 ping 通 Host B，此时通过 **display vrrp verbose** 命令查看 Switch B 上的备份组 1 的详细信息（注意输出信息中粗体字部分所显示的 Master 交换机的 VLAN 接口 IP 地址）。

```
[SwitchB-Vlan-interface2] display vrrp verbose
 IPv4 Standby Information:
     Run Mode          : Standard
     Run Method        : Virtual MAC
 Total number of virtual routers : 1
   Interface Vlan-interface2
     VRID              : 1                 Adver Timer   : 1
     Admin Status      : Up                State         : Master
     Config Pri        : 100               Running Pri   : 100
     Preempt Mode      : Yes               Delay Time    : 7
     Auth Type         : None
     Virtual IP        : 210.110.10.1
     Virtual MAC       : 0000-5e00-0101
     Master IP         : 210.110.10.4
```

以上显示信息表示 Switch A 出现故障后，Switch B 成为 Master 路由器，Host A 发送给 Host B 的报文通过 Switch B 转发。

当 Switch A 故障恢复后，再使用 **display vrrp verbose** 命令查看 Switch A 上的 VRRP 备份组 1 的详细信息，如下所示（注意输出信息中粗体字部分所显示的 Master 交换机的 VLAN 接口 IP 地址）。

```
[SwitchA-Vlan-interface2] display vrrp verbose
 IPv4 Standby Information:
     Run Mode          : Standard
     Run Method        : Virtual MAC
 Total number of virtual routers : 1
   Interface Vlan-interface2
     VRID              : 1                 Adver Timer   : 1
     Admin Status      : Up                State         : Master
     Config Pri        : 120               Running Pri   : 120
     Preempt Mode      : Yes               Delay Time    : 7
     Auth Type         : None
     Virtual IP        : 210.110.10.1
     Virtual MAC       : 0000-5e00-0101
     Master IP         : 210.110.10.2
```

以上显示信息表示 Switch A 故障恢复后，Switch A 会抢占成为 Master，Host A 发送给 Host B 的报文仍然通过 Switch A 转发。

4.5.2 综合主备备份模式的 VRRP 应用配置示例

在上一示例中只配置了最基本的 VRRP 属性，利用了 VRRP 的最基本的功能，没有配置 VRRP 认证，也没有配置 VRRP 接口/端口监视功能。本示例包括了 VRRP 主备备份模式应用中以上这些比较高级的功能配置。本示例的网络拓扑参见图 4-11。

Host A 需要访问位于 Internet 上的 Host B，Host A 的默认网关为 210.110.10.1/24。Switch A 和 Switch B 共同组成一个 VRRP 备份组 1，虚拟 IP 地址为 210.110.10.1/24。要求当 Switch A 正常工作时，Host A 发送给 Host B 的报文通过 Switch A 转发；当 Switch A 连接 Internet 的 VLAN3 接口不可用时，Host A 发送给 Host B 的报文通过 Switch B 转发。另外，为了防止非法用户构造报文攻击备

份组，通过简单字符认证方法验证备份组 1 中的 VRRP 报文，认证字为 123456。

下面是具体的配置步骤。

1. Switch A 上的配置

（1）配置 VRRP 备份组所属的 VLAN2（上节已解释的配置此处不再重复说明）。

```
<SwitchA> system-view
[SwitchA] vlan 2
[SwitchA-vlan2] port gigabitethernet 1/0/5
[SwitchA-vlan2] quit
[SwitchA] interface vlan-interface 2
[SwitchA-Vlan-interface2] ip address 210.110.10.2 255.255.255.0
```

（2）配置 VRRP 属性（上节已解释的配置此处不再重复说明）。

```
[SwitchA-Vlan-interface2] vrrp vrid 1 virtual-ip 210.110.10.1
[SwitchA-Vlan-interface2] vrrp vrid 1 priority 110
[SwitchA-Vlan-interface2] vrrp vrid 1 authentication-mode simple 123456 !---设置备份组的认证方式为 simple 认证，认证字为 123456
[SwitchA-Vlan-interface2] vrrp vrid 1 timer advertise 4  !---设置 Master 发送 VRRP 报文的间隔时间为 4 秒
[SwitchA-Vlan-interface2] vrrp vrid 1 preempt-mode timer delay 5
[SwitchA-Vlan-interface2] vrrp vrid 1 track interface vlan-interface 3 reduced 30  !---配置 Switch A 监视上行接口——VLAN3 接口，当 VLAN3 接口不可用时，降低 Switch A 在备份组 1 中的优先级。降低后的优先级应低于 Switch B 的优先级 100，即优先级降低数额应大于 20，以保证 Switch B 能够抢占成为 Master。本例中，配置优先级降低数额为 30
```

2. Switch B 上的配置

（1）配置 VRRP 备份组所属的 VLAN2（上节已解释的配置此处不再重复说明）。

```
<SwitchB> system-view
[SwitchB] vlan 2
[SwitchB-vlan2] port gigabitethernet 1/0/5
[SwitchB-vlan2] quit
[SwitchB] interface vlan-interface 2
[SwitchB-Vlan-interface2] ip address 210.110.10.4 255.255.255.0
```

（2）配置 VRRP 属性（上节已解释的配置此处不再重复说明）。

```
[SwitchB-Vlan-interface2] vrrp vrid 1 virtual-ip 210.110.10.1
[SwitchB-Vlan-interface2] vrrp vrid 1 authentication-mode simple 123456  !---设置备份组的认证方式为 simple 认证，认证字为 123456（备份组中的所有交换机的认证方式和认证字配置必须一致）
[SwitchB-Vlan-interface2] vrrp vrid 1 timer advertise 5  !---设置 Master 发送 VRRP 报文的间隔时间为 5 秒
[SwitchB-Vlan-interface2] vrrp vrid 1 preempt-mode timer delay 7  !---设置 Switch B 工作在抢占方式，以保证 Switch A 的优先级降低后，Switch B 可以抢占成为 Master。为了避免频繁地进行状态切换，配置抢占延迟时间为 7 秒
```

3. 验证配置结果

配置完成后，在 Host A 上可以 ping 通 Host B。通过 **display vrrp verbose** 命令查看配置后的结果。Switch A 上显示的备份组 1 的详细信息如下（注意输出信息中粗体字部分所显示的 Master 交换机的 VLAN 接口 IP 地址）。

```
[SwitchA-Vlan-interface2] display vrrp verbose
 IPv4 Standby Information:
     Run Mode          : Standard
     Run Method        : Virtual MAC
 Total number of virtual routers : 1
   Interface Vlan-interface2
     VRID              : 1                Adver Timer   : 5
     Admin Status      : Up               State         : Master
     Config Pri        : 120              Running Pri   : 120
     Preempt Mode      : Yes              Delay Time    : 7
     Auth Type         : Simple           Key           : hello
     Virtual IP        : 210.110.10.1
     Virtual MAC       : 0000-5e00-0101
     Master IP         : 210.110.10.2
   VRRP Track Information:
     Track Interface: Vlan3         State : Up         Pri Reduced : 30
```

Switch B 上显示的备份组 1 的详细信息如下（注意输出信息中粗体字部分所显示的 Master 交换机的 VLAN 接口 IP 地址）。

```
[SwitchB-Vlan-interface2] display vrrp verbose
 IPv4 Standby Information:
     Run Mode         : Standard
     Run Method       : Virtual MAC
 Total number of virtual routers : 1
   Interface Vlan-interface2
     VRID             : 1                 Adver Timer   : 5
     Admin Status     : Up                State         : Backup
     Config Pri       : 100               Running Pri   : 100
     Preempt Mode     : Yes               Delay Time    : 7
     Auth Type        : Simple            Key           : hello
     Virtual IP       : 210.110.10.1
     Master IP        : 210.110.10.2
```

以上显示信息表示在备份组 1 中 Switch A 为 Master 路由器，Switch B 为 Backup 路由器，Host A 发送给 Host B 的报文通过 Switch A 转发。

当 Switch A 连接 Internet 的 VLAN3 接口不可用时，在 Host A 上仍然可以 ping 通 Host B。通过 **display vrrp verbose** 命令查看备份组的信息。此时在 Switch A 上显示的备份组 1 的详细信息如下（注意输出信息中粗体字部分所显示的 Master 交换机的 VLAN 接口 IP 地址）。

```
[SwitchA-Vlan-interface2] display vrrp verbose
 IPv4 Standby Information:
     Run Mode         : Standard
     Run Method       : Virtual MAC
 Total number of virtual routers : 1
   Interface Vlan-interface2
     VRID             : 1                 Adver Timer   : 5
     Admin Status     : Up                State         : Backup
     Config Pri       : 120               Running Pri   : 90
     Preempt Mode     : Yes               Delay Time    : 7
     Auth Type        : Simple            Key           : hello
     Virtual IP       : 210.110.10.1
     Master IP        : 210.110.10.4
   VRRP Track Information:
     Track Interface: Vlan3           State : Down        Pri Reduced : 30
```

在 Switch A 的 VLAN3 接口不可用时，Switch B 上显示的备份组 1 的详细信息如下（注意输出信息中粗体字部分所显示的 Master 交换机的 VLAN 接口 IP 地址）。

```
[SwitchB-Vlan-interface2] display vrrp verbose
 IPv4 Standby Information:
     Run Mode         : Standard
     Run Method       : Virtual MAC
 Total number of virtual routers : 1
   Interface Vlan-interface2
     VRID             : 1                 Adver Timer   : 5
     Admin Status     : Up                State         : Master
     Config Pri       : 100               Running Pri   : 100
     Preempt Mode     : Yes               Delay Time    : 7
     Auth Type        : Simple            Key           : hello
     Virtual IP       : 210.110.10.1
     Virtual MAC      : 0000-5e00-0101
     Master IP        : 210.110.10.4
```

以上显示信息表示 Switch A 的 VLAN3 接口不可用时，Switch A 的优先级降低为 90，成为 Backup 路由器，Switch B 成为 Master 路由器，Host A 发送给 Host B 的报文通过 Switch B 转发。

4.5.3 负载分担模式 VRRP 应用配置示例

本示例是 VRRP 的负载分担应用配置示例，通过在一个 VRRP 备份组中创建多个 VRRP 备份组（分属于不同 VLAN），在实现主备备份 VRRP 应用的同时实现 VRRP 备份组中交换机的负载分担。

本示例拓扑如图 4-12 所示。VLAN 2 内主机的默认网关为 210.110.10.100/24；VLAN 3 内主机的默认网关为 210.110.10.200/24；Switch A 和 Switch B 同时属于虚拟 IP 地址为 210.110.10.100/24 的备份组 1 和虚拟 IP 地址为 210.110.10.200/24 的备份组 2。在备份组 1 中 Switch A 的优先级高于 Switch B，在备份组 2 中 Switch B 的优先级高于 Switch A，从而保证 VLAN 2 和 VLAN 3 内的主机分别通过 Switch A 和 Switch B 通信，当 Switch A 或 Switch B 出现故障时，主机可以通过另一台设备继续通信，避免通信中断。

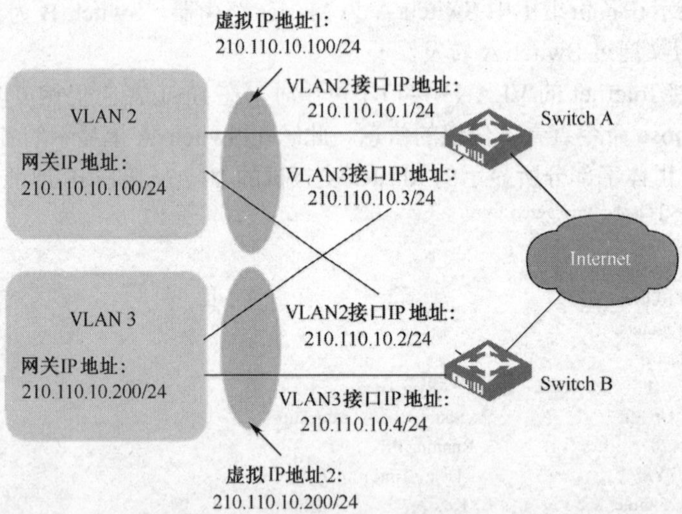

图 4-12　负载分担 VRRP 应用示例

下面是具体的配置步骤。

1．Switch A 上的配置

（1）创建 VRRP 备份组 1 所属的 VLAN 2，VRRP 备份组 2 所属的 VLAN 3，并分别为 VLAN2 和 VLAN3 接口配置 IP 地址，然后把 Switch A 的 Gigabitethernet 1/0/5 端口加入到 VLAN 2 中，把 Switch A 的 Gigabitethernet 1/0/6 端口加入到 VLAN 3 中。

```
<SwitchA> system-view
[SwitchA] vlan 2
[SwitchA-vlan2] port gigabitethernet 1/0/5
[SwitchA-vlan2] quit
[SwitchA] interface vlan-interface 2
[SwitchA-Vlan-interface2] ip address 210.110.10.1 255.255.255.0
[SwitchA- Vlan-interface2] quit
[SwitchA] vlan 3
[SwitchA-vlan3] port gigabitethernet 1/0/6
[SwitchA-vlan3] quit
[SwitchA] interface vlan-interface 3
[SwitchA-Vlan-interface3] ip address 210.110.10.3 255.255.255.0
```

（2）配置 VRRP 属性。

```
[SwitchA] interface vlan-interface 2
[SwitchA-Vlan-interface2] vrrp vrid 1 virtual-ip 210.110.10.100   !---创建备份组 1，并配置备份组 1 的虚拟 IP 地址为 210.110.10.100
[SwitchA-Vlan-interface2] vrrp vrid 1 priority 120   !---设置 Switch A 在备份组 1 中的优先级为 120，高于 Switch B 所采用的默认优先级 100，以保证在备份组 1 中 Switch A 成为 Master，负责转发流量
```

```
[SwitchA-Vlan-interface2] quit
[SwitchA] interface vlan-interface 3
[SwitchA-Vlan-interface3] vrrp vrid 2 virtual-ip 210.110.10.200   !---创建备份组 2，并配置备份组 2 的虚拟 IP 地址为 210.110.10.200
```

2. Switch B 上的配置

（1）创建 VRRP 备份组 1 所属的 VLAN 2，VRRP 备份组 2 所属的 VLAN 3，并分别为 VLAN2 和 VLAN3 接口配置 IP 地址，然后把 Switch B 的 Gigabitethernet 1/0/5 端口加入到 VLAN 2 中，把 Switch B 的 Gigabitethernet 1/0/6 端口加入到 VLAN 3 中。

```
<SwitchB> system-view
[SwitchB] vlan 2
[SwitchB-vlan2] port gigabitethernet 1/0/5
[SwitchB-vlan2] quit
[SwitchB] interface vlan-interface 2
[SwitchB-Vlan-interface2] ip address 210.110.10.2 255.255.255.0
[SwitchB-Vlan-interface2] quit
[SwitchB] vlan 3
[SwitchB-vlan3] port gigabitethernet 1/0/6
[SwitchB-vlan3] quit
[SwitchB] interface vlan-interface 3
[SwitchB-Vlan-interface3] ip address 210.110.10.4 255.255.255.0
```

（2）配置 VRRP 属性。

```
[SwitchB] interface vlan-interface 2
[SwitchB-Vlan-interface2] vrrp vrid 1 virtual-ip 210.110.10.100   !---创建备份组 1，并配置备份组 1 的虚拟 IP 地址为 210.110.10.100
[SwitchB-Vlan-interface2] quit
[SwitchB] interface vlan-interface 3
[SwitchB-Vlan-interface3] vrrp vrid 2 virtual-ip 210.110.10.200   !---创建备份组 2，并配置备份组 2 的虚拟 IP 地址为 210.110.10.200
[SwitchB-Vlan-interface3] vrrp vrid 2 priority 120   !---设置 Switch B 在备份组 2 中的优先级为 120，高于 Switch A 的优先级 100，以
保证在备份组 2 中 Switch B 成为 Master，负责转发流量
```

3. 验证配置结果

下面通过 **display vrrp verbose** 命令查看配置后的结果。Switch A 上的备份组详细信息如下（注意输出信息中粗体字部分所显示的 Master 交换机的 VLAN 接口 IP 地址）。

```
[SwitchA-Vlan-interface3] display vrrp verbose
 IPv4 Standby Information:
     Run Mode        : Standard
     Run Method      : Virtual MAC
 Total number of virtual routers : 2

   Interface Vlan-interface2
     VRID            : 1                    Adver Timer   : 1
     Admin Status    : Up                   State         : Master
     Config Pri      : 120                  Running Pri   : 120
     Preempt Mode    : Yes                  Delay Time    : 0
     Auth Type       : None
     Virtual IP      : 210.110.10.100
     Virtual MAC     : 0000-5e00-0101
     Master IP       : 210.110.10.1

   Interface Vlan-interface3
     VRID            : 2                    Adver Timer   : 1
     Admin Status    : Up                   State         : Backup
     Config Pri      : 100                  Running Pri   : 100
     Preempt Mode    : Yes                  Delay Time    : 0
     Auth Type       : None
     Virtual IP      : 210.110.10.200
     Master IP       : 210.110.10.4
```

Switch B 上显示的备份组详细信息如下（注意输出信息中粗体字部分所显示的 Master 交换机

的 VLAN 接口 IP 地址）。

```
[SwitchB-Vlan-interface3] display vrrp verbose
 IPv4 Standby Information:
     Run Mode          : Standard
     Run Method        : Virtual MAC
 Total number of virtual routers : 2
   Interface Vlan-interface2
     VRID              : 1                  Adver Timer   : 1
     Admin Status      : Up                State          : Backup
     Config Pri        : 100              Running Pri    : 100
     Preempt Mode      : Yes               Delay Time     : 0
     Auth Type         : None
     Virtual IP        : 210.110.10.100
     Master IP         : 210.110.10.1

   Interface Vlan-interface3
     VRID              : 2                  Adver Timer   : 1
     Admin Status      : Up                State          : Master
     Config Pri        : 120              Running Pri    : 120
     Preempt Mode      : Yes               Delay Time     : 0
     Auth Type         : None
     Virtual IP        : 210.110.10.200
     Virtual MAC       : 0000-5e00-0102
     Master IP         : 210.110.10.4
```

从以上两台交换机上显示的信息可以看出，在备份组 1 中 Switch A 为 Master 路由器，Switch B 为 Backup 路由器，默认网关为 210.110.10.100/24 的主机通过 Switch A 访问 Internet；备份组 2 中 Switch A 为 Backup 路由器，Switch B 为 Master 路由器，默认网关为 210.110.10.200/24 的主机通过 Switch B 访问 Internet。

4.5.4 VRRP 负载均衡模式配置示例

在本书 4.2 节中专门介绍了 VRRP 负载均衡工作模式，它是 S58 和 S9500E 等少数 H3C 交换机系列支持的一种 VRRP 工作模式。它与前面介绍的负载分担模式不一样，负载分担模式是通过创建多个 VRRP 备份组，对同一交换机指定不同的备份组角色，以此来实现 VRRP 备份组中交换机的负载分担。而负载均衡则是通过在同一个备份组中配置不同的虚拟 MAC 地址，以形成指向不同交换机的虚拟转发器来实现同一备份组中各交换机的负载均衡。

本示例拓扑如图 4-13 所示。Switch A、Switch B 和 Switch C 属于虚拟 IP 地址为 10.1.1.1/24 的备份组 1。10.1.1.0/24 网段内主机的默认网关为 10.1.1.1/24，利用 VRRP 备份组保证某台网关设备（Switch A、Switch B 或 Switch C）出现故障时，局域网内的主机仍然可以通过网关访问外部网络。同时，备份组 1 工作在负载均衡模式，在 Switch A、Switch B 和 Switch C 上分别配置虚拟转发器通过 Track 项监视上行接口（VLAN3 接口）的状态。当上行接口出现故障时，降低 Switch A、Switch B 和 Switch C 上虚拟转发器的权重，以便其他设备接管它的转发任务。这样就可以通过一个备份组实现负载分担，充分利用网关资源。

下面是具体的配置步骤。

1. Switch A 上的配置

（1）创建 VRRP 备份组 1 和所属的 VLAN 2，指定 VRRP 为负载均衡模式，并为 VLAN2 接口配置 IP 地址，然后把 Switch A 的 Gigabitethernet 1/0/5 端口加入到 VLAN 2 中。

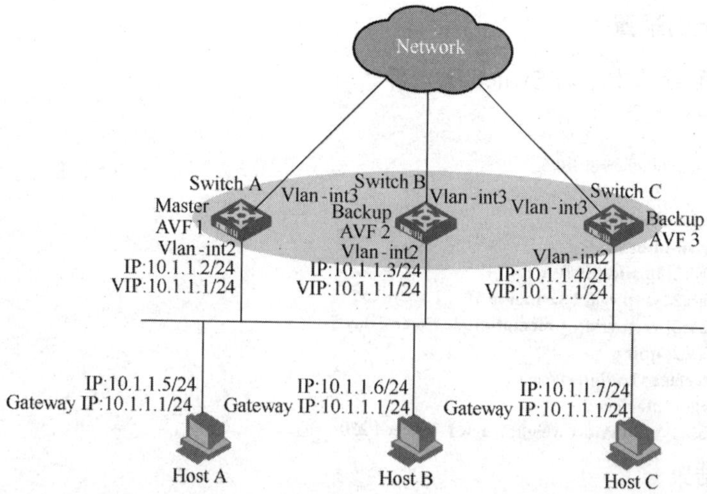

图 4-13 负载均衡模式 VRRP 应用示例

```
<SwitchA> system-view
[SwitchA] vlan 2
[SwitchA-vlan2] port gigabitethernet 1/0/5
[SwitchA-vlan2] quit
[SwitchA] vrrp mode load-balance    !---配置 VRRP 工作在负载均衡模式
[SwitchA] interface vlan-interface 2
[SwitchA-Vlan-interface2] ip address 10.1.1.2 24
[SwitchA-Vlan-interface2] vrrp vrid 1 virtual-ip 10.1.1.1    !---创建备份组 1，并配置备份组 1 的虚拟 IP 地址为 10.1.1.1
```

（2）配置 VRRP 属性。

```
[SwitchA-Vlan-interface2] vrrp vrid 1 priority 120    !---配置 Switch A 在备份组 1 中的优先级为 120，高于 Switch B 的优先级 110 和 Switch C 的优先级 100，以保证 Switch A 成为 Master
[SwitchA-Vlan-interface2] vrrp vrid 1 preempt-mode timer delay 5    !---配置 Switch A 工作在抢占方式，以保证 Switch A 故障恢复后，能再次抢占成为 Master，即只要 Switch A 正常工作， Switch A 就会成为 Master。为了避免频繁地进行状态切换，配置抢占延迟时间为 5 秒
[SwitchA-Vlan-interface2] quit
```

（3）配置 VRRP 的 VLAN 接口监视功能。

```
[SwitchA] track 1 interface vlan-interface 3 !---创建和 VLAN3 接口物理状态关联的 Track 项 1。如果 Track 项的状态为 Negative，则说明 Switch A 的上行接口出现故障
[SwitchA] interface vlan-interface 2
[SwitchA-Vlan-interface2] vrrp vrid 1 weight track 1 reduced 250    !---配置虚拟转发器监视 Track 项 1。Track 项的状态为 Negative 时，降低 Switch A 上虚拟转发器的权重，使其低于失效下限 10，即权重降低的数额大于 245，以便其他设备接替 Switch A 的转发任务。本例中，配置虚拟转发器权重降低数额为 250
```

2. Switch B 上的配置

Switch B 上的配置与 Switch A 配置基本一样。

```
<SwitchB> system-view
[SwitchB] vlan 2
[SwitchB-vlan2] port gigabitethernet 1/0/5
[SwitchB-vlan2] quit
[SwitchB] vrrp mode load-balance    !---配置 VRRP 工作在负载均衡模式
[SwitchB] interface vlan-interface 2
[SwitchB-Vlan-interface2] ip address 10.1.1.3 24
[SwitchB-Vlan-interface2] vrrp vrid 1 virtual-ip 10.1.1.1    !---创建备份组 1，并配置备份组 1 的虚拟 IP 地址为 10.1.1.1
[SwitchB-Vlan-interface2] vrrp vrid 1 priority 110    !---配置 Switch B 在备份组 1 中的优先级为 110，高于 Switch C 的优先级，以保证 Switch A 出现故障时，Switch B 成为 Master
[SwitchB-Vlan-interface2] vrrp vrid 1 preempt-mode timer delay 5    !---配置 Switch B 工作在抢占方式，抢占延迟时间为 5 秒
[SwitchB-Vlan-interface2] quit
[SwitchB] track 1 interface vlan-interface 3    !---创建和 VLAN3 接口物理状态关联的 Track 项 1。如果 Track 项的状态为 Negative，则说明 Switch B 的上行接口出现故障
[SwitchB] interface vlan-interface 2
[SwitchB-Vlan-interface2] vrrp vrid 1 weight track 1 reduced 250    !---配置虚拟转发器监视 Track 项 1。Track 项的状态为 Negative 时，降低 Switch B 上虚拟转发器的权重，使其低于失效下限 10，即权重降低的数额大于 245，以便其他设备接替 Switch B 的转发任务。本例中，配置虚拟转发器权重降低数额为 250
```

3．Switch C 上的配置

Switch C 上的配置基本上与 Switch B 一样。

```
<SwitchC> system-view
[SwitchC] vlan 2
[SwitchC-vlan2] port gigabitethernet 1/0/5
[SwitchC-vlan2] quit
[SwitchC] vrrp mode load-balance
[SwitchC] interface vlan-interface 2
[SwitchC-Vlan-interface2] ip address 10.1.1.4 24
[SwitchC-Vlan-interface2] vrrp vrid 1 virtual-ip 10.1.1.1
[SwitchC-Vlan-interface2] vrrp vrid 1 preempt-mode timer delay 5
[SwitchC-Vlan-interface2] quit
[SwitchC] track 1 interface vlan-interface 3
[SwitchC] interface vlan-interface 2
[SwitchC-Vlan-interface2] vrrp vrid 1 weight track 1 reduced 250
```

4．验证配置结果

对以上三台交换机都配置完后，在 Host A 上可以 ping 通外网了。可通过 **display vrrp verbose** 命令查看配置后的结果。Switch A 上的备份组 1 的详细信息如下（注意输出信息中的粗体字部分）。

```
[SwitchA-Vlan-interface2] display vrrp verbose
 IPv4 Standby Information:
     Run Mode          : Load Balance
     Run Method        : Virtual MAC
 Total number of virtual routers : 1
   Interface Vlan-interface2
     VRID              : 1                     Adver Timer   : 1
     Admin Status      : Up                    State         : Master
     Config Pri        : 120                   Running Pri   : 120
     Preempt Mode      : Yes                   Delay Time    : 5
     Auth Type         : None
     Virtual IP        : 10.1.1.1
     Member IP List : 10.1.1.2 (Local, Master)
                      10.1.1.3 (Backup)
                      10.1.1.4 (Backup)
   Forwarder Information: 3 Forwarders 1 Active
     Config Weight     : 255
     Running Weight : 255
    Forwarder 01
     State             : Active
     Virtual MAC       : 000f-e2ff-0011 (Owner)
     Owner ID          : 0000-5e01-1101
     Priority          : 255
     Active            : local
    Forwarder 02
     State             : Listening
     Virtual MAC       : 000f-e2ff-0012 (Learnt)
     Owner ID          : 0000-5e01-1103
     Priority          : 127
     Active            : 10.1.1.3
    Forwarder 03
     State             : Listening
     Virtual MAC       : 000f-e2ff-0013 (Learnt)
     Owner ID          : 0000-5e01-1105
     Priority          : 127
     Active            : 10.1.1.4
   Forwarder Weight Track Information:
     Track Object      : 1          State : Positive      Weight Reduced : 250
```

Switch B 上的备份组 1 的详细信息如下（注意输出信息中的粗体字部分）。

```
[SwitchB-Vlan-interface2] display vrrp verbose
 IPv4 Standby Information:
     Run Mode          : Load Balance
     Run Method        : Virtual MAC
 Total number of virtual routers : 1
```

```
Interface Vlan-interface2
  VRID              : 1                    Adver Timer    : 1
  Admin Status      : Up                   State          : Backup
  Config Pri        : 110                  Running Pri    : 110
  Preempt Mode      : Yes                  Delay Time     : 5
  Auth Type         : None
  Virtual IP        : 10.1.1.1
  Member IP List : 10.1.1.3 (Local, Backup)
                   10.1.1.2 (Master)
                   10.1.1.4 (Backup)
 Forwarder Information: 3 Forwarders 1 Active
  Config Weight     : 255
  Running Weight : 255
 Forwarder 01
  State             : Listening
  Virtual MAC       : 000f-e2ff-0011 (Learnt)
  Owner ID          : 0000-5e01-1101
  Priority          : 127
  Active            : 10.1.1.2
 Forwarder 02
  State             : Active
  Virtual MAC       : 000f-e2ff-0012 (Owner)
  Owner ID          : 0000-5e01-1103
  Priority          : 255
  Active            : local
 Forwarder 03
  State             : Listening
  Virtual MAC       : 000f-e2ff-0013 (Learnt)
  Owner ID          : 0000-5e01-1105
  Priority          : 127
  Active            : 10.1.1.4
 Forwarder Weight Track Information:
  Track Object      : 1          State : Positive     Weight Reduced : 250
```

Switch C 上的备份组 1 的详细信息如下（注意输出信息中的粗体字部分）。

```
[SwitchC-Vlan-interface2] display vrrp verbose
 IPv4 Standby Information:
     Run Mode          : Load Balance
     Run Method        : Virtual MAC
 Total number of virtual routers : 1
   Interface Vlan-interface2
     VRID              : 1                    Adver Timer    : 1
     Admin Status      : Up                   State          : Backup
     Config Pri        : 100                  Running Pri    : 100
     Preempt Mode      : Yes                  Delay Time     : 5
     Auth Type         : None
     Virtual IP        : 10.1.1.1
     Member IP List : 10.1.1.4 (Local, Backup)
                      10.1.1.2 (Master)
                      10.1.1.3 (Backup)
   Forwarder Information: 3 Forwarders 1 Active
     Config Weight     : 255
     Running Weight : 255
    Forwarder 01
     State             : Listening
     Virtual MAC       : 000f-e2ff-0011 (Learnt)
     Owner ID          : 0000-5e01-1101
     Priority          : 127
     Active            : 10.1.1.2
    Forwarder 02
     State             : Listening
     Virtual MAC       : 000f-e2ff-0012 (Learnt)
     Owner ID          : 0000-5e01-1103
     Priority          : 127
     Active            : 10.1.1.3
    Forwarder 03
     State             : Active
```

```
        Virtual MAC      : 000f-e2ff-0013 (Owner)
        Owner ID         : 0000-5e01-1105
        Priority         : 255
        Active           : local
     Forwarder Weight Track Information:
        Track Object     : 1              State : Positive    Weight Reduced : 250
```

以上显示信息表示在备份组 1 中 Switch A 为 Master 路由器，Switch B 和 Switch C 为 Backup 路由器。Switch A、Switch B 和 Switch C 上各有一个 AVF（活跃转发器），并有两个作为备份的 LVF。

当 Switch A 的上行接口（VLAN 接口 3）出现故障后，同样可以通过 **display vrrp verbose** 命令查看 Switch A 上备份组的详细信息，具体如下（注意输出信息中的粗体字部分）。信息表示 Switch A 的上行接口出现故障后，Switch A 上虚拟转发器的权重降低为 5，低于失效下限。Switch A 上所有虚拟转发器的状态均变为 Initialize，不能再用于转发。

```
[SwitchA-Vlan-interface2] display vrrp verbose
 IPv4 Standby Information:
     Run Mode          : Load Balance
     Run Method        : Virtual MAC
 Total number of virtual routers : 1
   Interface Vlan-interface2
     VRID              : 1                    Adver Timer    : 1
     Admin Status      : Up                   State          : Master
     Config Pri        : 120                  Running Pri    : 120
     Preempt Mode      : Yes                  Delay Time     : 5
     Auth Type         : None
     Virtual IP        : 10.1.1.1
     Member IP List : 10.1.1.2 (Local, Master)
                      10.1.1.3 (Backup)
                      10.1.1.4 (Backup)
   Forwarder Information: 3 Forwarders 0 Active
     Config Weight     : 255
     Running Weight : 5
    Forwarder 01
     State             : Initialize
     Virtual MAC       : 000f-e2ff-0011 (Owner)
     Owner ID          : 0000-5e01-1101
     Priority          : 0
     Active            : 10.1.1.4
    Forwarder 02
     State             : Initialize
     Virtual MAC       : 000f-e2ff-0012 (Learnt)
     Owner ID          : 0000-5e01-1103
     Priority          : 0
     Active            : 10.1.1.3
    Forwarder 03
     State             : Initialize
     Virtual MAC       : 000f-e2ff-0013 (Learnt)
     Owner ID          : 0000-5e01-1105
     Priority          : 0
     Active            : 10.1.1.4
   Forwarder Weight Track Information:
     Track Object      : 1              State : Negative    Weight Reduced : 250
```

此时再通过 **display vrrp verbose** 命令查看 Switch C 上备份组的详细信息，得到结果如下（注意输出信息中的粗体字部分）。从输出信息可以看出，Switch C 已成为虚拟 MAC 地址 000f-e2ff-0011 对应的虚拟转发器的 AVF，接管 Switch A 的转发任务，同时还有一个虚拟 MAC 地址 000f-e2ff-0013 对应的虚拟转发器的 AVF。

```
[SwitchC-Vlan-interface2] display vrrp verbose
 IPv4 Standby Information:
     Run Mode          : Load Balance
     Run Method        : Virtual MAC
 Total number of virtual routers : 1
   Interface Vlan-interface2
     VRID              : 1                    Adver Timer    : 1
```

```
    Admin Status    : Up                      State          : Backup
    Config Pri      : 100                     Running Pri    : 100
    Preempt Mode    : Yes                     Delay Time     : 5
    Auth Type       : None
    Virtual IP      : 10.1.1.1
    Member IP List : 10.1.1.4 (Local, Backup)
                     10.1.1.2 (Master)
                     10.1.1.3 (Backup)
  Forwarder Information: 3 Forwarders 2 Active
    Config Weight   : 255
    Running Weight : 255
   Forwarder 01
    State           : Active
    Virtual MAC     : 000f-e2ff-0011 (Take Over)
    Owner ID        : 0000-5e01-1101
    Priority        : 85
    Active          : local
    Redirect Time   : 93 secs
    Time-out Time   : 1293 secs
   Forwarder 02
    State           : Listening
    Virtual MAC     : 000f-e2ff-0012 (Learnt)
    Owner ID        : 0000-5e01-1103
    Priority        : 85
    Active          : 10.1.1.3
   Forwarder 03
    State           : Active
    Virtual MAC     : 000f-e2ff-0013 (Owner)
    Owner ID        : 0000-5e01-1105
    Priority        : 255
    Active          : local
  Forwarder Weight Track Information:
    Track Object    : 1        State : Positive     Weight Reduced : 250
```

在超时计时器超时后（约 1800 秒后），再查看 Switch C 上备份组的详细信息，得到如下结果（注意输出信息中的粗体字部分）。从输出信息可以看出，在超时计时器超时后，删除虚拟 MAC 地址 000f-e2ff-0011 对应的虚拟转发器，不再转发目的 MAC 地址为该 MAC 地址的报文。此时 VRRP 备份组中就相当于只有 Switch B 和 Switch C 这两台交换机。

```
[SwitchC-Vlan-interface2] display vrrp verbose
 IPv4 Standby Information:
     Run Mode        : Load Balance
     Run Method      : Virtual MAC
 Total number of virtual routers : 1
   Interface Vlan-interface2
     VRID            : 1                      Adver Timer    : 1
     Admin Status    : Up                     State          : Backup
     Config Pri      : 100                    Running Pri    : 100
     Preempt Mode    : Yes                    Delay Time     : 5
     Auth Type       : None
     Virtual IP      : 10.1.1.1
     Member IP List : 10.1.1.4 (Local, Backup)
                      10.1.1.2 (Master)
                      10.1.1.3 (Backup)
   Forwarder Information: 2 Forwarders 1 Active
     Config Weight   : 255
     Running Weight : 255
    Forwarder 02
     State           : Listening
     Virtual MAC     : 000f-e2ff-0012 (Learnt)
     Owner ID        : 0000-5e01-1103
     Priority        : 127
     Active          : 10.1.1.3
    Forwarder 03
```

```
    State             : Active
    Virtual MAC       : 000f-e2ff-0013 (Owner)
    Owner ID          : 0000-5e01-1105
    Priority          : 255
    Active            : local
  Forwarder Weight Track Information:
    Track Object      : 1          State : Positive     Weight Reduced : 250
```

在 Switch A 出现故障后，通过 **display vrrp verbose** 命令查看 Switch B 上备份组的详细信息，结果如下（注意输出信息中的粗体字部分）。从输出信息可以看出，在 Switch A 出现故障后，备份组中只有 Switch B 和 Switch C 两台交换机了，它们原来都是 Backup 角色，现在要重新选举 Master 角色。因为 Switch B 的优先级高于 Switch C，将抢占成为 Master 路由器。

```
[SwitchB-Vlan-interface2] display vrrp verbose
 IPv4 Standby Information:
     Run Mode          : Load Balance
     Run Method        : Virtual MAC
 Total number of virtual routers : 1
   Interface Vlan-interface2
     VRID              : 1                  Adver Timer    : 1
     Admin Status      : Up                 State          : Master
     Config Pri        : 110                Running Pri    : 110
     Preempt Mode      : Yes                Delay Time     : 5
     Auth Type         : None
     Virtual IP        : 10.1.1.1
     Member IP List : 10.1.1.3 (Local, Master)
                      10.1.1.4 (Backup)
   Forwarder Information: 2 Forwarders 1 Active
     Config Weight     : 255
     Running Weight : 255
    Forwarder 02
     State             : Active
     Virtual MAC       : 000f-e2ff-0012 (Owner)
     Owner ID          : 0000-5e01-1103
     Priority          : 255
     Active            : local
    Forwarder 03
     State             : Listening
     Virtual MAC       : 000f-e2ff-0013 (Learnt)
     Owner ID          : 0000-5e01-1105
     Priority          : 127
     Active            : 10.1.1.4
   Forwarder Weight Track Information:
     Track Object      : 1          State : Positive     Weight Reduced : 250
```

经验之谈

如果频频出现配置错误提示，这表明交换机收到了错误的 VRRP 报文。一种可能是备份组内的另一台交换机配置不一致，另一种可能是有的设备试图发送非法的 VRRP 报文。对于第一种可能，可以通过修改配置来解决。对于第二种可能，则是有些设备有不良企图，应当通过非技术手段来解决。

如果在同一个备份组内出现多个 Master 交换机，则可能有两种原因，一种是多个 Master 并存时间较短，属于正常情况，无需进行人工干预；另一种是多个 Master 长时间共存，有可能是备份组内成员之间收不到 VRRP 报文，或者收到的报文不合法。解决方法是在多个 Master 之间互相 ping，如果 ping 不通，先检查设备连通性。如果能 ping 通，检查 VRRP 的配置。对于同一个 VRRP 备份组的配置，必须保证虚拟路由器的 IP 地址个数、每个虚拟路由器的 IP 地址、定时器间隔时间和认证方式完全一样。

如果出现 VRRP 状态频繁转换，则一般是由于备份组的定时器间隔时间设置太短造成的，加大这个时间间隔或者设置抢占延迟都可以解决这种故障。

Cisco/H3C

第二篇

ACL 和 QoS 配置与管理

在交换机的配置与管理中，ACL 和 QoS 的配置、应用与管理肯定是许多网络设备人员最头痛的两个主要方面，同时它们又是交换机的高级应用中最重要的两个方面，所以专业的网络设备管理人员必须掌握这两项重要的功能配置与管理方法。

ACL 的应用非常广泛，非常灵活，不仅可以用来过滤通信包，控制用户的网络访问，还可应用于配置各种策略，如路由策略、QoS 策略，以及各种基于端口或者交换机的安全策略等。而 QoS 总体来说，是一项非常复杂的技术，它可以基于各种优先级（如 CoS 优先级、IP 优先级和 DSCP 优先级）对通信进行分类、标记、流量监管、队列调度，然后制定并应用相应的 QoS 策略，对符合条件的通信进行控制。

本篇共 4 章，也以对比的方式集中介绍了 Cisco Catalyst IOS 以太网交换机和 H3C 以太网交换机在 ACL 和 QoS 方面的配置与管理：

第 5 章　Cisco IOS 交换机 ACL 配置与管理

第 6 章　Cisco IOS 交换机 QoS 配置与管理

第 7 章　H3C 交换机 ACL 配置与管理

第 8 章　H3C 交换机 QoS 配置与管理

5 Cisco IOS 交换机 ACL 配置与管理

ACL（访问控制列表）最早应用于像包过滤器、路由器和防火墙这样的网络边缘设备上，以过滤一些不想接收的外来访问，阻止非法的入侵和攻击。随着网络应用的发展，网络安全形势的日益严峻，以及对更高通信质量的要求，目前在主要位于局域网内部的交换机上也开始支持这一功能，用于过滤内网中的通信。但总的来说，在交换机、路由器和防火墙上 ACL 的配置方法基本上是一样的。

ACL 就是一些访问规则的有序集合，在配置 ACL 的端口上，收、发通信都会与所配置的 ACL 规则一一比较，一旦有匹配的规则项，则立即应用，后面的规则将被忽略。本章整合了 Cisco IOS 交换机（大部分配置可同时应用于 IOS 路由器）的各种主要 ACL（如基于列表号的 ACL、基于名称的 ACL、PACL、RACL、VACL 和 ACL 应用时间段）的配置方法，同时列举了大量示例。

5.1　Cisco ACL 基础

ACL（Access Control List，访问控制列表）技术在网络安全中应用非常广泛，而且就整个技术来说也非常复杂，类型非常多。在正式介绍 Cisco Catalyst 交换机 ACL 配置和应用之前，先来简单了解 ACL 技术的一些基础知识。这些基础知识，除了本节后面将要介绍的列表号范围外，其他都同样适用于其他品牌设备中的 ACL，如 H3C。

【注意】即使是同一品牌，不同型号的设备对各种 ACL 技术和可选参数选项的支持也不完全一样，配置相关类型 ACL 时，一定要先了解该设备对相关类型 ACL 的支持以及所支持的具体参数。

5.1.1　ACL 概述

ACL 是一个按顺序应用于数据包的"允许"（Permit）和"拒绝"（Deny）条件的集合。在一个接口上接收到一个包，交换机会把包中的字段与所应用的任何 ACL 进行比较，按照 ACL 中的规定验证这个包是否可以被转发。交换机会按照 ACL 中的规则项一条条地进行检查。这就是通常所说的"包过滤"技术。

1．ACL 与包过滤

ACL 使用包过滤技术，在交换机、路由器和防火墙上读取第二层、第三层、第四层包头中的信息，如源地址（可以是 MAC 地址，也可以是 IP 地址）、目的地址（可以是 MAC 地址，也可以是 IP 地址）、源端口、目的端口等，根据预先定义好的规则对包进行过滤，从而达到访问控制的目的。该技术初期仅在路由器和防火墙上提供支持，近些年来已经扩展到三层交换机，部分最新的二层交换机也开始提供 ACL 的支持了。在 Cisco 设备中，相同类型设备的 ACL 总体配置方法都是一样的，只是各设备所支持的 ACL 种类和所支持的参数选项可能不完全一样而已。

包过滤可以帮助限制网络通信以及网络用户或设备的访问。ACL 可以过滤通过交换机、路由器或防火墙特定接口上的通信，允许或禁止数据包通过。ACL 就是应用于数据包上的有序允许和禁止的条件集合。当接口上接收到数据包时，数据包中的包头信息就会与 ACL 规则中的对应参数进行比较，如果允许通过，则继续转发数据包，否则禁止通过。但要注意的是，**对每个包的最终处理行为只由第一个匹配的规则来决定，不管是允许，还是禁止通过。按照自上到下或者列表规则序列号的由小到大，只要有一条规则中的条件（注意，不包括"允许"或者"拒绝"部分）与数据包包头的相应信息匹配，即停止与后续的规则进行比较。如果没有匹配的规则（也就是不满足以上所有规则中的条件），则拒绝该数据包通过。**这就是在 Cisco ACL 中最后都有一条 deny ip any any 规则的用途所在。

2．ACL 的包过滤用途

传统的交换机仅工作在 OSI/RM 的第二层——数据链路层，在一个 VLAN 内部交换通信，而路由器可以在第三层为 VLAN 间提供路由通信。Cisco 的三层交换机能够加速数据包在不同 VLAN 间的路由，因为三层交换机首先是桥接数据包，然后在交换机内部进行包的路由。当相同目的地址的包再次发送时，只需要通过桥接功能就可以把包发送到目的地址。

可以在路由器或者交换机上配置 ACL 来过滤通信，为网络提供基本的安全保障。如果不配置 ACL，流经路由器或交换机上的所有包都可以在网络中的任何部分通过。可以使用 ACL 来控制主机可以访问网络的不同部分，或者决定在路由器接口上哪些类型的通信是允许转发的，而哪些类型的通信是阻止的。例如，可以允许邮件通信，而不允许 Telnet 通信。ACL 还可以灵活地被配置为阻止入方向的通信流，或者出方向的通信流，或者全部方向上的通信流。但在二层接口上，仅可以在入方向上应用 ACL。

一个 ACL 包括一个访问控制条目（Access Control Entry，ACE）序列。每个 ACE 说明允许或禁止行为，以及数据包与 ACE 匹配时必须满足的条件。也就是说，允许或者禁止行为依据 ACL 中使用的上下文规则配置。

3. Cisco IOS 交换机中支持的 ACL 类别

尽管 ACL 的分类非常多，但总的来说，目前 Cisco IOS 交换机仅有以下两种类型的 ACL：

- IP ACL：过滤 IP（包括 IPv4 和 IPv6）通信，包括 TCP、UDP、IGMP、ICMP 协议类型的数据包。本章仅介绍目前仍主流应用的 IPv4 ACL，不介绍 IPv6 ACL。
- MAC ACL：基于 MAC 地址或者以太网类型过滤非 IP 通信。

在具体的 ACL 配置中，还可能遇到以下几种 ACL 类别，但它们不是严格意义上的 ACL 分类，只是从 ACL 中的过滤条件配置角度对以上 IP ACL 和 MAC ACL 的细分：

- 标准 ACL：包括标准 IPv4/IPv6 ACL，仅可依据数据包的源 IP 地址来过滤。
- 扩展 ACL：包括基于 IPv4/IPv6 的扩展 ACL（可以同时依据数据包的源 IP 地址、目的 IP 地址、数据包协议类型、数据包协议端口等许多方面进行过滤）；基于 MAC 地址的 ACL（可以依据数据包中的源 MAC 地址、目的 MAC 地址、以太网类型等条件进行过滤）。

在 ACL 标识方面，又分基于列表号（List Number）和名称（Name）两种不同类型，对应不同的配置命令。具体将在下面的配置中介绍。

5.1.2 ACL 的应用

ACL 能够控制交换机、路由器或防火墙接口上允许或禁止路由包通过，以此来实现网络通信的过滤。有许多理由要求我们配置 ACL，例如使用 ACL 来限制路由更新或提供通信流控制；当然最重要的一个理由就是可以通过配置 ACL 来为网络提供安全保障。应该使用 ACL 来为用户网络访问提供基本级别的安全保护。如果没有配置 ACL，则所有通过路由器或防火墙的数据包都可以到达公司网络的所有地方。

ACL 可以允许某台主机去访问公司网络的一部分，而阻止其他主机访问公司网络的该区域。在图 5-1 中，开发部门的 A 主机允许访问人力资源部门网络，而开发部门的 B 主机则被阻止访问公司人力资源部门网络。也可以使用 ACL 来决定在路由器或防火墙接口上哪种类型的通信是允许的，哪种类型的通信是不允许的。例如可以允许邮件通信，而阻止 ICMP ping 通信。

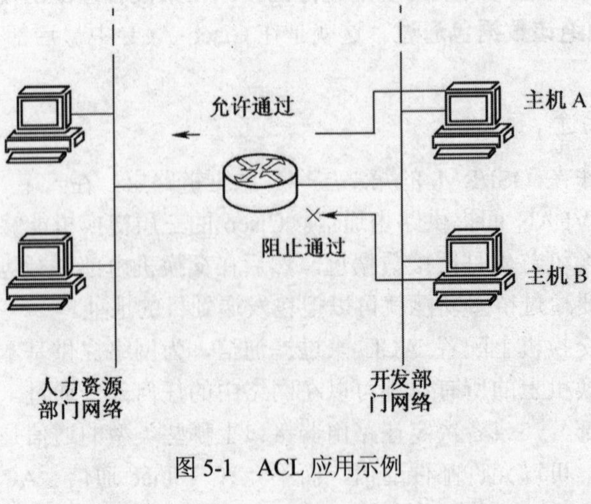

图 5-1　ACL 应用示例

ACL 最早是在包过滤型路由器或防火墙上使用，因为它们通常位于公司内部网络与外部网络（如互联网）的边缘。也可以在两个内部网络之间的路由器上使用 ACL 来控制进、出两个内部网络的通信数据包。随着交换机功能的日益丰富和三层交换机的出现，目前在交换机上同样可以应用 ACL，以实现局域网内部的网络通信控制。在路由器和防火墙上，应该在路由器接口上为网络中的每个网络协议配置 ACL。通过配置 ACL，可以对该接口上流入或流出通信或者全部通信进行过滤，而在交换机上，则没有这个必须的需求，只是在有包过滤需求的接口上配置 ACL。

ACL 可以基于每一个基本的通信协议来定义。换句话说，如果要通过协议来控制路由器接口上的通信流，就应该为网络中每个启用了的通信协议定义 ACL。不同协议类型的 ACL 所对应的列表号范围是不一样的，这在配置不同协议类型的 ACL 时要特别注意，不要配置错列表号。

在 Cisco 设备中，各协议 ACL 对应的列表号如表 5-1 所示。在本章，我们主要介绍在当前 IP 以太网通信中应用的以下几种 ACL 的配置与管理：标准/扩展 IPv4 ACL、扩展 MAC ACL，如表 5-1 中突出显示的部分。记住这些 ACL 所对应的不同列表号取值范围很重要，因为它在一定程度上就代表了所配置的 ACL 类型。如果不匹配，系统就会出错。

表 5-1　Cisco 各协议类型 ACL 中的列表号范围

协议（Protocol）	列表号（List-Number）范围
标准 IPv4 ACL	1～99
扩展 IPv4 ACL	100～199
以太网协议代码 ACL	200～299
DECnet 网络 ACL	300～399
标准 XNS ACL	400～499
扩展 XNS ACL	500～599
AppleTalk ACL	600～699
48 位 MAC 地址 ACL	700～799
标准 IPX ACL	800～899
扩展 IPX ACL	900～999
IPX SAP ACL	1000～1099
扩展 48 位 MAC 地址 ACL	1100～1199
IPX 摘要 ACL	1200～1299
扩展范围的标准 IPv4 ACL	1300～1999
扩展范围的扩展 IPv4 ACL	2000～2699

5.1.3　Cisco IOS 交换机中 ACL 的应用类型

如果从 ACL 的应用位置来看，Cisco 设备支持 RACL（Router ACL，路由器 ACL）、PACL（Port ACL，端口 ACL）和 VACL（VLAN ACL，虚拟局域网 ACL，也称 VLAN 映射）三种不同 ACL 类型。这是从 ACL 的应用位置角度来划分的。

1. RACL（路由器 ACL）

可以在网络设备的三层接口上应用 RACL，三层接口包括：物理三层路由接口、VLAN 的三层接口（SVI）、三层以太网通道接口。也就是把应用于这类三层接口上的 ACL 统称为 RACL。

三层接口肯定要对应三层通信，过滤的条件肯定与三层协议有关。因为我们主要介绍的是 IP 网络，所以这里的三层通信协议就是 IP 协议，可以在三层接口的出/入方向应用一个 IP ACL。但如果没有足够的 CAM（Content Addressable Memory，内容可寻址存储器）空间存在，出端口 ACL 将不会在端口上应用，并会弹出一个错误消息。当有足够的 CAM 空间存在时，可以应用出端口 ACL。

在一个三层接口上，可以使用一个 RACL 来实现多个功能（如可以对协议类型、协议端口、协议地址等），而一个功能又可以使用多个 ACL 来实现。当一个单独的 RACL 被多项功能使用时，它里面的规则项将进行多次匹配。RACL 类型决定了匹配操作的行为：标准 IPv4 ACL 是使用源 IP 地址进行匹配操作的，而扩展 IPv4 ACL 则是使用源 IP 地址、目的 IP 地址和可选项的协议类型信息进行匹配操作的。

交换机使用在给定接口上配置的功能和方向上对 ACL 进行检查：当包进入交换机接口时，则该接口上配置的 ACL 所有入方向上的特征配置都将被检查；当数据包被路由后，在转发到下一跳（Hop）之前，该接口上配置的 ACL 所有出方向上的特征配置都将被检查。

ACL 决定数据包是允许还是禁止通过，依据的是对应数据包与 ACL 上配置的规则匹配情况。例如，可以使用一个 RACL 允许一部主机去访问网络的一部分，而阻止其他主机访问同样部分的网络。在图 5-2 中，RACL 应用在路由器的入方向上，允许 Host A 访问人力资源部门网络，但阻止 Host B 访问人力资源部门网络。

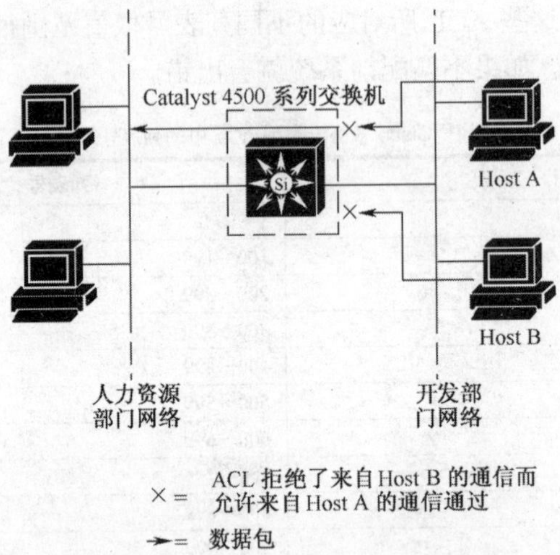

图 5-2 使用 RACL 来控制网络通信示例

2. PACL（端口 ACL）

可以在交换机的二层接口上应用 ACL，包括 IP ACL（包括标准 IP ACL 和扩展 IP ACL）和 MAC ACL（在三层接口上仅可应用 IP ACL，也就是 RACL 仅指 IP ACL），这就是基于端口中的 PACL。PACL 支持物理二层端口和二层以太网通道接口，但是有些交换机（如 Catalyst 3750/3560 等系列）上的 MAC ACL 只能在物理二层接口上应用，不能在二层以太网通道接口上应用（有些可以，如 Catalyst 6500 系列）。

可以在同一个二层接口上同时应用 IPv4 ACL 和 MAC ACL，以实现同时过滤 IP 通信和非 IP 通信。使用 PACL，可以通过 IPv4 ACL 过滤 IP 通信，通过 MAC ACL 过滤非 IP 通信。具体来说，使用 PACL 时可以通过 IPv4 ACL 来过滤 IPv4 通信，通过 IPv6 ACL 来过滤 IPv6 通信，通过 MAC ACL 来过滤非 IP 通信。可以在同一个二层接口上应用 IPv4 ACL、IPv6 ACL 和 MAC ACL，以实现同时过滤 IPv4、IPv6 通信和非 IP 通信。

与 RACL 一样，交换机检查在接口上配置相关功能的 ACL，根据与 ACL 中的条目匹配情况允许或者禁止包的转发。在图 5-2 中，如果所有工作站都是在同一个 VLAN 中，应用在二层接口入方向上的 ACL 将允许 Host A 访问人力资源部网络，但是会阻止 Host B 访问人力资源部网络。

当应用一个 PACL 到中继端口时，则会对该中继端口上的所有 VLAN 包进行过滤；当应用一个 PACL 到一个加入到语音 VLAN 的二层端口时，则 ACL 将同时过滤数据和语音 VLAN 中的所有通信。

【注意】在 PACL 中，Catalyst 3750 及以前系列的 Cisco IOS 交换机中基本上是只能在二层接口的入方向上应用 PACL，但在 Catalyst 4000 及以后系列交换机中，也可以在二层接口的出方向上应用 PACL。这点要注意。

不能在同一个二层接口上同时应用每个类型超过一个 ACL。如果已在一个二层接口上配置应用了一个 IPv4 ACL、IPv6 ACL 或者 MAC ACL，可以应用一个新的 IPv4 ACL、IPv6 ACL 或者 MAC ACL，但是新的 IPv4 ACL、IPv6 ACL 或者 MAC ACL 将替换旧的对应类型的 ACL。

如果在二层接口上配置了任何出接口 ACL，则不能在该接口所属的 VLAN 中配置任何 VACL 和 RACL，而且二层接口上的 RACL 和 VACL 是相互排斥的。但在入接口方向，PACL、VACL 和 RACL 却是可以共存的。可以在二层接口上应用一个 IPv4 ACL、一个 IPv6 ACL 和一个 MAC ACL。

3. VACL（虚拟局域网 ACL）

VACL 就是基于 VLAN 的 ACL，是 ACL 的一种扩展应用，将一个已创建好的 ACL 应用到一个 VLAN 中。VACL 的关键技术就是 VLAN 映射（VLAN Map），实际上是一种 VLAN 访问映射表，将指定 VLAN 中的所有二层和三层通信都映射到指定的 ACL 中（由此可见，它不是用来控制不同 VLAN 间的通信，而是控制一个 VLAN 内部的通信通过）。可以在交换机上的所有方向路由数据包，或者对一个 VLAN 内部的所有桥接数据包应用 VLAN 映射。

VACL 支持基于 Ethertype（以太网类型）和 MAC 地址的过滤，也支持 IP 地址的过滤，所以可以在 VACL 中引用 MAC ACL 和 IP ACL，可以防止未经授权的数据流进入 VLAN。目前支持的 VACL 操作有三种：转发（forward）、丢弃（drop）、重定向（redirect）。但与 RACL 不同，VLAN 映射是不定义过滤数据包方向，控制 VLAN 中所有包（包括二层桥接包和三层路由包）的访问。可以使用 VLAN 映射基于三层 IP 地址来过滤同一 VLAN 中设备间的通信。在应用一个 VLAN 映射到一个 VLAN 时，所有进入到 VLAN 的包（包括二层和三层的包）都将根据这个 VLAN 映射来检查。可以为过滤 IP 通信，配置与某三层 IP 地址匹配的 VLAN 映射，所有非 IP 协议的访问控制是通过 MAC 地址和使用 MAC VLAN 映射的以太网类型进行的。仅可以强制 VLAN 映射应用到通过交换机上的数据包，但不能强制 VLAN 映射连接在集线器的主机或者连接该交换机的其他交换机的通信上。

可以在同一台交换机上同时使用 RACL 和 VACL。如果 IEEE 802.1Q 隧道是在一个二层接口上配置的，则所有在隧道接口上接收到的以 IEEE 802.1Q 协议封装的 IP 数据包都可以通过 MAC ACL 来过滤，但不能通过学习 IPv4 ACL 来过滤。这是因为交换机不能识别在 IEEE 802.1Q 协议头中的协议。限制同时应用 RACL、PACL 和 VACL。

在 VLAN 映射中，转发数据包是允许还是禁止通过，依据的是在映射中配置的行为。如图 5-3 所示，说明了 VLAN 映射是如何禁止从位于 VLAN 10 的 Host A 转发指定类型的通信通过交换机到达 Host B 的。

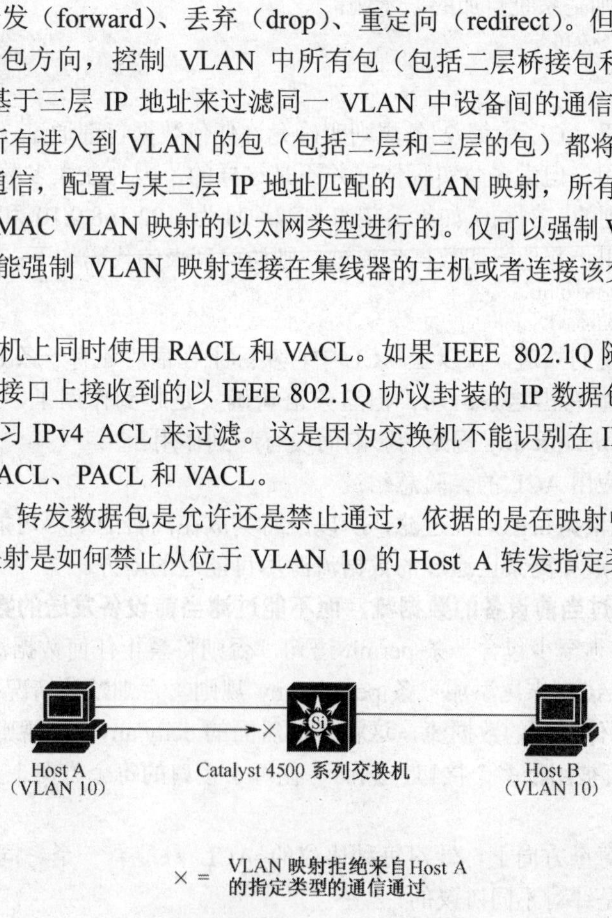

图 5-3　使用 VLAN 映射控制通信示例

5.2 Cisco IOS 交换机基于列表号的 ACL 创建

正如 5.1.1 节所述，Cisco IOS 交换机中存在 IP ACL 和 MAC ACL 两种，在 IP ACL 中又分标准 IP ACL 和扩展 IP ACL 两种。而在 ACL 的配置方式中又分为基于列表号和基于名称的两种。为了使大家对配置方法有一个更加清晰的了解，本章将分别对两种配置方式下各种 ACL 的配置与应用方法进行具体介绍。本节介绍最常用的基于列表号的 ACL 配置与应用方法。下面先来介绍一下，在 Cisco IOS 交换机上配置 ACL 的一般原则和一些值得注意的经验。

5.2.1 Cisco IOS 交换机 ACL 配置原则和经验

因为 ACL 中的拒绝规则有些特殊，所以在没有正式介绍 Cisco IOS 交换机中的 ACL 配置方法前专门介绍一些基本的配置原则。

在默认情况下，除非明确规定允许通过，访问列表总是阻止或拒绝一切数据包的通过。即实际上在每个标准 ACL 的最后都隐含有一条 deny any 的语句，而在扩展 ACL 的最后都隐含有一条 deny any any 规则。但并不是所有 ACL 的最后规则都会用到。下面是一个不会应用最后隐含规则的标准 ACL（最后一条规则是系统自加的）示例：

```
access-list 1 deny host 192.168.0.10
access-list 1 permit any
access-list 1 deny any
```

在上述例子中，由于 ACL 中第 2 条规则明确允许任何数据包都通过，所以最后那条隐含的拒绝所有的语句没有起作用，但大多数实际情况并不是这样的，因为在大多数实际配置中不太可能有“**permit any**”这条规则的。例如，如果希望来自源地址为 192.168.0.10 和 192.168.0.12 的数据包通过设备的接口，同时阻止其他一切数据包通过，则访问列表的代码如下：

```
access-list 1 permit host 192.168.0.10
access-list 1 permit host 192.168.0.12
```

根据前面的介绍，我们知道，在以上 ACL 中，实际上在最后还有一条 access-list 1 deny any 的规则。尽管不必另外明确写出这条语句，但这条语句确实是起到作用了，而不是像上面的示例那样，受其上 **access-list 1 permit any** 规则的影响而没有起到作用。

下面是一些配置和应用 ACL 的经验总结：

- 标准 ACL 不能根据目的地址过滤，所以应将其放在离目的地尽可能近的地方。
- 应将扩展 ACL 放在离禁止通过的数据流源尽可能近的地方。
- **ACL 只过滤通过当前设备的数据流，而不能过滤当前设备发送的数据流。**
- 任何 ACL 都必须至少包含一条 permit 语句，否则将禁止任何数据流通过。
- 除非显式地在 ACL 末尾添加一条 permit any 规则，否则默认情况下，ACL 将禁止所有不与任何 ACL 条件匹配的数据流，这就是最后面的 deny any any 规则的作用了。
- 同一个 ACL 可被用于多个接口，然而，在每个接口的每个方向上，针对每种协议的 ACL 只能有一个。
- 在每个接口的每个方向上，针对每种协议的 ACL 只能有一个。同一个接口上可以有多个 ACL，但必须是针对不同协议的。
- 将具体的条件放在一般性条件的前面，将常发生的条件放在不常发生的条件前面。
- 新添的规则总是被放在访问列表的末尾，但位于隐式 deny any any 语句的前面。
- 使用编号的 ACL 时，不能有选择地删除其中的规则，只能删除整个 ACL，但使用名称的

ACL 可以删除其中的规则。

- 创建 ACL 后再将其应用于接口，如果应用于接口的 ACL 未定义或不存在，该接口将允许所有数据流通过。

5.2.2　基于列表号的标准 IPv4 ACL 创建

因为本章仅介绍 IPv4 ACL，所以本节和以下各节的 IP ACL 都是讲 IPv4 ACL 的。标准 IPv4 ACL 就是仅基于数据包中的源 IP 地址进行过滤的，通过掩码通配符控制 ACL 应用的主机或网段范围（如果是主机时，通配符掩码为 0，可不写）。标准 IPv4 ACL 的列表号取值范围有两个：1~99 和 1300~1999（参见表 5-1）。标准 IPv4 ACL 可以在二层接口、三层接口、VLAN 接口上应用，也就是可以作为 PACL、RACL 和 VACL 使用。具体的应用配置和说明将在本节后面专门介绍。

在本章前面也已介绍到，ACL 有基于列表号和基于名称两种配置方式。最常用的是基于列表号的配置方法，但 MAC ACL 只能基于名称配置。本节介绍的是基于列表号的标准 IPv4 ACL 的配置方法，下节将介绍基于列表号的扩展 IPv4 ACL 的配置方法。

在 Cisco IOS 交换机中，基于列表号的标准 IPv4 ACL 的创建步骤很简单，主要只有一个命令：**access-list** [*access-list-number*][**permit**|**deny**] *source* [*source-wildcard*][**log**]（不同的 IOS 版本，命令格式中的参数名称可能有些不完全一样，但对应参数的功能是一样的）。基于列表号的标准 IPv4 ACL 的创建步骤如表 5-2 所示。

表 5-2　标准 IPv4 ACL 的创建步骤

步骤	命令	说明
1	**config terminal** 例如：switch# **config terminal**	进入全局配置模式
2	**access-list** *access-list-number* {**deny** | **permit**} *source* [*source-wildcard*] [**log**] 例如：switch(config)#**access-list** 10 **deny** 192.168.10.0 0.0.0.255	创建标准 IPv4 ACL，自 IOS 10.3 版本引入。可用 **no access-list** *access-list-number* 命令删除对应的标准 IPv4 ACL。命令中的各参数说明将在本节后面具体介绍
3	**end** 例如：switch(config)#**end**	（可选）删除指定列表号的标准 IPv4 ACL 或者删除 ACL 中某一条具体的规则
4	**show access-lists** *number* 例如：switch#show access-lists 10	查看指定的 ACL 配置信息
5	**copy running-config startup-config** 例如：switch#**copy running-config startup-config**	保存以上配置更改到启动配置文件中

下面具体介绍用于创建标准 IPv4 ACL 的命令：

access-list *access-list-number* {**deny** | **permit**} *source* [*source-wildcard*] [**log**]

从命令格式可以看出，标准 IPv4 ACL 是仅以源地址和规则行为匹配的，没有目的地址。也就是 IPv4 ACL 在过滤时仅考查数据包中的源 IP 地址，凡是与源 IP 地址一样的都将应用相应的过滤行为规则。命令中的参数和选项说明如下：

- *access-list-number*：可选参数，指定要创建或者进入的 ACL 列表号，取值为 1~99（标准 IPv4 ACL 的列表号）或者 1300~1999（扩展范围的标准 IPv4 ACL 的列表号）。具体参见表 5-1。
- **deny**：二选一选项，指定在满足条件时拒绝访问。
- **permit**：二选一选项，指定在满足条件时允许访问。
- *source*：指定 ACL 规则中发送数据包的网络或主机的源 IP 地址，可以代表一个网络，也可以代表一台主机。用 **any** 代表所有网段（是源地址/源地址掩码为 0.0.0.0/255.255.255.255 的简写），也不用键入后面的 *source-wildcard* 参数值了。如果是一台主机，则在源 IP 地址前可加上 **host** 关键字（**也可不加**该关键字），后面的 *source-*

wildcard 参数值固定为 0，加了 **host** 关键字后就不用写源地址掩码了。

- *source-wildcard*：可选参数，源地址掩码，是一种通配符掩码，指定要应用该 ACL 的主机范围。

这里的掩码也称为“反掩码”（Inverse Mask）或“通配符掩码”（Wildcard Mask），用来指定单一主机或一个范围的主机。但它们与“子网掩码”（Sub Mask）是不同的。它们之间存在如下关系：Mask = 255.255.255.255 - Sub Mask。

如标准的 C 类 IP 地址的子网掩码为 255.255.255.0，由此可以得到标准 C 类地址的掩码为（注意要分段对应进行减运算）：

255.255.255.255 - 255.255.255.0 = 0.0.0.255

也就是直接把子网掩码中的所有值为 255 的八位组都转换成 0，把非 255 的其他八位组用 255 来减，差就是最终的值。如前面的 255.255.255.0 中前 3 组均为 255，转换成 0，最后一组为 0，用 255 来减后得到 255，所以最终该网络的通配符掩码为 0.0.0.255。同样，如果某子网掩码为 255.255.240.0，则该子网的通配符掩码值为 0.0.15.255。其中的 15 等于 255-240。

还有一种二进制计算方法。如子网掩码 255.255.255.0 转换为二进制后得到 11111111.11111111.11111111.00000000，经过 1 与 0 的相互转换后就得到了通配符掩码为 00000000.00000000.00000000.11111111，再转换成十进制后得到 0.0.0.255。这就是子网掩码为 255.255.255.0 的网络的通配符掩码。再如某网络划分子网后的子网掩码为 255.255.255.240，转换成二进制后得到 11111111.11111111.11111111.11110000，经过 1 与 0 的相互转换后，得到通配符掩码为 00000000.00000000.00000000.00001111，转换成十进制就得到了 0.0.0.15。这就是子网掩码为 255.255.255.240 的网络的通配符掩码。

假设公司有一个分支机构，其 IP 地址为 C 类的 192.46.28.0。在公司中，每个分支机构都需要通过总部的路由器访问 Internet。要实现这一点，就可以使用一个通配符掩码 0.0.0.255。因为 C 类 IP 地址的最后一组数字代表主机，把它们都置 1 即允许总部访问网络上的每一台主机。因此，标准 IP 访问列表中的 access-list 语句如下：

```
access-list 1 permit 192.46.28.0 0.0.0.255
```

- **log**（日志记录）：log 关键字是自 IOS 11.3(3)T 版本引入。如果该关键字用于访问表中，则对那些能够匹配访问表中的 permit 和 deny 语句的报文进行日志记录。日志信息包含访问表号、报文的允许或拒绝、源 IP 地址以及在显示了第一个匹配以来每 5 分钟间隔内的报文数目。使用 log 关键字，提供了测试和报警两种功能：系统管理员可以使用日志来观察不同活动下的报文匹配情况，从而可以评估不同访问表的设计是否正确，是否合理；当其用于报警时，管理员可以查看显示结果，以定位那些多次尝试活动被拒绝的访问表语句。通过 Cisco IOS 的控制台命令可以选择记录日志方式。

【示例 1】现假设一台 Cisco 路由器的 e0 和 e1 两个以太网端口分别连接了两个网段：192.168.1.0/24 和 192.168.2.0/24。在 192.168.2.0/24 网段中有一台服务器提供 WWW 服务，IP 地址为 192.168.2.10。现想禁止 192.168.2.0/24 网段中除 192.168.2.10 这台 WWW 服务器外的所有其他计算机访问 192.168.1.0/24 网络。

本示例的标准 IPv4 ACL 配置步骤如下（有关 ACL 在接口上的应用配置方法在本章后面有具体介绍，在此仅作一般了解）：

```
switch# config terminal       #进入全局配置模式
switch(config)# access-list 1 permit host 192.168.2.10    !--创建一条允许 IP 地址为 192.168.2.10 的 WWW 服务器访问 e0 端口
                                                          !--所连网络的 ACL 过滤规则
switch(config)# access-list 1 deny any        !--创建一条 ACL 过滤规则，阻止其他一切网络主机访问
switch(config)# int e0                        !--进入要应用 ACL 的 e0 端口
switch(config-if)#ip access-group 1 in        !--将上面创建的 1 号 ACL 应用于 e0 端口的入（in）方向通信流上，如是要应用于
                                              !--流出方向，则为 out。
```

经过以上设置后，路由器的 e0 端口就只允许来自 192.168.2.10 这个 IP 地址的 WWW 服务器的数据包通过 e0 端口访问 192.168.1.0/24 网络，来自其他 IP 地址主机访问 192.168.1.0/24 网络的数据包都将在 e0 端口上被禁止。

经验之谈

其实上面的 4 条语句中，后面两句也可以放在前面两句的前面，原因在本节前面已有说明。下面的示例 2 也一样，不再赘述。另外，由于 Cisco 设备上默认添加了前面介绍到的 deny any 语句在每个 ACL 最后，所以上面的 access-list 1 deny any 这条语句可以省略。

【示例 2】现假设在“示例 1”的网络结构中，要求禁止 192.168.2.10 这台 WWW 服务器对 192.168.1.0/24 网段的访问，而 192.168.2.0/24 中的其他计算机可以正常访问 192.168.1.0/24 网段中的计算机。其实这个示例的要求与示例 1 相反，所以配置方法类似。

本示例的标准 IPv4 ACL 配置步骤如下：

```
switch#config terminal
switch(config)# access-list 1 deny host 192.168.2.10     !--创建一条 ACL 过滤规则，禁止 IP 地址为 192.168.2.10 的这台
                                                         !--WWW 服务器的数据包通过
switch(config)# access-list 1 permit any         !--创建一条 ACL 规则，允许其他 IP 地址的计算机的数据包通过
switch(config)# int e0    !--进入要应用 ACL 的 e0 端口，因为路由器的 e0 端口连接要控制访问的 192.168.1.0/24 网段
switch(config-if)#ip access-group 1 in           !--在 e0 端口入的方向上应用 1 号访问列表
```

经过以上配置后，除了 192.168.2.10 这台 WWW 服务器外，其他 IP 地址都可以通过路由器进行数据通信。

【注意】以上 **access-list 1 permit any** 语句是不能少的，有了它后，其他的计算机就可以访问到 192.168.1.0/24 网段的计算机了，否则就会应用 ACL 隐藏在最后的 deny any 规则，其他计算机都不能访问了。也就是，要明确允许或禁止的规则一定要列出，不能想当然。

【示例 3】现假设 A 类网络 36.0.0.0 的第二个八位组用于指定一个子网，其子网掩码为 255.255.0.0，第三个和第四个八位组用于确定一台具体的主机。现要求允许来自第 48 个子网（36.48.0.0）、IP 地址为 36.48.0.3 主机的数据包通过，而拒绝所有来自 36.48.0.0 网络上的其他主机的数据包通过，同时允许来自 36.0.0.0 网络中的其他主机上的数据包通过。以上规则要在路由器 e0 端口的入方向上应用。

本示例的标准 IPv4 ACL 配置命令如下：

```
switch#config terminal
switch(config)#access-list 2 permit 36.48.0.3          !--创建列表 2 的一条规则，允许所有来自 IP 地址为 36.48.0.3 主机的数据包通过
switch(config)#access-list 2 deny 36.48.0.0  0.0.255.255     !--创建列表 2 的另一条规则，禁止所有来自 36.48.0.0 子网上其他主机的
                                                             !--数据包通过
switch(config)#access-list 2 permit 36.0.0.0  0.255.255.255      !--创建列表 2 的另一条规则，允许所有其他来自 36.0.0.0 网络中
                                                                 !--主机的数据包通过
switch(config)#interface e0                  !--进入 e0 端口配置模式
switch(config-if)#ip access-group 2 in       !--在端口 e0 的入方向上应用列表 2
```

【示例 4】以下示例定义了分别应用于路由器 e0 端口的入和出方向上的 access-list 1 和 access-list 2 这两个列表，列表 1 允许所有来自 5.6.0.0 网络上的主机的数据包通过，而拒绝所有来自 7.9.0.0 网络上的主机的数据包通过；列表 2 允许源 IP 地址为 1.2.3.4 主机的数据包通过，而拒绝所有来自 1.2.0.0 网络上的主机的数据包通过。列表 1 和列表 2 都启用了日志功能。

本示例的标准 IPv4 ACL 配置命令如下：

```
switch#config terminal
switch(config)#interface e0
switch(config-if)#ip address 1.1.1.1 255.0.0.0      !--为路由器端口 e0 设置 IP 地址为 1.1.1.1，子网掩码为 255.0.0.0
switch(config-if)#ip access-group 1 in              !--在 e0 的入方向上应用列表 1
switch(config-if)#ip access-group 2 out             !--在 e0 的出方向上应用列表 2
switch(config-if)#access-list 1 permit 5.6.0.0 0.0.255.255 log     !--创建列表 1 的一条规则，允许 5.6.0.0/16 网络上主机发来的
```

```
                                                          !--数据包通过，并启用日志功能
switch(config-if)#access-list 1 deny 7.9.0.0 0.0.255.255 log   !--创建列表 1 的一条规则，拒绝来自 7.9.0.0/16 网络上主机发来的
                                                          !--数据包通过，并启用日志功能
switch(config-if)#access-list 2 permit 1.2.3.4 log        !--创建列表 2 的一条规则，允许 IP 地址为 1.2.3.4 的主机发来的数据包通过，
                                                          !--并启用日志功能
switch(config-if)#access-list 2 deny 1.2.0.0 0.0.255.255 log   !--创建列表 2 的一条规则，拒绝所有来自 1.2.0.0/16 网络上主机
                                                          !--发来的数据包通过，并启用日志功能
```

【示例 5】本示例用来说明 ACL 日志的功能。示例中假设，如果路由器端口从 5.6.7.7 主机上接收到了 10 个数据包，而从 1.2.23.21 主机上接收到 14 个数据包，则第一个日志记录会显示如下：

```
list 1 permit 5.6.7.7 1 packet
list 2 deny 1.2.23.21 1 packet
```

5 分钟后，控制台将接收以下日志：

```
list 1 permit 5.6.7.7 9 packets
list 2 deny 1.2.23.21 13 packets
```

5.2.3 基于列表号的扩展 IPv4 ACL 创建

上节介绍的标准 IPv4 ACL 占用路由器资源很少，是一种最基本、最简单的访问控制列表格式，应用比较广泛。但它的控制能力有限，灵活性也不是很高。如果要更加复杂地控制数据包的传输则需要使用扩展 IPv4 ACL，它可以满足到基于协议和端口级的控制要求。

1．通用命令格式

扩展 IP 访问列表在数据包的过滤方面增加了不少功能和灵活性，但配置的复杂性是远非标准 IPv4 ACL 可比的，是所有 ACL 配置中最难掌握的。除了可以基于源地址和目标地址过滤外，还可以根据协议、源端口和目的端口过滤，甚至可以利用像优先级（**precedence**）、**ToS**（服务质量类别）、应用时间范围（**time-range**）、包分片（**fragment**）等选项进行过滤。这些选项能够对数据包中某些域的信息进行读取和比较。尽管扩展 IPv4 ACL 的命令格式比标准 IPv4 ACL 的要复杂许多，但是基本配置步骤与标准 IPv4 ACL 的相同，参见表 5-2。只是原来其中的创建或删除标准 IPv4 ACL 命令格式要替换成现在的扩展 IPv4 ACL 命令格式。建议结合本书 7.2.3 节中 H3C 高级 IPv4 ACL 配置中的相关介绍。

基于列表号的扩展 IPv4 ACL 创建的通用命令格式如下：

access-list *access-list-number* [**dynamic** *dynamic-name* [**timeout** *minutes*]] {**deny** | **permit**} *protocol source source-wildcard destination destination-wildcard* [**precedence** *precedence*] [**tos** *tos*] [**log** | **log-input**] [**time-range** *time-range-name*] [**fragments**]

可用 **no access-list** *access-list-number* 命令删除指定的扩展 IPv4 ACL。

整个格式看起来很长，其实也就几个部分，*protocol* 前面部分与标准 IPv4 ACL 对应部分是一样的；后面的 *protocol* 选项是扩展 IPv4 ACL 新加的，用来定义要过滤的数据包协议类型；再后面总体就是两部分："源地址-源通配符掩码-源端口" 和 "目标地址-目标通配符掩码-目标端口"，注意书写的顺序和格式；最后是一些可选项，如包优先级、ToS、应用时间范围和包分片等。命令中的参数和选项说明如下：

- *access-list-number*：与标准 IP 访问列表类似，是访问列表编号，标志了访问列表的类型。扩展 IP 访问列表的值范围是 100～199（扩展 IPv4 ACL 列表号）或者 2000~2699（扩展范围扩展 IPv4 ACL 列表号）。
- **dynamic** *dynamic-name*：可选参数，标识该扩展 IPv4 ACL 为动态 ACL，用来为动态 ACL 取一个名称。该参数用得很少，无需太注重。
- **timeout** *minutes*：可选参数，指出一个临时 ACL 条目可以在一个动态 ACL 中保持的绝对时间长度（单位为分钟），默认是没有限制的。

- **deny**：二选一选项，满足条件时拒绝访问。
- **permit**：二选一选项，满足条件时允许访问。
- *protocol*：用来确定需要过滤的数据包协议类型，其中包括 IP、TCP、UDP 和 ICMP 等。数据在计算机网络的各层传输中都会加上相应层的协议头，这就表示了数据包的协议类型。应用数据通常有一个在传输层增加的前缀，它可以是 TCP 协议或 UDP 协议的头部，这样就增加了一个指示应用的端口标志。当数据流入协议栈之后，网络层再加上一个包含地址信息的 IP 协议的头部。
- *source address* 和 *source-wildcard mask*：与标准 IPv4 ACL 的对应关键字一样，参见 5.2.2 节的相关内容。
- *destination address* 和 *destination-wildcard mask*：这两个关键字分别代表通信宿的 IP（或网络）地址和通配符掩码，定义方法分别与 *source address* 和 *source-wildcard mask* 相同，不再赘述。
- *source port*、*destination port*：在扩展 IPv4 ACL 中，基于端口的过滤包括 Source Port（通信源端口，即源端口）和 Destination Port（通信宿端口，即目标端口）两个方面。端口号可以用几种不同的方法来指定：可以显式地指定，使用一个数字或一个可识别的助记符。例如，可以使用 80 或 http、www 来指定 Web 服务所使用的端口；可以使用 21 或 ftp 来指定 FTP 服务所用的端口；用 25 或 smtp 指定 SMTP 邮件服务所使用的端口等。对于 TCP 和 UDP，读者可以使用操作符 lt（小于，其中的 l 是字母 L 的小写）、gt（大于）、=（等于）以及 neq（不等于）和 range（指定端口范围）来进行端口范围设置，如：

```
access-list 101 permit tcp any host 192.168.1.8 lt smtp   !--创建一条过滤规则，允许所有主机访问 IP 地址为 192.168.1.8 的
                                                          !--主机上除 SMTP 服务外的所有 TCP 服务端口
access-list 101 permit tcp any 192.168.1.0  0.0.0.255 eq www   !--创建一条过滤规则，允许所有主机访问网络地址为 192.168.1.0/24
                                                               !--中主机上的 WWW 服务
```

- **precedence** *precedence*：可选参数，是根据 IP 包头中的优先级别来进行过滤，也就是我们通常所说的 IP 优先级。IP 优先级字段是整个 ToS 字段的最高 3 位，取值范围为 0～7。用名称表示时，这 8 个取值分别为 routine（普通，值为 000）、priority（优先，值为 001）、immediate（快速，值为 010）、flash（闪速，值为 011）、flash-override（急速，值为 100）、critical（关键，值为 101）、internetwork control（网间控制，值为 110）或 network control（网络控制，值为 111），分别对应数字 0～7。其中，优先级值 6 和 7 一般保留给网络控制数据使用，比如路由；优先级值 5 推荐给语音数据使用；优先级值 4 由视频会议和视频流使用；优先级值 3 给语音控制数据使用；优先级值 1 和 2 给数据业务使用；优先级值 0 为缺省标记值。在标记数据时，既可以使用数值，也可以使用名称（英文名称）。有关 IP 优先级参见本书 7.2.3 节相关内容。
- **tos** *tos*：指定用于包过滤的服务类型，是 IP 优先级字段后面的 4 位，是真正的 ToS 字段，取值范围为 0~15，分别代表：最小、最大和最小费用。ToS 字段的最低 1 位为保留位，固定为 0。所以虽然一共有 4 位，但每个数字包只能置其中 1 位，这样实际只有 5 个取值。用名称表示时，分别为：normal（一般服务，取值为 0000）、min-monetary-cost（最小费用，取值为 0001）、max-reliability（最高可靠性，0010）、max-throughput（最大吞吐量，取值为 0100）、min-delay（最小时延，取值为 1000）。有关 ToS 参见本书 7.2.3 节相关内容。
- **log**：二选一可选项，指定对 ACL 条目的匹配情况进行日志记录。日志消息中包括列表号、包是被允许还是被禁止、协议类型、源地址/目的地址、源端口/目的端口。日志在发现第一个匹配包时就产生，然后每 5 分钟记录一次。
- **log-input**：二选一可选项，指定仅日志记录输入接口、源 IP 地址等。

- **time-range** *time-range-name*：可选参数，指定本 ACL 要应用的时间范围名称，这个时间范围名称需要事先通过 **time-range** 全局配置命令定义。
- **fragments**：可选项，指定 ACL 规则可应用到包的分片中。如果不选择该可选项，则 ACL 仅应用于原始包，对于分片的包不应用 ACL 过滤规则。

2．不同协议 ACL 的专用参数和选项

上面介绍的是通用 Cisco IOS 交换机扩展 IPv4 ACL 的命令格式。当 *protocol* 选择具体的协议类型时，还可能选择使用一些专用的参数和选项。如当参数 *protocol* 选择的是 TCP 时，对应的扩展 IPv4 ACL 命令格式如下：

access-list *access-list-number* [**dynamic** *dynamic-name* [**timeout** *minutes*]] {**deny** | **permit**} **tcp** *source source-wildcard* [*operator* [*port*]] *destination destination-wildcard* [*operator* [*port*]] [**established**] [**precedence** *precedence*] [**tos** *tos*] [**log** | **log-input**] [**time-range** *time-range-name*] [**fragments**]

对比以上通用的命令格式可以看出，对 TCP 协议报文采用 ACL 过滤时多了以下几个参数和选项：

- *operator*：可选参数，比较源或者目的端口。lt 代表小于，gt 代表大于，eq 代表等于，neq 代表不等于，range 代表一个范围，但需要指定两个端口号。
- *port*：可选参数，TCP 端口的十进制，或者名称表示形式，取值范围为 0~65535。
- **established**：可选项，仅当包为 TCP 协议报文时可用，表示仅过滤已建立 TCP 连接的包，仅当 TCP 报文中 ACK 或者 RST 控制位已置 1 时才进行匹配。

当参数 *protocol* 选择的是 UDP 时，对应的扩展 IPv4 ACL 命令格式如下：

access-list *access-list-number* [**dynamic** *dynamic-name* [**timeout** *minutes*]] {**deny** | **permit**} **udp** *source source-wildcard* [*operator* [*port*]] *destination destination-wildcard* [*operator* [*port*]] [**precedence** *precedence*] [**tos** *tos*] [**log** | **log-input**] [**time-range** *time-range-name*] [**fragments**]

对比前面介绍的 TCP 协议报文中的扩展 IPv4 ACL 命令格式可以看出，两者基本一样，只是没有 TCP 协议 ACL 命令格式中的 **established** 可选项，因为 UDP 不是面向连接的传输层协议，无需建立连接。但里面的 *port* 参数指的是 UDP 协议端口号或者端口名称。有关 TCP 和 UDP 协议端口和名称的对应关系参见本书 7.2.3 节的表 7-7。

当参数 *protocol* 选择的是 ICMP 时，对应的扩展 IPv4 ACL 命令格式如下：

access-list *access-list-number* [**dynamic** *dynamic-name* [**timeout** *minutes*]] {**deny** | **permit**} **icmp** *source source-wildcard destination destination-wildcard* [*icmp-type* [*icmp-code*] | *icmp-message*] [**precedence** *precedence*] [**tos** *tos*] [**log** | **log-input**] [**time-range** *time-range-name*] [**fragments**]

对比前面介绍的通用扩展 IPv4 ACL 的命令格式可以看出，在过滤 ICMP 协议包时，命令格式中多了以下几个参数：

- *icmp-type*：可选参数，指定用于 ICMP 包的 ICMP 消息类型，取值范围为 0~255。
- *icmp-code*：可选参数，指定用于 ICMP 包的 ICMP 消息代码，取值范围为 0~255。
- *icmp-message*：可选参数，指定用于 ICMP 包的 ICMP 消息类型/名称，或者 ICMP 消息类型/代码名称。

有关 ICMP 消息名称、ICMP 消息类型和 ICMP 消息代码的关系参见本书 7.2.3 节的表 7-8。

当参数 *protocol* 选择的是 IGMP 时，对应的扩展 IPv4 ACL 命令格式如下：

access-list *access-list-number* [**dynamic** *dynamic-name* [**timeout** *minutes*]] {**deny** | **permit**} **igmp** *source source-wildcard destination destination-wildcard* [*igmp-type*] [**precedence** *precedence*] [**tos** *tos*] [**log** | **log-input**] [**time-range** *time-range-name*] [**fragments**]

对比前面介绍的通用扩展 IPv4 ACL 的命令格式可以看出，在过滤 IGMP（Internet 组管理协议）包时，命令格式中仅多了 *igmp-type* 这个参数，指定用于过滤 IGMP 包的 IGMP 消息类型或消息名称，IGMP 消息类型可用 0~15 表示，对应以下五种 IGMP 消息名称：dvmrp（距离矢量组播路由协议）、host-query（主机查询）、host-report（主机报告）、pim（协议无关组播）和 trace（组播跟踪路由）。

3．配置示例

同样，为了帮助各位更好地理解扩展 IPv4 ACL 的配置与应用，下面也列举几个扩展 IP 访问列表的配置与应用示例。

【示例 1】假设希望在 Cisco 路由器 s0 串口上允许除流向 192.168.1.10 主机的 ICMP 消息（如 ping 操作）外的所有 IP 数据包通过；而仅允许流向 192.168.1.12 主机的 ICMP 和 WWW 服务访问，不允许其他协议类型的数据包流向 192.168.1.12 主机。配置命令如下：

```
Switch#config terminal
Switch(config)#access-list 101 deny ICMP any host 192.168.1.10 eq 8      #创建一条规则，禁止流向 192.168.1.10 主机上的所有 ICMP 数据包通过
Switch(config)#access-list 101 permit ip any host 192.168.1.10      #创建一条规则，允许流向 192.168.1.10 主机上的所有 IP 数据包通过
Switch(config)#access-list 101 permit ICMP any host 192.168.1.12 eq 8      #创建一条规则，允许流向 192.168.1.12 主机上的所有 ICMP 数据包通过
Switch(config)#access-list 101 permit tcp any host 192.168.1.12 eq 80      #创建一条规则，允许流向 192.168.1.12 主机上的所有 WWW 服务访问
Switch(config)#access-list 101 deny ip any any      #创建一条规则，禁止以上规则应用后的其他所有 IP 类型数据包通过
Switch(config)#interface s0      #进入路由器 s0 端口配置模式
Switch(config-if)#ip access-group 101 in      #在端口数据通信入方向应用下面创建的 101 访问列表
```

上面最后一条语句明确地拒绝所有以上规则应用后的其他不需要的访问。通常在访问列表的最后都有这样的语句。这样一来，对于 192.168.1.10 来说，就仅允许流向该主机的除 ICMP 类型外的所有 IP 数据包通过，而不允许所有其他协议类型的数据包通过；而对于 192.168.1.12 来说，则除了允许所有流向它的 ICMP 和 TCP 协议类型数据包通过外，其他的数据包都不允许。

【示例 2】现要在 Cisco 路由器的 e0 端口上阻止来自 192.168.0.45 主机的 Telnet 流量，而允许其执行 ping 操作。配置命令如下：

```
Switch#config terminal
Switch(config)#access-list 101 permit icmp 192.168.0.45 0.0.0.0 any   #创建一条规则，允许来自 192.168.0.45 主机的任何 ICMP 消息包通过，也就允许了它执行 ping 操作
Switch(config)#access-list 101 deny tcp 192.168.0.45 0.0.0.0 any eq 23 #创建一条规则，禁止来自 192.168.0.45 主机上的所有 Telnet 访问
Switch(config)#access-list 101 permit ip any any      #创建一条规则，允许所有 IP 数据包通过
Switch(config)#interface e0      #进入路由器的 e0 端口配置模式
Switch(config-if)#ip access-group 101 in      #在 e0 端口的入方向上应用 101 号访问列表中的规则
```

因为 ping 命令使用网络层的 ICMP 协议，所以让 ICMP 协议通过。而 Telnet 使用端口 23，所以将端口号为 23 的数据包拒绝了，最终应用到 e0 端口上，这样即可以达到目的。

【注意】如果需要修改参数，则必须首先创建一个新的列表，把旧的列表删除，然后应用新的列表。扩展 IPv4 ACL 也不支持直接插入新的语句。其他的修改方法与前面介绍标准 IPv4 ACL 时的修改方法一样，参照即可。

【示例 3】现假设要在路由器 e0 端口入方向上允许目的地址为 128.88.0.0 的网络主机，且目的端口号大于 1023 的所有 TCP 通信流通过，允许目的地址为 128.88.1.2 的主机入方向的 SMTP 邮件服务 TCP 通信流通过，并允许所有入方向上的 ICMP 错误返回消息包通过。

```
Switch#config terminal
Switch(config)#access-list 102 permit tcp 0.0.0.0 255.255.255.255 128.88.0.0 0.0.255.255 gt 1023   #创建访问列表 102 的一条规则，允许所有目的地址为 128.88.0.0 的网络、目的端口号大于 1023 的 TCP 通信流通过
Switch(config)#access-list 102 permit tcp 0.0.0.0 255.255.255.255 128.88.1.2 0.0.0.0 eq 25   #创建访问列表 102 的一条规则，允许目的地址为 128.88.1.2 的主机、目的端口号为 25 的 SMTP 通信流通过
Switch(config)#access-list 102 permit icmp 0.0.0.0 255.255.255.255 128.88.0.0 255.255.255.255   #创建访问列表 102 的一条规则，允许目的地址为 128.88.0.0 的所有网段的 ICMP 消息包通过
Switch(config)#interface e0
Switch(config-if)#ip access-group 102 in
```

【示例 4】现假设路由器端口 e0 连接了一个内部 B 类网络（网络地址为 128.88.0.0），想在以太局域网中的所有主机上都可以通过 TCP 连接到互联网上的任何主机，同时又不希望互联网用户

连接到内部网络中的任何主机，除了通过 SMTP 服务端口连接到内部网络中的邮件服务器（IP 地址为 128.88.1.2）外。

```
Switch#config terminal
Switch(config)#access-list 102 permit tcp 128.88.0.0 0.0.255.255 0.0.0.0 255.255.255.255 established #创建访问列表 102 的一条规则，允许内部网络 128.88.0.0 中的主机与所有互联网主机发起连接
Switch(config)#access-list 102 permit tcp 0.0.0.0 255.255.255.255 128.88.1.2 0.0.0.0 eq 25 #创建访问列表 102 的一条规则，允许互联网上的主机与内部网络中 IP 地址为 128.88.1.2 的服务器进行 SMTP 邮件通信
Switch(config)#interface e0
Switch(config-if)#ip access-group 102 in
```

下面再简单介绍一下在扩展 IPv4 ACL 中新增加的数据包分片（Fragment）过滤参数选项。

在没有分片过滤功能以前，路由器是仅对不分片或原始数据包进行处理，而对重新分片的数据包默认情况下是允许通过的。有了分片过滤功能后，就可以对重新分片后的数据包进行更细粒度的控制。因为重新分片的数据仅包含三层信息，所以访问列表中要包含三层规则条目才能对重新分片的数据包进行过滤。

【示例 5】该示例是应用分片过滤功能的扩展 IP 访问列表配置。

```
Switch#config terminal
Switch(config)#access-list 101 deny ip any host 1.1.1.1 fragments #创建一个列表号为 101 的扩展 IP 访问列表规则，仅对非原始分段的数据包进行过滤，拒绝目的 IP 地址为 1.1.1.1 的所有数据包分片通过
Switch(config)#access-list 101 permit tcp any host 1.1.1.1 eq 80 #创建一个列表号为 101 的扩展 IP 访问列表规则，允许目的 IP 地址为 1.1.1.1 的所有 Web 访问通信流通过
Switch(config)#access-list 101 deny ip any any #创建一个列表号为 101 的扩展 IP 访问列表规则，拒绝所有其他 IP 数据包通过
```

5.3 基于名称的 Cisco IOS 交换机 IPv4 ACL 创建

不管是前面介绍的基于列表号的标准 IPv4 ACL，还是基于列表号的扩展 IPv4 ACL，它们都有一个弊端，那就是当设置好 ACL 后发现其中的某条规则有问题，希望进行修改或删除的话，通常只能将全部 ACL 信息都删除，因为添加的 ACL 语句只能是附加在原来 ACL 的后面，而不能按你的愿望来插入到所需的位置，而这样通常是达不到想要实现的目的的。也就是说修改一条或删除一条都会影响到整个 ACL 列表。这个缺点影响了我们的工作，也为我们带来了繁重的工作负担。其"罪魁祸首"就是那个——List Number（列表号）。幸运的是，Cisco 又提供了另一种解决方案，那就是本节将要介绍的——基于名称的访问控制列表。

基于名称的 ACL 不仅适用于 IP ACL，同时适用于 MAC ACL，而且 MAC ACL 只能采用基于名称的配置方式。所以本节将分别介绍基于名称的标准/扩展 IPv4 ACL 和 MAC ACL 的创建方法。

5.3.1 基于名称的标准 IPv4 ACL 创建

名称 ACL 是在 Cisco IOS Release 11.2 引入的，它允许用命名的方式取代原来的数字。基于名称的 ACL 可以是 IPv4 ACL，也可以是基于 MAC 地址的扩展 ACL。与 IPv4 ACL 一样，名称 IPv4 ACL 也有标准名称 IPv4 ACL 和扩展名称 IPv4 ACL 之分。所以，名称 ACL 也不是独立的 ACL 类型，而必须与前面介绍的标准 IPv4 ACL 或扩展 IPv4 ACL，或者基于 MAC 地址的扩展 ACL 配合使用，只是在创建 ACL 时语法格式有些不同，过滤规则都是对应完全相同的。

标准名称 IPv4 ACL 的配置方法是在特权模式下按照表 5-3 所示的步骤进行的。要删除标准名称 IPv4 ACL，可以在全局配置模式下使用 **no ip access-list standard** *name* 命令进行。

表 5-3　标准名称 IPv4 ACL 的创建步骤

步骤	命令	说明
1	**configure terminal** 例如：Switch#**configure terminal**	进入全局配置模式
2	**ip access-list standard** *name* 例如：Switch(config)#**ip access-list standard** produ	用名称创建一个标准 IPv4 ACL，进入访问列表配置模式。参数 *name* 是指定要创建的 ACL 名称，不能包括空格和引号，且不能以字母开头，但在 Catalyst 3750/3560 等系列中可以是数字，其取值范围为 1~99
3	**{permit | deny}** {*source* [*source-wildcard*] | **host** *source* | **any**} **[log]** 例如：Switch(config-std-nacl)#**permit** 192.168.1.0 0.0.0.255	在访问列表模式下配置一个或多个允许或禁止数据包通过的规则，进入标准名称 IPv4 ACL 配置模式。具体参数参见 5.2.2 节介绍的标准 IPv4 ACL 语法格式中的对应参数说明
4	**end** 例如：Switch(config-std-nacl)#**end**	返回到特权配置模式
5	**show access-lists** [*name*] 例如：Switch#**show access-lists** produ	查看访问列表配置
6	**copy running-config startup-config** 例如：Switch#**copy running-config startup-config**	（可选）保存以上配置更改到启动配置文件中

前面说到了，名称 ACL 的好处就是可以随时修改其中的语句，而不用全部删除访问列表再新建。如果发现在基于名称的访问列表中某条语句不妥，可以直接在相应访问控制列表后面加上一条以 **no** 为关键字的删除访问列表语句的命令，然后再在其后面重新添加一条正确的语句即可。新加的语句会接替被删除的语句，并且位置一样。

例如发现原来的 **permit** 192.168.1.1 0.0.0.0 规则中的 192.168.1.1 应改为 192.168.0.1，则可以进入路由器全局配置模式下输入一条 **no permit** 192.168.1.1 0.0.0.0 语句，然后再在后面添加一条正确的语句 **permit** 192.168.0.1 0.0.0.0 即可。

【示例 1】定义一个名称为“Internetfilter”的标准名称 IPv4 ACL，允许源 IP 地址在 192.5.34.0/24、128.88.0.0/24 和 36.0.0.0/24 三个网段的数据包通过，其他的包均禁止。

```
Switch#config terminal
Switch(config)#ip access-list standard Internetfilter
Switch(config-std-nacl)#permit 192.5.34.0   0.0.0.255
Switch(config-std-nacl)#permit 128.88.0.0   0.0.255.255
Switch(config-std-nacl)#permit 36.0.0.0   0.255.255.255
```

【示例 2】要求使用名称 ACL 来阻断路由器上 e0/0 接口上除 Telnet 以外，从 10.1.1.2 到 172.16.1.1 的流量。这个示例是一个基于名称的标准 IPv4 ACL，具体的配置命令如下：

```
Switch(config)#ip access-list extended in_to_out          #创建名称为 in_to_out 的 ACL
Switch(config-std-nacl)#permit tcp host 10.1.1.2 host 172.16.1.1 eq telnet     #过滤除 Telnet 流量外所有从 10.1.1.2 主机发往 172.16.1.1 主机的流量。实际上最下面还有一条隐含语句 deny ip any any
Switch(config-std-nacl)#exit
Switch(config)#int e0/0        #进入路由器 e0/0 端口配置模式
Switch(config-if)#ip add 10.1.1.1 255.255.255.0          #为 e0/0 端口配置 IP 地址
Switch(config-if)ip access-group in_to_out in             #在端口的入方向上应用 in_to_out 名称 ACL
```

【示例 3】在一个交换机的 f0/2 端口上创建一个过滤所有来自 192.168.12.0 子网上主机的流量，而允许所有来自其他网段主机的流量。ACL 名称为 deny-host192.168.12.x。

根据示例要求，可以仅创建一个标准命令 IPv4 ACL。ACL 配置命令如下：

```
Switch(config)#ip access-list standard deny-host192.168.12.x     #创建一个名称为 deny-host192.168.12.x 的基于名称的标准 IPv4 ACL
Switch(config-std-nacl)#deny 192.168.12.0. 0.0.0.255 any      #创建一条禁止所有从 192.168.12.0 网段来的流量的过滤规则
Switch(config-std-nacl)#permit any      #创建一条允许所有来自其他网段的流量的过滤规则
Switch(config-std-nacl)#exit
Switch(config)#int f0/2          #进入交换机的 f0/2 端口配置模式
Switch (config-if)#ip access-group deny-host192.168.l2.x in     #在 f0/2 端口入方向上应用名称为 deny-host192.168.12.x 的标准 IPv4 ACL
Switch(config-if)#end     #退出端口配置模式
Switch#show access-list     #查看访问列表
```

5.3.2 基于名称的扩展 IPv4 ACL 创建

基于名称的扩展 IPv4 ACL 的具体配置步骤如表 5-4 所示。但在同一接口上，不能配置两个名称相同的标准 ACL 和扩展 ACL。要删除扩展名称 IPv4 ACL，可以在全局配置模式下使用 **no ip access-list extended** *name* 命令进行。

表 5-4 删除基于名称的扩展 IPv4 ACL 的配置步骤

步骤	命令	说明
1	**configure terminal** 例如：Switch#**configure terminal**	进入全局配置模式
2	**ip access-list extended** *name* 例如：Switch(config)#**ip access-list extended** sales	用名称创建一个扩展 IPv4 ACL，进入扩展名称 IPv4 ACL 配置模式，参数 *name* 是指定要创建的 ACL 名称，不能包括空格和引号，且不能以字母开头，但在 Catalyst 3750/3560 等系列中可以是数字，其取值范围为 100~199
3	{ **permit** | **deny** } *protocol* {*source* [*source-wildcard*] | **host** *source* | **any**} {*destination* [*destination-wildcard*] | **host** *destination* | **any**} [**precedence** *precedence*] [**tos** *tos*] [**established**] [**log**] [**time-range** *time-range-name*] 例如：Switch(config-ext-nacl)#**permit** ip 192.168.1.10 0 192.168.1.254 0	编辑名称 ACL 规则，具体参数参见 5.2.3 节基于列表号扩展 IPv4 ACL 创建时的对应介绍
4	**end** 例如：Switch(config-ext-nacl)#**end**	返回到特权配置模式
5	**show access-lists** [*name*] 例如：Switch#**show access-lists** sales	查看访问列表配置
6	**copy running-config startup-config** 例如：Switch#**copy running-config startup-config**	（可选）保存以上配置更改到启动配置文件中

要删除基于名称的扩展 IPv4 ACL，可以在全局配置模式下使用 **no ip access-list extended** *name* 命令进行。例如下面就是在 border-list 基于名称的扩展 IPv4 ACL 中删除一条以前允许 IP 地址为 10.1.1.3 的主机发往任何地方的数据包通过的规则语句。

```
Switch(config)#ip access-list extended border-list
Switch(config-ext-nacl)#no permit ip host 10.1.1.3 any
```

在创建了标准或扩展 IPv4 ACL 时，要记住的是，默认情况下，在 ACL 的结尾都隐藏一条规则，它拒绝所有不与前面规则匹配的数据包通过。

下面的示例是创建一个允许 192.168.x.x 网络中的所有主机以 HTTP 方式访问服务器 172.168.12.3，但拒绝其他所有主机访问服务器的名称 ACL。ACL 名称为 allow_0xc0a800_to_172.168.12.3。因为这里涉及了具体的协议，所以需要使用扩展 IPv4 ACL。又由于是以名称方式命名，所以需要使用基于名称的扩展 IPv4 ACL。

```
Switch(config)#ip access-list extended allow_0xc0a800_to_172.168.12.3    #创建一个名称为 allow_0xc0a800_to_172.168.12.3 的基于名称的扩展 IPv4 ACL
Switch(config-ext-nacl)#permit tcp 192.168.0.0 0.0.255.255 host 172.168.12.3 eq www    #创建一条允许 192.168.0.0 网络中的主机以 HTTP 方式访问 IP 地址为 172.168.12.3 的服务器主机的过滤规则
Switch(config-ext-nacl)#end    #退出全局配置模式
Switch#show access-list    #查看访问列表
```

5.3.3 基于名称的扩展 MAC ACL 创建

可以在一个物理二层接口或一个 VLAN 组内通过使用基于名称的扩展 MAC ACL 来过滤非 IP 通信。但要注意的是，MAC ACL 只能作为 PACL 来应用，且只能在二层物理接口上应用。基于名称的扩展 MAC ACL 的具体配置步骤如表 5-5 所示。

表 5-5 配置基于名称的扩展 MAC ACL 的步骤

步骤	命令	说明
1	**configure terminal** 例如：Switch#**configure terminal**	进入全局配置模式
2	**mac access-list extended** *name* 例如：Switch(config)#**mac access-list extended** macacl	创建一个基于名称的扩展 MAC ACL
3	Catalyst 3750 及以前系列： Switch(config-ext-macl)# { **permit** | **deny** } {**any** | **host** *source MAC address* | *source MAC address mask*} {**any** | **host** *destination MAC address* | *destination MAC address mask*} [*type* **mask** | **lsap** *lsap mask* | **aarp** | **amber** | **dec-spanning** | **decnet-iv** | **diagnostic** | **dsm** | **etype-6000** | **etype-8042** | **lat** | **lavc-sca** | **mop-console** | **mop-dump** | **msdos** | **mumps** | **netbios** | **vines-echo** |**vines-ip** | **xns-idp** | *0-65535*] [**cos** *cos*] Catalyst 4000 及以后系列： Switch(config-ext-macl)# { **permit** | **deny** } {**any** | **host** *source MAC address* | *source MAC address mask*} {**any** | **host** *destination MAC address* | *destination MAC address mask*} [**protocol-family** {**appletalk** | **arp-non-ipv4** | **decnet** | **ipx** | **ipv6** | **rarp-ipv4** | **rarp-non-ipv4** | **vines** | **xns**}] 例如：Switch(config-ext-macl)#**permit host** 1111-2222-3333 **host** 3333-4444-5555	用名称创建一个扩展 MAC ACL，进入访问列表配置模式，具体参数和选项说明在本节后面介绍
4	**end** 例如：Switch(config-ext-macl)#**end**	返回到特权配置模式
5	**show access-lists** [*name*] 例如：Switch#**show access-lists** macacl	查看访问列表配置
6	**copy running-config startup-config** 例如：Switch#**copy running-config startup-config**	（可选）保存以上配置更改到启动配置文件中

创建基于名称的扩展 MAC ACL 的命令格式为：

```
mac access-list extended name
```

mac access-list extended 命令是创建基于名称的扩展 MAC ACL 的基本命令，*name* 是基于名称的扩展 MAC ACL 的名称。这个语法格式看起来很复杂，但最常用的参数并不会那么多，只是前面的那些。下面对这些主要参数进行一一介绍。

- **permit | deny**：是 MAC ACL 规则中的关键词，指允许或禁止各个领域条件的数据包通过。
- **any | host**：所有源（或目的）主机或者与后面的源（或目的）MAC 地址匹配的主机。
- *source MAC address*：与对应的 host 关键字匹配的源主机 MAC 地址。
- *source MAC address mask*：与对应的 host 关键字匹配的源主机 MAC 地址掩码。如果要与单一主机匹配，则 MAC 地址掩码为 ffff-ffff-ffff；如果要与一个 MAC 地址范围匹配，则 MAC 地址掩码通常为 0000-0000-0000。
- *destination MAC address*：与对应的 host 关键字匹配的目的主机 MAC 地址。
- *destination MAC address mask*：与对应的 host 关键字匹配的目的主机 MAC 地址掩码。格式定义与前面介绍的 *source MAC address mask* 一样。
- *type mask*：一个以 Ethernet II 或 SNAP 格式封装、带有任意长度掩码的以太网包类型号码，可以是十进制的，也可以是十六进制的，还可以是八进制的。
- **lsap** lsap *mask*：以 IEEE 802.2 协议封装、带有任意长度掩码的 LSAP（链路服务接入点）号码，可以是十进制的，也可以是十六进制的，还可以是八进制的。
- **aarp | amber | dec-spanning | decnet-iv | diagnostic | dsm | etype-6000 | etype-8042 | lat | lavc-sca | mop-console | mop-dump | msdos | mumps | netbios | vines-echo |vines-ip | xns-idp**：这些都是非 IP 类型的协议。主要以太网类型所对应的十六进制值如表 5-6 所示。
- *0-65535*：为规则的编号，这是一种增强的名称 ACL 功能，以方便修改。因为它可以直接指出要修改的规则编号，而且可以通过规则编号来确保新添加的规则按正确的顺序被执行。规则编号在 0～65535 范围之间。
- cos *cos*：IEEE 802.1Q 协议中规定的服务优先级号，范围为 0～7，数字越大，级别越高。

有关二层优先级的说明请参见本书 7.2.4 节。

要删除整个基于名称的扩展 MAC ACL，可以在全局配置模式下使用 **no mac access-list extended** *name* 命令进行。也可以指定删除个别的访问控制条目。

表 5-6　主要以太网协议对应的以太网类型值

以太网类型值（十六进制）	对应的以太网协议
0x0000～0x05DC	IEEE 802.3 长度
0x0101～0x01FF	实验
0x0600	XEROX NS IDP
0x0660、0x0661	DLOG
0x0800	网际协议（IP）
0x0801	X.75 Internet
0x0802	NBS Internet
0x0803	ECMA Internet
0x0804	Chaosnet
0x0805	X.25 Level 3
0x0806	地址解析协议（ARP：Address Resolution Protocol）
0x0808	帧中继 ARP（Frame Relay ARP）[RFC1701]
0x6559	原始帧中继（Raw Frame Relay）[RFC1701]
0x8035	动态 RARP（DRARP：Dynamic RARP）和反向地址解析协议（RARP：Reverse Address Resolution Protocol）
0x8037	Novell Netware IPX
0x809B	EtherTalk
0x80D5	IBM SNA Services over Ethernet
0x80F3	AppleTalk 地址解析协议（AARP：AppleTalk Address Resolution Protocol）
0x8100	以太网自动保护开关（EAPS：Ethernet Automatic Protection Switching）
0x8137	因特网包交换（IPX：Internet Packet Exchange）
0x814C	简单网络管理协议（SNMP：Simple Network Management Protocol）
0x86DD	网际协议 v6（IPv6，Internet Protocol version 6）
0x880B	点对点协议（PPP：Point-to-Point Protocol）
0x880C	通用交换管理协议（GSMP：General Switch Management Protocol）
0x8847	多协议标签交换（单播）（MPLS：Multi-Protocol Label Switching <unicast>）
0x8848	多协议标签交换（组播）（MPLS：Multi-Protocol Label Switching <multicast>）
0x8863	以太网上的 PPP（发现阶段）（PPPoE：PPP over Ethernet <Discovery Stage>）
0x8864	以太网上的 PPP（PPP 会话阶段）（PPPoE，PPP over Ethernet<PPP Session Stage>）
0x88BB	轻量级访问点协议（LWAPP：Light Weight Access Point Protocol）
0x88CC	链接层发现协议（LLDP：Link Layer Discovery Protocol）
0x8E88	局域网上的 EAP（EAPOL：EAP over LAN）
0x9000	配置测试协议（Loopback）
0x9100	VLAN 标签协议标识符（VLAN Tag Protocol Identifier）
0x9200	VLAN 标签协议标识符（VLAN Tag Protocol Identifier）
0xFFFF	保留

【示例 1】创建并显示名称为 mac1 的基于名称的扩展 MAC ACL。

```
Switch(config)#mac access-list extended mac1          !--创建名为 mac1 的基于名称的扩展 MAC ACL
Switch(config-ext-macl)#deny any any decnet-iv        !--拒绝以太网类型为 DECnet Phase IV 的网络通信流通过
Switch(config-ext-macl)#permit any any                !--允许其他类型的以太网通信流通过
Switch(config-ext-macl)#end
Switch#show access-lists     !--查看 ACL 配置
Extended MAC access list mac1
   deny any any decnet-iv
   permit any any
```

【示例 2】创建并显示一个名为 matching 的扩展 MAC ACL，允许以太网类型值为 0x8863 和 0x8040（具体参见表 5-6）的所有帧通过。

```
Switch(config)#mac access-list extended matching
Switch(config-ext-macl)#permit any any 0x8863
Switch(config-ext-macl)#permit any any 0x8040
Switch(config-ext-macl)#end
Switch#show access-lists matching
  Extended MAC access list matching
    permit any any 0x8863
    permit any any netbios
Switch#
```

5.4 Cisco IOS 交换机上的 ACL 应用

配置 ACL 的最终目的就是为了应用。我们前面已介绍到，ACL 可以在路由器的三层接口上应用，也可以在交换机的二层接口上应用，还可以在 VLAN 中应用，这也就是前面所说的 RACL、PACL 和 VACL。IP ACL 可以同时应用于 PACL、RACL、VACL，但 MAC ACL 只能应用于 PACL，且有些交换机（如 Catalyst 3560/3750 等系列）只能应用于二层物理接口上，不能应用于二层以太网通道接口（有些交换机可以，如 Catalyst 6500 系列）。

因为 ACL 的创建有基于列表号和名称两种方式（MAC ACL 只能基于名称方式），所以在应用上也有两种不同方式，下面分别予以介绍。

5.4.1 应用 IPv4 ACL 到终端线路

可以使用基于列表号的 ACL 来控制一个或多个终端线路，但**不能使用基于名称的 ACL 来应用在终端线路中**。必须在所有虚拟终端线路中设置相同的 ACL 过滤规则，因为一个用户可能要连接任何已配置的虚拟线路。

自特权模式开始，按表 5-7 所示步骤在虚拟终端线路上应用指定的 IPv4 ACL，可在虚拟线路和 ACL 中的 IP 地址之间配置流入、流出方向的连接限制。

表 5-7 IPv4 ACL 在终端线路上的应用配置步骤

步骤	命令	说明
1	**configure terminal** 例如：Switch#**configure terminal**	进入全局配置模式
2	**line [console | vty]** *line-number* 例如：Switch(config)#**line console** 0	键入要应用 ACL 的虚拟线路，进入线路配置模式。命令中的参数和选项说明如下： ● **console**：指定进入控制台终端线路 ● **vty**：指定进入用于远程控制台访问的虚拟线路 ● *line-number*：用来指定线路号，取值范围为 0~16
3	**access-class** *access-list-number* **{in | out}** 例如：Switch(config-line)#**access-class** 10 **in**	在以上终端线路和 ACL 中的 IP 地址（标准 IPv4 ACL 中只有源 IP 地址，扩展 IPv4 ACL 中可以有源 IP 地址和目的 IP 地址）间限制出/入连接。也就是只有满足指定 ACL 中配置条件的用户才能连接对应的终端线路。命令中的参数和选项说明如下： ● *access-list-number*：指定要应用 ACL 号 ● **in**：二选一选项，指定仅在终端线路连接的入方向上应用指定的 ACL ● **out**：二选一选项，指定仅在终端线路连接的出方向上应用指定的 ACL 可使用 **no access-class** *access-list-number* **{in | out}**线路配置模式命令从一条终端线路中移除一个 ACL
4	**end** 例如：Switch(config-line)#**end**	返回特权模式

续表

步骤	命令	说明
5	**show running-config** 例如：Switch#**show running-config**	显示运行配置文件，查看对应的 ACL 配置
6	**copy running-config startup-config** 例如：Switch#**copy running-config startup-config**	（可选）保存以上配置更改到启动配置文件中

【示例 1】应用一个标准 IPv4 ACL 1 到 1~4 号虚拟终端线路上的入方向远程访问。这样，通过 vty 1~4 号虚拟线路进行交换机远程访问的用户在连接前都必须根据 ACL 1 中配置的 IP 地址过滤条件进行检查，在 ACL 允许后才能正式登录成功。

```
Switch(config)# line vty 1 4
Switch(config-if)#access-class 1 in
```

【示例 2】应用一个扩展 IPv4 ACL 101 到 console 0 控制台终端线路上的入方向本地访问。这样，通过控制台本地访问交换机的用户在连接前都必须根据 ACL 101 中配置的 IP 地址过滤条件进行检查，在 ACL 允许后才能正式登录成功。

```
Switch(config)# line console 0
Switch(config-if)#access-class 101 in
```

5.4.2 应用 IPv4 ACL 到接口

本节要介绍的是如何在一个设备物理接口上应用一个 IPv4 ACL（可以是标准 IPv4 ACL，也可以是扩展 IPv4 ACL）。在配置过程中需遵循以下指南：

- 在二层物理接口上仅可以在入方向上应用 IPv4 ACL，在二层以太网通道接口上和在三层接口（包括 SVI 接口、物理三层接口和三层以太网通道接口）上既可以在入方向上应用，也可以在出方向上应用，但一条规则仅可选择一个应用方向。

【注意】运行 LAN base 特性集的交换机，仅在 SVI 接口上支持 RACL，在物理接口和三层以太网通道中不支持 RACL。

- 在接口上应用 ACL 时，可以使用基于名称或者基于列表号的 ACL。
- 如果应用一个 ACL 在加入到一个 VLAN 的二层接口上，这个在二层接口应用的 ACL（PACL）将优先应用于该 VLAN 接口入方向的三层 ACL（RACL），或者应用到该 VLAN 的 VLAN 映射（也就是 VACL）。在二层接口上接收到的包将总是通过这个 RACL 来过滤。
- 如果应用一个 ACL 到三层接口，但是在该交换机上没有启用 IP 路由，则这个 ACL 仅过滤流向 CPU 的包，如 SNMP、Telnet 或者 Web 通信。但无需启用 IP 路由来应用到二层接口。
- 当配置了 PVLAN，仅可以在主 VLAN 的接口上应用 RACL，这个 ACL 将同时作用到主/从 VLAN 的三层通信。

【说明】默认情况下，当一个包被一个 RACL 禁止时，交换机会发送 ICMP 不可达消息。这些被 RACL 禁止的包在硬件中是不会被丢弃的，会桥接到交换机 CPU 中，以便它可以产生 ICMP 不可达消息。但是 PACL 是例外，它们不会产生 ICMP 不可达消息，因为在二层接口上只会在入方向上应用 ACL。

ICMP 不可达消息可以在 RACL 上使用 **no ip unreachables** 接口配置模式命令来禁止发送。

可按表 5-8 所示步骤，自特权模式开始在接口上应用 ACL。

对于应用于入方向的 ACL，在接收到一个包后，交换机会按照 ACL 中配置的过滤条件检查该包。如果 ACL 是允许该包进入的，则交换机继续处理这个包；如果 ACL 是拒绝该包进入的，则交换机会丢弃该包。

表 5-8 在接口上应用 ACL 的步骤

步骤	命令	说明
1	**configure terminal** 例如：Switch#**configure terminal**	进入全局配置模式
2	**interface** *interface-id* 例如：Switch(config)#**interface** gigabitethernet1/0/1	键入要应用 ACL 的接口（可以是二层接口或者三层接口），进入接口配置模式
3	**ip access-group** {*access-list-number* | *name*} {**in** | **out**} 例如：Switch(config-if)#**ip access-group** 101 **in**	在以上接口上应用指定的 IPv4 ACL（可以是基于列表号的 IPv4 ACL，也可以是基于名称的 IPv4 ACL），但对于二层物理接口上的 PACL 不能选择 **out** 选项，其他的接口可以选择 **out** 选项。 要在对应接口上删除指定 ACL 的应用，可使用 **no ip access-group** {*access-list-number* | *name*} {**in** | **out**}接口配置模式命令
4	**end** 例如：Switch(config-if)#**end**	返回特权模式
5	**show running-config** 例如：Switch#**show running-config**	显示运行配置文件，查看以上 ACL 配置信息
6	**copy running-config startup-config** 例如：Switch#**copy running-config startup-config**	（可选）保存以上配置更改到启动配置文件中

对于出方向的 ACL，在接收和路由一个包到达应用了 ACL 的接口上时，交换机会根据 ACL 中配置的过滤条件检查该包。如果 ACL 是允许该包发出的，则交换机发送该包，如果 ACL 是拒绝该包发送的，则交换机会丢弃该包。

默认情况下，只要包被丢弃，入方向接口都会发送 ICMP 不可达消息，不管这个包是因为被入接口上的 ACL 所丢弃，还是因为被出接口上的 ACL 所丢弃。

当应用一个未定义的 ACL 到一个接口上时，交换机会认为该 ACL 没有在接口上应用，允许所有包通过。

【示例 1】在 gigabitethernet1/0/1 接口入方向上应用 ACL 2 过滤流入的包。

```
Switch(config)#interface gigabitethernet1/0/1
Switch(config-if)#ip access-group 2 in
```

【注意】当在 SVI、三层以太网通道或者可路由端口上应用 **ip access-group** 接口配置模式命令，这些接口必须配置了 IP 地址。三层访问组过滤路由包或者 CPU 上通过三层进程接收到的包，但不会影响 VLAN 内部的桥接包。

【示例 2】应用一个名为 simple-ip-acl 的 IPv4 ACL 到二层接口 gigabitEthernet 6/1 入方向上。

```
Switch(config)#interface gigabitEthernet 6/1
Switch(config-if)#ip access-group simple-ip-acl in
```

【示例 3】在路由器 e0/5 接口上创建一个标准名称 IP 访问列表（名称为 Internet_filter）和一个扩展名称 IP 访问列表（名称为 marketing_group）。Internet_filter 访问列表应用于接口的出方向上，而 marketing_group 名称访问列表应用于接口的入方向上。

```
Switch(config)#interface Ethernet0/5
Switch(config-if)#ip address 2.0.5.1 255.255.255.0
Switch(config-if)#ip access-group Internet_filter out    #将 Internet_filter 标准名称 IP 访问列表应用在路由器 e0/5 接口的出方向上
Switch(config-if)#ip access-group marketing_group in    #将 marketing_group 扩展名称 IP 访问列表应用在路由器 e0/5 接口的入方向上

Switch(config-if)#ip access-list standard Internet_filter    #创建名称为 Internet_filter 的标准 IP 访问列表
Switch(config-if)#permit 1.2.3.4    #创建一条规则，允许所有来自 IP 地址为 1.2.3.4 的主机的通信包通过
Switch(config-if)#deny any    #创建一条规则，拒绝所有来自其他主机的通信包通过

Switch(config-if)#ip access-list extended marketing_group    #创建名称为 marketing_group 的扩展 IP 访问列表
Switch(config-if)#permit tcp any 171.69.0.0 0.0.255.255 eq telnet    #创建一条规则，允许所有目的地址为 171.69.0.0 的 B 类网络主机的 Telnet 通信流通过
Switch(config-if)#deny tcp any any    #创建一条规则，拒绝所有其他 TCP 通信流通过
Switch(config-if)#permit icmp any any    #创建一条规则，允许所有 ICMP 消息通过
Switch(config-if)#deny udp any 171.69.0.0 0.0.255.255 lt 1024    #创建一条规则，拒绝所有目标地址为 171.69.0.0 的 B 类网络主机、端口号小于 1024 的 UDP 通信流通过
Switch(config-if)#deny ip any any log    #拒绝所有其他 IP 包通过，并启用日志
```

5.4.3 应用 MAC ACL 到二层接口

当创建了基于名称的 MAC ACL 时，就可以把这个 MAC ACL 应用到二层接口（有些交换机仅允许在物理二层接口上应用 MAC ACL，如 Catalyst 3560/3750 等系列，大多数是允许在二层以太网通道接口上应用 MAC ACL 的）上，以过滤流入该接口的非 IP 数据包。

在应用 MAC ACL 到二层接口时，请参考以下指南：

- 如果应用一个 PACL（包括应用到二层接口的 IPv4 ACL 和 MAC ACL）到一个加入了 VLAN 的二层接口上，则这个 MAC ACL 的优先级将高过在该 VLAN 接口上应用的 RACL 或者在该 VLAN 中应用的 VLAN ACL（VLAN 映射）。在二层接口上接收到的流入包总是依据这个 PACL 来进行过滤。
- 在同一个二层接口上，可以应用不超过一个的 IP ACL 和不超过一个的 MAC ACL，IP ACL 仅过滤 IP 包，MAC ACL 仅过滤非 IP 包。
- 一个二层接口上仅允许应用一个 MAC ACL，如果应用一个 MAC ACL 到一个已配置了 MAC ACL 的二层接口上，则新的 MAC ACL 将替换原来的 MAC ACL。

在特权模式下，可以按照表 5-9 所示的步骤应用一个基于名称的 ACL 到二层接口或者端口通道上。

表 5-9 在二层接口或者端口通道上应用基于名称的 ACL 的步骤

步骤	命令	说明
1	**configure terminal** 例如：Switch#**configure terminal**	进入全局配置模式
2	**interface** *interface-id* 例如：Switch(config)#**interface** gigabitethernet1/0/1	进入要应用 ACL 的接口配置模式，但该接口必须是物理二层接口
3	**mac access-group** {*name*} {**in** | **out**} 例如：Switch(config-if)#**mac access-group** macacl **in**	把指定的 MAC ACL 应用到上述接口的所选方向上。但要注意，在 Catalyst 3750 及以前系列中，仅支持入方向的通信流过滤。 该配置命令仅可在物理二层接口上配置，而不能在以太网端口通道上配置。 要删除基于名称的扩展 MAC ACL 的应用，可以在全局配置模式下使用 **no mac access-group** {*name*}{**in** | **out**}命令进行
4	**end** 例如：Switch(config-if)#**end**	返回到特权模式
5	**show mac access-group [interface** *interface-id*] 例如：Switch#**show mac access-group**	在二层接口或者端口通道上查看 MAC ACL 配置
6	**copy running-config startup-config** 例如：Switch#**copy running-config startup-config**	（本步可选）保存当前配置

【示例 1】应用名为 mac1 的 MAC ACL 到 Gigabitethernet 0/3 二层接口过滤入方向数据包。

```
Switch#configure terminal
Switch(config)#interface gigabitethernet0/3
Switch(config-if)#mac access-group mac1 in
```

【示例 2】应用名为 simple-mac-acl 的 MAC ACL 到 Ethernet 0 二层接口过滤出方向数据包。

```
Switch# configure terminal
Switch(config)# interface Ethernet 0
Switch(config-if)# mac access-group simple-mac-acl out
```

5.4.4 IPv4 ACL 的注释功能

Cisco IPv4 ACL（包括基于列表号和基于名称的标准 IPv4 ACL 和扩展 IPv4 ACL）中可以使用

remark 关键字选项来为下面配置的 IPv4 ACL 中的规则进行描述性说明，以便能更好地理解 ACL。功能和配置方法都很简单。下面通过几个具体的示例进行介绍。

【示例 1】在下面的基于列表号的访问列表示例中以 **remark** 关键字说明，Jones 工作站可以访问，而 Smith 工作站不允许访问。

```
access-list 1 remark Permit only Jones workstation through
access-list 1 permit 171.69.2.88
access-list 1 remark Do not allow Smith workstation through
access-list 1 deny 171.69.3.13
```

【示例 2】在下面的基于列表号的访问列表示例中以 **remark** 说明，Winter 和 Smith 工作站不允许访问 Web 服务器。

```
access-list 100 remark Do not allow Winter to browse the web
access-list 100 deny host 171.69.3.85 any eq http
access-list 100 remark Do not allow Smith to browse the web
access-list 100 deny host 171.69.3.13 any eq http
```

【示例 3】在下面的基于名称的访问列表示例中以 **remark** 说明，Jones 用户所在子网（网络地址为 171.69.0.0）不允许访问。

```
ip access-list standard prevention
remark Do not allow Jones subnet through
deny 171.69.0.0 0.0.255.255
```

【示例 4】在下面的基于名称的访问列表示例中以 **remark** 说明，Jones 用户所在子网（网络地址为 171.69.0.0）不允许向外发起 Telnet 访问。

```
ip access-list extended telnetting
remark Do not allow Jones subnet to telnet out
deny tcp 171.69.0.0 0.0.255.255 any eq telnet
```

5.4.5 IPv4 ACL 配置综合示例

本节要介绍一个 IPv4 ACL（包括标准 IPv4 ACL 和扩展 IPv4 ACL）的创建和应用配置方法。图 5-4 所示为一个小型网络办公环境，网络中路由器的端口 2 连接到服务器 A，包含了所有员工都需要访问的内容，而路由器端口 1 连接到服务器 B，包含了一些诸如员工工资方面的信息。现要求所有员工都可以访问服务器 A，而服务器 B 上的资源是限制访问的。

在路由器上，可以使用以下两种不同类型的 ACL 来实现以上目的：

- 创建一个标准 IPv4 ACL，过滤从路由器端口 1 流入的网络通信。
- 创建一个扩展 IPv4 ACL，过滤从路由器端口 1 流入的网络通信。

1. 使用标准 IPv4 ACL 实现以上目的

本示例使用标准 IPv4 ACL 来过滤从端口 1 上流入到服务器 B 的通信，仅允许财务部所在的 172.20.128.64～172.20.128.95 子网中的用户访问。

```
Switch#configure terminal
Switch(config)#access-list 6 permit 172.20.128.64 0.0.0.31    #创建列表号为 6 的标准 IPv4 ACL，允许 IP 地址为 172.20.128.64~
172.20.128.95 子网中的机器可以访问
Switch(config)#interface gigabitethernet0/1    !---进入连接服务器 B 的路由器接口 gigabitethernet0/1 配置模式
Switch(config-if)#ip access-group 6 out    !---在 gigabitethernet0/1 接口上应用 ACL 6
Switch(config)#end

Switch#show access-lists    #显示访问列表配置
Standard IP access list 6
    permit 172.20.128.64, wildcard bits 0.0.0.31
```

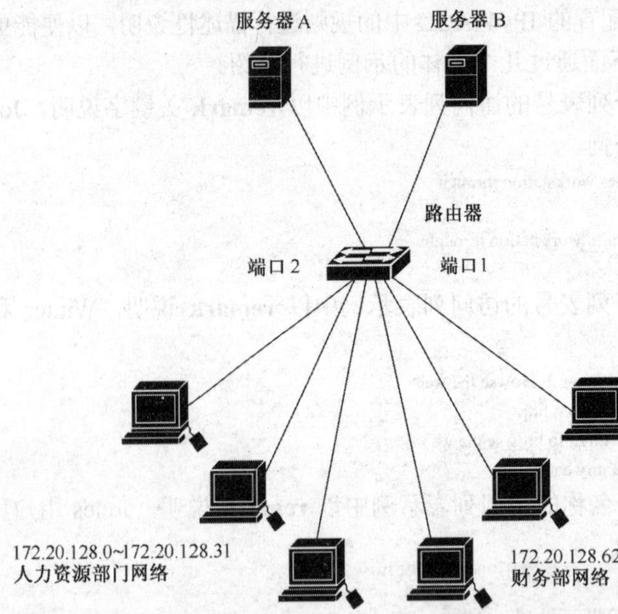

图 5-4 IPv4 ACL 综合配置示例网络结构

2. 使用扩展 IPv4 ACL 实现以上目的

下面使用扩展 IPv4 ACL 来限制从路由器端口 1 访问服务器 B 的通信：仅允许所有目的地址在 172.20.128.64～172.20.128.95 子网的通信流通过，并把所配置的扩展 IPv4 ACL 应用到路由器端口 1 的入方向上。

```
Switch#configure terminal
Switch(config)#access-list 106 permit ip any 172.20.128.64 0.0.0.31    #创建列表号为 106 的扩展 IPv4 ACL，允许所有目的地址为 172.20.128.64～172.20.128.95 子网的主机数据包通过
Switch(config)#interface gigabitethernet0/1    #进入路由器的端口 1 配置模式
Switch(config-if)#ip access-group 106 in    #在路由器端口 1 上应用上面创建的 106 号扩展 IPv4 ACL
Switch(config)#end

Switch#show access-lists    #显示访问列表配置
Extended IP access list 106
    permit ip any 172.20.128.64 0.0.0.31
```

5.5 Cisco IOS 交换机 VACL 配置

在 Cisco 交换机中，还有一种 ACL 大家都相对比较陌生，那就是应用于 VLAN（虚拟局域网）的 ACL，简称 VACL。VACL（VLAN ACL）可用于过滤 VLAN 内所有的 IP、MAC 层的流量。但它不分 inbound（入站）与 outbound（出站）方向，对双向数据流都过滤。而且一个 VACL 可以用于多个 VLAN 中，但一个 VLAN 只能与一个 VACL 关联。

5.5.1 VACL 简介

VACL 使用标准和扩展 IPv4 ACL、基于 MAC 地址的 ACL 和 VLAN 映射。目前，大多数 Cisco IOS 交换机都支持 VACL。VACL 的关键技术就是 VLAN Map（VLAN 映射）。VLAN 映射可以控制在 VLAN 内部的所有访问通信，包括被路由进或者出 VLAN 的通信，也包括 VLAN 内部的桥接通信，但不能定义过滤方向。可以为 IP 通信配置 VLAN 映射与三层 IP 地址匹配。所有非 IP

协议的通信是通过 MAC 地址和 VLAN 映射中使用的 MAC ACL 的以太网类型（Ethertype）来控制的（在 VLAN 映射中，IP 通信不能通过基于 MAC 地址的扩展 MAC ACL 来控制）。可以强制对经过该交换机上的数据包应用 VLAN 映射，但不能强制在连接到集线器的主机或连接该交换机的其他交换机上应用 VLAN 映射。

通过 VLAN 映射，包的转发行为可以依据映射中指定的行为进行允许或禁止。图 5-5 所示的示例说明了一个 VLAN 映射如何在 VLAN 10 中被应用来拒绝转发从 Host A 发送的指定类型包。

图 5-5 使用 VLAN 映射控制通信流示意图

目前支持的 VACL 操作有以下 3 种：

- **forward**：正常转发数据。可以使用 capture 参数（只有 Catalyst 6000/6500 系列交换机支持）将流量复制到另一个捕获端口，这种 VACL 操作可用于配置 SPAN（Switched Port Analyzer，交换端口分析器）。
- **redirect**：重定向特定的数据流，可以进行相应的 SPAN 操作（只有 Catalyst 6000/6500 系列交换机支持此操作）。
- **drop**：丢弃相应的数据。如果使用 logging 参数可以进行相应的记录（只有 Catalyst 6000/6500 系列交换机支持此操作）。

在 VLAN 映射中，转发的数据包允许或禁止通过取决于在映射中定义的行为。

每一个 VLAN 映射可以由一个或一个以上的映射序列组成，每个序列与一个匹配语句和一个行为语句关联。匹配语句说明要匹配的通信协议类型，而行为语句则说明当匹配发生时所采取的行为。当通信流与一条允许列表规则匹配时，则与之相关的行为就发生，通信流不再被要求检查后续的序列。当通信流与一条禁止的 ACL 规则匹配时，则相同序列和后续序列通信流都将被检查；如果在 ACL 中对某类型数据包配置至少一条规则，而该类型的某通信流不与任何 ACL 规则匹配时，则数据包被禁止通过。VLAN 映射的最后一条隐藏规则是 deny ip any any，与 ACL 相同。但 VACL 只有在 VLAN 的端口被激活（active）后才会启用，否则状态为非激活（inactive）状态。

在网桥或路由器上使用访问控制，可以单独或与其他 VACL、ACL 联合来使用 VACL。可以在 VLAN 接口上定义 ACL 对路由器进、出通信流实施访问控制；也可以定义 VACL，实现网桥上的通信流访问控制。

【注意】这里所介绍的 VACL 并不是指 VLAN 间控制不同 VLAN 互访的 ACL，而是应用于一个 VLAN 内部的 ACL。我们常说的 VLAN 之间的访问控制，它的实现方式是将 ACL 直接应用到 VLAN 的虚拟接口上，与本章前面介绍的应用到物理端口的 PACL 和 RACL 的实现方式是一样的。

VACL 与 PACL、RACL 有本质区别，VACL 中的匹配子句作用于同一个 VLAN，用于确定同一 VLAN 中的数据流向。它针对交换机进行配置，而不是针对端口。与 PACL 和 RACL 相比，另一个显著的不同就是 VACL 不区分 inbound 和 outbound，它针对整个 VLAN 而言，用于 VLAN 之间的数据流向确定，而 PACL 和 RACL 是针对端口进行过滤的。一般情况下，通过 VLAN 之间 ACL 实现访问控制比较方便，但是当 VLAN 的端口比较分散时，采用 VACL 相对而言就要简单很多。

5.5.2 VACL 的创建和删除

在正式介绍 VACL 的配置前，先来了解一下相关的配置指南：

- VACL 的最后一条隐藏规则也是 deny ip any any，与 ACL 相同。
- VACL 没有 inbound 和 outbound 之分，与普通 ACL 不同。
- 一个 VACL 可以用于多个 VLAN 中；但一个 VLAN 只能与一个 VACL 关联。
- VLAN 映射不能过滤 IPv4 ARP 包。
- 如果在三层 VLAN 接口上没有配置 RACL（包括入方向和出方向），也没有 VLAN 映射配置，则所有通信都是允许的。
- 每个 VLAN 映射包含一系列的子句，这些子句的顺序很重要。进入交换机的包首先会按 VLAN 映射中的第一个子句进行比较，如果匹配，则该子句后面的行为将会发生；如果不匹配，则包会继续与 VLAN 映射中的下一个子句进行比较。以此类推。
- 如果 VLAN 映射有至少一个针对 IP 包或 MAC 包而创建的 ACL，则所有不与这些 ACL 匹配的包都将默认被丢弃；相反，如果在 VLAN 映射中有 IP 或者 MAC 包匹配的 ACL，则对应的包将默认被转发。
- 如果配置了大量的 VACL，则系统的启动时间将很长。
- 在一台交换机已有一个应用到二层接口的 IP ACL 或者 MAC ACL（可统称为 PACL），并且应用一个 VLAN 映射到一个该二层接口所属的 VLAN 中，则 PACL 的行为将优先于 VLAN 映射中的行为。
- 可以在 PVLAN 中的主/从 VLAN 中配置 VLAN 映射，但是建议在主/从 VLAN 中配置相同的 VLAN 映射。
- 当一个帧是在一个 PVLAN 内部转发，在入口端和出口端将应用相同的 VLAN 映射，当帧是从 PVLAN 内部路由到外部时，PVLAN 映射是在入口端应用的。

每个 VLAN 映射中包括一个序列的匹配子句，可以在 Cisco 交换机上创建、添加或删除 VACL 条目。但在此之前，要确保在 VACL 中应用的 IPv4 ACL 或 MAC ACL 已经配置。具体步骤如表 5-10 所示。

表 5-10 创建、添加或删除 VACL 条目的基本步骤

步骤	命令	说明
1	**configure terminal** 例如：Switch#**configure terminal**	进入全局配置模式
2	**vlan access-map** *map-name* [*number*] 例如：switch(config)#**vlan access-map** vlanmap1	创建映射并进入映射配置模式。参数 *map-name* 用来指定 VLAN 映射名，*number* 可选参数用来指定 VLAN 映射序号，取值范围为 0~65535。 可用 **no vlan access-map** *map-name* [*number*]命令删除指定序列号的映射，或者删除整个 VLAN 映射
3	**match** {**ip address** {*acl-number* | *acl-name*}} | {**mac address** *acl-name*} 例如：Switch(config-access-map)#**match ip address** 101	指定一个或多个 IP ACL 或者 MAC ACL 作为以上 VLAN 映射的匹配子句序列。IP ACL 可以是基于列表号的，也可以是基于名称的，MAC ACL 是基于名称的。 如果不指定本步的匹配子句，则下面设置的匹配行为将作用于所有数据包。可用 **no match** {**ip address** {*acl-number* | *acl-name*}} | {**mac address** *acl-name*}删除对应的匹配子句
4	**action** {**drop** | **forward** } 例如：Switch(config-access-map)#**action drop**	指定在数据包与 VLAN 映射中的 ACL 序列匹配时将发生的行为，二选一选项 drop 代表丢弃对应的数据包，二选一选项 forward 代表继续转发该数据包，可用 **no action** {**drop** | **forward**}命令删除行为子句。 【注意】默认为转发行为，也就是没有应用 ACL 来明确指出要丢弃的包都将被转发，但是在 VLAN 映射中所引用的每个 ACL 的最后都隐含附加了一条 **deny ip any any** 规则，也就是所有与所引用的 ACL 中规则不匹配的包都将被拒绝
5	**end** 例如：Switch(config-access-map)#**end**	返回特权模式

续表

步骤	命令	说明
6	**show running-config** 例如：Switch#**show running-config**	（可选）显示运行配置，查看以上的 VACL 配置
7	**copy running-config startup-config** 例如：Switch#**copy running-config startup-config**	（可选）保存以上配置更改到启动配置文件中

【示例 1】创建一个名为 ip1 的扩展 IPv4 ACL，仅允许所有的 TCP 通信通过，然后把该 IP ACL 应用于名为 map_1 的 VLAN 映射中，所有与 ip1 扩展 IPv4 ACL 匹配的 TCP 数据包都被丢弃。因为本示例中，VLAN 映射中引用了一个 IP ACL，所以默认所有 IP 包都将被丢弃。这样两者叠加的结果就是丢弃所有的 IP 包，不管它是不是 TCP 包。

```
Switch(config)#ip access-list extended ip1
Switch(config-ext-nacl)#permit tcp any any
Switch(config-ext-nacl)#exit

Switch(config)#vlan access-map map_1 10
Switch(config-access-map)#match ip address ip1
Switch(config-access-map)#action drop
```

【示例 2】本示例显示了如何创建一个名为 map_1 的 VLAN 映射来允许数据包通过。先是创建一个名为 ip2 的 ACL，ip2 ACL 允许 UDP 协议类型数据包通过，然后把 map_1 VLAN 映射与 ip2 ACL 进行匹配，凡是与之匹配的数据包都将被转发。同样根据 VLAN 映射的默认行为规则，所有不与引用的 IP ACL 匹配的 IP 数据包都将被丢弃。结合两者最后的效果，除了允许的 UDP 包外，其他的所有 IP 包都将被丢弃。

```
Switch(config)#ip access-list extended ip2
Switch(config-ext-nacl)#permit udp any any
Switch(config-ext-nacl)#exit

Switch(config)#vlan access-map map_1 20
Switch(config-access-map)#match ip address ip2
Switch(config-access-map)#action forward
```

【示例 3】本示例默认是丢弃所有 IP 包，转发所有 MAC 包，因为示例的 VLAN 映射中引用了 IP ACL，但没有引用 MAC ACL。通过在 VLAN 映射中应用标准 IPv4 ACL 101 以及基于名称的扩展 ACL **igmp-match** 和 **tcp-match** 可实现以下行为（一定要与 VLAN 映射的默认行为规则结合来考虑）：

- 转发所有 UDP 数据包。
- 丢弃所有 IGMP 数据包。
- 转发所有 TCP 数据包。
- 丢弃所有其他 IP 数据包。
- 转发所有非 IP 数据包。

```
Switch(config)#access-list 101 permit udp any any
Switch(config)#ip access-list extended igmp-match
Switch(config-ext-nacl)#permit igmp any any
Switch(config)#ip access-list extended tcp-match
Switch(config-ext-nacl)#permit tcp any any
Switch(config-ext-nacl)#exit
!---在这里的最后还隐含表示拒绝所有其他 IP 包通过，被拒绝的其他 IP 包同时被丢弃了，同时此处也没有配置 MAC ACL，所以允许所有非 IP 包通过

Switch(config)#vlan access-map drop-ip-default 10
Switch(config-access-map)#match ip address 101
```

```
Switch(config-access-map)#action forward
Switch(config-access-map)#exit

Switch(config)#vlan access-map drop-ip-default 20
Switch(config-access-map)#match ip address igmp-match
Switch(config-access-map)#action drop
Switch(config-access-map)#exit

Switch(config)#vlan access-map drop-ip-default 30
Switch(config-access-map)#match ip address tcp-match
Switch(config-access-map)#action forward
```

【示例 4】本示例的 VLAN 映射中默认是丢弃所有 MAC 包，而转发所有 IP 包，因为本示例 VLAN 映射引用了两个 MAC ACL，而没有引用一个 IP ACL。通过应用 MAC 地址扩展 ACL **good-hosts** 和 **good-protocols**，VLAN 映射可实现以下行为：

- 转发来自 MAC 地址为 0000.0c00.0111 和 0000.0c00.0211 的主机的 MAC 地址数据包。
- 转发 DECnet 或 VINES（Virtual Integrated Network Service，虚拟综合网络服务）协议家族的 MAC 地址数据包。
- 丢弃所有其他非 IP 数据包。
- 转发所有 IP 数据包。

```
Switch(config)#mac access-list extended good-hosts
Switch(config-ext-macl)#permit host 000.0c00.0111 any
Switch(config-ext-macl)#permit host 000.0c00.0211 any
Switch(config-ext-nacl)#exit
Switch(config)#mac access-list extended good-protocols
Switch(config-ext-macl)#permit any any protocol-family decnet
Switch(config-ext-macl)#permit any any protocol-family vines
Switch(config-ext-nacl)#exit

Switch(config)#vlan access-map drop-mac-default 10
Switch(config-access-map)#match mac address good-hosts
Switch(config-access-map)#action forward
Switch(config-access-map)#exit
Switch(config)#vlan access-map drop-mac-default 20
Switch(config-access-map)#match mac address good-protocols
Switch(config-access-map)#action forward
```

【示例 5】在本示例中，VLAN 映射配置为丢弃所有数据包（包括 IP 和非 IP 数据包），因为在本示例的 VLAN 映射中同时引用了 IP ACL 和 MAC ACL。通过应用 ACL **tcp-match** 和 **good-hosts**，VLAN 映射可实现以下行为：

- 转发所有 TCP 数据包。
- 转发来自 MAC 地址为 0000.0c00.0111 和 0000.0c00.0211 的主机的 MAC 地址数据包。
- 丢弃所有其他 IP 数据包。
- 丢弃所有其他 MAC 地址数据包。

```
Switch(config)#ip access-list extended ip1
Switch(config-ext-nacl)#permit tcp any any
Switch(config-ext-nacl)#exit
Switch(config)#mac access-list extended good-hosts
Switch(config-ext-macl)#permit host 000.0c00.0111 any
Switch(config-ext-macl)#permit host 000.0c00.0211 any
Switch(config-ext-nacl)#exit

Switch(config)#vlan access-map drop-all-default 10
```

```
Switch(config-access-map)#match ip address tcp-match
Switch(config-access-map)#action forward
Switch(config-access-map)#exit
Switch(config)#vlan access-map drop-all-default 20
Switch(config-access-map)#match mac address good-hosts
Switch(config-access-map)#action forward
```

5.5.3　应用 VACL 到 VLAN 中

上节只是创建了 VACL（VLAN 映射），要真正让所创建的 VLAN 映射起作用，则肯定要应用这个 VLAN 映射。但要注意的是，VLAN 映射的应用不是在接口（包括 VLAN 接口）上，而是直接在交换机全局配置模式下把对应的 VLAN 映射应用到指定的 VLAN 中。当然在应用之前，必须确保对应的 VACL 已经存在并为通信过滤进行了正确配置；如果是要更新 VACL，则要确保所更新的 VACL 是正确的 VACL，并且了解当前正在运行的 VACL 的应用情况。

应用 VACL 的基本步骤如表 5-11 所示。

表 5-11　应用 VACL 的基本步骤

步骤	命令	说明
1	**configure terminal** 例如：Switch#**configure terminal**	进入全局配置模式
2	**vlan filter** *mapname* **vlan-list** *list* 例如：switch(config)#**vlan filter** vlanmap1 **vlan-list** 10,20,30	应用指定的 VACL 到指定的 VLAN 列表中，每个 VLAN 中仅可应用一个 VLAN 映射。命令中的参数说明如下： ● *mapname*：指定要应用的 VLAN 映射名 ● *list*：指定 VLAN 映射在应用的 VLAN 列表，可用连接符（-）表示一个 VLAN 范围，当然也可以是单个不连续的，各 VLAN 范围和单个 VLAN 间用英文逗号分隔，取值范围为 1~4094 可用 **no vlan filter** *map-name* {**vlan-list** [*vlan-list*]}命令从指定的 VLAN 中移除指定的 VACL，如果没有指定 *vlan-list* 参数，则表示把指定的 VACL 从所有 VLAN 中移除
3	**end** 例如：Switch(config)#**end**	
4	**show running-config** 例如：Switch#**show running-config**	（可选）显示交换机当前运行配置文件，查看 ACL 配置
5	**copy running-config startup-config** 例如：Switch#**copy running-config startup-config**	（可选）保存以上配置更改到启动配置文件中

【示例 1】定义和应用一个 VLAN 映射（thor）来转发 IP 数据包。在示例中，默认的行为是与 ACL net_10 匹配的 IP 通信被转发，所有其他 IP 数据包被丢弃，并应用到 VLAN 12~16 中。

```
Switch (config)#vlan access-map thor 10
Switch (config-access-map)#match ip address net_10
Switch (config-access-map)#action forward
Switch (config-access-map)#exit
Switch (config)#vlan filter thor vlan-list 12-16
```

【示例 2】定义和应用一个 VLAN 映射（ganymede），以丢弃并记录 IP 数据包。示例中，与 ACL net_10 匹配的数据包被丢弃，而其他 IP 数据包将被转发，并应用到 VLAN 7~9 中。

```
Switch(config)#vlan access-map ganymede 10
Switch(config-access-map)#match ip address net_10
Switch(config-access-map)#action drop
Switch(config-access-map)#exit
Switch(config)#vlan access-map ganymede 20
Switch(config-access-map)#match ip address any_host
Switch(config-access-map)#action forward
Switch(config-access-map)#exit
Switch(config)#vlan filter ganymede vlan-list 7-9
```

【示例 3】定义和应用一个 VLAN 映射（mordred），以转发和捕获 IP 数据包。示例中，与 ACL net_10 匹配的 IP 通信将被转发，其他 IP 数据包将被丢弃。

```
Switch(config)#vlan access-map mordred 10
Switch(config-access-map)#match ip address net_10
Switch(config-access-map)#action forward
Switch(config-access-map)#exit
Switch(config)#vlan filter mordred vlan-list 2, 4-6
```

5.5.4 检验 VACL 配置

在 Cisco 交换机上，使用表 5-12 所示的命令可以显示 VACL 配置信息。

表 5-12 检验 VACL 配置的命令

命令	说明
show vlan access-map [*mapname*]	显示指定或者交换机上配置的所有 VACL 配置内容
show vlan filter [**access-map** *name* | **vlan** *vlan-id*]	显示指定 VLAN 或者指定 VLAN 映射中的 VLAN 过滤信息

【示例 1】显示名为 mordred 的 VLAN 映射配置。从输出信息可以得出该 VLAN 映射的序号（本示例中为 1）、所引用的 ACL（本示例是 IP ACL 13）、匹配的行为（本示例为转发）。

```
Switch#show vlan access-map mordred
Vlan access-map "mordred" 1
        match: ip address 13
        action: forward
```

【示例 2】显示交换机上已配置的所有 VLAN 映射配置。从输出信息中可以得出该交换机已配置了三个 VLAN 映射序列（分别为 map_1 10、20、30），同时列出了每个序列所引用的 ACL 和行为配置。但要注意的是，序列 30 因为没有引用任何 ACL，所以它是采用默认的行为——丢弃。

```
Switch#show vlan access-map
Vlan access-map "map_1" 10
  Match clauses:
     ip address: ip1
  Action:      drop
Vlan access-map "map_1" 20
  Match clauses:
     mac address: mac1
  Action:      forward
Vlan access-map "map_1" 30
  Match clauses:
  Action:      drop
```

【示例 3】显示当前交换机上已配置的 VLAN 映射应用配置。从输出信息可以得出，当前交换机已配置了一个 VLAN 映射（map_1），应用在 VLAN 20~VLAN 22 共三个 VLAN 中。

```
Switch#show vlan filter
VLAN Map map_1 is filtering VLANs:
  20-22
```

5.5.5 Cisco IOS 交换机 VACL 配置示例

本节要介绍两个具体的 VACL 配置示例。

【示例 1】图 5-6 所示是主机 Host X 和 Host Y 位于不同的 VLAN 中（分别为 VLAN 1 和 VLAN 2），分别连接交换机 A 和交换机 C。从主机 Host X 到主机 Host Y 的通信流是通过交换机 B（Cisco Catalyst 4500 系列三层交换机）进行路由的。在交换机 A 的入方向可以对从主机 Host X 访问主机 Host Y 的通信流进行控制。

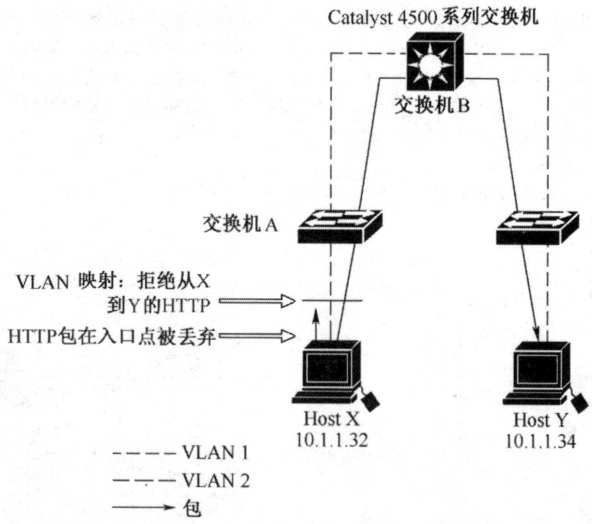

图 5-6 示例网络结构示意图

现假设要禁止从主机 Host X 到主机 Host Y 的 HTTP 通信流通过，则需要在交换机 A 上应用 VLAN 映射，丢弃所有从 IP 地址为 10.1.1.32 的 Host X 主机到 IP 地址为 10.1.1.34 的 Host Y 主机的 HTTP 通信流，而且不允许通过桥接方式与交换机 B 通信。要达到以上目的，可以进行如下配置：

（1）定义一个名为 http 的扩展 IPv4 ACL，允许所有 HTTP 服务的 TCP 通信流通过。要实现这一步，需要在交换机 A 上进行如下配置：

```
Switch(config)#ip access-list extended http      #创建名为 http 的基于名称的扩展 IPv4 ACL
Switch(config-ext-nacl)#permit tcp host 10.1.1.32 host 10.1.1.34 eq www      #创建一条允许从 IP 地址为 10.1.1.32 的主机到 IP 地址
                                                                              #为 10.1.1.34 的所有 Web 访问通信流通过
Switch(config-ext-nacl)#exit
```

（2）建立一个名为 map2 的 VLAN 映射，以便将与前面创建的基于名称的扩展 IPv4 ACL（http）匹配的数据包丢弃，而其他 IP 通信数据包则允许通过。要实现这个目的，又需要在交换机 A 上进行如下配置：

```
Switch(config)#vlan access-map map2 10      #创建一个名为 map2、序列号为 10 的 VLAN 映射条目
Switch(config-access-map)#match ip address http      #与 http 扩展 IPv4 ACL 中的 IP 地址匹配
Switch(config-access-map)#action drop      #如果数据包中的 IP 地址与 http 扩展 IPv4 ACL 中的 IP 地址匹配，则丢弃数据包
Switch(config-access-map)#exit
Switch(config)#ip access-list extended match_all      #创建一个名为 match_all 的扩展 IPv4 ACL
Switch(config-ext-nacl)#permit ip any any      #创建一条允许所有 IP 数据包通过的规则
Switch(config-ext-nacl)#exit
Switch(config)#vlan access-map map2 20      #创建一个名为 map2、序列号为 20 的 VLAN 映射条目
Switch(config-access-map)#match ip address match_all      #与 match_all 扩展 IPv4 ACL 中的 IP 地址匹配
Switch(config-access-map)#action forward      #如果数据包中的 IP 地址与 match_all 扩展 IPv4 ACL 中的 IP 地址匹配，则转发数据包
```

【示例 2】图 5-7 所示为如何限制其他 VLAN 中的用户访问服务器。在本示例中，服务器（Server）位于 VLAN 10 中，IP 地址为 10.1.1.100。要求：10.1.2.0/8 子网中位于 VLAN 20 的主机不能访问服务器；位于 VLAN 10 中、IP 地址为 10.1.1.4 和 10.1.1.8 的主机也不能访问服务器。

本示例通过配置 ACL 和 VLAN 映射来阻止其他 VLAN 中的用户访问服务器，主要分 3 步完成：首先创建一个名为 SERVER1_ACL 的 VLAN 映射，阻止 10.1.2.0/8 子网中 IP 地址为 10.1.1.4 和 10.1.1.8 的两个主机都不能访问服务器；然后与所创建的 ACL 匹配，丢弃与 SERVER1_ACL 中 IP 地址匹配的数据包，而允许所有其他的 IP 数据包通过；最后把 SERVER1_ACL VLAN 映射应用到 VLAN 10 中。下面是具体的配置。

（1）定义 IPv4 ACL，以匹配、允许正确的数据包通过。

```
Switch(config)#ip access-list extended SERVER1_ACL      #创建名为 SERVER1_ACL 的扩展 IPv4 ACL
Switch(config-ext-nacl))#permit ip 10.1.2.0 0.0.0.255 host 10.1.1.100      #创建一条允许网络地址为 10.1.2.0 子网中的所有用户访问 IP
                                                                            #地址为 10.1.1.100 的服务器的规则
```

```
Switch(config-ext-nacl))#permit ip host 10.1.1.4 host 10.1.1.100    #创建一条允许 IP 地址为 10.1.1.4 的主机访问 IP 地址为
                                                                    #10.1.1.100 的服务器的规则
Switch(config-ext-nacl))#permit ip host 10.1.1.8 host 10.1.1.100    #创建一条允许 IP 地址为 10.1.1.8 的主机访问 IP 地址为
                                                                    #10.1.1.100 的服务器的规则
Switch(config-ext-nacl))#exit
```

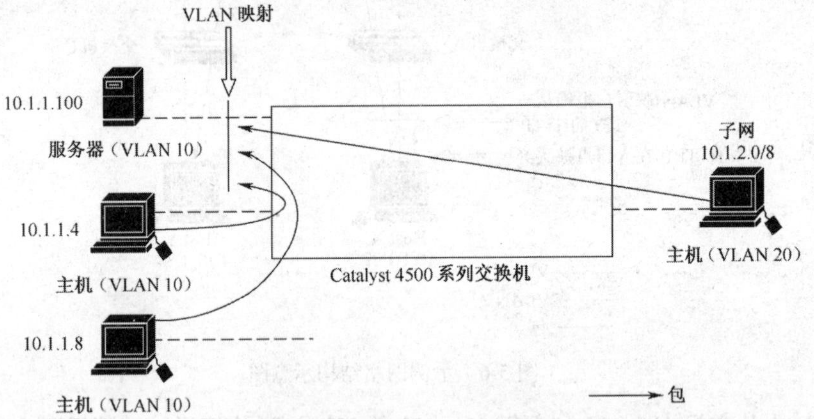

图 5-7　拒绝从其他 VLAN 中访问服务器图示

（2）定义一个名为 SERVER1_MAP 的 VLAN 映射，并丢弃所有与 SERVER1_ACL 中的 IP 地址匹配的数据包，转发 IP 地址不匹配的数据包。

```
Switch(config)#vlan access-map SERVER1_MAP    #创建一个名为 SERVER1_MAP 的 VLAN 映射
Switch(config-access-map)#match ip address SERVER1_ACL    #与名为 SERVER1_ACL 的扩展 IPv4 ACL 中的 IP 地址进行匹配
Switch(config-access-map)#action drop    #如果数据包中的 IP 地址与名为 SERVER1_ACL 的扩展 IPv4 ACL 中的 IP 地址匹配，
                                         #则丢弃数据包
Switch(config)#vlan access-map SERVER1_MAP 20    #创建一个名为 SERVER1_MAP、序列号为 20 的 VLAN 映射条目
Switch(config-access-map)#action forward    #转发所有不匹配 IP 地址的数据包
Switch(config-access-map)#exit
```

（3）把 VLAN 映射应用于 VLAN 10 中。

```
Switch(config)#vlan filter SERVER1_MAP vlan-list 10    #把名为 SERVER1_MAP 的 VLAN 映射应用到 VLAN 10 中
```

5.5.6　VLAN 间访问控制 ACL 与 VACL 配置比较示例

为了加深大家对应用于 VLAN 间访问的 ACL 配置与 VLAN 内部的 VACL 配置的区别，在此也举一个示例。本示例拓扑如图 5-8 所示。网络中划分了三个 VLAN：VLAN 10、VLAN 20 和 VLAN 30，三个 VLAN 虚拟接口的 IP 地址分别为 192.168.10.1/24、192.168.20.1/24 和 192.168.30.1/24。现要求分别通过 VLAN 间的访问控制 ACL 和 VACL 两种方法来实现：VLAN 10 和 VLAN 20 之间不能访问，但都能访问 VLAN 30。

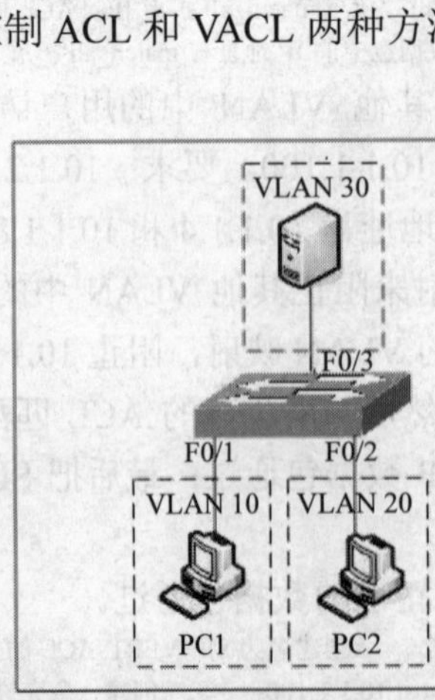

图 5-8　VLAN 间访问控制 ACL 与 VACL 配置区别示例拓扑

1. 通过 VLAN 间 ACL 的配置方法

（1）配置 VLAN，创建三个 VLAN，并为三个 VLAN 接口配置对应的 IP 地址。

```
Switch(config)#vlan 10
Switch(config-vlan)#exit
Switch(config)#vlan 20
Switch(config-vlan)#exit
Switch(config)#vlan 30
Switch(config-vlan)#exit
Switch(config)#int vlan 10
Switch(config-if)#ip address 192.168.10.1 255.255.255.0
Switch(config-if)#int vlan 20
Switch(config-if)#ip address 192.168.20.1 255.255.255.0
Switch(config-if)#int vlan 30
Switch(config-if)#ip address 192.168.30.1 255.255.255.0
```

（2）配置应用于控制 VLAN 间互访的 IPv4 ACL。

```
Switch(config)#access-list 101 permit ip 192.168.10.0 0.0.0.255 192.168.30.0 0.0.0.255   !--允许从 VLAN 10 到 VLAN 30 的 IP 包通过
Switch(config)#access-list 102 permit ip 192.168.20.0 0.0.0.255 192.168.30.0 0.0.0.255   !--允许从 VLAN 20 到 VLAN 30 的 IP 包通过
!---此处还隐含除了以上两类 IP 包外，其他所有的 IP 包都是被拒绝的
Switch(config)#int vlan 10
Switch(config-if)#ip access-group 101 in     !--在 VLAN 10 接口入方向上应用 ACL 101
Switch(config)#int vlan 20
Switch(config-if)#ip access-group 102 in     !--在 VLAN 20 接口入方向上应用 ACL 102
```

以上就是采用 VLAN 间访问控制 ACL 的配置方法。下面介绍采用 VLAN 映射的配置方法。

2. 通过 VACL 方式的配置方法

这种方式的 VLAN 创建、VLAN 接口，以及 ACL 的配置方法与前面的一样，不再赘述。下面仅介绍 VACL 方面的配置。

（1）创建 VACL。

```
Switch(config)#vlan access-map test1   !--定义一个名为 test1 的 VLAN 映射
Switch(config-vlan-access)#match ip address 101 !--引用 ACL 101
Switch(config-vlan-access)#action forward   !--定义匹配规则行为为转发
Switch(config-vlan-access)#exit
Switch(config)#vlan access-map test2
Switch(config-vlan-access)#match ip address 102
Switch(config-vlan-access)#action forward
```

（2）应用 VACL。

```
Switch(config)#vlan filter test1 vlan-list 10   !--将上面配置的 test1 VLAN 映射应用到 Vlan 10 中
Switch(config)#vlan filter test2 vlan-list 20   !--将上面配置的 test2 VLAN 映射应用到 Vlan 20 中
```

5.6 Cisco 基于时间的 ACL 及配置

从 Cisco 设备网络操作系统 IOS 12.0 版本开始，Cisco 路由器在原来的扩展 ACL 基础上新增加了一种指定 ACL 应用时间段的参数——**time-range**，这也就是我们经常在网上见到的“基于时间的访问列表”。其实它只是扩展 ACL 中新增加的一项参数而已。通过 **time-range** 这个参数，可以根据一天中的不同时间，或者根据一星期中的不同日期，当然也可以二者结合起来，控制对网络数据包的转发。这种基于时间的访问列表就是在原来的标准访问列表和扩展访问列表中加入有效的时间范围来更合理有效地控制网络。它需要先定义一个时间范围，然后在原来的各种访问列表的基础上应用它，并且对于编号访问表和名称访问表都适用。

5.6.1 Cisco 基于时间的 ACL 语法格式

基于时间的访问控制列表采用 **time-range** 命令来指定时间范围的名称，然后用 **absolute** 命令或者一个或多个 **periodic** 命令来具体定义时间范围。其语法格式如下：

time-range *time-range-name* **absolute [start** *time date***] [end** *time date***] periodic** *days-of-the week hh:mm* **to [days-of-the week]** *hh:mm*

下面先来了解一下其中各关键字或参数的含义：

- **time-range**：用来定义时间范围名称的命令。
- *time-range-name*：定义时间范围名称，以便于在后面的访问列表中引用。
- **absolute**：用于指定绝对时间范围的命令。

在它后面紧跟着 start 和 end 两个关键字。在这两个关键字后面的 time（时间）要以 24 小时制 hh:mm（小时:分钟）表示，date（日期）要按照日/月/年来表示。它们都是可选项，都可以省略。如果省略 start 及其后面的时间，表示与之相联系的 permit 或 deny 语句立即生效，并一直作用到 end 处的时间为止；若省略 end 及其后面的时间，则表示与之相联系的 permit 或 deny 语句在 start 处表示的时间开始生效，并且永远发生作用，当然把访问列表删除了的话就不会起作用了。

如果要表示每天的早 8 点到下午 6 点的这段上班时间，则可以用这样的语句：

absolute start 8:00 **end** 18:00

又如要表示 2011 年 1 月 1 日早 0 点开始起作用，直到 2011 年 3 月 31 日晚 24 点，则可以用以下语句表示：

absolute start 0:00 1 January 2011 **end** 24:00 31 March 2011

- **periodic**：是主要以星期为参数来定义时间范围的一个命令。

它的参数主要有 Monday、Tuesday、Wednesday、Thursday、Friday、Saturday、Sunday 中的一个或几个的组合，也可以是 daily（每天）、weekday（周一到周五）或 weekend（周末）。

如要表示每周一到周五的早 8:30 到下午 5:30，则可以用 periodic weekday 8:30 to 17:30；要表示每周一早 8 点到周二的晚 10 点则可以用 periodic Monday 8:00 to Tuesday 22:00。

【注意】以上 time-range、absolute、periodic 三个命令可以分开使用，并不一定要求在一个语句中。具体参见下节的应用配置示例。

5.6.2 Cisco 基于时间的 ACL 配置示例

可以有选择地通过使用 **time-range** 这个全局配置命令应用基于一天或一周中某个时间段的扩展 ACL。只需要首先定义一个时间范围名称，然后再指定一个包括具体的时间、日期或一周中的某一天的时间范围，最后把所配置的时间范围名称应用到扩展 ACL，则可以实现约束 ACL 的应用时间。但要应用时间范围，必须在相应时间范围中要执行的扩展 ACL（包括扩展 IP ACL 和扩展 MAC ACL）中指定相应名称的时间范围，在标准 ACL 中不能使用时间段。

在 ACL 中使用时间范畴可以带来两方面的好处：

- 可以有更多条件来控制数据包允许或禁止通过，使 ACL 配置更加灵活。时间范围就像 IP 地址/掩码和端口号一样，成为 ACL 中的一项重要条件参数。
- 可以控制日志消息。可以设置让 ACL 在某一天记录通信日志。所以，可以简单地实现拒绝访问，而不需要在高峰时间来分析和产生许多日志，提高了过滤效率（因为默认情况下，对于拒绝的数据包是要产生日志的）。但要注意，时间范畴依赖的是交换机系统时钟，所以，需要首先使交换机的时钟准确。建议使用 NTP（Network Time Protocol，网络系统时间协议）来同步交换机时钟。

可以按照表 5-13 所示的步骤在特权模式下为 ACL 配置时间范围参数。

表 5-13 为 ACL 配置时间范围参数的步骤

步骤	命令	说明
1	**configure terminal** 例如：Switch#**configure terminal**	进入全局配置模式
2	Switch(config)#**time-range** *time-range-name* 例如：Switch(config)#**time-range** workhours	为时间范围设定一个代表性的名称，以创建一个时间范围，进入时间范围配置模式。注意时间范围名称不能包括空格、引号，而且必须以字母开头
3	**absolute** [**start** *time date*][**end** *time date*] 例如：Switch(config-time-range)#**absolute start** 00:00 1 november 2011 **end** 23:59 1 november 2011 或 **periodic** *day-of-the-week hh:mm* **to** [*day-of-the-week*] *hh:mm* 例如：Switch(config-time-range)#**periodic** Saturday 8:00 **to** Sunday 22:00 或 **periodic** {**weekdays** | **weekend** | **daily**} *hh:mm* **to** *hh:mm* 例如：Switch(config-time-range)#**periodic weekdays** 8:00 **to** Sunday 22:00	指定具体的时间范围。在这里可以用到两个命令：**absolute** 和 **periodic**。仅用 **absolute** 命令可以声明一个起始和终止的时间范围，格式为 *hh:mm day month year*。但如果配置了多个 **absolute** 命令，则只有最后一个将被执行。 可以使用 **periodic** 命令声明多个不同时间段，它可以配置具体的时间范围，格式为 *day-of-the-week hh:mm* **to** [*day-of-the-week*] *hh:mm*，也可以通过一些关键词来指定一个工作日或休息日的不同时间范围，格式为{**weekdays** | **weekend** | **daily**} *hh:mm* **to** *hh:mm*，如 **weekdays** 表示星期一到星期五这五天，而 **weekend** 表示星期六和星期日，而 **daily** 表示每日，包括从星期天到星期六的全部七天
4	**end** 例如：Switch(config-time-range)#**end**	返回到特权模式
5	**show time-range** 例如：Switch#**show time-range**	查看时间范围配置
6	**copy running-config startup-config** 例如：Switch#**copy running-config startup-config**	（本步可选）保存当前配置

可以重复以上设置，如果有多个不同项目，需要在不同时间范围中应用 ACL 中的不同规则。如果认为某项时间范围配置不再需要了，同样可以在全局配置模式下使用 **no time-range** *time-range-name* 命令来删除以前配置的时间范围。

【示例 1】下面是一个定义 ACL 作用时间段（示例中配置了两个不同范围的时间时间段），然后查看 ACL 中配置的时间范围的示例。

```
Switch(config)#time-range workhours        !--创建一个名为 workhours 的时间范围
Switch(config-time-range)#periodic weekdays 8:00 to 12:00      !--设置 workhours 时间范围为工作日的 8 点到 12 点
Switch(config-time-range)#periodic weekdays 13:00 to 17:00     !--设置 workhours 时间范围为工作日的 13 点到 17 点
Switch(config-time-range)#exit

Switch(config)#time-range new_year_day_2011      !--创建一个名为 new_year_day_2011 的时间范围
Switch(config-time-range)#absolute start 00:00 1 Jan 2011 end 23:59 1 Jan 2011      !--设置 workhours 时间范围为 2011 年 1 月 1 日的 0
点到 23 点 59 分
Switch(config-time-range)#end

Switch#show time-range       !--查看时间范围配置
time-range entry: new_year_day_2011 (inactive)
   absolute start 00:00 01 January 2011 end 23:59 01 January 2011
time-range entry: workhours (inactive)
   periodic weekdays 8:00 to 12:00
   periodic weekdays 13:00 to 17:00
```

【示例 2】创建列表号为 188 的扩展 IP ACL，然后在上一示例中配置的假日时间范围（new_year_day_2011）内拒绝所有 TCP 通信，而在上一示例中配置的工作时间范围（workhours）内允许所有的 TCP 通信。

```
Switch(config)#access-list 188 deny tcp any any time-range new_year_day_2011        #在 new_year_day_2011 时间范围中拒绝所有 TCP 通信
Switch(config)#access-list 188 permit tcp any any time-range workhours   !--在 workhours 时间范围中允许所有 TCP 通信
Switch(config)#end
Switch#show access-lists
Extended IP access list 188
    10 deny tcp any any time-range new_year_day_2011 (inactive)
    20 permit tcp any any time-range workhours (inactive)
```

【示例 3】创建名称为 deny_access 的扩展 IP ACL 和名为 may_access 的扩展 IP ACL，然后利用 deny_access 的扩展 IP ACL 在示例 1 配置的假日时间范围（new_year_day_2011）内拒绝 TCP 通信，利用 may_access 的扩展 IP ACL 在示例 1 中配置的工作时间范围（workhours）内允许所有的 TCP 通信。

```
Switch(config)#ip access-list extended deny_access   !--创建一个名为 deny_access 的扩展 IPv4 ACL
Switch(config-ext-nacl)#deny tcp any any time-range new_year_day_2011   !--在 new_year_day_2011 时间范围中拒绝所有 TCP 通信
Switch(config-ext-nacl)#exit

Switch(config)#ip access-list extended may_access
Switch(config-ext-nacl)#permit tcp any any time-range workhours   !--在 workhours 时间范围中允许所有 TCP 通信
Switch(config-ext-nacl)#end

Switch#show ip access-lists
Extended IP access list deny_access
    10 deny tcp any any time-range new_year_day_2011 (inactive)
Extended IP access list may_access
    40 permit tcp any any time-range workhours (inactive)
```

【示例 4】在一台路由器上的两个以太网接口（e0 和 e1）上分别连接着 192.168.10.0 和 192.168.12.0 两个子网络，其中 192.168.10.5 和 192.168.12.5 分别是两个子网的 Web 服务器。路由器的串口 s1 是直接连接互联网的。现在为了让 192.168.10.0 子网公司员工在工作时间不能进行 Web 浏览，只能在周六早 8 点到周日晚 10 点才可以通过公司的网络访问互联网。下面采用基于时间的 ACL 来实现以上功能。

```
Router#config terminal
Router(config)#time-range http   !--定义时间范围名称
Router (config- time-range)#periodic Saturday 8:00 to Sunday 22:00   !--限定只允许在周六早上 8:00 到周日晚上的 22:00 使用
Router (config-time-range)#exit
Router (config)#ip access-list extended 101
Router (config-ext-nacl)#permit tcp any any eq 80 http   !--创建一条扩展 IPv4 ACL 过滤规则，只允许在 http 时间段范围内进行 WWW 访问
Router (config-ext-nacl)#exit
Router (config)#interface ethernet0
Router (config-if)#ip access-group 101 in   !--在 ethernet0 接口的入方向上应用 ACL 101
```

【示例 5】基本网络结构同上例（Web 服务器的 IP 地址变了），现在假设要进行网站改版（这是经常有的事），想让互联网用户自动在 2011 年 6 月 31 日 24:00 前访问的是旧站点 Web1（202.16.10.5）上的主页内容，而不能访问新站点 Web2（202.16.12.5）上的内容。在此之后，所有用户访问的是新站点，而不能访问旧版的站点。下面是具体的配置命令：

```
Router#config terminal
Router (config)#time-range changewebsite end 24:00 31 June 2011   !--定义时间范围名称为 changewebsite，时间范围是在 2011 年 6 月 31 日 24 时之前
Router (config-time-range)#exit
Router (config)#ip access-list extended web   !--创建一个名称为 web 的基于名称的扩展 IPv4 ACL
Router (config-ext-nacl)#permit tcp any host 202.16.10.5 eq 80 changewebsite   !--允许在 changewebsite 名称时间范围内所有访问 202.16.10.5 的 Web 访问流量通过
Router (config-ext-nacl)#deny tcp any host 202.16.12.5 eq 80 changewebsite   !--禁止在 changewebsite 名称时间范围内所有访问 202.16.12.5 的 Web 访问流量通过
Router (config-ext-nacl)#permit tcp any host 202.16.12.5 eq 80   !--允许除 changewebsite 名称时间范围外的所有时段、所有用户访问 202.16.12.5 的 Web 访问流量通过
Router (config-ext-nacl)#exit
Router (config)#int s0
Router (config-if)#ip access-group web in   !--在接口上应用 web 扩展 IPv4 ACL
```

【示例 6】现假设要拒绝从星期一到星期五早上 8:00 到下午 6:00 的所有 HTTP 通信流通过，同时允许在星期六和星期天中午 12:00 到下午 8:00 的 UDP 通信流通过。

```
Switch#config terminal
Switch(config)#time-range no-http   !--定义时间段名称为 no-http
```

```
Switch (config-time-range)#periodic weekdays 8:00 to 18:00   !--时间范围是在工作日的早上 8:00 到下午 6:00
Switch (config-time-range)#exit
Switch (config)#time-range udp-yes   !--定义另一个时间段名称为 udp-yes
Switch (config-time-range)#periodic weekend 12:00 to 20:00   !--时间范围是在休息日的中午 12:00 到下午 8:00
Switch (config-time-range)#exit
Switch (config)#ip access-list extended strict   !--创建一个名称为 strict 的扩展 IP 访问列表
Switch (config-ext-nacl)#deny tcp any any eq http time-range no-http !--创建一条规则，拒绝在 no-http 时间段中所有的 HTTP 通信流通过
Switch (config-ext-nacl)#permit udp any any time-range udp-yes   !--创建一条规则，允许在 udp-yes 时间段中所有的 UDP 通信流通过
Switch (config-ext-nacl)#exit
Switch (config)#interface ethernet 0
Switch (config-if)#ip access-group strict in   !--在交换机的 e0 接口入方向上应用名为 strict 的扩展 IP 访问列表
```

5.7 PACL、RACL 和 VACL 的交互作用

在许多情况下，一个来自二层接口的通信包可能同时有 PACL、RACL 和 VACL 作用，对于这种情况下，最终的作用结果又是怎么样呢？本节要通过一些具体的示例进行详细的分析。

5.7.1 PACL、RACL 和 VACL 交互作用规则

在 Engine II+引擎上，对于出方向上的 PACL，没有与 VACL 和 RACL 交互作用，而仅入方向的 PACL 才与 VACL 和 RACL 交互作用，具体交互作用方式要根据二层接口上的访问组模式配置而定。

PACL 和 VACL、RACL 之间的交互结果如表 5-14 所示。

表 5-14 PACL 和 VACL、RACL 之间的交互结果

ACL 类型	配置了一个入方向的 PACL		
	prefer port mode（端口优先模式）	prefer vlan mode（VLAN 优先模式）	merge mode（合并模式）
同时配置入方向 RACL	入方向 PACL 被应用	入方向上的 RACL 被应用	入方向 PACL 和 RACL 在入方向上合并应用
同时配置 VACL	入方向 PACL 被应用	VACL 被应用	入方向 PACL 和 VACL 在入方向上合并应用
同时配置 VACL+入方向 RACL	入方向 PACL 被应用	VACL 和入方向上的 RACL 被应用	入方向 PACL、VACL 和 RACL 在入方向上合并应用

本节将介绍什么情况下在同一个 VLAN 需要配置 RACL 和 VACL。本指南不适用于在不同 VLAN 上部署 RACL 和 VACL 的情形。

交换机硬件会为每个方向的 ACL 提供一个查询，所以，必须在同一个 VLAN 中同时配置了 RACL 和 VACL 时，合并这两种 ACL。合并应用于同一个 VLAN 中的 RACL 和 VACL 后，可能会增加合并后的 ACL 条目数。

如果必须在同一个 VLAN 中配置一个 RACL 和一个 VACL，使用以下配置指南：

- 仅可以配置一个 VACL 和在 VLAN 接口的每个方向配置一个 RACL。
- 在合并后的 ACL 中，每个条目有一个单独行为，除了最后一条是所有其他数据包的默认行为。也就是在合并后的 ACL 中可以采用以下两种格式之一：

```
permit...
permit...
permit...
deny ip any any
```

或

```
deny...
```

```
deny...
deny...
permit ip any any
```

要在一个 ACL 中定义多个行为，则可以组合每个行为类型的条目在一起，以减少总条目的数量。尽量避免在 ACL 中包括第四层的信息，因为添加这些信息后会增加合并的进程。如果 ACL 中仅基于 IP 地址（包括源 IP 地址和目的 IP 地址）进行过滤，而不是基于完整的数据流（包括源 IP 地址、目的 IP 地址、协议类型、协议端口）进行过滤将会获得最佳的合并结果。

如果需要指定完整的数据流匹配模式，并且 ACL 中包括 IP 的条目和 TCP/UDP/ICMP 等四层协议条目，则建议把这些四层条目放在 ACL 中的最后。这样就可以使得基于 IP 地址的条件可以优先过滤。

5.7.2 PACL、RACL 和 VACL 交互作用的典型情形

本节要介绍三种在一个来自二层接口的数据包中 PACL、RACL 和 VACL 相互作用的情形。通过这三种情形我们就可以全面理解这三种 ACL 的交互作用规则。

情形一：Host A 连接到 VLAN 10 中的一个接口，并且已配置了 VLAN 10 的 SVI 虚拟接口。在 Host A 所连接的接口上配置了入方向的 PACL，在 VLAN 10 的 SVI 接口上配置了入方向的 RACL，如图 5-9 所示。在这种情形中，从 Host A 发送来的通信将有一个 PACL 和一个所属 VLAN 10 接口上配置的 RACL 同时作用，那么最终的结果会怎么样呢？

这时要看具体的二层接口访问组模式配置了。如果接口的访问组模式是 prefer port（端口优先）模式，也就是 PACL 优先，则将在从 Host A 到达该接口的入口通信上仅应用所配置的入方向 PACL；如果接口的访问组模式为 prefer VLAN（VLAN 优先），也就是基于 VLAN 的 ACL（这是指在 VLAN 的 SVI 接口上应用的 RACL，但 VACL 同样是基于 VLAN 的 ACL，具体将在下面的“情形三”中说到）优先，则在从 Host A 到达该接口的入口，且需要路由的通信上应用入方向的 RACL；如果接口的访问组模式为 merge（合并）模式，则在从 Host A 到达该接口的入口通信上先应用入方向的 PACL，然后对于从 Host A 到达该接口，且需要路由的通信上应用 RACL，也就是把两种 ACL 的功能合并在一起了，都起作用，只是优先应用 PACL。

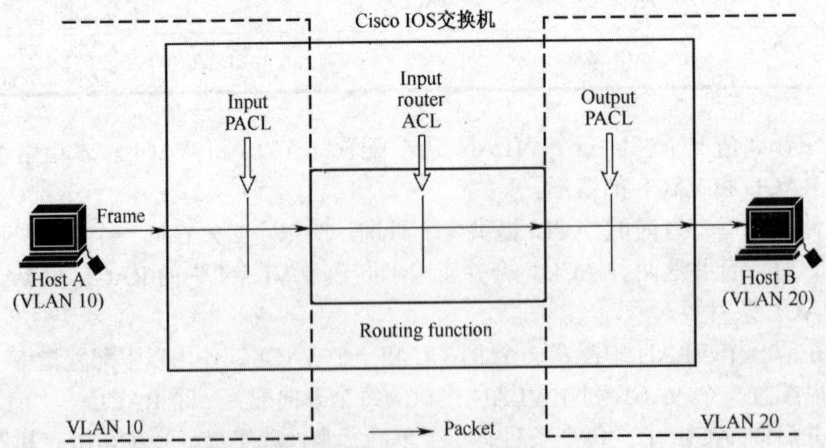

图 5-9　PACL 和 RACL 的交互作用情形示例

【说明】二层接口的访问组模式配置是使用 **access-group mode {prefer {port | vlan} | merge}** 接口配置模式命令配置。如果选择 **prefer port** 多选一选项，则指定在对应接口上配置了 PACL 时，PACL 模式优先；如果在对应接口上没有配置 PACL，则其他可应用到接口上的功能将合并并且应用到该二层接口上。如果选择了 prefer vlan 多选一选项，则指定基于 VLAN 的 ACL 模式优先，如

果没有在对应接口所在 VLAN 中配置基于 VLAN 的 ACL，则在接口上应用 PACL；如果选择的是 merge 多选一选项，则在该接口上所应用的所有 ACL 进入硬件运算前合并可用的 ACL 功能。

情形二：Host A 是连接到 VLAN 10 的一个接口上，该接口的入方向上配置了一个 PACL，并且在 VLAN 10 中已应用了一个 VACL，如图 5-10 所示。在这种情形中，从 Host A 发送来的通信将有一个 PACL 和一个应用于所属 VLAN 10 的 VACL 同时作用，那么最终的结果会怎么样呢？

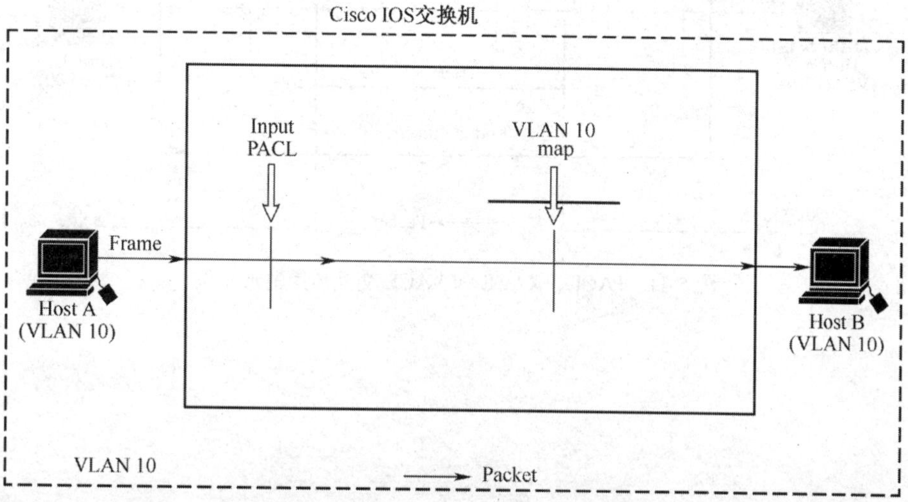

图 5-10　PACL 和 VACL 的交互作用情形示例

这时同样要看二层接口的访问组模式配置情况而定。如果 Host A 所连接的二层接口是 prefer port 模式，则在从 Host A 到达该接口的入口通信上也是仅应用入方向的 PACL；如果是 prefer VLAN 模式，则在从 Host A 到达该接口的入口通信上仅应用 VACL（这里也是仅过滤非路由器通信）；如果是 merge 模式，则先在从 Host A 到达该接口的入口通信上应用入方向的 PACL，然后再在该通信上应用 VACL。对于情形一可以看出，两种情况下的 ACL 应用情况类似，不同的只是因为 RACL 只过滤三层通信，而 VACL 则与 PACL 一样只能过滤非路由通信。这样一来，在本情形中，从 Host A 而来的路由通信是没有经过 ACL 过滤的。

情形三：Host A 是连接在 VLAN 10 中的一个接口上，并在 VLAN 10 中配置了 VACL 和 SVI 接口。在 VLAN 10 的 SVI 接口上配置了一个入方向的 RACL，连接 Host A 的接口也配置了一个入方向的 PACL，如图 5-11 所示。在这种情形中，从 Host A 发送来的通信将有一个 PACL、一个应用于所属 VLAN 10 的 VACL 和一个在 VLAN 10 的 SVI 接口上配置的用于三层通信过滤的 RACL 同时作用，那么最终的结果会怎么样呢？

在这种情形下，同样要区分二层接口的访问组模式配置情况。如果 Host A 所连接的二层接口是 prefer port 模式，则在从 Host A 到达该接口的入口通信上仅应用入方向的 PACL；如果是 prefer VLAN 模式，则在从 Host A 到达该接口的入口通信上应用 VACL 和入方向 RACL 的合并结果（因为 RACL 和 VACL 都是基于 VLAN 的 ACL）；如果是 merge 模式，则先在从 Host A 到达该接口的入口通信上应用入方向的 PACL，然后再在该通信上应用 VACL，最后在从 Host A 到达该接口的入口通信，且需要路由的通信上应用入方向的 RACL，也就是会在通信上应用入方向的 PACL、VACL 和 RACL 的合并结果。

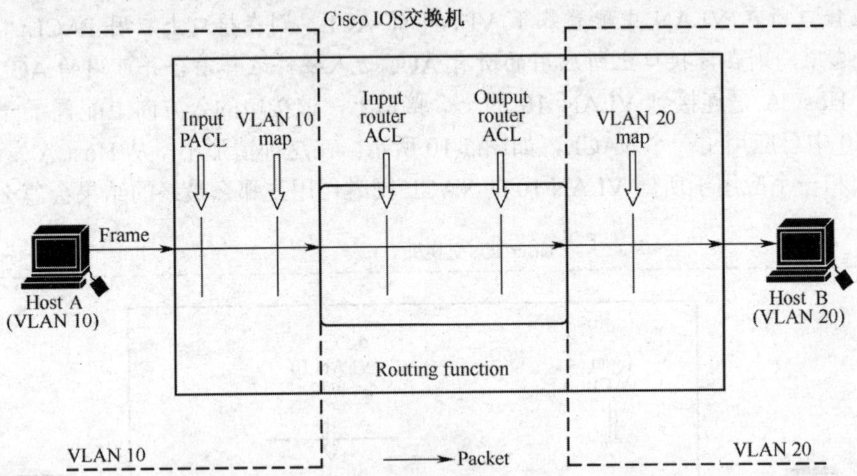

图 5-11　PACL、RACL 和 VACL 交互作用情形示例

6 Cisco IOS 交换机 QoS 配置与管理

不会配置 QoS 是许多网络设备管理人员心中永远的痛，用谈 QoS 色变来形容一点都不为过。因为 QoS 涉及到太多网络基础知识和技术原理，而且有的还非常难懂，而且不同交换机中所支持的 QoS 功能又可能存在较大差异，很难全面掌握。但 QoS 功能的确非常强大，在一些较大型、复杂的网络应用环境下，QoS 又是必不可少的一项基本高级应用，掌握 QoS 配置在相当大程度上成为了设备管理人员区分技术高低的一个重要标志。

其实 QoS 也没有这么可怕，尽管它其中所涉及的一些技术比较复杂，但是就配置来说，也并不是十分复杂，而且 QoS 中包括了许多小功能，它们的配置很容易，有的仅需要一个命令就可以完成。总体来说，QoS 配置分为流分类、流量监管、流标记和队列调度这四个方面。可以通过分类映射来调用 ACL，或者包中的 DSCP、IP 优先级或帧中的 CoS 值来进行流分类；流分类好后，可以通过策略映射对流配置相应的行为，也就是要对该类流采取什么动作；最后在出端口上可以对流的优先级进行重标记，设置流整形或共享模式下的缓存或带宽占用权重，通过 DSCP 或者 CoS 到队列和阈值的映射设置各个出口队列上包的调度优先级等。

本章将介绍 Cisco IOS 交换机中手动 QoS 配置和自动 QoS（auto-QoS）的启用。其中的重点就是分类映射、流标记、策略映射、队列调度和策略映射在端口或者 VLAN 中的应用配置方法。当然前面介绍的 QoS 基础知识也相当重要，如包或帧优先级、流分类原理、流量监管原理、流标记原理和队列调度原理等。建议与本书第 8 章中介绍的 H3C 交换机 QoS 配置结合学习，因为在 QoS 部分，H3C 交换机的 QoS 功能配置和应用思路更加清晰。

6.1 QoS 基础

QoS 相关的理论知识比较多，而且涉及得比较深，初次接触的话理解上可能有一定难度。但只要多花些时间，多看几遍还是可以理解和掌握的。本章会尽可能把相关问题都解释清楚。

在正式介绍 Cisco IOS 交换机上的 QoS 配置前，先来详细地了解 QoS 的一些相关基础知识，这个很必要，否则配置好了 QoS 都不理解 QoS 是如何作用的。

6.1.1 QoS 简介

典型情况下，网络提供的是尽力而为服务（Best-Effort Service），也就是意味着所有通信有相同的优先级和相同的传输机会。在发生冲突时，所有通信也有相同的被丢弃的机会。在配置了 QoS 功能时，可以选择指定的网络通信，依据相关的重要性区分其优先级，可使用拥塞管理和冲突避免技术来提供区别对待。在网络中执行 QoS 可以使网络性能更加可预期，带宽利用率可以更高。

可以在交换机的物理接口和 VLAN SVI 虚拟接口上配置 QoS，而且除策略映射应用外，两者在流分类、队列和调度等 QoS 配置方法都是一样的。当在一个物理接口上配置 QoS 时，需要应用一个非分级（nonhierarchical）策略映射；当在 SVI 接口上配置 QoS 时，可应用一个非分级或者分级（hierarchical）策略映射。这方面在本章后面会有专门介绍的。

1. QoS 相关术语

QoS 基于 IETF 发布了新标准——Diff-Serv（区分服务）架构。先介绍一些与 QoS 相关的基本术语（这些术语都将在本章后面多次提到）：

- QoS 标签（QoS Label）：包或帧中用来区分通信的 IEEE 802.1Q 协议标记字段，里面主要包括对应通信的优先级设置，如本章后面将要介绍的三层包的 IP 优先级、DSCP 优先级和二层帧的 CoS 优先级。
- 分类（Classification）：确保将网络通信流划分成以 IP 优先级值、DSCP 优先级值、CoS 优先级值或者根据 ACL 来区分的各种类型通信流。随后交换机将根据 DSCP 值来对各种数据流实施不同的 QoS 策略。
- 监管（Policing）：通过监管器（Policer）约束某个类型流所占用的传输带宽，根据配置的监管器来决定流中的哪些部分超出了所限制的传输带宽，并将结果传递给 Marking（标记）阶段。
- 标记（Marking）：决定怎样处理超出监管器中设置限制的通信。可能的处理行为包括丢弃超限部分，或者重写 DSCP 值。
- 列队（Queueing）：根据数据流的每一个报文所附带的 DSCP 值来确定将报文送往出端口的哪个输出队列。
- 调度（Scheduling）：确定以什么方案安排出端口的各个输出队列中报文的发送。

2. QoS 服务模型

通常 QoS 提供以下三种服务模型：

- Best-Effort Service（尽力而为服务模型）

Best-Effort 是一个单一的服务模型，也是最简单的服务模型。尽力而为服务模型是在不保证可靠性、传输延时和吞吐量的情况下进行数据传输，是网络的缺省服务模型。比如 FIFO（先进先出）队列机制就是采用这种服务模型，适用于绝大多数网络应用，如 FTP、E-Mail 等网络应用。

- Integrated Service（综合服务模型，简称 Int-Serv）

Int-Serv 是一个综合服务模型，它是可以满足多种 QoS 需求的多服务模型。这种模型里的应用程序在它发送数据之前先要向网络请求特定的服务。这个请求是由信令产生的，应用程序告诉网络自己的流量原型、带宽和延时要求。当从网络得到确认之后，应用程序才开始进行数据的发送。典型的应用就是使用资源预留协议（RSVP）。RSVP 运行在从源端到目的端的每个设备上，可以监视每个流，以防止其消耗资源过多。这种体系能够明确区分并保证每一个业务流的服务质量，为网络提供最细粒度化的服务质量区分。但是，Int-Serv 模型对设备的要求很高，当网络中的数据流数量很大时，设备的存储和处理能力会遇到很大的压力。Int-Serv 模型可扩展性很差，难以在 Internet 核心网络实施。

- Differentiated Service（区分服务模型，简称 Diff-Serv）

Diff-Serv 也是一个多服务模型，也可以满足不同的 QoS 需求。但与 Int-Serv 模型不同的是，它不需要信令机制通知网络为每个业务预留资源就可以进行数据发送。典型应用就是 CAR（承诺访问速率）。区分服务模型实现简单，扩展性较好。本章所介绍的 QoS 技术和配置都是基于 Diff-Serv 服务模型。

6.1.2　基本的 QoS 模型

要执行 QoS 功能，交换机必须辨别包或者通信流，可用一个标记来指示该包或流通过交换机时的服务质量，使包可以遵照所配置的资源使用限制，在发生资源冲突时能为不同类型的包或流提供区分对待（主要体现在根据通信分类和优先级设置在队列和调度方面的不同）。交换机也需要确保从自身发出的通信符合特定的通信整形要求。

图 6-1 显示了一个基本的 QoS 模型：在出/入接口处的行为包括分类通信、监管、标记、列队和调度（也有称“排程”的）。这也是一个完整的 QoS 应用的四个基本步骤。这些行为分别是在入接口和出接口上发生。本节只是作简单流程介绍，各步的具体工作原理将在下节介绍。

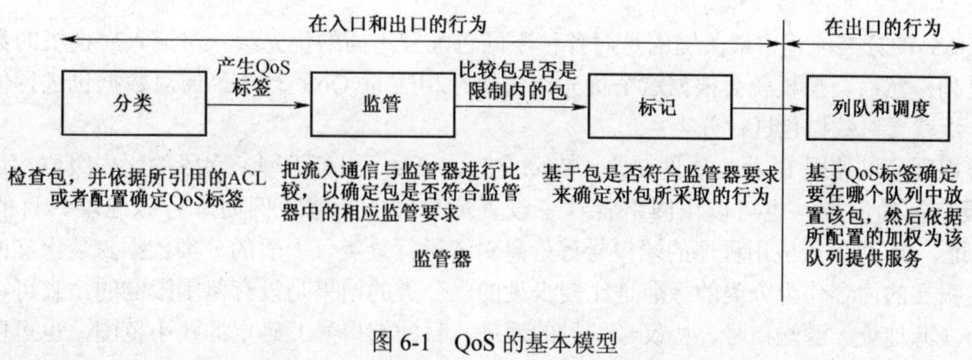

图 6-1　QoS 的基本模型

在入接口和出接口上都要进行的行为如下：

（1）分类区分不同的通信类型。这是 QoS 过程的第一步，也是最基本的一步，其目的就是为了区分不同通信类型，然后为不同类型的通信设置一个内部 DSCP、IP 优先级或者 CoS 优先级值，标识了在该类通信上将要执行的所有 QoS 行为。

（2）通过包的通信速率与配置的监管器（Policer，通过监管器来限制一个通信流所能消耗的带宽）确定包是否是带宽限制内的通信流，然后进入到下面的标记（Marking）进程。

（3）当包被认为不符合带宽限制时，标记（Marking）进程会评估监管器中要采取的行为配置信息，并确定将要对这些包的处理方式（可以是不作修改地通过包，记下包中的 DSCP 值，或者丢弃包）。对于符合策略器中的带宽限制的包，将直接传输到出接口。

在出接口上将会发生的行为包括对通信列队和调度（如果是交换机堆叠，则在入接口上也会发生以下行为）。

（1）在选择使用四个队列之前，队列评估包中的内部 DSCP 或者 CoS 值，确定包将要放置到四个出口队列（交换机的每个接口都会拥有四个入口优先级队列和四个出口优先级队列）的哪个队列中。

（2）基于出接口的带宽共享和流量整形配置，为出口队列提供调度服务。

在列队和调度进程中主要包括：流量整形、拥塞管理和拥塞避免等 QoS 技术。流量整形是一种主动调整流的输出速率的流量控制措施，用来使流量适配下游设备可供给的网络资源，避免不必要的报文丢弃，通常作用在接口出方向。拥塞管理是当拥塞发生时如何制定一个资源的调度策略，以决定报文转发的处理次序，通常作用在接口出方向。拥塞避免是监督网络资源的使用情况，当发现拥塞有加剧的趋势时采取主动丢弃报文的策略，通过调整队列长度来解除网络的过载，通常作用在接口出方向。

下面对以上四个主要流程中所涉及的技术原理分别介绍。

6.2 QoS 的通信流分类原理

分类是一个通过检查包中的字段来区分不同类型通信的进程。分类仅在交换机上全局启用 QoS 时才启用。默认情况下，QoS 是全局禁用的，所以没有分类发生。在分类过程中，交换机执行一个查寻过程，并在包中打一个 QoS 标签。QoS 标签标识了所有在该包上要执行的 QoS 行为和包将从哪个队列中发送出去。

6.2.1 QoS 通信流的优先级

在 QoS 的分类流程中最关键的是对各种不同包配置不同的优先级，对流入交换机的数据包按优先级排列，然后交换机就会根据这个优先级值执行相应的 QoS 行为。而对数据包进行优先级排列的第一步就要对数据包进行分类。

分类规则可以使用 IP 报文头的 ToS（Type of Service，服务类型）字段的优先级位，识别出不同优先级特征的流量；也可以由网络管理者设置流分类的策略，例如综合源地址、目的地址、MAC 地址、IP 协议或应用程序的端口号等信息对流进行分类。一般的分类依据封装报文的头部信息，使用报文的内容作为分类的标准是比较少见的。分类的结果是没有范围限制的，它可以是一个由五元组（源地址、源端口号、协议号、目的地址、目的端口号）确定的狭小范围，也可以是到某网段的所有报文。

这个优先级信息所在的位置要区分是二层通信流还是三层通信流。

1. 三层通信流中的优先级信息

三层 IP 包可以携带 IP 优先级值或者 DSCP（Differentiated Services Code Point，区分服务代码点）值。QoS 支持使用任何一种优先级值，因为 DSCP 值向后兼容 IP 优先级值。IP 包头的 ToS 字段有 8 位，如图 6-2 左图所示。其中：0~2 这三位表示的是 IP 优先级，取值范围为 0~7；3~6 这四位表示的是 ToS 优先级，取值范围为 0~15；最后一位为固定的 0 值。

RFC 2474 又重新定义了原来 IP 包头部的 ToS 字段，称之为 DS 字段，其中 0~5 这六位用来表示 DSCP（Differentiated Services Code Point，差分服务代码点）优先级，取值范围为 0~63，最后两位保留，如图 6-2 右图所示。IPv4 和 IPv6 包中的 IP 优先级和 DSCP 优先级位在 IP 包的包头位置如图 6-3 所示。

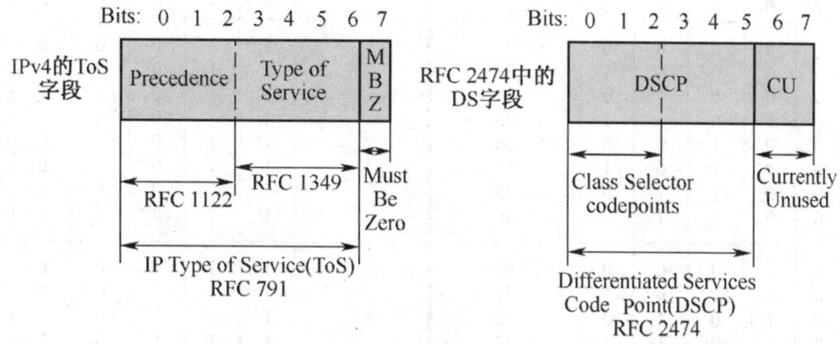

图 6-2 ToS 字段中的 IP 优先级和 DS 字段中的 DSCP 优先级

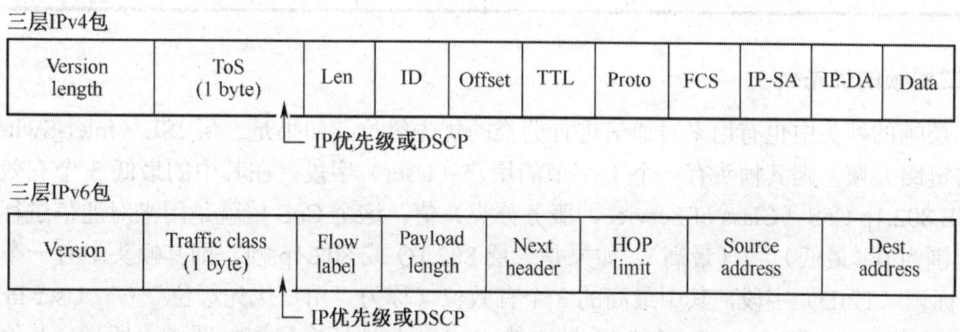

图 6-3 IP 优先级和 DSCP 优先级位在包头中的位置

总的来说，也就是在 IPv4 协议包头的 ToS 字段（1 个字节）中定义了最高 3 个有效位作为 IP 优先级位，其取值范围为 0（最低）~7（最高）。而三层的区分服务代码点（DSCP）是由 IETF 发布的，它是利用 ToS 字段中的最高的 6 个有效位作为 DSCP。路由包的每跳行为是由配置的 DSCP 值来表示，DSCP 的取值范围为 0~63。前面说了，DSCP 优先级是向后兼容 IP 优先级的，IP 优先级与 DSCP 优先级值的对应关系如表 6-1 所示。

表 6-1 IP 优先级与 DSCP 优先级值的对应关系

3 位 IP 优先级的值	ToS 字段中的最高 6 位						6 位 DSCP 优先级的值	3 位 IP 优先级的值	ToS 字段中的最高 6 位						6 位 DSCP 优先级的值
	8	7	6	5	4	3			8	7	6	5	4	3	
0	0	0	0	0	0	0	0	2	0	1	0	0	0	0	16
	0	0	0	0	0	1	1		0	1	0	0	0	1	17
	0	0	0	0	1	0	2		0	1	0	0	1	0	18
	0	0	0	0	1	1	3		0	1	0	0	1	1	19
	0	0	0	1	0	0	4		0	1	0	1	0	0	20
	0	0	0	1	0	1	5		0	1	0	1	0	1	21
	0	0	0	1	1	0	6		0	1	0	1	1	0	22
	0	0	0	1	1	1	7		0	1	0	1	1	1	23
1	0	0	1	0	0	0	8	3	0	1	1	0	0	0	24
	0	0	1	0	0	1	9		0	1	1	0	0	1	25
	0	0	1	0	1	0	10		0	1	1	0	1	0	26
	0	0	1	0	1	1	11		0	1	1	0	1	1	27
	0	0	1	1	0	0	12		0	1	1	1	0	0	28
	0	0	1	1	0	1	13		0	1	1	1	0	1	29
	0	0	1	1	1	0	14		0	1	1	1	1	0	30
	0	0	1	1	1	1	15		0	1	1	1	1	1	31

续表

3 位 IP 优先级的值	ToS 字段中的最高 6 位						6 位 DSCP 优先级的值	3 位 IP 优先级的值	ToS 字段中的最高 6 位						6 位 DSCP 优先级的值
	8	7	6	5	4	3			8	7	6	5	4	3	
4	1	0	0	0	0	0	32	6	1	1	0	0	0	0	48
	1	0	0	0	0	1	33		1	1	0	0	0	1	49
	1	0	0	0	1	0	34		1	1	0	0	1	0	50
	1	0	0	0	1	1	35		1	1	0	0	1	1	51
	1	0	0	1	0	0	36		1	1	0	1	0	0	52
	1	0	0	1	0	1	37		1	1	0	1	0	1	53
	1	0	0	1	1	0	38		1	1	0	1	1	0	54
	1	0	0	1	1	1	39		1	1	0	1	1	1	55
5	1	0	1	0	0	0	40	7	1	1	1	0	0	0	56
	1	0	1	0	0	1	41		1	1	1	0	0	1	57
	1	0	1	0	1	0	42		1	1	1	0	1	0	58
	1	0	1	0	1	1	43		1	1	1	0	1	1	59
	1	0	1	1	0	0	44		1	1	1	1	0	0	60
	1	0	1	1	0	1	45		1	1	1	1	0	1	61
	1	0	1	1	1	0	46		1	1	1	1	1	0	62
	1	0	1	1	1	1	47		1	1	1	1	1	1	63

2. 二层帧的优先级

在二层帧的帧头中也有用来对通信进行分类的优先级位。如果是二层 ISL（Inter-Switch Link，交换机内链路）帧，则其帧头有一个 1 字节的用户（User）字段，在其中的最低 3 个有效位中就携带了 IEEE 802.1p CoS（Class of Service，服务分类）值。这个 CoS 值就是用来对通信进行分类的，其取值范围为 0（最低）~7（最高）。如果是二层 802.1Q 或 802.1p 帧，则其帧头中有一个 2 字节的 Tag 协议标识（TPID）字段，其中最高的 3 个有效位（称为“用户优先级位”——User Priority）中携带了 CoS 值。ISL 和 802.1Q、802.1p 帧中的 CoS 优先级所在位置如图 6-4 所示。其他帧类型不能携带二层 CoS 值。

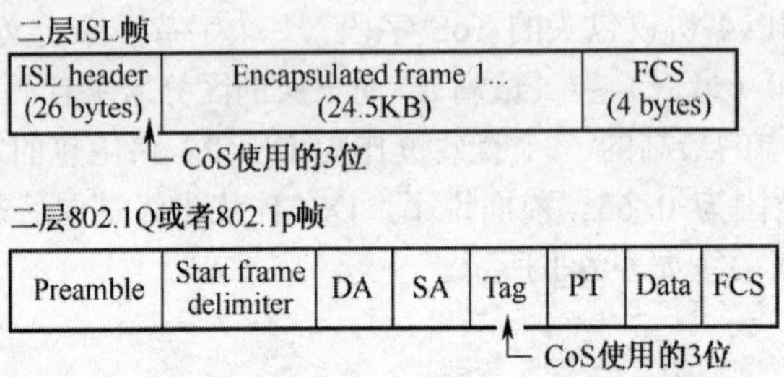

图 6-4　ISL 和 802.1Q、802.1p 帧中的 CoS 优先级位所在位置

802.1p 优先级位于二层报文头部（如图 6-4 所示），适用于不需要分析三层报文头，而需要在二层环境下保证 QoS 的场合。4 个字节的 802.1Q 标签头包含了 2 个字节的 TPID（Tag Protocol Identifier，标签协议标识，取值为 0x8100）和 2 个字节的 TCI（Tag Control Information，标签控制信息），如图 6-5 所示。TCI 部分中 Priority 字段（完整表述应为“User Priority”）就是 802.1p 优先级，也称为 CoS 优先级，如图 6-6 所示。它由 3 位组成，取值范围为 0～7。之所以称此优先级为 802.1p 优先级，是因为有关这些优先级的应用是在 802.1p 规范中被详细定义。

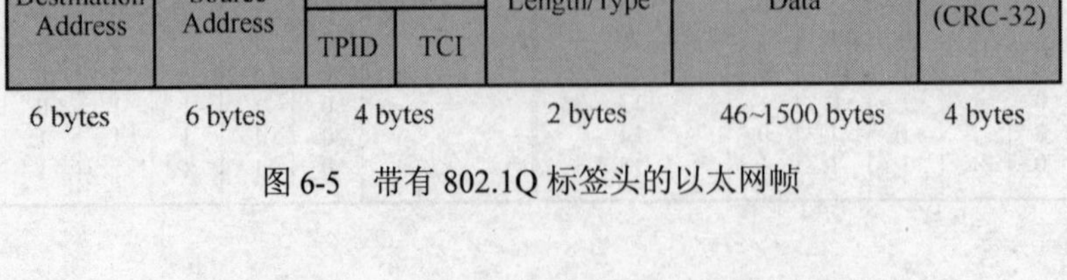

图 6-5　带有 802.1Q 标签头的以太网帧

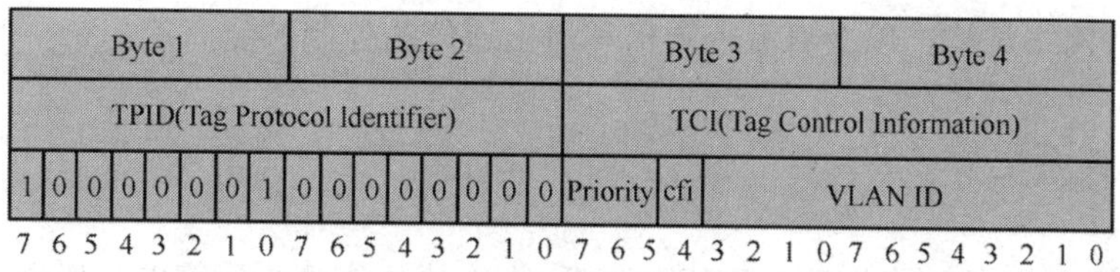

图 6-6　802.1Q 标签头格式

3．本地优先级

除了前面所说的 802.1p 优先级外，交换机的二层帧还有一个本地优先级。它是交换机为报文分配的一种具有本地意义的优先级，对应 queue0～queue7 八个出端口队列，本地优先级值大的报文将被安排在优先级高的队列被优先处理。本地优先级只在本端口的队列调度时有效。

帧在进入交换机以后，交换机会根据自身支持的情况和相应的规则为报文标记 802.1p 优先级（它决定了报文在队列中的优先级高低）、本地优先级（它决定了报文所在端口队列的优先级高低）等参数。

对端口接收到的不带有 802.1Q 标签头的报文，交换机使用接收端口的优先级（也就是“端口优先级”，来自优先级高的端口的报文将优先处理）作为报文的 802.1p 优先级，然后根据 802.1p 优先级和本地优先级映射关系，为报文分配本地优先级进行队列调度。

对端口接收到的带有 802.1Q 标签头的报文，用户可以配置优先级信任模式：信任端口优先级模式和信任报文优先级模式。当选择信任端口优先级模式时，在交换机端口接收到带有 802.1Q 标签头的报文时，会使用接收端口的端口优先级值替换接收到的报文的 802.1p 优先级值，然后根据 802.1p 优先级和本地优先级映射关系，为报文分配本地优先级进行队列调度；当选择信任报文优先级模式时，交换机根据报文自身携带的 802.1p 优先级建立 802.1p 优先级到本地优先级映射表，然后为报文分配本地优先级进行队列调度。

交换机提供缺省的 802.1p 优先级到本地优先级映射表，如表 6-2 所示。

表 6-2　802.1p 优先级到本地优先级映射表

802.1p 优先级（CoS）	本地优先级（local precedence）
0	2
1	0
2	1
3	3
4	4
5	5
6	6
7	7

所有访问 Internet 的交换机和路由器都依赖分类信息来为具有相同分类信息的包提供相同优先级对待，为具有不同分类信息的包提供不同的优先级对待。包中的分类信息可以由转发路径中的终端主机、交换机或者路由器来赋值，依据所配置的策略、详细的包检查或者同时依据两者。包的详细检查将会发生在网络边缘，以便核心交换机和路由器不会因为当前路径下的转发任务而超载。

转发路径中的交换机和路由器可以使用分类信息来限制分配给每个类别通信的资源量。每个设备在处理不同区分服务架构通信的行为称之为每跳（per-hop）行为。如果整个路径中的所有设备都能提供一致的每跳行为，则可以构成端到端（end-to-end）的 QoS 解决方案。

【注意】配置为二层 ISL 中继的端口时，则所有通信都是 ISL 帧，配置为二层 802.1Q 中继的端口时，所有通信都是 802.1Q 帧，除了本地 VLAN 的通信外。

在网络中执行 QoS 可以非常简单，也可以很复杂，这要依据 Internet 互联设备所能提供的 QoS

功能、通信类型、网络结构，以及对流入通信和流出通信的控制粒度而定。

6.2.2 QoS 分类流程

QoS 标签是基于上节介绍的包中 DSCP 或者 CoS 优先级值来确定的，以确定发送该包的队列和要执行的调试行为。整个分类流程如图 6-7 所示。QoS 标签是按照信任设置和包类型来映射的，要指定在帧或包中哪个字段用于分类流入的通信。

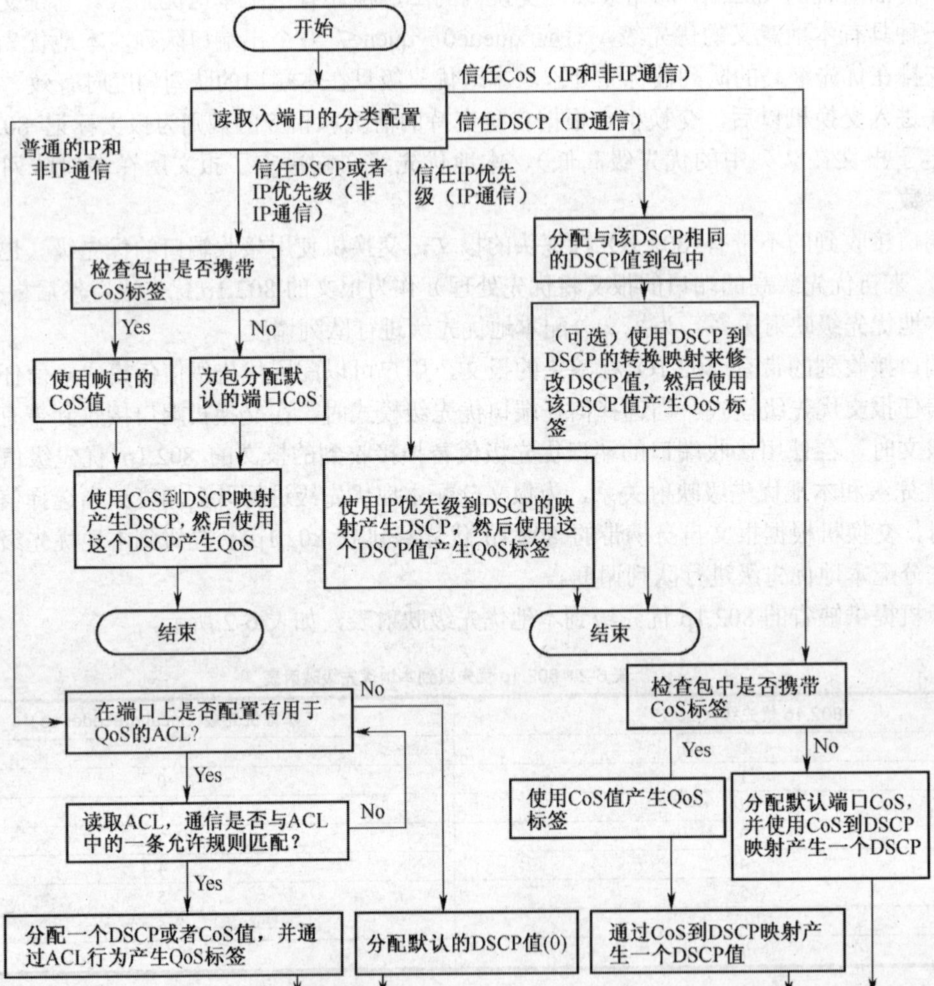

图 6-7　QoS 分类流程图

对于非 IP 通信，有以下这些分类选项：

- 信任流入帧中的 CoS 值，也就是配置端口信任帧 CoS 值，然后以这个 CoS 值进行分类。

如果帧本身不包含 QoS 信息，即帧的第二层帧头中不包含 User Priority 位（参见图 6-6），那么可以根据帧输入端口的缺省 CoS 值来获得帧的 QoS 信息。端口的缺省 CoS 值和帧的 User Priority 位一样，取值范围也为 0（最低）~7（最高）。取得帧的 CoS 值之后使用 CoS 到 DSCP 的映射来为包产生 DSCP 值。在二层 ISL 帧头中 1 字节的用户优先级字段的最低 3 个有效位中携带了 CoS 值。在二层 802.1Q 帧头中 1 字节的 Tag 控制信息的最高 3 个有效位中携带了 CoS 值。

- 信任端口的 DSCP 或者 IP 优先级。

如果在端口上配置了 DSCP 或者 IP 优先级，而接收到的帧是非 IP 帧，则交换机会分配一个 CoS 值，并且从 CoS 到 DSCP 的映射中产生一个内部的 DSCP 值。交换机使用这个内部的 DSCP 值来产生代表通信优先级的 CoS 值。

【注意】以上两种归类准则只有当端口的 QoS 信任模式打开的时候才起作用。打开端口的 QoS 信任模式意味着不通过分析帧的内容，而直接从帧中或帧的输入端口上获得帧 QoS 信息，从而得到 DSCP 值。

● 基于所配置的二层 MAC ACL 进行分类。

如果端口关联的策略映射中使用了基于 MAC 的扩展 ACL，那么在该端口上，MAC ACL 可以检查源 MAC 地址、目的 MAC 地址和其他字段。如果没有配置二层 MAC ACL，则包分配 0 作为 DSCP 或者 CoS 值，也就是意味着该包具有最低的优先级，只能享受尽力传输服务。否则，交换机将按照缺省行为为符合这种归类的报文分配优先级，即根据报文第二层报文头中包含的优先级信息或端口的缺省优先级。

【注意】上面三种分类准则可能会同时作用于一个端口上。在这种情况下，上面三种分类准则按以上逆序的优先级起作用。即，先根据 ACL 分类，在分类失败的情况下，才有可能选择前面两种分类准则。如果端口的 QoS 信任模式打开，则根据前面两种准则直接从报文中或者从端口上获得 QoS 信息；如果端口的 QoS 信任模式关闭，那么那些分类失败的报文将被赋予 DSCP 的缺省值 0。

对于 IP 通信，有如下几种分类选项：

- 信任流入包中的 DSCP 值，配置端口信任这个 DSCP 值，并为包分配相同的 DSCP 值。也就是直接从 IP 报文的 ToS 字段中提取出 DSCP 值。IETF 在 1 个字节的 ToS 字段中定义了最高的 6 个有效位作为 DSCP 位。IP 包的优先级就是通过这个 DSCP 来决定的，其取值范围为 0~63。也可以基于 IPv6 DSCP 来分类 IP 通信。

对于位于两个 QoS 管理域边界的端口，可以通过使用 DSCP 到 DSCP 的转换（DSCP-to-DSCP-mutation）映射来修改端口针对两个方向流入包的 DSCP 不同值。DSCP 到 DSCP 转换映射就是把一个 DSCP 值映射成另一个 DSCP 值。

- 信任流入包中的 IP 优先级，配置端口信任 IP 优先级，并且通过使用配置的 IP 优先级到 DSCP（IP-precedence-to-DSCP）的映射产生一个 DSCP 值。在 IPv4 包中，在包头 1 个字节的 ToS 字段中定义了最高 3 个有效位作为 IP 优先级，其取值范围为 0（最低）~7（最高）。也可以基于 IPv6 优先级来分类 IP 通信。
- 信任流入包中的 CoS 值（如果存在），并通过使用 CoS 到 DSCP（CoS-to-DSCP）的映射产生一个 DSCP 值。如果在流入包中没有 CoS 值，则使用默认端口 CoS 值。
- 如果端口关联的分类映射或策略映射中使用了基于 IP ACL 进行分类，那么在该端口上将通过提取报文的源 IP 地址、目的 IP 地址、Protocol 字段以及第四层 TCP/UDP 端口字段来匹配相关联的 ACL，以确定报文的 DSCP 值。要注意的是，如果端口关联了某个策略映射，但又没有为其设置相应的 DSCP 值，则交换机将按照缺省行为为符合这种归类的报文分配优先级，即根据报文第二层报文头中包含的优先级信息或端口的缺省优先级。具体将在下面两节介绍。
- 信任端口默认的 CoS 值，覆盖流入包的 CoS 配置。对于 IPv6 包，DSCP 值是通过使用 CoS 到 DSCP 的映射，以及端口的缺省 CoS 值来重写的，这种方法同时适用 IPv4 和 IPv6 包。

分类后，包被发送到 QoS 流程的下一个流程——监管（Policing）阶段。

6.2.3 基于 QoS ACL 的分类

一个包可以使用多个匹配条件来用于 QoS 分类，分类可以指定包是应当匹配所有匹配条件，还是至少要匹配一条匹配条件。定义一个 QoS 分类器（classifier），可以使用在分类映射（Class Map）中的匹配声明提供匹配条件。在匹配声明（Match Statement）中，可以指定包中要用于匹配的字段，或者可以使用的 IP 标准或者 IP 扩展 ACL。具体将在 6.2.4 节“基于分类映射和策略映射的分类”中介绍。

如果分类映射配置要匹配所有匹配条件，则在 QoS 行为发生前，包必须满足所有在分类映射中匹配声明的条件，有一个条件不满足都不会发生 QoS 行为。

如果分类映射配置为至少匹配一个匹配条件，则在 QoS 行为发生前，包必须至少满足分类映射中匹配声明的一个条件。如果没有满足分类映射声明的任一条件，则不会发生 QoS 行为。

可以使用 IP 标准 ACL、IP 扩展 ACL 或者二层 MAC ACL 来定义一组包具有相同分类特性，也可以基于 IPv6 ACL 来分类 IP 通信。有关 Cisco IOS 交换机 ACL 方面的知识和配置参见本书第 4 章，但本书不对 IPv6 ACL 进行介绍。

在 QoS 中执行 ACL 中规则项的允许（Permit）和拒绝（Deny）行为与安全应用时 ACL 中的执行行为是不同的。具体如下：

- 如果匹配遇到一个允许的 ACL 规则，则指定的相关 QoS 行为将发生。
- 如果匹配遇到一个拒绝的 ACL 规则，则将跳过这个规则继续与下一个规则进行匹配，直到找到允许的规则，或者到了 ACL 的最后一个规则。
- 如果在所有的 ACL 条目中一直没有遇到允许的 ACL 规则，在这个包中将不发生任何 QoS 进程，交换机将为这些包提供尽力传输服务。
- 如果在一个端口上配置了多个 ACL，则在与一个允许的 ACL 规则匹配后停止继续查询，并且将开始相应的 QoS 进程。

【说明】在创建一个 ACL 时，默认会在 ACL 的最后包含一个隐式的拒绝所有通信的说明，那就是 deny ip any any。如果在查询此规则前没有找到任何匹配规则项，则最后这条拒绝规则在 ACL 中将起作用。

在一个通信分类已经定义了一个分类映射后，可以为该通信分类创建一个用来定义 QoS 行为的策略。这个策略可能包含多个行为分类。一个策略可能包括把某个特定的集合划分成一类的命令，分配一个 DSCP，或者为分类进行速率限制的命令。

可以执行 IP ACL，通过使用全局配置 **access-list** 命令来进行 IP 通信分类；可以执行二层 MAC ACL，通过使用 **mac access-list extended** 全局配置命令来进行非 IP 通信分类。具体将在本章后面的“QoS 策略配置”小节介绍。

6.2.4 基于分类映射和策略映射的分类

分类映射（Class Map）是用来命名一个指定流分类，并与其他类通信流隔离的一种机制。分类映射定义了用来进行分类的匹配条件。这个匹配条件可以包括匹配由 ACL 定义的访问组，匹配指定的 DSCP 或者 IP 优先级值列表。如果有超过一个要进行分类的通信类，可以创建其他分类映射，并使用不同的名称。在包与分类映射条件匹配后，可以通过使用策略映射（Policy Map）来进一步分类。

策略映射是用来为某一通信指定要应用哪种通信分类。所包括的行为有信任通信分类中的 CoS、DSCP 或者 IP 优先级值，设置通信分类中的 DSCP 或者 IP 优先级值，或者指定通信的带宽限制和超出限制后将发生的行为。但在策略映射生效前，必须把该策略应用在一个端口上。

可以使用 **class-map** 全局配置模式命令或者 **class** 策略映射配置模式命令创建一个分类映射。需要在多个端口间共享分类映射时，应当使用 **class-map** 全局配置模式命令。在键入 **class-map** 命令时，交换机进入分类映射配置模式。在这个模式下，可以通过 **match** 分类映射配置模式命令定义通信的匹配条件。还可以通过使用 **class class-default** 策略映射配置模式命令配置一个默认的分类。没有分类的通信（与在通信分类中指定的匹配条件不匹配的通信）就会当作默认通信处理。

可以使用 **policy-map** 全局配置模式命令来创建、命名一个策略映射。在键入该命令后，交换机即进入到策略映射配置模式。在这个模式下，可以通过使用 **class**、**trust** 或 **set** 进行策略映射配置或者调用分类映射。

策略映射中可以包括 **police** 和 **police aggregate** 策略映射分类配置命令，通过这些命令来定义策略器（Policer）、通信带宽限制和在超过限制后所采取的行为。要启用策略映射，通过使用 **service-policy** 接口配置模式命令把它应用到一个端口上就行。

可以应用一个分级策略映射到一个物理接口或者 VLAN SVI 虚拟接口上。但是，无论如何，一个分级策略映射（Hierarchical Policy Map）仅可以应用到 SVI 接口上。分级策略映射包括两个级别，第一个级别，也就是 VLAN 级别（VLAN Level），指定对 SVI 接口上的通信流所采取的行为；第二个级别，也就是接口级别（Interface Level），指定对 SVI 接口所属 VLAN 的物理接口的通信流所采取的行为。接口级别的行为是在接口级别策略映射中指定的。

6.3 QoS 的流量监管和标记原理

在包被分类且有了一个基于 DSCP 或者基于 CoS 的 QoS 标签后，即开始进入监管（Policing）和标记（Marking）进程。

监管（Policing）涉及为对应通信创建一个指定对应通信流占用带宽限制的监管器。超出限制的包将被认为是超出配置或者不符合监管要求的包。每个监管器（Policer）会对每个包逐个进行审查，看它是否超出了带宽限制配置，并且指出对这些超限包所进行处理的行为。这些行为是通过标记器（Marker）来完成的，包括不作修改地通过包，丢弃包，或者修改包中的 DSCP 值并允许包通过。可以配置监管 DSCP 映射（Policed-DSCP Map）来为包提供基于 QoS 标签的新 DSCP 值。

【说明】所有通信，不管是桥接，还是路由通信，均要遵照已配置的监管器。比较的结果是，桥接包可能被丢弃，或者它们的 DSCP 或者 CoS 字段可能被修改。

可以在物理接口或者 SVI 接口上配置监管器（可能是专用的监管器，也可能是聚合的监管器）。当在 SVI 接口上配置了策略映射时，可以创建和应用一个分级的策略映射（包括应用于 VLAN SVI 接口的第一级策略映射和应用于 VLAN 中物理接口上的第二级策略映射）。在物理接口上仅可创建和应用第二个级别的策略映射。具体参见下面将要介绍的物理接口的监管和 SVI 接口上的监管（分别对应 6.3.1 节和 6.3.2 节）。

在配置了策略映射和监管行为后，可以使用 **service-policy** 接口配置模式命令在入接口或者 SVI 虚拟接口上应用这个策略。有关具体配置将在本章后面介绍。

6.3.1 物理接口上的监管和标记

图 6-8 显示了物理接口上策略映射中的监管和标记进程。其中起主要作用的就是监管器，物理接口上包的主要监管和标记流程如下：

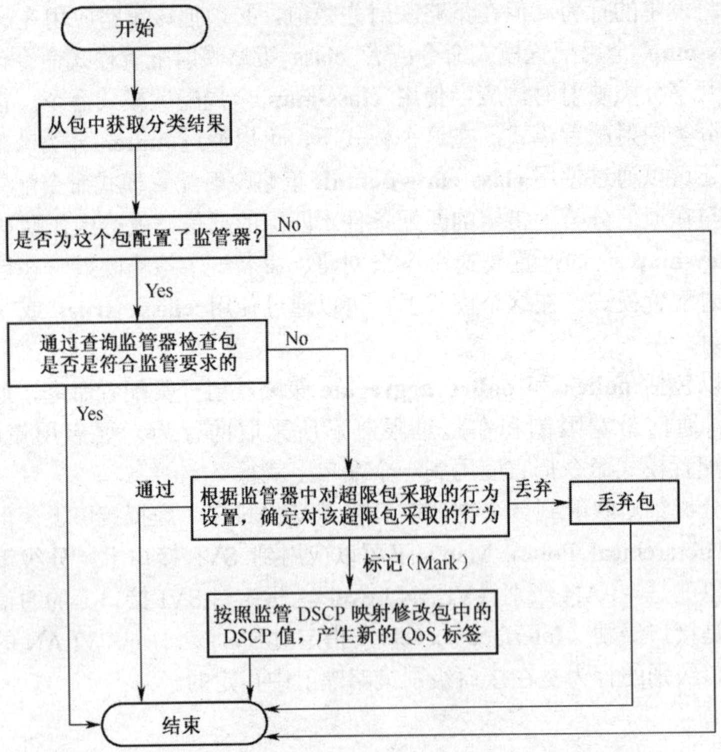

图 6-8　物理接口的监管和标记进程流程图

（1）先检查包中的分类信息，然后检查交换机的对应物理接口上是否已为该类包配置了监管器。对于在已有的监管器中没有找到可以匹配的监管器的通信直接忽略。

（2）对于可找到匹配的监管器的通信，则先通过监管器中的配置确定所接收到的通信是否符合某种限制，对符合限制要求的通信直接转发到下一流程。

（3）对于不符合限制要求的通信又有三种可采取的行为：不作任何修改直接通过，根据监管 DSCP 映射重新修改包中的 DSCP 值，然后再转发到下一流程，还可以直接丢弃。

在物理接口上的策略映射中，可以创建以下类型的监管器：

- 专用监管器（Individual Policer）：QoS 独立为每个匹配的通信分类在监管器中指定可占用的带宽限制。可通过使用 **police** 策略映射分类配置模式命令在一个策略映射中配置这种类型的监管器。
- 聚合监管器（Aggregate Policer）：QoS 可应用一个聚合监管器中所指定的带宽限制到所有匹配的通信流中。可以通过使用 **police aggregate** 策略映射配置模式命令在一个策略映射中指定聚合监管器名称来配置这种类型的监管器；通过使用 **mls qos aggregate-policer** 全局配置模式命令指定监管器中的带宽限制。利用这种方法，聚合监管器是由一个策略映射中的多个通信分类共享的。

可以使用 **police** 策略映射分类配置模式命令，或者 **mls qos aggregate-policer** 全局配置模式命令中的 *burst-byte* 参数来配置令牌桶的深度（也就是在溢出前可以容忍的最大的突发流量）；可以通过 **police** 策略映射分类配置模式命令，或者 **mls qos aggregate-policer** 全局配置模式命令中的 *rate-bps* 参数来配置从令牌桶中移除令牌的平均速率。

6.3.2　SVI 接口上的监管和标记

图 6-9 显示了 SVI 接口上分级策略映射中的策略和标记进程。在这里起主要作用的同样是监管

器，SVI 接口上包的具体监管和标记流程如下：

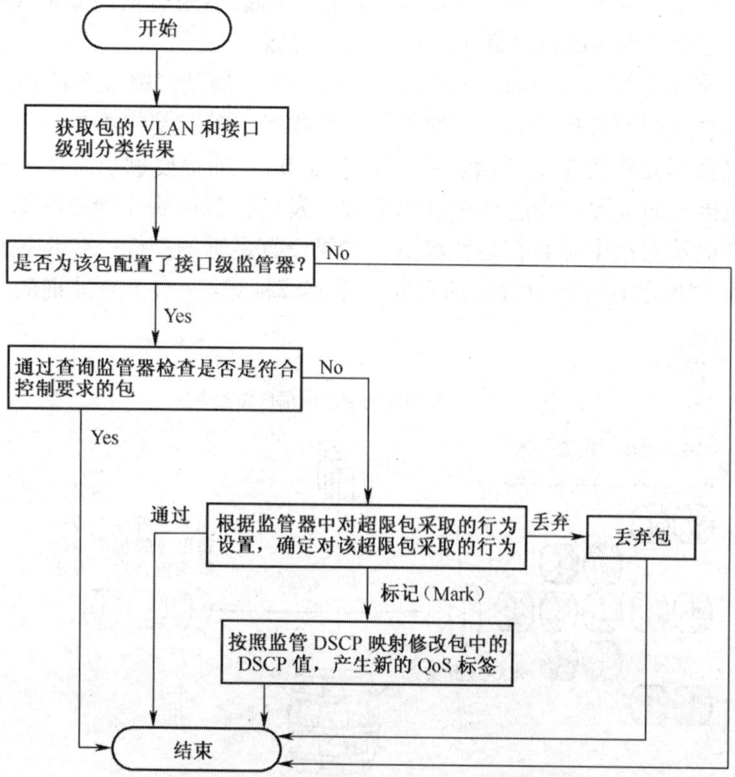

图 6-9　SVI 接口上的监管和标记进程流程图

（1）先检查包中的 VLAN 和分类信息，检查对应的 SVI 接口上是否已为该 VLAN 和分类的包配置了对应的监管器。对于在已有的监管器中没有找到可以匹配的监管器的通信直接忽略。

（2）对于可找到匹配的监管器的通信，则先通过监管器中的配置确定所接收到的通信是否符合某种限制，对符合限制要求的通信直接转发到下一流程。

（3）对于不符合限制要求的通信同样有三种可采取的行为：不作任何修改直接通过，根据监管 DSCP 映射重新修改包中的 DSCP 值，然后再转发到下一流程，还可以直接丢弃。

在 SVI 接口上仅可配置专用监管器，在专用监管器中可以配置分级策略映射（Hierarchical Policy Map）。但在为 SVI 接口配置带有专用监管器的分级策略映射前，必须在该 SVI 接口所属 VLAN 的物理接口上启用基于 VLAN 的 QoS。虽然策略映射是作用在 SVI 接口上，但策略映射中的专用监管器仅影响在分级策略映射的第二个接口级别中指定的物理接口。

分级策略映射有两个级别：第一个级别为 VLAN 级别（VLAN Level），指定要对 SVI 接口上的通信流所采取的行为。通过配置分类映射和指定端口状态，或者在包中设置新的 DSCP 或者 IP 优先级值的分类来创建主级别。VLAN 级别策略映射仅在 SVI 所对应的 VLAN 中，不支持监管器。

第二个级别是接口级别（Interface Level），指定要对流经属于 SVI 所在 VLAN，并且是在接口级别策略映射中指定的物理接口上的通信流所要采取的行为。通过配置分类映射和在属于 SVI 接口所在 VLAN 的物理接口上指定专用监管器的分类来创建第二个级别。接口级别策略映射仅支持专用监管器，不支持聚合监管器。可以为在 VLAN 级别策略映射中定义的每个分类配置不同的接口级策略映射。

6.3.3　QoS 令牌桶的工作原理

QoS 中的流量监管（Traffic Policing）就是对流量进行控制，通过监督进入网络的流量速率，对超出部分的流量进行“惩罚”，使进入的流量被限制在一个合理的范围之内，以保护网络资源和运营商的利益。例如可以限制 HTTP 报文不能占用超过 50%的网络带宽。如果发现某个连接的流量超标，流量监管可以选择丢弃报文或重新配置报文的优先级。

流量监管阶段是采用令牌桶（Token-bucket）机制。令牌桶是网络设备的内部存储池，而令牌则是以给定速率填充令牌桶的虚拟信息包。交换机在接收每个帧时都将添加一个令牌到桶中。这个桶中有一个孔，它又按指定作为平均通信速率（单位为 b/s）的速度领出（也就是删除的意思）令牌，也就是在转发数据包时需要从令牌桶中领出令牌，发送完数据后令牌被删除。在每次添加新的令牌到桶中时，交换机检查桶中是否有足够容量，如果没有足够的空间，包将被标记为不符规定的包，这时在包上将发生指定监管器中规定的行为（丢弃或标记）。整个令牌桶的基本工作原理可以用图 6-10 来表示。

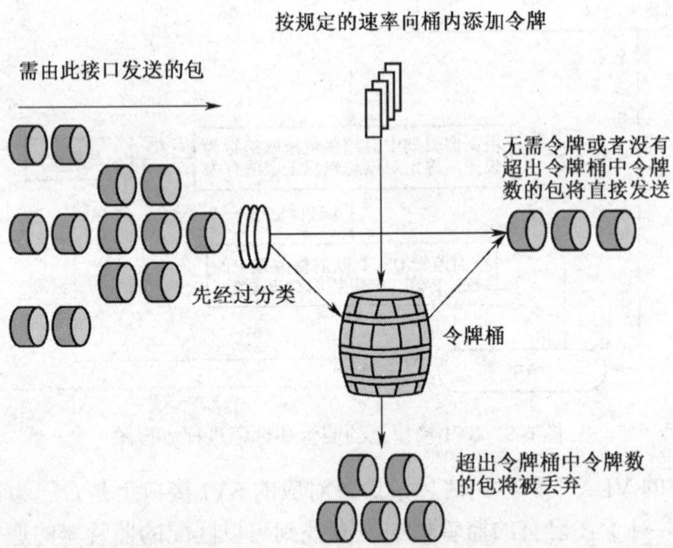

图 6-10　令牌桶的基本工作作原理

令牌桶多长时间才能填满是由令牌桶深度（也就是容量，单位为 bit）、令牌漏出速率和超过平均速率的突发通信流持续的时间三个方面共同决定的。令牌桶的大小利用突发时长上限和点对点传输时的帧数限制得出。如果突发时间比较短，令牌桶不会溢出，在通信流上不会发生行为。但是，如果突发时间比较长，并且速率比较高，令牌桶将溢出，这时将对突发过程中的帧采取相应的策略行为。

在令牌桶处理包的行为方面，RFC 中定义了两种令牌桶算法——单速率三色标记（Single Rate Three Color Marker，srTCM）算法和双速率三色标记（Two Rate Three Color Marker，trTCM）算法，其评估结果都是为包打上红、黄、绿三色标记。QoS 会根据包的颜色，设置包的丢弃优先级，其中单速率三色标记比较关心包尺寸的突发，而双速率三色标记则关注速率上的突发，两种算法都可工作于色盲模式和非色盲模式。下面分别介绍这两种算法原理。

1. 单速率三色标记算法原理

这里首先要理解“单速率”是什么意思，那就是算法中的两个令牌桶有同样的承诺访问速率（Committed Access Rate，CAR）。下面具体解释单速率三色标记算法原理。

单速率三色标记（srTCM）算法评估依据以下 3 个参数：承诺信息速率（Committed Information Rate，CIR）、承诺突发尺寸（Committed Burst Size，CBS）和超额突发尺寸（Excess Burst Size，EBS）。CIR 是指向令牌桶中填充令牌的速率，即允许的流的平均速度；CBS 是指每次突发所允许的最大的流量尺寸，也是允许的最大取令牌的速率，等于桶的容量（最大时就是一个包可以领取桶中的全部令牌）；EBS 是指每次突发允许超出 CBS 的最大流量尺寸。CBS 和 EBS 的单位都是 bit（位）。

单速率三色机制采用双桶结构：C 桶和 E 桶（之所以用这两个字母来表示，为的就是与前面说的 CBS 和 EBS 两种速率的首个字母一致，便于描述）。Tc 和 Te 分别表示 C 桶和 E 桶中令牌数，也就是桶中当前的容量（单位也为 bit），两桶的总容量分别为 CBS 和 EBS，也就是对应前面介绍的承诺突发尺寸和超额突发尺寸。从这里可以看出，符合承诺突发尺寸要求的令牌都是放在 C 桶中，超出承诺突发尺寸的令牌是放在 E 桶中。初始状态时两桶是满的，即 Tc 和 Te 初始值分别等于 CBS 和 EBS。另外，正常情况下，不会使用第二个令牌桶，而是把任何 CBS（也就是 C 桶）中未使用的令牌都放入第二个令牌桶中，为后面数据的突发提供信用令牌（也就是经过允许的令牌）。

在这种单速率三色标记算法中，桶中令牌的添加是按照恒定的 CIR 速率进行的。即每隔 1/CIR 时间添加一个令牌。添加的顺序是先添加 C 桶再添加 E 桶。当两个令牌桶都添加满令牌时，再产生的令牌就会被丢弃。当包到来后，直接与令牌桶中的令牌数比较，如果有足够的令牌数就直接转发数据包；否则这些数据包将被丢弃或缓存。这种令牌处理方式在突发流量时没有优势，也就是当存在较大的突发流量时，令牌桶可能由于没有足够的令牌而无法处理数据包，而且在没有突发流量且数据包到达的速率较大时，数据包的处理流程也可以不连续，有时可能因为没有足够的令牌数而造成丢包。为解决这一问题，目前业界普遍采用一种借贷机制的包处理方法。也就是当包来后，只要有令牌，无论数量是否够，都可以转发。当令牌数小于包长度时，可以欠债转发，即转发后令牌桶中的令牌数为负。当下次添加新的令牌时，先还清所欠的令牌数，再继续转发数据包。这种方式可以比较好地解决数据包发送的不连续性，甚至丢包问题。

另外，IEEE 又定义了三种颜色，分别为红色、黄色和绿色，以及两种模式：色盲（Color-blind）模式和感色（Color-aware）模式，默认为色盲模式。三种颜色的功能与我们日常生活中的交通指示灯中的三种颜色类似。

在色盲（Color-blind）模式下是假设包都是没有经过“着色”处理的（不辨别包中原来的标记颜色），是根据包长度来确定包被标记的颜色。现假设到达的包长度为 B（单位为 bit）。若包长度 B 小于 C 桶中的令牌数 Tc（也就是 C 桶中的令牌数足够该包发送所需），则包被标记为绿色，表示包符合要求，包发送后 C 桶中的令牌数减少 B。如果 Tc<B<Te（也就是包长度大于 C 桶中的令牌数，而小于 E 桶中的令牌数），则标记为黄色，从 E 桶中的令牌数减少 B（**注意：网上一些 CCIE 说此时 C 桶和 E 桶中的令牌数均减少 B，这肯定是错误的，因为此时 C 桶中根本没有 B 数量的令牌**）；若 B>Te，标记为红色，表示是违反规定的包，直接丢弃，两令牌桶中的总令牌数都不减少。

【说明】 其实根本没什么令牌，这里所说的“令牌数”其实就是指令牌桶中被虚拟信息填满的容量，它只是作为一个对接收到的包长度比较的参考，且令牌数与包长度的单位都是 bit。

在感色（Color-aware）模式下是假设包在此之前已经过“着色”处理（会辨别包中原来的标记颜色），如果包已被标记为绿色，或包长度 B<Tc，则包被标记为绿色，C 桶中的令牌数 Tc 值随之也相应减少 B；如果包已被标记为黄色，或 Tc<B<Te，则包被标记为黄色，同时 E 桶中的令牌数 Te 也随之相应减少 B；如果包已被标记为红色，或 B>Te，则包被标记为红色，Tc 和 Te 都不减少。

2．双速率三色算法

这里同样首先要搞清楚“双速率”是什么意思，它是指该算法中两个令牌桶中的 CIR 速率不同，存在两个速率。

IETF 的双速率三色标记（trTCM）算法主要是根据四种流量参数来评估：CIR、CBS、峰值信息速率（Peak Information Rate，PIR）、峰值突发尺寸（Peak Burst Size，PBS）。CIR 和 CBS 参数与单速率三色算法中的含义相同，PIR 就是允许的最大突发信息传输速率，当然它的值肯定不会小于 CIR；PBS 是允许的最大突发信息尺寸，它的值也不会小于 CBS。

与单速率三色标记算法不同，双速率三色标记算法中有两个令牌桶：C 桶和 P 桶，但它们的令牌填充速率是不同的，C 桶填充速率为 CIR，P 桶为 PIR；两桶的容量分别为 CBS 和 PBS（之所以用 C 桶和 P 桶表示也是基于方便描述，因为表示不同速率的参数与对应桶的容量参数相同，第一个字母对应为 C 或者 P）。用 Tc 和 Tp 表示两桶中的令牌数目，初始状态时两桶是满的，即 Tc 和 Tp 初始值分别等于 CBS 和 PBS。

双速率三色标记算法关注的是速率的突发，但它不像单速率三色标记算法那样把第一个桶中未使用的令牌放到第二个桶中，而是使用两个独立的令牌桶。第一个桶为 PIR，大小为 PBS，第二个桶为 CIR，大小为 CBS。数据的测量是先比较 PIR，然后再比较 CIR。也就是在双速率三色标记中，首先判断的是数据发送速率是否符合规定的突发要求，而不是正常情况下的色标方法。

双速率三色标记算法也有色盲模式和感色模式两种。在色盲模式下，当包速率大于 PIR，此时未超过 Tp+Tc 部分的包会分别从 P 桶和 C 桶中获取令牌，而且从 P 桶中获取令牌的部分包被标记为黄色，从 C 桶中获取令牌的部分包被标记为绿色，超过 Tp+Tc 部分无法得到令牌的包被标记为红色；当包速率小于 PIR，而大于 CIR 时，包可以得到令牌，但超过 Tc 部分的包将从 P 桶中获取令牌，此时这部分包都被标记为黄色，而从 C 桶中获取令牌的包被标记为绿色；当包速率小于 CIR 时，包所需令牌数不会超过 Tc，只需从 C 桶中获取令牌，包被标记为绿色。

在感色模式下，超过 Tp+Tc 部分无法得到令牌的包，被标记为红色；超过 Tc 但未超过 Tp 部分的包，被标记为黄色；未超过 Tc 部分的包，被标记为绿色。

6.4 QoS 的列队和调度原理

在 Cisco IOS 交换机中，每个物理接口有 4 个传送队列（Transmit Queue），也就是前面所说的 4 个出口队列（Egress Queue，或者输出队列，在 H3C 交换机中每个端口有 8 个出口队列）。每个包都必须放置到其中的一个队列中，然后基于队列调度机制由交换机提供调度服务。在 Cisco IOS 交换机中，除了 4 个出口队列外，还有 2 个入口队列（或输入队列）。

如图 6-11 所示显示了 Cisco Catalyst 3750-E 中的 2 个入口队列和 4 个出口队列，以及它们所在的位置。它们可在不同位置将一个队列配置为优先队列，只有这个队列中的任务都处理完之后，才会处理其他加权队列。

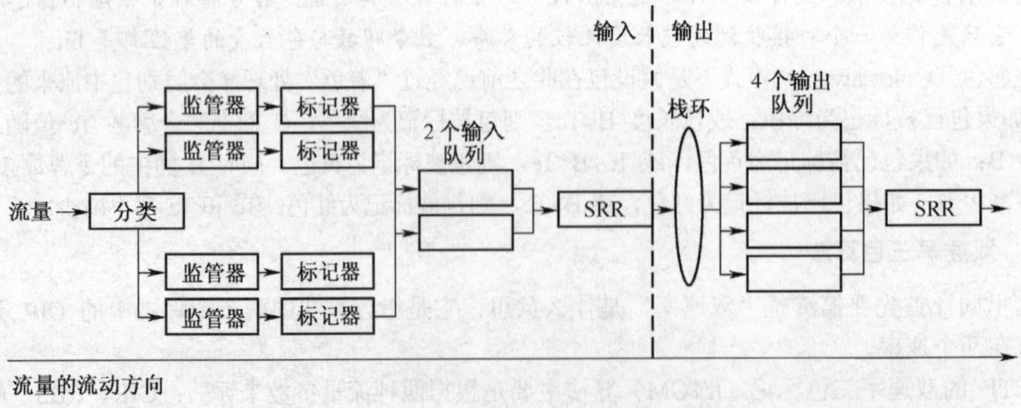

图 6-11　Cisco Catalyst 3750-E 的 2 个输入队列和 4 个输出队列

6.4.1　活动队列管理

当包被传送到出口时，首先要被安排进一个对应的出口队列（Egress Queue，也就是前面所说的传送队列），同时还将分配一个线程号，也就是包在队列中的位置。这时新加入队列的包也会占用队列的一定缓存（包没发送前都是保存在缓存中的）。在发生缓存溢出（也就是超出该队列所能容纳的包数量或者队列长度限制）前，AQM（Active Queue Management，活动队列管理）会通知你线路的拥塞情况。AQM 是使用 DBL（Dynamic Buffer Limiting，动态缓存限制）技术跟踪交换机中的每个通信流的队列长度，在队列长度超过限制时，DBL 丢弃包或者在这些包的包头中设置 ECN（Explicit Congestion Notification，显式拥塞通知）位，表示这些包是溢出的包。

DBL 把通信流分成 adaptive（自适应）和 aggressive（主动）两种类型。自适应类型流在接收到来自 AQM 的拥塞通知后会降低包的传送速率，以使下游设备有足够的"精力"尽快处理已在队列中的包。主动类型流不会对拥塞通知做出任何纠正行为，也就是它不管是否出现了拥塞，总是会继续按设定速率进行包的传输。

对于每个活动的通信流，交换机维护两个参数：buffersUsed（已使用的缓存容量）和 credits（缓存信用量，也就是该通信还可用的缓存容量）。所有流开始都带有 max-credits（最大信用）全局参数。当流的信用量小于 aggressive-credits（主动信用）参数值时，则该流被认为是主动类型的流，并为这些流分配一个较小的缓存限制，称之为 aggressiveBufferLimit（主动缓存限制）。

队列长度是按包数量计算的，队列中的包数量决定了流可以为包分配的缓存空间大小，因为队列可用的缓存是由队列中的包所共享的。当流的队列长度比较长时，此时可为新包分配的缓存空间就小。

因为在 Cisco IOS 交换机的每个出接口上都有四个出口队列，所以包中携带的 DSCP 值的分配与队列有关，必须把它们均匀地分配到四个队列中。表 6-3 列出了默认的 DSCP 值到传送队列的映射关系。当然，这只是它们默认的映射关系，用户可以根据需要随意修改。

表 6-3　默认的 DSCP 到出口队列的映射

DSCP 值	出口队列号
0~15	1
16~31	2
32~48	3
49~63	4

例如，如果发送两个流，一个流的 DSCP 值为 16，另一个流的 DSCP 值为 0，默认情况下，它们将在不同队列中传送。DSCP 值为 16 的在第 2 个出口队列中传送，DSCP 值为 0 的在第 1 个出口队列中传送。即使在第二个队列中的主动流在链路上已饱和，队列 1 中的主动流也不会被阻止，因为它们在不同的队列中传送。这种情况下，即使没有 DBL，在 1、3、4 队列中传送包也不会被丢弃，因为它们是主动流，不会对拥塞做出任何反应。

6.4.2　QoS 拥塞管理技术

在网络通信中，拥塞是很难避免的，毕竟各个端口发送数据包都是随机的，而且所发送的数据包大小也是无法预料的。在 QoS 的队列和调度进程中，除了前面介绍的流量监管和流量整形之外，另一个最主要的工作就是进行通信拥塞管理，尽量避免或者减少通信拥塞。

1．什么是拥塞

所谓拥塞，是指当前供给资源少于正常转发处理所需要资源，从而导致服务质量下降的一种现象。在复杂的 Internet 分组交换环境下，拥塞极为常见。当网络发生拥塞后，数据还是要被传递的，正因为接收到的数据远多于自身的传输能力，所以数据被传输时就出现了先后顺序，而规定数据按什么样的顺序来传输，这就是拥塞管理。也只有当拥塞发生时，拥塞管理才会生效，对超额的数据流，使用队列算法来决定如何将数据发出。

拥塞有可能会引发以下一系列的负面影响：

- 拥塞增加了报文传输的延迟和抖动，可能会引起报文重传，从而导致更多的拥塞产生。
- 拥塞使网络的有效吞吐率降低，造成网络资源的利用率降低。
- 拥塞加剧会耗费大量的网络资源（特别是存储资源），不合理的资源分配甚至可能导致系统陷入资源死锁而崩溃。

在分组交换以及多用户业务并存的复杂环境下，拥塞又是不可避免的，因此必须采用适当的方法来解决拥塞。拥塞管理的中心内容就是当拥塞发生时如何制定一个资源的调度策略，以决定报文转发的处理次序。

2. 主要的拥塞管理技术

过度的拥塞会对网络资源造成极大危害，必须采取某种措施加以解除。对于拥塞管理，一般采用队列技术，使用一个队列算法对流量进行分类，之后用某种优先级算法将这些流量发送出去。每种队列算法都是用以解决特定的网络流量问题，并对带宽资源的分配、延迟、抖动等有着十分重要的影响。队列调度对不同优先级的报文进行分级处理，优先级高的会得到优先发送。

这里介绍 Cisco IOS 交换机中常用的几种队列拥塞管理技术：FIFO（First In First Out Queuing，先进先出队列）、PQ（Priority Queuing，优先级队列）、CQ（Custom Queuing，自定义队列）、WFQ（Weighted Fair Queuing，加权公平队列）。注意 Cisco IOS 交换机中使用的拥塞管理技术与 H3C 交换机中的不一样。H3C 交换机中主要使用的是 SPQ（严格优先级队列）、WRRQ（加权轮询队列）、WFQ（加权公平队列）和 SP+WRRB 队列。

（1）FIFO

FIFO 队列不对数据包进行分类，当数据包到达接口后，数据包是按照到达接口的先后顺序通过接口。在这种队列管理技术中，数据包没有优先级之分，即使接口发生了拥塞，数据包是先到的就先通过，后到的就后通过。

（2）PQ

PQ 队列在发生拥塞时只传优先级最高的数据，只有当优先级最高的数据全部传完之后，才会传次优先级的数据。PQ 中有 4 个队列，分别是 High（高优先级）、Medium（中优先级）、Normal（普通优先级）、Low（低优先级）。可根据数据包的 IP 优先级或 DSCP 等标识将数据包分配到各个队列中。在发生拥塞时，PQ 先传 High 队列中的数据，直到全部传完之后，才会传 Medium 队列中的数据，同样只有 Medium 队列中的数据传完之后，才会传 Normal 队列中的数据，最后等前面三个队列的所有数据都传完之后，最后才轮到 Low 队列中的数据。由此可见，如果高优先级的队列没有传送完毕，低优先级的数据将永远不会传递，造成两级分化，使较低优先级的数据转发困难。

虽然 PQ 只有在高优先级队列数据包全部传完的情况下，才会传下一个队列，但是可以限制每个队列一次性传输的最大数据包个数，当某个队列传输的数据包达到最大数量之后，无论是否还有数据包，都必须传递下一个队列。所以它与 H3C 交换机中采用的 SPQ 队列技术又是有所不同的。

（3）CQ

CQ 队列技术一般是用在 Cisco IOS 路由器中。在 CQ 中共有 16 个队列轮循，每个队列可以限制可传的数据包总数，但实时数据不能得到保证。将数据包分配到 CQ 的各个队列中，当网络发生拥塞时，CQ 先传第 1 个队列中的数据，当传到额定的数据包个数后，就接下去传第 2 个队列中的数据，同样是传到额定的数据包个数后，再传下一个队列，以此类推，直到传到第 16 个队列后，再回过去传第 1 个队列。

CQ 除了 1～16 个队列外，还有一个 0 号队列，但是 0 号队列是超级优先队列，路由器总是先把 0 号队列中的数据包发送完后才处理 1～16 号队列中的数据包，所以 0 号队列一般作为系统队列，许多 IOS 不支持手工将指定数据包分配到 0 号队列。在配置 1～16 号队列时，用户可以配置每个队列同一时间可以占用接口带宽的比例，相当于限速。

（4）WFQ

WFQ 是一个基于权重（Weight）的公平队列。之所以说 WFQ 是公平的，是因为 WFQ 根据数据包的 IP 优先级来分配相应的带宽，优先级高的数据包，分到的带宽就多，优先级低的数据包，分到的带宽就少，并且所有的数据包在任何时刻都可以分到带宽，这就是它的公平之处。

WFQ 在根据 IP 优先级给数据包分配带宽时，是基于流（Flow）来分配的，也就是说每个流的数据包分配相同的带宽，只有不同的流，才可能分配不同的带宽，如果两个流的 IP 优先级是一样的，那么这两个流分配到的带宽也是一样的。要区分数据包是不是同一个流，需要五个参数完全相同，也就是数据包的源 IP 地址、目的 IP 地址、协议、端口号以及会话的 socket 全部相同时，这样的数据才被认为是同一个流。所以手工是没有办法将两个不同的数据包划分到同一个流的，而计算数据包是不是同一个流，必须由系统自己计算，不需要人工干预。

WFQ 与使用报文个数作为调度单位的 WRRQ 队列调度效果类似，唯一的区别是 WFQ 还支持最小带宽保证机制，能够实现更灵活的调度方案。如可通过配置最小带宽保证值，确保 WFQ 中每一个队列都拥有最小保证带宽，可分配带宽（可分配带宽＝总带宽-各队列最小保证带宽）按照各队列优先级进行分配。例如：端口的总带宽为 10Mbps，端口中当前共有 5 个流，它们的优先级分别为 0、1、2、3、4；每个流的最小带宽保证分别为 128kbps、128kbps、128kbps、64kbps、64kbps。最终每个队列得到的带宽＝最小保证带宽＋该队列从可分配带宽中分到的带宽。

由于 WFQ 在拥塞发生时能均衡各个流的延迟和抖动，所以 WFQ 在一些特殊场合得到了有效的应用。比如在使用资源预留协议 RSVP（Resource ReserVation Protocol）的保证型业务中，通常就是采用 WFQ 作为调度策略；在流量整形 TS 中，也采用 WFQ 调度缓存的报文。

6.4.3 QoS 拥塞避免技术

上节介绍的几种拥塞管理技术仅从队列调度角度对流量的传输进行了控制，但并没有从根本上做到消除拥塞。当网络发生拥塞之后，总有数据是要被丢弃的，在默认情况下，拥塞之后，接口总是先丢弃最后到达的数据包，而将之前已经到达的先转发，这样一来，当网络中有多种流量出现时，就难免会将重要的流量丢弃，或者尽量让某些程序降低带宽而避免拥塞的发生，这些，都是拥塞避免（Congestion Avoidance）需要做的事情。要真正消除拥塞，就需要采取一些必要的拥塞避免技术，如在 Cisco IOS 交换机常用的 TD（Tail Drop，尾部丢弃）、WTD（Weighted Tail Drop，加权尾部丢弃）和 WRED（Weighted Random Early Detection，加权随机早期检测）。

（1）TD

尾部丢弃（Tail Drop）是接口的默认行为，当接口发生拥塞后，总是将最后到达的数据包丢弃，直到没有拥塞为止，因为最后到的数据就是引起网络拥塞的主要原因。在使用尾部丢弃的情况下，是无法保证重要数据流优先传递的，所以尾部丢弃不建议使用，但也无法配置。

（2）WRED

WRED 是基于权重的随机早期检测机制，是依靠流量的优先级来分配相应的丢弃几率的。当网络中有多种数据时，在发生拥塞之后，人们总是希望先将优先级较低的相对不重要的数据丢弃，而优先保证重要数据的传递。WRED 正是迎合了人们的这种期望，在网络发生拥塞之后，总是先保证高优先级的重要数据的传递，而先丢弃普通的数据。

WRED 在网络发生拥塞之后，可根据数据包的 DSCP 或 IP 优先级来丢弃数据包，低优先级的数据总是比高优先级的数据先丢弃，从而保证重要数据的传递。在默认情况下，是根据数据包的 IP 优先级来决定如何丢弃的。

虽然说 WRED 是丢弃低优先级的数据包而保证高优先级的数据包，但是网络拥塞时，并不总是先丢弃低优先级的，这是需要靠公式来计算的。设计思想是根据各优先级或 DSCP 设置的阈值，如果某优先级或 DSCP 的流量总是触及设定的阈值，那么该流量被丢弃的概率也就越大，所以如果低优先级不经常触及设置的阈值时，也有不被丢弃的可能。

（3）WTD

WTD（加权尾部丢弃）是一个拥塞避免机制，能够管理队列长度，为不同的流量类型制定不同的丢弃策略。利用可配置的阈值，能够确定丢弃某些包的时机。阈值能够基于服务类别（CoS），也能够基于 DSCP 值。队列填满之后，低优先级的包将首先被丢弃。例如，当队列达到 60%时，可通过配置让 WTD 丢弃 CoS 为 0～5 的包。另外，还能为每个队列的不同 CoS 和 DSCP 值规定多个阈值和丢弃级别。

每个队列有三个阈值（也就是丢弃优先级），其 ID 号分别为 1、2、3，帧中 QoS 标签的优先级值决定将这三个阈值中的哪个阈值赋予这个帧。在队列的这三个阈值中，有两个是显式配置（也就是明确配置）的，有一个是隐式的。在一个帧插入到一个队列时，WTD 使用帧分配的 QoS 标签来为帧分配不同阈值。如果新的帧加入后超出了该帧 QoS 标签中 CoS 值对应的阈值（也就是队列允许该类帧插入的最大队列长度）时，则交换机就会丢弃该帧。

图 6-12 显示了一个 WTD 对大小为 1000 个帧的队列（也就是这个队列最多允许有 1000 个帧）的操作示例。现假设配置的三个阈值（也就是丢弃优先级）分别为：40%（表示在队列中空间占有率达到 40%就要丢弃该类帧）、60%（表示在队列中空间占有率达到 60%就要丢弃该类帧）和 100%（表示只有在队列中空间占有率达到 100%时才丢弃该类帧）。

在这个示例中，假设 CoS 值为 6 和 7 的帧比其他 CoS 值的帧更重要，它们被分配给 100%的丢弃阈值（也就是只有在队列全满时才丢弃该类包，否则总是可以添加到队列中的），CoS 值 4 和 5 分配给 60%的丢弃阈值（表示在队列空间占有率达到 60%时就要丢弃该类帧了），而 CoS 值 0~3 分配给 40%的丢弃阈值（表示在队列空间占有率达到 40%时就要丢弃该类帧了）。

现假设队列已排了 600 个帧，在接收到新帧时，如果它的 CoS 值是 4 或 5，由于赋予这类帧的阈值为 60%，也就表示在整个队列中帧的填充率达到 60%后就要丢弃该类帧了。而此时队列的填充率恰好为 60%（600/1000），所以这类帧不能再插入队列中了，直接被丢弃。但如果新收到的帧的 CoS 值为 6 或者 7，则这个新帧仍可以参与排队，因为 CoS 值为 6 或 7 时，丢弃阈值为 100%，也就是只要队列的帧填充率没达到 100%就不会丢弃该类新帧。而现在只有 60%，所以 CoS 值为 6 或 7 的帧仍可以插入到这个队列中。至于 CoS 值为 0~3 的帧，那更是插不进去了，直接将被丢弃，因为目前队列的填充率已达到了 60%，远高于 CoS 值为 0~3 的帧所对应的 40%的阈值。

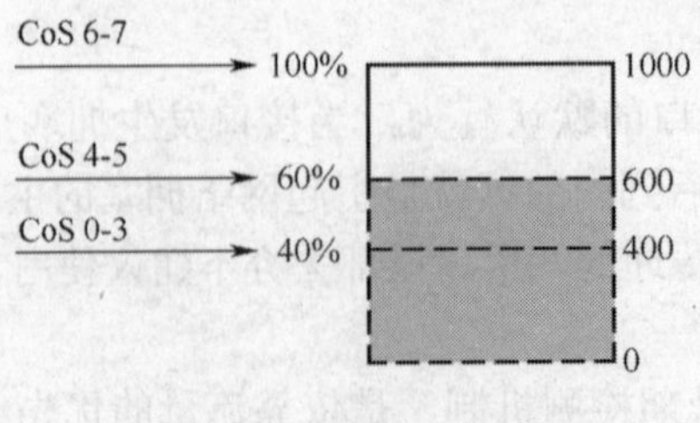

图 6-12 WTD 操作示例

从以上可以看出，尽管队列中可用的空间是一样的，但 WTD 对不同 CoS 值的帧的丢弃优先级是不一样的。所分配的 WTD 阈值越高的帧，丢弃优先级越低，也就是越能添加到队列中参与排队；相反所分配的 WTD 阈值越低的帧，丢弃优先级越高，也就是越不能添加到队列中参与排队。如上面这个示例中，CoS 值为 4 或 5 的帧不能插入队列中（CoS 值为 0~3 的帧更不能插入到队列中），但 CoS 值为 6 或 7 的却可以。

6.4.4 QoS SRR 流量整形原理

在实施 QoS 策略时，可以将用户的数据限制在特定的带宽，当用户的流量超过额定带宽时，超过的带宽将不能被传输，只能采取其他方式来处理，如果处理方式为丢弃超出带宽，那么这种行为称为监管（Policing），如果是将超出的带宽缓存在内存中，等到下一秒再传递，这种行为称为整形（Shaping）。流量整形为控制最大输出通信速率提供可能，以确保通信符合配置的最大传输速率规定。符合某种配置的通信可能被整形，以使它符合下游设备的通信速率需求，处理任何失配的数据传输速率。

流量整形与流量监管的主要区别在于，流量整形是对流量监管中需要丢弃的报文进行缓存——通常是将它们放入缓冲区或队列内。当令牌桶有足够的令牌时，再均匀地向外发送这些被缓存的报文。流量整形与流量监管的另一区别是，整形可能会增加延迟，而监管几乎不引入额外的延迟。

当网络发生拥塞后，超出的流量将采取其他方式处理，如果处理方式为监管，那么数据包就会被丢弃，通常情况下，网络设备默认丢弃后到的数据包而传输先到的数据包，这样的丢弃方式称为尾部丢弃，但也可以让网络设备在发生拥塞时，先丢弃低优先级的数据包而传输高优先级的数据包。

1. SRR 模式

出口队列（如果是交换机堆叠，则还包括入口队列）是由 SRR（Shaped Round Robin，整形循环）提供服务的。SRR 控制了包发送的速率。在入口队列中，SRR 发送包到交换机堆叠或者内部环中，在出口队列中，SRR 发送包到出接口上。

SRR 负责队列调度服务，规定包出列的速率。SRR 共有两种模式：整形模式和共享模式。可以在出口队列上为共享（Sharing）或者整形（Shaping）配置 SRR。但是，对于入口队列，共享是默认的模式，也是唯一支持的模式。

整形（Shaping）模式只在输出队列中使用，会为出口队列保证一定的带宽百分比，并且限制到一定通信速率。整形后的通信在链路空闲时也不会占用比分配的带宽更多的带宽。整形可以提供更加流畅的通信，减少峰值或者谷值通信。通过整形，每个权重的绝对值被用于计算队列可用的带宽。

在共享（Sharing）模式中，各队列之间按照配置的权重共享带宽。在共享模式下，带宽也有一定保证，但不限制通信速率。例如，如果一个队列是空的，不再需要共享链路，其他的队列可以共同占用这部分未被使用的带宽。在共享模式下，权重的比例控制了共享队列的频次，每个权重的绝对值没有任何意义了。整形和共享模式是在每个接口上配置的，每个接口可以单独配置。

整形 SRR 与共享 SRR 之间难分伯仲。共享 SRR 能够大大提高排序系统的效率，因为流量多的队列能够使用空闲时隙。而在标准加权循环（WRR）中，这是不允许的。整形 SRR 用于队列整形，或者设置硬极限，规定队列能够使用的最高带宽。使用整形 SRR 时，能够在端口的总整形速率范围内进行队列整形。

2. SRR 基本配置

出接口上的四个出口队列共享可用的链路带宽。可以使用 **bandwidth** 接口传送队列配置模式命令设置不同出口队列共享不同的带宽。在这个命令中可以为每个出口队列设置一个最低保障的带宽。还可以使用 **shape** 命令为每个传送队列配置一个最大允许的传输速率。任何超出这个配置速率的通信都将被强制按照所配置的最大通信速率进行排队和传送。如果通信的突发包超过了队列的速率配置，包将被丢弃，以维护链路上正常的传输速率和稳定性。

另外，默认所有队列是采用轮循调度机制的。可以使用 **priority high tx-queue** 接口配置模式命令配置每个端口的出口队列 3 具有最高优先级。当队列 3 具有最高优先级时，在队列 3 中的包将比其他队列的包优先调度，仅当在没有配置带宽共享的情况下。如果出现突发通信，超出了队列的大小限制，包同样将被丢弃，以确保按照配置的整形速率要求进行正常的包传送服务。

6.4.5 QoS 中的队列和调度流程

在 Cisco IOS 交换机中的每个端口都支持四个出口队列（还有两个入口队列，但入口队列不执行调度机制），其中之一（默认为队列 1）可以作为出口加速队列（配置为加速队列的出口队列是配置有最低保证带宽的）。每个端口上的四个出口队列形成一个队列集。所有通过这四个队列离开交换机的通信都会基于包中的 CoS 值或者 DSCP 值而赋予三个前面说到的丢弃阈值（或者说是“丢弃优先级”），其中阈值 3 是隐式的，阈值 1 和阈值 2 是可显式配置的。

另外，交换机会为每个端口上的每个出口队列分配一定的缓存空间，用于调度队列和缓存数据。图 6-13 所示的是交换机的整个缓存空间划分（其实还可在纵坐标加上端口号，这样就可更加直观地看出每个端口的每个队列的缓存空间分配），共分为“公共池”和“保留池”（也就是 H3C 交换机上所说的共享区域和固定区域，参见本书第 8 章相关内容）两部分。

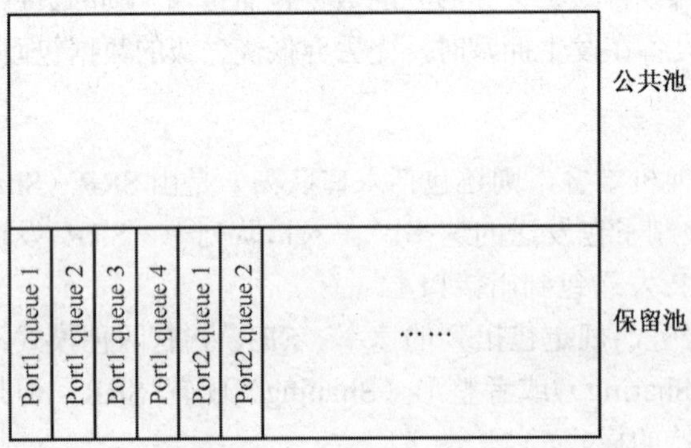

图 6-13　出口队列缓存分配

公共池就是交换机所有端口上的所有队列共享使用的缓存空间；而保留池则是交换机每个端口上的每个队列独自占用的缓存空间。交换机使用一个缓冲区分配方案来为每个端口的每个队列保留一个最小的缓存空间，以阻止一个队列或端口占用所有缓存空间，并控制是否授予请求队列缓存空间，这就是上面所说的每个队列的保留缓存空间。但是每个队列可分配的保留缓存空间大小可以不一样。

在队列请求新的缓存空间时，交换机会检测目标队列是否超出了它自己保留（最低限制）的保留缓存空间，是否超出了它自己可用的最高缓存空间限制，当前该端口所有队列的公共池是否还有空间等因素。如果队列没有超出它的最高缓存空间限制，交换机可以从保留池或者从公共池（仅当公共池还有未占用的空间）中为新加入的包分配缓存空间。如果在公共池中没有可用空间，而队列又超出了它的最高缓存空间限制，则交换机会丢弃这个新来的包。

综上所述，在 Cisco IOS 交换机的出口队列缓存空间有以下几个配置参数：队列的阈值分配、队列的保留缓存空间比例、队列的最大可用缓存空间比。这些参数都将在本章后面介绍出口队列配置时具体介绍，详情参见本章 6.10 节。

最后给出一个出接口上包的最基本 QoS 列队和调试流程，如图 6-14 所示。

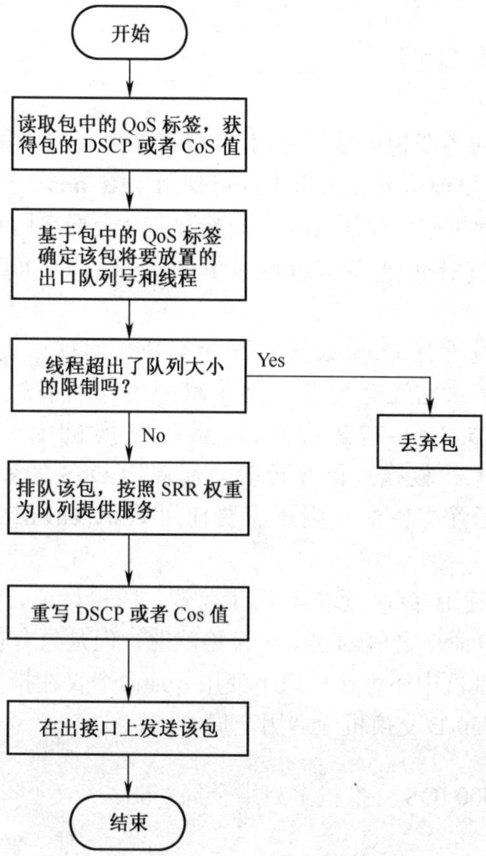

图 6-14　出接口上的包列队和调度流程

6.5　Cisco IOS 交换机 QoS 的启用

Cisco IOS 交换机中不同系列所支持的 QoS 功能和配置不完全相同，在此仅对一些主要功能以及主要 Catalyst 系列交换机的 QoS 功能配置进行介绍。本节先介绍启用 QoS 的方法。

在配置标准 QoS 前，必须注意以下几个方面：

- 网络中使用的应用类型和通信平台。
- 网络的通信性能和需求，是否存在突发通信？是否需要为语音和视频流保留带宽？
- 网络的带宽需求和通信速率。
- 网络中的拥塞点位置（也就是性能瓶颈位置）。

默认情况下，QoS 是禁止的，没有信任和非信任端口之分，因为包中的 CoS、DSCP 或 IP 优先级值是不经过修改的。通信交换也是直通模式的，不经过任何重写和分类，也没有任何监管，都是以尽力传输提供服务的。

【说明】这里所谓的"信任端口"是指接收到的包信任对应端口上自身设置的 DSCP、IP 或者 CoS 优先级值。更直接的意思就是，如果一个端口被配置为信任端口，则会用端口上配置的 DSCP、IP 和 CoS 优先级值对所接收到的包中的对应值进行修改。如果不是信任的端口，则不会对包做任何修改，包括其中的优先级值。

在 Cisco IOS 交换机中的 QoS 启用分两种：一种是全局启用（也可以看成是基于端口的 QoS），另一种是在物理端口上启用基于 VLAN 的 QoS。下面分别予以介绍。

6.5.1 在全局/端口上启用 QoS

全局启用就是在交换机的各个物理端口上启用 QoS 功能。启用时所用的命令因不同交换机有所不同：在 Catalyst 3750 及以前系列交换机中，可使用 **mls qos** 全局配置命令全局启用 QoS；在 Catalyst 4000 及以后系列交换机中可使用 **qos** 全局配置命令全局启用 QoS。可用对应的 **no mls qos**（Catalyst 3750 及以前系列交换机中）或 **no qos**（在 Catalyst 4500/4900 等系列交换机中）命令再次禁止 QoS。

全局启用 QoS 后，其他所有 QoS 设置一开始都是采用默认设置的，所有通信分类都为尽力传输类型，不作任何监管。也没有配置任何策略映射，所有端口的信任状态为非信任。可以通过 **show mls qos**（Catalyst 3750 及以前系列交换机中）或 **show qos**（在 Catalyst 4500/4900 等系列交换机中）特权模式命令校验全局启用 QoS 的效果。当然，如果要把全局启用 QoS 的配置保存在启动配置文件中，则还需要使用 **copy running-config startup-config** 特权命令进行配置保存。

QoS 必须全局启用才能使用 QoS 分类、流量监管、流量标记、队列调度和流量整形等功能。可以在执行 **mls qos** 全局配置命令之前创建一个策略映射，但是只有在全局启用 QoS 后才生效。在 Catalyst 4500/4900 等系列交换机中还可在接口下使用 **qos** 命令仅在指定接口上启动 QoS。

【示例 1】在 Catalyst 3750-E 交换机上启用全局 QoS。

```
Switch(config)# mls qos
```

【示例 2】在 Catalyst 4500 IOS 交换机上启用全局 QoS。

```
Switch(config)# qos
```

【示例 3】在 Catalyst 4500 IOS 交换机 gigabitethernet1/0/1 接口上启用 QoS。

```
Switch(config)# interface gigabitethernet1/0/1
Switch(config-if)# qos
```

【示例 4】查看 Catalyst 3650 交换机全局启用 QoS 后的运行状态。从输出信息可以看出，QoS 是启用的，并且显示当前 IP 包的 DSCP 重标记功能是禁用的。

```
Switch> show mls qos
QoS is enabled
QoS ip packet dscp rewrite is disabled
```

6.5.2 在物理端口上启用基于 VLAN 的 QoS

基于 VLAN 的 QoS 也就是仅在特定 VLAN 内部应用的 QoS 配置。默认情况下，在交换机的所有物理端口上都是禁止基于 VLAN 的 QoS 的。在 Cisco IOS 12.2(25)SE 以前版本中，交换机仅可基于物理端口上应用 QoS，包括分类映射、策略映射。在 Cisco IOS 12.2(25)SE 版本及以后版本中，可以在一个交换端口（不能是三层端口）上启用基于 VLAN 的 QoS。

在附加一个分级策略映射到交换机的一个 SVI 接口前，需要在分级策略映射的第二接口级别中指定的物理端口上使用 **mls qos vlan-based**（在 Catalyst 3750 及以前系列交换机中）或 **qos vlan-based**（在 Catalyst 4500/4900 等系列交换机中）物理接口配置命令启用基于 VLAN 的 QoS。当配置分级监管时，分级策略映射是应用在 SVI 接口上，并且影响属于该 SVI 所对应 VLAN 的所有通信流。专用接口级别的流分类仅影响分类中指定的物理接口。

可以按表 6-4 所示步骤，自特权模式开始启用基于 VLAN 的 QoS。这项配置任务必须是在对应 VLAN SVI 虚拟接口的接口级分级策略映射中指定的二层物理端口上进行。

表 6-4　启用基于 VLAN 的 QoS 的步骤

步骤	命令	说明
1	**configure terminal** 例如：Switch#**configure terminal**	进入全局配置模式
2	Switch(config)#**interface** *interface-id* 例如：Switch(config)#**interface** gigabitethernet 1/0/1	键入要启用基于 VLAN 的 QoS 的二层物理端口，进入接口配置模式
3	在 Catalyst 3750 及以前系列交换机中： **mls qos vlan-based** 例如：Switch(config-if)#**mls qos vlan-based** 在 Catalyst 4500/4900 等系列交换机中： **qos vlan-based** 例如：Switch(config-if)#**qos vlan-based**	在以上二层物理端口上启用基于 VLAN 的 QoS，可用 **no mls qos vlan-based** 接口配置命令在以上端口上再次禁止基于 VLAN 的 QoS
4	**end** 例如：Switch(config-if)#**end**	返回特权模式
5	在 Catalyst 3750 及以前系列交换机中： **show mls qos interface** *interface-id* 例如：Switch#**show mls qos interface** gigabitethernet 1/0/1 在 Catalyst 4500/4900 等系列交换机中： **show qos** 例如：Switch#**show qos**	校验以上端口上的基于 VLAN 的 QoS 配置
6	**copy running-config startup-config** 例如：Switch#**copy running-config startup-config**	（可选）保存以上配置更改到启动配置文件中

【示例 1】在 Catalyst 3750-E 交换机的二层物理端口 gigabitethernet1/0/1 启用基于 VLAN 的 QoS。

```
Switch(config)# interface gigabitethernet1/0/1
Switch(config-if)# mls qos vlan-based
```

【示例 2】显示 Catalyst 3750-E 交换机上 gigabitethernet1/0/1 端口在启用基于 VLAN 的 QoS 后的 QoS 配置。

```
Switch> show mls qos interface gigabitethernet1/0/1
GigabitEthernet1/0/1
trust state:not trusted
trust mode:not trusted
trust enabled flag:ena
COS override:dis
default COS:0
DSCP Mutation Map:Default DSCP Mutation Map
Trust device:none
qos mode:vlan-based
```

【示例 3】显示 Catalyst 3750-E 交换机上 gigabitethernet1/0/2 端口在没有启用基于 VLAN 的 QoS 后的 QoS 配置。

```
Switch> show mls qos interface gigabitethernet1/0/2
GigabitEthernet1/0/2
trust state:not trusted
trust mode:not trusted
trust enabled flag:ena
COS override:dis
default COS:0
DSCP Mutation Map:Default DSCP Mutation Map
Trust device:none
qos mode:port-based
```

从以上两个示例可以看出在端口上是否启用基于 VLAN 的 QoS，对于其他 QoS 配置没有影响，只是 QoS 的运行模式不一样而已。启用基于 VLAN 的 QoS 时，QoS 运行模式为基于 VLAN 的 QoS（**vlan-based**），没有启用基于 VLAN 的 QoS 时，QoS 运行模式为基于端口的 QoS（**port-based**），因为此时仍全局启用了 QoS。

【示例 4】显示 Catalyst 4500 交换机上 gigabitethernet1/0/1 端口在启用基于 VLAN 的 QoS 后的 QoS 配置。

```
Switch# show qos | begin QoS is vlan-based
QoS is vlan-based on the following interfaces:
    Fa5/42
Switch#
```

6.5.3 全局启用 QoS 后的默认配置

下面列出了 Cisco IOS 交换机在全局启用 QoS 后的一些主要特性的默认配置。了解这些默认配置对于如何修改这些 QoS 特性配置非常重要，它是我们修改配置的基本参考。

1. 默认入口队列配置

在全局启用了 QoS 后，入口队列的默认配置如表 6-5 所示。

表 6-5 默认的入口队列配置

特征	队列 1	队列 2
缓冲区分配（各队列通信所占缓存大小的比例）	90%	10%
带宽分配权重（默认是共享的，各队列所占用的带宽也是相同的）	4	4
优先级队列和最小保证带宽（默认队列 2 为优先级队列）	0（代表只有共享带宽）	10（最小保证带宽为总带宽的 10%）
WTD 丢弃阈值 1	100%（可以允许 100%的包参与排队）	100%
WTD 丢弃阈值 2	100%	100%

在启用 QoS 后，入口队列 CoS 值以及所对应的队列 ID 和阈值 ID 的映射如表 6-6 所示。

表 6-6 默认的 CoS 值到入口队列和阈值 ID 的映射

CoS 值	队列 ID-阈值 ID
0~4	1-1
5	2-1
6, 7	1-1

默认的 DSCP 值到入口队列和阈值 ID 的映射如表 6-7 所示。

表 6-7 默认的 DSCP 值到入口队列和阈值 ID 的映射

DSCP 值	队列 ID-阈值 ID
0~39	1-1
40~47	2-1
48~63	1-1

2. 默认的出口队列配置

表 6-8 显示了在启用 QoS 后每个队列集的默认出口队列配置。所有端口都映射到队列集 1，端口带宽限制设置为 100%，通信速率不设限制。

表 6-8 默认的出口队列配置

特征	队列 1	队列 2	队列 3	队列 4
缓冲区分配（四个队列各占 25%）	每个队列占 1/4，也就是 25%			
WTD 丢弃阈值 1（为队列分配的缓存空间百分比）	100%	200%	100%	100%
WTD 丢弃阈值 2	100%	200%	100%	100%
为队列保留的缓存空间阈值	50%（也就是一半缓存用于保留）	50%	50%	50%
在丢弃包前可以获得的最大缓存空间大小是保留缓存阈值的比例	400%（也就是可以获得 400%×保留阈值的缓存空间）	400%	400%	400%

续表

特征	队列 1	队列 2	队列 3	队列 4
SRR 整形权重的绝对值（0 值表示该队列工作在共享模式下）	25	0	0	0
SRR 整形权重	4	4	4	4

表 6-9 所示为在启用 QoS 后出口队列中的默认 CoS 到出口队列和阈值 ID 的映射关系。

表 6-9　默认的 CoS 值到出口队列和阈值 ID 的映射

CoS 值	队列 ID-阈值 ID
0, 1	2-1
2, 3	3-1
4	4-1
5	1-1
6, 7	4-1

表 6-10 所示为在启用 QoS 后出口队列中的默认 DSCP 到出口队列和阈值 ID 的映射关系。

表 6-10　默认的 DSCP 值到出口队列和阈值 ID 的映射

DSCP 值	队列 ID-阈值 ID
0~15	2-1
16~31	3-1
32~39	4-1
40~47	1-1
48~63	4-1

3．默认映射配置

在交换机上全局启用 QoS 后，CoS、DSCP 和 IP 优先级之间的映射关系分别如表 6-11、表 6-12 和表 6-13 所示。

表 6-11　默认的 CoS 到 DSCP 映射

CoS 值	DSCP 值
0	0
1	8
2	16
3	24
4	32
5	40
6	48
7	56

表 6-12　默认的 IP 优先级到 DSCP 映射

IP 优先级值	DSCP 值
0	0
1	8
2	16
3	24
4	32
5	40
6	48
7	56

表 6-13　默认的 DSCP 到 CoS 映射

DSCP 值	CoS 值
0~7	0
8~15	1

续表

DSCP 值	CoS 值
16~23	2
24~31	3
32~39	4
40~47	5
48~55	6
56~63	7

另外，默认的 DSCP 到 DSCP 转换的映射（DSCP-to-DSCP-Mutation）是空的映射，是映射流入包中的 DSCP 到相同的 DSCP 值。

默认的监管 DSCP 的映射（Policed-DSCP Map）也是空的映射，是映射流入包中的 DSCP 到相同的 DSCP 值。

经验之谈

我们在本章前面就提到 CoS 到 DSCP 的映射，或者 IP 优先级到 DSCP 的映射，那么为什么需要映射呢？那是因为 Cisco IOS 交换机使用一个内部 DSCP 来标记所有流经交换机的包。这个内部 DSCP 的产生是基于两个方面的：一是信任流入端口的设置，二是此处所讲述的，在交换机上定义的适当映射。

那么什么时候用哪个映射呢？

首先如果信任流入端口上的 CoS 设置，则使用 CoS 到 DSCP 映射来产生内部 DSCP 值。另外，如果要信任流入端口上的 IP 优先级值，则要使用 IP 优先级到 DSCP 映射来产生内部 DSCP 值。如果要信任流入端口上的 DSCP 值，则直接使用流入端口上的 DSCP 产生内部 DSCP 值。还可以自定义或者用默认的 DSCP 到 CoS 映射来产生要在流出端口上设置的 CoS 值。但 DSCP 到 CoS 映射仅在流出端口上设置帧的 CoS 值时需要。

DSCP 到 DSCP 转换映射可以应用在所有网络设备的 QoS 都使用 DSCP 的情形中。如果一部 IP 电话设置 DSCP 值为 46（CoS 值或 IP 优先级值为 5），并且在连接 IP 电话的流入端口上设置的是信任 CoS 或者 IP 优先级，当接收到来自 IP 电话的包时，包中的 CoS 5 或者 IP 优先级 5 就会产生一个值为 40 的内部 DSCP，因为 CoS 5 或者 IP 优先级 5 与 DSCP 40 是默认的映射关系。显然，这时内部 DSCP 值与来自 IP 电话的包中的 DSCP 46 就不一致了，在包被发送出去前就需要使用 DSCP 到 DSCP 转换映射把交换机内部 DSCP 40 映射回接收到的包的 DSCP 46。或者按如下方法在流入端口和流出端口上设置 DSCP 为 46:

- 设置流入端口信任 CoS 或 IP 优先级。
- 使用 CoS 到 DSCP 或者 IP 优先级到 DSCP 映射来设置内部 DSCP 为 46（替换原来的 40）。
- 在流出端口上不要做任何配置，流出端口的 DSCP 将自动设置为 46。

6.6 Cisco IOS 交换机的 DSCP 映射配置

在 QoS 的流分类配置中，一项最基本的配置就是优先级的映射配置，因为数据包中所携带的优先级类型可能与流分类规则中的优先级类型不一样。这其中主要包括以下几种映射：

- CoS 到 DSCP（CoS-to-DSCP）的映射
- IP 优先级到 DSCP（IP-Precedence-to-DSCP）的映射
- 监管 DSCP（Policed-DSCP）映射
- DSCP 到 CoS（DSCP-to-CoS）的映射

- DSCP 到 DSCP 转换（DSCP-to-DSCP-Mutation）的映射

以上 DSCP 映射，除了 DSCP-DSCP 转换映射外，其他都是全局定义的，并且应用到交换机的所有端口上。

6.6.1　配置 CoS 到 DSCP 的映射

可以使用 CoS 到 DSCP 的映射来映射流入包中的 CoS 值到 QoS 应用所需的 DSCP 值，来代表通信流的优先级。默认的 CoS 到 DSCP 的映射关系如表 6-11 所示。

如果默认的映射关系不能满足要求，则需要执行表 6-14 所示的步骤重新映射。注意：Catalyst 3750 及以前系列交换机和 Catalyst 4500/4900 等系列交换机的配置命令也是不一样的。

表 6-14　CoS 到 DSCP 映射的配置步骤

步骤	命令	说明
1	**configure terminal** 例如：Switch# **configure terminal**	进入全局配置模式
2	在 Catalyst 3750 及以前系列交换机中： **mls qos map cos-dscp** *dscp1...dscp8* 例如：Switch(config)#**mls qos map cos-dscp** 10 15 20 25 30 35 40 45 在 Catalyst 4500/4900 等系列交换机中： **qos map cos** *cos_values* **to dscp** *dscp1* 例如：Switch(config)#**qos map cos** 2 3 4 **to dscp** 4	修改 CoS 到 DSCP 的默认映射。在 Catalyst 3750 及以前系列交换机中的参数 *dscp1...dscp8* 是要键入 8 个对应 CoS 值 0~7 的 DSCP 值，取值范围为 0~63，每个值之间以空格分隔。可用 **no mls qos cos-dscp** 命令恢复默认的 CoS 到 DSCP 的映射关系。 在 Catalyst 4500/4900 等系列交换机中 *cos_values* 用来键入最多 8 个以空格分隔的要映射成一个 DSCP 的 CoS 值，取值范围为 0~7；参数 *dscp1* 键入映射后的 DSCP 值，取值范围为 0~63。可用 **no qos map cos to dscp** 命令恢复默认的 CoS 到 DSCP 的映射关系
3	**end** 例如：Switch(config)#**end**	返回特权模式
4	在 Catalyst 3750 及以前系列交换机中： **show mls qos maps cos-dscp** 例如：Switch#**show mls qos maps cos-dscp** 在 Catalyst 4500/4900 等系列交换机中： **show qos maps cos** 例如：Switch#**show qos maps cos**	校验以上配置
5	**copy running-config startup-config** 例如：Switch#**copy running-config startup-config**	（可选）保存以上配置更改到启动配置文件中

【示例 1】修改 Catalyst 2960 系列交换机默认的 CoS 到 DSCP 的映射关系，把 0~7 这八个 CoS 值与 10、15、20、25、30、35、40 和 45 这八个 DSCP 值对应。然后通过 **show mls qos maps cos-dscp** 命令验证配置结果。

```
Switch(config)# mls qos map cos-dscp 10 15 20 25 30 35 40 45
Switch(config)# end
Switch# show mls qos maps cos-dscp

Cos-dscp map:
        cos:   0  1  2  3  4  5  6  7
     --------------------------------
       dscp:   10 15 20 25 30 35 40 45
```

【示例 2】修改 Catalyst 4900 系列交换机默认的 CoS 到 DSCP 的映射关系，把 CoS 值 0 映射成 DSCP 20。然后通过 **show qos maps cos** 命令验证配置结果。

```
Switch(config)# qos map cos 0 to dscp 20
Switch(config)# end
Switch# show qos maps cos
CoS-DSCP Mapping Table
   CoS:  0  1  2  3  4  5  6  7
--------------------------------
  DSCP:  20 8 16 24 32 40 48 56
```

6.6.2 配置 IP 优先级到 DSCP 的映射

可以使用 IP 优先级到 DSCP 的映射来映射流入包中的 IP 优先级值到 QoS 应用所需的 DSCP 值，来代表通信流的优先级。默认的 IP 优先级到 DSCP 的映射关系如表 6-12 所示。如果默认的映射关系不能满足要求，则需要执行表 6-15 所示的步骤重新映射。但要注意，IP 优先级的映射仅在 Catalyst 3750 及以前系列中支持，在 Catalyst 4500/4900 等系列中不支持。

表 6-15 IP 优先级到 DSCP 映射的配置步骤

步骤	命令	说明
1	**configure terminal** 例如：Switch# **configure terminal**	进入全局配置模式
2	**mls qos map ip-prec-dscp** *dscp1...dscp8* 例如：Switch(config)#**mls qos map ip-prec-dscp** 10 11 12 13 14 15 16 17	修改 IP 优先级到 DSCP 的默认映射。参数 *dscp1...dscp8* 是要键入 8 个对应 IP 优先级值 0~7 的 DSCP 值，取值范围为 0~63，每个值之间以空格分隔。可用 **no mls qos ip-prec-dscp** 命令恢复默认的 IP 优先级到 DSCP 的映射关系
3	**end** 例如：Switch(config)#**end**	返回特权模式
4	**show mls qos maps ip-prec-dscp** 例如：Switch#**show mls qos maps ip-prec-dscp**	校验以上配置
5	**copy running-config startup-config** 例如：Switch#**copy running-config startup-config**	（可选）保存以上配置更改到启动配置文件中

以下示例是修改默认的 IP 优先级到 DSCP 的映射关系，把 0~7 这八个 IP 优先级值与 10、15、20、25、30、35、40 和 45 这八个 DSCP 值对应。然后通过 **show mls qos maps ip-prec-dscp** 命令验证配置结果。

```
Switch(config)# mls qos map ip-prec-dscp 10 15 20 25 30 35 40 45
Switch(config)# end
Switch# show mls qos maps ip-prec-dscp

IpPrecedence-dscp map:
     ipprec:   0  1  2  3  4  5  6  7
     --------------------------------
       dscp:   10 15 20 25 30 35 40 45
```

6.6.3 配置监管 DSCP 映射

可以使用监管 DSCP（Policed-DSCP）映射来重标记一个新的 DSCP 值作为流量监管和重标记行为的结果。默认的监管 DSCP 映射是空的，它映射的是流入包的 DSCP 值到同样的 DSCP 值。配置监管 DSCP 映射的步骤如表 6-16 所示。注意：Catalyst 3750 及以前系列交换机和 Catalyst 4500/4900 等系列交换机的配置命令也是不一样的。

表 6-16 监管 DSCP 映射的配置步骤

步骤	命令	说明
1	**configure terminal** 例如：Switch# **configure terminal**	进入全局配置模式
2	在 Catalyst 3750 及以前系列交换机中： Switch(config)#**mls qos map policed-dscp** *dscp-list* **to** *mark-down-dscp* 例如：Switch(config)#**mls qos map policed-dscp** 10 11 12 **to** 20 在 Catalyst 4500/4900 等系列交换机中： **qos map dscp policed** *dscp_list* **to dscp** *policed_dscp* 例如：Switch(config)#**qos map dscp policed** 10 11 12 **to dscp** 20	编辑监管 DSCP 映射。参数 *dscp-list* 是键入最多 8 个以空格分隔的 DSCP 值，参数 *mark-down-dscp*（Catalyst 3750 及以前系列交换机中）或者 *policed_dscp*（Catalyst 4500/4900 等系列交换机中）是键入一个对应的监管 DSCP 值（重标记的 DSCP 值）。可用 **no mls qos policed-dscp**（Catalyst 3750 及以前系列交换机中）或 **no qos map dscp policed**（Catalyst 4500/4900 等系列交换机中）命令恢复默认的监管 DSCP 映射，默认是空的

续表

步骤	命令	说明
3	**end** 例如：Switch(config)#**end**	返回特权模式
4	在 Catalyst 3750 及以前系列交换机中： **show mls qos maps policed-dscp** 例如：Switch#**show mls qos maps policed-dscp** 在 Catalyst 4500/4900 等系列交换机中： **show qos maps policed** 例如：Switch#**show qos maps policed**	校验以上配置
5	**copy running-config startup-config** 例如：Switch#**copy running-config startup-config**	（可选）保存以上配置更改到启动配置文件中

【示例 1】在 Catalyst 3560 系列交换机中映射 50~57 这八个 DSCP 值为一个重标记的 DSCP 值 0，然后通过 **show mls qos maps policed-dscp** 命令查看配置结果。结果发现，原来值为 50~57 的这八个 DSCP 值都换成了 0（注意输出信息中的粗体字部分）。注意在命令输出信息中的 64 个 DSCP 值是以矩阵格式显示的，d1 代表原 DSCP 值的高位，而 d2 代表原 DSCP 值的低位，d1 和 d2 进行结合后即得到重标记的 DSCP 值。

```
Switch(config)# mls qos map policed-dscp 50 51 52 53 54 55 56 57 to 0
Switch(config)# end
Switch# show mls qos maps policed-dscp
Policed-dscp map:
     d1 :  d2 0  1  2  3  4  5  6  7  8  9
     ---------------------------------------
      0 :    00 01 02 03 04 05 06 07 08 09
      1 :    10 11 12 13 14 15 16 17 18 19
      2 :    20 21 22 23 24 25 26 27 28 29
      3 :    30 31 32 33 34 35 36 37 38 39
      4 :    40 41 42 43 44 45 46 47 48 49
      5 :    00 00 00 00 00 00 00 00 58 59
      6 :    60 61 62 63
```

【示例 2】在 Catalyst 4900 系列交换机中映射 20、25、43 这三个 DSCP 值为一个重标记的 DSCP 值 4，然后通过 **show qos maps policed** 命令查看配置结果。结果发现，原来值为 20、25、43 的这三个 DSCP 值都换成了 04（注意输出信息中的粗体字部分）。

```
Switch(config)# qos map dscp policed 20 25 43 to dscp 4
Switch(config)# end
Switch# show qos maps policed
Policed DSCP Mapping Table (dscp = d1d2)
d1 :d2  0  1  2  3  4  5  6  7  8  9
-------------------------------------
 0 :   00 01 02 03 04 05 06 07 08 09
 1 :   10 11 12 13 14 15 16 17 18 19
 2 :   04 21 22 23 24 04 26 27 28 29
 3 :   30 31 32 33 34 35 36 37 38 39
 4 :   40 41 42 04 44 45 46 47 48 49
 5 :   50 51 52 53 54 55 56 57 58 59
 6 :   60 61 62 63
```

6.6.4　配置 DSCP 到 CoS 映射

可以使用 DSCP 到 CoS（DSCP-to-CoS）映射产生一个 CoS 值，根据 CoS 值为接收到的数据包分配四个出口队列中的一个队列。默认的 DSCP 到 CoS 的映射关系如表 6-13 所示。如果默认的映射关系不能满足要求，则需要执行表 6-17 所示的步骤重新映射。注意：Catalyst 3750 及以前系列交换机和 Catalyst 4500/4900 等系列交换机的配置命令也是不一样的。

表 6-17　DSCP 到 CoS 映射的配置步骤

步骤	命令	说明
1	**configure terminal** 例如：Switch# **configure terminal**	进入全局配置模式
2	在 Catalyst 3750 及以前系列交换机中： **mls qos map dscp-cos** *dscp-list* **to** *cos* 例如：Switch(config)#**mls qos map dscp-cos** 1 2 3 **to** 1 在 Catalyst 4500/4900 等系列交换机中： **qos map dscp** *dscp-values* **to cos** *cos-value* 例如：Switch(config)#**qos map dscp** 1 2 3 **to cos** 1	修改 DSCP 到 CoS 的默认映射。参数 *dscp-list* 是要键入最多 8 个对应 DSCP 值，取值范围为 0~63，每个值之间以空格分隔；参数 *cos* 或 *cos-value* 是键入一个以上参数 *dscp-list* 所对应的 DSCP 值映射后的 CoS 值，取值范围为 0~7。可用 **no mls qos dscp-cos**（Catalyst 3750 及以前系列交换机中）**或 no qos map dscp** *dscp-values* **to cos** *cos-value*（Catalyst 4500/4900 等系列交换机中）命令恢复默认的 DSCP 到 CoS 的映射关系
3	**end** 例如：Switch(config)#**end**	返回特权模式
4	在 Catalyst 3750 及以前系列交换机中： **show mls qos maps dscp-to-cos** 例如：Switch#**show mls qos maps dscp-to-cos** 在 Catalyst 4500/4900 等系列交换机中： **show qos maps dscp** 例如：Switch#**show qos maps dscp**	校验以上配置
5	**copy running-config startup-config** 例如：Switch#**copy running-config startup-config**	（可选）保存以上配置更改到启动配置文件中

【示例 1】映射 Catalyst 3750-X 系列交换机中的 0、8、16、24、32、40、48 和 50 这八个 DSCP 值为 CoS 值 0，然后通过 **show mls qos maps dscp-cos** 命令验证配置结果（注意输出信息中的粗体字部分）。

```
Switch(config)# mls qos map dscp-cos 0 8 16 24 32 40 48 50 to 0
Switch(config)# end
Switch# show mls qos maps dscp-cos
Dscp-cos map:
     d1 :  d2 0   1   2   3   4   5   6   7   8   9
     ---------------------------------------
      0 :     00 00 00 00 00 00 00 00 00 01
      1 :     01 01 01 01 01 01 00 02 02 02
      2 :     02 02 02 02 00 03 03 03 03 03
      3 :     03 03 00 04 04 04 04 04 04 04
      4 :     00 05 05 05 05 05 05 05 00 06
      5 :     00 06 06 06 06 06 07 07 07 07
      6 :     07 07 07 07
```

【注意】在命令输出的 DSCP 到 CoS 映射中，映射后的 CoS 值是以矩阵格式显示的，d1 代表 DSCP 值的高位，而 d2 代表 DSCP 值的低位，d1 和 d2 结合后即得到 CoS 值。DSCP 到 CoS 值的映射相当于把 64 个 DSCP 值分成 8 段，每一段对应 CoS 值的 0~7，而本示例中又恰好是将每段的第一个数置 0，所以就会有上面输出的结果。

【示例 2】映射 Catalyst 4500 系列交换机中的 20、35 这两个 DSCP 值为 CoS 值 3，然后通过 **show qos maps dscp** 命令验证配置结果（注意输出信息中的粗体字部分）。

```
Switch(config)# qos map dscp 20 35 to cos 3
Switch(config)# show qos maps dscp

DSCP-CoS Mapping Table (dscp = d1d2)
d1 :d2   0   1   2   3   4   5   6   7   8   9
-------------------------------------
 0 :    00 00 00 00 00 00 00 00 01 01
 1 :    01 01 01 01 01 01 02 02 02 02
 2 :    03 02 02 02 03 03 03 03 03 03
 3 :    03 03 04 04 04 03 04 04 04 04
 4 :    05 05 05 05 05 05 05 05 06 06
 5 :    06 06 06 06 06 06 07 07 07 07
 6 :    07 07 07 07
```

6.6.5 配置 DSCP 到 DSCP 转换映射

如果两个 QoS 域有不同的 DSCP 定义，就需要使用 DSCP 到 DSCP 转换（DSCP-to-DSCP-Mutation）映射来转换一个 DSCP 值集来匹配其他 QoS 域的 DSCP 定义。可以应用 DSCP 到 DSCP 转换映射到在 QoS 管理域边界的入端口上。

在入口转换功能下，新的 DSCP 值将覆盖包中的 DSCP 值，包在交换机出端口时将以新的 DSCP 值发送。可以在入端口上配置多个 DSCP 到 DSCP 转换映射。默认的 DSCP 到 DSCP 转换映射是空的，只是映射接收到的流入包的 DSCP 到相同的 DSCP 值。配置 DSCP 到 DSCP 转换映射的步骤如表 6-18 所示。本功能仅适用于 Catalyst 3750 及以前系列交换机中。

表 6-18　DSCP 到 DSCP 转换映射的配置步骤

步骤	命令	说明
1	**configure terminal** 例如：Switch# **configure terminal**	进入全局配置模式
2	**mls qos map dscp-mutation** *dscp-mutation-name in-dscp* **to** *out-dscp* 例如：Switch(config)# **mls qos map dscp-mutation** mutation1 1 2 3 4 **to** 10	修改 DSCP 到 DSCP 转换映射。参数 *dscp-mutation-name* 是键入 DSCP 转换映射名称，可以在一个 DSCP 转换映射名下创建多个映射；参数 *in-dscp* 是键入最多 8 个以空格分隔的 DSCP 值；参数 *out-dscp* 是键入一个新的 DSCP 值。DSCP 值的取值范围为 0~63，可用 **no mls qos dscp-mutation** *dscp-mutation-name* 命令恢复为默认的 DSCP 到 DSCP 转换映射关系
3	**interface** *interface-id* 例如：Switch(config)#**interface** gigabitethernet 1/0/1	键入要应用 DSCP 到 DSCP 转换映射的入端口（仅可是物理端口），进入端口配置模式
4	**mls qos trust dscp** 例如：Switch(config-if)# **mls qos trust dscp**	配置以上入端口为 DSCP 信任端口，以便该端口中的报文信任端口上配置的优先级。默认情况下，端口是非信任的
5	**mls qos dscp-mutation** *dscp-mutation-name* 例如：Switch(config-if)#**mls qos dscp-mutation** mutation1	在以上入端口上应用前面配置的 DSCP 到 DSCP 转换映射。参数 *dscp-mutation-name* 用来指定 DSCP 到 DSCP 转换映射名称
6	**end** 例如：Switch(config-if)# **end**	返回特权模式
7	**show mls qos maps dscp-mutation** 例如：Switch#**show mls qos maps dscp-mutation**	校验以上配置
8	**copy running-config startup-config** 例如：Switch#**copy running-config startup-config**	（可选）保存以上配置更改到启动配置文件中

以下示例是定义一个名为 mutation1 的 DSCP 到 DSCP 转换映射，把 DSCP 值 1~7 转换为 0，8~13 转换为 10，20~22 转换为 20，30~34 转换为 30，其他的不变，然后在交换机的入端口 gigabitethernet1/0/1 上应用该 DSCP 到 DSCP 转换映射。最后通过 **show mls qos maps dscp-mutation** mutation1 命令验证配置结果，发现已配置了转换的 DSCP 值都已替换成新的 DSCP 值了，其他的值没变（注意输出信息中的粗体字部分）。

```
Switch(config)# mls qos map dscp-mutation mutation1 1 2 3 4 5 6 7 to 0
Switch(config)# mls qos map dscp-mutation mutation1 8 9 10 11 12 13 to 10
Switch(config)# mls qos map dscp-mutation mutation1 20 21 22 to 20
Switch(config)# mls qos map dscp-mutation mutation1 30 31 32 33 34 to 30
Switch(config)# interface gigabitethernet1/0/1
Switch(config-if)# mls qos trust dscp
Switch(config-if)# mls qos dscp-mutation mutation1
Switch(config-if)# end
Switch# show mls qos maps dscp-mutation mutation1
Dscp-dscp mutation map:
   mutation1:
     d1 :  d2 0  1  2  3  4  5  6  7  8  9
     -------------------------------------
      0 :    00 00 00 00 00 00 00 00 10 10
      1 :    10 10 10 10 14 15 16 17 18 19
```

```
2:    20 20 20 23 24 25 26 27 28 29
3:    30 30 30 30 30 35 36 37 38 39
4:    40 41 42 43 44 45 46 47 48 49
5:    50 51 52 53 54 55 56 57 58 59
6:    60 61 62 63
```

6.7 使用端口信任状态配置流分类

流分类的匹配规则有许多种，可以是基于 IP ACL 或者 MAC ACL 的（这里面又包含许多具体的匹配规则，如源/目的地址、协议类型和协议端口等，具体参见本书第 4 章），也可以是基于包中 IP 优先级、DSCP 优先级或者 CoS 优先级。而在基于优先级分类中，可以是基于包中携带的优先级，也可以是基于信任端口的优先级。本节要介绍的就是基于信任端口的状态来进行的入口流分类配置方法。

在这种流分类方案中，根据不同的网络环境可能需要配置以下一项或者多项配置任务：

- 配置 QoS 域内的端口信任状态（也就是信任哪种优先级）
- 为端口配置 CoS 优先级
- 在 QoS 域边界端口上配置 DSCP 信任状态
- 配置信任边界
- 配置 DSCP 透明模式

6.7.1 配置 QoS 域内的端口信任状态

包进入一个 QoS 域（是以用户网络为边界的）时，会在这个 QoS 域边缘进行分类。当包在边缘被分类时，在这个 QoS 域中的交换机端口可以被配置为一种信任状态，因为这些包无需在同一个 QoS 域内的每台交换机上进行分类。如图 6-15 所示，把 Switch 交换机的一个中继端口配置为一种信任状态，以信任的优先级值生成内部 DSCP 值（Internal DSCP）。当已分类的包进入到这个中继端口，并向下连的其他交换机传输时，这个包就无需再进行分类了。

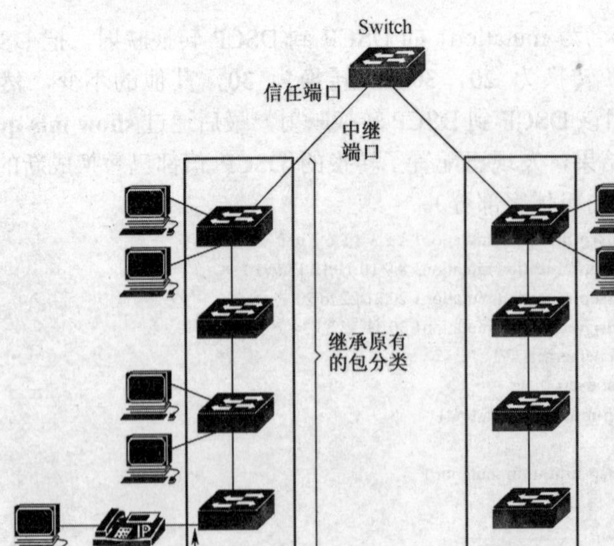

图 6-15　QoS 域内的信任端口示例

【说明】内部 DSCP 用于在交换机内部标记包优先级，它可以通过信任接收端口的 DSCP 优先级配置得到，也可以通过对包中携带的优先级映射成 DSCP 值得到。

可按表 6-19 所示步骤自特权模式开始配置信任端口，使下连交换机信任、继承端口上接收到的包分类。同样注意：Catalyst 3750 及以前系列交换机和 Catalyst 4500/4900 等系列交换机的配置命令也是不一样的。

表 6-19　信任端口的配置步骤

步骤	命令	说明
1	**configure terminal** 例如：Switch# **configure terminal**	进入全局配置模式
2	**interface** *interface-id* 例如：Switch(config)#**interface** gigabitethernet 1/0/1	键入要配置为信任端口的交换机物理端口，进入接口配置模式
3	在 Catalyst 3750 及以前系列交换机中： **mls qos trust [cos | dscp | ip-precedence]** 例如：Switch(config-if)#**mls qos trust dscp** 在 Catalyst 4500/4900 等系列交换机中： **qos trust {cos | dscp }** 例如：Switch(config-if)#**qos trust dscp**	配置端口的信任状态。命令中的选项说明如下： ● **cos**——多选一可选项，指定使用流入包中的 CoS 值进行分类。对于没有 QoS 标签的包，分配端口默认的 CoS 值 0 作为端口 CoS 值 ● **dscp**——多选一可选项，指定使用流入包中的 DSCP 值进行分类。对于非 IP 包，如果包中有 QoS 标签的非 IP 包，则使用包的 CoS 值，如果是没有 QoS 标签的非 IP 包，则使用默认的端口 CoS。然后交换机使用 CoS 到 DSCP 映射来映射 CoS 值到一个 DSCP 值 ● **ip-precedence**——多选一可选项，指定使用包中的 IP 优先级值进行分类。对于非 IP 包，如果包中有 QoS 标签的非 IP 包，则使用包的 CoS 值，如果是没有 QoS 标签的非 IP 包，则使用默认的端口 CoS。然后交换机使用 CoS 到 DSCP 映射来映射 CoS 值到一个 DSCP 值 如果没有选择任何可选项，则默认相当于选择了 **dscp** 选项，也就是默认信任包中的 DSCP 优先级值。 默认情况下，端口是非信任的，可使用 **no mls qos trust**（Catalyst 3750 及以前系列交换机中）或 **qos trust {cos | dscp }**（Catalyst 4500/4900 等系列交换机中）命令返回端口的不信任状态。 【注意】在 Catalyst 4500/4900 等系列交换机中不支持 IP 优先级的配置。有关不同优先级之间的映射配置参见本章 6.6 节相关内容
4	**end** 例如：Switch(config-if)#**end**	返回特权模式
5	在 Catalyst 3750 及以前系列交换机中： **show mls qos interface** [*interface-id*] 例如：Switch#**show mls qos interface** gigabitethernet 1/0/1 在 Catalyst 4500/4900 等系列交换机中： **show qos interface {fastethernet** *interface-number* | **gigabitethernet** *interface-number*} | [**vlan** *vlan_id* | **port-channel** *number*] 例如：Switch#**show qos interface gigabitethernet** 1/0/1 **vlan** 10	校验以上接口的 QoS 配置
6	**copy running-config startup-config** 例如：Switch#**copy running-config startup-config**	（可选）保存以上更改到启动配置文件中

【示例 1】配置 Catalyst 2940 交换机上 gigabitethernet2/0/1 端口信任流入包的 IP 优先级。

```
Switch(config)# interface gigabitethernet2/0/1
Switch(config-if)# mls qos trust ip-precedence
```

【示例 2】配置 Catalyst 4500 交换机上 gigabitethernet2/0/1 端口信任流入包的 CoS 优先级。

```
Switch(config)# interface gigabitethernet2/0/1
Switch(config-if)# qos trust cos
```

6.7.2　为端口配置默认 CoS 值

我们知道，三层包中携带的优先级值有 DSCP 和 IP 优先级两种，而二层帧中携带的是 CoS 优先级，也就是 802.1p 优先级。在二层端口（不管是否配置了信任状态）上接收不带 802.1Q 标记的帧时，可用端口上配置的 CoS 值分配给这些未标记的帧。可自特权模式开始按表 6-20 所示步骤为一个端口定义默认 CoS 值，为端口上接收到的所有包分配这个默认 CoS 值。同样注意：Catalyst 3750 及以前系列交换机和 Catalyst 4500/4900 等系列交换机的配置命令也是不一样的。

表 6-20　为端口配置默认 CoS 值的步骤

步骤	命令	说明
1	**configure terminal** 例如：Switch# **configure terminal**	进入全局配置模式
2	**interface** *interface-id* 例如：Switch(config)#**interface** gigabitethernet 1/1	指定要配置默认 CoS 值的物理端口，进入接口配置模式
3	在 Catalyst 3750 及以前系列交换机中： **mls qos cos** {*default-cos* | **override**} 例如：Switch(config-if)#**mls qos cos** 4 在 Catalyst 4500/4900 等系列交换机中： **qos cos** *cos_value* 例如：Switch(config-if)#**qos cos** 4	为以上端口配置默认 CoS 值。命令中的参数和选项说明如下： ● *default-cos* 或 *cos_value*：为端口指定一个默认 CoS 值。如果包是不带 QoS 标签的，则默认 CoS 值将成为该包的 CoS 值，取值范围为 0~7，默认为 0 ● **override**：二选一选项，用来覆盖端口上对流入包的信任状态配置，应用默认的端口 CoS 值到所有流入包的端口上。默认情况下，CoS 值覆盖是禁止的 可使用 **no mls qos cos** {*default-cos* | **override**}（Catalyst 3750 及以前系列交换机中）或 **no qos cos** *cos_value*（Catalyst 4500/4900 等系列交换机中）接口配置命令恢复端口的默认设置。 当在指定端口上接收到的所有流入包应当比其他端口上的包具有更高或者更低优先级时，要使用 **override** 这个二选一选项。即使一个端口当前设置信任流入包中的 DSCP、CoS 或者 IP 优先级，本命令也会覆盖当前的信任状态，并且所有流入包的 CoS 值都将被本命令所分配的默认 CoS 值所替代。如果流入的包是带 QoS 标签的，包中的 CoS 值也将被入端口的端口默认 CoS 值所取代
4	**end** 例如：Switch(config-if)#**end**	返回特权模式
5	在 Catalyst 3750 及以前系列交换机中： **show mls qos interface** [*interface-id*] 例如：Switch#**show mls qos interface** gigabitethernet 1/1 在 Catalyst 4500/4900 等系列交换机中： **show qos interface** {**fastethernet** *interface-number* | **gigabitethernet** *interface-number*} | [**vlan** *vlan_id* | **port-channel** *number*] 例如：Switch#**show qos interface gigabitethernet** 1/1 **vlan** 5	校验以上 QoS 配置
6	**copy running-config startup-config** 例如：Switch#**copy running-config startup-config**	（可选）保存以上配置更改到启动配置文件中

【示例 1】为 Catalyst 3560-E 交换机上的 gigabitethernet2/0/1 端口配置默认的 CoS 值为 4。

```
Switch(config)# interface gigabitethernet2/0/1
Switch(config-if)# mls qos trust cos
Switch(config-if)# mls qos cos 4
```

【示例 2】为所有进入 Catalyst 3560-E 交换机 gigabitethernet2/0/1 端口的包分配端口上配置的默认 CoS 值 4。

```
Switch(config)# interface gigabitethernet2/0/1
Switch(config-if)# mls qos cos 4
Switch(config-if)# mls qos cos override
```

【示例 3】为 Catalyst 4900 交换机上的 gigabitethernet2/0/1 端口配置默认的 CoS 值为 6。

```
Switch(config)# interface gigabitethernet2/0/1
Switch(config-if)# qos cos 6
```

6.7.3 启用交换机的 DSCP 透明模式

所谓“DSCP 透明模式”就是不对流入包的 DSCP 值根据端口优先级值进行修改，Cisco IOS 交换机支持 DSCP 透明模式，它仅影响出端口上包中的 DSCP 字段。默认情况下，DSCP 透明模式是禁止的，交换机会修改流入包的 DSCP 字段，在流出包中的 DSCP 字段是基于 QoS 配置的，包括端口信任设置、流量监管和标记、DSCP 到 DSCP 转换映射等。如果启用 DSCP 透明模式，交换机不会修改流入包中的 DSCP 字段，在流出包中的 DSCP 字段与流入包中的一样。

但不管是否配置 DSCP 透明模式，交换机都会修改包中的内部 DSCP 值。这个内部 DSCP 值用来产生代表对应流的优先级。交换机也使用内部 DSCP 值来选择一个出口队列和丢弃阈值。

例如，如果全局启用了 QoS，并且流入包中有一个值为 32 的 DSCP 字段，交换机可能会基于策略映射配置的内部 DSCP 值修改流入包的内部 DSCP 值为 16。如果启用了 DSCP 透明模式，则输出包中的 DSCP 值仍与流入包的一样，等于 32。如果禁止了 DSCP 透明模式，则输出包的 DSCP 值会被修改为策略映射中配置的内部 DSCP 值——16。

可按表 6-21 所示步骤自特权模式开始配置交换机的 DSCP 透明模式。

表 6-21 启用交换机 DSCP 透明模式的配置步骤

步骤	命令	说明
1	**configure terminal** 例如：Switch# **configure terminal**	进入全局配置模式
2	在 Catalyst 3750 及以前系列交换机中： **mls qos** 例如：Switch(config)#**mls qos** 在 Catalyst 4500/4900 等系列交换机中： **qos** 例如：Switch(config)#**qos**	全局启用 QoS
3	在 Catalyst 3750 及以前系列交换机中： **no mls qos rewrite ip dscp** 例如：Switch(config)#**no mls qos rewrite ip dscp** 在 Catalyst 4500/4900 等系列交换机中： **no qos rewrite ip dscp** 例如：Switch(config)#**no qos rewrite ip dscp**	启用 DSCP 透明模式，不修改流入包中的 DSCP 字段。可用 **mls qos rewrite ip dscp** 或 **qos rewrite ip dscp** 全局配置命令禁止 DSCP 透明模式
4	**end** 例如：Switch(config)#**end**	返回特权模式
5	在 Catalyst 3750 及以前系列交换机中： **show mls qos interface** [*interface-id*] 例如：Switch#**show mls qos interface** 在 Catalyst 4500/4900 等系列交换机中： **#show qos interface** {**fastethernet** *interface-number* | **gigabitethernet** *interface-number*} | [**vlan** *vlan_id* | **port-channel** *number*] 例如：Switch#**show qos interface**	校验以上 QoS 配置
6	**copy running-config startup-config** 例如：Switch# **copy running-config startup-config**	（可选）保存以上配置更改到启动配置文件中

【示例 1】在 Catalyst 4900 交换机上启用 DSCP 透明模式，不修改流入包中的 DSCP 值。

```
Switch(config)# qos
Switch(config)# no qos rewrite ip dscp
```

【示例 2】在 Catalyst 2900 交换机上启用 DSCP 透明模式，不修改流入包中的 DSCP 值。

```
Switch(config)# mls qos
Switch(config)# no mls qos rewrite ip dscp
```

6.7.4 在 QoS 域边界端口上配置 DSCP 信任状态

如果管理了两个分离的 QoS 域，在为 IP 流部署 QoS 时可以配置域边界的交换机端口的信任 DSCP 状态，如图 6-16 所示。这样，另一个 QoS 域中的接收端口会接受信任的流入包 DSCP 值，避免在两个 QoS 域中分别分类。如果两个 QoS 域使用了不同的 DSCP 值，可以配置 DSCP 到 DSCP 转换映射转换当前 QoS 域中的 DSCP 值集为另一个 DSCP 值集，以便与另一个 QoS 域中的 DSCP 定义一致。

可自特权模式下，按照表 6-22 所示步骤在 QoS 域边界端口上配置 DSCP 信任状态和 DSCP 到 DSCP 转换映射。为了确保在两个 QoS 域之间一致的映射策略，必须在两个 QoS 域连接的边界端口上同时执行表 6-22 中所列的配置步骤。但要注意，Catalyst 4500/4900 等系列交换机不支持 DSCP 到 DSCP 转换映射配置。

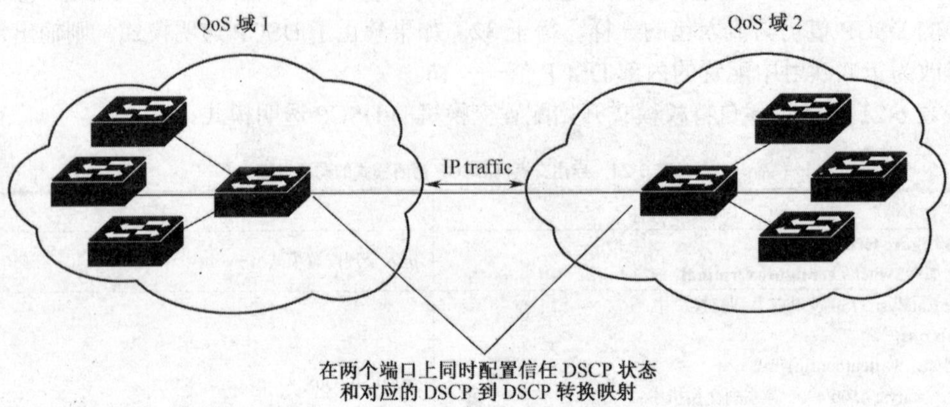

图 6-16　QoS 边界端口的 DSCP 信任状态

表 6-22　QoS 域边界端口 DSCP 信任状态的配置

步骤	命令	说明
1	**configure terminal** 例如：Switch# **configure terminal**	进入全局配置模式
2	**mls qos map dscp-mutation** *dscp-mutation-name in-dscp* **to** *out-dscp* 例如：Switch(config)#**mls qos map dscp-mutation** mutation-1　60 61 62 63 64 **to** 10	编辑 DSCP 到 DSCP 转换映射。默认的 DSCP 到 DSCP 转换映射是空的，因为它们之间映射的 DSCP 值是一样的，并不能算是真正的映射。命令中的参数说明如下： ● *dscp-mutation-name*：指定 DSCP 到 DSCP 转换映射名称。一个映射名下面可以创建一个或多个映射 ● *in-dscp*：键入最多 8 个以空格分隔的源 DSCP 值 ● *out-dscp*：键入一个目的 DSCP 值 DSCP 的取值范围为 0~63，可用 **no mls qos map dscp-mutation** 命令恢复默认的 DSCP 到 DSCP 转换映射。 【注意】在两个 QoS 域的边界端口上所配置的 DSCP 到 DSCP 转换映射的源和目的 DSCP 值是相反的，为了就是使一方的 DSCP 与另一方保持一致
3	**interface** *interface-id* 例如：Switch(config)#**interface** gigabitethernet 1/1	键入被信任的物理端口，进入接口配置模式
4	**mls qos trust dscp** 例如：Switch(config-if)#**mls qos trust dscp**	配置入端口作为信任 DSCP 的端口（也就是端口会信任流入包中的 DSCP 值），默认端口是非信任端口，可用 **no mls qos trust** 命令恢复端口为非信任状态
5	**mls qos dscp-mutation** *dscp-mutation-name* 例如：Switch(config-if)#**mls qos dscp-mutation** mutation-1	在以上信任 DSCP 的入端口上应用前面配置的 DSCP 到 DSCP 转换映射。参数用来指定要应用的 DSCP 到 DSCP 转换映射的名称。可以在一个入端口上应用多个 DSCP 到 DSCP 转换映射
6	**end** 例如：Switch(config-if)#**end**	返回特权模式
7	**show mls qos maps dscp-mutation** 例如：Switch#**show mls qos maps dscp-mutation**	校验以上 QoS 配置
8	**copy running-config startup-config** 例如：Switch#**copy running-config startup-config**	（可选）保存以上配置更改到启动配置文件中

以下示例是配置 gigabitethernet1/0/2 端口为信任 DSCP 状态，同时修改名为 gi1/0/2-mutation 的

DSCP 到 DSCP 转换映射为 10~13 到 30。

```
Switch(config)# mls qos map dscp-mutation gi1/0/2-mutation 10 11 12 13 to 30
Switch(config)# interface gigabitethernet1/0/2
Switch(config-if)# mls qos trust dscp
Switch(config-if)# mls qos dscp-mutation gi1/0/2-mutation
Switch(config-if)# end
```

6.8 Cisco IOS 交换机 QoS 策略配置

配置 QoS 策略时，典型的需求就是需要对流进行分类，配置应用在这些分类流上的策略，然后把策略附加到端口上。

依据不同的网络环境，可能需要根据不同网络环境和需求完成以下任务：

- 使用 ACL 分类流
- 使用分类映射分类流
- 使用策略映射在物理端口上分类、监管和标记流
- 使用分级策略映射在 SVI 接口上分类、监管和标记流

6.8.1 Cisco IOS 交换机 QoS 配置指南

在 Cisco IOS 交换机上配置 QoS 时需要遵照以下配置指南：

1. QoS ACL 配置指南

在配置 QoS 时使用 ACL 的过程中需要注意以下几个方面：

- 当 ACL 应用于 QoS 时，不能对 IP 包的分片按照 ACL 配置进行匹配，此时仅为 IP 分片提供尽力传输服务。
- 每个分类映射仅可调用一个 ACL，且仅支持一个 **match** 分类映射配置命令。

2. 在接口上应用 QoS 的配置指南

以下是在物理端口和 SVI 接口上配置 QoS 的注意事项：

- 可以在物理端口和 SVI 接口上配置 QoS。在物理端口上配置 QoS 时，可以创建和应用非分级的策略映射；当在 SVI 接口上配置 QoS 时，可以创建和应用分级和非分级策略映射。
- 流入通信不管是桥接、路由或者发送给 CPU 的都将被分类、监管和标记。所接收到的桥接帧可能被丢弃，或者修改它们的 DSCP 和 CoS 值。
- 在物理端口或者 SVI 接口上配置策略映射时，需要遵照以下配置指南：
  - 不能应用同一个策略映射到一个物理端口和一个 SVI 接口上。
  - 如果在一个物理端口上配置了基于 VLAN 的 QoS，则交换机会删除端口上配置的基于端口的策略映射。此时交换机端口上的通信流会受该物理端口所属 VLAN 对应的 SVI 接口上配置的基于 VLAN 的策略映射影响。
  - 在 SVI 接口上应用一个分级策略映射时，仅可以在物理端口上配置接口级别的专用监管器来指定该端口上的流带宽限制。入端口必须配置为中继，或者静态访问端口。不能在分级策略映射的 VLAN 级别策略映射中配置监管器。
  - 交换机不支持在分级策略映射中使用聚合监管器。

➢ 在 SVI 接口上应用分级策略映射后，接口级别策略映射不能编辑，也不能删除。新的接口级别策略映射也不能添加到分级策略映射中。如果想修改分级策略映射中的接口级别策略映射，则对应的分级策略映射必须从应用的 SVI 接口上移去。也不能删除分级策略映射中指定的分类映射。

6.8.2 使用分类映射来进行流分类

可以使用 **class-map** 全局配置命令来创建一个分类映射，使特定的通信流（或者称通信分类）从其他通信中分离出来。分类映射会定义与指定通信流匹配的条件，以进一步对该通信流进行分类。匹配条件声明可以包括 ACL、IP 优先级值或者 DSCP 值。匹配的条件是由在分类映射配置模式下的匹配声明定义的。可以通过使用 IPv4 标准或 IPv4 扩展 ACL 来分类 IPv4 通信，可以使用 IPv6 ACL 来分类 IPv6 通信（运行 LAN Base 特性集的交换机不支持 IPv6 ACL），也可以使用二层 MAC ACL 来分类非 IP 通信。

通过分类映射分类通信流的具体配置步骤如表 6-23 所示。注意，在 Catalyst 3750 及以前系列中不支持基于 CoS 优先级进行的分类，但在 Catalyst 4500/4900 等中高端交换机中支持。

表 6-23 通过分类映射分类通信流的配置步骤

步骤	命令	说明
1	**configure terminal** 例如：Switch# **configure terminal**	进入全局配置模式
2	**access-list** *access-list-number* {**deny** | **permit**} *source* [*source-wildcard*] 或 **access-list** *access-list-number* {**deny** | **permit**} *protocol source* [*source-wildcard*] *destination* [*destination-wildcard*] 或 **ipv6 access-list** *access-list-name* {**deny** | **permit**} *protocol* {*source-ipv6-prefix/prefix-length* | **any** | **host** *source-ipv6-address*} [*operator* [*port-number*]] {*destination-ipv6-prefix/prefix-length* | **any** | **host** *destination-ipv6-address*} [*operator* [*port-number*]] [**dscp** *value*] [**fragments**] [**log**] [**log-input**] [**routing**] [**sequence** *value*] [**time-range** *name*] 或 **mac access-list extended** *name* {**permit** | **deny**} {**host** *src-MAC-addr mask* | **any** | **host** *dst-MAC-addr* | *dst-MAC-addr mask*} [*type mask*] 例如：Switch(config)#**mac access-list extended** macacl **permit host** 1111-2222-3333-4444	为 IP 通信创建一个 IPv4 标准或者扩展 ACL，或者为非 IP 通信创建一个二层 MAC ACL。 在创建 ACL 时，记住，默认情况下，在 ACL 的结尾都包含一个隐式的拒绝任何不匹配前面条目的包或帧的通过声明
3	**class-map** [**match-all** | **match-any**] *class-map-name* 例如：Switch(config)#**class-map match-any** classmap1	创建一个分类映射，进入分类映射配置模式。命令中的参数和选项： ● **match-all**：二选一可选项，指定要匹配分类映射下的所有声明，也就是必须满足分类映射中的所有条件，相当于逻辑“与”操作 ● **match-any**：二选一可选项，指定只要满足分类映射中的一个条件即可，相当于逻辑“或”操作 ● *class-map-name*：指定分类映射名 如果没有选择 **match-all** 或 **match-any** 可选项，则默认为选择了 **match-all**。 因为每个分类映射仅支持一个 **match** 命令，所以 **match-all** 和 **match-any** 的功能是一样的。默认情况下，没有定义任何分类映射。可用 **no class-map** [**match-all** | **match-any**] *class-map-name* 全局配置命令删除指定的分类映射
4	**match protocol** [**ip** | **ipv6**] 例如：Switch(config-cmap)# **match protocol ip**	（可选）指定分类映射要应用的 IP 协议，可以是 IPv4，或者 IPv6 协议。在此仅介绍 IPv4 协议。此命令仅适用于在上一步的 **class-map** 命令中选择了 **match-all** 二选一选项。且仅适用于同时存在 IPv4 和 IPv6 两种协议的环境中

续表

步骤	命令	说明
5	在 Catalyst 3750 及以前系列交换机中： **match** {**access-group** *acl-index-or-name* | **ip dscp** *dscp-list* | **ip precedence** *ip-precedence-list*} 例如：Switch(config-cmap)#**match access-group** 101 在 Catalyst 4500/4900 等系列交换机中： **match** {**access-group** *acl-index-or-name* | **cos** *cos-list* | [**lp**] **dscp** *dscp-list* | [**lp**] **precedence** *ip-precedence-list* } 例如：Switch(config-cmap)#**match access-group** 101	定义流分类匹配的条件，默认是没有定义匹配条件的。命令中的参数说明如下： ● **access-group** *acl-index-or-name*：指定采用第 2 步中创建的 ACL 作为匹配条件 ● **[ip] dscp** *dscp-list*：键入最多 8 个 IP DSCP 值，指定采用 DSCP 优先级值作为分类的匹配条件，取值范围为 0~63（也可是对应的关键字，参见本书第 14 章的表 14-6），每个 DSCP 值之间用空格分隔。如果有 **ip** 关键字，则表示仅适用于 IPv4 流，否则同时适用于 IPv4 和 IPv6 流 ● **cos** *cos-list*：键入最多 4 个二层 CoS 优先级值，指定采用 CoS 优先级值作为流分类的匹配条件，取值范围为 0~7，每个 IP 优先级值之间用空格分隔。**仅适用于 Catalyst 4500/4900 等系列交换机** ● **[ip] precedence** *ip-precedence-list*：键入最多 8 个 IP 优先级值，指定采用 IP 优先级值作为分类的匹配条件，取值范围为 0~7（也可是对应的关键字，参见本书第 14 章的表 14-6），每个 IP 优先级值之间用空格分隔。如果有 **ip** 关键字，则表示仅适用于 IPv4 流，否则同时适用于 IPv4 和 IPv6 流 每个分类映射仅支持一个匹配条件，并且每个分类映射仅支持一个 ACL。可用 **no match** {**access-group** *acl-index-or-name* | **ip dscp** | **ip precedence**}（Catalyst 3750 及以前系列交换机中）或 **no match** {**access-group** *acl-index-or-name* | **cos** | [**lp**] **dscp** | [**lp**] **precedence** }（Catalyst 4500/4900 等系列交换机中）分类映射配置模式命令删除指定的匹配条件
6	**end** 例如：Switch(config-cmap)#**end**	返回特权模式
7	**show class-map** 例如：Switch#**show class-map**	校验以上配置
8	**copy running-config startup-config** 例如：Switch#**copy running-config startup-config**	（可选）保存以上配置更改到启动配置文件中

【示例 1】创建名为 class1 的分类映射，其中有一个匹配条件，那就是 ACL 103。ACL 103 允许任一主机到达任一与 DSCP 值 10 匹配的目的地的通信通过。这个分类映射的作用就是创建一个符合 ACL 103 匹配要求的通信分类。

```
Switch(config)# access-list 103 permit ip any any dscp 10
Switch(config)# class-map class1
Switch(config-cmap)# match access-group 103
Switch(config-cmap)# end
```

【示例 2】创建名为 class2 的分类映射，其中的匹配条件就是 DSCP 值等于 10、11 或者 12 的流入通信。这个分类映射的作用就是创建一个 DSCP 值 10、11 或者 12 的流入通信分类。

```
Switch(config)# class-map class2
Switch(config-cmap)# match ip dscp 10 11 12
Switch(config-cmap)# end
```

【示例 3】创建名为 class3 的分类映射，其中的匹配条件就是 IP 优先级值等于 5、6 或者 7 的流入通信。这个分类映射的作用就是创建一个 IP 优先级值等于 5、6 或者 7 的流入通信分类。

```
Switch(config)# class-map class3
Switch(config-cmap)# match ip precedence 5 6 7
Switch(config-cmap)# end
```

【示例 4】创建名为 class4 的分类映射，先设置的匹配条件是 IP 优先级值等于 5、6 或者 7 的流入通信，然后采用 ACL10 作为该流分类匹配条件。

```
Switch(config)# class-map class4
Switch(config-cmap)# match ip precedence 5 6 7
Switch(config-cmap)# no match ip precedence
Switch(config-cmap)# match access-group acl10
```

```
Switch(config-cmap)# exit
Switch#
```

6.8.3 使用策略映射在物理端口上分类、监管和标记流

可以在一个物理端口上配置一个非分级策略映射来指定要对特定的通信流采取的行为。这些行为包括信任流分类中的 CoS、DSCP 或者 IP 优先级值，在流分类中重标记新的 DSCP 或者 IP 优先级值，为每个匹配监管器的通信流指定一个带宽限制。这些行为都将在流超出监管限制时发生。

策略映射具有以下特性：

- 一个策略映射可以包含多个带有不同匹配条件和监管器的分类声明
- 一个策略映射可以在映射的结尾放置包含一个预定义的默认流分类
- 端口上接收到的每类通信流均可以有一个独立的策略映射

1. 配置指南

在物理端口上配置策略映射时，需要考虑以下配置指南：

- 在入端口上仅可以附加一个策略映射。
- 如果通过使用 **mls qos map ip-prec-dscp** *dscp1...dscp8* 全局配置命令配置了 IP 优先级到 DSCP 的映射，这个设置仅影响在入端口上配置了信任 IP 优先级的包。在一个策略映射中，如果使用 **set ip precedence** *new-precedence* 策略映射分类配置命令设置为另一个新的 IP 优先级值，则出端口的 DSCP 值不会受 IP 优先级到 DSCP 映射的影响。如果想让出端口的 DSCP 值与入端口的 DSCP 值不同，则可以使用 **set dscp** *new-dscp* 策略映射配置命令。
- 在键入 **set ip dscp** 命令时，在交换机的配置文件中会转换此命令为 **set dscp**。
- 可以使用 **set ip precedence** 或者 **set precedence** 策略映射分类配置命令来改变包的 IP 优先级值。而在交换机配置文件中显示的是 **set ip precedence** 命令。
- 可以为端口上的每个分类配置一个独立的第二级别策略映射。第二级别策略映射指定在每个流分类中采取的行为。
- 策略映射和端口信任状态配置可以同时在一个物理端口上运行，但策略映射配置的应用会优先于端口信任状态配置。
- 当通过 **class class-default** 策略映射配置命令配置一个默认的流分类时，没有分类的流（也就是没有与前面指定的流分类条件匹配的流）都将视为默认流分类。

2. 配置步骤

使用策略映射在物理端口上分类、监管和标记流的配置步骤如表 6-24 所示。

表 6-24 使用策略映射在物理端口上分类、监管和标记流的配置步骤

步骤	命令	说明
1	**configure terminal** 例如：Switch# **configure terminal**	进入全局配置模式
2	**class-map** [**match-all** | **match-any**] *class-map-name* 例如：Switch(config)#**class-map match-any** classmap1	创建一个分类映射，进入分类映射配置模式。默认是没有创建任何分类映射。具体参见表 6-23 中的第 3 步介绍
3	**policy-map** *policy-map-name* 例如：Switch(config-cmap)#**policy-map** policy1	创建一个策略映射，进入策略映射配置模式。参数 *policy-map-name* 用来指定新策略映射的名称。 默认是没有创建任何策略映射。默认的策略映射流行为是设置 DSCP 值为 0（如果包是 IP 包），或者设置 CoS 值为 0（如果包是带 QoS 标签的），默认是没有执行监管的。 可使用 **no policy-map** *policy-map-name* 命令删除指定的策略映射

续表

步骤	命令	说明
4	**class** [*class-map-name* | **class-default**] 例如：Switch(config-cmap)#**class** classmap1	定义一个流分类，进入策略映射分类配置模式。参数 *class-map-name* 用来指定新的流分类名称。 默认没有策略映射流分类定义。如果已通过 **class-map** 全局配置命令定义了流分类，在命令中指出分类映射的名称。 如果已预定义了 **class-default**（默认的流分类），则可添加到任何策略中。它总是在策略映射的最后。在这个默认的流分类中隐含包括一条 **match any** 命令，指所有当前还没有匹配的流都将与默认的流分类匹配。 可用 **no class** *class-map-name* 命令删除指定的流分类
5	在 Catalyst 3750 及以前系列交换机中： **trust** [**cos** | **dscp** | **ip-precedence**] 例如：Switch(config-pmap-c)#**trust ip-precedence** 在 Catalyst 4500/4900 等系列交换机中： **trust** [**cos** | **dscp**] 例如：Switch(config-pmap-c)#**trust dscp**	（可选）配置信任状态，QoS 使用信任状态来产生基于 CoS 或者 DSCP 的 QoS 标签。注意该命令与同一策略映射中的 set 命令是相斥的，与下面的第 6 步二选一。 默认情况下，端口是非信任的。如果不指定后面的可选项，则默认选择的是 **dscp** 选项。 ● **cos**——多选一选项，指通过使用接收的或者默认的端口 CoS 值和 CoS 到 DSCP 映射来产生 DSCP 值。对于不带 QoS 标签的包，使用端口默认 CoS 值 ● **dscp**——指定 QoS 通过使用流入包中的 DSCP 值导出 DSCP 值。对于携带 QoS 标签的非 IP 包，QoS 通过使用接收的 CoS 值来产生 DSCP 值；对于不带 QoS 标签的非 IP 包，QoS 使用默认的端口 CoS 值，通过 CoS 到 DSCP 映射来产生 DSCP 值 ● **ip-precedence**——指定 QoS 通过流入包中的 IP 优先级和 IP 优先级到 DSCP 映射来产生 DSCP 值。对于携带 QoS 标签的非 IP 包，QoS 通过使用接收的 CoS 值来产生 DSCP 值；对于不带 QoS 标签的非 IP 包，QoS 使用默认的端口 CoS 值，通过 CoS 到 DSCP 映射来产生 DSCP 值。注意，Catalyst 4500/4900 等系列交换机不支持此选项 可用 **no trust** 命令恢复端口的不信任状态
6	**set** {**dscp** *new-dscp* | **ip precedence** *new-precedence*} 例如：Switch(config-pmap-c)#**set dscp** 20	（可选）通过为包设置新的 DSCP 或者 IP 优先级值来进行 IP 通信分类。与上面的第 5 步二选一。命令中的参数说明如下： ● **dscp** *new-dscp*：为新的分类流键入新的 DSCP 值，取值范围为 0~63 ● **ip precedence** *new-precedence*：为新的分类流键入新的 IP 优先级值，取值范围为 0~7 可用 **no set** {**dscp** *new-dscp* | **ip precedence** *new-precedence*}命令删除指定的 DSCP 或者 IP 优先级值
7	**police** *rate-bps burst-byte* [**exceed-action** {**drop** | **policed-dscp-transmit**}] 例如：Switch(config-pmap-c)#**police** 10000 1024 **exceed-action drop**	为以上的流分类定义监管器。默认没有定义任何监管器。命令中的参数和选项说明如下： ● *rate-bps*：以 b/s 为单位为对应的流分类指定一个平均速率（也就是 CIR），取值范围为 800~10000000000 ● *burst-byte*：以 byte 为单位为对应的流分类指定一个允许的最大突发尺寸（也就是 CBS），取值范围为 800~100000 后面的两个二选一可选项用来指定对超出限定的 CIR 速率的包所采取的流行为。二选一选项 **drop** 表示对这类包进行丢弃；二选一选项 **policed-dscp-transmit** 指定使用监管 DSCP（Policed-DSCP）映射重新标记包中的 DSCP 值，然后发送出去。 可用 **no police** *rate-bps burst-byte* [**exceed-action** {**drop** | **policed-dscp-transmit**}]命令删除指定的监管器
8	**exit** 例如：Switch(config-pmap-c)#**exit**	返回策略映射配置模式
9	**exit** 例如：Switch(config-pmap)#**exit**	返回全局配置模式
10	**interface** *interface-id* 例如：Switch(config)#**interface** gigabitethernet 1/1	键入要应用以上策略映射的物理入端口，进入接口配置模式
11	**service-policy input** *policy-map-name* 例如：Switch(config-if)#**service-policy input** policy1	指定要在以上入端口上应用的策略映射名。每个入端口仅可应用一个策略映射。 可用 **no service-policy input** *policy-map-name* 命令解除指定策略映射与该入端口的关联
12	**end** 例如：Switch(config-if)#**end**	返回特权模式

续表

步骤	命令	说明
13	**show policy-map** [*policy-map-name* [**class** *class-map-name*]] 例如：Switch#**show policy-map** policy1	校验以上 QoS 策略映射配置
14	**copy running-config startup-config** 例如：Switch#**copy running-config startup-config**	（可选）把以上配置更改保存在启动配置文件中

【示例 1】创建一个名为 ipclass1 的分类和一个名为 flow1t 的策略映射，并把策略映射应用在入端口 gigabitethernet2/0/1 上。在分类映射 ipclass1 中，使用 ACL1 分类匹配规则，允许源 IP 地址 10.1.0.0/16，信任流入包中的 DSCP 值。对该流分类所采取的流行为是设置平均速率为 48000b/s，允许的最大突发尺寸为 8000 字节。对于超过速率限制的包按照监管 DSCP 映射配置重新标记包中的 DSCP 值，然后再发送。

```
Switch# configure terminal
Switch(config)# access-list 1 permit 10.1.0.0 0.0.255.255
Switch(config)# class-map ipclass1
Switch(config-cmap)# match access-group 1
Switch(config-cmap)# exit
Switch(config)# policy-map flow1t
Switch(config-pmap)# class ipclass1
Switch(config-pmap-c)# trust dscp
Switch(config-pmap-c)# police 1000000 8000 exceed-action policed-dscp-transmit
Switch(config-pmap-c)# exit
Switch(config-pmap)# exit
Switch(config)# interface gigabitethernet2/0/1
Switch(config-if)# service-policy input flow1t
```

【示例 2】创建一个名为 class1 的分类映射和一个名为 policy1 的策略映射，并把策略映射应用在入端口 fastethernet1/0/4 上。策略映射中使用设置 IP 包中的 DSCP 值为 10 来进行流分类。对该流分类所采取的流行为是设置平均速率为 1000000b/s，允许的最大突发尺寸为 20000 字节。对于超过速率限制的包按照监管 DSCP 映射配置重新标记包中的 DSCP 值，然后再发送。

```
Switch# configure terminal
Switch(config)# class-map class1
Switch(config-cmap)# exit
Switch(config)# policy-map policy1
Switch(config-pmap)# class class1
Switch(config-pmap-c)# set ip dscp 10
Switch(config-pmap-c)# police 1000000 20000 exceed-action policed-dscp-transmit
Switch(config-pmap-c)# exit
Switch(config-pmap)# exit
Switch(config)# interface fastethernet1/0/4
Switch(config-if)# service-policy input policy1
```

【示例 3】创建一个名为 macpolicy1 的策略映射，在这个策略映射下使用名为 maclist1 和 maclist2 的两个 MAC ACL 创建两个名称分别为 macclass1 和 macclass2 的分类映射。maclist1 MAC ACL 中包括两条声明：一是允许源 MAC 地址为 0001.0000.0001，目的地址为 0002.0000.0001 的帧通过，二是允许源 MAC 地址为 0001.0000.0002，目的 MAC 地址为 0002.0000.0002，且以太网类型为 xns-idp 的帧通过。maclist2 MAC ACL 中也包括两条声明：一是允许源 MAC 地址为 0001.0000.0003，目的地址为 0002.0000.0003 的帧通过，二是允许源 MAC 地址为 0001.0000.0004，目的 MAC 地址为 0002.0000.0004，且以太网类型为 arrp 的帧通过。

```
Switch(config)# mac access-list extended maclist1
Switch(config-ext-mac)# permit 0001.0000.0001 0.0.0 0002.0000.0001 0.0.0    !---注意：其中的 0.0.0 是指 MAC 地址掩码
Switch(config-ext-mac)# permit 0001.0000.0002 0.0.0 0002.0000.0002 0.0.0 xns-idp
Switch(config-ext-mac)# exit
Switch(config)# mac access-list extended maclist2
```

```
Switch(config-ext-mac)# permit 0001.0000.0003 0.0.0 0002.0000.0003 0.0.0
Switch(config-ext-mac)# permit 0001.0000.0004 0.0.0 0002.0000.0004 0.0.0 aarp
Switch(config-ext-mac)# exit
Switch(config)# class-map macclass1
Switch(config-cmap)# match access-group maclist1
Switch(config-cmap)# exit
Switch(config)# policy-map macpolicy1
Switch(config-pmap)# class macclass1
Switch(config-pmap-c)# set dscp 63
Switch(config-pmap-c)# exit
Switch(config-pmap)# class macclass2
Switch(config-cmap)# match access-group maclist2
Switch(config-pmap-c)# set dscp 45
Switch(config-pmap-c)# exit
Switch(config-pmap)# exit
Switch(config)# interface gigabitethernet1/0/1
Switch(config-if)# mls qos trust cos      !---配置端口信任帧中的 CoS 值
Switch(config-if)# service-policy input macpolicy1
```

【示例 4】这是一个对 IPv4 和 IPv6 分类的示例。示例创建了一个名为 pm1 的策略映射，其下有两个名称分别为 cm-1、cm-2 的分类映射。在 cm-1 分类映射中，通过 ACL 101 进行流分类，允许所有 IPv4 通信，对 IPv4 通信采取重标记其 DSCP 值为 4 的行为；在 cm-2 分类映射中，通过名为 ipv6-any 的 IPv6 ACL 进行流分类，允许所有 IPv6 通信，对 IPv6 通信采取重标记其 DSCP 值为 6 的行为，对于其他既非 IPv4 又非 IPv6 的通信均视为默认分类，设置其 DSCP 为 10。然后在 gigabitethernet0/1 入端口上应用以上名为 pm1 的策略映射。

```
Switch(config)# ip access-list 101 permit ip any any
Switch(config)# ipv6 access-list ipv6-any permit ip any any
Switch(config)# class-map cm-1
Switch(config-cmap)# match access-group 101
Switch(config-cmap)# exit
Switch(config)# class-map cm-2
Switch(config-cmap)# match access-group name ipv6-any
Switch(config-cmap)# exit
Switch(config)# policy-map pm1
Switch(config-pmap)# class cm-1
Switch(config-pmap-c)# set dscp 4
Switch(config-pmap-c)# exit
Switch(config-pmap)# class cm-2
Switch(config-pmap-c)# set dscp 6
Switch(config-pmap-c)# exit
Switch(config-pmap)# class class-default
Switch(config-pmap-c)# set dscp 10
Switch(config-pmap-c)# exit
Switch(config-pmap)# exit
Switch(config)# interface gigabitethernet0/1
Switch(config-if)# service-policy input pm1
```

6.8.4 通过分级策略映射在 SVI 接口上分类、监管和标记流

可以在 SVI 接口上（不能在物理端口上）配置分级策略映射。一个分级策略映射包括 VLAN 级别和接口级别两个级别的策略映射。

在 SVI 接口上，VLAN 级别策略映射指定要对哪个流分类采取流行为。流行为包括信任包中的 CoS、DSCP 或者 IP 优先级值，或者为流分类设置指定的 DSCP 或者 IP 优先级值。接口级别策略映射指定 SVI 接口所对应的 VLAN 中的物理端口受某个专用监管器监管。

自 IOS 12.2(52)SE 版本开始，可以配置过滤 IPv4 和 IPv6 通信的分级策略映射。

1. 配置指南

在配置分级策略映射时，要遵循以下配置指南：

- 在配置一个分级策略映射前，必须在对应的接口级别策略映射中指定的物理端口上启用基于 VLAN 的 QoS。
- 每个入端口或者 SVI 接口仅可以应用一个策略映射（入端口上仅可应用一个接口级别的策略映射，SVI 接口上仅可应用一个 VLAN 级别的策略映射）。
- 一个策略映射可以包括多个分类声明，每个声明有不同的匹配条件和流行为。
- 在 SVI 接口上接收到的每个分类流都可以有一个独立的策略映射分类。
- 在交换机堆叠中，不能使用 **match input-interface** 分类映射配置命令来指定一个策略映射分类中交叉连接不同堆叠成员的接口。
- 策略映射配置和端口信任状态配置可以同时在一个物理端口上运行，但是策略映射会比端口信任状态优先应用。
- 如果通过 **mls qos map ip-prec-dscp** *dscp1...dscp8* 全局配置命令配置 IP 优先级到 DSCP 映射，则这个映射的设置仅影响配置信任 IP 优先级的入端口上的包。在一个策略映射中，如果通过 **set ip precedence** *new-precedence* 策略映射分类配置命令设置包的 IP 优先级值为新的值，则出端口的 DSCP 值是不受 IP 优先级到 DSCP 映射的影响的。如果想要出端口的 DSCP 值与入端口的不同，则需要使用 **set dscp** *new-dscp* 策略映射分类配置命令。
- 如果执行或者已配置了 **set ip dscp** 命令，则在交换机的配置文件中会改变显示为 **set dscp** 命令。
- 可以使用 **set ip precedence** 或 **set precedence** 策略映射分类配置命令来改变包中的 IP 优先级，但在交换机配置文件中显示的是 **set ip precedence** 命令。
- 如果端口启用基于 VLAN 的 QoS，则分级策略映射会取代以前配置的基于接口的策略映射。
- 分级策略映射是作用在 SVI 接口上的，并且影响对应 VLAN 中的所有通信。在 VLAN 级别策略映射中指定的流行为影响 SVI 接口上的通信。在接口级别策略映射中的流行为仅影响在对应接口上的流入通信流。
- 当在中继端口上配置分级策略映射时，VLAN 范围不能重叠。如果范围重叠，则在策略映射中指定的流行为影响重叠部分 VLAN 的流入和流出通信流。
- 聚合监管器在分级策略映射中是不支持的。
- 当启用了基于 VLAN 的 QoS 时，则交换机支持基于 VLAN 的 QoS 功能，如 VLAN 映射。
- 仅可以在 PVLAN 的主 VLAN 中配置一个分级策略映射。
- 当通过 **class class-default** 策略映射配置命令配置一个默认的流分类时，没有分类的流（也就是没有与前面指定的流分类条件匹配的流）都将视为默认流分类。

2. 配置步骤

可按照表 6-25 所示步骤在 SVI 接口上配置分级策略映射。整个配置步骤比较长，但总体来说分为四个大的部分：一是 VLAN 级别的分类映射创建和配置，二是 VLAN 级别策略映射的创建和配置，三是接口级别的分类映射创建和应用，四是接口级别策略映射的创建和配置。这些主要部分在步骤表中都有分开列出。

表 6-25　分级策略映射的配置步骤

步骤	命令	说明
以下是 VLAN 级别分类映射的创建、配置步骤		
1	**configure terminal** 例如：Switch# **configure terminal**	进入全局配置模式

续表

步骤	命令	说明
2	**class-map [match-all | match-any]** *class-map-name* 例如：Switch(config)#**class-map match-any** classmap1	创建一个 VLAN 级别分类映射，进入分类映射配置模式。具体参见表 6-23 中的第 3 步介绍
3	在 Catalyst 3750 及以前系列交换机中： **match** {**access-group** *acl-index-or-name* | **ip dscp** *dscp-list* | **ip precedence** *ip-precedence-list*} 例如：Switch(config-cmap)#**match access-group** 101 在 Catalyst 4500/4900 等系列交换机中： **match** {**access-group** *acl-index-or-name* | **cos** *cos-list* | **[lp] dscp** *dscp-list* | **[lp] precedence** *ip-precedence-list* } 例如：Switch(config-cmap)#**match dscp** dscplist1	定义以上创建的流分类的匹配条件。具体参见表 6-23 中的第 5 步介绍
4	**match protocol [ip | ipv6]** 例如：Switch(config-cmap)#**match protocol ip**	（可选）指定分类映射要应用的 IP 协议，可以是 IPv4 或者 IPv6 协议。具体参见表 6-23 中的第 5 步介绍
5	**exit** 例如：Switch(config-cmap)#**exit**	返回全局配置模式
以下是接口级别分类映射的创建配置步骤		
6	**class-map [match-all | match-any]** *class-map-name* 例如：Switch(config)#**class-map match-all** classmap1	创建一个接口级别分类映射，进入分类映射配置模式。具体参见表 6-23 中的第 3 步介绍
7	**match input-interface** *interface-id-list* 例如：Switch(config-cmap)#**match input-interface** gigabitethernet 1/1	键入接口级别分类映射作用的物理端口列表，最多可以指定 6 个端口。可以是单个端口，或者以空格分隔的 6 个独立端口，或者以连字符（-）指定的一个端口范围。 本命令仅可以应用于接口级别策略映射，而且在接口级别策略映射中必须只有匹配条件
8	**exit** 例如：Switch(config-cmap)# **exit**	返回全局配置模式
以下是接口级别策略映射的创建、配置步骤		
9	**policy-map** *policy-map-name* 例如：Switch(config)#**policy-map** policy1	创建接口级别策略映射，参数 *policy-map-name* 用来指定新建的策略映射的名称，进入策略映射配置模式。默认是没有定义任何策略映射的，也没有定义任何流监管行为
10	**class-map** *class-map-name* 例如：Switch(config-pmap)#**class-map** classmap1	定义一个接口级别流分类，进入策略映射配置模式。默认是没有定义任何策略映射和分类映射。如果已通过全局配置命令定义了流分类，则直接在参数 *class-map-name* 中指定对应的分类映射名称
11	**police** *rate-bps burst-byte* **[exceed-action {drop | policed-dscp-transmit}]** 例如：Switch(config-pmap-c)#**police** 10000 1024 **exceed-action drop**	为以上接口级流分类定义专用监管器。默认情况下没有定义任何监管器。具体参见表 6-24 中的第 7 步介绍
12	**exit** 例如：Switch(config-pmap-c)#**exit**	返回策略映射配置模式
13	**exit** 例如：Switch(config-pmap)#**exit**	返回全局配置模式
以下是 VLAN 级别策略映射的创建、配置步骤		
14	**policy-map** *policy-map-name* 例如：Switch(config)#**policy-map** policy1	创建一个 VLAN 级别策略映射，进入策略映射配置模式。默认是没有定义任何策略映射。 VLAN 级别策略映射的默认行为是设置 IP 包的 DSCP 值为 0，或设置携带 QoS 标签的非 IP 包的 CoS 值为 0。但没有配置任何流监管行为
15	**class** [*class-map-name* | **class-default**] 例如：Switch(config-pmap)#**class class-default**	定义以上 VLAN 级别策略映射中的流分类，进入策略映射分类配置模式。具体参见表 6-24 中的第 4 步介绍
16	在 Catalyst 3750 及以前系列交换机中： **trust [cos | dscp | ip-precedence]** 例如：Switch(config-pmap-c)#**trust dscp** 在 Catalyst 4500/4900 等系列交换机中： **trust [cos | dscp]** 例如：Switch(config-pmap-c)#**trust dscp**	（可选）配置端口信任状态，用来为包产生基于 CoS 或者 DSCP 的 QoS 标签。与下面的第 17 步二选一，具体参见表 6-24 中的第 5 步介绍
17	**set** {**dscp** *new-dscp* | **ip precedence** *new-precedence*} 例如：Switch(config-pmap-c)#**set dscp** 10	（可选）通过设置包中新的优先级值进行流分类。与上面的第 16 步二选一，具体参见表 6-24 中的第 6 步介绍
18	Switch(config-pmap-c)#**service-policy** *policy-map-name*	指定前面第 9 步中创建的接口级别策略映射名称，并与此处的 VLAN 级别策略映射进行关联。如果 VLAN 级别策略映射指定超过一个分类，则每个分类可以有一个不同的 **service-policy** *policy-map-name* 配置命令

续表

步骤	命令	说明
19	**exit** 例如：Switch(config-pmap-c)#**exit**	返回策略映射配置模式
20	**exit** 例如：Switch(config-pmap)#**exit**	返回全局配置模式
	以下是 VLAN 级别策略映射在 SVI 接口上的应用配置步骤	
21	**interface** *interface-id* 例如：Switch(config)#**interface** gigabitethernet 1/1	指定要应用分级策略映射的 SVI 接口，进入接口配置模式
22	**service-policy input** *policy-map-name* 例如：Switch(config-if)#**service-policy input** policy1	指定在以上 SVI 接口上要应用的 VLAN 级别策略映射。可重复以上步骤为其他 SVI 接口应用其他 VLAN 级别策略映射。 如果分级 VLAN 级别策略映射有超过一个接口级别的策略映射，所有分类映射必须在 **service-policy** *policy-map-name* 命令中配置相同的 VLAN 级别策略映射
23	**end** 例如：Switch(config-if)#**end**	返回特权模式
	以下是查看和保存以上分级策略映射配置的步骤	
24	**show policy-map** [*policy-map-name* [**class** *class-map-name*]] 例如：Switch#**show policy-map** policy1 或 **show mls qos vlan-based** 例如： **show mls qos vlan-based**	校验以上 QoS 配置
25	**copy running-config startup-config** 例如：Switch#**copy running-config startup-config**	（可选）把以上配置更改保存在启动配置文件中

以下是一个分级策略映射的配置示例。其中 VLAN 级别策略映射是通过匹配 ACL 101 进行分类的，作用于 VLAN 10 接口上；接口级别策略映射是对 gigabitethernet3/0/1 和 gigabitethernet3/0/2 这两个端口进行流量监管，设置平均速率为 900000b/s，允许的最大突发尺寸大小为 9000 byte，对于超出限制的包通过监管 DSCP 映射重标记包中的 DSCP 值后发送。

（1）创建基于 ACL 101 分类的 VLAN 级别分类映射 cm-vlan。

```
Switch# configure terminal
Enter configuration commands, one per line. End with CNTL/Z.
Switch(config)# access-list 101 permit ip any any
Switch(config)# class-map cm-vlan
Switch(config-cmap)# match access 101
Switch(config-cmap)# exit
```

（2）创建接口级别分类映射 cm-interface 和接口级别策略映射 port-plcmap，设置平均速率为 900000b/s，允许的最大突发尺寸大小为 9000 byte，对于超出限制的包通过监管 DSCP 映射重标记包中的 DSCP 值后发送。

```
Switch(config)# class-map cm-interface
Switch(config-cmap)# match input gigabitethernet3/0/1 - gigabitethernet3/0/2
Switch(config-cmap)# exit
Switch(config)# policy-map port-plcmap
Switch(config-pmap)# class cm-interface
Switch(config-pmap-c)# police 900000 9000 exc policed-dscp-transmit
Switch(config-pmap-c)# exit
Switch(config-pmap)# exit
```

（3）创建 VLAN 级别的策略映射 vlan-plcmap，重标记包中的 DSCP 值为 7。

```
Switch(config)# policy-map vlan-plcmap
Switch(config-pmap)# class cm-vlan
Switch(config-pmap-c)# set dscp 7
Switch(config-pmap-c)# service-policy port-plcmap
Switch(config-pmap-c)# exit
Switch(config-pmap)# exit
```

（4）在 VLAN 10 接口上应用 VLAN 级别策略映射 vlan-plcmap。

```
Switch(config)# interface vlan 10
Switch(config-if)# service-policy input vlan-plcmap
Switch(config-if)# exit
Switch(config)# exit
Switch#
```

6.8.5　使用聚合监管器分类、监管和标记流

通过使用聚合监管器，可以创建一个被多个在同一个策略映射中的流分类共享的监管器。但不能在不同策略映射或者端口上使用相同的聚合监管器，仅可以在物理端口上的非分级策略映射中配置聚合监管器。使用聚合监管器分类、监管和标记流的具体配置步骤如表 6-26 所示。

表 6-26　使用聚合监管器分类、监管和标记流的配置步骤

步骤	命令	说明
1	**configure terminal** 例如：Switch#**configure terminal**	进入全局配置模式
2	在 Catalyst 3750 及以前系列交换机中： **mls qos aggregate-policer** *aggregate-policer-name rate-bps burst-byte* **exceed-action** {**drop** | **policed-dscp-transmit**} 例如：Switch(config)#**mls qos aggregate-policer** policer1 1024000 52600 在 Catalyst 4500/4900 等系列交换机中： **qos aggregate-policer** *name rate burst* **exceed-action** {**transmit** | **drop** | **policed-dscp-transmit**}] 例如：Switch(config)# **qos aggregate-policer** policer1 1024000 52600 **exceed-action drop**	定义可以被应用于同一个策略映射下的多个流分类的监管器参数。默认情况下，没有定义任何聚合监管器。命令中的参数和选项说明如下： ● *aggregate-policer-name*：指定聚合监管器名称 ● *rate-bps*（或 *rate*）：以 b/s 为单位指定流的平均速率，取值范围为 8000～10000000000 ● *burst-byte*（或 *burst*）：以 byte 为单位指定允许的最大突发尺寸大小，取值范围为 8000～1000000 ● **drop**：二选一选项，指定对于超出流量限制的包进行丢弃 ● **policed-dscp-transmit**：二选一选项，指定对于超出流量限制的包通过监管 DSCP 映射重新标记包中的 DSCP 值后再发送 可用 **no mls qos aggregate-policer** *aggregate-policer-name* 命令删除指定的监管器和它的参数配置
3	**class-map** [**match-all** | **match-any**] *class-map-name* 例如：Switch(config)#**class-map match-all** classmap1	创建一个流分类映射。具体参见表 6-23 中的第 3 步介绍
4	**policy-map** *policy-map-name* 例如：Switch(config-cmap)# **policy-map** policy1	创建一个策略映射，进入策略映射配置模式
5	**class** [*class-map-name* | **class-default**] 例如：Switch(config-cmap)# **class** classmap1	定义一个流分类，进入策略映射分类配置模式。具体参见表 6-24 中的第 4 步介绍
6	在 Catalyst 3750 及以前系列交换机中： **trust** [**cos** | **dscp** | **ip-precedence**] 例如：Switch(config-pmap-c)#**trust dscp** 在 Catalyst 4500/4900 等系列交换机中： **trust** [**cos** | **dscp**] 例如：Switch(config-pmap-c)#**trust dscp**	（可选）配置端口信任状态，用来为包产生基于 CoS 或者 DSCP 的 QoS 标签。与下面的第 7 步二选一，具体参见表 6-24 中的第 5 步介绍
7	**set** {**dscp** *new-dscp* | **ip precedence** *new-precedence*} 例如：Switch(config-pmap-c)#**set dscp** 20	（可选）通过设置包中新的优先级值进行流分类。与上面的第 6 步二选一，具体参见表 6-24 中的第 6 步介绍
8	**police aggregate** *aggregate-policer-name* 例如：Switch(config-cmap-c)#**police aggregate** policer1	应用第 2 步中创建的聚合监管器到同一个策略映射下的多个分类中。要从策略映射中删除指定的聚合监管器，可使用 **no police aggregate** *aggregate-policer-name* 命令
9	**exit** 例如：Switch(config-cmap-c)#**exit**	返回全局配置模式
10	**interface** *interface-id* 例如：Switch(config)#**interface** gigabitethernet 1/1	键入要应用以上策略映射的物理端口，进入接口配置模式
11	**service-policy input** *policy-map-name* 例如：Switch(config-if)#**service-policy input** policy1	指定要在以上入端口上应用的策略映射名称。每个入端口仅可应用一个策略映射

续表

步骤	命令	说明
12	**end** 例如：Switch(config-if)#**end**	返回特权模式
13	**show mls qos aggregate-policer** [*aggregate-policer-name*] 例如：Switch#**show mls qos aggregate-policer** policer1	校验以上 QoS 配置
14	**copy running-config startup-config** 例如：Switch#**copy running-config startup-config**	（可选）保存以上配置更改到启动配置文件中

以下示例是创建一个聚合监管器，并把它应用到一个策略映射下的多个流分类中。在本示例的聚合监管器 transmit1 中设置平均速率为 48000b/s，突发尺寸大小为 8000 byte，对于超出限制的流量采用监管 DSCP 映射进行 DSCP 值重标记，然后发送。在流分类中，创建了一个名为 aggflow1 的策略映射，其下面包括两个流分类：ipclass1 和 ipclass2。ipclass1 的流分类匹配规则是 ACL 1，对应的流行为是信任端口的 DSCP 值；ipclass2 的流分类匹配规则是 ACL 2，对应的流行为是设置包中的 DSCP 值为 56。另外还设置了一个默认流分类，设置包中的 DSCP 值为 10。然后把 aggflow1 策略映射应用在 gigabitethernet2/0/1 入端口上。

```
Switch(config)# access-list 1 permit 10.1.0.0 0.0.255.255
Switch(config)# access-list 2 permit 11.3.1.1
Switch(config)# mls qos aggregate-police transmit1 48000 8000 exceed-action policed-dscp-transmit
Switch(config)# class-map ipclass1
Switch(config-cmap)# match access-group 1
Switch(config-cmap)# exit
Switch(config)# class-map ipclass2
Switch(config-cmap)# match access-group 2
Switch(config-cmap)# exit
Switch(config)# policy-map aggflow1
Switch(config-pmap)# class ipclass1
Switch(config-pmap-c)# trust dscp
Switch(config-pmap-c)# police aggregate transmit1
Switch(config-pmap-c)# exit
Switch(config-pmap)# class ipclass2
Switch(config-pmap-c)# set dscp 56
Switch(config-pmap-c)# police aggregate transmit1
Switch(config-pmap-c)# exit
Switch(config-pmap)# class class-default
Switch(config-pmap-c)# set dscp 10
Switch(config-pmap-c)# exit
Switch(config-pmap)# exit
Switch(config)# interface gigabitethernet2/0/1
Switch(config-if)# service-policy input aggflow1
Switch(config-if)# exit
```

6.8.6 通过使用分类映射进行流分类和 IPv6 流过滤

在同时存在 IPv4 和 IPv6 的网络环境中，如果仅通过 **match ip dscp** 和 **match ip precedence** 设置的优先级进行分类的话，就无法区分 IPv4 和 IPv6 流。好在 Cisco ISO 交换机的 QoS 配置中有一个 **match protocol** 命令，通过它可以配置流的二次分类，也就是区分 IPv4 和 IPv6 流。

可以使用带有 IP 关键字的 **match protocol** 命令把流分类的主匹配条件仅应用于 IPv4 流中，使用带有 IPv6 关键字的 **match protocol** 命令把流分类的主匹配条件仅应用于 IPv6 流中。具体的配置步骤如表 6-27 所示。

表 6-27　使用分类映射进行流分类和 IPv6 流过滤的配置步骤

步骤	命令	说明
1	**configure terminal** 例如：Switch#**configure terminal**	进入全局配置模式
2	**class-map match-all** *class-map-name* 例如：Switch(config)#**class-map match-all** classmap1	创建一个分类映射，进入分类映射配置模式。默认情况下，没有创建分类映射。参数 *class-map-name* 用来指定分类映射名称。关键字 **match-all** 指定要与下面分类映射中的所有条件都进行匹配，相当于逻辑"与"操作。 可用 **no class-map match-all** *class-map-name* 命令删除指定的分类映射
3	**match protocol** [**ip** | **ipv6**] 例如：Switch(config-cmap)#**match protocol ip**	（可选）指定分类映射要应用的 IP 协议类型，可选项 ip 表示以上分类映射应用在 IPv4 流中，可选项 ipv6 表示以上分类映射应用在 IPv6 流中。但要注意，该命令仅在同时存在 IPv4 流和 IPv6 流环境中使用
4	**match** {**access-group** *acl-index-or-name* | **ip dscp** *dscp-list* | **ip precedence** *ip-precedence-list*} 例如：Switch(config-cmap)#**match access-group** 101	定义流分类的匹配条件，默认是没有定义任何匹配条件。命令中的参数说明如下： ● access-group *acl-index-or-name*：多选一选项，键入要用于分类匹配的 ACL 列表号或名称 ● **ip dscp** *dscp-list*：多选一选项，键入一个最多 8 个以空格分隔的 DSCP 列表，用来与流入的包进行匹配，取值范围为 0~63 ● **ip precedence** *ip-precedence-list*：多选一选项，键入一个最多 8 个以空格分隔的 IP 优先级列表，用来与流入的包进行匹配，取值范围为 0~7 可用 **no match** { **ip dscp** | **ip precedence**}命令删除指定的匹配条件
5	**end** 例如：Switch(config-cmap)#**end**	返回特权模式
6	**show class-map** 例如：Switch#**show class-map**	校验以上 QoS 配置
7	**copy running-config startup-config** 例如：Switch#**copy running-config startup-config**	（可选）保存以上配置更改到交换机启动配置文件中

【示例 1】创建一个名为 pm1 的策略映射，在其中包括了两个分类映射：cm-1 和 cm-2。cm-1 对应的流分类为 IPv6 流，匹配条件为 DSCP 值为 10，所配置的流行为是重标记其 DSCP 值为 4；cm-2 对应的流分类为 IPv4 流，匹配条件为 DSCP 值为 20，所配置的流行为是重标记其 DSCP 值为 6。然后把策略映射 pm1 应用到入端口 gigabitethernet 1/0/1 上。有关策略映射的配置参见 6.8.3 节和 6.8.4 节。

```
Switch(config)# Class-map cm-1
Switch(config-cmap)# match ip dscp 10
Switch(config-cmap)# match protocol ipv6
Switch(config-cmap)# exit
Switch(config)# Class-map cm-2
Switch(config-cmap)# match ip dscp 20
Switch(config-cmap)# match protocol ip
Switch(config-cmap)# exit
Switch(config)# Policy-map pm1
Switch(config-pmap)# class cm-1
Switch(config-pmap-c)# set dscp 4
Switch(config-pmap-c)# exit
Switch(config-pmap)# class cm-2
Switch(config-pmap-c)# set dscp 6
Switch(config-pmap-c)# exit
Switch(config-pmap)# exit
Switch(config)# interface gigabitethernet 1/0/1
Switch(config-if)# service-policy input pm1
```

【示例 2】创建一个名为 pm1 的策略映射，在其中包括了两个分类映射：cm-1 和 cm-2。cm-1 对应的流分类为 IPv4 流，匹配条件是 ACL 101，所配置的流行为是重标记其 DSCP 值为 4；cm-2 对应的流分类为 IPv6 流，匹配条件是名为 ipv6-any 的 IPv6 ACL，所配置的流行为是重标记其 DSCP 值为 6。然后把策略映射 pm1 应用到入端口 gigabitethernet 1/0/1 上。有关策略映射的配置参见 6.8.3 节和 6.8.4 节。

```
Switch(config)# ip access-list 101 permit ip any any    !---允许所有 IPv4 通信通过
Switch(config)# ipv6 access-list ipv6-any permit ip any any    !---允许所有 IPv6 通信通过
Switch(config)# Class-map cm-1
Switch(config-cmap)# match access-group 101
Switch(config-cmap)# exit
Switch(config)# class-map cm-2
Switch(config-cmap)# match access-group name ipv6-any
Switch(config-cmap)# exit
Switch(config)# Policy-map pm1
Switch(config-pmap)# class cm-1
Switch(config-pmap-c)# set dscp 4
Switch(config-pmap-c)# exit
Switch(config-pmap)# class cm-2
Switch(config-pmap-c)# set dscp 6
Switch(config-pmap-c)# exit
Switch(config-pmap)# exit
Switch(config)# interface gigabitethernet 1/0/1
Switch(config-if)# service-policy input pm1
```

6.9 入口队列特性配置

依据网络和 QoS 方案的复杂性，在配置入口队列前，可能需要回答以下几个问题，以便更有针对性地进行入口队列特性配置（**注意：仅在 Catalyst 3750 和以前系列交换机中支持入口队列特性的配置**）：

- 哪类包安排进哪个队列？
- 每个队列的丢弃阈值是什么？每个阈值又映射哪个 CoS 或者 DSCP 值？
- 要为每个队列分配多大的可用缓存空间？
- 要为每个队列分配多大的可用带宽？
- 哪个队列应该分配更高的优先级？

以上问题所对应的配置任务如下：

- 映射 DSCP 或者 CoS 值到入口队列，并设置 WTD 阈值
- 在入口队列间分配缓存空间配置
- 在入口队列间分配带宽配置
- 入口队列优先级和最低保证带宽权重配置

6.9.1 映射 DSCP 或者 CoS 值到入口队列并设置 WTD 阈值

把带有特定 DSCP 或 CoS 值的包放置到某个队列中，并设置队列的阈值，则具有较低优先级的包将被丢弃。映射 DSCP 或者 CoS 值到入口队列，并设置 WTD 阈值的具体配置步骤如表 6-28 所示。

表 6-28 映射 DSCP 或者 CoS 值到入口队列，并设置 WTD 阈值的步骤

步骤	命令	说明
1	**configure terminal** 例如：Switch#**configure terminal**	进入全局配置模式
2	**mls qos srr-queue input dscp-map queue** *queue-id* **threshold** *threshold-id dscp1...dscp8* 例如：Switch(config)#**mls qos srr-queue input dscp-map queue** 3 **threshold** 1 10 20 30	映射 DSCP 或者 CoS 值到入口队列和阈值 ID。默认情况下，DSCP 0~39 和 48~63 映射到入口队列 1 和其阈值 1；DSCP 40~47 映射到入口队列 2 和其阈值 1；CoS 0~4、6 和 7 映射到入口队列 1 和其阈值 1；CoS 5 映射到入口队列 2 和其阈值 1。

续表

步骤	命令	说明
2	或 **mls qos srr-queue input cos-map queue** *queue-id* **threshold** *threshold-id cos1...cos8* 例如：Switch(config)#**mls qos srr-queue input cos-map queue** 3 **threshold** 1 1 2 3	• *queue-id*：指定要配置映射的入口队列，取值为 1 或 2 • *threshold-id*：指定要配置映射的阈值 ID，取值范围为 1~3，阈值 3 为预配置的，它是设置为全队列状态（也就是只要队列没有 100%填充满，都可以添加新的包或帧） • *dscp1...dscp8*：键入要为以上指定的队列和阈值映射的 DSCP 值，最多可配置 8 个，以空格分隔，取值范围为 0~63 • *cos1...cos8*：键入要为以上指定的队列和阈值映射的 CoS 值，最多可配置 8 个，以空格分隔，取值范围为 0~7 可用 **no mls qos srr-queue input cos-map** 命令或 **no mls qos srr-queue input dscp-map** 命令返回默认的 CoS 或者 DSCP 值到入口队列和阈值的映射
3	**mls qos srr-queue input threshold** *queue-id threshold-percentage1 threshold-percentage2* 例如：Switch(config)#**mls qos srr-queue input threshold** 3 50 80	为指定的入口队列阈值 1 和阈值 2 分配两个 WTD 阈值百分比，默认两个阈值都是 100%。命令中的参数说明如下： • *queue-id*：指定要配置阈值 1 和阈值 2 的入口队列，取值范围为 1 或 2 • *threshold-percentage1 threshold-percentage2*：指定为以上入口队列配置阈值 1 和阈值 2 的百分比 可用 **no mls qos srr-queue input threshold** *queue-id* 命令返回默认的 WTD 阈值百分比
4	**end** 例如：Switch(config)#**end**	返回特权模式
5	**show mls qos maps** 例如：Switch#**show mls qos maps**	校验以上入口队列配置
6	**copy running-config startup-config** 例如：Switch#**copy running-config startup-config**	（可选）保存以上配置更改到交换机的启动配置文件中

以下示例是映射 DSCP 0~6 到入口队列 1 和其阈值 1，并为入口队列 1 中的阈值 1 配置 WTD 阈值百分比为 50%；映射 DSCP 20~26 到入口队列 1 和其阈值 2，并为入口队列 1 中的阈值 2 配置 WTD 阈值百分比为 70%。在本示例中，DSCP 值为 0~6 的包分配 50%的 WTD 阈值，明显比分配 70%的 WTD 阈值的 DSCP 值为 20~26 的包优先丢弃。因为 DSCP 值为 0~6 的包只要队列中填充率达到 50%就要被丢弃，而 DSCP 值为 20~26 的包是要等到队列中填充率达到 70%才被丢弃。

```
Switch(config)# mls qos srr-queue input dscp-map queue 1 threshold 1 0 1 2 3 4 5 6
Switch(config)# mls qos srr-queue input dscp-map queue 1 threshold 2 20 21 22 23 24 25 26
Switch(config)# mls qos srr-queue input threshold 1 50 70
```

6.9.2　为入口队列分配缓存空间

可以在两个入口队列间为每个队列划分一定比例的缓存空间。队列的缓存和带宽分配控制了在包被丢弃前可以缓存多少数据。配置方法是在全局配置模式下使用 **mls qos srr-queue input buffers** *percentage1 percentage2* 命令。该命令可为两个入口队列分别配置所占用的缓存空间百分比。参数 *percentage1 percentage2* 分别代表入口队列 1 和入口队列 2 配置的缓存空间占用比，取值范围为 0~100。

默认是入口队列 1 占用 90%，入口队列 2 占用 10%。可用 **no mls qos srr-queue input buffers** 命令恢复为默认设置。

以下示例是分配 60%的缓存空间给入口队列 1，40%的缓存空间给入口队列 2。

```
Switch(config)# mls qos srr-queue input buffers 60 40
```

6.9.3　为入口队列分配带宽

需要通过配置两个入口队列所占总带宽的比例权重来指定每个队列可用的带宽大小，权重比例是 SRR 从每个入口队列调度发送包的频率。带宽和缓存空间的分配控制了在包被丢弃前可以缓存的数据多少。在入口队列中，SRR 仅可工作在共享模式下。

为两个入口队列分配带宽的配置方法是在全局配置模式下使用 **mls qos srr-queue input bandwidth** *weight1 weight2* 命令。它是通过为两个入口队列分配共享带宽的 SRR 权重来实现的。默认都是 4，即两个入口队列各共享一半的带宽。

【说明】除以上为两个入口队列分配带宽权重外，还可以通过带有关键字的 **mls qos srr-queue input priority-queue** *queue-id* **bandwidth** *weight* 全局配置命令配置优先级的入口队列，及它所独自占用的最低保证带宽权重。余下的带宽才是由两个入口队列按照本命令的权重配置进行共享。有关优先级入口队列和最低保证带宽权重的配置将在下节介绍。

以下示例是禁止优先级队列配置（独自占用的最低保证带宽权重为 0），为队列 1 配置的共享带宽占用比例为 25%，为队列 2 配置的共享带宽占用比例为 75%。

```
Switch(config)# mls qos srr-queue input priority-queue 2 bandwidth 0
Switch(config)# mls qos srr-queue input bandwidth 25 75
```

6.9.4 入口优先级队列和最低保证带宽权重配置

应当为需要加急的通信流（如语音流）使用优先级队列。优先级队列有最低带宽保证，以确保在繁重的网络通信时减小传输延时和抖动。

入口优先级队列和最低保证带宽权重的配置方法是在全局配置模式下使用 **mls qos srr-queue input priority-queue** *queue-id* **bandwidth** *weight* 命令实现的。它可以指派一个队列为优先级队列，并设置最低的保证带宽权重。命令中的参数说明如下：

- *queue-id*：键入要指派为优先级队列的入口队列号，1 或 2。默认是入口队列 2 为优先级队列。
- **bandwidth** *weight*：为以上优先级入口队列配置最低保证带宽权重，取值范围为 0~40（相当于占整个带宽的 0%~40%）。

默认情况下，优先级入口队列为入口队列 2，并有 10%的最低带宽保证。可用 **no mls qos srr-queue input priority-queue** *queue-id* 命令恢复指定入口队列为默认配置。可通过分配最低保证带宽权重为 0 来禁止优先级队列。如 **mls qos srr-queue input priority-queue** 1 **bandwidth 0** 命令为禁止入口队列 1 为优先级队列。

以下示例是指派入口队列 1 为优先级队列，并分配 10%的最低保证带宽权重。然后配置队列 1 和队列 2 的带宽分配权重都为 4，平等共享余下的 90%带宽，也就是各占余下总带宽的 45%。

```
Switch(config)# mls qos srr-queue input priority-queue 1 bandwidth 10
Switch(config)# mls qos srr-queue input bandwidth 4 4
```

6.10 出口队列特性配置

依据网络和 QoS 方案的复杂性，在配置出口队列前，可能需要回答以下几个问题，以便更有针对性地进行出口队列特性配置：

- 哪类包安排进哪个队列？
- 每个队列集（每个端口的四个出口队列）的丢弃阈值是什么？需要为每种流分类配置多大的保留或者最大内存空间？
- 要为每个队列集分配多大的固定缓存空间？
- 要为每个端口带宽配置速率限制吗？

- 每个出口队列被调度的频次怎么样？所用的技术（整形、共享或者两者同时采用）有哪些？

以上问题所对应的配置任务如下：

- 为出口队列集分配缓存空间，设置 WTD 阈值
- 映射 DSCP 或者 CoS 值到出口队列和阈值 ID
- 在出口队列上配置 SRR 整形权重
- 在出口队列上配置 SRR 共享权重
- 配置出口加速队列
- 在出端口配置带宽限制

在启用加速队列或者出口队列是基于 SRR 权重调度时，需要注意以下配置指南：

- 如果启用了出口加速队列，它将覆盖出口队列 1 的 SRR 整形和共享权重配置。
- 如果禁用了出口加速队列，并且配置了 SRR 整形和共享权重，出口队列 1 的整形模式将覆盖共享模式配置，出口队列 1 采用共享模式 SRR 服务。
- 如果禁用了出口加速队列，也没有配置 SRR 整形权重，则在对应出口队列上采用共享模式的 SRR 服务。

6.10.1 为出口队列集分配缓存空间，设置 WTD 阈值

可以通过使用 **mls qos queue-set output** *qset-id* **threshold** *queue-id drop-threshold1 drop-threshold2 reserved-threshold maximum-threshold* 全局配置命令配置队列 WTD 阈值、保留缓存空间阈值和队列的最大缓存空间阈值。

每个阈值是一个队列分配的缓存空间的百分比，它是通过 **mls qos queue-set output** *qset-id* **buffers** *allocation1 ... allocation4* 全局配置命令进行配置的。出口队列使用 WTD 来为不同流分类配置不同的丢弃百分比。

【说明】本节所介绍的各种阈值比较难以理解，建议结合本章前面 6.4.4 节和 6.4.5 节内容，特别是交换机缓存空间的分配这部分。另外，还可以参考本书第 8 章 8.10.1 节的相关介绍（其中的“固定区域”就相当于在 6.4.5 节所说的“保留池”，“共享区域”就相当于 6.4.5 节所说的“公共池”）。

为出口队列集分配缓存空间，设置 WTD 阈值的配置步骤如表 6-29 所示。

表 6-29 为出口队列集分配缓存空间，设置 WTD 阈值的配置步骤

步骤	命令	说明
1	**configure terminal** 例如：Switch#**configure terminal**	进入全局配置模式
2	**mls qos queue-set output** *qset-id* **buffers** *allocation1 ... allocation4* 例如：Switch(config)#**mls qos queue-set output** 1 **buffers** 10 20 30 40	为交换机上的出口队列集分配缓存空间占用比，也就是为出端口上的四个队列配置一个占用端口总缓存空间的百分比。注意，这是全局配置的，也就是一个队列集中的所有端口上的相同队列号的缓存空间占用比将采用这里相同的配置。默认情况下，在四个出口队列间平均分配相同的值（均为 25，相当于各占 25%，即 1/4 的缓存空间）。命令中的参数说明如下： ● *qset-id*：键入要配置缓存分配比例的出口队列集 ID，取值范围为 1~2，也就是交换机上总共可以划分两个出口队列集。每个端口只能属于其中的一个队列集，所属队列集中的配置将为队列集中的每个端口的四个出口队列定义所有的特性 ● *allocation1 ... allocation4*：为队列集中各端口的四个出口队列分配缓存空间占用比，也就是各个队列占用端口总缓存空间（包括“保留池”和“公共池”两部分的空间）的比例。为队列 1、队列 3 和队列 4 所分配的缓存空间占用比例取值范围为 0~99，为队列 2 所分配的缓存空间占用比例取值范围为 1~100 缓存占用比的分配是按照流的重要性进行的。例如，为高优先级流所在的队列配置大的缓存空间占用比例。 可用 **no mls qos queue-set output** *qset-id* **buffers** 命令恢复指定队列集的默认缓存分配

续表

步骤	命令	说明
3	**mls qos queue-set output** *qset-id* **threshold** *queue-id drop-threshold1 drop-threshold2 reserved-threshold maximum-threshold* 例如：Switch(config)# **mls qos queue-set output** 1 **threshold** 2 160 200 20 200	为以上队列集中各端口的四个出口队列配置 WTD 阈值（每个队列有三个阈值，其中阈值 1 和阈值 2 是可配置的，阈值 3 是预设置的，对应的百分比为 100），每个队列保留池对应缓存空间占端口上总保留池中缓存空间的百分比，以及每个队列分配的最大缓存空间与各队列的保留空间的比例。命令中的参数说明如下： ● *qset-id*：键入在第 2 步中指定的队列集 ID，取值范围为 1 ● *queue-id*：键入队列集中的一个队列 ID，取值范围为 1~4 ● *drop-threshold1 drop-threshold2*：为以上队列指定两个 WTD 阈值，也就是该队列的丢弃优先级值，实际上是对应的包添加到队列后，在该队列的填充率达到队列允许的长度（其实就是所允许占用的缓存空间大小）的某个比例后才丢弃，取值范围为 1~3200。也就是说，最大可以允许队列长度为它们自己所分配的缓存空间大小的 3200 倍（是通过占用交换机上缓存空间的公共池来实现的）。 ● *reserved-threshold*：键入代表该队列保留缓存空间占该队列总缓存空间的百分比，取值范围为 1~100 ● *maximum-threshold*：键入代表该队列最大可获取的总缓存空间与分配给该队列的保留缓存空间的比值，取值范围为 1~3200。也就是最大一个队列可以获取的总缓存空间为该队列分配的保留缓存空间的 3200 倍（是通过占用交换机上缓存空间的公共池实现的） 默认情况下，为队列 1、3 和 4 所分配的两个阈值均为 100%（也就是当队列长度达到队列自身分配的缓存空间时就要丢弃），队列 2 的两个阈值均为 200%（也就是可以通过占用公共池中的缓存空间来使队列长度达到该队列自身分配的缓存空间大小的两倍）。可用 **no mls qos queue-set output** *qset-id* **threshold** [*queue-id*]命令恢复指定队列集中指定队列的 WTD 阈值分配。 为队列分配缓存空间大小是通过第 2 步中的 **mls qos queue-set output** *qset-id* **buffers** *allocation1 ... allocation4* 命令来实现的。队列 1、2、3 和 4 的保留缓存空间阈值均为 50%（也就是占对应队列所分配的总缓存空间的一半）。为所有队列设置的最大缓存空间阈值为 400%，这是通过占用交换机上公共缓存空间来实现的
4	**interface** *interface-id* 例如：Switch(config)# **interface** gigabitethernet 1/1	指定要应用以上第 2 步指定的队列集配置的出端口，进入接口配置模式
5	**queue-set** *qset-id* 例如：Switch(config-if)# **queue-set** 2	把该出端口映射到以上队列集。参数 *qset-id* 用来指定要映射上面第 2 步指定的队列集，取值范围为 1~2，默认为 1
6	**end** 例如：Switch(config-if)# **end**	返回特权模式
7	**show mls qos interface** [*interface-id*] **buffers** 例如：Switch# **show mls qos interface buffers**	校验以上 QoS 配置
8	**copy running-config startup-config** 例如：Switch# **copy running-config startup-config**	（可选）保存以上配置更改到交换机的启动配置文件中

以下示例是映射 gigabitethernet1/0/1 端口到队列集 1，为队列 1 分配 40%的该端口总缓存空间，其余 3 个队列各占 20%。为队列 2 中的两个 WTD 阈值分别分配 40%和 60%的阈值，并为该队列分配 100%的保留缓存空间（也就是队列 2 中所分配的占端口总缓存空间 20%的全部空间都用于保留，也就是不用来与其他队列共享），分配 200%倍于保留缓存空间的最大缓存空间。

```
Switch(config)# mls qos queue-set output 2 buffers 40 20 20 20
Switch(config)# mls qos queue-set output 2 threshold 2 40 60 100 200
Switch(config)# interface gigabitethernet1/0/1
Switch(config-if)# queue-set 2
```

6.10.2 映射 DSCP 或者 CoS 值到出口队列和阈值

可以把不同的 CoS 值或者 DSCP 值映射到不同的队列和其阈值上来区分不同的流，使低优先级的包优先丢弃（Catalyst 4500/4900 等系列交换机中仅支持 DSCP 到出口队列和阈值的映射，不支持 CoS 到出口队列和阈值的映射，而且命令有所不同）。

映射 CoS 值或者 DSCP 值到一个队列和一个阈值的方法很简单。在 Catalyst 3750 及以前系列的 Cisco IOS 交换机中，只需在全局配置模式下使用 **mls qos srr-queue output dscp-map queue** *queue-id* **threshold** *threshold-id dscp1...dscp8* 或 **mls qos srr-queue output cos-map queue** *queue-id* **threshold** *threshold-id cos1...cos8* 命令即可。

在 Catalyst 4500/4900 等系列 Cisco IOS 交换机中，仅支持 DSCP 到出口队列的映射，配置方法是只需在全局配置模式下使用 **qos map dscp** *dscp-values* **to tx-queue** *queue-id* 命令即可。

以下三个命令中的参数说明如下：

- *queue-id*：指定要配置 CoS 值或者 DSCP 值映射的队列号，取值范围为 1~4。
- *threshold-id*：指定要配置 CoS 值或者 DSCP 值映射的以上队列的阈值号，取值范围为 1~3，但要注意的是：阈值 3 的阈值百分比是预配置的，设置为全队列的，也就是在没有达到 100%之前，映射到该阈值的包或帧都可添加到对应的队列中。
- *dscp1...dscp8* 或 *dscp-values*：键入最多 8 个以空格分隔的要映射的 DSCP 值，取值范围为 0~63。
- *cos1...cos8*：键入最多 8 个以空格分隔的要映射的 CoS 值，取值范围为 0~7。

默认情况下，DSCP 0~15 是映射到队列 1 和其阈值 1 上；DSCP 16~31 映射到队列 3 和其阈值 1 上；DSCP 32~39 和 48~63 映射到队列 4 和其阈值 1 上；DSCP 40~47 映射到队列 1 和其阈值 1 上。默认情况下，CoS 0~1 映射到队列 2 和其阈值 1 上；CoS 2~3 映射到队列 3 和其阈值 1 上；CoS 4、6、7 映射到队列 4 和其阈值 1 上；CoS 5 映射到队列 1 和其阈值 1 上。可用 **no mls qos srr-queue output dscp-map** 或 **no mls qos srr-queue output cos-map** 全局配置命令恢复默认的 DSCP 或 CoS 值到队列和队列阈值的映射。

【注意】这是在交换机全局配置模式下配置的，将应用于交换机所有对应的出口队列上。也就是说，在这里配置后，交换机上所有端口的相同队列号的相同出口队列具有相同的 DSCP 或者 CoS 映射配置。

【示例 1】在 Catalyst 2960 交换机上映射 DSCP 10~15 到出口队列 1 和其阈值 1 上。

```
Switch(config)# mls qos srr-queue output dscp-map queue 1 threshold 1 10 11 12 13 14 15
```

【示例 2】在 Catalyst 3560 交换机上映射 CoS 0~3 到出口队列 1 和其阈值 1 上。

```
Switch(config)# mls qos srr-queue output cos-map queue 1 threshold 1 0 1 2 3
```

【示例 3】在 Catalyst 4900 交换机上映射 DSCP 20、25 这两个值到出口队列 1 上。

```
Switch(config)# qos map dscp 20 25 to tx-queue 1
```

6.10.3 出口队列上的 SRR 整形和共享权重配置

可以为每个出口队列指定可用的带宽。对应队列的 SRR 整形权重比例就是 SRR 调度服务发送该队列中包的机率。

在共享模式下，端口上的四个队列依据所分配的 SRR 权重共享端口带宽。但要注意的是，在这种工作模式下，一个队列依据权重所分配的共享带宽并不是它所能占用的最大带宽，还可以占用分配给其他队列的共享带宽。例如，如果队列 1 上没有数据传输，则它此时不需要共享链路，其他三个队列就可以占用端口上所有未使用的带宽，包括本应分配给队列 1 的共享带宽。在共享模式下，SRR 权重比例控制了每个队列中的包被调度的机率，权重的绝对值并没有太大意义。

可以在出端口队列上配置 SRR 整形或者共享权重，或者同时配置，但在入口队列上仅允许配置 SRR 共享权重，因为在入口队列上仅允许运行 SRR 共享模式，而在出口队列上可以运行 SRR 整形模式。

1. SRR 整形权重配置

在 Catalyst 3750 及以前系列中，配置出口队列 SRR 整形权重的方法是在对应出端口的接口配

置模式下使用 **srr-queue bandwidth shape** *weight1 weight2 weight3 weight4* 命令。每个出口有四个队列，对应有四个 SRR 权重。参数 *weight1 weight2 weight3 weight4* 用来为启用了 SRR 整形（Shaped）模式的端口上的四个队列分配 SRR 整形权重，各值之间以空格分隔，取值范围为 0~65535。权重的反比（1/*weight*）控制了对应队列的整形带宽，也就是该队列所占的带宽比。

端口上四个队列的默认 SRR 整形分别为：权重 1（weight1）为 25，权重 2（weight2）、权重 3（weight3）和权重 4（weight4）都为 0，而且端口上的四个队列是采用 SRR 共享模式。可用 **no srr-queue bandwidth shape** 命令恢复四个队列的 SRR 整形权重分配。

【说明】如果配置了一个权重为 0，则对应的队列是工作在共享（Shared）模式，也就是没有独自的带宽。如果在相同队列集的队列中既有工作在整形模式的，又有工作在共享模式的，则要确保最低队列号的队列工作在整形模式。

以下示例是配置 gigabitethernet2/0/1 端口上的四个出口队列的 SRR 整形权重分别为 8、0、0、0。这样就可以得出队列 1 所分配的带宽比例为 1/8，即 12.5%，其他三个队列均不分配 SRR 整形权重，工作在共享模式下。

```
Switch(config)# interface gigabitethernet2/0/1
Switch(config-if)# srr-queue bandwidth shape 8 0 0 0
```

在 Catalyst 4500/4900 等系列交换机上，出口队列的整形权重的配置方法如表 6-30 所示。

表 6-30 Catalyst 4500/4900 等系列交换机上出口队列的带宽分配的配置步骤

步骤	命令	说明
1	**interface gigabitethernet** *slot/interface* 例如：Switch(config)# **interface gigabitethernet** gigabitethernet 1/1	选择要配置出口队列整形带宽分配的出端口，进入接口配置模式
2	**tx-queue** *queue_id* 例如：Switch(config-if)# **tx-queue** 2	选择要配置带宽分配的出口队列，参数为要配置带宽分配的队列号，取值范围为 1~4
3	**shape** {*rate* | **percentage** *percent*} 例如：Switch(config-if-tx-queue)# **shape** 50m	为以上出口队列分配带宽。命令中的参数说明如下： ● *rate*：二选一参数，指定通信流整形的平均速率，取值范围为 16000~1000000000b/s，后面的单位还可以是 k、m 或 g，分别代表 kb/s、Mb/s 和 Gb/s，此时取值范围再做相应调整 ● **percentage** *percent*：二选一参数，指定该队列的流整形带宽为端口总带宽的百分比，取值范围为 1~100 可用 **no shape** {*rate* | **percent** *percent*} 命令取消原来的流整形带宽分配设置
4	**end** 例如：Switch(config-if-tx-queue)# **end**	返回特权模式
5	**show qos interface** 例如：Switch# **show qos interface**	校验以上设置

以下示例是配置 fastethernet3/1 快速以太网端口流整形的带宽为 70Mb/s，相当于总带宽（100Mb/s）的 70%。

```
Switch(config)# interface fastethernet3/1
Switch(config-if)# tx-queue 3
Switch(config-if-tx-queue)# shape 70m
Switch(config-if-tx-queue)#
```

2．SRR 共享权重配置

在 Catalyst 3750 及以前系列中，配置出口队列 SRR 共享权重的方法是在对应出端口的接口配置模式下使用 **srr-queue bandwidth share** *weight1 weight2 weight3 weight4* 命令。参数 *weight1 weight2 weight3 weight4* 用来为四个出口队列分配 SRR 共享权重，取值范围为 1~255。默认情况下，每个队列是平等分配带宽的（权重均为 25），也就是各占 1/4 的端口带宽。可用 **no srr-queue bandwidth share** 命令恢复四个队列的默认 SRR 共享权重。

以下示例是配置四个出口队列的 SRR 共享权重分别为 1、2、3、4，这样就可以得出四个队列所占带宽的比例依次为 1/(1+2+3+4)、2/(1+2+3+4)、3/(1+2+3+4)和 4/(1+2+3+4)，即 10%、20%、30%和 40%。

```
Switch(config)# interface gigabitethernet2/0/1
Switch(config-if)# srr-queue bandwidth share 1 2 3 4
```

在 Catalyst 4500/4900 等系列交换机上，出口队列的共享权重的配置方法如表 6-31 所示。

表 6-31 Catalyst 4500/4900 等系列交换机上出口队列的带宽分配的配置步骤

步骤	命令	说明
1	**interface gigabitethernet** *slot/interface* 例如：Switch(config)# **interface gigabitethernet** gigabitethernet 1/1	选择要配置出口队列共享带宽分配的出端口，进入接口配置模式
2	**tx-queue** *queue_id* 例如：Switch(config-if)# **tx-queue** 2	选择要配置带宽分配的出口队列，参数为要配置带宽分配的队列号，取值范围为 1~4
3	**bandwidth** {*bandwidth-kbps* | **percent** *percent* } 例如：Switch(config-if-tx-queue)# **bandwidth** 32000	为以上出口队列分配带宽。命令中的参数说明如下： ● *bandwidth-kbps*：二选一参数，用来以 kb/s 为单位指定该队列的带宽，取值范围为 32~16000000 ● **percentage** *percent*：二选一参数，指定该队列带宽占端口总带宽的百分比，取值范围为 1~100 可用 **no bandwidth** {*bandwidth-kbps* | **percent** *percent* }命令取消原来的带宽分配设置
4	**end** 例如：Switch(config-if-tx-queue)# **end**	返回特权模式
5	**show qos interface** 例如：Switch# **show qos interface**	校验以上设置

以下示例是设置 gigabitethernet 1/1 端口的出口队列 2 的带宽为 1000000 kb/s。

```
Switch# configure terminal
Enter configuration commands, one per line.  End with CNTL/Z.
Switch(config)# interface gigabitethernet 1/1
Switch(config-if)# tx-queue 2
Switch(config-if-tx-queue)# bandwidth 1000000
Switch(config-if-tx-queue)# end
```

6.10.4 出口加速队列配置

出口加速队列的配置也因不同的交换机系列有所不同。在 Catalyst 3750 及以前系列交换机中，可以把一个出端口上的四个队列统一配置为出口加速队列（Egress Expedite Queue），以确保某些在该端口上的重要通信流优先于其他端口上的流被发送。配置成出口加速队列（也可称“优先队列”）后，该端口四个队列上的所有包将比其他端口队列上的包优先被调度，直到该端口的四个队列上都没有包调度为止。

而在 Catalyst 4500/4900 系列交换机中，出口加速队列的配置更加灵活，可以专门指定端口上的队列 3（**不能是其他队列**）为加速队列。这时就需要考虑各个队列的流分类了。要把需要优先调度的流放在队列 3 中。

在 Catalyst 3750 及以前系列交换机中，配置出口加速队列的方法很简单，只需在相应的出端口的接口配置模式下使用 **priority-queue out** 命令即可。默认情况下，出口加速队列功能是禁用的。在配置该命令后，上节介绍的 **srr-queue bandwidth shape** 或 **srr-queue bandwidth share** 命令配置将在该端口上直接被忽略，影响着其他端口上队列的 SRR 权重和队列调度机率大小，因为此时该端口上的队列不再参与 SRR 权重调度计算了。要取消某端口上原来配置的出口加速队列，只需在对应端口的接口配置模式下使用 **no priority-queue out** 命令即可。

【说明】在出口加速队列上通常放置即时性要求比较强，但对带宽占用又不是很高的通信流，如语音数据流。如果将一些占用带宽较多的应用（例如数据转移或备份，或者视频流）放到这个队列中，则将引起其他端口队列上流量的严重滞后。

以下示例显示的是在配置了某端口 SRR 权重的情况下再配置出口加速队列，这时出口加速队列配置将覆盖原来的 SRR 权重配置。也就是该端口上原来的 SRR 权重配置将不再生效。

```
Switch(config)# interface gigabitethernet1/0/1
Switch(config-if)# srr-queue bandwidth shape 25 0 0 0
Switch(config-if)# srr-queue bandwidth share 30 20 25 25
Switch(config-if)# priority-queue out
Switch(config-if)# end
```

在 Catalyst 4500/4900 系列交换机中，加速队列的配置方法如表 6-32 所示。

表 6-32 Catalyst 4500/4900 系列交换机上出口加速队列的配置步骤

步骤	命令	说明
1	**interface gigabitethernet** *slot/interface* 例如：Switch(config)# **interface gigabitethernet** gigabitethernet 1/1	选择要配置加速队列的出端口，进入接口配置模式
2	**tx-queue** 3 例如：Switch(config-if)# **tx-queue** 3	指定要配置为加速队列的队列 3（不能是其他队列）
3	**priority high** 例如：Switch(config-if-tx-queue)# **priority high**	设置以上出端口中的队列 3 为加速队列（优先队列），可用 **no priority high** 命令取消队列 3 为优先队列的设置
4	**end** 例如：Switch(config-if-tx-queue)# **end**	返回特权模式
5	**show qos interface** 例如：Switch# **show qos interface**	校验以上设置

以下示例是把 gigabitethernet 1/1 出端口上的队列 3 配置为加速队列。

```
Switch# configure terminal
Enter configuration commands, one per line.  End with CNTL/Z.
Switch(config)# interface gigabitethernet 1/1
Switch(config-if-tx-queue)# tx-queue 3
Switch(config-if-tx-queue)# priority high
Switch(config-if)# end
Switch#
```

6.10.5 出口带宽限制（端口限速）配置

可以在一个出端口上配置带宽限制，限制这部分用户使用超限的带宽。其实这也就是我们通常所说的端口流量限制，或者端口限速。具体的配置方法很简单，只需要在对应出端口的接口配置模式下使用 **srr-queue bandwidth limit** *weight1* 命令即可。参数 *weight1* 用来指定要限制的速率权重，也就是指限制后的端口速率占端口带宽的百分比，取值范围为 10~90，也就是 10%~90%的意思。在对应接口配置模式下，使用 **no srr-queue bandwidth limit** 命令取消对该端口的限速。

以下示例是限制 gigabitethernet2/0/1 端口的速率为端口带宽的 80%，也就是最高只能允许使用 800Mb/s（1000Mb/s×80%）的带宽。

```
Switch(config)# interface gigabitethernet2/0/1
Switch(config-if)# srr-queue bandwidth limit 80
```

6.11 Cisco IOS 交换机自动 QoS 配置

在 Cisco IOS 交换机中，除了可以按照本章前面介绍的方法手动配置每项功能来使用 QoS 服务外，还可以配置自动 QoS（Auto-QoS）功能来简单设置 QoS 功能。自动 QoS 可以自动检测网络设计和启用 QoS 配置，为不同类型的流提供不同的优先级对待。

当启用自动 QoS 功能时，它会自动基于通信类型和入口包标签进行通信分类。交换机使用分类结果来选择适当的出口队列。自动 QoS 功能同时支持 IPv4 和 IPv6 通信。

可以使用自动 QoS 命令来识别连接以下 Cisco 设备的端口：

- Cisco IP 电话
- 运行 Cisco SoftPhone 软件的设备
- Cisco TelePresence（Cisco 网真）
- Cisco IP Camera（Cisco IP 摄像头）

也可以使用自动 QoS 命令来识别通过上行链路连接到信任端口，执行以下功能：

- 通过信任端口检测支持自动 QoS 功能的设备是否存在
- 配置 QoS 分类
- 配置出口队列

6.11.1 自动 QoS 配置的生成

默认情况下，自动 QoS 在交换机的所有端口上都是禁止的。经过交换机端口的包是不被修改的，其中的 CoS、DSCP 或者 IP 优先级值都是不会改变的。但当在交换机的第一个端口上启用了自动 QoS 时，会发生以下行为（注意，因不同交换机中启用自动 QoS 后所发生的行为不完全一样，配置命令也有所不同，**在此仅以 Catalyst 3750 及以前系列交换机为例进行介绍**）：

- 使用流入包的 QoS 标签进行通信分类，分配包的 QoS 标签和配置入口/出口队列。
- 通过 **mls qos** 全局配置命令全局启用 QoS，然后会自动生成如表 6-33 所示的其他全局配置命令。这些命令在本章前面的手动 QoS 配置中都有详细介绍，故在此不再赘述。

表 6-33 启用自动 QoS 后自动生成的配置

自动生成的命令基本描述	针对 VoIP 自动生成的命令	针对视频、信任端口流分类而自动生成的增强命令
交换机自动启用标准 QoS，并在流入包中配置 Cos 到 DSCP 的映射，产生新的 DSCP 值	Switch(config)# mls qos !---全局启用 QoS Switch(config)# mls qos map cos-dscp 0 8 16 26 32 46 48 56 !---定义一个 CoS 到 DSCP 映射，后面的 8 个 DSCP 值分别是与 0~7 这 8 个 CoS 值对应的映射值，也就是映射后，原来的 0~7 的 CoS 值被映射成 0、8、16、26、32、46、48、56 这 8 个 DSCP 值	Switch(config)# mls qos Switch(config)# mls qos map cos-dscp 0 8 16 24 32 46 48 56
交换机自动映射 CoS 值到一个入口队列和一个队列阈值 ID	Switch(config)# no mls qos srr-queue input cos-map !---恢复 CoS 值到入口队列和其阈值的默认映射关系 Switch(config)# mls qos srr-queue input cos-map queue 1 threshold 2 1 !---映射 CoS 值 1 到入口队列 1 和队列 1 的阈值 2 中 Switch(config)# mls qos srr-queue input cos-map queue 1 threshold 3 0 Switch(config)# mls qos srr-queue input cos-map queue 2 threshold 1 2 Switch(config)# mls qos srr-queue input cos-map queue 2 threshold 2 4 6 7 !---映射 CoS 值 4、6、7 到入口队列 2 和队列 2 的阈值 2 中 Switch(config)# mls qos srr-queue input cos-map queue 2 threshold 3 3 5	Switch(config)# no mls qos srr-queue input cos-map Switch(config)# mls qos srr-queue input cos-map queue 1 threshold 2 3 Switch(config)# mls qos srr-queue input cos-map queue 1 threshold 3 6 7 Switch(config)# mls qos srr-queue input cos-map queue 2 threshold 1 4
交换机自动映射 CoS 值到一个出口队列和一个队列阈值 ID	Switch(config)# no mls qos srr-queue output cos-map !---恢复 CoS 值到出口队列和阈值的默认映射关系 Switch(config)# mls qos srr-queue output cos-map queue 1 threshold 3 5 !---映射 CoS 值 5 到出口队列 1 和队列 1 的阈值 3 中 Switch(config)# mls qos srr-queue output cos-map queue 2 threshold 3 3 6 7 !---映射 CoS 值 3、6、7 到出口队列 2 和队列 2 的阈值 3 中	Switch(config)# no mls qos srr-queue output cos-map Switch(config)# mls qos srr-queue output cos-map queue 1 threshold 3 4 5 Switch(config)# mls qos srr-queue output cos-map queue 2 threshold 3 6 7 Switch(config)# mls qos srr-queue output cos-map queue 2 threshold 1 2 Switch(config)# mls qos srr-queue output cos-map queue 2 threshold 2 3

续表

自动生成的命令基本描述	针对 VoIP 自动生成的命令	针对视频、信任端口流分类而自动生成的增强命令
交换机自动映射 CoS 值到一个出口队列和一个队列阈值 ID	Switch(config)# mls qos srr-queue output cos-map queue 3 threshold 3 2 4 Switch(config)# mls qos srr-queue output cos-map queue 4 threshold 2 1 Switch(config)# mls qos srr-queue output cos-map queue 4 threshold 3 0	Switch(config)# mls qos srr-queue output cos-map queue 3 threshold 3 0 Switch(config)# mls qos srr-queue output cos-map queue 4 threshold 3 1
交换机自动映射 DSCP 值到一个入口队列和一个阈值 ID	Switch(config)# no mls qos srr-queue input dscp-map !---恢复 DSCP 值到入口队列和阈值的默认映射关系 Switch(config)# mls qos srr-queue input dscp-map queue 1 threshold 2 9 10 11 12 13 14 15 !--- 映射 DSCP 值 9~15 到入口队列 1 和队列 1 的阈值 2 中 Switch(config)# mls qos srr-queue input dscp-map queue 1 threshold 3 0 1 2 3 4 5 6 7 Switch(config)# mls qos srr-queue input dscp-map queue 1 threshold 3 32 Switch(config)# mls qos srr-queue input dscp-map queue 2 threshold 1 16 17 18 19 20 21 22 23 Switch(config)# mls qos srr-queue input dscp-map queue 2 threshold 2 33 34 35 36 37 38 39 48 Switch(config)# mls qos srr-queue input dscp-map queue 2 threshold 2 49 50 51 52 53 54 55 56 Switch(config)# mls qos srr-queue input dscp-map queue 2 threshold 2 57 58 59 60 61 62 63 Switch(config)# mls qos srr-queue input dscp-map queue 2 threshold 3 24 25 26 27 28 29 30 31 Switch(config)# mls qos srr-queue input dscp-map queue 2 threshold 3 40 41 42 43 44 45 46 47	Switch(config)# no mls qos srr-queue input dscp-map Switch(config)# mls qos srr-queue input dscp-map queue 1 threshold 2 24 Switch(config)# mls qos srr-queue input dscp-map queue 1 threshold 3 48 49 50 51 52 53 54 55 56 Switch(config)# mls qos srr-queue input dscp-map queue 1 threshold 3 57 58 59 60 61 62 63 Switch(config)# mls qos srr-queue input dscp-map queue 2 threshold 3 32 33 40 41 42 43 44 45 Switch(config)# mls qos srr-queue input dscp-map queue 2 threshold 3 46 47
交换机自动映射 DSCP 值到一个出口队列和一个阈值 ID	Switch(config)# no mls qos srr-queue output dscp-map !---恢复 DSCP 值到出口队列和阈值的默认映射关系 Switch(config)# mls qos srr-queue output dscp-map queue 1 threshold 3 40 41 42 43 44 45 46 47 !---映射 DSCP 值 41~47 到出口队列 1 和队列 1 的阈值 3 中 Switch(config)# mls qos srr-queue output dscp-map queue 2 threshold 3 24 25 26 27 28 29 30 31 Switch(config)# mls qos srr-queue output dscp-map queue 2 threshold 3 48 49 50 51 52 53 54 55 Switch(config)# mls qos srr-queue output dscp-map queue 2 threshold 3 56 57 58 59 60 61 62 63 Switch(config)# mls qos srr-queue output dscp-map queue 3 threshold 3 16 17 18 19 20 21 22 23 Switch(config)# mls qos srr-queue output dscp-map queue 3 threshold 3 32 33 34 35 36 37 38 39 Switch(config)# mls qos srr-queue output dscp-map queue 4 threshold 1 8 Switch(config)# mls qos srr-queue output dscp-map queue 4 threshold 2 9 10 11 12 13 14 15 Switch(config)# mls qos srr-queue output dscp-map queue 4 threshold 3 0 1 2 3 4 5 6 7	Switch(config)# no mls qos srr-queue output dscp-map Switch(config)# mls qos srr-queue output dscp-map queue 1 threshold 3 32 33 40 41 42 43 44 45 46 47 Switch(config)# mls qos srr-queue output dscp-map queue 2 threshold 1 16 17 18 19 20 21 22 23 Switch(config)# mls qos srr-queue output dscp-map queue 2 threshold 1 26 27 28 29 30 31 34 35 36 37 38 39 Switch(config)# mls qos srr-queue output dscp-map queue 2 threshold 2 24 Switch(config)# mls qos srr-queue output dscp-map queue 2 threshold 3 48 49 50 51 52 53 54 55 56 Switch(config)# mls qos srr-queue output dscp-map queue 2 threshold 3 57 58 59 60 61 62 63 Switch(config)# mls qos srr-queue output dscp-map queue 3 threshold 3 0 1 2 3 4 5 6 7 Switch(config)# mls qos srr-queue output dscp-map queue 4 threshold 1 8 9 11 13 15 Switch(config)# mls qos srr-queue output dscp-map queue 4 threshold 2 10 12 14
交换机自动建立入口队列，并设置队列 2 为优先级队列，而队列 1 为共享模式。同时为各入口队列配置带宽和缓冲区大小	Switch(config)# no mls qos srr-queue input priority-queue 1 !---取消入口优先级队列 1 和带宽保证设置 Switch(config)# no mls qos srr-queue input priority-queue 2 !---取消入口优先级队列 2 和带宽保证设置 Switch(config)# mls qos srr-queue input bandwidth 90 10 !---设置入口队列 1 和入口队列 2 的共享带宽占用比例分别为 90%和 10% Switch(config)# mls qos srr-queue input threshold 1 8 16 !---设置入口队列 1 的两个去尾阈值分别为 8%和 16% Switch(config)# mls qos srr-queue input threshold 2 34 66 Switch(config)# mls qos srr-queue input buffers 67 33 !---为入口队列 1 和入口队列 2 所分配的缓冲区大小占分配给端口的总缓存空间的比例分别为 67%和 33%	Switch(config)# no mls qos srr-queue input priority-queue 1 Switch(config)# no mls qos srr-queue input priority-queue 2 Switch(config)# mls qos srr-queue input bandwidth 70 30 Switch(config)# mls qos srr-queue input threshold 1 80 90 Switch(config)# mls qos srr-queue input priority-queue 2 bandwidth 30

续表

自动生成的命令基本描述	针对 VoIP 自动生成的命令	针对视频、信任端口流分类而自动生成的增强命令
交换机自动配置出口队列缓冲区大小，并设置映射到端口的出口队列带宽和 SRR 模式（整形或者共享模式）	Switch(config)# mls qos queue-set output 1 threshold 1 138 138 92 138 !---为出口队列集 1 中的出口队列 1 分配的两个缓存空间阈值分别为 138%和 138%，保留的缓存空间占队列总缓存空间的比例为 92%，最大可获取的缓存空间与队列保留的缓存空间之比为 138% Switch(config)# mls qos queue-set output 1 threshold 2 138 138 92 400 Switch(config)# mls qos queue-set output 1 threshold 3 36 77 100 318 Switch(config)# mls qos queue-set output 1 threshold 4 20 50 67 400 Switch(config)# mls qos queue-set output 2 threshold 1 149 149 100 149 Switch(config)# mls qos queue-set output 2 threshold 2 118 118 100 235 Switch(config)# mls qos queue-set output 2 threshold 3 41 68 100 272 Switch(config)# mls qos queue-set output 2 threshold 4 42 72 100 242 Switch(config)# mls qos queue-set output 1 buffers 10 10 26 54 Switch(config)# mls qos queue-set output 2 buffers 16 6 17 61 Switch(config-if)# priority-queue out Switch(config-if)# srr-queue bandwidth share 10 10 60 20	Switch(config)# mls qos queue-set output 1 threshold 2 100 100 50 200 Switch(config)# mls qos queue-set output 1 threshold 2 125 125 100 400 Switch(config)# mls qos queue-set output 1 threshold 3 100 100 100 400 Switch(config)# mls qos queue-set output 1 threshold 4 60 150 50 200 Switch(config)# mls qos queue-set output 1 buffers 15 25 40 20

- 交换机启用信任边界功能，并使用 CDP 来检测邻接设备的当前状态。
- 使用 QoS 的流量监管功能检测包是否符合监管要求，根据检测结果确定对包采取的行为。

6.11.2 VoIP 设备的自动 QoS 配置

当在连接 Cisco IP 电话的网络边缘端口上键入 **auto qos voip cisco-phone** 接口配置命令时，交换机启用信任边界（Trusted Boundary）功能。如果包的 DSCP 值不是 24、26、46，或者是不符合监管要求的包，交换机改变包的 DSCP 值为 0。在端口没有连接 Cisco IP 电话时，入口分类被设置成不信任包中的 QoS 标签。在交换机启用信任边界功能前，端口上配置的流量监管配置将应用到与策略映射分类匹配的通信上。

当在连接运行 Cisco SoftPhone 软件的设备的网络边缘端口上键入 **auto qos voip cisco-softphone** 接口配置命令时，交换机使用监管功能检测包是否符合监管要求，并根据检测结果在包中指定要采取的行为。如果包的 DSCP 值不是 24、26、46，或者是不符合监管要求的包，交换机改变包的 DSCP 值为 0。

当在连接到网络内部的端口上键入 **auto qos voip trust** 接口配置命令时，交换机信任二层端口上包中的 CoS 值，或者三层端口上包中的 DSCP 值（这是在假设通信已由其他边缘设备分类的情况下）。此时，交换机上的流类型、各类流包中的 DSCP 或者 CoS 值，以及它们到队列（包括入口队列和出口队列）的映射配置如表 6-34 所示，交换机会自动按照表 6-35 和表 6-36 所示的设置在端口上配置入口队列和出口队列。

表 6-34 连接 VoIP 设备时的 DSCP 或者 CoS 值分配及到队列的映射

DSCP、CoS 分配及 CoS 到入口队列的映射	VoIP 数据通信	VoIP 控制通信	路由协议通信	STP BPDU 通信	实时视频通信	所有其他通信
DSCP	46	24、26	48	56	34	-
CoS	5	3	6	7	3	-
CoS 到入口队列的映射	CoS 4、5 映射到队列 2					CoS 0、1、2、3、6、7 映射到队列 1

续表

DSCP、CoS 分配及 CoS 到入口队列的映射	VoIP 数据通信	VoIP 控制通信	路由协议通信	STP BPDU 通信	实时视频通信	所有其他通信	
CoS 到出口队列的映射	CoS 4、5 映射到队列 1	CoS 2、3、6、7 映射到队列 2			CoS 0 映射到队列 3	CoS 2 映射到队列 3	CoS 0、1 映射到队列 4

表 6-35　自动 QoS 的入口队列配置

队列号	CoS 到队列的映射	队列带宽权重	队列缓存权重
1	0、1、2、3、6、7	70%	90%
2	4、5	30%	10%

表 6-36　自动 QoS 的出口队列配置

队列号	CoS 到队列的映射	队列带宽权重	千兆以太网端口上的队列缓存权重	快速以太网端口上的队列缓存权重
1	4、5	最高可达 100%	25 %	15%
2	2、3、6、7	10%	25%	25%
3	0	60%	25%	40%
4	1	20 %	25%	20%

在使用 **auto qos voip cisco-phone**、**auto qos voip cisco-softphone** 或者 **auto qos voip trust** 接口配置命令启用自动 QoS 功能时，交换机会自动基于通信类型和流入包的 QoS 标签，以及在端口上应用的如表 6-34 所示的命令列表生成 QoS 配置。

6.11.3　增强版本自动 QoS 配置

自 Cisco IOS 12.2(55)SE 版本以后，自动 QoS 功能得到了增强，支持视频流。增强版本自动 QoS 功能会从 Cisco TelePresence 系统和 Cisco IP Camera 中生成流分类和信任流的自动配置。在 Cisco IOS 12.2(55)SE 以前版本中可用 **Auto qos voip** 命令迁移到增强版本自动 QoS 功能。此时会生成 **auto qos srnd4** 全局配置命令作为增强版本自动 QoS 配置。

如果在交换机上已执行过早期版本的 **auto qos voip** 命令，并且 **mls qos** 命令是禁止的，则会生成增强版本自动 QoS 配置。否则，就会执行早期版本自动 QoS 命令。

当执行以下操作时，会从早期的自动 QoS 配置功能迁移到增强型自动 QoS 功能：

- 使用 12.2(55)SE IOS 映像启动交换机，并且 QoS 没有启用。
- 在接口上的任何视频和语音信任配置会自动生成增强型自动 QoS 命令。
- 当交换机启用 QoS 时，以下这些指南将生效：
    - 如果在一个语音设备上配置接口条件信任，则仅生成以前版本的自动 QoS VoIP 配置。
    - 如果在一个视频设备上配置接口条件信任，则生成增强版本的自动 QoS 配置。
    - 如果使用增强版本自动 QoS 命令配置接口的分类和信任条件，则会生成增强版本的自动 QoS 配置。
- 当连接一个配置了 **auto qos srnd4** 全局配置命令的新设备时，自动 QoS 功能就会发生迁移。

【说明】如果配置了早期自动 QoS 版本的接口迁移到增强版本的自动 QoS，则语音命令和配置将发生更新，以匹配新的全局 QoS 命令。

- 当禁止了接口上所有现有的 QoS 配置时，就会发生从增强版本自动 QoS 功能迁移到早期版本的自动 QoS 功能。

6.11.4　自动 QoS 配置指南

在配置自动 QoS 前，应当了解以下配置指南：

- 在启用自动 QoS 后，不要编辑策略映射或者名为 *AutoQoS* 的聚合监管器。如果需要编辑策略映射或者聚合监管器，先复制它们，在副本中编辑它们。在确定要用新的策略映射替换原来那个自动生成的策略映射时，再从接口上删除原来的那个策略映射，并应用新的策略映射到接口上即可。
- 要利用默认的自动 QoS 功能，应当在配置其他 QoS 命令前启用自动 QoS 功能。如果必需，可以适当调整 QoS 配置，但建议仅在自动 QoS 配置完成之后再进行。
- 可以在静态访问端口、动态访问端口、语音 VLAN 访问端口和中继端口上启用自动 QoS 功能。
- 默认情况下，在交换机的所有端口上都是启用 CDP 功能的，为了确保自动 QoS 功能的正常运行，不要禁止 CDP。
- 自动 QoS 会在交换机的二层和三层端口上自动配置所连接的 Cisco IP 电话（VoIP）。自动 QoS 也会为交换机自动配置所连接的运行 Cisco SoftPhone 应用设备。

【说明】当运行 Cisco SoftPhone 的设备是连接在二层或者三层端口上，交换机的每个端口仅支持一个 Cisco SoftPhone 应用。

- 当在三层可路由端口上启用支持 Cisco IP 电话的自动 QoS，必须为 IP 电话分配一个静态 IP 地址。目前仅支持 Cisco SoftPhone 版本 1.3(3)或以后版本。
- 所连接的设备必须使用 Cisco 呼叫管理器（Cisco Call Manager）版本 4 或以后版本。
- 自动 QoS VoIP 在入端口上使用接口配置命令，也可以在同一个端口上为 Cisco IP 电话配置一个策略映射和信任设备。

6.11.5　启用自动 QoS

要实现最佳的 QoS 性能，应在网络中的所有设备上启用自动 QoS。可按照表 6-37 所示步骤，自特权模式下在一个 QoS 域内启动自动 QoS 设备。

在启用自动 QoS 时，**auto qos** 接口配置命令和生成的全局配置会添加到当前运行配置文件中。交换机会应用 auto-QoS-generated 命令，就像在 CLI 中键入该命令一样。现存的用户配置可能导致新生成的命令的应用失败，或者被生成的命令所覆盖，但这些行为都没有警告提示的。如果所有生成的命令被成功应用，任何没有被覆盖的用户自己键入的配置都将保留在运行配置中。任何已被覆盖的由用户自己键入的配置可以通过重载交换机来找回，当然前提是没有保存当前运行配置到启动配置文件中。如果新生成的命令没有被应用，当前运行的配置将恢复。

表 6-37　启动 QoS 功能的配置步骤

步骤	命令	说明
1	**configure terminal** 例如：Switch#**configure terminal**	进入全局配置模式
2	**interface** *interface-id* 例如：Switch(config)#**interface** gigabitethernet 1/0/1	键入连接到视频设备，或者上行连接内部网络中其他信任的交换机或路由器的端口，进入接口配置模式
3	**auto qos voip {cisco-phone | cisco-softphone | trust}** 例如：Switch(config-if)#**auto qos voip trust**	启用自动 QoS 功能。如果以上端口是连接 Cisco IP 电话设备，则选择 **cisco-phone** 选项，这时仅当在检测到 Cisco IP 电话设备时信任流入包的 QoS 标签；如果以上端口是连接运行 Cisco SoftPhone 功能的设备，则选择 **cisco-softphone** 选项；如果以上端口是连接信任的交换机或路由器，则选择 **trust** 选项，信任入端口包中的 VoIP 通信分类
	auto qos video {cts | ip-camera} 例如：Switch(config-if)#**auto qos video cts**	为视频设备启用自动 QoS 功能，在检测到以下这两类设备时，就会信任流入包中的 QoS 标签： ● **cts**：二选一选项，当以上端口是连接 Cisco Telepresence 系统时选择 ● **ip-camera**：二选一选项，当以上端口是连接 Cisco IP Camera（IP 相机）时选择

最权威的交换机配置与管理技术手册

续表

步骤	命令	说明
4	**auto qos classify [police]** 例如：Switch(config-if)#**auto qos classify**	为分类启用自动 QoS。可选项 **police** 指定通过 QoS 策略映射建立流量监管，并且应用到以上端口上
5	**auto qos trust {cos | dscp}** 例如：Switch(config-if)#**auto qos trust dscp**	为信任接口启用自动 QoS。指定信任包中的 CoS 值或者 DSCP 值
6	**exit** 例如：Switch(config-if)#**exit**	返回全局配置模式
7	**interface** *interface-id* 例如：Switch(config)#**interface** gigabitethernet 1/0/2	键入连接信任的交换机或路由器的端口，进入接口配置模式
8	**auto qos trust** 例如：Switch(config-if)#**auto qos trust**	在以上端口上启用自动 QoS，并且指定该端口是连接信任的交换机或路由器
9	**end** 例如：Switch(config-if)#**end**	返回特权模式
10	**show auto qos interface** *interface-id* 例如：Switch#**show auto qos interface** gigabitethernet 1/0/2	校验以上设置，显示以上启用了自动 QoS 功能端口上的自动 QoS 命令。可以使用特权模式命令显示自动 QoS 配置

6.11.6 全局自动 QoS 配置

在启用自动 QoS 功能后，将自动生成如表 6-33 所示的基本 QoS 配置。如果连接了 VoIP 设备，在交换机端口上键入 **auto qos voip cisco-phone** 接口配置命令，交换机会自动启用信任边界功能，自动生成以下命令，并使用 CDP 来检测邻居 Cisco IP 电话设备的存在与否。

```
Switch(config-if)# mls qos trust device cisco-phone
```

如果在交换机上键入 **auto qos voip cisco-softphone** 全局配置命令，交换机会自动生成以下配置，创建分类映射（Class Map）和策略映射（Policy Map）。有关分类映射和策略映射中配置命令参见本章前面相关内容。

```
Switch(config)# mls qos map policed-dscp 24 26 46 to 0   !---映射 DSCP 24、26、46 为 DSCP 0
Switch(config)# class-map match-all AutoQoS-VoIP-RTP-Trust   !---创建名为 AutoQoS-VoIP-RTP-Trust 的分类映射，并指定要匹配下面的所有分类匹配条件
Switch(config-cmap)# match ip dscp ef   !---匹配包中的 DSCP 值 46
Switch(config)# class-map match-all AutoQoS-VoIP-Control-Trust   !---创建名为 AutoQoS-VoIP-Control-Trust 的分类映射，并指定要匹配下面的所有分类匹配条件
Switch(config-cmap)# match ip dscp cs3 af31   !---匹配包中的 DSCP 值 26
Switch(config)# policy-map AutoQoS-Police-SoftPhone   !---创建名为 AutoQoS-Police-SoftPhone 的策略映射
Switch(config-pmap)# class AutoQoS-VoIP-RTP-Trust   !---调用上面创建的 AutoQoS-VoIP-RTP-Trust 分类映射
Switch(config-pmap-c)# set dscp ef   !---设置包的 DSCP 值为 46
Switch(config-pmap-c)# police 320000 8000 exceed-action policed-dscp-transmit   !---为以上包定义监管器，设置平均速率为 320000 b/s，最大突发尺寸为 8000 byte
Switch(config-pmap)# class AutoQoS-VoIP-Control-Trust
Switch(config-pmap-c)# set dscp cs3
Switch(config-pmap-c)# police 32000 8000 exceed-action policed-dscp-transmit
```

在创建分类映射和策略映射后，交换机会自动在启用了自动 QoS 功能的入端口上应用上面创建的 *AutoQoS-Police-SoftPhone* 策略映射，启用 Cisco SoftPhone 功能。

```
Switch(config-if)# service-policy input AutoQoS-Police-SoftPhone
```

如果使用以下这些增强自动 QoS 命令，交换机会自动配置 CoS-to-DSCP 映射（映射流入包中的 CoS 值到一个 DSCP 值）。

- auto qos video cts
- auto qos video ip-camera
- auto qos trust
- auto qos trust cos
- auto qos trust dscp

```
Switch(config)# mls qos map cos-dscp 0 8 16 24 32 46 48 56 !---把 0~7 这八个 CoS 值对应映射到 0、8、16、24、32、46、48、56 这八个 DSCP 值
```

如果键入了 **auto qos classify** 命令，则交换机会自动创建以下分类映射和策略映射。读者朋友可以自己按照本章前面介绍的分类映射和策略映射配置命令的介绍，对以下配置中的语句进行一一解释。

```
Switch(config)# mls qos map policed-dscp   0 10 18 to 8
Switch(config)# mls qos map cos-dscp 0 8 16 24 32 46 48 56
Switch(config)# class-map match-all AUTOQOS_MULTIENHANCED_CONF_CLASS
Switch(config-cmap)# match access-group name AUTOQOS-ACL-MULTIENHANCED-CONF
Switch(config)# class-map match-all AUTOQOS_DEFAULT_CLASS
Switch(config-cmap)# match access-group name AUTOQOS-ACL-DEFAULT
Switch(config)# class-map match-all AUTOQOS_TRANSACTION_CLASS
Switch(config-cmap)# match access-group name AUTOQOS-ACL-TRANSACTIONAL-DATA
Switch(config)# class-map match-all AUTOQOS_SIGNALING_CLASS
Switch(config-cmap)# match access-group name AUTOQOS-ACL-SIGNALING
Switch(config)# class-map match-all AUTOQOS_BULK_DATA_CLASS
Switch(config-cmap)# match access-group name AUTOQOS-ACL-BULK-DATA
Switch(config)# class-map match-all AUTOQOS_SCAVANGER_CLASS
Switch(config-cmap)# match access-group name AUTOQOS-ACL-SCAVANGER
Switch(config)# policy-map AUTOQOS-SRND4-CLASSIFY-POLICY
Switch(config-pmap)# class AUTOQOS_MULTIENHANCED_CONF_CLASS
Switch(config-pmap-c)# set dscp af41
Switch(config-pmap)# class AUTOQOS_BULK_DATA_CLASS
Switch(config-pmap-c)# set dscp af11
Switch(config-pmap)# class AUTOQOS_TRANSACTION_CLASS
Switch(config-pmap-c)# set dscp af21
Switch(config-pmap)# class AUTOQOS_SCAVANGER_CLASS
Switch(config-pmap-c)# set dscp cs1
Switch(config-pmap)# class AUTOQOS_SIGNALING_CLASS
Switch(config-pmap-c)# set dscp cs3
Switch(config-pmap)# class AUTOQOS_DEFAULT_CLASS
Switch(config-pmap-c)# set dscp default
;
Switch(config-if)# service-policy input AUTOQOS-SRND4-CLASSIFY-POLICY
```

如果键入 **auto qos classify police** 命令，则交换机会自动创建以下分类映射和策略映射。

```
Switch(config)# mls qos map policed-dscp   0 10 18 to 8
Switch(config)# mls qos map cos-dscp 0 8 16 24 32 46 48 56
Switch(config)# class-map match-all AUTOQOS_MULTIENHANCED_CONF_CLASS
Switch(config-cmap)# match access-group name AUTOQOS-ACL-MULTIENHANCED-CONF
Switch(config)# class-map match-all AUTOQOS_DEFAULT_CLASS
Switch(config-cmap)# match access-group name AUTOQOS-ACL-DEFAULT
Switch(config)# class-map match-all AUTOQOS_TRANSACTION_CLASS
Switch(config-cmap)# match access-group name AUTOQOS-ACL-TRANSACTIONAL-DATA
Switch(config)# class-map match-all AUTOQOS_SIGNALING_CLASS
Switch(config-cmap)# match access-group name AUTOQOS-ACL-SIGNALING
Switch(config)# class-map match-all AUTOQOS_BULK_DATA_CLASS
Switch(config-cmap)# match access-group name AUTOQOS-ACL-BULK-DATA
Switch(config)# class-map match-all AUTOQOS_SCAVANGER_CLASS
Switch(config-cmap)# match access-group name AUTOQOS-ACL-SCAVANGER
Switch(config)# policy-map AUTOQOS-SRND4-CLASSIFY-POLICE-POLICY
Switch(config-pmap)# class AUTOQOS_MULTIENHANCED_CONF_CLASS
Switch(config-pmap-c)# set dscp af41
Switch(config-pmap-c)# police 5000000 8000 exceed-action drop
Switch(config-pmap)# class AUTOQOS_BULK_DATA_CLASS
Switch(config-pmap-c)# set dscp af11
Switch(config-pmap-c)# police 10000000 8000 exceed-action policed-dscp-transmit
Switch(config-pmap)# class AUTOQOS_TRANSACTION_CLASS
Switch(config-pmap-c)# set dscp af21
Switch(config-pmap-c)# police 10000000 8000 exceed-action policed-dscp-transmit
Switch(config-pmap)# class AUTOQOS_SCAVANGER_CLASS
Switch(config-pmap-c)# set dscp cs1
```

最权威的交换机配置与管理技术手册

```
Switch(config-pmap-c)# police 10000000 8000 exceed-action drop
Switch(config-pmap)# class AUTOQOS_SIGNALING_CLASS
Switch(config-pmap-c)# set dscp cs3
Switch(config-pmap-c)# police 32000 8000 exceed-action drop
Switch(config-pmap)# class AUTOQOS_DEFAULT_CLASS
Switch(config-pmap-c)# set dscp default
Switch(config-pmap-c)# police 10000000 8000 exceed-action policed-dscp-transmit
;
Switch(config-if)# service-policy input AUTOQOS-SRND4-CLASSIFY-POLICE-POLICY
```

以下是在键入了 **auto qos voip cisco-phone** 命令后自动生成的增强配置。

```
Switch(config)# mls qos map policed-dscp  0 10 18 to 8
Switch(config)# mls qos map cos-dscp 0 8 16 24 32 46 48 56
Switch(config)# class-map match-all AUTOQOS_VOIP_DATA_CLASS
Switch(config-cmap)# match ip dscp ef
Switch(config)# class-map match-all AUTOQOS_DEFAULT_CLASS
Switch(config-cmap)# match access-group name AUTOQOS-ACL-DEFAULT
Switch(config)# class-map match-all AUTOQOS_VOIP_SIGNAL_CLASS
Switch(config-cmap)# match ip dscp cs3
Switch(config)# policy-map AUTOQOS-SRND4-CISCOPHONE-POLICY
Switch(config-pmap)# class AUTOQOS_VOIP_DATA_CLASS
Switch(config-pmap-c)# set dscp ef
Switch(config-pmap-c)# police 128000 8000 exceed-action policed-dscp-transmit
Switch(config-pmap)# class AUTOQOS_VOIP_SIGNAL_CLASS
Switch(config-pmap-c)# set dscp cs3
Switch(config-pmap-c)# police 32000 8000 exceed-action policed-dscp-transmit
Switch(config-pmap)# class AUTOQOS_DEFAULT_CLASS
Switch(config-pmap-c)# set dscp default
Switch(config-pmap-c)# police 10000000 8000 exceed-action policed-dscp-transmit
;
Switch(config-if)# service-policy input AUTOQOS-SRND4-CISCOPHONE-POLICY
```

以下是在键入 **auto qos voip cisco-softphone** 命令后自动生成的增强配置。

```
Switch(config)# mls qos map policed-dscp  0 10 18 to 8
Switch(config)# mls qos map cos-dscp 0 8 16 24 32 46 48 56
Switch(config)# class-map match-all AUTOQOS_MULTIENHANCED_CONF_CLASS
Switch(config-cmap)# match access-group name AUTOQOS-ACL-MULTIENHANCED-CONF
Switch(config)# class-map match-all AUTOQOS_VOIP_DATA_CLASS
Switch(config-cmap)# match ip dscp ef
Switch(config)# class-map match-all AUTOQOS_DEFAULT_CLASS
Switch(config-cmap)# match access-group name AUTOQOS-ACL-DEFAULT
Switch(config)# class-map match-all AUTOQOS_TRANSACTION_CLASS
Switch(config-cmap)# match access-group name AUTOQOS-ACL-TRANSACTIONAL-DATA
Switch(config)# class-map match-all AUTOQOS_VOIP_SIGNAL_CLASS
Switch(config-cmap)# match ip dscp cs3
Switch(config)# class-map match-all AUTOQOS_SIGNALING_CLASS
Switch(config-cmap)# match access-group name AUTOQOS-ACL-SIGNALING
Switch(config)# class-map match-all AUTOQOS_BULK_DATA_CLASS
Switch(config-cmap)# match access-group name AUTOQOS-ACL-BULK-DATA
Switch(config)# class-map match-all AUTOQOS_SCAVANGER_CLASS
Switch(config-cmap)# match access-group name AUTOQOS-ACL-SCAVANGER

Switch(config)# policy-map AUTOQOS-SRND4-SOFTPHONE-POLICY
Switch(config-pmap)# class AUTOQOS_VOIP_DATA_CLASS
Switch(config-pmap-c)# set dscp ef
Switch(config-pmap-c)# police 128000 8000 exceed-action policed-dscp-transmit
Switch(config-pmap)# class AUTOQOS_VOIP_SIGNAL_CLASS
Switch(config-pmap-c)# set dscp cs3
Switch(config-pmap-c)# police 32000 8000 exceed-action policed-dscp-transmit
Switch(config-pmap)# class AUTOQOS_MULTIENHANCED_CONF_CLASS
Switch(config-pmap-c)# set dscp af41
Switch(config-pmap-c)# police 5000000 8000 exceed-action drop
```

```
Switch(config-pmap)# class AUTOQOS_BULK_DATA_CLASS
Switch(config-pmap-c)# set dscp af11
Switch(config-pmap-c)# police 10000000 8000 exceed-action policed-dscp-transmit
Switch(config-pmap)# class AUTOQOS_TRANSACTION_CLASS
Switch(config-pmap-c)# set dscp af21
Switch(config-pmap-c)# police 10000000 8000 exceed-action policed-dscp-transmit
Switch(config-pmap)# class AUTOQOS_SCAVANGER_CLASS
Switch(config-pmap-c)# set dscp cs1
Switch(config-pmap-c)# police 10000000 8000 exceed-action drop
Switch(config-pmap)# class AUTOQOS_SIGNALING_CLASS
Switch(config-pmap-c)# set dscp cs3
Switch(config-pmap-c)# police 32000 8000 exceed-action drop
Switch(config-pmap)# class AUTOQOS_DEFAULT_CLASS
Switch(config-pmap-c)# set dscp default
;
Switch(config-if)# service-policy input AUTOQOS-SRND4-SOFTPHONE-POLICY
```

7 H3C 交换机 ACL 配置与管理

与第 5 章介绍的 Cisco IOS 交换机 ACL 一样，H3C 以太网交换机的 ACL 主要应用也是包过滤、访问控制和 QoS 策略配置。但要特别注意的一点就是，在 Cisco IOS 交换机 ACL 的最后默认有一条 deny any any（也就是拒绝所有）的规则，当不与该项规则前的任何规则匹配时，执行此默认规则；而 H3C 以太网交换机 ACL 是没有默认规则的，所有过滤要求均需全部明确配置。

本章主要介绍 H3C 交换机上的 IPv4 基本 ACL、IPv4 高级 ACL、二层 ACL、用户自定义 ACL，以及 ACL 在端口和 VLAN 接口上的应用。在具体配置中，IPv4 高级 ACL、二层 ACL 和用户自定义 ACL 的配置比较复杂，要考虑到多个方面，包括匹配掩码、协议号、各种优先级、偏移量等。在本章均做了比较详细、全面的介绍和注释。但要注意的是，并不是所有 H3C 交换机都全面支持这些类型 ACL，有些只支持 IPv4 ACL，不支持二层 ACL，也有些不支持用户自定义 ACL，而且在具体的配置方法和命令方面，低端系列交换机和中高端系列交换机，甚至不同系列交换机间都可能有所不同。本章在介绍这些功能配置和管理方法时，都进行了比较全面的综合介绍，对一些不同之处都加以特别说明。

7.1 H3C 以太网交换机上的 ACL 基础

在第 5 章介绍了 Cisco 交换机的 ACL（Access Control List，访问控制列表）分类与配置，它与本章介绍的 H3C 以太网交换机上的 ACL 用途是一样的。两个品牌设备上的 ACL 都是用来实现流识别功能。

网络设备为了过滤一些具有特定特征的数据包，需要配置一系列的匹配规则（这些条件可以是报文的源地址、目的地址、端口号等）。当设备的端口接收到报文后，即根据当前端口上应用的 ACL 规则对报文的字段进行分析，在识别出特定的报文之后，根据预先设定的策略允许或禁止该报文通过。

由 ACL 定义的报文匹配规则，可以被其他需要对流量进行区分的场合引用，如包过滤、QoS 中流分类规则的定义等。当 ACL 被其他功能引用时，根据设备在实现该功能时的处理方式（硬件处理或者软件处理），ACL 可以被分为基于硬件的应用和基于软件的应用。典型的基于硬件的应用包括：包过滤、QoS 策略；基于软件的应用包括：路由、对登录用户（Telnet、SNMP、Web）进行控制等。但在某些应用方式下，例如 QoS 策略中，ACL 仅用于匹配报文，ACL 规则中的动作（**deny** 或 **permit**）被忽略，不作为对报文进行丢弃或转发的依据。

7.1.1 H3C 交换机上的 ACL 分类和编号/命名规则

1. ACL 分类

根据功能以及规则制定依据的不同，可以将 H3C 以太网交换机上支持的 ACL 分为：基本 ACL、高级 ACL 和二层 ACL 三种类型。它们对应的编号范围和特征说明如表 7-1所示。

表 7-1 H3C 交换机上的 ACL 分类说明

ACL 类型	编号范围	适用的 IP 版本	规则制定依据
基本 ACL	2000～2999	IPv4	只根据报文的源 IP 地址信息制定匹配规则
		IPv6	只根据报文的源 IPv6 地址信息制定匹配规则
高级 ACL	3000～3999	IPv4	可根据报文的源 IP 地址信息、目的 IP 地址信息、IP 承载的协议类型、协议的特性等三、四层信息制定匹配规则
		IPv6	可根据报文的源 IPv6 地址信息、目的 IPv6 地址信息、IPv6 承载的协议类型、协议的特性等三、四层信息制定匹配规则
二层 ACL	4000～4999	IPv4&IPv6	可根据报文的源 MAC 地址、目的 MAC 地址、802.1p 优先级、二层协议类型等二层信息制定匹配规则

另外，我们在本书第 5 章介绍 Cisco 交换机中的 ACL 配置时就介绍到一种基于时间的 ACL，H3C 交换机同样有这样一种 ACL。一些 ACL 规则只在某个或某些特定的时间段内生效（即进行报文过滤），这就是基于时间段的 ACL 过滤。为此，用户可以先配置一个或多个时间段，然后在 ACL 规则下引用这些时间段，那么该规则将只在指定的时间段内生效。如果某 ACL 规则所引用的时间段尚未配置，系统将给出提示信息，仍允许该规则成功创建，但该规则不会在其引用的时间段完成配置前生效。

2. ACL 编号和命名规则

用户在创建 ACL 时必须为其指定编号，系统将根据用户所指定的编号来创建不同类型的 ACL。但通常名称比编号更易于记忆和识别，于是 H3C 交换机的 ACL 又支持名称标识方法，可以选择是否为其指定名称。但只能在创建 ACL 时为其指定名称，ACL 一旦创建，便不允许对其名称进行修改或删除。如果为 ACL 配置了名称，则在 ACL 创建完成后，用户可以通过指定编号或名称的方式来指定该 ACL，以便对其进行操作。

【说明】二层 ACL 的编号和名称全局唯一，也就是在整个网络中的二层 ACL 编号和名称必须唯一；IPv4 基本和高级 ACL 的编号和名称只在 IPv4 中唯一，IPv6 基本和高级 ACL 的编号和名称也只在 IPv6 中唯一。也就是说，IPv4 ACL 或者 IPv6 ACL 的编号和名称只在对应的网段中要求唯一即可，在不同网段中可以一样。

一个 ACL 内可以有一条或者多条规则，每条规则都有自己的编号，而且要求每个规则的编号在一个 ACL 中都是唯一的。在创建规则时，可以人为地为其指定一个编号，也可以由系统为其自动分配一个编号。在自动分配编号时，为了方便后续在已有规则之前插入新的规则，系统通常会在相邻编号之间留下一定的空间，这个空间的大小（即相邻编号之间的差值）就称为 ACL 的步长。譬如，当步长为 5 时，系统会将编号 0、5、10、15……依次分配给新创建的规则。

系统为规则自动分配编号的方式如下：系统按照步长从 0 开始（这一点要特别注意，**不是从 1 开始**），自动分配一个大于现有最大编号的最小编号。譬如原有编号为 0、5、9、10 和 12 的五条规则，步长为 5，此时如果创建一条规则且不指定编号，那么系统将自动为其分配编号 15。

如果改变步长，ACL 内原有全部规则的编号都将自动从 0 开始按新步长重新排列。譬如，某 ACL 内原有编号为 0、5、9、10 和 15 的五条规则；当修改步长为 2 之后，这些规则的编号将依次变为 0、2、4、6 和 8。

7.1.2 H3C 交换机上的 ACL 规则匹配顺序

一个 ACL 由一条或多条描述报文匹配选项的判断语句组成，这样的判断语句就是前面所说的 ACL 规则。由于每条规则中的报文匹配选项不同，从而使这些规则之间可能存在交叉甚至矛盾的地方，因此在将一个报文与 ACL 的各条规则进行匹配时，就需要有明确的匹配顺序来确定规则执行的优先级。ACL 的规则匹配顺序有以下两种：

- 配置顺序：按照用户配置规则的先后顺序进行匹配，但由于本质上系统是按照规则编号由小到大进行匹配，因此后插入的规则如果编号较小也有可能先被匹配。
- 自动排序：按照“深度优先”原则由深到浅进行匹配，不同类型 ACL 的“深度优先”排序法则如表 7-2 所示。

但无论是哪种匹配顺序，当报文与各条规则进行匹配时，一旦匹配上某条规则，都不会再继续匹配下去，系统将依据该规则对该报文执行相应的操作。

表 7-2 各类型 ACL 的“深度优先”排序法则

ACL 类型	“深度优先”排序法则
IPv4 基本 ACL	（1）先看规则中是否带有 VPN 实例，带 VPN 实例者优先 （2）如果 VPN 实例的携带情况相同，再比较源 IPv4 地址范围，范围较小者优先 （3）如果源 IP 地址范围也相同，再比较配置顺序，配置在前者优先
IPv4 高级 ACL	（1）先看规则中是否带有 VPN 实例，带 VPN 实例者优先 （2）如果 VPN 实例的携带情况相同，再比较协议范围，指定有 IPv4 承载的协议类型者优先 （3）如果协议范围也相同，再比较源 IPv4 地址范围，较小者优先 （4）如果源 IPv4 地址范围也相同，再比较目的 IPv4 地址范围，较小者优先 （5）如果目的 IPv4 地址范围也相同，再比较四层端口（即 TCP/UDP 端口）号范围，较小者优先 （6）如果四层端口号范围也相同，再比较配置顺序，配置在前者优先
IPv6 基本 ACL	（1）先比较源 IPv6 地址范围，较小者优先 （2）如果源 IPv6 地址范围相同，再比较配置顺序，配置在前者优先
IPv6 高级 ACL	（1）先比较协议范围，指定有 IPv6 承载的协议类型者优先 （2）如果协议范围相同，再比较源 IPv6 地址范围，较小者优先 （3）如果源 IPv6 地址范围也相同，再比较目的 IPv6 地址范围，较小者优先 （4）如果目的 IPv6 地址范围也相同，再比较四层端口（即 TCP/UDP 端口）号范围，较小者优先 （5）如果四层端口号范围也相同，再比较配置顺序，配置在前者优先

续表

ACL 类型	“深度优先”排序法则
二层 ACL	（1）先比较源 MAC 地址范围，较小者优先 （2）如果源 MAC 地址范围相同，再比较目的 MAC 地址范围，较小者优先 （3）如果目的 MAC 地址范围也相同，再比较配置顺序，配置在前者优先

【说明】比较 IPv4 地址范围的大小，就是比较 IPv4 地址通配符掩码（注意这里是“通配符掩码”，是“子网掩码”的反码，不是“子网掩码”）中“0”位的多少（也就是网络 ID 位数）：“0”位越多，范围越小。通配符掩码是以点分十进制表示，并以二进制的“0”表示“匹配”（也就是在匹配时要考虑这些位），“1”表示“不关心”（也就是在匹配时不考虑这些位），这与子网掩码恰好相反，譬如子网掩码 255.255.255.0 对应的通配符掩码就是 0.0.0.255。另外，通配符掩码中的“0”或“1”还可以是不连续的，这样可以更加灵活地进行匹配，譬如 0.255.0.255 就是一个合法的通配符掩码。

比较 IPv6 地址范围的大小，就是比较 IPv6 地址前缀的长短，前缀越长，范围越小；比较 MAC 地址范围的大小，就是比较 MAC 地址掩码中“1”位的多少，“1”位越多，范围越小。MAC 地址掩码与前面所说的 IP 地址通配符掩码类似，“1”也表示“不关心”，“0”也表示“匹配”。

另外，传统的报文过滤并不处理所有的 IPv4 报文分片，只对首片分片报文进行匹配处理，而对后续分片一律放行。这样，网络攻击者可能构造后续的分片报文进行流量攻击，就带来了安全隐患。为提高网络安全性，在 H3C 交换机中，默认情况下 ACL 规则会对非分片报文及分片报文中的每一片都进行匹配。为提高匹配效率，也可以通过使用 **fragment** 参数，来标识该 ACL 规则仅对非首片分片报文有效，而对非分片报文和首片分片报文无效。

7.2 H3C 交换机上的 ACL 配置

通过上节的学习我们已了解到在 H3C 以太网交换机中主要有三类 ACL，那就是基本 ACL、高级 ACL 和二层 ACL，其中基本 ACL 和高级 ACL 中又分为基于 IPv4 版本和基于 IPv6 版本两种。本章仅介绍目前仍是主流应用的基于 IPv4 版本的 ACL，不介绍基于 IPv6 协议的 ACL。本节所要介绍的主要 ACL 配置任务包括以下这些：

- 配置 ACL 的生效时间段
- 创建 IPv4 基本 ACL
- 创建 IPv4 高级 ACL
- 创建二层 ACL
- 创建用户自定义 ACL
- 复制 IPv4 ACL
- 应用 IPv4 ACL

在以上这些 ACL 的创建中，配置步骤基本一样，主要就是两步，那就是创建对应的 ACL，然后利用 rule 命令为对应的 ACL 创建相应的匹配规则。至于其他的像 ACL、rule 描述，规则的步长，以及 ACL 应用生效的时间段配置均为可选的，在需要时才配置。

7.2.1 ACL 生效时间段配置

用户可以根据时间段对报文进行控制。ACL 中的每条规则都可以选择一个时间段，这条规则只在该指定的时间段内生效。如果规则引用的时间段未配置，则系统给出提示信息，并允许这样的规则创建成功，但是规则不能立即生效，直到用户配置了引用的时间段，并且系统时间在指定时间段范围内 ACL 规则才能生效。

时间段的配置包括以下两种方式：

- 周期时间段：采用每个星期固定时间段的形式，例如从星期一到星期五的 8:00 至 18:00。
- 绝对时间段：采用从某年某月某日某时某分起至某年某月某日某时某分结束的形式，例如从 2011 年 4 月 28 日 10:00 起至 2012 年 4 月 28 日 10:00 结束。

配置 ACL 应用时间段的方法是在系统视图下使用 **time-range** *time-range-name* { *start-time* **to** *end-time days* [**from** *time1 date1*] [**to** *time2 date2*] | **from** *time1 date1* [**to** *time2 date2*] | **to** *time2 date2* }命令创建一个时间段。命令中的参数说明如下：

- *time-name*：定义时间段的名称，作为一个引用的标识。可为 1～32 个字符的字符串，不区分大小写，但必须以英文字母 a～z 或 A～Z 开头。为避免混淆，时间段的名称不允许使用英文单词 all。
- *start-time* **to** *end-time*：多选一参数，指定周期时间段的时间范围，*start-time* 和 *end-time* 分别表示起始时间和结束时间，格式均为 hh:mm。hh 的取值范围为 0～23，mm 的取值范围为 0～59，且结束时间必须大于起始时间。
- *days*：与上面的“*start-time* **to** *end-time*”参数一起构成一个多选一参数，指定周期时间段在每周的周几生效。本参数可输入多次，但后输入的值不能与此前输入的值完全重叠（譬如输入 **6** 后不允许再输入 **sat**，但允许再输入 **off-day**），系统将取各次输入值的并集作为最终值（譬如依次输入 **1**、**wed** 和 **working-day** 之后，最终生效的时间将为每周的工作日）。本参数可以输入如下参数及其组合：数字（0～6）、星期一到星期日（Monday、Tuesday、Wednesday、Thursday、Friday、Saturday、Sunday）、工作日（working-day，包括从星期一到星期五 5 天）、休息日（off-day，包括星期六和星期天）、每一天（daily，一星期中的每一天）。
- **from** *time1 date1*：指定绝对时间段的开始日期。第一个“**from** *time1 date1*”是可选参数，与后面的“**to** *time2 date2*”可选参数共同表示绝对时间段，它们再与前面的“*start-time* **to** *end-time days*”参数一起共同构成一个多选一参数项；第二个“**from** *time1 date1*”是与后面的第二个“**to** *time2 date2*”可选参数一起构成另一个多选一参数项。它的表示形式为 hh:mm YYYY/MM/DD 或 hh:mm MM/DD/YYYY。如果不指定开始日期，则开始日期为系统可表示的最早时间，即 1970 年 1 月 1 日 0 点 0 分。
- **to** *time2 date2*：指定绝对时间段的结束日期。第一个“**to** *time2 date2*”是可选项，与前面的“**from** *time1 date1*”可选参数共同表示该绝对时间段，它们再与前面的“*start-time* **to** *end-time days*”参数一起共同构成一个多选一参数项；第二个“**to** *time2 date2*”是与前面的第二个“**from** *time1 date1*”可选参数一起构成另一个多选一参数项。第三个“**to** *time2 date2*”是单独形成一个多选一参数项。它的表示形式为 hh:mm YYYY/MM/DD 或 hh:mm MM/DD/YYYY。如果不指定结束日期，绝对时间段的结束时间将为系统可表示的最晚时间，即 2100 年 12 月 31 日 24 点 0 分。

可用 **undo time-range** *time-range-name* [*start-time* **to** *end-time days* [**from** *time1 date1*] [**to** *time2 date2*] | **from** *time1 date1* [**to** *time2 date2*] | **to** *time2 date2*]命令来删除一个时间段或所有时间段。

【注意】使用 *start-time* **to** *end-time days* 这组参数所创建的时间段为周期时间段，它将以一周为周期循环生效；使用 **from** *time1 date1* 和（或）**to** *time2 date2* 这组参数所创建的时间段为绝对时间段，它将在指定时间范围内生效。如果同时使用了上述两组参数所创建的时间段（如使用命令中的第一个多选一参数项），将取周期时间段和绝对时间段的交集作为生效的时间范围。比如：创建一个时间段，既定义其在每周一的 8 点到 12 点生效，又定义其在 2011 年全年生效，那么其最终将在 2011 年全年内每周一的 8 点到 12 点生效。

使用同一名称可以配置多条不同的时间段，各周期时间段之间以及各绝对时间段之间分别取并集之后，再取二者的交集作为最终生效的时间范围。最多可以创建 256 个不同名称的时间段，同一名称下最多可以配置 32 条周期时间段和 12 条绝对时间段。

【示例 1】配置一个周期时间段，时间范围为 2011 年每周的周一到周五的 8:00 到 18:00。这显然是一个仅包括周期时间的时间段，需要用到“*start-time* **to** *end-time days*”这组参数。

```
<Sysname> system-view
[Sysname] time-range test 8:00 to 18:00 working-day
[Sysname] display time-range test
Current time is 10:20:22 5/5/2011 Thursday

Time-range : test  ( Inactive )
 08:00 to 18:00 working-day
```

【示例 2】配置一个绝对时间段，时间范围为 2011 年 5 月 28 日 15:00 起至 2012 年 5 月 28 日 15:00 结束。这显然是一个仅包括绝对时间的时间段，需要用到“**from** *time1 date1* **to** *time2 date2*”这组参数。

```
<Sysname> system-view
[Sysname] time-range test from 15:00 5/28/2011 to 15:00 5/28/2012
[Sysname] display time-range test
Current time is 10:20:50 5/5/2011 Thursday

Time-range : test  ( Inactive )
 from 15:00 1/28/2006 to 15:00 1/28/2008
```

【示例 3】创建名为 t3 的时间段，其时间范围为 2011 年全年内每周休息日的 8 点到 12 点。这是一个同时包括周期时间和绝对时间的时间段，需要同时用到“*start-time* **to** *end-time days*”和“**from** *time1 date1* **to** *time2 date2*”这两组参数。

```
<Sysname> system-view
[Sysname] time-range t3 8:0 to 12:0 off-day from 0:0 1/1/2010 to 23:59 12/31/2010
```

【示例 4】创建名为 t4 的时间段，其时间范围为 2010 年 1 月和 6 月内每周一的 10 点到 12 点以及每周三的 14 点到 16 点。这也是一个同时包括周期时间和绝对时间的时间段，需要同时用到“*start-time* **to** *end-time days*”和“**from** *time1 date1* **to** *time2 date2*”这两组参数。但它包括了两个时间段。

```
<Sysname> system-view
[Sysname] time-range t4 10:0 to 12:0 1 from 0:0 1/1/2010 to 23:59 1/31/2010
[Sysname] time-range t4 14:0 to 16:0 3 from 0:0 6/1/2010 to 23:59 6/30/2010
```

7.2.2 IPv4 基本 ACL 配置

IPv4 基本 ACL 只根据源 IP 地址信息制定匹配规则，对报文进行相应的分析处理。其序号取值范围为 2000～2999。如果要配置带有时间段参数的规则，则需要先定义相应的时间段，参见 7.2.1 节。基本 ACL 的配置步骤如表 7-3 所示。

表 7-3　配置基本 ACL 的步骤

步骤	命令	说明
1	**system-view** 例如：<Sysname> **system-view**	进入系统视图

续表

步骤	命令	说明
2	**acl number** *acl-number* [**name** *acl-name*] [**match-order** { **auto** | **config** }] 例如：[Sysname] **acl number** 2011 **name** QoS **match-order config**	创建基本 ACL 并进入基本 ACL 视图，命令中的参数和选项说明如下： ● *acl-number*：用来表示 IPv4 ACL 的编号，基本 ACL 编号的取值范围为 2000～2999 ● *acl-name*：可选参数，表示 IPv4 ACL 的名称，为 1～63 个字符的字符串，不区分大小写，必须以英文字母 a～z 或 A～Z 开头。为避免混淆，ACL 的名称不允许使用英文单词 all ● **match-order** { **auto** | **config** }：可选项，用来指定规则的匹配顺序。二选一选项 **auto** 表示按照自动排序（即“深度优先”原则）的顺序进行规则匹配，二选一选项 **config** 表示按照配置顺序进行规则匹配。默认情况下，规则的匹配顺序为配置顺序 默认情况下，不存在任何 ACL，可用 **undo acl** { **all** | **name** *acl-name* | **number** *acl-number* }命令删除指定的基本 IPv4 ACL。 【注意】使用 **acl** 命令时，如果指定编号的 IPv4 ACL 不存在，则创建该 ACL 并进入其视图，否则直接进入其视图；用户只能在创建 ACL 时为其指定名称，ACL 一旦创建，便不允许对其名称进行修改或删除；当 ACL 内不存在任何规则时，用户可以使用本命令对该 ACL 的规则匹配顺序进行修改，否则不允许进行修改
3	**description** *text* 例如：[Sysname-acl-basic-2011-QoS] **description** This is an IPv4 basic ACL	（可选）定义 ACL 的描述信息，参数 *text* 表示 ACL 的描述信息，为 1～127 个字符的字符串，区分大小写。默认情况下，ACL 没有描述信息，可用 **undo description** 命令删除 ACL 的描述信息
4	**step** *step-value* 例如：[Sysname-acl-basic-2011-QoS] **step** 3	（可选）定义 ACL 规则编号步长，参数 *step-value* 表示规则编号的步长值，取值范围为 1～20。默认情况下，步长为 5，可用 **undo step** 命令恢复默认情况
5	**rule** [*rule-id*] { **deny** | **permit** } [**counting** | **fragment** | **logging** | **source** { *sour-addr sour-wildcard* | **any** } | **time-range** *time-range-name* | **vpn-instance** *vpn-instance-name*] * 例如：[Sysname-acl-basic-2011-QoS] **rule** 1 deny source 1.1.1.1 0	为以上 IPv4 基本 ACL 创建一条规则。可以重复本步骤创建多条规则。命令中的参数和选项说明如下： ● *rule-id*：可选参数，用来指定 IPv4 基本 ACL 规则的编号，取值范围为 0～65534。如果没有指定本参数，系统将按照步长从 0 开始，自动分配一个大于现有最大编号的最小编号 ● **deny**：二选一选项，表示拒绝符合条件的报文 ● **permit**：二选一选项，表示允许符合条件的报文 ● **counting**：可选项，表示对规则匹配情况进行统计，该参数用于统计基于硬件应用的 ACL 规则匹配次数。但 S3100、S3600、S5600 等低端 H3C 交换机系列不支持该选项 ● **fragment**：可选项，表示该规则仅对非首片分片报文有效，而对非分片报文和首片分片报文无效。如果没有指定本参数，则表示该规则对非分片报文和分片报文均有效 ● **logging**：可选项，表示对符合条件的报文可记录日志信息 ● **source** { *sour-addr sour-wildcard* | **any** }：可选项，指定规则的源地址信息。*sour-addr sour-wildcard* 分别表示报文的源 IP 地址和通配符掩码（为 0 表示主机地址），**any** 表示任意源 IP 地址 ● **time-range** *time-range-name*：可选项，指定该规则生效的时间段。*time-range-name* 表示时间段的名称，为 1～32 个字符的字符串，不区分大小写，必须以英文字母 a～z 或 A～Z 开头 ● **vpn-instance** *vpn-instance-name*：可选项，表示该规则对指定 VPN 实例中的报文有效。*vpn-instance-name* 表示 VPN 实例的名称，为 1～31 个字符的字符串，区分大小写。如果没有指定本参数，则表示该规则仅对非 VPN 报文有效。但 S3100、S3600、S5100、S5600 等低端 H3C 交换机系列不支持该选项 默认情况下，IPv4 基本 ACL 内不存在任何规则，可用 **undo rule** *rule-id* [**counting** | **fragment** | **logging** | **source** | **time-range** | **vpn-instance**] *命令删除 IPv4 基本 ACL 中的一条规则或一条规则中的部分内容。 【注意】使用 rule 命令时，如果指定编号的规则不存在，则创建一条新的规则；如果指定编号的规则已存在，则对旧规则进行修改，即在其原有内容的基础上叠加新的内容。新创建或修改的规则不能与已有规则的内容完全相同，否则将提示出错，并导致该操作失败；当 ACL 的规则匹配顺序为配置顺序时，允许修改该 ACL 内的任意一条已有规则；当 ACL 的规则匹配顺序为自动排序时，不允许修改该 ACL 内的已有规则，否则将提示出错
6	**rule** *rule-id* **comment** *text* 例如：[Sysname-acl-basic-2011-QoS] **rule** 1 **comment** This rule is used on GigabitEthernet 1/0/10	（可选）如果指定的规则原来没有配置描述信息，则为其添加描述信息，否则修改其原来的描述信息。参数 *rule-id* 用来指定规则的编号，该规则必须存在，取值范围为 0～65534。参数 *text* 用来表示规则的描述信息，为 1～127 个字符的字符串，区分大小写。默认情况下，规则没有描述信息，可用 **undo rule comment** 命令删除规则的描述信息

续表

步骤	命令	说明
7	**hardware-count enable** 例如：[Sysname-acl-basic-2011-QoS] **hardware-count enable**	（可选）开启基于硬件应用的 ACL 统计功能，S3100、S3600、S5100、S5600 等 H3C 交换机系列不支持该命令。该功能用于统计 ACL 在硬件应用时被匹配成功的次数。默认情况下，ACL 的规则匹配统计功能处于关闭状态，可用 **undo hardware-count enable** 命令关闭 ACL 的规则匹配统计功能。 【注意】该命令仅用于统计基于硬件应用的 ACL 匹配次数，基于软件应用的 ACL 匹配次数设备将自动进行统计，无需配置。另外，本命令用于控制当前 ACL 内所有规则的匹配统计功能，而 **rule** 命令中的 **counting** 参数则用于控制当前规则的匹配统计功能。对于某条规则而言，这两个配置中只要有一个处于启用状态，该规则的统计功能就会生效。 当 ACL 被 QoS 策略引用对报文进行流分类时，规则匹配统计功能将不能生效。使用 **undo hardware-count enable** 命令会同时将该 ACL 内所有规则的统计计数清零，不论这些规则是否配置有 **counting** 参数

【示例 1】创建一个编号为 2011 的 IPv4 基本 ACL，并进入其视图。

```
<Sysname> system-view
[Sysname] acl number 2011
[Sysname-acl-basic-2011]
```

【示例 2】创建一个编号为 2011 的 IPv4 基本 ACL，指定其名称为 flow，并进入其视图。

```
<Sysname> system-view
[Sysname] acl number 2011 name flow
[Sysname-acl-basic-2011-flow]
```

【示例 3】为 IPv4 基本 ACL 2011 配置描述信息。

```
<Sysname> system-view
[Sysname] acl number 2011
[Sysname-acl-basic-2011] description   QoS ACL
```

【示例 4】将基本 ACL 2011 的规则编号的步长配置为 5。

```
<Sysname> system-view
[Sysname] acl number 2011
[Sysname-acl-basic-2011] step 5
```

【示例 5】为 IPv4 基本 ACL 2011 创建一条规则，拒绝源地址为 1.1.1.1/24 的报文。

```
<Sysname> system-view
[Sysname] acl number 2011
[Sysname-acl-basic-2011] rule deny source 1.1.1.1 0    !---因为它是一台主机，所以通配符掩码为 0
```

【示例 6】为 IPv4 基本 ACL 2011 配置规则 0，并为该规则配置描述信息。

```
<Sysname> system-view
[Sysname] acl number 2011
[Sysname-acl-basic-2011] rule 0 deny source 1.1.1.1 0
[Sysname-acl-basic-2011] rule 0 comment This rule is used on GigabitEthernet 1/0/1.
```

【示例 7】启用 IPv4 基本 ACL 2011 的规则匹配统计功能。

```
<Sysname> system-view
[Sysname] acl number 2011
[Sysname-acl-basic-2011] hardware-count enable
```

7.2.3 IPv4 高级 ACL 配置

IPv4 高级 ACL 除了可以根据上节介绍的 IPv4 基本 ACL 中的报文源 IP 地址进行规则匹配之外，还可以根据报文的目的 IP 地址信息、IP 承载的协议类型、协议的特性（如 TCP 或 UDP 的源端口、目的端口，ICMP 协议的消息类型、消息码等）等信息进行匹配。另外，高级 ACL 还支持 QoS 中所需的优先级设置，用于指定符合对应优先级的 IP 数据包通过。

1. IPv4 高级 ACL 支持的优先级方式

在 IP 网络中，IPv4 报文中有三种承载 QoS 优先级标签的方式，分别为基于二层的 CoS（Class

of Service，服务等级）字段（IEEE 802.1p）的优先级、基于 IP 层（三层）的 IP 优先级字段、ToS（Type of Service，服务类型）优先级字段和基于 IP 层（三层）的 DSCP（Differentiated Services Code Point，差分服务代码点）优先级字段。H3C 交换机中的 IPv4 高级 ACL 支持 ToS 优先级、IP 优先级和 DSCP 优先级这三种优先级。

（1）IP 优先级和 ToS 优先级

之所以把 IP 优先级和 ToS 优先级一起介绍，是因为事实上 IP 优先级是由 ToS 字段中一个子字段（IP Precedence，IP 优先权）来实现的。ToS 是 IP 数据包的 IP 头中的一个字段（共 1 个字节），用来指定 IP 包的优先级。路由器会优先转发 ToS 值高的数据包。

ToS 字段共包括三个部分：最高的前 3 位用来定义数据包的优先权（Precedence），也就是我们前面所说的 IP 优先级。IP 优先级字段是整个 ToS 字段的最高 3 位，取值范围为 0～7。用名称表示时，这 8 个取值分别为 routine（普通，值为 000）、priority（优先，值为 001）、immediate（快速，值为 010）、flash（闪速，值为 011）、flash-override（急速，值为 100）、critical（关键，值为 101）、internetwork control（网间控制，值为 110）或 network control（网络控制，值为 111），分别对应于数字 0～7。其中，优先级值 6 和 7 一般保留给网络控制数据使用，比如路由；优先级值 5 推荐给语音数据使用；优先级值 4 由视频会议和视频流使用；优先级值 3 给语音控制数据使用；优先级值 1 和 2 给数据业务使用；优先级值 0 为默认标记值。在标记数据时，既可以使用数值，也可以使用名称（英文名称）。

ToS 字段紧接 IP 优先级字段后面的 4 位是真正的 ToS 字段，代表服务类型。4 位，共有 16 个取值（0~15），但要注意的是，虽然一共有 4 位，但每个数字包只能置其中 1 位，这样实际只有 5 个取值。用名称表示时，分别为：normal（一般服务，取值为 0000）、min-monetary-cost（最小费用，取值为 0001）、max-reliability（最高可靠性，0010）、max-throughput（最大吞吐量，取值为 0100）、min-delay（最小时延，取值为 1000）。

ToS 字段的最低 1 位为保留位，固定为 0。

（2）DSCP 优先级

DSCP 是 IETF 于 1998 年 12 月发布的 Diff-Serv（Differentiated Service）的 QoS 分类标准。它是在每个数据包 IP 头部的 ToS 标识字段中，利用前面 6 位（后面 2 位保留），通过编码值来区分优先级。每一个 DSCP 编码值都被映射到一个已定义的 PHB（Per-Hop-Behavior，每跳行为）标识码。所以说，DSCP 优先级可以说是前面介绍的 IP 优先级和 ToS 优先级的一种改变，并且重新定义了前面 6 位的用途（但与 IP 优先级字段兼容），定义为 DSCP 字段。这样一来，DSCP 字段共有 64 个取值（0~63），0 优先级最低，63 优先级最高。目前定义的 PHB 有如下几种类型：

- 默认的 DSCP（也就是 Default PHB）：值为 0，它具有尽力转发（Best-effort Forwarding）的特性，所有不能与其他类型 DSCP PHB 匹配的数据包都看作是默认 PHB。
- 类选择器 PHB（Class Selector，定义为向后与 IP 优先级兼容）：CS PHB 的 6 位中前面 3 位是可变的（但不能全为 0），后面 3 位固定为 000，所以类选择器 PHB 的可选值为 8、16、24、32、40、48、56。
- 确定转发（AF）：确定转发允许管理员在没有超过线路允许速率的情况下提供传输质量保证，但如果超过用户线路速率则可能在出现拥塞时丢弃数据包。AF 行为组合了四种独立的 AF 类型，在每个类别中，IP 数据包被分配一个丢弃优先级（高、中、低），这样一来，整个 AF PHB 就有 12 个可选值，如表 7-4 所示。
- 加速转发（EF）：EF PHB 具有低延时、低开销和低抖动特性。这些特性适用于语音、视频和其他实时服务。EF PHB 一般具有比其他通信类型更加优先的队列。目前这种类型的 PHB 的取值只能是 101110（46）。

表 7-4　AF PHB 的可选值

优先级	Class 1	Class 2	Class 3	Class 4
低优先丢弃	AF11（DSCP 10）	AF21（DSCP 18）	AF31（DSCP 26）	AF41（DSCP 34）
中优先丢弃	AF12（DSCP 12）	AF22（DSCP 20）	AF32（DSCP 28）	AF42（DSCP 36）
高优先丢弃	AF13（DSCP 14）	AF23（DSCP 22）	AF33（DSCP 30）	AF43（DSCP 38）

2．H3C 交换机的 IPv4 高级 ACL 配置步骤

H3C 以太网交换机 IPv4 高级 ACL 配置的基本步骤与配置基本 ACL 的步骤和所使用的命令基本上是一样的，主要区别在于 rule 命令中可用的可选项和参数，当然，可用 ACL 号也是不同的。具体步骤如表 7-5 所示。

表 7-5　配置高级 ACL 的步骤

步骤	命令	说明
1	**system-view** 例如：<Sysname> **system-view**	进入系统视图
2	**acl number** *acl-number* [**name** *acl-name*] [**match-order** { **auto** | **config** }] 例如：[Sysname] **acl number** 3011 **name** QoS **match-order config**	创建 IPv4 高级 ACL 并进入 IPv4 高级 ACL 视图，具体参见表 7-3 中的第 2 步说明
3	**description** *text* 例如：[Sysname-acl-basic-3011-QoS] **description** This is an IPv4 advancedACL	（可选）定义 ACL 的描述信息，具体参见表 7-3 中的第 3 步说明
4	**step** *step-value* 例如：[Sysname-acl-basic-3011-QoS] **step** 3	（可选）定义 ACL 规则编号步长，具体参见表 7-3 中的第 4 步说明
5	**rule** [*rule-id*] { **deny** | **permit** } *protocol* [{ { **ack** *ack-value* | **fin** *fin-value* | **psh** *psh-value* | **rst** *rst-value* | **syn** *syn-value* | **urg** *urg-value* } * | **established** } | **counting** | **destination** { *dest-addr dest-wildcard* | **any** } | **destination-port** *operator port1* [*port2*] | **dscp** *dscp* | **fragment** | **icmp-type** { *icmp-type icmp-code* | *icmp-message* } | **logging** | **precedence** *precedence* | **reflective** | **source** { *sour-addr sour-wildcard* | **any** } | **source-port** *operator port1* [*port2*] | **time-range** *time-range-name* | **tos** *tos* | **vpn-instance** *vpn-instance-name*] * 例如：[Sysname-acl-basic-3011-QoS] **rule permit** tcp **source** 129.9.0.0 0.0.255.255 **destination** 202.38.160.0 0.0.0.255 **destination-port eq** 80	为以上 IPv4 高级 ACL 创建一条规则。可以重复本步骤创建多条规则。命令中的参数和选项说明如下： ● *rule-id*：可选参数，用来指定 IPv4 基本 ACL 规则的编号，取值范围为 0～65534。如果没有指定本参数，系统将按照步长从 0 开始，自动分配一个大于现有最大编号的最小编号 ● **deny**：二选一选项，表示拒绝符合条件的报文 ● **permit**：二选一选项，表示允许符合条件的报文 ● *protocol*：表示 IPv4 承载的协议类型，可输入：①数字：取值范围为 0～255；②名称（括号内为对应的数字）：可选取 **gre**（47）、**icmp**（1）、**igmp**（2）、**ip**、**ipinip**（4）、**ospf**（89）、**tcp**（6）或 **udp**（17）。采用不同的协议类型，可配置的选项见表后面的相应介绍 默认情况下，IPv4 高级 ACL 内不存在任何规则，可用 **undo rule** *rule-id* [{ { **ack** | **fin** | **psh** | **rst** | **syn** | **urg** } * | **established** } | **counting** | **destination** | **destination-port** | **dscp** | **fragment** | **icmp-type** | **logging** | **precedence** | **reflective** | **source** | **source-port** | **time-range** | **tos** | **vpn-instance**] *命令删除 IPv4 高级 ACL 中的一条规则或规则中的部分内容。注意事项参见 7.2.2 节第 5 步说明
6	**rule** *rule-id* **comment** *text* 例如：[Sysname-acl-basic-3011-QoS] **rule** 1 **comment** This rule is used on GigabitEthernet 1/0/10	（可选）如果指定的规则原来没有配置描述信息，则为其添加描述信息，否则修改其原来的描述信息。具体参见表 7-3 中的第 6 步说明
7	**hardware-count enable** 例如：[Sysname-acl-basic-3011-QoS] **hardware-count enable**	（可选）开启基于硬件应用的 ACL 统计功能，该功能用于统计 ACL 在硬件应用时被匹配成功的次数。具体参见表 7-3 中的第 7 步说明

rule 命令中 *protocol* 参数后的可选项如表 7-6 所示。

表 7-6　规则参数和选项说明

参数	说明
source { *sour-addr sour-wildcard* | **any** }	指定 ACL 规则的源地址信息。参数 *sour-addr sour-wildcard* 用来指定源 IP 地址及其通配符掩码（为 0 表示主机地址）；**any** 表示任意源 IP 地址
destination { *dest-addr dest-wildcard* | **any** }	指定 ACL 规则的目的地址信息。参数 *dest-addr dest-wildcard* 用来指定目的 IP 地址及其通配符掩码（为 0 表示主机地址）；**any** 表示任意目的 IP 地址
counting	对规则匹配情况进行统计。该选项用于统计基于硬件应用的 ACL 中某条规则的匹配次数

续表

参数	说明
precedence *precedence*	指定 IP 包的 IP 优先级。参数 *precedence* 用数字表示时，取值范围为 0～7；用名称表示时对应为 **routine**、**priority**、**immediate**、**flash**、**flash-override**、**critical**、**internet control** 或 **network control**
tos *tos*	指定 IP 包的 ToS 优先级。参数 *tos* 用数字表示时，取值范围为 0～15（但只能是 0、1、2、4、8 这五个数）；用名称表示时对应为 **normal**、**min-monetary-cost**、**max-reliability**、**max-throughput**、**min-delay**
dscp *dscp*	指定 IP 包的 DSCP 优先级。参数 *dscp* 用数字表示时，取值范围为 0～63（但不是全部可选，参照下面以名称表示时对应的值）；用名称表示时，可选取 **af11**（10）、**af12**（12）、**af13**（14）、**af21**（18）、**af22**（20）、**af23**（22）、**af31**（26）、**af32**（28）、**af33**（30）、**af41**（34）、**af42**（36）、**af43**（38）、**cs1**（8）、**cs2**（16）、**cs3**（24）、**cs4**（32）、**cs5**（40）、**cs6**（48）、**cs7**（56）、**default**（0）或 **ef**（46）
logging	指定对符合条件的报文可记录日志信息
reflective	设置规则具有自反属性，多数 H3C 交换机不支持该选项
vpn-instance *vpn-instance-name*	对指定 VPN 实例中的报文有效。参数 *vpn-instance-name* 用来指定 VPN 实例的名称，为 1～31 个字符的字符串，区分大小写。如果没有指定本参数，则表示该规则仅对非 VPN 报文有效
fragment	指定仅对非首片分片报文有效，而对非分片报文和首片分片报文无效；如果没有指定本参数，则表示该规则对非分片报文和分片报文均有效
time-range *time-range-name*	指定规则生效的时间段。参数 *time-range-name* 用来设置时间段的名称，为 1～32 个字符的字符串，不区分大小写，必须以英文字母 a～z 或 A～Z 开头

【注意】如果指定参数 **dscp** 的同时还指定了参数 **precedence** 或 **tos**，那么对参数 **precedence** 和 **tos** 所作的配置将不会生效，因为 DSCP 使用了 IP 报头中的 **precedence** 和 **tos** 的字节位，进行了重新定义。但 **precedence** 和 **tos** 可以同时配置。

当 *protocol* 为 **tcp**（6）或 **udp**（17）时，用户还可配置如表 7-7 所示的规则参数。

表 7-7　TCP/UDP 协议可配置的特有规则参数

参数	说明	
source-port *operator port1* [*port2*]	定义 TCP/UDP 报文的源端口信息	参数 *operator* 用来指定操作符，取值可以为 **lt**（小于）、**gt**（大于）、**eq**（等于）、**neq**（不等于）或者 **range**（在范围内，包括边界值）。只有 **range** 操作符需要两个端口号做操作数，其他操作符只需要一个端口号做操作数。 参数 *port1/port2* 用来指定 TCP 或 UDP 的端口号，用数字表示时，取值范围为 0～65535（也不是全部可选）；用名称表示时，TCP 端口号可选取 **chargen**（19）、**bgp**（179）、**cmd**（514）、**daytime**（13）、**discard**（9）、**domain**（53）、**echo**（7）、**exec**（512）、**finger**（79）、**ftp**（21）、**ftp-data**（20）、**gopher**（70）、**hostname**（101）、**irc**（194）、**klogin**（543）、**kshell**（544）、**login**（513）、**lpd**（515）、**nntp**（119）、**pop2**（109）、**pop3**（110）、**smtp**（25）、**sunrpc**（111）、**tacacs**（49）、**talk**（517）、**telnet**（23）、**time**（37）、**uucp**（540）、**whois**（43）或 **www**（80）。 UDP 端口号可选取 **biff**（512）、**bootpc**（68）、**bootps**（67）、**discard**（9）、**dns**（53）、**dnsix**（90）、**echo**（7）、**mobilip-ag**（434）、**mobilip-mn**（435）、**nameserver**（42）、**netbios-dgm**（138）、**netbios-ns**（137）、**netbios-ssn**（139）、**ntp**（123）、**rip**（520）、**snmp**（161）、**snmptrap**（162）、**sunrpc**（111）、**syslog**（514）、**tacacs-ds**（65）、**talk**（517）、**tftp**（69）、**time**（37）、**who**（513）或 **xdmcp**（177）
destination-port *operator port1* [*port2*]	定义 TCP/UDP 报文的目的端口信息	
{ **ack** *ack-value* | **fin** *fin-value* | **psh** *psh-value* | **rst** *rst-value* | **syn** *syn-value* | **urg** *urg-value* } *	定义对携带不同标志位的 TCP 报文的处理规则，这是 TCP 协议特有的参数。 ACK 标志表示应答域有效，有两个取值：0 和 1，为 1 的时候表示应答域有效，反之为 0。 FIN 标志表示发送端已经达到数据末尾，也就是说双方的数据传送完成，没有数据可以传送了，发送 FIN 标志位的 TCP 数据包后，连接将被断开。它也有两个取值：0 和 1，为 1 时表示已到达数据末尾，反之为 0。 PSH 标志位表示 Push 操作。所谓 Push 操作就是指在数据包到达接收端以后，立即传送给应用程序，而不是在缓冲区中排队。它也有两个取值：0 和 1，为 1 时表示在数据包到达接收端以后，立即传送给应用程序，反之为 0。 RST 标志表示连接复位请求，用来复位那些产生错误的连接，也被用来拒绝错误和非法的数据包。它也有两个取值：0 和 1，为 1 时表示复位，反之为 0。 SYN 标志表示同步序号，用来建立连接。SYN 标志位和 ACK 标志位搭配使用，当连接请求的时候，SYN=1，ACK=0；连接被响应的时候，SYN=1，ACK=1；这个标志的数据包经常被用来进行端口扫描。扫描者发送一个只有 SYN 的数据包，如果对方主机响应了一个数据包回来，就表明这台主机存在这个端口。 URG 标志表示 TCP 包的紧急指针域有效，用来保证 TCP 连接不被中断，并且督促中间层设备要尽快处理这些数据。它也有两个取值：0 和 1，为 1 时表示紧急指针域有效，反之为 0。 如果在一条规则中设置了多个 TCP 标志位的匹配值，则这些匹配条件之间的关系为“与”	
established	定义 TCP 报文的 ACK 和 RST 标志位匹配规则。该参数用于定义 TCP 报文中 ACK 或 RST 标志位为 1 的报文	

当 *protocol* 为 **icmp**（1）时，用户还可配置 **icmp-type** { *icmp-type icmp-code* | *icmp-message* }规则参数。它是用来指定规则的 ICMP 报文的消息类型和消息码信息的。各参数说明如下：

- *icmp-type*：指定 ICMP 消息类型，取值范围为 0～255。
- *icmp-code*：指定 ICMP 消息码，取值范围为 0～255。
- *icmp-message*：指定 ICMP 消息名称。可输入的 ICMP 消息名称及其与消息类型和消息码的对应关系如表 7-8 所示。

表 7-8　ICMP 消息名称与消息类型和消息码的对应关系

ICMP 消息名称	ICMP 消息类型	ICMP 消息码
echo	8	0
echo-reply	0	0
fragmentneed-DFset	3	4
host-redirect	5	1
host-tos-redirect	5	3
host-unreachable	3	1
information-reply	16	0
information-request	15	0
net-redirect	5	0
net-tos-redirect	5	2
net-unreachable	3	0
parameter-problem	12	0
port-unreachable	3	3
protocol-unreachable	3	2
reassembly-timeout	11	1
source-quench	4	0
source-route-failed	3	5
timestamp-reply	14	0
timestamp-request	13	0
ttl-exceeded	11	0

因为 IPv4 高级 ACL 的配置与 IPv4 基本 ACL 的配置步骤一样，只是核心的 rule 命令中的可选项和参数有些不一样，所以在此仅列举该命令的几个配置示例。

【示例 1】创建高级 ACL 3011，定义规则 1，拒绝源 IP 地址为 192.168.0.1 并且 DSCP 优先级为 46 的 IP 报文通过。

```
<Sysname> system-view
System View: return to User View with Ctrl+Z.
[Sysname] acl number 3011
[Sysname-acl-adv-3011] rule 1 deny ip source 192.168.0.1 0 dscp 46
[Sysname-acl-adv-3011] quit
```

【示例 2】创建 IPv4 高级 ACL 3011，定义规则 1，允许 129.9.0.0/16 网段内的主机与 202.38.160.0/24 网段内主机的 WWW 端口（端口号为 80）建立连接，并对符合此条件的行为进行日志记录。

```
<Sysname> system-view
[Sysname] acl number 3011
[Sysname-acl-adv-3011] rule 1 permit tcp source 129.9.0.0 0.0.255.255 destination 202.38.160.0 0.0.0.255 destination-port eq 80 logging
```

【示例 3】创建 IPv4 高级 ACL 3011，定义规则（采取自动编号规则）允许 IP 报文通过，但拒绝发往 192.168.1.0/24 网段的 ICMP 报文通过。

```
<Sysname> system-view
[Sysname] acl number 3011
[Sysname-acl-adv-3011] rule permit ip
[Sysname-acl-adv-3011] rule deny icmp destination 192.168.1.0 0.0.0.255
```

【示例 4】创建 IPv4 高级 ACL 3011，规则定义如下：在出、入双方向上都允许建立 FTP 连接并传输 FTP 数据（TCP 端口号的名称表示参见表 7-7）。

```
<Sysname> system-view
[Sysname] acl number 3011
[Sysname-acl-adv-3011] rule permit tcp source-port eq ftp
[Sysname-acl-adv-3011] rule permit tcp source-port eq ftp-data
[Sysname-acl-adv-3011] rule permit tcp destination-port eq ftp
[Sysname-acl-adv-3011] rule permit tcp destination-port eq ftp-data
```

【示例 5】创建 IPv4 高级 ACL 3011，规则定义如下：在出、入双方向上都允许 SNMP 报文和 SNMP Trap 报文通过（UDP 端口号的名称表示参见表 7-7）。

```
<Sysname> system-view
[Sysname] acl number 3003
[Sysname-acl-adv-3003] rule permit udp source-port eq snmp
[Sysname-acl-adv-3003] rule permit udp source-port eq snmptrap
[Sysname-acl-adv-3003] rule permit udp destination-port eq snmp
[Sysname-acl-adv-3003] rule permit udp destination-port eq snmptrap
```

7.2.4 二层 ACL 配置

二层 ACL 是根据报文的源 MAC 地址、目的 MAC 地址、802.1p 优先级、二层协议类型等二层信息进行规则匹配、处理的。二层 ACL 的序号取值范围为 4000～4999。

1. 802.1p 优先级

在二层 ACL 中支持 CoS（Class of Service，服务等级）中的 802.1p 优先级过滤。CoS 是网络中用于传送服务质量（QoS）的一种技术或方法。具体地说，CoS 是依据应用程序类型（语音、视频、E-mail、文件传输、事务处理等）、用户类型（VIP 或普通用户）或其他分类途径等，对数据包进行分类和划分优先级的方法。第一级优先级标志分配给数据应用程序，如关键任务数据事务，或视频或语音传输，低优先级标志分配给对时间敏感较低的流量，如 E-mail 和 Web 冲浪。

当前，包含三种基本 CoS 技术：802.1p（第二层标签技术）、ToS（服务类型）和 DSCP（差分服务代码点）。后面两种优先级在上节介绍的 IPv4 高级 ACL 中已用到，也已具体进行了介绍。在此仅介绍用于二层的 802.1p 优先级。

IEEE 802.1P 是 IEEE 802.1Q（VLAN 标签技术）标准的扩充协议，它们协同工作。IEEE 802.1P 的出现，使得第二层交换机能够提供流量优先级和动态组播过滤服务，其中流量优先级规范工作在媒体访问控制（MAC）层，组播流量过滤功能可确保该流量不超出第二层交换网络范围。802.1p 优先级位于二层报文头部，适用于需要在二层环境下保证 QoS 的场合。

IEEE 802.1Q 标准定义了为以太网 MAC 帧添加的标签，但并没有定义和使用优先级字段，而使用 IEEE 802.1P 修改后的以太网 MAC 帧的以太网协议头中则定义了该字段，它是在 TCI（标签控制信息）字段中的“User Priority”子字段，共 3 位。该字段支持将数据包分组为各种流量种类（一共分为 8 类）。最高优先级为 7，应用于网络管理和关键性网络流量，如路由选择信息协议（RIP）和开放最短路径优先（OSPF）协议的路由表更新；优先级 6 和 5 主要用于延迟敏感（Delay-sensitive）应用程序，分别对应交互式语音和视频；优先级 4～1 主要用于受控负载（Controlled-load）应用程序、流式多媒体（Streaming Multimedia）、关键性业务流量（Business-Critical Traffic），如 SAP 数据和后台流量。优先级 0 是默认值，在没有设置其他优先级值的情况下自动启用。

2. 二层 ACL 配置步骤

二层 ACL 也可应用 QoS 过滤。配置二层 ACL 的具体步骤如表 7-9 所示，总的来说与前面介绍的 IPv4 基本 ACL 和 IPv4 高级 ACL 的配置步骤类似，不同的只是创建的 ACL 类型不同，而且 ACL 规则所使用的参数和选项不同。如果要配置带有时间段参数的规则，则需要先定义相应的时间段。

表 7-9　配置二层 ACL 的步骤

步骤	命令	说明
1	**system-view** 例如：<Sysname> **system-view**	进入系统视图
2	**acl number** *acl-number* [**name** *acl-name*] [**match-order** { **auto** | **config** }] 例如：[Sysname] **acl number** 4011	（二者选其一）创建二层 ACL 并进入二层 ACL 视图，参数 *acl-number* 的取值范围为 4000~4999，其他说明参见 7.2.2 节第 2 步
3	**description** *text* 例如：[Sysname-acl-ethernetframe-4011] **description** This is a mac acl	（可选）定义 ACL 的描述信息。默认情况下，ACL 没有描述信息，具体参见 7.2.2 节第 3 步说明
4	**step** *step-value* 例如：[Sysname-acl-ethernetframe-4011] **step** 3	（可选）定义步长。默认情况下，步长为 5，具体参见 7.2.2 节第 4 步说明
5	**rule** [*rule-id*] { **deny** | **permit** } [**cos** *vlan-pri* | **counting** | **dest-mac** *dest-addr dest-mask* | { **lsap** *lsap-type lsap-type-mask* | **type** *protocol-type protocol-type-mask* } | **source-mac** *sour-addr source-mask* | **time-range** *time-range-name*] * 例如：[Sysname-acl-ethernetframe-4011] **rule** 1 **deny cos** 3 **source** 000d-88f5-97ed ffff-ffff-ffff **dest** 0011-4301-991e ffff-ffff-ffff	定义二层 ACL 规则。可以重复本步骤创建多条规则。命令中的参数和可选项说明如下： ● *rule-id*：可选参数，指定二层 ACL 规则的编号，取值范围为 0～65534。如果没有指定本参数，系统将按照步长从 0 开始，自动分配一个大于现有最大编号的最小编号 ● **deny**：二选一选项，表示拒绝符合条件的报文 ● **permit**：二选一选项，表示允许符合条件的报文 ● **cos** *vlan-pri*：多选项，指定 802.1p 优先级。*vlan-pri* 表示 802.1p 优先级，数字的取值范围为 0～7，对应的名称为：**best-effort**、**background**、**spare**、**excellent-effort**、**controlled-load**、**video**、**voice** 和 **network-management** ● **counting**：多选项，表示对规则匹配情况进行统计，该参数用于统计基于硬件应用的 ACL 规则匹配次数 ● **dest-mac** *dest-addr dest-mask*：多选项，指定目的 MAC 地址范围。*dest-addr* 表示目的 MAC 地址，格式为 H-H-H。*dest-mask* 表示目的 MAC 地址的掩码，格式为 H-H-H ● **lsap** *lsap-type lsap-type-mask*：二选一选项，指定 LLC 封装中的 DSAP 字段和 SSAP 字段，都属于 LSAP（链路服务接入点）。*lsap-type* 表示数据帧的封装格式，为 16 位的十六进制数；*lsap-type-mask* 表示 LSAP 的类型掩码，为 16 位的十六进制数，用于指定屏蔽位 ● **type** *protocol-type protocol-type-mask*：二选一选项，指定链路层协议类型。*protocol-type* 表示 16 位的十六进制数表征的数据帧类型，对应 Ethernet_II 类型和 Ethernet_SNAP 类型帧中的 Type（类型）字段（2 个字节）的值；*protocol-type-mask* 表示类型掩码，为 16 位的十六进制数，用于指定屏蔽位（0 为比较，f 为不比较）。常见的一些协议类型所对应的十六进制值如下（具体参见本书第 5 章表 5-6）： ➢ 0000~05DC：IEEE 802.3 ➢ 0800：IPv4 ➢ 0805：X.25 Level 3 ➢ 0806：ARP ➢ 0A00：Xerox IEEE 802.3 PUP ➢ 0A01：Xerox IEEE 802.3 PUP Address Translation ➢ 8035：Reverse Address Resolution Protocol（RARP） ➢ 8037：IPX ➢ 803C：DEC DNS Naming Service ➢ 803D：DEC Ethernet CSMA/CD Encryption Protocol ➢ 803E：DEC Distributed Time Service ➢ 809B：EtherTalk（AppleTalk over Ethernet） ➢ 80D5：IBM SNA Services over Ethernet ➢ 80F3：AppleTalk Address Resolution Protocol（AARP） ➢ 86DD：IPv6 ➢ 9000：Loopback（Configuration Test Protocol） ➢ 9001：3Com XNS Systems Management ➢ 9002：3Com TCP/IP Systems Management ➢ 9003：3Com Loopback Detection ➢ AAAA：DECNET ● **source-mac** *sour-addr source-mask*：多选项，指定源 MAC 地址范围。*sour-addr* 表示源 MAC 地址，格式为 H-H-H。*sour-mask* 表示源 MAC 地址的掩码，格式为 H-H-H（0 为不比较，f 为比较） ● **time-range** *time-range-name*：多选项，指定规则生效的时间段。*time-range-name* 表示时间段的名称，为 1～32 个字符的字符串，不区分大小写，必须以英文字母 a～z 或 A～Z 开头

续表

步骤	命令	说明
5		默认情况下，二层 ACL 内不存在任何规则，可用 **undo rule** *rule-id* [**counting** | **time-range**] *命令删除二层 ACL 中的一条规则或删除规则中的部分内容。注意事项参见 7.2.2 节第 5 步说明
6	**rule** *rule-id* **comment** *text* 例如：[Sysname-acl-ethernetframe-4011] **rule** 1 **comment** This rule is used on GigabitEthernet 1/0/10	（可选）定义规则的描述信息。默认情况下，规则没有描述信息，具体参见 7.2.2 节第 6 步说明
7	**hardware-count enable** 例如：[Sysname-acl-ethernetframe-4011] **hardware-count enable**	启用基于硬件应用的 ACL 的规则匹配统计功能。默认情况下，基于硬件应用的 ACL 的规则匹配统计功能处于关闭状态。 当 ACL 被 QoS 策略引用对报文进行流分类时，本功能不会生效

【示例 1】创建二层 ACL 4011，规则中拒绝 802.1p 优先级为 3 的报文。

```
<Sysname> system-view
[Sysname] acl number 4011
[Sysname-acl-ethernetframe-4011] rule deny cos 3
```

【示例 2】创建二层 ACL 4011，定义规则 1，禁止从 MAC 地址 000d-88f5-97ed 发送到 MAC 地址 0011-4301-991e 且 802.1p 优先级为 3 的报文通过。

```
<H3C> system-view
System View: return to User View with Ctrl+Z.
[H3C] acl number 4011
[H3C-acl-ethernetframe-4011] rule 1 deny cos 3 source 000d-88f5-97ed ffff-ffff-ffff dest 0011-4301-991e ffff-ffff-ffff
[H3C-acl-ethernetframe-4011] quit
```

【示例 3】创建二层 ACL 4011，定义规则 1，允许 VLAN 编号为 2～10 的报文通过。

```
[H3C] acl number 4011
[H3C-acl-ethernetframe-4011] rule 1 permit c-tag-vlan 2 to 10
```

【示例 4】创建二层 ACL 4011，规则中允许 ARP 报文通过，但拒绝 RARP 报文通过。

```
<Sysname> system-view
[Sysname] acl number 4011
[Sysname-acl-ethernetframe-4011] rule permit type 0806 ffff
[Sysname-acl-ethernetframe-4011] rule deny type 8035 ffff
```

7.2.5 用户自定义 ACL 配置

在 S3610、S5600、S7500（只有非 A 型业务板支持用户自定义 ACL）、S9500、S9500E 等少数 H3C 以太网交换机中，还可以配置用户自定义 ACL，但比较少用，因为它的配置比较复杂。它是以数据包的包头为基准，指定从第几个字节开始与掩码进行“与”操作，将从报文提取出来的字符串和用户定义的字符串进行比较，找到匹配的报文，然后进行相应的处理。在 S5600、S9500、S9500E 等系列交换机中，用户自定义 ACL 的序号取值范围为 5000～5999，在 S7500 系列交换机中用户自定义 ACL 的序号取值范围为 0～127。

用户自定义 ACL 的配置步骤与前面介绍的各种 ACL 的配置步骤也基本一样，唯一不同的是 ACL 号取值范围以及对应的规则配置命令中的参数和选项不同，具体如表 7-10 所示。如果要配置带有时间段参数的规则，则也需要先定义相应的时间段。

表 7-10　用户自定义 ACL 配置步骤

步骤	命令	说明
1	**system-view** 例如：<Sysname> **system-view**	进入系统视图
2	**acl number** *acl-number* 例如：[Sysname] **acl number** 5011	创建并进入用户自定义 ACL 视图。在 S5600、S9500、S9500E 等系列交换机中，用户自定义 ACL 的序号取值范围为 5000～5999，在 S7500 系列交换机中，用户自定义 ACL 的序号取值范围为 0～127

续表

步骤	命令	说明
3	**description** *text* 例如：[Sysname-acl-user-5011] **description** This is a user acl	定义 ACL 的描述信息。默认情况下，ACL 没有描述信息。具体参见 7.2.2 节第 3 步说明
4	**step** *step-value* 例如：[Sysname-acl-user-5011] step 3	（可选）定义步长。默认情况下，步长为 5，具体参见 7.2.2 节第 4 步说明
5	**rule** [*rule-id*] { **permit** | **deny** } [*rule-string rule-mask offset*] &<1-8> [**time-range** *time-name*] 例如：[Sysname-acl-user-5011] **rule** 1 **permit** 06 ff	创建用户自定义 ACL 规则。可用 **undo rule** *rule-id* 命令删除对应的用户自定义 ACL。命令中的参数说明如下： ● *rule-id*：ACL 规则编号，在 S5600、S9500、S9500E 等系列交换机中，用户自定义 ACL 的序号取值范围为 5000～5999，在 S7500 系列交换机中，用户自定义 ACL 的序号取值范围为 0～127 ● **deny**：二选一选项，表示丢弃符合条件的数据包 ● **permit**：二选一选项，表示允许符合条件的数据包通过 ● *rule-string*：可选参数，指定用户自定义的 ACL 规则字符串（必须是包头中的字符），必须是十六进制数组成。长度范围为 2～20 个字符，字符长度必须是偶数 ● *rule-mask*：可选参数，指定用户自定义的 ACL 规则掩码（其实就是 f 的个数），长度范围为 2～20 个字符，必须是偶数，且必须与 *rule-string* 长度相同。用于和数据包进行逻辑“与”操作，必须是十六进制数组成 ● *offset*：可选参数，指定 ACL 规则的偏移量，也就是指定以数据包的包头为基准，从第几个字节开始进行“与”操作。取值范围为 0～79 字节。*rule-string*（结合 *rule-mask* 参数）的长度每增加两个字符，其最大值减小 1 字节。即，如果定义了包含两个字符的 *rule-string* 及 *rule-mask*，其最大值为 79 字节；如果定义了包含四个字符的 *rule-string* 及 *rule-mask*，其最大值为 78 字节；以此类推。*rule-mask offset* 共同作用，将从报文提取出来的字符串和用户定义的 *rule-string* 比较，找到匹配的报文，然后进行相应的处理 ● &<1-8>：表示一次最多可以定义 8 个这样的 ACL 规则 规则掩码偏移量的有效长度为 128 个十六进制数（64 个字节）。例如，用户定义了规则字符串为 aa，偏移量取值为 2，当用户继续定义规则字符串 bb 时，其偏移量取值范围只能为 3～65 字节；如果规则字符串 aa 的偏移量取值为 3，则规则字符串 bb 的偏移量取值范围为 4～66 字节；以此类推。但是规则字符串 bb 的偏移量取值范围最大不能超过 79 个字节。支持用户自定义 ACL 的 H3C 以太网交换机的硬件将用户自定义字符串的规则掩码偏移量从逻辑上划分成了若干个偏移量单元，每个偏移量单元为 4 个字节。这些规则掩码偏移量单元被划分为 8 个组，编号为 Offset1～Offset8，如表 7-11 所示。常用的协议类型以及其所使用的偏移量如表 7-12 所示（这需要非常熟悉各种报文的报头格式） ● **time-range** *time-name*：可选参数，指定 ACL 规则有效的时间段 可用 **undo rule** *rule-id* 命令删除一个 ACL 规则或者 ACL 规则的属性信息。在删除一条 ACL 规则时，需要指定该 ACL 规则的编号。如果用户不知道 ACL 规则的编号，可以使用 **display acl config** 命令来查看。 【注意】在应用用户自定义 ACL 时，S5600 的硬件限定了交换机支持用户自定义规则字符串的最大长度为 32 个字节（这 32 个字节可以是连续的字符串，也可以是多个不连续的字符串），但这 32 个字节的字符串最多能占用 8 个规则掩码偏移量单元，且任意两个偏移量单元不能属于同一个 Offset 组
6	**rule** *rule-id* **comment** *text* 例如：[Sysname-acl-user-5011] **rule** 1 **comment** permit tcp data pass	定义 ACL 规则的注释信息。默认情况下，ACL 规则没有注释信息。具体参见 7.2.2 节第 6 步说明
7	**hardware-count enable** 例如：[Sysname-acl-user-5011] **hardware-count enable**	（S5600、S7500 系列交换机不支持）启用基于硬件应用的 ACL 的规则匹配统计功能。默认情况下，基于硬件应用的 ACL 的规则匹配统计功能处于关闭状态。当 ACL 被 QoS 策略引用对报文进行流分类时，本功能不会生效

表 7-11 用户自定义字符串偏移量取值范围

偏移量所占用的单元							
Offset1	Offset2	Offset3	Offset4	Offset5	Offset6	Offset7	Offset8
0～3	4～7	8～11	12～15	16～19	20～23	24～27	28～31
2～5	6～9	10～13	14～17	18～21	22～25	26～29	30～33
6～9	10～13	14～17	18～21	22～25	26～29	30～33	34～37
12～15	16～19	20～23	24～27	28～31	32～35	36～39	40～43
20～23	24～27	28～31	32～35	36～39	40～43	44～47	48～51
30～33	34～37	38～41	42～45	46～49	50～53	54～57	58～61
42～45	46～49	50～53	54～57	58～61	62～65	66～69	70～73
56～59	60～63	64～67	68～71	72～75	76～79	0～3	4～7

表 7-12　常用的协议类型在包头中的偏移量

协议类型	协议号（十六进制）	偏移量
ARP	0x0806	20
RARP	0x8035	20
IP	0x0800	20
IPX	0x8137	20
AppleTalk	0x809B	20
ICMP	0x01	31
IGMP	0x02	31
TCP	0x06	31
UDP	0x11	31

【示例 1】创建用户自定义 ACL 5000，定义规则 1，禁止所有的 TCP 报文通过。配置中的 06 为 TCP 的协议号，ff 为规则的掩码（因为要比较的 TCP 的协议“06”为两位十六进制数，所以这里的掩码也就是两个“ff”），31 为交换机内部处理的 TCP 报文中协议字段的偏移量（因为 TCP 协议号“06”是从包头的第 31 个字节开始的）。

```
<Sysname> system-view
System View: return to User View with Ctrl+Z.
[Sysname] acl number 5000
[Sysname-acl-user-5000] rule 1 deny 06 ff 31
[Sysname-acl-user-5000] quit
```

【示例 2】创建用户自定义 ACL 5001，定义规则 1，禁止源 IP 地址为 192.168.0.1 的 ARP 报文通过。配置中的 0806 是 ARP 协议号，20 为交换机内部处理的 ARP 报文中协议类型字段的偏移量，c0a80001 为 192.168.0.1 的十六进制形式，36 为交换机内部处理的 ARP 报文中源 IP 地址字段的偏移量（因为在 ARP 报文中源 IP 地址字段是从第 36 个字节开始的）。

```
[Sysname] acl number 5001
[Sysname-acl-user-5001] rule 1 deny 0806 ffff 20 c0a80001 ffffffff 36
[Sysname-acl-user-5001] quit
```

【示例 3】创建用户自定义 ACL 5002，定义规则 1，字符串长度为 32 字节，规则掩码为全 f，偏移量取值为 4，然后在端口 GigabitEthernet 1/0/1 上应用这个用户自定义 ACL。

```
[Sysname] acl number 5002
[Sysname-acl-user-5002] rule 1 deny 1234567890123456789012345678901234567890123456789012345678901234 ffffffffffffffffffffffffffffffff
ffffffffffffffffffffffffffffffff 4
[Sysname-acl-user-5002] quit
[Sysname] interface GigabitEthernet 1/0/1
[Sysname-GigabitEthernet1/0/1] packet-filter inbound user-group 5002
```

这种情况下，32 个字节的字符串占用了表 7-11 中的 4～7（Offset2，因为偏移量为 4，所以从这里开始）、8～11（Offset3）、12～15（Offset4）、16～19（Offset5）、20～23（Offset1）、24～27（Offset7）、28～31（Offset8）和 32～35（Offset6）共 8 个单元，此时可以应用成功。

【示例 4】创建用户自定义 ACL 5003，定义规则 1，字符串长度为 32 字节，规则掩码为全 f，偏移量取值为 24，希望在端口 GigabitEthernet 1/0/2 上应用。

```
[Sysname] acl number 5003
[Sysname-acl-user-5003] rule 1 deny 1234567890123456789012345678901234567890123456789012345678901234 ffffffffffffffffffffffffffffffff
ffffffffffffffffffffffffffffffff 24
[Sysname-acl-user-5003] quit
[Sysname] interface GigabitEthernet 1/0/2
[Sysname-GigabitEthernet1/0/2] packet-filter inbound user-group 5003
Applying Acl 5003 rule 1 failed!
 Reason: This type of ACL rule is not supported by the command which is attempting to use the ACL!(GigabitEthernet1/0/2)
```

在这种情况下，32 个字节的字符串占用了表 7-11 中的 24～27（Offset2，因为偏移量为 24，所以从这里开始）、28～31（Offset3）、32～35（Offset4）、36～39（Offset5）、40～43（Offset6）、44～47（Offset7）、48～51（Offset8），而 52 之后没有对应的单元，不符合前文提到的“最多能占

用 8 个规则掩码偏移量单元，且任意两个偏移量单元不能属于同一个 Offset”的要求，此时不能应用成功。

7.2.6 ACL 复制配置

用户可以通过复制一个已存在的 ACL 来生成一个新的同类型 ACL，适用于 IPv4 ACL、IPv6 ACL 和二层 ACL。

复制的 ACL 除了 ACL 的编号和名称不同外，匹配顺序、规则匹配统计功能的启用情况、规则编号的步长、所包含的规则、规则的描述信息以及 ACL 的描述信息等都与源 ACL 的相同。目的 ACL 的类型要与源 ACL 的类型相同，且源 ACL 必须存在，目的 ACL 必须不存在。

ACL 的复制方法是在系统视图下使用 **acl copy** { *source-acl-number* | **name** *source-acl-name* } **to** { *dest-acl-number* | **name** *dest-acl-name* }命令。命令中的参数说明如下：

- *source-acl-number*：二选一参数，指定源 ACL 的编号，该 ACL 必须存在。本参数的取值范围及其代表的 ACL 类型如下：
  - 2000～2999：表示 IPv4 基本 ACL；
  - 3000～3999：表示 IPv4 高级 ACL；
  - 4000～4999：表示二层 ACL。
- **name** *source-acl-name*：二选一参数，指定源 ACL 的名称，该 ACL 必须存在。*source-acl-name* 为 1～63 个字符的字符串，不区分大小写，必须以英文字母 a～z 或 A～Z 开头。
- *dest-acl-number*：二选一参数，指定目的 IPv4 ACL 的编号，该 ACL 必须不存在。若未指定本参数，系统将为目的 ACL 自动分配一个与源 ACL 类型相同且可用的最小编号。本参数的取值范围及其代表的 ACL 类型如下：
  - 2000～2999：表示 IPv4 基本 ACL；
  - 3000～3999：表示 IPv4 高级 ACL；
  - 4000～4999：表示二层 ACL。
- **name** *dest-acl-name*：二选一参数，指定目的 IPv4 ACL 的名称，该 ACL 必须不存在。*dest-acl-name* 为 1～63 个字符的字符串，不区分大小写，必须以英文字母 a～z 或 A～Z 开头。为避免混淆，ACL 的名称不允许使用英文单词 all。如果没有指定本参数，系统将不会为目的 ACL 指定名称。

下面的示例是通过复制已存在的 IPv4 基本 ACL 2001，来生成一个新的编号为 2002 的同类型 IPv4 ACL。

```
<Sysname> system-view
[Sysname] acl copy 2001 to 2002
```

7.2.7 ACL 应用配置

通过将配置好的不同类型的 ACL 规则应用到指定以太网端口/VLAN 接口的入或出方向上，可以对该端口（可以是二层端口，也可以是三层端口）/VLAN 接口收到或发出的相应类型报文（包括 IPv4 报文和 IPv6 报文）进行过滤。ACL 在端口/接口上应用的具体配置步骤如表 7-13 所示。注意，在 H3C 以太网交换机中，低端交换机和中高端交换机的配置命令有些不同，而且有些交换机仅支持入方向的包过滤，有些仅支持出方向的包过滤，但大多数中高端交换机同时支持入和出两个方面的包过滤。

表 7-13 在端口上应用 ACL 的步骤

步骤	命令	说明
1	**system-view** 例如：<Sysname> **system-view**	进入系统视图
2	**packet-filter vlan** *vlan-id* **inbound** *acl-rule* 例如：[Sysname] **packet-filter vlan** 5 **inbound link-group** 4000 **rule** 1	（可选）在指定 VLAN 中应用 ACL，对 VLAN 中的所有端口上接收到的数据包进行过滤。当用户需要在某一个 VLAN 内的所有端口上应用同一条 ACL 时，可以使用该命令来批量下发 ACL，减少配置的工作量。**本命令仅适用于 S3100、S5100、S5600 等少数 H3C 以太网交换机系列**。命令中的参数说明如下： ● *vlan-id*：指定要应用 ACL 的端口所在 VLAN 的 VLAN 编号 ● **inbound**：表示仅对 VLAN 内所有端口接收的数据包进行过滤 ● *acl-rule*：指定应用的 ACL，可以是多种 ACL 的组合。组合方式说明如表 7-14 所示 可用 **undo packet-filter vlan** *vlan-id* **inbound** *acl-rule* 命令取消指定的 ACL 在指定的 VLAN 中所有端口上的应用
3	**interface** *interface-type interface-number* 例如：**interface** GigabitEthernet 1/0/1	进入以太网端口视图
4	**qos** 例如：[Sysname-GigabitEthernet1/0/1] **qos**	（可选）进入 QoS 视图，仅 S7500 系列交换机需要执行
5	S3100、S3600、S5100、S5600 等低端 H3C 以太网交换机系列（**S3610 系列不支持在端口上应用 ACL**）： **packet-filter inbound** *acl-rule* 例如：[Sysname-GigabitEthernet1/0/1] **packet-filter inbound ip-group** 2011	（可选）在端口入方向上应用 ACL。参数 *acl-rule* 参见表 7-14，可用 **undo packet-filter inbound** *acl-rule* 命令取消 ACL 在端口上的应用
	S5120、S5500、S58、S7500E、S9500、S9500E 等中高端系列： **packet-filter** { *acl-number* | **name** *acl-name* } { **inbound** | **outbound** } 例如：[Sysname-GigabitEtherhet1/0/1] **packet-filter** 2001 **inbound**	在二层或三层端口，或 VLAN 接口上应用 IPv4 ACL 或二层 ACL 进行报文过滤。命令中的参数和选项说明如下： ● *acl-number*：二选一参数，指定 IPv4 ACL 的编号、取值范围及其代表的 ACL 类型 ● **name** *acl-name*：二选一参数，指定 ACL 的名称，为 1～63 个字符的字符串，不区分大小写，必须以英文字母 a～z 或 A～Z 开头 ● **inbound**：二选一选项，指定对端口/接口收到的报文进行过滤 ● **outbound**：二选一选项，指定对端口/接口发出的报文进行过滤 默认情况下，在端口/VLAN 接口上不对 IPv4 报文进行过滤，可用 **undo packet-filter** { *acl-number* | **name** *acl-name* } { **inbound** | **outbound** }命令恢复默认情况。但 S5500-EI 系列交换机仅支持对出方向的报文进行过滤，即支持 **outbound** 参数
	S7500 系列交换机 A 型业务板： **packet-filter** { **inbound** | **outbound** } *acl-rule* [**system-index**] [**not-care-for-interface**] S7500 系列交换机非 A 型业务板： **packet-filter inbound** *acl-rule* [**system-index**] 例如：[H3C-qoss-Ethernet3/0/1] **packet-filter inbound ip-group** 2000	在端口上应用 ACL，命令中的参数和选项说明如下： ● **inbound**：二选一选项，表示对端口接收的报文进行过滤 ● **outbound**：二选一选项，表示对端口发送的报文进行过滤 ● *acl-rule*：用来指定应用的 ACL，可以是多种 ACL 的组合。A 型业务板的组合方式如表 7-15 所示；非 A 型业务板的组合方式如表 7-16 所示 ● **system-index**：可选项，指定 ACL 规则应用到端口时内部使用的一个索引取值，取值范围为 0～4294967295。该参数只有在命令中指定了 ACL 规则序号才可选 ● **not-care-for-interface**：可选项，对于非 48 端口的 A 型业务板，使用本参数后，包过滤功能将在当前端口所在的业务板上都生效。对于 48 端口的 A 型业务板，使用本参数后，如果当前端口是 1～24 端口范围内的端口，包过滤功能将在当前业务板的 1～24 端口上都生效；如果当前端口是 25～48 端口范围内的端口，包过滤功能将在当前业务板的 25～48 端口上都生效

表 7-14 低端 H3C 以太网交换机组合应用 ACL 的方式

组合方式	acl-rule 的形式
单独应用一个 IP 型 ACL（基本 ACL 或高级 ACL）中的所有规则	**ip-group** *acl-number*
单独应用一个 IP 型 ACL 中的一条规则	**ip-group** *acl-number* **rule** *rule-id*
单独应用一个二层 ACL 中的所有规则	**link-group** *acl-number*
单独应用一个二层 ACL 中的一条规则	**link-group** *acl-number* **rule** *rule-id*
单独应用一个用户自定义 ACL 或 IPv6 ACL 中的所有规则	**user-group** *acl-number*

续表

组合方式	acl-rule 的形式
单独应用一个用户自定义 ACL 或 IPv6 ACL 中的一条规则	**user-group** *acl-number* **rule** *rule-id*
同时应用 IP 型 ACL 中一条规则和二层 ACL 的一条规则	**ip-group** *acl-number* **rule** *rule-id* **link-group** *acl-number* **rule** *rule-id*

表 7-14 中的各参数说明如下：

- **ip-group** *acl-number*：表示基本或高级 ACL 序号，取值范围为 2000～3999。
- **link-group** *acl-number*：表示二层 ACL 序号，取值范围为 4000～4999。
- **user-group** *acl-number*：表示用户自定义 ACL 或 IPv6 ACL 序号，取值范围为 5000～5999。
- **rule** *rule-id*：ACL 规则编号，取值范围为 0～65534。如果不指定规则编号则表示 ACL 中的所有规则。

【示例 1】在 S5600 交换机端口 GigabitEthernet 1/0/1 上应用基本 ACL 2011 中的所有规则，对端口接收的数据包进行过滤。

```
<Sysname> system-view
System View: return to User View with Ctrl+Z.
[Sysname] interface GigabitEthernet 1/0/1
[Sysname-GigabitEthernet1/0/1] packet-filter inbound ip-group 2011
[Sysname-GigabitEthernet1/0/1] quit
```

【示例 2】在 S5600 交换机端口 GigabitEthernet 1/0/2 上应用二层 ACL 4011 中的规则 1，对端口接收的数据包进行过滤。

```
[Sysname] interface GigabitEthernet 1/0/2
[Sysname-GigabitEthernet1/0/2] packet-filter inbound link-group 4011 rule 1
[Sysname-GigabitEthernet1/0/2] quit
```

【示例 3】在 S5600 交换机端口 GigabitEthernet 1/0/3 上应用用户自定义 ACL 5011 中的规则 2，对端口接收的数据包进行过滤。

```
[Sysname] interface GigabitEthernet 1/0/3
[Sysname-GigabitEthernet1/0/3] packet-filter inbound user-group 5011 rule 2
[Sysname-GigabitEthernet1/0/3] quit
```

【示例 4】在 S5600 交换机端口 GigabitEthernet 1/0/4 上应用高级 ACL 3011 中的规则 1 和二层 ACL 4011 中的规则 2，对端口接收的数据包进行过滤。

```
[Sysname] interface GigabitEthernet 1/0/4
[Sysname-GigabitEthernet1/0/4] packet-filter inbound ip-group 3011 rule 1 link-group 4011 rule 2
```

【示例 5】在 S5600 交换机 VLAN 10 上应用基本 ACL 2011 中的所有规则，对 VLAN 10 中的所有端口接收的数据包进行过滤。

```
<Sysname> system-view
System View: return to User View with Ctrl+Z.
[Sysname] packet-filter vlan 10 inbound ip-group 2011
```

【示例 6】在 S5600 交换机 VLAN 20 上应用二层 ACL 4011 中的规则 1，对 VLAN 20 中的所有端口接收的数据包进行过滤。

```
<Sysname> system-view
System View: return to User View with Ctrl+Z.
[Sysname] packet-filter vlan 20 inbound link-group 4011 rule 1
```

【示例 7】在 S5600 交换机 VLAN 30 上应用用户自定义 ACL 5011 中的规则 2，对 VLAN 30 中的所有端口接收的数据包进行过滤。

```
<Sysname> system-view
System View: return to User View with Ctrl+Z.
[Sysname] packet-filter vlan 30 inbound user-group 5011 rule 2
```

【示例 8】在 S5600 交换机 VLAN 40 上应用高级 ACL 3011 中的规则 1 和二层 ACL 4011 中的规则 2，对 VLAN 40 中的所有端口接收的数据包进行过滤。

```
<Sysname> system-view
System View: return to User View with Ctrl+Z.
[Sysname] packet-filter vlan 40 inbound ip-group 3011 rule 1 link-group 4011 rule 2
```

【示例 9】在 S7500E 交换机上应用 IPv4 ACL 2011 对端口 GigabitEthernet1/0/1 收到的 IPv4 报文进行过滤。

```
<Sysname> system-view
[Sysname] interface gigabitethernet 1/0/1
[Sysname-GigabitEtherhet1/0/1] packet-filter 2011 inbound
```

表 7-15 S7500 系列交换机 A 型业务板的组合应用 ACL 方式

组合方式	*acl-rule* 的形式
单独应用一个 IP 型 ACL 中的所有规则	**ip-group** { *acl-number* | *acl-name* }
单独应用一个 IP 型 ACL 中的一条规则	**ip-group** { *acl-number* | *acl-name* } **rule** *rule-id*
单独应用一个 Link 型 ACL 中的所有规则	**link-group** { *acl-number* | *acl-name* }
单独应用一个 Link 型 ACL 中的一条规则	**link-group** { *acl-number* | *acl-name* } **rule** *rule-id*

表 7-16 非 A 型业务板的组合应用 ACL 方式

组合方式	*acl-rule* 的形式
单独应用一个 IP 型 ACL 中的所有规则	**ip-group** { *acl-number* | *acl-name* }
单独应用一个 IP 型 ACL 中的一条规则	**ip-group** { *acl-number* | *acl-name* } **rule** *rule-id*
单独应用一个 Link 型 ACL 中的所有规则	**link-group** { *acl-number* | *acl-name* }
单独应用一个 Link 型 ACL 中的一条规则	**link-group** { *acl-number* | *acl-name* } **rule** *rule-id*
单独应用一个用户自定义 ACL 中的所有规则	**user-group** { *acl-number* | *acl-name* }
单独应用一个用户自定义 ACL 中的一条规则	**user-group** { *acl-number* | *acl-name* } **rule** *rule-id*
同时应用 IP 型 ACL 中的一条规则和一个 Link 型 ACL 的一条规则	**ip-group** { *acl-number* | *acl-name* } **rule** *rule-id* **link-group** { *acl-number* | *acl-name* } **rule** *rule-id*

表 7-15 和表 7-16 中的参数说明如下：

- **ip-group** { *acl-number* | *acl-name* }：指定应用基本及高级 ACL。*acl-number* 为 ACL 序号，是 2000～3999 之间的一个数值；*acl-name* 是 ACL 的名字，最多 32 个字符，必须以英文字母（即[a～z,A～Z]）开始，而且中间不能有空格和引号，不区分大小写。
- **link-group** { *acl-number* | *acl-name* }：指定应用二层 ACL，*acl-number* 为 ACL 序号，是 4000～4999 之间的一个数值；*acl-name* 是 ACL 的名字，最多 32 个字符，必须以英文字母（即[a～z,A～Z]）开始，而且中间不能有空格和引号；不区分大小写。
- **user-group** { *acl-number* | *acl-name* }：指定应用用户自定义的 ACL，*acl-number* 为 ACL 序号，是 5000～5999 之间的一个数值；*acl-name* 是 ACL 的名字，最多 32 个字符，必须以英文字母（即[a～z,A～Z]）开始，而且中间不能有空格和引号，不区分大小写。
- *rule-id*：指定要应用的 ACL 规则序号，取值范围为 0～127。如果不指定则表示 ACL 中的所有规则。

【示例 10】在 S7500 系列交换机上 Ethernet 3/0/1 端口上应用 IPv4 基本 ACL 2011。

```
<H3C> system-view
System View: return to User View with Ctrl+Z.
[H3C] interface Ethernet3/0/1
[H3C-Ethernet3/0/1] qos
[H3C-qoss-Ethernet3/0/1] packet-filter inbound ip-group 2011
```

7.3 H3C 交换机 ACL 配置管理

在任意视图下执行表 7-17 所列的 **display** 命令查看 ACL 配置及运行情况，但要注意的是，不同系列 H3C 交换机所支持的 ACL **display** 命令不完全一样，可以在任意视图下使用“**display** ？”

命令查看对应交换机所支持的 ACL **display** 命令。在用户视图下执行 **reset** 命令可以清除 IPv4 ACL 统计信息。

表 7-17　H3C 交换机 ACL 管理命令

命令	说明
S3100、S5100、S5600 等低端系列交换机： **display acl** { **all** | *acl-number* } **S5120、S5500、S58、S7500E、S9500、S9500E 等中高端系列交换机：** **display acl** { *acl-number* | **all** | **name** *acl-name* } [**slot** *slot-number*] [| { **begin** | **exclude** | **include** } *regular-expression*] **S7500 系列交换机：** **display acl config** { **all** | *acl-number* | *acl-name* }	显示 ACL 配置信息
S3100、S3600、S5100、S5600 等低端系列和 S7500 系列交换机： **display time-range** { **all** | *time-name* } **S5120、S5500、S58、S7500E、S9500、S9500E 等中高端系列交换机：** **display time-range** { *time-range-name* | **all** } [| { **begin** | **exclude** | **include** } *regular-expression*]	显示时间段配置和状态信息
S3100、S3600、S5100、S5600 等低端系列交换机： **display packet-filter** { **global** | **interface** *interface-type interface-number* | **port-group** [*group-id*] | **unitid** *unit-id* | **vlan** [*vlan-id*] } **S5120、S5500、S58、S7500E、S9500、S9500E 等中高端系列交换机：** **display packet-filter** { { **all** | **interface** *interface-type interface-number* } [**inbound** | **outbound**] | **interface vlan-interface** *vlan-interface-number* [**inbound** | **outbound**] [**slot** *slot-number*] } [| { **begin** | **exclude** | **include** } *regular-expression*] **S7500 系列交换机：** **display acl running-packet-filter** { **all** | **interface** *interface-type interface-number* }	显示包过滤的应用信息
S7500 系列交换机： **display acl order**	显示应用的 ACL 规则生效顺序
S7500 系列交换机： **display acl config statistics**	显示配置的 ACL 规则统计信息
S5120、S5500、S58、S7500E、S9500、S9500E 等中高端系列交换机： **reset acl counter** { *acl-number* | **all** }	清除 IPv4 ACL 统计信息（S5500、S7500E、S9500、S9500E 等系列支持）

1. display acl 命令

S3100、S3600、S5100、S5600 等低端 H3C 交换机系列中的 **display acl** { **all** | *acl-number* }命令用来显示 ACL 的配置信息。二选一选项 **all** 用来显示所有 ACL 的配置信息；二选一参数 *acl-number* 用来指定要显示配置信息的 ACL 序号，取值范围为 2000～5999。

【示例 1】显示基本 ACL 2000 的详细配置信息。

```
<Sysname> display acl 2000
Basic ACL   2000, 1 rule     !---显示是 IPv4 基本 ACL，ACL 号为 2000，包括一条规则
Acl's step is 1     !---显示步长为 1
 rule 0 permit     !---显示对应的规则项配置
```

S5120、S5500、S58、S7500E、S9500、S9500E 等中高端 H3C 交换机系列的 **display acl** { *acl-number* | **all** | **name** *acl-name* } [**slot** *slot-number*] [| { **begin** | **exclude** | **include** } *regular-expression*]命令用来显示 IPv4 ACL 的配置和运行情况。本命令将按照实际匹配顺序来排列 ACL 内的规则，即：当 ACL 的规则匹配顺序为配置顺序时，各规则将按照编号由小到大排列；当 ACL 的规则匹配顺序为自动排序时，各规则将按照“深度优先”原则由深到浅排列。参数和选项说明如下：

- *acl-number*：多选一参数，显示指定编号的 IPv4 ACL 的配置和运行情况。*acl-number* 表示 IPv4 ACL 的编号，取值范围及其代表的 ACL 类型如下：
  - 2000～2999：表示 IPv4 基本 ACL；
  - 3000～3999：表示 IPv4 高级 ACL；
  - 4000～4999：表示二层 ACL。
- **all**：多选一选项，显示所有 IPv4 ACL 的配置和运行情况。

- **name** *acl-name*：多选一参数，显示指定名称的 IPv4 ACL 的配置和运行情况。*acl-name* 表示 IPv4 ACL 的名称，为 1～63 个字符的字符串，不区分大小写，必须以英文字母 a～z 或 A～Z 开头。
- **slot** *slot-number*：可选参数，显示 IRF 中指定成员设备的 IPv4 ACL 运行情况，*slot-number* 表示成员设备编号，取值范围取决于当前 IRF 中的成员数量和编号情况。
- |：可选项，使用正则表达式对显示信息进行过滤。
- **begin**：多选一选项，指定从包含指定正则表达式的行开始显示。
- **exclude**：多选一选项，指定只显示不包含指定正则表达式的行。
- **include**：多选一选项，指定只显示包含指定正则表达式的行。
- *regular-expression*：可选参数，表示正则表达式，为 1～256 个字符的字符串，区分大小写。

【示例 2】显示所有 IPv4 ACL 的配置和运行情况，输出信息中字段说明如表 7-18 所示。

```
<Sysname> display acl all
Basic ACL   2000, named flow, 3 rules,
Statistics is enabled
ACL's step is 5
 rule 0 permit
 rule 5 permit source 1.1.1.1 0 (5 times matched)
 rule 10 permit vpn-instance mk

Basic ACL   2001, named -none-, 3 rules, match-order is auto,
ACL's step is 5
 rule 10 permit vpn-instance rd
 rule 10 comment This rule is used in VPN rd.
 rule 5 permit source 2.2.2.2 0
 rule 0 permit
```

表 7-18 display acl 命令输出信息说明

字段	说明
Basic ACL 2000	该 ACL 的类型和编号，ACL 的类型包括： Basic ACL：表示 IPv4 基本 ACL Advanced ACL：表示 IPv4 高级 ACL Ethernet frame ACL：表示二层 ACL
named flow	该 ACL 的名称为 flow，-none-表示没有名称
3 rules	该 ACL 内包含的规则数量
match-order is auto	该 ACL 的规则匹配顺序为自动排序（匹配顺序为配置顺序时不显示本字段）
Statistics is enabled	基于硬件应用的 ACL 匹配统计功能已经开启
ACL's step is 5	该 ACL 的规则编号的步长值为 5
rule 0 permit	规则 0 的具体内容
5 times matched	该规则匹配的次数为 5，在 ACL 规则中未配置 **counting** 参数且在 ACL 视图下未配置 **hardware-count enable** 命令的情况下，此处仅统计软件 IPv4 ACL 的匹配次数；如果配置了 **counting** 参数或 **hardware-count enable** 命令，则此处将统计基于软件和基于硬件应用的 IPv4 ACL 的匹配次数之和（匹配次数为 0 时不显示本字段）
rule 10 comment This rule is used in VPN rd.	规则 10 的描述信息为 This rule is used in VPN rd.

S7500 系列交换机的 **display acl config** { **all** \| *acl-number* \| *acl-name* }命令用来显示 ACL 的详细配置信息，包括 ACL 类型、序号、ACL 规则数、ACL 规则的内容、该 ACL 规则匹配数据包的次数。本命令显示信息中的匹配次数是软件匹配次数，即需要经过交换机 CPU 处理的 ACL 匹配次数。命令中的参数和可选项说明如下：

- **all**：多选一选项，指定显示所有的 ACL（包括数字标识的和名字标识的）。
- *acl-number*：多选一参数，指定要显示配置信息的 ACL 序号，取值范围为 2000~5999。
- *acl-name*：多选一参数，指定要显示配置信息的 ACL 名字，最多 32 个字符，必须以英文字母（即[a～z,A～Z]）开始，而且中间不能有空格和引号；不区分大小写，不允许使用关键字 **all**。

【示例 3】显示所有 ACL 的配置信息。

```
<H3C> display acl config all
Basic ACL    2000, 1 rule,
 rule 0 permit source 1.1.1.1 0 (0 times matched)
```

2．display time-range 命令

S3100、S3600、S5100、S5600、S7500 等系列交换机的 **display time-range** { **all** | *time-name* }命令用来显示时间段的配置和状态，当前处于激活状态的时间段将显示 Active，处于非激活状态的时间段将显示 Inactive。命令中的参数和可选项说明如下：

- **all**：二选一选项，指定显示所有的时间段的配置和状态。
- *time-name*：二选一参数，指定要显示配置和状态的时间段名称，是以英文字母 a～z 或 A～Z 为起始字母的字符串，取值范围为 1～32 个字符。

【示例 4】显示当前交换机上已配置的所有时间段配置和状态。

```
<Sysname> display time-range all
Current time is 17:01:34 May/21/2007 Monday      !---显示系统当前日期和时间

Time-range : tr ( Active )      !---显示活跃的时间段配置
 12:00 to 18:00 working-day

Time-range : tr1 ( Inactive )      !---显示非活跃的时间段配置
 From 12:00 Jan/1/2008 to 12:00 Jun/1/2008
```

S5120、S5500、S58、S7500E、S9500、S9500E 等中高端系列交换机的 **display time-range** { *time-range-name* | **all** } [| { **begin** | **exclude** | **include** } *regular-expression*]命令用来显示时间段的配置和状态信息。命令中的参数和选项说明如下：

- *time-range-name*：二选一参数，显示指定名称的时间段的配置和状态信息。*time-range-name* 表示时间段的名称，为 1～32 个字符的字符串，不区分大小写，必须以英文字母 a～z 或 A～Z 开头。
- **all**：二选一选项，显示所有时间段的配置和状态信息。
- |：可选项，使用正则表达式对显示信息进行过滤。有关正则表达式的详细介绍，请参见“基础配置指导”中的“CLI 配置”。
- **begin**：多选一可选项，指定从包含指定正则表达式的行开始显示。
- **exclude**：多选一可选项，指定只显示不包含指定正则表达式的行。
- **include**：多选一可选项，指定只显示包含指定正则表达式的行。
- *regular-expression*：可选参数，表示正则表达式，为 1～256 个字符的字符串，区分大小写。

【示例 5】显示时间段 t4 的配置和状态信息。

```
<Sysname> display time-range t4
Current time is 17:12:34 4/13/2010 Tuesday

Time-range : t4 ( Inactive )
 10:00 to 12:00 Mon
 14:00 to 16:00 Wed
 from 00:00 1/1/2010 to 23:59 1/31/2010
 from 00:00 6/1/2010 to 23:59 6/30/2010
```

3．display packet-filter 命令

S3100、S3600、S5100、S5600 等低端系列交换机的 **display packet-filter** { **global** | **interface** *interface-type interface-number* | **port-group** [*group-id*] | **unitid** *unit-id* | **vlan** [*vlan-id*] }命令用来显示

包过滤的应用信息。命令中的参数和选项说明如下：

- **global**：多选一选项，表示显示全局包过滤的应用信息。
- **interface** *interface-type interface-number*：多选一参数，指定要显示包过滤应用信息的端口类型和端口编号。
- **port-group** *group-id*：多选一参数，指定要显示包过滤应用信息的端口组编号。
- **unitid** *unit-id*：多选一参数，显示指定 Unit ID 号的成员交换机上的包过滤应用信息，但 Unit ID 号取值只能为 1。
- **vlan** *vlan-id*：多选一参数，指定要显示包过滤应用信息的 VLAN 编号。

【示例 6】显示当前交换机上的包过滤的应用信息。

```
<Sysname> display packet-filter unitid 1
GigabitEthernet1/0/1     !--- 显示应用包过滤的端口
 Inbound:       !---显示包过滤方向为入方向
 Acl 2000 rule 0   running     !---显示应用包的 ACL 规则及运行状态
```

S5120、S5500、S58、S7500E、S9500、S9500E 等中高端系列交换机的 **display packet-filter** { { **all** | **interface** *interface-type interface-number* } [**inbound** | **outbound**] | **interface vlan-interface** *vlan-interface-number* [**inbound** | **outbound**] [**slot** *slot-number*] } [| { **begin** | **exclude** | **include** } *regular-expression*] 命令用来显示报文过滤策略的应用情况。命令中的参数和选项说明如下：

- **all**：二选一选项，显示所有端口/接口上报文过滤策略的应用情况。
- **interface** *interface-type interface-number*：二选一参数，显示指定端口上报文过滤策略的应用情况。*interface-type interface-number* 表示端口类型和端口编号。
- **inbound**：二选一可选项，指定显示端口/接口入方向上报文过滤策略的应用情况。
- **outbound**：二选一可选项，显示端口/接口出方向上报文过滤策略的应用情况。如果没有指定 **inbound** 和 **outbound** 参数，将同时显示端口/接口出、入方向上报文过滤策略的应用情况。
- **interface vlan-interface** *vlan-interface-number*：多选一参数，显示指定 VLAN 接口上报文过滤策略的应用情况。*vlan-interface-number* 表示 VLAN 接口的编号。
- **slot** *slot-number*：可选参数，显示 IRF 中指定成员设备的 VLAN 接口上报文过滤策略的应用情况。*slot-number* 表示成员设备编号，取值范围取决于当前 IRF 中的成员数量和编号情况。如果不指定该参数，将显示 IRF 中所有成员设备的 VLAN 接口上报文过滤策略的应用情况。
- **|**：可选项，使用正则表达式对显示信息进行过滤。有关正则表达式的详细介绍，请参见“基础配置指导”中的“CLI 配置”。
- **begin**：多选一可选项，指定从包含指定正则表达式的行开始显示。
- **exclude**：多选一可选项，指定只显示不包含指定正则表达式的行。
- **include**：多选一可选项，只显示包含指定正则表达式的行。
- *regular-expression*：可选参数，表示正则表达式，为 1～256 个字符的字符串，区分大小写。

【示例 7】显示端口 GigabitEthernet1/0/1 出、入方向上报文过滤策略的应用情况。

```
<Sysname> display packet-filter interface gigabitethernet 1/0/1
  Interface: GigabitEthernet1/0/1   !---显示应用报文过滤策略的以太网端口/VLAN 接口名称
  In-bound Policy:     !---显示入方向上报文过滤策略的应用情况
    acl 2001, Successful     !---显示应用 IPv4 ACL 2001 成功
  Out-bound Policy:     !---显示出方向上报文过滤策略的应用情况
    acl6 2500, Fail     !---显示应用 IPv6 ACL 2500 失败
```

S7500 系列交换机中的 **display acl running-packet-filter** { **all** | **interface** *interface-type interface-number* }命令用来显示 ACL 的应用信息，包括下发端口、应用方向、ACL 名（或序号）、ACL 规则序号和应用状态。命令中的参数和选项说明如下：

- **all**：二选一选项，指定要显示所有 ACL 的应用信息（包括数字标识的和名字标识的）。
- **interface** *interface-type interface-number*：二选一参数，指定要显示 ACL 应用信息的交换机端口。

【示例 8】显示所有接口的 ACL 的应用信息。

```
<H3C> display acl running-packet-filter all
Ethernet3/0/1
 Inbound:
 Acl 2000 rule 0    running
```

4．display acl order 命令

S7500 系列交换机的 **display acl order** 命令用来显示应用的 ACL 规则生效顺序。

【示例 9】显示下发的 ACL 规则生效顺序。

```
<H3C> display acl order
the current order is auto      !---显示当前的生效顺序是自动方式
```

5．display acl config statistics 命令

S7500 系列交换机的 **display acl config statistics** 命令用来显示当前配置的 ACL 规则统计信息，包括基本、高级、二层以及用户自定义的 ACL 规则数目，以及系统配置的 ACL 规则总数。

【示例 10】显示当前配置的 ACL 规则统计信息。

```
<H3C> display acl config statistics
 The configured rule statistics:
 Basic rule(s): 5       !---显示当前配置的 IPv4 基本 ACL 数为 5 个
 Advanced rule(s): 132    !---显示当前配置的 IPv4 高级 ACL 数为 132 个
 Link rule(s): 4       !---显示当前配置的二层 ACL 数为 4 个
 User rule(s): 2       !---显示当前配置的用户自定义 ACL 数为 2 个

 Total 143 rule(s) configured   !---显示当前已配置的 ACL 规则数为 143 个
```

6．reset acl counter 命令

S5120、S5500、S58、S7500E、S9500、S9500E 等中高端系列交换机的 **reset acl counter** { *acl-number* | **all** | **name** *acl-name* }命令用来清除 ACL 统计信息。命令中的参数和选项说明如下：

- *acl-number*：多选一参数，指定要清除统计信息的 ACL 编号，取值范围为 2000~4999（因为这些交换机都不支持用户自定义 ACL）。
- **all**：多选一选项，指定清除所有 ACL 的统计信息。
- name *acl-name*：多选一参数，指定清除 ACL 统计信息的 ACL 名称。*acl-name* 表示 IPv4 ACL 的名称，为 1～63 个字符的字符串，不区分大小写，必须以英文字母 a～z 或 A～Z 开头。

【示例 11】清除编号为 2001 的 IPv4 基本 ACL 的统计信息。

```
<Sysname> reset acl counter 2001
```

【示例 12】清除名为 test 的 ACL 的统计信息。

```
<Sysname> reset acl counter name test
```

7.4 H3C 交换机 ACL 配置示例

为了使大家对 ACL 配置和应用有一个全面的理解，下面介绍几个 ACL 配置和应用的综合示例。当然会分别介绍基本 ACL、高级 ACL、二层 ACL 和用户自定义 ACL 的配置方法。尽管在下面的示例中是针对具体系列的交换机进行介绍的，但其他系列的对应 ACL 配置方法可参见本章前面相关系列交换机 ACL 配置的介绍进行类似配置。

7.4.1 基本 ACL 典型配置示例

本示例要求，通过基本 ACL 实现在每天 8:00～18:00 的时间段内对 IP 为 10.1.1.1 的主机发出的报文进行过滤（该主机从交换机的 Ethernet2/0/1 接入）。网络结构如图 7-1 所示。

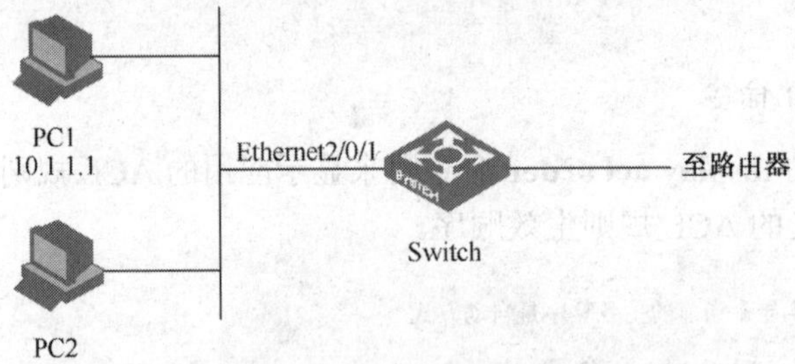

图 7-1　基本 ACL 配置示例的网络结构

具体的配置步骤如下：

```
H3C> system-view
[H3C] time-range test 8:00 to 18:00 daily      !---定义时间段（定义 8:00～18:00 的周期时间段）
[H3C] acl number 2000
[H3C-acl-basic-2000] rule 1 deny source 10.1.1.1 0 time-range test    !---定义源 IP 为 10.1.1.1，应用时间段为 test 的访问规则
[H3C-acl-basic-2000] quit
[H3C] interface Ethernet2/0/1
[H3C-Ethernet2/0/1] qos
[H3C-qoss-Ethernet2/0/1] packet-filter inbound ip-group 2000     !---在端口上应用 ACL（在端口上应用 ACL 2000）
```

7.4.2 高级 ACL 配置示例

本示例中，公司企业网通过 Switch 的端口实现各部门之间的互连。研发部门由 Ethernet2/0/1 接入交换机，工资查询服务器的地址为 192.168.1.2。要求正确配置 ACL，限制研发部门在工作日 8:00～18:00 访问工资服务器。网络结构如图 7-2 所示。

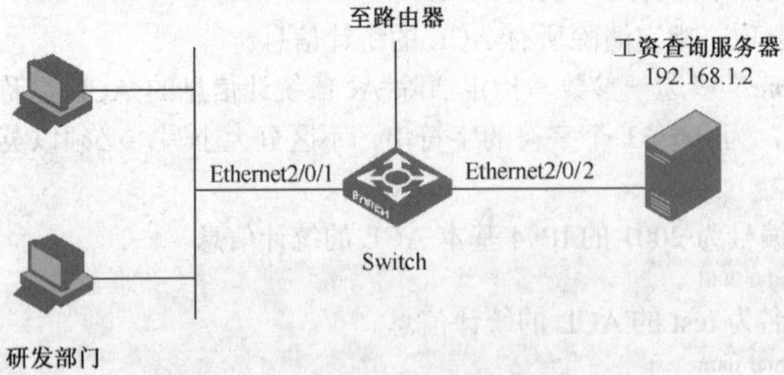

图 7-2　高级 ACL 配置示例的网络结构

具体的配置步骤如下：

```
<H3C> system-view
[H3C] time-range test 8:00 to 18:00 working-day     !---定义时间段（定义 8:00～18:00 的周期时间段）
[H3C] acl number 3000
[H3C-acl-adv-3000] rule 1 deny ip destination 192.168.1.2 0 time-range test     !---定义研发部门到工资服务器 192.168.1.2（掩码为 0，表示单一主机），应用 test 时间段的访问规则
[H3C-acl-adv-3000] quit
[H3C] interface Ethernet2/0/1
[H3C-Ethernet2/0/1] qos
```

```
[H3C-qoss-Ethernet2/0/1] packet-filter inbound ip-group 3000    !---在端口上应用 ACL（在 Ethernet2/0/1 端口上应用 ACL 3000）
```

7.4.3 二层 ACL 配置示例

本示例中，通过二层 ACL 实现在每天 8:00～18:00 的时间段内对源 MAC 为 0011-0011-0101、目的 MAC 为 0011-0011-0303 报文的过滤。在 Ethernet2/0/1 端口上应用该二层 ACL。网络结构如图 7-3 所示。

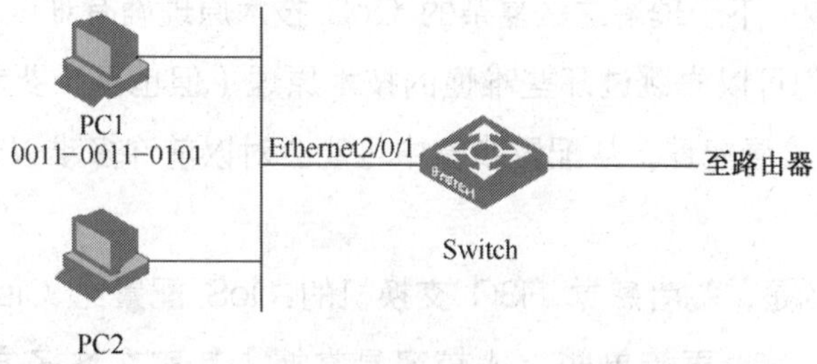

图 7-3 二层 ACL 配置示例的网络结构

具体的配置步骤如下：

```
<H3C> system-view
[H3C] time-range test 8:00 to 18:00 daily    !---定义时间段（定义 8:00～18:00 的周期时间段）
[H3C] acl number 4000
[H3C-acl-link-4000] rule 1 deny ingress 0011-0011-0101 ffff-ffff-ffff egress 0011-0011-0303 ffff-ffff-ffff time-range test    !---定义源 MAC
为 0011-0011-0101、目的 MAC 为 0011-0011-0303，应用 test 时间段的 ACL 规则
[H3C-acl-link-4000] quit
[H3C] interface Ethernet 2/0/1
[H3C-Ethernet2/0/1] qos
[H3C-qoss-Ethernet2/0/1] packet-filter inbound link-group 4000    !---在端口上应用 ACL（在 Ethernet2/0/1 端口上应用 ACL 4000）
```

7.4.4 用户自定义 ACL 配置示例

本示例中，通过用户自定义 ACL 实现在每天 8:00～18:00 的时间段内禁止所有的 TCP 报文通过。在 Ethernet2/0/1 端口上应用该用户自定义 ACL。网络结构如图 7-4 所示。

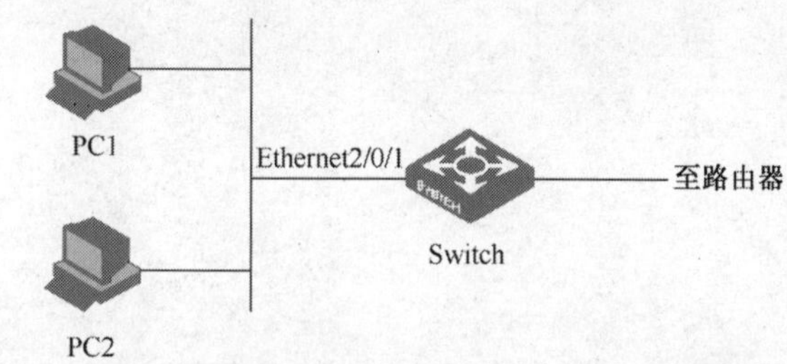

图 7-4 用户自定义 ACL 配置示例的网络结构

具体的配置步骤如下：

```
[H3C] time-range test 8:00 to 18:00 daily    !---定义时间段（定义 8:00～18:00 的周期时间段）
[H3C] acl number 5000
[H3C-acl-user-5000] rule 1 deny 06 ff 27 time-range test    !---定义禁止 TCP 报文通过，应用 test 时间段的 ACL 规则
[H3C] interface Ethernet2/0/1
[H3C-Ethernet2/0/1] qos
[H3C-qosb-Ethernet2/0/1] packet-filter inbound user-group 5000    !---在端口上应用 ACL（在 Ethernet2/0/1 端口上应用 ACL 5000）
```

8 H3C 交换机 QoS 配置与管理

一说到 QoS，可能会吓倒一大片，因为我们已从本书第 6 章中了解到了 QoS 所涉及到的技术，以及 Cisco IOS 交换机 QoS 配置的复杂性。说句实话，对于以前网络设备知识不多的读者来说，要一下子理解这么复杂的 QoS 技术原理确有难度，但并不是说我们就不能学了。这时我们可以先跳过那些难懂的技术原理（但也至少要看一遍，知道有这么一些技术），然后直接看配置，从配置步骤中可能会对以前许多难以理解的技术原理豁然开朗，帮助理解。

另外，不得不说的是，笔者感觉 H3C 交换机的 QoS 配置比 Cisco IOS 交换机的 QoS 配置思路要清晰，也更简单些，比较容易掌握（其实在许多方面都是这样，如 VLAN 划分配置、端口安全配置、端口镜像配置等），所以大家不要有犹豫、害怕心理，本章所介绍的配置内容都还是比较容易理解的，不像 Cisco IOS 交换机的 QoS 配置那么复杂。

因为 QoS 的基础知识在本书第 6 章介绍 Cisco IOS 交换机 QoS 配置时已有介绍，故在此不再赘述。本章直接介绍 H3C 交换机中的主要 QoS 功能配置与管理。其中包括优先级映射、流量监管、流量整形、端口限速、拥塞管理、拥塞避免、流量过滤、重标记、全局 CAR、流量统计和数据缓冲区等配置与管理。这些 QoS 功能在我们的日常网络维护中都是经常要用到的。本章有大量示例，可以有效地帮助理解。

8.1　H3C 交换机 QoS 配置基础

因为有关 QoS 的基础知识在本书的第 6 章介绍 Cisco IOS 交换机的 QoS 配置时已有比较详细的介绍，故本章不再对这部分通用基础知识进行赘述，仅在相应小节中对与 H3C 交换机 QoS 配置密切相关的知识点进行介绍。

8.1.1　H3C 交换机 QoS 配置方式

QoS 只是一种质量服务的总称，并不是一种具体的服务。也不是像我们传统意义上所认为的那样，QoS 配置必须依靠策略，也有不需要 QoS 策略的 QoS 服务，如经常所做的端口限速配置。正因如此，QoS 有两种配置方式：QoS 策略配置方式和非 QoS 策略配置方式。有些 QoS 功能只能使用其中一种方式来配置，有些 QoS 功能使用两种方式都可以进行配置。在实际应用中，两种配置方式也可以结合起来使用。

非 QoS 策略配置方式是指不通过 QoS 策略来进行的配置。例如，端口限速功能可以通过直接在接口上配置来实现。具体将在本章后面详细介绍。

QoS 策略配置方式是指通过配置 QoS 策略来实现 QoS 功能，绝大多数 QoS 功能都是通过 QoS 策略来实现的。QoS 策略包含了三个基本要素：类、流行为、策略。用户可以通过 QoS 策略将指定的类和流行为绑定起来，灵活地进行 QoS 配置。

- QoS 策略中的类的要素包括：类的名称和类的规则。用户可以通过命令定义一系列的报文分类条件，如包中 QoS 标签中的 DSCP、CoS 或 IP 优先级。
- QoS 策略中的流行为用来定义针对报文所做的 QoS 动作。流行为的要素包括：流行为的名称和流行为中定义的动作。用户可以通过命令在一个流行为中定义多个动作。
- QoS 策略是用来将指定的类和流行为绑定起来，对分类后的报文执行流行为中定义的动作。这是整个 QoS 策略的核心，它包括：策略名称、绑定在一起的类和流行为的名称。用户可以在一个策略中定义多个类与流行为的绑定关系。

8.1.2　QoS 策略配置方式的基本配置流程

其实我们从上节的简单介绍就可以得出 QoS 策略配置方式的基本配置流程，那就是：

（1）先定义流的分类和匹配规则。流分类的匹配规则可以有许多种，如根据包中 IP 优先级值、CoS 值或者 DSCP 值，还可以根据包中的源或者目的 MAC 地址、协议类型、用户或运营商网络的 VLAN ID，或者指定的 IP ACL。

（2）接着定义该流分类所需的流行为。这个行为包括对指定分类的包进行流量监管、流量过滤、流量重定向、重标记、流量统计等。

（3）再用 QoS 策略把前面的流分类和流行为定义绑定在一起，使所定义的流分类与流行为关联起来，对不同类型的流采取不同的流行为。

（4）应用所配置的 QoS 策略。这就需要知道 QoS 在什么位置应用了。可以应用 QoS 策略的位置包括交换机全局、指定交换机端口、指定 VLAN、指定用户和控制平面（指交换机中运行路由、交换协议进程的处理单元）。

以上四个主要步骤如图 8-1 所示。

在 H3C 交换机中，QoS 配置流程如图 8-1 所示。

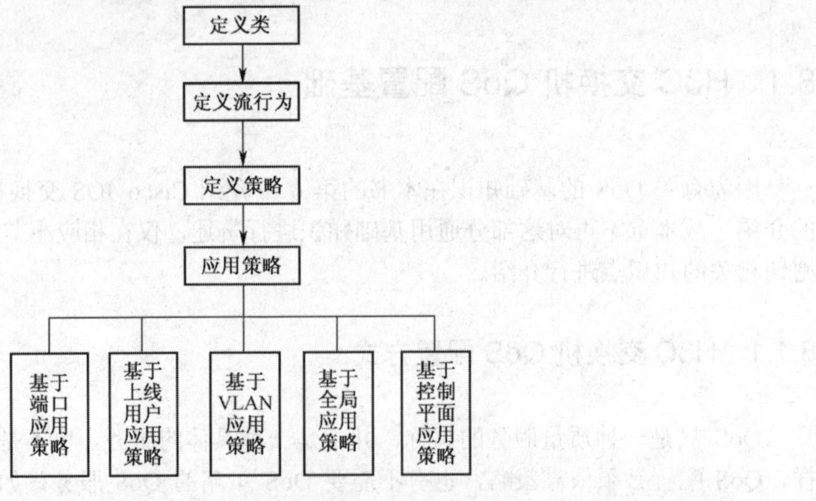

图 8-1 H3C 交换机 QoS 配置基本流程

8.1.3 定义流分类

定义流分类首先要创建一个类名称，然后在此类视图下配置其匹配规则，如表 8-1 所示。

表 8-1 定义流分类的基本步骤

步骤	命令	说明
1	**system-view** 例如：<Sysname> **system-view**	进入系统视图
2	**traffic classifier** *tcl-name* [**operator** { **and** | **or** }] 例如：[Sysname] **traffic classifier** class1	定义一个流分类，并进入类视图。命令中的参数和可选项说明如下： ● *tcl-name*：指定流分类的名称，为 1~31 个字符的字符串 ● **and**：二选一选项，指定流分类中的规则之间是逻辑“与”关系，即数据包只有匹配了分类中的所有规则，才能属于这个类 ● **or**：二选一选项，指定流分类中的规则之间是逻辑“或”关系，数据包只要匹配了分类中的任何一个规则即可属于该分类 默认情况下为 **and** 操作模式，可用 **undo traffic classifier** *tcl-name* 命令删除一个类
3	**if-match** *match-criteria* 例如：[Sysname-classifier-class1] **if-match destination-mac** 0050-ba27-bed3	定义对应流分类的匹配规则。不同的 QoS 功能应用所需采用的匹配规则也会不一样，可用的匹配规则如表 8-2 所示（注意不是所有匹配都要选取的，只需根据需要选择一个或多个）

表 8-2 流分类可用的匹配规则

取值	说明
acl [**ipv6**] { *acl-number* | **name** *acl-name* }	定义流分类要与指定的 IP ACL 规则（不能是 MAC ACL）匹配。IPv4 ACL 序号的取值范围是 2000～4999，IPv6 ACL 序号的取值范围是 2000～3999。 参数 *acl-name* 是 ACL 的名称，为 1～32 个字符的字符串，不区分大小写，必须以英文字母 a～z 或 A～Z 开头，为避免混淆，ACL 的名称不可以使用英文单词 all。 有关 H3C 交换机中的 ACL 方面知识参见本书第 7 章
any	定义匹配所有报文的规则
customer-dot1p *8021p-list*	定义与指定的 802.1p 优先级匹配，*8021p-list* 为 CoS 取值的列表，最多可以输入 8 个 CoS 取值，用空格隔开，CoS 的取值范围为 0～7
customer-vlan-id *vlan-id-list*	定义与指定的用户网络 VLAN ID 匹配，*vlan-id-list* 为 VLAN ID 的列表，形式可以为 *vlan-id* **to** *vlan-id*，也可以输入多个不连续的 VLAN ID，用空格隔开，最多允许用户同时指定 8 个 VLAN ID；VLAN ID 的取值范围为 1～4094
source-mac *mac-address*	定义与指定的源 MAC 地址匹配
destination-mac *mac-address*	定义与指定的目的 MAC 地址匹配
dscp *dscp-list*	定义与指定的 DSCP 匹配，*dscp-list* 为 DSCP 取值的列表，最多可以输入 8 个 DSCP 取值，用空格隔开，DSCP 的取值范围为 0～63
ip-precedence *ip-precedence-list*	定义与指定的 IP 优先级匹配，*ip-precedence-list* 为 IP 优先级取值的列表，最多可以输入 8 个 IP 优先级取值，用空格隔开，IP 优先级的取值范围为 0～7

续表

取值	说明
protocol *protocol-name*	定义与指定的协议匹配，*protocol-name* 取值为 IP 或 IPv6
qos-local-id *local-id-value*	定义与指定的 qos-local-id 匹配，*local-id-value* 为 QoS 本地 ID，取值范围为 1～4095，但在 S5800、S5820X 系列 H3C 交换机上，能够支持的 *local-id-value* 值为 1～3999
service-dot1p *8021p-list*	定义与指定的运营商网络 802.1p 优先级匹配，*8021p-list* 为 CoS 取值的列表，最多可以输入 8 个 CoS 取值，用空格隔开，CoS 的取值范围为 0～7
service-vlan-id *vlan-id-list*	定义与指定的运营商网络 VLAN ID 匹配，*vlan-id-list* 为 VLAN ID 的列表，形式可以为 *vlan-id* **to** *vlan-id*，也可以输入多个不连续的 VLAN ID，用空格隔开，最多允许用户同时指定 8 个 VLAN ID；VLAN ID 的取值范围为 1～4094
system-index *index-value-list*	定义与指定的预定义的上送控制平面报文类型匹配，*index-value-list* 为系统预定义匹配字段索引号（system-index）的列表，最多可以输入 8 个 system-index 值，system-index 值的取值范围为 1～128

在定义各种流分类匹配规则的时候，需注意如下事项：

（1）定义匹配 ACL 的规则时：

- 如果类中引用的 ACL 不存在，则不能在硬件中得到应用。
- 对同一个类，同一个 ACL 允许通过 ACL 名称和序号的方式分别引用一次。

（2）定义匹配目的 MAC 和源 MAC 地址规则时，一个类下可配置多条这样的命令，各个配置之间互相不覆盖。

（3）定义匹配 DSCP 的规则时：

- 一个类下可配置多条这样的命令，各个配置之间互相不覆盖。每条命令在配置后，*dscp* 值将自动按照从小到大的顺序排序。
- 一条命令可以配置多个 DSCP 值，最多可指定 8 个；如果指定了多个相同的 DSCP 值，系统默认为一个；多个不同的 DSCP 值是或的关系，即只要有一个值匹配，就算匹配这条规则。
- 删除某条匹配 DSCP 的规则时，指定的所有 DSCP 值必须与该规则中定义的完全相同才会删除，顺序可不一样。

（4）定义匹配用户网络或运营商网络的 802.1p 优先级的规则时：

- 一个类下可配置多条这样的命令，各个配置之间互相不覆盖。每条命令在配置后，*8021p* 值将自动按照从小到大的顺序排序。
- 一条命令可以配置多个 802.1p 优先级值，最多可指定 8 个；如果指定了多个相同的 802.1p 优先级值，系统默认为一个；多个不同的 802.1p 优先级值是或的关系，即只要有一个值匹配，就算匹配这条规则。
- 删除某条匹配 802.1p 优先级的规则时，指定的所有 802.1p 优先级值必须与该规则中定义的完全相同才会删除，顺序可不一样。

（5）定义匹配 IP 优先级的规则时：

- 一个类下可配置多条这样的命令，各个配置之间互相不覆盖。每条命令在配置后，IP 优先级的值将自动按照从小到大的顺序排序。
- 一条命令可以配置多个 IP 优先级值，最多可指定 8 个；如果指定了多个相同的 IP 优先级值，系统默认为一个；多个不同的 IP 优先级值是或的关系，即只要有一个值匹配，就算匹配这条规则。
- 删除某条匹配 IP 优先级的规则时，指定的所有 IP 优先级值必须与该规则中定义的完全相同才会删除，顺序可不一样。

（6）定义匹配用户网络和运营商网络 VLAN ID 的规则时：

- 一个类下可配置多条这样的命令，各个配置之间互相不覆盖。每条命令在配置后，*vlan-id* 值将自动按照从小到大的顺序排序。

- 一条命令可以配置多个 VLAN ID 值，如果指定了多个相同的 VLAN ID 值，系统默认为一个；多个不同的 VLAN ID 值是或的关系，即只要有一个值匹配，就算匹配这条规则。
- 删除某条匹配 VLAN ID 的规则时，指定的所有 VLAN ID 值必须与该规则中定义的完全相同才会删除，顺序可不一样。

（7）定义匹配预定义的上送控制平面报文类型的规则时：

- 一个类下可配置多条这样的命令，各个配置之间互相不覆盖。
- 一条命令可以配置多个 system-index 值，如果指定了多个相同的 system-index 值，系统默认为一个；多个不同的 system-index 值是或的关系，即只要有一个值匹配，就算匹配这条规则。
- 删除某条匹配 system-index 的规则时，指定的所有 system-index 值必须与该规则中定义的完全相同才会删除，顺序可不一样。

【注意】当流分类中各规则之间的逻辑关系为 **and** 时，对于以下匹配条件，用户虽然可以通过重复执行 **if-match** 命令来配置多条匹配不同取值的规则，或在一条规则中使用 list 形式输入多个匹配值，但在配置多个或者通过 list 形式列出多个以下同类规则取值时，将会无法正常应用：

- **customer-dot1p** *8021p-list*
- **destination-mac** *mac-address*（不支持 list 形式）
- **dscp** *dscp-list*
- **ip-precedence** *ip-precedence-list*
- **service-dot1p** *8021p-list*
- **source-mac** *mac-address*（不支持 list 形式）
- **system-index** *index-value-list*

如果用户要创建匹配以上某一字段多个取值的规则，需要在创建流分类时指定各规则之间的逻辑关系为 **or**，然后再配置匹配多个值的规则。

另外，如果使用 **customer-dot1p** *8021p-list* 规则作为流分类的匹配条件，则使用该流分类的 QoS 策略将不能在出方向进行应用。

【示例 1】定义类 class1 的匹配规则为匹配目的 MAC 地址为 0050-ba27-bed3 的报文。

```
<Sysname> system-view
[Sysname] traffic classifier class1
[Sysname-classifier-class1] if-match destination-mac 0050-ba27-bed3
```

【示例 2】定义类 class2 的匹配规则为匹配源 MAC 地址为 0050-ba27-bed2 的报文。

```
<Sysname> system-view
[Sysname] traffic classifier class2
[Sysname-classifier-class2] if-match source-mac 0050-ba27-bed2
```

【示例 3】定义类 class3 的匹配规则为匹配用户网络 802.1p 优先级为 3。

```
<Sysname> system-view
[Sysname] traffic classifier class3
[Sysname-classifier-class3] if-match customer-dot1p 3
```

【示例 4】定义类 class4 的匹配规则为匹配运营商网络 802.1p 优先级为 5。

```
<Sysname> system-view
[Sysname] traffic classifier class4
[Sysname-classifier-class4] if-match service-dot1p 5
```

【示例 5】定义类 class5 的匹配规则为 ACL 3100。

```
<Sysname> system-view
[Sysname] traffic classifier class5
[Sysname-classifier-class5] if-match acl 3100
```

【示例 6】定义类 class6 的匹配规则为名为 flow 的 ACL。

```
<Sysname> system-view
[Sysname] traffic classifier class6
```

```
[Sysname-classifier-class6] if-match acl name flow
```

【示例 7】定义类 class7 的匹配规则是匹配所有数据包的规则。

```
<Sysname> system-view
[Sysname] traffic classifier class7
[Sysname-classifier-class7] if-match any
```

【示例 8】定义类 class8 的匹配规则为匹配 DSCP 值为 1、6 或 9 的报文。

```
<Sysname> system-view
[Sysname] traffic classifier class8 operator or
[Sysname-classifier-class8] if-match dscp 1 6 9
```

【示例 9】定义类 class9 的匹配规则为匹配 IP 优先级值为 1 或 6 的报文。

```
<Sysname> system-view
[Sysname] traffic classifier class9 operator or
[Sysname-classifier-class1] if-match ip-precedence 1 6
```

【示例 10】定义类 class10 的匹配规则为匹配 IP 协议的报文。

```
<Sysname> system-view
[Sysname] traffic classifier class10
[Sysname-classifier-class10] if-match protocol ip
```

【示例 11】定义类 class11 的匹配规则为匹配用户网络 VLAN ID 值为 1、6 或 9 的报文。因为匹配这类规则时默认就是 or 操作模式，所以不用在流分类命令中指定操作模式为 or。

```
<Sysname> system-view
[Sysname] traffic classifier class11
[Sysname-classifier-class11] if-match customer-vlan-id 1 6 9
```

【示例 12】定义类 class12 的匹配规则为匹配运营商网络 VLAN ID 值为 2、7 或 10 的报文。因为匹配这类规则时默认就是 or 操作模式，所以不用在流分类命令中指定操作模式为 or。

```
<Sysname> system-view
[Sysname] traffic classifier class12
[Sysname-classifier-class12] if-match service-vlan-id 2 7 10
```

8.1.4 定义流行为

“流行为”就是对不同分类的流所采取的行为，或者说是 QoS 动作。定义流行为首先需要创建一个流行为名称，然后可以在此流行为视图下根据需要配置相应的流行为。每个流行为由一组 QoS 动作组成。流行为的配置步骤如表 8-3 所示。

表 8-3 定义流行为配置步骤

步骤	命令	说明
1	**system-view** 例如：<Sysname> **system-view**	进入系统视图
2	**traffic behavior** *behavior-name* 例如：[Sysname] **traffic behavior** behavior1 [Sysname-behavior-behavior1]	定义一个流行为，并进入流行为视图，*behavior-name* 用来指定流行为名称，为 1～31 个字符的字符串
3	配置流行为。流行为就是对符合流分类的报文做出相应的 QoS 动作，例如流量监管、流量过滤、流量重定向、重标记、流量统计等，这些都可以算是 QoS 的一系列功能应用，具体将在本章后面分别介绍	

8.1.5 定义 QoS 策略

QoS 策略使对应的流分类与流行为关联起来，然后在策略视图下为使用的类指定对应的流行为。以某种匹配规则将流区分为不同的类，再结合不同的流行为就能很灵活地实现各种 QoS 功能。定义 QoS 策略的步骤如表 8-4 所示。

表 8-4 在策略中为类指定流行为

步骤	命令	说明
1	**system-view** 例如：<Sysname> **system-view**	进入系统视图
2	**qos policy** *policy-name* 例如：[Sysname] **qos policy** user1	定义策略并进入策略视图
3	**classifier** *tcl-name* **behavior** *behavior-name* [**mode** { **dcbx** | **dot1q-tag-manipulation** }] 例如：[Sysname-qospolicy-user1] **classifier** database **behavior** test	在策略中为类指定采用的流行为。命令中的参数和选项说明如下： ● *tcl-name*：要绑定的流分类名称，为 1～31 个字符的字符串 ● *behavior-name*：要绑定的流行为名称，为 1～31 个字符的字符串 ● **mode dcbx**：二选一选项，表示该策略为 DCBX（Data Center Bridge Capability Exchange Protocol，数据中心桥能力交换协议）模式。比较少用，不详细介绍 ● **mode dot1q-tag-manipulation**：二选一选项，设置该类和流行为对应关系应用于 VLAN 映射功能。仅在配置 N:1 VLAN 映射功能时需要使用，在配置其他用途的 QoS 策略时请不要使用该选项 可用 **undo classifier** *tcl-name* 命令取消该 QoS 策略的应用

【说明】在 QoS 策略中，每个流分类只能与一个流行为进行关联。如果配置本命令时指定的类和流行为不存在，系统将创建一个空的类和空的流行为；如果 QoS 策略在定义流分类规则时引用了 ACL，则忽略 ACL 规则的动作，以流行为中定义的动作为准，报文匹配只使用 ACL 中的分类域。

当用户在策略下配置了多组类和流行为的对应关系时，如果某个流行为中配置了 **nest**、**remark customer-vlan-id** 或 **remark service-vlan-id** 动作，建议用户不要在此流行为中配置其他动作，以保证应用策略后实际的运行结果与用户的配置意图一致。

8.1.6 配置 QoS 策略应用

在 H3C 交换机中，QoS 策略支持以下应用方式：

- 基于全局应用 QoS 策略：QoS 策略对所有流量生效。
- 基于端口应用 QoS 策略：QoS 策略仅对通过端口接收（发送）的流量生效。
- 基于在线用户应用 QoS 策略：QoS 策略仅对通过在线用户接收（发送）的流量生效。
- 基于 VLAN 应用 QoS 策略：QoS 策略仅对通过同一个 VLAN 内所有端口接收（发送）的流量生效。
- 基于控制平面应用 QoS 策略：QoS 策略仅对通过控制平面接收的流量生效。

【说明】当在端口和全局同时应用了 QoS 策略时，端口上应用的策略优先级较高，优先生效。除基于在线用户应用的 QoS 策略外，当 QoS 策略应用后，用户仍然可以修改 QoS 策略中的流分类规则和流行为，以及二者的对应关系。当流分类规则中匹配的是 ACL 时，允许删除或修改该 ACL（包括向该 ACL 中添加、删除和修改规则）。

1. 基于全局应用 QoS 策略

基于全局应用 QoS 策略便于对流经交换机上的所有流量进行管理。全局应用 QoS 策略的命令就是 **qos apply policy** *policy-name* **global** { **inbound** | **outbound** }系统视图命令。命令中的参数和选项说明如下：

- *policy-name*：要应用的 QoS 策略的策略名，为 1～31 个字符的字符串。
- **inbound**：二选一选项，指定对交换机上所有端口接收到的报文应用指定的 QoS 策略。
- **outbound**：二选一选项，指定对交换机上所有端口发送的报文应用指定的 QoS 策略。

可用 **undo qos apply policy** [*policy-name*] **global** { **inbound** | **outbound** }命令取消全局应用指定的 QoS 策略。

以下示例是将名为 user1 的策略应用到交换机上全部流量的入方向上。

```
<Sysname> system-view
[Sysname] qos apply policy user1 global inbound
```

2. 基于端口应用 QoS 策略

除了可以在交换机上全局应用外，还可以仅在特定的交换机端口（可以是物理端口，也可以是端口组；可以是二层端口，也可以是三层端口）上应用。一个 QoS 策略可以在多个端口上被应用，但一个端口的出和入两个方向中每个方向只能应用一个 QoS 策略。在物理接口或者端口组中应用指定 QoS 策略的步骤如表 8-5 所示。

表 8-5　在端口上应用策略的配置步骤

步骤	命令	说明
1	**system-view** 例如：<Sysname> **system-view**	进入系统视图
2	**interface** *interface-type interface-number* 例如：[Sysname] interface gigabitethernet 1/0/1	（二者必选其一）进入二层以太网端口视图、三层以太网端口视图或端口组视图。 进入二层以太网端口视图/三层以太网端口视图后，下面进行的配置只在当前端口生效；进入端口组视图后，下面进行的配置将在端口组中的所有端口生效
	port-group manual *port-group-name* 例如：[Sysname] **port-group manual** group1	
3	**qos apply policy** *policy-name* { **inbound** | **outbound** } 例如：[Sysname-GigabitEthernet1/0/1] **qos apply policy** USER1 **outbound** 或 [Sysname-port-group-manual-group1] **qos apply policy** USER1 **outbound**	在以上指定端口或者端口组中应用关联的策略，参数说明参见本节前面全局应用中的相关介绍。 可用 **undo qos apply policy** [*policy-name*] { **inbound** | **outbound** }命令删除指定关联的 QoS 策略

【注意】为了确保这些报文能够被不受影响地发送出去，即便在端口的出方向应用了 QoS 策略，本地协议报文也不会受到 QoS 策略的限制，也就是 QoS 策略对本地协议报文不起作用，从而降低了因配置 QoS 而误将这些报文丢弃或进行其他处理的风险。一些常见的本地协议报文如下：链路维护报文、IS-IS、OSPF、RIP、BGP、LDP、RSVP、SSH 等。

3. 基于在线用户应用 QoS 策略

一个策略可以应用于多个在线用户，但在线用户的每个方向（发送/接收报文两个方向）只能应用一个策略，如果用户想修改某方向上应用的策略，必须先取消原先的配置，然后再配置新的策略。具体配置步骤如表 8-6 所示。

配置步骤中的 User Profile（用户配置文件）是一个配置模板，能够保存预设配置（一系列配置的集合）。用户可以根据不同的应用场景为 User Profile 配置不同的内容，比如 QoS 策略。用户访问设备时，需要先进行身份认证（目前支持 802.1X 和 Portal 两种接入认证方式）。在认证过程中，认证服务器会将 User Profile 名称下发给设备，设备会立即启用 User Profile 里配置的具体内容。当用户通过认证访问设备时，设备将通过这些具体内容限制用户的访问行为。当用户下线时，系统会自动禁用 User Profile 下的配置项，从而取消 User Profile 对用户的限定。因此，User Profile 适用于限制上线用户的访问行为，没有用户上线（可能是没有用户接入、用户没有通过认证或者用户下线）时，User Profile 是预设配置，并不生效。

表 8-6　基于在线用户应用 QoS 策略的配置步骤

步骤	命令	说明
1	**system-view**	进入系统视图
2	**user-profile** *profile-name* 例如：[Sysname]**user-profile** a123	创建 User Profile 并进入相应的 user-profile 视图，如果指定的 User Profile 已经存在，则直接进入相应的 user-profile 视图。进入 user-profile 视图后，下面进行的配置只在 User Profile 处于激活状态且用户成功上线后才生效

续表

步骤	命令	说明
2		参数 *profile-name* 表示要创建或要进入的 User Profile 的名称，为 1～31 个字符的字符串，只能包含英文字母[a～z,A～Z]、数字、下划线，且必须以英文字母开始，但区分大小写，而且必须全局唯一。 默认情况下，交换机上不存在 User Profile，可用 **undo user-profile** *profile-name* 命令删除已存在的、并处于未激活状态的 User Profile。需要注意的是，如果 User Profile 处于激活状态，则不能删除该 User Profile
3	**qos apply policy** *policy-name* { **inbound** | **outbound** } 例如：[Sysname-user-profile-a123]**qos apply policy** test **outbound**	在对应的在线用户上应用指定关联的 QoS 策略。命令中的参数和选项说明如下： ● *policy-name*：指定要应用的 QoS 策略名，为 1～31 个字符的字符串 ● **inbound**：二选一选项，指定仅对交换机入方向的在线用户流量（即在线用户发送的流量）应用策略 ● **outbound**：二选一选项，指定仅对交换机出方向的在线用户流量（即在线用户接收到的流量）应用策略 **inbound** 是对设备入方向的上线用户流量（即上线用户发送的流量）应用策略；**outbound** 是对设备出方向的上线用户流量（即上线用户接收到的流量）应用策略。注意，这里有点认识上的别扭，但想透后还是好理解的。 可用 **undo qos apply policy** [*policy-name*] { **inbound** | **outbound** }命令删除指定关联的策略
4	**quit** 例如：[Sysname-user-profile-a123]**quit**	退回系统视图
5	**user-profile** *profile-name* **enable** 例如：[Sysname] **user-profile** a123 **enable**	激活 User Profile。默认情况下，User Profile 处于未激活状态，可用 **undo user-profile** *profile-name* **enable** 命令禁用指定的 User Profile

【说明】如果 User Profile 处于激活状态，则除了可以修改策略引用的 ACL 外，既不能修改策略的其他内容，也不能删除已经应用到此 User Profile 的策略。如果 User Profile 对应的用户已经上线，则策略引用的 ACL 规则内容也不能修改。

user-profile 视图下应用的策略中的流行为只支持 **remark**、**car**、**filter** 三种动作。

user-profile 视图下应用的策略不能为空策略，因为应用空策略的 User Profile 不能被激活。

【示例 1】创建名称为 a123 的 User Profile。

```
<Sysname> system-view
[Sysname] user-profile a123
[Sysname-user-profile-a123]
```

【示例 2】对上线用户 a123 发送的报文应用策略 test（该策略已经建立）。

```
<Sysname> system-view
[Sysname] user-profile a123
[Sysname-user-profile-a123] qos apply policy test inbound
```

【示例 3】激活名称为 a123 的 User Profile。

```
<Sysname> system-view
[Sysname] user-profile a123 enable
```

4．基于 VLAN 应用 QoS 策略

基于 VLAN 应用 QoS 策略可以对某个 VLAN 上的所有流量进行管理。要在 VLAN 中应用指定的 QoS 策略，可以直接在系统视图下使用 **qos vlan-policy** *policy-name* **vlan** *vlan-id-list* { **inbound** | **outbound** }命令。命令中的参数和选项说明如下：

- *policy-name*：指定要应用的 QoS 策略名称，为 1～31 个字符的字符串。
- *vlan-id-list*：指定要应用指定 QoS 策略的 VLAN ID 列表，形式可以是 *vlan-id* **to** *vlan-id*，其中，*vlan-id* 为指定 VLAN 的 ID 号，取值范围为 1～4094。可以输入多个不连续的 VLAN ID，中间以空格隔开，最多允许用户同时指定 8 个 VLAN ID。
- **inbound**：二选一选项，指定仅对 VLAN 中接收到的报文应用 QoS 策略。

- **outbound**：二选一选项，指定仅对从 VLAN 中发送的报文应用 QoS 策略。

可用 **undo qos vlan-policy** [*policy-name*] **vlan** *vlan-id-list* { **inbound** | **outbound** }命令取消指定 VLAN 上应用的 QoS 策略。

以下示例是在 VLAN 200、300、400、500 的入方向上应用 VLAN 策略 test。

```
<Sysname> system-view
[Sysname] qos vlan-policy test vlan 200 300 400 500 inbound
```

【注意】基于 VLAN 应用的 QoS 策略不能应用在动态 VLAN 上。例如，在运行 GVRP 协议的情况下，设备可能会动态创建 VLAN，QoS 策略不能应用在该动态 VLAN 上。另外，建议用户不要在 VLAN 上和此 VLAN 内的端口上同时应用 QoS 策略。

5．基于控制平面应用 QoS 策略

可以将处理报文的设备单元抽象为数据平面与控制平面两个部分：数据平面（DP，Data Plane）是指对报文进行收发、交换的处理单元，它的主要工作是转发报文。它是由设备中各种专用转发芯片负责的，它们有极高的处理速度和很强的数据吞吐能力。

控制平面（CP，Control Plane）是指运行大部分路由交换协议进程的处理单元，它的主要工作是进行协议报文的解析和协议的计算，是由 CPU 负责的，具备灵活的报文处理能力，但数据吞吐能力有限。

数据平面接收到无法识别或处理的报文会送到控制平面进行进一步处理。如果上送控制平面的报文速率超过了控制平面的处理能力，那么上送控制平面的正常报文会得不到正确转发或及时处理，从而影响协议的正常运行，例如设备受到 DoS（Denial of Service，拒绝服务）攻击。为了解决此问题，用户可以把 QoS 策略应用在控制平面上，通过对上送控制平面的报文进行过滤、限速等 QoS 处理，达到保护控制平面正常收发报文、维护控制平面正常处理状态的目的。具体步骤如表 8-7 所示。

表 8-7　应用控制平面策略的步骤

步骤	命令	说明
1	**system-view** 例如：<Sysname> **system-view**	进入系统视图
2	**control-plane slot** *slot-number* 例如：[Sysname]**control-plane slot** 2	进入控制平面视图。在 IRF 中，使用 **slot** 参数进入指定成员设备的控制平面视图。*slot-number* 的取值范围取决于当前 IRF 中的成员数量和编号情况
3	**qos apply policy** *policy-name* **inbound**	在控制平面入方向上应用指定的 QoS 策略

以下示例对进入 IRF 中 3 号成员设备控制平面的报文应用策略 aaa。

```
<Sysname> system-view
[Sysname] control-plane slot 3
[Sysname-cp-slot3] qos apply policy aaa inbound
```

8.1.7　QoS 策略管理

可在任意视图下执行表 8-8 中所列的一系列的 **display** 命令显示 QoS 策略的运行情况，通过查看显示信息验证配置的效果。也可通过表中的一系列 **reset** 命令清除一些相关的统计信息。

表 8-8　QoS 策略显示和维护命令

命令	说明
display traffic classifier user-defined [*tcl-name*] [| { **begin** | **exclude** | **include** } *regular-expression*]	显示配置的类信息
display traffic behavior user-defined [*behavior-name*] [| { **begin** | **exclude** | **include** } *regular-expression*]	显示配置的流行为信息

续表

命令	说明
display qos policy user-defined [*policy-name* [**classifier** *tcl-name*]] [| { **begin** | **exclude** | **include** } *regular-expression*]	显示用户定义策略的配置信息
display qos policy interface [*interface-type interface-number*] [**inbound** | **outbound**] [| { **begin** | **exclude** | **include** } *regular-expression*]	显示指定端口或所有端口上策略的配置信息和运行情况
display qos vlan-policy { **name** *policy-name* | **vlan** *vlan-id* } [**slot** *slot-number*] [**inbound** | **outbound**] [| { **begin** | **exclude** | **include** } *regular-expression*]	显示 VLAN 应用 QoS 策略的信息
display qos policy global [**slot** *slot-number*] [**inbound** | **outbound**] [| { **begin** | **exclude** | **include** } *regular-expression*]	显示全局应用 QoS 策略的信息
display qos policy control-plane slot *slot-number* [**inbound**] [| { **begin** | **exclude** | **include** } *regular-expression*]	显示控制平面应用 QoS 策略的信息
display qos policy control-plane pre-defined [**slot** *slot-number*] [| { **begin** | **exclude** | **include** } *regular-expression*]	显示预定义控制平面应用 QoS 策略的信息
reset qos vlan-policy [**vlan** *vlan-id*] [**inbound** | **outbound**]	清除 VLAN 应用 QoS 策略的统计信息
reset qos policy global [**inbound** | **outbound**]	清除全局应用 QoS 策略的统计信息
reset qos policy control-plane slot *slot-number* [**inbound**]	清除控制平面应用 QoS 策略的统计信息

1. display traffic classifier 命令

display traffic classifier user-defined [*tcl-name*] [| { **begin** | **exclude** | **include** } *regular-expression*] 命令显示配置的流分类信息。命令中的参数和选项说明如下：

- **user-defined**：指定显示用户自定义的流分类。
- *tcl-name*：可选参数，指定要显示的流分类名称，为 1～31 个字符的字符串。如果未指定分类名，则将显示该设备上的所有用户定义类的信息。
- |：可选项，指定使用正则表达式对显示信息进行过滤。
- **begin**：多选一可选项，指定从包含指定正则表达式的行开始显示。
- **exclude**：多选一可选项，指定只显示不包含指定正则表达式的行。
- **include**：多选一可选项，指定只显示包含指定正则表达式的行。
- *regular-expression*：可选参数，指定用于过滤显示信息的正则表达式，为 1～256 个字符的字符串，区分大小写。

以下示例是显示交换机上配置的所有用户自定义的类信息。

```
<Sysname> display traffic classifier user-defined
User Defined Classifier Information:
 Classifier: USER1   !---显示流分类名为 USER1
  Operator: AND   !---显示规则匹配模式为“与”模式
  Rule(s) : if-match ip-precedence 5   !---显示匹配规则为 IP 优先级值为 5

 Classifier: database   !---显示流分类名为 database
  Operator: AND   !---显示规则匹配模式为“与”模式
  Rule(s) : if-match acl 3131   !---显示匹配规则为 ACL 3131
```

2. display traffic behavior 命令

display traffic behavior user-defined [*behavior-name*] [| { **begin** | **exclude** | **include** } *regular-expression*] 命令显示配置的流行为信息。命令中的参数除了 *behavior-name* 外，全部与上一命令类似，不再赘述。参数 *behavior-name* 用来指定要显示信息的行为名，如果未指定行为名，则显示所有用户自定义的行为的信息。

以下示例是显示交换机上配置的所有用户自定义的流行为信息。

```
<Sysname> display traffic behavior user-defined
User Defined Behavior Information:
    Behavior: 2   !---显示的流行为名为 2
      Accounting enable: byte   !---显示流量统计单位为字节
      Committed Access Rate:   !---显示流量限速信息，包括下面的 CIR、CBS 和 EBS 信息，可参见本书第 6 章
        CIR 12800 (kbps), CBS 4000 (byte), EBS 4000 (byte)
        Green Action: pass   !---显示对绿色报文的处理方式为通过
```

```
      Red Action: discard      !---显示对红色报文的处理方式为丢弃
      Yellow Action: pass      !---显示对黄色报文的处理方式为通过
    NetStream filter enable : permit      !---显示流量过滤行为为允许
    Redirect enable:      !---显示已启用重定向功能
      Redirect type: cpu   !---显示流量重定向类型为 cpu，也就是重定向到 CPU，还可以是接口（interface），或者下一跳（next-hop）
      Redirect  destination:  cpu      !---显示流量重定向的目的地为 CPU，对于接口重定向类型为端口名，对于下一跳重定向类型为下一跳 IP 地址
    Marking: !---以下显示重标记信息
      Remark dot1p COS 1    !---显示重标记类型为 802.1p 的 CoS 值 1
    Marking:
      Remark DSCP af12          !---显示重标记类型为 DSCP 值 af12
```

3．display qos policy 命令

display qos policy user-defined [*policy-name* [**classifier** *tcl-name*]] [| { **begin** | **exclude** | **include** } *regular-expression*] 命令用来显示用户定义策略的配置信息。命令中的参数除了 *policy-name* 外，全部与上一命令类似，不再赘述。参数 *policy-name* 用来指定要显示信息的 QoS 策略名，如果未指定策略名，则显示所有用户自定义的 QoS 策略的信息。

以下示例是显示交换机上所有用户自定义的 QoS 策略的配置信息。有关输出信息可以参见前面介绍的 **display traffic classifier** 和 **display traffic behavior** 两个命令的输出信息说明。

```
<Sysname> display qos policy user-defined
User Defined QoS Policy Information:
Policy: test
  Classifier: default-class
    Behavior: be
      -none-

  Classifier: USER1
    Behavior: USER1
      Committed Access Rate:
        CIR 256 (kbps), CBS 15000 (byte), EBS 0 (byte)
        Green Action: pass
        Red    Action: discard
      Marking:
        Remark IP Precedence 3
```

4．display qos policy interface 命令

display qos policy interface [*interface-type interface-number*] [**inbound** | **outbound**] [| { **begin** | **exclude** | **include** } *regular-expression*] 命令用来显示指定端口或所有端口上 QoS 策略的配置信息和运行情况。命令中的参数除了 *interface-type interface-number* 外，全部与上一命令类似，不再赘述。参数 *interface-type interface-number* 用来指定要显示 QoS 策略配置和运行信息的端口，如果未指定端口，则显示交换机所有端口上的 QoS 策略配置和运行信息。

以下示例是显示 GigabitEthernet1/0/1 端口上策略的配置信息和运行情况。有关输出信息可以参见前面介绍的 **display traffic classifier** 和 **display traffic behavior** 两个命令的输出信息说明。

```
<Sysname> display qos policy interface gigabitethernet 1/0/1
  Interface: GigabitEthernet1/0/1
  Direction: Inbound
  Policy: 1
   Classifier: 1
     Operator: AND
     Rule(s) : If-match acl 2000
     Behavior: 1
      Accounting Enable:
      Mirror enable:
        Mirror type: interface
        Mirror destination: GigabitEthernet1/0/2
```

```
    Marking:
      Remark dot1p COS 2
    Marking:
      Remark qos local ID 3
```

5．display qos vlan-policy 命令

display qos vlan-policy { **name** *policy-name* | **vlan** [*vlan-id*] } [**slot** *slot-number*] [**inbound** | **outbound**] [| { **begin** | **exclude** | **include** } *regular-expression*]命令用来显示基于 VLAN 应用 QoS 策略的信息。命令中的参数和选项说明如下：

- **name** *policy-name*：显示指定策略名称的基于 VLAN 应用 QoS 策略的信息。*policy-name* 表示策略名称，为 1～31 个字符的字符串。
- **vlan** *vlan-id*：指定要显示基于 VLAN 应用 QoS 策略的信息的 VLAN。
- **slot** *slot-number*：可选参数，显示指定成员设备上基于 VLAN 应用 QoS 策略的信息。*slot-number* 的取值范围取决于当前 IRF 中的成员数量和编号情况。
- **inbound**：二选一可选项，指定仅显示 VLAN 接收到的报文应用的 QoS 策略信息。
- **outbound**：二选一可选项，指定仅显示 VLAN 发送的报文应用的 QoS 策略信息。
- |：可选项，指定使用正则表达式对显示信息进行过滤。
- **begin**：多选一选项，指定从包含指定正则表达式的行开始显示。
- **exclude**：多选一选项，指定只显示不包含指定正则表达式的行。
- **include**：多选一选项，指定只显示包含指定正则表达式的行。
- *regular-expression*：指定用于过滤显示信息的正则表达式，为 1～256 个字符的字符串，区分大小写。

【注意】如果不指定显示方向，则同时显示出、入两个方向基于 VLAN 应用 QoS 策略的信息。如果不指定成员设备，则显示整个 IRF 系统基于 VLAN 应用 QoS 策略的信息。

以下示例是显示 IRF 中 6 号成员设备上应用的基于 VLAN 的名为 test 的 QoS 策略配置信息。

```
<Sysname> display qos vlan-policy name test slot 6
  Policy test
    Vlan 200：inbound
    Vlan 300：outbound
```

以下示例是显示 VLAN 2 上应用的 QoS 策略配置信息。命令中的各字段说明如表 8-9 所示。

```
<Sysname> display qos vlan-policy vlan 2
  Vlan 2

  Direction: Inbound

  Policy: 1
   Classifier: 2
     Operator: AND
     Rule(s) : If-match acl 2000
     Behavior: 2
       Accounting Enable
         163 (Packets)
       Committed Access Rate:
         CIR 128 (kbps), CBS 8000 (byte), EBS 0 (byte)
         Red Action: discard
         Green : 12928(Bytes)
         Red    : 43904(Bytes)

  Direction: Outbound

  Policy: 2
   Classifier: 3 (Failed)
```

```
Operator: AND
Rule(s) : If-match customer-dot1p 3
Behavior: 3
 Marking:
   Remark local precedence 2
```

表 8-9　display qos vlan-policy 命令输出信息字段说明

字段	说明
Vlan	引用 QoS 策略的 VLAN ID
Direction	对 VLAN 接收到（Inbound）或发送（Outbound）的报文应用 QoS 策略
Classifier	流分类的名称及其内容；如果在类的名称后面显示“(Failed)”，表示该流分类以及与其关联的流行为所组成的关联组没有在全局正常应用。 在 IRF 中，如果在没有使用 **slot** 参数的情况下显示“(Failed)”，表示该关联组没有在 IRF 上正常应用；如果在使用了 **slot** 参数的情况下显示“(Failed)”，表示该关联组没有在指定成员设备上正常应用。 一个 QoS 策略中可以存在多个关联组，某个关联组的下发失败并不影响其他关联组的正常应用
Operator	分类规则之间的逻辑关系
Rule(s)	分类规则
Behavior	流行为的名称及其内容，内容可以有多种类型
Accounting	流行为统计
Committed Access Rate	流量限速的相关信息
CIR	承诺信息速率，单位为 kbps
CBS	承诺突发尺寸，也就是容纳突发流量的令牌桶深度，单位为 byte
EBS	超出突发尺寸，在双令牌桶算法中超出承诺突发流量的部分，单位为 byte
Red Action	对红色报文的动作
Green	绿色报文的流量统计
Red	红色报文的流量统计

6．display qos policy global 命令

display qos policy global [**slot** *slot-number*] [**inbound** | **outbound**] [| { **begin** | **exclude** | **include** } *regular-expression*]命令用来显示基于全局应用 QoS 策略的信息。命令中的参数除了 **slot** *slot-number* 外，全部与 **display qos policy** 命令类似，不再赘述。参数 **slot** *slot-number* 用来显示指定成员设备的基于全局应用 QoS 策略的信息。*slot-number* 的取值范围取决于当前 IRF 中的成员数量和编号情况。

以下示例是显示基于全局应用 QoS 策略的信息。命令的输出信息可以参见本节前面 **display traffic classifier** 和 **display traffic behavior** 两个命令的输出信息说明。

```
<Sysname> display qos policy global

Direction: Inbound

  Policy: 1
   Classifier: 2
     Operator: AND
     Rule(s) : If-match acl 2000
     Behavior: 2
       Accounting Enable
         20864 (Bytes)
       Committed Access Rate:
         CIR 128 (kbps), CBS 8000 (Bytes), EBS 0 (Bytes)
         Red Action: discard
         Green : 12928(Bytes)
         Red     : 43904(Bytes)

  Direction: Outbound

  Policy: 2
   Classifier: 2 (Failed)
     Operator: AND
```

最权威的交换机配置与管理技术手册

```
        Rule(s) : If-match customer-dot1p 3
        Behavior: 1
          Marking:
            Remark local precedence 2
```

7. display qos policy control-plane 命令

display qos policy control-plane slot *slot-number* [**inbound**] [| { **begin** | **exclude** | **include** } *regular-expression*] 命令用来显示控制平面应用 QoS 策略的信息。命令中的参数和选项在本节前面介绍的命令中都有介绍，在此不再赘述。

以下示例是显示 3 号成员设备的控制平面入方向的 QoS 策略信息。输出信息中的字段说明如表 8-10 所示。

```
<Sysname> display qos policy control-plane slot 3 inbound
Control-plane slot 3
  Direction: Inbound
  Policy: 1
    Classifier: 2
      Operator: AND
      Rule(s) : If-match system-index 10
      Behavior: 2
        Committed Access Rate:
          CIR 128 (kbps), CBS 8000 (byte), EBS 0 (byte)
          Red Action: discard
          Green : 12928(Bytes)
          Red   : 43904(Bytes)
        Filter Enable: deny
```

表 8-10 display qos policy control-plane 命令输出信息字段说明

字段	说明
Control-plane	应用 QoS 策略的控制平面
Direction	应用 QoS 策略的方向：对进控制平面（Inbound）或出控制平面（Outbound）的报文应用 QoS 策略
Policy	策略名称及其内容
Classifier	流分类的名称及其内容；如果在类的名称后面显示“(Failed)”，表示该流分类以及与其关联的流行为所组成的关联组没有在全局正常应用。 在 IRF 中：如果在没有使用 **slot** 参数的情况下显示“(Failed)”，表示该关联组没有在 IRF 上正常应用；如果在使用了 **slot** 参数的情况下显示“(Failed)”，表示该关联组没有在指定成员设备上正常应用。 一个 QoS 策略中可以存在多个关联组，某个关联组的下发失败并不影响其他关联组的正常应用
Operator	流分类规则之间的逻辑关系
Rule(s)	流分类规则
Behavior	流行为的名称及其内容，内容可以有多种类型
Committed Access Rate	流量限速的相关信息
CIR	承诺信息速率，单位为 kbps
CBS	承诺突发尺寸，也就是容纳突发流量的令牌桶深度，单位为 byte
EBS	超出突发尺寸，在双令牌桶算法中突发流量超过承诺突发流量的部分，单位为 byte
Red Action	对红色报文的动作
Green	绿色报文的流量统计
Red	红色报文的流量统计
Filter Enable	包过滤的相关信息（deny 表示丢弃数据包；permit 表示允许数据包通过）
none	表示没有配置其他流行为

8. display qos policy control-plane pre-defined 命令

display qos policy control-plane pre-defined [**slot** *slot-number*] [| { **begin** | **exclude** | **include** } *regular-expression*] 命令用来显示系统预定义的控制平面应用 QoS 策略的信息。如果不指定成员设备，则显示所有成员设备的系统预定义的控制平面应用 QoS 策略的信息。命令中的参数和选项在本节前面介绍的其他命令中已有介绍，在此不再赘述。

以下示例是显示 3 号成员设备上系统预定义的控制平面应用 QoS 策略的信息。输出信息中各字段的说明如表 8-11 所示。

```
<Sysname> display qos policy control-plane pre-defined slot 3
==========================================================
 Pre-defined Control-plane Policy Slot 3
----------------------------------------------------------
  Index | PacketType      | Priority | BandWidth(Kbps)
----------------------------------------------------------
  1       ISIS              37         256
  29      ARP               8          256
  30      ARP_REPLY         18         256
  35      DOT1X             9          128
  36      STP               44         256
  37      LACP              38          64
  38      GVRP              11         256
  41      ICMP              6          640
  53      LLDP              25         128
  54      DLDP              24          64
==========================================================
```

表 8-11　display qos policy control-plane pre-defined 命令输出信息字段说明

字段	说明
Pre-defined Control-plane Policy	预定义 QoS 策略的控制平面
Index	系统预定义匹配字段索引号
PacketType	匹配字段内容
Priority	优先级
BandWidth	带宽

9．Reset qos policy global 命令

reset qos policy global [**inbound** | **outbound**]命令用来清除全局应用的 QoS 策略的统计信息。如果不指定方向，则同时清除全局在入方向和出方向应用的 QoS 策略的统计信息。

10．Reset qos vlan-policy 命令

reset qos vlan-policy [**vlan** *vlan-id*] [**inbound** | **outbound**]命令用来清除指定 VLAN 中应用 QoS 策略的统计信息。

11．Reset qos policy control-plane slot *slot-number* [inbound]命令

reset qos policy control-plane slot *slot-number* [**inbound**] 命令用来清除指定控制平面中应用 QoS 策略的统计信息。

8.2　H3C 交换机报文优先级配置与管理

根据报文的优先级设置来进行报文队列调度和流量拥塞避免是一项基本的 QoS 应用。每个报文在进入设备以后，设备的端口会根据自身的优先级配置信息和相应规则（如映射或重写）分配或修改报文的各种优先级的值。但有时报文所携带的优先级值类型与设备端口配置的优先级值类型不一致，这就需要使用相应的优先级映射了。优先级映射功能通过报文所携带的优先级字段来映射其他优先级字段，就可以获得用以决定报文调度能力的各种优先级字段，从而可以全面有效地控制报文的转发、调度。

8.2.1 H3C 交换机报文优先级

因为报文的优先级在本书第 7 章已有全面介绍，故在此不再赘述。

1. H3C 交换机中的报文优先级

优先级用于标识报文传输的优先程度，在 H3C 交换机中，优先级又分为两类：报文携带优先级和设备调度优先级。

报文携带优先级包括：802.1p 优先级（也就是 CoS 优先级）、DSCP 优先级、IP 优先级（但在 H3C 交换机中好像都没怎么使用 IP 优先级，而是直接用其扩展的 DSCP 优先级）、EXP 优先级等。CoS、DSCP 和 IP 优先级在本书的第 7 章有全面介绍，EXP 优先级位于 MPLS 标签内，用于标记 MPLS QoS。

设备调度优先级是指报文在设备内转发时所使用的优先级，只对当前设备有效，仅用于本设备的队列调度。根据对报文的处理方式，设备调度优先级又分为用于报文队列调度的本地优先级（LP）和用于丢弃报文的丢弃优先级（DP）两种。

LP 是交换机为报文分配的一种具有本地意义的优先级，取值范围为 0（最低）~7（最高）。LP 仅在本交换机内部起作用，具有不同 LP 的报文进入到不同的队列。也就是每个本地优先级对应一个优先级队列，本地优先级值越大的报文，进入到优先级越高的队列，从而使相应的报文能够获得更优先的调度。

丢弃优先级（DP）是在进行报文丢弃时参考的参数，分为 0、1、2 三个等级，对应绿、黄、红三种颜色。也就是丢弃优先级值越大的报文越被优先丢弃。

2. H3C 交换机中的报文优先级映射

优先级映射功能通过优先级映射表来进行。在 H3C 交换机中提供了以下多种可用的优先级映射方式，分别对应相应的优先级映射关系：

- **dot1p-dp**：802.1p 优先级到丢弃优先级映射表。
- **dot1p-exp**：802.1p 优先级到 EXP 映射表。
- **dot1p-lp**：802.1p 优先级到本地优先级映射表。
- **dscp-dot1p**：DSCP 到 802.1p 优先级映射表，仅对 IP 报文生效。
- **dscp-dp**：DSCP 到丢弃优先级映射表，仅对 IP 报文生效。
- **dscp-dscp**：DSCP 到 DSCP 映射表（相当于 Cisco IOS 交换机中的 DSCP 到 DSCP 转换的映射），仅对 IP 报文生效。
- **exp-dot1p**：EXP 到 802.1p 优先级映射表。
- **exp-dp**：EXP 到丢弃优先级映射表。

通常情况下，可以通过查找默认优先级映射来为报文分配相应的优先级，各种默认优先级映射分别如表 8-12、表 8-13、表 8-14 所示。如果默认优先级映射无法满足用户需求，可以根据实际情况对映射表进行修改，具体的修改方法将在本章后面介绍。

表 8-12 默认的 dot1p-lp 和 dot1p-dp 映射关系

802.1p 优先级（dot1p）	本地优先级（lp）	丢弃优先级（dp）
0	2	0
1	0	0
2	1	0
3	3	0
4	4	0
5	5	0
6	6	0
7	7	0

表 8-13　默认的 dscp-dp 和 dscp-dot1p 映射关系

dscp	802.1p 优先级（dot1p 或 CoS）	丢弃优先级（dp）
0～7	0	0
8～15	1	0
16～23	2	0
24～31	3	0
32～39	4	0
40～47	5	0
48～55	6	0
56～63	7	0

表 8-14　默认的 exp-dp 映射关系

exp 优先级	丢弃优先级（dp）
0	0
1	0
2	0
3	0
4	0
5	0
6	0
7	0

对于接收到的以太网报文，交换机会根据优先级信任模式和报文中的 802.1q 标签状态来决定采用标记调度优先级的方式，如图 8-2 所示。从中可以看出，它没有像 Cisco IOS 交换机那样考虑报文中的 IP 优先级，三层报文中只考虑 DSCP 优先级，二层报文中只考虑 802.1p（CoS）优先级。这一点，从前面介绍的默认优先级映射关系中也得到了体现。

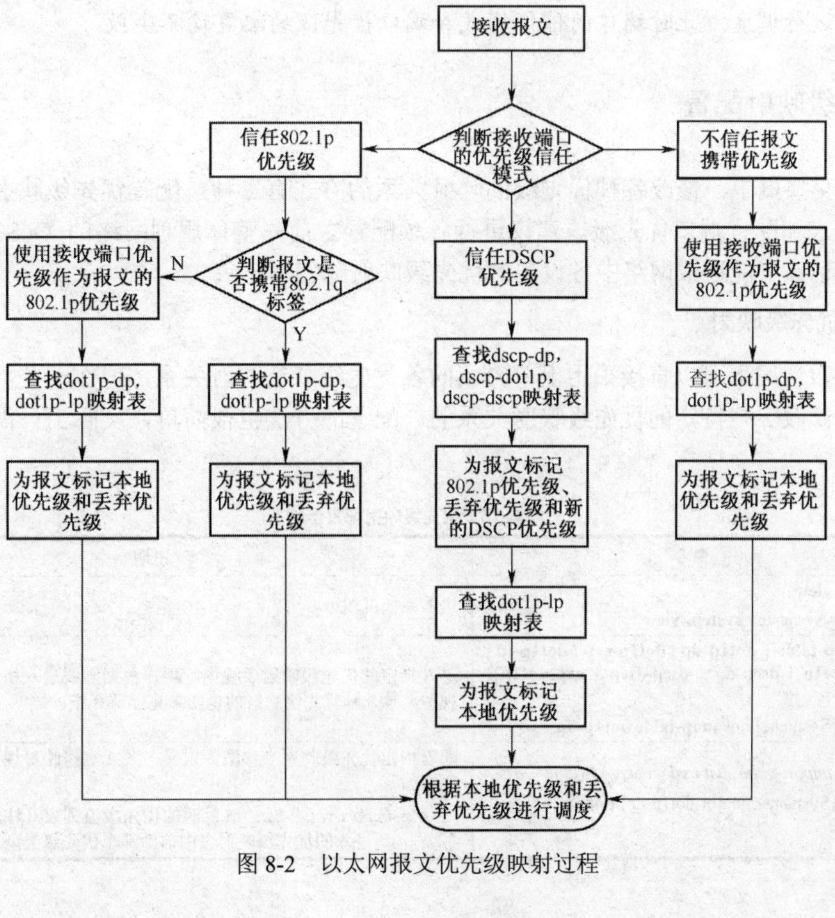

图 8-2　以太网报文优先级映射过程

【说明】802.1q 标签是启用 IEEE 802.1Q 协议后在帧中添加的字段，是在原来的以太网帧头中的 Source Address（源地址）字段后插入的一个 4 字节的字段。这个 4 个字节的 802.1q 标签字段包含了 2 个字节的标签协议标识（TPID，Tag Protocol Identifier）和 2 个字节的标签控制信息（TCI，Tag Control Information），如图 8-3 所示。TPID 是 IEEE 定义的新的类型，表明这是一个加了 802.1q 标签的帧，而在 TCI 部分又包括了一个用于标识帧优先级的 802.1p 优先级值（共 3 位）、一个用于标识帧所属 VLAN 的 VLAN ID（共 12 位）和一个保留位。

Desination Address	Source Address	802.1q			Data	FCS
		TPID	TCI			

图 8-3　带有 802.1q 标签的以太网帧

3. H3C 交换机报文优先级信任模式

因为通常情况下，报文可能会携带有多种优先级（IP 报文中通常包括 DSCP 优先级和 IP 优先级两种）。报文在进入交换机以后，交换机会根据自身支持的情况和相应的规则为报文标记 802.1p 优先级、本地优先级等参数。大多数中高端的 H3C 交换机支持以下三种优先级信任模式：

- 信任报文 DSCP 优先级：设备将根据报文携带的 DSCP 优先级查找映射表进行优先级映射。
- 信任 802.1p 优先级：设备将根据报文携带的 802.1p 优先级查找映射表进行优先级映射。
- 不信任报文优先级：设备将使用接收报文的端口的端口优先级作为报文的 802.1p 优先级，并通过映射表进行优先级映射。

【说明】上面介绍的过程适用于没有配置重标记功能的情况，如果已经配置了重标记功能，设备将根据重标记后的报文携带优先级查找映射表，为报文分配调度优先级，或者直接采用重标记后的调度优先级进行调度。此时端口的信任模式和端口优先级的配置均不生效。

8.2.2　优先级映射配置

在 H3C 交换机中，修改各种优先级的映射关系的方式有三种：配置优先级映射、配置端口的优先级信任模式和配置端口优先级。建议进行各项配置之前先整体规划网络的 QoS 方案，否则经常临时修改的话，可能造成网络中各设备的优先级映射配置不一致。

1. 配置优先级映射

虽然大多数情况下可以直接采用上节介绍的各优先级默认映射关系，但在一些具体的网络环境中，还是需要修改一些特定的优先级映射关系的。配置的方法也很简单，实际上只需要两步，具体如表 8-15 所示。

表 8-15　优先级映射配置步骤

步骤	命令	说明
1	**system-view** 例如：<Sysname> **system-view**	进入系统视图
2	**qos map-table** { **dot1p-dp** | **dot1p-exp** | **dot1p-lp** | **dscp-dot1p** | **dscp-dp** | **dscp-dscp** | **exp-dot1p** | **exp-dp** } 例如：[Sysname] **qos map-table dot1p-dp**	进入指定的优先级映射表视图。用户根据需要进入相应的优先级映射表视图。这几种优先级映射的说明参见上节介绍
3	**import** *import-value-list* **export** *export-value* 例如：[Sysname-maptbl-dot1p-dp] **import** 4 5 **export** 1	配置指定优先级映射表参数，定义一条或一组映射规则。命令中的参数说明如下： ● *import-value-list*：映射源的优先级值列表（注意取值要与上一步所进入的优先级映射表中前面那个优先级类型一致）

续表

步骤	命令	说明
3	（接前）	● *export-value*：映射目的优先级值（注意取值要与上一步所进入的优先级映射表中后面那个优先级类型一致） 【注意】新配置的映射项将覆盖原有映射项。可用 undo import { import-value-list | all }命令删除指定映射索引所对应的映射项，被删除的映射条目恢复为系统默认值。如果选择 all 这个二选一选项，则表示要删除该映射表的所有优先值列表中的值

【示例 1】配置 802.1p 优先级到丢弃优先级的映射，把 802.1p 优先级 4、5 映射为丢弃优先级 1。

```
<Sysname> system-view
[Sysname] qos map-table dot1p-dp
[Sysname-maptbl-dot1p-dp] import 4 5 export 1
```

2．配置端口优先级和优先级信任模式

在上节已介绍到，交换机的接收端口（也可以是端口组）也是可以设置优先级的。通过设置端口的优先级，在网络拥塞发生时，系统将首先丢弃低优先级端口上的报文，从而保证高优先级报文的传送。端口优先级可以手工配置，也可以采取优先级信任方式从报文中直接获取。在配置端口/端口组上的优先级模式时，用户可以选择下列信任模式：

- **dot1p**：信任报文自带的 802.1p 优先级，以此优先级进行优先级映射。
- **dscp**：信任 IP 报文自带的 DSCP 优先级，以此优先级进行优先级映射。
- **untrust**：不信任报文携带的优先级。

H3C 交换机上的端口优先级和优先级信任模式的具体配置步骤如表 8-16 所示。

表 8-16 端口优先级和优先级信任模式配置步骤

<table>
<tr><th>步骤</th><th>命令</th><th colspan="2">说明</th></tr>
<tr><td>1</td><td>system-view</td><td colspan="2">进入系统视图</td></tr>
<tr><td rowspan="2">2</td><td>interface interface-type interface-number
例如：[Sysname] interface GigabitEthernet 1/0/1</td><td colspan="2" rowspan="2">（二者必选其一）进入二层以太网端口视图、三层以太网端口视图或端口组视图。
进入二层以太网端口视图/三层以太网端口视图后，下面进行的配置只在当前端口生效；进入端口组视图后，下面进行的配置将在端口组中的所有端口生效</td></tr>
<tr><td>port-group manual port-group-name
例如：[Sysname] port-group manual group1</td></tr>
<tr><td rowspan="2">3</td><td>qos priority priority-value
例如：[Sysname-GigabitEthernet1/0/1]qos priority 2
或
[Sysname-port-group-group1] qos priority 2</td><td>手动配置端口的优先级，取值范围为 0～7。端口优先级的默认值为 0</td><td rowspan="2">二者必选其一</td></tr>
<tr><td>qos trust { dot1p | dscp }
例如：[Sysname-GigabitEthernet1/0/1]qos trust dscp
或
[Sysname-port-group-group1] qos trust dscp</td><td>配置端口信任接收报文的优先级。二选一选项 dot1p 表示信任报文自带的 802.1p 优先级，以此优先级进行优先级映射；二选一选项 dscp 表示信任 IP 报文自带的 DSCP，以此优先级进行优先级映射。默认情况下，设备端口不信任报文携带的优先级，只信任接收端口上配置的优先级，可用 undo qos trust 命令取消对报文优先级的信任</td></tr>
</table>

【示例 2】配置端口 GigabitEthernet 1/0/1 的优先级为 2。

```
<Sysname> system-view
[Sysname] interface GigabitEthernet 1/0/1
[Sysname-GigabitEthernet1/0/1] qos priority 2
```

【示例 3】在端口 GigabitEthernet 1/0/1 上配置优先级信任模式为信任报文的 DSCP 优先级。

```
<Sysname> system-view
[Sysname] interface GigabitEthernet 1/0/1
[Sysname-GigabitEthernet1/0/1] qos trust dscp
```

8.2.3 优先级映射配置管理

在完成优先级映射配置后，可在任意视图下执行以下两个 **display** 命令查看配置后的优先级映射运行情况，验证配置效果。

1．display qos map-table 命令

display qos map-table [**dot1p-dp** | **dot1p-exp** | **dot1p-lp** | **dscp-dot1p** | **dscp-dp** | **dscp-dscp** | **exp-dot1p** | **exp-dp**] [| { **begin** | **exclude** | **include** } *regular-expression*] 命令用来显示指定优先级映射表配置情况。至于命令中的映射表多选一可选项的说明，可参见 8.2.1 节，至于后面的正则表达式选项和参数可参见 8.1.6 节中相关选项和参数的说明。

如不指定表的类型，本命令将显示所有映射表的配置情况。

【示例 1】显示 802.1p 优先级到本地优先级映射的配置信息。输出信息中就会列出本交换机上所配置的所有 802.1p 优先级到本地优先级的映射关系。

```
<Sysname> display qos map-table dot1p-lp
MAP-TABLE NAME: dot1p-lp    TYPE: pre-define
IMPORT  :  EXPORT
   0    :    2
   1    :    0
   2    :    1
   3    :    3
   4    :    4
   5    :    5
   6    :    6
   7    :    7
```

【示例 2】显示 802.1p 优先级到丢弃优先级映射表的配置信息。输出信息中就会列出本交换机上所配置的所有 802.1p 优先级到丢弃优先级的映射关系。

```
<Sysname> display qos map-table dot1p-dp
MAP-TABLE NAME: dot1p-dp    TYPE: pre-define
IMPORT  :  EXPORT
   0    :    0
   1    :    0
   2    :    0
   3    :    0
   4    :    0
   5    :    0
   6    :    0
   7    :    0
```

2．display qos trust interface 命令

display qos trust interface [*interface-type interface-number*] [| { **begin** | **exclude** | **include** } *regular-expression*] 命令用来显示当前配置的端口优先级信任模式信息和端口优先级的信息。参数 *interface-type interface-number* 用来指定要显示优先级信任模式配置的接口类型和接口编号。后面的正则表达式选项和参数参见 8.1.6 节中相关选项和参数说明。

【示例 3】显示端口 GigabitEthernet 1/0/1 的优先级信任模式配置信息。

```
<Sysname> display qos trust interface GigabitEthernet 1/0/1
Interface: GigabitEthernet1/0/1
 Port priority information
  Port priority :0
  Port priority trust type : dscp
```

8.2.4　端口优先级应用配置示例

本示例介绍的是在 H3C 交换机端口上配置不同的端口优先级来达到拥塞避免的应用需求。本示例拓扑如图 8-4 所示。Switch A 通过端口 GigabitEthernet1/0/1 接入 Switch C；Switch B 通过端口 GigabitEthernet1/0/2 接入 Switch C。现要求通过配置实现如下需求：如果 Switch C 在 GigabitEthernet1/0/3 端口发生拥塞，则优先处理 Switch A 发出的报文（优先让 Switch A 访问 Server）。

这是一种最简单的端口优先级应用。本示例中，只需要在 Switch C 连接 Switch A 和 Switch B 的 GigabitEthernet1/0/1 和 GigabitEthernet1/0/2 端口上设置不同的端口优先级，GigabitEthernet1/0/1 上配置的端口优先级值要高于 GigabitEthernet1/0/2 上配置的端口优先级值就行了。因为要静态地改变一个端口优先级，所以只能采取手工端口优先级配置方式，而不能采用优先级信任模式来信任接收报文中的优先级，因为报文中的优先级值可能是不固定的。

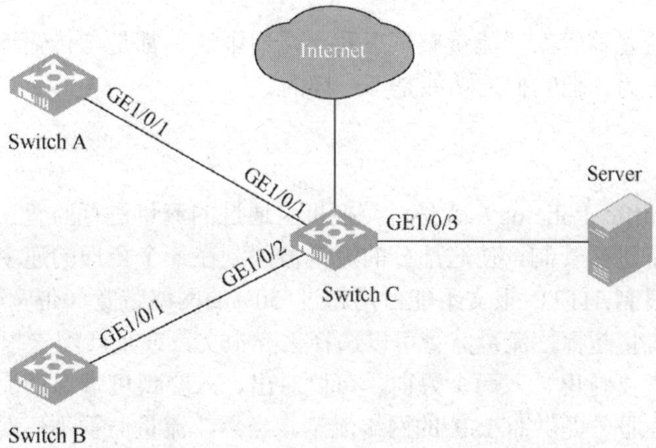

图 8-4　端口优先级配置应用拓扑示例

具体配置如下（在 Switch C 上配置）：

```
<SwitchC> system-view
[SwitchC] interface gigabitethernet 1/0/1
[SwitchC-GigabitEthernet1/0/1] qos priority 3   !---设置 GigabitEthernet1/0/1 端口的优先级为 3，高于下面为 GigabitEthernet1/0/2 端口设置的优先级 1
[SwitchC-GigabitEthernet1/0/1] quit
[SwitchC] interface gigabitethernet 1/0/2
[SwitchC-GigabitEthernet1/0/2] qos priority 1   !---设置 GigabitEthernet1/0/2 端口的优先级为 1
[SwitchC-GigabitEthernet1/0/2] quit
```

8.3　H3C 交换机流量监管、流量整形和端口限速配置与管理

如果不限制用户发送的流量，那么大量用户不断突发的数据可能造成网络拥塞。为了使有限的网络资源能够更好地发挥效用，更好地为更多的用户服务，必须对用户的流量加以限制。比如限制每个时间间隔某个流只能得到承诺分配给它的那部分带宽资源，防止由于过分突发所引发的网络拥塞，这就是本节所要介绍的流量监管、流量整形和端口限速。这几种措施都可以通过对流量规格的监督来限制流量及其资源的使用，它们有一个前提条件，就是要知道流量是否超出了规格，然后才能根据评估结果实施调控。一般采用令牌桶（Token Bucket）对流量的规格进行评估，有关令牌桶的工作原理和流量管制原理参见本书第 6 章相关内容。

在这里要特别注意的是几个概念，或者说是配置过程中所用的几个参数：

- CIR：表示向 C 桶中投放令牌的速率，即 C 桶允许传输或转发报文的平均速率。
- CBS：表示 C 桶的容量，即 C 桶瞬间能够通过的承诺突发流量。
- EIR：表示向 E 桶中投放令牌的速率，即 E 桶允许传输或转发报文的最大速率。
- EBS：表示 E 桶的容量，即 E 桶瞬间能够通过的超出突发流量。

CBS 和 EBS 是由两个不同的令牌桶承载的。每次评估时，依据下面的情况，可以分别实施不同的流控策略：如果 C 桶有足够报文大小的令牌，报文被标记为 green，即绿色报文，同时 C 桶中的令牌数减少报文大小的令牌数；如果 C 桶令牌数不够，但 E 桶有足够的令牌，报文被标记为 yellow，即黄色报文，同时 E 桶中的令牌数减少报文大小的令牌数；如果 C 桶和 E 桶都没有足够的令牌数，报文被标记为 red，即红色报文。

8.3.1 流量监管、流量整形和端口限速简介

本节所介绍的“流量监管”、“流量整形”和“端口限速”都是与传输速率有关的，都是基于报文传输速率所采取的行为。但它们的功能是不一样的。

1. 流量监管

流量监管 TP（Traffic Policing）就是对交换机上通过的流量进行监管，通过监督其进入网络的速率对超出部分的流量进行管制，使这部分的流量被限制在一个合理的速率范围之内，以避免出现网络拥塞。例如可以限制 HTTP 报文不能占用超过 50%的网络带宽（带宽与速率有必然的联系）。如果发现某个连接的流量超标，流量监管可以选择丢弃报文，或重新配置报文的优先级。

流量监管措施同时支持出、入两个方向，可以对出、入交换机端口的流量都进行管制，广泛应用于监管进入 Internet 服务提供商 ISP 的网络流量。当然，流量监管不仅对出、入端口的流量速率进行控制，还可以对所监管的流量进行分类，依据不同的评估结果，实施预先设定好的监管行为。这些行为可以是：

- 转发：对符合管制要求的报文继续转发。
- 丢弃：对不符合管制要求的报文进行丢弃。
- 改变优先级然后转发：对符合管制要求的报文重写优先级值后再进行转发。

上面介绍的“流量监管”仅是一种监督行为，发现符合或不符合管制要求的流量采取不同的行为，不会对不符合要求的流量的速率有什么改变。流量整形（Traffic Shaping，TS）是一种主动调整流量输出速率的措施，就是在发现流量速率过大时，强制降低速率，以符合接收方设备的传输速率要求，它仅支持出方向。

2. 流量整形

流量整形与流量监管的主要区别在于，流量整形过程中会对流量监管中认为不符合要求，需要丢弃的报文进行缓存，放入缓冲区或队列内（不直接丢弃），当令牌桶有足够的令牌时，再均匀地向外发送这些被缓存的报文。

例如，在图 8-5 所示的应用中，Switch A 向 Switch B 发送报文。Switch B 要对 Switch A 发送来的报文进行流量监管，对超出规格的流量直接丢弃。为了减少报文的无谓丢失，可以在 Switch A 的出口（注意不能在 Switch B 的入口上）对报文进行流量整形处理，将超出流量整形特性的报文缓存在 Switch A 中。当可以继续发送下一批报文时，流量整形再从缓冲队列中取出报文进行发送。这样，发向 Switch B 的报文都将符合 Switch B 的流量规定。

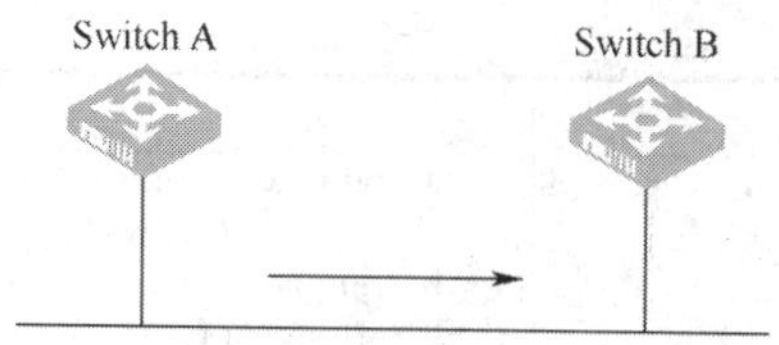

图 8-5 流量整形的应用示例

3. 端口限速

端口限速是针对物理端口的线路速率 LR（Line Rate）来控制报文传输速率的一种措施。端口限速措施可以在一个物理端口上限制发送报文（包括紧急报文）的总速率，它也支持出、入两个方面的配置。

端口限速也是采用令牌桶来进行流量控制的。如果在设备的某个端口上配置了端口限速，则所有经由该端口发送的报文首先要经过 LR 的令牌桶进行处理。如果令牌桶中有足够的令牌，则报文可以发送；否则，报文将进入 QoS 队列进行拥塞管理。这样，就可以对通过该物理端口的报文流量进行控制。

由于采用了令牌桶控制流量，当令牌桶中存有令牌时，可以允许报文的突发性传输；当令牌桶中没有令牌时，报文必须等到桶中生成了新的令牌后才可以继续发送。这就限制了报文的流量不能大于令牌生成的速度，达到了限制流量，同时允许突发流量通过的目的。

与流量监管相比，物理端口限速能够限制在物理端口上通过的所有报文（包括控制类报文）。当用户只要求对所有报文限速时，使用物理端口限速比较简单。

8.3.2 流量监管配置

H3C 交换机上的流量监管应用也属于一种 QoS 策略应用。它包括 QoS 策略应用的四个基本步骤：①定义流分类：也就是指定要监管的流分类；②定义流行为：也就是指定要对指定类的流配置相应的行为；③定义 QoS 策略：把前面定义的流分类与流行为捆绑在一起，使它们关联起来；④在对应位置前面应用定义的 QoS 策略。具体步骤如表 8-17 所示。

表 8-17 流量监管的配置步骤

步骤	命令	说明
1	**system-view** 例如：<Sysname> **system-view**	进入系统视图
2	**traffic classifier** *tcl-name* [**operator** { **and** | **or** }] 例如：[Sysname] **traffic classifier** class1	定义类并进入类视图，参见本章前面 8.1.3 节相关命令介绍
3	**if-match** *match-criteria* 例如：[Sysname-classifier-class1] **if-match destination-mac** 0050-ba27-bed3	定义匹配数据包的规则，参见本章前面 8.1.3 节相关命令介绍
4	**quit** 例如：[Sysname-classifier-class1] **quit**	退出类视图
5	**traffic behavior** *behavior-name* 例如：[Sysname] **traffic behavior** behavior1	定义一个流行为并进入流行为视图，参见本章前面 8.1.4 节相关命令介绍
6	**car cir** *committed-information-rate* [**cbs** *committed-burst-size* [**ebs** *excess-burst-size*]] [**pir** *peak-information-rate*] [**green** *action*] [**yellow** *action*] [**red** *action*] [**hierarchy-car** *hierarchy-car-name* [**mode** { **and** | **or** }]] 例如：[Sysname-behavior-behavior1]**car cir** 128 **cbs** 50000 **ebs** 0 **green pass red remark-dscp-pass** 0	配置流量监管动作。命令中的参数和选项说明如下： ● **cir** *committed-information-rate*：指定以上流行为对应的承诺信息速率，也就是流量的平均速率，取值范围为 8～32000000kbps，但必须为 8 的整数倍 ● **cbs** *committed-burst-size*：可选参数，指定以上流行为对应的承诺突发尺寸，取值范围为 512～16000000 byte。如果不指定该参数，默认取值为 62.5 × *committed-information-rate*，但是最大值不能超过 16000000 byte

续表

<table>
<tr><th>步骤</th><th>命令</th><th colspan="2">说明</th></tr>
<tr><td>6</td><td>（接前）</td><td colspan="2">● ebs excess-burst-size：可选参数，指定以上流行为对应的超出突发尺寸，取值范围为 0～16000000 byte，默认值为 512 byte
● pir peak information rate：可选参数，指定以上流行为对应的峰值速率，取值范围为 8～32000000 kbps，但必须为 8 的整数倍
● green action：可选参数，指定以上流行为中对符合承诺信息速率（CIR）要求的数据包采取的行为。对数据包采取的动作，有以下几种：①discard：丢弃数据包；②pass：允许数据包通过；③remark-dot1p-pass new-cos：设置新的 802.1P 报文的优先级值，取值范围为 0～7，并允许数据包通过，默认值为 pass；④remark-dscp-pass new-dscp：可选参数，设置报文新的 DSCP 值，取值范围为 0～63 或对应的关键字，并允许数据包通过；⑤remark-lp-pass new-local-precedence：设置新的本地优先级，取值范围为 0～7，并允许数据包通过
● yellow action：可选参数，指定以上流行为中对不符合承诺信息速率（CIR）但是符合峰值速率的数据包所采取的动作，默认动作为 pass
● red action：可选参数，指定以上流行为中既不符合承诺信息速率（CIR）也不符合峰值速率的数据包所采取的动作，默认动作为 discard
● hierarchy-car hierarchy-car-name：可选参数，指定对应流行为中的分层 CAR 的名称
● mode：可选项，指定分层 CAR 和 CAR 动作的合作模式。如果选择二选一选项 and 模式，则在多条数据流应用同一个分层 CAR 时，必须每条流满足各自的 CAR 配置，同时各流量之和又满足分层 CAR 的配置，流量才能正常通过。如果选择二选一选项 or 模式，则在多条数据流应用同一个分层 CAR 时，只要每条流满足各自的 CAR 配置或者各流量之和满足分层 CAR 配置，流量即可正常通过
可用 undo car 命令取消流量监管动作配置。在端口上应用的 QoS 策略中使用 car 时，可以应用到接口报文的接收或者发送两个方向。如果多次使用该命令在同一个流行为下配置，最后一次配置生效</td></tr>
<tr><td>7</td><td>quit
例如：[Sysname-behavior-behavior1] quit</td><td colspan="2">退出流行为视图</td></tr>
<tr><td>8</td><td>qos policy policy-name
例如：[Sysname] qos policy user1</td><td colspan="2">定义策略并进入策略视图，参见本章前面 8.1.5 节相关命令介绍</td></tr>
<tr><td>9</td><td>classifier tcl-name behavior behavior-name
例如：[Sysname-qospolicy-user1]classifier database behavior test</td><td colspan="2">在策略中为类指定采用的流行为，参见本章前面 8.1.5 节相关命令介绍</td></tr>
<tr><td>10</td><td>quit
例如：[Sysname-qospolicy-user1] quit</td><td colspan="2">退出策略视图</td></tr>
<tr><td rowspan="5">11</td><td>基于端口应用 QoS 策略</td><td>基于端口</td><td rowspan="5">参见本章前面 8.1.6 节相关命令介绍</td></tr>
<tr><td>基于上线用户应用 QoS 策略</td><td>基于上线用户</td></tr>
<tr><td>基于 VLAN 应用 QoS 策略</td><td>基于 VLAN</td></tr>
<tr><td>基于全局应用 QoS 策略</td><td>基于全局</td></tr>
<tr><td>基于控制平面应用 QoS 策略</td><td>基于控制平面</td></tr>
</table>

【说明】分层 CAR 是一种更灵活的流量监管策略，用户可以在为每个流单独配置 CAR 动作（或聚合 CAR）的基础上，再通过分层 CAR 对多个流的流量总和进行限制。

分层 CAR 与普通 CAR（或聚合 CAR）的结合应用有两种模式：

- and：在该模式下，在多条数据流应用同一个分层 CAR 时，必须每条流满足各自的普通 CAR（或聚合 CAR）配置，同时各流量之和又满足分层 CAR 的配置，流量才能正常通过。and 模式适用于严格限制流量带宽的环境，分层 CAR 的限速配置通常小于各流量自身 CAR 的限速值之和。例如对于 Internet 流量，可以使用普通 CAR 将数据流 1 和数据流 2 各自限速为 128kbps，再使用分层 CAR 限制总流量为 192kbps。当不存在数据流 1 时，数据流 2 可以用达到自身限速上限的速率访问 Internet，如果存在数据流 1，则两个数据流不能超过各自限速且总速率不能超过 192kbps。
- or：在该模式下，在多条数据流应用同一个分层 CAR 时，只要每条流满足各自的普通 CAR（或聚合 CAR）配置或者各流量之和满足分层 CAR 配置，流量即可正常通过。or 模式适用于保证高优先级业务带宽的环境，分层 CAR 的限速值通常等于或大于各流量自身的限速值之和。例如对于视频流量，使用普通 CAR 将数据流 1 和数据流 2 各自限速为 128kbps，再使用分层 CAR 限制总流量为 512kbps，则当数据流 1 的流量不足 128kbps 时，即使数据流 2 的流量达到了 384kbps，仍然可以正常通过。

两种模式可以结合起来使用，达到合理利用带宽的效果。例如，存在一条视频流和一条数据流，使用普通 CAR 将数据流限速为 1024kbps、视频流限速为 2048kbps。连接视频流接口采用 or 模式 CAR 限速 3072kbps（1024+2048），因为可能存在多台视频设备同时上线出现的突发流量，当视频设备流量速率超出 2048kbps 时，如果总体流量资源仍有剩余（即数据流速率在 1024kbps 以内），这时视频流可以临时借用数据流的带宽；同时，连接数据流接口采用 and 模式 CAR 限速 3072kbps，确保数据流量不能超出自身限速的 1024kbps。

【示例 1】为流行为 database 配置流量监管。规定报文正常流速为 128kbps，承诺突发尺寸为 50000 bytes，对于速率大于规定的正常速率 128kbps 的报文，修改其 DSCP 优先级为 0 后再发送。

```
<Sysname> system-view
[Sysname] traffic behavior database
[Sysname-behavior-database] car cir 128 cbs 50000 ebs 0 green pass red remark-dscp-pass 0
```

【示例 2】为流行为 database 配置流量监管。规定报文正常流速为 256kbps，承诺突发尺寸为 50000 bytes，对于速率大于 256kbps 的报文，修改其 DSCP 优先级为 0。同时结合分层 CAR 策略 hcar 对报文进行限速，并使用 or 模式。

```
<Sysname> system-view
[Sysname] traffic behavior database
[Sysname-behavior-database] car cir 256 cbs 50000 ebs 0 green pass red remark-prec-pass 0 hierarchy-car hcar mode or
```

8.3.3 流量整形配置

QoS 的流量整形功能是基于通信队列的，即针对某一个队列的数据包设置整形参数，让这个队列中的数据包的传输速率控制在限制的范围内，将不符合整形要求的数据包放进缓存，等待下次传输。而队列是基于交换机端口的（H3C 交换机中每个接口可以有 8 个队列），所以本节所介绍的流量整形配置是在端口（包括物理二/三层端口和端口组）上进行的。但流量整形仅可在出端口上配置，具体配置步骤如表 8-18 所示。

表 8-18　流量整形的配置步骤

步骤	命令	说明
1	**system-view** 例如：<Sysname> **system-view**	进入系统视图
2	**interface** *interface-type interface-number* 例如：[Sysname] **interface** GigabitEthernet 1/0/1	（二者必选其一）进入二层以太网端口视图、三层以太网端口视图或端口组视图。进入二层以太网端口视图/三层以太网端口视图后，下面进行的配置只在当前端口生效；进入端口组视图后，下面进行的配置将在端口组中的所有端口生效
3	**port-group manual** *port-group-name* 例如：[Sysname] **port-group manual** group1	
4	**qos gts queue** *queue-number* **cir** *committed-information-rate* [**cbs** *committed-burst-size*] 例如：[Sysname-GigabitEthernet1/0/1] **qos gts queue** 2 **cir** 640 或 [Sysname-port-group-group1] **qos gts queue** 2 **cir** 640	在端口配置流量整形。命令中的参数说明如下： ● **queue** *queue-number*：指定在以上接口中要进行流量整形的队列，*queue-number* 为匹配的队列号，取值范围为 0～7 ● **cir** *committed-information-rate*：指定队列中数据包的承诺信息速率，也就是队列中流量的平均速率。千兆端口取值范围为 8～1000000kbps，万兆端口取值范围为 8～10000000kbps，且必须为 8 的整数倍 ● **cbs** *committee-burst-size*：指定队列的承诺突发尺寸，也就是队列中允许的最大突发数据包大小，取值范围为 512～16777216 byte，但必须为 512 的整数倍。如果不指定 **cbs** 参数，默认取值为 62.5 × *committed-information-rate*，但也必须为 512 的整数倍；如果乘积不是 512 的整数倍，就取比乘积大的最接近的 512 的整数倍 默认情况下，接口上没有配置整形参数，可用 **undo qos gts queue** *queue-number* 命令取消流量整形配置

以下示例是在端口 GigabitEthernet 1/0/1 上对队列 2 发送报文进行流量整形，当速率大于 640kbps 时，将超出限制的报文进行缓存。

```
<Sysname> system-view
[Sysname] interface GigabitEthernet 1/0/1
[Sysname-GigabitEthernet1/0/1] qos gts queue 2 cir 640
```

8.3.4 端口限速配置

配置端口限速就是限制端口向外发送数据或者接收数据的速率，这是我们在网络中最常用的。我们经常所说的端口限速就是指这里的配置，而不是指改变端口的基准速率。配置方法很简单，只需要在二层、三层物理端口或者端口组视图下使用 **qos lr** { **inbound** | **outbound** } **cir** *committed-information-rate* [**cbs** *committed-burst-size*]命令进行配置即可。进入二层以太网端口视图/三层以太网端口视图后，所进行的配置只在当前端口生效；进入端口组视图后，所进行的配置将在端口组中的所有端口生效。命令中的参数和选项说明如下：

- **inbound**：二选一选项，指定对端口接收的数据流进行限速。
- **outbound**：二选一选项，指定对接口发送的数据流进行限速。
- **cir** *committed-information-rate*：指定端口的承诺信息速率，也就是端口上的流量平均速率，单位为 kbps。千兆端口取值范围为 8～1000000，万兆端口取值范围为 8～10000000，且均必须为 8 的整数倍。
- **cbs** *committee-burst-size*：可选参数，指定端口上的承诺突发尺寸，也就是允许的最大突发数据包大小，单位为 byte。如果不指定 **cbs** 参数，默认取值为 62.5 × *committed-information-rate*，但必须为 512 的整数倍，如果乘积不是 512 的整数倍，就取比乘积大的最接近的 512 的整数倍，但最大值不能超过 16000000。如果指定 **cbs** 参数，取值范围为 512～16000000，但必须为 512 的整数倍。

对比 8.3.3 节的配置命令可以看出，本节介绍的端口限速配置与上节介绍的流量整形配置基本一样，都是通过设置 CIR 和 CBS 参数来控制流量的速率。不同的只是作用对象不一样，流量整形是基于队列配置的，且只能在出端口上配置，而这里的端口限制是直接基于端口配置的，且可以在出、入两个方向配置。

以下示例是限制端口 GigabitEthernet 1/0/1 发送报文的平均速率为 640kbps。

```
<Sysname> system-view
[Sysname] interface GigabitEthernet 1/0/1
[Sysname-GigabitEthernet1/0/1] qos lr outbound cir 640
```

8.3.5 流量整形和端口限速配置管理

可在任意视图下执行以下 **display** 命令显示流量整形、端口限速的配置运行情况，验证配置效果。

display qos gts interface [*interface-type interface-number*] [| { **begin** | **exclude** | **include** } *regular-expression*] 命令用来显示某个端口或所有端口上所有队列中的流量整形配置情况。如不指定端口，本命令将显示所有接口的流量整形配置情况。命令中的 *interface-type interface-number* 可选参数用来指定要显示流量整形配置的端口类型和端口编号。后面的正则表达式选项因在本章前面已多次介绍，故不再赘述。

以下示例是显示所有端口的流量整形配置信息。从输出信息可以看出，显示了交换机上 GigabitEthernet1/0/1 接口中队列 2 的流量整形配置：平均速率为 640kbps，突发尺寸大小为 40960 byte。

```
<Sysname> display qos gts interface
Interface: GigabitEthernet1/0/1
Rule(s): If-match queue 2
 CIR 640 (kbps), CBS 40960 (byte)
```

display qos lr interface [*interface-type interface-number*] [| { **begin** | **exclude** | **include** } *regular-expression*] 命令用来显示某个或者全部端口的端口限速配置信息。如不指定端口，本命令将显示所有端口的端口限速配置情况。本命令中的参数与 **display qos gts interface** 命令的参数一样，不同的只是显示的信息不同。

以下示例是显示所有端口的端口限速配置信息。从输出信息中可以看出，显示了交换机 GigabitEthernet1/0/1 接口出方向的端口限速配置：平均速率为 640kbps，突发尺寸大小为 400000 byte。

```
<Sysname> display qos lr interface
Interface: GigabitEthernet1/0/1
Direction: Outbound
 CIR 6400 (kbps),   CBS 400000 (byte)
```

8.4　H3C 交换机拥塞管理的配置

所谓拥塞就是指当前提供的资源不能满足于正常数据转发、处理时，导致一些包被丢弃，或者被放进缓存，从而导致服务质量下降的一种现象。

在复杂的 Internet 分组交换环境下，拥塞极为常见。拥塞有可能会引发一系列的负面影响，如增加了报文传输的延迟和抖动，可能会引起报文重传，从而导致更多的拥塞产生，或者使网络的有效吞吐率降低，造成网络资源的利用率降低，甚至导致设备瘫痪。

拥塞管理的中心内容就是当拥塞发生时如何制定一个资源的调度策略，以决定报文转发的处理次序。拥塞管理的处理包括通信流的分类、队列的创建、安排不同的队列和队列调度方案等。

【注意】队列调度仅在输出队列上配置。而且拥塞管理是 QoS 的一项功能，无需使用 QoS 策略，所以在配置过程中可直接使用 QoS 的拥塞管理功能，而不用按照 QoS 策略应用模式那样进行复杂的 QoS 策略配置。

8.4.1　H3C 交换机拥塞管理中的队列调度算法

对于拥塞管理，一般采用队列技术，使用一个队列算法对流量进行分类，之后用某种优先级别算法将这些流量分批发送出去。队列调度对不同优先级的报文进行分级处理，优先级高的会优先发送。这里介绍四种常用的队列：SP（Strict-Priority，严格优先级）队列、WRR（Weighted Round Robin，加权轮询）队列、（Weighted Fair Queuing，加权公平队列）和 SP+WRR 队列。

1. SP 队列调度算法

SP（严格优先级）队列算法，从名称上就可以看出，它是严格按照队列中的优先级设置来进行队列调度的。SP 算法主要是针对关键业务类型应用设计的，因为关键业务一般要求在拥塞发生时优先发送关键业务，以减小这类服务的响应延迟。

以图 8-6 为例，优先队列将端口的 8 个输出队列分成 8 类，依次为 7、6、5、4、3、2、1、0 队列，它们的优先级依次降低。在队列调度时，SP 严格按照优先级从高到低的次序优先发送较高优先级队列中的分组，当较高优先级队列为空时，再发送较低优先级队列中的分组。这样，将关键业务的分组放入较高优先级的队列，将非关键业务的分组放入较低优先级的队列，可以保证关键业务的分组被优先传送，非关键业务的分组在处理关键业务数据的空闲间隙被传送。

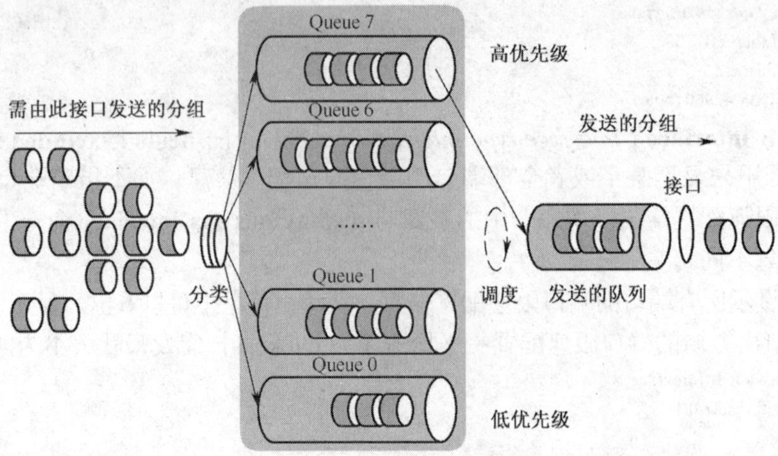

图 8-6　SP 队列示意图

SP 的缺点是：拥塞发生时，如果较高优先级队列中长时间有报文存在，那么低优先级队列中的报文将一直得不到服务。

2．WRR 队列调度算法

WRR（加权轮询）队列算法是指在接口上各队列之间进行轮流调度，以保证每个队列都得到一定的服务时间。还可使用为每个队列分配的加权值或者调度权重，决定在调度该队列的报文时使用调度资源的比例。H3C 交换机可以根据每次轮询调度的字节数或者报文个数来设置某个队列的调度权重，作为调度单位。

以使用字节数为例：在一个 1000Mbps 的端口上，配置 8 个队列的调度权重分别为 5、5、3、3、1、1、1、1，这样可以保证最低优先级队列至少可以获得 1/(5+5+3+3+1+1+1+1)×1000Mbps=50Mbps 的带宽，避免了采用 SP 调度时低优先级队列中的报文可能长时间得不到服务的缺点。

WRR 队列还有一个优点是，虽然多个队列的调度是轮询进行的，但对每个队列不是固定地分配服务时间片，也就是它们轮询的顺序不是按照队列优先级来固定调度的，如果某个队列为空，那么马上换到下一个队列调度，这样带宽资源可以得到充分的利用。

3．WFQ 队列调度算法

WFQ（加权公平队列）队列调度算法是使用报文个数作为调度单位的，与前面介绍的 WRR 队列调度效果类似，唯一的区别是 WFQ 还支持最小带宽保证机制，确保 WFQ 中每一个队列都拥有最小保证带宽。在这种队列调度算法中，有如下几个关键步骤：

（1）因为可为每个队列保留一个最低的带宽，所以实际在物理端口带宽基础上，可动态为每个队列分配的带宽总和并不是直接等于端口的物理带宽。这点与前面介绍的 WRR 有区别。可分配的带宽总和＝物理端口带宽-各队列最小保证带宽。

（2）得出了可分配的总带宽后，还要根据各队列的优先级来计算为各队列可分配的带宽（除最小带宽外）。这里要注意，不是像 WRR 队列调度算法那样直接根据各队列的优先级来计算的，而是先要把各队列的优先级值都加 1，然后算出各队列优先级都加 1 后的和。最后用各队列优先级值所占的比例来算出各队列可分配的带宽。

（3）各队列最终可用的带宽就是：对应队列的最小带宽+各队列可分配的带宽。

下面举一个简单一点的例子来说明 WFQ 队列调度算法。假设一个端口的带宽为 10Mbps，当前端口中共配置有五个队列，它们的优先级分别假设为 0、1、2、3、4。这五个队列所配置的最小保证带宽依次为 128kbps、128kbps、128kbps、64kbps、64kbps。

根据前面第 1 步可以得出端口上可分配的总带宽=10Mbps-(128+128+128+64+64)/1024Mbps = 9.5Mbps。

这是当前五个队列所共用的，那么各个队列可分配到的带宽又是多少呢？这还需按照前面介绍的第 2 步来计算。首先计算这五个队列的优先级都加 1 后的和，本示例五个队列原来的优先级分别为 0、1、2、3、4，都加 1，然后相加，即得到：1+2+3+4+5=15。最终算出每个队列所占可分配带宽比例为：（自己的优先级数+1）/可分配带宽被划分的等份数。本示例中每个队列可得到的可分配带宽比就分别为：1/15、2/15、3/15、4/15、5/15。

再根据前面的第 3 步即可得出，最后每个队列可得到的带宽 = 最小保证带宽+该队列从可分配带宽中分到的带宽。本示例中，五个队列可得到的带宽值为：（128kbps+1/15×9.5Mbps）、（128kbps+2/15×9.5Mbps）、（128kbps+3/15×9.5Mbps）、（64kbps+4/15×9.5Mbps）和（64kbps+5/15×9.5Mbps）。

4．SP+WRR 队列调度算法

前面介绍的 SP 和 WRR 队列调度算法各有特点，用户可以根据需要配置端口上的部分队列使用 SP 队列调度，部分队列使用 WRR 队列调度，通过将端口上的队列分别加入 SP 调度组和 WRR 调度组（即 group 1），实现 SP+WRR 的调度功能。在队列调度时，系统会优先保证 SP 调度组内的队列调度，当 SP 调度组内的队列中没有报文发送时，才会调度 WRR 调度组内的队列。SP 调度组内各个队列执行严格优先级调度方式，WRR 调度组内各个队列执行加权轮询调度方式。

8.4.2　SP 队列配置与管理

通过上节的介绍可以看出，SP 队列算法是最简单的，严格按照队列的优先级进行调度，适用于调度方案需要简单化的应用环境中，如强调要按照优先级的不同来为不同的流提供服务，对重要的数据优先通过。

SP 队列调度配置也很简单，实际上就是一个在对应的二、三层物理端口或端口组上通过 **qos sp** 命令启用 SP 队列的过程。H3C 交换机的端口默认是采用 WRR 队列调度算法的。可用 **undo qos sp** 命令恢复端口上默认的 WRR 队列调度算法。

可用 **display qos sp interface** [*interface-type interface-number*] [| { **begin** | **exclude** | **include** } *regular-expression*]命令查看指定端口或者交换机上全部端口的 SP 队列调度配置。进入二层以太网端口视图/三层以太网端口视图后，下面进行的配置只在当前端口生效；进入端口组视图后，下面进行的配置将在端口组中的所有端口生效。如不指定端口，本命令将显示所有打开的 SP 队列调度配置情况。因为命令中的各参数和选项与本章前面其他一些命令基本一样（不同的只是显示的内容不一样），所以在此不再赘述。

【示例 1】在交换机 GigabitEthernet 1/0/1 端口上应用 SP 队列调度算法。

```
<Sysname> system-view
[Sysname] interface gigabitethernet 1/0/1
[Sysname-GigabitEthernet1/0/1] qos sp
```

【示例 2】显示 GigabitEthernet 1/0/1 端口上的 SP 队列配置信息。从输出信息可以看出，在 GigabitEthernet 1/0/1 端口输出队列（是该端口上的所有输出队列）上已启用 SP 队列调度。

```
<Sysname> display qos sp interface GigabitEthernet 1/0/1
Interface: GigabitEthernet1/0/1
Output queue: Strict-priority queue
```

8.4.3　WRR 队列配置与管理

从 8.4.1 节可以看出，WRR 队列调度的算法比 SP 队列的调度要复杂一些，除了要在端口输出

队列上启用 WRR 外，还需要配置调度单位。具体如表 8-19 所示。

表 8-19　WRR 队列调度配置步骤

<table>
<tr><th>步骤</th><th>命令</th><th colspan="2">说明</th></tr>
<tr><td>1</td><td>system-view
例如：<Sysname> system-view</td><td colspan="2">进入系统视图</td></tr>
<tr><td rowspan="2">2</td><td>interface interface-type interface-number
例如：[Sysname] interface gigabitethernet 1/0/1</td><td colspan="2" rowspan="2">（二者必选其一）进入二层以太网端口视图、三层以太网端口视图或端口组视图。
进入二层以太网端口视图/三层以太网端口视图后，下面进行的配置只在当前端口生效；进入端口组视图后，下面进行的配置将在端口组中的所有端口生效</td></tr>
<tr><td>port-group manual port-group-name
例如：[Sysname] port-group manual group1</td></tr>
<tr><td>3</td><td>qos wrr [byte-count | weight]
例如：[Sysname-GigabitEthernet1/0/1]qos wrr weight
或
[Sysname-port-group-group1]qos wrr weight</td><td colspan="2">（可选）开启端口的 WRR 队列，并指定 WRR 队列的调度单位（字节数或报文个数）。
● byte-count：表示以字节数为调度单位，即按照每次轮询发送的字节数来体现调度权重
● weight：表示以报文个数为调度单位，即按照每次轮询发送的报文个数来体现调度权重
默认情况下，端口使用 WRR 队列调度算法，并使用字节数为单位进行调度，0～7 队列的调度权重依次为 1、2、3、4、5、9、13、15。可用 undo qos wrr [byte-count | weight] 命令将调度单位和/或各队列的调度权重同时恢复为默认值</td></tr>
<tr><td rowspan="2">4</td><td>qos wrr queue-id group 1 byte-count schedule-value
例如：[Sysname-GigabitEthernet1/0/1] qos wrr 0 group 1 byte-count 10
或
[Sysname-port-group-group1]qos wrr 0 group 1 byte-count 10</td><td>（可选）配置以字节数作为 WRR 队列调度单位。命令中的参数说明如下：
● queue-id：指定要设置以字节数为调度单位的队列号，取值为 0～7
● group 1：表示该队列属于组 1，即 WRR 队列组
● byte-count schedule-value：配置队列的调度权重，schedule-value 的取值范围为 1～15
需要注意的是，在使用本命令配置 WRR 队列调度权重前，确认在以上第 3 步中为当前端口配置的 WRR 队列调度单位是字节数，以保证调度权重的配置能够正常生效。
默认情况下，在使用字节数为调度单位时，0～7 队列的调度权重分别为 1、2、3、4、5、9、13、15，可用 undo qos wrr queue-id group 1 byte-count 命令将 WRR 队列参数恢复为默认情况</td><td rowspan="2">配置 WRR 队列的调度权重，根据 WRR 队列的调度单位选择其中一种方法进行配置</td></tr>
<tr><td>qos wrr queue-id group 1 weight schedule-value
例如：[Sysname-GigabitEthernet1/0/1] qos wrr 0 group 1 weight 10
或
[Sysname-port-group-group1] qos wrr 0 group 1 weight 10</td><td>（可选）配置以报文数作为 WRR 队列调度单位。命令中的参数说明如下：
● queue-id：指定要设置以报文数为调度单位的队列号，取值为 0～7
● group 1：表示该队列属于组 1，即 WRR 队列组
● weight schedule-value：配置队列的调度权重，schedule-value 的取值范围为 1～15
需要注意的是，在使用本命令配置 WRR 队列调度权重前，确认在以上第 3 步中为当前端口配置的 WRR 队列调度单位是报文数，以保证调度权重的配置能够正常生效。
默认情况下，在使用报文个数为调度单位时，0～7 队列的调度权重分别为 1、2、3、4、5、9、13、15，可用 undo qos wrr queue-id group 1 weight 命令将 WRR 队列参数恢复为默认情况</td></tr>
<tr><td>5</td><td>display qos wrr interface [interface-type interface-number] [| { begin | exclude | include } regular-expression]
[Sysname]display qos wrr interface GigabitEthernet 1/0/1</td><td colspan="2">（可选）显示 WRR 队列的配置，可在任意视图下执行</td></tr>
</table>

【示例 1】在 GigabitEthernet 1/0/1 端口上配置 WRR 队列调度算法，并使用报文个数作为调度单位。

```
<Sysname> system-view
[Sysname] interface gigabitethernet 1/0/1
[Sysname-GigabitEthernet1/0/1] qos wrr weight
```

【示例 2】在 GigabitEthernet 1/0/1 端口上应用 WRR 队列，使用字节数为调度单位，并配置队列 0 的调度权重为 10。

```
<Sysname> system-view
[Sysname] interface gigabitethernet 1/0/1
[Sysname-GigabitEthernet1/0/1] qos wrr byte-count
[Sysname-GigabitEthernet1/0/1] qos wrr 0 group 1 byte-count 10
```

【示例 3】在 GigabitEthernet 1/0/1 端口上应用 WRR 队列，使用报文个数为调度单位，并配置队列 0 的调度权重为 10。

```
<Sysname> system-view
[Sysname] interface gigabitethernet 1/0/1
[Sysname-GigabitEthernet1/0/1] qos wrr weight
[Sysname-GigabitEthernet1/0/1] qos wrr 0 group 1 weight 10
```

【示例 4】配置 GigabitEthernet 1/0/1 端口的队列为 WRR 队列，并使用字节数为单位进行调度。八个队列的权重分别为 1、2、4、6、8、10、12、14。

```
<Sysname> system-view
[Sysname] interface GigabitEthernet 1/0/1
[Sysname-GigabitEthernet1/0/1] qos wrr byte-count
[Sysname-GigabitEthernet1/0/1] qos wrr 0 group 1 byte-count 1
[Sysname-GigabitEthernet1/0/1] qos wrr 1 group 1 byte-count 2
[Sysname-GigabitEthernet1/0/1] qos wrr 2 group 1 byte-count 4
[Sysname-GigabitEthernet1/0/1] qos wrr 3 group 1 byte-count 6
[Sysname-GigabitEthernet1/0/1] qos wrr 4 group 1 byte-count 8
[Sysname-GigabitEthernet1/0/1] qos wrr 5 group 1 byte-count 10
[Sysname-GigabitEthernet1/0/1] qos wrr 6 group 1 byte-count 12
[Sysname-GigabitEthernet1/0/1] qos wrr 7 group 1 byte-count 14
```

【示例 5】显示 GigabitEthernet 1/0/1 端口的 WRR 队列调度配置信息。从输出信息中可以看出，端口上的八个队列中 0 和 1 号队列采用的是 SP 队列调度算法，2~7 这六个队列采用的是 WRR 队列调度算法，它们的权重依次是 3~8。

```
<Sysname> display qos wrr interface GigabitEthernet 1/0/1
Interface: GigabitEthernet1/0/1
Output queue:    Weighted round robin queue
Queue ID    Group    Weight
------------------------------------
   0          sp       N/A
   1          sp       N/A
   2          1        3
   3          1        4
   4          1        5
   5          1        6
   6          1        7
   7          1        8
```

8.4.4　WFQ 队列调度配置与管理

在 WFQ 队列调度算法中，需要配置三个方面：一是在二层或者三层物理端口，或者端口组上启用 WFQ 队列调度算法，二是要为各队列配置最小保证带宽，三是要为各队列配置权重。具体如表 8-20 所示。

表 8-20　WFQ 队列调度配置步骤

步骤	命令	说明
1	**system-view** 例如：<Sysname> **system-view**	进入系统视图
2	**interface** *interface-type interface-number* 例如：[Sysname] **interface** gigabitethernet 1/0/1	（二者必选其一）进入二层以太网端口视图、三层以太网端口视图或端口组视图。 进入二层以太网端口视图/三层以太网端口视图后，下面进行的配置只在当前端口生效；进入端口组视图后，下面进行的配置将在端口组中的所有端口生效
	port-group manual *port-group-name* 例如：[Sysname] **port-group manual** group1	

3	**qos wfq** 例如：[Sysname-GigabitEthernet1/0/1] **qos wfq** 或 [Sysname-port-group-group1] **qos wfq**	在端口上启用 WFQ 队列调度算法。默认情况下，H3C 交换机端口是使用 WRR 队列调度算法的，可用 **undo qos wfq** 命令恢复端口上默认的队列调度算法
4	**qos bandwidth queue** *queue-id* **min** *bandwidth-value* 例如：[Sysname-GigabitEthernet1/0/1]**qos bandwidth queue** 0 **min** 100 或 [Sysname-port-group-group1]**qos bandwidth queue** 0 **min** 100	（可选）为指定队列配置最小保证带宽值，命令中的参数说明如下： ● *queue-id*：指定要配置最小保证带宽的端口队列序号，取值范围为 0～7 ● *bandwidth-value*：为指定队列配置的最小保证带宽值。千兆端口取值范围为 8～1000000kbps，万兆端口取值范围为 8～10000000kbps 默认情况下，使用 WFQ 队列的端口上每个队列的最小保证带宽值为 64kbps，可用 **undo qos bandwidth queue** *queue-id* [**min** *bandwidth-value*] 命令取消以前为指定端口队列配置的最小保证带宽
5	**qos wfq** *queue-id* **weight** *schedule-value* 例如：[Sysname-GigabitEthernet1/0/1] **qos wfq** 0 **weight** 100 或 [Sysname-port-group-group1] **qos wfq** 0 **weight** 100	（可选）为指定队列配置 WFQ 队列调度权重值。命令中的参数说明如下： ● *queue-id*：指定要配置 WFQ 权重的队列序号，取值为 0～7 ● *schedule-value*：为指定队列配置 WFQ 队列调度权重值，取值范围为 1～15 默认情况下，开启 WFQ 调度算法后，各个队列的权重值均为 1，可用 **undo qos wfq** *queue-id* **weight** 命令将队列调度权重值恢复为默认情况
6	**display qos wfq interface** [*interface-type interface-number*] [| { **begin** | **exclude** | **include** } *regular-expression*] 例如：[Sysname]**display qos wfq interface** gigabit-ethernet 1/0/1	显示 WFQ 队列配置，可在任意视图下执行

【示例 1】在 GigabitEthernet 1/0/1 端口上启用 WFQ 队列调度算法。

```
<Sysname> system-view
[Sysname] interface gigabitethernet 1/0/1
[Sysname-GigabitEthernet1/0/1] qos wfq
```

【示例 2】在 GigabitEthernet 1/0/1 端口上配置队列 0 的最小保证带宽值为 100kbps。

```
<Sysname> system-view
[Sysname] interface gigabitethernet 1/0/1
[Sysname-GigabitEthernet1/0/1] qos wfq
[Sysname-GigabitEthernet1/0/1] qos bandwidth queue 0 min 100
```

【示例 3】在 GigabitEthernet 1/0/1 端口上配置 WFQ 队列 0 的队列调度权重值为 10。

```
<Sysname> system-view
[Sysname] interface gigabitethernet 1/0/1
[Sysname-GigabitEthernet1/0/1] qos wfq
[Sysname-GigabitEthernet1/0/1] qos wfq 0 weight 100
```

【示例 4】配置 GigabitEthernet 1/0/1 端口使用 WFQ 队列调度算法，队列 0～7 的权重分别为 1、2、4、6、8、10、12、14，队列 0 的最小保证带宽为 128kbps，其他均为默认的 64kbps。

```
<Sysname> system-view
[Sysname] interface GigabitEthernet 1/0/1
[Sysname-GigabitEthernet1/0/1] qos wfq
[Sysname-GigabitEthernet1/0/1] qos wfq 0 weight 1
[Sysname-GigabitEthernet1/0/1] qos wfq 1 weight 2
[Sysname-GigabitEthernet1/0/1] qos wfq 2 weight 4
[Sysname-GigabitEthernet1/0/1] qos wfq 3 weight 6
[Sysname-GigabitEthernet1/0/1] qos wfq 4 weight 8
[Sysname-GigabitEthernet1/0/1] qos wfq 5 weight 10
[Sysname-GigabitEthernet1/0/1] qos wfq 6 weight 12
[Sysname-GigabitEthernet1/0/1] qos wfq 7 weight 14
[Sysname-GigabitEthernet1/0/1] qos bandwidth queue 0 min 128
```

【示例 5】显示 GigabitEthernet 1/0/1 端口上的 WFQ 队列调度配置情况。从输出信息可以看出，在 GigabitEthernet 1/0/1 端口上启用了 WFQ 队列调度算法，并且队列 1 的最小保证带宽为 100bkps，其他队列的最小保证带宽均为默认 64kbps。各队列的权重都为默认的 1，也就是各队列被调度的机会均等。

```
<Sysname> display qos wfq interface gigabitethernet 1/0/1
Interface: GigabitEthernet1/0/1
 Output queue: Hardware weighted fair queue
Queue ID          Weight          Min-Bandwidth
----------------------------------------------
0                 1               64
1                 1               100
2                 1               64
3                 1               64
4                 1               64
5                 1               64
6                 1               64
7                 1               64
```

8.4.5　SP+WRR 队列调度配置与管理

这是一种 SP 队列调度算法和 WRR 队列调度算法的组合应用，也就是在一个端口或端口组的 8 个输出队列中，根据需要一部分队列采用 SP 队列调度算法，而另一部分采用 WRR 队列调度算法。通过将端口上的队列分别加入 SP 调度组和 WRR 调度组（即 group 1），实现 SP+WRR 的调度功能。在队列调度时，系统会优先保证 SP 调度组内的队列调度，当 SP 调度组内的队列中没有报文发送时，才会调度 WRR 调度组内的队列。SP 调度组内各个队列执行严格优先级调度方式，WRR 调度组内各个队列执行加权轮询调度方式。

SP+WRR 队列调度算法的配置步骤如表 8-21 所示。

表 8-21　SP＋WRR 队列调度配置步骤

<table>
<tr><th>步骤</th><th>命令</th><th colspan="2">说明</th></tr>
<tr><td>1</td><td>system-view
例如：<Sysname> system-view</td><td colspan="2">进入系统视图</td></tr>
<tr><td rowspan="2">2</td><td>interface interface-type interface-number
例如：[Sysname] interface gigabitethernet 1/0/1</td><td colspan="2" rowspan="2">（二者必选其一）进入二层以太网端口视图、三层以太网端口视图或端口组视图。进入二层以太网端口视图/三层以太网端口视图后，下面进行的配置只在当前端口生效；进入端口组视图后，下面进行的配置将在端口组中的所有端口生效</td></tr>
<tr><td>port-group manual port-group-name
例如：[Sysname] port-group manual group1</td></tr>
<tr><td>3</td><td>qos wrr [byte-count | weight]
例如：[Sysname-GigabitEthernet1/0/1]qos wrr weight
或
[Sysname-port-group-group1]qos wrr weight</td><td colspan="2">（可选）开启端口的 WRR 队列，并指定 WRR 队列的调度单位（字节数或报文个数）。默认情况下，端口使用 WRR 队列调度算法，并使用字节数为单位进行调度。
具体参见 8.4.3 节表 8-19 中的第 3 步介绍</td></tr>
<tr><td>4</td><td>qos wrr queue-id group sp</td><td colspan="2">配置 SP 调度组。命令中的参数和关键字说明如下：
● queue-id：指定要调用 SP 队列调度算法的端口输出队列序号，取值为 0～7
● sp：指定采用严格优先级调度算法，把参数 queue-id 指定的输出队列加入 SP 组
此命令需要在端口队列为 WRR 调度模式下使用。SP 组与普通 WRR 优先组不同，加入 SP 组的端口队列采用严格优先级调度算法，不再采用加权轮循调度算法。
默认情况下，所有队列均处于 WRR 调度组中，可用 undo qos wrr queue-id group sp 命令取消指定的端口输出队列采用 SP 严格优先级调度算法</td></tr>
<tr><td rowspan="2">5</td><td>qos wrr queue-id group 1 byte-count schedule-value
例如：[Sysname-GigabitEthernet1/0/1] qos wrr 0 group 1 byte-count 10
或
[Sysname-port-group-group1]qos wrr 0 group 1 byte-count 10</td><td>配置指定输出队列的调度单位为字节数。具体参见 8.4.3 节表 8-19 中的第 4 步介绍。
注意：这里指定的队列与上面第 4 步中指定的队列不一样</td><td rowspan="2">（二者必选其一）配置 WRR 调度组的队列调度权重。默认情况下，WRR 队列使用字节数为单位进行调度，8 个队列的权重值分别为 1、2、3、4、5、9、13、15</td></tr>
<tr><td>qos wrr queue-id group 1 weight schedule-value
例如：[Sysname-GigabitEthernet1/0/1] qos wrr 0</td><td>配置指定输出队列的调度单位为报文个数。具体参见 8.4.3 节表 8-19 中的第 4 步介绍</td></tr>
</table>

续表

步骤	命令	说明	
5	**group 1 weight** 10 或 [Sysname-port-group-group1] **qos wrr** 0 **group 1 weight** 10	注意：这里指定的队列与前面第 4 步中指定的队列不一样	（接前）

【示例 1】在 GigabitEthernet 1/0/1 端口上应用 WRR 队列，然后配置其中的队列 0 加入 SP 组进行严格优先级调度。

```
<Sysname> system-view
[Sysname] interface gigabitethernet 1/0/1
[Sysname-GigabitEthernet1/0/1] qos wrr
[Sysname-GigabitEthernet1/0/1] qos wrr 0 group sp
```

【示例 2】配置 GigabitEthernet 1/0/1 端口使用 SP+WRR 队列调度算法，其中的 0~2 三个队列属于 SP 调度组，3~7 五个队列属于 WRR 调度组，调度单位为字节数，这五个队列的调度权重分别为 2、4、6、8 和 10。

```
<Sysname> system-view
[Sysname] interface GigabitEthernet 1/0/1
[Sysname-GigabitEthernet1/0/1] qos wrr
[Sysname-GigabitEthernet1/0/1] qos wrr 0 group sp
[Sysname-GigabitEthernet1/0/1] qos wrr 1 group sp
[Sysname-GigabitEthernet1/0/1] qos wrr 2 group sp
[Sysname-GigabitEthernet1/0/1] qos wrr 3 group 1 byte-count 2
[Sysname-GigabitEthernet1/0/1] qos wrr 4 group 1 byte-count 4
[Sysname-GigabitEthernet1/0/1] qos wrr 5 group 1 byte-count 6
[Sysname-GigabitEthernet1/0/1] qos wrr 6 group 1 byte-count 8
[Sysname-GigabitEthernet1/0/1] qos wrr 7 group 1 byte-count 10
```


8.5 H3C 交换机拥塞避免配置与管理

上节介绍的“拥塞管理”是通过不同的队列调度算法为各队列配置不同的调度优先级，以使端口输出队列上的重要通信流优先通过，避免造成传输延时，影响关键应用，或者使全部通信流按各队列的调度权重有序通过，避免造成各队列上的通信流为了抢占资源而造成网络的堵塞。

本节介绍的“拥塞避免”（Congestion Avoidance）与上节介绍的“拥塞管理”有着本质区别，本节的拥塞避免是采取某种措施真正解除通信流的拥塞，而不只是按队列优先级或者调度权重进行队列调度。拥塞避免是一种流量控制机制，它通过监视网络资源（如队列或内存缓冲区）的使用情况，在发生拥塞或预计即将发生拥塞时主动丢弃一些不是很重要的报文来解除网络拥塞。

8.5.1 拥塞避免的丢包策略简介

传统的丢包策略采用尾部丢弃（Tail-Drop）的方法，如在 Cisco IOS 交换机中经常采用的 WTD（Weighted Tail Drop，加权尾部丢弃）策略。采用这种策略时，当队列的长度达到最大值后，所有新到来的报文都将被丢弃。这种丢弃策略会引发 TCP 全局同步现象：当队列同时丢弃多个 TCP 连接的报文时，将造成多个 TCP 连接同时进入拥塞避免和慢启动状态以降低并调整流量，而后又会在某个时间同时出现流量高峰。如此反复，使网络流量忽大忽小，网络不停震荡。

为避免 TCP 全局同步现象，可使用 RED（Random Early Detection，随机早期检测）或 WRED（Weighted Random Early Detection，加权随机早期检测）丢包策略。

RED 和 WRED 通过随机丢弃报文避免了 TCP 的全局同步现象，使得当某个 TCP 连接的报文被丢弃、开始减速发送的时候，其他的 TCP 连接仍然有较高的发送速度。这样，无论什么时候，总有 TCP 连接在进行较快的发送，提高了线路带宽的利用率。

在 RED 算法中，为每个队列都设定上限和下限，对队列中的报文进行如下处理：

- 当队列的长度小于下限时，不丢弃报文。
- 当队列的长度超过上限时，丢弃所有到来的报文。
- 当队列的长度在上限和下限之间时，开始随机丢弃到来的报文。队列越长，丢弃概率越高，但有一个最大丢弃概率。

与 RED 不同，WRED 生成的随机数是基于优先权的，它引入 IP 优先权区别丢弃策略，考虑了高优先权报文的利益，使其被丢弃的概率相对较小，在 H3C 交换机中主要采用 WRED 丢包策略。WRED 采用平均队列和设置的队列上限、下限比较来确定丢弃的概率，因为直接采用队列的长度和上限、下限比较并进行丢弃，将会对突发性的数据流造成不公正的待遇，不利于数据流的传输。队列平均长度既反映了队列的变化趋势，又对队列长度的突发变化不敏感，避免了对突发性数据流的不公正待遇。

计算队列平均长度的公式为：平均队列长度=上一时刻平均队列长度＋（当前队列长度-上一时刻平均队列长度）/2^n。其中 n 可以通过命令 **qos wred weighting-constant** 进行配置。

8.5.2　WRED 策略下的拥塞避免配置与管理

大多数 H3C 交换机系列采用的是 WRED 丢包策略来实现拥塞避免。WRED 功能是采用 WRED 表的配置方式，即在系统视图下配置 WRED 表，然后在端口上应用 WRED 表。

从前面介绍的 WRED 策略的丢包原理可以得出，在进行 WRED 配置时，需要事先确定如下参数：

- 队列上限和下限：当平均队列长度小于下限时，不丢弃报文。当平均队列长度在上限和下限之间时，设备随机丢弃报文，队列越长，丢弃概率越高。当平均队列长度超过上限时，丢弃所有到来的报文。
- 丢弃优先级：在进行报文丢弃时参考的参数，0 对应绿色报文，1 对应黄色报文，2 对应红色报文。值越大，丢弃优先级越高，也就是红色报文将被丢弃的优先级是最高的。
- 计算平均队列长度的指数：指数越大，计算平均队列长度时对队列的实时变化越不敏感。
- 丢弃概率：以百分数的形式表示丢弃报文的概率，取值越大，报文被丢弃的机率越大。

WRED 表是一个基于队列的表，拥塞时根据报文所在队列进行随机丢弃。同一个表可以被多个端口同时引用。WRED 表被应用到端口后，用户可以对 WRED 表的取值进行修改，但是不能删除该 WRED 表。具体的配置步骤如表 8-22 所示。

表 8-22　WRED 表的配置和应用步骤

步骤	命令	说明
1	**system-view** 例如：<Sysname> **system-view**	进入系统视图
2	**qos wred queue table** *table-name* 例如：[Sysname] **qos wred queue table** queue-table1	创建 WRED 表，同时进入该 WRED 表视图。命令中的参数 **table** *table-name* 用来指定要创建的 WRED 表名，为 1～32 个字符的字符串，不能包括空格。 默认情况下，没有创建 WRED 表，可用 **undo qos wred table** *table-name* 命令删除 WRED 表，但是用户不能删除已经应用的 WRED 表
3	**queue** *queue-id* **weighting-constant** *exponent* 例如：[Sysname-wred-table-queue-table1] **queue 1 weighting-constant** 12	（可选）为指定队列配置计算平均队列长度的指数。命令中的参数说明如下： ● *queue-id*：指定要配置平均队列长度指数的队列编号，取值范围为 0～7 ● **weighting-constant** *exponent*：指定计算平均队列长度的指数，取值范围为 0～15，默认为 9

续表

步骤	命令	说明
3	（接前）	计算队列平均长度的公式为：平均队列长度=上一时刻平均队列长度+（当前队列长度 - 上一时刻平均队列长度）/2^n。其中 n 即通过 *exponent* 参数指定的值。可用 **undo queue** *queue-id* **weighting-constant** 命令恢复指定队列的 WRED 表平均队列长度指数为默认值
4	**queue** *queue-id* [**drop-level** *drop-level*] **low-limit** *low-limit* **high-limit** *high-limit* [**discard-probability** *discard-prob*] 例如：[Sysname-wred-table-queue-table1] **queue** 1 **drop-level** 1 **low-limit** 120 **high-limit** 300 **discard-probability** 20	（可选）配置 WRED 表的其他参数。本命令可能需要多次执行，为不同丢弃级别的报文配置命令中后面的参数。命令中的参数和选项说明如下： ● *queue-id*：指定要配置 WRED 表的队列编号，取值范围为 0～7 ● **drop-level** *drop-level*：指定要设置后续这些参数的丢弃级别，取值范围为 0～2，0 对应绿色报文，1 对应黄色报文，2 对应红色报文。如果没有指定，后续配置的参数对该队列所有丢弃级别的报文都生效 ● **low-limit** *low-limit*：指出以上指定的丢弃级别的报文的丢弃队列长度下限，取值范围为 0～8000 个分组、报文或者包，默认为 100 ● **high-limit** *high-limit*：指出以上指定的丢弃级别的报文的丢弃队列长度上限，取值范围为 0～8000 个分组、报文或者包，且必须大于 *low-limit*，默认为 1000 ● **discard-probability** *discard-prob*：以百分数形式指定以上指定的丢弃级别的报文的丢弃概率，取值范围为 0～100。当报文队列平均长度在上限和下限之间时，交换机采用这个概率来丢弃报文。一般是丢弃级别越高的报文丢弃概率越高 默认情况下，基于队列的 WRED 全局表有一套可用的默认参数，*low-limit* 为 100，*high-limit* 为 1000，*discard-prob* 为 10。 可用 **undo queue** { *queue-id* | **all** }命令恢复 WRED 表的内容为默认值
5	**interface** *interface-type interface-number* 例如：[Sysname] **interface** gigabitethernet 1/0/1 **port-group manual** *port-group-name* 例如：[Sysname] **port-group manual** group1	（二者必选其一）进入二层以太网端口视图、三层以太网端口视图或端口组视图。 进入二层以太网端口视图/三层以太网端口视图后，下面进行的配置只在当前端口生效；进入端口组视图后，下面进行的配置将在端口组中的所有端口生效
6	**qos wred apply** *table-name* 例如：[Sysname-GigabitEthernet1/0/1] **qos wred apply** queue-table1 或 [Sysname-port-group-group1] **qos wred apply** queue-table1	在以上端口或端口组上应用指定的 WRED 表。参数 *table-name* 用来指定要在端口或端口组上应用 WRED 表的名称，为 1～32 个字符的字符串，不能包括空格。 默认情况下，端口或端口组上没有应用 WRED 表，可用 **undo qos wred apply** 命令取消在端口或端口组上应用的 WRED 表

【示例 1】创建 WRED 表 queue-table1。

```
<Sysname> system-view
[Sysname] qos wred queue table queue-table1
[Sysname-wred-table-queue-table1]
```

【示例 2】配置队列 1 的 WRED 表的平均队列长度的指数为 12。

```
<Sysname> system-view
[Sysname] qos wred queue table queue-table1
[Sysname-wred-table-queue-table1] queue 1 weighting-constant 12
```

【示例 3】配置 WRED 表 queue-table1 中的队列 1 的丢弃级别为 1（为黄色报文），丢弃队列长度下限为 120 个包，丢弃队列长度上限为 300 个包，丢弃概率为 20%（当黄色报文长度在 120~300 个之间，丢弃的概率为 20%）。

```
<Sysname> system-view
[Sysname] qos wred queue table queue-table1
[Sysname-wred-table-queue-table1] queue 1 drop-level 1 low-limit 120 high-limit 300 discard-probability 20
```

【示例 4】在 GigabitEthernet 1/0/1 端口上应用 WRED 表 queue-table1。

```
<Sysname> system-view
[Sysname] interface GigabitEthernet 1/0/1
[Sysname-GigabitEthernet1/0/1] qos wred apply queue-table1
```

8.5.3 WRED 配置信息的管理

可在任意视图下执行以下 **display** 命令显示 WRED 配置信息，验证配置效果。

1．display qos wred interface 命令

display qos wred interface [*interface-type interface-number*] [| { **begin** | **exclude** | **include** } *regular-expression*] 命令用来显示指定端口或所有端口的 WRED 配置信息。参数 *interface-type interface-number* 用来指定要显示 WRED 配置信息的端口类型和端口编号。如果不指定端口，本命令将显示所有端口的 WRED 配置信息。后面的正则表达式是用来过滤显示信息的，在本章前面许多命令中都用到，参见前面的说明即可。

以下示例是显示 GigabitEthernet 1/0/1 端口上的 WRED 配置信息。从输出信息可以看出，该命令仅显示在端口上应用了哪个 WRED 表，并没有详细地显示 WRED 表的配置信息。要显示详细的配置信息，就要用到下面将要介绍的 **display qos wred table** 命令。

```
<Sysname> display qos wred interface GigabitEthernet 1/0/1
Interface: GigabitEthernet1/0/1
 Current WRED configuration:
 Applied WRED table name: queue-table1
```

2．display qos wred table 命令

display qos wred table [*table-name*] [| { **begin** | **exclude** | **include** } *regular-expression*] 命令用来显示 WRED 表的详细配置情况。参数 *table-name* 用来指定要显示配置信息的 WRED 表的名称。如果不指定表名，本命令将显示当前交换机上所有配置的 WRED 表的配置情况。后面的正则表达式选项和参数同样参照本章前面相关说明即可。

以下示例是显示 WRED 表 1 的配置情况。从输出信息中可以看出，在表 1 中重复多次执行了上节介绍的 WRED 表的配置步骤，为各个队列的三个丢弃优先级别（绿、黄、蓝）报文配置了丢弃参数。输出信息中的各字段说明如表 8-23 所示。

```
<Sysname> display qos wred table 1
Table Name: 1
Table Type: Queue based WRED
QID:  gmin  gmax  gprob  ymin  ymax  yprob  rmin  rmax  rprob  exponent
--------------------------------------------------------------------
 0  100  1000  10  100  1000  10  100  1000  10  9
 1  100  1000  10  100  1000  10  100  1000  10  9
 2  100  1000  10  100  1000  10  100  1000  10  9
 3  100  1000  10  100  1000  10  100  1000  10  9
 4  100  1000  10  100  1000  10  100  1000  10  9
 5  100  1000  10  100  1000  10  100  1000  10  9
 6  100  1000  10  100  1000  10  100  1000  10  9
 7  100  1000  10  100  1000  10  100  1000  10  9
```

表 8-23　display qos wred table 命令输出信息字段说明

字段	描述
Table name	WRED 表名
Table type	WRED 表类型
QID	队列编号
gmin	绿色报文（丢弃优先级为 0）的丢弃队列长度下限
gmax	绿色报文的丢弃队列长度上限
gprob	绿色报文的丢弃概率
ymin	黄色报文（丢弃优先级为 1）的丢弃队列长度下限
ymax	黄色报文的丢弃队列长度上限
yprob	黄色报文的丢弃概率
rmin	红色报文（丢弃优先级为 2）的丢弃队列长度下限
rmax	红色报文的丢弃队列长度上限
rprob	红色报文的丢弃概率

8.6 H3C 交换机流量过滤配置与管理

流量过滤就是将符合流分类的流配置流量过滤动作。例如，可以根据网络的实际情况禁止从某个源 IP 地址发送的报文通过。我们通常是直接使用 ACL 来进行流量过滤的，使用 QoS 策略同样可以实现，结合 ACL 对流量进行过滤。

8.6.1 流量过滤配置与管理

使用 QoS 策略进行流量过滤也是 QoS 策略的一种具体应用，所以它也需要进行如下四个主要配置步骤：一是定义流分类，二是定义流行为，三是创建 QoS 策略，将前面的流分类和流行为关联起来，四是在对应位置上应用所创建的 QoS 策略。具体步骤如表 8-24 所示。因为配置步骤中的命令在本章前面 8.1 节均有介绍，参照即可，不再赘述。

表 8-24 流量过滤配置步骤

步骤	命令	说明
1	**system-view** 例如：<Switch> **system-view**	进入系统视图
2	**traffic classifier** *tcl-name* [**operator** { **and** | **or** }] 例如：[Switch] **traffic classifier** classifier_1	定义类并进入类视图
3	**if-match** *match-criteria* 例如：[Switch-classifier-classifier_1] **if-match acl** 3001	定义匹配数据包的规则。如果匹配的规则是 ACL，则要先创建对应的 ACL
4	**quit** 例如：[Switch-classifier-classifier_1] **quit**	退出类视图，返回系统视图
5	**traffic behavior** *behavior-name* 例如：[Switch] **traffic behavior** behavior_1	定义一个流行为并进入流行为视图
6	**filter** { **deny** | **permit** } 例如：[Switch-behavior-behavior_1] **filter deny**	配置流量过滤行为，**deny** 表示丢弃数据包；**permit** 表示允许数据包通过。但要注意：如果配置了 **filter deny** 命令，那么其他流行为（除流量统计）都不会生效
7	**quit** 例如：[Switch-behavior-behavior_1] **quit**	退出流行为视图，返回系统视图
8	**qos policy** *policy-name* 例如：[Switch] **qos policy** policy_1	定义策略并进入策略视图
9	**classifier** *tcl-name* **behavior** *behavior-name* 例如：[Switch-qospolicy-policy_1] **classifier** classifier_1 **behavior** behavior_1	在策略中为类指定采用的流行为
10	**quit** 例如：[Switch-qospolicy-policy_1] **quit**	退出策略视图
11	基于端口应用 QoS 策略 基于上线用户应用 QoS 策略 基于 VLAN 应用 QoS 策略 基于全局应用 QoS 策略 基于控制平面应用 QoS 策略	应用 QoS 策略，五者必选其一
12	**display traffic behavior user-defined** [*behavior-name*] [| { **begin** | **exclude** | **include** } *regular-expression*] 例如：<Sysname> **display traffic behavior user-defined** behavior_1	显示流量过滤的相关配置信息。可以在任意视图下执行

8.6.2 流量过滤配置示例

Host 通过端口 GigabitEthernet1/0/1 接入设备交换机 Switch。现要配置流量过滤功能，对

GigabitEthernet1/0/1 端口接收的源端口号等于 21 的 TCP 报文进行丢弃。

下面是具体的配置步骤。从整个配置可以看出，在 Gigabitethernet1/0/1 端口上最终应用的结果是与 ACL 中的匹配规则相反的。在 ACL 中是允许源端口为 TCP 21 的包通过，其他的禁止，而通过 QoS 策略中的 deny 流行为后，源端口为 TCP 21 的包被最终丢弃了。

（1）定义高级 ACL 3000，匹配源端口号等于 21 的数据流。

```
<Switch> system-view
[Switch] acl number 3000
[Switch-acl-basic-3000] rule 0 permit tcp source-port eq 21   !---允许源端口为 TCP 21 的包通过
[Switch-acl-basic-3000] quit
```

（2）定义类 classifier_1，匹配高级 ACL 3000。

```
[Switch] traffic classifier classifier_1
[Switch-classifier-classifier_1] if-match acl 3000
[Switch-classifier-classifier_1] quit
```

（3）定义流行为 behavior_1，动作为流量过滤（**deny**），表示对 ACL 3000 中通过的源端口为 TCP 21 的数据包进行丢弃。

```
[Switch] traffic behavior behavior_1
[Switch-behavior-behavior_1] filter deny
[Switch-behavior-behavior_1] quit
```

（4）定义策略 policy_1，关联流分类 classifier_1 和流行为 behavior_1。

```
[Switch] qos policy policy_1
[Switch-qospolicy-policy_1] classifier classifier_1 behavior behavior_1
[Switch-qospolicy-policy_1] quit
```

（5）将策略 policy_1 应用到 Host 主机所连接的交换机端口 GigabitEthernet1/0/1 的入方向上。

```
[Switch] interface gigabitethernet 1/0/1
[Switch-GigabitEthernet1/0/1] qos apply policy policy_1 inbound
```

8.7 H3C 交换机重标记配置与管理

重标记是基于流量监管的颜色标记将报文的优先级或者标志位进行设置，重新定义流量的优先级等。例如，对于 IP 报文来说，所谓重标记就是对 IP 报文中的 IP 优先级或 DSCP 值进行重新设置，改变 IP 报文在网络传输中的状态。重标记动作的配置，可以通过与类关联，将原来报文的优先级或标志位重新进行标记。重标记可以和优先级映射功能配合使用。

8.7.1 优先级重标记简介

报文的颜色用来表示设备对报文传输优先等级的评估结果，H3C 交换机可以根据以下两种方式为报文标记颜色：①流量监管功能；②映射丢弃优先级。

1. 根据流量监管功能标记报文颜色

流量监管（我们在介绍 Cisco IOS 交换机 QoS 时讲的是“流量管制”，都是一个意思）是一种常用的流量控制技术。它是通过令牌桶机制来对设备接收或发送的流量进行评估，并根据评估结果将报文标记为绿色、黄色和红色三种不同的颜色。用户通过为不同颜色的报文配置不同的流控策略，实现对不同流量的差别化服务，从而保证网络资源的有效利用。这方面我们在本章 8.3.1 节就已进行了介绍，详细的令牌桶工作原理参见本书第 6 章的相关内容。

报文颜色标记的总体规则如下（采用双令牌桶机制）：

- 如果 C 桶有足够的令牌，报文被标记为 green，即绿色报文。
- 如果 C 桶令牌不足，但 E 桶有足够的令牌，报文被标记为 yellow，即黄色报文。

- 如果 C 桶和 E 桶都没有足够的令牌，报文被标记为 red，即红色报文。

2. 根据映射丢弃优先级标记报文颜色

在没有配置流量监管功能的情况下（**注意，这是前提**），H3C 交换机会根据报文的 802.1p 优先级和 dot1p-dp 映射表得到报文的丢弃优先级（取值范围为 0~2），然后根据丢弃优先级为报文标记颜色。丢弃优先级 0 对应绿色报文，1 对应黄色报文，2 对应红色报文。有关 802.1p 优先级和 dot1p-dp 映射表可参见本章前面的表 8-12。

8.7.2 通过报文颜色重标记优先级的配置与管理

上节说到了，通过报文颜色重标记优先级可以有两种方式：一是根据流量监管功能，二是根据映射丢弃优先级功能。

在基于流量监管来重标记报文优先级时，交换机在得到流量监管的评估结果之后，可以为不同颜色的报文重新标记各种优先级值，包括 DSCP 优先级、802.1p 优先级和本地优先级。可以通过以下两种方式进行配置：

（1）在流量监管动作中指定对不同颜色的报文采取重标记动作。它是在 **car cir** *committed-information-rate* [**cbs** *committed-burst-size* [**ebs** *excess-burst-size*]] [**pir** *peak-information-rate*] [**green** *action*] [**yellow** *action*] [**red** *action*] [**hierarchy-car** *hierarchy-car-name* [**mode** { **and** | **or** }]]命令的红、绿、黄三种颜色报文的 *action*（动作）参数中配置的。具体参见本章 8.3.2 节表 8-17 中第 6 步的介绍。

（2）在流量监管动作所属的流行为中创建重标记动作，为不同颜色的报文标记各种优先级值，本节仅介绍这种配置方式。

可以同时采用这两种方式为同一颜色报文的多种优先级进行重标记。但两种方式中不能包含对同一种优先级的不同标记动作，否则采用流行为的 QoS 策略将无法正常应用。

在基于丢弃优先级的映射重标记报文优先级时，可以通过在流行为中创建重标记不同颜色报文的丢弃优先级动作，然后通过本地优先级与其他优先级的映射即可为不同颜色的报文标记各种优先级值，包括 DSCP 优先级、802.1p 优先级和本地优先级。

通过报文颜色重标记报文优先级也是基于 QoS 策略的一种应用，所以它也包括四个主要步骤：一是定义流分类，二是定义流行为，三是创建 QoS 策略，关联前面定义的流分类和流行为，四是在对应位置应用所创建的 QoS 策略，具体如表 8-25 所示。

表 8-25 通过报文颜色重标记报文优先级的配置步骤

步骤	命令	说明
1	**system-view** 例如：<Switch> **system-view**	进入系统视图
2	**traffic classifier** *tcl-name* [**operator** { **and** | **or** }] 例如：[Switch] **traffic classifier** classifier_1	定义类并进入类视图，参见本章表 8-1 中第 2 步说明
3	**if-match** *match-criteria* 例如：[Switch-classifier-classifier_1] **if-match** acl 3001	定义匹配数据包的规则，参见本章表 8-1 中第 3 步说明
4	**quit** 例如：[Switch-classifier-classifier_1] **quit**	退出类视图
5	**traffic behavior** *behavior-name* 例如：[Switch] **traffic behavior** behavior_1	定义一个流行为并进入流行为视图，参见本章表 8-3 中第 2 步说明
6	**remark** [**green** | **red** | **yellow**] **dscp** *dscp-value* 例如：[Switch-behavior-behavior_1]**remark green dscp 6**	（可选）重标记报文的 DSCP 值。命令中的参数和选项说明如下： ● **green**：多选一可选项，指定重标记绿色报文的 DSCP 优先级 ● **red**：多选一可选项，指定重标记红色报文的 DSCP 优先级 ● **yellow**：多选一可选项，指定重标记黄色报文的 DSCP 优先级 如果不选以上可选项，则对所有报文进行重标记。 ● *dscp-value*：指定重标记后的 DSCP 值，取值范围为 0～63，也可以是关键字，如表 8-26 所示

续表

步骤	命令	说明
6	（接前）	可用 **undo remark [green | red | yellow] dscp** 命令取消标记报文的 DSCP 值 【注意】如果是对通过流量监管标记颜色的报文进行优先级重标记，则本重标记动作中的标记策略不能与流量监管中的标记策略冲突，否则 QoS 策略将无法正常应用
7	**remark [green | red | yellow] dot1p** *802.1p* 例如：[Switch-behavior-behavior_1] **remark dot1p** 5	（可选）重标记报文的 802.1p 优先级。命令中的参数和选项说明如下： ● **green**：多选一可选项，指定重标记绿色报文的 802.1p 优先级 ● **red**：多选一可选项，指定重标记红色报文的 802.1p 优先级 ● **yellow**：多选一可选项，指定重标记黄色报文的 802.1p 优先级 如果不选以上可选项，则对所有报文进行重标记。 ● *802.1p*：指定重标记后的 802.1p 优先级，取值范围为 0～7 可用 **undo remark [green | red | yellow] dot1p** 命令取消配置。 【注意】如果是对通过流量监管标记颜色的报文进行优先级重标记，则本重标记动作中的标记策略不能与流量监管中的标记策略冲突，否则 QoS 策略将无法正常应用 本命令和 **remark dot1p customer-dot1p-trust** 命令是覆盖关系
8	**remark [green | red | yellow] local-precedence** *local-precedence* 例如：[Switch-behavior-behavior_1] **remark red local-precedence** 1	（可选）重标记报文的本地优先级。命令中的参数和选项说明如下： ● **green**：多选一可选项，指定重标记绿色报文的本地优先级 ● **red**：多选一可选项，指定重标记红色报文的本地优先级 ● **yellow**：多选一可选项，指定重标记黄色报文的本地优先级 如果不选以上可选项，则对所有报文进行重标记。 ● *local-precedence*：指定重标记后的本地优先级，取值范围为 0～7 可用 **undo remark [green | red | yellow] local-precedence** 命令取消重标记的报文本地优先级。 【注意】如果是对通过流量监管标记颜色的报文进行优先级重标记，则本重标记动作中的标记策略不能与流量监管中的标记策略冲突，否则 QoS 策略将无法正常应用；在使用聚合 CAR 方式标记报文颜色时，不支持根据报文颜色重标记本地优先级
9	**remark dot1p customer-dot1p-trust** 例如：[Switch-behavior-behavior_1] **remark dot1p customer-dot1p-trust**	（可选）配置内外层标签优先级复制功能。QoS 策略应用到端口后，将内层 VLAN tag 的 802.1p 优先级复制为外层 VLAN tag 的 802.1p 优先级。如果报文只携带一层 tag，则配置不生效
10	**remark ip-precedence** *ip-precedence-value* 例如：[Switch-behavior-behavior_1] **remark ip-precedence** 3	（可选）重标记报文的 IP 优先级值。参数 *ip-precedence-value* 用来指定重标记后的 IP 优先级值，取值范围为 0～7。可用 **undo remark ip-precedence** 命令取消对报文 IP 优先级的重标记
11	**remark qos-local-id** *local-id-value* 例如：[Switch-behavior-behavior_1] **remark qos-local-id** 1000	（可选）重标记报文的 QoS 本地 ID。QoS 本地 ID 是设备为报文重新标记的一种属性，用户可以根据不同的需求给报文标记不同的 QoS 本地 ID。标记 QoS 本地 ID 主要用于对匹配多个流分类的报文进行重分类，再对这个重分类进行流行为动作，以达到对多种报文进行同一种处理方式的效果。 参数 *local-id-value* 用来指定重标记的 QoS 本地 ID 值，取值范围为 1～4095。但不同 H3C 系列交换机上支持的范围有所不同，如在 S5800/S5820X 系列交换机上，能够支持的 *local-id-value* 值为 1～3999。可用 **undo remark qos-local-id** 命令取消重标记的报文 QoS 本地 ID 值
12	**remark drop-precedence** *drop-precedence-value* 例如：[Switch-behavior-behavior_1] **remark drop-precedence** 1	（可选）重标记报文的丢弃优先级。参数 *drop-precedence-value* 用来指定重标记的丢弃优先级，取值范围为 0～2，对应指定为绿色报文、黄色报文和红色报文。可用 **undo remark drop-precedence** 命令取消标记报文的丢弃优先级。仅可应用在出方向
13	**quit** 例如：[Switch-behavior-behavior_1] **quit**	退出流行为视图，返回系统视图
14	**qos policy** *policy-name* 例如：[Sysname] **qos policy** policy_1	定义策略并进入策略视图，参见本章表 8-4 中第 2 步说明
15	**classifier** *tcl-name* **behavior** *behavior-name* 例如：[Sysname-qospolicy-policy_1] **classifier** classifier_1 **behavior** behavior_1	关联流分类和流行为，参见本章表 8-4 中第 3 步说明
16	**quit** 例如：[Sysname-qospolicy-policy_1] **quit**	退出策略视图，返回系统视图

续表

步骤	命令	说明
17	基于端口应用 QoS 策略 基于上线用户应用 QoS 策略 基于 VLAN 应用 QoS 策略 基于全局应用 QoS 策略 基于控制平面应用 QoS 策略	（五者必选其一）应用 QoS 策略，参见本章 8.1.6 节
18	**display traffic behavior user-defined** [*behavior-name*] [| { **begin** | **exclude** | **include** } *regular-expression*] 例如：**display traffic behavior user-defined**	（可选）显示重标记的相关配置信息。**display** 命令可以在任意视图下执行

表 8-26　DSCP 关键字与值的对应表

DSCP 值（十进制）	DSCP 值（二进制）	关键字
0	000000	default
10	001010	af11
12	001100	af12
14	001110	af13
18	010010	af21
20	010100	af22
22	010110	af23
26	011010	af31
28	011100	af32
30	011110	af33
34	100010	af41
36	100100	af42
38	100110	af43
8	001000	cs1
16	010000	cs2
24	011000	cs3
32	100000	cs4
40	101000	cs5
48	110000	cs6
56	111000	cs7
46	101110	ef

应用重标记的 QoS 策略时 inbound 和 outbound 方向的支持情况如表 8-27 所示。

表 8-27　出/入方向对重标记 QoS 策略的支持情况

动作	inbound 方向	outbound 方向
标记报文的 802.1p 优先级	支持	支持
标记报文的 DSCP 优先级	支持	支持
标记报文的丢弃优先级	支持	不支持
标记报文的 IP 优先级	不支持	支持
标记报文的本地优先级	支持	不支持
标记报文的 qos-local-id	支持	不支持

【示例 1】重标记报文的 DSCP 值为 6。

```
<Sysname> system-view
[Sysname] traffic behavior database
[Sysname-behavior-database] remark dscp 6
```

【示例 2】重标记报文的 802.1p 优先级值为 2。

```
<Sysname> system-view
[Sysname] traffic behavior database
[Sysname-behavior-database] remark dot1p 2
```

【示例 3】配置内、外层标签优先级复制功能。

```
<Sysname> system-view
```

```
[Sysname] traffic behavior database
[Sysname-behavior-database] remark dot1p customer-dot1p-trust
```

【示例 4】重标记报文的丢弃优先级值为 2。

```
<Sysname> system-view
[Sysname] traffic behavior database
[Sysname-behavior-database] remark drop-precedence 2
```

【示例 5】重标记报文的 IP 优先级值为 6。

```
<Sysname> system-view
[Sysname] traffic behavior database
[Sysname-behavior-database] remark ip-precedence 6
```

【示例 6】重标记报文的本地优先级值为 2。

```
<Sysname> system-view
[Sysname] traffic behavior database
[Sysname-behavior-database] remark local-precedence 2
```

【示例 7】重标记报文的 QoS 本地 ID 值为 200。

```
<Sysname> system-view
[Sysname] traffic behavior database
[Sysname-behavior-database] remark qos-local-id 200
```

8.7.3 重标记本地优先级的配置示例

本节介绍一个 QoS 重标记报文本地优先级策略应用的配置示例。报文的本地优先级决定了它所放置的队列，本地优先级高的报文将安排在优先级高的队列中发送。可通过对不同类型的报文配置不同的本地优先级来区分不同通信流的优先处理顺序。

如图 8-7 所示的是一个小型 LAN 示例：Host A 和 Host B 通过端口 GigabitEthernet1/0/1 接入交换机；数据库服务器、邮件服务器和文件服务器通过端口 GigabitEthernet1/0/2 接入交换机。现要通过重标记功能配置在交换机上实现如下要求：

（1）优先处理 Host A 和 Host B 访问数据库服务器的报文。

（2）其次处理 Host A 和 Host B 访问邮件服务器的报文。

（3）最后处理 Host A 和 Host B 访问文件服务器的报文。

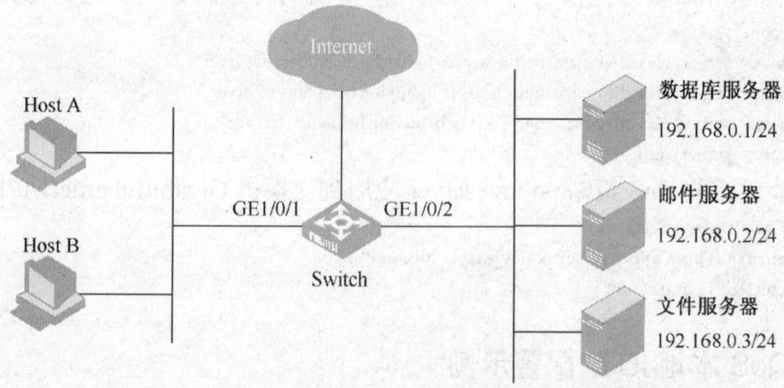

图 8-7　重标记配置示例拓扑

首先我们来分析一下示例，理清配置思路。其实这个示例是很简单的，关键是要知道根据以上三个要求来创建三个 QoS 策略，在这三个 QoS 策略中包括了以上三个要求中所对应的三种通信流（通过定义不同的 ACL 来实现）、对应要采取的流行为（把要求中所指的三种通信流设置不同的本地优先级值，因为本地优先级高的包将放置到优先级高的队列中），然后把这三个 QoS 策略都应用到 Host A 和 Host B 所连接的交换机端口 GigabitEthernet1/0/1 上即可。

理清了思路后，下面介绍具体的配置步骤。

（1）为 Host A 和 Host B 访问三种不同服务器的通信定义三个不同的高级 ACL（根据目的地址来区分），ACL 号分别为 3000、3001、3002。

```
<Switch> system-view
[Switch] acl number 3000
[Switch-acl-adv-3000] rule permit ip destination 192.168.0.1 0
[Switch-acl-adv-3000] quit
[Switch] acl number 3001
[Switch-acl-adv-3001] rule permit ip destination 192.168.0.2 0
[Switch-acl-adv-3001] quit
[Switch] acl number 3002
[Switch-acl-adv-3002] rule permit ip destination 192.168.0.3 0
[Switch-acl-adv-3002] quit
```

（2）为以上所说的访问三种服务器的通信分别定义一个流分类，并且与上面定义的 ACL 进行匹配。

```
[Switch] traffic classifier classifier_dbserver
[Switch-classifier-classifier_dbserver] if-match acl 3000
[Switch-classifier-classifier_dbserver] quit
[Switch] traffic classifier classifier_mserver
[Switch-classifier-classifier_mserver] if-match acl 3001
[Switch-classifier-classifier_mserver] quit
[Switch] traffic classifier classifier_fserver
[Switch-classifier-classifier_fserver] if-match acl 3002
[Switch-classifier-classifier_fserver] quit
```

（3）为以上三种流分类定义三种不同的本地优先级值，也就是把以上三种不同的通信流放置到不同优先级的队列中。假设示例要求中的三种通信流所对应的本地优先级分别为 4、3、2。

```
[Switch] traffic behavior behavior_dbserver
[Switch-behavior-behavior_dbserver] remark local-precedence 4
[Switch-behavior-behavior_dbserver] quit
[Switch] traffic behavior behavior_mserver
[Switch-behavior-behavior_mserver] remark local-precedence 3
[Switch-behavior-behavior_mserver] quit
[Switch] traffic behavior behavior_fserver
[Switch-behavior-behavior_fserver] remark local-precedence 2
[Switch-behavior-behavior_fserver] quit
```

（4）创建一个 QoS 策略，把以上为三种通信所定义的对应流分类和流行为关联起来。

```
[Switch] qos policy policy_server
[Switch-qospolicy-policy_server] classifier classifier_dbserver behavior behavior_dbserver
[Switch-qospolicy-policy_server] classifier classifier_mserver behavior behavior_mserver
[Switch-qospolicy-policy_server] classifier classifier_fserver behavior behavior_fserver
[Switch-qospolicy-policy_server] quit
```

（5）将上一步创建的 QoS 策略 policy_server 应用到交换机 GigabitEthernet1/0/1 端口入方向上。

```
[Switch] interface gigabitethernet 1/0/1
[Switch-GigabitEthernet1/0/1] qos apply policy policy_server inbound
[Switch-GigabitEthernet1/0/1] quit
```

8.7.4 重标记 QoS 本地 ID 的配置示例

重标记 qos-local-id（QoS 本地 ID）功能主要用于对匹配多种分类条件的报文进行重分类（也就是把前面的多个分类条件以一个 qos-local-id 作为新的分类条件），然后再对这个重分类进行流行为的动作。

例如：需要对源 MAC 地址为 0001-0001-0001，或者源 IP 地址为 1.1.1.1 的这两种报文的总流量限速为 128kbps，如果采用匹配源 MAC 地址的分类和匹配源 IP 地址的流分类分别与流量监管的流行为进行关联的 QoS 策略配置方式，则最后的配置结果会是两种报文的限速分别为 128kbps，无法达到预期效果。而通过使用 qos-local-id 就可以解决这个问题。其基本思路如下：

（1）首先创建一个匹配多个条件的分类，如本示例中是创建一个匹配源 MAC 地址 0001-0001-0001，或源 IP 地址 1.1.1.1 的报文的分类 class_a。

（2）在对统一分类的流行为配置中，将满足以上多个条件的报文进行 QoS 本地 ID 重标记操作。如在本示例 behavior_a 的流行为中将 class_a 分类的报文 QoS 本地 ID 重标记为 100。

（3）再根据重标记后的 QoS 本地 ID 值进行分类，这样就把原来的多个条件统一成 QoS 本地 ID 这一个条件了。如示例中根据第一次分类中重标记的 QoS 本地 ID 值 100 进行再分类，创建分类 class_b。

（4）再根据需要对重分类的 class_b 配置流行为 behavior_b，如本示例是对这类报文进行限速，只需要配置承诺访问速率 CAR 就行了。

（5）最后用一个 QoS 策略把以上的多次分类和流行为一一关联起来就行了。

下面是本示例的 QoS 本地 ID 重标记应用配置步骤：

（1）创建 ACL 2000，匹配源 IP 地址为 1.1.1.1 的报文。参见本章表 8-2 可知，IP ACL 可以作为 QoS 策略中流分类匹配规则。但是源/目的 IP 地址不能作为 QoS 策略中流分类匹配规则。所以这里采取 IP ACL 的方式来为源 IP 地址为 1.1.1.1 的报文创建流分类匹配规则。

```
<Sysname> system-view
[Sysname] acl number 2000
[Sysname-acl-basic-2000] rule permit source 1.1.1.1 0
[Sysname-acl-basic-2000] quit
```

（2）创建流分类 class_a，匹配源 MAC 地址为 0001-0001-0001 或源 IP 地址为 1.1.1.1 的报文。参见本章表 8-2 可知，MAC ACL 不能作为 QoS 策略中流分类匹配规则，但是源/目的 MAC 地址可以作为 QoS 策略中流分类匹配规则。所以这里可直接采取源 MAC 地址 0001-0001-0001 作为流分类的匹配规则。

```
<Sysname> system-view
[Sysname] traffic classifier class_a operator or   !---注意这里设置规则匹配模式为逻辑“或”
[Sysname-classifier-class_a] if-match source-mac 1-1-1
[Sysname-classifier-class_a] if-match acl 2000
[Sysname-classifier-class_a] quit
```

以上是第一次的流分类，匹配的条件有两个：源 IP 地址为 1.1.1.1，源 MAC 为 0001-0001-0001，两个条件的匹配模式为逻辑“或”，也就是只要满足其中一个条件即属于 class_a 类。

（3）创建流行为 behavior_a，对匹配 class_a 分类的报文将 qos-local-id 标记为 100。这就相当于把前面两个条件统一为 qos-local-id 这一个条件了，为下面的再分类做准备。

```
[Sysname] traffic behavior behavior_a
[Sysname-behavior-behavior_a] remark qos-local-id 100
[Sysname-behavior-behavior_a] quit
```

（4）创建流分类 class_b，匹配第（3）步已指定的 qos-local-id 为 100 的报文。QoS 本地 ID 也可以作为流分类匹配规则，具体参见本章表 8-2。

```
[Sysname] traffic classifier class_b
[Sysname-classifier-class_b] if-match qos-local-id 100
[Sysname-classifier-class_b] quit
```

（5）创建流行为 behavior_b，对匹配 class_b 分类的报文限速为 128kbps。

```
[Sysname] traffic behavior behavior_b
[Sysname-behavior-behavior_b] car cir 128
[Sysname-behavior-behavior_b] quit
```

（6）创建 QoS 策略 car_policy，并将 class_a 和 behavior_a 进行关联，将 class_b 和 behavior_b 进行关联。

```
[Sysname] qos policy car_policy
[Sysname-qospolicy-car_policy] classifier class_a behavior behavior_a
[Sysname-qospolicy-car_policy] classifier class_b behavior behavior_b
```

（7）将通过上面步骤创建的 QoS 策略应用到端口后，即可实现组网需求。

8.7.5 优先级映射表和重标记综合配置示例

本节要介绍一个需结合优先级映射和重标记两种功能的 QoS 策略应用配置示例。

本示例拓扑如图 8-8 所示。公司市场部门通过端口 GigabitEthernet1/0/1 接入 Device，标记市场部门发出的报文的 802.1p 优先级为 3；研发部门通过端口 GigabitEthernet1/0/2 接入 Device，标记研发部门发出的报文的 802.1p 优先级为 4；管理部门通过端口 GigabitEthernet1/0/3 接入 Device，标记管理部门发出的报文的 802.1p 优先级为 5。

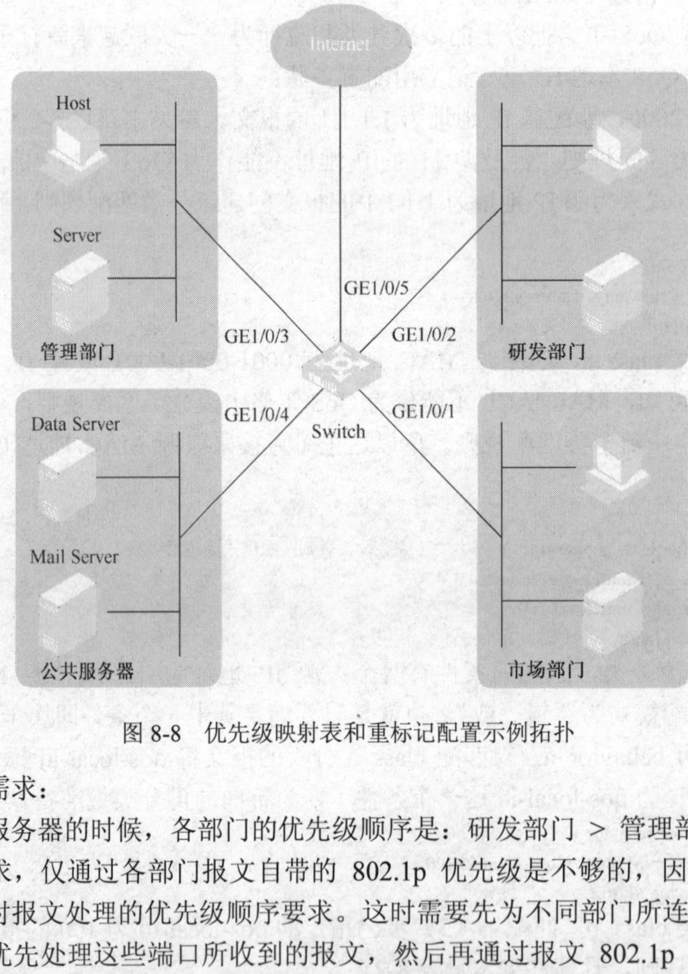

图 8-8　优先级映射表和重标记配置示例拓扑

现要实现如下需求：

- 访问公共服务器的时候，各部门的优先级顺序是：研发部门 > 管理部门 > 市场部门。

要实现这一要求，仅通过各部门报文自带的 802.1p 优先级是不够的，因为它们的优先级顺序并不能满足示例中对报文处理的优先级顺序要求。这时需要先为不同部门所连接的端口配置不同的优先级，让交换机优先处理这些端口所收到的报文，然后再通过报文 802.1p 优先级到本地优先级映射，来实现各部门报文在连接公共服务器所连接的端口时的输出队列优先级（其实这时不仅应用于进入公共服务器所连接的出端口上，进入其他交换机的出端口也会应用这个队列优先级）。如根据本示例将管理部门所连接的端口的端口优先级设置为 5，映射的本地优先级为 6，优先进行处理；将研发部门所连接的端口的端口优先级设置为 4，映射的本地优先级为 4，次优先进行处理；将市场部门所连接的端口的端口优先级设置为 3，映射的本地优先级为 2，最后处理。

- 通过 HTTP 方式访问 Internet 的时候，管理部门 > 市场部门 > 研发部门。

从这个要求可以看出，在这种情形下，对各部门的处理优先级顺序与前面不一样。但这种报文与普通的局域网访问不一样，这里是 Web 访问类型，所以可以通过 IP ACL 来对它进行流分类。然后在这个分类中部署以下流行为：重标记管理部门发出的报文的本地优先级为 6，优先进行处理；重标记市场部门发出的报文的本地优先级为 4，次优先进行处理；重标记研发部门发出的报文的本地优先级为 2，最后进行处理。

下面是具体的配置步骤。

（1）配置市场部门、研发部门和管理部门所连接的交换机端口的端口优先级。根据本示例的第一项要求，我们分别把市场部门、管理部门和研发部门所连接的交换机端口优先级设置为 3、4、5，这样交换机就会最优先处理来自研发部门的报文，然后是管理部门的报文，最后是市场部门的报文。但这仅是在入端口上的优先级处理，下面还要经过第 2 步来实现在连接公共服务器的出端口上的优先级处理。

```
<Device> system-view
[Device] interface gigabitethernet 1/0/1
[Device-GigabitEthernet1/0/1] qos priority 3    !---配置市场部门连接的端口 GigabitEthernet1/0/1 的端口优先级为 3
[Device-GigabitEthernet1/0/1] quit
[Device] interface gigabitethernet 1/0/2
[Device-GigabitEthernet1/0/2] qos priority 5    !---配置研发部门连接的端口 GigabitEthernet1/0/2 的端口优先级为 5
[Device-GigabitEthernet1/0/2] quit
[Device] interface gigabitethernet 1/0/3
[Device-GigabitEthernet1/0/3] qos priority 4    !---配置管理部门连接的端口 GigabitEthernet1/0/3 的端口优先级为 4
[Device-GigabitEthernet1/0/3] quit
```

（2）配置报文的 802.1p 优先级到本地优先级的映射，将原来各部门报文中的 802.1p 优先级 3（市场部门报文）、4（研发部门报文）、5（管理部门报文）映射成对应的 2、6、4 本地优先级，实现在连接公共服务器的出端口输出队列中，研发部门的报文安排在最优先的队列 6 中，管理部门的报文安排在次优先的队列 4 中，市场部门的报文安排在优先级最低的队列 2 中。

```
[Device] qos map-table dot1p-lp
[Device-maptbl-dot1p-lp] import 3 export 2
[Device-maptbl-dot1p-lp] import 4 export 6
[Device-maptbl-dot1p-lp] import 5 export 4
[Device-maptbl-dot1p-lp] quit
```

通过以上两步配置就可以实现本示例中的第一项要求，即访问公共服务器的时候，各部门的优先级顺序是：研发部门 > 管理部门 > 市场部门。下面继续实现本示例的第二项要求。

（3）配置重标记。根据本示例的第二项要求，将管理部门、市场部门、研发部门发出的 HTTP 报文的 802.1p 优先级分别重标记为 4、5、3，使其能根据前面配置的映射表分别映射到本地优先级 6、4、2，因为第二项要求是管理部门的优先级最高，其次是研发部门，最后是市场部门。

不过，这里要注意的是，第二项要求不是针对所有报文，而仅是 HTTP 报文，所以先要进行流分类，然后再为各部门的 HTTP 报文分别定义流行为、QoS 策略，并分别在各自的端口上应用。这里可能会有读者马上想到，为什么不在连接 Internet 的 GigabitEthernet1/0/5 端口上统一应用这些不同部门的 QoS 策略呢？经过实验其实也是可以的，但是，如果统一在出端口（要在端口的出方向上）应用的话，出端口上的 QoS 策略处理负担可能太重，反而影响报文的处理。

```
[Device] acl number 3000
[Device-acl-adv-3000] rule permit tcp destination-port eq 80    !---创建 ACL 3000，用来匹配 HTTP 报文
[Device-acl-adv-3000] quit
[Device] traffic classifier http
[Device-classifier-http] if-match acl 3000    !---创建流分类，匹配前面创建的 ACL 3000
[Device-classifier-http] quit
```

以下是配置管理部门的重标记策略并应用到 GigabitEthernet1/0/3 端口的入方向。

```
[Device] traffic behavior admin
[Device-behavior-admin] remark dot1p 4
[Device-behavior-admin] quit
[Device] qos policy admin
[Device-qospolicy-admin] classifier http behavior admin
[Device-qospolicy-admin] quit
[Device] interface gigabitethernet 1/0/3
[Device-GigabitEthernet1/0/3] qos apply policy admin inbound
```

以下是配置市场部门的重标记策略并应用到 GigabitEthernet1/0/1 端口的入方向。

```
[Device] traffic behavior market
[Device-behavior-market] remark dot1p 5
[Device-behavior-market] quit
[Device] qos policy market
[Device-qospolicy-market] classifier http behavior market
[Device-qospolicy-market] quit
[Device] interface gigabitethernet 1/0/1
[Device-GigabitEthernet1/0/1] qos apply policy market inbound
```

以下是配置研发部门的重标记策略并应用到 GigabitEthernet1/0/2 端口的入方向。

```
[Device] traffic behavior rd
[Device-behavior-rd] remark dot1p 3
[Device-behavior-rd] quit
[Device] qos policy rd
[Device-qospolicy-rd] classifier http behavior rd
[Device-qospolicy-rd] quit
[Device] interface gigabitethernet 1/0/2
[Device-GigabitEthernet1/0/2] qos apply policy rd inbound
```

通过以上第 3 步的配置就可实现本示例第二项要求。

8.8 H3C 交换机全局 CAR 策略配置与管理

CAR（Committed Access Rate，承诺访问速率）也就是所保证的最高访问速率。CAR 通常用来限制进入或离开该接口的流量速率，可以通过限速来做策略和分类。每个接口可以配置多个 CAR 策略，当数据包进入使用了多个策略的接口时，路由器将检查每个策略，直到数据包和某个策略相匹配。如果没有找到匹配的策略，默认操作是转发该数据包。所谓“全局 CAR”就是指所有应用该策略的数据流将共同接受全局 CAR 的监管。

在 H3C 交换机中支持两种 CAR 策略：一种是聚合 CAR，另一种是分层 CAR。但要注意，不同的系列对这两种全局 CAR 策略的支持并不完全相同，如 S5800 系列交换机支持聚合 CAR 和分层 CAR，而 S5820X 系列交换机仅支持聚合 CAR。下面先来了解这两种全局 CAR。

8.8.1 聚合/分层 CAR 策略简介

聚合 CAR 是指能够对多个业务流使用同一个 CAR 策略进行流量监管。如果多个端口应用同一聚合 CAR，则这多个端口的流量之和必须在此聚合 CAR 设定的流量监管范围之内。

分层 CAR 是一种更灵活的流量监管策略，用户可以在为每个流单独配置普通 CAR（或聚合 CAR）的基础上，再通过分层 CAR 对多个流的流量总和进行限制。

分层 CAR 与普通 CAR（或聚合 CAR）的结合应用有两种模式：

- And 模式

And 模式也就是一种逻辑“与”模式。在该模式下，对于多条数据流应用同一个分层 CAR 的情形，每条流必须先满足各自的普通 CAR（或聚合 CAR）配置，然后同时各流量之和又能满足分层 CAR 的配置，流量才能正常通过。普通 CAR 就是流量监管下的 CAR，参见本章 8.3.2 节相关介绍，以及表 8-17 第 6 步的 car 命令介绍。

And 模式适用于严格限制流量带宽，分层 CAR 的限速配置通常小于各流量自身 CAR 的限速值之和的情形下。例如对于 Internet 流量，可以使用普通 CAR 将数据流 1 和数据流 2 各自限速为 128kbps，再使用分层 CAR 限制总流量为 192kbps。当不存在数据流 1 时，数据流 2 可以用达到自身限速上限（128kbps）的速率访问 Internet，如果存在数据流 1，则两个数据流不能超过各自限速且总速率不能超过 192kbps。

● Or 模式

这是一种逻辑“或”模式。在该模式下，对于多条数据流应用同一个分层 CAR 的情形，只要每条流满足各自的普通 CAR（或聚合 CAR）配置，或者各流量之和能满足分层 CAR 的配置，流量即可正常通过。

Or 模式适用于保证高优先级业务带宽，分层 CAR 的限速值通常等于或大于各流量自身的限速值之和的情形下。例如对于视频流量，使用普通 CAR 将数据流 1 和数据流 2 各自限速 128kbps，再使用分层 CAR 限制总流量为 512kbps，则当数据流 1 的流量不足 128kbps 时，即使数据流 2 的流量达到了 384kbps，仍然可以正常通过。

两种模式可以结合起来使用，达到合理利用带宽的效果。例如，存在一条视频流和一条数据流，使用普通 CAR 将数据流限速 1024kbps、视频流限速 2048kbps。此时，可在连接视频流的接口上采用 Or 模式，配置总 CAR 限速 3072kbps，因为可能存在多台视频设备同时上线出现的突发流量，当视频设备流量速率超出普通 CAR 中的 2048kbps 的限速时，如果总体流量资源仍有剩余（即数据流速率在 1024kbps 以内），这时视频流可以临时借用数据流的带宽；同时，在连接数据流的接口上采用 And 模式，配置总 CAR 限速 3072kbps，确保数据流量不能超出自身限速的 1024kbps。

8.8.2 聚合 CAR 策略的配置与管理

上节已介绍到，聚合 CAR 策略是适用于所有流的一种限速策略，它不对流进行分类。整个聚合 CAR 策略的配置步骤如表 8-28 所示。主要包括两大步骤：一是通过 **qos car** 配置 CAR 策略的各个参数，二是把所创建的聚合 CAR 策略应用到相应的流行为中。

表 8-28　聚合 CAR 的配置步骤

步骤	命令	说明
1	**system-view** 例如：<Switch> **system-view**	进入系统视图
2	**qos car** *car-name* **aggregative cir** *committed-information-rate* [**cbs** *committed-burst-size* [**ebs** *excess-burst-size*]] [**pir** *peek-information-rate*] [**red** *action*] 例如：[Sysname] **qos car** aggcar-1 **aggregative cir** 256 **cbs** 4096 **red** discard	创建 CAR 并配置各个参数。命令中的各参数说明如下： ● *car-name*：指定聚合 CAR 的名称，为 1～31 个字符的字符串 ● **aggregative**：表示该全局 CAR 为聚合 CAR ● **cir** *committed-information-rate*：指定该聚合 CAR 策略中的承诺信息速率，取值为 8～32000000kbps，且必须是 8 的整数倍 ● **cbs** *committed-burst-size*：可选参数，指定该聚合 CAR 策略中的承诺突发尺寸，取值范围 512～16000000 byte。如果不指定 **cbs** 参数，默认取值为 62.5 × *committed-information-rate*，但是最大值不能超过 16000000 ● **ebs** *excess-burst-size*：可选参数，指定该聚合 CAR 策略中的突发尺寸，取值范围为 0～16000000 byte，默认值为 512 ● **pir** *peak-information-rate*：可选参数，指定该聚合 CAR 策略中的峰值速率，取值范围为 8～32000000kbps，且必须是 8 的整数倍。不配置峰值速率表示所配置的是单令牌桶流量监管方式，否则表示双令牌桶流量监管方式 ● **red** *action*：可选参数，指定该聚合 CAR 策略对红色报文采取的动作，默认动作为 **discard**（丢弃）。*action* 的取值有以下几种：①**discard**：丢弃数据包；②**pass**：允许数据包通过；③**remark-dot1p-pass** *new-cos*：设置新的 802.1P 报文的优先级值，并允许数据包通过，取值范围为 0～7；④**remark-dscp-pass** *new-dscp*：设置报文新的 DSCP 值，并允许数据包通过，取值范围为 0～63 对绿色和黄色报文所采取的默认动作均为 **pass**。用 **undo qos car** *car-name* 命令取消聚合 CAR 的配置。聚合 CAR 配置需要在策略中引用后才能生效
3	**traffic behavior** *behavior-name* [Sysname] **traffic behavior** behavior_1	定义流行为并进入流行为视图，参见本章 8.1.4 节表 8-3 第 2 步
4	**car name** *car-name* [Sysname-behavior-bel1]**car name** aggcar-1	在流行为中引用聚合 CAR。参数 *car-name* 用来指定要调用的聚合 CAR 名称

续表

步骤	命令	说明
5	**quit** 例如：[Sysname-behavior-be11] **quit**	退出流行为视图，进入系统视图
6	**display traffic behavior user-defined** [*behavior-name*] [| { **begin** | **exclude** | **include** } *regular-expression*] 例如：[Sysname] **display traffic behavior user-defined**	显示配置的流行为信息
7	**display qos car name** [*car-name*] [| { **begin** | **exclude** | **include** } *regular-expression*] 例如：[Sysname] **display qos car name**	显示指定聚合 CAR 的配置和统计信息，可以在任意视图下执行

【示例 1】配置名为 aggcar-1 的聚合 CAR 的参数 **cir** 为 256，**cbs** 为 4096，对于红色报文采取丢弃的动作。

```
<Sysname> system-view
[Sysname] qos car aggcar-1 aggregative cir 256 cbs 4096 red discard
```

【示例 2】在流行为 behavior_1 中调用名为 aggcar-1 的聚合 CAR 策略。

```
<Sysname> system-view
[Sysname] traffic behavior behavior_1
[Sysname-behavior-be1] car name aggcar-1
```

【示例 3】配置聚合 CAR aggcar-1 的参数，cir 取值为 256，cbs 取值为 2000，对于红色报文采取丢弃的动作，并在流行为 be1 中引用 aggcar-1。

```
<Sysname> system-view
[Sysname] qos car aggcar-1 aggregative cir 256 cbs 2000 red discard
[Sysname] traffic behavior be1
[Sysname-behavior-be1] car name aggcar-1
```

【示例 4】显示全局 CAR 的配置信息。从中可以看出，当前交换机上配置了一个聚合 CAR 策略 agg 和一个分层 CAR 策略 hcar。输出信息中的各字段说明如表 8-29 所示。

```
<Sysname> display qos car name
 Name: agg
   Mode: aggregative
   CIR 256(kbps)   CBS: 1024(byte)   EBS: 0(byte)   PIR: 4096(kbps)
   Green Action: pass
   Yellow Action: pass
   Red Action: discard
   Green packet 0(Bytes), 0(Pkts)
Red packet 0(Bytes), 0(Pkts)

 Name: hcar
   Mode: hierarchy
   CIR 1024(kbps)   CBS: 8192(byte)
   Green packet 0(Bytes), 0(Pkts)
   Red packet 0(Bytes), 0(Pkts)
```

表 8-29 display qos car name 命令显示信息描述表

字段	描述
Name	流量监管的名称
Mode	流量监管的类型 ● aggregative：聚合 CAR ● hierarchy：分层 CAR
CIR CBS EBS PIR	流量监管的流量参数配置
Green Action Yellow Action Red Action	对绿色、黄色、红色报文采用的动作，可以为以下类型： ● **discard**：丢弃数据包 ● **pass**：允许数据包通过 ● **remark-dot1p-pass** *new-cos*：设置新的 802.1P 报文的优先级值，并允许数据包通过 ● **remark-dscp-pass** *new-dscp*：设置报文新的 DSCP 值，并允许数据包通过 ● **remark-lp-pass** *new-local-precedence*：设置新的本地优先级，并允许数据包通过

续表

字段	描述
Green packet	绿色报文的流量统计
Red packet	红色报文的流量统计

8.8.3　分层 CAR 策略配置与管理

分层 CAR 是普通 CAR 或者聚合 CAR 基础上的再划分，对单独的分类流进行流量监管。还可通过与普通 CAR 或者聚合 CAR 的逻辑与或者逻辑或关系，确定多个分层 CAR 中各个流的流量控制或者总流量的控制。

分层 CAR 的配置主要包括两个步骤：一是创建一个分层 CAR，并配置其相关的参数，二是定义一个流行为，在流行为上引用前面创建的分层 CAR，并可配置该分层 CAR 与聚合 CAR 或者普通 CAR 的逻辑关系。具体如表 8-30 所示。

表 8-30　分层 CAR 的配置步骤

<table>
<tr><th>步骤</th><th>命令</th><th colspan="2">说明</th></tr>
<tr><td>1</td><td>system-view
例如：<Switch> system-view</td><td colspan="2">进入系统视图</td></tr>
<tr><td>2</td><td>qos car car-name hierarchy cir committed-information-rate [cbs committed-burst-size]
例如：[Sysname] qos car hcar hierarchy cir 256 cbs 8192</td><td colspan="2">创建 CAR 并配置各个参数。命令中的参数说明如下：
● car-name：指定要创建的分层 CAR 的名称，为 1～31 个字符的字符串
● hierarchy：表示该全局 CAR 为分层 CAR
● cir committed-information-rate：指定该分层 CAR 策略中的承诺信息速率，取值为 8～32000000kbps，且必须是 8 的整数倍
● cbs committed-burst-size：可选参数，指定该分层 CAR 策略中的承诺突发尺寸，即实际平均速率在承诺速率以内时的突发流量，取值范围为 4096～16000000 byte，默认值为 4096
分层 CAR 配置需要在策略中引用后才能生效，可用 undo qos car car-name 命令取消分层 CAR 的配置</td></tr>
<tr><td>3</td><td>traffic behavior behavior-name
例如：[Sysname] traffic behavior bell</td><td colspan="2">定义流行为并进入流行为视图，参见本章 8.1.4 节表 8-3 第 2 步</td></tr>
<tr><td rowspan="2">4</td><td>car name car-name hierarchy-car hierarchy-car-name [mode { and | or }]
例如：[Sysname-behavior-bell] car name aggcar-1 hierarchy-car hcar mode or</td><td>在流行为中引用分层 CAR（和聚合 CAR 配合使用），配置流行为的全局 CAR 动作。命令中的参数和选项说明如下：
● car-name：指定要调用的分层 CAR 的名称，为 1～31 个字符的字符串
● hierarchy hierarchy-car-name：指定要创建的分层 CAR 名称
● mode：可选项，指定所创建的分层 CAR 和聚合 CAR 动作的合作模式。有 And 和 Or 两种模式，默认为 And 模式。在 And 模式下，对于多条数据流应用同一个分层 CAR，必须每条流满足各自的聚合 CAR 配置，同时各流量之和又满足分层 CAR 的配置，流量才能正常通过；在 Or 模式下，对于多条数据流应用同一个分层 CAR，只要每条流满足各自的聚合 CAR 配置或者各流量之和满足分层 CAR 配置，流量即可正常通过
可用 undo car 命令删除流行为的全局 CAR 动作</td><td rowspan="2">（二者必选其一）普通 CAR 的相关内容请参见 8.3.2 节</td></tr>
<tr><td>car cir committed-information-rate [cbs committed-burst-size [ebs excess-burst-size]] [pir peak-information-rate] [green action] [yellow action] [red action] hierarchy-car hierarchy-car-name [mode { and | or }]
例如：[Sysname-behavior-bell] car cir 256 cbs 50000 ebs 0 green pass red remark-prec-pass 0 hierarchy-car hcar mode or</td><td>在流行为中引用分层 CAR（和普通 CAR 配合使用），为流行为配置流量监管动作。命令中的参数和选项说明参见本章 8.3.2 节表 8-17 第 6 步。
可用 undo car 命令取消流量监管动作配置</td></tr>
<tr><td>5</td><td>quit
例如：[Sysname-behavior-bell] quit</td><td colspan="2">退出流行为视图，进入系统视图</td></tr>
</table>

续表

步骤	命令	说明	
6	**display traffic behavior user-defined** [*behavior-name*] [| { **begin** | **exclude** | **include** } *regular-expression*] 例如：[Sysname] **display traffic behavior user-defined**	显示配置的流行为信息	可在任意视图下执行
7	**display qos car name** [*car-name*] [| { **begin** | **exclude** | **include** } *regular-expression*] 例如：[Sysname] **display qos car name**	显示指定全局 CAR 的配置和统计信息	

【示例 1】创建名为 hcar 的分层 CAR，配置参数 **cir** 为 256，**cbs** 为 8192。

```
<Sysname> system-view
[Sysname] qos car hcar hierarchy cir 256 cbs 8192
```

【示例 2】创建名为 bel1 的流行为，配置 cir 为 128kbps，ebs 为 50000 bytes，在速率大于 128kbps 时，将报文 DSCP 优先级改为 0 后发送。

```
<Sysname> system-view
[Sysname] traffic behavior bel1
[Sysname-behavior-bel1] car cir 128 cbs 50000 ebs 0 green pass red remark-dscp-pass 0
```

【示例 3】创建名为 bel2 的流行为，配置 cir 为 256kbps，ebs 为 50000 bytes，在速率大于 256kbps 时，将报文 DSCP 优先级改为 0。同时以 or 模式结合分层 CAR 策略 hcar 对报文进行限速（当然这里并没有给出 hcar 的配置）。

```
<Sysname> system-view
[Sysname] traffic behavior bel2
[Sysname-behavior-bel2] car cir 256 cbs 50000 ebs 0 green pass red remark-prec-pass 0 hierarchy-car hcar mode or
```

8.8.4 聚合 CAR 配置示例

本示例拓扑如图 8-9 所示。现要在 Switch 上通过聚合 CAR 配置，对 GigabitEthernet1/0/1 端口上接收的 VLAN 10 和 VLAN 100 的报文流量之和进行限制。聚合 CAR 的参数配置为：cir 为 2560，cbs 为 20000，对超过 cir 的红色报文采取丢弃策略。

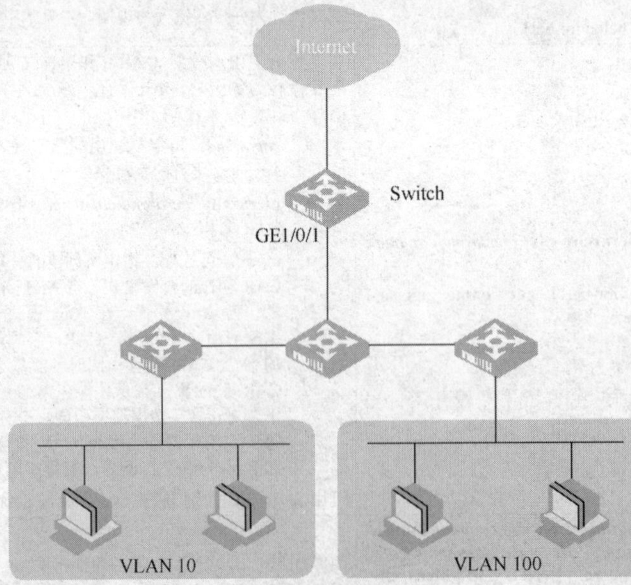

图 8-9　聚合 CAR 配置示例拓扑

先来分析一下示例中的要求。本示例中有两种流：一种是来自 VLAN 10 的流，一种是来自 VLAN 100 的流，可以为它们分别创建一个流分类，因为在流分类的匹配条件中可以基于 customer-vlan-id 规则。然后分别为它们配置一个对应的流行为，而这两个流行为都可以调用同一个聚合 CAR，以实现这两种流的总流量不超过 CAR 的流量限制。然后创建一个 QoS 策略，把以上两个流分类和流行为对应关联起来。最后在 GigabitEthernet1/0/1 端口入方向上应用这个 QoS 策略即可。下面是具体的配置步骤。

（1）创建名为 aggcar 的聚合 CAR，配置示例中的 cir、cbs 等参数。

```
<Switch> system-view
[Switch] qos car aggcar aggregative cir 2560 cbs 20000 red discard
```

（2）为来自 VLAN 10 的报文定义一个流分类和流行为，流行为是直接调用上一步创建的聚合 CAR，对 VLAN 10 中的流量进行限制。

```
[Switch] traffic classifier 1
[Switch-classifier-1] if-match customer-vlan-id 10
[Switch-classifier-1] quit
[Switch] traffic behavior 1
[Switch-behavior-1] car name aggcar
[Switch-behavior-1] quit
```

（3）为来自 VLAN 100 的报文定义一个流分类和流行为，流行为是直接调用上一步创建的聚合 CAR，对 VLAN 100 中的流量进行限制。

```
[Switch] traffic classifier 2
[Switch-classifier-2] if-match customer-vlan-id 100
[Switch-classifier-2] quit
[Switch] traffic behavior 2
[Switch-behavior-2] car name aggcar
[Switch-behavior-2] quit
```

（4）创建一个名为 car 的 QoS 策略，将以上两种流分类与流行为对应进行绑定。

```
[Switch] qos policy car
[Switch-qospolicy-car] classifier 1 behavior 1
[Switch-qospolicy-car] classifier 2 behavior 2
[Switch-qospolicy-car] quit
```

（5）将以上创建的 QoS 策略 car 应用到 VLAN 10 和 VLAN 100 所连接的交换机 GigabitEthernet1/0/1 端口的入方向。

```
[Switch] interface GigabitEthernet 1/0/1
[Switch-GigabitEthernet1/0/1]qos apply policy car inbound
```

8.8.5 And 模式分层 CAR 配置示例

And 模式分层 CAR 是要求流量同时满足分层 CAR，以及所结合的普通 CAR 或者聚合 CAR 的流量控制要求，主要应用于对流量带宽有严格要求的环境。在这种模式下，各路流量控制要求之和是大于分层 CAR 的流量控制要求的，所以在同一时刻，各路流量不可能都达到极限控制要求。

本示例拓扑如图 8-10 所示。现要求对端口 GigabitEthernet1/0/1 和 GigabitEthernet1/0/2 接收的 HTTP 报文流量进行限速，要求每个端口接收到的 HTTP 报文速率不能超过 192kbps。同时，使用分层 CAR 来限制这两个端口接收的 HTTP 总流量不能超过 256kbps，丢弃超过流量上限的报文。

本示例中首先我们可以想到的是要对流量按 HTTP 协议创建一个流分类，这可以通过匹配一个基于协议的扩展 IP ACL 来实现。对应的流行为就是调用一个根据本示例中的参数配置要求而创建的分层 CAR。然后创建一个 QoS 策略，把以上流分类和流行为关联起来。最后把这个 QoS 策略分别在两个端口的入方向上应用即可。具体配置步骤如下：

（1）创建一个名为 http 的分层 CAR，其中的参数按照示例中的要求配置：cir 为 256kbps，对于超过限制的报文进行丢弃处理。

```
<Device> system-view
[Device] qos car http hierarchy cir 256 red discard
```

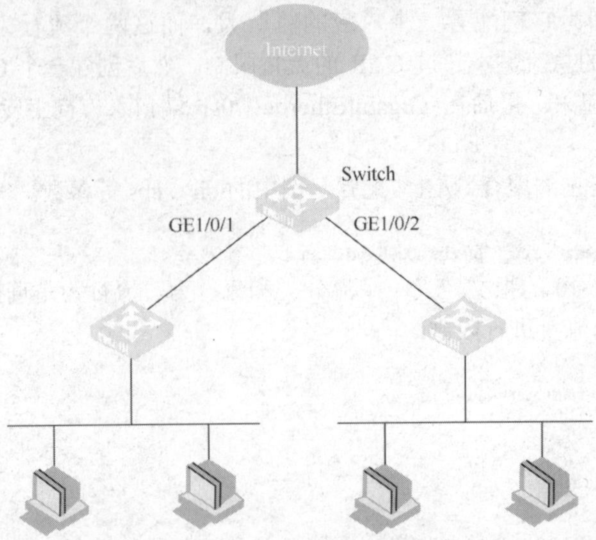

图 8-10　And 模式配置示例拓扑

（2）定义一个扩展 IP ACL 3000，匹配 HTTP 报文。它是根据目的端口来进行匹配的。

```
[Device] acl number 3000
[Device-acl-basic-3000] rule permit tcp destination-port eq 80
[Device-acl-basic-3000] quit
```

（3）为 HTTP 报文定义一个流分类（名为 1）和对应的流行为（名为 1）。流分类中匹配第 2 步定义的 ACL 3000，流行为是根据示例中每个端口上的速率限制要求——192kbps 进行限速的，同时以 And 模式调用第 1 步创建的分层 CAR。

```
[Device] traffic classifier 1
[Device-classifier-1] if-match acl 3000
[Device-classifier-1] quit
[Device] traffic behavior 1
[Device-behavior-1] car cir 192 hierarchy-car http mode and
[Device-behavior-1] quit
```

（4）创建一个名为 http 的 QoS 策略，将以上名为 1 的流分类和名为 1 的流行为进行绑定。

```
[Device] qos policy http
[Device-qospolicy-http] classifier 1 behavior 1
[Device-qospolicy-http] quit
```

（5）将以上名为 http 的 QoS 策略分别应用到端口 GigabitEthernet1/0/1 和 GigabitEthernet1/0/2 的入方向即可实现示例中的要求。

```
[Device] interface gigabitethernet 1/0/1
[Device-GigabitEthernet1/0/1] qos apply policy http inbound
[Device-GigabitEthernet1/0/1] quit
[Device] interface gigabitethernet 1/0/2
[Device-GigabitEthernet1/0/2] qos apply policy http inbound
```

8.8.6　Or 模式配置示例

Or 模式主要应用于有高带宽需求的应用环境，如视频会议、视频培训等需要较高带宽的环境中。通过设置一个较高的总流量控制要求的分层 CAR，同时为各路流量配置一个普通或者聚合 CAR 流量控制要求，但各路流量控制要求之和小于分层 CAR 的流量控制要求，使得某一时刻其中一路或者多路流可以突破自己的 CAR 限制，只要没超过分层 CAR 的流量控制要求即可。

本示例拓扑如图 8-11 所示。现要对端口 GigabitEthernet1/0/1 接收的来自 192.168.0.2 和 192.168.0.3 的视频报文流量进行限速，配置各路流的 cir 为 256kbps。同时为保证可能出现的大流量视频应用能够顺利通过，使用分层 CAR 为视频报文限定总流量上限为 640kbps，丢弃超出流量上限的报文。

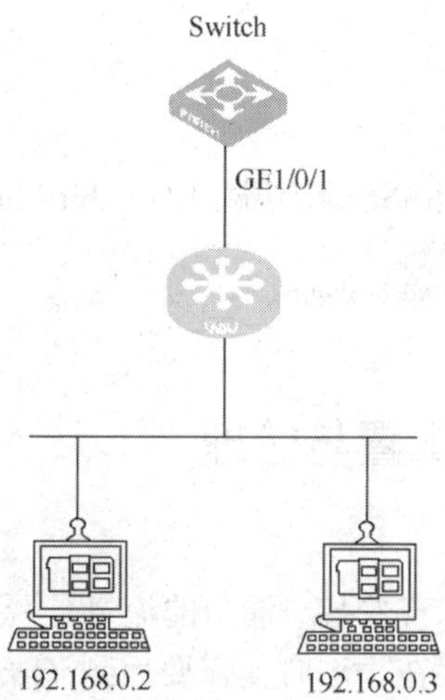

图 8-11　Or 模式配置示例拓扑

本示例中可以定义两个流分类：一是来自 192.168.0.2 的流，一是来自 192.168.0.3 的流，可通过各调用一个基于 IP 地址的 IP ACL 来实现。配置一个分层 CAR，流量控制 cir 为 640kbps。然后为这两个流各自定义一个流行为。流行为是配置各自的 cir，然后再调用前面配置的分层 CAR，使得这两路流只要流量总和不大于分层 CAR 中的 cir 限制即可，满足突发流量通过需求。具体的配置步骤如下：

（1）配置一个名为 video 的分层 CAR，参数 cir 为 640kbps，对于超过这个限制的红色报文采取丢弃处理。

```
<Switch> system-view
[Switch] qos car video hierarchy cir 640 red discard
```

（2）为来自 192.168.0.2 的流定义一个分类（名为 1）和一个流行为（名也为 1）。分类可通过一个源 IP 地址为 192.168.0.2 的标准 IP ACL 来匹配，流行为则按照示例中流量控制要求——256kbps 配置 cir 参数，对报文进行普通 CAR 限速，同时以 Or 模式结合上面配置的名为 video 的分层 CAR，满足突发流量需求。

```
[Switch] acl number 2000
[Switch-acl-basic-2000] rule permit source 192.168.0.2 0.0.0.0
[Switch-acl-basic-2000] quit
[Switch] traffic classifier 1
[Switch-classifier-1] if-match acl 2000
[Switch-classifier-1] quit
[Switch] traffic behavior 1
[Switch-behavior-1] car cir 256 hierarchy-car video mode or
[Switch-behavior-1] quit
```

（3）采取与来自 192.168.0.2 流量一样的配置方法为来自 192.168.0.3 的流配置一个分类（名为 2）和流行为（名也为 2），然后同样在流行为中配置普通 CAR，并以 Or 模式结合前面配置的名为 video 的分层 CAR。

```
[Switch] acl number 2001
[Switch-acl-basic-2001] rule permit source 192.168.0.3 0.0.0.0
[Switch-acl-basic-2001] quit
[Switch] traffic classifier 2
[Switch-classifier-2] if-match acl 2001
[Switch-classifier-2] quit
[Switch] traffic behavior 2
```

```
[Switch-behavior-2] car cir 256 hierarchy-car video mode or
[Switch-behavior-2] quit
```

（4）创建一个名为 video 的 QoS 策略，将以上两种流分类与流行为进行对应绑定。

```
[Switch] qos policy video
[Switch-qospolicy-video] classifier 1 behavior 1
[Switch-qospolicy-video] classifier 2 behavior 2
[Switch-qospolicy-video] quit
```

（5）将以上名为 video 的 QoS 策略应用到端口 GigabitEthernet1/0/1 的入方向即可。

```
[Switch] interface gigabitethernet 1/0/1
[Switch-GigabitEthernet1/0/1] qos apply policy video inbound
```

8.9 H3C 交换机流量统计配置与管理

我们在进行交换机维护时经常想查看某一端口的流量是否正常，是否存在某一个源 IP 地址的流量异常，是否有严重的丢包现象存在，这时就需要用到 QoS 中的流量统计功能了。流量统计就是通过与类关联，对符合匹配规则的流进行统计。例如，可以统计从某个源 IP 地址发送的报文，然后管理员对统计信息进行分析，根据分析情况采取相应的措施。

8.9.1 流量统计配置与管理

在 H3C 交换机上配置 QoS 流量统计功能也需要按照 QoS 策略应用四个主要步骤来进行：先定义要统计的流分类，然后定义一个启用流量统计功能的流行为，再创建一个 QoS 策略，把以上流分类和流行为结合关联起来，最后就是把以上流量统计 QoS 策略在对应位置进行应用。具体配置步骤如表 8-31 所示。

表 8-31 流量统计功能配置步骤

步骤	命令	说明
1	**system-view** 例如：<Sysname> system-view	进入系统视图
2	**traffic classifier** *tcl-name* [**operator** { **and** | **or** }] 例如：[Sysname]**traffic classifier** classifier_1	定义类并进入类视图，参见本章表 8-1 中第 2 步说明
3	**if-match** *match-criteria* 例如：[Sysname—classifier-classifier_1]**if-match acl** 2000	定义匹配数据包的规则，参见本章表 8-1 中第 3 步说明
4	**quit** 例如：[Sysname—classifier-classifier_1] **quit**	退出类视图
5	**traffic behavior** *behavior-name* 例如：[Sysname]**traffic behavior** behavior_1	定义一个流行为并进入流行为视图，参见本章表 8-3 中第 2 步说明
6	**accounting** { **byte** | **packet** } 例如：[Sysname-behavior-behavior_1] **accounting byte**	（可选）配置统计动作。二选一选项 **byte** 表示报文基于字节为最小单位进行统计；二选一选项 **packet** 表示报文基于包为最小单位进行统计。默认采用包统计方法 可用 **undo accounting** 命令取消流量统计动作配置
7	**quit** 例如：[Sysname-behavior-behavior_1] **quit**	退出流行为视图
8	**qos policy** *policy-name* 例如：[Sysname] **qos policy** policy_1	定义策略并进入策略视图，参见本章表 8-4 中第 2 步说明
9	**classifier** *tcl-name* **behavior** *behavior-name* 例如：[Sysname-qospolicy-policy_1] classifier classifier_1 behavior behavior_1	在策略中为类指定采用的流行为，参见本章表 8-4 中第 3 步说明
10	**quit** 例如：[Sysname-qospolicy-policy_1] **quit**	退出策略视图

续表

步骤	命令	说明
11	基于端口应用 QoS 策略	应用 QoS 策略，参见本章 8.1.6 节
	基于 VLAN 应用 QoS 策略	
	基于全局应用 QoS 策略	
	基于控制平面应用 QoS 策略	
12	可以根据 QoS 的应用范围在任意视图下执行 **display qos policy global**、**display qos policy interface** 或 **display qos vlan-policy** 命令来显示流量统计的情况，通过查看显示信息验证配置的效果。因为这些命令在本章 8.1.7 节中均有介绍，故在此不再赘述	

以下示例是为流行为配置流量统计动作，并指定统计单位为 byte。

```
<Sysname> system-view
[Sysname] traffic behavior database
[Sysname-behavior-database] accounting byte
```

8.9.2　流量统计配置示例

现要对如图 8-12 所示的拓扑中的 Switch 交换机配置流量统计功能，对端口 GigabitEthernet1/0/1 接收的源 IP 地址为 1.1.1.1/24 的报文进行统计。

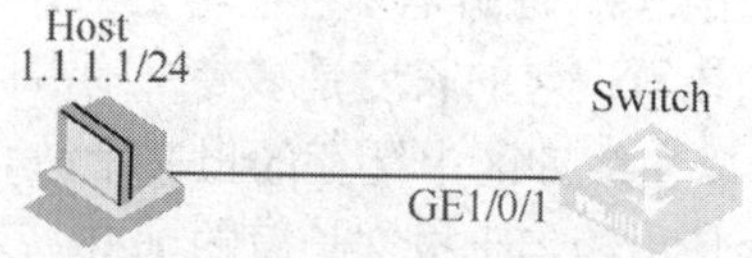

图 8-12　流量统计配置示例拓扑

下面是具体的配置步骤。

（1）根据源 IP 地址 1.1.1.1/24 定义一个基本 IP ACL 2000，对源 IP 地址为 1.1.1.1 的报文进行分类。

```
<SwitchA> system-view
[SwitchA] acl number 2000
[SwitchA-acl-basic-2000] rule permit source 1.1.1.1 0
[SwitchA-acl-basic-2000] quit
```

（2）定义一个名为 classifier_1 的流分类，匹配上面定义的基本 ACL 2000。

```
[SwitchA] traffic classifier classifier_1
[SwitchA-classifier-classifier_1] if-match acl 2000
[SwitchA-classifier-classifier_1] quit
```

（3）定义一个名为 behavior_1 的流行为，开启流量统计功能，并采用默认的包统计方法。

```
[SwitchA] traffic behavior behavior_1
[SwitchA-behavior-behavior_1] accounting
[SwitchA-behavior-behavior_1] quit
```

（4）定义一个名为 policy_1 的 QoS 策略，把类 classifier_1 和流行为 behavior_1 关联起来。

```
[SwitchA] qos policy policy_1
[SwitchA-qospolicy-policy_1] classifier classifier_1 behavior behavior_1
[SwitchA-qospolicy-policy_1] quit
```

（5）将以上策略 policy 应用到端口 GigabitEthernet1/0/1 的入方向上。

```
[SwitchA] interface gigabitethernet 1/0/1
[SwitchA-GigabitEthernet1/0/1] qos apply policy policy_1 inbound
[SwitchA-GigabitEthernet1/0/1] quit
```

（6）查看配置后流量统计的情况。从输出信息中可以看出该接口上接收到的来自 1.1.1.1/24 的包数为 28529 个。

```
[SwitchA] display qos policy interface gigabitethernet 1/0/1
```

```
Interface: GigabitEthernet1/0/1

Direction: Inbound

Policy: policy
  Classifier: classifier_1
    Operator: AND
    Rule(s) : If-match acl 2000
    Behavior: behavior_1
      Accounting Enable:
        28529 (Packets)
```

8.10 H3C 交换机数据缓冲区配置与管理

数据缓冲区是用来缓存所有端口接收到，但还来不及发送的报文，防止在出现突发流量时由于拥塞而产生的丢包现象。H3C 交换机通过分配 **cell** 资源和 **packet** 资源（统称为缓冲资源）来控制各端口对数据缓冲区的使用。

cell 资源是指缓存报文时使用的设备存储芯片容量。端口上分配到的 cell 资源表示该端口最多可以在缓冲区中占用的缓存空间。packet 资源是一种逻辑上的计数资源，表示设备发送的数据包个数。设备每发送一个数据包，无论该数据包的长度是多少，均占用 1 个 packet 资源。端口上分配到的 packet 资源表示该端口最多可以在缓冲区中缓存的报文个数。两种资源相互独立，但又共同作用，当端口需要缓存报文时，既会使用相当于报文长度的 **cell** 资源，同时也使用相当于报文数量的 **packet** 资源，如果其中一种资源耗尽，则端口将不能再缓存报文，未进入缓冲区的报文将被丢弃。在完成报文发送后，端口将所使用的资源释放，等待下次缓存报文时再次使用。不过，不是每个 H3C 交换机都可以同时使用两种缓冲资源，如 S5820X 系列交换机的数据缓冲区仅通过分配 cell 资源的方式来进行。

8.10.1 缓冲资源的分配

为了灵活应对网络中可能出现的突发流量，H3C 交换机的 **cell** 和 **packet** 资源采用固定区域和共享区域的划分方式，在端口耗尽了固定区域的缓存资源时可以临时使用共享区域的缓存资源来完成报文发送。用户可以手工设置 **cell** 资源和 **packet** 资源中共享区域所占的比例，其余部分将自动成为固定区域，如图 8-13 所示。

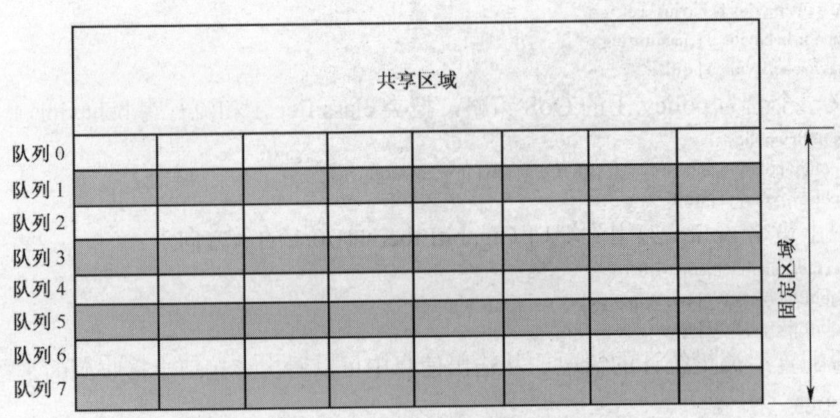

图 8-13 cell 资源和 packet 资源中的固定区域和共享区域

固定缓存区域可以通过以下两个方式来划分：

- 基于端口划分：如图 8-13 中的纵向线条划分，交换机自动将固定缓存区域平均分配给每个端口，即每个端口有独享的端口缓存资源。
- 基于队列划分：如图 8-13 中的横向线条划分，表示每个队列所能使用当前端口独享缓存资源的比例（以下称为队列的最小保证资源比），这个比例在所有端口上都保持一致。

通过以上两种划分方式的结合就可以得出每个端口的每个队列的固定缓存区域。

除了划分给端口和队列的固定区域外，交换机上配置的其他的缓存资源均为共享区域。所谓共享区域就是可供交换机上的每个端口的每个队列临时使用的缓存资源区域。如果端口在短时间内需要发送超长的报文或者是数量较多的报文，可能端口上独享的 **cell** 资源或 **packet** 资源不够用，这时 **cell** 资源和 **packet** 资源的共享区域可以为端口上的突发流量提供应急的缓存能力。也就是在某个端口（或某个队列）有突发流量产生时，可以临时占用共享区域的资源，在完成突发流量的发送后，再释放其所占用的共享区域资源，供其他端口（或队列）使用。

当端口上的某个队列出现拥塞时（无可用的独享 **cell** 资源或 **packet** 资源），可以配置该队列在一定的比例之内动态使用 **cell** 或 **packet** 资源的共享区域，该比例称为队列的最大共享资源占用比。例如，配置队列 1 最多可以占用 **cell** 资源的共享区域中 10%的资源。

同样，当端口上所有队列都出现拥塞时，可以配置该端口在一定比例内动态使用 **cell** 或 **packet** 资源的共享区域，该比例称为端口的最大共享资源占用比。例如，配置端口 1 最多可以占用 **packet** 资源的共享区域中 30%的资源。

【说明】端口的最大共享资源占用比相当于对此端口下所有队列占用共享资源之和的限制，即每个队列可以有单独的最大共享资源占用比，但同一时刻 8 个队列占用共享资源的比例之和不能超过端口的最大共享资源占用比。

8.10.2　通过 Burst 功能配置数据缓冲区

用户可以使用以下两种方式配置 H3C 交换机的数据缓冲区：

- 由交换机自动配置（Burst 功能）
- 由用户手工配置

但以上两种数据缓冲区的配置方式不能同时使用，如果已经使用某一种方式进行了配置，则必须先取消该方式的配置之后，才能使用另外一种方式进行配置。本节先介绍自动配置方式，下节介绍手工配置方式。

自动配置方式就是启用 Burst 功能，使交换机自动分配 **cell** 资源和 **packet** 资源的固定区域和共享区域比例、队列的最小保证资源比、队列和端口的最大共享资源占用比。

在下列情况下，Burst 功能可以提供更好的报文缓存功能和流量转发性能：

- 广播或者组播报文流量密集，瞬间突发大流量的网络环境中。
- 报文从高速链路进入交换机，由低速链路转发出去；或者报文从相同速率的多个端口同时进入交换机，由一个相同速率的端口转发出去。

通过 Burst 功能配置数据缓冲区的方法很简单，只需要在系统视图下使用 **burst-mode enable** 命令启用 Burst 功能即可。默认情况下，Burst 功能处于关闭状态。

以下示例是开启 Burst 功能，自动分配 **cell** 资源和 **packet** 资源的固定区域和共享区域比例、队列的最小保证资源比、队列和端口的最大共享资源占用比。

```
<Sysname> system-view
[Sysname] burst-mode enable
```

8.10.3 手工配置数据缓冲区

数据缓冲区的配置比较复杂，要确保各端口、队列的各种占用比参数没有冲突，而且对设备的转发功能有重要的影响，建议用户不要轻易采用手工方式修改数据缓冲区的参数。在需要较大的缓存空间时，建议使用 Burst 功能来自动分配缓冲区。如果确实需要手工配置，则根据需要选择以下配置任务：

- 配置缓冲资源中共享区域的比例
- 配置队列的最小保证资源比
- 配置队列的最大共享资源占用比
- 配置端口的最大共享资源占用比
- 应用数据缓冲区配置

下面分别予以介绍。

1．缓冲资源中共享区域的比例配置

前面已说到，缓冲资源包括 cell 资源和 packet 资源两种，所以这里可同时配置两种资源的共享区域比例。共享区域比例确定后，固定区域的比例自然就出来了。

配置缓冲资源中共享区域的比例的步骤也很简单，都是在系统视图下使用一条命令即可完成。在系统视图下使用 **buffer egress** [**slot** *slot-number*] **cell total-shared ratio** *ratio* 命令配置 **cell** 资源中共享区域所占比例。命令中的参数说明如下：

- **slot** *slot-number*：可选参数，指定要配置缓存资源共享区域比例的成员设备编号。在 IRF 中配置该命令时，如果指定了 *slot-number*，表示配置指定编号的成员设备的缓冲资源，如果没有指定 *slot-number*，则表示配置 IRF 中所有成员设备的缓冲资源，如果是不支持 IRF 的设备，或者没有配置 IRF 功能，则无需指定此参数。
- **cell**：指定是配置 **cell** 资源中的共享区域所占比例。
- *ratio*：指定 **cell** 资源中共享区域所占的比例，以百分数形式表示，取值范围为 0～100。

在系统视图下使用 **buffer egress** [**slot** *slot-number*] **packet total-shared ratio** *ratio* 命令配置 **packet** 资源中共享区域所占比例。但有些 H3C 交换机不支持该命令，如 S5820X 系列交换机。命令中的参数说明如下：

- **slot** *slot-number*：可选参数，同上。
- **packet**：指定是配置 **packet** 资源中的共享区域所占比例。注意：有些 H3C 交换机不支持该参数，如 S5820X 系列交换机。
- *ratio*：指定 **packet** 资源中共享区域所占的比例，以百分数形式表示，取值范围为 0～100。

【示例 1】配置当前设备 **cell** 资源中的共享区域所占比例为 50%。

```
<Sysname> system-view
[Sysname] buffer egress cell total-shared ratio 50
```

【示例 2】在 IRF 中配置指定成员设备 2 的 **cell** 资源中共享区域所占比例为 60%。

```
<Sysname> system-view
[Sysname] buffer egress slot 2 cell total-shared ratio 60
```

不同 H3C 交换机的默认 **cell** 资源共享区域占用比例不同，如 S5800 系列交换机的 **cell** 资源中共享区域所占比例为 73%，**packet** 资源中共享区域所占比例为 74%；S5820X 系列交换机的 **cell** 资源中共享区域所占比例为 66%，不支持 **packet** 资源。具体要查看对应交换机的用户手册。

可用 **undo buffer egress** [**slot** *slot-number*] { **cell** | **packet** } **total-shared** 命令恢复 cell 资源或 packet 资源中共享区域所占比例的默认值。

2．队列的最小保证资源比配置

队列的最小保证资源比也就是交换机上每个端口中的每个队列最小的固定资源占用比例。这是为了确保每个队列都有最基本的缓存资源保障。

同样可以为队列基于 **cell** 资源和 **packet** 资源来进行配置。配置队列在 **cell** 缓冲区中的最小保证资源比的方法是在系统视图下使用 **buffer egress** [**slot** *slot-number*] **cell queue** *queue-id* **guaranteed ratio** *ratio* 命令。命令中的参数说明如下：

- **slot** *slot-number*：指定要配置队列 **cell** 资源最小保证比的成员设备编号。在 IRF 中配置该命令时，如果指定了 *slot-number*，表示配置指定编号的成员设备的 **cell** 资源最小保证比，如果没有指定 *slot-number*，则表示配置 IRF 中所有成员设备的 **cell** 资源最小保证比。如果是不支持 IRF 的设备，或者没有配置 IRF 功能，则无需指定此参数。
- **cell**：指定是配置队列在 **cell** 资源中的最小保证资源比。
- *queue-id*：指定需要配置 **cell** 资源最小保证比的队列编号，取值范围为 0～7。
- *ratio*：队列的 **cell** 资源最小保证比，以百分数形式表示，取值范围为 0～100。

配置队列在 **packet** 缓冲区中的最小保证资源比的方法是在系统视图下使用 **buffer egress** [**slot** *slot-number*] **packet queue** *queue-id* **guaranteed ratio** *ratio* 命令。但有些 H3C 交换机不支持该命令，如 S5820X 系列交换机。命令中的参数说明如下：

- **slot** *slot-number*：指定要配置队列 **packet** 资源最小保证比的成员设备编号。在 IRF 中配置该命令时，如果指定了 *slot-number*，表示配置指定编号的成员设备的 **packet** 资源最小保证比，如果没有指定 *slot-number*，则表示配置 IRF 中所有成员设备的 **packet** 资源最小保证比。如果是不支持 IRF 的设备，或者没有配置 IRF 功能，则无需指定此参数。
- **packet**：指定是配置队列在 **packet** 资源中的最小保证资源比。
- *queue-id*：指定需要配置 **packet** 资源最小保证比的队列编号，取值范围为 0～7。
- *ratio*：队列的 **packet** 资源最小保证比，以百分数形式表示，取值范围为 0～100。

【示例 3】配置队列 1 在 **cell** 资源中的最小保证资源比为 20%。

```
<Sysname> system-view
[Sysname] buffer egress cell queue 1 guaranteed ratio 20
```

【示例 4】在 IRF 中配置指定成员设备 2 的队列 1 在该设备 **cell** 资源中的最小保证资源比为 20%。

```
<Sysname> system-view
[Sysname] buffer egress slot 2 cell queue 1 guaranteed ratio 20
```

默认情况下，队列在 **cell** 资源和 **packet** 资源的最小保证资源比均为 12%。可用 **undo buffer egress** [**slot** *slot-number*] { **cell** | **packet** } **queue** *queue-id* **guaranteed** 命令恢复队列的 **cell** 或者 **packet** 资源的最小保证资源比的默认情况。

【说明】由于端口的独享资源是由 8 个队列共同使用，因此当用户修改了某个队列的最小保证资源比之后，其他队列的最小保证资源比将随之自动变化。自动变化的原则为：除用户手工配置的最小保证资源比之外，剩余比例将平均分配给未进行手工配置的队列。例如，如果配置一个队列的最小保证资源比为 30%，则剩余 7 个队列的最小保证资源比将自动变化为 10%。

队列的最小保证资源比对全局生效，即配置后每个端口上的该队列均能以相同的比例占用当前端口的独享资源。

3．队列的最大共享资源占用比配置

除了可以为每个队列配置独享的固定区域资源外，还可以为每个队列配置允许使用共享区域中的 **cell** 和 **packet** 缓存资源比例。配置方法同样是在系统视图下进行。

配置队列在 **cell** 资源中的最大共享资源占用比的方法是在系统视图下使用 **buffer egress** [**slot**

slot-number] **cell queue** *queue-id* **shared ratio** *ratio* 命令。命令中的参数说明如下：

- **slot** *slot-number*：要配置队列的最大共享 **cell** 资源占用比的成员设备编号。在 IRF 中配置该命令时，如果指定了 *slot-number*，表示配置指定编号的成员设备的最大共享 **cell** 资源占用比，如果没有指定 *slot-number*，则表示配置 IRF 中所有成员设备的最大共享 **cell** 资源占用比。如果是不支持 IRF 的设备，或者没有配置 IRF 功能，则无需指定此参数。
- **cell**：指定是配置队列在 **cell** 资源中的最大共享资源占用比。
- *queue-id*：指定需要配置最大共享 **cell** 资源占用比的队列编号，取值范围为 0～7。
- *ratio*：指定以上队列的最大共享 **cell** 资源占用比，以百分数形式表示，取值范围为 0～100。

配置队列在 **packet** 资源中的最大共享资源占用比的方法是在系统视图下使用 **buffer egress** [**slot** *slot-number*] **packet queue** *queue-id* **shared ratio** *ratio* 命令。但有些交换机不支持该命令，如 S5820X 系列交换机。命令中的参数说明如下：

- **slot** *slot-number*：要配置队列的最大共享 **packet** 资源占用比的成员设备编号。在 IRF 中配置该命令时，如果指定了 *slot-number*，表示配置指定编号的成员设备的最大共享 **packet** 资源占用比，如果没有指定 *slot-number*，则表示配置 IRF 中所有成员设备的最大共享 **packet** 资源占用比。如果是不支持 IRF 的设备，或者没有配置 IRF 功能，则无需指定此参数。
- **packet**：指定是配置队列在 **packet** 资源中的最大共享资源占用比。S5820X 系列交换机不支持该参数。
- *queue-id*：指定需要配置最大共享 **packet** 资源占用比的队列编号，取值范围为 0～7。
- *ratio*：指定以上队列的最大共享 **packet** 资源占用比，以百分数形式表示，取值范围为 0～100。

【说明】队列的最大共享资源占用比对全局生效，即配置后每个端口上的该队列均能以相同的最大共享资源占用比来动态使用共享区域的资源。

【示例 5】配置队列 2 在 **cell** 资源中的最大共享资源占用比为 20%。

```
<Sysname> system-view
[Sysname] buffer egress cell queue 2 shared ratio 20
```

【示例 6】在 IRF 中配置指定成员设备 6 的队列 1 在该设备 **cell** 资源中的最大共享资源占用比为 10%。

```
<Sysname> system-view
[Sysname] buffer egress slot 6 cell queue 1 shared ratio 10
```

默认情况下，队列在 **cell** 资源和 **packet** 资源中的最大共享资源占用比均为 33%。可用 **undo buffer egress** [**slot** *slot-number*] { **cell** | **packet** } **queue** *queue-id* **shared** 命令恢复队列最大共享 **cell** 资源或 **packet** 资源占用比的默认情况。

4. 端口的最大共享资源占用比配置

端口的最大共享资源占用比是指交换机上所有端口共享占用整个 **cell** 资源或 **packet** 资源的比例。

【注意】端口的最大共享资源占用比是由该交换机上的所有端口共享的，即配置后每个端口均能够以相同的最大共享资源占用比来动态使用共享区域资源。

配置端口在 **cell** 资源中的最大共享资源占用比的方法是在系统视图下使用 **buffer egress** [**slot** *slot-number*] **cell shared ratio** *ratio* 命令。命令中的参数说明如下：

- **slot** *slot-number*：指定要配置端口的最大共享 **cell** 资源占用比的成员设备编号。在 IRF 中配置该命令时，如果指定了 *slot-number*，表示配置指定编号的成员设备的最大共享 **cell** 资源占用比，如果没有指定 *slot-number*，则表示配置 IRF 中所有成员设备的最大共享 **cell** 资源占用比。如果是不支持 IRF 的设备，或者没有配置 IRF 功能，则无需指定此参数。

- **cell**：指定是配置端口在 **cell** 资源中的最大共享资源占用比。
- *ratio*：指定端口的最大共享 **cell** 资源占用比，以百分数形式表示，取值范围为 0～100。

配置端口在 **packet** 资源中的最大共享资源占用比的方法是在系统视图下使用 **buffer egress** [**slot** *slot-number*] **packet shared ratio** *ratio* 命令。但有些交换机不支持该命令，如 S5820X 系列交换机。命令中的参数说明如下：

- **slot** *slot-number*：指定要配置端口的最大共享 **packet** 资源占用比的成员设备编号。在 IRF 中配置该命令时，如果指定了 *slot-number*，表示配置指定编号的成员设备的最大共享 **packet** 资源占用比，如果没有指定 *slot-number*，则表示配置 IRF 中所有成员设备的最大共享 **packet** 资源占用比。如果是不支持 IRF 的设备，或者没有配置 IRF 功能，则无需指定此参数。
- **packet**：指定是配置端口在 **packet** 资源中的最大共享资源占用比。
- *ratio*：指定端口的最大共享 **packet** 资源占用比，以百分数形式表示，取值范围为 0～100。

【示例 7】配置当前设备上所有端口在 **cell** 资源中的最大共享资源占用比为 30%。

```
<Sysname> system-view
[Sysname] buffer egress cell shared ratio 30
```

【示例 8】在 IRF 中配置指定成员设备 3 的所有端口在该设备 **cell** 资源中的最大共享资源占用比为 50%。

```
<Sysname> system-view
[Sysname] buffer egress slot 3 cell shared ratio 50
```

默认情况下，每个端口在 **cell** 资源和 **packet** 资源中的最大共享资源占用比均为 33%。可用 **undo buffer egress** [**slot** *slot-number*] { **cell** | **packet** } **shared** 命令恢复端口的 **cell** 或者 **packet** 资源的最大共享资源占用比的默认情况。

5. 应用数据缓冲区的配置

用户在完成对数据缓冲区的以上手工配置后，必须使用下面的步骤将所作的修改进行应用，只有这样之前的配置才能生效。应用数据缓冲区配置的方法是在系统视图下使用 **buffer apply** 命令。可用 **undo buffer apply** 命令恢复数据缓冲区的配置为默认情况。不同的 H3C 交换机系列，默认情况下的数据缓冲区各项配置参数不一样。表 8-32 所示的是 S5800/S5820X/S5500 系列交换机的默认缓冲区参数。

表 8-32 S5800/S5820X/S5500 系列交换机的默认缓冲区参数

设备型号	资源类型	共享区域比例	队列的最小保证资源比	队列的最大共享资源占用比	端口的最大共享资源占用比
S5800 系列交换机	cell 资源	73%	12%	33%	33%
	packet 资源	74%	12%	33%	33%
S5820X 系列交换机	cell 资源	66%	12%	33%	33%
S5500-SI/EI 系列交换机	cell 资源	50%	12%	--	50%
	packet 资源	--	队列 2 为 51%，其余队列均为 7%	--	--

Cisco/H3C

第三篇

IP 组播配置与管理

在中小型企业的网络应用中基本上是基于单播和广播方式，对于组播（也称多播）虽然我们在学习 IP 协议时已知道有专门的 IP 地址段（D 类地址），但对其具体的应用和配置我们知之甚少。随着 Internet 骨干网络带宽的进一步增加，在企事业单位网络应用中一种新型的应用逐步开始普及，那就是本篇所要介绍的 IP 组播应用，如远程网络视频会议、网络音频/视频广播、AOD/VOD（音频点播/视频点播）、股市行情发布、多媒体远程教育、远程会诊等。这一切都得利用网络设备的 IP 组播技术。

本篇以对比的方式集中介绍了 Cisco Catalyst IOS 以太网交换机和 H3C 以太网交换机在 IP 组播方面的配置与管理。包括以下 5 章：

第 9 章　IP 组播基础

第 10 章　Cisco IOS 交换机 IGMP 和 IGMP Snooping 配置与管理

第 11 章　Cisco IOS 交换机 PIM 组播配置与管理

第 12 章　H3C 交换机 IGMP 和 IGMP Snooping 配置与管理

第 13 章　H3C 交换机 PIM 组播配置与管理

9 IP 组播基础

IP 组播是 IP 协议的扩展应用，与 IP 单播和 IP 广播一起是 IP 数据包的三种传输方式。单播用于发送数据包到单个目的地，这种传输是最常见的 IP 传输，通常是点对点传输的；广播是指发送数据包到同一广播域或子网内的所有设备，而不管对方是否愿意接收；组播则是指一次性对一组 IP 接收者进行数据传输。组播只需发送一份数据的副本，就可以向许多接收者发送同一份数据。这样，组播的使用就大大提高了数据传输效率，节省了带宽，减轻了网络的负载，从而更加有效地利用了网络的带宽资源。

IP 组播的应用非常广泛，凡是需要点对多点或者多点对多点的数据传输应用环境都可以采用 IP 组播技术来实现，如媒体（包括语音或视频）推送、事件通知、资源同步、远程视频会议、远程教学等。

在 IP 组播中涉及到几个主要的协议，那就是 IGMP（Internet Group Management Protocol，因特网组管理协议）、IGMP Snooping、CGMP（Cisco Group Management Protocol，思科组管理协议）、PIM（Protocol Independent Multicast，协议无关组播）、DVMRP（Distance Vector Multicast Routing Protocol，距离矢量组播路由选择协议）、Multicast-VLAN（组播 VLAN）等。本章仅介绍在 Cisco IOS 交换机和 H3C 以太网交换机上主要使用的 IGMP、IGMP Snooping、PIM、组播 VLAN 的相关基础知识，各协议的具体配置方法将在本篇其他各章介绍。

9.1　IP 组播基础

【说明】本章所说的"路由器"代表了一般意义下的路由器以及运行了 IP 组播协议的三层以太网交换机。

IP 组播（IP Multicasting）是对标准 IP 网络层协议（包括 IPv4 和 IPv6）的扩展。它通过使用特定的 IPv4 组播地址或 IPv6 组播地址，按照最大投递的原则，将 IP 数据报传输到一个组播群组（Multicast Group）的主机集合。

IP 组播的基本方法是：当某一个人向一组人发送数据时，它不必将数据发送给每一个人，只需将数据发送到一个特定的预约的组地址，则所有加入该组的人均可以收到这个数据副本。这样对发送者而言，数据只需发送一次就可以发送到所有接收者，大大减轻了网络的负载和发送者的负担。

9.1.1　IP 网络的三种数据传输方式

IPv4 协议定义了三种 IP 数据包的传输方式：单播（Unicast）、广播（Broadcast）和组播（Multicast）。单播用于发送数据包到单个目的地，这种传输是最常见的 IP 传输，单播实际上是点对点的；广播是指发送数据包到同一广播域或子网内的所有设备；组播指的是在 Internet 网上对一组 IP 站点进行数据传送。这一组 IP 站点是动态形成的，每一个 IP 站点都可以动态地加入或者退出这个组。运行 TCP/IP 协议集的有组播能力的节点可以接收组播消息。下面，我们首先对这三种包传输方式进行比较式地介绍，从中可以看出组播方式的优越性。

1．单播方式的数据传输过程

采用单播（Unicast）方式时，系统为每个需要该数据的用户单独建立一条数据传送通路，并为该用户发送一份独立的副本数据，如图 9-1 所示。

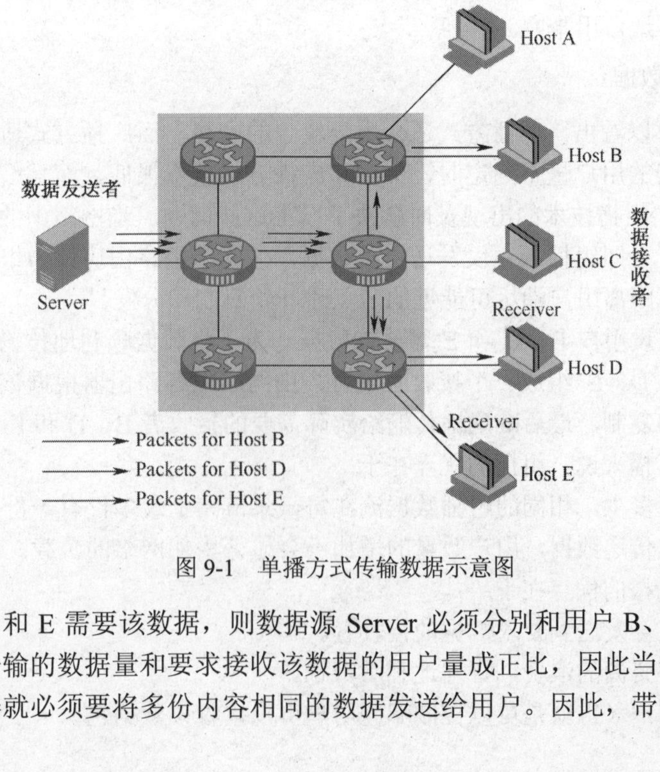

图 9-1　单播方式传输数据示意图

假设用户 B、D 和 E 需要该数据，则数据源 Server 必须分别和用户 B、D、E 的设备建立传输通道。由于网络中传输的数据量和要求接收该数据的用户量成正比，因此当需要相同数据的用户数量很庞大时，服务器就必须要将多份内容相同的数据发送给用户。因此，带宽将成为数据传输中的瓶颈。

从单播数据的传播过程可以看出，单播的数据传输方式不利于数据规模化发送。

2．广播方式的数据传输过程

如果采用广播（Broadcast）方式，系统把数据传送给网络中的所有用户，不管他们是否需要，任何用户都会接收到广播来的数据，如图 9-2 所示。

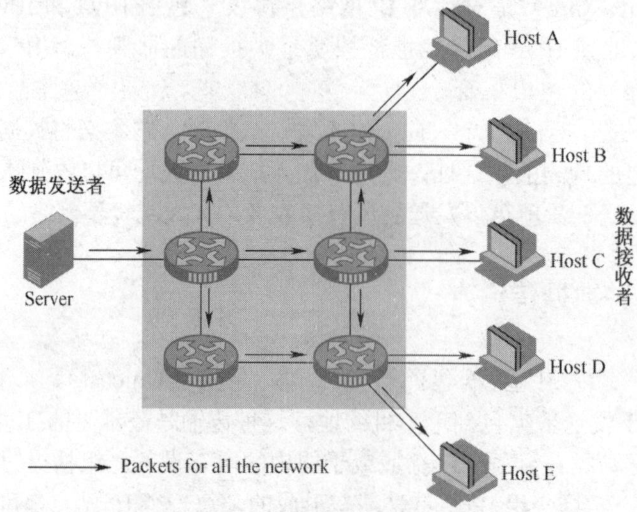

图 9-2　广播方式传输数据示意图

假设用户 B、D 和 E 需要该数据，则数据源 Server 通过路由器广播该数据，但网络中本来不需要接收该数据的用户 A 和 C 也同样接收到该数据，所以广播方式的数据安全性和有偿服务得不到保障。

从广播数据的传播过程可以看出，广播的保密性和有偿性比较差。并且当同一网络中需要该数据的用户量很小时，网络资源利用率将非常低，带宽浪费严重。因此，广播不利于对特定用户进行数据交互，并且还严重地占用带宽。

3．组播方式传输数据

通过前面的介绍可以看出，单播方式适合用户较少的网络，而广播方式适合用户稠密的网络。但当网络中需要某数据的用户量不确定时，单播和广播方式效率很低，而且广播方式安全性差，无法控制数据的发送。IP 组播技术的出现及时解决了以上这些问题。当网络中的某些用户需要特定数据时，组播数据发送者（即组播源）仅发送一次数据，借助组播路由协议为组播数据包建立组播分发树，被传递的数据在距离用户端尽可能近的节点才开始复制和分发。

如图 9-3 所示，假设用户 B、D 和 E 需要该数据，为了将数据顺利地传输给真正需要该数据的用户，需要将用户 B、D、E 组成一个接收者集合，由网络中各路由器根据该集合中各接收者的分布情况进行数据转发和复制，最后准确地传输给实际需要的接收者 B、D 和 E。

综上所述，相比单播来说，组播的优点在于：

- 不论接收者有多少，相同的组播数据流在每一条链路上最多仅有一份。
- 使用组播方式传递数据，用户数量的增加不会显著增加网络的负载。

相比广播来说，组播的优点在于：

- 组播数据流仅会发送到要求数据的接收者。
- 不会造成网络资源的浪费，合理地利用带宽。
- 可控制接收用户（也就是可以控制哪些用户可以接收该数据包）。

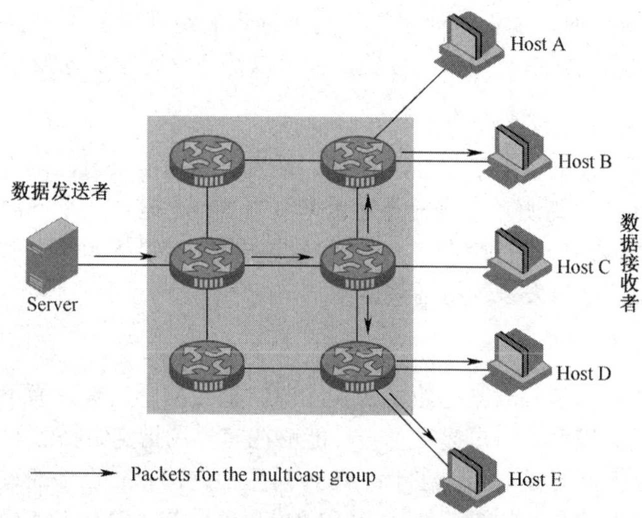

图 9-3　组播方式传输数据示意图

9.1.2　IP 组播中的角色和主要应用

在组播方式的数据传输过程中，网络中各部分角色如下：

- 组播源：组播数据的发送者。组播源不一定属于组播组，也就是说其本身不一定是组播数据的接收者。
- 接收者：接收组播数据的主机。
- 组播组：由所有接收者构成一个“组播组”，所有的接收者都是“组播组成员”。一个组播源可以同时向多个组播组发送数据，而多个组播源也可以同时向一个组播组发送数据。

在组播中，经常出现以下两种组播组表示方式：

- （*，G）：代表共享树，或任意源组播组，包括发往指定组播组 G 的组播包。其中的“*”代表任意组播源，“G”代表指定组播组 G。
- （S，G）：代表最短路径树，或者指定源组播组，包括由指定组播源 S 发往指定组播组 G 的组播包。其中的“S”代表指定组播源 S，“G”代表指定组播组 G。

组播技术有效地解决了单点发送多点接收的问题，实现了 IP 网络中点到多点的高效数据传送，能够节约大量网络带宽，降低网络负载。组播功能主要有以下的应用：

- 多媒体、流媒体的应用，如：网络电视、网络电台、实时视/音频会议。
- 培训、联合作业场合的通信，如：远程教育。
- 数据仓库、金融应用（股票）等。
- 任何“点到多点”的数据发布应用。

9.1.3　典型 IP 组播模型

根据对组播源处理方式的不同，IP 组播模型有下列三种：ASM（Any-Source Multicast，任意源组播）、SFM（Source-Filtered Multicast，源过滤组播）和 SSM（Source-Specific Multicast，指定源组播）。

1．ASM 模型

简单地说，ASM（任意源组播）模型就是任意源组播模型。顾名思义，任意源就是指这类组播组中的组播源是不限定的，任意一个发送者都可以成为组播源，向某组播组地址发送数据（其传输通道是（*，G））。接收者通过加入由该组播组地址标识的组播组就可以获得发往该组播组的任意组播数据，接收者无法预先知道组播源的位置，但可以在任意时间加入或离开该组播组。

2．SFM 模型

SFM（源过滤组播）模型继承了 ASM 模型，从发送者角度来看，两者的组播组成员关系完全相同，就是也可以是任意组播源，其传输通道也是（*，G）。但是，在 SFM 模型中，组播软件可以根据收到的组播包的源地址进行检查，允许或禁止来自某些组播源的包通过。这样一来，接收者就只能收到允许通过的组播源发来的组播数据。

3．SSM 模型

在现实生活中，用户可能只对某些组播源发送的组播数据感兴趣，而不愿接收其他源发送的数据。SSM（指定源组播）模型为用户提供了一种能够在客户端指定组播源的传输服务。

SSM 模型与 ASM 模型的根本区别在于：SSM 模型中的接收者已经通过其他手段预先知道了所需接收组播数据的组播源的具体位置。然后，SSM 模型使用与 ASM/SFM 模型不同的组播地址范围直接在接收者和其指定的组播源之间建立专用的组播转发通道（S，G）。

9.1.4 IP 组播地址

由于组播数据的接收者是一个组播组内的多个主机，因此需要面对数据源该将数据发往何处、目的地址如何选取的问题。这些问题简而言之就是组播寻址。与单播中的 IP 寻址或者 MAC 寻址一样，为了让组播源和组播组成员进行通信，需要提供网络层组播地址，即 IP 组播地址。同时必须存在一种技术将 IP 组播地址映射为链路层 MAC 组播地址。下面分别介绍这两种组播地址。

经验之谈

千万不要认为在 IP 组播中所有组播设备上的 IP 地址都是使用组播地址。实际上只有组播组 IP 地址是组播地址，而像组播源、接收主机的 IP 地址仍是单播 IP 地址。

1．三层 IP 组播地址

根据 IANA（Internet Assigned Numbers Authority，因特网编号授权委员会）规定，IP 地址分为五类，即 A 类、B 类、C 类、D 类和 E 类。单播包按照网络规模大小分别使用 A、B、C 三类 IP 地址。组播包的目的地址使用 D 类 IP 地址，D 类地址不能出现在 IP 包的源 IP 地址字段（也就是不能作为组播源地址，换言之，组播源的 IP 地址仍是单播地址）。E 类地址保留在今后使用。

在单播数据传输过程中，一个数据包传输的路径是从源地址路由到目的地址，利用“逐跳”（hop-by-hop）的原理在 IP 网络中传输。然而在 IP 组播环境中，数据包的目的地不是一个，而是一组，形成组地址（可以理解为所有接收者的单播地址与一个组播组地址形成了映射关系）。所有的数据接收者都加入到一个组内，并且一旦加入之后，流向该组地址的数据立即开始向接收者传输，组中的所有成员都能接收到数据包，这个组就是“组播组”。

组播组具有以下的几个特点：

- 组播组中的成员是动态的，主机可以在任何时刻加入和离开组播组。
- 组播组可以是永久的也可以是临时的。
- 由 IANA 分配组播地址的组播组称为永久组播组（又称之保留组播组）。

对于永久组播组，要注意的是：

- 永久组播组的 IP 地址保持不变，但组中的成员构成可以发生变化。

- 永久组播组中成员的数量可以是任意的，甚至可以为零。
- 那些没有保留下来供永久组播组使用的 IP 组播地址，可以被临时组播组使用。

D 类组播地址范围是 224.0.0.0～239.255.255.255，其中包括了很多地址，但不同地址段有不同用途，具体如表 9-1 所示。记住这个表中各个组播段的使用范围相当重要，这样就不会在配置组播网络时错误地使用了不该在特定环境下使用的组播地址。

表 9-1　D 类地址的范围及用途

D 类地址范围	用途
224.0.0.0～224.0.0.255	预留的组播组地址（也就是永久组地址），地址 224.0.0.0 保留不做分配，其他地址供路由协议使用
224.0.1.0～231.255.255.255 233.0.0.0～238.255.255.255	可用的 ASM（Any-Source Multicast，任意源组播模型）组播组地址，全网范围内有效
232.0.0.0～232.255.255.255	可用的 SSM（Source-Specific Multicast，指定源组播模型）组播组地址
239.0.0.0～239.255.255.255	本地管理组播地址，仅在特定的本地范围内有效

根据 IANA 的约定，224.0.0.0～224.0.0.255 网段地址被预留给本地网络中的路由协议使用，常用的预留 IP 组播地址及用途说明如表 9-2 所示。

表 9-2　预留 IP 组播地址及用途说明

D 类地址范围	用途
224.0.0.1	所有组播主机的地址
224.0.0.2	所有组播路由器的地址
224.0.0.3	不分配
224.0.0.4	所有 DVMRP（Distance Vector Multicast Routing，距离矢量组播路由协议）路由器
224.0.0.5	所有 OSPF（Open Shortest Path First，最短路径优先）路由器
224.0.0.6	OSPF DR（Open Shortest Path First Designated Router，最短路径优先指定路由器）
224.0.0.7	ST（Shared Tree，共享树）路由器
224.0.0.8	ST（Shared Tree，共享树）主机
224.0.0.9	RIP-2 路由器
224.0.0.11	活动代理
224.0.0.12	DHCP 服务器/中继代理
224.0.0.13	所有 PIM（Protocol Independent Multicast，协议无关组播）路由器
224.0.0.14	RSVP（Resource Reservation Protocol，资源预留协议）封装
224.0.0.15	所有 CBT（Core-Based Tree，有核树）路由器
224.0.0.16	指定 SBM（Subnetwork Bandwidth Management，子网带宽管理）
224.0.0.17	所有 SBMS
224.0.0.18	VRRP（Virtual Router Redundancy Protocol，虚拟路由冗余协议）
224.0.0.22	所有 IGMPv3 路由器

【说明】与 IANA 为 IP 单播预留私有地址网段 10.0.0.0/8 等类似，IANA 也为 IP 组播预留了私有地址网段 239.0.0.0/8（也就是这个地址段中的组播地址可以在局域网内使用）。这些地址属于管理范围地址，可以灵活地定义组播域范围，实现不同组播域之间的地址隔离，有助于相同组播地址在不同组播域内的重复使用而不会冲突。

2. 二层以太网组播 MAC 地址

以太网传输单播 IP 包的时候，目的 MAC 地址使用的是接收者的 MAC 地址。但是在传输组播包时，传输目标不再是一个具体的接收者，而是一个成员不确定的组，所以对应也就需要使用组播 MAC 地址作为目的地址。

IANA 规定，组播 MAC 地址的高 25 位固定为 0000 0001 0000 0000 0101 1110 0，形成 MAC 地址 25 位前缀，MAC 地址的低 23 位为组播 IPv4 地址的低 23 位。它们之间的映射关系如图 9-4 所示（组播 IPv4 地址中的低 23 位映射到组播 MAC 地址的低 23 位）。

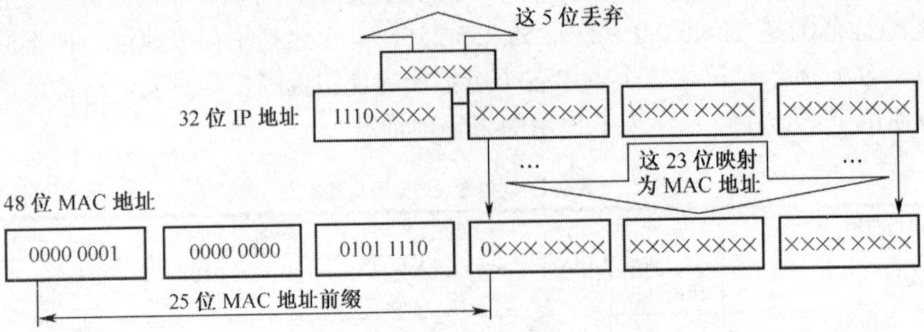

图 9-4　IPv4 组播地址到 MAC 组播地址的映射

由于 IPv4 组播地址的高 4 位是 1110，代表组播标识，而低 28 位中只有 23 位被映射到 MAC 地址，这样 IP 地址中就会有 5 位数据丢失，直接的结果是出现了 32（2 的 5 次方）个 IP 组播地址映射到同一组播 MAC 地址上。

IPv6 组播 MAC 地址的高 16 位为 0x3333，低 32 位是从 IPv6 组播地址的低 32 位映射过来的。如图 9-5 所示的是 IPv6 组播地址 FF1E::F30E:101 的 MAC 地址映射举例。

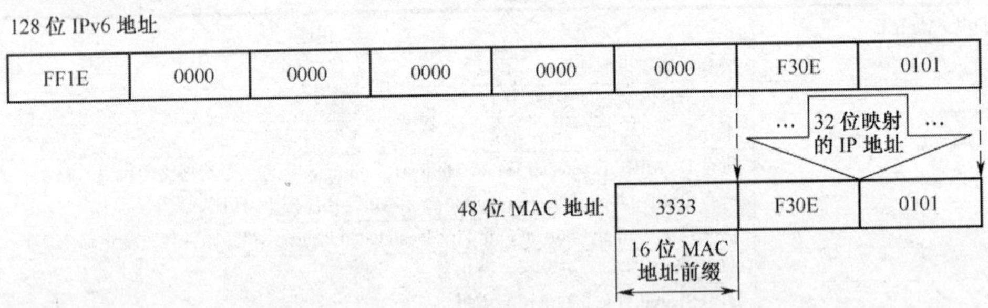

图 9-5　IPv6 组播地址的 MAC 地址映射示例

9.2　IP 组播原理

IP 组播技术并不是我们通常认为的只能工作在三层网络中，在以太局域网内也可以工作，这就是为什么有组 MAC 地址的原因。通常，我们把工作在网络层的 IP 组播称为“三层组播”，相应的组播协议称为“三层组播协议”，包括 IGMP（Internet Group Management Protocol，因特网组管理协议）、PIM（Protocol Independent Multicast，协议无关组播）、MSDP（Multicast Source Discovery Protocol，组播源发现协议）、DVMRP（Distance Vector Multicast Routing Protocol，距离矢量组播路由选择协议）、CGMP（Cisco Group Management Protocol，思科组管理协议）等。工作在数据链路层的 IP 组播称为“二层组播”，相应的组播协议称为“二层组播协议”，包括 IGMP Snooping。

本节先从总体上介绍 IP 组播技术的基本工作原理，再在本章后面具体介绍各主要组播技术的工作原理。

9.2.1　IP 组播协议简介

前面已说到，组播协议分为三层组播协议和二层组播协议两类。下面分别简单介绍这两类组播协议中的具体协议，有关这些协议的详细工作原理将在本章后面一一具体介绍。

1．三层组播协议

三层组播协议包括组播组管理协议和组播路由协议两种类型。

在主机和与其直接相连的三层组播设备之间通常采用组播组管理协议——IGMP。该协议规定了主机与三层组播设备之间建立和维护组播组成员关系的机制。

在三层组播设备之间运行的是组播路由协议（如 PIM），用于建立和维护组播路由，并正确、高效地转发组播数据包。组播路由建立了从一个数据源端到多个接收端的无环路（Loop-free）的数据传输路径，即组播分发树。

对于 ASM 模型，可以将组播路由分为域内和域间两大类：

- 域内组播路由用来在 AS（Autonomous System，自治系统）内部发现组播源并构建组播分发树，从而将组播数据传递到接收者。在众多域内组播路由协议中，PIM（Protocol Independent Multicast，协议无关组播）是目前较为典型的一个。按照转发机制的不同，PIM 可以分为 DM（Dense Mode，密集模式）、SM（Sparse Mode，稀疏模式）和 Bidir-PIM（Bidirectional PIM Mode，双向 PIM 模式）三种模式，但主要是前面两种模式。
- 域间组播路由用来实现组播数据在 AS 之间的传递，目前比较成型的解决方案有 MSDP（Multicast Source Discovery Protocol，组播源发现协议）等。

对于 SSM 模型，没有域内和域间的划分。由于接收者预先知道组播源的具体位置，因此只需要借助 PIM-SM 构建的通道即可实现组播数据的传输。

以上这些三层组播协议的具体应用位置参见图 9-6 所示。

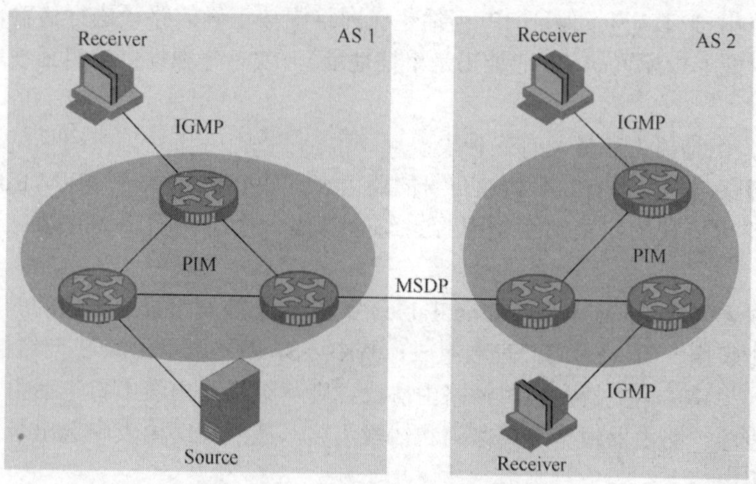

图 9-6 三层组播协议的应用位置示意图

2．二层组播协议

二层组播协议包括 IGMP Snooping 和 Muticast VLAN（组播 VLAN）等，它们在网络中的应用位置如图 9-7 所示。

IGMP Snooping（Internet Group Management Protocol Snooping，IGMP 侦听）是运行在二层设备上的组播约束机制，通过侦听和分析主机与三层组播设备之间交互的 IGMP 报文来管理和控制组播组，为端口和 MAC 组播地址建立起映射关系，并根据这样的映射关系转发组播数据。

另外，在传统的组播点播方式下，当连接在二层设备上、属于不同 VLAN 的用户分别进行组播点播时，三层组播设备需要向该二层设备的每个 VLAN 分别发送一份组播数据；而当二层设备运行了组播 VLAN 后，三层组播设备只需向该二层设备的组播 VLAN 发送一份组播数据即可，从而既避免了带宽的浪费，也减轻了三层组播设备的负担。

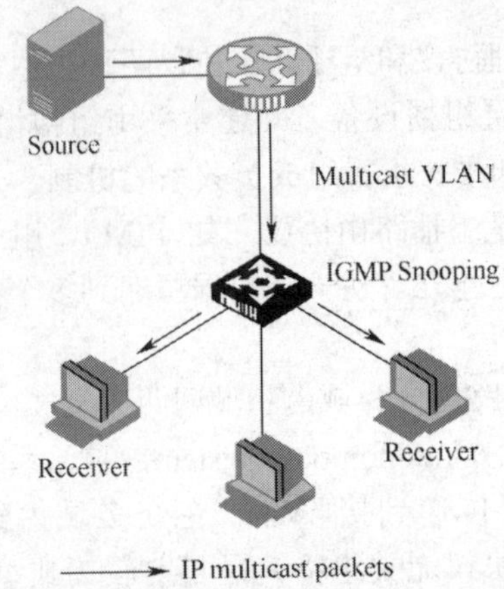

图 9-7　二层组播协议的应用位置示意图

9.2.2　IP 组播转发的 RPF 检查机制

在 IP 组播模型中，IP 包的目的地址字段为组播组地址（注意，组播组地址是由对应组播组中所有接收者共用的虚拟 IP 地址），组播源向以此目的地址所标识的主机群组传送数据。因此，在转发路径上的组播路由器为了将组播包传送到各个方向的接收站点，往往需要将从一个入接口收到的组播包转发到多个出接口。为了保证 IP 组播包在网络中按正确的路径进行传输，必须依靠单播路由表（因为接收者网卡中配置的 IP 地址仍是单播地址），或者单独提供给组播使用的组播路由表来指导转发。

在 IP 组播中，组播路由和转发有三种表：

- 每个组播路由协议都有一个协议自身的路由表，如 PIM 路由表（PIM Routing-Table）。
- 各组播路由协议的组播路由信息经过综合形成一个总的组播路由表（Multicast Routing-Table）。
- 组播转发表（Multicast Forwarding-Table）直接用于控制组播数据包的转发。

总的组播路由表由一组（S，G）表项组成，其中（S，G）表示由源 S 向组播组 G 发送组播数据的路由信息。如果路由器支持多种组播路由协议，则其组播路由表中将包括由多种组播路由协议生成的组播路由表项。路由器根据组播路由和转发策略，从组播路由表中选出最优的组播路由，并下发到组播转发表中。

为了处理同一设备在不同接口上收到的来自不同对端的相同组播数据，需要对组播包的入接口进行 RPF（Reverse Path Forwarding，逆向路径转发）检查，以决定对某入接口所收到的组播数据包是转发还是丢弃，以避免重复的组播数据包转发。

执行 RPF 检查的依据是单播路由、MBGP（组播 BGP）路由或组播静态路由。单播路由表中汇集了到达各个目的网段的最短路径；MBGP 路由表直接提供组播路由信息；组播静态路由表中列出了用户通过手工静态配置指定的 RPF 路由信息。

在组播路由器收到组播数据，执行 RPF 检查时，组播路由器同时查找单播路由表、MBGP 路由表和组播静态路由表，最终选择一条最佳路由。具体过程如下：

（1）首先，组播路由器会分别从自己的单播路由表、MBGP 路由表和组播静态路由表中按以下原则各选出一条最优路由：

- 以“包源”的 IP 地址（组播源 IP 地址为单播 IP 地址）作为目的地址查找单播路由表，自动选取一条最优单播路由。对应表项中的出接口为 RPF 接口（RPF 接口总是向组播源，或者 RP 侧，而不是向着接收者侧，因为它是逆向路径转发的），下一跳为 RPF 邻居。路由器认为来自 RPF 邻居，且由该 RPF 接口收到的组播包所经历的路径是从源 S 到本地的最短路径。

经验之谈

因为 RPF 接口是当前组播路由器上收到组播包的接口，所以在整个组播数据转发路径中，对于每个组播组来说，每个组播路由器都有且仅有一个 RPF 接口，而不是整条组播数据转发路径中只有一个 RPF 接口。

- 以“包源”的 IP 地址作为目的地址查找 MBGP 路由表，自动选取一条最优 MBGP 路由。对应表项中的出接口为 RPF 接口，下一跳为 RPF 邻居。
- 以“包源”的 IP 地址作为指定源地址查找组播静态路由表，自动选取一条最优组播静态路由。对应表项明确指定了 RPF 接口和 RPF 邻居。

【说明】根据组播包传输的具体情况不同，“包源”所代表的具体含义也不同：

- 如果当前包是沿着从组播源到接收者或 RP（Rendezvous Point，汇集点）的 SPT（Shortest Path Tree，最短路径树）进行传输，则以组播源为“包源”进行 RPF 检查。
- 如果当前包是沿着从 RP 到接收者的 RPT（Rendezvous Point Tree，共享树）进行传输，则以 RP 为“包源”进行 RPF 检查。
- 如果当前包是 BSR（BootStrap Router，自举路由器）包，沿从 BSR 到各路由器的路径进行传输，则以 BSR 为“包源”进行 RPF 检查。

（2）以上这三条最优路由中按照以下原则选择一条作为 RPF 路由：

- 如果配置了按照最长掩码匹配规则选择路由，则从这三条路由中选出最长掩码匹配的那条路由；如果这三条路由的掩码一样，则选择其中优先级最高的那条路由；如果它们的优先级也相同，则按照组播静态路由、MBGP 路由、单播路由的顺序进行选择。
- 如果没有配置按照最长掩码匹配规则选择路由，则从这三条路由中选出优先级最高的那条路由；如果它们的优先级相同，则按照组播静态路由、MBGP 路由、单播路由的顺序进行选择。

【说明】最长掩码匹配规则也称最长前缀匹配规则，是指在 IP 网络中路由表中有多个到达同一目的地的路由表项，则选择子网掩码最长的路由表项进行匹配，并确定下一跳，是路由器查找路由表进行选路的基本算法。

9.2.3　RPF 检查在 IP 组播转发中的应用

根据上节介绍，组播路由器在收到组播数据包时会进行 RPF 检查，但是如果对每一个收到的组播数据包都进行 RPF 检查，则会给组播路由器带来较大负担，这时就要利用组播转发表来解决这个难题了。

在组播路由器建立组播路由和转发表时，会把组播数据包（S，G）的 RPF 接口记录为（S，G）表项的入接口。当组播路由器收到组播数据包（S，G）后，按以下次序查找组播转发表：

（1）如果组播转发表中不存在该（S，G）表项，则对该包执行以下 RPF 检查，将其 RPF 接口作为入接口，结合相关路由信息创建相应的表项，并下发到组播转发表中：

- 若该包实际到达的接口正是其 RPF 接口，则 RPF 检查通过，向所有的出接口转发该包。
- 若该包实际到达的接口不是其 RPF 接口，则 RPF 检查失败，丢弃该包。

（2）如果组播转发表中已存在该（S，G）表项，且该包实际到达的接口与包中的入接口（也就是 RPF 接口）相匹配，则向所有的出接口转发该包。

（3）如果组播转发表中已存在该（S，G）表项，但该包实际到达的组播路由器接口与包中标注的入接口（也就是 RPF 接口）不匹配，则对此包执行以下 RPF 检查：

- 如果检查得到该包在对应组播路由器上的 RPF 接口与包中标注的入接口（也就是 RPF 接口）一致，则说明该（S，G）表项正确，不是（S，G）表项造成的不匹配，直接丢弃这个来自错误路径的包。
- 如果检查得到该包在对应组播路由器上的 RPF 接口与包中标注的入接口（也就是 RPF 接口）不符，则说明该（S，G）表项已过时，于是把入接口更新为检查得到的 RPF 接口，再进行 RPF 检查。如果该包实际到达的接口正是其更新后的 RPF 接口，则向所有的出接口转发该包，否则将其丢弃。

以上组播数据包转发过程中的 RPF 检查流程如图 9-8 所示。

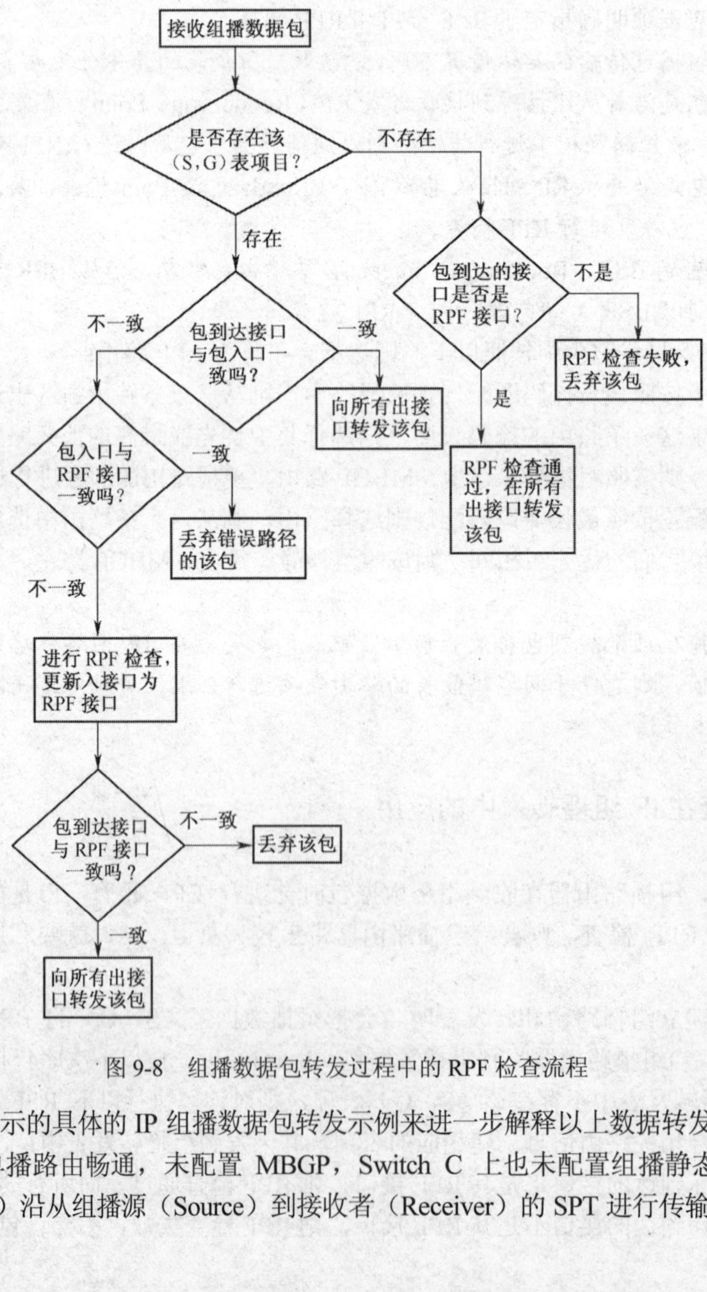

图 9-8　组播数据包转发过程中的 RPF 检查流程

下面以图 9-9 所示的具体的 IP 组播数据包转发示例来进一步解释以上数据转发过程中的 RPF 检查流程。假设网络中单播路由畅通，未配置 MBGP，Switch C 上也未配置组播静态路由（出于简化考虑）。组播包（S，G）沿从组播源（Source）到接收者（Receiver）的 SPT 进行传输。假定 Switch C 上的组播转发表中已存在（S，G）表项（使用单播 IP 路由表），其记录的入接口为 Vlan-int2。

- 当 Switch C 从接口 Vlan-int1 收到来自 Source 的组播包时，组播转发表中没有相应的转发表项。执行 RPF 检查，发现单播路由表中到达网段 192.168.0.0/24 的出接口是 Vlan-int2，于是判断该包实际到达的接口不是 RPF 接口。RPF 检查失败，该组播包被丢弃。
- 当 Switch C 从接口 Vlan-int2 收到来自 Source 的组播包时，组播转发表中也没有相应的转发表项。执行 RPF 检查，发现单播路由表中到达网段 192.168.0.0/24 的出接口正是该包实际到达的接口。RPF 检查通过，向所有的出接口转发该包。

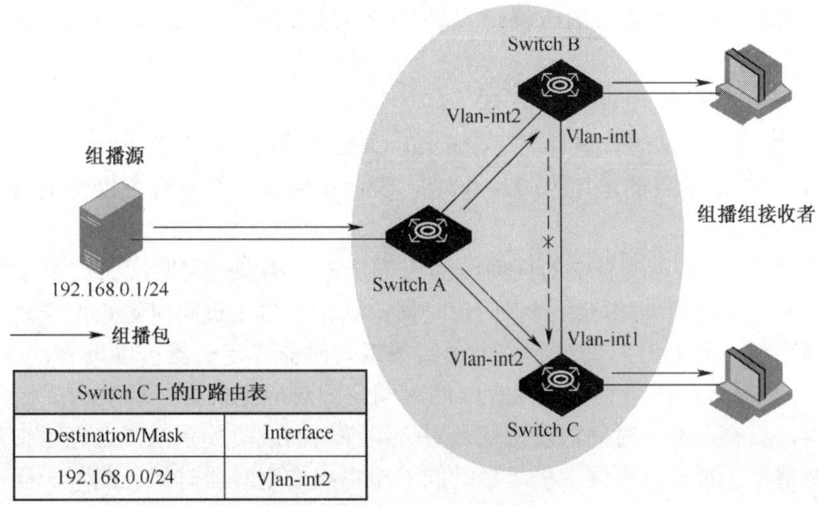

Switch C上的IP路由表	
Destination/Mask	Interface
192.168.0.0/24	Vlan-int2

图 9-9　RPF 检查过程示例

9.3　IGMP 的三个版本及各自工作原理

IGMP（因特网组管理协议）是 TCP/IP 协议族中负责 IP 组播成员管理的一个子协议，用来在 IP 主机和与其直接相邻的组播路由器之间（不是应用于多个组播路由器之间）建立、维护组播组成员关系。IGMP 消息封装在 IP 报文中，其 IP 的协议号为 2。

最主要的 IGMP 消息是 IGMP 成员加入消息，是通过 IP 组播主机发送到本地三层交换机或路由器，请求加入一个指定组播组，然后才能开始接收组播通信。在 IGMPv2 版本中，IP 主机也可以发送一个到达三层交换机或路由器的离开消息，请求离开一个 IP 组播组，或者不接收 IP 组播组中的通信。

使用通过 IGMP 获得的信息，三层交换机或路由器基于接口维护一个组播组成员列表。如果在接口上至少有一个主机发送 IGMP 请求来接收组播组通信，则表明该接口上的这个组播组成员是活跃的。

到目前为止，IGMP 有三个版本：IGMPv1（由 RFC 1112 定义）、IGMPv2（由 RFC 2236 定义）和 IGMPv3（由 RFC 3376 定义）。所有这三个版本的 IGMP 都支持 ASM（Any-Source Multicast，任意源组播）模型，另外 IGMPv3 为 SSM（Source-Specific Multicast，指定源组播）模型也提供了有力的支持。

9.3.1　IGMPv1 工作原理

IGMPv1 是最初的版本，主要基于查询和响应机制来完成对组播组成员的管理。IGMPv1 主机可以通过发送加入消息加入直接相连的组播路由器上特定的组播组，但离开时不会发送离开信息（Leave Messages）。IGMPv1 组播路由器使用基于超时的机制去发现其成员不关注的组。

1. 组成员的加入和维护

IGMPv1 主要基于查询和响应机制来完成对组播组成员的管理。当一个网段内有多台组播路由器时，由于它们都能从主机那里收到 IGMP 成员关系报告报文（Membership Report Message），因此只需要其中一台路由器发送 IGMP 查询报文（Query Message）就足够了。这就需要有一个查询器（Querier）的选举机制来确定由哪台路由器作为 IGMP 查询器。对于 IGMPv1 来说，是由组播路由协议（如 PIM）选举出唯一的组播信息转发者 DR（Designated Router，指定路由器）作为 IGMP 查询器。

主机加入 IGMPv1 组播组的基本过程如下：

（1）IGMP 查询器发送的普遍查询（General Query）消息（"普遍查询"也就是对网段中所有主机进行查询），该报文的目的地址为 224.0.0.1，表示该网段上的所有主机和组播路由器都可收到该查询消息。

（2）如果主机不是查询消息中的任何组播组成员，则不做任何响应；如果主机是查询消息中某组播组成员，则在本地启动相应组播组的定时器；如果一台主机同时是查询消息中多个组播组的成员，则会在该主机本地同时启动对应的多个组播组定时器（定时器可以设置，取值范围为 0~10 秒）。这个定时器是对应组播组查询消息存续的时间，即对应主机如果要发送成员关系报告必须在这个时间范围内，只有在存续时间内发送加入对应组播组的成员关系报告消息才有效，否则视为该主机不加入该组播组。很显然不同主机上启动同一组播组的定时器时间可能不一样，这样超时的时间也可能不一样。

（3）当第一个主机要加入某组播组时，须在其设置的定时器超时前向 IGMP 查询器发送加入该组播组的成员关系报告消息。该报文的目的地址也是 224.0.0.1，报文中携带对应组播组的地址信息。

（4）网段中所有主机和组播路由器都接收到该成员关系报告消息，并获知对应组播组地址信息，此时网段中其他也希望加入该组播组的主机将不再发送针对相同组播组的成员关系报告消息，即报告消息被抑制。其目的就是为了避免太多报告消息而浪费了系统资源。

（5）经过查询和响应过程后，IGMP 路由器了解到本网段内存在某组播组对应的组播组成员，则由组播路由协议生成（*，G1）组播转发项，并以此作为组播数据的转发依据。之后，组播路由协议将发起上游路由更新以维护组播转发树。

下面以一个示例进行介绍，示例拓扑如图 9-10 所示。现假设 Host B 与 Host C 想要收到来自组播组 G1 的组播数据，而 Host A 想要收到来自组播组 G2 的组播数据。下面是示例中各主机加入组播组的基本过程。

（1）在 IGMPv1 组播环境中，IGMP 查询器（Router B）周期性地以组播方式向本地网段内的所有主机与路由器发送 IGMP 查询消息（目的地址为 224.0.0.1）。

（2）在网络中的所有主机都可以收到以上查询消息，此时希望加入组播组 G1 的主机 Host B 与 Host C 当然也接收到这个消息。这时它们会根据各自的定时器超时设置决定谁先向查询器发送成员关系报告消息。现假设 Host B 先以组播方式发送 IGMP 成员关系报告消息（目的地址为 G1 的组地址）进行响应，以宣告自己要加入 G1。

（3）本来也应该向查询器发送成员关系报告消息的 Host C 却不再发送同样针对相同组播组 G1 的报告消息，因为此时 IGMP 路由器（Router A 和 Router B）已知道本地网段中有对 G1 感兴趣的主机了，只需要加入即可，不需要再提交加入报告（也就是只要知道 G1 是活跃的组播组就行了）。这个机制称为 IGMP 成员关系报告抑制机制，该机制有助于减少本地网段的信息流量。

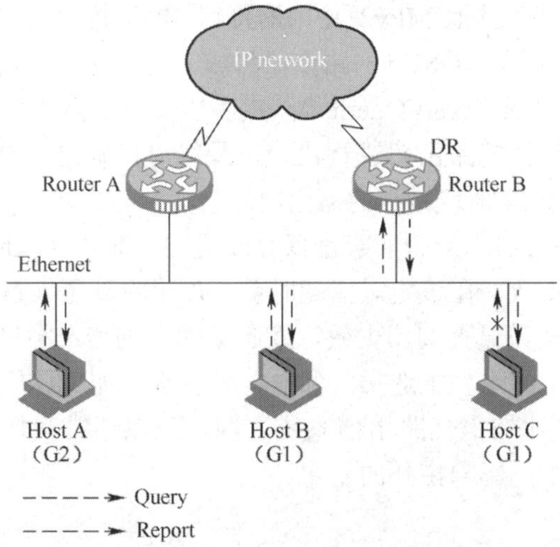

图 9-10　IGMPv1 组播组成员加入示意图

（4）但是要加入到不同组播组的第一个主机仍需要向查询器发送成员关系报告消息。如本示例中由于 Host A 关注的是 G2（不是前面 Host B 关注的 G1），所以它仍将以组播方式发送报告消息（目的地址为 G2 的组地址）进行响应，以宣告自己要加入 G2。

（5）经过以上的查询和响应过程后，IGMP 路由器了解到本地网段中有组播组 G1 和 G2 的成员，于是由组播路由协议（如 PIM）生成（*，G1）和（*，G2）组播转发项作为组播数据的转发依据，其中的“*”代表任意组播源。

（6）当由组播源发往 G1 或 G2 的组播数据经过组播路由到达 IGMP 路由器时，由于 IGMP 路由器上存在（*，G1）和（*，G2）组播转发项，于是将该组播数据转发到本地网段，接收者主机便能收到该组播数据了。

2．组成员的离开

IGMPv1 没有专门定义离开组播组的消息。当运行 IGMPv1 的主机离开某组播组后，将不再发送以该组播组地址为目的地址的报告消息。当网段中不再存在该组播组的成员后，IGMP 路由器也将收不到任何发往该组播组的报告消息，于是 IGMP 路由器在一段时间之后便删除该组播组所对应的组播转发项。

9.3.2　IGMPv2 工作原理

与 IGMPv1 相比，IGMPv2 增加了独立的查询器选举机制（IGMPv1 中的查询器是由组播路由协议选举指定路由器（DR）担当的）和离开组机制，包含了离开信息，允许迅速向路由协议报告组成员终止情况，这对高带宽组播组或易变型组播组成员而言是非常重要的。

1．查询器选举机制

在 IGMPv1 中，当某共享网段上存在多个组播路由器时，由组播路由协议（如 PIM）选举的指定路由器（DR）充当查询器（Querier）。而在 IGMPv2 中，增加了独立的查询器选举机制，具体的选举过程如下：

（1）一个网段中的所有 IGMPv2 路由器在启动时都认为自己是查询器，并向本地网段内的所有主机和 IGMPv2 组播路由器发送 IGMP 普遍查询（General Query）消息（目的地址为 224.0.0.1）。

（2）此时，本地网段中的其他 IGMPv2 路由器在收到该消息后，都将普遍查询消息中的源 IP

地址（也就是发送普遍查询消息的 IGMPv2 路由器接口 IP 地址）与接收普遍查询消息的本地接口 IP 地址进行比较。IP 地址较小的 IGMPv2 路由器将成为进行比较的两台路由器间的查询器，另一台 IGMPv2 路由器成为非查询器（Non-Querier）；然后作为查询器的 IGMPv2 路由器继续发送普遍查询消息，与其他认为是查询器的路由器进行比较，最终可以确定本网段中的唯一查询器 IGMPv2 路由器，那就是在整个网段中 IP 地址最小的路由器。

（3）所有非查询器上都会启动一个非查询器存续时间定时器（Other Querier Present Timer），用来判定原来的查询器是否失效。在该定时器超时前，如果收到了来自查询器的 IGMP 查询消息，则重置该定时器；否则，就认为原查询器失效，发起新的查询器选举过程。这几乎与所有角色的选举原理一样，如交换机堆叠中的堆叠主选举，邻居设备发现（如 CDP 协议）、路由器的指定路由器（DR）选举等。但这种机制比较消耗路由器系统资源，所以通常我们需要把这个定时器设置得比较长，避免频繁的查询器选举，影响拓扑的稳定。

2. 组播主机的离开机制

在 IGMPv1 中，主机离开组播组时不会向任何组播路由器发出任何通知，导致组播路由器只能依靠 IGMP 查询的响应超时来获知组播组成员的离开。而在 IGMPv2 中，当一个主机离开某组播组时会进行如下动作，可以使组播路由器快速地得知组成员的离开：

（1）当一主机离开组播组时，首先向本地网段内的所有组播路由器（目的地址为 224.0.0.2）发送离开组（Leave Group）消息。

（2）在查询器收到该消息后，向该主机所声明要离开的那个组播组发送指定组查询（Group-Specific Query）消息（目的地址字段和组地址字段均填充为所要查询的组播组地址）。

（3）组播路由器在收到这个消息后便可立即删除相应主机的组播转发表项，以免下次再向该主机发送组播通信。

（4）如果该网段内还有该组播组的其他成员，则这些成员在收到指定组查询消息后，会在该包中所设定的最大响应时间（Max Response Time）内向查询器发送成员关系报告消息，以表明该组播组中仍有组播成员存在。

（5）如果在最大响应时间内收到了该组播组其他成员发送的成员关系报告消息，查询器就会继续维护该组播组的成员关系；否则，查询器将认为该网段内已无该组播组的成员，于是不再维护这个组播组的成员关系。

3. 对指定组的查询

在 IGMPv1 中，由组播路由器发起的普遍查询（General-Query）是面向该网段下的所有组播组。在 IGMPv2 中，增加了指定组查询（Group-Specific Query）。

例如，IGMPv2 查询器在收到主机发送的离开组播组 G1 的 Leave 包时，将向该网段中发送针对 G1 的查询包。该包的目的地址为组播组 G1 的地址，只有属于该组播组的主机才会进行响应，响应时是发送携带组播组 G1 地址信息的报告包。IGMPv2 和 IGMPv1 版本的报告和查询消息具有相同的包结构，包中仅携带组地址信息。

9.3.3 IGMPv3 工作原理

IGMPv3 在兼容和继承 IGMPv1 和 IGMPv2 的基础上，进一步增强了主机的控制能力，支持指定组播源/组播组功能，即主机在加入某组播组 G 的同时，能够明确地要求接收或不接收某特定组播源 S 发出的组播信息。下面具体介绍。

1．主机控制能力的增强

IGMPv3 增加了主机针对组播源的过滤功能，使主机在加入某组播组 G 的同时能够明确要求接收或拒绝来自某指定组播源 S 的组播包。当主机加入组播组时：

- 如果希望只接收来自指定组播源（如 S1、S2）的组播信息时，则在其发送的成员关系报告包中可以标记为 INCLUDE Sources（S1，S2）。
- 如果要明确拒绝接收来自指定组播源（如 S1、S2）的组播信息，则在其发送的成员关系报告包中可以标记为 EXCLUDE Sources（S1，S2）。

如图 9-11 所示，网络中存在组播源 1（S1）和组播源 2（S2），它们均向组播组 G 发送组播包。现假设，Host B 仅想接收从 S1 发往 G 的组播包，而不愿意接收来自 S2 的组播包。如果主机与路由器之间运行的是 IGMPv1 或 IGMPv2，Host B 加入组播组 G 时无法对组播源进行选择，因此无论 Host B 是否需要，来自 S1 和 S2 的组播包都将传递给 Host B。而当主机与路由器之间运行了 IGMPv3 之后，Host B 就可以要求只接收来自 S1、发往 G 的组播包（S1，G），或要求拒绝来自 S2、发往 G 的组播包（S2，G），这样就只有来自 S1 的组播包才能传递给 Host B 了。

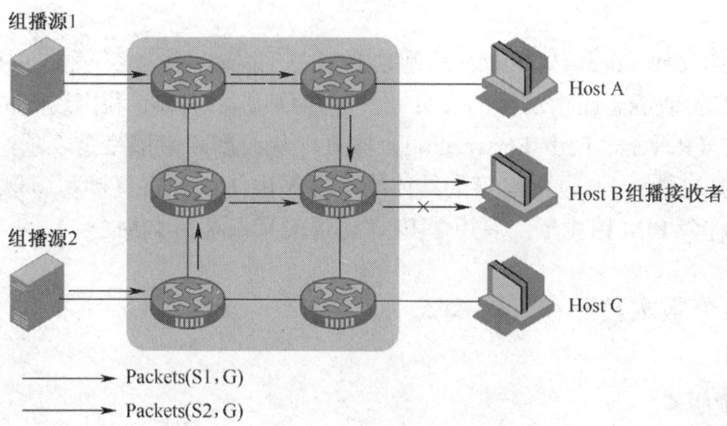

图 9-11 IGMPv3 的指定组播源示例

2．查询和报告包功能的增强

IGMPv3 不仅支持 IGMPv1 的普遍查询和 IGMPv2 的指定组查询，而且还增加了对指定源组查询的支持。IGMPv3 报文中包含组播源地址字段和多种控制字段（如查询器的健壮系数、查询间隔等）。在普遍查询包中，既不携带组地址，也不携带源地址；在指定组查询包中，携带组地址，但不携带源地址；在指定源组查询包中，既携带组地址，还携带一个或多个源地址。

IGMPv3 报告包的目的地址为 224.0.0.22，可以携带一个或多个组记录。在每个组记录中，包含有组播组地址和组播源地址列表。组记录可以分为多种类型，具体如下：

- IS_IN：表示组播组与组播源列表之间的过滤模式为 INCLUDE（包括），即只接收从指定组播源列表发往该组播组的组播数据。
- IS_EX：表示组播组与组播源列表之间的过滤模式为 EXCLUDE（排除），即只接收从指定组播源列表之外的组播源发往该组播组的组播数据。
- TO_IN：表示组播组与组播源列表之间的过滤模式由 EXCLUDE 转变为 INCLUDE。
- TO_EX：表示组播组与组播源列表之间的过滤模式由 INCLUDE 转变为 EXCLUDE。
- ALLOW：表示在现有状态的基础上，还希望从某些组播源接收组播数据。如果当前的对应关系为 INCLUDE，则向现有组播源列表中添加这些组播源；如果当前的对应关系为 EXCLUDE，则从现有组播源列表中删除这些组播源。

- BLOCK：表示在现有状态的基础上，不再希望从某些组播源接收组播数据。如果当前的对应关系为 INCLUDE，则从现有组播源列表中删除这些组播源；如果当前的对应关系为 EXCLUDE，则向现有组播源列表中添加这些组播源。

运行 IGMPv3 的主机在加入组播组的同时，能够明确地要求接收或不接收某指定组播源 S 发出的组播信息。例如，网络中存在 S1 和 S2 两个组播源，均向组播组 G 发送组播包，User 仅希望接收从组播源 S1 发往组播组 G 的信息，如果主机和路由器之间应用 IGMPv1 或 IGMPv2，User 加入到某组播组 G 后，将同时接收到来自组播源 S1 和 S2 的组播信息。如果采用 IGMPv3，主机 User 可以通过以下两种方法选择仅接收 S1 组播信息。

- User 发送 IGMPv3 报告（G，IS_IN，（S1）），仅接收源 S1 向组播组 G 发送的数据。
- User 发送 IGMPv3 报告（G，IS_EX，（S2）），退出指定源 S2 对应的组播组 G，从而仅有来自 S1 的组播信息才能传递到 User。

9.4 PIM 工作原理

PIM（Protocol-Independent Multicast）是协议无关组播，其含义就是它可以使用像 RIP、EIGRP、OSPF、BGP 或静态路由这样的任意一种单播路由表。PIM 利用现有的单播路由信息，对组播报文执行 RPF（Reverse Path Forwarding）检查，从而创建组播路由表项，构建组播分发树。PIM 不维护专门的单播路由，也不依赖某具体的单播路由协议，它直接利用单播路由。支持 PIM 协议的组播路由器称为 PIM 路由器；启用了 PIM 协议的接口称为 PIM 接口。

9.4.1 PIM 的两个版本及三种工作模式

1．PIM 的两个版本

PIM 有两种版本，即 v1 版本和 v2 版本。PIMv1 使用 Hello Message 来建立邻居关系。PIMv1 Hello Message 封装在 IGMP 包中，使用 224.0.0.2 地址发送 PIMv1 Hello Message；而 PIMv2 Hello Message 封装在 IP 包中，协议号是 103，使用 224.0.0.13 地址发送 Hello Message。目前建议尽可能地使用 PIMv2 版本。

Cisco 交换机同时支持 PIMv1 和 PIMv2，而且一个网络中可以在不同路由器和三层交换机上配置 PIMv1 和 PIMv2，且都可以互操作。但是在同一个共享介质网络中，所有路由器和三层交换机都必须运行相同的 PIM 版本。所以，如果一个 PIMv2 版本设备检测到一个 PIMv1 设备，则 PIMv2 设备将降级为 PIMv1，直到共享网络中所有 v1 版本设备都升级到了 v2 版本，或者所有 v1 设备都关闭。

PIMv2 使用 BSR（自举路由器）来发现和宣告 RP（汇集点）集信息到 PIM 域中每个路由器和三层交换机。PIMv1 借助于自动 RP 功能，也可以实现与 PIMv2 BSR 同样的功能。但是自动 RP（Auto-RP）是独立的协议，不是在 PIMv1 中，而且是思科专用的协议。PIMv2 是 IETF 的标准协议，所以建议使用 PIMv2。

当 PIMv2 设备与 PIMv1 互操作时，应当已部署自动 RP。PIMv2 BSR 也是自动 RP 的映射代理，可以自动通告由自动 RP 选择的 RP。也就是说，自动 RP 集在组播组中每个路由器或三层交换机上是单一 RP，并不是所有在 PIMv2 域中的路由器和三层交换机都需要选择多个 RP。

2．PIM 的三种工作模式

PIM 支持本章前面所介绍的三种组播模型中的两种，即 ASM（Any-Source Multicast，任一源组播）和 SSM（Source-Specific Multicast，指定源组播）模型。

● 在 ASM 模型中，目前包括 PIM-DM（Protocol Independent Multicast Dense Mode）和 PIM-SM（Protocol Independent Multicast Sparse Mode）两种模式。

➢ PIM-DM（Protocol Independent Multicast-Dense Mode，协议无关组播－密集模式）

PIM-DM 主要被设计用于组播局域网应用程序，可以使用由任意底层单播路由协议产生的路由表执行 RPF（逆向路径转发）检查。同时，PIM-DM 能够使用由 OSPF、IS-IS、BGP 等产生的单播路由表。

➢ PIM-SM（Protocol Independent Multicast-Sparse Mode，协议无关组播－稀疏模式）

PIM-SM 是一种能有效地路由到跨越大范围网络（WAN 和域间）组播组的协议，而 PIM-DM 主要用于局域网。PIM-SM 协议不依赖于任何特定的单播路由协议，使用了传统的基于接收初始化成员关系的 IP 组播模型，支持共享和最短路径树。它可以使用由任意路由协议输入到组播路由信息库（RIB）中的路由信息，这些路由协议包括单播协议，如 RIP、OSPF、IS-IS 等，还包括能产生路由表的组播协议，如距离矢量组播路由协议（DVMRP）。

【说明】在混合了 PIMv1 和 PIMv2 设备的 DM 模式中不需要特别配置，它们可以互操作；但在混合了 PIMv1 和 PIMv2 设备的 SM 模式中则需要在 PIMv1 域中特别配置自动 RP。尽管所有 PIMv2 设备也可以使用 PIMv1 协议版本，但还是建议把 RP 升级到 PIMv2。

另外，PIM-SM 模式还存在一个变种，那就是 Bidir-PIM。

➢ Bidir-PIM（Bidirectional PIM Mode，双向协议无关组播模式）

双向 PIM 是一种基于 PIM-SM 的域内组播路由协议。它的组播通信仅沿着根位于组播组汇集点（Rendezvous Point，RP）的一个双向共享树（Bidirectional Shared Tree）被路由。RP 的 IP 地址是启用所有路由器建立以此 IP 地址为根的无环路的生成树拓扑的关键所在。Bidir-PIM 主要适用于在特定的 PIM 域中存在多对多应用的环境中。在此模式下的组播组可以灵活扩展任意数量的组播源，同时不会带来额外的负荷。

● 在 SSM 模型中，有 PM-SSM 模式。

SSM 模型和 ASM 模型是两个完全对等的模型。前面已说到，ASM 模型包括 PIM-DM 和 PIM-SM 两种模式；SSM 模型能够借助 PIM-SM 的部分技术来实现。PIM-SSM 模型为指定源组播提供了解决方案，通过 IGMPv3 来维护主机与路由器之间的关系。鉴于 PIM-DM 模式以扩散/剪枝方式构建以组播源为根的 SPT，虽然 SPT 的路径最短，但是分发树的建立过程效率较低，不适合大中型网络。

在实际应用中，通常采用 PIM-SM 模式的一部分技术来实现 SSM 模型。由于接收者已经通过其他渠道（如广告咨询等）知道了组播源的具体位置，因此在 SSM 模型中无需 RP，无需构建 RPT，无需源注册过程，也无需通过 MSDP（Multicast Source Discovery Protocol，组播源发现协议）来发现其他 PIM 域内的组播源。

与 ASM 模型相比，SSM 模型仅需要 IGMPv3 和 PIM-SM 部分子集的支持。

9.4.2 PIM-DM 模式及工作原理

PIM 密集模式（PIM Dense Mode，PIM-DM）使用“推”（Push）模式来泛洪（Flooding）组播通信到网络中的每一个位置。它是假设网络中的每个子网都存在至少一个组播组成员，因此组播数据将被泛洪到网络中的所有节点。PIM-DM 适用于网络中大多数用户都需要接收组播通信的情形，如 LAN TV 和公司或财务信息广播。如果组播成员分布在网络中的各个子网时，采用 PIM-DM 模式是一种非常有必要的组播机制。

为了减少对网络资源的消耗，PIM-DM 组播路由协议对没有组播数据转发的分支进行 Prune

（剪枝）操作，只保留包含接收者的分支。为了使剪掉的有组播数据转发需求的分支能够重新接收组播数据流，剪掉的分支可以周期性地恢复成转发状态。又为了减少等待被剪掉的分支恢复成转发状态的延时时间，密集模式组播路由协议使用 Graft（嫁接）机制主动恢复组播包的转发。这种周期性的泛洪和剪枝现象是密集模式协议的特征，需要消耗比较多的系统资源，只适合规模较小的局域网。

一般说来，PIM-DM 模式下数据包的转发路径是组播源树（Source Tree，即以组播源为“根”、组播组成员为“枝叶”的一棵转发树）。由于组播源树使用的是从组播源到接收者的最短路径，因此也称为最短路径树（Shortest Path Tree，SPT），接收者所收到的组播数据都是直接从组播源发送的，是单向的。

整个 PIM-DM 的工作过程可以概括为：邻居发现、构建 SPT、嫁接和 Assert（断言）机制这四个主要流程。下面分别予以介绍。

1．邻居发现

在 PIM-DM 网络中，组播路由器需要使用 Hello 消息来发现邻居，并维护邻居关系（CDP 也是通过 Hello 消息发现邻居设备和维护邻居关系的，当然两者的 Hello 消息是不一样的）。通过比较不同组播路由器发送的 Hello 消息上携带的优先级和 IP 地址，在各组播路由器间选举一台指定路由器（DR），担当 IGMPv1 的查询器（注意，如果是运行 IGMPv2 或 IGMPv3 则不是采用这种查询器选举机制的，具体参见本章前面 9.3.2 节和 9.3.3 节）。各 PIM-DM 组播路由器每个活跃的接口都会周期性地发送 Hello 包保持彼此之间的联系（CDP 也一样），了解与该接口相关的 PIM 邻居信息，用来构建和维护一棵用于组播转发的 SPT（最短路径树）。

2．构建 SPT

在进行组播通信前，首先要确定的就是数据转发路径，这个路径可不是单播通信那样点对点的。在组播通信中，数据转发路径比较复杂，最简单的可以是点对点的（如仅有一个组播源和一个接收者的情况下），但更多的是点对多点和多点对多点的情形。每一个组播源都可以与它的接收者形成一个 SPT（最短路径树），这就是该组播源的转发路径。

在 PIM-DM 模式下，构建 SPT 的过程也就是泛洪/剪枝过程（Flooding/Prune）。PIM-DM 模式是假设网络上的所有主机都准备接收组播数据，然后再通过修剪，去掉那些确认不需要接收组播数据的节点，以便形成一个最终的 SPT。因为 SPT 中包括组播源，所以又称为“有源树”。SPT 的具体形成过程如下：

（1）当某组播源 S 开始向组播组 G 发送数据时，组播路由器在接收到组播包后，首先根据单播路由表进行 RPF 检查（具体参见本章前面 9.2.2 节和 9.2.3 节），如果检查通过，则创建一个（S，G）表项，然后将数据向网络上所有下游 PIM-DM 节点转发，这个过程称为泛洪（Flooding）；如果没有通过 RPF 检查，则将包丢弃。经过这个过程，PIM-DM 组播域内每个路由器上都会创建（S，G）表项。

【说明】路由器收到组播数据的接口称为上游，转发组播数据的接口称为下游。

（2）如果下游节点（是叶子路由器）没有组播组成员，则下游节点会向上游节点（也是叶子路由器）发 Prune（剪枝）消息，通知上游节点不用再转发数据到该分支。上游节点收到 Prune 消息后就将相应的接口从其组播转发表项（S，G）对应的输出接口列表中删除。剪枝过程继续直到 PIM-DM 中仅剩下了必要的分支，这就建立了一个以组播源 S 为根的 SPT。如图 9-12 所示，没有接收者的路由器（如与 Host A 直连的路由器）主动发起剪枝。

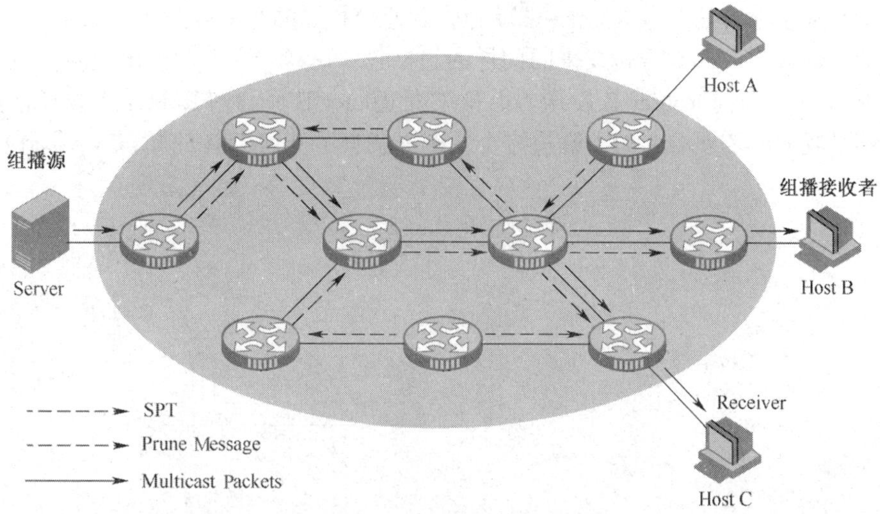

图 9-12　PIM-DM 中 SPT 构建示例

（3）各个被剪枝的节点提供了剪枝超时机制（主要考虑原来没有接收者的叶子路由器上后来又有了接收者的情形），当剪枝超时会重新开始泛洪－剪枝过程，并周期性地进行，这样就可以不断地更新由组播源 S 为根的 SPT。

3．嫁接（Graft）

在前面介绍的构建 SPT 过程中就提到，原来被剪枝的节点可能会在后来新出现了加入对应组播组的成员，这时就可以在剪枝计时器超时后重启的“泛洪－剪枝”过程中得到去剪枝，重新加入到对应组播源的 SPT 中。但这个计时器可能比较长，并不能满足这些节点想尽快恢复接收组播数据的需求，这时，为了减少这类节点恢复成转发状态所需的时间，PIM-DM 使用嫁接机制在任一时间（无需等到下次的泛洪－剪枝过程），主动恢复那些原来被剪枝的节点转发相应组播数据的功能。具体嫁接过程如下：

（1）需要恢复接收组播数据的叶子路由器在发现对应组播组中有接收者后，马上会主动向组播源的方向逐跳发送嫁接消息（Graft Message）包给其上游节点以申请重新加入到 SPT 中。

（2）当上游节点收到该包后恢复该下游节点的转发状态，并向其回应一个嫁接应答包（Graft-Ack Message）以进行确认。

（3）如果发送嫁接包的下游节点没有收到来自其上游节点的嫁接应答包，将重新发送嫁接包直到被确认为止。

这样一级级地请求，一级级地应答，直到最终那个要恢复转发对应组播数据的叶子路由器收到了组播源节点路由器的嫁接应答，就算正式恢复加入对应的 SPT 了。例如图 9-12 中的 Host A 恢复接收组播数据，则 Graft 嫁接消息会按照拓扑结构逐跳向组播源 S 传递，中间节点路由器在接收到 Graft 嫁接消息后回应确认，直到最终先前被剪掉的 Host A 分支恢复信息传输。

4．Assert 机制

在共享网络（如以太网）中由于是非点对点链路，所以会出现相同组播数据重复发送到同一个节点的问题。为了避免出现这种情况，就需要通过 Assert（断言）机制来选定唯一的组播数据转发者。网络中的各 PIM-DM 路由器通过发送 Assert 包选出一条发送对应组播包到达接收者的最佳路径；如果两条或两条以上路径的优先级和到组播源的开销相同，则 IP 地址最大的路由器获胜成为该（S，G）项的上游邻居，由它负责该（S，G）组播包的转发（成为该组播包转发器），而其他落选路由器则剪掉对应的接口，以禁止转发信息。

如图 9-13 所示，当 Router A 和 Router B 从上游节点收到（S，G）组播包后，都会向本地网段转发该包，于是处于下游的节点 Router C 就会收到两份相同的组播包，而且 Router A 和 Router B 也会从各自的本地接口收到对方转发来的同样的组播包。这样一来，就会出现组播包重复和组播发送环路（如 Router A 会向 Router B 发送，而反过来 Router B 又会向 Router A 发送，循环往复）现象，这显然不是我们所需要的。为了解决这个问题，就有了 PIM-DM 的断言（Assert）机制。

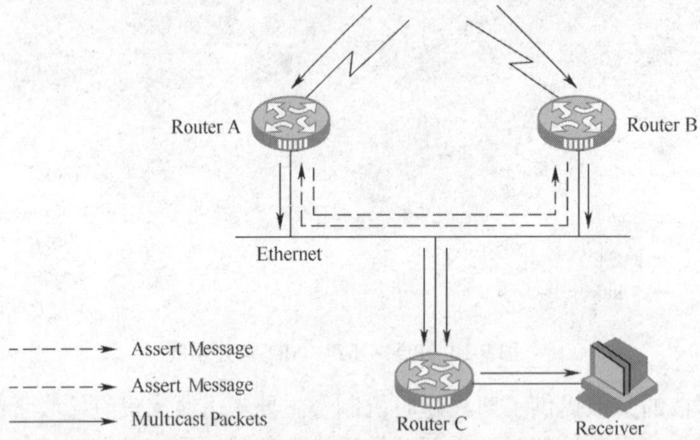

图 9-13　Assert 机制示意图

在断言机制下，示例中的 Router A 和 Router B 会通过本地 PIM-DM 路由器接口向网段中所有 PIM 路由器以组播方式发送断言消息（Assert Message）包。该包中携带有以下信息：组播源地址 S、组播组地址 G、到组播源的单播路由的优先级和度量值。网络中各 PIM 路由器在收到其他邻居路由器发来的断言包后，通过一定的规则对这些参数进行比较，在 Router A 和 Router B 之间会选举一个优胜者成为（S，G）组播包在本网段的转发器。

在网段对应组播组的组播包转发器选举中，断言包的比较规则如下：

（1）断言包中到组播源的单播路由的优先级较高者获胜。

（2）如果到组播源的单播路由的优先级相等，那么到组播源的度量值较小者获胜。

（3）如果到组播源的度量值也相等，则本地接口 IP 地址较大者获胜。

9.4.3　PIM-SM 模式及工作原理

PIM 稀疏模式（PIM Sparse Mode，PIM-SM）是使用“拉”（Pull）模式来传递组播通信的，仅在网络中有活跃的组播成员明白地请求接收组播通信时使用。PIM-SM 适合网络中有多个组播，如一个桌面视频会议，一个协同计算，每一时间仅有少数组播用户需要接收的情形。

PIM-SM 是假设所有主机都不需要接收组播数据（先排除），只向明确提出需要组播数据的主机转发（后加入）。PIM-SM 实现组播转发的核心任务就是构造并维护一棵单向 RPT（Rendezvous Point Tree，共享树或汇集树）。RPT 选择 PIM 域中某台路由器作为公共的根节点 RP（Rendezvous Point，汇集点）。组播数据通过沿共享树向接收者转发。由此可见，RPT 中不包括组播源，而是以 RP 为树根，所以又称之为“无源树”。而且因为在 RPT 中不包括组播源，所以组播数据的转发也是单向的，仅从 RP 向接收者转发。但在 PIM-SM 中，整个组播数据的传输不是单向的，因为组播源还要向 RP 上传组播数据，一共存在两条转发路径。

在接收侧，连接接收者的路由器向某组播组对应的 RP 发送加入消息（Join Message），该包被逐跳送达 RP，所经过的路径就形成了 RPT 的分支。组播源如果要向某组播组发送组播数据，首先由与组播源直连的路由器（也就是 DR）负责向 RP 进行注册，把注册消息（Register Message）通过单播方式发送给 RP，该包到达 RP 后触发建立 SPT。之后组播源把组播数据沿着 SPT 发向 RP，当组播数据到达 RP 后，被复制并沿着 RPT 发送给接收者。复制仅发生在分发树的分支处，这个过程能够自动重复，直到数据包最终到达接收者。

PIM-SM 的工作过程主要有：邻居发现、DR 选举、RP 发现、构建 RPT、组播源注册、RPT 向 SPT 切换。其中的邻居发现过程与 PIM-DM 模式一样，下面仅介绍其他几个过程。

1. DR 选举

在 PIM-SM 模式中，借助各 PIM 路由器之间传递的 Hello 包还可以为共享网络选举 DR（Designated Router，指定路由器），各路由器之间通过比较 Hello 包中所携带的优先级和 IP 地址，可以为 PIM 网络中各网段选举 DR（也就是在一个 PIM-SM 网络中可以有多个 DR，每个网段有一个）。DR 将作为该共享网络中组播数据的唯一转发者。无论是与组播源相连的网络，还是与接收者相连的网络，只要是共享网络，就需要选举 DR。接收侧的 DR 负责向 RP 发送加入包；组播源侧的 DR 负责向 RP 发送注册包。所以在 PIM-SM 模式中，不需要 PIM-DM 模式中的 Assert 机制。另外要注意的是，在充当接收者侧 DR 的设备上必须启用 IGMP，否则连接在该 DR 上的接收者将不能通过该 DR 加入组播组。

在如图 9-14 所示的 PIM-SM 网络中，DR 的选举过程如下：

（1）共享网络上各网段的各个路由器相互之间发送 Hello 消息包（Hello Message，携带有竞选 DR 优先级的参数），在同一网段中拥有最高优先级的路由器将成为该网段的 DR。

（2）假如优先级相同或网段中至少有一台路由器不支持在 Hello 包中携带优先级，则拥有最大 IP 地址的路由器被选举为该网段的 DR。

（3）在当前的 DR 出现故障时，其余路由器在 DR Hello 包 Holdtime（保持时间）超时后仍没有收到来自 DR 的 Hello 包，邻居路由器之间会触发新的 DR 选举过程。这个 Holdtime 是可以设置的，具体将在介绍 PIM-SM 配置时介绍。

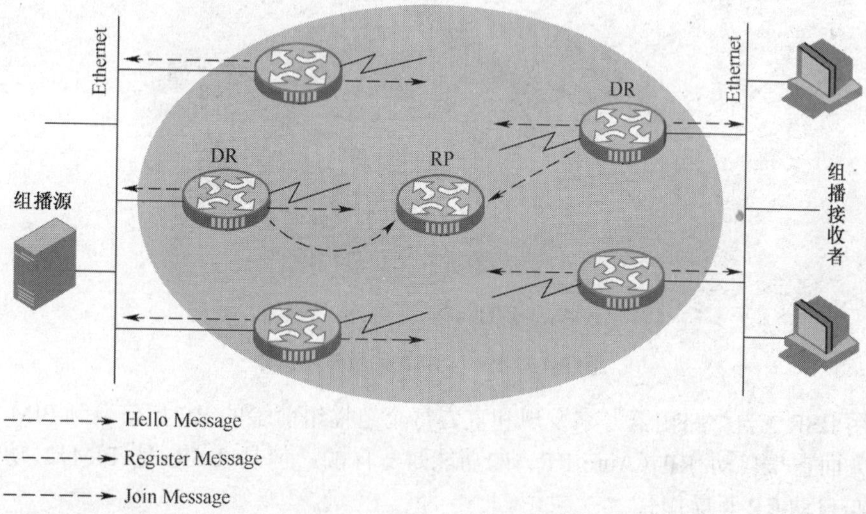

图 9-14　PIM-DM DR 选举示意图

2. RP 发现

如果配置了 PIM-SM 模式，必须为一个组播组配置至少一个 RP（汇集点）。RP 可以在每台设备上静态配置，或者通过学习机制自动学习。

（1）RP 及主要功能

RP 是 PIM-SM 域中的核心路由器。在小型并且简单的网络中，组播信息量少，全网络仅依靠一个 RP 进行信息转发即可，此时可以在 PIM-SM 域中各路由器上静态指定 RP 位置。但是更多的情况下，PIM-SM 网络规模都很大，通过 RP 转发的组播信息量巨大。为了缓解单一 RP 的负担，同时为了优化共享树的拓扑结构，不同组播组应该配置不同的 RP，这时就需要采用自动选举机制来动态选举 RP，同时需要配置 BSR（BootStrap Router，自举路由器）。

PIM DR 沿着共享树（RPT）转发来自直接连接的组播源的组播数据到 RP。它向 RP 转发数据包有两种方式：一是把数据封装在注册包中，以单播方式发送到 RP，二是如果 RP 已加入了组播源树，则数据按照 RPF（逆向转发路径）转发机制进行组播转发。直接连接接收者的最后一跳路由器可以根据需要加入到组播源树，或者从共享树（RPT）中修剪它们。

单个 RP 可以配置为通过 ACL 定义的多个组播组共享。如果一个组播组中没有配置 RP，则路由器把该组播组看成是 PIM-DM 模式（可以通过 **no ip pim dm-fallback** 命令来预防这种 PIM 模式后退现象发生）。

如果同时使用动态和静态组播组到 RP 映射，并且存在 RP 地址冲突，则为静态组播组到 RP 映射配置的 RP 地址（通过 **ip pim rp-address** *rp-address* **override** 命令配置）将生效。但如果使用不带 **override** 关键字的 **ip pim rp-address** *rp-address* 命令，则最终生效的是动态组播组到 RP 映射中配置的 RP 地址。

（2）BSR 选举和功能

BSR（自举路由器）是 PIM-SM 网络里的管理核心，负责收集网络中 C-RP（Candidate-RP，候选 RP）发来的宣告信息（Advertisement Message），然后将为每个组播组选择部分 C-RP 信息组成 RP-Set（即组播组和 RP 的映射数据库），并以 BSR 消息（BSR Message）发布到整个 PIM-SM 网络，从而网络内的所有路由器（包括 DR）都会知道 RP 的位置。RP 和 BSR 在网络中的位置如图 9-15 所示。一个 PIM-SM 域内也可以配置多个 C-RP，由 BSR 机制计算出和每个组播组对应的 RP。

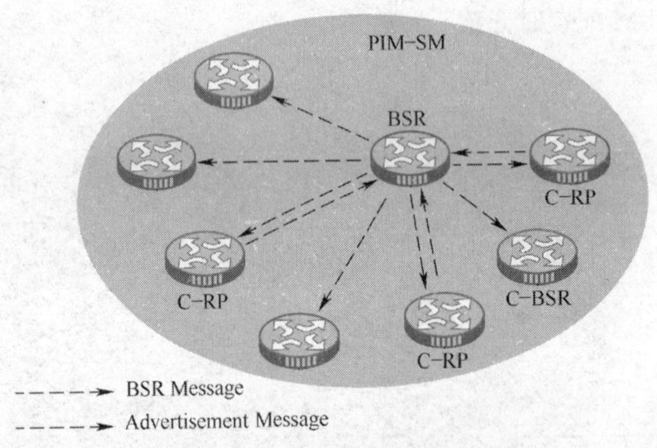

图 9-15　RP 与 BSR 的位置示意图

PIM 使用 BSR（自举路由器）来发现和宣告每个组播组前缀的 RP 集信息到 PIM 域中的每个路由器上。这方面它与自动 RP（Auto-RP）的功能是一样的，但是 BSR 是 PIMv2 功能的一部分，BSR 机制可与自动 RP 互操作。

一个网络（或某管理域）内部只能选举出一个 BSR，但可以配置多个 C-BSR（Candidate-BSR，候选 BSR）。这样，一旦 BSR 发生故障后，其余 C-BSR 能够通过自动选举产生新的 BSR，从而确保业务免受中断。这些候选 BSR 使用自举消息（Bootstrap Message）来发现哪个候选 BSR 的优先级最高。这个优先级最高的候选 BSR 将对所有 PIM 域中的路由器进行宣告，宣告它就是 BSR。

在 BSR 选举后，候选 RP 使用单播消息来向 BSR 通告它们将自动成为 RP。BSR 通告整个组播组到 RP 的映射设置为本地地址 224.0.0.13 的路由器，而不会像自动 RP 中的 RP 映射代理那样是通过自动 RP 选举 RP，在 BSR 网络中的每台路由器都可参与 RP 选举。

3．构建 RPT

在上节介绍的 PIM-SM 模式中有一种称之为 SPT（最短路径树）的组播树，它是从组播源开始的，也就是以组播源为树根。在本节介绍的 PIM-SM 模式中，同样需要维护一棵组播树，那就是这里要介绍的 RPT（汇集点树）。它与 SPT 的最大不同就是，它不是以组播源为树根的，而是以 RP（汇集点）路由器作为树根的。下面以图 9-16 为例介绍在 PIM-SM 模式下 RPT 的形成过程。具体过程如下：

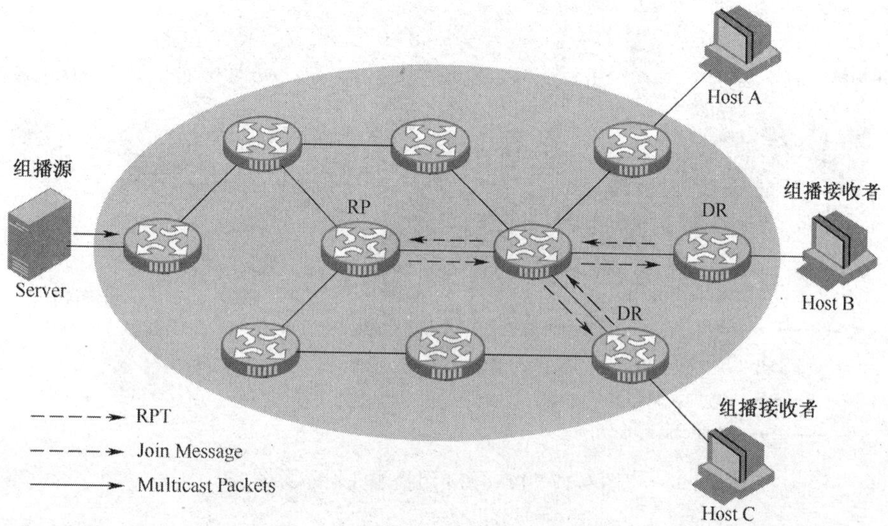

图 9-16　PIM-SM 中 RPT 构建示意图

（1）当接收者 Host B 加入一个组播组 G 后，首先会通过发送一个 IGMP 包通知其直接相连的本地网段 DR。

（2）本地网段 DR 接收到了 Host B 发来的 IGMP 包后，向该组所对应的 RP 方向逐跳转发上面接收者发来的 IGMP 加入消息（Join Message，注意图中的箭头方向）。这样从 DR 到 RP 所经过的路由器就形成了一个 RPT 分支。这些途经的路由器都会在其转发表中自动生成（*，G）表项，这里的“*”表示来自任意组播源。

（3）其他网段中相同组播组的接收者加入后也会按照上面介绍的方法构建其对应的 RPT 分支。这些不同网段的 RPT 分支汇集在一起就形成了整个 PIM-SM 网络的 RPT。当发往组播组 G 的组播数据包（Multicast Packets）经过 RP 时，数据就会沿着已建立好的 RPT 到达各网段的 DR，进而到达各网段的接收者。

（4）当某接收者不想再接收组播组 G 的组播数据时，发送一个 IGMP 离开消息到 DR，然后与其直连的 DR 会逆着 RPT 向该组的 RP 方向逐跳发送剪枝包；上游节点收到该包后在其接口列表中删除与下游节点之间的链路，并检查自己是否拥有该组播组的接收者，如果没有则继续向其上游转发该剪枝包。

4．组播源注册

上面介绍了由 RP 分发组播数据的 RPT，在 PIM-SM 中还存在另一个组播数据传输路径，那就是由组播源向 RP 发送组播数据（所以 RP 同时是组播数据的接收者和发送者），它是一个 SPT。但要向 RP 发送组播数据，首先需要对应的组播源向 RP 进行对应的组播源注册。组播源注册的目的是向 RP 通知组播源的存在。下面以图 9-17 所示的示例介绍组播源注册过程。具体如下：

（1）当组播源 S 向 RP 上的组播组 G 发送了一个组播包时，与组播源直连的 DR 在收到该包后，就将其封装成注册消息（Register Message），并通过单播方式发送给相应的 RP。

（2）当 RP 收到该消息后，一方面解封装注册消息并将封装在其中的组播包沿着 RPT 转发给接收者，另一方面向组播源逐跳发送（S，G）加入消息（Join Message）。这样，从 RP 到组播源所经过的路由器就形成了 SPT 的分支，这些路由器都在其转发表中生成了（S，G）表项。SPT 以组播源为根，以 RP 为叶子。由此可见，在 PIM-SM 中同时存在 RPT 和 SPT 两棵树。

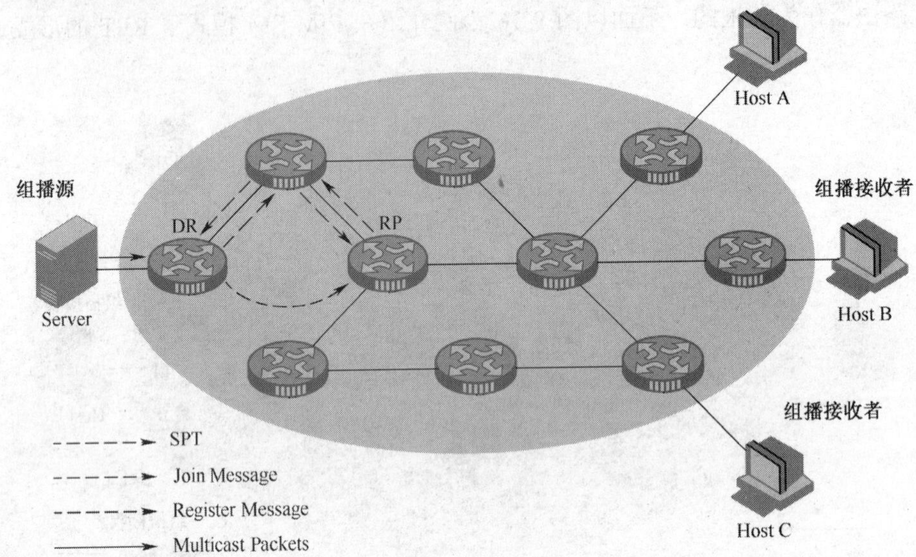

图 9-17　PIM-SM 组播源注册示意图

（3）组播源发出的组播数据沿着已建立好的 SPT 到达 RP，然后由 RP 把组播数据沿着 RPT 向接收者进行转发。当 RP 收到沿着 SPT 转发来的组播数据后，通过单播方式向与组播源直连的 DR 发送注册停止消息（Register-Stop Message），组播源注册过程结束。

5．RPT 向 SPT 切换

最初组播数据是通过 RPT 发送到接收者的，但由于 RPT 不是最优的数据传输路径，当接收者侧的 DR 接收到第一个组播数据包后，会立即发起从 RPT 向 SPT 的切换（也就是把从 RP 分发数据转变为由组播源分发数据）。具体过程如下：

（1）首先，接收者侧 DR 向组播源 S 逐跳发送（S，G）加入消息（Join Message），并最终送达组播源侧 DR，沿途经过的所有 PIM-DM 路由器都会在其转发表自动生成（S，G）表项，从而建立了一个 SPT 分支。

（2）随后，接收者侧 DR 向 RP 逐跳发送剪枝消息（也就是去掉对应的 RPT 分支），RP 收到该消息后会将其向组播源方向转发，从而最终实现整个 PIM-SM 从 RPT 向 SPT 的切换。

从 RPT 切换到 SPT 后，组播数据将直接从组播源发送到接收者。通过由 RPT 向 SPT 的切换，PIM-SM 能够以比 PIM-DM 更经济的方式建立 SPT。

9.4.4　Bidir-PIM 模式及工作原理

在 PIM 中组播组中的包通信是按照对应组播组中配置的工作模式规则进行的。本章前面介绍了 Cisco/H3C 交换机和路由器支持四种组播组工作模式：PIM-DM（PIM Dense Mode，PIM 稀疏模式）、PIM-SM（PIM Sparse Mode，PIM 密集模式）、PIM-SSM（PIM Source Specific Mode，PIM 指定源模式）和 Bidir-PIM（PIM Bidirectional Mode，PIM 双向模式）。一台路由器可以同时为不同的组播组支持四种模式，或者任意的多种模式组合。PIM-DM 和 PIM-SM 两种模式在本章前面已有介绍，PIMS-SSM 模式将在本章后面具体介绍，本节要介绍的是 Bidir-PIM 模式。

1．双向共享树（Bidirectional Shared Tree）

Bidir-PIM（PIM Bidirectional Mode，双向 PIM 模式）中的“双向”是指在它的共享树中存在由组播源上行到 RP 和由 RP 下行到接收者这两个方向。Bidir-PIM 共享了 PIM-SM 模式下的许多 SPT（共享树）运行技术，如它也有组播源通信无条件转发到共享树中的 RP 上游设备，但它没有 PIM-SM 中的组播源注册过程。这个改变使得它允许在所有路由器上基于（*, G）组播路由表项转发组播通信。这种格式的转发消除了任何指定源状态，允许拓展到任意数量的组播源。

在 Bidir-PIM 模式中，通信仅沿着一个根为对应组播组的 RP 的双向共享树（Bidirectional Shared Tree）进行转发，RP 的 IP 地址是使所有路由器建立以该 IP 地址为根的无环路生成树拓扑的关键所在。这个 IP 地址无需是路由器的 IP 地址，可以是任何网络中未分配并且在 PIM 域中可达的。这种方法对于建立冗余 Bidir-PIM RP 配置是比较好的选择。

在 Bidirectional 组播组中的成员是通过明确的加入消息来加入的，也就是需要加入者发出明确的加入请求，对于不申请加入的不会自动加入到对应的组播组中。组播源中的通信是无条件在指向 RP 的双向共享树中发送，并沿着这棵双向共享树到达每个分支的接收者。

图 9-18 是 PIM-SM 模式下的单向共享树（以 RP 为根的树）和单向组播源树（以组播源为根的树）。其左、右两图是组播源向 RP 注册前后的两种状态：注册前组播源是不会向 RP 发送组播数据的，注册后，组播源就会沿着组播源树向 RP 发送数据包。而图 9-19 是 Bidir-PIM 模式中的双向共享树（没有组播源向 RP 的注册过程）。对比图 9-18 和图 9-19 就可以看出它与 PIM-SM 模式中的共享树的差别。

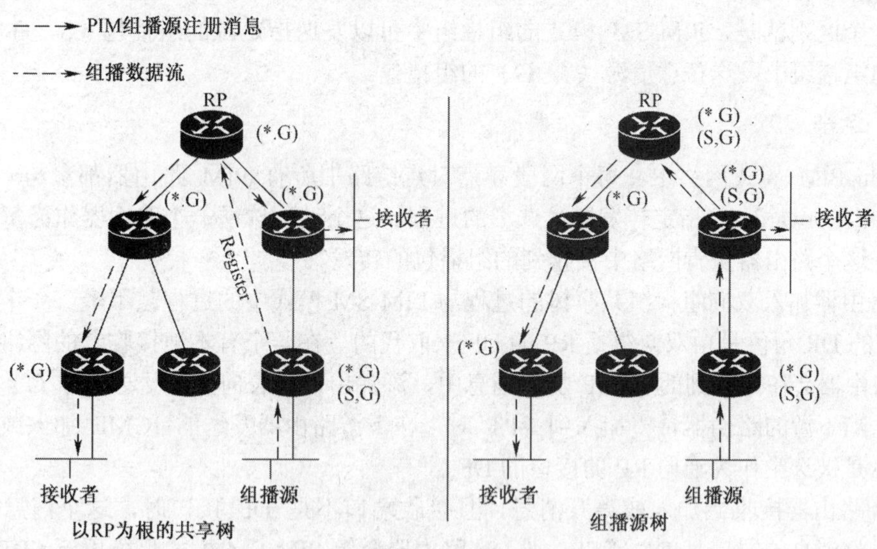

图 9-18　PIM-SM 模式中的单向共享树和单向组播源树

对于从 RP 下行转发数据包到接收者的过程（也就是三个图中的左边那部分），在 Bidir-PIM 和 PIM-SM 之间是没有太大区别的，而对于从组播源上行到 RP 的过程，Bidir-PIM 就与 PIM-SM 存在明显区别了（对比图 9-18 左图中右边部分和图 9-19 中右边部分）。

PIM-SM 不能在共享树的上行方向来转发通信，因为它仅接收来自 RPF（逆向路径转发）接口的通信，参见图 9-18。而这个 RPF 接口是直接指向 RP 的（也就是在 RP 路由器上），这样一来，就仅允许下行通信流了。上行流首先封装到单播注册消息中，通过组播源的 DR 流向 RP（参见图 9-18 的左图所示），然后，RP 加入以组播源作为根的共享树，这样来自组播源，要到达 RP 的流不用沿着以 RP 为根的共享树的上行方向传递，而是会向以组播源为根的共享树下行方向传递，直到到达 RP。最后再从 RP，按照以 RP 为根的共享树向下传递组播包到所有接收者。所以，这里总的来说是包括两棵树：一个是以 RP 为根的共享树，另一个是以组播源为根的共享树。

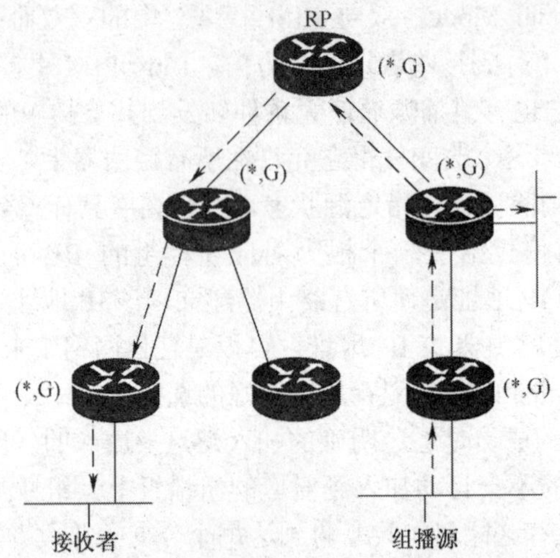

图 9-19 Bidir-PIM 模式中的双向共享树

在 Bidir-PIM 模式中，包转发规则相比 PIM-SM 模式有了大的改进，允许组播通信直接从组播源沿着以 RP 为根的共享树上行转发到 RP，这样就避免了包环路的出现，参见图 9-19。Bidir-PIM 模式包括一个新的机制，称之为目的转发器（Designated Forwarder，DF）选举，它可以建立一个以 RP 为根的无环路共享树。

另外一个区别就是，PIM-SM 模式的组播组中可以发送指定源的组播包（S，G），而在 Bidir-PIM 模式的组播组中发送任意信源（*，G）的组播包。

2．DF 选举

在 Bidir-PIM 模式网络中，每个网段和点对点链路中所有 PIM 路由器都参与一个称之为 DF（Designated Forwarder，指定转发器）选举的过程。这个过程选举一个路由器作为每个双向组播组 RP 的 DF。这个路由器负责网络中接收到的组播包的转发。

PIM 路由器加入双向组播组共享树的过程与 PIM-SM 模式中的过程差不多，一个主要不同就是 PIM-SM 中的 DR 角色是由双向组播 RP 的 DF 来取代的。在一个有本地接收者的网络中，仅选举作为 DF 的路由器会在接收到的 IGMP 加入消息中，添加出口列表向 RP 发送（*，G）通道的加入和离开消息。当下游的路由器希望加入到 SPT 时，在下游路由器发送的 IGMP 加入或离开消息中的 RPF 邻居总是被选举作为通向 RP 的接口的 DF。

当一个路由器接收到加入或离开消息，且接收端口不是 DF 接口时，这个消息会被忽略；相反，如果接收消息的端口是 DF 接口，则 DF 路由器会像 PIM-SM 模式那样更新 SPT，也就是把新加入的分支添加到 SPT 中，或者拆除对应的 SPT 分支。

DF 选举是基于单播路由度量进行的，具有到达 RP 更佳单播路由度量的路由器将选举作为 DF。使用这种方法可以确保每个组播包只有一个副本被发送到 RP，即使存在到达 RP 的并行等路径开销的多条路径。

需要为每个双向组播组 RP 选举一个 DF，这样一来，可能在一个网段中存在多个 DF，每个 RP 有一个 DF。一个路由器上可以有多个接口被选举为不同 RP 的 DF，也就是说这些不同 DF 可能都是一个路由器的接口，不一定就是不同的路由器。

如图 9-20 所示，Router B 和 Router C 都可以从 Router A 收到由组播源向组播组 G 发送的组播报文，如果它们都向下游节点转发该报文，RP 最终将收到两份相同的组播报文。因此，Router B 和 Router C 一旦获得 RP 的信息，就会为该 RP 发起 DF 的选举：Router B 和 Router C 将分别向本网段的所有 PIM 路由器（224.0.0.13）以组播方式发送 DF 选举报文（DF Election Message），该报文携带有以下信息：RP 的地址、到 RP 的单播路由/MBGP 路由/组播静态路由的优先级和度量值。通过一定规则对这些参数进行比较后，Router B 和 Router C 中的获胜者将成为该网段的 DF。

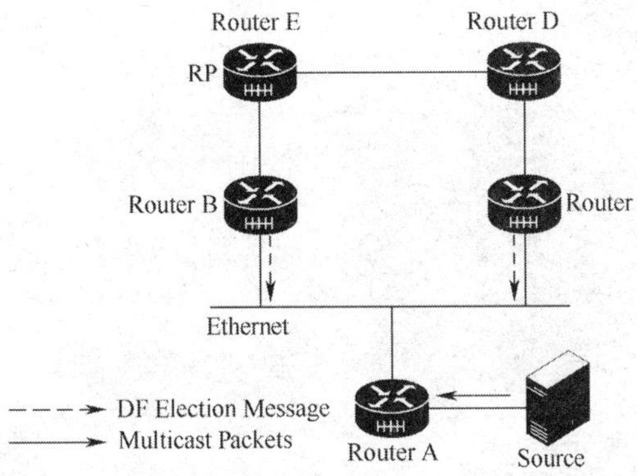

图 9-20　DF 选举示例

DF 选举的具体比较规则和顺序如下：

（1）到 RP 的路由优先级最高者获胜。

（2）如果到 RP 的路由优先级相等，那么到 RP 的路由度量值最小者获胜。

（3）如果到 RP 的路由度量值也相等，则接口的 IP 地址最大者获胜。

3．双向组播树构建

在 Bidir-PIM 模式网络中双向 RPT 由两部分构成：一部分是以 RP 为根、以直连接收者的路由器为叶子的 RPT，简称接收者侧 RPT；而另一部分则是以 RP 为根、以直连组播源的路由器为叶子的 RPT，简称组播源侧 RPT。这两部分 RPT 的构建过程不同，下面分别加以介绍。

接收者侧 RPT 的构建过程与 PIM-SM 中 RPT 的构建过程类似，如图 9-21 所示，具体构建过程如下：

（1）当接收者加入一个组播组 G 时，先通过 IGMP 报文通知与其直连的路由器。

（2）该路由器掌握了组播组 G 的接收者的信息后，向该组所对应的 RP 方向逐跳发送加入报文。

（3）从直连接收者的路由器到 RP 所经过的路由器就形成了接收者侧 RPT 的分支，这些路由器都在其转发表中生成了（*，G）表项。

当某接收者不再想要接收组播组 G 的信息时，与其直连的路由器会逆着接收者侧 RPT 向该组的 RP 方向逐跳发送剪枝报文；上游节点收到该报文后在其出接口列表中删除与下游节点相连的接口，并检查自己是否拥有该组播组的接收者，如果没有则继续向其上游转发该剪枝报文。

组播源侧 RPT 的构建过程则相对简单，如图 9-22 所示，其具体的构建过程如下：

（1）组播源发向组播组 G 的组播数据在途经的每个网段，都被该网段的 DF 无条件地向 RP 转发。

（2）从直连组播源的路由器到 RP 所经过的路由器就形成了组播源侧 RPT 的分支，这些路由器都在其转发表中生成了（*，G）表项。

当双向 RPT 构建完成之后，由组播源发出的组播数据将依次沿着组播源侧 RPT 和接收者侧 RPT，经由 RP 转发至接收者。

【说明】当接收者和组播源都位于 RP 的同一侧时，组播源侧 RPT 与接收者侧 RPT 有可能在到达 RP 之前就已汇合。在这种情况下，组播数据将在此汇合点直接转发给接收者，而不必经由 RP。另外，在网络中所有路由器都支持双向共享树时，指定源的（S，G）加入和离开消息是被直接忽略的，也不需要发送 PIM 断言（Assert）消息，因为 DF 选举过程中已删除了所有 RP 的并行下游路径，RP 永远也不会加入到组播源的回程路径，也不会发送任何注册停止消息。

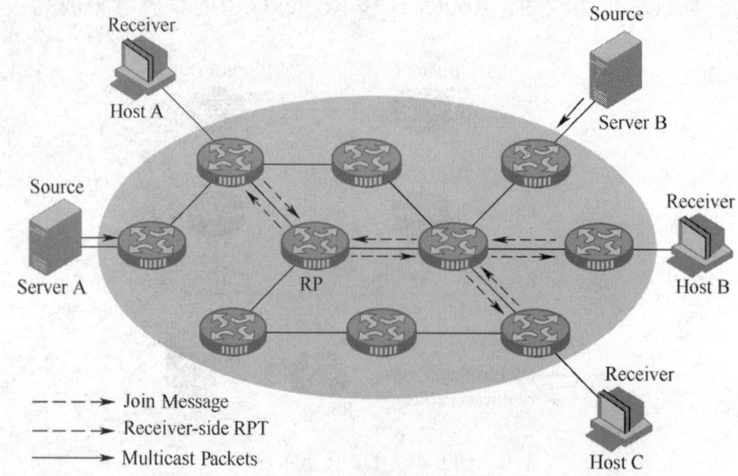

图 9-21　接收者侧 RPT 构建示例

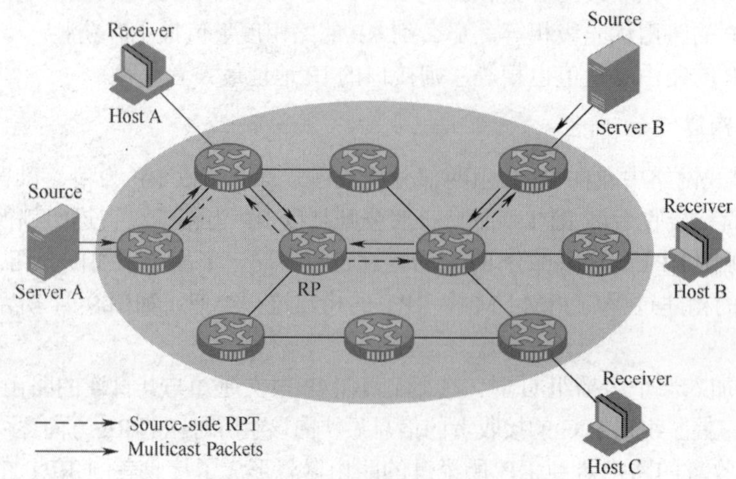

图 9-22　组播源侧 RPT 构建示例

4．组播包的转发

Bidir-PIM 模式路由器仅为双向组播组创建（*，G）条目。（*，G）条目的出口列表包括所有已选举作为 DF 的路由器接口，以及已接收到 IGMP 或者 PIM 加入消息的接口。如果路由器是连接仅作为发送者的分支，则它也会创建（*，G）声明，但是它的出口列表将不包括任何接口。如果从指向 RP 的 RPF 接口接收到一个组播包，这个包将按照出口列表条目向下行方向转发。否则仅 DF 路由器的接收接口上行转发包到 RP，所有其他路由器收到包后必须丢弃。

Bidir-PIM 模式下，减少了维护大量组播源路由状态的性能开销，主要用于在一个 PIM 域中的多对多组播应用环境（也就是存在多个组播源）。在 Bidir-PIM 模式下的组播组可以自由拓展到任一数量的组播源而不会导致因为处理大量组播源而出现负载溢出现象。

在某些组网应用（譬如多方电视电话会议）中，同时存在多个接收者和多个组播源，在这种情况下，如果使用传统的 PIM-DM 或 PIM-SM 按 SPT 转发组播数据，需在每台路由器上针对每个组播源都创建（S，G）表项，这将占用大量的系统资源。为了解决这个问题，提出了双向 PIM 的概念。双向 PIM 由 PIM-SM 发展而来，它通过建立以 RP 为中心、分别连接组播源和接收者的双向

RPT，使组播数据沿着双向 RPT 从组播源经由 RP 转发到接收者。这样，在每台路由器上只需维护（*，G）表项即可，从而节约了系统资源。

9.4.5 PIM-SSM 模式及工作原理

传统的 IP 组播技术是一种任意源组播（ASM）模型，客户端在点播组播数据时，仅仅指明所要加入的组播组地址，任何一个源地址都可以向该组播组地址发送组播数据报文。随着组播技术的广泛应用，任意源组播技术的缺点也逐渐暴露出来，人们研究发现大量的、可以预见的组播应用是源地址确定的应用，由此提出了指定源组播（SSM）。

根据 SSM 框架规定，客户端在点播组播数据时不仅要指明加入的组播组地址，还要指明所期望接收组播数据的发送源地址。SSM 将源地址 S 和组播组地址 G 标识为一个通道。组播源 S 发送目的地址为 G 的组播数据报文，接收者通过订阅通道（S，G）来接收这些组播数据，组播通道是以最短路径树的方式构造而成。

SSM 模型能够借助 PIM-SM 的部分技术来实现，通过 IGMPv3 来维护主机与路由器之间的关系。在实际应用中，通常采用 PIM-SM 模式的一部分技术来实现 SSM 模型。由于接收者已经通过其他渠道（如广告咨询等）知道了组播源的具体位置，因此在 SSM 模型中无需 RP，无需构建 RPT，无需组播源注册过程，也无需通过 MSDP（Multicast Source Discovery Protocol，组播源发现协议）来发现其他 PIM 域内的组播源。

PIM-SSM 的工作机制可以包括以下几个过程：邻居发现、DR 选举和构建 SPT。其中邻居发现和 DR 选举这两个过程与 PIM-SM 模式的对应过程完全一样，不再赘述。下面仅介绍 PIM-SSM 的 SPT 构建过程。

在 PIM-SSM 中，除了需要构建为 PIM-SM 服务的 RPT，还有是否需要构建为 PIM-SSM 服务的 SPT，关键在于接收者准备加入的组播组是否属于 SSM 组地址范围（IANA 保留的 SSM 组地址范围为 232.0.0.0/8）。

如图 9-23 所示，Host B 和 Host C 为组播信息的接收者（Receiver），由其借助 IGMPv3 的报告报文向 DR 报告自己对来自组播源 S、发往组播组 G 的信息感兴趣。收到该报告报文的 DR 先判断该报文中的组地址是否在 SSM 组地址范围内。如果在 SSM 组地址范围内，则构建 PIM-SSM，并向组播源 S 逐跳发送通道（Channel）的订阅报文（Subscribe Message）。沿途所有路由器上都创建（S，G）表项，从而在网络内构建了一棵以组播源 S 为根、以接收者为叶子的 SPT，该 SPT 就是 PIM-SSM 中的传输通道；如果不在 SSM 组地址范围内，则仍旧按照 PIM-SM 的流程进行后续处理，此时 DR 需要向 RP 发送（*，G）加入报文，同时需要进行组播源的注册。

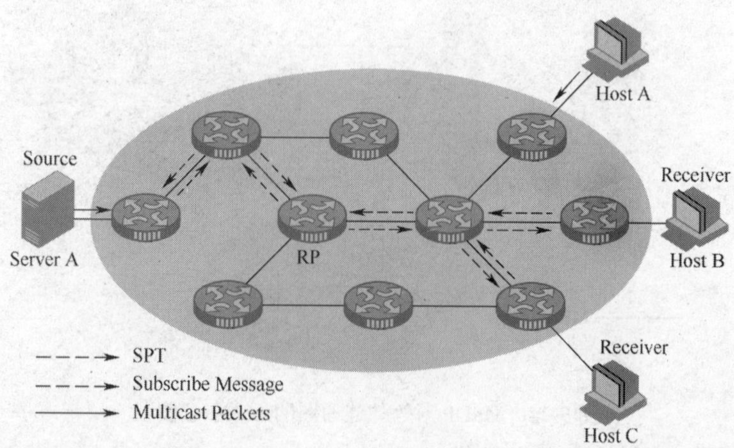

图 9-23　PIM-SSM 中构建 SPT 示例

9.5 MSDP 工作原理

MSDP（Multicast Source Discovery Protocol，组播源发现协议）是为了解决多个 PIM-SM 域之间的互连而开发的一种域间组播解决方案，用来发现其他 PIM-SM 域内的组播源信息。它描述了一种连接多 PIM-SM 域的机制。每种 PIM-SM 域都使用自己独立的 RP，并不依赖于其他域内的 RP。

在基本的 PIM-SM 模式下，组播源只向本 PIM-SM 域内的 RP 注册，且各域的组播源信息是相互隔离的，因此 RP 仅知道本域内的组播源信息，只能在本域内建立组播分发树，将本域内组播源发出的组播数据分发给本地用户。如果能够有一种机制，将其他域内的组播源信息传递给本域内的 RP，则本域内的 RP 就可以向其他域内的组播源发起加入过程并建立组播分发树，就可以实现组播数据的跨域传输。这使互联网中组播通信的实现成为可能。

配置了 MSDP 对等体的 RP 将其域内的活动组播源信息通过 SA（Source Active，活动源）消息通告给它的所有 MSDP 对等体，这样，一个 PIM-SM 域内的组播源信息就会被传递到另一个 PIM-SM 域，共享组播源信息。

【说明】MSDP 的适用前提是域内组播路由协议必须是 PIM-SM。而且 MSDP 仅对 ASM（Any-Source Multicast，任意源组播）模型有意义。

9.5.1 MSDP 对等体

在 MSDP 组播网络中，一个重要的概念就是 MSDP 对等体（Peer）。通过在网络中配置一对或多对 MSDP 对等体，形成彼此相连的一张虚拟的"MSDP 连通图"，以连通各个 PIM-SM 域的 RP。通过这些 MSDP 对等体之间的接力，可以把某 RP 发出的 SA 消息传递给其他所有的 RP。

MSDP 对等体可以建立在不同域的 RP 或同一域的多个 RP 之间，也可以建立在 RP 与普通路由器之间。MSDP 对等体之间使用 TCP 连接，其中 TCP 连接包含控制信息交换过程。

MSDP 使得一个 PIM-SM 域不需要依赖另一个 PIM-SM 域内的 RP，因为在得到另一个 PIM-SM 域内的组播源信息之后，一个 PIM-SM 域里的接收者可以不通过另一 PIM-SM 域里的 RP 直接加入到这个域内组播源的 SPT 上。图 9-24 显示了不同 PIM-SM 域中 MSDP 之间 MSDP 对等体连通图的形成示意图。

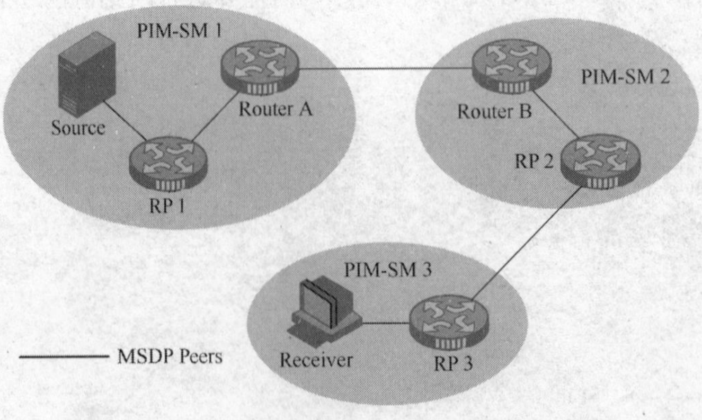

图 9-24 MSDP 对等体连通图的形成示意图

MSDP 对等体可以创建在任意的 PIM-SM 路由器上，在不同角色的 PIM-SM 路由器上所创建的 MSDP 对等体类型有所不同。在 RP 上可以创建的 MSDP 对等体类型如下：

- 源端 MSDP 对等体：即离组播源（Source）最近的 MSDP 对等体（通常也就是源端 RP，如图 9-24 中的 RP 1）。源端 RP 创建 SA 消息并发送给远端 MSDP 对等体，通告在本 RP 上注册的组播源信息。源端 MSDP 对等体必须配置在 RP 上，否则将无法向外发布组播源信息。
- 接收者端 MSDP 对等体：即离接收者（Receiver）最近的 MSDP 对等体（如图 9-24 中的 RP 3）。接收者端 MSDP 对等体在收到 SA 消息后，根据该消息中所包含的组播源信息，跨域加入以该组播源为根的 SPT；而当来自该组播源的组播数据到达该 MSDP 对等体后，再沿 RPT 向本地接收者转发。
- 中间 MSDP 对等体：即拥有多个远端 MSDP 对等体的 MSDP 对等体（如图 9-24 中的 RP 2），属于中间节路对等体。中间 MSDP 对等体把从一个远端 MSDP 对等体收到的 SA 消息转发给其他远端 MSDP 对等体，其作用相当于传输组播源信息的中转站。

在普通的 PIM-SM 路由器（非 RP）上创建的 MSDP 对等体（如图 9-24 中的 Router A 和 Router B）仅用于将收到的 SA 消息转发出去。

【说明】RP 是由网络中多个 C-RP（候选 RP）动态选举产生的。由于无法预计 RP 选举的结果，为了保证选举获胜的 C-RP 能始终位于“MSDP 连通图”上，需要在所有的 C-RP 之间建立 MSDP 对等体关系。而选举失败的 C-RP 在“MSDP 连通图”上所担当的角色相当于普通的 PIM-SM 路由器。

9.5.2　通过 MSDP 对等体实现域间组播

上节已介绍了要想在多个 PIM-SM 域中实现数据的组播传输，就必须在各个 PIM-SM 域间建立 MSDP 对等体。本节就要介绍如何通过 MSDP 对等体实现 PIM-SM 域间的数据组播传输。

如图 9-25 所示，PIM-SM 1 域内存在活动的组播源（Source），RP 1 通过组播源注册过程了解到了该组播源的存在（有关 PIM-SM 组播注册原理参见本章 9.4.2 节）。如果此时 PIM-SM 2 和 PIM-SM 3 域也希望知道该组播源的具体位置，使得这两个 PIM-SM 域中的接收者能够从该组播源获取组播数据，则需要在这三个 PIM-SM 域中的 RP 1 与 RP 3、RP 2 与 RP 3 之间分别建立 MSDP 对等体关系。

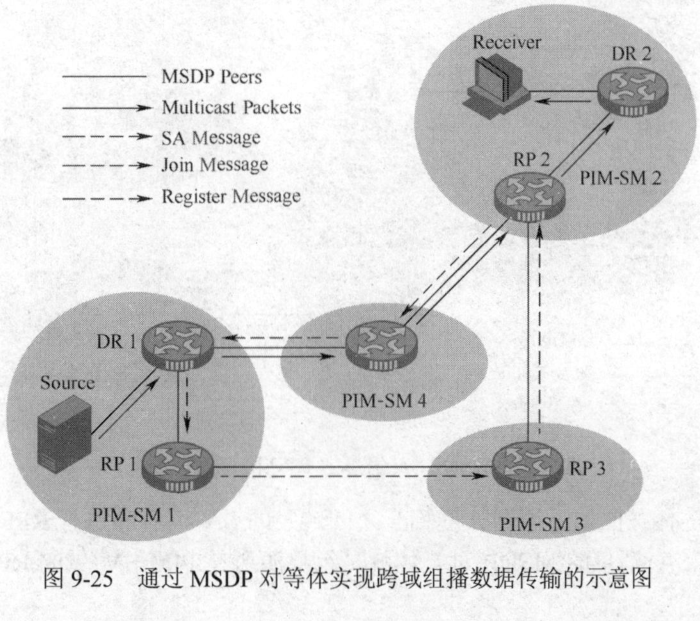

图 9-25　通过 MSDP 对等体实现跨域组播数据传输的示意图

最权威的交换机配置与管理技术手册

下面是本示例中通过 MSDP 对等体进行 PIM-SM 域间组播数据传输的过程：

（1）当 PIM-SM 1 域内的组播源向组播组 G 发送第一个组播数据包时，DR 1 将该组播数据封装在注册消息（Register Message）中，并发给 RP 1。RP 1 因此获知了该组播源的相关信息。

（2）RP 1 作为源端 RP 会创建 SA 消息，并周期性地向其他 MSDP 对等体发送。SA 消息中包含组播源的地址 S、组播组的地址 G 以及创建该 SA 消息（SA Message）的源端 RP（即 RP 1）的地址。

（3）其他 PIM 域中的 MSDP 对等体对收到的 RP 1 发送的 SA 消息进行 RPF（逆向路径转发）检查，以及各种转发策略的过滤，从而只接收和转发来自正确路径并通过过滤的 SA 消息，以避免 SA 消息传递环路；另外，可以在 MSDP 对等体之间配置 MSDP 全连接组（Mesh Group），以避免 SA 消息在 MSDP 对等体之间的循环转发。

（4）SA 消息在 MSDP 对等体之间转发，最终该组播源的相关信息将传遍所有建立了 MSDP 对等体关系的 PIM-SM 域（即 PIM-SM 2 和 PIM-SM 3）。然后进行后面的步骤。

（5）假设 PIM-SM 2 中的 RP 2 在收到该 SA 消息后，检查本域内是否有组播组 G 的接收者（Receiver）存在，如果有，RP 2 与接收者之间维护组播组 G 的 RPT。RP 2 创建（S，G）表项，向源端的 DR 1 逐跳发送（S，G）加入消息（Join Message），从而跨越各 PIM-SM 域直接加入以该组播源为根的 SPT。组播数据沿 SPT 到达 RP 2 后，再沿 RPT 向接收者转发。当接收者端的 DR 2 收到来自组播源的组播数据后，可以自行决定是否发起从 RPT 向 SPT 的切换；如果在 RP 2 上没有以上组播组 G 的接收者，则 RP 2 不会创建（S，G）表项，也不加入以该组播源为根的 SPT。

PIM-SM 3 中的 RP 3 也会做同样的工作。

9.5.3 SA 消息的 RPF 检查规则

在上节介绍到，其他 PIM-SM 域在收到另一个域 RP 发来的 SA 消息时，首先要进行 RPF 检查，避免转发不需要的 SA 消息。本节要介绍这个 SA 消息的 RPF 检查规则。

以图 9-26 为例，网络中有五个自治系统 AS 1～AS 5，AS 内部使用 IGP 互联，AS 之间使用 EBGP 互联。每个 AS 中包含至少一个 PIM-SM 域，且每个 PIM-SM 域中包含至少一个 RP。各 RP 之间建立起 MSDP 对等体关系，其中 RP 3、RP 4 和 RP 5 之间建立 MSDP 全连接组，并在 RP 7 上将 RP 6 配置为其静态 RPF 对等体。

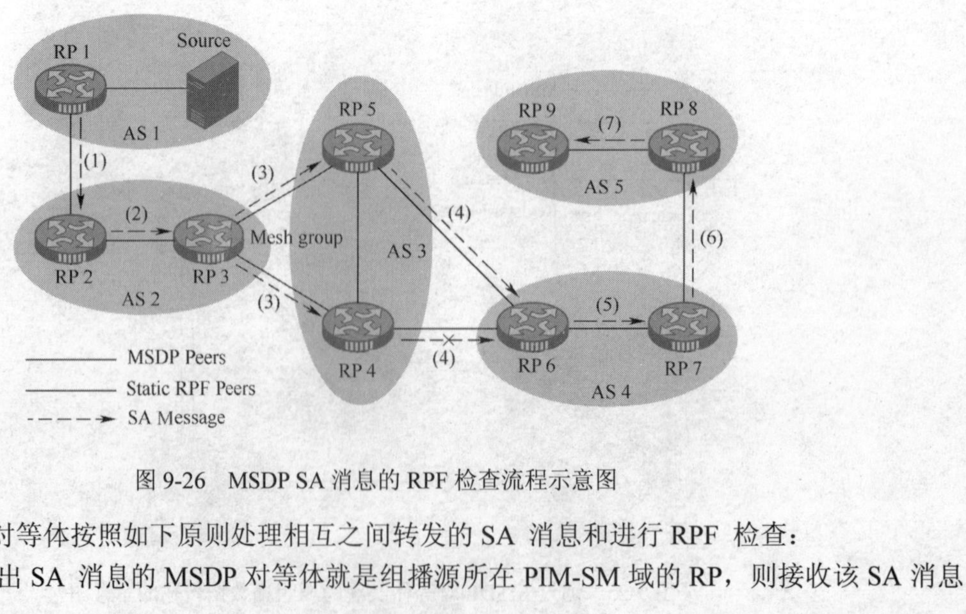

图 9-26　MSDP SA 消息的 RPF 检查流程示意图

这些 MSDP 对等体按照如下原则处理相互之间转发的 SA 消息和进行 RPF 检查：

（1）如果发出 SA 消息的 MSDP 对等体就是组播源所在 PIM-SM 域的 RP，则接收该 SA 消息并向其他对等体转发，如 RP 1 发给 RP 2 的 SA 消息（因为 RP 2 是直接与组播源 RP 1 连接的）。

（2）如果只拥有一个 MSDP 对等体，则接收该对等体发来的 SA 消息，如 RP 2 发给 RP 1 的 SA 消息（因为 RP 2 是 RP 1 唯一的 MSDP 对等体）。

（3）如果 SA 消息是来自静态 RPF 对等体，则接收该 SA 消息并向其他对等体转发，如 RP 6 发给 RP 7 的 SA 消息（假设已设置 RP 6 为静态 RPF 对等体）。

（4）如果 SA 消息是来自 MSDP 全连接组中的对等体，则接收该 SA 消息并仅向该全连接组以外的对等体转发，如 RP 3 发给 RP 5 的 SA 消息（RP 3、RP 4 和 RP 5 组成一个 MSDP 全连接组，但来自同一个 MSDP 全连接组的 SA 消息会根据优先级规则，最终只有一个方向的 SA 会发送出去，如图中 RP 4 发送给 RP 6 的 SA 消息就会被抑制）。

（5）如果 SA 消息是来自同一个 AS 内的 MSDP 对等体，并且该对等体是到组播源所在 PIM-SM 域 RP 的最佳路径上的下一跳，则接收该 SA 消息并向其他对等体转发，如 RP 8 发给 RP 9 的 SA 消息。

（6）如果 SA 消息是来自不同 AS 的 MSDP 对等体，并且它是到组播源所在 PIM-SM 域 RP 最佳路径上的下一个 AS，则接收该 SA 消息并向其他对等体转发，如 RP 7 发给 RP 8 的 SA 消息。

（7）其他 SA 消息，不接收也不转发。

下面假设 SA 消息是由图中的 RP 1 发起的，看一下它在通过以上 RPF 检查规则处理后，在整个网络中的传播过程。

（1）当 RP 2 收到 RP 1 发来的 SA 消息时，由于 SA 消息中所携带的源端 RP 的地址与 MSDP 对等体的地址相同，说明发出 SA 消息的 MSDP 对等体就是创建该 SA 消息的 RP，于是 RP 2 接收该 SA 消息并向其他对等体（RP 3）转发。

（2）当 RP 3 收到 RP 2 转发来的 SA 消息时，由于 SA 消息来自同一个 AS 的 MSDP 对等体（RP 2），且该对等体是到源端 RP（RP 1）最佳路径上的下一跳，于是 RP 3 接收该 SA 消息并向其他对等体（RP 4 和 RP 5）转发。

（3）当 RP 4 和 RP 5 分别收到 RP 3 转发来的 SA 消息时，由于 SA 消息来自同一个全连接组的 MSDP 对等体（RP 3），于是 RP 4 和 RP 5 均接收该 SA 消息并不再向本组其他成员转发，而只向本组之外的其他 MSDP 对等体（RP 6）转发。

（4）当 RP 6 收到 RP 4 和 RP 5（假设 RP 5 的 IP 地址较大）转发来的 SA 消息时，尽管同处 AS 3 的 RP 4 和 RP 5 都与 RP 6 建立了 MSDP 对等体关系，但由于 RP 5 的 IP 地址较大，于是 RP 6 只接收 IP 地址较高的 MSDP 对等体（RP 5）发来的 SA 消息。

（5）当 RP 7 收到 RP 6 转发来的 SA 消息时，由于 SA 消息来自其静态 RPF 对等体（RP 6），于是 RP 7 接收该 SA 消息并向其他对等体（RP 8）转发。

（6）当 RP 8 收到 RP 7 转发来的 SA 消息时，属于不同 AS 的 MSDP 对等体之间存在 EBGP 路由。由于 SA 消息来自不同 AS 的 MSDP 对等体（RP 7），且该对等体是到源端 RP 的 EBGP 路由的下一跳，于是 RP 8 接收该 SA 消息并向其他对等体（RP 9）转发。

（7）当 RP 9 收到 RP 8 转发来的 SA 消息时，由于只有一个 MSDP 对等体（RP 8），于是 RP 9 接收该 SA 消息。

对于由其他路径到来的 SA 消息，MSDP 对等体将不接收也不转发。

9.5.4 通过任播 RP 实现负载分担和 RP 冗余

任播 RP（Anycast RP）是指在同一个 PIM-SM 域内设置两个或多个具有相同地址的 RP，并在这些 RP 之间建立 MSDP 对等体关系，以实现域内各 RP 之间的负载分担和冗余备份。任播 RP 是 MSDP 的一种应用。

任播 RP 可以实现以下功能：

- 组播源只需要向距离最近的 RP 进行注册，建立路径最优的 SPT；而接收者只需要向距离最近的 RP 发起加入，建立路径最优的 RPT。
- 每个 RP 上只需维护 PIM-SM 域内的部分源/组信息，转发部分的组播数据，实现了 RP 间的负载分担。
- 当某 RP 失效后，原先在该 RP 上注册或加入的组播源或接收者会自动选择就近的 RP 进行注册或加入操作，从而实现了 RP 间的冗余备份。

如图 9-27 所示，在一个 PIM-SM 域内，组播源（Source）向组播组 G 发送组播数据，接收者（Receiver）是组播组 G 的成员。分别在 Router A 和 Router B 上的逻辑接口（如 Loopback 接口）上配置相同的 IP 地址（称为 Anycast RP 地址，通常使用私有地址），同时将这些接口配置为 C-RP，并在 Router A 和 Router B 之间建立 MSDP 对等体关系。

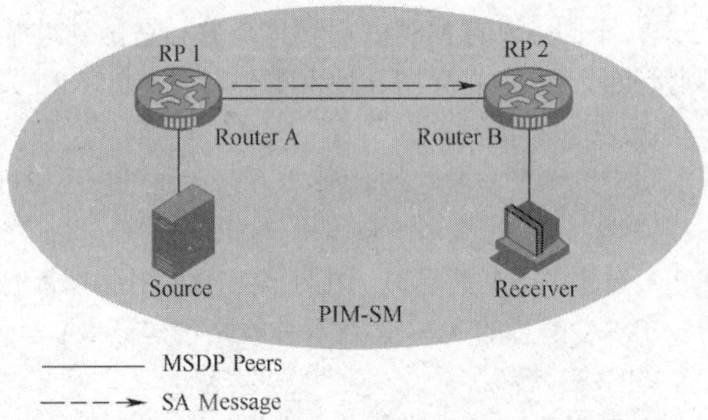

图 9-27　典型任播 RP 组网示例

在如图 9-27 所示的典型示例中，通过任播 RP 实现负载分担和 RP 冗余的原理如下：

（1）组播源选择距离最近的 RP 进行注册。如 Source 向 RP 1 注册，注册消息中封装有 Source 发出的组播数据。当该注册消息到达 RP 1 后，进行解封装。

（2）接收者向距离最近的 RP 发送加入消息，加入以该 RP 为根的 RPT。如 Receiver 加入以 RP 2 为根的 RPT。

（3）RP 之间通过发送 SA 消息共享注册的组播源信息。如 RP 1 创建一个 SA 消息，发送给 RP 2，该 SA 消息中封装有 Source 发出的组播数据。当该 SA 消息到达 RP 2 后，进行解封装。

（4）接收者沿 RPT 收到组播数据后，直接加入以该组播源为根的 SPT。如 RP 2 沿 RPT 将组播数据向下转发。当 Receiver 收到来自 Source 的组播数据后，直接加入以 Source 为根的 SPT。

【注意】必须为任播 RP 地址配置 32 位的子网掩码（即 255.255.255.255），即将其配置为一个主机地址，且 MSDP 对等体的地址不能与任播 RP 地址相同。

9.6　IGMP Snooping

IGMP Snooping（Internet Group Management Protocol Snooping，IGMP 侦听）是运行在二层以太网交换机上的组播约束机制，用于管理和控制组播组。运行 IGMP Snooping 的二层设备通过对收到的 IGMP 包进行分析，为端口和 MAC 组播地址建立起映射关系，然后根据这样的映射关系转发组播数据。

如图 9-28 所示，当二层设备没有运行 IGMP Snooping 时，组播数据在二层被广播，所有节点都可以接收到组播数据，因为二层设备不能识别组播数据包中的组播 MAC 地址；当二层设备运行了 IGMP Snooping 后，已知组播组的组播数据不会在二层被广播（未知组播组的数据仍将被广播，因为二层设备不了解这些未知组播组的 MAC 地址），而是直接转发到指定的接收者（如图中的 Host A 和 Host C），不指定的节点不能接收到组播数据（如 Host B）。

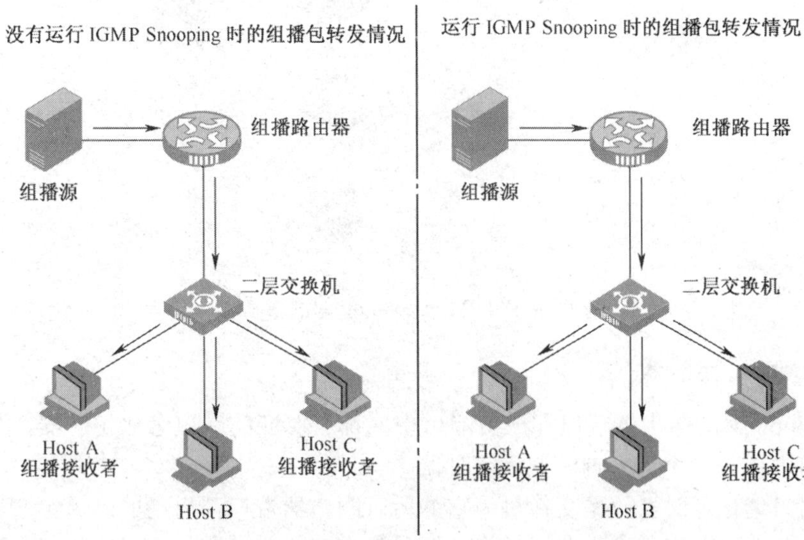

图 9-28　二层设备运行 IGMP Snooping 前后的组播数据包的转发对比

9.6.1　IGMP Snooping 基础

IGMP Snooping 和 IGMP 协议一样，两者都用于组播组的管理和控制，都使用 IGMP 包。但是 IGMP 协议运行在网络层（三层），而 IGMP Snooping 则运行在链路层（二层）。当二层以太网交换机收到主机和路由器之间传递的 IGMP 包时，IGMP Snooping 分析 IGMP 包所带的信息，在二层建立和维护 MAC 表，以后从路由器下发的组播包就根据 MAC 表进行转发。IGMP Snooping 只有在收到某一端口的 IGMP 离开包或者某一端口的老化时间定时器超时的时候才会主动向端口发 IGMP 指定组查询包，除此之外，它不会向端口发任何 IGMP 包。

与 IGMP 有三个版本一样，IGMP Snooping 也对应有三个版本。

1．IGMP Snooping 端口类型及组播组

在 IGMP Snooping 中有两个与端口相关的概念，那就是路由器端口（Router Port）和成员端口（Member Port）。如图 9-29 所示，Router A 连接组播源，在二层交换机 Switch A 和 Switch B 上分别运行 IGMP Snooping，Host A 和 Host C 为接收者主机（即组播组成员）。

- 路由器端口：是指二层交换机上靠近三层组播设备（即 DR 或 IGMP 查询器）一侧的端口，如图 9-29 所示网络示例中的 Switch A 和 Switch B 各自的 GigabitEthernet1/0/1 端口。交换机将本设备上的所有路由器端口都记录在路由器端口列表中。
- 成员端口：又称组播组成员端口，是交换机上连接组播组成员一侧的端口（但要注意，不一定是直接连接组播组成员的端口），如图 9-29 所示网络示例中的 Switch A 的 GigabitEthernet1/0/2 和 GigabitEthernet1/0/3 端口，以及 Switch B 的 GigabitEthernet1/0/2 端口。交换机将本设备上的所有成员端口都记录在 IGMP Snooping 转发表中。
- MAC 组播组：以太网交换机维护的以 MAC 组播地址（最高位为 1 的 MAC 地址）标识的组播组。有关 MAC 组播地址参见本章 9.1.4 节。

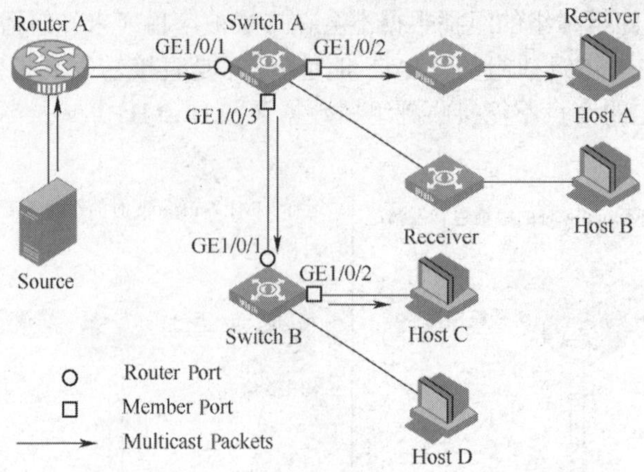

图 9-29　运行 IGMP Snooping 的网络示例

2. IGMP Snooping 定时器

在 IGMP Snooping 的路由器端口和成员端口中，都有对应的端口老化定时器，另外在 IGMP Snooping 成员端口中还有一个最大响应查询定时器。

- 路由器端口老化定时器：是交换机为它的所有路由器端口都启动的一个定时器，其超时时间为路由器端口老化时间。在超时前可收到 IGMP 普遍查询包或 PIM Hello 包；在超时后交换机将该端口从路由器端口列表中删除，即如果在此定时器超时后还没有收到 IGMP 普遍查询包，则交换机就认为这个端口不再是一个路由器端口。
- 成员端口老化定时器：当一个端口加入组播组的同时，启动该端口的老化定时器。如果在此定时器超时后某成员端口还没有收到 IGMP 报告包，那么以太网交换机就向该端口发送 IGMP 指定组查询包；如果还是接收不到 IGMP 报告包，则交换机就认为此端口不再是该组播组成员端口。
- 最大响应查询定时器：当向组播成员端口发送 IGMP 指定组查询包的同时，以太网交换机会启动一个最大响应查询定时器。如果某成员端口在最大响应查询时间之内没有收到 IGMP 报告包，以太网交换机就把该端口从组播成员端口中删去。

9.6.2　IGMP Snooping 工作原理

在上面的介绍中，我们已提到了 IGMP Snooping 的几种包，IGMP Snooping 就是通过这些包来进行组播成员查询与管理。下面具体介绍这几种包的含义。

1. IGMP 组播成员查询

IGMP Snooping 进行组播成员查询时也是利用 IGMP 的两种查询包：IGMP 普遍查询包和 IGMP 指定组查询包。

- IGMP 普遍查询包：是组播路由器向组播组成员发送的，用于查询哪些组播组存在成员。当收到 IGMP 普遍查询包时，如果收到普遍查询包的端口原来就是路由器端口，以太网交换机就重置该端口的路由器端口老化定时器；如果收到普遍查询包的端口原来是成员端口，则交换机启动该端口的成员端口老化定时器。
- IGMP 指定组查询包：也是组播路由器向组播组成员发送的，用于查询指定组播组是否存在成员。当以太网交换机收到 IGMP 指定组查询包时，只向被查询的组播组发送指定组查询。

2．IGMP 成员加入或 IGMP 查询应答

当某个主机要申请加入某个组播组时，需要向组播路由器发出申请包，当主机收到来自组播路由器的组播成员查询时，要向组播路由器发出应答，这两类包都可称之为“IGMP 报告包”。

IGMP 报告包是主机向组播路由器发送的，用于申请加入某个组播组或者应答 IGMP 查询的包。当以太网交换机收到 IGMP 报告包时，首先判断该包要加入的组播组对应的 MAC 组播组是否已经存在。如果对应的 MAC 组播组不存在，不只是会通知组播路由器有成员要加入某个组播组，还会新建 MAC 组播组，并将接收报告包的端口加入该 MAC 组播组中，同时启动该端口的老化定时器；然后将该端口所属 VLAN 下存在的所有路由器端口加入到此 MAC 组播转发表中。如果该包对应的 MAC 组播组已经存在，但是接收报告包的端口不在该 MAC 组播组中，则将接收报告包的端口加入 MAC 组播组中，并启动该端口的老化定时器。

3．IGMP 成员的离开

当某 IGMP 组播组成员要离开时，则该成员会向组播路由器发送 IMGP 离开包，用于告知某个主机离开了某个组播组。当以太网交换机收到某组播组的离开包，则会向接收此离开包的端口发送针对所离开组的指定组的查询包，以确认此端口相连的主机是否还在那个指定组播组中，同时启动一个响应查询定时器。如果在该定时器超时的时候还没有收到该主机的报告包，则将该端口从相应 MAC 组播组中删去；如果某 MAC 组播组没有组播成员时，交换机将通知组播路由器将该分支从组播树中删除。

可以通过将二层交换机的某个端口配置为组播组成员来响应组播路由器的 IGMP 查询包，从而避免组播路由器认为当前网段没有组播组的成员而取消相应的路径。默认情况下，二层交换机端口不加入任何组播组。指定的端口必须属于该 VLAN，且该 VLAN 启用了 IGMP Snooping 协议，否则配置不会起作用。

【说明】交换机在启动了 IGMP Snooping 功能后，当收到某个组播组内的主机发出的 IGMP 离开包时，会自动判断该组播组是否存在。如果该组播组不存在，则丢弃这个 IGMP 离开包，不再转发。

9.6.3 组播 VLAN

组播 VLAN 是传统 VLAN 技术的一种扩展，它只需为不同 VLAN 中的用户在组播 VLAN 复制一次，即可使该组播 VLAN 中的所有用户都能接收到组播数据，以减少组播数据的复制量。而在传统的组播点播方式下，当属于不同 VLAN 的主机同时点播同一组播组时，三层设备需要把组播数据在每个用户所属的 VLAN 内都复制一份发送给二层设备。这样既造成了带宽的浪费，也给三层设备增加了额外的负担。因为组播 VLAN 在企业中应用不是很普遍，加上受篇幅限制，所以本书仅以 H3C 以太网交换机为例对组播 VLAN 进行简单的概念性介绍，不再介绍具体的组播 VLAN 配置和管理方法。

在 H3C 以太网交换机中，组播 VLAN 有以下两种实现和配置方式：

1．基于子 VLAN 的组播 VLAN

如图 9-30 所示，接收者主机 Host A、Host B 和 Host C 分属不同的用户 VLAN。在二层 Switch A 上通过 **multicast-vlan** *vlan-id* 系统视图命令配置 VLAN 10 为组播 VLAN，然后通过 **subvlan** *vlan-list* 组播 VLAN 视图命令将所有的用户 VLAN（在参数 *vlan-list* 中列出，各 VLAN ID 间以空格分隔）都配置为该组播 VLAN 的子 VLAN，并在组播 VLAN 内启用 IGMP Snooping。配置好后，IGMP Snooping 将在组播 VLAN 中对路由器端口进行维护，而在各子 VLAN 中对成员端口进行维护。这样，Router A 只需把组播数据在组播 VLAN 内复制一份发送给 Switch A 即可，Switch A 会

将其分发给该组播 VLAN 内那些有接收者的子 VLAN。

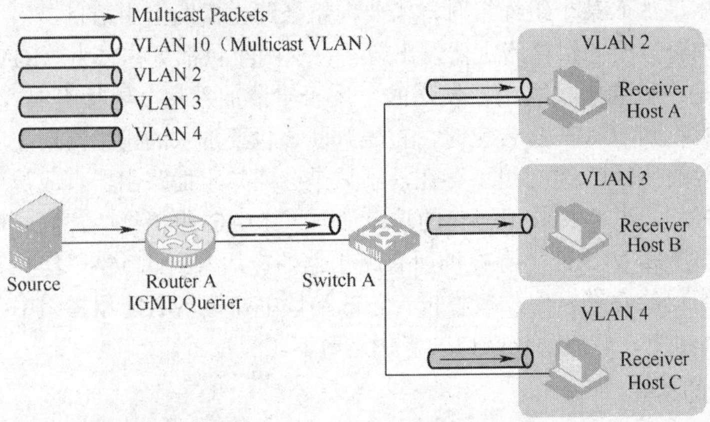

图 9-30　基于子 VLAN 的组播 VLAN 示意图

2. 基于端口的组播 VLAN

上一种方法是把所有用户所属的 VLAN 当作组播 VLAN 的子 VLAN，还有一种方法就是把这些用户所连接的交换机端口都加入到组播 VLAN 中（**只能是二层端口，且一个端口只能添加一个组播 VLAN**）。但此时要注意的是，因为 Access 端口只能加入一个 VLAN，而 Trunk 和 Hybird 端口都可加入到多个 VLAN 中，很显然，这里把这些用户端口设置成 Hybrid 类型端口更合适。

如图 9-31 所示，接收者主机 Host A、Host B 和 Host C 分属不同的用户 VLAN，Switch A 上的所有用户端口（即连接主机的端口）均为 Hybrid 类型。在 Switch A 上配置 VLAN 10 为组播 VLAN，然后通过 **port** *interface-list* 组播 VLAN 视图命令将所有用户端口都添加到该组播 VLAN 内（也可以在具体的端口视图下使用 **port multicast-vlan** *vlan-id* 命令在对应端口中添加组播 VLAN），并在组播 VLAN 和所有用户 VLAN 内都启用 IGMP Snooping。配置好后，当 Switch A 上的用户端口收到来自主机的 IGMP 报文时，会为其打上组播 VLAN 的 Tag 并上传到 IGMP 查询器，于是 IGMP Snooping 就可以在组播 VLAN 中对路由器端口和成员端口进行统一的维护。这样，Router A 只需把组播数据在组播 VLAN 内复制一份发送给 Switch A 即可，Switch A 会将其分发给该组播 VLAN 内的所有成员端口。

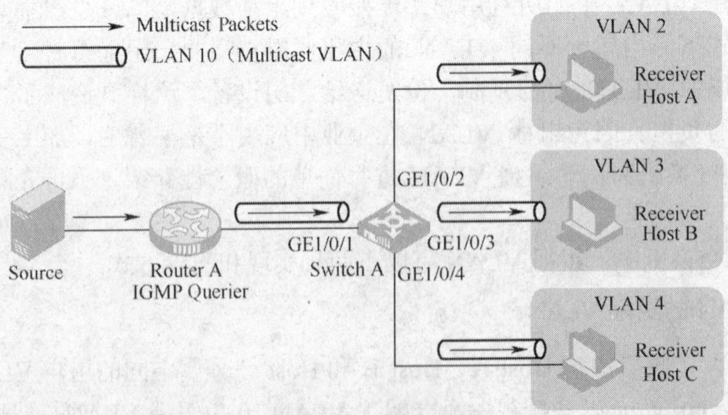

图 9-31　基于端口的组播 VLAN 示意图

10 Cisco IOS 交换机 IGMP 和 IGMP Snooping 配置与管理

IGMP（Internet 组管理协议）是连接组播接收者的三层组播设备上配置的协议，用来管理组播组的成员关系。IGMP 仅需要在连接组播接收者侧的组播路由器或三层交换机三层端口进行配置，无需在组播路由器或三层交换机间连接的端口上配置。

IGMP Snooping 和 IGMP 协议一样，两者都用于组播组的管理和控制，都使用 IGMP 包。但 IGMP 协议运行在网络层，而 IGMP Snooping 则运行在链路层。运行 IGMP Snooping 的二层设备通过对收到的 IGMP 报文进行分析，为端口和 MAC 组播地址建立起映射关系，并根据这样的映射关系转发组播数据。当二层设备没有运行 IGMP Snooping 时，组播数据在二层被泛洪；当二层设备运行了 IGMP Snooping 后，已知组播组的组播数据不会在二层被泛洪，而在二层被组播给指定的接收者。

在绝大多数 Cisco IOS 交换机上的 IGMP 和 IGMP Snooping 配置都比较简单，而且都是默认启用了的，所以无需单独启用。在 Cisco IOS 交换机上主要可就 IGMP 和 IGMP Snooping 的基本参数属性进行配置，如版本、主机查询消息发送时间间隔、查询响应超时、最大查询响应时间，把交换机作为静态 IGMP 组成员等。对比一下本书第 12 章介绍的 H3C 交换机 IGMP 和 IGMP Snooping 配置与管理可以看出，两者的主要配置项目实际上差不多，但 H3C 交换机中的对应功能更加强大。

【说明】在正式配置 Cisco IOS 以太网交换机的 IP 组播前，我们先来看一下图 10-1。从这张图可以看出，Cisco IOS 交换机中各种 IP 组播协议的应用位置，也就是我们要配置一个 IP 组播网络，不是仅一个协议就可以实现的。在三层 IP 组播网络中，至少要配置 IGMP（Internet Group Management Protocol，Internet 组管理协议）和 PIM（Protocol-Independent Multicast，协议无关组播）两种协议，在主机与三层组播设备需要用到 IGMP 进行组播管理，而在三层组播设备之间则需要用到 PIM 进行 PIM 域内组播路由；在存在 Cisco Catalyst 二层交换机的环境中，还可以使用 CGMP（Cisco Group Management Protocol，思科组管理协议）替代 IGMP Snooping 进行组成员管理。对于通过互联网进行组播的环境，则需要在互联网骨干网络上配置 DVMRP（Distance Vector Multicast Routing Protocol，距离矢量组播路由协议）。具体如下：

- IGMP 是用于在 LAN 中的主机和 LAN 中的组播路由器（或三层交换机）之间跟踪哪个主机是哪个组播组的成员。
- PIM 是用于组播路由（或三层交换机）间跟踪哪些组播包要相互转发到它们相连的 LAN 中，也就是组播数据包的路由。
- DVMRP 用于 Internet 组播骨干（MBONE）网络中，支持 PIM 到 DVMRP 之间的交互。
- CGMP 仅应用于连接二层交换机的 Cisco 路由器和三层交换机上，用于完成类似 IGMP Snooping 的任务。

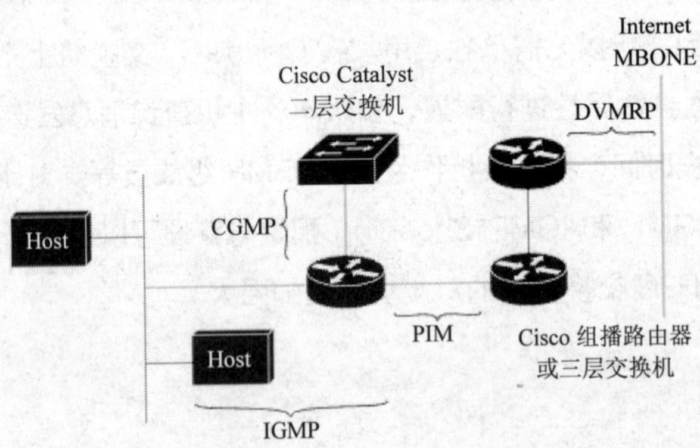

图 10-1　Cisco IP 组播方案中的 IP 组播协议应用位置

10.1　Cisco IOS 交换机 IGMP 配置

在 Cisco IOS 交换机上，IGMP 的基本配置比较简单，而且 IGMP 是随 PIM 的启动（将在本书第 11 章介绍）而启动，不能单独启动。主要的配置任务如下（都是可选的）：

- 改变 IGMP 版本（可选）
- 配置交换机作为组播组成员（可选）
- 控制对 IP 组播组的访问（可选）
- 编辑 IGMP 主机查询消息发送时间间隔（可选）
- 改变 IGMPv2 查询超时设置（可选）
- 改变 IGMPv2 最大查询响应时间（可选）
- 配置交换机作为静态连接组播成员（可选）
- 使用扩展 ACL 控制对 SSM 组播通信的访问（可选）
- IGMP 代理配置（可选）

下面先看一下 Cisco IOS 交换机上 IGMP 特性的默认配置。

10.1.1　IGMP 特性的默认配置

Cisco IOS 交换机的默认 IGMP 配置如表 10-1 所示。

表 10-1　默认 IGMP 配置

特性	默认设置
组播组成员	无组成员
可以访问的组播组	交换机接口上允许访问所有组播组
IGMP 版本	所有接口上都运行 IGMPv2
IGMP 主机查询时间间隔	所有接口上的 IGMP 主机查询时间间隔均为 60 秒
IGMP 查询定时器 Query Timeout	所有接口上的 IGMP 查询定时器均为 60 秒
IGMP 最大查询响应时间	所有接口上的 IGMP 最大查询响应时间均为 10 秒
多层交换机作为静态连接成员	禁止

10.1.2　改变 IGMP 版本

默认情况下，Cisco IOS 交换机各接口上运行的是 IGMPv2 版本，提供 IGMP 查询超时定时器和最大查询响应时间特性。可以改变交换机上运行的 IGMP 版本，但要确保在整个 IP 组播子网中都运行相同的版本。交换机不能自动检测 IGMPv1 版本，也不能自动切换到 IGMPv1。可以在一个组播子网中混合存在 IGMPv1 和 IGMPv2 两种版本的主机，因为 IGMPv2 版本交换机或路由器可以与 IGMPv1 版本主机兼容，所以如果主机不支持 IGMPv2，则配置为 IGMPv1。

可自特权模式开始，按表 10-2 所示步骤改变交换机上运行的 IGMP 版本。

表 10-2　改变 IGMP 版本的配置步骤

步骤	命令	说明
1	**configure terminal** 例如：Switch#**configure terminal**	进入全局配置模式
2	**interface** *interface-id* 例如：Switch(config)#**interface** ethernet 1/0	键入要改变 IGMP 版本的三层接口，进入接口配置模式
3	**ip igmp version** {1 | 2 | 3 } 例如：Switch(config-if)#**ip igmp version** 3	指定以上三层接口上运行的 IGMP 版本，可以是 v1、v2 或 v3 版本，默认为 v2 版本。但 v3 版本仅有少数交换机，自 IOS 12.1(5)版本开始支持，如 Catalyst 6500 系列，大多数交换机最高支持到 v2 版本。另外，如果配置的是 IGMPv1 版本，则不能在该接口下配置使用 **ip igmp query-interval** 或 **ip igmp query-max-response-time** 命令。 要恢复为默认的 v2 版本，则可用 **no ip igmp version** 接口配置模式命令
4	**end** 例如：Switch(config-if)#**end**	返回特权模式
5	**show ip igmp interface** [*interface-id*] 例如：Switch#**show ip igmp interface**	校验以上配置
6	**copy running-config startup-config** 例如：Switch#**copy running-config startup-config**	（可选）在启动配置文件中保存以上配置

10.1.3　配置交换机作为组播组成员

可以配置交换机作为一个组播组成员，使得对应组播组在直连 IGMP 主机找不到的情况下仍能转发组播数据。如果所有支持组播功能的交换机和路由器都是一个组播组的成员，则 ping 相应的组播组时所有这些设备都将响应。

配置交换机作为组播组成员的方法如表 10-3 所示。

表 10-3 配置交换机作为组播组成员的步骤

步骤	命令	说明
1	**configure terminal** 例如：Switch#**configure terminal**	进入全局配置
2	**interface** *interface-id* 例如：Switch(config)#**interface** ethernet 1/0	键入要加入组播组的三层接口，进入接口配置模式
3	**ip igmp join-group** *group-address* [source *source-address*] 例如：Switch(config-if)#**ip igmp join-group** 232.2.2.4	把交换机的以上接口加入到指定组播组地址（和指定组播源）的组播组中。命令中的参数说明如下： ● *group-address*：用来指定交换机要加入的组播组 IP 地址（为组播地址） ● *source-address*：可选参数，用来指定要加入的组播组所对应的组播源 IP 地址（为单播地址），仅 IGMPv3 才支持此可选参数 默认情况下，在组播组中没有定义组播成员。要退出某个组播组，则可使用 **no ip igmp join-group** *group-address* 接口配置模式命令
4	**end** 例如：Switch(config-if)#**end**	返回特权模式
5	**show ip igmp interface** [*interface-id*] 例如：Switch#**show ip igmp interface**	校验以上配置
6	**copy running-config startup-config** 例如：Switch#**copy running-config startup-config**	（可选）在交换机启动配置文件中保存以上配置

【示例 1】把交换机 gigabitethernet1/0/1 接口加入到组播组 IP 地址为 255.2.2.2 的组播组。

```
Switch(config)# interface gigabitethernet1/0/1
Switch(config-if)# ip igmp join-group 255.2.2.2
```

【示例 2】把交换机 FastEthernet0/0 接口分别加入到组播组 IP 地址为 232.2.2.2，组播源 IP 地址分别为 10.1.1.1、10.5.5.5 和 10.5.5.6 的组播组，以及组播组 IP 地址为 232.2.2.4，组播源 IP 地址分别为 10.5.5.5 和 10.5.5.6 的组播组中。因为是指定了组播源 IP 地址，所以需要启用 IGMPv3。

```
Switch(config)#interface FastEthernet0/0
Switch(config-if)#ip igmp join-group 232.2.2.2 source 10.1.1.1
Switch(config-if)#ip igmp join-group 232.2.2.2 source 10.5.5.5
Switch(config-if)#ip igmp join-group 232.2.2.2 source 10.5.5.6
Switch(config-if)#ip igmp join-group 232.2.2.4 source 10.5.5.5
Switch(config-if)#ip igmp join-group 232.2.2.4 source 10.5.5.6
Switch(config-if)#ip igmp version 3
```

可用 **debug igmp** 命令查看在启用 IGMPv3 和 SSM 后 IGMPv3 成员关系报告的发送过程。以下就是示例 2 的输出示例。

```
Switch# debug igmp

*May 4 23:48:34.251: IGMP(0): Group 232.2.2.2 is now in the SSM range, changing
*May 4 23:48:34.251: IGMP(0): Building v3 Report on Ethernet0/0
*May 4 23:48:34.251: IGMP(0): Add Group Record for 232.2.2.2, type 5
*May 4 23:48:34.251: IGMP(0): Add Source Record 10.1.1.1
*May 4 23:48:34.251: IGMP(0): Add Source Record 10.5.5.5
*May 4 23:48:34.251: IGMP(0): Add Source Record 10.5.5.6
*May 4 23:48:34.251: IGMP(0): Add Group Record for 232.2.2.2, type 6
*May 4 23:48:34.251: IGMP(0): No sources to add, group record removed from report
*May 4 23:48:34.251: IGMP(0): Send unsolicited v3 Report with 1 group records on
FastEthernet0/0
*May 4 23:48:34.251: IGMP(0): Group 232.2.2.4 is now in the SSM range, changing
*May 4 23:48:34.251: IGMP(0): Building v3 Report on Ethernet0/0
*May 4 23:48:34.251: IGMP(0): Add Group Record for 232.2.2.4, type 5
*May 4 23:48:34.251: IGMP(0): Add Source Record 10.5.5.5
*May 4 23:48:34.251: IGMP(0): Add Source Record 10.5.5.6
*May 4 23:48:34.251: IGMP(0): Add Group Record for 232.2.2.4, type 6
*May 4 23:48:34.251: IGMP(0): No sources to add, group record removed from report
*May 4 23:48:34.251: IGMP(0): Send unsolicited v3 Report with 1 group records on
```

```
FastEthernet0/0
*May 4 23:48:35.231: IGMP(0): Building v3 Report on Ethernet0/0
*May 4 23:48:35.231: IGMP(0): Add Group Record for 232.2.2.2, type 5
*May 4 23:48:35.231: IGMP(0): Add Source Record 10.1.1.1
*May 4 23:48:35.231: IGMP(0): Add Source Record 10.5.5.5
*May 4 23:48:35.231: IGMP(0): Add Source Record 10.5.5.6
*May 4 23:48:35.231: IGMP(0): Add Group Record for 232.2.2.2, type 6
*May 4 23:48:35.231: IGMP(0): No sources to add, group record removed from report
*May 4 23:48:35.231: IGMP(0): Send unsolicited v3 Report with 1 group records on
FastEthernet0/0
*May 4 23:48:35.231: IGMP(0): Building v3 Report on Ethernet0/0
*May 4 23:48:35.231: IGMP(0): Add Group Record for 232.2.2.4, type 5
*May 4 23:48:35.231: IGMP(0): Add Source Record 10.5.5.5
*May 4 23:48:35.231: IGMP(0): Add Source Record 10.5.5.6
*May 4 23:48:35.231: IGMP(0): Add Group Record for 232.2.2.4, type 6
*May 4 23:48:35.231: IGMP(0): No sources to add, group record removed from report
*May 4 23:48:35.231: IGMP(0): Send unsolicited v3 Report with 1 group records on
FastEthernet0/0
```

还可用带有 **detail** 关键字的 **show ip igmp groups** 命令来校验路由器已接收到使用 **ip igmp join group** 命令配置的（S，G）通道成员关系报告。如果路由器已接收到 IGMP 成员关系报告，则在“Flags”列中显示 L 字样。

```
Switch# show ip igmp groups detail

Flags: L - Local, U - User, SG - Static Group, VG - Virtual Group,
       SS - Static Source, VS - Virtual Source

Interface:      FastEthernet0/0
Group:          232.2.2.2
Flags:          L SSM
Uptime:         00:04:12
Group mode:     INCLUDE
Last reporter:  10.4.4.7
Group source list: (C - Cisco Src Report, U - URD, R - Remote, S - Static,
                    V - Virtual, Ac - Accounted towards access control limit,
                    M - SSM Mapping, L - Local)
  Source Address   Uptime    v3 Exp   CSR Exp   Fwd  Flags
  10.1.1.1         00:04:10  stopped  stopped   Yes  L
  10.5.5.5         00:04:12  stopped  stopped   Yes  L
  10.5.5.6         00:04:12  stopped  stopped   Yes  L

Interface:      FastEthernet0/0
Group:          232.2.2.3
Flags:          L SSM
Uptime:         00:04:12
Group mode:     INCLUDE
Last reporter:  10.4.4.7
Group source list: (C - Cisco Src Report, U - URD, R - Remote, S - Static,
                    V - Virtual, Ac - Accounted towards access control limit,
                    M - SSM Mapping, L - Local)
  Source Address   Uptime    v3 Exp   CSR Exp   Fwd  Flags
  10.5.5.5         00:04:14  stopped  stopped   Yes  L
  10.5.5.6         00:04:14  stopped  stopped   Yes  L
```

10.1.4 IP 组播组的访问控制

在 IP 组播网络中，组播交换机会发送主机查询消息来发现本地网段哪个组播组有成员。交换机然后转发组播数据包到达这些组播组的成员中。可以在每个接口上配置过滤器以限制接口上所连子网中的主机可以加入的组播组。具体配置方法如表 10-4 所示。

表 10-4 IP 组播组的访问控制配置步骤

步骤	命令	说明
1	**configure terminal** 例如：Switch#**configure terminal**	进入全局配置模式
2	**interface** *interface-id* 例如：Switch(config)#**interface** ethernet 1/0	键入要限制对应子网中的主机可以加入组播组的三层接口，进入接口配置模式
3	**ip igmp access-group** *access-list-number* 例如：Switch(config-if)#**ip igmp access-group** 1	通过标准 ACL（ACL 列表号取值范围为 0~99）指定以上接口所连子网中的主机可以加入的组播组。默认情况下，子网中的主机可以加入到任何接口上的组播组。 可用 **no ip igmp access-group** *access-list* 接口配置模式命令禁止接口上所连子网主机加入指定组播组
4	**exit** 例如：Switch(config-if)#**exit**	返回全局配置模式
5	Switch(config)#**access-list** *access-list-number* {**deny** | **permit**} *source* [*source-wildcard*] 例如：Switch(config)#**access-list** 1 **permit** 226.1.0.0 0.0.255.255	创建以上第 3 步所引用的标准 ACL，命令中的参数说明如下： ● *access-list-number*：用来指定所创建的标准 ACL 列表号，要与上一步指定的 ACL 列表号一致 ● **deny**：二选一选项，指定符合条件时禁止访问 ● **permit**：二选一选项，指定符合条件时允许访问 ● *source*：指定接口中所连子网中的主机可以加入的组播组的组播源 IP 地址 ● *source-wildcard*：可选参数，指定组播源 IP 地址的通配符掩码（反掩码），以指定组播源范围，单一组播源的通配符掩码为 0.0.0.0
6	**end** 例如：Switch(config)#**end**	返回特权模式
7	**show ip igmp interface** [*interface-id*] 例如：Switch#**show ip igmp interface** ethernet 1/0	校验以上配置
8	**copy running-config startup-config** 例如：Switch#**copy running-config startup-config**	（可选）在交换机启动配置文件中保存以上配置

【示例 1】仅允许 gigabitethernet1/0/1 接口所连主机加入到组播源 IP 地址为 255.2.2.2 的组播组。

```
Switch(config)# access-list 1 permit 255.2.2.2 0.0.0.0
Switch(config-if)# interface gigabitethernet1/0/1
Switch(config-if)# ip igmp access-group 1
```

【示例 2】配置 ethernet 1/3 接口所连子网中的主机仅可加入组播源 IP 地址在 226.1.0.0~226.1.255.255 以外其他所有组播组。

```
Switch(config)#access-list 1 deny 226.1.0.0 0.0.255.255
Switch(config)#access-list 1 permit any
Switch(config)#interface ethernet 1/3
Switch(config-if)# ip igmp access-group 1
```

【示例 3】除了直接过滤组播源外，还可通过扩展 ACL 过滤接口上的数据包类型来达到组播组访问控制的目的。下面是在 FastEthernet0/0 接口上禁止目的地址为 232.2.2.2（为组播源地址）的任何 IGMP 包通过，以达到禁止访问组播源 IP 地址为 232.2.2.2 的组播组的目的。

```
Switch(config)#ip access-list extended test1
Switch(config)#deny igmp any host 232.2.2.2
Switch(config)#permit igmp any any
Switch(config)#interface FastEthernet0/0
Switch(config-if)# ip igmp access-group test1
```

【示例 4】本示例是通过扩展 ACL 限制来自指定组播源（IP 地址为 10.2.1.32）的 IGMP 通信来实现禁止 Ethernet1/1 接口访问对应的组播组的目的。

```
Switch(config)#ip access-list extended test2
Switch(config)# deny igmp host 10.2.1.32 any
Switch(config)#permit igmp any any
Switch(config)#interface Ethernet1/1
```

```
Switch(config-if)# ip igmp access-group test2
```

【示例 5】本示例是通过扩展 ACL 允许 Ethernet1/2 接口所连子网主机访问指定 IP 地址（组播地址 232.1.1.10）的组播组的 IGMP 通信通过。

```
Switc h(config)#ip access-list extended test3
Switch(config)#permit igmp any host 232.1.1.10
Switch(config)#interface Ethernet1/2
Switch(config-if)# ip igmp access-group test3
```

【示例 6】本示例是通过扩展 ACL 过滤 Ethernet0/3 接口上指定组播组（IP 地址为 232.2.30.30）中的指定组播源（IP 地址为 10.4.4.4）的 IGMP 通信。

```
Switch(config)#ip access-list extended test4
Switch(config)# deny igmp host 10.4.4.4 host 232.2.30.30
Switch(config)# permit igmp any any
Switch(config)#interface Ethernet0/3
Switch(config-if)#ip igmp access-group test4
```

10.1.5　编辑 IGMP 主机查询消息发送时间间隔

组播交换机会周期性地发送 IGMP 主机查询消息（也就是在本书第 9 章中所说的“普遍查询消息”）来发现本地网络中有哪些组播组，更新已知的组播成员。这些消息发送的目的地址为 224.0.0.1，本地网络中所有主机都可以接收到。如果经过几次查询发现某组播组中没有本地主机，则系统会停止转发组播数据包到该本地网络，并发送一个剪枝（Prune）消息到组播源，去掉对该分支的组播转发。

IGMP 主机查询消息发送的时间间隔配置方法如表 10-5 所示。

表 10-5　IGMP 主机查询消息发送的时间间隔配置步骤

步骤	命令	说明
1	**configure terminal** 例如：Switch#**configure terminal**	进入全局配置模式
2	**interface** *interface-id* 例如：Switch(config)#**interface** ethernet 1/0	键入要配置 IGMP 主机查询消息发送时间间隔的三层接口，进入接口配置模式
3	**ip igmp query-interval** *seconds* 例如：Switch(config-if)#**ip igmp query-interval** 100	配置 IGMP 主机查询消息发送时间间隔，取值范围为 1~65535 秒，默认为 60 秒，可用 **no ip igmp query-interval** 命令恢复为默认设置
4	**end** 例如：Switch(config-if)#**end**	返回特权模式
5	**show ip igmp interface** [*interface-id*] 例如：Switch#**show ip igmp interface** ethernet 1/0	校验以上配置
6	**copy running-config startup-config** 例如：Switch#**copy running-config startup-config**	（可选）在交换机启动配置文件中保存以上配置

以下示例是配置 Tunnel 0 接口 IGMP 主机查询消息发送时间间隔为 120 秒。

```
Switch(config)#interface tunnel 0
Switch(config-if)#ip igmp query-interval 120
```

10.1.6　改变 IGMPv2 查询超时设置

如果使用的是 IGMPv2，可以改变交换机在等待多长时间没有收到查询器发送的主机查询消息后就接管当前查询器的角色。默认情况下，交换机是等待两倍由 **ip igmp query-interval** *seconds* 接口配置模式命令设置的 IGMP 主机查询发送时间间隔的时间，如果在这个时间内没有再接收到查询器发来的查询消息，则本地交换机接口就自动成为查询器。可以使用 **show ip igmp interface** *interface-id* 特权模式命令查看 IGMP 主机查询发送时间间隔设置。

IGMPv2 查询超时设置的步骤如表 10-6 所示。

表 10-6 IGMPv2 查询超时设置步骤

步骤	命令	说明
1	**configure terminal** 例如：Switch#**configure terminal**	进入全局配置模式
2	**interface** *interface-id* 例如：Switch(config)#**interface** GigabitEthernet1/1	键入要改变 IGMPv2 查询超时设置的三层接口，进入接口配置模式
3	**ip igmp querier-timeout** *seconds* 例如：Switch(config-if)#**ip igmp querier-timeout** 150	指定以上接口 IGMPv2 查询超时，取值范围为 60~300 秒，默认为 120 秒（等于两倍 IGMP 主机查询发送时间间隔），可用 **no ip igmp querier-timeout** 接口配置模式命令恢复为默认设置
4	**end** 例如：Switch(config-if)#**end**	返回特权模式
5	**show ip igmp interface** [*interface-id*] 例如：Switch#**show ip igmp interface** GigabitEthernet1/1	校验以上设置
6	**copy running-config startup-config** 例如：Switch#**copy running-config startup-config**	（可选）在交换机启动配置文件中保存以上配置

以下示例是设置 IGMPv2 主机查询发送时间间隔为 120 秒，IGMPv2 查询超时为 240 秒（等于两倍发送时间间隔），超过 240 秒后还没收到查询器发来的查询消息，则本地交换机成为本地网段查询器。

```
Switch(config)#interface GigabitEthernet1/1
Switch(config-if)# ip igmp query-interval 120
Switch(config-if)# ip igmp querier-timeout 240
```

10.1.7 改变 IGMPv2 最大查询响应时间

如果交换机接口上运行的 IGMPv2，则可以改变 IGMPv2 查询包中的最大查询响应时间。这个最大查询响应时间就是当本地网段中有主机要加入查询消息中的组播组时，第一个要加入组播的主机必须在这个时间内向查询器发出成员关系报告，响应主机查询，超过这个最大查询响应时间，则本分支就认为无组播成员，本分支将被剪枝。这个响应时间要根据实际网络环境的拓扑结构复杂性，以及各组播交换机、路由器的性能而定，不宜设置得太小。

IGMPv2 最大查询响应时间设置方法如表 10-7 所示。

表 10-7 IGMPv2 最大查询响应时间设置步骤

步骤	命令	说明
1	**configure terminal** 例如：Switch#**configure terminal**	进入全局配置模式
2	**interface** *interface-id* 例如：Switch(config)#**interface** GigabitEthernet1/1	键入要改变 IGMPv2 最大查询响应时间设置的三层接口，进入接口配置模式
3	**ip igmp query-max-response-time** *seconds* 例如：Switch(config-if)#**ip igmp query-max-response-time** 15	指定以上接口 IGMPv2 最大查询响应时间，取值范围为 1~25 秒，默认为 10 秒，可用 **no ip igmp query-max-response-time** 接口配置模式命令恢复为默认设置
4	**end** 例如：Switch(config-if)#**end**	返回特权模式
5	**show ip igmp interface** [*interface-id*] 例如：Switch#**show ip igmp interface** GigabitEthernet1/1	校验以上设置
6	**copy running-config startup-config** 例如：Switch#**copy running-config startup-config**	（可选）在交换机启动配置文件中保存以上配置

10.1.8　配置交换机作为静态连接组播成员

有时可能某一个网段中没有组播成员，或者网段中的主机不能使用 IGMP 发送组播成员关系报告，这时组播路由器就认为该网段中没有组播成员，可能会被剪枝。但是，无论如何，可能想要向该网段发送组播通信，这时有两种方法把组播通信下发到该网段：

- 使用 **ip igmp join-group** 接口配置命令。采用这种方法，交换机除了转发组播数据包外，还可接收这些组播数据包。接收组播数据包将阻止交换机快速交换它们。本方法已在本章 10.1.2 节中有介绍。
- 使用 **ip igmp static-group** 接口配置命令。采用这种方法，交换机不能自己接收组播数据包，仅可以转发这些组播数据包。这种方法可以实现快速交换。这时在 IGMP 缓存中有出接口，但是它不是组播组成员，因为在组播路由条目中没有明确的"L"本地标记。这就是本节所要进行的配置。

配置交换机作为静态连接的组播成员的步骤如表 10-8 所示。

表 10-8　配置交换机作为静态连接的组播成员的步骤

步骤	命令	说明
1	**configure terminal** 例如：Switch#**configure terminal**	进入全局配置模式
2	**interface** *interface-id* 例如：Switch(config)#**interface** GigabitEthernet1/1	键入要配置为静态连接的组播成员的三层接口，进入接口配置模式
3	Switch(config-if)#**ip igmp static-group** *group-address* 例如：Switch(config-if)#**ip igmp static-group** 239.100.100.101	指定以上接口要静态加入的组播组 IP 地址，可用 **no ip igmp static-group** *group-address* 接口配置模式命令从指定地址组播组中移去
4	**end** 例如：Switch(config-if)#**end**	返回特权模式
5	**show ip igmp interface** [*interface-id*] 例如：Switch#**show ip igmp interface** GigabitEthernet1/1	校验以上设置
6	**copy running-config startup-config** 例如：Switch#**copy running-config startup-config**	（可选）在交换机启动配置文件中保存以上配置

以下示例是把交换机 ethernet 0 作为 IP 地址为 239.100.100.101 的静态成员。

```
Switch(config)#interface ethernet 0
Switch(config-if)#ip igmp static-group 239.100.100.101
```

10.1.9　使用扩展 ACL 控制 SSM 网络的访问

IGMPv3 支持基于组播源的过滤，这样一来组播路由器就可以仅对从指定组播源地址接收的感兴趣的组播包发送成员关系报告。这就是 SSM（指定源组播）组播应用（有关 SSM 网络请参见本书第 9 章相关内容）。可以通过 IGMP 扩展 ACL 基于组播源 IP 地址，或者组播地址，或者两者同时来控制用户对 SSM 网络的访问。具体配置方法如表 10-9 所示。

表 10-9　使用扩展 ACL 控制 SSM 网络访问的配置步骤

步骤	命令	说明
1	**configure terminal** 例如：Switch# **configure terminal**	进入全局配置模式
2	**ip multicast-routing [distributed]** 例如：Switch(config)# **ip multicast-routing**	启用 IP 组播路由。使用 **distributed** 可选项则启用组播分布式交换功能

续表

步骤	命令	说明
3	**ip pim ssm** {**default** | **range** *access-list*} 例如：Switch(config)# **ip pim ssm default**	配置 SSM 服务。二选一选项 **default** 用来定义 SSM 组播地址范围为默认的 232.0.0.0/8，而二选一选项 **range** 则可用一个标准的 ACL 定义 SSM 组播地址范围，但也必须是 SSM 专用的组播地址段 232.0.0.0/8 范围内
4	**ip access-list extended** *access-list-name* 例如：Switch(config)# **ip access-list extended** mygroup	创建一个扩展 IP ACL（具体的规则在下面两条语句中配置）
5	{ **permit** | **deny** } **igmp** *source source-wildcard destination destination-wildcard* [*igmp-type*] [**precedence** *precedence*] [**tos** *tos*] [**log**] [**time-range** *time-range-name*] [**fragments**] 例如：Switch(config-ext-nacl)# **deny igmp host** 10.1.2.3 **any**	（可选）允许或禁止从/向客户端发出的 IGMP 成员关系报告中过滤指定的源地址或组播地址，从而限制子网中的主机加入到指定的（S，G）组播组中。可重复执行本命令，以限制加入多个（S，G）组播组。 【注意】组播源地址是在源地址中指定的，而组播地址是在目的地址中指定。有关扩展 IP ACL 中的参数和选项说明参见第 5 章 5.2.3 节
6	**exit** 例如：Switch(config-ext-nacl)# **exit**	返回特权模式
7	**interface** *type number* 例如：Switch(config)# **interface** ethernet 0	键入连接运行 IGMPv3 主机的接口，进入接口配置模式
8	**ip igmp access-group** *access-list* 例如：Switch(config-if)# **ip igmp access-group** mygroup	应用指定的 ACL
9	**ip pim sparse-mode** 例如：Switch(config-if)# **ip pim sparse-mode**	在接口上启用 PIM-SM 模式
10	在所有其他需要进行 SSM 访问控制的接口上重复以上配置步骤	
11	**ip igmp version 3** 例如：Switch(config-if)# **ip igmp version** 3	在以上接口上启用 IGMPv3，这是支持 SSM 时所必须采用的 IGMP 版本
12	在所有连接 IGMPv3 主机的端口上重复以上第 11 步配置	
13	**end** 例如：Switch(config-if)# **end**	返回特权模式

【示例 1】禁止所有组播组 IP 地址为 232.2.2.2（组播源 IP 地址任意）的 IGMPv3 成员关系报告从 FastEthernet0/0 接口上发送，允许其他所有成员关系报告通过。

```
Switch(config)#ip access-list extended test1
Switch(config-ext-nacl)#deny igmp any host 232.2.2.2
Switch(config-ext-nacl)#permit igmp any any
Switch(config-ext-nacl)# exit
Switch(config)#interface FastEthernet0/0
Switch(config-if)#ip igmp access-group test1
```

【示例 2】禁止所有组播源 IP 地址为 10.2.1.32（组播组 IP 地址任意）的 IGMPv3 成员关系报告从 FastEthernet1/1 接口上发送，允许其他所有成员关系报告通过。

```
Switch(config)#ip access-list extended test2
Switch(config-ext-nacl)#deny igmp host 10.2.1.32 any
Switch(config-ext-nacl)#permit igmp any any
Switch(config-ext-nacl)# exit
Switch(config)#interface Ethernet1/1
Switch(config-if)#ip igmp access-group test2
```

【示例 3】允许所有组播组 IP 地址为 232.1.1.10（组播源 IP 地址任意）的 IGMPv3 成员关系报告从 Ethernet1/2 接口上发送，禁止其他所有成员关系报告通过（注意，因为 Cisco ACL 的最后都有一条 **deny any any** 的语句，所以禁止其他所有的成员关系报文通过就不再需要另外加 **deny igmp any any** 语句了，下同）。

```
Switch(config)#ip access-list extended test3
Switch(config-ext-nacl)#permit igmp any host 232.1.1.10
Switch(config-ext-nacl)# exit
Switch(config)#interface Ethernet1/2
Switch(config-if)#ip igmp access-group test3
```

【示例 4】允许所有组播源 IP 地址为 10.6.23.32（组播组 IP 地址任意）的 IGMPv3 成员关系报

告从 Ethernet1/2 接口上发送，禁止其他所有成员关系报告通过。

```
Switch(config)#ip access-list extended test4
Switch(config-ext-nacl)#permit igmp host 10.6.23.32 any
Switch(config-ext-nacl)# exit
Switch(config)#interface Ethernet1/2
Switch(config-if)#ip igmp access-group test4
```

【示例 5】禁止所有组播组 IP 地址为 232.2.30.30，组播源 IP 地址为 10.4.4.4 的 IGMPv3 成员关系报告从 Ethernet0/3 接口上发送，允许其他所有成员关系报告通过。

```
Switch(config)#ip access-list extended test5
Switch(config-ext-nacl)#deny igmp host 10.4.4.4 host 232.2.30.30
Switch(config-ext-nacl)#permit igmp any any
Switch(config-ext-nacl)# exit
Switch(config)#interface Ethernet0/3
Switch(config-if)#ip igmp access-group test5
```

10.2　Cisco IOS 交换机 IGMP 代理配置

IP 组播需要双向通信，但仍有一些网络采用了单向的广播卫星链路。UDLR（Unidirectional Link Routing，单向链路路由）为路由器模仿双向链路，通过单向物理接口支持单播和组播路由提供了三种机制。这三种机制就是：UDLR 隧道、IGMP UDLR 和 IGMP 代理。这三种机制可以独立使用，也可以组合使用。本节仅介绍 IGMP 代理机制。

10.2.1　UDLR 简介

单播和组播路由协议从已接收路由控制协议的接口上转发数据，这种模式是双向机制。但是，有些网络是单向的，如广播卫星链路。

在典型情况下的单播路由，当路由器接口上接收到一个路由前缀更新消息时，它将从同一接口上向相同前缀的目的节点转发数据。这是距离矢量路由协议。类似，在组播路由中，当一个路由器接口上接收到一个组播组加入消息时，它将从同一个接口上转发数据副本到目的组播组中。基于这种原理，单播和组播路由协议不能在不使用 UDLR 的 UDL 上得到支持。UDLR 设计用来在不改变路由协议本身的前提下在 UDL 上运行路由协议。

UDLR 可以使一个路由器在 UDL 上模仿双向链路的 IP 操作。它包括前面介绍的三种机制：UDLR 隧道、IGMP UDLR 和 IGMP 代理。

- UDLR 隧道：一种路由单播和组播通信的机制。
- IGMP UDLR：一种路由组播通信的机制。
- IGMP 代理：一种路由组播通信的机制。

在此仅介绍与本节内容相关的 IGMP 代理。

10.2.2　IGMP 代理

在对组播的支持中，对于接入层的交换机来讲，对于组播的支持不外下面这两种：IGMP Snooping 和 IGMP Proxy（IGMP 代理）。IGMP Snooping 相对比较简单，它是通过监听客户端和路由器端之间的 IGMP 报文，从而建立针对某个组播的组播表条目，包括组播地址、物理端口和 VLAN 的映射关系。通过使用 IGMP Snooping 可以在不支持 IGMP 的二层交换设备上建立组播表，从而达到节省带宽，控制组播报文转发方向的目的。有关 IGMP Snooping 方面的知识请参见本书第

9 章 9.6 节，Cisco IOS 交换机的 IGMP Snooping 配置将在本章后面介绍。

1. IGMP 代理简介

IGMP 代理有两个端口在起作用，分别称之为上联端口和下联端口。IGMP 代理是靠拦截用户和路由器之间的 IGMP 报文建立组播表，代理设备的上联端口执行主机的角色，响应来自路由器的查询，当新增用户组或者某组最后一个用户退出时，主动发送成员报告包或者离开包；下联端口执行路由器的角色，按照 IGMPv2 中规定的机制执行，包括查询者选举机制，定期向客户端发送通用查询信息，收到客户端的离开包时再向客户端发送特定查询等。

从以上分析不难看出，IGMP Snooping 只是监听 IGMP 报文来建立组播表，而 IGMP 报文的产生是通过上联的路由器和客户端来完成的。也就是说如果没有路由器存在，IGMP Snooping 就不能实现组播表的建立，而只能采用广播的形式来实现数据的传输。而 IGMP 代理则直接与客户端和上联的路由器来进行对话，而不再是一个完全透明的角色。因为它做了更多的本地处理，减少了对于上联的路由器的依赖程度，但是也增加了本地的系统负担。但是，从另一方面来讲，使用 IGMP 代理可以减轻上联路由器的负荷，因为代理设备会参与组播组的建立工作。当有一个用户请求提交上来，IGMP 代理首先会检查本地的组播组，如果在本地组播转发表中已经有这个组播组存在，那么它就把该用户加入到这个组播组的成员中，而不需要向上联的路由器发送加入申请；反之，如果在本地没有找到相应的组播组转发表项，那么 IGMP 代理就会向上联的路由器发送申请，并在本地建立对应的组播组转发表项。在组播成员退出的时候，IGMP 代理还会检查该组播组中是否有其他的组播成员存在，如果有，那么它只是把组播组中申请退出的成员删去；反之，它才会通知上联的路由器，注销该组播组的转发分支，也就是组播中所说的“剪枝”。

2. IGMP 代理机制

IGMP 代理可使没有直接连接下联路由器，处于 UDLR 环境的主机加入到组播源位于上游网络的组播组中。图 10-2 所示的示例中显示了两种 UDLR 情形（Router A 和 Router B 之间的链路是单向的，数据只能由上行的 Router A 到下行的 Router B）。

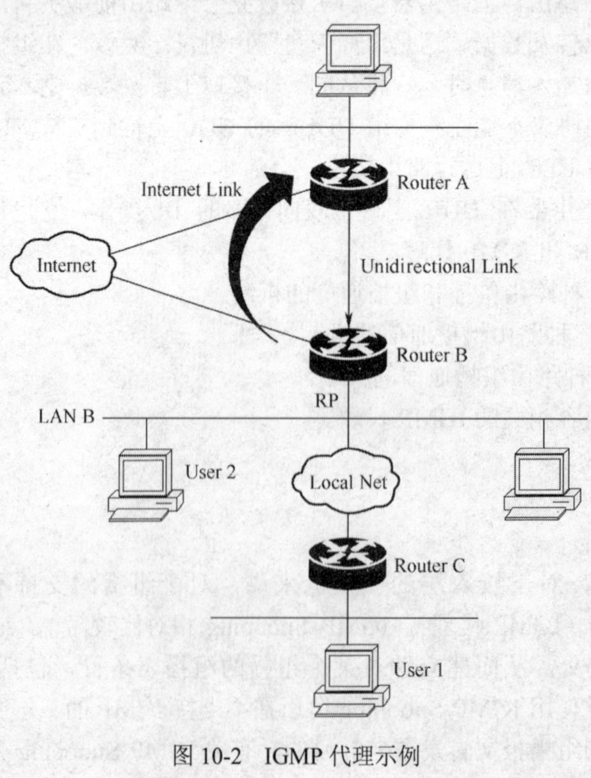

图 10-2　IGMP 代理示例

- 传统 UDL 路由情形：UDL（单向链路）路由器直接连接接收者。这是没有使用 IGMP 代理的 UDL 路由情形。
- IGMP 代理情形：UDL 路由器没有直接连接接收者。这是使用 IGMP 代理的 UDL 路由情形。

情形 1（传统 UDLR 情形）下，UDL 路由器（本示例为 Router B）直接连接接收者（本示例为 User 2）。在这种情形中，不需要 IGMP 代理机制，IGMP 报文发送流程如下：

（1）User 2 发送一个对组播组 G 感兴趣的 IGMP 成员关系请求报告。

（2）直接连接接收者 User 2 的 Router B 收到这个 IGMP 成员关系请求报告后，为 LAN B 中的组播组 G 添加一个转发表项，并且通过 Internet 链路（Internet Link）转发这个 IGMP 成员关系请求报告到 UDLR 上行路由器 Router A。注意，Router B 此时只是对 IGMP 报文进行转发，不作处理，而且不是直接通过 Router B 与 Router A 的单向链路进行的，因为在这条单向链路中不能由 Router B 直接向 Router A 进行通信。

（3）Router A 接收到这个 IGMP 代理报告，并在单向链路（也就是只是从上行路由器到下行路由器的单个方向）上维护这个转发表项。这样当 Router A 有组播报文发送到 LAN B 中的组播组 G 时（如当直接连接 Router A 的接收者需发送成员关系请求报告时），就可以利用这个转发表项直接通过单向链路从 Router A 向 Router B 转发，然后最终到达组播组 G 中。

情形 2（IGMP 代理情形）下，UDL 路由器（本示例为 Router B）没有直接连接接收者（本示例为 User 1，它是通过另一个网络连接的）。在这种情形中，需要 IGMP 代理机制来使没有直接连接到下行路由器的主机加入到组播源位于上行网络中的组播组。此时，IGMP 报文的发送流程如下：

（1）User 1 发送一个对组播组 G 感兴趣的 IGMP 成员关系请求报告。

（2）Router C 在收到来自 User 1 的 IGMP 成员关系请求报告后，发送一个 PIM 加入消息，然后一跳跳地到达 RP（汇集点，本示例为 Router B）。

（3）Router B 在接收这个 PIM 加入消息后，如果本地组播转发表中没有本组播组的转发表项，则在本地为 LAN B 的组播组 G 中添加一个转发表项。

（4）Router B 周期性地检查它的路由表，然后代理 User 1 发送 IGMP 成员关系报告，通过 Internet 链路（Internet Link）到达它的上行 UDL 路由器（本示例为 Router A）。

（5）Router A 创建并维护一个 UDL 上的转发表项。

在一些企业网络中，希望能够通过卫星接收 IP 组播通信，并且在网络中转发这个 IP 组播通信。此时如果使用单独的 UDLR，则在以上情形 2 中是不可能实现的，因为接收者主机必须直接连接到下游路由器 Router B。IGMP 代理机制通过在组播转发表中创建（*，G）条目的 IGMP 报告可以克服这种限制。

10.2.3 IGMP 代理配置

在配置 IGMP 代理前，必须确保满足以下条件：

- 在 IGMP UDL 上的所有路由器端口有一个相同的子网地址（也就是在同一个子网中）。如果在 UDL 的所有路由器没有相同的子网地址，则上行路由器端口必须配置从 IP 地址与下行路由器端口一致的子网地址。
- 本项配置是假设 IP 组播已经启用，并且在 PIM 接口上已完成以下配置：
- 当在 IGMP 代理情形中，在接口上启用 PIM 时，必须遵守以下配置指南：
    - ➢ 当接口工作在 Sparse-mode 区域，则必须在接口上启用 PIM-SM 模式，并且指定静态的 RP、BSR，或者配置带有自动 RP 侦听能力的自动 AP。
    - ➢ 当接口工作在 Sparse-dense Mode 区域，则必须在接口上启用 PIM Sparse-dense 模

式，并且必须配置不带自动 RP 侦听能力的自动 RP。

- 当接口工作在 Dense Mode 区域，则你必须在接口上启用 PIM-DM 模式。
- 当接口需要接收来自 DM 区域，需要到达 DM 区域接收者的组播源通信时，使用带有代理注册器功能的 PIM-DM。

有关 Cisco IOS 交换机 PIM 工作模式的配置参见本书第 11 章相关内容。

1. 为 IGMP UDLR 配置上行 UDL 路由器

上行 UDL 路由器的配置很简单，只需要把连接下行 UDL 路由器的端口开启 UDLR 特性，指定为 UDL 路由器就行了。具体步骤如表 10-10 所示。

表 10-10　为 IGMP UDLR 配置上行 UDL 路由器的步骤

步骤	命令	说明
1	**configure terminal** 例如：Switch# **configure terminal**	进入全局配置模式
2	**interface** *type number* 例如：Switch(config)# **interface** ethernet 1	键入与下行路由器相连的端口，进入接口配置模式
3	**ip igmp unidirectional-link** 例如：Switch(config-if)# **ip igmp unidirectional-link**	配置与下行 UDL 路由器相连的端口为上行 IGMP UDLR 路由器接口。要禁止 UDLR 特性，可用 **no ip igmp unidirectional-link** 命令
4	**end** 例如：Switch(config-if)# **end**	返回特权模式

2. 为 IGMP UDLR 配置支持 IGMP 代理的下行 UDL 路由器

下行 UDL 路由器的配置相对上行 UDL 路由器的配置来说要复杂许多，不仅要把直接与上行 UDL 路由器连接的端口指定为 UDL 路由器端口，还要为间接连接 IGMP 客户端侧的端口启用 IGMP 报告代理功能，然后再指定一个代理服务接口（这就是 IGMP 代理功能的实现），代理那个间接连接客户端的端口中的所有 IGMP 报告转发到上行 UDL 路由器上。具体配置步骤如表 10-11 所示。

表 10-11　为 IGMP UDLR 配置支持 IGMP 代理的下行 UDL 路由器的步骤

步骤	命令	说明
1	**configure terminal** 例如：Switch# **configure terminal**	进入全局配置模式
2	**interface** *type number* 例如：Switch(config)# **interface** ethernet 0	键入与上行路由器相连的端口，进入接口配置模式
3	**ip igmp unidirectional-link** 例如：Switch(config-if)# **ip igmp unidirectional-link**	配置与上行 UDL 路由器相连的端口为 IGMP UDLR 下行路由器端口，要禁止 UDLR 特性，可用 **no ip igmp unidirectional-link** 命令
4	**exit** 例如：Switch(config-if)# **exit**	返回全局配置模式
5	**interface** *type number* 例如：Switch(config)# **interface** ethernet 1	键入上行路由器间接连接主机侧的端口，进入接口配置模式
6	**ip igmp mroute-proxy** *type number* 例如：Switch(config-if)# **ip igmp mroute-proxy** loopback 0	在以上接口上启用代理（*，G）组播静态路由条目的 IGMP 报告转发功能。参数 *type number* 用来指定要代理转发 IGMP 报告的接口。可用 **no ip igmp mroute-proxy** *type number* 命令禁止代理（*，G）组播静态路由条目的 IGMP 报告转发功能。 本步完成后，可以使在对应接口组播转发表中的所有（*，G）转发条目通过 IGMP 报告转发到一个代理服务接口。 本示例中是把 ethernet 1 组播路由表中的所有 IGMP 请求报告全部转发到 loopback 0 接口上
7	**exit** 例如：Switch(config-if)# **exit**	返回全局配置模式
8	**interface** *type number* 例如：Switch(config)# **interface** loopback 0	键入以上配置为代理服务的接口。示例中为以上配置的 loopback 0 接口

续表

步骤	命令	说明
9	**ip igmp helper-address udl** *interface-type interface-number* 例如：Switch(config-if)# **ip igmp helper-address udl** ethernet 0	为以上代理服务接口配置 IGMP UDLR 助手。允许下行路由器帮助把来自主机的 IGMP 报告转发到与指定接口关联的 UDL 上行路由器上。 本示例中所配置的 IGMP 助手直接连接上行路由器的 ethernet 0 端口，它通过代理服务接口 loopback 0 把来自主机的 IGMP 报告转发到上行路由器中。 可用 **no ip igmp helper-address** 命令删除所有的 IGMP UDLR 助手
10	**ip igmp proxy-service** 例如：Switch(config-if)# **ip igmp proxy-service**	在以上代理服务接口上配置组播路由代理服务。在启用了组播路由代理服务后，路由器会基于所设置的 IGMP 查询时间间隔周期性地为由第 6 步 **ip igmp mroute-proxy** 命令配置的（S，G）转发表项检查静态组播路由表。当找到匹配的路由表项后，就会创建这个 IGMP 报告，并在接口上接收这个报告。 本示例中是配置作为代理服务接口的 loopback 0 接口上启用组播路由代理服务，为通过第 6 步中 **ip igmp mroute-proxy** 命令注册的接口上所有组播组转发 IGMP 报告 可用 **no ip igmp proxy-service** 命令禁止组播路由代理服务
11	**end** 例如：Switch(config-if)# **end**	返回特权模式
12	**show ip igmp interface** 例如：Switch# **show ip igmp interface**	（可选）显示接口上相关的组播信息
13	**show ip igmp udlr** 例如：Switch# **show ip igmp udlr**	（可选）显示 UDLR 配置信息

以下是一个下行 UDL 路由器配置示例。它指定 loopback 0 作为代理服务接口，直接连接上行 UDL 路由器的端口为 ethernet 0，在该端口上启用 UDLR 特性，间接连接客户端的端口为 ethernet 1，它使用代理服务接口 loopback 0 作为 IGMP 助手。

```
Switch(config)#interface loopback 0
Switch(config-if)#ip address 10.7.1.1 255.255.255.0
Switch(config-if)#ip pim dense-mode
Switch(config-if)#ip igmp helper-address udl ethernet 0
Switch(config-if)#ip igmp proxy-service
Switch(config-if)#exit
Switch(config)#interface ethernet 0
Switch(config-if)#ip address 10.2.1.1 255.255.255.0
Switch(config-if)#ip pim dense-mode
Switch(config-if)#ip igmp unidirectional link
Switch(config-if)#exit
Switch(config-if)#interface ethernet 1
Switch(config-if)#ip address 10.1.1.1 255.255.255.0
Switch(config-if)#ip pim sparse-mode
Switch(config-if)#ip igmp mroute-proxy loopback 0
```

10.2.4　IGMP 代理配置示例

以下示例显示如何为 IGMP UDLR 配置上行 UDL 路由器端口、下行 UDL 路由器端口和 IGMP 代理功能。IGMP 代理机制对于那些不是直接连接下行路由器，而又要加入到上行网络中的组播组的主机是必要的。本示例拓扑如图 10-3 所示，Router A 是上行路由器，Router B 是下行路由器。

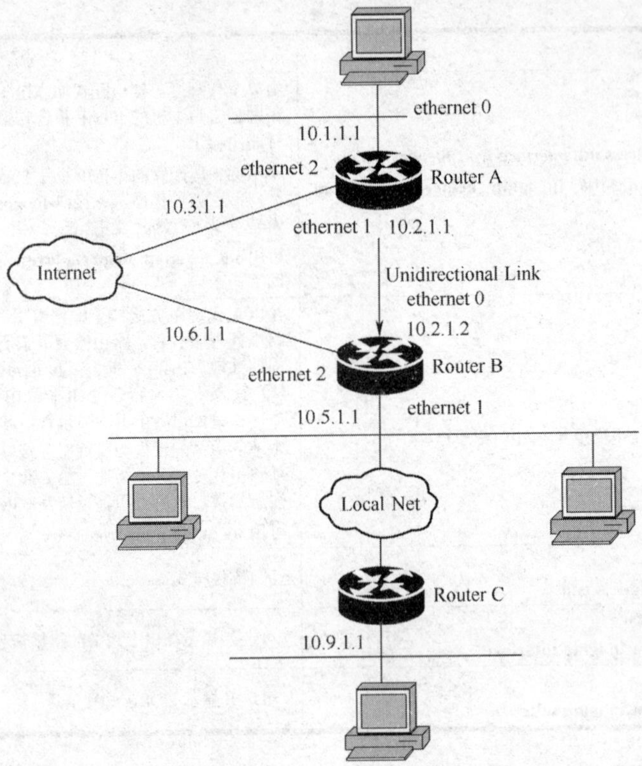

图 10-3　IGMP 代理配置示例

Router A 的配置如下：

```
Switch(config)#interface ethernet 0
Switch(config-if)#ip address 10.1.1.1 255.255.255.0
Switch(config-if)#ip pim dense-mode      !---启用 PIM-DM 模式
Switch(config-if)#exit
Switch(config)#interface ethernet 1
Switch(config-if)#ip address 10.2.1.1 255.255.255.0
Switch(config-if)#ip pim dense-mode
Switch(config-if)#ip igmp unidirectional-link
Switch(config-if)#exit
Switch(config)#interface ethernet 2
Switch(config-if)#ip address 10.3.1.1 255.255.255.0
```

Router B 的配置如下：

```
Switch(config)#ip pim rp-address 10.5.1.1 5     !---配置 ACL 5 中的组播组静态映射 10.5.1.1 作为 RP
Switch(config)#access-list 5 permit 239.0.0.0 0.255.255.255     !---配置组播组地址范围
Switch(config)#interface loopback 0
Switch(config-if)#ip address 10.7.1.1 255.255.255.0
Switch(config-if)#ip pim dense-mode
Switch(config-if)#ip igmp helper-address udl ethernet 0
Switch(config-if)#ip igmp proxy-service
Switch(config-if)#exit
Switch(config)#interface ethernet 0
Switch(config-if)#ip address 10.2.1.2 255.255.255.0
Switch(config-if)#ip pim dense-mode
Switch(config-if)#ip igmp unidirectional-link
Switch(config-if)#exit
Switch(config)#interface ethernet 1
Switch(config-if)#ip address 10.5.1.1 255.255.255.0
Switch(config-if)#ip pim sparse-mode
Switch(config-if)#ip igmp mroute-proxy loopback 0
Switch(config-if)#exit
Switch(config)#interface ethernet 2
```

```
Switch(config-if)#ip address 10.6.1.1 255.255.255.0
```

10.3 Cisco IOS 交换机 IGMP 管理

本节介绍几个在 Cisco IOS 交换机上对 IGMP 进行管理的命令。

1. show ip igmp groups 命令

show ip igmp groups [*group-name* | *group-address* | *interface-type interface-number*] [**detail**] 特权或用户模式命令用来查看本地连接的组播组和通过 IGMP 学习到的组播。命令中的参数说明如下：

- *group-name*：多选一可选参数，指定要查看的组播组名，它是在 DNS 主机表中定义的。
- *group-address*：多选一可选参数，指定要查看的组播组的组播源 IP 地址。
- *interface-type interface-number*：多选一可选参数，指定要查看组播组的接口。
- **detail**：可选项，指定详细显示组播组信息，包括已知的组播源。

如果不带任何参数和选项，则显示交换机上所有本地连接和通过 IGMP 学习到的组播信息。

【示例 1】显示交换机上所有组播组信息。输出信息中各字段说明如表 10-12 所示。

```
Switch# show ip igmp groups
IGMP Connected Group Membership
Group Address    Interface     Uptime    Expires    Last Reporter
239.255.255.254  Ethernet3/1   1w0d      00:02:19   172.21.200.159
224.0.1.40       Ethernet3/1   1w0d      00:02:15   172.21.200.1
224.0.1.40       Ethernet3/3   1w0d      never      172.16.214.251
224.0.1.1        Ethernet3/1   1w0d      00:02:11   172.21.200.11
224.9.9.2        Ethernet3/1   1w0d      00:02:10   172.21.200.155
232.1.1.1        Ethernet3/1   5d21h     stopped    172.21.200.206
```

表 10-12 show ip igmp groups 命令输出信息字段说明

字段	说明
Group Address	组播组 IP 地址
Interface	到达对应组播组所经过的交换机端口
Uptime	对应组播组已存活的时间，以 w（周）d（天）h（小时）m（分钟）s（秒）格式显示
Expires	对应组播组还要多长时间过期，以 hh（小时）:mm（分钟）:ss（秒）格式显示。如果显示 nerver 表示该组播组永不过期；如果显示 stopped 则表示该组播组已过期停止了
Last Reporter	最后加入该组播组的主机 IP 地址
Group mode:	显示组播组模式：INCLUDE（包括）、EXCLUDE（排除）。组播组模式是基于接口所接收到的加入对应组播组成员报告类型而定的
CSR Grp Exp	显示 SSM 中的组播组过期时间，也是以 hh（小时）:mm（分钟）:ss（秒）格式显示的
Group source list:	显示由对应组播组请求的详细组播源列表
Source Address	组播源 IP 地址
Uptime	显示对应组播源已在对应组播组中存在的时间
v3 Exp	显示在没有 IGMPv3 lite 或 URD 成员加入时对应组播源过期的时间
CSR Exp	显示在没有 IGMPv3 成员加入时对应组播源过期的时间
Fwd	显示当前交换机是否正在转发对应组播源的组播通信
Flags	显示对应组播源所接收的 IGMPv3 成员关系报告的远程标记，C 表示为 IGMPv3 lite 或 URD 报告，U 表示为 URD 报告

【示例 2】显示交换机上组播源地址为 192.168.1.1 的详细组播组信息。输出信息中的各字段说明参见表 10-9。

```
Switch# show ip igmp groups 192.168.1.1 detail
Interface:    Ethernet3/2
Group:        192.168.1.1
Uptime:       01:58:28
```

```
Group mode:      INCLUDE
Last reporter:   10.0.119.133
CSR Grp Exp:     00:02:38
Group source list: (C - Cisco Src Report, U - URD, R - Remote
                   S- Static, M - SSM Mapping)
  Source Address    Uptime    v3 Exp    CSR Exp    Fwd   Flags
  172.16.214.1      01:58:28  stopped   00:02:31   Yes   C
```

2. show ip igmp interface 命令

show ip igmp interface [*interface-type interface-number*] 特权或用户模式命令显示接口上的相关组播信息，包括 DVMRP（Distance Vector Multicast Routing Protocol，距离矢量组播路由协议）信息。命令中的 *interface-type interface-number* 可选参数用来指定要查看组播信息的交换机接口。如果不带此可选参数则显示交换机所有接口上的组播信息。

【示例 3】显示当前交换机所有接口上的组播信息。命令输出信息中各字段说明如表 10-13 所示。

```
Switch# show ip igmp interface
Ethernet0 is up, line protocol is up
  Internet address is 192.168.37.6, subnet mask is 255.255.255.0
  IGMP is enabled on interface
  IGMP query interval is 60 seconds
  Inbound IGMP access group is not set
  Multicast routing is enabled on interface
  Multicast TTL threshold is 0
  Multicast designated router (DR) is 192.168.37.33
  No multicast groups joined
Ethernet1 is up, line protocol is up
  Internet address is 192.168.36.129, subnet mask is 255.255.255.0
  IGMP is enabled on interface
  IGMP query interval is 60 seconds
  Inbound IGMP access group is not set
  Multicast routing is enabled on interface
  Multicast TTL threshold is 0
  Multicast designated router (DR) is 192.168.36.131
  Multicast groups joined: 225.2.2.2 226.2.2.2
Tunnel0 is up, line protocol is up
  Internet address is 10.1.37.2, subnet mask is 255.255.0.0
  IGMP is enabled on interface
  IGMP query interval is 60 seconds
  Inbound IGMP access group is not set
  Multicast routing is enabled on interface
  Multicast TTL threshold is 0
  No multicast groups joined
```

表 10-13 show ip igmp interface 命令输出信息字段说明

字段	说明
Ethernet0 is up, line protocol is up	显示对应接口的状态
Internet address is..., subnet mask is...	显示对应接口的 IP 地址和子网掩码
IGMP is enabled on interface	显示在接口上是否启用了 IGMP
IGMP query interval is 60 seconds	显示接口上配置的发送 PIM 路由器查询消息的时间间隔
Inbound IGMP access group is not set	显示是否用 **ip igmp access-group** 命令配置 IGMP 访问组
Multicast routing is enabled on interface	显示在接口上是否用 **ip pim** 命令启用了组播路由
Multicast TTL threshold is 0	显示在接口上用命令配置的组播包 TTL（生存时间）值
Multicast designated router (DR) is...	显示本地子网配置的 DR（指定路由器）IP 地址
No multicast groups joined	显示当前接口是否是任何组播组成员，如果是，则显示组播组 IP 地址

3．show ip igmp membership

show ip igmp membership [*group-address* | *group-name*] [**tracked**] [**all**] 特权或用户模式命令用来显示组播组 IGMP 成员信息和（S，G）通道。命令中的参数和选项说明如下：

- *group-address*：二选一可选参数，指定要查看 IGMP 成员信息的组播组 IP 地址。
- *group-name*：二选一可选参数，指定要查看 IGMP 成员信息的组播组名称。
- **tracked**：可选项，指定显示已启用了明确跟踪（Explicit Tracking）功能的组播组信息。
- **all**：可选项，指定详细显示组播信息，包括启用或者没有启用明显跟踪功能的组播组。

【示例 4】查看交换机上所有组播组的 IGMP 成员信息。每个条目显示了指定组播组或（S，G）通道的汇聚成员信息（以 A 进行标志）。命令输出信息中各字段说明如表 10-14 所示。

```
Switch> show ip igmp membership
Flags:A   - aggregate, T - tracked
        L   - Local, S - static, V - virtual, R - Reported through v3
        I - v3lite, D - Urd, M - SSM (S,G) channel
        1,2,3 - The version of IGMP, the group is in
Channel/Group-Flags:
        / - Filtering entry (Exclude mode (S,G), Include mode (*,G))
Reporter:
        <ip-address> - last reporter if group is not explicitly tracked
        <n>/<m>          - <n> reporter in include mode,<m> reporter in exclude
 Channel/Group                  Reporter         Uptime   了 Exp.   Flags   Interface
 *,224.0.1.40                   10.10.0.1        00:01:34     02:41    2LA      Et2/0
 *,239.1.1.1                    2/0               00:00:10     stop     3AT      Et2/0
```

表 10-14　show ip igmp membership 命令输出信息字段说明

字段	说明
Channel/Group	（S，G）通道（也就是"组播源地址"和"组播组地址"对）或组播组过滤条目。它包括两种类型，如果是同时指定组播源和组播组 IP 地址，则过滤条目格式为（S，G），为排除模式（Exclude Mode），如果仅指定组播组 IP 地址，则过滤条目的格式为（*，G），为包括模式（Include Mode）
Reporter	显示以（S，G）通道或组播组过滤条目报告成员关系的主机 IP 地址或加入了对应组播组的交换机接口
Uptime	显示对应条目已存在的时间，以 hh（小时）:mm（分钟）:ss（秒）格式显示
Exp.	显示对应条目还要多长时间过期，以 mm（分钟）:ss（秒）格式显示，如果已过期，则显示 stop（停止）状态
Flags	条目标志信息。包括以下几种： ● A——汇聚（Aggregate），表示显示的是（*，G）通道或组播组的汇聚信息 ● T——被跟踪（Tracked），表示对应组播组已配置了明确跟踪功能 ● L——本地（Local），表示当前交换机希望接收这个组播组或通道的通信，也就是当前交换机已加入到了对应的组播组中，在使用了 **ip igmp join-group** 命令时，就会设置这个 L 标志 ● S——静态（Static），表示对应组播或通道是在该交换机接口上转发。当配置了 **ip igmp static-group** 命令时，就会设置这个 S 标志 ● V——虚拟（Virtual）类型，表示交换机上像 Hoot 和 Holler 这样的服务正在请求组播组或（S，G）通道的组播通信。这些服务可以快速交换路径 IP 组播通信。这些应用不会有 L 标志 ● R——IGMPv3 报告类型。表示此条目所接收的是 IGMPv3 报告 ● I——IGMPv3 lite 报告类型。表示此条目所接收的是 IGMPv3 lite 报告 ● D——URD（URL Rendezvous Directory，URL 汇聚目录）类型。表示此条目所接收的是 URD 报告 ● M——SSM（S，G）通道类型。表示组播组地址在 SSM 范围 ● 1, 2, 3——IGMP 版本，表示正在运行的 IGMP 版本
Interface	表示对应组播组在当前交换机上的接口

【示例 5】显示交换机上组播地址为 239.1.1.1，且启用了明确跟踪功能的组播成员信息。

```
Switch> show ip igmp membership 239.1.1.1 tracked
Flags:A   - aggregate, T - tracked
        L   - Local, S - static, V - virtual, R - Reported through v3
        I - v3lite, D - Urd, M - SSM (S,G) channel
        1,2,3 - The version of IGMP, the group is in
```

```
Channel/Group-Flags:
        / - Filtering entry (Exclude mode (S,G), Include mode (*,G))
Reporter:
        <ip-address> - last reporter if group is not explicitly tracked
        <n>/<m>      - <n> reporter in include mode,<m> reporter in exclude
 Channel/Group               Reporter        Uptime    Exp.  Flags   Interface
 *,239.1.1.1                  2/0            00:00:11   stop   3AT     Et2/0
 10.30.0.100,239.1.1.1       10.10.0.10      00:00:11  02:48  RT      Et2/0
 10.30.0.101,239.1.1.1       10.10.0.20      00:00:03  02:56  RT      Et2/0
 10.30.0.101,239.1.1.1       10.10.0.10      00:00:11  02:48  RT      Et2/0
 10.30.0.102,239.1.1.1       10.10.0.20      00:00:03  02:56  RT      Et2/0
```

10.4 Cisco IOS 交换机 IGMP Snooping 配置

二层交换机可以使用 IGMP Snooping 抑制由动态配置的二层接口的组播通信泛洪，以便组播通信仅转发到与 IP 组播设备相关的接口。所以，IGMP Snooping 需要 LAN 交换机去嗅探在主机与组播路由器间传送的 IGMP 包，并保持对组播组与组播组成员端口的跟踪。当交换机收到一个来自特定组播组主机的成员关系报告时，交换机加入这个主机端口号到转发列表中；当交换机接收来自一个主机的 IGMP 离开组消息，它又将从转发列表中删除这个主机所连接的交换机端口。如果交换机在指定时间内没有接收到来自组播接收者的 IGMP 成员关系报告，它也可以周期性地删除这些主机的转发列表条目。

本节要介绍 Cisco IOS 交换机中的一些主要 IGMP Snooping 配置。先来简单地回顾一下 IGMP Snooping 相关的主要基础知识。

10.4.1 IGMP Snooping 基础知识回顾

因为我们在本书第 9 章的 9.6 节已对 IGMP Snooping 的工作原理有了比较详细的介绍，故在此仅就 Cisco IOS 交换机一些主要基础知识进行回顾。

在组播网络中，组播路由器周期性地发送普遍查询消息到所有 VLAN，所有对查询消息中的组播组感兴趣的主机可以发送加入对应组播组的请求，然后在交换机中添加对应的主机转发列表条目。启用了 IGMP Snooping 的二层交换机会为每个接收到加入请求消息的组播组，在 IGMP Snooping IP 组播转发列表中为每个 VLAN 创建一个转发列表条目。

IP 组播组通常是通过 IGMP Snooping 动态学习到的，也可以通过使用 **ip igmp snooping vlan** *vlan-id* **static** *ip_address* **interface** *interface-id* 全局配置模式命令静态配置。如果为一个组播组指定静态的组成员，则设置将取代任何通过 IGMP Snooping 自动处理。组播组成员列表可以同时包括用户定义的和 IGMP Snooping 动态学习这两种设置。

可以配置一个 IGMP Snooping 查询器来使没有组播接口而不能进行组播通信的子网中支持 IGMP Snooping。具体将在本章后面专门介绍。

另外，因为 IGMP Snooping 所发送的也是 IGMP 包，是 IGMP 协议的扩展，所以它与 IGMP 一样，也有对应的三个版本，即 IGMP Snooping v1、v2 和 v3。下面具体介绍如何启用或禁用 IGMP Snooping 协议。

10.4.2 Cisco IOS 交换机上的 IGMP Snooping 的启用与禁用

默认情况下，IGMP Snooping 在 Cisco IOS 交换机上是全局启用的。当全局启用或禁用时，它也将在所有已存在的 VLAN 接口上启用或禁用。IGMP Snooping 默认在所有 VLAN 中启用，但是它可以基于每个 VLAN 来启用和禁用。

全局 IGMP Snooping 设置将覆盖 VLAN 的 IGMP Snooping 设置，也就是说，如果全局是禁用 IGMP Snooping 的，不能在 VLAN 上启用 IGMP Snooping；如果全局是启用 IGMP Snooping 的，可以在 VLAN 上启用或禁用 IGMP Snooping。

1. 全局启用或禁用 IGMP Snooping

可在全局配置模式下使用 **ip igmp snooping** 命令在交换机上全局启用 IGMP Snooping，在交换机上所有 VLAN 接口上启用 IGMP Snooping。

要全局禁用所有 VLAN 接口上的 IGMP Snooping，可使用 **no ip igmp snooping** 全局配置模式命令。

2. 个别启用或禁用 IGMP Snooping

可在全局配置模式下使用 **no ip igmp snooping vlan** *vlan-id* 命令禁用个别 VLAN 接口上的 IGMP Snooping，参数 *vlan-id* 就是指定要禁用 IGMP Snooping 的 VLAN 接口 ID，取值范围为 1~1001 和 1006~4094。如果要再开启个别 VLAN 接口上的 IGMP Snooping，则只需在全局配置模式下使用 **ip igmp snooping vlan** *vlan-id* 命令进行配置即可，参数 *vlan-id* 就是指定要启用 IGMP Snooping 的 VLAN 接口 ID，取值范围为 1~1001 和 1006~4094。但在启用 VLAN 接口上的 IGMP Snooping 之前，一定要确保交换机全局已启用了 IGMP Snooping。

10.4.3 IGMP Snooping 组播组嗅探配置

在本章 10.4.1 节就已介绍到了，IGMP Snooping 通常是采用嗅探（Snooping）组播包的方法来动态学习组播组的，然后把支持组播的组播路由器二层端口添加到当前交换机的二层组播条目的转发列表中。当然，还可以采用静态配置的方法学习。总的来说，Cisco IOS 交换机是通过以下几种方法来学习这些组播路由器二层端口的：

- 嗅探 IGMP 查询、PIM 包和 DVMRP（Distance Vector Multicast Routing Protocol，距离矢量组播路由协议）包
- 侦听来自其他路由器的 CGMP（Cisco Group Management Protocol，思科组管理协议）包
- 通过 **ip igmp snooping mrouter** 全局配置命令静态连接到一个组播路由器端口

1. 动态嗅探组播组的配置方法

可以配置交换机去嗅探 IGMP 查询、PIM/DVMRP 包，或者侦听 CGMP 自加入/代理加入包。默认情况下，交换机嗅探交换机上所有 VLAN 的 PIM/DVMRP 包。要仅通过 CGMP 包来学习组播路由器端口，则可使用 **ip igmp snooping vlan** *vlan-id* **mrouter learn cgmp** 全局配置模式命令。键入此命令后，路由器仅侦听 CGMP 自加入和代理加入包，不侦听其他 CGMP 包。可用 **no ip igmp snooping vlan** *vlan-id* **mrouter learn cgmp** 全局配置模式命令恢复为默认的 PIM/DVMRP 包学习方式。要仅通过 PIM/DVMRP 包学习组播路由器端口（这是默认方式），则可使用 **ip igmp snooping vlan** *vlan-id* **mrouter learn pim-dvmrp** 全局配置模式命令。上面的 *vlan-id* 参数的取值范围都是 1~1001 和 1006~4094。

【示例 1】配置 IGMP Snooping 使用 CGMP 包来学习组播路由器端口。

```
Switch# configure terminal
Switch(config)# ip igmp snooping vlan 1 mrouter learn cgmp
Switch(config)# end
```

2. 静态连接组播组的配置方法

如果要静态添加一个组播路由器端口（也就是添加一个到组播路由器的静态连接，注意这里的端口仅可以是组播路由器上的二层交换端口），可使用 **ip igmp snooping vlan** *vlan-id* **mrouter interface** *interface-id* 全局配置模式命令。参数 *vlan-id* 用来指定所添加的组播路由器二层交换端口要加入的本地交换机上 VLAN 的 ID 值，取值范围都是 1~1001 和 1006~4094；参数 *interface-id* 用来指定要添加到以上本地交换机 VLAN 中的组播路由器上的二层交换端口，可以是物理端口，也可以是端口通道。如果是端口通道，则取值范围为 1~48。可用 **no ip igmp snooping vlan** *vlan-id* **mrouter interface** *interface-id* 全局配置模式命令从指定 VLAN 中删除指定的组播路由器端口。

【示例 2】把组播路由器 **gigabitethernet0/2** 端口静态添加到本地交换机 VLAN 200 中，与组播路由器建立静态连接。

```
Switch# configure terminal
Switch(config)# ip igmp snooping vlan 200 mrouter interface gigabitethernet0/2
Switch(config)# end
```


10.4.4 主机静态加入到一个组播组

当一台连接交换机的主机要加入到一个 IP 组播组，而它又是 IGMPv2 客户端时，它将主动向交换机发送一个 IGMP 加入消息，并指定要加入的组播组。另外，当交换机接收到一个来自其他组播路由器的普遍查询消息时，它将转发这个查询消息到该端口所在 VLAN 中的所有端口上，IGMPv1 或者 IGMPv2 版本主机通过发送一个 IGMP 加入消息到交换机来加入想要加入的组播组。如果交换机上没有对应主机的组播组转发条目，则交换机 CPU 会建立这个组播转发表（Forwarding Table）条目，同时会添加接收该加入消息的接口到转发表条目中，而与接收组播通信端口相连的主机就会加入到对应的组播组中。

如图 10-4 所示，Router A 发送一个普遍查询消息到下面连接的交换机上，交换机把这个消息转发到端口 2~端口 5 这四个处于同一 VLAN 的端口上。此时假设端口 2 上连接的 Host 1 要加入到组播组 224.1.2.3，则以组播方式发送一个 IGMP 成员关系报告消息（此时该组播组中的所有成员都可以接收到）。然后，交换机 CPU 使用在 IGMP 成员关系报告中的信息建立一个转发列表条目，如下所示，包括交换机上连接 Host 1 和路由器 Router A 的两个端口号 2 和 1。

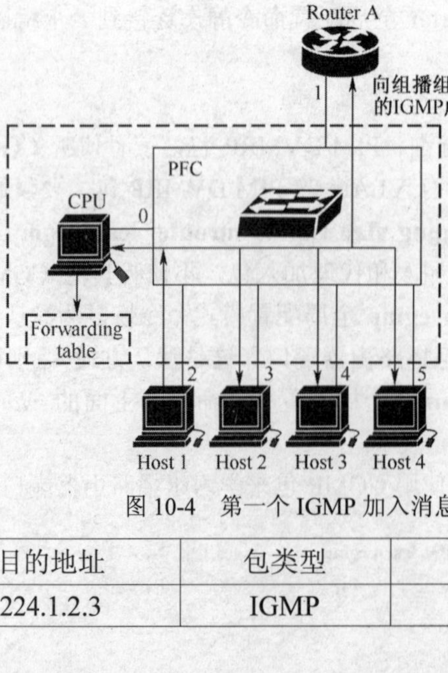

图 10-4　第一个 IGMP 加入消息

目的地址	包类型	端口
224.1.2.3	IGMP	1, 2

交换机硬件可以对 IGMP 信息包与其他组播组包进行区别。转发列表中的信息告诉交换机引擎发送到 IP 地址为 224.1.2.3 的组播组的帧不是要到路由器的 IGMP 包，而是要发送到已加入该组播组的主机中。

此时如果其他主机（例如 Host 4）也要加入到以上组播组（224.1.2.3），因为交换机 CPU 中已有与该组播组连接的转发列表，所以不会以组播方式来发送这个 IGMP 加入消息，而是直接向交换机 CPU 发送，如图 10-5 所示。交换机在接收到这个消息后直接在原来对应的组播组转发列表中添加 Host 4 所连接的端口号，如下所示（已在端口字段中添加 Host 4 主机所连接的交换机端口 5）。注意，因为转发列表仅指向交换机 CPU，所以这个消息不会泛洪到交换机的其他端口。但是任何已知的组播数据通信是转发到组播组，而不会到交换机的 CPU。

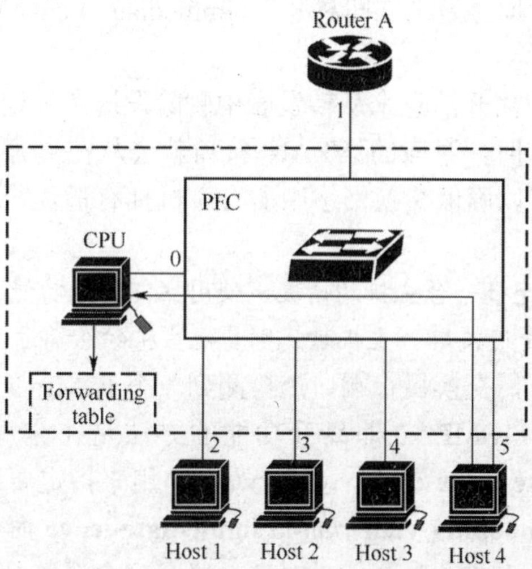

图 10-5　第二个主机的相同组播 IGMP 加入消息

目的地址	包类型	端口
224.1.2.3	IGMP	1, 2, 5

主机或者二层端口通常是动态加入到组播组的，但是也可以静态配置一台主机加入到组播组中。只需要在全局配置模式下使用 **ip igmp snooping vlan** *vlan-id* **static** *ip_address* **interface** *interface-id* 命令即可。命令中的参数说明如下：

- *vlan-id*：用来指定主机所连接的二层端口所要加入的组播组 VLAN 的 ID，取值范围都是 1~1001 和 1006~4094。
- *ip-address*：用来指定要加入的组播组 IP 地址。
- *interface-id*：用来指定对应主机所连接的二层交换端口，可以是物理端口，也可以是端口通道。如果是端口通道，则取值范围为 1~48。

可用 **no ip igmp snooping vlan** *vlan-id* **static** *mac-address* **interface** *interface-id* 全局配置模式命令把对应二层接口所连接的主机从指定的组播组中删除。

以下示例是把 **gigabitethernet1/0/1** 端口上所连接的主机加入到 IP 地址为 **224.2.4.12** 的组播组的组播 **VLAN 105** 中。

```
Switch# configure terminal
Switch(config)# ip igmp snooping vlan 105 static 224.2.4.12 interface gigabitethernet1/0/1
Switch(config)# end
```

10.4.5　启用 IGMP 立即离开功能

组播路由器周期性地发送组播普遍查询消息，交换机通过对应组播 VLAN 中的所有端口转发这些查询。需要加入的主机会发送 IGMP 成员报告消息对这些查询进行响应。如果在这个组播 VLAN 中至少有一个主机希望接收查询消息中包含的组播组通信，则路由器会继续转发组播数据通信到这个组播 VLAN 中。交换机仅转发对应组播组数据通信到已通过 IGMP 嗅探维护的 IP 组播组转发列表中的主机上。

当主机不想接收某组播组数据通信时，它可以悄悄地离开这个组播组，也可以发送一个离开消息（Leave Message）。当交换机接收到来自一个主机的离开消息时，它将发送一个指定组查询（Group-specific Query）来了解是否还有其他连接在该接口上的设备对指定组播通信感兴趣，然后依据查询结果更新转发列表，以便仅对组播通信感兴趣的主机存在转发列表中。如果路由器不能从一个组播 VLAN 中接收到报告消息，它将从它的 IGMP 缓存中删除对应 VLAN 的组播组。

还有一种离开方式，那就是称之为“立即离开”（Immediate Leave）功能，它仅在 IGMPv2 主机上支持。

交换机使用 IGMP 嗅探立即离开消息来从转发表中删除发送离开消息的接口，而交换机不会再发送一个指定查询到该接口。这时，对应的 VLAN 接口就会从在离开消息中指定的组播组共享树中被剪枝。立即离开消息功能可以确保交换网络中所有主机拥有最优带宽管理，即使在同时使用多个组播组的环境下。

【注意】应当在每个端口仅连接一台主机的情况下使用立即离开功能。如果在 VLAN 中启用了立即离开消息功能，当一个端口不是连接单一主机时，则其他主机的组播通信将在不经意时被中断了。

当启用 IGMP 立即离开功能，交换机在端口上检测到一个 IGMPv2 版本离开消息时，立即从组播转发表中删除该端口。启用 IGMP 立即离开功能的方法是在全局配置模式下使用 **ip igmp snooping vlan** *vlan-id* **immediate-leave** 命令，参数 *vlan-id* 用来指定要启用 IGMP 立即离开功能的 VLAN 接口。可用 **no ip igmp snooping vlan** *vlan-id* **immediate-leave** 命令禁止指定 VLAN 接口上的 IGMP 立即离开功能；可用 **show ip igmp snooping vlan** *vlan-id* 命令验证 IGMP 立即离开功能的配置是否成功。

以下示例是配置在 VLAN 130 接口上启用 IGMP 立即离开功能。

```
Switch# configure terminal
Switch(config)# ip igmp snooping vlan 130 immediate-leave
Switch(config)# end
```

10.4.6 IGMP 离开计时器配置

可以配置交换机在发送指定查询，决定该接口下是否仍有主机对指定的组播组感兴趣后等待发送 IGMP 离开响应消息的时间。这个时间可配置在 100~32768 毫秒之间，可以全局设置，也可以基于每个 VLAN 单独设置，但基于 VLAN 的设置将覆盖全局设置。默认值为 1000 毫秒。

IGMP 立即离开计时器的配置步骤如表 10-15 所示。

表 10-15 IGMP 离开计时器配置

步骤	命令	说明
1	**configure terminal** 例如：Switch# **configure terminal**	进入全局配置模式
2	**ip igmp snooping last-member-query-interval** *time* 例如：Switch(config)#**ip igmp snooping last-member-query-interval** 500	全局配置 IGMP 离开计时器，即 IGMP Snooping 最后成员查询的时间间隔，取值范围为 100~32768 毫秒之间，默认为 1000 毫秒。 可用 **no ip igmp snooping last-member-query-interval** 全局配置模式命令恢复全局 IGMP 离开计时器的默认设置
3	**ip igmp snooping vlan** *vlan-id* **last-member-query-interval** *time* 例如：Switch(config)#**ip igmp snooping vlan** 10 **last-member-query-interval** 500	（可选）在指定的 VLAN 接口上配置 IGMP 离开计时器，取值范围为 100~32768 毫秒之间，默认为 1000 毫秒。在指定 VLAN 接口上的计时器配置将覆盖从全局配置中继承的值。 可用 **no ip igmp snooping vlan** *vlan-id* **last-member-query-interval** 命令删除指定 VLAN 接口上的 IGMP 离开计时器设置

续表

步骤	命令	说明
4	**end** 例如：Switch(config)# **end**	返回特权模式
5	**show ip igmp snooping** 例如：Switch#**show ip igmp snooping**	（可选）查看 IGMP 离开计时器配置
6	**copy running-config startup-config** 例如：Switch#**copy running-config startup-config**	（可选）在启动配置文件中保存以上配置

以下示例是配置最后成员查询的时间间隔为 200 毫秒。

```
Switch# configure terminal
Switch(config)#ip igmp snooping last-member-query-interval 200
```

10.4.7　Cisco IOS 交换机 IGMP Snooping TCN 相关配置

TCN 就是 Topology Change Notification（拓扑更改通知）的简称。有些 TCN 事件是接收者改变了位置，或者接收者所连接的端口被阻塞了，但组播通信仍然在向这些端口转发，或者是某些端口关闭了，而没有发送离开消息。本节要介绍的就是在组播网络发生拓扑变化时的 IGMP Snooping 相关设置。

1．控制在发生 TCN 事件后组播泛洪的时间

可以使用 **ip igmp snooping tcn flood query count** *count* 全局配置模式命令控制在发生 TCN 事件时组播通信泛洪的时间。这个命令配置了在发生 TCN 事件后，为泛洪的组播数据通信而发送的普遍查询包的个数。参数 *count* 用来指定在出现 TCN 事件时发送 IGMP 普遍查询包的个数，取值范围为 1~10，默认为 2 个。可用 **no ip igmp snooping tcn flood query count** 全局配置模式命令恢复为默认设置。如果设置 TCN 泛洪查询次数为 1，则在接收到 1 个普遍查询后，则组播通信的泛洪传输就被停止；如果设置的是 7，则在接收 7 个普遍查询包后组播通信才停止泛洪传输。组播组的识别就是依靠在 TCN 事件过程中所接收到的普遍查询包来学习的。

【示例 1】配置交换机在接收 TCN 事件后，发送 IGMP 普遍查询包个数为 5。超过 5 个即组播泛洪将被停止。

```
Switch# configure terminal
Switch(config)# ip igmp snooping tcn flood query count 5
```

2．从泛洪模式恢复

当发生拓扑改变时，生成树根会发送一个带有组播地址 0.0.0.0 的特定 IGMP 离开消息（也称“全局离开”）。但是，在配置了 **ip igmp snooping tcn query solicit** 全局配置模式命令时，交换机将发送这个全局离开消息，不管该交换机是否是生成树根。当组播路由器收到这个全局离开消息后，将发送一个普遍查询，加速从 TCN 事件过程中泛洪模式的恢复。但如果交换机是生成树根，则这个全局离开消息始终会发送，不管是否配置了上述命令。默认情况下，交换机是不会发送全局离开消息的，可用 **no ip igmp snooping tcn query solicit** 全局配置模式命令恢复默认设置。

【示例 2】启用交换机发送特定 IGMP 离开消息功能。

```
Switch# configure terminal
Switch(config)# ip igmp snooping tcn query solicit
```

3．禁止在 TCN 事件过程中组播通信泛洪

默认情况下，当交换机接收到 TCN 事件时，组播通信将在所有端口上泛洪，直到接收到了 2 个普遍查询。如果交换机有许多连接了接收不同组播通信主机的端口，则泛洪通信可能会超出链路的承载能力，引发组播通信包丢失。所以，可在对应端口上使用 **no ip igmp snooping tcn flood** 接口

配置模式命令来控制这种组播泛洪行为的发生。如果要重启允许组播泛洪，则可在对应端口上使用 **ip igmp snooping tcn flood** 接口模式命令。

【示例 3】阻止交换机 gigaethernet 1/0 接口在接收到 TCN 事件后泛洪组播通信。

```
Switch# configure terminal
Switch(config)#interface gigaethernet 1/0
Switch(config-if)# no ip igmp snooping tcn flood
```

10.4.8 IGMP Snooping 查询器配置

一般来说，IGMP Snooping 在二层交换机上运行，下行连接用户，上行连接三层设备，由三层设备发出的通用查询报文维护同一个网段的组播成员关系，启用 IGMP Snooping 的设备仅通过嗅探 IGMP 报文来维护二层组播转发表。有些应用场合并不需要有三层设备，但还要运行二层组播。因此，通过配置 IGMP Snooping 查询器实现了在没有三层设备的情况下也能建立并维护组播转发表的功能。IGMP Snooping 查询器适用于纯二层组播网络，也就是没有配置任何三层协议的组播网络。

在运行了 IGMP 的组播网络中，会有一台三层组播设备充当 IGMP 查询器，负责发送 IGMP 查询报文，使三层组播设备能够在网络层建立并维护组播转发表项，从而在网络层正常转发组播数据。但是，在一个没有三层组播设备的网络中，由于二层设备并不支持 IGMP，因此无法实现 IGMP 查询器的相关功能。为了解决这个问题，可以在二层设备上配置 IGMP Snooping 查询器，使二层设备能够在数据链路层建立并维护组播转发表项，从而在数据链路层正常转发组播数据。

配置 IGMP Snooping 查询器须遵照以下配置指南：

- 在全局配置模式下配置 VLAN。
- 在 VLAN 接口上配置 IP 地址，使得 IGMP Snooping 查询器可以使用这个 IP 地址作为查询器地址。如果在 VLAN 接口上没有配置 IP 地址，则 IGMP Snooping 查询器将试图使用为 IGMP 查询器配置的全局 IP 地址。如果也没有配置这个全局 IP 地址，则 IGMP 查询器会试图使用任何已存在的 VLAN 接口 IP 地址。如果同时又没有 VLAN 接口 IP 地址，则交换机使用交换机上第一个可用的 IP 地址。这个第一个可用的 IP 地址可以通过 **show ip interface** 特权模式命令查看到。如果在交换机上不能发现任何可用的 IP 地址，则 IGMP Snooping 查询器不会产生 IGMP 普遍查询。
- IGMP Snooping 查询器支持 IGMPv1 和 IGMPv2。
- 在启用管理功能时，IGMP Snooping 查询器在网络中检测到存在组播路由器时将切换到非查询器状态。
- 在启用管理功能时，IGMP Snooping 查询器在满足以下条件时将处于禁止状态：
  - 在对应 VLAN 中禁止了 IGMP Snooping
  - 在对应 VLAN 的 SVI 接口上启用 PIM

IGMP Snooping 查询器功能的配置步骤如表 10-16 所示。

表 10-16 IGMP Snooping 查询器配置步骤

步骤	命令	说明
1	**configure terminal** 例如：Switch#**configure terminal**	进入全局配置模式
2	**ip igmp snooping querier** 例如：Switch(config)#**ip igmp snooping querier**	全局启用 IGMP Snooping 查询器功能
3	**ip igmp snooping querier address** *ip_address* 例如：Switch(config)#**ip igmp snooping querier address** 192.168.1.10	（可选）为 IGMP Snooping 查询器指定一个源 IP 地址。如果不指定 IP 地址，则查询器会试图使用全局配置的 IGMP 查询器 IP 地址，如果不能在交换机上找到可用的 IP 地址，则 IGMP Snooping 查询器不能产生 IGMP 普遍查询

续表

步骤	命令	说明
4	**ip igmp snooping querier query-interval** *interval-count* 例如：Switch(config)#**ip igmp snooping querier query-interval** 100	（可选）设置 IGMP 查询发送的时间间隔，取值范围为 1~18000 秒
5	**ip igmp snooping querier tcn query** [**count** *count* | **interval** *interval*] 例如：Switch(config)#**ip igmp snooping querier tcn query** 5	（可选）设置发送 TCN 查询的次数，或发送时间间隔。命令中的参数说明如下： ● *count*：二选一可选参数，用来指定发送 TCN 查询次数，取值范围为 1~10 ● *interval*：二选一可选参数，用来指定发送 TCN 查询的时间间隔，取值范围为 1~255 秒
6	**ip igmp snooping querier timer expiry** *timeout* 例如：Switch(config)#**ip igmp snooping querier timer expiry** 200	（可选）设置 IGMP 查询的过期时间，取值范围为 60~300 秒
7	**ip igmp snooping querier version** *version* 例如：Switch(config)#**ip igmp snooping querier version** 2	（可选）选择 IGMP Snooping 查询器运行的 IGMP 版本，取值为 1 或 2
8	**end** 例如：Switch(config)#**end**	返回特权模式
9	**show ip igmp snooping vlan** *vlan-id* 例如：Switch#**show ip igmp snooping vlan** 2	（可选）校验指定 VLAN 接口上的 IGMP Snooping 查询器功能是否启用，参数 *vlan-id* 的取值范围为 1~1001 和 1006~4094
10	**copy running-config startup-config** 例如：Switch#**copy running-config startup-config**	（可选）保存以上配置到启动配置文件中

【示例 1】配置 IGMP Snooping 查询器源 IP 地址为 10.0.0.64。

```
Switch# configure terminal
Switch(config)# ip igmp snooping querier 10.0.0.64
Switch(config)# end
```

【示例 2】配置 IGMP Snooping 查询器发送 IGMP 查询的时间间隔为 25 秒。

```
Switch# configure terminal
Switch(config)# ip igmp snooping querier query-interval 25
Switch(config)# end
```

【示例 3】配置 IGMP Snooping 查询器发送的 IGMP 查询过期时间为 60 秒。

```
Switch# configure terminal
Switch(config)# ip igmp snooping querier timeout expiry 60
Switch(config)# end
```

【示例 4】配置 IGMP Snooping 查询器功能工作在 IGMPv2 版本。

```
Switch# configure terminal
Switch(config)# no ip igmp snooping querier version 2
Switch(config)# end
```

10.5　Cisco IOS 交换机 IGMP Snooping 信息管理

可在特权模式下使用表 10-17 所示的 **show** 命令查看交换机上动态学习的 IGMP Snooping 信息以及静态配置的组播路由器端口和 VLAN 接口，也可以通过以下命令查看启用了 IGMP Snooping 的 VLAN 中的 MAC 地址组播条目。

表 10-17　管理 IGMP Snooping 信息的命令

命令	说明
show ip igmp snooping [**vlan** *vlan-id*]	查看交换机上所有或者指定 VLAN 中的 IGMP Snooping 配置信息，可选参数 *vlan-id* 的取值范围为 1~1001 和 1006~4094
show ip igmp snooping groups [**count** |**dynamic** [**count**] | **user** [**count**]]	查看交换机上的组播表信息。命令中的可选项说明如下： ● **count**：多选一可选项，显示组播表中的全部信息条目 ● **dynamic**：多选一可选项，显示通过 IGMP Snooping 学习到的动态组播表条目 ● **user**：多选一可选项，显示用户静态配置的组播表条目

续表

命令	说明
show ip igmp snooping groups vlan *vlan-id* [*ip_address* | **count** | **dynamic** [**count**] | **user**[**count**]]	查看指定组播 VLAN 或者指定参数的组播表信息。命令中的参数和选项说明如下： ● *vlan-id*：指定要显示组播信息的 VLAN，取值范围为 1~1001 和 1006~4094 ● **count**：多选一可选项，显示指定 VLAN 中的整个组播表条目数 ● **dynamic**：多选一可选项，显示指定 VLAN 中通过 IGMP Snooping 学习到的组播表条目 ● *ip_address*：多选一可选项，显示指定 VLAN 中指定 IP 地址组播组特性 ● **user**：多选一可选项，显示指定 VLAN 中用户静态配置的组播表条目
show ip igmp snooping membership [**interface** *interface_num*] [**vlan** *vlan_id*][**source** *a.b.c.d* **group** *a.b.c.d*]	查看 IGMP Snooping 组播组成员信息。命令中的参数说明如下： ● **interface** *interface_num*：可选参数，显示指定接口的组播成员和运行的 IGMP Snooping 版本信息 ● **vlan** *vlan_id*：可选参数，显示指定 VLAN 中的组播成员 ● **source** *a.b.c.d*：可选参数，显示指定组播源中的组播成员信息 ● **group** *a.b.c.d*：可选参数，显示指定组播组中的成员信息
show ip igmp snooping mrouter [**vlan** *vlan-id*]	查看交换机上或指定 VLAN 中动态学习或者手动配置的组播路由器接口
show ip igmp snooping querier [**vlan** *vlan-id*] **detail**	查看交换机上或指定 VLAN 中最近接收 IGMP 查询消息的端口和 IP 地址

【示例 1】查看交换机上的全局和各 VLAN 中的 IGMP Snooping 配置。

```
Switch# show ip igmp snooping

Global IGMP Snooping configuration:
----------------------------------
IGMP snooping                   : Enabled
IGMPv3 snooping                 : Enabled
Report suppression              : Enabled
TCN solicit query               : Disabled
TCN flood query count           : 2
Last Member Query Interval : 1000

Vlan 1:
--------
IGMP snooping                          : Enabled
IGMPv2 immediate leave                 : Enabled
Explicit host tracking                 : Enabled
Multicast router learning mode         : pim-dvmrp
Last Member Query Interval             : 1000
CGMP interoperability mode             : IGMP_ONLY

Vlan 11:
--------
IGMP snooping                          : Enabled
IGMPv2 immediate leave                 : Disabled
Explicit host tracking                 : Enabled
Multicast router learning mode         : pim-dvmrp
Last Member Query Interval             : 1000
CGMP interoperability mode             : IGMP_ONLY
```

【示例 2】查看交换机上 VLAN 2 中的 IGMP Snooping 配置信息。

```
Switch# show ip igmp snooping vlan 2
Global IGMP Snooping configuration:
----------------------------------
IGMP snooping                   : Enabled
IGMPv3 snooping                 : Enabled
Report suppression              : Enabled
TCN solicit query               : Disabled
```

```
TCN flood query count          : 2

Vlan 2:
--------
IGMP snooping                          : Enabled
IGMPv2 immediate leave                 : Disabled
Explicit host tracking                 : Enabled
Multicast router learning mode : pim-dvmrp
CGMP interoperability mode             : IGMP_ONLY
Switch>
```

【示例 3】显示 gigabitethernet4/1 接口上的主机成员。

```
Switch# show ip igmp snooping membership interface gigabitethernet4/1
#channels: 5
#hosts : 1
Source/Group        Interface       Reporter              Uptime  Last-Join  Last-Leave

40.40.40.2/224.10.10.10     Gi4/1     20.20.20     .20 00:23:     37 00:06:     50 00:20:30
40.40.40.4/224.10.10.10     Gi4/1     20.20.20     .20 00:39:     42 00:09:17     -
Switch#
```

【示例 4】显示 VLAN 20 中组播 IP 地址为 224.10.10.10，组播源 IP 地址为 40.40.40.2 的组播组中成员。

```
Switch# show ip igmp snooping membership vlan 20 source 40.40.40.2 group 224.10.10.10
#channels: 5
#hosts : 1
Source/Group        Interface       Reporter       Uptime        Last-Join       Last-Leave

40.40.40.2/224.10.10.10     Gi4/1     20.20.20     .20 00:23:     37 00:06:     50 00:20:30
Switch#
```

【示例 5】查看交换机上 VLAN 1 中的组播路由器接口（包括动态学习得到和手动静态配置得到）。本示例中，Fa0/3 组播路由器端口是通过 IGMP 动态学习得到，而 Fa0/2 组播路由器端口是用户手动静态配置的。

```
Switch# show ip igmp snooping mrouter vlan 1
Vlan      ports
----      -----
   1      Fa0/2(static), Fa0/3(dynamic)
```

【示例 6】查看交换机上的组播表信息。输出信息中的“Group”是指组播源 IP 地址。

```
Switch #show ip igmp snooping groups
Vlan        Group           Version       Port List
------------------------------------------------------
1           192.168.1.2     v2            Fa0/1/0
11          192.168.1.2     v2            Fa0/1/1
```

【示例 7】查看交换机上组播表条目数。

```
Switch #show ip igmp snooping groups count

Total number of groups:    2
```

【示例 8】显示 FastEthernet5/1 接口上的 IGMPv3 统计信息。

```
Switch# show ip igmp snooping statistics interface FastEthernet5/1
IGMP Snooping statistics
Service-policy: Policy1policy tied with this interface
#Channels: 3
#hosts : 3
Query Rx: 2901 GS Query Rx: 0 V3 Query Tot Rx: 0
Join Rx: 8686 Leave Rx: 0 V3 Report Rx: 2300
```

```
Join Rx from router ports: 8684 Leave Rx from router ports: 0
Total Rx: 11587
Channel/Group          Interface  Reporter    Uptime     Last-Join  Last-Leave
10.7.20.1,239.1.1.1    F5/1       10.5.20.1   00:12:00   1:10:00    -
10.7.30.1,239.1.1.1    F5/1       10.5.30.1   00:50:10   1:10:02    0:30:02
10.7.40.1,239.1.1.1    F5/1       10.5.40.1   00:10:10   1:10:03    -
```

11 Cisco IOS 交换机 PIM 组播配置与管理

在 Cisco IOS 交换机上的 PIM 相对来说比较简单，都是些基本配置，如 IP 组播路由功能的全局启用、在各组播接口上配置 PIM 模式和 IGMPv3（仅在 PIM-SSM 模式中，且仅在连接接收者主机侧的 PIM 接口上需要配置），以及 RP IP 地址、组播组范围过滤等。

为了使大家对各种 PIM 网络环境的配置步骤有一个清晰的思路，本章对各种 PIM 网络组播配置分别予以介绍，包括基本的 PIM 网络组播配置、自动 RP PIM-SM 模式组播配置、任播 RP PIM-SM 模式组播配置、BSR PIM-SM 模式组播配置、PIM-SSM 模式组播配置和 Bidir-PIM 模式组播配置，而且都在最后给出了相应的综合配置示例，以帮助大家理解。

学习时大家可以对照本书第 13 章中介绍的 H3C 交换机 PIM 组播配置学习，从中也可以看出，H3C 交换机在这方面的配置要强大许多。

11.1 基本 IP 组播路由配置

与 H3C 交换机一样，必须先启用 IP 组播路由，配置 PIM 版本和模式，然后 IOS 系统才可能转发组播包，交换机才可以形成它的组播路由表。

可以配置接口工作在 PIM-DM 模式、PIM-SM 模式、Bidir-PIM 模式，然后交换机会构建它自己的组路由表和转发从它直接相连的 LAN 接收到的组播包。必须为接口启用一种 PIM 模式来完成 IP 组播路由，在接口上启用了 PIM 后，会同时启用 IGMP，不能单独启动 IGMP（这一点与 H3C 交换机不一样）。

在交换机构建组播路由表时，PIM-DM 模式接口总是添加到这个路由表中，而 PIM-SM 模式接口仅在从下游设备接收到加入消息的时候，或者该接口是直接连接到组播成员时才加入到这个路由表中。这是受这两种模式的组成员加入策略决定的：PIM-DM 模式是假设所有接口都要加入到组播组，通过剪枝操作去掉不要加入的接收者；而 PIM-SM 模式是假设所有接口都不加入组播组，由接收者申请加入。在从 LAN 中转发组播包时，如果组中存在 RP，则产生 SM 模式操作，包被封装且发送到 RP。如果没有找到 RP，则产生 DM 模式操作，如果特定组播源中有持续的通信流，则接收者的第一跳路由器可能发送加入消息到组播源，以构建一个基于组播源的分发树。

在基本 IP 组播路由配置中，主要包括以下三个方面的配置：

- 全局启用 IP 组播路由。默认情况下，IP 组播路由是禁止的，也没有默认模式设置。
- 在网络中所有 PIM 路由接口下配置 PIM 版本和 PIM 工作模式。
- 在 PIM-SM 或 Bidir-PIM 模式下，还可配置 PIM 网络中的 RP、C-RP、自动 RP 宣告和 RP 映射代理的发现消息发送时间间隔。

以上这三个方面的配置可自特权模式开始，按照表 11-1 所示步骤启用 IP 组播路由，配置 PIM 版本和 PIM 工作模式。这就是基本的 IP 组播路由配置。

表 11-1　基本 IP 组播路由的配置步骤

步骤	命令	说明
1	**configure terminal** 例如：Switch#**configure terminal**	进入全局配置模式
2	**ip multicast-routing [distributed]** 例如：Switch(config)# **ip multicast-routing**	全局启用 IP 组播路由，可用 **no ip multicast-routing [distributed]**命令禁止 IP 组播路由
3	**interface** *interface-id* 例如：Switch(config)#**interface** ethernet 1/0	键入要启用 IP 组播路由的三层接口（可以是三层可路由端口和 SVI 接口），进入接口配置模式
4	#**ip pim version [1 | 2]** 例如：Switch(config-if)#**ip pim version** 2	在以上三层接口上配置运行的 PIM 版本。默认是启用 PIMv2 版本。在启用了 PIMv2 版本后，如果该接口连接到一个 PIMv1 版本的邻居设备，则它会自动降级到 PIMv1 版本；当所有 PIMv1 邻居设备升级到了 PIMv2 版本，或者都关闭了，则这个接口自动恢复到 PIMv2 版本，可用 **no ip pim version** 命令恢复接口运行默认 PIM 版本
5	在 Catalyst 3750 及以前系列交换机中： **ip pim {dense-mode | sparse-mode | sparse-dense-mode}** 在 Catalyst 4500/4900 等系列交换机中： **ip pim {dense-mode | sparse-mode | sparse-dense-mode | bidir-enable }** 例如：Switch(config-if)#**ip pim sparse-mode**	在以上三层接口上启用 PIM 工作模式。以下是三种可选模式的说明： ● **dense-mode**：设置接口工作在 DM 模式下，不需要 RP 组播就能通信 ● **sparse-mode**：设置接口工作在 SM 模式下。在 SM 模式下时，必须有 RP，否则网络不通 ● **sparse-dense-mode**：设置接口可以同时工作在 SM 和 DM 模式，是一种自适应模式。PIM 路由器可以同时运行两种模式，即 sparse-dense-mode，当同时运行这两种模式时，如果一个组有 RP 时，则使用共享树，但是当 RP 失效时，则可以使用最短路径树（SPT）来保证组播的通信，这也是我们建议的模式设置

续表

步骤	命令	说明
	（接前）	● **bidir-enable**：启用 Bidir-PIM 模式（仅适用 Catalyst 4500/4900 等系列）。Bidir-PIM 模式下的大多数配置与 PIM-SM 模式的配置一样，不需要启用或禁止一个接口承载组播组中的通信，取而代之的是需要配置接收者要接收来自哪个组播组的通信。与 PIM-SM 类似，也可以通过使用自动 RP（Auto-RP）、静态 RP 配置或者 PIMv2 的 BSR 机制来完成组播接收者所使用的组播组 可用 **no ip pim** 命令禁止接口运行 PIM
6	**exit** 例如：Switch(config-if)# exit	返回全局配置模式
7	**ip pim rp-address** *rp-address* [*access-list*] [**override**] [**bidir**] 例如：Switch(config)#**ip pim rp-address** 10.8.0.20 1 5	（可选）配置 PIM RP IP 地址，并且指定工作在 Bidir-PIM 模式（仅当配置为 PIM-SM 或 Bidir-PIM 模式时使用）。本命令指定的 RP IP 地址会由静态组播组到 RP 映射调用，仅当不使用自动 RP 或者 PIMv2 BSR 机制分发组播组到 RP 的映射时需要配置。命令中的参数和选项说明如下： ● ***rp-address***：指定用于静态组播组到 RP 的映射的 RP IP 地址（这是一个单播 IP 地址） ● ***access-list***：（可选）指定定义组播组静态映射到 RP 的 ACL。如果不使用此参数，则 RP 将映射到所有组播组。每条命令只能配置一个 ACL，如果在配置中多次使用本命令，则每个静态组播组到 RP 的映射只能配置一个 ACL。一个 ACL 不能在同一个路由器上被其他静态组播组到 RP 的映射重复使用 ● **override**：（可选）指定在同时使用静态和动态组播组到 RP 映射，并且存在 RP 地址冲突时，则静态组播组到 RP 映射的 RP IP 地址将生效。如果不选择此关键字，在静态和动态组播组到 RP 的映射存在 RP IP 地址冲突时，动态映射中的 RP IP 地址将生效 ● **bidir**：可选，指定工作在 Bidir-PIM 模式
8	**ip pim rp-candidate** *type number* [**group-list** *access-list*] [**bidir**] 例如：Switch(config)#**ip pim rp-candidate** ethernet 1/1 **group-list** 10	（可选）配置当前交换机向 BSR 宣告自己作为 PIMv2 候选 RP，并且指定工作在 Bidir-PIM 模式（仅当配置为 PIM-SM 或 Bidir-PIM 模式时使用）。本命令仅在使用 PIMv2 BSR 机制分发组播组到 RP 映射时需要配置。命令中的参数和选项说明如下： ● *type number*：键入宣告作为 C-RP 地址的接口（接口类型和接口号之间不要有空格） ● *access-list*：（可选）指定用于定义与 RP 地址一起通告的组播组中接收者 IP 地址前缀的 ACL ● **bidir**：可选，指定工作在 Bidir-PIM 模式
9	**ip pim send-rp-discovery** [*interface-type interface-number*] **scope** *ttl-value* [**interval** *seconds*] 例如：Switch(config)#**ip pim send-rp-discovery** loopback0 **scope** 15 **interval** 10	（可选）配置当前交换机作为 RP 映射代理（仅当配置为 PIM-SM 或 Bidir-PIM 模式时使用）。命令中的参数和选项说明如下： ● *type number*：指定作为 RP 映射代理的接口，在接口类型和接口号之间不要留有空格 ● *ttl-value*：指定自动 RP 发现消息的 TTL 值，也就是消息可以传递的路由器跳数，取值范围为 1~255 ● *access-list*：（可选）指定用于定义与 RP 地址一起通告的组播组中接收者 IP 地址前缀的 ACL ● ***seconds***：（可选）指定自动 RP 发现消息发送的时间间隔，取值范围为 1 ~16383 秒
10	ip pim send-rp-announce *type number* scope *ttl-value* [group-list *access-list*] [interval *seconds*] [bidir] 例如：Switch(config)# **ip pim send-rp-announce** loopback1 **scope** 200 **group-list** 1 **interval** 15	（可选）使用自动 RP 配置作为组播组 RP 的路由器（仅当配置为 PIM-SM 或 Bidir-PIM 模式时使用）。当使用自动 RP 来分发组播组到 RP 映射时要配置此命令。命令中的参数和选项说明如下： ● *type number*：定义作为 RP 的路由器接口，在接口类型和接口号之间不要留有空格 ● *ttl-value*：指定自动 RP 宣告的 TTL 值，也就是消息可以传递的路由器跳数，取值范围为 1~255 ● *access-list*：（可选）指定用于定义与 RP 地址一起通告的组播组中接收者 IP 地址前缀的 ACL ● ***seconds***：（可选）指定自动 RP 宣告消息发送的时间间隔，一般是自动 RP 发现消息发送时间间隔的 3 倍，默认为 60 秒 ● **bidir**：可选，指定工作在 Bidir-PIM 模式
11	**end** 例如：Switch(config)#**end**	返回到特权模式
12	**show running-config** 例如：Switch#**show running-config**	校验以上 IP 组播配置

续表

步骤	命令	说明
13	**copy running-config startup-config** 例如：Switch#**copy running-config startup-config**	（可选）保存以上配置更改到交换机的启动配置文件中

【示例 1】配置交换机 ethernet 0 接口工作在 PIM-DM 模式下。

```
Switch(config)#ip multicast-routing
Switch(config)#interface ethernet 0
Switch(config-if)# ip pim dense-mode
```

【示例 2】配置交换机 ethernet 1 接口工作在 PIM-SM 模式下，RP IP 地址为 10.8.0.20。

```
Switch(config)#ip multicast-routing
Switch(config)# ip pim rp-address 10.8.0.20 1
Switch(config)#interface ethernet 1
Switch(config-if)#ip pim sparse-mode
```

【示例 3】本示例是显示如何为 PIM-SM 模式和 Bidir-PIM 模式组播组配置 RP。示例中，224/8 和 227/8 是 Bidir-PIM 模式组播组，226/8 是 PIM-SM 模式组播组，225/8 是 PIM-DM 模式组播组。必须为 PIM-SM 模式和 Bidir-PIM 模式 RP 配置不同的 IP 地址。示例中使用了两个 loopback 接口，但要配置好路由，以便于工作在 PIM 域中的其他路由器可以接收自动 RP 宣告，并与 RP 通信。

```
Switch(config)#ip multicast-routing
Switch(config)#ip pim bidir-enable
Switch(config)#interface loopback 0
Switch(config-if)#ip address 10.0.1.1 255.255.255.0     !---指定此交换机上工作在 Bidir-PIM 模式的 loopback 0 接口 IP 地址
Switch(config-if)# ip pim sparse-dense-mode
Switch(config-if)#exit
Switch(config)#interface loopback 1
Switch(config-if)#ip address 10.0.2.1 255.255.255.0     !---指定此交换机上工作在 PIM-SM 模式的 loopback 1 接口 IP 地址
Switch(config-if)#ip pim sparse-dense-mode
Switch(config-if)#exit
Switch(config)#ip pim send-rp-announce Loopback0 scope 10 group-list 45 bidir   !---指定 Bidir-PIM 模式组播组 RP 为本交换机的 Loopback0 接口，自动 RP 宣告消息的 TTL 值为 10 秒，组播组前缀在 ACL 45 中定义
Switch(config)#ip pim send-rp-announce Loopback1 scope 10 group-list 46   !---指定 PIM-SM 模式组播组 RP 为本交换机的 Loopback1 接口，自动 RP 宣告消息的 TTL 值为 10 秒，组播组前缀在 ACL 46 中定义
Switch(config)#ip pim send-rp-discovery scope 10   !---指定自动 RP 发现消息的 TTL 值为 10 秒
!---下面是定义示例中三类组播组前缀所用的 ACL
Switch(config)#access-list 45 permit 224.0.0.0 0.255.255.255
Switch(config)#access-list 45 permit 227.0.0.0 0.255.255.255
Switch(config)#access-list 45 deny 225.0.0.0 0.255.255.255
Switch(config)#access-list 46 permit 226.0.0.0 0.255.255.255
```

【示例 4】配置启用自动 RP 的 PIM-SM 模式。

```
Switch(config)#ip multicast-routing
Switch(config)#ip pim autorp listener   !---启用自动 RP 侦听功能，有关自动 RP 的功能配置将在本章后面具体介绍
Switch(config)#ip pim send-rp-announce Loopback0 scope 16 group-list 1   !---配置使用 Loopback0 接口作为 RP 地址，自动 RP 宣告消息的 TTL 值为 16 秒，定义组播组前缀的 ACL 为 ACL 1
Switch(config)#ip pim send-rp-discovery Loopback1 scope 16   !---配置使用 Loopback1 接口作为 RP 映射代理地址，自动 RP 发现消息的 TTL 为 16 秒
Switch(config)#access-list 1 permit 239.254.2.0 0.0.0.255
Switch(config)#access-list 1 permit 239.254.3.0 0.0.0.255
```

11.2 带自动 RP 功能的 PIM-SM 组播配置

本节要介绍使用自动 RP（Auto-RP）功能的 PIM-SM 模式组播网络配置。自动 RP 可与任播 RP（Anycast RP）互操作，但不能同时配置自动 RP 和 BSR（自举路由器）。

一个配置为 PIM-SM 模式的路由器接口，可以工作在 PIM-SM 模式或者 PIM-DM 模式，具体要依据组播组的操作模式而定。当配置自动 RP 时，必须要么使用 ip pim autorp listener 命令配置自动 RP 侦听器功能，并使用 ip pim sparse-mode 命令指定工作在 PIM-SM 模式下，或者使用 ip pim sparse-dense mode 命令把该接口配置为 SM/DM 自适应模式（sparse-dense-mode），也就是工作在 sparse-dense 模式下。但当配置为 sparse-dense 自适应模式时，在 PIM-DM 模式失效时可能引发 PIM-DM 模式泛洪。为了避免这种现象的发生，可以使用带自动 RP 侦听器功能的 PIM-SM 模式。

11.2.1　自动 RP 简介

自动 RP（Auto-RP）可以自动形成 PIM 组播网络中的组播组到 RP（汇集点）的映射，它并不是 RP 角色。要使自动 RP 功能正常工作，路由器必须设计为 RP 映射代理（RP Mapping Agent），也就是说，自动 RP 角色其实就是 RP 映射代理这个角色（比起静态 RP 方式多了一个 RP 映射代理这个角色）。RP 映射代理从 RP 中接收 RP 宣告消息并仲裁冲突，然后以 PIM-DM 模式，使用自动 RP 专用的组播地址（224.0.1.39 和 224.0.1.40）泛洪发送一致的组播组到 RP 的映射关系到所有其他路由器上，这样所有路由器可以自动发现每个组播组所对应的是哪个 RP，这就是自动 RP 中的“自动”两个字的含义所在。同时，RP 映射代理还接收来自有意成为 RP 的候选 RP（C-RP）的宣告，并向 PIM 网络中的所有其他路由器宣告 RP 选举的最终获胜者。

在自动 RP 配置模式的 PIM 网络中可以配置 PIM 组播域管理边界。可以在一个 PIM 接口上使用带有 *access-list* 参数的 **ip multicast boundary** 命令设置一个组播组的管理范围边界。ACL 可以定义组播组的地址范围。在边界建立后，则不会允许有组播数据从任一方向穿越边界进行传播。边界允许相同组播组地址可以在不同管理域中使用，也就是不同 PIM 管理域是互不影响，相互独立的，就像不同网络中所使用的相同私有单播 IP 地址段一样。IANA 已指定了 239.0.0.0～239.255.255.255 这个组播地址范围作为管理边界地址。这个地址范围可以在不同组织的 PIM 域管理工作中使用，就像单播地址中的局域网专用地址段一样。

如图 11-1 所示的组播组地址范围定义了两个使用相同 PIM 域边界 IP 地址（239.255.255.255）的 PIM 域，虽然这两个 PIM 域使用了相同的边界 IP 地址，但这两个 PIM 域不会相互渗透。

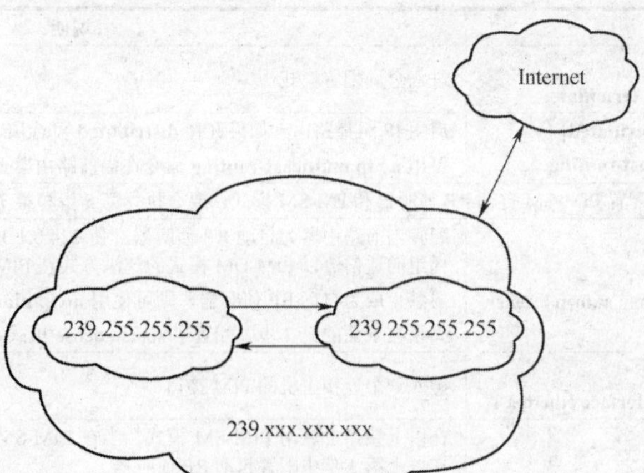

图 11-1　PIM 域边界示例

可以在管理范围边界上使用带有 **filter-autorp** 关键字的 **ip multicast boundary** *access-list* 命令来检查和过滤自动 RP 发现和宣告消息。任何在边界上被指定 ACL 禁止的自动 RP 组范围宣告都将被删除，仅当在自动 RP 宣告的组播组范围中的所有地址在边界 ACL 上都允许时，自动 RP 宣告才会被接收。如果有任一组播组地址在 ACL 中是不允许的，则整个组播组范围都将被过滤掉，对应的自动 RP 宣告消息在转发前将被删除。

综上所述，在 PIM 网络中使用自动 RP 的好处主要有两个方面：

- 自动 RP 允许任何 RP 配置改变仅需在 RP 路由器上进行，而不用在子路由器上配置，因为自动 RP 所担当的 RP 映射代理可以自动形成组播组到 RP 的映射，并下发到其他路由器上，让它们都知道相应的配置改变。
- 自动 RP 提供了一种指定一个 PIM 域中 RP 地址范围的能力（也就使得 RP 宣告和组播数据不能穿越这个地址边界），这个地址范围可以通过使用带有 **filter-autorp** 关键字的 **ip multicast boundary** 命令来配置。

11.2.2 带自动 RP 功能的 PIM-SM 组播配置与管理

在配置自动 RP 前，应当先配置所需的所有 ACL。如果一个组播组没有配置 RP，而一个路由器接口被配置为 PIM-SM 模式，则该接口就会工作在 PIM-DM 模式下，组播数据会通过接口泛洪广播出去。为了避免这种现象的发生，可以使用 **ip pim autorp listener** 命令配置自动 RP 侦听器，然后再使用 **ip pim sparse mode** 命令把接口配置工作在 PIM-SM 模式下。

带自动 RP 功能的 PIM-SM 配置步骤如表 11-2 所示，从中可以看出，步骤比较长，但主要包括以下几个部分：

- 全局启用 IP 组播路由。默认情况下，IP 组播路由是禁止的，也没有默认模式设置。
- 在网络中连接主机的 PIM 路由接口下配置 PIM-SM 或者 PIM sparse-dense 混合模式。
- 在 PIM-SM 模式下，配置自动 RP 侦听器，然后在自动 RP 路由器上配置自动 RP 宣告发送的时间间隔。
- 配置 RP 映射代理和 RP 映射代理上要接收的候选 RP 宣告消息过滤器。
- 配置 PIM 域网络的管理边界，阻止自动 RP 宣告通过某 PIM 接口到达其他路由器上。

【注意】这里的配置不是在同一台路由器配置的，有些配置需要在所有 PIM 路由器上配置，有些仅需要在特定路由器上配置。

表 11-2 带自动 RP 功能的 PIM-SM 配置步骤

步骤	命令	说明
1	**configure terminal** 例如：Router#**configure terminal**	进入全局配置模式
2	**ip multicast-routing [distributed]** 例如：Router#**ip multicast-routing**	启用 IP 组播路由。如果选择 **distributed** 可选项，则启用组播分布式交换功能。 可用 **no ip multicast-routing** 命令在当前路由器上禁止 IP 组播路由功能
3	以下要么执行第 4~6 步配置 PIM-SM 自动 RP 侦听器和 PM-SM 模式，要么执行第 5 步和第 7 步配置 PIM sparse-dense 模式	
4	**ip pim autorp listener** 例如：Router(config)#**ip pim autorp listener**	配置当前路由器为自动 RP 侦听器，使 224.0.1.39 和 224.0.1.40 这两个自动 RP 组播组的通信流以 PIM-DM 模式的泛洪方式在 PIM-SM 模式接口下传递。 要禁止成为自动 RP 侦听器，则可使用 **no ip pim autorp listener** 命令。 如果在下面的第 7 步中配置了 sparse-dense 模式，则跳过此步
5	**interface** *type number* 例如：Router(config)#**interface** ethernet 1	键入一个连接主机的 PIM 接口
6	**ip pim sparse-mode** 例如：Router(config-if)#**ip pim sparse-mode**	在以上接口上启用 PIM-SM 模式。当在 PIM-SM 模式中配置自动 RP 时，也必须在以上第 4 步中配置自动 RP 侦听器。 可用 **no ip pim sparse-mode** 命令在接口上禁用 PIM-SM 模式。 如果在下面的第 7 步中配置了 sparse-dense 模式，则跳过此步
7	**ip pim sparse-dense-mode** 例如：Router(config-if)#**ip pim sparse-dense-mode**	在以上接口上启用 PIM sparse-dense 自适应模式。可用 **no ip pim sparse-dense-mode** 命令在接口上禁用 PIM **sparse-dense** 模式。 如果在第 6 步在接口上配置了 PIM-SM 模式，则跳过此步
8	**exit** 例如：Router(config-if)#**exit**	退出接口配置模式，返回全局配置模式

续表

步骤	命令	说明
9	在所有 PIM 接口上重复以上 1~8 步	
10	**ip pim send-rp-announce** {*interface-type interface-number* | *ip-address*} **scope** *ttl-value* [**group-list** *access-list*] [**interval** *seconds*] [**bidir**] 例如：Router(config)#**ip pim send-rp-announce** loopback0 **scope** 31 **group-list** 5	（仅在 RP 路由器上配置此步）在所有启用了 PIM 的路由器接口上发出 RP 宣告，宣告自己为 RP。命令中的参数和选项说明如下： ● *interface-type interface-number*：二选一参数，用来指定哪个接口（在接口类型和接口 ID 之间不能有空格）作为 RP 地址 ● *ip-address*：二选一参数，用来指定一个直接连接的 IP 地址作为 RP IP 地址 【说明】如果配置的是 *ip-address* 参数，则 RP 宣告消息将以这个 IP 地址所对应的接口作为源接口进行发送，也就是在自动 RP 宣告消息的 IP 头中的源 IP 地址为此参数的 IP 地址 ● **scope** *ttl-value*：指定自动 RP 宣告的 TTL 值，也就是消息可以传递的路由器跳数，取值范围为 1~255 ● **group-list** *access-list*：可选参数，以标准 IP ACL 列表或名称指定对应 RP 宣告所要通告的组播组范围。ACL 名称不能包括空格和引号，而且必须以字母开头，以避免与列表号 ACL 相冲突 ● **interval** *seconds*：可选参数，指定自动 RP 宣告的发送时间间隔，默认为 60 秒，而 RP 宣告消息保持时间（holdtime）自动为发送时间间隔的 3 倍 ● **bidir**：可选项，指定在 ACL 中定义的组播组是工作在 Bidir-PIM 模式。如果不带这个可选项，则组播组是工作在 PIM-SM 模式 如果不想把此路由器配置为 RP，则可使用 **no ip pim send-rp-announce** {*interface-type interface-number* | *ip-address*} 命令
11	**ip pim send-rp-discovery** [*interface-type interface-number*] **scope** *ttl-value* [**interval** *seconds*] 例如：Router(config)#**ip pim send-rp-discovery** loopback 1 **scope** 31	配置路由器作为 RP 映射代理（在 RP 映射代理路由器或者在 RP 和 RP 映射代理一体路由器上配置）。自动 RP 允许 RP 功能在一台路由器上独立运行，RP 映射代理可以在一台或者多台路由器上运行。也可以把 RP 和 RP 映射代理部署在一台路由器上运行。命令中的参数和选项说明如下： ● *interface-type interface-number*：键入要指定作为 RP 映射代理 IP 地址的接口（在接口类型和接口 ID 之间不能有空格） ● **scope** *ttl-value*：指定在自动 RP 发现消息的 IP 头中的 TTL 值，也就是消息可以传递的路由器跳数，取值范围为 1~255 ● **interval** *seconds*：指定自动 RP 发现消息的发送时间间隔，取值范围为 1~16383 秒，默认为 60 秒（在 RP 映射代理检测到变化时也会立即发送发现消息的） 如果不想把此路由器配置为 RP 映射代理，则可用 **no ip pim send-rp-discovery** 命令
12	**ip pim rp-announce-filter rp-list** *access-list* **group-list** *access-list* 例如：Router(config)# **ip pim rp-announce-filter rp-list** 1 **group-list** 2	在 RP 映射代理路由器上配置从候选 RP（C-RP）发送到 RP 映射代理的 RP 宣告消息的过滤。命令的参数说明如下： ● **rp-list** *access-list*：以标准 IP ACL 或名称 IP ACL 过滤要在 RP 映射代理中允许或者禁止通过的 C-RP 宣告 ● **group-list** *access-list*：以标准 IP ACL 或名称 IP ACL 过滤要在 RP 映射代理中允许或者禁止通过的 C-RP 宣告中的组播组 可用 **no ip pim rp-announce-filter rp-list** *access-list* **group-list** *access-list* 命令删除指定的过滤器
13	**no ip pim dm-fallback** 例如：Router(config)#**no ip pim dm-fallback**	阻止退回 PIM-DM 模式，默认所有 PIM-SM 接口都是可以退出到 PIM-DM 模式的。如果 PIM 网络中所有接口都已配置为 PIM-SM 模式，则跳过此步
14	**interface** *type number* 例如：Router(config)#**interface** ethernet 1	键入一个连接主机并且启用了 PIM 的三层接口
15	**ip multicast boundary** *access-list* [**filter-autorp**] 例如：Router(config-if)#**ip multicast boundary** 10 **filter-autorp**	配置管理范围边界，在需要作为 PIM 域管理边界的路由器接口上配置。命令中的参数和选项说明如下： ● *access-list*：标准 IP ACL 或者名称 ACL 在边界中有效的组播组地址，或者（S，G）通道范围 ● **filter-autorp**：可选项，指定要在边界接口上禁止的由以上 ACL 过滤的自动 RP 消息
16	**end** 例如：Router(config-if)# **end**	返回全局配置模式
17	**show ip pim autorp** 例如：Router# **show ip pim autorp**	（可选）显示自动 RP 消息
18	show ip pim rp [mapping] [*rp-address*] 例如：Router#**show ip pim rp mapping**	（可选）显示网络中已知或指定 IP 地址的 RP 或 RP 映射代理
19	**show ip igmp groups** [*group-name* | *group-address* | *interface-type interface-number*] [**detail**]	（可选）显示已有直接连接路由器或者通过 IGMP 学习得到的接收者的组播组。命令中的参数说明如下：

续表

步骤	命令	说明
19	例如：Router# **show ip igmp groups**	● *group-name*：多选一参数，显示指定名称的组播组 ● *group-address*：多选一参数，显示指定 IP 地址的组播组 ● *interface-type interface-number*：多选一参数，显示指定接口上的组播组 ● **detail**：可选项，指定详细显示指定的组播组信息，包括通过 IGMPv3、IGMPv3 lite 或者 URL Rendezvous Directory（URD）得到的组播源信息
20	**show ip mroute** [*group-address* | *group-name*] [*source-address* | *source-name*] [*interface-type interface-number*] [**summary**] [**count**] [**active** *kbps*] 例如：Router#**show ip mroute** cbone-audio	显示 IP 组播路由表信息。命令中的参数和选项说明如下： ● *group-name*：多选一参数，显示指定名称组播组的组播路由 ● *group-address*：多选一参数，显示指定 IP 地址组播组的组播路由 ● *source-name*：多选一参数，显示指定名称组播源的组播路由 ● *source-address*：多选一参数，显示指定 IP 地址组播源的组播路由 ● *interface-type interface-number*：多选一参数，显示与指定接口相关的组播组 ● **summary**：可选，以汇总方式显示组播路由（每条路由表项占一行） ● **count**：可选，显示组播组和组播源统计信息，包括组播包数、每秒发送的包数、平均包大小和每秒发送的包字节数 ● **active** *kbps*：以 kbps 为单位显示活动组播源向组播组发送组播包的速率，取值范围为 1~4294967295kbps，默认值为 4kbps。活动组播源就是指发送速率等于或者大于指定速率的组播源

【示例 1】在路由器上全局启用 IP 组播路由。

```
Router(config)# ip multicast-routing
```

【示例 2】在路由器上全局禁用 IP 组播路由。

```
Router(config)#no ip multicast-routing
```

【示例 3】在路由器 ethernet 1 端口上启用 PIM-DM 模式。

```
Router(config)#interface ethernet 1
Router(config-if)#ip pim dense-mode
```

【示例 4】在路由器 ethernet 1 端口上启用 PIM sparse-dense 模式。

```
Router(config)#interface ethernet 1
Router(config-if)#ip pim sparse-dense-mode
```

【示例 5】配置路由器在所有 PIM 接口上发送自动 RP 宣告的 TTL 值为 31（最大为 31 跳），RP 的 IP 地址是 ethernet 0 接口，RP 所负责的组播组范围是由 ACL 5 定义的，范围为 224.0.0.0/28。

```
Router(config)#ip pim send-rp-announce ethernet0 scope 31 group-list 5
Router(config)#access-list 5 permit 224.0.0.0 15.255.255.255
```

【示例 6】配置当前路由器作为 RP 映射代理，使用 loopback 0 接口作为自动 RP 消息发送的源地址，由 RP 映射代理发送的自动 RP 发现消息的发送时间间隔为 50 秒，TTL 值为 20（最大为 20 跳）。

```
Router(config)#ip pim send-rp-discovery loopback 0 scope 20 interval 50
```

【示例 7】配置路由器仅接收由候选 RP 发送的，组播组地址范围在 ACL 1 定义范围（包括 10.0.0.1 和 10.0.0.2 这两个地址）之中，组播源地址范围在由 ACL 2 定义范围（224.0.0.0/28）之中的 RP 宣告。

```
Router(config)#ip pim rp-announce-filter rp-list 1 group-list 2
Router(config)#access-list 1 permit 10.0.0.1
Router(config)#access-list 1 permit 10.0.0.2
Router(config)#access-list 2 permit 224.0.0.0 15.255.255.255
```

【示例 8】查看 PIM 网络中各组播组的活动 RP 映射。

```
Router# show ip pim rp mapping
PIM Group-to-RP Mappings
This system is an RP-mapping agent
Group(s) 172.16.0.0/16 !---显示组播源 IP 地址
RP 10.6.6.6 (?), v2v1   !---显示 RP 的 IP 地址，其中的“？”表示没有配置 DNS 名称，支持的 PIM 版本，默认为 PIM-SM 模式
Info source: 10.6.6.6 (?), elected via Auto-RP ---> learned via Auto-RP and the elected RP.   !---RP 映射代理所发送的 RP 宣告的源 IP 地址，通过自动 RP 和 RP 选举得到
Uptime: 22:36:49, expires: 00:02:04   !---显示当前组播组已存在的时间，还要多长时间过期
```

```
Group(s) 192.168.0.0/24
RP 10.9.9.9 (?), v2v1, bidir
Info source: 10.9.9.9 (?), elected via Auto-RP
Uptime: 22:36:20, expires: 00:02:37
Group(s) 172.16.0.0/24
RP 10.2.2.2 (?), v2v1, bidir
Info source: 10.2.2.2 (?), elected via Auto-RP
Uptime: 22:36:24, expires: 00:02:29
Group(s) 172.16.0.0/24
RP 10.9.9.9 (?), v2v1, bidir
Info source: 10.9.9.9 (?), elected via Auto-RP
Uptime: 22:36:21, expires: 00:02:35
```

【示例 9】显示当前路由器上的 PIM 路由表。其中包括两条 PIM 路由表，一条是任意源组播（*，224.0.255.3）的组播路由，一条是指定源组播（192.168.46.0/24，224.0.255.3）的组播路由。每条路由都指出了已存在时间（Uptime）、过期时间（Expires）、标志位（Flags）、路由入接口（Incoming Interface）、RPF 邻居（RPF Neighbor）、路由出接口列表（Outgoing Interface List）。

```
Router# show ip mroute
IP Multicast Routing Table
Flags: D - Dense, S - Sparse, B - Bidir Group, s - SSM Group, C - Connected,
       L - Local, P - Pruned, R - RP-bit set, F - Register flag,
       T - SPT-bit set, J - Join SPT, M - MSDP created entry,
       X - Proxy Join Timer Running, A - Candidate for MSDP Advertisement,
       U - URD, I - Received Source Specific Host Report, Z - Multicast Tunnel,
       Y - Joined MDT-data group, y - Sending to MDT-data group
Timers: Uptime/Expires
Interface state: Interface, Next-Hop, State/Mode
(*, 224.0.255.3), uptime 5:29:15, RP is 192.168.37.2, flags: SC
  Incoming interface: Tunnel0, RPF neighbor 10.3.35.1, Dvmrp
  Outgoing interface list:
    Ethernet0, Forward/Sparse, 5:29:15/0:02:57
(192.168.46.0/24, 224.0.255.3), uptime 5:29:15, expires 0:02:59, flags: C
  Incoming interface: Tunnel0, RPF neighbor 10.3.35.1
  Outgoing interface list:
    Ethernet0, Forward/Sparse, 5:29:15/0:02:57
```

【示例 10】显示指定组播地址 232.6.6.6 的组播路由。

```
Router# show ip mroute 232.6.6.6
IP Multicast Routing Table
Flags: D - Dense, S - Sparse, B - Bidir Group, s - SSM Group, C - Connected,
       L - Local, P - Pruned, R - RP-bit set, F - Register flag,
       T - SPT-bit set, J - Join SPT, M - MSDP created entry,
       X - Proxy Join Timer Running, A - Candidate for MSDP Advertisement,
       U - URD, I - Received Source Specific Host Report, Z - Multicast Tunnel,
       Y - Joined MDT-data group, y - Sending to MDT-data group
Outgoing interface flags:H - Hardware switched
Timers:Uptime/Expires
Interface state:Interface, Next-Hop or VCD, State/Mode

(*, 232.6.6.6), 00:01:20/00:02:59, RP 224.0.0.0, flags:sSJP
  Incoming interface:Null, RPF nbr 224.0.0.0
  Outgoing interface list:Null

(10.2.2.2, 232.6.6.6), 00:01:20/00:02:59, flags:CTI
  Incoming interface:Ethernet3/3, RPF nbr 224.0.0.0
  Outgoing interface list:
    Ethernet3/1, Forward/Sparse-Dense, 00:00:36/00:02:35
```

【示例 11】显示当前路由器的 PIM 组播路由汇总。在这里，每条路由以一行显示，各段分别是组播（S，G）通道、已存在的时间、过期时间、RP IP 地址和路由标志。

```
Router# show ip mroute summary
IP Multicast Routing Table
Flags: D - Dense, S - Sparse, B - Bidir Group, s - SSM Group, C - Connected,
       L - Local, P - Pruned, R - RP-bit set, F - Register flag,
       T - SPT-bit set, J - Join SPT, M - MSDP created entry,
       X - Proxy Join Timer Running, A - Candidate for MSDP Advertisement,
       U - URD, I - Received Source Specific Host Report, Z - Multicast Tunnel,
       Y - Joined MDT-data group, y - Sending to MDT-data group
Timers: Uptime/Expires
Interface state: Interface, Next-Hop, State/Mode
(*, 224.255.255.255), 2d16h/00:02:30, RP 172.16.10.13, flags: SJPC
(*, 224.2.127.253), 00:58:18/00:02:00, RP 172.16.10.13, flags: SJC
(*, 224.1.127.255), 00:58:21/00:02:03, RP 172.16.10.13, flags: SJC
(*, 224.2.127.254), 2d16h/00:00:00, RP 172.16.10.13, flags: SJCL
  (172.16.160.67, 224.2.127.254), 00:02:46/00:00:12, flags: CLJT
  (172.16.244.217, 224.2.127.254), 00:02:15/00:00:40, flags: CLJT
  (172.16.8.33, 224.2.127.254), 00:00:25/00:02:32, flags: CLJT
  (172.16.2.62, 224.2.127.254), 00:00:51/00:02:03, flags: CLJT
  (172.16.8.3, 224.2.127.254), 00:00:26/00:02:33, flags: CLJT
  (172.16.60.189, 224.2.127.254), 00:03:47/00:00:46, flags: CLJT
```

【示例 12】显示当前路由器的 PIM 路由统计信息。

```
Router# show ip mroute count
IP Multicast Statistics
4045 routes using 2280688 bytes of memory
41 groups, 97.65 average sources per group
Forwarding Counts:Pkt Count/Pkts per second/Avg Pkt Size/Kilobits per second
Other counts:Total/RPF failed/Other drops(OIF-null, rate-limit etc)
Group:239.0.18.1, Source count:200, Packets forwarded:348232, Packets received:348551
  RP-tree:Forwarding:12/0/218/0, Other:12/0/0
  Source:10.1.1.1/32, Forwarding:1763/1/776/9, Other:1764/0/1   !---依次显示组播源地址（Source）、转发统计（Forwarding，包括接收和转发的包总数、每秒接收和转发的包数、接收和转发的包平均大小、接收和转发的包速率（单位为 kbps））、接收的包的统计（Other，包括接收的包总数、转发的包总数、接收但没有转发的包总数）
  Source:10.1.1.2/32, Forwarding:1763/1/777/9, Other:1764/0/1
  Source:10.1.1.3/32, Forwarding:1763/1/783/10, Other:1764/0/1
  Source:10.1.1.4/32, Forwarding:1762/1/789/10, Other:1763/0/1
  Source:10.1.1.5/32, Forwarding:1762/1/768/10, Other:1763/0/1
  Source:10.1.1.6/32, Forwarding:1793/1/778/10, Other:1794/0/1
  Source:10.1.1.7/32, Forwarding:1793/1/763/10, Other:1794/0/1
  Source:10.1.1.8/32, Forwarding:1793/1/785/10, Other:1794/0/1
  Source:10.1.1.9/32, Forwarding:1793/1/764/9, Other:1794/0/1
  Source:10.1.1.10/32, Forwarding:1791/1/774/10, Other:1792/0/1
  Source:10.1.2.1/32, Forwarding:1689/1/780/10, Other:1691/0/2
  Source:10.1.2.2/32, Forwarding:1689/1/782/10, Other:1691/0/2
  Source:10.1.2.3/32, Forwarding:1689/1/776/9, Other:1691/0/2
.
.
Group:239.0.18.132, Source count:0, Packets forwarded:8810, Packets received:8810
  RP-tree:Forwarding:8810/7/780/49, Other:8810/0/0
Group:239.0.17.132, Source count:0, Packets forwarded:704491, Packets received:704491
  RP-tree:Forwarding:704491/639/782/4009, Other:704491/0/0
Group:239.0.17.133, Source count:0, Packets forwarded:704441, Packets received:704441
  RP-tree:Forwarding:704441/639/782/3988, Other:704441/0/0
Group:239.0.18.133, Source count:0, Packets forwarded:8810, Packets received:8810
  RP-tree:Forwarding:8810/8/786/49, Other:8810/0/0
Group:239.0.18.193, Source count:0, Packets forwarded:0, Packets received:0
Group:239.0.17.193, Source count:0, Packets forwarded:0, Packets received:0
Group:239.0.18.134, Source count:0, Packets forwarded:8803, Packets received:8803
  RP-tree:Forwarding:8803/8/774/49, Other:8803/0/0
```

11.3 带任播 RP 功能的 PIM-SM 组播配置

任播 RP（Anycast RP）是 MSDP（Multicast Source Discovery Protocol，组播源发现协议）组播的一个非常有用的功能，最初开发的目的就是为了域间组播应用的部署。MSDP 使用任播 RP 功能可以实现 RP 冗余和负载共享能力，用于在一个 PIM-SM 域内实现容错需求。

11.3.1 任播 RP 简介

在任播 RP 中，在多个路由器的 Loopback 接口上配置多个具有相同 IP 地址的 RP。所有下行路由器均应当配置这个 Loopback 接口，以便任播 RP 的 Loopback 接口地址成为它们的本地 RP。IP 路由将自动根据拓扑结构为组播源和接收者选择最近的 RP，这就是任播 RP 中的“任播”两个字的含义。假设在 PIM 网络中的组播源是均匀地分布，则每个 RP 所注册的组播源数量就相等了，这样在网络中的所有 RP 所分担的组播源注册负担就相等了。

因为一个组播源可能在一个 RP 上注册，而接收者可能加入到另一个不同的 RP，这时就需要一个在 RP 间交换活动组播源信息的方法，那就是 MSDP 协议。

在任播 RP 中，所有 RP 都被相互配置为 MSDP Peer。当一个组播源与一个 RP 注册时，一个 SA 消息将发送到其他 RP 上，向它们通知这个活动的组播源与特定的组播组。结果就是每个 RP 都知道 PIM 域中其他 RP 的活动组播组分配情况，各 PIM-SM 域 RP 间共享组播源信息，如图 11-2 所示。如果有任一 RP 失效，IP 路由将重新进行收敛，其他一个 RP 将接管这个失效 RP 的工作，并在新的 RP 上重新进行组播源注册（这时新的 RP 可能将同时负责多个区域了）。原 RP 所在区域中的接收者也将重新加入新的 RP，并维护它们之间的连通性。

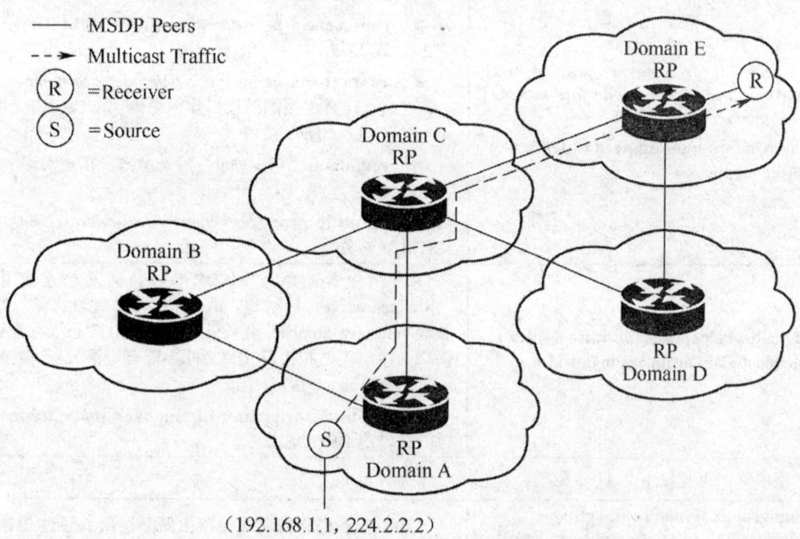

图 11-2 各 PIM-SM 域 RP 共享组播源信息示例

部署了任播 RP 后，新的 RP 通常只需要启动与组播源和接收者新的会话即可。而且 RP 很容易重新建立共享树，以便与新的组播源和接收者建立直接的组播数据流。如果组播数据流已经在组播源和接收者之间建立，一个 RP 的失效并不会影响会话。任播 RP 可以确保在任一时间开始与组播源和接收者建立新的会话。

11.3.2 带任播 RP 功能的 PIM-SM 组播配置与管理

任播 RP 是静态配置的，并且接口配置工作在 PIM-SM 模式。本节要介绍如何配置带任播 RP（Anycast RP）功能的 PIM-SM 模式组播网络。在这里主要是需要在每个接收者区域的一个 PIM-SM 组播路由器上配置一个相同 IP 地址的 RP，然后具体配置步骤如表 11-3 所示。

表 11-3 带任播 RP 的 PIM-SM 组播配置步骤

步骤	命令	说明
1	**configure terminal** 例如：Router#**configure terminal**	进入全局配置模式
2	**ip multicast-routing [distributed]** 例如：Router(config)#**ip multicast-routing**	全局启用 IP 组播路由
3	**interface** *type number* 例如：Router(config)#**interface** ethernet 1	键入连接主机，要启用 PIM-SM 模式的三层接口，进入接口配置模式
4	**ip pim sparse-mode** 例如：Router(config-if)#**ip pim sparse-mode**	在以上三层接口上启用 PIM-SM 模式
5	**ip pim rp-address** *rp-address* 例如：Router(config-if)#**ip pim rp-address** 10.0.0.1	为某个组播组配置 RP 地址
6	在网络中的其他路由器上重复以上 1~5 步，配置相同的 RP IP 地址	
7	**interface loopback** [*interface-number*] **ip address** [*ip-address*] [*mask*] 例如：Router(config-if)#**interface** loopback 0 **ip address** 10.0.0.1 255.255.255.255	在 RP 路由器上为 RP 配置一个 Loopback 接口的 IP 地址作为 RP IP 地址（必须与上一步配置的 RP IP 地址一致）。IP 地址的掩码（mask）配置为 32 位的——255.255.255.255，代表一个主机
8	**interface loopback** [*interface-number*] **ip address** [*ip-address]* [*mask*] 例如：Router(config-if)#**interface** loopback 1 **ip address** 10.1.1.1 255.255.255.255	为 MSDP Peer 会话配置一个 Loopback 接口（与上一步中的 Loopback 接口地址不一样）的 IP 地址。IP 地址的掩码（mask）配置为 32 位的——255.255.255.255，代表一个主机
9	**exit** 例如：Router(config-if)#**exit**	退出接口配置模式，返回全局配置模式
10	**ip msdp peer** {*peer-name* | *peer-address*} [**connect-source** *interface-type interface-number*] [**remote-as** *as-number*] 例如：Router(config)#**ip msdp peer** 10.1.1.2 **connect-source** loopback 1	在 RP 路由器上配置一个 MSDP 对端路由器。命令中的参数说明如下： ● *peer-name* | *peer-address*：指定对端 MSDP 路由器的 DNS 名称或 IP 地址 ● **connect-source** *interface-type interface-number*：可选参数，指定进行 TCP 连接的源接口作为主地址，该接口就是上述第 8 步中配置的 Loopback 接口 ● **remote-as** *as-number*：可选参数，指定对端 MSDP 路由器的 BGP AS 号 可用 **no ip msdp peer** {*peer-name* | *peer-address*}命令解除与指定的对端的 MSDP 对端关系
11	**ip msdp originator-id loopback** [*interface-number*] 例如：Router(config)#**ip msdp originator-id** loopback 1	在 RP 路由器上允许 MSDP SA 会话发起方使用指定接口作为 SA（Source-Active，活动源）消息中的 RP 地址（是以此接口为逻辑 RP）。参数 interface-number 用来指定本地路由器上作为 SA 消息中 RP 地址的接口（接口类型和接口 ID 之间不能有空格），一般是在以上第 8 步中所配置的 Loopback 接口。 可用 **no ip msdp originator-id loopback** [*interface-number*] 命令禁止以此种方式导出 RP 地址
12	在其他 RP 路由器上重复以上 7~11 步配置	
13	**show ip igmp groups** *[group-name* | *group-address* | *interface-type interface-number*] **[detail]** 例如：Router#**show ip igmp groups**	（可选）查看已有直接连接路由器某接口或通过 IGMP 学习到的接收者的组播组
14	**show ip mroute** 例如：Router#**show ip mroute**	（可选）查看当前路由器上的 IP 组播路由表

11.3.3 带任播 RP 功能的 PIM-SM 组播配置示例

部署任播 RP 的主要目的就是为了使所有下行组播路由器仅有一个相同的 RP IP 地址。本示例拓扑如图 11-3 所示，在 RP1 和 RP2 两个路由器的 loopback 0 接口上配置相同的 IP 地址——10.0.0.1。这样，如果 PIM-SM 网络中所有 RP 的 loopback 0 接口上都配置这个 IP 地址（这个地址必须是一个主机路由，子网掩码为 255.255.255.255），并作为 RP IP 地址，则 IP 路由将在离组播源和接收者最近的 RP 上收敛。下行路由器必须被通知这个 RP IP 地址 10.0.0.1，RP IP 地址是使用 **ip pim rp-address 10.0.0.1** 全局配置模式命令进行配置的。另外，本示例中，必须使用 MSDP 共享组播源信息，RP1 和 RP2 的 loopback 1 配置为各自的 MSDP 对端（Peer），而且这些 MSDP 对端接口的 IP 地址必须与 RP IP 地址不同。

经验之谈

许多路由协议是选择最高 IP 地址的 Loopback 接口作为路由器 ID 的。这就带来了一个问题，那就是如果路由器正好选择了任播 IP 地址的 Loopback 接口作为路由器 ID，为了避免这种现象的发生，我们可以手动配置 RP 路由器的路由器 ID 与 MSDP 对端所对应的 Loopback 接口 IP 地址一样。在 OSPF 中，路由器 ID 是使用 **router-id** 路由器配置模式命令进行配置的，在 BGP 中，路由器 ID 是使用 **bgp router-id** 路由器配置模式命令进行配置的。在许多 BGP 拓扑中，MSDP 对端（Peer）的地址和 BGP 对端（Peer）的地址必须一致，以便于通过 RPF 检测。BGP Peer 会话地址可以使用 **neighbor update-source** 路由器配置模式命令进行设置。

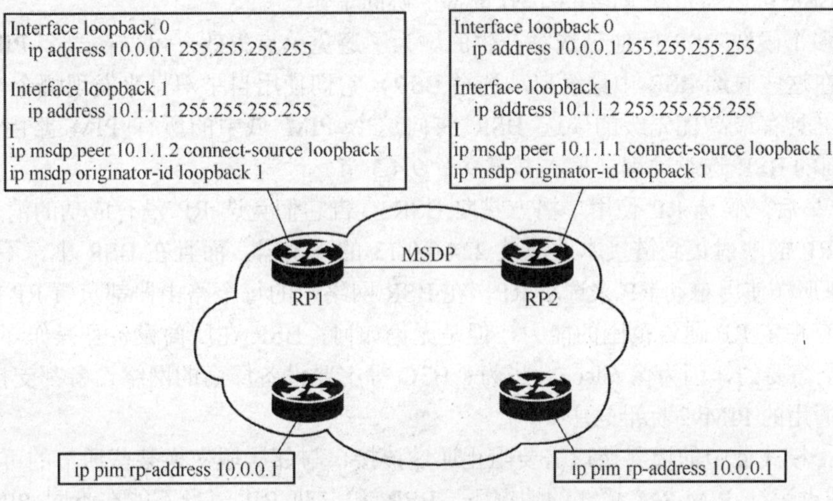

图 11-3 任播 RP 配置示例拓扑

下面是示例中的各路由器任播 RP PIM-SM 网络配置。

RP1 路由器上的配置如下：

```
Router(config)#ip pim rp-address 10.0.0.1   !---配置 RP IP 地址为 10.0.0.1
Router(config)#interface loopback 0
Router(config-if)#ip address 10.0.0.1 255.255.255.255   !---配置 loopback 0 接口的 IP 地址作为 RP IP 地址
Router(config-if)#exit
Router(config)#interface loopback 1
Router(config-if)#ip address 10.1.1.1. 255.255.255.255 !---配置 loopback 1 接口 IP 地址作为与 MSDP 对端会话的 IP 地址
Router(config-if)#exit
Router(config)#ip msdp peer 10.1.1.2 connect-source loopback 1 !---配置 MSDP 对端的 IP 地址为 10.1.1.2，TCP 连接接口为 loopback 1
Router(config)#ip msdp originator-id loopback 1
```

RP2 路由器上的配置如下：

```
Router(config)#ip pim rp-address 10.0.0.1
Router(config)#interface loopback 0
Router(config-if)#ip address 10.0.0.1 255.255.255.255
Router(config-if)#exit
```

```
Router(config)#interface loopback 1
Router(config-if)#ip address 10.1.1.2. 255.255.255.255
Router(config-if)#exit
Router(config)#ip msdp peer 10.1.1.1 connect-source loopback 1
Router(config)#ip msdp originator-id loopback 1
```

其他路由器上的配置：

```
Router(config)#ip pim rp-address 10.0.0.1
Router(config)#no ip pim dm-fallback
```

11.4 带自举路由器的 PIM-SM 组播配置

本节将介绍如何配置 BSR。BSR 可以提供容错、自动 RP 发现和发布机制，以便路由器可以动态地学习组播组到 RP 的映射。

11.4.1 BSR 基础知识回顾

PIM 使用 BSR 来发现每个组播地址前缀的 RP 集信息，并向 PIM 域中的所有路由器进行宣告。虽然自动 RP 也有这样的功能，但是 BSR 已是 PIMv2 的一部分功能，所以无需另外运行其他的功能，而且 BSR 可以与自动 RP 在 Cisco 设备上协同工作。

BSR 是在多个候选 BSR 间通过选举产生的。为了避免单点失效，可以在一个 PIM 域中配置多个候选 BSR。在这些候选 BSR 中最终自动选举 BSR，它们使用自举消息来发现哪个候选 BSR 具有最高的优先级。具有最高优先级的候选 BSR 将向这个 PIM 域中的所有 PIM 路由器宣告自己为 BSR。有关详细的 BSR 选举过程参见本书第 9 章 9.4.3 节。

在 BSR 选举后，候选 RP 使用单播方式向 BSR 宣告它们竞选 RP 没有成功的消息。BSR 通告整个组播组到 RP 的映射集到链接本地地址 224.0.0.13 的路由器。而且在 BSR 中，不像自动 RP 中的 RP 映射代理那样使用自动 RP 来选举 RP，在 BSR 网络中的每个路由器都负责 RP 的选举。

BSR 不具有指定 RP 通告范围的能力，但是无论如何，BSR 在厂商设备互操作环境或者开放的标准环境下仍是需要的，因为像 Cisco、华为、H3C 等主要设备厂商的网络设备都支持 BSR 技术，BSR 是集成于通用的 PIMv2 标准之中。

在 PIM-SM 模式域中的边界接口需要阻止通过该接口与邻居域交换某些通信的可达性，特别是在邻居 PIM 域也运行 PIM-SM 模式的情况下。BSR 和自动 RP 消息不能在不同 PIM 域中进行交换，否则一个域中的路由器可能会参与另一个域中的 RP 选举，导致出现协议故障，或者隔离丢失。配置 BSR 边界接口可以阻止 BSR 消息在该接口发送或接收，最终确保不同 PIM 域中的 RP 选举的独立性。

11.4.2 带 BSR 的 PIM-SM 组播配置与管理

带 BSR 的 PIM-SM 组播除了在各连接主机的接口上启用 IP 组播路由、配置 PIM-SM 模式外，主要配置与 BSR 相关的参数，其中包括各候选 BSR 接口、候选 BSR 参数（包括候选 BSR 消息发送时间间隔、候选 BSR 优先级），相对应的候选 RP 参数（包括候选 RP 所属组播组地址范围、候选 RP 消息发送时间间隔和候选 RP 的优先级），以及 BSR 边界接口配置。然后通过一系列的相关 show 命令查看、验证以上与 BSR 相关的配置。具体配置步骤如表 11-4 所示（注意，不能同时配置自动 RP 和 BSR）。

表 11-4　带 BSR 的 PIM-SM 组播配置步骤

步骤	命令	说明
1	**configure terminal** 例如：Router# **configure terminal**	进入全局配置模式
2	**ip multicast-routing [distributed]** 例如：Router(config)# **ip multicast-routing**	全局启用 IP 组播路由
3	**interface** *type number* 例如：Router(config)# **interface** gigabitethernet 1/0/0	键入一个连接主机，要启用 PIM 的三层接口
4	**ip pim sparse-mode** 例如：Router(config-if)# **ip pim sparse-mode**	在以上三层接口上启用 PIM-SM 模式
5	**exit** 例如：Router(config-if)# **exit**	返回全局配置模式
6	在 PIM 网络中的每个路由器的每个组播接口上重复以上 1~5 步的配置	
7	**ip pim bsr-candidate** *interface-type interface-number* [*hash-mask-length* [*priority*]] 例如：Router(config)# **ip pim bsr-candidate** gigibitethernet 0/0/0 0 192	在 RP 或者 RP/BSR 集成路由器上配置当前路由器作为 BSR 的候选资格（BSR 允许 RP 功能在一台路由器上独立运行，而 BSR 可以在一台或多台路由器上运行，也可以在一台路由器上同时配置 RP 和 BSR）。命令中的参数说明如下： ● *interface-type interface-number*：配置路由器以指定接口作为 BSR 地址向它的所有 PIM 邻居发送 BSR 消息 ● *hash-mask-length*：哈希掩码长度，设置与组播组地址前多少位（最多 32 位）进行逻辑“与”运算。所有具有相同哈希掩码长度的组播组与相同的 RP 通信。例如，如果哈希掩码长度为 24，则表示组播组地址中的前 24 位相同的组播组地址与一个相同的 RP 进行通信。哈希掩码长度允许一个 RP 应用于多个组播组。默认的哈希掩码长度为 0 ● *priority*：设置作为候选 BSR 的优先级值，取值范围为 0~255（值越大，优先级越低），具有最高优先级（最小优先级值）的候选 BSR 将成为 BSR。如果优先级值相同，则具有最高 IP 地址的路由器将成为 BSR。默认优先级为 0，具有最高优先级
8	**ip pim rp-candidate** *interface-type interface-number* [**group-list** *access-list*] [**interval** *seconds*] [**priority** *value*] 例如：Router(config)# **ip pim rp-candidate** gigabitethernet 2/0/0 **group-list** 4 **priority** 192	在 RP 或者 RP/BSR 集成路由器上配置路由器向 BSR 通告它自己作为 PIMv2 候选 RP。命令中的参数说明如下： ● *interface-type interface-number*：指定以此接口通告作为本候选 RP 的 IP 地址 ● **group-list** *access-list*：可选参数，指定与本候选 RP IP 地址相关联的组播组地址前缀的标准 ACL 列表号或名称（列表名称不能包括空格和引号，且必须以字母开头） ● **interval** *seconds*：指定路由器向 BSR 通告发送候选 RP 消息的时间间隔，取值范围为 1~16383 秒，默认为 60 秒 ● **priority** *value*：可选参数，指定本候选 RP 的优先级值，取值范围为 0~255（值越大，优先级越低），默认为 0，优先级最高的候选 RP 将成为 BSR
9	在所有 RP 和 BSR 路由器上重复 以上 7~9 步配置	
10	**interface** *type number* 例如：Router(config)# **interface** gigabitethernet 1/0/0	键入一个用于作为 PIM 域 BSR 边界的 PIM 三层接口，进入接口配置模式
11	**ip pim bsr-border** 例如：Router(config-if)# **ip pim bsr-border**	配置以上接口作为 BSR 边界接口，以阻止 BSR 消息在该接口上接收或发送
12	**end** 例如：Router(config-if)# **end**	返回特权模式
13	在所有应当阻止 BSR 消息的边界接口上重复以上 10~12 步配置	
14	**show ip pim rp [mapping]** [*rp-address*] 例如：Router# **show ip pim rp**	（可选）查看路由器上所有或者指定 IP 地址的 RP 和 RP 映射代理
15	**show ip pim rp-hash** [*group-address*] [*group-name*] 例如：Router# **show ip pim rp-hash** 239.1.1.1	（可选）查看被选择到一个指定组播组 IP 地址或组播组名称所对应的组播组中的 RP
16	**show ip pim bsr-router** 例如：Router# **show ip pim bsr-router**	（可选）查看 BSR 信息
17	**show ip igmp groups** [*group-name* | *group-address*| *interface-type interface-number*] [**detail**] 例如：Router# **show ip igmp groups**	（可选）查看已直接连接路由器某接口或通过 IGMP 学习到的接收者的组播组
18	**show ip mroute** 例如：Router# **show ip mroute**	（可选）查看当前路由器上的 IP 组播路由表

11.4.3 带 BSR 的 PIM-SM 组播配置示例

本示例是在 PIM-SM 路由器上同时配置候选 BSR 和候选 RP。

```
Router# configure terminal
Router(config)#ip multicast-routing  !---全局启用 IP 组播路由
Router(config)#interface GigabitEthernet0/0/0
Router(config-if)#ip address 172.69.62.35 255.255.255.240
Router(config-if)#ip pim sparse-mode  !---在 GigabitEthernet0/0/0 接口上启用 PIM-SM 模式
Router(config-if)# exit
Router(config)#interface GigabitEthernet1/0/0
Router(config-if)#ip address 172.21.24.18 255.255.255.248
Router(config-if)#ip pim sparse-mode
Router(config-if)# exit
Router(config)#interface GigabitEthernet2/0/0
Router(config-if)#ip address 172.21.24.12 255.255.255.248
Router(config-if)#ip pim sparse-mode
Router(config-if)# exit
Router(config)#ip pim bsr-candidate GigabitEthernet2/0/0 30 10 !---配置以 GigabitEthernet2/0/0 接口地址作为候选 BSR 的 IP 地址向所有 PIM 邻居发送候选 BSR 消息，并且配置与组播组匹配的哈希掩码长度为 30（即组播地址中前 30 位相同的使用同一个 RP），本候选 BSR 的优先级值为 10
Router(config)#ip pim rp-candidate GigabitEthernet2/0/0 group-list 5 !---配置以 GigabitEthernet2/0/0 接口地址作为候选 RP 的 IP 地址向 BSR 发送候选 RP 消息，本候选 RP 所服务的组播组地址范围由 ACL 5 定义
Router(config)#access-list 5 permit 239.255.2.0 0.0.0.255 !---定义以上候选 RP 所服务的组播组地址范围为 239.255.2.0/24
```

11.5 带单一静态 RP 的 PIM-SM 组播

如果正在配置 PIM-SM 模式，必须为一个组播组配置一个 RP。RP 可以静态地在每个设备上配置，也可以通过动态机制（如自动 RP 和 BSR）学习，有关自动 RP 和 BSR 功能的配置在本章前面已介绍，本节介绍如何静态配置 RP。

11.5.1 RP 基础知识回顾

因为 RP（汇集点）已在本书第 9 章 9.4.3 节有比较详细的介绍，所以在此仅简单回顾一下 RP 相关的基础知识。

PIM DR（指定路由器）从直接连接的组播源按照下发的共享树转发组播数据到 RP。组播数据向 RP 转发的方法有两种：一种是封装在组播源注册包中，然后以单播方式向 RP 转发，另一种是在 RP 已加入到了对应组播源树时，组播数据按照 RPF 转发机制进行转发。最后一跳直接连接接收者的路由器，根据接收者的愿望，要么加入到对应的组播源树，要么从共享树中被剪枝。

一个 RP 可以被配置服务于由一个 ACL 定义的多个组播组。如果某个组播组没有配置 RP，则路由器会认为这个组工作在 PIM-DM 模式，当然可以使用 **no ip pim dm-fallback** 命令来阻止由 PIM-SM 退出到 PIM-DM 模式。

如果同时使用动态和静态的组播组到 RP 的映射，并且存在 RP 地址冲突，则在静态组播组到 RP 映射中的 RP 地址将生效（可使用带 **override** 关键字的 **ip pim rp-address** 命令进行强制），而动态组播组到 RP 映射中的 RP 地址将失效。如果使用不带 **override** 关键字的 **ip pim rp-address** 命令，则动态组播组到 RP 映射中的 RP IP 地址将生效。

11.5.2　带单一静态 RP 的 PIM-SM 组播配置与管理

在运行 PIM-SM 模式的网络中需要配置 RP。在 PIM-SM 模式中，组播通信仅向明确申请对应组播组数据的活动接收者发送。本节介绍如何配置单一静态 RP 的 PIM-SM 组播，具体配置步骤如表 11-5 所示，除了 IP 组播路由和 PIM-SM 模式启用外，主要就是组播组 RP IP 的配置。但要注意，在 Bidir-PIM 和 PIM-SM 中不能使用相同 IP 地址的 RP。

表 11-5　带单一静态 RP 的 PIM-SM 组播配置与管理

步骤	命令	说明
1	**configure terminal** 例如：Router# **configure terminal**	进入全局配置模式
2	**ip multicast-routing [distributed]** 例如：Router(config)# **ip multicast-routing**	全局启用 IP 组播路由
3	**interface** type number 例如：Router(config)# **interface** gigabitethernet 1/0/0	键入连接主机，要启用 PIM-SM 的三层接口，进入接口配置模式
4	**ip pim sparse-mode** 例如：Router(config-if)# **ip pim sparse-mode**	在以上接口上启用 PIM-SM 模式
5	在所有 PIM 组播接口上重复以上 1~4 步配置	
6	**exit** 例如：Router(config-if)# **exit**	返回全局配置模式
7	**ip pim rp-address** *rp-address* [*access-list*] [**override**] 例如：Router(config)# **ip pim rp-address** 192.168.0.0	为指定组播组配置 RP IP 地址。命令中的参数和选项说明如下： ● *rp-address*：指定对应组播组的 RP IP 地址（为单播 IP 地址） ● *access-list*：可选参数，用于指定要映射到 *rp-address* 参数所指定的 RP 的组播组地址范围的标准列表或名称 ACL。如果不配置此参数，则所指定的 RP 将映射到 224.0.0.0/24 所有组播组 ● **override**：可选项，指定在动态组播组到 RP 映射的 RP IP 地址与静态组播组到 RP 映射的 RP IP 地址相冲突时，使用静态组播组到 RP 映射中的 RP IP 地址。如果不选择此可选项，则最终是动态组播组到 RP 映射中的 RP IP 地址生效
8	**end** 例如：Router(config)# **end**	返回特权模式
9	**show ip pim rp [mapping]** [*rp-address*] 例如：Router# **show ip pim rp mapping**	（可选）查看网络中已知的 RP，以及路由器如何学习每个 RP
10	**show ip igmp groups** [*group-name* | *group-address*| *interface-type interface-number*] [**detail**] 例如：Router# **show ip igmp groups**	（可选）查看当前路由器上所有或者指定组播组中已存在的接收者
11	**show ip mroute** 例如：Router# **show ip mroute**	（可选）查看当前路由器上的 IP 组播路由表

11.5.3　带单一静态 RP 的 PIM-SM 组播配置示例

【示例 1】为所有 224.0.0.0/4 范围内的组播组配置 IP 地址为 192.168.1.1 的单一 RP。

```
Router# configure terminal
Router(config)# ip multicast-routing
Router(config)# interface gigiabitethernet 1/0/0
Router(config-if)# ip pim sparse-mode
Router(config-if)# exit
Router(config)# ip pim rp-address 192.168.1.1
```

【示例 2】为 225.2.2.2 组播配置 IP 地址为 172.17.1.1 的 RP。

```
Router# configure terminal
Router(config)# ip multicast-routing
Router(config)# interface gigiabitethernet 1/0/1
Router(config-if)# ip pim sparse-mode
Router(config-if)# exit
Router(config)# ip pim rp-address 172.17.1.1
```

最权威的交换机配置与管理技术手册

```
Router(config)# access list 1 225.2.2.2 0.0.0.0
```

11.6 PIM-SSM 组播配置

本节要介绍如何配置 SSM（Source Specific Multicast，指定源组播）。因为在本书第 9 章 9.4.5 节中已对 PIM-SSM 模式有了比较详细的工作原理介绍，故在此仅简单地回顾 PIM-SSM 模式的一些基础知识。

11.6.1 PIM-SSM 基础知识回顾

SSM（Source Specific Multicast，指定源组播）是一种区别于传统组播的新的业务模型。它同时使用组播组地址和组播源地址来标识一个组播会话，而不是向传统的组播服务那样只使用组播组地址来标识一个组播会话。

SSM 保留了传统 PIM-SM 模式中的主机显示加入组播组的高效性，但是跳过了 PIM-SM 模式中的共享树和 RP（Rendezvous Point，汇集点）组播数据分发原理。在传统 PIM-SM 模式中，共享树和 RP 流程使用（*，G）对来表示一个组播会话，其中 G 表示一个特定的 IP 组播组，而*表示发向组播组 G 的任何一个源。SSM 直接建立由（S，G）标识的一个 SPT（组播最短路径树），其中 G 表示一个特定的 IP 组播组地址，而 S 表示发向组播组 G 的特定组播源的 IP 地址。

SSM 的一个（S，G）对也被称为一个通道（Channel），以区分传统 PIM-SM 组播中的 ASM（Any Source Multicast，任意源组播组）。由于 ASM 支持点到多点和多点到多点两种组播业务模式，因此源的发现过程比较复杂。例如在 ASM PIM-SM 模式中，用户单击浏览器中的组播内容，接收端设备只被通知到组播组的内容，而没有被通知到组播源的信息。而在 SSM 模式中，用户端将同时接收到组播源和组播组信息。因此，SSM 特别适合于点到多点的组播服务，例如网络娱乐频道、网络新闻频道、网络体育频道等业务，但如果要求多点到多点组播服务则需要 ASM 模式。

PIM-SSM 是对传统 PIM 协议的扩展，使用 SSM 后用户能直接从组播源接收组播业务流。PIM-SSM 利用 PIM-SM 的功能，在组播源和客户端之间产生一个 SPT 树。但 PIM-SSM 在产生 SPT 树时不需要汇集点（RP）的帮助，也不再需要共享树或 RP 的映射，同时网络中也不再需要 MSDP 协议来完成 RP 与 RP 之间的源发现。

为了成功实施 SSM 组播业务，除了要求网络端到端地支持网络组播和 SSM 模式外，同时还要求网络和组播应用本身支持 IGMPv3 协议。IGMPv3 在 IGMPv1/v2 基础上提供了额外的源过滤组播功能（Source-Filtered Multicast，SFM）。在 IGMPv1/v2 中，主机只根据组地址来决定加入某个组并从任何一个源接收发给该组地址的业务量。具有源过滤组播功能（SFM）的主机使用 IGMPv3 来通告该主机所希望加入的组播组，同时还通告该主机所希望接收的组播源的地址。主机可以通过一个包括列表（Inclusion List）或一个排除列表（Exclusion List），前者规定了该主机所期望接收的组播源的地址（即规定了哪些源能发送给该组播组），而后者规定了该主机不希望接收的组播源的地址。

PIM-SSM 可以通过应用 SSM 传递模式到 IP 组播组地址范围配置子集来与 ISM 服务同时存在。Cisco IOS 系统允许 SSM 配置 IP 组播组地址的范围是 224.0.0.0~239.255.255.255。当定义了 SSM IP 地址范围，现存的 IP 组播接收者应用不会接收任何组播通信，除非修改它们的配置，使用指定的（S，G）通道。

11.6.2 PIM-SSM 组播配置与管理

本节介绍 PIM-SSM 组播的具体配置步骤，很简单，就是先以 ACL 定义一个 SSM 组播组地址范围，然后在连接运行接收者的 PIM 接口上启用 PIM-SM 或者 sparse-dense 混合模式，以及 IGMPv3。具体配置步骤如表 11-6 所示。

表 11-6　PIM-SSM 组播配置

步骤	命令	说明
1	**ip multicast-routing [distributed]** 例如：Router(config)#**ip multicast-routing**	全局启用 IP 组播路由
2	**ip pim ssm [default | range** *access-list***]** 例如:Router(config)#**ip pim ssm range** 10	定义 SSM 的 IP 组播地址范围。如果选择 default 二选一可选项，则使用默认的 SSM 组播组地址范围 232.0.0.0/8；如果选择了 range *access-list* 二选一可选参数，则使用指定的 ACL 来指定 SSM 组播组地址范围
3	**ip pim accept-register list** *access-list* 例如：Router(config)#**ip pim accept-register list** ssm-range	（可选）仅需在早期不支持 SSM 路由的路由器上进行配置，用于过滤向 RP 注册的组播组地址范围。参数 *access-list* 用来定义允许或禁止向 RP 注册的组播组地址范围。可用 **no ip pim accept-register list** *access-list* 删除指定的过滤器
4	**ip msdp redistribute [list** *access-list-name***] [asn** *as-access-list-number***]** 例如：Router(config)# **ip msdp redistribute** msdp-nono-list	（可选）仅需在早期不支持 SSM 路由的路由器上进行配置，用于配置可以在 SA 消息中发布的组播组。命令中的两个可选参数说明如下： ● *access-list-name*：可选参数，用于指定可以在 SA 消息中发送的组播组地址范围的 ACL 名 ● *as-access-list-number*：可选参数，用于指定匹配的 AS（自治系统）ACL 号，取值范围为 1~500
5	**ip msdp sa-filter in** {*peer-address* | *peer-name*} **[list** *access-list-name***]** 例如：Router(config)#**ip msdp sa-filter in** msdp-peer1 msdp-nono-list	（可选）仅需在早期不支持 SSM 路由的路由器上进行配置，用于过滤可以接收的来自指定 MSDP 对端的 SA 消息。命令中的参数说明如下： ● *peer-address* | *peer-name*：指定要过滤的 MSDP 对端 IP 地址或名称 ● *access-list-name*：可选参数，指定可以接收的 SA 消息中的组播组地址范围
6	**interface** *type number* 例如：Router(config)#**interface** ethernet 1/0	键入连接要运行 IGMPv3 主机的三层接口，进入接口配置模式
7	**ip pim {sparse-mode | sparse-dense-mode}** 例如：Router(config-if)#**ip pim sparse-mode**	在以上接口上启用 PIM-SSM。注意，这时只能使用 PIM-SM 模式，或者 sparse-dense PIM 模式
8	在每个路由器的每个要运行 PIM 的接口上重复以上第 1~7 步的配置	
9	**ip igmp version 3** 例如：Router(config-if)#**ip igmp version 3**	在各个连接接收者主机的 PIM 接口上启用 IGMPv3，默认是启用 IGMPv2
10	**show ip igmp groups** [*group-name* | *group-address* | *interface-type interface-number*] **[detail]** 例如：Router#**show ip igmp groups detail**	（可选）查看所有或指定组播组通过 IGMPv3 预定的（S，G）通道信息
11	**show ip mroute** 例如：Router#**show ip mroute**	（可选）查看哪个组播组支持 SSM 服务，是否收到了指定源主机报告

11.6.3　PIM-SSM 组播配置示例

【示例 1】采用默认组播组范围（232.0.0.0/8）配置 PIM-SSM 组播。在 PIM 路由器互联的接口上仅需要启用 PIM-SM 模式，而在连接主机一侧的接口上要同时启用 PIM-SM 模式和 IGMPv3 协议。

```
Router(config)#ip multicast-routing
Router(config)#ip pim ssm default              !-- 定义默认的 SSM 组播组地址范围 232.0.0.0/8
Router(config)#interface GigabitEthernet3/1/0
Router(config-if)#ip address 172.21.200.203 255.255.255.0
Router(config-if)#description backbone interface
Router(config-if)#ip pim sparse-mode
Router(config-if)#exit
Router(config)#interface GigabitEthernet3/2/0
Router(config-if)#ip address 131.108.1.2 255.255.255.0
Router(config-if)#ip pim sparse-mode
Router(config-if)#description ethernet connected to hosts
Router(config-if)#ip igmp version 3
```

【示例 2】在早期不支持 SSM 路由的路由器上配置组播源注册和 SA 消息发布过滤器。过滤器会在 SSM 组播中抑制所有不需要的 PIM-SM 和 MSDP 通信。如果没有这个过滤器，SSM 组播将继续转发这些不需要的 PIM-SM 和 MSDP 通信，这将增加不小的额外通信负担，特别是在第一跳和最后一跳路由器是早期不支持 SSM 路由的路由器时。

```
Router(config)#ip access-list extended no-ssm-range
Router(config)#deny ip any 232.0.0.0 0.255.255.255
Router(config)# permit ip any any
Router(config)#ip pim accept-register list no-ssm-range !---允许组播地址除 232.0.0.0/8 范围以外的所有组播组向 RP 注册
Router(config)#ip access-list extended msdp-nono-list
Router(config)# deny ip any 232.0.0.0 0.255.255.255
Router(config)# permit ip any any
Router(config)#ip msdp redistribute list msdp-nono-list !---指定除 232.0.0.0/8 组播地址以外的组播源可以在 SA 消息中发布
Router(config)#ip msdp sa-filter in msdp-peer1 list msdp-nono-list   !---指定仅可接收来自 msdp-peer1，组播组地址范围在 232.0.0.0/8 以外的组播源 SA 消息。以下表示向所有对端 MSDP 进行同样的配置
⋮
Router(config)#ip msdp sa-filter in msdp-peerN list msdp-nono-list
```

11.7 Bidir-PIM 组播配置

Bidir-PIM（双向 PIM）是一种基于 PIM-SM 的域内组播路由协议。Bidir-PIM 与 PIM-SM 的主要区别体现在组播源中的数据向 RP 的传输方式。PIM-SM 中的组播源数据是通过封装在组播源注册消息或者通过组播源树向 RP 传输的，而 Bidir-PIM 是直接通过 RP 与接收者之间的统一 SPT（共享树）向 RP 进行数据传输的。Bidir-PIM 的最显著优点就是可以很好地进行组播组中的多组播源控制。具体工作原理可参见本书第 9 章的 9.4.4 节。

11.7.1 Bidir-PIM 组播配置与管理

Bidir-PIM 组播配置其实与普通的 PIM-SM 配置差不多，也是要全局启用 IP 组播路由，然后在连接接收者主机侧的三层接口上启用 PIM-SM 模式，配置指定范围组播组的 RP IP 地址（但这里配置的是 Bidir-PIM 模式组播组的 RP）。不同的是还要在各组播路由器上全局启用 Bidir-PIM 模式。具体步骤如表 11-7 所示。

表 11-7 Bidir-PIM 组播配置步骤

步骤	命令	说明
1	**configure terminal** 例如：Router#**configure terminal**	进入全局配置模式
2	**ip multicast-routing** [**distributed**] 例如：Router(config)#**ip multicast-routing**	全局启用 IP 组播路由
3	**interface** type number 例如：Router(config)#**interface** gigabitethernet 1/0/0	键入连接接收者主机侧的三层接口，进入接口配置模式
4	**ip pim sparse-mode** 例如：Router(config-if)#**ip pim sparse-mode**	在以上接口上启用 PIM-SM 模式
5	**exit** 例如：Router(config-if)#**exit**	返回全局配置模式
6	**ip pim bidir-enable** 例如：Router(config)#**ip pim bidir-enable**	在每个路由器上全局启用 Bidir-PIM 模式
7	**ip pim rp-address** *rp-address* [*access-list*] [**override**] **bidir** 例如：Router(config)#**ip pim rp-address** 10.0.1.1 45 **bidir**	为指定 Bidir-PIM 模式组播组配置 RP IP 地址。命令中的参数和选项说明如下： ● *rp-address*：指定配置 RP IP 地址 ● *access-list*：可选参数，用于指定要配置 RP IP 地址的组播组范围的标准列表或名称 ACL。如果不指定此参数，则所配置的 RP IP 地址将作为所有组播组(224.0.0.0/4)的 RP ● **override**：可选项，强制静态组播组到 RP 的映射中的 RP IP 地址生效，如果不指定此选项，则动态组播组到 RP 的映射中的 RP IP 地址生效

续表

步骤	命令	说明
7		可用 **no ip pim rp-address** *rp-address* [*access-list*] [**override**] **bidir** 命令删除原来配置的 RP 地址
8	**end** 例如：Router(config-if)#**end**	返回到特权模式
9	在每个路由器的每个组播接口上重复以上 1~8 步配置	
10	**show ip pim rp** [**mapping**] [*rp-address*] 例如：Router#**show ip pim rp**	（可选）显示与组播路由相关的 RP 信息
11	**show ip mroute** 例如：Router#**show ip mroute**	（可选）显示 IP 组播路由表信息
12	**show ip pim interface** [*type number*] [**df** | **count**] [*rp-address*] 例如：Router#**show ip pim interface df**	（可选）显示所有或者指定接口的 PIM 配置信息。如果选择了 **df** 可选项，则会显示对应接口上每个 RP 选举的 DF（指定转发器）信息

11.7.2　Bidir-PIM 组播配置示例

以下示例是配置一个 RP 同时为 PIM-SM 模式和 Bidir-PIM 模式的组播组服务，其中 224.0.0.0/8 和 227.0.0.0/8 范围的组播为 Bidir-PIM 模式，226.0.0.0/8 范围的组播组为 PIM-SM 模式。但服务于两种模式的组播组的 RP IP 地址是不同的，Bidir-PIM 模式 RP IP 地址可以不是物理接口的实际 IP 地址，可以是一个网络中可达的任一虚拟 IP 地址。通常是使用路由器上的两个 loopback 逻辑接口来配置两种模式下的 RP IP 地址。

```
Router(config)#ip multicast-routing
Router(config)#interface loopback 0
Router(config-if)#ip address 10.0.1.1 255.255.255.0
Router(config-if)#exit
Router(config)#interface loopback 1
Router(config-if)#ip address 10.0.2.1 255.255.255.0
Router(config-if)#exit
Router(config)#ip pim bidir-enable
Router(config)#ip pim rp-address 10.0.1.1 45 bidir   !---指定使用 loopback0 接口 IP 地址作为 Bidir-PIM 模式组播组的 RP IP 地址，所对应的组播组由 ACL 45 定义
Router(config)#ip pim rp-address 10.0.2.1 46   !---指定使用 loopback1 接口 IP 地址作为 PIM-SM 模式组播组的 RP IP 地址，所对应的组播组由 ACL 46 定义
Router(config)#access-list 45 permit 224.0.0.0 0.255.255.255
Router(config)#access-list 45 permit 227.0.0.0 0.255.255.255
Router(config)#access-list 46 permit 226.0.0.0 0.255.255.255
```

12 H3C 交换机 IGMP 和 IGMP Snooping 配置与管理

本章介绍的是 H3C 三层以太网交换机上的 IGMP 和 IGMP Snooping 组播相关配置。IGMP 仅需要在连接组播接收者侧的组播路由器或三层交换机端口进行配置，无需在组播路由器或三层交换机间连接的端口上配置；IGMP Snooping 仅需在二层交换机端口上配置。

有关 IGMP 和 IGMP Snooping 方面的基础知识参见本书第 9 章相关内容。对比本书第 10 章中介绍的 Cisco IOS 交换机 IGMP 和 IGMP Snooping 配置，可以明显看出，H3C 以太网交换机中的 IGMP 和 IGMP Snooping 功能更加强大，配置更加复杂些，但配置思路也更清晰些。

【说明】在正式配置 H3C 以太网交换机的 IP 组播前，我们先来看一下图 12-1 和图 12-2。从这两张图中可以看出，各种组播协议的应用位置，也就是我们要配置一个 IP 组播网络，不是仅一个协议就可以实现的。从图 12-1 中可以看出，在三层 IP 组播网络中，至少要配置 IGMP 和 PIM 两种协议，在主机与三层组播设备需要用到 IGMP 进行组播管理，而在三层组播设备之间则需要用到 PIM 进行 PIM 域内组播路由；而对于存在多个 PIM 域的网络环境，不同 PIM 域间的组播路由则需要用到 MSDP。从图 12-2 可以看出，在二层组播网络中，在主机与二层组播设备之间要使用 IGMP Snooping 进行组播管理，在二层交换机与三层组播设备之间则又需要用到组播 VLAN 进行组播数据的发送和转发。

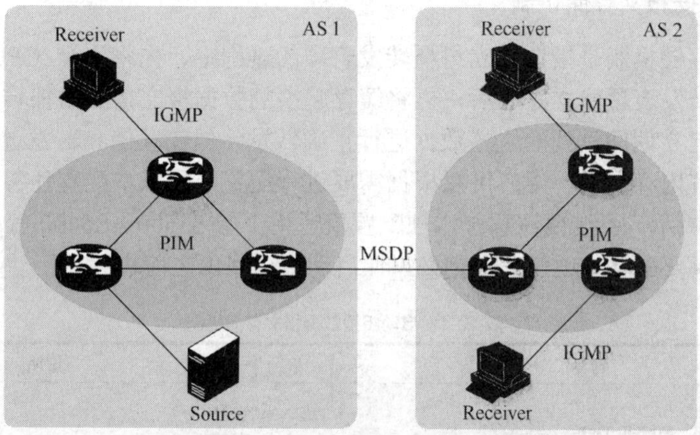

图 12-1　三层组播网络中所用到的组播协议

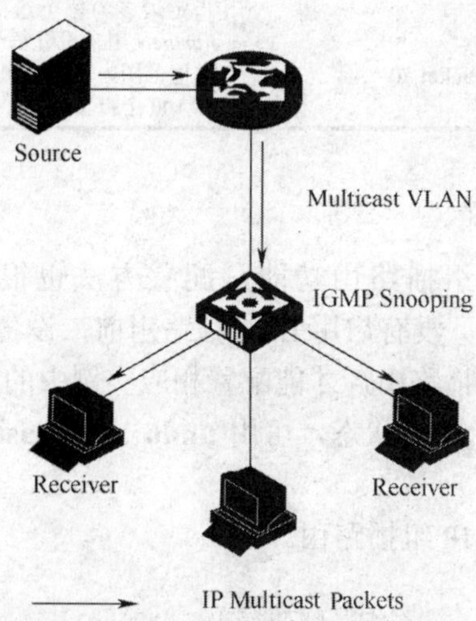

图 12-2　二层组播网络中所用到的组播协议

12.1　H3C 交换机三层 IP 组播的基本配置

【说明】本章所说到的路由器同样也代表了一般意义下的传统路由器和运行了 IP 组播协议的三层以太网交换机。

在 H3C 三层交换机上正式配置三层 IP 组播之前可以进行一些基本的公共配置（所谓“公共配置”就是指在各个组播路由器上都可以进行的配置），这其中包括的配置任务如下（但并不是每个

H3C 交换机系列都支持这些配置）。除了“启用组播路由”外，其他的均为可选配置任务，但如果要配置“启动组播数据报文存储机制”任务，则必须在配置“启动组播路由”任务之前进行。

- 启动组播数据报文存储机制（可选）
- 启动组播路由（必需）
- 配置组播路由表项数量限制（可选）
- 配置组播源端口抑制（可选）
- 清除组播相关表项内容（可选）

下面具体介绍这些任务的配置方法。

1. 启动组播数据报文存储机制

组播数据报文存储机制是指在建立组播转发表项的过程中，先将送至 CPU 的组播数据报文缓存起来，等到组播转发表项建立好之后，再将缓存起来的数据报文按照组播转发表项转发出去。该机制有利于对表项建立期间收到的组播数据进行正确转发，但在存储和转发过程中会增大 CPU 负担并占用额外的系统内存空间，用户可以根据需要进行配置，所以本配置任务为可选配置。具体的配置步骤如表 12-1 所示。不过要注意，本项配置仅适用于像 S3600、S5600 等极少数低端系列 H3C 交换机。另外，如果要配置该项任务，则必须在启动组播路由之前进行。

表 12-1 启动组播数据报文存储机制

步骤	命令	说明
1	**system-view** 例如：<Sysname> **system-view**	进入系统视图
2	**multicast storing-enable** 例如：[Sysname] **multicast storing-enable**	启动组播数据报文存储机制。默认情况下，没有启动组播数据报文存储机制
3	**multicast storing-packet** *packet-number* 例如：[Sysname] **multicast storing-packet** 70	指定最多为每个组播转发表项缓存的报文个数。参数 *packet-number* 用来设置每个组播转发表项最多可以缓存的报文个数，取值范围为 10～100。默认情况下，为每个组播转发表项最多缓存 100 个报文

2. 启动组播路由

这是在整个交换机启用 IP 组播路由功能，配置方法也很简单，就是在系统视图下执行 **multicast routing-enable** 命令即可。没有启用 IP 组播路由前，设备不转发任何组播报文。只有在公网实例或 VPN 实例中启用了 IP 组播路由，才能配置相应实例中的其他三层组播功能。

默认情况下，IP 组播路由处于关闭状态，可用 **undo multicast routing-enable** 命令关闭当前交换机的 IP 组播路由功能。

【示例 1】在公网实例中启用 IP 组播路由。

```
<Sysname> system-view
[Sysname] multicast routing-enable
```

【示例 2】在 VPN 实例 mvpn 中启用 IP 组播路由。

```
<Sysname> system-view
[Sysname] ip vpn-instance mvpn
[Sysname-vpn-instance-mvpn] multicast routing-enable
```

3. 配置组播路由表项数量限制

组播路由表项指明了在组播源发送组播报文到达组中接收者侧时应通过组播路由器的哪个接口。用户在配置组播路由协议后，会有大量的组播路由表项上传至上游路由器。为了防止大量的组播路由项耗尽路由器的内存，用户可以通过配置路由器的组播路由表项限制，防止大量的组播路由项上传。本项配置任务仅在 S3600、S5600、S7500、S9500 等少数 H3C 系列交换机中支持。

组播路由表项限制的配置是在系统视图下使用 **multicast route-limit** *limit* 命令进行。参数 *limit*

用来设置路由器的组播路由表容量限制，取值范围为 0～1024。当路由器中的组播路由表项超过限制后，路由器将丢弃新增（S，G）的协议和数据报文，但原路由表中的路由项不会被删除。如果重复执行该命令，新的配置会覆盖原有的配置。默认情况下，组播路由表容量限制为 1024，可用 **undo multicast route-limit** 命令恢复组播路由表容量限制为默认值——1024。

【示例 3】限制路由器的组播路由表容量为 100 个。

```
<Sysname>system-view
System View: return to User View with Ctrl+Z.
<Sysname> multicast route-limit 100
```

4．配置组播源端口抑制

在网络中，某些用户会私设组播服务器，造成整个组播网络资源紧张，影响组播带宽和网络内合法信息传输。组播源端口抑制特性是在未授权的组播源端口上过滤组播报文，以防止该端口（通常是在无需连接组播源的端口上配置此功能）连接的用户私设组播服务器。本配置任务仅在 S3600、S5600、S7500 等少数 H3C 系列交换机中支持。

组播源端口抑制的配置方法有两种：一是在系统视图下使用 **multicast-source-deny** [**interface** *interface-list*]命令在交换机的全部或指定端口上开启组播源端口抑制功能；二是在对应的以太网接口视图下使用 **multicast-source-deny** 命令仅在当前端口上开启组播源端口抑制功能。

在系统视图下的参数 *interface-list* 是用来指定要抑制接收组播包的以太网端口列表，表示方式为 *interface-number* [**to** *interface-number*] } & < 1-10 >。其中，*interface-number* 指定以太网端口，&< 1-10 >表示可以最多重复 10 次。如果不输入 *interface-list* 参数，则表示开启全局的组播源端口抑制特性，即在交换机所有的端口上开启该特性；如果指定了 *interface-list*，则表示开启指定端口的组播源端口抑制特性。在以太网端口视图下使用该命令时，不能输入 *interface-list* 参数，仅能够打开当前端口的组播源端口抑制特性。

默认情况下，组播源端口抑制功能处于关闭状态，可用 **undo multicast-source-deny enable** [**interface** *interface-list*]命令恢复指定组播源端口抑制功能为默认状态。

【示例 4】在交换机所有端口上开启组播源端口抑制功能。

```
<Sysname>system-view
System View: return to User View with Ctrl+Z.
<Sysname> multicast-source-deny enable
```

【示例 5】在 Ethernet 1/0/1~1/0/10、Ethernet 1/0/12 端口上开启组播源端口抑制功能。

```
<Sysname>system-view
System View: return to User View with Ctrl+Z.
<Sysname>multicast-source-deny enable interface Ethernet 1/0/1 to Ethernet 1/0/10 Ethernet 1/0/12
```

5．清除组播相关表项内容

用户可以通过清除路由器存储的不再需要的组播路由表项或组播转发表项，从而释放系统内存。它们都是通过在用户视图下执行对应的 **reset** 命令进行。

可用 **reset multicast forwarding-table** [**statistics**] { **all** | { *group-address* [**mask** { *mask* | *mask-length* }] | *source-address* [**mask** { *mask* | *mask-length* }] | **incoming-interface** *interface-type interface-number* } * } 命令清除 MFC 的转发项或 MFC 转发项的统计信息。命令中的参数和选项说明如下：

- **statistics**：可选项，清除指定组播转发表项的统计信息。否则，仅清除指定的组播转发表项。
- **all**：多选一选项，指定清除所有的组播转发表项的统计信息或转发表项，否则将根据以下各参数所指定的范围，清除相应的组播转发表项或对应转发表项的统计信息。
- *group-address*：多选一参数，指定要清除的组播转发表项的统计信息或转发表项所对应的组播组地址，取值范围为 224.0.0.0～239.255.255.255。
- *source-address*：多选一参数，指定要清除的组播转发表项的统计信息或转发表项所对应的组播源地址。

- **mask** { *mask* | *mask-length*}：可选参数，通过配置该关键字可指定组播组地址或组播源地址的掩码。可以直接输入组播组 IP 地址或组播源 IP 地址掩码，默认值为 255.255.255.255；也可以通过掩码长度来指定：对于组播组 IP 地址，其取值范围为 4～32，默认值为 32；对于组播源地址，其取值范围为 0～32，默认值为 32。
- **incoming-interface** *interface-type interface-number*：多选一参数，指定要清除转发表项或相应的统计信息的接口。

【示例 6】从 MFC 转发表中清除组地址为 225.5.4.3 的转发项。

```
<Sysname> reset multicast forwarding-table 225.5.4.3
```

【示例 7】从 MFC 转发表中清除组地址为 225.5.4.5 的转发项的统计信息。

```
<Sysname> reset multicast forwarding-table statistics 225.5.4.5
```

可使用 **reset multicast routing-table** { **all** | { *group-address* [**mask** { *mask* | *mask-length* }] | *source-address* [**mask** { *mask* | *mask-length* }] | { **incoming-interface** *interface-type interface-number* } } * }命令清除组播核心路由表的组播路由项。命令中的参数和选项说明如下：

- **all**：多选一选项，指定清除组播核心路由表中的所有路由项。
- *group-address*：多选一参数，指定要清除组播路由表项的组播组 IP 地址。
- *source-address*：多选一参数，指定要清除组播路由表项的组播源 IP 地址。
- **mask** { *mask* | *mask-length*}：可选参数，通过配置该关键字可指定组播组地址或组播源地址的掩码。可以直接输入组播组 IP 地址或组播源 IP 地址掩码，默认值为 255.255.255.255；也可以通过掩码长度来指定：对于组播组 IP 地址，其取值范围为 4～32，默认值为 32；对于组播源地址，其取值范围为 0～32，默认值为 32。
- **incoming-interface** *interface-type interface-number*：多选一参数，指定要清除组播路由表项的接口。

【示例 8】从组播核心路由表中清除组地址为 225.5.4.3 的路由项。

```
<Sysname> reset multicast routing-table 225.5.4.3
```

12.2 H3C 交换机 IGMP 配置与管理

通过本书第 9 章的学习我们已经知道，IGMP 是组播路由器或三层交换机上的组播管理协议，是需要在直接连接组播主机的组播路由器或三层交换机接口上配置的，在连接其他三层组播设备的接口上是无需配置 IGMP 的。

IGMP 的主要配置和管理任务如表 12-2 所示。

表 12-2 IGMP 配置任务

配置任务		说明
配置 IGMP 基本功能	启用 IGMP	必需
	IGMP 运行版本配置	可选
	接口静态加入组播组或组播源配置	可选
	接口加入组播组的过滤器配置	可选
	接口允许加入的组播组数量限制配置	可选
调整 IGMP 性能	IGMP 报文选项配置	可选
	IGMP 查询和响应配置	可选
	IGMP 快速离开配置	可选
配置 IGMP SSM Mapping	启用 IGMP SSM 映射	可选
	IGMP SSM 映射规则配置	可选
配置 IGMP Proxying	IGMP 代理配置	可选
	下行接口的组播转发能力配置	可选

【说明】在本节后面的配置中会发现，IGMP 接口的配置都是在 VLAN 接口下进行的，因为目前大多数 H3C 交换机并不能配置三层物理端口，三层端口只有 VLAN 接口。当然，在运行最新的 Comware 5.0 及以上系列的系统版本时，是可以像 Cisco IOS 交换机那样进行二、三层转换的，所使用的命令是 port link-mode route。但目前并不是所有 H3C 交换机都支持，具体看所运行的 Comware 版本。有关 H3C 交换机的端口请参见《Cisco/H3C 交换机配置与管理完全手册》（第 2 版）。

（1）在配置 IGMP 基本功能之前，如果网络中存在多个组播路由器（或三层交换机），则需完成以下配置任务。

- 配置任一单播路由协议，实现域内网络层互通
- 配置 PIM-DM（或 PIM-SM）

在配置 IGMP 基本功能之前，需规划好以下基础数据：

- 支持的 IGMP 版本
- 以静态方式加入的组播组和组播源的地址
- 组播组过滤的 ACL 规则
- 允许接口加入的组播组最大数量

（2）在调整 IGMP 性能之前，需完成以下任务：

- 配置任一单播路由协议，实现域内网络层互通
- 配置 IGMP 基本功能

在调整 IGMP 性能之前，需准备以下数据：

- IGMP 查询器的启动查询间隔
- IGMP 查询器的启动查询次数
- 发送 IGMP 普遍组查询报文的时间间隔
- IGMP 查询器的健壮系数
- IGMP 普遍组查询的最大响应时间
- 最后组成员查询间隔
- IGMP 其他查询器的存在时间

（3）在配置 IGMP SSM 映射之前，需完成以下任务：

- 配置任一单播路由协议，实现域内网络层互通
- 配置 IGMP 基本功能

（4）在配置 IGMP 代理之前，需完成以下任务：

- 配置任一单播路由协议，实现域内网络层互通
- 启用 IP 组播路由

本节仅对表 12-2 中的一些主要配置任务进行介绍。

12.2.1 启动 IGMP

在需要建立和维护组播组成员关系的接口（也就是直接连接组播主机的接口）上启用 IGMP，具体的配置步骤如表 12-3 所示。步骤很简单，首先是需要在交换机上使用 **multicast routing-enable** 命令全局启用 IP 组播路由（如果已全局启用，则此步可略），然后在要启用 IGMP 的接口上使用 **igmp enable** 命令启用 IGMP。

表 12-3 启动 IGMP 的步骤

步骤	命令	说明
1	**system-view** 例如：<Sysname> **system-view**	进入系统视图
2	**multicast routing-enable** 例如：[Sysname] **multicast routing-enable**	启动 IP 组播路由。默认情况下，IP 组播路由处于关闭状态，可用 **undo multicast routing-enable** 命令关闭交换机上的 IP 组播路由功能。 只有在公网实例或 VPN 实例中启用了 IP 组播路由，才能配置相应实例中的其他三层组播功能；没有启用 IP 组播路由前，设备不转发任何组播报文
3	**interface** *interface-type interface-number* 例如：[Sysname] **interface** vlan-interface 10	键入要启用 IGMP 的三层接口（包括三层物理端口和三层 VLAN 接口），进入对应接口视图。此处必须是三层接口
4	**igmp enable** 例如：[Sysname-Vlan-interface10] **igmp enable**	在以上二层接口上启动 IGMP。默认情况下，接口上的 IGMP 处于关闭状态，可使用 **undo igmp enable** 命令关闭接口上的 IGMP。只有在相应实例中先启用了 IP 组播路由功能，本命令才能生效；只有在接口上启用了 IGMP，在该接口上对其他 IGMP 特性所做的配置才能生效

以下示例是先在交换机上全局启用 IP 组播路由，然后在接口 vlan-interface100 上启用 IGMP。

```
<Sysname> system-view
[Sysname] multicast routing-enable
[Sysname] interface vlan-interface 100
[Sysname-Vlan-interface100] igmp enable
```

12.2.2 IGMP 运行版本配置

通过第 6 章的学习我们知道，目前 IGMP 有三个版本，而且每个版本所包含的功能并不完全一样，当然不同系列的 H3C 交换机所支持的 IGMP 版本也不一样，不过目前基本上都同时支持三个版本。在交换机的三层接口上启用 IGMP 后，可以配置该接口上运行的 IGMP 版本。由于不同版本 IGMP 协议的报文结构与种类不同，因此需要为同一网段上的所有路由器配置相同版本的 IGMP，否则 IGMP 将不能正常运行。

IGMP 版本的配置方法也有两种：一种是在系统视图下先后使用 **igmp** [**vpn-instance** *vpn-instance-name*]和 **version** *version-number* 命令全局配置交换机各启用了 IGMP 的三层接口运行的 IGMP 版本。**igmp** [**vpn-instance** *vpn-instance-name*]命令是用来进入要配置 IGMP 版本的公网实例或 VPN 实例 IGMP 视图，可选参数 **vpn-instance** *vpn-instance-name* 用来指定要进入的 VPN 实例，如果不指定此可选参数，则进入的是公网实例；**version** *version-number* 命令是用来配置具体的 IGMP 版本号，参数的取值范围为 1~3。默认情况下，IGMP 的版本为 IGMPv2，可用 **undo igmp version** 命令恢复默认情况。但此种版本配置方法在 S3600、S3610、S5600 等低端系列 H3C 交换机中不支持。

另一种是在对应 VLAN 接口配置视图下使用 **igmp version** *version-number* 命令配置对应接口 IGMP 的运行版本。

【示例 1】在公网实例中全局配置交换机中各个启用了 IGMP 的接口运行的 IGMP 版本为 IGMPv2。

```
<Sysname> system-view
[Sysname] igmp
[Sysname-igmp] version 2
```

【示例 2】指定接口 vlan-interface10 使用 IGMPv3。

```
<Sysname> system-view
[Sysname] interface vlan-interface 10
[Sysname-Vlan-interface100] igmp version 3
```

12.2.3 配置接口静态加入组播组或组播源

默认情况下，主机是使用 IGMP 消息通知本地的 DR 组播路由器想加入的组，即告知组播路由器相应组的组播地址，从而成为对应组播组的接收者，或者组播组的成员。组播路由器通过 IGMP 来维护一个组播成员列表，并且 IGMP 查询器定期发送查询（Query）消息来探寻组播成员列表中的各个成员是否仍然存在。组成员利用 IGMP 的加入（Join）和离开（Leave）消息来动态地加入或者退出组播组。

也可以手动把一个组播路由器接口加入到一个特定组播组中。在配置了静态加入组播组或组播源组后，接口将作为该组播组的虚拟组成员存在，从而可以接收发往该组的组播数据，可以测试组播数据的转发。但在运行 PIM-SM 设备上配置接口静态加入时，如果该接口上启用了 PIM-SM，则该接口必须为 PIM-SM 的 DR，否则该接口将不能加入组播组或组播源组；如果该接口上没有启用 PIM-SM，但启用了 IGMP，则该接口必须为 IGMP 查询器，否则该接口也不能加入组播组或组播源组。

在配置了静态加入后，接口并不会对 IGMP 查询器发出的查询报文进行响应；在配置静态加入或取消静态加入的配置时，接口也不会主动发送 IGMP 成员关系报告报文或 IGMP 离开组报文。也就是说，该接口并没有真正成为该组播组的成员，主要用于测试，当然也可以作为实际应用的组播接收者。

静态加入组播组或组播源组的方法是在对应的三层接口（必须先启用了 IGMP）下使用 **igmp static-group** *group-address* [**source** *source-address*] 命令进行。参数 *group-address* 用来指定要静态加入的组播组地址，取值范围为 224.0.1.0～239.255.255.255；可选参数 *source-address* 用来指定要静态加入的组播组所对应的组播源 IP 地址，这是单播 IP 地址。

默认情况下，接口没有以静态方式加入任何组播组或组播源组，可用 **undo igmp static-group** { **all** | *group-address* [**source** *source-address*] }命令恢复默认情况。

【注意】如果指定的组播组地址在 SSM（指定源组播）组地址范围内（232.0.0.0 ~ 232.255.255.255），则必须同时指定组播源的地址，否则将不会生成 IGMP 路由表项用于指导组播转发，因为 SSM 是采用（S，G）报文格式的，必须同时指定组播源和组播组；如果指定的组播组地址不在 SSM 组地址范围内，则无此限制，因为此时采用的是（*，G）报文格式的，只需指定组播组，组播源可以任意。

如果欲将某 VLAN 接口静态加入组播组或组播源组，除了要在该 VLAN 接口上使用本命令进行配置外，还须在其对应 VLAN 的二层成员端口上使用 **igmp-snooping static-group** 命令进行类似的配置。

【示例 1】配置 vlan-interface10 接口静态加入组播组 224.1.1.1（它不属于 SSM 组地址范围，所以无需指定组播源地址）。

```
<Sysname> system-view
[Sysname] interface vlan-interface 10
[Sysname-Vlan-interface10] igmp static-group 224.1.1.1
```

【示例 2】配置 vlan-interface100 接口静态加入组播源组（192.168.1.2，232.10.1.1），因为组播组地址 232.10.1.1 是在 SSM 组地址范围内，所以必须同时指定组播源 IP 地址。

```
<Sysname> system-view
[Sysname] interface vlan-interface 10
[Sysname-Vlan-interface10] igmp static-group 232.10.1.1 source 192.168.1.2
```

12.2.4　配置接口加入的组播组过滤器

如果不希望某三层接口所在网段上的主机加入某些组播组，可在该接口上通过 ACL 规则过滤掉不希望加入的组播组。这样，接口将按照该规则对收到的 IGMP 成员关系报告报文进行过滤，只为该规则所允许的组播组维护组成员关系。

组播组过滤器的配置方法是在对应的三层接口上使用 **igmp group-policy** *acl-number* [*version-number*]命令进行，可以限定该接口下的主机所能加入的组播组。命令中的参数说明如下：

- *acl-number*：指定用于过滤组播组的基本或高级 ACL 编号，取值范围为 2000～3999。ACL 规则（可以是允许，也可以是拒绝）中指定的源地址是指 IGMP 报文中的组播源地址（对于 IGMPv1/v2 报文和未携带组播源地址的 IS_EX/TO_EX 类型的 IGMPv3 报文，视其组播源地址为 0.0.0.0），而并非指 IP 报文的源地址。这个 ACL 要事先配置好，并且里面过滤的源地址是组播源地址，是组播地址，不是单播地址。
- *version-number*：可选参数，指定要过滤的 IGMP 报文版本号，取值范围为 1～3。默认情况下，系统同时支持对 IGMPv1、IGMPv2 和 IGMPv3 报告报文的过滤。

默认情况下，接口上没有配置组播组过滤器，即该接口下的主机可以加入任意合法的组播组，可用 **undo igmp group-policy** 命令在接口上删除组播组过滤器。

【说明】还可以在二层交换端口上使用 IGMP-Snooping 视图下的 **group-policy** 命令限定对应的主机所能加入的组播组。对于同一个 VLAN，如果对该 VLAN 接口进行了限定，建议对该 VLAN 内的主机也进行相同的限定。具体将在本章后面介绍 IGMP Snooping 配置时进行介绍。

以下示例是限定 vlan-interface10 接口下的主机只能加入组播组 225.10.1.1。它是通过 ACL 2011 来过滤的。如果是要拒绝加入 IP 地址为 225.10.1.1 的组播组，则在 ACL 中要使用拒绝（deny）规则。

```
<Sysname> system-view
[Sysname] acl number 2011
[Sysname-acl-basic-2011] rule permit source 225.10.1.1 0
[Sysname-acl-basic-2011] quit
[Sysname] interface vlan-interface 10
[Sysname-Vlan-interface10] igmp group-policy 2011
```

12.2.5 配置接口允许加入的组播组数量限制

默认情况下，所有组播主机可以加入任一组播组，但有的组播组并不是我们所需要的，这时我们就可以在要限制组播组数量的接口配置允许接口加入的组播组最大数量，可以方便用户灵活控制接口所能加入的组播组数量。

配置接口允许加入的组播组最大数量的方法是在对应三层接口配置视图下使用 **igmp group-limit** *limit* 命令进行。参数 *limit* 用来指定允许对应接口加入的组播组最大数量。这个取值范围会因为不同的交换机系列有所不同，如 S5800 系列中这个取值范围为 1～4000，S7500E 系列中这个取值范围为 1~2000。默认值也不一样，有的是 2000，有的是 4000。其实这都关系不大，一般情况下，我们不可能有这么多组播组的。可用 **undo igmp group-limit** 命令恢复默认情况。

【注意】本命令仅对动态加入的组播组有效，而对静态加入的组播组不生效。当所配置的 *limit* 值小于当前接口上已建立的组播组数量时，系统不会将多余的组播组自动删除。如果要使此配置立即生效，需要使用 **reset igmp group** 命令手工清除 IGMP 组播组的信息。对于二层接口，则要使用 **igmp-snooping group-limit** 命令来限制端口上的组播组数量。而对于同一个 VLAN，如果既对该 VLAN 内的端口进行限制，又对该 VLAN 接口进行限制，可能导致二、三层表项不一致，因此在这种情况下建议只限制 VLAN 接口上的组播组数量。

以下示例是在 vlan-interface10 接口上配置允许加入的组播组最大数量为 100 个。

```
<Sysname> system-view
[Sysname] interface vlan-interface 10
[Sysname-Vlan-interface10] igmp group-limit 100
```

12.2.6 IGMP 查询和响应配置

在交换机三层接口上启用 IGMP 后，该接口会向所连接的网段周期性地发送 IGMP 通用查询报文，通过解析返回的 IGMP 主机报告报文获知该网段内哪些组播组有成员。在共享网络上，由 IGMP 查询器负责组播组成员关系的维护。用户配置相关功能后，在 IGMP 查询器收到主机发送的 IGMP 离开报文时，将按照用户配置的时间间隔和次数发送 IGMP 特定组查询报文。

如果同一网段内存在多个启用了 IGMP 的接口，IP 地址最小的接口将成为 IGMP 查询器。如果在 IGMP 查询器存在时间内非查询器接口没有收到查询器发出的查询消息，这些接口就认为原来的查询器失效，IP 地址次小的接口将成为新的 IGMP 查询器。

当主机接收到一条通用查询消息后，主机会为其所属的每个组播组都设置一个计时器，计时器的值在最大响应时间范围内随机选取，当某组播组对应的计时器的值减为 0 时，主机就会发送该组播组的成员报告消息。合理设置最大响应时间，可以使主机快速响应查询信息，三层交换机也就能快速地掌握组播组成员的存在状况。

有关 IGMP 查询和响应时间的配置也可以在系统视图下或者在对应三层 IGMP 接口上配置，具体配置步骤分别如表 12-4 和表 12-5 所示（全局配置将在交换机上所有启用了 IGMP 的三层接口上生效，而接口配置仅在对应三层接口上生效）。

注意：在 S3600、S3610、S5600 等低端系列 H3C 交换机中不支持全局配置方式，仅支持接口配置方式。

表 12-4 全局配置 IGMP 查询和响应的步骤

步骤	命令	说明
1	**system-view** 例如：<Sysname> **system-view**	进入系统视图
2	**igmp** [**vpn-instance** *vpn-instance-name*] 例如：[Sysname] **igmp**	进入公网实例或 VPN 实例 IGMP 视图
3	**robust-count** *robust-value* 例如：[Sysname-igmp] **robust-count** 3	全局配置 IGMP 查询器的健壮系数。参数 *robust-value* 用来指定 IGMP 查询器的健壮系数，取值范围为 2～5。 默认情况下，IGMP 查询器的健壮系数为 2，可用 **undo robust-count** 命令恢复默认情况。 【说明】查询器健壮系数是为了弥补可能发生的网络丢包而设置的报文重传次数。IGMP 查询器的健壮系数越大，报文可以重传的次数越多，IGMP 查询器就越“健壮”，但是组播组超时所需的时间也就越长。IGMP 查询器的健壮系数规定了以下数值： ● IGMPv1/v2/v3 查询器在启动时发送 IGMP 普遍组查询报文次数的默认值 ● IGMPv2 查询器在收到 IGMP 离开组报文后发送 IGMP 特定组查询报文的次数 ● IGMPv3 查询器在收到改变组播组与组播源列表关系的 IGMP 报告报文后发送 IGMP 特定源组查询报文的次数
4	**startup-query-interval** *interval* 例如：[Sysname-igmp]**startup-query-interval** 100	全局配置 IGMP 查询器的启动查询间隔。参数 *interval* 用来指定 IGMP 查询器的启动查询间隔，取值范围为 1～18000 秒。**注意：S3600、S3610、S5600 等低端系列 H3C 交换机不支持该命令。** 默认情况下，IGMP 查询器的启动查询间隔为发送 IGMP 普遍组查询报文时间间隔的 1/4，可用 **undo startup-query-interval** 命令恢复默认情况。 【说明】启动查询间隔是指在查询器启动时，发送通用查询报文之间的时间间隔。在组播路由器启动的时候，为了快速可靠地确定其组成员信息，会比较频繁地发送查询消息，所以这个时间间隔一般比正常的查询报文发送时间间隔要短
5	**startup-query-count** *value* 例如：[Sysname-igmp] **startup-query-count** 3	全局配置 IGMP 查询器启动时执行的最多查询次数。参数 *value* 用来指定 IGMP 查询器的启动查询次数，取值范围为 2～5。**注意：S3600、S3610、S5600 等低端系列 H3C 交换机不支持该命令。** 默认情况下，IGMP 查询器的启动查询次数等于 IGMP 查询器的健壮系数，可用 **undo startup-query-count** 命令恢复默认情况

续表

步骤	命令	说明
6	**timer query** *interval* 例如：[Sysname-igmp] **timer query** 220	全局配置发送 IGMP 普遍组查询报文的时间间隔。这个查询间隔是指发送通用查询（General Query）报文之间的时间间隔。参数 *interval* 用来指定发送 IGMP 普遍组查询报文的时间间隔，取值范围为 1～18000 秒。 默认情况下，发送 IGMP 普遍组查询报文的时间间隔为 60 秒，可用 **undo timer query** 命令恢复默认情况
7	**max-response-time** *interval* 例如：[Sysname-igmp] **max-response-time** 12	全局配置 IGMP 普遍组查询的最大响应时间。这个最大响应时间是指周期性通用查询报文中的最大响应时间。当一台主机收到一个通用查询，它会为收到查询的那个接口所在的组设置延时定时器，这就是这里所说的最大响应时间。参数 *interval* 用来指定 IGMP 普遍组查询报文的最大响应时间，取值范围为 1～25 秒。 默认情况下，IGMP 普遍组查询的最大响应时间为 10 秒。可用 **undo max-response-time** 命令恢复默认情况
8	**last-member-query-interval** *interval* 例如：[Sysname-igmp]**last-member-query-interval** 5	全局配置最后组成员查询间隔。最后组成员查询间隔是指为响应离开组消息而发送的特定组查询中的最大响应时间（也就是过了多长时间后需要收到对方的响应），同时它是特定组查询报文的发送时间间隔。 参数 *interval* 用来指定最后组成员查询间隔，取值范围为 1～5 秒。 默认情况下，最后组成员查询间隔为 1 秒，可用 **undo last-member-query-interval** 命令恢复默认情况
9	**timer other-querier-present** *interval* 例如：[Sysname-igmp]**timer other-querier-present** 300	全局配置 IGMP 其他查询器的存在时间，是指一台路由器在确定网络内没有其他作为查询器的路由器存在之前需要等待的时间。通常，每个网段只有一个作为查询器的路由器。所有的组播路由器在启动的时候都宣告自己是本地网段的查询器，如果一台组播路由器接收到另一台组播路由器的一个查询消息，并且其他路由器的 IP 地址比自己小，则该路由器马上会变为非查询器路由器，因为一个网段中只允许存在一个查询器。 参数 *interval* 用来指定 IGMP 其他查询器的存在时间，取值范围为 60～300 秒。 默认情况下，IGMP 其他查询器的存在时间＝发送 IGMP 普遍组查询报文的时间间隔×IGMP 查询器的健壮系数＋IGMP 普遍组查询的最大响应时间/2，可用 **undo timer other-querier-present** 命令恢复默认情况

表 12-5　在接口上配置 IGMP 查询和响应的步骤

步骤	命令	操作
1	**system-view** 例如：<Sysname> **system-view**	进入系统视图
2	**interface** *interface-type interface-number* 例如：[Sysname] **interface** vlan-interface 10	进入接口视图
3	**igmp robust-count** *robust-value* 例如：[Sysname-Vlan-interface10]**igmp robust-count** 5	在接口上配置 IGMP 查询器的健壮系数，具体说明参见表 12-4 中的第 3 步
4	**igmp startup-query-interval** *interval* 例如：[Sysname-Vlan-interface10]**igmp startup-query-interval** 100	在接口上配置 IGMP 查询器的启动查询间隔，具体说明参见表 12-4 中的第 4 步
5	**igmp startup-query-count** *value* 例如：[Sysname-Vlan-interface10]**igmp startup-query-count 3**	在接口上配置 IGMP 查询器的启动查询次数，具体说明参见表 12-4 中的第 5 步
6	**igmp timer query** *interval* 例如：[Sysname-Vlan-interface10]**igmp timer query** 200	在接口上配置发送 IGMP 普遍组查询报文的时间间隔，具体说明参见表 12-4 中的第 6 步
7	**igmp max-response-time** *interval* 例如：[Sysname-Vlan-interface10]**igmp max-response-time** 12	在接口上配置 IGMP 普遍组查询的最大响应时间，具体说明参见表 12-4 中的第 7 步
8	**igmp last-member-query-interval** *interval* 例如：[Sysname-Vlan-interface10]**igmp last-member-query-interval** 5	在接口上配置最后组成员查询间隔，具体说明参见表 12-4 中的第 8 步
9	**igmp timer other-querier-present** *interval* 例如：[Sysname-Vlan-interface10]**igmp timer other-querier-present** 300	在接口上配置 IGMP 其他查询器的存在时间，具体说明参见表 12-4 中的第 9 步

【说明】应确保 IGMP 其他查询器的存在时间大于发送 IGMP 普遍组查询报文的时间间隔，否则有可能导致网络内的 IGMP 查询器反复变化。

应确保发送 IGMP 普遍组查询报文的时间间隔大于 IGMP 普遍组查询的最大响应时间，否则有可能造成对组播组成员的误删。

对 IGMP 普遍组查询的最大响应时间、最后组成员查询间隔以及 IGMP 其他查询器的存在时间所做的配置，只有当设备运行在 IGMPv2 或 IGMPv3 时才有效。

【示例 1】在公网实例中全局配置 IGMP 查询器的健壮系数为 3。

```
<Sysname> system-view
[Sysname] igmp
[Sysname-igmp] robust-count 3
```

【示例 2】在公网实例中全局配置 IGMP 查询器的启动查询间隔为 5 秒，也就是在查询器启动时每隔 5 秒发送一次通用查询报文。

```
<Sysname> system-view
[Sysname] igmp
[Sysname-igmp] startup-query-interval 5
```

【示例 3】在公网实例中全局配置 IGMP 查询器的启动查询次数为 3 次，也就是在 IGMP 查询器启动时以设置的启动查询时间间隔频率发送 3 次通用查询报文。

```
<Sysname> system-view
[Sysname] igmp
[Sysname-igmp] startup-query-count 3
```

【示例 4】在公网实例中全局配置发送 IGMP 普遍组查询报文的时间间隔为 125 秒，也就是 IGMP 查询正常情况下（非启动时）发送通用查询报文的时间间隔为 125 秒。

```
<Sysname> system-view
[Sysname] igmp
[Sysname-igmp] timer query 125
```

【示例 5】在公网实例中全局配置 IGMP 普遍组查询的最大响应时间为 8 秒。

```
<Sysname> system-view
[Sysname] igmp
[Sysname-igmp] max-response-time 8
```

【示例 6】在公网实例中全局配置最后组成员查询间隔为 3 秒，也就是在收到 IGMP 组离开消息后，查询器发送最后的特定组成员查询消息（用于确认对应组成员是否真的已离开）的时间间隔为 3 秒。

```
<Sysname> system-view
[Sysname] igmp
[Sysname-igmp] last-member-query-interval 3
```

【示例 7】在公网实例中全局配置 IGMP 其他查询器的存在时间为 200 秒，也就是在查询器确认没有其他查询器存在前需要等待的时间为 200 秒，过了 200 秒还没有收到比自己优先级更高的查询器发来的消息，则认为自己就是查询器了。

```
<Sysname> system-view
[Sysname] igmp
[Sysname-igmp] timer other-querier-present 200
```

【说明】IGMP 的快速离开功能可以由 IGMP Snooping 的快速离开功能实现，具体将在本章后面介绍 IGMP Snooping 配置时具体介绍。

12.2.7 IGMP SSM 映射配置

SSM（Source-Specific Multicast，指定源组播）组播需要 IGMPv3 技术结合使用。因为 IGMPv3 在 IGMPv1/v2 基础上提供了额外的 SFM（Source-Filtered Multicast，信源过滤组播）功能。SSM 模型要求在接收者主机所在的网段，路由器能够了解主机加入组播组时所指定的组播源。如果接收者主机上运行的是 IGMPv3，则可以在 IGMPv3 的报告报文中直接指定组播源的地址。如果某些接收者主机只能运行 IGMPv1 或 IGMPv2，则在 IGMPv1 或 IGMPv2 的报告报文中无法指定组播源的地址，IGMPv1/v2 主机只根据组地址来决定加入某个组，并从任何一个源接收发给该组地址的业务流。

具有源过滤组播功能的主机使用 IGMPv3 来通告该主机所希望加入的组播组，同时还通告该主机所希望接收的组播源的地址。主机可以通过一个包括列表（Inclusion List）或一个排除列表

（Exclusion List），前者规定了该主机所期望接收的组播源的地址（即规定了哪些源能发送给该组播组），而后者规定了该主机不希望接收的组播源的地址。

而在实际的 SSM 组播网络中，可能由于种种限制，某些组播接收者主机只能运行 IGMPv1 或 IGMPv2。为了向这些仅支持 IGMPv1 或 IGMPv2 的接收者主机也能提供 SSM 服务，就需要在路由器上配置 IGMP SSM 映射（IGMP SSM Mapping）功能，这里的映射是指组播组到组播源的映射，这样就相当于指定了一个特定信源的组播组，将 IGMPv1 或 IGMPv2 报告报文中所包含的（*，G）信息映射为（G，INCLUDE，（S1，S2…））信息。但 IGMP SSM 映射不会对 IGMPv3 的报告报文进行处理。

在如图 12-3 所示的 SSM 网络中，Host A、Host B 和 Host C 上分别运行 IGMPv1、IGMPv2 和 IGMPv3。在不允许将 Host A 和 Host B 升级为 IGMPv3 的情况下，若要为 Host A 和 Host B 也提供 SSM 组播服务，就需要在 Router A 上启用 IGMP SSM 映射功能，并配置相应的映射规则。配置完成后，当 Router A 收到来自主机的 IGMPv1 或 IGMPv2 报告报文时，首先检查该报文中所携带的组播组地址 G，然后根据检查结果的不同分别进行处理：

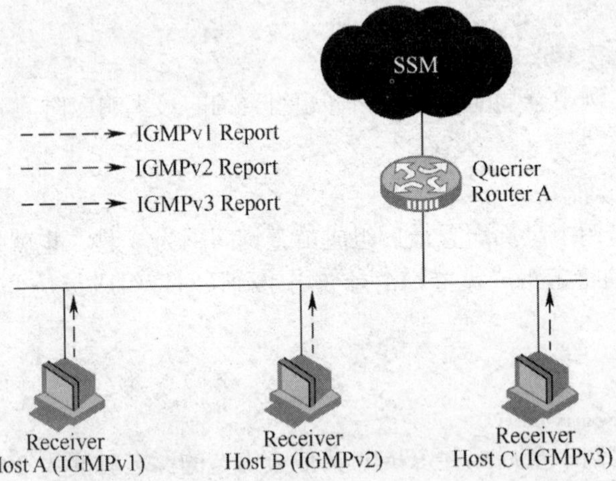

图 12-3 IGMP SSM 映射应用示例

（1）如果 G 不在 SSM 组地址范围内，则提供 ASM 组播服务。

（2）如果 G 在 SSM 组地址范围内，但 Router A 上没有与 G 对应的 IGMP SSM 映射规则，则无法提供 SSM 组播服务，丢弃该报文；如果 Router A 上有 G 对应的 IGMP SSM 映射规则，则依据规则将报告报文中所包含的（*，G）信息映射为（G，INCLUDE，（S1，S2…））信息，提供 SSM 组播服务。

IGMP SSM 映射的配置分两个大的步骤：一是在连接了仅运行 IGMPv1 或 IGMPv2 的主机的三层接口上启用 IGMP SSM 映射功能，二是在路由器上全局配置 SSM 映射，具体如表 12-6 所示。

表 12-6 IGMP SSM 映射的配置步骤

步骤	命令	说明
1	**system-view** 例如：<Sysname> **system-view**	进入系统视图
2	**interface** *interface-type interface-number* 例如：[Sysname] **interface** vlan-interface 10	进入接口视图
3	**igmp ssm-mapping enable** 例如：[Sysname-Vlan-interface10] **igmp ssm-mapping enable**	在接口上启用 IGMP SSM 映射功能。默认情况下，接口上的 IGMP SSM Mapping 功能处于关闭状态，可使用 **undo igmp ssm-mapping enable** 命令关闭接口上的 IGMP SSM 映射功能
4	**quit** **例如：[Sysname-Vlan-interface10] quit**	返回系统视图

续表

步骤	命令	说明
5	**igmp** [**vpn-instance** *vpn-instance-name*] 例如：[Sysname] **igmp**	进入公网实例或 VPN 实例的 IGMP 视图
6	**ssm-mapping** *group-address* { *mask* | *mask-length* } *source-address* 例如：[Sysname-igmp] **ssm-mapping**	配置 IGMP SSM 映射。命令中的参数说明如下： ● *group-address*：用来指定 SSM 映射中的组播组地址范围，取值范围为 224.0.0.0～239.255.255.255 ● *mask*：二选一参数，指定映射的组播组地址的掩码 ● *mask-length*：二选一参数，指定映射的组播组地址的掩码长度，取值范围为 4～32 ● *source-address*：指定 SSM 映射中的组播源地址，这是一个单播 IP 地址 默认情况下，未配置任何 IGMP SSM 映射，可用 **undo ssm-mapping** { *group-address* { *mask* | *mask-length* } *source-address* | **all** }命令删除指定或全部已配置的 IGMP SSM 规则

【示例 1】在接口 vlan-interface10 上启用 IGMP SSM 映射功能。

```
<Sysname> system-view
[Sysname] interface vlan-interface 10
[Sysname-Vlan-interface10] igmp ssm-mapping enable
```

【示例 2】在公网实例中添加如下一条 IGMP SSM 映射：组地址范围为 230.1.1.0/24，对应的源地址为 192.168.1.1。

```
<Sysname> system-view
[Sysname] igmp
[Sysname-igmp] ssm-mapping 230.1.1.0 24 192.168.1.1
```

12.2.8 IGMP 代理配置

在一些简单的组播网络中，边缘设备上并不需要运行复杂的组播路由协议（如 PIM），可以通过在这些设备上配置 IGMP Proxying（IGMP 代理）功能使其代理下游主机来发送 IGMP 报文及维护组成员关系，并基于该关系进行组播转发。在上游的 IGMP 组播路由器看来，配置了 IGMP 代理功能的设备不再是一个 PIM 邻居，而只是一台主机。

如图 12-4 所示，IGMP 代理设备 Router B 中定义了以下两种接口类型：

- 上行接口：又称代理接口，指 IGMP 代理设备上运行 IGMP 代理功能的接口，即指向组播分发树树根方向的接口。由于该接口执行 IGMP 协议的主机行为，因此也称为主机接口（Host Interface）。
- 下行接口：指 IGMP 代理设备上除上行接口外其他运行 IGMP 协议的接口，即背向组播分发树树根方向的接口。由于该接口执行 IGMP 协议的路由器行为，因此也称为路由器接口（Router Interface）。

IGMP 代理设备上维护着一个组成员关系数据库（Membership Database），将所有下行接口维护的组成员关系记录都存到这个数据库中。组成员关系记录的结构如下：（Multicast-address，Filter-mode，Source-list），每条记录都是各下行接口上具有相同组地址的成员关系记录的合集。上行接口正是依据这个数据库来执行主机行为：当收到来自查询器的查询报文时，会根据当前数据库状态响应报告报文，或者当数据库变化时主动发送报告或离开报文；而下行接口则执行路由器行为，参与查询器（Querier）的选举、发送查询报文并根据报告报文维护组成员关系等。所以，IGMP 代理可以与 IGMP 查询器是同一台路由器，但 IGMP 代理功能和 IGMP 查询器功能是在不同端口上配置的。

在配置 IGMP 代理之前，需完成以下任务：

- 配置任一单播路由协议，实现域内网络层互通

- 启用 IP 组播路由

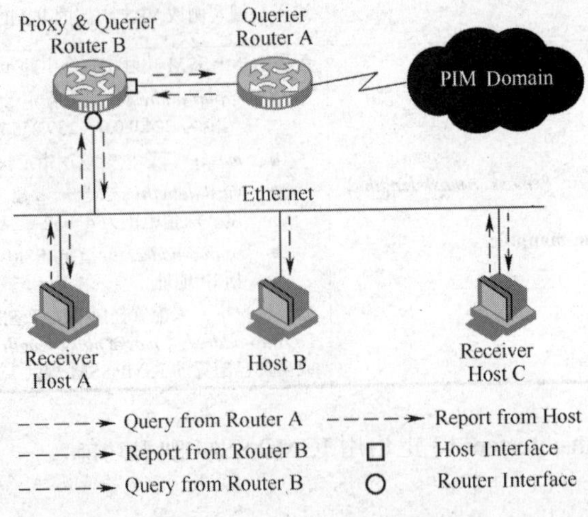

图 12-4　IGMP 代理示意图

IGMP 代理功能只需在该设备朝向组播分发树树根方向（也就是 DR 方向）的三层接口上启用，启用的方法很简单，只需在对应的接口视图下执行 **igmp proxying enable** 命令即可。如果是在设备的 Loopback 接口上启用 IGMP 代理功能，则只为其维护 IGMP 路由表，而不会下发到组播路由表以及转发表中。默认情况下，接口上的 IGMP 代理功能处于关闭状态。

【注意】一台设备上只允许有一个接口启用 IGMP 代理功能（多实例情况下，每个实例中只允许有一个接口启用 IGMP 代理功能）。

在已启用 IGMP 代理功能的接口上不允许再启用 IGMP，且只有 **igmp require-router-alert**、**igmp send-router-alert** 和 **igmp version** 命令可在该接口上生效。

在已启用 IGMP 代理功能的设备上不允许再启用其他组播路由协议（如不能在接口上启用 PIM-DM 或 PIM-SM，但在 PIM 视图下配置的 **source-lifetime**、**source-policy** 和 **ssm-policy** 命令仍会生效），反之亦然；同时，由于 IGMPv1 的查询器要由 PIM 协议选举出的 DR 来充当，因此若 IGMP 代理设备的下行接口运行的是 IGMPv1，那么该接口将无法成为 DR，从而也就无法充当 IGMP 查询器。

若某 VLAN 内已启用了 IGMP Snooping，则该 VLAN 对应的 VLAN 接口上不能再启用 IGMP 代理功能，反之亦然。

【示例 1】启用 IP 组播路由（但不能启用 IGMP），并在接口 vlan-interface100 上启用 IGMP 代理功能。

```
<Sysname> system-view
[Sysname] multicast routing-enable
[Sysname] interface vlan-interface 100
[Sysname-Vlan-interface100] igmp proxying enable
```

另外，IGMP 代理还担当了对其下游主机转发组播数据的功能。但是，通常组播数据只能被查询器转发，非查询器不具备组播转发能力，这样可以避免组播数据被重复转发。对于 IGMP 代理设备也同样如此，只有当其下行接口是查询器时，组播数据才能通过该接口转发给下游主机。为了解决这个问题，需要启用 IGMP 代理设备的下行接口（主机侧接口）在非查询器状态下的组播转发能力。配置的方法就是在对应的三层接口配置视图下使用 **igmp proxying forwarding** 命令。

【示例 2】在 IGMP 代理设备处于非查询器状态的下行接口 vlan-interface10 上启用组播转发能力。

```
<Sysname> system-view
[Sysname] interface vlan-interface 10
[Sysname-Vlan-interface10] igmp proxying forwarding
```

【注意】在共享网段内存在多台 IGMP 代理设备的情况下，当其中一台 IGMP 代理设备的下行接口已竞选为查询器时，不应再在其他 IGMP 代理设备的下行接口上进行此配置，否则该网段内将收到多份重复的组播数据流。

12.2.9　IGMP 管理

在完成 IGMP 配置后，我们可以在任意视图下执行表 12-7 所示的一系列 **display** 命令显示配置后 IGMP 的运行情况，验证配置效果。也可以在用户视图下执行对应的 **reset** 命令清除相关 IGMP 统计信息。

表 12-7　IGMP 配置管理命令

命令	说明
display igmp [**all-instance** | **vpn-instance** *vpn-instance-name*] **group** [*group-address* | **interface** *interface-type interface-number*] [**static** | **verbose**] [| { **begin** | **exclude** | **include** } *regular-expression*]	查看 IGMP 组播组的信息
display igmp group port-info [**vlan** *vlan-id*] [**slot** *slot-number*] [**verbose**] [| { **begin** | **exclude** | **include** } *regular-expression*]	查看 IGMP 组播组的二层端口信息
display igmp [**all-instance** | **vpn-instance** *vpn-instance-name*] **interface** [*interface-type interface-number*] [**verbose**] [| { **begin** | **exclude** | **include** } *regular-expression*]	查看接口上 IGMP 配置和运行信息
display igmp [**all-instance** | **vpn-instance** *vpn-instance-name*] **proxying group** [*group-address*] [**verbose**] [| { **begin** | **exclude** | **include** } *regular-expression*]	查看 IGMP 代理组的信息
display igmp [**all-instance** | **vpn-instance** *vpn-instance-name*] **routing-table** [*source-address* [**mask** { *mask* | *mask-length* }] | *group-address* [**mask** { *mask* | *mask-length* }] | **flags** { **act** | **suc** }] * [| { **begin** | **exclude** | **include** } *regular-expression*]	查看 IGMP 路由表的信息
display igmp [**all-instance** | **vpn-instance** *vpn-instance-name*] **ssm-mapping** *group-address* [| { **begin** | **exclude** | **include** } *regular-expression*]	查看 IGMP SSM 映射规则
display igmp [**all-instance** | **vpn-instance** *vpn-instance-name*] **ssm-mapping group** [*group-address* | **interface** *interface-type interface-number*] [**verbose**] [| { **begin** | **exclude** | **include** } *regular-expression*]	查看依据 IGMP SSM 映射规则创建的组播组信息
reset igmp [**all-instance** | **vpn-instance** *vpn-instance-name*] **group** { **all** | **interface** *interface-type interface-number* { **all** | *group-address* [**mask** { *mask* | *mask-length* }] [*source-address* [**mask** { *mask* | *mask-length* }]]] } }	清除动态加入的 IGMP 组记录
reset igmp group port-info { **all** | *group-address* } [**vlan** *vlan-id*]	清除动态加入的 IGMP 组二层端口信息
reset igmp [**all-instance** | **vpn-instance** *vpn-instance-name*] **ssm-mapping group** { **all** | **interface** *interface-type interface-number* { **all** | *group-address* [**mask** { *mask* | *mask-length* }] [*source-address* [**mask** { *mask* | *mask-length* }]]] } }	清除依据 IGMP SSM 映射规则创建的组播组信息

【说明】**reset igmp group** 和 **reset igmp group port-info** 命令只对动态加入的 IGMP 组有效，对静态加入的 IGMP 组无效。另外，以上显示配置信息的命令中都包括正则表达式项，所以仅在一个命令中介绍，其他命令中的正则表达式功能一样，只是过滤的信息不一样而已。

1．display igmp group 命令

display igmp [**all-instance** | **vpn-instance** *vpn-instance-name*] **group** [*group-address* | **interface** *interface-type interface-number*] [**static** | **verbose**] [| { **begin** | **exclude** | **include** } *regular-expression*] 命令用来查看全部或者指定 IGMP 组播组的配置信息。命令中的参数和选项说明如下：

- **all-instance**：二选一可选项，指定查看所有实例（包括所有公网实例和 VPN 实例）中的组播组配置信息。
- **vpn-instance** *vpn-instance-name*：二选一可选参数，指定查看指定 VPN 实例中的组播组配置信息。参数 *vpn-instance-name* 表示指定的 VPN 实例名称，为 1～31 个字符的字符串，不可以包含空格，区分大小写。如果不指定 **all-instance** 或 **vpn-instance** 参数，则只显示公网实例的相关信息。
- *group-address*：二选一可选参数，指定查看指定组播地址对应的 IGMP 组播组配置信息，取值范围为 224.0.1.0～239.255.255.255。如果不指定此参数，将显示所有组播组的配置信息。

- *interface-type interface-number*：二选一可选参数，指定查看指定接口上配置的 IGMP 组播组信息。如果不指定此参数，将显示所有接口上的 IGMP 组播组信息。
- **static**：二选一可选项，指定查看静态加入的 IGMP 组播组配置信息。如果不指定此选项，将只显示动态加入的 IGMP 组播组的详细信息。
- **verbose**：二选一可选项，指定查看 IGMP 组播组的详细信息。
- |：可选项，指定使用正则表达式对所显示信息进行过滤。
- **begin**：多选一选项，指定从包含指定正则表达式的行开始显示相关信息。
- **exclude**：多选一选项，指定只显示不包含指定正则表达式的行的相关信息。
- **include**：多选一选项，指定只显示包含指定正则表达式的行的相关信息。
- *regular-expression*：可选参数，表示正则表达式，为 1～256 个字符的字符串，区分大小写。

【示例 1】查看公网实例所有接口上动态加入的 IGMP 组播组配置信息。输出信息各主要字段说明参见表 12-8。

```
<Sysname> display igmp group
Total 3 IGMP Group(s).
Interface group report information of VPN-Instance: public net
 Vlan-interface1(20.20.20.20):
  Total 3 IGMP Groups reported
   Group Address    Last Reporter    Uptime      Expires
   225.1.1.1        20.20.20.20      00:02:04    00:01:15
   225.1.1.3        20.20.20.20      00:02:04    00:01:15
   225.1.1.2        20.20.20.20      00:02:04    00:01:17
```

【示例 2】查看公网实例中组播组地址为 225.1.1.1 的详细配置信息。输出信息各主要字段说明如表 12-8 所示。

```
<Sysname> display igmp group 225.1.1.1 verbose
Interface group report information of VPN-Instance: public net
 Vlan-interface1(10.10.1.20):
  Total 1 IGMP Groups reported
   Group: 225.1.1.1
     Uptime: 00:00:34
     Expires: 00:00:40
     Last reporter: 10.10.1.10
     Last-member-query-counter: 0
     Last-member-query-timer-expiry: off
     Version1-host-present-timer-expiry: off
```

表 12-8 display igmp group 命令输出信息字段说明

字段	说明
Interface group report information of VPN-Instance: public net	公网接口上的 IGMP 组播组信息
Total 1 IGMP Groups reported	共有一个 IGMP 组播组被报告
Group	组播组地址
Uptime	组播组的运行时间
Expires	组播组的超时时间，off 表示永不超时
Last reporter	报告组成员关系的最后一个主机的地址
Last-member-query-counter	最后组成员查询次数
Last-member-query-timer-expiry	最后组成员查询定时器的超时时间，off 表示永不超时
Version1-host-present-timer-expiry	IGMPv1 主机超时时间，off 表示永不超时

2. display igmp group port-info 命令

display igmp group port-info [**vlan** *vlan-id*] [**slot** *slot-number*] [**verbose**] [| { **begin** | **exclude** | **include** } *regular-expression*] 命令用来查看 IGMP 组播组中的二层端口信息。命令中的参数说明和选项如下：

- *vlan-id*：可选参数，查看指定 VLAN 内 IGMP 组播组的二层端口信息，取值范围为 1～4094。如果不指定该参数，将显示所有 VLAN 内 IGMP 组播组的二层端口信息。
- **slot** *slot-number*：可选参数，查看 IRF 中指定 IRF 成员设备的 IGMP 组播组二层端口信息。*slot-number* 表示 IRF 中成员设备的编号，取值范围取决于当前 IRF 中的成员数量和编号情况。对于独立交换机，则不要指定此参数。
- **verbose**：可选项，指定查看 IGMP 组播组的二层端口详细信息。

至于正则表达式中各项参数和选项参见本节前面 display igmp group 命令中的介绍。

【示例 3】查看 IGMP 组播组的二层端口详细信息。输出信息各字段说明如表 12-9 所示。

```
<Sysname> display igmp group port-info verbose
  Total 1 IP Group(s).
  Total 1 IP Source(s).
  Total 1 MAC Group(s).

  Port flags: D-Dynamic port, S-Static port, C-Copy port
  Subvlan flags: R-Real VLAN, C-Copy VLAN
  Vlan(id):2.
    Total 1 IP Group(s).
    Total 1 IP Source(s).
    Total 1 MAC Group(s).
    Router port(s):total 1 port.
            GE1/0/1                   (D) ( 00:01:30 )
    IP group(s):the following ip group(s) match to one mac group.
      IP group address:224.1.1.1
        (1.1.1.1, 224.1.1.1):
          Attribute:     Host Port
          Host port(s):total 1 port.
            GE1/0/2                   (D) ( 00:03:23 )
    MAC group(s):
      MAC group address:0100-5e01-0101
          Host port(s):total 1 port.
            GE1/0/2
```

表 12-9　display igmp group port-info 命令输出信息字段说明

字段	说明
Total 1 IP Group(s).	IP 组播组的数量
Total 1 IP Source(s).	IP 组播源的数量
Total 1 MAC Group(s).	MAC 组播组的数量
Port flags: D-Dynamic port, S-Static port, C-Copy port	端口标志：D 代表动态端口，S 代表静态端口，C 代表由（*，G）表项拷贝到（S，G）表项下的端口
Subvlan flags: R-Real VLAN, C-Copy VLAN	子 VLAN 标志：R 代表本表项下的真实出口子 VLAN，C 代表由（*，G）表项拷贝到（S，G）表项下的出口子 VLAN
Router port(s)	路由器端口的数量
(00:01:30)	动态路由器/成员端口的老化剩余时间
IP group address	IP 组播组的地址
MAC group address	MAC 组播组的地址
Attribute	IP 组播组的属性
Host port(s)	成员端口的数量

3．display igmp interface 命令

display igmp [**all-instance** | **vpn-instance** *vpn-instance-name*] **interface** [*interface-type interface-number*] [**verbose**] [| { **begin** | **exclude** | **include** } *regular-expression*] 命令用来查看接口的 IGMP 配置和运行的信息。

- **all-instance**：查看所有实例（包括公网实例和所有 VPN 实例）中指定接口的 IGMP 配置和运行的信息。
- **vpn-instance** *vpn-instance-name*：查看指定 VPN 实例指定接口的 IGMP 配置和运行的信息。参数 *vpn-instance-name* 表示指定的 VPN 实例名称，为 1～31 个字符的字符串，不可以包含空格，区分大小写。如果不指定 **all-instance** 或 **vpn-instance** 参数，则只显示公网实例的相关信息。
- *interface-type interface-number*：可选参数，查看指定接口上 IGMP 配置和运行信息。如果不指定该参数，将显示所有运行 IGMP 的接口的相关信息。
- **verbose**：指定查看 IGMP 配置和运行的详细信息。

至于正则表达式中各项参数和选项参见本节前面 display igmp group 命令中的介绍。

【示例 4】查看公网实例中 Vlan-interface1 接口（非代理接口）上的 IGMP 配置和运行的详细信息。输出信息中的字段说明如表 12-10 所示。

```
<Sysname> display igmp interface Vlan-interface1 verbose
 Vlan-interface1(10.10.1.20):
   IGMP is enabled
   Current IGMP version is 2
   Value of query interval for IGMP(in seconds): 60
   Value of other querier present interval for IGMP(in seconds): 125
   Value of maximum query response time for IGMP(in seconds): 10
   Value of last member query interval(in seconds): 1
   Value of startup query interval(in seconds): 15
   Value of startup query count: 2
   General query timer expiry (hours:minutes:seconds): 00:00:54
   Querier for IGMP: 10.10.1.20 (this router)
   IGMP activity: 1 joins, 0 leaves
   Multicast routing on this interface: enabled
   Robustness: 2
   Require-router-alert: disabled
   Fast-leave: disabled
   Ssm-mapping: disabled
   Startup-query-timer-expiry: off
   Other-querier-present-timer-expiry: off
   Proxying interface: Vlan-interface2(20.10.1.20)
  Total 1 IGMP Group reported
```

【示例 5】查看公网实例中 Vlan-interface2 接口（代理接口）上 IGMP 配置和运行的详细信息。输出信息中的字段说明参见表 12-10。

```
<Sysname> display igmp interface Vlan-interface2 verbose
 Vlan-interface2(20.10.1.20):
   IGMP proxy is enabled
   Current IGMP version is 3
   Multicast routing on this interface: enabled
   Require-router-alert: disabled
   Version1-querier-present-timer-expiry: off
   Version2-querier-present-timer-expiry: off
```

表 12-10　display igmp interface 命令输出信息字段说明

字段	说明
Vlan-interface1(10.10.1.20)	接口名（IP 地址）
IGMP is enabled	IGMP 已启用
Current IGMP version	该接口运行的 IGMP 版本号
Value of query interval for IGMP(in seconds)	发送 IGMP 普遍组查询报文的时间间隔（秒）
Value of other querier present interval for IGMP(in seconds)	IGMP 其他查询器的存在时间（秒）
Value of maximum query response time for IGMP(in seconds)	IGMP 普遍组查询的最大响应时间（秒）
Value of last member query interval(in seconds)	最后组成员查询间隔（秒）

续表

字段	说明
Value of startup query interval(in seconds)	IGMP 查询器启动查询间隔（秒）
Value of startup query count	IGMP 查询器启动查询次数
General query timer expiry	IGMP 普遍组查询的超时时间，off 表示永不超时
Querier for IGMP	IGMP 查询器的 IP 地址
IGMP activity	IGMP 的活动统计信息（加入和离开）
Robustness	IGMP 查询器的健壮系数
Require-router-alert	是否丢弃未携带 Router-Alert 选项的 IGMP 报文
Fast-leave	是否启用快速离开功能
Ssm-mapping	是否启用 IGMP SSM 映射功能
Startup-query-timer-expiry	启动时查询定时器的超时时间，off 表示永不超时
Other-querier-present-timer-expiry	IGMP 其他查询器的存在超时时间，off 表示永不超时
Proxying interface	IGMP 代理接口，None 表示没有 IGMP 代理接口
Total 1 IGMP Group reported	该接口上动态加入的 IGMP 组数量
IGMP proxy is enabled	IGMP 代理功能已启用
Version1-querier-present-timer-expiry	IGMPv1 查询器的存在超时时间，off 表示永不超时
Version2-querier-present-timer-expiry	IGMPv2 查询器的存在超时时间，off 表示永不超时

4．display igmp proxying group 命令

display igmp [**all-instance** | **vpn-instance** *vpn-instance-name*] **proxying group** [*group-address*] [**verbose**] [| { **begin** | **exclude** | **include** } *regular-expression*] 命令用来查看 IGMP 代理组信息。命令中的参数和选项说明如下：

- **all-instance**：二选一可选项，指定查看所有实例（包括公网实例和所有 VPN 实例）中的 IGMP 代理组信息。
- **vpn-instance** *vpn-instance-name*：二选一可选参数，查看指定 VPN 实例中的 IGMP 代理组信息。参数 *vpn-instance-name* 用来表示指定 VPN 实例的名称，为 1～31 个字符的字符串，不可以包含空格，区分大小写。如果不指定 **all-instance** 或 **vpn-instance** 参数，则只显示公网实例的相关信息。
- *group-address*：可选参数，查看指定 IGMP 代理组的信息，取值范围为 224.0.1.0～239.255.255.255。如果不指定该参数，将显示所有 IGMP 代理组的信息。
- **verbose**：可选项，指定查看 IGMP 代理组的详细信息。

至于正则表达式中各项参数和选项参见本节前面 display igmp group 命令中的介绍。

【示例 6】查看公网实例所有接口上动态加入的 IGMP 代理组信息。

```
<Sysname> display igmp proxying group
Proxying group record(s) information of VPN-Instance: public net
  Total 1 IGMP-Proxying group record(s)
    Group Address      Member state      Expires
    225.1.1.1          Delay             00:01:15
```

【示例 7】查看公网实例中 IGMP 代理组 225.1.1.1 的详细信息。命令输出信息中的字段说明如表 12-11 所示。

```
<Sysname> display igmp proxying group 225.1.1.1 verbose
Proxying group record(s) information of VPN-Instance: public net
  Total 1 IGMP-Proxying group record(s)
   Group: 225.1.1.1
     Group mode: include
      Member state: Delay
      Expires: 00:00:02
      Source list (total 1 source(s))
          Source: 1.1.1.1
```

表 12-11 display igmp proxying group 命令输出信息字段说明

字段	说明
Proxying group record(s) information of VPN-Instance: public net	公网接口上的 IGMP 代理组信息
Total 1 IGMP-Proxying group record(s)	共有一个 IGMP 代理组
Group Address/Group	组播组地址
Member state	主机成员状态：Delay（延迟）、Idle（空闲）
Expires	组播组延迟发送报告报文的超时时间，off 表示永不超时
Group mode	组播源过滤模式：include：表示 INCLUDE（包括）模式；exclude：表示 EXCLUDE（排除）模式
Source list	IGMP 代理组成员关系特定的组中所包含的源列表

5．display igmp routing-table 命令

display igmp [**all-instance** | **vpn-instance** *vpn-instance-name*] **routing-table** [*source-address* [**mask** { *mask* | *mask-length* }] | *group-address* [**mask** { *mask* | *mask-length* }] | **flags** { **act** | **suc** }] * [| { **begin** | **exclude** | **include** } *regular-expression*] 命令用来查看 IGMP 路由表信息。命令中的参数和可选项说明如下：

- **all-instance**：二选一可选项，指定查看所有实例（包括公网实例和所有 VPN 实例）中的 IGMP 路由表信息。
- **vpn-instance** *vpn-instance-name*：二选一可选参数，查看指定 VPN 实例中的 IGMP 路由表信息。参数 *vpn-instance-name* 用来表示指定 VPN 实例的名称，为 1～31 个字符的字符串，不可以包含空格，区分大小写。如果不指定 **all-instance** 或 **vpn-instance** 参数，则只显示公网实例的相关信息。
- *source-address*：可选参数，查看指定组播源地址（此为单播 IP 地址）的 IGMP 路由表信息。
- *group-address*：可选参数，查看指定组播组地址的 IGMP 路由表信息，取值范围为 224.0.1.0～239.255.255.255。
- *mask*：二选一参数，用来指定组播组或组播源地址的掩码，默认值为 255.255.255.255。
- *mask-length*：二选一参数，用来指定组播组或组播源地址的掩码长度。对于组播源地址，其取值范围为 0～32，默认值为 32；对于组播组地址，其取值范围为 4～32，默认值为 32。
- **flags act**：可选项，指定查看带有 ACT 标志的 IGMP 路由表项。
- **flags suc**：可选项，指定查看带有 SUC 标志的 IGMP 路由表项。

至于正则表达式中各项参数和选项参见本节前面 display igmp group 命令中的介绍。

【示例 8】查看公网实例 IGMP 路由表的信息。命令输出信息中的字段说明如表 12-12 所示。

```
<Sysname> display igmp routing-table
Routing table of VPN-Instance: public net
 Total 3 entries

 00001. (*, 225.1.1.1)
       List of 1 downstream interface
         Vlan-interface1 (20.1.1.1),
                     Protocol: STATIC

00002. (1.1.1.1, 225.1.1.1), Flag: ACT
       List of 1 downstream interface in include mode
         Vlan-interface2 (30.1.1.1),
                     Protocol: IGMP

 00003. (*, 239.255.255.250)
       List of 1 downstream interface
         Vlan-interface3 (40.20.20.20),
                     Protocol: IGMP
```

表 12-12　display igmp routing-table 命令输出信息字段说明

字段	说明
Routing table of VPN-Instance: public net	公网 IGMP 路由表
00001	（*，G）项的序号
(*, 225.1.1.1)	IGMP 路由表的（*，G）项
Flag	IGMP 路由标志：ACT 表示已有实际数据到达、非 SSM 范围内的 IGMP 路由表项；SUC：表示下发转发表成功、SSM 范围内的 IGMP 路由表项
List of 1 downstream interface	下游接口列表，表示哪些接口需要进行组播转发
in include mode	运行在 INCLUDE 模式
in exclude mode	运行在 EXCLUDE 模式
Downstream interface is none	没有下游接口
Protocol	协议类型

6．display igmp ssm-mapping 命令

display igmp [**all-instance** | **vpn-instance** *vpn-instance-name*] **ssm-mapping** *group-address* [| { **begin** | **exclude** | **include** } *regular-expression*]命令用来查看 IGMP SSM 映射规则。命令中的参数和可选项说明如下：

- **all-instance**：二选一可选项，指定查看所有实例（包括公网实例和所有 VPN 实例）中的 IGMP SSM 映射规则。
- **vpn-instance** *vpn-instance-name*：二选一可选参数，查看指定 VPN 实例中的 IGMP SSM 映射规则。参数 *vpn-instance-name* 用来表示指定 VPN 实例的名称，为 1～31 个字符的字符串，不可以包含空格，区分大小写。如果不指定 **all-instance** 或 **vpn-instance** 参数，则只显示公网实例的相关信息。
- *group-address*：指定查看指定组播组地址对应的 IGMP SSM 映射规则，取值范围为 224.0.1.0～239.255.255.255。

至于正则表达式中各项参数和选项参见本节前面 display igmp group 命令中的介绍。

【示例 9】查看公网实例中组播组地址为 232.1.1.1 的 IGMP SSM 映射规则。从中可以看出，232.1.1.1 这个组播组映射了四个组播源（地址分别为 1.2.3.4、5.5.5.5、10.1.1.1 和 100.1.1.10）。

```
<Sysname> display igmp ssm-mapping 232.1.1.1
 VPN-Instance: public net
 Group: 232.1.1.1
 Source list:
        1.2.3.4
        5.5.5.5
        10.1.1.1
        100.1.1.10
```

7．display igmp ssm-mapping group 命令

display igmp [**all-instance** | **vpn-instance** *vpn-instance-name*] **ssm-mapping group** [*group-address* | **interface** *interface-type interface-number*] [**verbose**] [| { **begin** | **exclude** | **include** } *regular-expression*] 命令用来查看依据 IGMP SSM 映射规则创建的组播组信息。命令中的参数和可选项说明如下：

- **all-instance**：二选一可选项，指定查看所有实例（包括公网实例和所有 VPN 实例）中依据 IGMP SSM 映射规则创建的组播组信息。
- **vpn-instance** *vpn-instance-name*：二选一可选参数，查看指定 VPN 实例依据 IGMP SSM 映射规则创建的组播组信息。参数 *vpn-instance-name* 用来表示指定 VPN 实例的名称，为 1～31 个字符的字符串，不可以包含空格，区分大小写。如果不指定 **all-instance** 或 **vpn-instance** 参数，则只显示公网实例的相关信息。

- *group-address*：二选一可选参数，查看指定组播组地址中依据 IGMP SSM 映射规则创建的组播组信息，取值范围为 224.0.1.0～239.255.255.255。如果不指定此参数，将查看依据 IGMP SSM 映射规则创建的所有组播组的信息。
- *interface-type interface-number*：二选一可选参数，查看指定接口下依据 IGMP SSM 映射规则创建的组播组信息。如果不指定此参数，将显示所有接口上依据 IGMP SSM 映射规则创建的组播组信息。
- **verbose**：可选项，指定查看依据 IGMP SSM 映射规则创建的组播组的详细信息。

至于正则表达式中各项参数和选项参见本节前面 display igmp group 命令中的介绍。

【示例 10】查看公网实例中所有接口上依据 IGMP SSM 映射规则创建的组播组 232.1.1.1 的详细信息。输出信息中的字段说明如表 12-13 所示。

```
<Sysname> display igmp ssm-mapping group 232.1.1.1 verbose
Interface group report information of VPN-Instance: public net
 Vlan-interface1(10.10.10.10):
  Total 1 IGMP SSM-mapping Group reported
   Group: 232.1.1.1
     Uptime: 00:00:31
     Expires: off
     Last reporter: 1.1.1.1
     Version1-host-present-timer-expiry: off
     Source list(Total 1 source):
       Source: 1.1.1.1
          Uptime: 00:00:31
          Expires: 00:01:39
          Last-member-query-counter: 0
          Last-member-query-timer-expiry: off
```

表 12-13　display igmp ssm-mapping group 命令输出信息字段说明

字段	说明
Interface group report information of VPN-Instance: public net	公网接口上的 IGMP SSM 映射组播组信息
Total 1 IGMP SSM-mapping Group reported	总共有一个 IGMP SSM 映射组播组被报告
Group	组播组地址
Uptime	组播组的运行时间
Expires	组播组的超时时间，off 表示永不超时
Last reporter	报告组成员关系的最后一个主机的地址
Version1-host-present-timer-expiry	IGMPv1 主机超时时间，off 表示永不超时
Source list(Total 1 source)	组播源列表（共有一个组播源）
Source	组播源地址
Last-member-query-counter	最后组成员查询次数
Last-member-query-timer-expiry	最后组成员查询定时器的超时时间，off 表示永不超时

8．reset igmp group 命令

reset igmp [**all-instance** | **vpn-instance** *vpn-instance-name*] **group** { **all** | **interface** *interface-type interface-number* { **all** | *group-address* [**mask** { *mask* | *mask-length* }] [*source-address* [**mask** { *mask* | *mask-length* }]]] } }命令用来清除动态加入的 IGMP 组记录。命令中的参数和可选项说明如下：

- **all-instance**：二选一可选项，指定清除所有实例（包括公网实例和所有 VPN 实例）中动态加入的 IGMP 组记录。
- **vpn-instance** *vpn-instance-name*：二选一可选参数，清除指定 VPN 实例中动态加入的 IGMP 组记录。参数 *vpn-instance-name* 用来表示指定 VPN 实例的名称，为 1～31 个字符的字符串，不可以包含空格，区分大小写。如果不指定 **all-instance** 或 **vpn-instance** 参数，则只清除公网实例的相关信息。
- **all**：二选一选项，表示清除所有接口（前一个 **all**）或所有组播组（后一个 **all**）中动态加

入的 IGMP 组记录。

- *interface-type interface-number*：二选一参数，指定清除指定接口的组播组中动态加入的 IGMP 组记录。
- *group-address*：二选一参数，指定清除指定组播组地址所对应的组播组中动态加入的 IGMP 组记录，取值范围为 224.0.0.0～239.255.255.255。
- *source-address*：二选一参数，指定清除指定组播源地址所对应的组播组中动态加入的 IGMP 组记录。
- *mask*：二选一参数，指定组播组或组播源地址的掩码，默认值为 255.255.255.255。
- *mask-length*：二选一参数，指定组播组或组播源地址的掩码长度。对于组播组地址，其取值范围为 4～32，默认值为 32；对于组播源地址，其取值范围为 0～32，默认值为 32。

【示例 11】清除所有接口上动态加入的 IGMP 组记录。

```
<Sysname> reset igmp group all
```

【示例 12】清除 vlan-interface100 接口上所有组播组对应的动态加入的 IGMP 组记录。

```
<Sysname> reset igmp group interface vlan-interface 100 all
```

【示例 13】清除 vlan-interface100 接口上组播组 225.0.0.1 对应的动态加入的 IGMP 组记录。

```
<Sysname> reset igmp group interface vlan-interface 100 225.0.0.1
```

9．reset igmp group port-info 命令

reset igmp group port-info { **all** | *group-address* } [**vlan** *vlan-id*] 命令用来清除动态加入的 IGMP 组二层端口信息。 命令中的参数和可选项说明如下：

- **all**：二选一选项，表示清除所有组播组中动态加入的 IGMP 组二层端口信息。
- *group-address*：二选一参数，清除指定组播组地址所对应的组播组中动态加入的 IGMP 组二层端口信息，取值范围为 224.0.1.0～239.255.255.255。
- *vlan-id*：可选参数，清除指定 VLAN 中动态加入的 IGMP 组二层端口信息，取值范围为 1～4094。

【示例 14】清除所有 VLAN 内所有组播组对应的动态加入的 IGMP 组二层端口信息。

```
<Sysname> reset igmp group port-info all
```

【示例 15】清除 VLAN 10 内所有组播组对应的动态加入的 IGMP 组二层端口信息。

```
<Sysname> reset igmp group port-info all vlan 10
```

【示例 16】清除 VLAN 10 内组播组 225.0.0.1 对应的动态加入的 IGMP 组二层端口信息。

```
<Sysname> reset igmp group port-info 225.0.0.1 vlan 10
```

10．reset igmp ssm-mapping group 命令

reset igmp [**all-instance** | **vpn-instance** *vpn-instance-name*] **ssm-mapping group** { **all** | **interface** *interface-type interface-number* { **all** | *group-address* [**mask** { *mask* | *mask-length* }] [*source-address* [**mask** { *mask* | *mask-length* }]]] } }命令用来清除依据 IGMP SSM 映射规则而创建的组播组信息。命令中的参数和可选项说明如下：

- **all-instance**：二选一可选项，指定清除所有实例（包括公网实例和所有 VPN 实例）中依据 IGMP SSM 映射规则而创建的组播组信息。
- **vpn-instance** *vpn-instance-name*：二选一可选参数，清除指定 VPN 实例中依据 IGMP SSM 映射规则而创建的组播组信息。参数 *vpn-instance-name* 用来表示指定 VPN 实例的名称，为 1～31 个字符的字符串，不可以包含空格，区分大小写。如果不指定 **all-instance** 或 **vpn-instance** 参数，则只清除公网实例的相关信息。
- **all**：二选一选项，指定清除所有接口（前一个 **all**）上或者所有组播组（后一个 **all**）依据 IGMP SSM 映射规则创建的组播组信息。

- *interface-type interface-number*：二选一参数，清除指定接口上依据 IGMP SSM 映射规则创建的组播组信息。
- *group-address*：组播组地址，二选一参数，清除指定的依据 IGMP SSM Mapping 规则创建的组播组信息，取值范围为 224.0.0.0～239.255.255.255。
- *source-address*：可选参数，指定清除包含指定组播源，并且是依据 IGMP SSM 映射规则而创建的组播组信息。
- *mask*：二选一可选参数，指定组播组或组播源地址的掩码，默认值为 255.255.255.255。
- *mask-length*：二选一可选参数，指定组播组或组播源地址的掩码长度。对于组播组地址，其取值范围为 4～32，默认值为 32；对于组播源地址，其取值范围为 0～32，默认值为 32。

【示例 17】清除公网实例中所有接口上依据 IGMP SSM 映射规则创建的所有组播组信息。

```
<Sysname> reset igmp ssm-mapping group all
```

12.2.10　H3C 交换机 IGMP 基本功能配置示例

本示例我们实验的是基本组播网络的配置，完成基本组播网络的构建。其中包括 IP 组播路由、IGMP、PIM-DM 的启用（有关 PIM-DM 的启用命令将在本章后面具体介绍）、IGMP 运行版本的配置，其拓扑如图 12-5 所示。

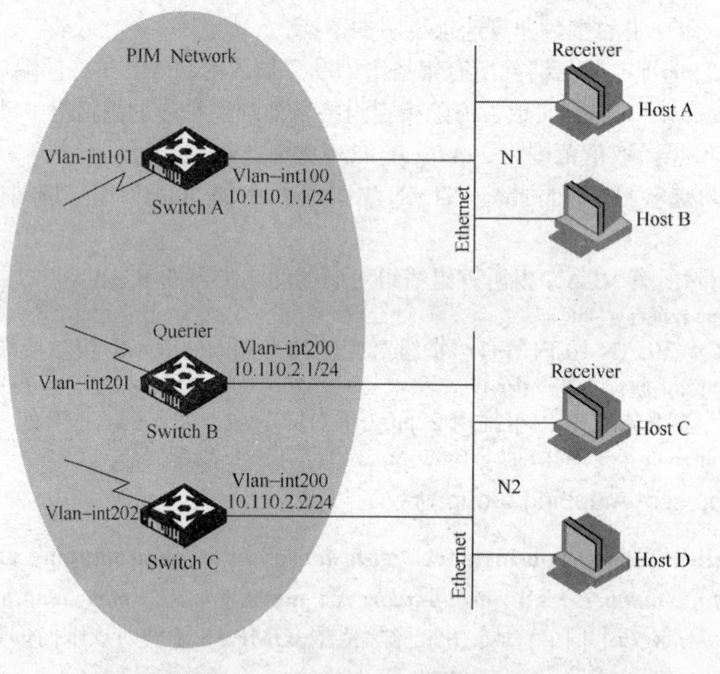

图 12-5　IGMP 基本功能配置示例拓扑

示例中的组播接收者（Host A 和 Host C）通过组播方式接收视频点播信息。Switch A 通过 Vlan-interface100 连接网段 N1，通过 Vlan-interface101 连接 PIM 网络中的其他设备。Switch B 与 Switch C 分别通过各自的 Vlan-interface200 连接网段 N2，并分别通过 Vlan-interface201 和 Vlan-interface202 连接 PIM 网络中的其他设备。

Switch A 与 N1 之间运行 IGMPv2；Switch B、Switch C 与 N2 之间分别运行 IGMPv3，且由于 Switch B 的接口 IP 地址较小，因此在 N2 中通常由其来充当 IGMP 查询器（Querier）。

下面是具体的配置步骤。

（1）配置 IP 地址和单播路由协议。

按照图 12-5 配置各三层 VLAN 接口的 IP 地址和子网掩码（是单播 IP 地址），具体的 IP 地址配置过程参见笔者编著的《Cisco/H3C 交换机配置与管理完全手册》（第二版）。

根据实际网络拓扑结构，配置 PIM 网络内各交换机之间采用 OSPF 协议进行互连，确保 PIM 网络内部在网络层互通，并且各交换机之间能够借助单播路由协议实现动态路由更新，具体的 OSPF 路由配置过程参见笔者编著的《路由器配置与管理完全手册——H3C 篇》一书。

（2）启用 IP 组播路由、PIM-DM 和 IGMP，并配置 IGMP 运行版本。具体的 PIM 路由配置将在本章后面有具体的介绍。

以下是在 Switch A 上启用 IP 组播路由，在各接口上启用 PIM-DM，并在主机侧接口 vlan-interface100 上启用 IGMP。因为 Switch A 运行 IGMPv2 版本，是交换机上默认运行的版本，所以无需另外配置。

```
<SwitchA> system-view
[SwitchA] multicast routing-enable    !---启用 IP 组播路由
[SwitchA] interface vlan-interface 100
[SwitchA-Vlan-interface100] igmp enable   !---在 VLAN100 接口上启用 IGMP
[SwitchA-Vlan-interface100] pim dm   !--- 在 VLAN100 接口上启用 PIM-DM 模式
[SwitchA-Vlan-interface100] quit
[SwitchA] interface vlan-interface 101
[SwitchA-Vlan-interface101] pim dm
[SwitchA-Vlan-interface101] quit
```

以下是在 Switch B 上启用 IP 组播路由，在各接口上启用 PIM-DM，并在主机侧接口 vlan-interface200 上启用 IGMP。因为 Switch B 运行 IGMPv3 版本，不是交换机上默认运行的版本，所以需要专门配置。

```
<SwitchB> system-view
[SwitchB] multicast routing-enable
[SwitchB] interface vlan-interface 200
[SwitchB-Vlan-interface200] igmp enable
[SwitchB-Vlan-interface200]igmp version 3   !---配置运行 IGMPv3 版本
[SwitchB-Vlan-interface200] pim dm
[SwitchB-Vlan-interface200] quit
[SwitchB] interface vlan-interface 201
[SwitchB-Vlan-interface201] pim dm
[SwitchB-Vlan-interface201] quit
```

以下是在 Switch C 上启用 IP 组播路由，在各接口上启用 PIM-DM，并在主机侧接口 vlan-interface200 上启用 IGMP。

```
<SwitchC> system-view
[SwitchC] multicast routing-enable
[SwitchC] interface vlan-interface 200
[SwitchC-Vlan-interface200] igmp enable
[SwitchC-Vlan-interface200]igmp version 3   !---配置运行 IGMPv3 版本
[SwitchC-Vlan-interface200] pim dm
[SwitchC-Vlan-interface200] quit
[SwitchC] interface vlan-interface 202
[SwitchC-Vlan-interface202] pim dm
[SwitchC-Vlan-interface202] quit
```

（3）检验配置效果。下面通过使用 **display igmp interface** 命令可以查看各交换机组播接口上 IGMP 的配置和运行情况。例如 Switch B 在 vlan-interface200 上的 IGMP 信息如下。

```
[SwitchB] display igmp interface vlan-interface 200
 Vlan-interface200(10.110.2.1):
   IGMP is enabled
   Current IGMP version is 2
   Value of query interval for IGMP(in seconds): 60
   Value of other querier present interval for IGMP(in seconds): 125
   Value of maximum query response time for IGMP(in seconds): 10
```

```
Querier for IGMP: 10.110.2.1 (this router)
Total 1 IGMP Group reported
```

12.2.11　IGMP SSM 映射功能配置示例

本示例介绍的是 IGMP SSM 映射功能的配置，主要是应用于 PIM 组播网络中，组播接收者运行的是非必需的 IGMPv3 版本，通过 SSM 映射来使这些接收者仅接收指定组播源（主是要在多组播源的情况下）的组播数据，而不是像其默认的可以接收任一组播源的组播数据。

本示例拓扑结构如图 12-6 所示。示例中，PIM-SM 网络中同时采用 ASM 和 SSM 方式提供组播服务，存在 Source 1、Source 2 和 Source 3 一共三个组播源，都向 SSM 组范围内的组播组发送组播数据，接收者是连接在 Switch D 的 Vlan-interface400 接口上，并且运行 IGMPv3，但是其连接的接收者（Receiver）主机上运行 IGMPv2，且不能升级至 IGMPv3，因此该主机在加入组播组时无法指定组播源。通过把 Switch D 的接口 Vlan-interface104 配置为 C-BSR 和 C-RP，使它最终成为 BSR 和 RP。然后通过在 Switch D 上配置 IGMP SSM 映射功能，使运行 IGMPv2 的接收者主机也只能接收来自 Source 1 和 Source 3 的组播数据。

示例中各组播源、各交换机 VLAN 接口和各接收者 IP 地址如表 12-14 所示。

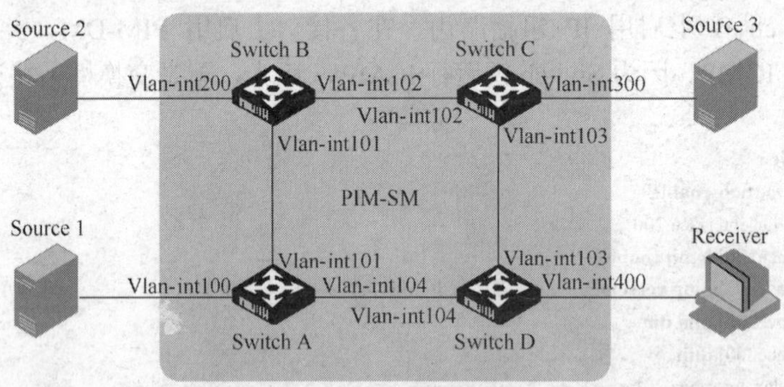

图 12-6　IGMP SSM 映射配置示例拓扑

表 12-14　示例中的各组播源、各交换机 VLAN 接口和各接收主机 IP 地址分配

设备	接口	IP 地址	设备	接口	IP 地址
Source 1	-	133.133.1.1/24	Source 3	-	133.133.3.1/24
Source 2	-	133.133.2.1/24	Receiver	-	133.133.4.1/24
Switch A	Vlan-int100	133.133.1.2/24	Switch C	Vlan-int300	133.133.3.2/24
	Vlan-int101	192.168.1.1/24		Vlan-int103	192.168.3.1/24
	Vlan-int104	192.168.4.2/24		Vlan-int102	192.168.2.2/24
Switch B	Vlan-int200	133.133.2.2/24	Switch D	Vlan-int400	133.133.4.2/24
	Vlan-int101	192.168.1.2/24		Vlan-int103	192.168.3.2/24
	Vlan-int102	192.168.2.1/24		Vlan-int104	192.168.4.1/24

下面是具体的配置步骤，在这里最关键的是 Switch D 的配置。

（1）配置 IP 地址和单播路由协议。

按照图 12-6 配置各接口的 IP 地址和子网掩码，具体配置过程略。然后配置 PIM-SM 域内的各交换机之间采用 OSPF 协议进行互连，确保 PIM-SM 域内部在网络层互通，并且各交换机之间能够借助单播路由协议实现动态路由更新，具体配置过程略。

（2）启用 IP 组播路由，并启用 PIM-SM、IGMP 和 IGMP SSM 映射功能。

以下是在 Switch A 上启用 IP 组播路由，并在各 VLAN 接口上启用 PIM-SM。因为这些 VLAN

不是连接接收者的，所以不用启用 IGMP。

```
<SwitchA> system-view
[SwitchA] multicast routing-enable
[SwitchA] interface vlan-interface 100
[SwitchA-Vlan-interface100] pim sm
[SwitchA-Vlan-interface100] quit
[SwitchA] interface vlan-interface 101
[SwitchA-Vlan-interface101] pim sm
[SwitchA-Vlan-interface101] quit
[SwitchA] interface vlan-interface 104
[SwitchA-Vlan-interface104] pim sm
[SwitchA-Vlan-interface104] quit
```

Switch B 和 Switch C 的配置与 Switch A 相似，所以不再赘述。

以下是在 Switch D 上启用 IP 组播路由，在各接口上启用 PIM-SM，并在主机侧接口 vlan-interface400 上启用 IGMP 和 IGMP SSM 映射功能，配置 IGMP 版本为 3。

```
<SwitchD> system-view
[SwitchD] multicast routing-enable
[SwitchD] interface vlan-interface 400
[SwitchD-Vlan-interface400] igmp enable
[SwitchD-Vlan-interface400] igmp version 3   !---在 VLAN400 接口上配置运行 IGMPv3 版本
[SwitchD-Vlan-interface400] igmp ssm-mapping enable   !---在 VLAN400 接口上启用 IGMP SSM 映射功能
[SwitchD-Vlan-interface400] pim sm
[SwitchD-Vlan-interface400] quit
[SwitchD] interface vlan-interface 103
[SwitchD-Vlan-interface103] pim sm
[SwitchD-Vlan-interface103] quit
[SwitchD] interface vlan-interface 104
[SwitchD-Vlan-interface104] pim sm
[SwitchD-Vlan-interface104] quit
```

（3）在 Switch D 上配置 C-BSR 和 C-RP 的位置。有关 PIM-SM 中的 C-BSR、C-RP 的配置命令将在本章后面介绍。

```
[SwitchD] pim
[SwitchD-pim] c-bsr vlan-interface 104
[SwitchD-pim] c-rp vlan-interface 104
[SwitchD-pim] quit
```

（4）在 Switch D 上配置 SSM 组播组地址范围为 232.1.1.0/24。组播源的配置也将在本章后面介绍 PIM 网络配置时介绍。

```
[SwitchD] acl number 2000
[SwitchD-acl-basic-2000] rule permit source 232.1.1.0 0.0.0.255
[SwitchD-acl-basic-2000] quit
[SwitchD] pim
[SwitchD-pim] ssm-policy 2000
[SwitchD-pim] quit
```

Switch A、Switch B 和 Switch C 的配置与 Switch D 相似，配置过程略。

（5）在 Switch D 上配置 IGMP SSM 映射规则。两个 SSM 映射的组播组地址范围为 232.1.1.0/24（这个地址是一个网络地址，而且我们自己可以随意指定的，只要它在 SSM 组播地址——232.0.0.0～232.255.255.255 的范围内即可），两个组播源地址分别为 133.133.1.1（Source 1）、133.133.3.1（Source 3）。

```
[SwitchD] igmp
[SwitchD-igmp] ssm-mapping 232.1.1.0 24 133.133.1.1
[SwitchD-igmp] ssm-mapping 232.1.1.0 24 133.133.3.1
[SwitchD-igmp] quit
```

（6）检验配置效果。

可以通过使用 **display igmp ssm-mapping** 命令查看 Switch D 上的 IGMP SSM 映射规则。例如

在 Switch D 上查看的组播组 232.1.1.1（这是在上面 SSM 映射中组播组地址范围之内的一个地址）的 IGMP SSM 映射规则如下：

```
[SwitchD] display igmp ssm-mapping 232.1.1.1
Vpn-Instance: public net
Group address: 232.1.1.1
Source list:
        133.133.1.1
        133.133.3.1
```

可以通过使用 **display igmp ssm-mapping group** 命令查看 Switch D 交换机上依据 IGMP SSM 映射规则创建的组播组信息。从中可以看出已创建一个组播组，组播组地址为 232.1.1.1。

```
[SwitchD] display igmp ssm-mapping group
Total 1 IGMP SSM-mapping Group(s).
Interface group report information of VPN-Instance: public net
 Vlan-interface400(133.133.4.2):
  Total 1 IGMP SSM-mapping Group reported
   Group Address        Last Reporter     Uptime       Expires
   232.1.1.1            133.133.4.1       00:02:04     off
```

可以通过使用 **display pim routing-table** 命令查看交换机的 PIM 路由表信息。例如在 Switch D 上查看的 PIM 路由表信息如下。从中可以看到在 VPN 实例 public net 的路由表中包括两条（S，G）路由表项，分别是（133.133.1.1，232.1.1.1）、((133.133.3.1，232.1.1.1)。

```
[SwitchD] display pim routing-table
Vpn-instance: public net
Total 0 (*, G) entry; 2 (S, G) entry

 (133.133.1.1, 232.1.1.1)
     Protocol: pim-ssm, Flag:
     UpTime: 00:13:25
     Upstream interface: Vlan-interface104
         Upstream neighbor: 192.168.4.2
         RPF prime neighbor: 192.168.4.2
     Downstream interface(s) information:
       Total number of downstreams: 1
         1: Vlan-interface400
                Protocol: igmp, UpTime: 00:13:25, Expires: -

 (133.133.3.1, 232.1.1.1)
     Protocol: pim-ssm, Flag:
     UpTime: 00:13:25
     Upstream interface: Vlan-interface103
         Upstream neighbor: 192.168.3.1
         RPF prime neighbor: 192.168.3.1
     Downstream interface(s) information:
       Total number of downstreams: 1
         1: Vlan-interface400
                Protocol: igmp, UpTime: 00:13:25, Expires: -
```

12.2.12　IGMP 代理功能配置示例

本示例是用来验证通过 IGMP 代理功能在没有启用 PIM 的情况下，实现完整组播数据路由、转发的功能。本示例拓扑结构如图 12-7 所示。示例中，核心网络中运行 PIM-DM，但本地网络中没有启用 PIM，接收者 Host A 和 Host C 通过组播组 224.1.1.1 点播视频节目。现要求通过在 Switch B 上配置 IGMP 代理功能，使其在不运行 PIM-DM 的情况下实现组成员关系的维护和组播数据的正常转发。

这个示例的配置也很简单，抛开核心网络中的 PIM 配置，仅介绍本地网络中 IGMP 和 IGMP

代理功能的配置。只需要在 Switch A 和 Switch B 上运行启用 IP 组播路由、IGMP，并在 Switch B 的 Vlan-interface 200 接口上启用 IGMP 代理功能即可。

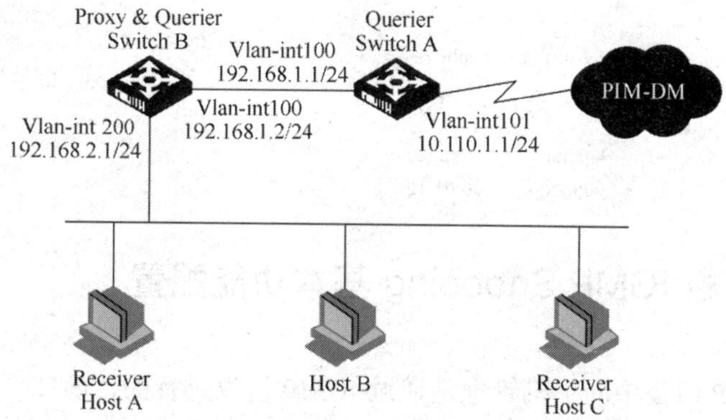

图 12-7　IGMP 代理功能配置示例拓扑

下面是具体的配置步骤。

（1）按照图 12-7 配置各 VLAN 接口的 IP 地址和子网掩码，具体配置过程略。

（2）配置单播 IP 路由，使本地网络，以及本地网络与远程核心 PIM 网络的路由畅通。

（3）在 Switch A 上启用 IP 组播路由，在 Vlan-interface101 接口上启用 PIM-DM，并在 Vlan-interface100 接口上启用 IGMP。

```
<SwitchA> system-view
[SwitchA] multicast routing-enable
[SwitchA] interface vlan-interface 101
[SwitchA-Vlan-interface101] pim dm
[SwitchA-Vlan-interface101] quit
[SwitchA] interface vlan-interface 100
[SwitchA-Vlan-interface100] igmp enable
[SwitchA-Vlan-interface100] pim dm
[SwitchA-Vlan-interface100] quit
```

（4）在 Switch B 上启用 IP 组播路由，在 Vlan-interface100 接口（下行接口）上启用 IGMP 代理功能，并在 Vlan-interface200 接口（上行接口）上启用 IGMP，但均不要启用 PIM。

```
<SwitchB> system-view
[SwitchB] multicast routing-enable
[SwitchB] interface vlan-interface 100
[SwitchB-Vlan-interface100] igmp proxying enable
[SwitchB-Vlan-interface100] quit
[SwitchB] interface vlan-interface 200
[SwitchB-Vlan-interface200] igmp enable
[SwitchB-Vlan-interface200] quit
```

（5）检验配置效果。

可以通过使用 **display igmp interface** 命令查看各交换机接口上 IGMP 的配置和运行情况。例如在 Switch B 上查看在 Vlan-interface100 接口上的 IGMP 配置和运行的详细信息如下：

```
[SwitchB] display igmp interface vlan-interface 100 verbose
 Vlan-interface100(192.168.1.2):
   IGMP proxy is enabled
   Current IGMP version is 2
   Multicast routing on this interface: enabled
   Require-router-alert: disabled
   Version1-querier-present-timer-expiry: 00:00:20
```

可以通过使用 **display igmp group** 命令查看 IGMP 组播组的信息。例如在 Switch A 上查看的 IGMP 组播组信息如下。从输出信息可以看出，它有一个组播组，组播组地址为 224.1.1.1/24，最后的组成员报告来自 Switch B 的代理接口 192.168.1.2 这个虚拟主机。由此可见，接收者的 IGMP 报告通过 Switch B 的代理接口 Vlan-interface100 发给 Switch A。

```
[SwitchA] display igmp group
Total 1 IGMP Group(s).
Interface group report information of VPN-Instance: public net
 Vlan-interface100(192.168.1.1):
  Total 1 IGMP Groups reported
   Group Address    Last Reporter    Uptime     Expires
   224.1.1.1        192.168.1.2      00:02:04   00:01:15
```

12.3 H3C 交换机 IGMP Snooping 基本功能配置

在三层交换机，IP 组播中的主机管理是通过 IGMP 协议进行的，而在二层交换机中，则是通过 IGMP Snooping 协议进行的，所以如果 IP 组播网络中接收者存在二层交换机时要配置 IGMP Snooping 协议。IGMP Snooping 和 IGMP 协议一样，两者都用于组播组的管理和控制，都使用 IGMP 包。与 IGMP 有三个版本一样，IGMP Snooping 也对应有三个版本。

在 IP 组播中，整个 H3C 以太网交换机的 IGMP Snooping 配置任务如表 12-15 所示（绝大多数是可选配置）。本节先进行 IGMP Snooping 基本功能配置。

表 12-15 IGMP Snooping 配置任务

配置任务		说明
配置 IGMP Snooping 基本功能	启用 IGMP Snooping	必需
	IGMP Snooping 版本配置	可选
	静态组播 MAC 地址表项配置	可选
配置 IGMP Snooping 端口功能	动态端口老化定时器配置	可选
	静态端口配置	可选
	模拟主机加入配置	可选
	端口快速离开配置	可选
	禁止端口成为动态路由器端口	可选
配置 IGMP Snooping 查询器	启用 IGMP Snooping 查询器	可选
	IGMP 查询和响应配置	可选
	IGMP 查询报文源 IP 地址配置	可选
配置 IGMP Snooping Proxying	启用 IGMP Snooping Proxying	可选
	代理发送 IGMP 报文的源 IP 地址配置	可选
配置 IGMP Snooping 策略	组播组过滤配置器	可选
	组播数据报文源端口过滤配置	可选
	丢弃未知组播数据报文配置	可选
	IGMP 成员关系报告报文抑制配置	可选
	端口加入的组播组最大数量配置	可选
	组播组替换配置	可选
	IGMP 报文的 802.1p 优先级配置	可选
	组播用户控制策略配置	可选

12.3.1 启动 IGMP Snooping

要使用 IGMP Snooping，首先要启用这个协议。它可以是在系统视图下使用 **igmp-snooping enable** 命令基于全局启用，也可以是对应的 VLAN 视图下使用 **igmp-snooping enable** 命令基于 VLAN 来启用。但在 VLAN 内启用 IGMP Snooping 之前，必须先全局启用 IGMP Snooping，否则将无法在 VLAN 内启用 IGMP Snooping。默认情况下，VLAN 内的 IGMP Snooping 处于关闭状态，可使用 **undo igmp-snooping enable** 命令在对应 VLAN 内关闭 IGMP Snooping。

【说明】二、三层组播协议 IGMP 和 IGMP Snooping 可以同时运行在交换机上，但是在同一个 VLAN 和该 VLAN 对应的虚拟接口上不能同时运行二层和三层组播协议。

以下示例是在 VLAN 2 内启用 IGMP Snooping。

```
<Sysname> system-view
[Sysname] igmp-snooping
[Sysname-igmp-snooping] quit
[Sysname] vlan 2
[Sysname-vlan2] igmp-snooping enable
```

12.3.2　IGMP Snooping 版本配置

配置 IGMP Snooping 的版本，实际上就是配置 IGMP Snooping 可以处理的 IGMP 报文的版本：当 IGMP Snooping 的版本为 2 时，IGMP Snooping 能够对 IGMPv1 和 IGMPv2 的报文进行处理，对 IGMPv3 的报文则不进行处理，而是在 VLAN 内将其广播；当 IGMP Snooping 的版本为 3 时，IGMP Snooping 能够同时对 IGMPv1、IGMPv2 和 IGMPv3 的报文进行处理。

IGMP Snooping 版本的配置是在对应 VLAN 视图下使用命令进行，参数 *version-number* 用来指定要运行的 IGMP Snooping 的版本号，取值范围为 2～3。在配置本命令之前，必须先在 VLAN 内启用 IGMP Snooping。默认情况下，IGMP Snooping 的版本为 2，可用 **undo igmp-snooping version** 命令恢复默认情况。

以下示例是在 VLAN 2 内启用 IGMP Snooping，并将其版本配置为 3。

```
<Sysname> system-view
[Sysname] igmp-snooping
[Sysname-igmp-snooping] quit
[Sysname] vlan 2
[Sysname-vlan2] igmp-snooping enable
[Sysname-vlan2] igmp-snooping version 3
```

12.3.3　静态组播 MAC 地址表项配置

在二层组播中，除了可通过二层组播协议（如 IGMP Snooping）动态建立组播 MAC 地址表项外，还可以通过手工方式配置组播 MAC 地址表项，将端口与组播 MAC 地址进行静态绑定，以便灵活控制组播信息送达的目的端口。

静态组播 MAC 地址表项的配置有全局配置和接口配置两种方式，全局配置方式是在系统视图下使用 **mac-address multicast** *mac-address* **interface** *interface-list* **vlan** *vlan-id* 命令进行。命令中的参数说明如下：

- *mac-address*：指定要配置的静态组播 MAC 地址，取值范围为除 0100-5Exx-xxxx 和 3333-xxxx-xxxx 以外的任意的组播 MAC 地址（组播 MAC 地址就是最高字节的最低比特位为 1 的 MAC 地址），其中 x 代表 0～F 的任意一个十六进制数。当配置的静态组播 MAC 地址与其他协议的 MAC 地址冲突时，系统会给出提示。
- *interface-list*：指定以上静态组播 MAC 地址所静态绑定的接口列表，表示一个或多个接口。表示方式为{ *interface-type interface-number* [**to** *interface-type interface-number*] }<1-n>。其中，*interface-type* 为接口类型；*interface-number* 为接口编号；<1-n>表示前面的参数最多可以输入 n 次。
- **vlan** *vlan-id*：指定以上接口列表所属的 VLAN，取值范围为 1～4094，必须是已创建的 VLAN，如果指定的接口不属于该 VLAN，系统将提示出错。

默认情况下，没有配置静态组播 MAC 地址表项，可用 **undo mac-address** [**multicast**] [[*mac-*

address [**interface** *interface-list*]] **vlan** *vlan-id*]命令删除指定的静态组播 MAC 地址表项。

接口配置方式是在对应的二层以太网端口或者二层聚合端口视图下使用 **mac-address multicast** *mac-address* **vlan** *vlan-id* 命令进行。命令中的参数说明如上。默认情况下，没有配置静态组播 MAC 地址表项，可用 **undo mac-address multicast** *mac-address* **vlan** *vlan-id* 命令删除指定的静态组播 MAC 地址表项。

【示例 1】配置静态组播 MAC 地址表项 0100-0001-0001，对应的接口为 VLAN 2 内的 GigabitEthernet1/0/1～GigabitEthernet1/0/5。

```
<Sysname> system-view
[Sysname] mac-address multicast 0100-0001-0001 interface gigabitethernet1/0/1 to gigabitethernet1/0/5 vlan 2
```

【示例 2】在 GigabitEthernet1/0/1 端口下配置静态组播 MAC 地址表项 0100-0001-0001，该接口属于 VLAN 2。

```
<Sysname> system-view
[Sysname] interface gigabitethernet 1/0/1
[Sysname-GigabitEthernet1/0/1] mac-address multicast 0100-0001-0001 vlan 2
```

12.4 H3C 交换机 IGMP Snooping 端口功能配置

在配置 IGMP Snooping 端口功能之前，需先在 VLAN 内启用 IGMP Snooping，并配置相应端口组，确定动态路由器端口老化时间、动态成员端口老化时间以及组播组和组播源的地址。

12.4.1 IGMP Snooping 相关定时器配置

我们在本书第 6 章就已介绍了 IGMP Snooping 中包括三个定时器，那就是：动态路由器端口老化定时器、动态成员端口老化定时器、响应查询定时器。对于动态路由器端口，如果在其老化时间超时前没有收到 IGMP 普遍组查询报文或者 PIM Hello 报文，交换机将把该端口从路由器端口列表中删除；对于动态成员端口，如果在其老化时间超时前没有收到该组播组的 IGMP 成员关系报告报文，交换机将把该端口从该组播组所对应转发表项的出端口列表中删除。

IGMP Snooping 相关定时器的配置有基于全局和基于 VLAN 两种配置方式（**基于 VLAN 配置方式仅在 S5800 及以后系列支持**），基于全局的配置方法如表 12-16 所示，基于 VLAN 的配置方法如表 12-17 所示（均为可选配置，且各定时器配置没有严格的先后次序之分）。在基于全局的配置中，必须先全局启用 IGMP Snooping 功能，在基于 VLAN 的配置中必须先在对应 VLAN 内启用 IGMP Snooping 功能。如果组播组成员的变动比较频繁，可以把动态成员端口老化时间设置小一些，反之亦然。

表 12-16 基于全局的 IGMP Snooping 相关定时器配置步骤

步骤	命令	说明
1	**system-view** 例如：<Sysname> **system-view**	进入系统视图
2	**igmp-snooping** 例如：[Sysname] **igmp-snooping**	全局启用 IGMP Snooping，进入 IGMP-Snooping 视图
3	**igmp-snooping router-aging-time** *seconds* 例如：[Sysname-igmp-snooping]**igmp-snooping max-response-time** 50	全局配置动态路由器端口老化时间，参数 *interval* 用来指定动态路由器端口的老化时间，取值范围为 1～1000 秒。 默认情况下，动态路由器端口老化时间为 105 秒，可用 **undo igmp-snooping router-aging-time** 命令恢复为默认配置
4	**igmp-snooping max-response-time** *seconds* 例如：[Sysname-igmp-snooping]**igmp-snooping max-response-time** 10	全局配置 IGMP 通用查询报文的最大响应时间，参数 *interval* 用来指定 IGMP 普遍组查询的最大响应时间，取值范围为 1～25 秒。 默认情况下，IGMP 通用查询报文的最大响应时间为 10 秒，可用 **igmp-snooping max-response-time** 命令恢复为默认配置

续表

步骤	命令	说明
5	**igmp-snooping host-aging-time** *seconds* 例如：[Sysname-igmp-snooping]**igmp-snooping host-aging-time** 300	全局配置组播组动态成员端口老化时间，参数 *interval* 用来指定动态成员端口的老化时间，取值范围为 200～1000 秒。 默认情况下，组播组动态成员端口老化时间为 260 秒，可用 **undo igmp-snooping host-aging-time** 命令恢复默认配置

表 12-17　基于 VLAN 的 IGMP Snooping 相关定时器配置步骤

步骤	命令	说明
1	**system-view** 例如：<Sysname> **system-view**	进入系统视图
2	**vlan** *vlan-id* 例如：[Sysname]**vlan** 5	键入要配置 IGMP Snooping 相关定时器的 VLAN，进入 VLAN 视图
3	**igmp-snooping enble** 例如：[Sysname-vlan5] **igmp-snooping enble**	在以上 VLAN 中启用 IGMP Snooping（**必须确保已在系统视图下全局启用了 IGMP Snooping，否则在 VLAN 中启用不了 IGMP Snooping**）
4	**igmp-snooping router-aging-time** *seconds* 例如：[Sysname-vlan5]**igmp-snooping max-response-time** 50	在以上 VLAN 内配置动态路由器端口老化时间，参数 *seconds* 用来指定动态路由器端口的老化时间，取值范围为 1～1000 秒。 默认情况下，动态路由器端口老化时间为 105 秒，可用 **undo igmp-snooping router-aging-time** 命令恢复为默认配置
5	**igmp-snooping max-response-time** *seconds* 例如：[Sysname-vlan5]**igmp-snooping max-response-time** 10	在以上 VLAN 内配置 IGMP 通用查询报文的最大响应时间，参数 *seconds* 用来指定 IGMP 普遍组查询的最大响应时间，取值范围为 1～25 秒。 默认情况下，IGMP 通用查询报文的最大响应时间为 10 秒，可用 **igmp-snooping max-response-time** 命令恢复为默认配置
6	**igmp-snooping host-aging-time** *seconds* 例如：[Sysname-vlan5]**igmp-snooping host-aging-time** 300	在以上 VLAN 内配置组播组动态成员端口老化时间，参数 *seconds* 用来指定动态成员端口的老化时间，取值范围为 200～1000 秒。 默认情况下，组播组动态成员端口老化时间为 260 秒，可用 **undo igmp-snooping host-aging-time** 命令恢复默认配置

【示例 1】全局配置动态路由器端口的老化时间为 200 秒。

```
<Sysname> system-view
[Sysname] igmp-snooping
[Sysname-igmp-snooping]igmp-snooping router-aging-time 200
```

【示例 2】在 VLAN 2 内启用 IGMP Snooping，并配置动态路由器端口的老化时间为 100 秒。

```
<Sysname> system-view
[Sysname] igmp-snooping
[Sysname-igmp-snooping] quit
[Sysname] vlan 2
[Sysname-vlan2] igmp-snooping enable
[Sysname-vlan2] igmp-snooping router-aging-time 100
```

【示例 3】全局配置 IGMP 普遍组查询的最大响应时间为 10 秒。

```
<Sysname> system-view
[Sysname] igmp-snooping
[Sysname-igmp-snooping] igmp-snooping max-response-time 10
```

【示例 4】在 VLAN 2 内启用 IGMP Snooping，并配置 IGMP 普遍组查询的最大响应时间为 10 秒。

```
<Sysname> system-view
[Sysname] igmp-snooping
[Sysname-igmp-snooping] quit
[Sysname] vlan 2
[Sysname-vlan2] igmp-snooping enable
[Sysname-vlan2] igmp-snooping max-response-time 10
```

【示例 5】全局配置动态成员端口的老化时间为 305 秒。

```
<Sysname> system-view
[Sysname] igmp-snooping
[Sysname-igmp-snooping] igmp-snooping host-aging-time 305
```

【示例 6】在 VLAN 2 内启用 IGMP Snooping，并配置动态成员端口的老化时间为 305 秒。

```
<Sysname> system-view
[Sysname] igmp-snooping
```

```
[Sysname-igmp-snooping] quit
[Sysname] vlan 2
[Sysname-vlan2] igmp-snooping enable
[Sysname-vlan2] igmp-snooping host-aging-time 305
```

12.4.2 静态端口配置

如果某端口所连接的主机需要固定接收发往某组播组或组播源组的组播数据，可以配置该交换机端口静态加入该组播组或组播源组，成为静态成员端口。还可以通过将交换机上的端口配置为静态路由器端口，使交换机上所有收到的组播数据可以通过该端口被转发出去。具体的配置步骤如表 12-18 所示。

表 12-18 静态端口配置步骤

步骤	命令	说明	
1	**system-view** 例如：<Sysname> **system-view**	进入系统视图	
2	**interface** *interface-type interface-number* 例如：[Sysname]**interface** gigabitethernet 1/0/1	进入二层以太网端口或二层聚合接口视图	二者必选其一
3	**port-group manual** *port-group-name* 例如：[Sysname]**port-group manual** portgroup1	进入端口组视图	
4	**igmp-snooping static-group** *group-address* [**source-ip** *source-address*] **vlan** *vlan-id* 例如：[Sysname-GigabitEthernet1/0/1]**igmp-snooping static-group** 232.1.1.1 **source-ip** 1.1.1.1 **vlan** 2	（可选）配置以上端口为静态成员端口，即配置端口静态加入组播组或组播源组，以便这些端口所连接的接收者可以静态地加入到某组播组。命令中的参数说明如下： ● *group-address*：指定以上端口要静态加入的组播组地址，取值范围为 224.0.1.0～239.255.255.255 ● *source-address*：可选参数，指定以上端口要静态加入的组播源地址，取值为有效的单播地址或 0.0.0.0。如果取值为 0.0.0.0，表示不指定组播源 ● **vlan** *vlan-id*：指定以上端口所属 VLAN 的编号，取值范围为 1～4094 默认情况下，端口不是静态成员端口，可用 **undo igmp-snooping static-group** *group-address* [**source-ip** *source-address*] **vlan** *vlan-id* 从指定组播组中删除对应的静态成员端口。 【注意】只有当 IGMP Snooping 的版本为 3 时，配置参数 **source-ip** *source-address* 才会有实际的意义；当 IGMP Snooping 的版本为 2 时，虽然也可以配置参数 **source-ip** *source-address*，但该配置将不能生效。 在二层以太网端口或二层聚合接口视图下配置时，只有当该接口属于指定 VLAN 时，该配置才生效；在端口组视图下配置时，该配置只对该端口组内属于指定 VLAN 的那些端口有效	
5	**igmp-snooping static-router-port vlan** *vlan-id* 例如：[Sysname-GigabitEthernet1/0/1]**igmp-snooping static-router-port vlan** 2	（可选）配置以上端口为静态路由器端口，转发组播数据。参数 *vlan-id* 用来指定将以上端口配置为静态路由器端口所对应的 VLAN 的编号，取值范围为 1～4094，它与上一步的 VLAN 编号是一致的。 默认情况下，端口不是静态路由器端口，可用 **undo igmp-snooping static-router-port vlan** *vlan-id* 命令删除指定的静态路由器端口。 【注意】本命令对启用了 IGMP Snooping 的 VLAN 或相应 VLAN 接口上启用了 IGMP 的 VLAN 都有效，但在组播 VLAN 的子 VLAN 内配置本命令时不能生效。 在二层以太网端口或二层聚合接口视图下配置时，只有当该接口属于指定 VLAN 时，该配置才生效；在端口组视图下配置时，该配置只对该端口组内属于指定 VLAN 的那些端口有效	

【说明】只有当 IGMP Snooping 的版本为 3 时，配置参数 **source-ip** *source-address* 才会有实际的意义。静态成员端口不会对 IGMP 查询器发出的查询报文进行响应；当配置静态成员端口或取消静态成员端口的配置时，端口也不会主动发送 IGMP 成员关系报告报文或 IGMP 离开组报文。

静态成员端口和静态路由器端口都不会老化，只能通过相应的 **undo** 命令删除。

【示例 1】将 VLAN 2 内的 GigabitEthernet1/0/1 端口静态加入组播源组（1.1.1.1，232.1.1.1）。

```
<Sysname> system-view
[Sysname] igmp-snooping
[Sysname-igmp-snooping] quit
[Sysname] vlan 2
[Sysname-vlan2] igmp-snooping enable
[Sysname-vlan2] igmp-snooping version 3
[Sysname-vlan2] quit
[Sysname] interface gigabitethernet 1/0/1
[Sysname-GigabitEthernet1/0/1] igmp-snooping static-group 232.1.1.1 source-ip 1.1.1.1 vlan 2
```

【示例 2】将 VLAN 2 内的 GigabitEthernet1/0/1 端口配置为静态路由器端口。

```
<Sysname> system-view
[Sysname] interface gigabitethernet 1/0/1
[Sysname-GigabitEthernet1/0/1] igmp-snooping static-router-port vlan 2
```

12.4.3　静态端口配置示例

本示例拓扑如图 12-8 所示，Router A 通过 GigabitEthernet1/0/2 端口连接组播源（Source），通过 GigabitEthernet1/0/1 端口连接 Switch A；Router A 上运行 IGMPv2，Switch A、Switch B 和 Switch C 上都运行 IGMPv2 Snooping，并由 Router A 充当 IGMP 查询器；Host A 和 Host C 均为组播组 224.1.1.1 的接收者（Receiver），通过将 Switch C 上的 GigabitEthernet1/0/3 和 GigabitEthernet1/0/5 两端口配置为组播组 224.1.1.1 的静态成员端口来增强组播数据在传输过程中的可靠性；通过将 Switch A 上连接 Switch C 的 GigabitEthernet1/0/3 端口配置为静态路由器端口，从而可以保证在 Switch A－Switch B－Switch C 的路径出现阻断时，组播数据可以几乎不间断地通过 Switch A－Switch C 的新路径传递给接收者，因为一般情况下，由于受 STP 等链路层协议的影响，为了避免出现环路，Switch A－Switch C 的转发路径在正常情况下是阻断的，组播数据只能通过 Switch A－Switch B－Switch C 的路径传递给连接在 Switch C 上的接收者。如果没有配置静态路由器端口，那么当 Switch A－Switch B－Switch C 的路径出现阻断时，至少需要等待一个 IGMP 查询和响应周期完成后，组播数据才能通过 Switch A－Switch C 的新路径传递给接收者，组播数据的传输在这个过程中将中断。有关 STP 方面的知识，参见《Cisco/H3C 交换机配置与管理完全手册》（第二版）。

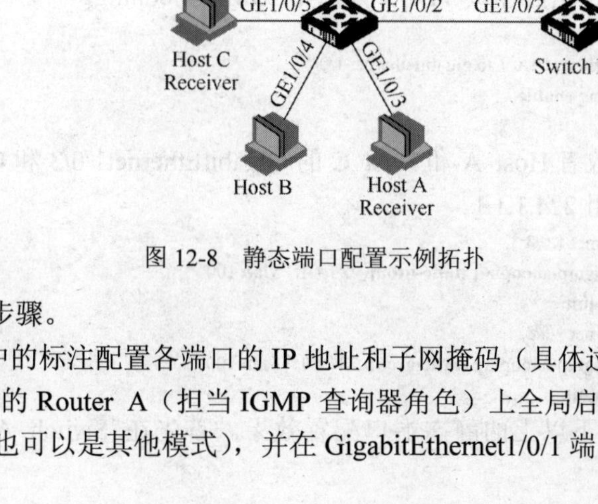

图 12-8　静态端口配置示例拓扑

下面是具体的配置步骤。

（1）按照图 12-8 中的标注配置各端口的 IP 地址和子网掩码（具体过程略）。

（2）在连接组播源的 Router A（担当 IGMP 查询器角色）上全局启用 IP 组播路由，在各端口上启用 PIM-DM 模式（也可以是其他模式），并在 GigabitEthernet1/0/1 端口上启用 IGMP。

```
<RouterA> system-view
[RouterA] multicast routing-enable
[RouterA] interface gigabitethernet 1/0/1
[RouterA-GigabitEthernet1/0/1] igmp enable
[RouterA-GigabitEthernet1/0/1] pim dm
[RouterA-GigabitEthernet1/0/1] quit
[RouterA] interface gigabitethernet 1/0/2
[RouterA-GigabitEthernet1/0/2] pim dm
[RouterA-GigabitEthernet1/0/2] quit
```

（3）在 Switch A 上全局启用 IGMP Snooping。

```
<SwitchA> system-view
[SwitchA] igmp-snooping
[SwitchA-igmp-snooping] quit
```

（4）在 Switch A 上创建 VLAN 100，把 GigabitEthernet1/0/1~GigabitEthernet1/0/3 三个二层访问端口添加到该 VLAN 中，然后在该 VLAN 内启用 IGMP Snooping。因为这里没有使用组播 VLAN，所以需要把所有交换机组播端口都加入到同一个 VLAN 中，下同。

```
[SwitchA] vlan 100
[SwitchA-vlan100] port gigabitethernet 1/0/1 to gigabitethernet 1/0/3
[SwitchA-vlan100] igmp-snooping enable
[SwitchA-vlan100] quit
```

（5）在 Switch A 上把 GigabitEthernet1/0/3 配置为静态路由器端口，以便在 Switch A－Switch B－Switch C 链路出现故障时，该端口可以承担组播数据的转发任务。

```
[SwitchA] interface gigabitethernet 1/0/3
[SwitchA-GigabitEthernet1/0/3] igmp-snooping static-router-port vlan 100
[SwitchA-GigabitEthernet1/0/3] quit
```

（6）在 Switch B 上全局启用 IGMP Snooping。

```
<SwitchB> system-view
[SwitchB] igmp-snooping
[SwitchB-igmp-snooping] quit
```

（7）在 Switch B 上创建 VLAN 100，把 GigabitEthernet1/0/1 和 GigabitEthernet1/0/2 这两个二层访问端口添加到该 VLAN 中，然后在该 VLAN 内启用 IGMP Snooping。

```
[SwitchB] vlan 100
[SwitchB-vlan100] port gigabitethernet 1/0/1 gigabitethernet 1/0/2
[SwitchB-vlan100] igmp-snooping enable
[SwitchB-vlan100] quit
```

（8）在 Switch C 上全局启用 IGMP Snooping。

```
<SwitchC> system-view
[SwitchC] igmp-snooping
[SwitchC-igmp-snooping] quit
```

（9）在 Switch C 上创建 VLAN 100，把 GigabitEthernet1/0/1~GigabitEthernet1/0/5 五个二层访问端口添加到该 VLAN 中，然后在该 VLAN 内启用 IGMP Snooping。

```
[SwitchC] vlan 100
[SwitchC-vlan100] port gigabitethernet 1/0/1 to gigabitethernet 1/0/5
[SwitchC-vlan100] igmp-snooping enable
[SwitchC-vlan100] quit
```

（10）分别在连接接收者 Host A 和 Host C 的 GigabitEthernet1/0/3 和 GigabitEthernet1/0/5 两个端口上配置静态加入组播组 224.1.1.1。

```
[SwitchC] interface Gigabitethernet 1/0/3
[SwitchC-GigabitEthernet1/0/3] igmp-snooping static-group 224.1.1.1 vlan 100
[SwitchC-GigabitEthernet1/0/3] quit
[SwitchC] interface Gigabitethernet 1/0/5
[SwitchC-GigabitEthernet1/0/5] igmp-snooping static-group 224.1.1.1 vlan 100
[SwitchC-GigabitEthernet1/0/5] quit
```

（11）下面来检验一下以上的静态端口配置效果。首先在 Switch A 上执行 **display igmp-**

snooping group vlan 100 命令，检查 VLAN 100 内 IGMP Snooping 组播组的详细信息。从中可以看出，Switch A 上的 GigabitEthernet1/0/3 二层访问端口已经成为了静态路由器端口（注意输出信息中的粗体字部分，括号里的“S”表示为静态配置的端口，“D”为动态学习的端口）。

```
[SwitchA] display igmp-snooping group vlan 100 verbose
  Total 1 IP Group(s).
  Total 1 IP Source(s).
  Total 1 MAC Group(s).

  Port flags: D-Dynamic port, S-Static port, C-Copy port
  Subvlan flags: R-Real VLAN, C-Copy VLAN
  Vlan(id):100.
    Total 1 IP Group(s).
    Total 1 IP Source(s).
    Total 1 MAC Group(s).
    Router port(s):total 2 port(s).
            GE1/0/1                  (D) ( 00:01:30 )
            GE1/0/3                  (S)
    IP group(s):the following ip group(s) match to one mac group.
      IP group address:224.1.1.1
        (0.0.0.0, 224.1.1.1):
          Attribute:    Host Port
          Host port(s):total 1 port(s).
            GE1/0/2                  (D) ( 00:03:23 )
    MAC group(s):
      MAC group address:0100-5e01-0101
          Host port(s):total 1 port(s).
            GE1/0/2
```

再来查看 Switch C 上 VLAN 100 内 IGMP Snooping 组播组的详细信息。从中可以看出，Switch C 上连接两个接收者的 GigabitEthernet1/0/3 和 GigabitEthernet1/0/5 这两个二层访问端口已经成为了组播组 224.1.1.1 的静态成员端口（注意输出信息中的粗体字部分，“S”表示静态配置的端口）。

```
[SwitchC] display igmp-snooping group vlan 100 verbose
  Total 1 IP Group(s).
  Total 1 IP Source(s).
  Total 1 MAC Group(s).

  Port flags: D-Dynamic port, S-Static port, C-Copy port
  Subvlan flags: R-Real VLAN, C-Copy VLAN
  Vlan(id):100.
    Total 1 IP Group(s).
    Total 1 IP Source(s).
    Total 1 MAC Group(s).
    Router port(s):total 1 port(s).
            GE1/0/2                  (D) ( 00:01:23 )
    IP group(s):the following ip group(s) match to one mac group.
      IP group address:224.1.1.1
        (0.0.0.0, 224.1.1.1):
          Attribute:    Host Port
          Host port(s):total 2 port(s).
            GE1/0/3                  (S)
            GE1/0/5                  (S)
    MAC group(s):
      MAC group address:0100-5e01-0101
          Host port(s):total 2 port(s).
            GE1/0/3
            GE1/0/5
```

12.4.4 禁止端口成为动态路由器端口

本节所介绍的是动态路由器端口，而不是上节所介绍的静态路由器端口，所以本节的配置不影响上节的配置生效。

通常情况下，如果交换机收到了某用户主机发来的 IGMP 普遍组查询报文或 PIM Hello 报文，那么该主机所在的端口就将成为动态路由器端口，从而使 VLAN 内的所有组播报文都会向该端口转发，导致该用户主机收到的组播报文失控（因为可能有大量并非该主机需要接收的组播报文）。同时，用户主机发送 IGMP 普遍组查询报文或 PIM Hello 报文，也会影响该接入网络中三层设备上的组播路由协议状态（如影响 IGMP 查询器或 DR 的选举），严重时可能导致网络中断。

为了解决这个问题，就需要对连接主机的二层端口禁止动态路由器功能。当禁止某端口成为动态路由器端口后，即使该端口收到了 IGMP 普遍组查询报文或 PIM Hello 报文，该端口也不会成为动态路由器端口，提高网络的安全性和对组播用户的控制能力。

禁止动态路由器功能的配置是在对应的二层以太网端口、二层聚合接口或者二层端口组视图下使用 **igmp-snooping router-port-deny** [**vlan** *vlan-list*]命令进行。可选参数 *vlan-list* 用来配置在指定 VLAN 内禁止端口成为动态路由器端口。表示方式为{ *vlan-id* [**to** *vlan-id*] }&<1-10>，其中，*vlan-id* 为指定 VLAN 的编号，取值范围为 1～4094。&<1-10>表示前面的参数最多可以输入 10 次。各独立 VLAN 间用空格分隔。

默认情况下，不禁止端口成为动态路由器端口，可用 **undo igmp-snooping router-port-deny** [**vlan** *vlan-list*]命令恢复为不禁止成为路由器端口。

【注意】本命令对启用了 IGMP Snooping 的 VLAN，或相应 VLAN 接口上启用了 IGMP 的 VLAN 都有效。在二层以太网端口或二层聚合接口视图下配置时，如果未指定 VLAN，则本命令的配置将对该接口所属的每个 VLAN 都生效；如果指定了 VLAN，则只有该接口所属的指定 VLAN 生效。在端口组视图下配置时，如果未指定 VLAN，则本命令的配置将对该端口组内的所有端口都生效；如果指定了 VLAN，则只有该端口组所属的指定 VLAN 生效。

以下示例是在 VLAN 2 内禁止 GigabitEthernet1/0/1 端口成为动态路由器端口。

```
<Sysname> system-view
[Sysname] interface gigabitethernet 1/0/1
[Sysname-GigabitEthernet1/0/1] igmp-snooping router-port-deny vlan 2
```

12.4.5 模拟主机加入配置

通常情况下，运行 IGMP 的主机会对 IGMP 查询器发出的查询报文进行响应。如果主机由于某种原因无法响应，就可能导致组播路由器认为该网段没有该组播组的成员，从而取消相应的转发路径。为避免这种情况的发生，可以将交换机的端口配置成为组播组成员（即配置模拟主机加入），使它在收到 IGMP 查询报文时由模拟主机进行响应，从而保证该交换机能够继续收到组播报文。

模拟主机加入功能的配置方法是在对应的二层以太网端口、二层聚合端口或者二层端口组视图下使用 **igmp-snooping host-join** *group-address* [**source-ip** *source-address*] **vlan** *vlan-id* 命令进行。命令中的参数说明如下：

- *group-address*：指定以上端口模拟主机要加入的组播组的地址，取值范围为 224.0.1.0～239.255.255.255。
- *source-address*：指定以上端口模拟主机要加入的组播源的地址，取值为有效的组播源单播地址或 0.0.0.0。如果取值为 0.0.0.0，表示不指定组播源。
- **vlan** *vlan-id*：指定以上端口所属的 VLAN。*vlan-id* 为指定 VLAN 的编号，取值范围为 1～4094。

默认情况下，没有配置模拟主机加入组播组或组播源组，可用 **undo igmp-snooping host-join** *group-address* [**source-ip** *source-address*] **vlan** *vlan-id* 命令来恢复默认情况。

【注意】本命令对启用了 IGMP Snooping 的 VLAN，或相应 VLAN 接口上启用了 IGMP 的 VLAN 都有效，但要求对应二层端口模拟主机所采用的 IGMP 版本与 VLAN 内的 IGMP Snooping 版本或 VLAN 接口上的 IGMP 版本保持一致。

只有当 IGMP Snooping 的版本为 3 时，配置参数 **source-ip** *source-address* 才会有实际的意义；当 IGMP Snooping 的版本为 2 时，虽然也可以配置参数 **source-ip** *source-address*，但模拟主机在收到查询报文时并不会进行响应。

在二层以太网端口或二层聚合接口视图下配置时，只有当该接口属于指定 VLAN 时，该配置才生效；在端口组视图下配置时，该配置只对该端口组内属于指定 VLAN 的那些端口有效。

以下示例是在 VLAN 2 内的 GigabitEthernet1/0/1 端口上配置模拟主机加入组播源组（1.1.1.1, 232.1.1.1）。

```
<Sysname> system-view
[Sysname] igmp-snooping
[Sysname-igmp-snooping] quit
[Sysname] vlan 2
[Sysname-vlan2] igmp-snooping enable
[Sysname-vlan2] igmp-snooping version 3
[Sysname-vlan2] quit
[Sysname] interface gigabitethernet 1/0/1
[Sysname-GigabitEthernet1/0/1] igmp-snooping host-join 232.1.1.1 source-ip 1.1.1.1 vlan 2
```

12.5 H3C 交换机 IGMP Snooping 查询器配置

IGMP Snooping 查询器定期向本地网段内的所有主机与路由器（224.0.0.1）发送 IGMP 普遍组查询报文，以查询该网段有哪些组播组的成员。在收到 IGMP 普遍组查询报文时，交换机将其通过 VLAN 内除接收端口以外的其他所有端口转发出去，并对该报文的接收端口做如下处理：

- 如果在路由器端口列表中已包含该动态路由器端口，则重置其老化定时器。
- 如果在路由器端口列表中尚未包含该动态路由器端口，则将其添加到路由器端口列表中，并启动其老化定时器。

在配置 IGMP Snooping 查询器之前，需在 VLAN 内启用 IGMP Snooping，规划、确定好发送 IGMP 普遍组查询报文的时间间隔、发送 IGMP 特定组查询报文的时间间隔、IGMP 普遍组查询的最大响应时间、IGMP 普遍组查询报文的源 IP 地址和 IGMP 特定组查询报文的源 IP 地址。

12.5.1 启用 IGMP Snooping 查询器

就像三层 IGMP 组播网络中需要一台三层组播设备充当 IGMP 查询器，负责发送 IGMP 查询报文，使三层组播设备能够在网络层建立并维护组播转发表项一样，在二层组播网络中，则需要在二层设备上启用 IGMP Snooping 查询器，使二层设备能够在数据链路层建立并维护组播转发表项，从而在数据链路层正常转发组播数据。

启用 IGMP Snooping 查询器的方法很简单，只需在要启用 IGMP Snooping 查询器的 VLAN 视图下使用 **igmp-snooping querier** 命令即可。默认情况下，IGMP Snooping 查询器处于关闭状态，可用 **undo igmp-snooping querier** 命令关闭 IGMP Snooping 查询器。但在配置本

命令之前，必须先在 VLAN 内启用 IGMP Snooping，另外在组播 VLAN 的子 VLAN 内配置本命令时不能生效。

以下示例是在 VLAN 2 内启用 IGMP Snooping，并启用 IGMP Snooping 查询器。

```
<Sysname> system-view
[Sysname] igmp-snooping
[Sysname-igmp-snooping] quit
[Sysname] vlan 2
[Sysname-vlan2] igmp-snooping enable
[Sysname-vlan2] igmp-snooping querier
```

12.5.2 IGMP 查询报文发送时间间隔和最大响应时间配置

用户可以根据网络的实际情况来修改 IGMP 普遍组查询报文的发送时间间隔。在收到 IGMP 查询报文（包括普遍组查询和特定组查询）后，主机会为其所加入的每个组播组都启动一个定时器，该时间值由主机从所收到的 IGMP 查询报文的最大响应时间字段获得，当定时器的值减为 0 时，主机就会向该定时器对应的组播组发送 IGMP 成员关系报告报文。

合理配置 IGMP 查询的最大响应时间，既可以使主机对 IGMP 查询报文做出快速响应，又可以减少由于定时器同时超时，造成大量主机同时发送报告报文而引起的网络拥塞。对于 IGMP 普遍组查询报文来说，通过配置 IGMP 普遍组查询的最大响应时间来填充其最大响应时间字段；对于 IGMP 特定组查询报文来说，所配置的发送 IGMP 特定组查询报文的时间间隔将被填充到其最大响应时间字段。也就是说，IGMP 特定组查询的最大响应时间从数值上与发送 IGMP 特定组查询报文的时间间隔相同。

IGMP 查询报文发送时间间隔和最大响应时间的配置可以基于全局和基于 VLAN 两种方式。基于全局配置方式的配置方法如表 12-19 所示，基于 VLAN 配置方式的配置方法如表 12-20 所示。但应确保发送 IGMP 普遍组查询报文的时间间隔大于 IGMP 普遍组查询的最大响应时间，否则有可能造成对组播组成员的误删。

表 12-19 全局配置 IGMP 查询报文发送时间间隔和最大响应时间的步骤

步骤	命令	说明
1	**system-view** 例如：<Sysname> **system-view**	进入系统视图
2	**igmp-snooping** 例如：[Sysname] **igmp-snooping**	进入 IGMP-Snooping 视图
3	**max-response-time** *interval* 例如：[Sysname-igmp-snooping] **max-response-time** 15	配置 IGMP 普遍组查询的最大响应时间，参数 *interval* 用来指定 IGMP 普遍组查询的最大响应时间，取值范围为 1～25 秒。 本命令只对启用了 IGMP Snooping 的 VLAN 有效，而对相应 VLAN 接口上启用了 IGMP 的 VLAN 无效。 默认情况下，IGMP 普遍组查询的最大响应时间为 10 秒，可用 **undo max-response-time** 命令恢复为默认值
4	**last-member-query-interval** *interval* 例如：[Sysname-igmp-snooping] **last-member-query-interval** 3	配置发送 IGMP 特定组查询报文的时间间隔，参数 *interval* 用来指定发送 IGMP 特定组查询报文的时间间隔，取值范围为 1～5 秒。 本命令只对启用了 IGMP Snooping 的 VLAN 有效，而对相应 VLAN 接口上启用了 IGMP 的 VLAN 无效。 默认情况下，发送 IGMP 特定组查询报文的时间间隔为 1 秒，可用 **undo last-member-query-interval** 命令恢复为默认值

表 12-20 在 VLAN 内配置 IGMP 查询报文发送时间间隔和最大响应时间的步骤

步骤	命令	说明
1	**system-view** 例如：<Sysname> **system-view**	进入系统视图
2	**vlan** *vlan-id* 例如：[Sysname] **vlan** 5	进入 VLAN 视图
3	**igmp-snooping query-interval** *interval* 例如：[Sysname-vlan5] **igmp-snooping query-interval** 200	在以上 VLAN 内配置发送 IGMP 普遍组查询报文的时间间隔，参数 *interval* 用来指定发送 IGMP 普遍组查询报文的时间间隔，取值范围为 2～300 秒。 在配置本命令之前，必须先在 VLAN 内启用 IGMP Snooping。 默认情况下，发送 IGMP 普遍组查询报文的时间间隔为 60 秒，可用 **undo igmp-snooping query-interval** 命令恢复为默认值
4	**igmp-snooping max-response-time** *interval* 例如：[Sysname-vlan5] **igmp-snooping max-response-time** 15	在以上 VLAN 内配置 IGMP 普遍组查询的最大响应时间，参数 *interval* 用来指定在以上 VLAN 内 IGMP 普遍组查询的最大响应时间，取值范围为 1～25 秒。 在配置本命令之前，必须先在 VLAN 内启用 IGMP Snooping。 默认情况下，IGMP 普遍组查询的最大响应时间为 10 秒，可用 **undo igmp-snooping max-response-time** 命令恢复为默认值
5	**igmp-snooping last-member-query-interval** *interval* 例如：[Sysname-vlan5] **igmp-snooping last-member-query-interval** 3	在 VLAN 内配置发送 IGMP 特定组查询报文的时间间隔，参数 *interval* 用来指定发送 IGMP 特定组查询报文的时间间隔，取值范围为 1～5 秒。 在配置本命令之前，必须先在 VLAN 内启用 IGMP Snooping。 默认情况下，发送 IGMP 特定组查询报文的时间间隔为 1 秒，可用 **undo igmp-snooping last-member-query-interval** 命令恢复为默认值

【示例 1】全局配置 IGMP 普遍组查询的最大响应时间为 15 秒。

```
<Sysname> system-view
[Sysname] igmp-snooping
[Sysname-igmp-snooping] max-response-time 15
```

【示例 2】全局配置发送 IGMP 特定组查询报文的时间间隔为 3 秒。

```
<Sysname> system-view
[Sysname] igmp-snooping
[Sysname-igmp-snooping] last-member-query-interval 3
```

【示例 3】在 VLAN 5 内启用 IGMP Snooping，并配置发送 IGMP 普遍组查询报文的时间间隔为 200 秒。

```
<Sysname> system-view
[Sysname] igmp-snooping
[Sysname-igmp-snooping] quit
[Sysname] vlan 5
[Sysname-vlan5] igmp-snooping enable
[Sysname-vlan5] igmp-snooping query-interval 200
```

【示例 4】在 VLAN 5 内启用 IGMP Snooping，并配置 IGMP 普遍组查询的最大响应时间为 15 秒。

```
<Sysname> system-view
[Sysname] igmp-snooping
[Sysname-igmp-snooping] quit
[Sysname] vlan 5
[Sysname-vlan5] igmp-snooping enable
[Sysname-vlan5] igmp-snooping max-response-time 15
```

【示例 5】在 VLAN 5 内启用 IGMP Snooping，并配置发送 IGMP 特定组查询报文的时间间隔为 3 秒。

```
<Sysname> system-view
[Sysname] igmp-snooping
[Sysname-igmp-snooping] quit
[Sysname] vlan 5
[Sysname-vlan5] igmp-snooping enable
[Sysname-vlan5] igmp-snooping last-member-query-interval 3
```

12.5.3 IGMP 查询报文源 IP 地址配置

对于收到源 IP 地址为 0.0.0.0 的查询报文的端口，交换机不会将其设置为动态路由器端口，从而影响数据链路层组播转发表项的建立，最终导致组播数据无法正常转发。当由二层设备充当 IGMP Snooping 查询器时，可以把 IGMP 查询报文的源 IP 地址配置为一个有效的 IP 地址，就可以避免上述问题的出现。IGMP 查询报文源 IP 地址的配置步骤如表 12-21 所示。

表 12-21 IGMP 查询报文源 IP 地址的配置步骤

步骤	命令	说明
1	**system-view** 例如：<Sysname> **system-view**	进入系统视图
2	**vlan** *vlan-id* 例如：[Sysname] **vlan** 5	进入 VLAN 视图
3	**igmp-snooping general-query source-ip** { *ip-address* | **current-interface** } 例如：[Sysname-vlan5] **igmp-snooping general-query source-ip** 10.10.10.1	配置 IGMP 普遍组查询报文源 IP 地址，二选一参数 *ip-address* 用来指定任意合法 IP 地址作为发送 IGMP 普遍组查询报文时的源 IP 地址；二选一选项 **current-interface** 用来指定当前 VLAN 接口的 IP 地址作为 IGMP 普遍组查询报文的源 IP 地址。如果当前 VLAN 的接口没有 IP 地址，则采用默认的 IP 地址 0.0.0.0 作为 IGMP 普遍组查询报文的源 IP 地址。 在配置本命令之前，必须先在 VLAN 内启用 IGMP Snooping。 默认情况下，IGMP 普遍组查询报文的源 IP 地址为 0.0.0.0，可用 **undo igmp-snooping general-query source-ip** 命令恢复为默认值
4	**igmp-snooping special-query source-ip** { *ip-address* | **current-interface** } 例如：[Sysname-vlan5] **igmp-snooping special-query source-ip** 10.10.10.1	配置 IGMP 特定组查询报文源 IP 地址，二选一参数 *ip-address* 用来指定 IP 地址作为发送 IGMP 特定组查询报文时的源 IP 地址；二选一选项 **current-interface** 用来指定当前 VLAN 接口的 IP 地址作为 IGMP 特定组查询报文的源 IP 地址。如果当前 VLAN 的接口没有 IP 地址，则采用默认的 IP 地址 0.0.0.0 作为 IGMP 特定组查询报文的源 IP 地址。 在配置本命令之前，必须先在 VLAN 内启用 IGMP Snooping。 默认情况下，IGMP 特定组查询报文的源 IP 地址为 0.0.0.0，可用 **undo igmp-snooping special-query source-ip** 命令恢复为默认

【示例 1】在 VLAN 5 内启用 IGMP Snooping，并配置 IGMP 普遍组查询报文的源 IP 地址为 10.10.10.1。

```
<Sysname> system-view
[Sysname] igmp-snooping
[Sysname-igmp-snooping] quit
[Sysname] vlan 5
[Sysname-vlan5] igmp-snooping enable
[Sysname-vlan5] igmp-snooping general-query source-ip 10.10.10.1
```

【示例 2】在 VLAN 5 内启用 IGMP Snooping，并配置 IGMP 特定组查询报文的源 IP 地址为 10.10.10.1。

```
<Sysname> system-view
[Sysname] igmp-snooping
[Sysname-igmp-snooping] quit
[Sysname] vlan 5
[Sysname-vlan5] igmp-snooping enable
[Sysname-vlan5] igmp-snooping special-query source-ip 10.10.10.1
```

12.5.4 IGMP Snooping 查询器配置示例

本示例拓扑如图 12-9 所示，这是一个没有三层设备的纯二层网络环境，组播源 Source 1 和 Source 2 分别向组播组 224.1.1.1 和 225.1.1.1 发送组播数据，Host A 和 Host C 是组播组 224.1.1.1 的接收者（Receiver），Host B 和 Host D 是组播组 225.1.1.1 的接收者。所有接收者均使用 IGMPv2，所有交换机上都运行 IGMPv2 Snooping，并选择距组播源较近的 Switch A 来充当 IGMP Snooping 查询器。为了防止交换机在没有二层组播转发表项时将组播数据在 VLAN 内广播，要求在所有交换机上都启用丢弃未知组播数据报文的功能；由于交换机不会将收到源 IP 地址为 0.0.0.0 的 IGMP 查询报文的端口设置为动态路由器端口，从而会影响二层组播转发表项的建立并导致组播数据无法正常转发，因此要求改变默认的 IGMP 查询报文源 IP 地址（即 0.0.0.0）。

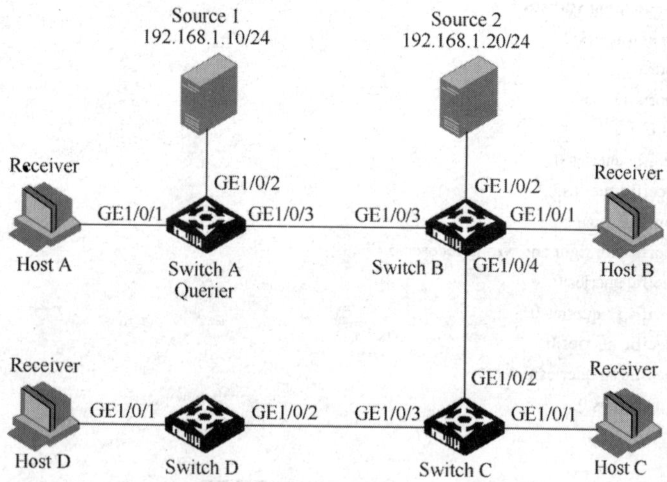

图 12-9　IGMP Snooping 查询器配置示例拓扑

下面是具体的配置步骤。

（1）在 Switch A 上全局启用 IGMP Snooping。

```
<SwitchA> system-view
[SwitchA] igmp-snooping
[SwitchA-igmp-snooping] quit
```

（2）在 Switch A 上创建 VLAN 100，把 GigabitEthernet1/0/1~GigabitEthernet1/0/3 三个二层访问端口添加到该 VLAN 中。然后在 VLAN 100 中启用 IGMP Snooping、IGMP Snooping 查询器（因为它直接连接 Source 1）和丢弃未知组播数据报文功能。

```
[SwitchA] vlan 100
[SwitchA-vlan100] port gigabitethernet 1/0/1 to gigabitethernet 1/0/3
[SwitchA-vlan100] igmp-snooping enable
[SwitchA-vlan100] igmp-snooping querier
[SwitchA-vlan100] igmp-snooping drop-unknown
```

（3）在 Switch A 上 VLAN 100 内把 IGMP 普遍组查询和指定组查询报文的源 IP 地址均设置为 192.168.1.1。

```
[SwitchA-vlan100] igmp-snooping general-query source-ip 192.168.1.1
[SwitchA-vlan100] igmp-snooping special-query source-ip 192.168.1.1
[SwitchA-vlan100] quit
```

（4）在 Switch B 上全局启用 IGMP Snooping。

```
<SwitchB> system-view
[SwitchB] igmp-snooping
[SwitchB-igmp-snooping] quit
```

（5）在 Switch B 上创建 VLAN 100，把 GigabitEthernet1/0/1~GigabitEthernet1/0/4 这四个端口添加到该 VLAN 中。然后在 VLAN 100 中启用 IGMP Snooping 和丢弃未知组播数据报文功能。

```
[SwitchB] vlan 100
[SwitchB-vlan100] port gigabitethernet 1/0/1 to gigabitethernet 1/0/4
[SwitchB-vlan100] igmp-snooping enable
[SwitchB-vlan100] igmp-snooping drop-unknown
[SwitchB-vlan100] quit
```

（6）Switch C 和 Switch D 的配置与 Switch B 相似，配置过程略。

（7）下面来检验以上的配置效果。正常情况下，当 IGMP Snooping 查询器开始工作之后，除查询器以外的所有交换机都能收到 IGMP 普遍组查询报文。可通过使用 **display igmp-snooping statistics** 命令查看 IGMP 报文的统计信息，以下是在 Switch B 上查看得到的 IGMP 报文的统计信息，其中包括普遍查询报文（注意输出信息中的粗体字部分）。

```
[SwitchB] display igmp-snooping statistics
  Received IGMP general queries:3.
  Received IGMPv1 reports:0.
  Received IGMPv2 reports:12.
  Received IGMP leaves:0.
  Received IGMPv2 specific queries:0.
  Sent      IGMPv2 specific queries:0.
  Received IGMPv3 reports:0.
  Received IGMPv3 reports with right and wrong records:0.
  Received IGMPv3 specific queries:0.
  Received IGMPv3 specific sg queries:0.
  Sent      IGMPv3 specific queries:0.
  Sent      IGMPv3 specific sg queries:0.
  Received error IGMP messages:0.
```

12.6 H3C 交换机 IGMP Snooping 代理配置

通过在边缘设备上配置 IGMP Snooping Proxying（IGMP Snooping 代理）功能，代理 IGMP Snooping 查询器接收并处理 IGMP 报文，减少其上游设备收到的 IGMP 报告报文和离开报文的数量，有效提高其上游设备的整体性能。配置了 IGMP Snooping Proxying 功能的设备（称为 IGMP Snooping 代理设备），在其上游设备看来，相当于一台主机；而在其下游主机看来，则相当于一台查询器。

12.6.1 IGMP Snooping 代理配置

在配置 IGMP Snooping Proxying 之前，需在 VLAN 内启用 IGMP Snooping，规划并确定好代理发送 IGMP 报告报文的源 IP 地址和代理发送 IGMP 离开报文的源 IP 地址。配置 IGMP Snooping Proxying 的具体步骤如表 12-22 所示。

表 12-22　IGMP Snooping Proxying 配置步骤

步骤	命令	说明
1	**system-view** 例如：<Sysname> **system-view**	进入系统视图
2	**vlan** *vlan-id* 例如：[Sysname] **vlan** 5	进入 VLAN 视图
3	**igmp-snooping enable** 例如：[Sysname-vlan5] **gmp-snooping enable**	在以上 VLAN 内启用 IGMP Snooping，但在 VLAN 内启用 IGMP Snooping 之前，必须先全局启用 IGMP Snooping，否则将无法在 VLAN 内启用 IGMP Snooping。 默认情况下，VLAN 内的 IGMP Snooping 处于关闭状态，可用 **undo igmp-snooping enable** 命令在 VLAN 内关闭 IGMP Snooping
4	**igmp-snooping proxying enable** 例如：[Sysname-vlan5]**igmp-snooping proxying enable**	在以上 VLAN 内启用 IGMP Snooping 代理功能。当在有组播需求的 VLAN 内启用了 IGMP Snooping 代理功能后，该设备就成为该 VLAN 内的 IGMP Snooping 代理设备。 默认情况下，VLAN 内的 IGMP Snooping 代理功能处于关闭状态，可用 **undo igmp-snooping proxying enable** 命令在以上 VLAN 内关闭 IGMP Snooping 代理功能

续表

步骤	命令	说明
5	**igmp-snooping report source-ip** { *ip-address* | **current-interface** } 例如：[Sysname-vlan5]**igmp-snooping report source-ip** 10.10.10.1	在以上 VLAN 内配置代理发送 IGMP 报告报文的源 IP 地址，二选一参数 *ip-address* 用来指定任意合法的 IP 地址作为代理发送 IGMP 报告报文的源 IP 地址；二选一选项 **current-interface** 用来指定当前 VLAN 接口的 IP 地址作为代理发送 IGMP 报告报文的源 IP 地址。如果当前 VLAN 的接口没有 IP 地址，则采用默认的 IP 地址 0.0.0.0 作为代理发送 IGMP 报告报文的源 IP 地址。 模拟主机发送的 IGMP 报告报文的源 IP 地址也采用本命令所配置的源 IP 地址。 默认情况下，代理发送 IGMP 报告报文的源 IP 地址为 0.0.0.0，可用 **undo igmp-snooping report source-ip** 命令恢复为默认值
6	**igmp-snooping leave source-ip** { *ip-address* | **current-interface** } 例如：[Sysname-vlan2]**igmp-snooping leave source-ip** 10.1.1.1	在以上 VLAN 内配置代理发送 IGMP 离开报文的源 IP 地址，二选一参数 *ip-address* 用来指定任意合法的 IP 地址作为代理发送 IGMP 离开报文的源 IP 地址；二选一选项 **current-interface** 用来指定当前 VLAN 接口的 IP 地址作为代理发送 IGMP 离开报文的源 IP 地址。如果当前 VLAN 的接口没有 IP 地址，则采用默认的 IP 地址 0.0.0.0 作为代理发送 IGMP 离开报文的源 IP 地址。 模拟主机发送的 IGMP 离开报文的源 IP 地址也采用本命令所配置的源 IP 地址。 默认情况下，代理发送 IGMP 离开报文的源 IP 地址为 0.0.0.0，可用 **undo igmp-snooping leave source-ip** 命令恢复为默认值

【示例 1】在 VLAN 5 内启用 IGMP Snooping 和 IGMP Snooping 代理功能。

```
<Sysname> system-view
[Sysname] igmp-snooping
[Sysname-igmp-snooping] quit
[Sysname] vlan 5
[Sysname-vlan5] igmp-snooping enable
[Sysname-vlan5] igmp-snooping proxying enable
```

【示例 2】在 VLAN 5 内启用 IGMP Snooping，并配置代理发送 IGMP 报告报文的源 IP 地址为 10.10.10.1。

```
<Sysname> system-view
[Sysname] igmp-snooping
[Sysname-igmp-snooping] quit
[Sysname] vlan 5
Sysname-vlan5] igmp-snooping enable
[Sysname-vlan5] igmp-snooping enable
[Sysname-vlan5] igmp-snooping report source-ip 10.10.10.1
```

【示例 3】在 VLAN 5 内启用 IGMP Snooping，并配置代理发送 IGMP 离开报文的源 IP 地址为 10.10.10.1。

```
<Sysname> system-view
[Sysname] igmp-snooping
[Sysname-igmp-snooping] quit
[Sysname] vlan 5
[Sysname-vlan5] igmp-snooping enable
[Sysname-vlan2] igmp-snooping enable
[Sysname-vlan2] igmp-snooping leave source-ip 10.10.10.1
```

12.6.2 IGMP Snooping 代理配置示例

本示例拓扑如图 12-10 所示，Router A 通过 GigabitEthernet1/0/2 端口连接组播源（Source），通过 GigabitEthernet1/0/1 端口连接 Switch A。Router A 上运行 IGMPv2，Switch A 上运行 IGMPv2 Snooping，并由 Router A 充当 IGMP 查询器。现在通过配置，使 Switch A 能够代理下游主机向 Router A 发送的 IGMP 报告报文和离开报文，以及响应 Router A 发来的 IGMP 查询报文并向下游主机转发，也就是要把 Switch A 配置为 IGMP Snooping 代理。

下面是具体的配置步骤。

（1）按照图 12-10 的标注配置各端口的 IP 地址和子网掩码（具体配置过程略）。

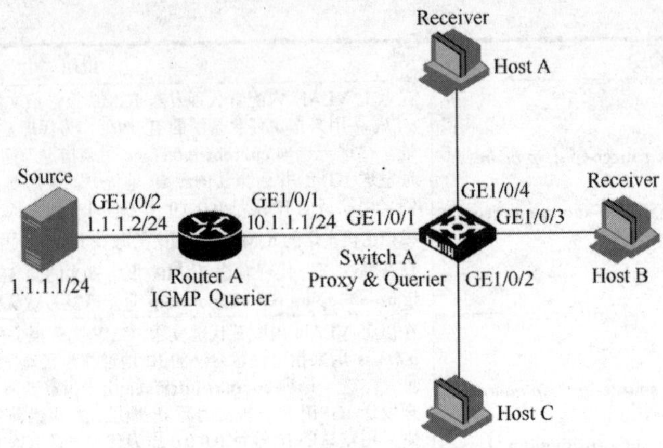

图 12-10　IGMP Snooping 代理配置示例拓扑

（2）在 Router A 上启用 IP 组播路由，在各接口上启用 PIM-DM，然后在连接 Switch A 的 GigabitEthernet1/0/1 端口上启用 IGMP。

```
<RouterA> system-view
[RouterA] multicast routing-enable
[RouterA] interface gigabitethernet 1/0/1
[RouterA-GigabitEthernet1/0/1] igmp enable
[RouterA-GigabitEthernet1/0/1] pim dm
[RouterA-GigabitEthernet1/0/1] quit
[RouterA] interface gigabitethernet 1/0/2
[RouterA-GigabitEthernet1/0/2] pim dm
[RouterA-GigabitEthernet1/0/2] quit
```

（3）在 Switch A 上全局启用 IGMP Snooping。

```
<SwitchA> system-view
[SwitchA] igmp-snooping
[SwitchA-igmp-snooping] quit
```

（4）在 Switch A 上创建 VLAN 100，把 GigabitEthernet1/0/1~GigabitEthernet1/0/4 这四个二层访问端口都添加到该 VLAN 中，然后在该 VLAN 内启用 IGMP Snooping 和 IGMP Snooping 代理功能，这样 Switch A 就相当于一台 IGMP Snooping 查询器，负责对来自各接收者的 IGMP 报文进行处理，减小了网络中 IGMP 查询器 Router A 对 IGMP 报文的处理负担。

```
[SwitchA] vlan 100
[SwitchA-vlan100] port gigabitethernet 1/0/1 to gigabitethernet 1/0/4
[SwitchA-vlan100] igmp-snooping enable
[SwitchA-vlan100] igmp-snooping proxying enable
[SwitchA-vlan100] quit
```

（5）下面来检验以上配置效果。如果正常的话，当接收者 Host A 和 Host B 分别以组地址 224.1.1.1 发送 IGMP 加入报文时，Switch A 会收到该报文，然后通过其 GigabitEthernet1/0/1 路由器端口（动态学习到的）向 Router A 发送该组播组的加入报文。通过使用 **display igmp-snooping group** 和 **display igmp group** 命令可以分别查看 IGMP Snooping 组播组和 IGMP 组播组的信息。下面是在 Switch A 上得到的 IGMP Snooping 组播组信息，可以看出其中包括了 Host A 和 Host B 两个组成员（注意下面的粗体字部分）。

```
[SwitchA] display igmp-snooping group
  Total 1 IP Group(s).
  Total 1 IP Source(s).
  Total 1 MAC Group(s).
  Port flags: D-Dynamic port, S-Static port, C-Copy port
  Subvlan flags: R-Real VLAN, C-Copy VLAN
  Vlan(id):100.
    Total 1 IP Group(s).
    Total 1 IP Source(s).
```

```
    Total 1 MAC Group(s).
    Router port(s):total 1 port(s).
        GE1/0/1                     (D) ( 00:01:23 )
    IP group(s):the following ip group(s) match to one mac group.
      IP group address:224.1.1.1
        (0.0.0.0, 224.1.1.1):
          Host port(s):total 2 port(s).
            GE1/0/3                 (D)
            GE1/0/4                 (D)
    MAC group(s):
      MAC group address:0100-5e01-0101
          Host port(s):total 2 port(s).
            GE1/0/3
            GE1/0/4
```

下面是 Router A 上得到的 IGMP 组播组信息。

```
[RouterA] display igmp group
Total 1 IGMP Group(s).
Interface group report information of VPN-Instance: public net
 GigabitEthernet1/0/1(10.1.1.1):
   Total 1 IGMP Group reported
    Group Address    Last Reporter    Uptime     Expires
    224.1.1.1        0.0.0.0          00:00:06   00:02:04
```

当 Host A 离开组播组 224.1.1.1 时，向 Switch A 发送该组的 IGMP 离开报文，但由于 Host B 仍未离开该组，因此 Switch A 并不会删除该组，也不会向 Router A 发送该组的离开报文，只是在该组对应转发表项的成员端口列表中将端口 GigabitEthernet1/0/3 删除。通过使用 **display igmp-snooping group** 命令可以查看 Switch A 上的 IGMP Snooping 组播组信息，可以看出目前仅有 Host B 这一个组成员了（注意下面的粗体字部分）。

```
[SwitchA] display igmp-snooping group
  Total 1 IP Group(s).
  Total 1 IP Source(s).
  Total 1 MAC Group(s).
  Port flags: D-Dynamic port, S-Static port, C-Copy port
  Subvlan flags: R-Real VLAN, C-Copy VLAN
  Vlan(id):100.
    Total 1 IP Group(s).
    Total 1 IP Source(s).
    Total 1 MAC Group(s).
    Router port(s):total 1 port(s).
        GE1/0/1                     (D) ( 00:01:23 )
    IP group(s):the following ip group(s) match to one mac group.
      IP group address:224.1.1.1
        (0.0.0.0, 224.1.1.1):
          Host port(s):total 1 port(s).
            GE1/0/4                 (D)
    MAC group(s):
      MAC group address:0100-5e01-0101
          Host port(s):total 1 port(s).
            GE1/0/4
```

12.7 H3C 交换机 IGMP Snooping 策略配置

IGMP Snooping 策略是包括组播组过滤器、组播数据报文源端口过滤、IGMP 成员关系报告报文抑制和组播用户控制策略等一系列具体的行为配置。但在配置 IGMP Snooping 策略之前，需在 VLAN 内启用 IGMP Snooping，规划并确定好组播组过滤的 ACL 规则、允许端口通过的组播组最大数量和 IGMP 报文的 802.1p 优先级。

12.7.1 组播组过滤器配置

在启用了 IGMP Snooping 的交换机上，可以通过配置组播组过滤器（是由 ACL 来过滤的）来限制用户对组播节目的点播。当用户点播某个组播节目时，主机会发起一个 IGMP 成员关系报告报文，该报文到达交换机后，进行 ACL 检查。如果该接收端口可以加入这个组播组，则将其列入到 IGMP Snooping 转发表中；否则交换机就丢弃该报文。这样，没有通过组播组过滤 ACL 检查的组播数据就不会送到该端口，从而达到控制用户点播组播节目的目的。

组播组过滤配置可以基于全局或者基于具体端口来进行。全局配置方式是在系统视图下先使用 **igmp-snooping** 命令进入 IGMP-Snooping 视图，然后在 IGMP-Snooping 视图下使用 **group-policy** *acl-number* [**vlan** *vlan-list*]命令进行全局组播组过滤配置，以限定交换机上指定 VLAN 中的主机所能加入的组播组。命令中的参数说明如下：

- *acl-number*：指定用于组播组过滤的基本或高级 ACL 编号，取值范围为 2000～3999。在这里，高级 ACL 规则中指定的源地址是指 IGMP 报文中的组播源地址（对于 IGMPv1/v2 报文和未携带组播源地址的 IS_EX/TO_EX 类型的 IGMPv3 报文，视其组播源地址为 0.0.0.0），而并非指 IP 报文的源地址。

当指定的 ACL 不存在或者其规则为空时，将过滤掉所有的组播组。可以为端口在不同的 VLAN 内配置不同的 ACL 规则，但在相同 VLAN 内所配置的新规则会取代旧规则。

- **vlan** *vlan-list*：可选参数，指定以上组播组过滤器配置在 VLAN 列表中的 VLAN 内生效。表示方式为{ *vlan-id* [**to** *vlan-id*] }<1-10>，其中，*vlan-id* 为指定 VLAN 的编号，取值范围为 1～4094。<1-10>表示前面的参数最多可以输入 10 次。

如果不指定 VLAN，则该组播组过滤配置将在交换机上所有 VLAN 有效；如果指定了 VLAN，则该配置只对指定 VLAN 有效。

默认情况下，没有配置全局组播组过滤器，即各 VLAN 内主机可以加入任意合法的组播组，可以使用 **undo group-policy** [**vlan** *vlan-list*]命令删除指定的全局组播组过滤器。

【示例 1】限定 VLAN 5 内的主机只能加入组播组 225.1.1.1。

```
<Sysname> system-view
[Sysname] acl number 2011
[Sysname-acl-basic-2011] rule permit source 225.1.1.1 0
[Sysname-acl-basic-2011] quit
[Sysname] igmp-snooping
[Sysname-igmp-snooping] group-policy 2011 vlan 5
```

基于端口的配置方式是在二层以太网端口或二层聚合接口视图，或者端口组视图下使用 **igmp-snooping group-policy** *acl-number* [**vlan** *vlan-list*]命令配置组播组过滤器。命令中的参数说明如下：

- *acl-number*：指定用于配置组播组过滤器的基本或高级 ACL 编号，取值范围为 2000～3999。在这里，高级 ACL 规则中指定的源地址也是指 IGMP 报文中的组播源地址（对于 IGMPv1/v2 报文和未携带组播源地址的 IS_EX/TO_EX 类型的 IGMPv3 报文，视其组播源地址为 0.0.0.0），而并非指 IP 报文的源地址。

当指定的 ACL 不存在或者其规则为空时，将过滤掉所有的组播组；可以为端口在不同的 VLAN 内配置不同的 ACL 规则，但在相同 VLAN 内所配置的新规则会取代旧规则。

- **vlan** *vlan-list*：指定以上组播组过滤器配置仅在当前端口所加入的指定 VLAN 列表中的 VLAN 中生效。表示方式为{ *vlan-id* [**to** *vlan-id*] }<1-10>，其中，*vlan-id* 为指定 VLAN 的编号，取值范围为 1～4094。<1-10>表示前面的参数最多可以输入 10 次。

在二层以太网端口或二层聚合接口视图下配置时，如果未指定 VLAN，则该配置将对该接口所属的每个 VLAN 分别生效；如果指定了 VLAN，则只有当该接口属于指定 VLAN 时，该配置才生效。在端口组视图下配置时，如果未指定 VLAN，则该配置将对该端口组内的所有端口都生效；如果指定了 VLAN，则该配置只对该端口组内属于指定 VLAN 的那些端口生效。

【示例 2】限定 GigabitEthernet1/0/1 端口下 VLAN 5 内的主机只能加入组播组 225.1.1.1。

```
<Sysname> system-view
[Sysname] acl number 2011
[Sysname-acl-basic-2011] rule permit source 225.1.1.1 0
[Sysname-acl-basic-2011] quit
[Sysname] interface gigabitethernet 1/0/1
[Sysname-GigabitEthernet1/0/1] igmp-snooping group-policy 2011 vlan 5
```

12.7.2 组策略及模拟主机加入配置示例

本示例拓扑参见图 12-10。Router A 通过 GigabitEthernet1/0/2 端口连接组播源（Source），通过 GigabitEthernet1/0/1 端口连接 Switch A。Router A 上运行 IGMPv2，Switch A 上运行 IGMPv2 Snooping（不再配置为 IGMP Snooping 代理），并由 Router A 充当 IGMP 查询器。现要通过配置，使连接在 Switch A 上的接收者（Receiver）Host A 和 Host B 只能接收发往组播组 224.1.1.1 的组播数据；并且使 Host A 和 Host B 即使由于某种意外而临时中断接收组播数据时，发往组播组 224.1.1.1 的组播数据也能够不间断地通过 Switch A 的 GigabitEthernet1/0/3 和 GigabitEthernet1/0/4 端口转发出去，也就是要把 GigabitEthernet1/0/3 和 GigabitEthernet1/0/4 端口配置为 IGMP Snooping 模拟主机（有关模拟主机的配置参见本章 12.4.5 节）。

下面是具体的配置步骤。

（1）按照图 12-10 的标注配置各端口的 IP 地址和子网掩码（具体配置过程略）。

（2）在 Router A 上启用 IP 组播路由，在各端口上启用 PIM-DM 模式，然后在 GigabitEthernet1/0/1 端口上启用 IGMP。

```
<RouterA> system-view
[RouterA] multicast routing-enable
[RouterA] interface gigabitethernet 1/0/1
[RouterA-GigabitEthernet1/0/1] igmp enable
[RouterA-GigabitEthernet1/0/1] pim dm
[RouterA-GigabitEthernet1/0/1] quit
[RouterA] interface gigabitethernet 1/0/2
[RouterA-GigabitEthernet1/0/2] pim dm
[RouterA-GigabitEthernet1/0/2] quit
```

（3）在 Switch A 上全局启用 IGMP Snooping。

```
<SwitchA> system-view
[SwitchA] igmp-snooping
[SwitchA-igmp-snooping] quit
```

（4）在 Switch A 上创建 VLAN 100，把 GigabitEthernet1/0/1~GigabitEthernet1/0/4 这四个二层端口添加到该 VLAN 中，然后在该 VLAN 内启用 IGMP Snooping 和丢弃未知组播数据报文功能（此功能请参见本章后面将要介绍的 12.7.4 节）。

```
[SwitchA] vlan 100
[SwitchA-vlan100] port gigabitethernet 1/0/1 to gigabitethernet 1/0/4
[SwitchA-vlan100] igmp-snooping enable
[SwitchA-vlan100] igmp-snooping drop-unknown
[SwitchA-vlan100] quit
```

（5）在 Switch A 上配置组播组过滤器，限定 VLAN 100 内的主机只能加入组播组 224.1.1.1。

```
[SwitchA] acl number 2001
[SwitchA-acl-basic-2001] rule permit source 224.1.1.1 0
[SwitchA-acl-basic-2001] quit
[SwitchA] igmp-snooping
```

```
[SwitchA-igmp-snooping] group-policy 2001 vlan 100
[SwitchA-igmp-snooping] quit
```

（6）在 Switch A 的 GigabitEthernet1/0/3 和 GigabitEthernet1/0/4 端口上分别配置模拟主机加入组播组 224.1.1.1。

```
[SwitchA] interface gigabitethernet 1/0/3
[SwitchA-GigabitEthernet1/0/3] igmp-snooping host-join 224.1.1.1 vlan 100
[SwitchA-GigabitEthernet1/0/3] quit
[SwitchA] interface gigabitethernet 1/0/4
[SwitchA-GigabitEthernet1/0/4] igmp-snooping host-join 224.1.1.1 vlan 100
[SwitchA-GigabitEthernet1/0/4] quit
```

（7）下面来检验以上的配置效果。可通过 **display igmp-snooping group vlan** 100 **verbose** 命令查看 Switch A 上 VLAN 100 内 IGMP Snooping 组播组的详细信息来验证配置是否成功。从输出信息中可以看出，Switch A 仅接收到了组播地址为 224.1.1.1 这一个组播组（包括三层 IGMP 组播组和二层 IGMP Snooping 组播组），并且 Switch A 上的 GigabitEthernet1/0/3 和 GigabitEthernet1/0/4 端口已经加入了该组播组（注意下面的粗体字部分）。

```
[SwitchA] display igmp-snooping group vlan 100 verbose
  Total 1 IP Group(s).
  Total 1 IP Source(s).
  Total 1 MAC Group(s).

  Port flags: D-Dynamic port, S-Static port, C-Copy port
  Subvlan flags: R-Real VLAN, C-Copy VLAN
  Vlan(id):100.
    Total 1 IP Group(s).
    Total 1 IP Source(s).
    Total 1 MAC Group(s).
    Router port(s):total 1 port(s).
          GE1/0/1                    (D) ( 00:01:30 )
    IP group(s):the following ip group(s) match to one mac group.
      IP group address:224.1.1.1
        (0.0.0.0, 224.1.1.1):
          Attribute:    Host Port
          Host port(s):total 2 port(s).
            GE1/0/3                  (D) ( 00:03:23 )
            GE1/0/4                  (D) ( 00:04:10 )
    MAC group(s):
      MAC group address:0100-5e01-0101
          Host port(s):total 2 port(s).
            GE1/0/3
            GE1/0/4
```

12.7.3 组播数据报文源端口过滤配置

通过配置组播数据报文源端口过滤功能，可以允许或禁止端口作为组播源端口。这样，对应端口下不能连接组播源，因为该端口将过滤掉所有的组播数据报文（但允许组播协议报文通过）；关闭了该功能后，端口下既可以连接组播源，也可以连接组播数据接收者。

组播数据报文源端口过滤功能也有基于全局和基于端口两种配置方式。基于全局的配置方式是在系统视图下先使用 **igmp-snooping** 命令进入 IGMP-Snooping 视图，然后在 IGMP-Snooping 视图下使用 **source-deny port** *interface-list* 命令来全局启用组播数据报文源端口过滤功能配置。参数 *interface-list* 用来指定要启用组播数据报文源端口过滤功能的端口列表，表示一个或多个端口。表示方式为{ *interface-type interface-number* [**to** *interface-type interface-number*] }。

本命令对启用了 IGMP Snooping 的 VLAN 或相应 VLAN 接口上启用了 IGMP 的 VLAN 都有

效，默认情况下，组播数据报文源端口过滤功能处于关闭状态，可用 **undo source-deny port** *interface-list* 命令全局关闭组播数据报文源端口过滤功能。

【示例 1】基于全局方式启用 GigabitEthernet1/0/1～GigabitEthernet1/0/5 五个端口上的组播数据报文源端口过滤功能。

```
<Sysname> system-view
[Sysname] igmp-snooping
[Sysname-igmp-snooping] source-deny port gigabitethernet 1/0/1 to gigabitethernet 1/0/5
```

基于端口的配置方式是在二层以太网端口或二层聚合接口视图，或者端口组视图下使用 **igmp-snooping source-deny** 命令开启端口上的组播数据报文源端口过滤功能。本命令对启用了 IGMP Snooping 的 VLAN 或相应 VLAN 接口上启用了 IGMP 的 VLAN 都有效，默认情况下，组播数据报文源端口过滤功能处于关闭状态，可用 **undo igmp-snooping source-deny** 命令关闭端口上的组播数据报文源端口过滤功能。

【示例 2】基于端口方式在 GigabitEthernet1/0/1 端口上启用组播数据报文源端口过滤功能。

```
<Sysname> system-view
[Sysname] interface gigabitethernet 1/0/1
[Sysname-GigabitEthernet1/0/1] igmp-snooping source-deny
```

12.7.4　丢弃未知组播数据报文配置

未知组播数据报文是指在 IGMP Snooping 转发表中不存在对应转发表项的那些组播数据报文。当交换机收到发往未知组播组的报文时，数据报文会在 VLAN 内广播，这样会占用大量的网络带宽，影响转发效率。如果在交换机上启用丢弃未知组播数据报文功能，则在交换机收到未知组播数据报文时只向其路由器端口转发，不在 VLAN 内广播。如果交换机没有路由器端口，数据报文会被丢弃，不再转发

丢弃未知组播数据报文的配置是基于 VLAN 进行的，是在对应的 VLAN 视图下使用 **igmp-snooping drop-unknown** 命令。但在配置本命令之前，必须先在 VLAN 内启用 IGMP Snooping。

默认情况下，丢弃未知组播数据报文的功能处于关闭状态，即对未知组播数据报文进行广播，可用 **undo igmp-snooping drop-unknown** 命令在对应 VLAN 内关闭丢弃未知组播数据报文的功能。

以下示例是在 VLAN 5 内启用 IGMP Snooping 和丢弃未知组播数据报文功能。

```
<Sysname> system-view
[Sysname] igmp-snooping
[Sysname-igmp-snooping] quit
[Sysname] vlan 2
[Sysname-vlan2] igmp-snooping enable
[Sysname-vlan2] igmp-snooping drop-unknown
```

12.7.5　端口加入的组播组最大数量配置

通过配置允许端口加入的组播组最大数量，可以限制用户点播组播节目的数量，从而控制了端口上的数据流量。配置的方法是在对应的二层以太网端口或二层聚合接口视图，或者端口组视图下使用 **igmp-snooping group-limit** *limit* [**vlan** *vlan-list*]命令进行。命令中的参数说明如下：

- *limit*：指定允许对应端口加入的组播组最大数量，取值范围为 1～4000（对于不同 H3C 交换机系列，这个最大值可能不一样，具体参见相应的产品说明书）。
- **vlan** *vlan-list*：可选参数，指定以上组播组最大数量所作用的 VLAN 列表，也就是在指定 VLAN 内允许端口加入参数 *limit* 所设定的组播组最大数量。表示方式为 *vlan-list* = { *vlan-id* [**to** *vlan-id*] }<1-10>，其中，*vlan-id* 为指定 VLAN 的编号，取值范围为 1～4094。

&<1-10>表示前面的参数最多可以输入 10 次。

在二层以太网端口或二层聚合接口视图下配置时，如果未指定 VLAN，则该配置将对该接口所属的每个 VLAN 分别生效；如果指定了 VLAN，则只有当该接口属于指定 VLAN 时，该配置才生效。在端口组视图下配置时，如果未指定 VLAN，则该配置将对该端口组内的所有端口都生效；如果指定了 VLAN，则该配置只对该端口组内属于指定 VLAN 的那些端口生效。

【说明】还可以使用 **igmp group-limit** *limit* 接口配置视图命令限制接口上的组播组数量。而对于同一个 VLAN，如果既对该 VLAN 内的端口进行限制，又对该 VLAN 接口进行限制，可能导致二、三层表项不一致，因此在这种情况下建议只限制 VLAN 接口上的组播组数量。

默认情况下，S5800 系列以太网交换机允许端口加入的组播组最大数量为 4000，S5820X 系列以太网交换机允许端口加入的组播组最大数量为 2000，可用 **undo igmp-snooping group-limit** [**vlan** *vlan-list*] 命令恢复为默认值。

【注意】在对允许端口加入的组播组最大数量进行配置时，如果当前端口上的组播组数量已经超过了配置值，系统将把该端口相关的所有转发表项从 IGMP Snooping 转发表中删除，该端口上的主机需要重新加入组播组。但如果为该端口配置了静态成员端口或者模拟主机加入，系统在把该端口相关的所有转发表项删除后，会把这些配置重新生效一次，直至该端口所加入的组播组数量达到限制值为止。

以下是在 VLAN 5 中 GigabitEthernet1/0/1 端口上配置允许加入的组播组最大数量为 10 个。

```
<Sysname> system-view
[Sysname] interface gigabitethernet 1/0/1
[Sysname-GigabitEthernet1/0/1] igmp-snooping group-limit 10 vlan 5
```

12.7.6 IGMP 报文的 802.1p 优先级配置

可以通过本节所介绍的配置来改变 IGMP 报文的 802.1p 优先级，这样当交换机的出端口发生拥塞时，交换机通过识别报文的 802.1p 优先级，优先发送优先级较高的报文。

IGMP 报文的 802.1p 优先级的配置也有全局或 VLAN 两种方式。全局配置方式是在系统视图下先使用 **igmp-snooping** 命令进入 IGMP-Snooping 视图，然后在 IGMP-Snooping 视图下使用 **dot1p-priority** *priority-number* 命令来全局配置 IGMP 报文的 802.1p 优先级。参数 *priority-number* 用来指定 IGMP 报文的 802.1p 优先级，取值范围为 0～7。该数值越大，优先级越高。

默认情况下，IGMP 报文的 802.1p 优先级为 0，可用 **undo dot1p-priority** 命令恢复默认值。

【示例 1】全局配置 IGMP 报文的 802.1p 优先级为 4。

```
<Sysname> system-view
[Sysname] igmp-snooping
[Sysname-igmp-snooping] dot1p-priority 4
```

在 VLAN 内配置 IGMP 报文的 802.1p 优先级的方法是在对应的 VLAN 视图下使用 **igmp-snooping dot1p-priority** *priority-number* 命令进行。参数 *priority-number* 说明同上。

在配置本命令之前，必须先在 VLAN 内启用 IGMP Snooping。默认情况下，IGMP 报文的 802.1p 优先级为 0，可用 **undo igmp-snooping dot1p-priority** 命令恢复为默认值。

【示例 2】在 VLAN 5 内启用 IGMP Snooping，并配置 IGMP 报文的 802.1p 优先级为 4。

```
<Sysname> system-view
[Sysname] igmp-snooping
[Sysname-igmp-snooping] quit
[Sysname] vlan 5
[Sysname-vlan5] igmp-snooping enable
[Sysname-vlan5] igmp-snooping dot1p-priority 4
```

12.7.7　组播用户控制策略配置

组播用户控制策略通常配置在接入交换机上，是基于用户权限控制来实现的，即只有通过授权的用户才能收到相应的组播流，从而达到限制用户对组播节目点播的目的。在实际应用中，用户先要通过接入交换机向 RADIUS 服务器发起认证（如 802.1X 认证），当认证通过后再根据用户的点播行为进行策略检查：

- 当用户点播组播节目时，主机会发送 IGMP 成员关系报告报文，接入交换机收到该报文后对其携带的组播组和组播源地址进行策略检查，若该报文通过检查则允许该用户加入该组播组；否则，接入交换机将丢弃该报文。
- 当用户停止点播组播节目时，主机会发送 IGMP 离开报文，接入交换机收到该报文后对其携带的组播组和组播源地址进行策略检查，若该报文通过检查则允许该用户离开该组播组；否则，接入交换机将丢弃该报文。

组播用户控制策略的具体配置步骤如表 12-23 所示。

表 12-23　组播用户控制策略配置步骤

步骤	命令	说明
1	**system-view** 例如：<Sysname>**system-view**	进入系统视图
2	**user-profile** *profile-name* 例如：[Sysname]**user-profile** abc	创建 User Profile，并进入 User-Profile 视图，如果指定的 User Profile 已经存在，则直接进入相应的 User-Profile 视图，不需要再创建 User Profile。参数 *profile-name* 用来指定要创建或进入的 User-Profile 视图名称，为 1～31 个字符的字符串，只能包含英文字母[a-z,A~Z]、数字、下划线，且**必须以英文字母开始**，区分大小写。User Profile 的名称必须全局唯一。 默认情况下，设备上不存在 User Profile，可用 **undo user-profile** *profile-name* 命令删除已存在的并处于未激活状态的指定 User Profile，但如果 User Profile 处于激活状态，则不能删除该 User Profile
3	**igmp-snooping access-policy** *acl-number* 例如：[Sysname-user-profile-abc] **igmp-snooping access-policy** 2011	配置组播用户控制策略。命令中的参数说明如下： ● *acl-number*：指定用于控制组播用户的基本或高级 ACL 编号，取值范围为 2000～3999。在这里，高级 ACL 规则中指定的源地址是指 IGMP 报文中的组播源地址（对于 IGMPv1/v2 报文和未携带组播源地址的 IS_EX/TO_EX 类型的 IGMPv3 报文，视其组播源地址为 0.0.0.0），而并非指 IP 报文的源地址 可通过多次执行本命令配置多个组播用户控制策略。默认情况下，没有配置组播用户控制策略，即用户可以加入/离开任意合法的组播组，可用 **undo igmp-snooping access-policy** { *acl-number* | **all**}命令删除指定的组播用户控制策略
4	**quit** 例如：[Sysname-user-profile-abc] **quit**	退回系统视图
5	**user-profile** *profile-name* **enable** 例如：[Sysname]**user-profile** abc **enable**	激活以上 User Profile，但指定的 User Profile 必须已经创建成功，否则，该命令执行失败。 默认情况下，创建的 User Profile 处于未激活（禁用）状态，可用 **undo user-profile** *profile-name* **enable** 命令禁用指定的 User Profile。 激活的 User Profile 才能被用户使用，但其中的配置内容不允许修改，禁用后才可以被修改或删除。禁用 User Profile 将导致正在使用该 User Profile 的用户被强制下线

【示例 1】创建名称为 a123 的 User Profile。

```
<Sysname> system-view
[Sysname] user-profile a123
[Sysname-user-profile-a123]
```

【示例 2】创建并激活名为 abc 的 User Profile，在该 User Profile 下配置只允许用户加入/离开组播组 225.1.1.1。

```
<Sysname> system-view
[Sysname] acl number 2011
[Sysname-acl-basic-2011] rule permit source 225.1.1.1 0
[Sysname-acl-basic-2011] quit
```

```
[Sysname] user-profile abc
[Sysname-user-profile-abc] igmp-snooping access-policy 2011
[Sysname-user-profile-abc] quit
[Sysname] user-profile abc enable
```

【说明】组播用户控制策略与组播组过滤器在功能上类似，二者的区别在于：前者是基于用户权限的组播控制，需要与认证、授权功能结合使用，能够控制组播用户的加入与离开；后者是基于设备端口的组播控制，无需与认证、授权功能结合使用，只能控制组播用户的加入。

12.7.8 组播源与组播用户控制策略配置示例

本示例拓扑如图 12-11 所示，Switch A 分别通过 Vlan-interface101 和 Vlan-interface102 接口连接组播源 Source 1 和 Source 2，通过 Vlan-interface103 接口连接 RADIUS 服务器，通过 Vlan-interface104 接口连接二层交换机 Switch B。Switch A 上运行 IGMPv2，Switch B 上运行 IGMPv2 Snooping。连接在 Switch A 上的组播源和连接在 Switch B 上的主机都使用 802.1X 进行认证。现要通过在 Switch A 上配置组播源控制策略，禁止由 Source 2 发往组播组 224.1.1.1 的组播数据进入网络；通过在 Switch B 上配置组播用户控制策略，使接收者（Receiver）Host A 只能加入/离开组播组 224.1.1.1。

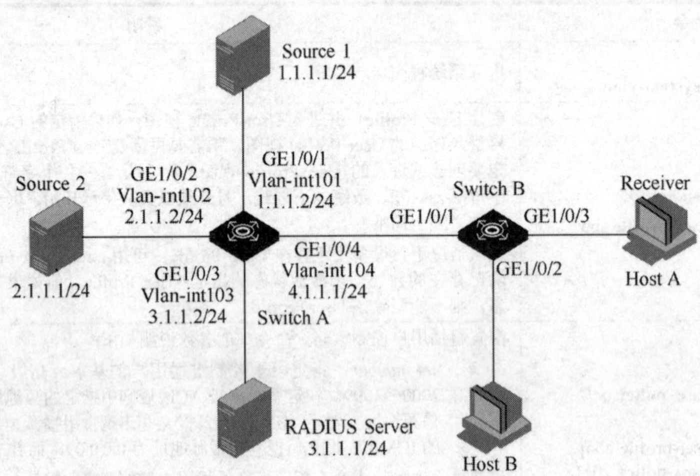

图 12-11 组播源与组播用户控制策略配置示例拓扑

下面是具体的配置步骤。

（1）按照图 12-11 的标注配置各接口的 IP 地址和子网掩码（具体配置过程略）。

（2）在 Switch A 上分别创建 VLAN 101～104，并将 GigabitEthernet1/0/1～GigabitEthernet1/0/4 这四个二层端口依次加入 VLAN 101～104 中。

```
<SwitchA> system-view
[SwitchA] vlan 101
[SwitchA-vlan101] port gigabitethernet 1/0/1
[SwitchA-vlan101] quit
[SwitchA] vlan 102
[SwitchA-vlan102] port gigabitethernet 1/0/2
[SwitchA-vlan102] quit
[SwitchA] vlan 103
[SwitchA-vlan103] port gigabitethernet 1/0/3
[SwitchA-vlan103] quit
[SwitchA] vlan 104
[SwitchA-vlan104] port gigabitethernet 1/0/4
[SwitchA-vlan104] quit
```

（3）在 Switch A 上启用 IP 组播路由，在 Vlan-interface101、Vlan-interface102 和 Vlan-interface104 接口上启用 PIM-DM，并在 Vlan-interface104 接口上启用 IGMP。

```
[SwitchA] multicast routing-enable
[SwitchA] interface vlan-interface 101
[SwitchA-Vlan-interface101] pim dm
[SwitchA-Vlan-interface101] quit
[SwitchA] interface vlan-interface 102
[SwitchA-Vlan-interface102] pim dm
[SwitchA-Vlan-interface102] quit
[SwitchA] interface vlan-interface 104
[SwitchA-Vlan-interface104] pim dm
[SwitchA-Vlan-interface104] igmp enable
[SwitchA-Vlan-interface104] quit
```

（4）在 Switch A 上创建名为 policy1 的 QoS 策略，不允许来自组播源 2.1.1.1 的组播数据向组播组 224.1.1.1 发送（注意：配置组播源控制策略时必须使用高级 ACL，且在配置源地址匹配的同时还必须配置目的地址匹配，否则希望过滤掉的组播报文仍会上送 CPU，从而使设备创建相应的组播表项，导致该策略失效）。有关 H3C 以太网交换机的 QoS 策略配置参见本书第 8 章。

```
[SwitchA] acl number 3001
[SwitchA-acl-adv-3001] rule permit udp source 2.1.1.1 0 destination 224.1.1.1 0
[SwitchA-acl-adv-3001] quit
[SwitchA] traffic classifier classifier1
[SwitchA-classifier-classifier1] if-match acl 3001
[SwitchA-classifier-classifier1] quit
[SwitchA] traffic behavior behavior1
[SwitchA-behavior-behavior1] filter deny
[SwitchA-behavior-behavior1] quit
[SwitchA] qos policy policy1
[SwitchA-qospolicy-policy1] classifier classifier1 behavior behavior1
[SwitchA-qospolicy-policy1] quit
```

（5）在 Switch A 上创建名为 profile1 的 User Profile，在该 User Profile 下应用 QoS 策略 policy1，并将该 User Profile 激活。

```
[SwitchA] user-profile profile1
[SwitchA-user-profile-profile1] qos apply policy policy1 inbound
[SwitchA-user-profile-profile1] quit
[SwitchA] user-profile profile1 enable
```

（6）在 Switch A 上创建名为 scheme1 的 RADIUS 认证方案，配置 RADIUS 服务器的类型为 extended 类型；指定主 RADIUS 认证/授权服务器和计费服务器的 IP 地址均为 3.1.1.1，共享密钥均为 123321；并配置发送给 RADIUS 服务器的用户名不需要携带域名。有关 H3C 以太网交换机 RADIUS 认证方案的配置参见本书第 20 章，下同。

```
[SwitchA] radius scheme scheme1
[SwitchA-radius-scheme1] server-type extended
[SwitchA-radius-scheme1] primary authentication 3.1.1.1
[SwitchA-radius-scheme1] key authentication 123321
[SwitchA-radius-scheme1] primary accounting 3.1.1.1
[SwitchA-radius-scheme1] key accounting 123321
[SwitchA-radius-scheme1] user-name-format without-domain
[SwitchA-radius-scheme1] quit
```

（7）在 Switch A 上创建名为 domain1 的 ISP 域，指定 LAN 用户的 RADIUS 认证、授权和计费方案均为 scheme1；并将该域指定为系统默认的 ISP 域。

```
[SwitchA] domain domain1
[SwitchA-isp-domian1] authentication lan-access radius-scheme scheme1
[SwitchA-isp-domian1] authorization lan-access radius-scheme scheme1
[SwitchA-isp-domian1] accounting lan-access radius-scheme scheme1
[SwitchA-isp-domian1] quit
[SwitchA] domain default enable domain1
```

（8）在 Switch A 上全局启用 802.1X，并在端口 GigabitEthernet1/0/1 和 GigabitEthernet1/0/2 上

分别启用 802.1X。有关 H3C 以太网交换机 IEEE 802.1X 配置参见本书第 21 章，下同。

```
[SwitchA] dot1x
[SwitchA] interface gigabitethernet 1/0/1
[SwitchA-GigabitEthernet1/0/1] dot1x
[SwitchA-GigabitEthernet1/0/1] quit
[SwitchA] interface gigabitethernet 1/0/2
[SwitchA-GigabitEthernet1/0/2] dot1x
[SwitchA-GigabitEthernet1/0/2] quit
```

（9）在 Switch B 上全局启用 IGMP Snooping。

```
<SwitchB> system-view
[SwitchB] igmp-snooping
[SwitchB-igmp-snooping] quit
```

（10）在 Switch B 上创建 VLAN 100，把 GigabitEthernet1/0/1~GigabitEthernet1/0/3 这三个二层端口添加到该 VLAN 中；然后在该 VLAN 内启用 IGMP Snooping。

```
[SwitchB] vlan 100
[SwitchB-vlan100] port gigabitethernet 1/0/1 to gigabitethernet 1/0/3
[SwitchB-vlan100] igmp-snooping enable
[SwitchB-vlan100] quit
```

（11）在 Switch B 上创建名为 profile2 的 User Profile，在该 User Profile 下配置只允许用户加入/离开组播组 224.1.1.1，然后激活该 User Profile。

```
[SwitchB] acl number 2001
[SwitchB-acl-basic-2001] rule permit source 224.1.1.1 0
[SwitchB-acl-basic-2001] quit
[SwitchB] user-profile profile2
[SwitchB-user-profile-profile2] igmp-snooping access-policy 2001
[SwitchB-user-profile-profile2] quit
[SwitchB] user-profile profile2 enable
```

（12）在 Switch B 上创建名为 scheme2 的 RADIUS 认证方案，配置 RADIUS 服务器的类型为 extended 类型；指定主 RADIUS 认证/授权服务器和计费服务器的 IP 地址均为 3.1.1.1，共享密钥均为 321123；并配置发送给 RADIUS 服务器的用户名不需要携带域名。

```
[SwitchB] radius scheme scheme2
[SwitchB-radius-scheme2] server-type extended
[SwitchB-radius-scheme2] primary authentication 3.1.1.1
[SwitchB-radius-scheme2] key authentication 321123
[SwitchB-radius-scheme2] primary accounting 3.1.1.1
[SwitchB-radius-scheme2] key accounting 321123
[SwitchB-radius-scheme2] user-name-format without-domain
[SwitchB-radius-scheme2] quit
```

（13）在 Switch B 上创建名为 domain2 的 ISP 域，指定 lan-access 用户的 RADIUS 认证、授权和计费方案均为 scheme2；并将该域指定为系统默认的 ISP 域。

```
[SwitchB] domain domain2
[SwitchB-isp-domian2] authentication !an-access radius-scheme scheme2
[SwitchB-isp-domian2] authorization lan-access radius-scheme scheme2
[SwitchB-isp-domian2] accounting lan-access radius-scheme scheme2
[SwitchB-isp-domian2] quit
[SwitchB] domain default enable domain2
```

（14）在 Switch B 上全局启用 802.1X，并在 GigabitEthernet1/0/2 和 GigabitEthernet1/0/3 这两个端口上分别启用 802.1X。

```
[SwitchB] dot1x
[SwitchB] interface gigabitethernet 1/0/2
[SwitchB-GigabitEthernet1/0/2] dot1x
[SwitchB-GigabitEthernet1/0/2] quit
[SwitchB] interface gigabitethernet 1/0/3
[SwitchB-GigabitEthernet1/0/3] dot1x
[SwitchB-GigabitEthernet1/0/3] quit
```

（15）在 RADIUS 服务器上进行与 Switch A 和 Switch B 相对应的配置，具体配置过程参见本书第 20 章。

（16）最后来检验以上配置效果。正常情况下，完成以上配置后，所有的组播源和用户主机都向 RADIUS 服务器发起 802.1X 认证。当认证通过后，Source 1 向组播组 224.1.1.1、Source 2 向组播组 224.1.1.2 分别发送不同的组播数据，而 Host A 则分别发起了对组播组 224.1.1.1 和 224.1.1.2 的加入。可通过使用 **display igmp-snooping group** 命令查看 Switch B 上 VLAN 100 内 IGMP Snooping 组播组的信息。从输出信息可以看出，Switch B 上的 GigabitEthernet1/0/3 端口只加入了组播组 224.1.1.1，而未加入组播组 224.1.1.2（注意输出信息中的粗体字部分）。

```
[SwitchB] display igmp-snooping group vlan 100 verbose
  Total 1 IP Group(s).
  Total 1 IP Source(s).
  Total 1 MAC Group(s).

  Port flags: D-Dynamic port, S-Static port, C-Copy port
  Subvlan flags: R-Real VLAN, C-Copy VLAN
  Vlan(id):100.
    Total 1 IP Group(s).
    Total 1 IP Source(s).
    Total 1 MAC Group(s).
    Router port(s):total 1 port(s).
            GE1/0/1                    (D) ( 00:01:30 )
    IP group(s):the following ip group(s) match to one mac group.
      IP group address:224.1.1.1
        (0.0.0.0, 224.1.1.1):
          Attribute:     Host Port
          Host port(s):total 1 port(s).
            GE1/0/3                    (D) ( 00:04:10 )
    MAC group(s):
      MAC group address:0100-5e01-0101
          Host port(s):total 1 port(s).
            GE1/0/3
```

Switch A 上有关组播组 224.1.1.1 的组播转发表信息如下，从中可以看出，Switch A 上只有组播源组（1.1.1.1，224.1.1.1）的转发表项，而没有组播源组（2.1.1.1，224.1.1.1）的转发表项，说明 Source 2 发往组播组 224.1.1.1 的组播数据没能进入网络（注意输出信息中的粗体字部分）。

```
[SwitchA] display multicast forwarding-table 224.1.1.1
Multicast Forwarding Table of VPN-Instance: public net

Total 1 entry

Total 1 entry matched
00001. (1.1.1.1, 224.1.1.1)
     MID: 0, Flags: 0x0:0
     Uptime: 00:08:32, Timeout in: 00:03:26
     Incoming interface: Vlan-interface101
     List of 1 outgoing interfaces:
       1: Vlan-interface104
     Matched 19648 packets(20512512 bytes), Wrong If 0 packets
     Forwarded 19648 packets(20512512 bytes)
```

12.8　H3C 交换机 IGMP Snooping 配置管理

可在任意视图下执行 **display** 命令显示配置后 IGMP Snooping 的运行情况，通过查看显示信息验证配置的效果；也可在用户视图下执行 **reset** 命令清除组播组信息。具体命令如表 12-24 所示，因篇幅限制，在此就不对这些命令进行具体介绍了。

表 12-24 IGMP Snooping 配置管理命令

命令	说明
display igmp-snooping group [**vlan** *vlan-id*] [**slot** *slot-number*] [**verbose**] [| { **begin** | **exclude** | **include** } *regular-expression*]	查看 IGMP Snooping 组播组的信息
display igmp-snooping statistics [| { **begin** | **exclude** | **include** } *regular-expression*]	查看 IGMP Snooping 监听到的 IGMP 报文的统计信息
display mac-address [*mac-address* [**vlan** *vlan-id*] | [**multicast**] [**vlan** *vlan-id*] [**count**]] [| { **begin** | **exclude** | **include** } *regular-expression*]	查看静态组播 MAC 地址表信息
reset igmp-snooping group { *group-address* | **all** } [**vlan** *vlan-id*]	清除动态加入的 IGMP Snooping 组记录，仅对启用了 IGMP Snooping 的 VLAN 有效，而对 VLAN 接口上启用了 IGMP 的 VLAN 无效；仅对动态加入的 IGMP Snooping 组有效，对静态加入的 IGMP Snooping 组无效
reset igmp-snooping statistics	清除 IGMP Snooping 监听到的所有 IGMP 报文的统计信息

13 H3C 交换机 PIM 组播配置与管理

上一章介绍了与组播接收者相连，用于管理组播成员的 H3C 组播路由器或三层以太网交换机上的 IGMP（Internet 组管理协议）和二层交换机上的 IGMP Snooping 组播配置与管理，本章继续介绍在组播路由器或三层交换机间运行的 PIM（协议无关组播）配置与管理方法。

PIM 是组播路由的一种，是在不同组播路由器或三层交换机之间进行组播数据的路由、转发。但它不是直接依靠自己创建组播路由表，而是可以直接使用像静态路由、RIP、OFPS、BGP 等所有其他动态路由协议的路由表进行组播数据传输，这也是它称之为“协议无关”的根本原因。

在 PIM 中有多种工作模式（如 PIM-DM、PIM-SM、PIM-Bidir、PIM-SSM），不同模式的工作原理和配置方法不完全相同，但它们都支持一套公共属性配置。本章将对 H3C 以太网交换机的 PIM 公共属性、各模式下的功能属性配置进行详细介绍，同时还将辅以大量的具体功能和综合配置示例，使大家能轻松地掌握 H3C 以太网交换机的 PIM 组播配置与管理方法，有关 PIM 的工作原理请参见本书第 9 章 9.4 节。

13.1 H3C 交换机 PIM 公共特性配置

因为 PIM 组播网络中分成了好几种工作模式，但它们之中又有许多公共特性，为此在本节作统一介绍，以避免在后面介绍具体的 PIM 模式时重复。这些特性都是可选配置的。

PIM 网络公共特性配置任务如下：

- 组播数据过滤器配置
- Hello 报文过滤器配置
- Hello 报文选项配置
- 剪枝延迟时间配置
- PIM 公共定时器配置
- 加入/剪枝报文规格配置

【说明】在配置 PIM 公共特性之前，需完成以下任务：

- 配置任一单播路由协议，实现域内网络层互通
- 配置 PIM-DM（或 PIM-SM、PIM-SSM）工作模式

在配置 PIM 公共特性之前，需准备以下数据：

- 表示组播数据过滤规则的 ACL 规则
- 表示合法 Hello 报文的源地址范围的 ACL 规则
- 竞选 DR 的优先级（全局值/接口值）
- 保持 PIM 邻居可达状态的时间（全局值/接口值）
- 发送剪枝报文的延迟时间（全局值/接口值）
- 剪枝否决时间（全局值/接口值）
- 剪枝延迟时间
- 发送 Hello 报文的时间间隔（全局值/接口值）
- 发送 Hello 报文的最大延迟时间（接口值）
- 保持断言状态的时间（全局值/接口值）
- 发送加入/剪枝报文的时间间隔（全局值/接口值）
- 保持加入/剪枝状态的时间（全局值/接口值）
- 组播源生存时间
- 加入/剪枝报文的最大长度
- 加入/剪枝报文中（S，G）表项的最大数量

13.1.1 组播数据过滤器配置

无论在 PIM-DM 还是 PIM-SM 域内，各路由器都可以对流经自己的组播数据进行检查，通过比较是否符合过滤规则，从而决定是否继续转发组播数据。也就是说 PIM 域内的路由器能够成为组播数据的过滤器。过滤器的存在一方面有助于实现信息流量控制，另一方面可以在安全性方面限定下游接收者能够获得的信息。

组播数据过滤器的配置方法是在各 PIM 组播路由器上先使用 **pim** [**vpn-instance** *vpn-instance-name*]命令进入对应实例的 PIM 配置视图，然后使用 **source-policy** *acl-number* 命令进行组播数据过滤器的配置。当然事实上，真正的过滤是通过 ACL 基于组播源地址来进行的，所以需要事先配置好基于组播源地址过滤的 ACL，参数 *acl-number* 就是用来指定用于配置过滤器的 ACL 列表号。

如果指定的是基本 ACL，则对收到的组播数据报文进行组播源地址匹配，未通过匹配的报文将被丢弃；如果指定的是高级 ACL，则对收到的组播数据报文进行组播源地址和组地址同时匹配（它们**分别通过源地址和目的地址进行匹配**），未通过匹配的报文将被丢弃。重复执行本命令，新的配置会覆盖原有配置。

默认情况下，没有配置组播数据过滤器，可用 **undo source-policy** 命令删除组播数据过滤器。

以下示例是在公网实例中配置接收组播源为 10.10.10.1 的组播数据，丢弃组播源为 10.10.10.2 的组播数据。

```
<Sysname> system-view
[Sysname] acl number 2011
[Sysname-acl-basic-2011] rule permit source 10.10.10.1 0   !---创建允许源地址为 10.10.10.1 的组播数据通过，最后的 0 为源地址掩码，0 代表是一台主机
[Sysname-acl-basic-2011] rule deny source 10.10.10.2 0
[Sysname-acl-basic-2011] quit
[Sysname] pim
[Sysname-pim] source-policy 2011
```

13.1.2　Hello 报文过滤器配置

在复杂的网络环境中，如公网中，建立正确的 PIM 邻居是 PIM 协议安全应用的前提。如果在接口上指定了合法 Hello 报文的源地址范围，便能够保证 PIM 邻居的正确建立，从而有效防止各种 PIM 协议报文攻击，提高设备对 PIM 协议报文处理的安全性。

配置 Hello 报文过滤器的方法也很简单，只需要在启用了 PIM 的三层接口配置视图下使用 **pim neighbor-policy** *acl-number* 命令即可。这里同样是通过 ACL 来配置过滤规则的，使用 **rule** 命令中的 **source** 参数来指定合法 Hello 报文的源地址范围。

默认情况下，Hello 报文的源地址范围不受任何限制，即认为所有收到的 Hello 报文都是合法的，可用 **undo pim neighbor-policy** 命令恢复默认情况。当 Hello 报文过滤器的配置生效后，对于之前已建立的 PIM 邻居，如果由于其 Hello 报文被过滤，而导致无法收到后续的 Hello 报文，将会在老化超时后被自动删除。

以下示例是在交换机的 Vlan-interface10 接口上配置合法 Hello 报文的源地址范围 10.10.1.0/24 网段。

```
<Sysname> system-view
[Sysname] acl number 2011
[Sysname-acl-basic-2011] rule permit source 10.10.1.0 0.0.0.255
[Sysname-acl-basic-2011] quit
[Sysname] interface vlan-interface 10
[Sysname-Vlan-interface10] pim neighbor-policy 2011
```

13.1.3　Hello 报文选项配置

无论在 PIM-DM 域还是在 PIM-SM 域内，各路由器之间发送的 Hello 报文都包含很多可供配置的选项，如 DR_Priority（DR 优先级）、Holdtime（保持时间）、LAN-delay（发送剪枝报文的延迟时间）、Override-interval（剪枝否决时间）和禁止加入报文抑制能力等。下面先来简单了解这些 Hello 报文选项。

DR_Priority（仅用于 PIM-SM）表示竞选 DR 的优先级，优先级高的设备被选举为 DR。可以在与组播源或接收者直连的共享网络中的所有路由器上都配置此参数。

Holdtime 表示保持 PIM 邻居可达状态的时间，过了这个时间后仍没有收到 Hello 报文，则认为该 PIM 邻居失效或不可达。

LAN-delay（发送剪枝报文的延迟时间）、Override-interval（剪枝否决时间）和禁止加入报文抑

制能力共同组成 LAN_Prune_Delay，表示在共享网络上传递剪枝报文的延迟时间。LAN-delay 表示从路由器收到下游路由器发来的剪枝报文到继续向上游路由器发送剪枝报文的延迟时间；Override-interval 则表示允许下游路由器否决剪枝动作而要等待的时间。

路由器在收到下游路由器发来的剪枝报文后并不立即执行剪枝动作，而是仍将当前的转发状态保持 LAN-delay+Override-interval 时间。如果下游路由器需要继续接收组播数据，则必须在 Override-interval 时间内向上游路由器发送加入报文以否决这个剪枝动作，这就称为剪枝否决；如果超过 Override-interval 时间后没有收到任何加入报文，则上游路由器就会在 LAN-delay+Override-interval 时间超时后执行剪枝动作。当共享网段内各 PIM 路由器的 LAN-delay 或 Override-interval 不同时，取其中最大的值；当要禁止加入报文抑制能力（即启用邻居跟踪功能）时，须在共享网段内的所有 PIM 路由器上都禁止该能力，否则上游路由器无法跟踪每台下游路由器的加入报文。

另外，PIM 路由器发送 Hello 报文时，还会生成一个随机数 Generation ID 携带在该报文中。一台 PIM 路由器的 Generation ID 一般不会变化，除非该路由器的状态发生了改变（如接口刚启用了 PIM 或设备进行了重启），此时，当其开始或重新开始发送 Hello 报文时，会生成一个新的 Generation ID。这样，就可以根据 Hello 报文识别邻居设备是否发生了状态变化，如果 PIM 路由器发现其上游邻居发来的 Hello 报文中 Generation ID 发生了改变，就会认为该邻居的状态已经丢失或其上游邻居已经改变，从而触发发送加入报文以进行状态刷新。

以上这些 Hello 报文选项可以在交换机系统视图下配置，在各 PIM 组播接口上生效；也可仅在个别的 PIM 接口配置视图下配置，在对应接口上生效。在系统全局和接口视图下的配置步骤分别如表 13-1 和表 13-2 所示（其中的选项步骤没有严格的步骤之分）。

表 13-1　全局配置 Hello 报文选项的步骤

步骤	命令	说明
1	**system-view** 例如：<Sysname> **system-view**	进入系统视图
2	**pim** [**vpn-instance** *vpn-instance-name*] 例如：[Sysname] **pim**	进入公网实例或 VPN 实例 PIM 视图
3	**hello-option dr-priority** *priority* 例如：[Sysname-pim]**hello-option dr-priority** 10	全局配置交换机上各 PIM 接口的竞选 DR 的优先级，参数 *priority* 用来指定竞选 DR 的优先级，取值范围为 0～4294967295。该数值越大，优先级越高。 默认情况下，竞选 DR 的优先级为 1，可用 undo hello-option dr-priority 命令恢复默认情况
4	**hello-option holdtime** *interval* 例如：[Sysname-pim]**hello-option holdtime** 20	全局配置交换机上各 PIM 接口保持 PIM 邻居可达状态的时间，参数 *interval* 用来指定保持 PIM 邻居可达状态的超时时间，取值范围为 1～65535 秒。如果指定为 65535 秒，则表示 PIM 邻居永远可达。 默认情况下，保持 PIM 邻居可达状态的时间为 105 秒，可用 **undo hello-option holdtime** 命令恢复默认情况
5	**hello-option lan-delay** *interval* 例如：[Sysname-pim]**hello-option lan-delay** 50	全局配置交换机上各 PIM 接口发送剪枝报文的延迟时间，参数 *interval* 用来指定发送剪枝报文的延迟时间，取值范围为 1～32767 毫秒。 默认情况下，发送剪枝报文的延迟时间为 500 毫秒，可用 **undo hello-option lan-delay** 命令恢复默认情况
6	**hello-option override-interval** *interval* 例如：[Sysname-pim]**hello-option override-interval** 50	全局配置交换机上各 PIM 接口剪枝否决时间，参数 *interval* 用来指定剪枝否决时间，取值范围为 1～65535 毫秒。 默认情况下，剪枝否决时间为 2500 毫秒，可用 **undo hello-option override-interval** 命令恢复默认情况
7	**hello-option neighbor-tracking** 例如：[Sysname-pim]**hello-option neighbor-tracking**	全局禁止交换机各 PIM 接口加入报文抑制能力，也就是全局启用各 PIM 接口的邻居跟踪能力。 默认情况下，加入消息抑制能力处于启用状态，即禁止邻居跟踪，可用 **undo hello-option neighbor-tracking** 命令启用加入报文抑制能力

表 13-2　在接口上配置 Hello 报文选项的步骤

步骤	命令	说明
1	**system-view** 例如：<Sysname> **system-view**	进入系统视图

续表

步骤	命令	说明
2	**interface** *interface-type interface-number* 例如：[Sysname] **interface** vlan-interface 10	键入要配置 Hello 报文选项的 PIM 接口，进入接口视图
3	**pim hello-option dr-priority** *priority* 例如：[Sysname-Vlan-interface10]**pim hello-option dr-priority** 10	配置以上接口竞选 DR 的优先级，参数 *priority* 取值范围为 0～4294967295。该数值越大，优先级越高。 默认情况下，竞选 DR 的优先级为 1，可用 **undo pim hello-option dr-priority** 命令恢复默认情况
4	**pim hello-option holdtime** *interval* 例如：[Sysname-Vlan-interface10] **pim hello-option holdtime** 20	配置以上接口保持 PIM 邻居可达状态的时间，参数 *interval* 取值范围为 1～65535 秒。如果指定为 65535 秒，则表示 PIM 邻居永远可达。 默认情况下，保持 PIM 邻居可达状态的时间为 105 秒，可用 **undo pim hello-option holdtime** 命令恢复默认情况
5	**pim hello-option lan-delay** *interval* 例如：[Sysname-Vlan-interface10] **pim hello-option lan-delay** 50	配置以上接口发送剪枝报文的延迟时间，参数 *interval* 取值范围为 1～32767 毫秒。 默认情况下，发送剪枝报文的延迟时间为 500 毫秒，可用 **undo pim hello-option lan-delay** 命令恢复默认情况
6	**pim hello-option override-interval** *interval* 例如：[Sysname-Vlan-interface10] **pim hello-option override-interval** 100	配置以上接口剪枝否决时间，参数取值范围为 1～65535 毫秒。 默认情况下，剪枝否决时间为 2500 毫秒，可用 **undo pim hello-option override-interval** 命令恢复默认情况
7	**pim hello-option neighbor-tracking** 例如：[Sysname-Vlan-interface10] **pim hello-option neighbor-tracking**	禁止以上接口加入报文抑制能力（也就是启用接口的邻居跟踪能力）。 默认情况下，加入报文抑制能力处于启用状态，即禁止邻居跟踪，可用 **undo pim hello-option neighbor-tracking** 命令启用加入报文抑制能力
8	**pim require-genid** 例如：[Sysname-Vlan-interface10]**pim require-genid**	配置以上接口不接收无 Generation ID 的 Hello 报文。没有 Generation ID 的 Hello 报文就不能识别邻居的状态变化。 默认情况下，接收无 Generation ID 的 Hello 报文，可用 **undo pim require-genid** 命令恢复默认情况

【示例 1】在公网实例中全局配置竞选 DR 的优先级为 3。

```
<Sysname> system-view
[Sysname] pim
[Sysname-pim] hello-option dr-priority 3
```

【示例 2】在公网实例中全局配置保持 PIM 邻居可达状态的时间为 100 秒。

```
<Sysname> system-view
[Sysname] pim
[Sysname-pim] hello-option holdtime 100
```

【示例 3】在公网实例中全局配置发送剪枝报文的延迟时间为 250 毫秒。

```
<Sysname> system-view
[Sysname] pim
[Sysname-pim] hello-option lan-delay 250
```

【示例 4】在公网实例中全局配置剪枝否决时间为 500 毫秒。

```
<Sysname> system-view
[Sysname] pim
[Sysname-pim] hello-option override-interval 500
```

【示例 5】在公网实例中全局禁止加入报文抑制能力。

```
<Sysname> system-view
[Sysname] pim
[Sysname-pim] hello-option neighbor-tracking
```

【示例 6】配置 Vlan-interface10 接口不接收无 Generation ID 的 Hello 报文。

```
<Sysname> system-view
[Sysname] interface vlan-interface 10
[Sysname-Vlan-interface10] pim require-genid
```

13.1.4 剪枝延迟时间配置

当共享网段中存在不支持剪枝否决的下游路由器时，通过在上游路由器上配置 Prune-delay（剪枝延迟时间），可以使其在收到下游路由器发来的剪枝报文后不会立即执行剪枝动作，而是仍将当前的转发状态保持 Prune-delay 时间。如果在该时间内收到了下游路由器发来的加入报文，则自动否决这个剪枝动作；如果在该时间超时后仍未收到任何加入报文，则自动执行剪枝动作。

这个剪枝延迟时间的配置比较简单，只需要在实例的 PIM 视图下使用 **prune delay** *interval* 命令即可。参数 *interval* 用来指定剪枝延迟时间，取值范围为 1～128 秒。默认情况下，剪枝延迟时间为 3 秒，可用 **undo prune delay** 命令恢复默认情况。

以下示例是在公网实例中配置剪枝延迟时间为 50 秒。

```
<Sysname> system-view
[Sysname] pim
[Sysname-pim] prune delay 50
```

13.1.5 PIM 公共定时器配置

在 PIM-SM 域中，运行 PIM-SM 协议的路由器周期性地发送 Hello 消息，用以发现邻接的 PIM 路由器，并且负责在多路访问网络中进行 DR 的选举。这里，DR 负责为与其直连的组成员向组播树根节点的方向发送“加入/剪枝”消息，或是将直连组播源的数据发向组播分发树。为了避免多个 PIM 路由器同时发送 Hello 报文而导致冲突，当 PIM 路由器在收到 Hello 报文时，将延迟一段时间再发送 Hello 报文，该时间值为小于“触发 Hello 报文的最大延迟时间”的一个随机值。

PIM 路由器通过周期性地向其上游路由器发送加入/剪枝报文以更新组播组成员状态，同时在该报文中携带有保持加入/剪枝状态的时间，通过报文中携带的这个保持时间，上游路由器就会为被剪枝的下游接口设置保持加入/剪枝状态定时器。剪枝状态对应着剪枝定时器，当定时器超时后，剪枝状态又重新变为转发状态，组播数据得以再次沿着这些分支发送。

在共享网络（如以太网）中由于是非点对点链路，所以会出现相同组播数据重复发送到同一个节点的问题。为了避免出现这种情况，就需要通过断言（Assert）机制来选定唯一的组播数据转发者。网络中的各路由器通过发送 Assert 包选出一条最优的路径；如果两条或两条以上路径的优先级和到组播源的开销相同，则 IP 地址最大的路由器获胜成为该（S，G）项的上游邻居，由它负责该（S，G）组播包的转发，而其他落选路由器则剪掉对应的接口，以禁止转发信息。在断言（Assert）机制中落选的路由器将会剪掉其下游的转发接口，并把这种断言状态保持一段时间。超时后，落选的路由器会重新恢复转发组播数据。

当路由器没有收到来自组播源 S 的后续组播数据时，不会立即删除（S，G）表项，而是将其维持一段时间后再删除，这段时间就称为组播源的生存时间。

下面具体介绍以上 PIM 定时器的配置方法。它们也有全局配置和接口配置两种方法，分别如表 13-3 和表 13-4 所示（定时器配置选项没有严格的配置步骤之分）。但如果网络没有特殊要求，建议采用默认值。

表 13-3　全局配置 PIM 公共定时器的步骤

步骤	命令	说明
1	**system-view** 例如：<Sysname>**system-view**	进入系统视图
2	**pim** [**vpn-instance** *vpn-instance-name*] 例如：[Sysname]**pim**	进入公网实例或 VPN 实例 PIM 视图
3	**timer hello** *interval* 例如：[Sysname-pim]**timer hello** 100	全局配置发送 Hello 报文的时间间隔。参数 *interval* 用来指定发送 Hello 报文的时间间隔，取值范围为 1～2147483647 秒。 默认情况下，发送 Hello 报文的时间间隔为 30 秒，可用 **undo timer hello** 命令恢复默认情况
4	**timer join-prune** *interval* 例如：[Sysname-pim]**timer join-prune**　100	全局配置发送加入/剪枝报文的时间间隔。参数 *interval* 用来指定发送加入/剪枝报文的时间间隔，取值范围为 1～2147483647 秒。 默认情况下，发送加入/剪枝报文的时间间隔为 60 秒，可用 **undo timer join-prune** 命令恢复默认情况

续表

步骤	命令	说明
5	**holdtime join-prune** *interval* 例如：[Sysname-pim]**holdtime join-prune** 500	全局配置保持加入/剪枝状态的时间。参数 *interval* 用来指定保持加入/剪枝状态的时间，取值范围为 1～65535 秒。 默认情况下，保持加入/剪枝状态的时间为 210 秒，可用 **undo holdtime join-prune** 命令恢复默认情况
6	**holdtime assert** *interval* 例如：[Sysname-pim]**holdtime assert** 200	全局配置保持断言状态的时间。参数 *interval* 用来指定保持断言状态的时间，取值范围为 7～2147483647 秒。 默认情况下，保持断言状态的时间为 180 秒，可用 **undo holdtime assert** 命令恢复默认情况
7	**source-lifetime** *interval* 例如：[Sysname-pim]**source-lifetime** 600	配置组播源的生存时间。参数 *interval* 用来指定组播源的生存时间，取值范围为 1～31536000 秒。 默认情况下，组播源的生存时间为 210 秒，可用 **undo source-lifetime** 命令恢复默认情况

表 13-4　在接口上配置 PIM 公共定时器的步骤

步骤	命令	说明
1	**system-view** 例如：<Sysname>**system-view**	进入系统视图
2	**interface** *interface-type interface-number* 例如：[Sysname] **interface** vlan-interface 10	进入接口视图
3	**pim timer hello** *interval* 例如：[Sysname-Vlan-interface10] **pim timer hello** 40	在接口上配置发送 Hello 报文的时间间隔。参数 *interval* 用来指定发送 Hello 报文的时间间隔，取值范围为 1～2147483647 秒。 默认情况下，发送 Hello 报文的时间间隔为 30 秒，可用 **undo pim timer hello** 命令恢复默认情况
4	**pim triggered-hello-delay** *interval* 例如：[Sysname-Vlan-interface10]**pim triggered-hello-delay** 3	在接口上配置触发 Hello 报文的最大延迟时间。参数 *interval* 用来指定触发 Hello 报文的最大延迟时间，取值范围为 1～5 秒。 默认情况下，触发 Hello 报文的最大延迟时间为 5 秒，可用 **undo pim triggered-hello-delay** 命令恢复默认情况
5	**pim timer join-prune** *interval* 例如：[Sysname-Vlan-interface10]**pim timer join-prune** 200	在接口上配置发送加入/剪枝报文的时间间隔。参数 *interval* 用来指定发送加入/剪枝报文的时间间隔，取值范围为 1～2147483647 秒。 默认情况下，发送加入/剪枝报文的时间间隔为 60 秒，可用 **undo pim timer join-prune** 命令恢复默认情况
6	**pim holdtime join-prune** *interval* 例如：[Sysname-Vlan-interface10] **pim holdtime join-prune** 500	在接口上配置保持加入/剪枝状态的时间。参数 *interval* 用来指定保持加入/剪枝状态的时间，取值范围为 1～65535 秒。 默认情况下，保持加入/剪枝状态的时间为 210 秒，可用 **undo pim holdtime join-prune** 命令恢复默认情况
7	**pim holdtime assert** *interval* 例如：[Sysname-Vlan-interface10]**pim holdtime assert** 200	在接口上配置保持断言状态的时间。参数 *interval* 用来指定保持断言状态的时间，取值范围为 7～2147483647 秒。 默认情况下，保持断言状态的时间为 180 秒，可用 **undo pim holdtime assert** 命令恢复默认情况

【示例 1】在公网实例中全局配置发送 Hello 报文的时间间隔为 60 秒。

```
<Sysname> system-view
[Sysname] pim
[Sysname-pim] timer hello 60
```

【示例 2】在公网实例中全局配置发送加入/剪枝报文的时间间隔为 100 秒。

```
<Sysname> system-view
[Sysname] pim
[Sysname-pim] timer join-prune 100
```

【示例 3】在公网实例中全局配置保持加入/剪枝状态的时间为 300 秒。

```
<Sysname> system-view
[Sysname] pim
[Sysname-pim] holdtime join-prune 300
```

【示例 4】在公网实例中全局配置保持断言状态的时间为 100 秒。

```
<Sysname> system-view
[Sysname] pim
[Sysname-pim] holdtime assert 100
```

【示例 5】在公网实例中配置组播源的生存时间为 250 秒。

```
<Sysname> system-view
[Sysname] pim
[Sysname-pim] source-lifetime 250
```

13.1.6　PIM 配置管理

可在任意视图下执行表 13-5 所示的 **display** 命令显示配置后 PIM 的运行情况，验证配置效果。也可在用户视图下执行其中的 **reset** 命令清除 PIM 统计信息。因为考虑到篇幅原因，这些命令在此就不作详细介绍了。

表 13-5　PIM 配置管理命令

命令	说明
display pim [**all-instance** | **vpn-instance** *vpn-instance-name*] **bsr-info** [| { **begin** | **exclude** | **include** } *regular-expression*]	查看 PIM-SM 域中的 BSR 信息，以及本地配置并生效的 C-RP 信息
display pim [**all-instance** | **vpn-instance** *vpn-instance-name*] **claimed-route** [*source-address*] [| { **begin** | **exclude** | **include** } *regular-expression*]	查看 PIM 所使用的单播路由信息
display pim [**all-instance** | **vpn-instance** *vpn-instance-name*] **control-message counters** [**message-type** { **probe** | **register** | **register-stop** } | [**interface** *interface-type interface-number* | **message-type** { **assert** | **bsr** | **crp** | **graft** | **graft-ack** | **hello** | **join-prune** | **state-refresh** }] *] [| { **begin** | **exclude** | **include** } *regular-expression*]	查看 PIM 控制报文的数量
display pim [**all-instance** | **vpn-instance** *vpn-instance-name*] **df-info** [*rp-address*] [| { **begin** | **exclude** | **include** } *regular-expression*]	查看双向 PIM 的 DF 信息
display pim [**all-instance** | **vpn-instance** *vpn-instance-name*] **grafts** [| { **begin** | **exclude** | **include** } *regular-expression*]	查看尚未被确认的嫁接信息
display pim [**all-instance** | **vpn-instance** *vpn-instance-name*] **interface** [*interface-type interface-number*] [**verbose**] [| { **begin** | **exclude** | **include** } *regular-expression*]	查看接口上的 PIM 信息
display pim [**all-instance** | **vpn-instance** *vpn-instance-name*] **join-prune mode** { **sm** [**flags** *flag-value*] | **ssm** } [**interface** *interface-type interface-number* | **neighbor** *neighbor-address*] * [**verbose**] [| { **begin** | **exclude** | **include** } *regular-expression*]	查看待发送的加入/剪枝报文信息
display pim [**all-instance** | **vpn-instance** *vpn-instance-name*] **neighbor** [**interface** *interface-type interface-number* | *neighbor-address* | **verbose**] * [| { **begin** | **exclude** | **include** } *regular-expression*]	查看 PIM 邻居信息
display pim [**all-instance** | **vpn-instance** *vpn-instance-name*] **routing-table** [*group-address* [**mask** { *mask-length* | *mask* }] | *source-address* [**mask** { *mask-length* | *mask* }] | **incoming-interface** [*interface-type interface-number* | **register**] | **outgoing-interface** { **include** | **exclude** | **match** } { *interface-type interface-number* | **register** } | **mode** *mode-type* | **flags** *flag-value* | **fsm**] * [| { **begin** | **exclude** | **include** } *regular-expression*]	查看 PIM 路由表的内容
display pim [**all-instance** | **vpn-instance** *vpn-instance-name*] **rp-info** [*group-address*] [| { **begin** | **exclude** | **include** } *regular-expression*]	查看 RP 的信息
reset pim [**all-instance** | **vpn-instance** *vpn-instance-name*] **control-message counters** [**interface** *interface-type interface-number*]	重置 PIM 控制报文计数器

13.2　H3C 交换机 PIM-DM 组播网络配置

PIM-DM 属于密集模式的组播路由协议，使用"推"（Push）模式传送组播数据。该模式下数据包的转发路径是有源树，即以组播源为"根"、组播组成员为"枝叶"的一棵转发树。由于有源树使用的是从组播源到接收者的最短路径，因此也称为最短路径树（Shortest Path Tree，SPT）。这个 SPT 的形成过程是先假设网络中所有路由器都要加入组播组，然后通过修剪方式对没有接收者的路由器进行"剪枝"，从组播转发表中除去，具体参见本书第 9 章 9.4.2 节。

13.2.1　启动 PIM-DM

PIM-DM 网络模式通常适用于组播组成员相对比较密集的小型网络，它的配置也是最简单的，通常只需在对应的三层接口上启用 PIM-DM 模式即可。当然交换机连接主机侧的三层接口还需要启用 IGMP，在全局也要启用 IP 组播路由。具体的配置步骤如表 13-6 所示。

表 13-6　启动 PIM-DM 的配置步骤

步骤	命令	说明
1	**system-view** 例如：<Sysname> **system-view**	进入系统视图
2	**multicast routing-enable** 例如：[Sysname] **multicast routing-enable**	启动组播路由。默认情况下，组播路由处于关闭状态
3	**interface** *interface-type interface-number* 例如：[Sysname] **interface** vlan-interface 100	进入接口视图
4	**pim dm** 例如：[Sysname-Vlan-interface100] **pim dm**	启动 PIM-DM。默认情况下，PIM-DM 处于关闭状态，可用 **undo pim dm** 命令关闭 PIM-DM。另外，在运行 PIM-DM 时不能使用处于 SSM 组地址范围内的组播组

在接口上启动了 PIM-DM 后，路由器会定期发送 Hello 报文以发现 PIM 邻居，并对收到的来自 PIM 邻居的报文进行处理。在部署 PIM-DM 域时，建议在非边界路由器的所有接口上启动 PIM-DM。

以下示例是在交换机上全局启用 IP 组播路由，并在接口 vlan-interface10 上启用 PIM-DM。

```
<Sysname> system-view
[Sysname] multicast routing-enable
[Sysname] interface vlan-interface 10
[Sysname-Vlan-interface10] pim dm
```

13.2.2　PIM-DM 配置示例

本示例是一个配置 PIM-DM 组播网络的实验，配置很简单，只需在 PIM 组播路由器间连接的接口上启用 PIM-DM，然后在连接接收者的 VLAN 接口上启用 IGMP，当然还需要在各交换机上全局启用 IP 组播路由。

本示例拓扑结构如图 13-1 所示。各接收者（Receiver）通过组播方式接收视频点播信息，整个 PIM 域采用 DM 方式。Host A 和 Host C 为两个网段中的组播信息接收者。

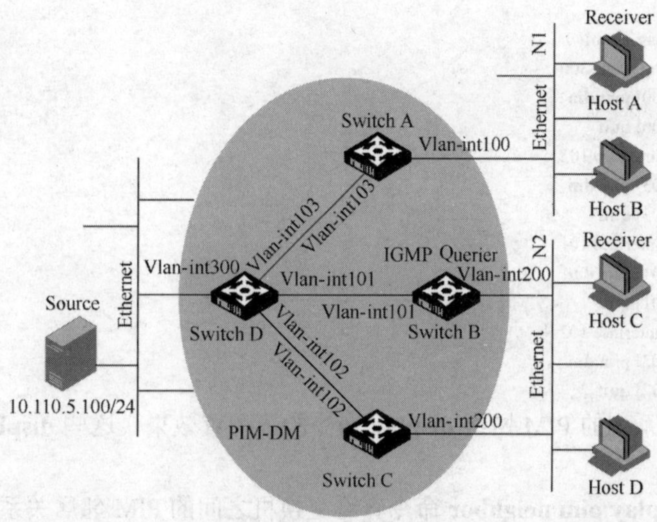

图 13-1　PIM-DM 网络配置示例拓扑

Switch D 通过 Vlan-interface300 接口与组播源（Source）所在的网络连接；Switch A 通过 Vlan-interface100 接口连接网段 N1，通过 Vlan-interface103 接口连接 Switch D；Switch B 和 Switch C 通过各自的 Vlan-interface200 接口连接网段 N2，分别通过 Vlan-interface101 和 Vlan-interface102 接口

连接 Switch D。各交换机的 VLAN 接口 IP 地址分配如表 13-7 所示。

表 13-7　PIM-DM 配置示例各交换机 VLAN 接口 IP 地址分配

设备	接口	IP 地址	设备	接口	IP 地址
Switch A	Vlan-int100	10.110.1.1/24	Switch D	Vlan-int300	10.110.5.1/24
	Vlan-int103	192.168.1.1/24		Vlan-int103	192.168.1.2/24
Switch B	Vlan-int200	10.110.2.1/24		Vlan-int101	192.168.2.2/24
	Vlan-int101	192.168.2.1/24		Vlan-int102	192.168.3.2/24
Switch C	Vlan-int200	10.110.2.2/24			
	Vlan-int102	192.168.3.1/24			

下面是具体的配置步骤，其实很简单，就是在对应接口上启用 IP 组播路由、PIM-DM、IGMP。

（1）按照图 13-1 所示配置各接口的 IP 地址和子网掩码，具体配置过程略。

（2）配置 PIM-DM 域内的各交换机之间采用 OSPF 协议进行互连，确保 PIM-DM 域中 Switch A、Switch B、Switch C 和 Switch D 之间能够在网络层互通，并且各交换机之间能够借助单播路由协议实现动态路由更新，具体配置过程略。

（3）在 Switch A 上启动组播路由，在各 VLAN 接口上启动 PIM-DM，并在 Switch A 连接网段 N1 的 Vlan-interface100 接口上启动 IGMP。

```
<SwitchA> system-view
[SwitchA] multicast routing-enable
[SwitchA] interface vlan-interface 100
[SwitchA-Vlan-interface100] igmp enable
[SwitchA-Vlan-interface100] pim dm
[SwitchA-Vlan-interface100] quit
[SwitchA] interface vlan-interface 103
[SwitchA-Vlan-interface103] pim dm
[SwitchA-Vlan-interface103] quit
```

Switch B 和 Switch C 的配置与 Switch A 相似，配置过程略。

（4）在 Switch D 上启动组播路由，并在其各 VLAN 接口上启动 PIM-DM，因为它上面的各个 VLAN 接口都不连接接收者，所以不用启用 IGMP。

```
<SwitchD> system-view
[SwitchD] multicast routing-enable
[SwitchD] interface vlan-interface 300
[SwitchD-Vlan-interface300] pim dm
[SwitchD-Vlan-interface300] quit
[SwitchD] interface vlan-interface 103
[SwitchD-Vlan-interface103] pim dm
[SwitchD-Vlan-interface103] quit
[SwitchD] interface vlan-interface 101
[SwitchD-Vlan-interface101] pim dm
[SwitchD-Vlan-interface101] quit
[SwitchD] interface vlan-interface 102
[SwitchD-Vlan-interface102] pim dm
[SwitchD-Vlan-interface102] quit
```

（5）下面通过一系列的 PIM 网络 **display** 命令验证配置效果（这些 **display** 命令将在下节介绍 PIM-SM 模式时介绍）。

可以通过使用 **display pim neighbor** 命令查看交换机之间的 PIM 邻居关系。例如在 Switch D 上查看的 PIM 邻居关系信息如下。从中可以看出它与 Switch A、Switch B 和 Switch C 已形成了邻居关系，也就是建立了连接。

```
[SwitchD] display pim neighbor
Neighbor's Address    Interface Name              Uptime      Expires
192.168.1.1           Vlan-interface1             00:47:08    00:01:39
```

```
192.168.2.1         Vlan-interface1                    00:48:05   00:01:29
192.168.3.1         Vlan-interface1                    00:49:08   00:01:34
```

还可以通过使用 **display pim routing-table** 命令查看交换机 PIM 路由表信息。例如在 Switch A 上查看的 PIM 路由表信息如下。它只有一个 PIM 路由表项（10.110.5.100，225.1.1.1），即组播源地址为 10.110.5.100，组播组地址为 225.1.1.1。

```
<SwitchA> display pim routing-table
PIM-DM Routing Table
Total 1 (S,G) entry

(10.110.5.100, 225.1.1.1)
    Protocol 0x40: PIMDM, Flag 0xC: SPT NEG_CACHE
    Uptime: 00:00:23, Timeout in 187 sec
    Upstream interface: Vlan-interface103, RPF neighbor: 192.168.1.2
    Downstream interface list:
      Vlan-interface100, Protocol 0x1: IGMP, never timeout

Matched 1 (S,G) entry
```

Switch B 和 Switch C 上的显示信息与 Switch A 类似。

在 Switch D 上查看到的 PIM 路由表信息如下，它同样只有一个 PIM 路由表项（10.110.5.100，225.1.1.1）。

```
<SwitchD> display pim routing-table
PIM-DM Routing Table
Total 1 (S,G) entry

(10.110.5.100, 225.1.1.1)
    Protocol 0x40: PIMDM, Flag 0xC: SPT NEG_CACHE
    Uptime: 00:00:23, Timeout in 187 sec
    Upstream interface: Vlan-interface300, RPF neighbor: NULL
    Downstream interface list:
      Vlan-interface101, Protocol 0x200: SPT, timeout in 147 sec
      Vlan-interface103, Protocol 0x200: SPT, timeout in 145 sec
      Vlan-interface103, Protocol 0x200: SPT, timeout in 145 sec

Matched 1 (S,G) entry
```

13.3　H3C 交换机 PIM-SM 组播网络配置与管理

我们在本章前面说了，如果网络中有多台组播路由器（或三层交换机），则各组播路由器之间的连接接口就要启用 PIM，提供组播路由。只有 IGMP 与 PIM 结合才能构建完整的组播网络，当然在极小型的组播网络中，IGMP 代理也可以实现一部分 PIM 路由器的功能，可以不用启用 PIM。

PIM-DM 使用以“扩散—剪枝”方式构建的 SPT 来传送组播数据。尽管 SPT 的路径最短，但是其建立的过程效率较低，并不适合大中型网络。PIM-SM 属于稀疏模式的组播路由协议，使用“拉”（Pull）模式传送组播数据，是假设网络中所有路由器都不加入组播组，是需要发出具体申请才能加入到组播组，通常适用于组播组成员分布相对分散、范围较广的大中型网络。有关 PIM-SM 的工作原理，参见本书第 9 章 9.4.3 节。

PIM-SM 网络的主要配置任务如表 13-8 所示。

表 13-8 PIM-SM 配置任务

配置任务		说明
启用 PIM-SM		必需
配置 RP	静态 RP 配置	三者必选其一
	C-RP 配置	
	启用自动 RP 侦听	
	全局 C-RP 定时器配置	可选
配置 BSR	C-BSR 配置	可选
	BSR 服务边界配置	可选
	全局 C-BSR 参数配置	可选
	C-BSR 定时器配置	可选
	关闭自举报文语义分片功能	可选
配置管理域	启用管理域机制	可选
	管理域边界配置	可选
	管理域和 Global 域的 C-BSR 配置	可选
组播源注册配置		可选
禁止 SPT 切换配置		可选

【说明】在配置 PIM-SM 之前，需配置任一单播路由协议，实现域内网络层互通。

在配置 PIM-SM 之前，需准备以下数据：

- 静态 RP 的 IP 地址及表示其所服务组范围的 ACL 规则
- C-RP 的优先级及表示其所服务组范围的 ACL 规则
- 合法 C-RP 的地址范围及表示其所服务组范围的 ACL 规则
- 发送宣告报文的时间间隔
- C-RP 超时时间
- C-BSR 的优先级
- 哈希掩码长度
- 表示合法 BSR 地址范围的 ACL 规则
- 自举时间间隔
- 自举超时时间
- 表示注册报文过滤规则的 ACL 规则
- 注册抑制时间
- 注册探测时间
- 禁止发起 SPT 切换的 ACL 规则和排序规则

13.3.1 启动 PIM-SM

配置 PIM-SM 网络的第一步与 PIM-DM 一样，就是要启用 PIM-SM。配置方法可以参见表 13-6，只是最后一步是执行 **pim sm** 命令启用 PIM-SM 模式（在这里仅介绍公网实例中的 PIM-SM 配置）。

在接口上启动了 PIM-SM 后，路由器会定期发送 Hello 报文以发现 PIM 邻居，并对收到的来自 PIM 邻居的报文进行处理。在部署 PIM-SM 域时，建议在非边界路由器（边界路由器是指那些处于 BSR 管理域边界上的 PIM 路由器）的所有接口上启动 PIM-SM。只有在相应实例中先启用了 IP 组播路由，本命令才能生效。可用 **undo pim sm** 命令再次关闭 PIM-SM。

以下示例是先在交换机上全局启用 IP 组播路由，然后在 Vlan-interface10 接口上启用 PIM-SM。

```
<Sysname> system-view
[Sysname] multicast routing-enable
```

```
[Sysname] interface vlan-interface 10
[Sysname-Vlan-interface10] pim sm
```

13.3.2 PIM-SM 域 RP 配置

RP（Rendezvous Point，汇集点）是作为 PIM-SM 网络中 RPT（Rendezvous Point Tree，共享树或汇集树）的根节点，组播数据是沿着 RPT 这棵分发树向下进行转发的。

可以通过手工方式静态配置某个路由器接口作为 RP，也可以通过 BSR 机制动态选举 RP。对于大型 PIM 网络，配置静态 RP 将会非常繁琐。所以，通常静态 RP 是作为动态选举 RP 机制的备份手段，以提高网络的健壮性，增强组播网络的运营管理能力。

【注意】在 PIM 网络中，当同时运行 PIM-SM 和双向 PIM 协议时，为避免 PIM 路由表项出错，不要配置同一 RP 既服务于 PIM-SM 又服务于双向 PIM。一个 RP 可以为多个组播组服务，也可以为所有组播组服务。每个组播组在任意时刻，只能由唯一的 RP 为其转发数据，而不能由多个 RP 转发数据。

1. 静态配置 RP

当网络内仅有一个动态 RP 时，通过手工配置静态 RP 可以避免因单一节点故障而引起的通信中断，同时也可以避免 C-RP 与 BSR 之间频繁的信息交互而占用带宽。注意：这要在 PIM-SM 域内的所有路由器上按表 13-9 所示的步骤进行配置（而且必须配置相同的静态 RP 地址）。配置静态 RP 的一个不足就是它不能实现 RP 的冗余备份。至于应该配置哪个节点作为静态 RP，一般是选择性能比较高、带宽比较高，并且尽可能处于网络中心位置的路由器接口。

表 13-9 静态 RP 的配置步骤

步骤	命令	说明
1	**system-view** 例如：<Sysname>**system-view**	进入系统视图
2	**pim** [**vpn-instance** *vpn-instance-name*] 例如：[Sysname]**pim**	进入公网实例或 VPN 实例 PIM 视图
3	**static-rp** *rp-address* [*acl-number*] [**preferred**] 例如：[Sysname-pim]**static-rp** 11.110.0.6 2001 **preferred**	配置服务于 PIM-SM 的静态 RP。命令中的参数和选项说明如下： ● *rp-address*：指定静态 RP 的 IP 地址。该地址必须是实际存在且合法的单播 IP 地址，不能配置为 127.0.0.0/8 网段的地址 ● *acl-number*：可选参数，指定基本 ACL 编号，取值范围为 2000～2999。如果指定了该参数，则配置的静态 RP 只为能够通过匹配的组播组服务；如果没有指定该参数，则配置的静态 RP 将为所有组播组（224.0.0.0/4）服务 ● **preferred**：指定当静态 RP 与动态 RP 冲突时，优先选择静态 RP。如果不指定该参数，则优先选择动态 RP，如果网络中没有动态 RP 或动态 RP 失效，静态 RP 才能生效 默认情况下，没有配置静态 RP，可用 **undo static-rp** *rp-address* 命令删除静态 RP

【注意】作为静态 RP 的接口不要启用 PIM-SM 或 PIM-DM。另外，当某个静态 RP 引用的 ACL 规则发生变化时，需要为所有组播组重新选举 RP。

重复执行本命令，可以配置多个静态 RP。但是，如果配置时所指定的静态 RP 地址或 ACL 规则相同，则新配置将覆盖旧配置；如果存在多个静态 RP 服务于同一组播组的情况，则选择 IP 地址最大的静态 RP 为该组服务。一台设备上最多可以配置 50 个不同的静态 RP。

以下示例是在公网实例中配置 IP 地址为 11.110.0.6 的接口为静态 RP，为 ACL 2001 所定义的组播组提供服务，并且要求优先选择静态 RP。

```
<Sysname>system-view
[Sysname] pim
[Sysname-pim] static-rp 11.110.0.6 2001 preferred
```

2. 配置 C-RP 自动选举 RP

上面介绍的是静态把某个路由器接口直接指定为 RP，可以采取自动选举方式来产生 RP。这时我们只需要在 PIM-SM 域中把有意成为 RP 的多个路由器接口都配置为 C-RP。BSR（自举路由器）通过接收来自 C-RP 的 C-RP 信息，或者接收来自其他路由器的自动 RP 宣告，收集 C-RP 信息并将其汇总为 RP-Set 信息，然后在全网内扩散。之后，网络内的其他路由器就会根据这个 RP-Set 信息计算出特定组播组范围所对应的 RP。这样选举的 RP 更符合实际的网络拓扑，具有更好的适应性。

为了防止 C-RP 欺骗，需要在 BSR 上配置合法的 C-RP 地址范围及其所服务的组播组范围。同时由于每个 C-BSR（候选 BSR）都可能成为 BSR，因此必须在 PIM-SM 域内的所有 C-BSR 上都配置相同的 C-RP 地址和组播地址范围过滤策略。

配置 C-RP 以及 C-RP 地址和组播地址范围过滤策略的方法如表 13-10 所示。在所有想配置为 C-RP 的路由器接口上都要进行本配置。建议在骨干网路由器上配置 C-RP。在配置 C-RP 时，应在 C-RP 与 PIM-SM 域中的其他设备之间有较高的通信带宽。

表 13-10　配置 C-RP 以及 C-RP 地址和组播地址范围过滤策略的步骤

步骤	命令	说明
1	**system-view** 例如：<Sysname> **system-view**	进入系统视图
2	**pim** [**vpn-instance** *vpn-instance-name*] 例如：[Sysname] **pim**	进入公网实例或 VPN 实例 PIM 视图
3	**c-rp** *interface-type interface-number* [**group-policy** *acl-number* | **priority** *priority* | **holdtime** *hold-interval* | **advertisement-interval** *adv-interval*] * 例如：[Sysname-pim] **c-rp vlan-interface** 100 **group-policy** 2011 **priority** 10	配置某接口为服务于 PIM-SM 的 C-RP。命令中的参数说明如下： ● *interface-type interface-number*：指定接口类型和接口编号，将该接口配置为 C-RP ● *acl-number*：可多选参数，指定基本 ACL 编号，取值范围为 2000～2999。用来定义该 C-RP 所服务的组播组范围，只要是 **permit** 的组播组源地址都会作为 RP 的服务组范围通告出去，**deny** 语句不起作用 ● *priority*：可多选参数，指定该 C-RP 的优先级，取值范围为 0～255，默认值为 192。注意：数值越大，优先级越低 ● *hold-interval*：可多选参数，指定该 C-RP 的超时时间，取值范围为 1～65535 秒。如果不指定该参数，则取相应的全局值 ● *adv-interval*：可多选参数，指定该 C-RP 发送宣告自己为 RP 的报文的间隔时间，取值范围为 1～65535 秒。如果不指定该参数，则取相应的全局值 默认情况下，没有配置 C-RP，可用 **undo c-rp** *interface-type interface-number* 命令删除指定 C-RP 的相关配置
4	**crp-policy** *acl-number* 例如：[Sysname-pim] **crp-policy** 3011	配置合法 C-RP 的地址范围及其所服务的组播组地址范围，以防止 C-RP 欺骗。参数 *acl-number* 用来指定高级 ACL 编号，取值范围为 3000～3999。在定义该 ACL 时，使用 **rule** 命令中的 **source** 参数来指定 C-RP 的地址，**destination** 参数来指定该 C-RP 所服务的组播组地址范围。 默认情况下，C-RP 地址范围及其所服务的组播组范围不受任何限制，即认为所有收到的 C-RP 报文都是合法的，可用 **undo crp-policy** 命令取消 C-RP 地址范围及其所服务的组播组范围的限制

【注意】充当 C-RP 的接口上必须启用 PIM-SM。如果没有为 C-RP 指定其所服务的组播组范围，该 C-RP 将为所有组播组服务。

如果路由器想要成为多个组范围的 C-RP，则需要在配置 **group-policy** 所对应的 ACL 时将多个组范围用多个 **rule** 规则表示出来。如果对于同一接口多次执行本命令，则最新配置将覆盖旧配置。

crp-policy 命令在对 C-RP 所宣告的组播组地址范围进行过滤时，只依据其组播组地址前缀进行过滤。例如，当 C-RP 宣告的组播组地址范围为 224.1.0.0/16，而 **crp-policy** 命令中所规定的合法组播组地址范围为 224.1.0.0/30 时，最终通过过滤的组播组地址范围为 224.1.0.0/16。

【示例 1】把交换机的 Vlan-interface100 接口配置为 225.1.0.0/16 和 226.2.0.0/16 这两个组播组所对应的 C-RP，并且设置该 C-RP 的优先级为 10。

```
<Sysname> system-view
[Sysname] acl number 2000
[Sysname-acl-basic-2011] rule permit source 225.1.0.0 0.0.255.255
[Sysname-acl-basic-2011] rule permit source 226.2.0.0 0.0.255.255
[Sysname-acl-basic-2011] quit
[Sysname] pim
[Sysname-pim] c-rp vlan-interface 100 group-policy 2011 priority 10
```

【示例 2】在公网实例中配置仅允许 1.1.1.1/24 范围内的设备充当 C-RP，并且配置所服务的组播组地址范围为 224.1.0.0/16。

```
<Sysname> system-view
[Sysname] acl number 3011
[Sysname-acl-adv-3011] rule permit ip source 1.1.1.1 0.0.0.255 destination 224.1.0.0 0.0.255.255
[Sysname-acl-adv-3011] quit
[Sysname] pim
[Sysname-pim] crp-policy 3011
```

3．启用自动 RP 侦听

由于静态指定 RP 必须为每一台末端路由器手工配置 RP，且当 RP 改变时还要手动进行更改，带来很大的管理工作量。而自动 RP 则可以解决这个问题。自动 RP 宣告（Announce）和发现（Discovery）报文的目的地址分别为组播组地址 224.0.1.39 和 224.0.1.40。在设备上启用了自动 RP 侦听功能后，该设备便能够接收这两种报文，就可以得知有哪些 RP，以及这些 RP 对应哪些多播组，从而可以自动发现 RP。启动自动 RP 侦听的方法很简单，只需在对应的实例视图下执行 **auto-rp enable** 命令即可。默认情况下，自动 RP 侦听功能处于关闭状态，可用 **undo auto-rp enable** 命令关闭自动 RP 侦听功能。

以下示例是在公网实例中启用自动 RP 侦听功能。

```
<Sysname> system-view
[Sysname] pim
[Sysname-pim] auto-rp enable
```

4．全局配置 C-RP 定时器

为了使 BSR 能够在 PIM-SM 域内分发 RP-Set 信息，C-RP 必须周期性地向 BSR 发送宣告报文，BSR 从该报文中学习 RP-Set 信息（C-RP 汇总信息），并将该信息与自己的 IP 地址一起封装在自举报文中向域中的所有 PIM 路由器进行宣告。

C-RP 在其宣告报文中封装一个保持时间，BSR 在收到该报文后，从中获得该时间值并启动 C-RP 超时定时器，如果超时后 BSR 仍没有收到来自 C-RP 后续的宣告报文，则认为目前网络中的 C-RP 失效或不可达。在已配置为 C-RP 的路由器上按表 13-11 进行 C-RP 宣告报文发送时间间隔和 C-RP 超时时间配置。

表 13-11　全局配置 C-RP 定时器的步骤

步骤	命令	说明
1	**system-view** 例如：<Sysname> **system-view**	进入系统视图
2	**pim** [**vpn-instance** *vpn-instance-name*] 例如：[Sysname] **pim**	进入公网实例或 VPN 实例 PIM 视图
3	**c-rp advertisement-interval** *interval* 例如：[Sysname-pim]**c-rp advertisement-interval** 100	配置 C-RP 发送宣告报文的时间间隔。参数 *interval* 用来指定发送宣告报文的时间间隔，取值范围为 1～65535 秒。 默认情况下，发送宣告报文的时间间隔为 60 秒，可用 **undo c-rp advertisement-interval** 命令来恢复默认情况
4	**c-rp holdtime** *interval* 例如：[Sysname-pim]**c-rp holdtime** 200	全局配置 C-RP 超时时间，即 BSR 等待接收来自 C-RP 的宣告报文的超时时间，参数 *interval* 用来指定 C-RP 的超时时间，取值范围为 1～65535 秒。 默认情况下，C-RP 的超时时间为 150 秒，可用 **undo c-rp holdtime** 命令恢复默认情况

续表

步骤	命令	说明
4		【注意】由于非 BSR 通过 BSR 自举报文来更新 C-RP 的超时时间，所以在配置时，C-RP 的超时时间不要小于 BSR 发送自举报文的时间间隔，且最好为该间隔的 2.5 倍以上，以防止 BSR 自举报文中的 C-RP 信息丢失。有关 BSR 发送自举报文的时间间隔将在下节介绍

【示例 3】在公网实例中配置发送宣告报文时间间隔的全局值为 50 秒。

```
<Sysname> system-view
[Sysname] pim
[Sysname-pim] c-rp advertisement-interval 50
```

【示例 4】在公网实例中配置 C-RP 超时时间的全局值为 500 秒。

```
<Sysname> system-view
[Sysname] pim
[Sysname-pim] c-rp holdtime 500
```


13.3.3 PIM-SM 域 BSR 配置

在一个 PIM-SM 域中只能有一个 BSR（自举路由器），但需要配置至少一个 C-BSR。任意一台路由器都可以被配置为 C-BSR。在 C-BSR 之间通过自动选举产生 BSR，BSR 负责在 PIM-SM 域中收集并发布 RP 信息。

1. 配置 C-BSR

C-BSR 应配置在骨干网的路由器上。在将路由器配置为 C-BSR 时，必须同时指定一个启用了 PIM-SM 的接口。C-BSR 间选举 BSR 的机制如下：

（1）在 PIM 路由器启动时，每个 C-BSR 都认为自己是本 PIM-SM 域的 BSR，并使用接口的 IP 地址作为 BSR 地址，发送自举报文。

（2）当某 C-BSR 收到其他 C-BSR 发来的自举报文时，首先比较自己与后者的优先级，优先级较高者获胜；在优先级相同的情况下，再比较自己与后者的 BSR IP 地址，拥有较大 IP 地址者获胜。如果后者获胜，则用后者的 BSR 地址替换自己的 BSR 地址，并不再认为自己是 BSR；否则，保留自己的 BSR 地址，并继续认为自己是 BSR。

通过在路由器上配置合法 BSR 的地址范围，可以对收到的自举报文按照地址范围进行过滤，从而防止某些恶意主机非法伪装成 BSR，以避免合法的 BSR 被恶意取代。必须在 PIM-SM 域内的所有路由器上进行相同的配置。

C-BSR 及合法的 BSR 地址范围配置步骤如表 13-12 所示。

表 13-12　C-BSR 及合法的 BSR 地址范围配置步骤

步骤	命令	说明
1	**system-view**	进入系统视图
2	**pim** [**vpn-instance** *vpn-instance-name*]	进入公网实例或 VPN 实例 PIM 视图
3	**c-bsr** *interface-type interface-number* [*hash-length* [*priority*]]	配置某接口为 C-BSR。命令中的参数说明如下： ● *interface-type interface-number*：指定接口类型和接口编号，将该接口配置为 C-BSR。充当 C-BSR 的接口上必须先启动 PIM-SM 模式 ● *hash-length*：可选参数，指定哈希掩码长度，取值范围为 0～32。如果不指定该参数，则取相应的全局值 ● *priority*：可选参数，指定 C-BSR 的优先级，取值范围为 0～255。如果不指定该参数，则取相应的全局值。该数值越大，优先级越高 默认情况下，没有配置 C-BSR，可用 **undo c-bsr** 命令删除 C-BSR 的相关配置
4	**bsr-policy** *acl-number*	配置合法的 BSR 地址范围，以防止 BSR 欺骗。参数 *acl-number* 指定基本 ACL 编号，使用 **rule** 命令中的 **source** 参数来指定合法 BSR 的源地址范围，取值范围为 2000～2999。 默认情况下，BSR 的地址范围不受任何限制，即认为来自任意源的自举报文都是合法的，可用 **undo bsr-policy** 命令取消 BSR 地址范围的限制

【示例 1】把 Vlan-interface10 接口配置为 C-BSR。

```
<Sysname> system-view
[Sysname] pim
[Sysname-pim] c-bsr vlan-interface 10
```

【示例 2】在公网实例中配置合法的 BSR 地址范围为 10.10.1.0/24。

```
<Sysname> system-view
[Sysname] acl number 2011
[Sysname-acl-basic-2011] rule permit source 10.10.1.0 0.0.0.255
[Sysname-acl-basic-2011] quit
[Sysname] pim
[Sysname-pim] bsr-policy 2011
```

2. 配置 BSR 服务边界

BSR 作为 PIM-SM 域中的管理核心，负责将收集到的 RP-Set 信息以自举报文的形式发向 PIM-SM 域中的所有路由器。BSR 的服务边界，即 PIM-SM 域的边界。BSR 是针对特定的服务范围而言的，众多的 BSR 服务边界接口将网络划分成不同的 PIM-SM 域，自举报文无法通过 PIM-SM 域的边界，BSR 服务边界之外的路由器也不能参与本 PIM-SM 域内的组播转发。

需在欲配置为 BSR 服务边界的所有路由器的接口（**注意，不是 BSR 接口**）下使用 **pim bsr-boundary** 命令。默认情况下，没有配置 BSR 的服务边界，可用 **undo pim bsr-boundary** 命令删除 BSR 的服务边界。

以下示例是配置 Vlan-interface10 接口为 BSR 的服务边界。

```
<Sysname> system-view
[Sysname] interface vlan-interface 10
[Sysname-Vlan-interface10] pim bsr-boundary
```

3. 全局配置 C-BSR 参数

在一个 PIM-SM 域会从众多 C-BSR 中，根据各 C-BSR 的优先级值选举出唯一的 BSR。PIM-SM 域内的 C-RP 向 BSR 发送宣告报文，由 BSR 汇总为 RP-Set，并向本 PIM-SM 域内的所有路由器进行宣告。所有路由器都使用统一的哈希算法，从 RP-Set 宣告报文中得到特定组播组所对应 RP 的地址。需在已配置为 C-BSR 的路由器上按表 13-13 所示进行 C-BSR 优先级和组播组 IP 地址哈希值的配置。

表 13-13 全局配置 C-BSR 参数

步骤	命令	说明
1	**system-view** 例如：<Sysname> **system-view**	进入系统视图
2	**pim** [**vpn-instance** *vpn-instance-name*] 例如：[Sysname] **pim**	进入公网实例或 VPN 实例 PIM 视图
3	**c-bsr priority** *priority* 例如：[Sysname-pim] **c-bsr priority** 5	配置 C-BSR 的优先级。参数 *priority* 用来指定当前 C-BSR 的优先级，取值范围为 0～255。数值越大，优先级越高。 默认情况下，C-BSR 的优先级为 64，可用 **undo c-bsr priority** 命令恢复默认情况
4	**c-bsr hash-length** *hash-length* 例如：[Sysname-pim] **c-bsr hash-length** 16	配置利用哈希算法从 RP-Set 宣告报文中得到特定组播组所对应 RP IP 地址所需的哈希掩码长度。参数 *hash-length* 用来指定哈希掩码长度，取值范围为 0～32。 默认情况下，哈希掩码长度为 30，可用 **undo c-bsr hash-length** 命令恢复默认情况

4. 配置 C-BSR 定时器

当某 C-BSR 竞选成为 BSR 后，它会以自举时间间隔周期性地通过自举报文向其所服务的区域以组播方式发送自己的 IP 地址和 RP-Set 信息，收到该报文的 C-BSR 会在自举超时时间内将其保持，此时 BSR 选举过程暂停。当自举超时时间超时后，C-BSR 之间会再触发新一轮的 BSR 选举过程。为了避免频繁的选举，在已配置为 C-BSR 的路由器上适当延长自举超时时间。BSR 自举报文发送时间间隔和 BSR 自举超时时间配置步骤如表 13-14 所示。配置时，应保证自举时间间隔小于自举超时时间。

表 13-14 配置 C-BSR 定时器的步骤

步骤	命令	说明
1	**system-view** 例如：<Sysname> **system-view**	进入系统视图
2	**pim** [**vpn-instance** *vpn-instance-name*] 例如：[Sysname] **pim**	进入公网实例或 VPN 实例 PIM 视图
3	**c-bsr interval** *interval* 例如：[Sysname-pim] **c-bsr interval** 50	配置自举时间间隔，即 BSR 发送自举报文的时间间隔。参数 *interval* 用来指定 BSR 发送自举报文的时间间隔，取值范围为 10～2147483647 秒。 默认情况下，自举时间间隔由如下公式决定：自举时间间隔＝（自举超时时间－10）/2。默认情况下，自举超时时间为 130 秒，则自举时间间隔的默认值＝（130－10）/2＝60（秒），可用 **undo c-bsr interval** 命令恢复默认情况
4	**c-bsr holdtime** *interval* 例如：[Sysname-pim] **c-bsr holdtime** 150	配置自举超时时间，即 C-BSR 等待接收来自 BSR 的自举报文的超时时间。参数 *interval* 用来指定自举超时时间，取值范围为 1～2147483647，单位为秒。 默认情况下，自举超时时间由如下公式决定：自举超时时间＝自举时间间隔×2＋10，默认情况下，自举时间间隔为 60 秒，则自举超时时间的默认值＝60×2＋10＝130（秒），可用 **undo c-bsr holdtime** 命令恢复默认情况

13.3.4 PIM-SM 管理域配置

默认情况下，PIM 域都没有管理域的，也就是都是非管理域机制。在这种非管理域机制下，一个 PIM-SM 域中只有唯一的 BSR，整个网络都在该 BSR 的管理范围之内。考虑到管理的精细化，可以将整个 PIM-SM/双向 PIM 域划分为一个 Global 域（Global-scope Zone）和多个管理域（Admin-scope Zone）。这样做一方面可以有效分担单一 BSR 的管理压力，另一方面可以使用私有组地址为特定区域提供专门的服务。相应地，我们称之为管理域机制。

1．管理域与 Global 域

管理域与组播组对应，不同的组播组划分到不同的管理域中。管理域的边界由 ZBR（Zone Border Router，区域边界路由器）组成，每个管理域各维护一个 BSR，为特定范围的组播组服务。同时属于此范围内的组播协议报文（如断言报文、BSR 自举报文等）都无法通过管理域边界。不同管理域所服务的组播组范围可以重叠，该组播组只在本管理域内有效，相当于私有 IP 地址。而不属于任何管理域服务范围的组播组则一律属于 Global 域的服务范围，Global 域中维护一个 BSR，为剩余的所有组播组服务。

每个管理域以及 Global 域都有独立的 C-RP 和 BSR 设备，这些设备仅在其所属的域有效，也就是说 BSR 机制与 RP 选举在各管理域之间是隔离的；每个管理域都有自己的边界，各管理域所服务的组播组范围内的组播信息不能进、出该边界。为了更清晰地理解管理域和 Global 域之间的关系，可以从以下两个角度进行考虑：

从地域空间角度，管理域是针对特定范围组播组的逻辑管理区域，属于此范围的组播报文只能在本管理域的域内（管理域）或域外（Global 域）传播，无法跨过管理域的边界。如图 13-2 所示（图中的虚线表示管理域和 Global 域的相连关系）。对于同一地址范围内的组播组而言，各管理域（如 Admin-scope 1、Admin-scope 2、Admin-scope 3）在地域上必须相互独立、相互隔离，即同一路由器不能从属于多个管理域，各管理域所包含的路由器也互不相同，但是，Global 域中则包含了 PIM-SM 域内的所有路由器，不属于任何管理域服务范围的组播报文，可以在整个 PIM-SM 域范围内传播。

从组播组地址范围角度来看，每个管理域仅为特定的组播组提供服务，这些组播组地址之间通常没有交集，但是也可能存在相互交叉（部分相同）和重叠（完全相同）关系，因为各管理域中有的组播地址仅属于对应的管理域，就像 LAN 中的私有地址一样，不同 LAN 中的私有地址段可以一样。如图 13-3 所示，管理域 1 与管理域 2 所对应的组地址范围无交集，而管理域 3 的组地址是管理域 1 组地址的子集，也就是这两个管理域之间的组播地址存在重叠部分；Global 域所对应的组地址范围是除各管理域组地址外的其他所有组播组的地址，即 G−G1−G2。也就是说，Global 域和所有管理域之间就组地址范围来说是互补关系。

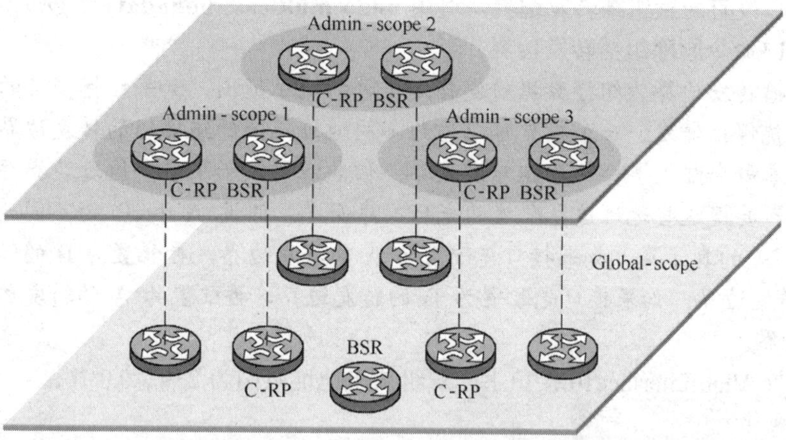

图 13-2 地域空间上管理域与 Global 域的关系

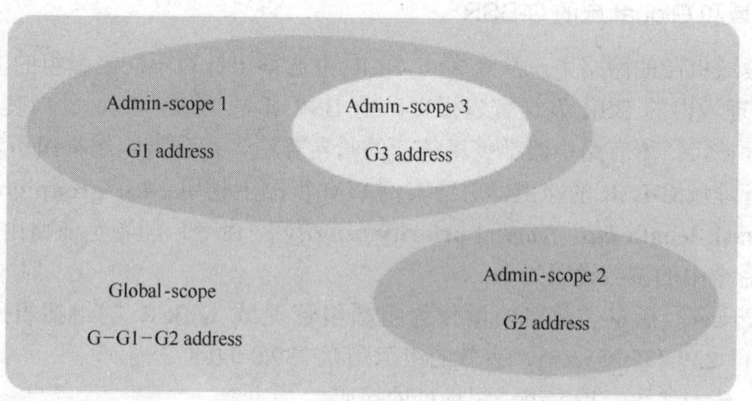

图 13-3 组播组地址范围上管理域与 Global 域的关系

2．启用管理域机制

在配置管理域各项功能之前，必须先启用管理域机制。需要在所有想配置为 C-BSR（候选 BSR）和 ZBR 的路由器上启用管理域机制。管理域机制的启用方法就是在对应实例的 PIM 视图下使用 **c-bsr admin-scope** 命令。默认情况下，管理域机制处于关闭状态，即每个 PIM-SM 域中只能有一个 BSR，可用 **undo c-bsr admin-scope** 命令关闭管理域机制。

以下示例是在当前路由器的公网实例中启用管理域机制。

```
<Sysname> system-view
[Sysname] pim
[Sysname-pim] c-bsr admin-scope
```

3．管理域边界配置

在管理域机制中，各管理域的边界由 ZBR 构成，每个管理域各维护一个 BSR，服务于特定范围的组播组，属于此范围的组播协议报文（如断言报文、BSR 自举报文等）无法通过管理域边界。

管理域边界的配置就是在作为管理域边界的路由器接口上配置组播转发地址范围。配置的方法是在对应接口配置视图下使用 **multicast boundary** *group-address* { *mask* | *mask-length* }命令。需要在所有 ZBR 的路由器接口上进行配置。命令中的参数说明如下：

- *group-address*：指定组播转发的组播组地址，取值范围为 224.0.0.0～239.255.255.255，因为 224.0.0.0/8 范围为保留的地址，有效的组地址范围在 239.0.0.0/8 之内。
- *mask*：二选一参数，指定组播组地址掩码。
- *mask-length*：二选一参数，指定组播组地址的掩码长度，取值范围为 4～32。

默认情况下，没有配置组播转发边界，可用 **undo multicast boundary** { *group-address* { *mask* | *mask-length* } | **all** }命令删除组播转发边界。

【注意】组播转发边界为组播数据转发指定了目的地址范围，如果组播报文的目的地址与配置的范围不匹配，就停止转发。一个接口可以作为不同地址范围的组播组的转发边界，即允许在同一接口上多次执行本命令配置多个组播组转发边界。但要注意，如果多个地址边界存在重叠，则最终执行的是哪个边界要视这些地址边界配置的先后次序而定。假设 A 和 B 为不同地址范围的组播组的集合，且 B 是 A 的真子集，如果接口先配置为 A 的转发边界，再配置为 B 的转发边界，则该接口仍然为 A 的转发边界；如果接口先配置为 B 的转发边界，再配置为 A 的转发边界，则该接口将变为 A 的转发边界。

以下示例是在 Vlan-interface10 接口上配置组播组地址范围为 239.2.0.0/16。

```
<Sysname> system-view
[Sysname] interface vlan-interface 10
[Sysname-Vlan-interface10] multicast boundary 239.2.0.0 16
```

4．配置管理域和 Global 域的 C-BSR

在应用了管理域机制的网络中，从众多 C-BSR 中选举出针对不同组播组的 BSR。管理域内的 C-RP 只向对应管理域内的 BSR 发送宣告报文，由 BSR 汇总为 RP-Set，并向其所服务的管理域内的所有路由器进行宣告。所有路由器都使用统一的哈希算法，得到特定组播组所对应 RP 的地址。

在要配置为管理域 C-BSR 的路由器对应实例 PIM 视图上使用 **c-bsr group** *group-address* { *mask* | *mask-length* } [**hash-length** *hash-length* | **priority** *priority*] *命令，配置当前路由器作为某组播组管理域的 C-BSR。命令中的参数说明如下：

- *group-address*：指定当前路由器作为组播组管理域 C-BSR 的组播组地址，取值范围为 239.0.0.0～239.255.255.255，有效的组范围在 239.0.0.0/8 之内。
- *mask*：二选一参数，指定组播组地址的掩码。
- *mask-length*：二选一参数，指定组播组地址的掩码长度，取值范围为 8～32。
- *hash-length*：可多选参数，指定以上组播地址的组播组所对应管理域中的哈希掩码长度，取值范围为 0～32。如果不指定该参数，则取相应的全局值。
- *priority*：可多选参数，指定以上组播地址的组播组所对应管理域中 C-BSR 的优先级，取值范围为 0～255。如果不指定该参数，则取相应的全局值。该数值越大，优先级越高。

默认情况下，没有配置管理域的 C-BSR，可用 **undo c-bsr group** *group-address* 命令删除对管理域 C-BSR 的配置。

【示例 1】在公网实例中配置本路由器为 239.0.0.0/8 所对应管理域的 C-BSR，其优先级为 10。

```
<Sysname> system-view
[Sysname] pim
[Sysname-pim] c-bsr group 239.0.0.0 255.0.0.0 priority 10
```

在要配置为 Global 域 C-BSR 的路由器对应实例 PIM 视图上使用 **c-bsr global** [**hash-length** *hash-length* | **priority** *priority*] *命令配置当前路由器作为 Global 域的 C-BSR。命令中的参数说明如下：

- *hash-length*：可多选参数，指定 Global 域中的哈希掩码长度，取值范围为 0～32。如果不指定该参数，则取相应的全局值。
- *priority*：可多选参数，指定 Global 域中 C-BSR 的优先级，取值范围为 0～255。如果不指定该参数，则取相应的全局值。该数值越大，优先级越高。

默认情况下，没有配置 Global 域的 C-BSR，可用 **undo c-bsr global** 命令删除对 Global 域 C-BSR 的配置。

【示例 2】在公网实例中把路由器配置为 Global 域的 C-BSR，其优先级为 1。

```
<Sysname> system-view
[Sysname] pim
[Sysname-pim] c-bsr global priority 1
```

可以在三种域范围内进行配置：全局、管理域和 Global 域；如果在管理域或 Global 域下进行了配置，则取其配置值；如果未在管理域或 Global 域下进行配置，则取相应的全局值。有关 C-BSR 全局参数的配置参见 13.4.3 节中的介绍。

13.3.5 PIM-SM 域组播源注册配置

在 PIM-SM 域内，组播源侧的 DR 会向 RP 发送带有组播源或组播组地址的组播注册报文。为了让 RP 服务于特定的组播组，可以对注册报文进行过滤。如果某个（S，G）表项被过滤规则拒绝，或者过滤规则中没有定义对它的操作，RP 都会向 DR 发送注册停止报文，以停止该组播数据的注册过程。

出于对注册报文在传递过程中完整性的考虑，还可以配置根据整个报文来计算校验和。但为了减少往注册报文中封装数据报文的工作量并考虑到互通性，一般情况下不建议配置根据注册报文的全部内容来计算校验和的方式。

当接收者不再通过 RP 接收发往某组播组的数据（即 RP 不再服务于该组播组），或 RP 正式开始接收来自组播源的、封装有组播数据的注册报文时，RP 将向组播源侧的 DR 发送注册停止报文，DR 收到该报文后将停止发送封装有组播数据的注册报文并启动注册停止定时器（Register-Stop Timer）。当注册停止定时器超时后，DR 会向 RP 发送一个空注册报文（Null-Register Message，即不封装组播数据的注册报文）。如果 DR 在注册探测时间（Register_Probe_Time）内收到了来自 RP 的注册停止报文，DR 将刷新其注册停止定时器；否则，DR 将重新开始发送封装有组播数据的注册报文。

注册停止定时器的超时时间是一个随机值，由其他两个时间值决定：注册抑制时间（Register_Suppression_Time）和注册探测时间。其具体取值范围如下：（0.5×注册抑止时间，1.5×注册抑止时间）-注册探测时间。

要在所有已配置为 C-RP 的路由器上配置注册报文的过滤规则和根据注册报文的全部内容来计算校验和；在所有可能成为组播源侧 DR 的路由器上配置注册抑制时间和注册探测时间。具体步骤如表 13-15 所示，注意，里面的具体配置任务是在不同的路由器上配置的。

表 13-15 PIM-SM 域组播源注册配置步骤

步骤	命令	说明
1	**system-view** 例如：<Sysname> **system-view**	进入系统视图
2	**pim** [**vpn-instance** *vpn-instance-name*] 例如：[Sysname] **pim**	进入公网实例或 VPN 实例 PIM 视图
3	**register-policy** *acl-number* 例如：[Sysname-acl-adv-3011] **rule permit ip source** 10.10.1.0 0.0.255.255 **destination** 225.1.0.0 0.0.255.255	（可选）在 C-RP 路由器上配置注册报文的过滤规则。参数 *acl-number* 用来指定高级 ACL 编号，取值范围为 3000～3999。使用源（source）地址进行组播源地址匹配，使用目的（destination）地址与组播组地址匹配，只有与 ACL 的 **permit** 语句匹配的注册报文才会被 RP 接收。 默认情况下，没有配置注册报文的过滤规则，可用 **undo register-policy** 命令删除注册报文的过滤规则
4	**register-whole-checksum** 例如：[Sysname-pim]**register-whole-checksum**	（可选）在 C-RP 路由器上配置根据注册报文的全部内容来计算校验和。默认情况下，仅根据注册报文头来计算校验和，可用 **undo register-whole-checksum** 命令恢复默认情况

续表

步骤	命令	说明
5	**register-suppression-timeout** *interval* 例如：[Sysname-pim]**register-suppression-timeout** 100	（可选）在 DR 路由器上配置注册抑制时间，参数 *interval* 用来指定注册抑制时间，取值范围为 1～3600 秒。 默认情况下，注册抑制时间为 60 秒，可用 **undo register-suppression-timeout** 命令用来恢复默认情况
6	**probe-interval** *interval* 例如：[Sysname-pim]**probe-interval** 10	（可选）在 DR 路由器上配置注册探测时间。参数 *interval* 用来指定注册探测时间，取值范围为 1～1799 秒。 默认情况下，注册探测时间为 5 秒，可用 **undo probe-interval** 命令恢复默认情况

【示例 1】在公网实例中配置 RP 上对注册报文的过滤规则，只接收来自 10.10.1.0/24 网段的组播源发向 225.1.1.0/24 网段的组播组的注册报文。

```
<Sysname> system-view
[Sysname] acl number 3011
[Sysname-acl-adv-3011] rule permit ip source 10.10.1.0 0.255.255.255 destination 225.1.1.0 0.255.255.255
[Sysname-acl-adv-3011] quit
[Sysname] pim
[Sysname-pim] register-policy 3011
```

【示例 2】在公网实例中配置根据注册报文的全部内容来计算校验和。

```
<Sysname> system-view
[Sysname] pim
[Sysname-pim] register-whole-checksum
```

【示例 3】在公网实例中配置注册抑制时间为 100 秒。

```
<Sysname> system-view
[Sysname] pim
[Sysname-pim] register-suppression-timeout 100
```

【示例 4】在公网实例中配置注册探测时间为 10 秒。

```
<Sysname> system-view
[Sysname] pim
[Sysname-pim] probe-interval 10
```

13.3.6 禁止 SPT 切换

在 PIM-SM 域中，一个组播组唯一对应一个 RP 和一棵 RPT（汇集点生成树）。在 SPT（最短路径生成树）切换前，所有发往该组的组播报文都必须先由组播源侧 DR 封装在注册报文中发往 RP，由 RP 解封装后再沿 RPT 分发给接收者侧的 DR，RP 是所有组播数据必经的中转站。这个过程存在以下三个问题：

- 组播源侧的 DR 和 RP 必须对组播数据进行繁琐的封装/解封装处理，负荷压力大。
- 组播数据的转发路径不一定是从组播源到接收者的最短路径。
- 当组播流量变大时，RP 负担增大，容易引发故障。

为了解决上述问题，PIM-SM 允许由 RP 或接收者侧的 DR 发起 SPT 切换。在 PIM-SM 域中，RP 收到第一个组播数据包后，立即向组播源方向发送（S，G）加入报文，在组播源侧 DR 与 RP 之间建立起 SPT 分支，后续的组播报文都直接沿该分支到达 RP。具体过程如下：

（1）接收者侧 DR 会向组播源方向发送（S，G）加入报文，并最终送达组播源侧 DR，沿途经过的所有路由器在其转发表中都生成了（S，G）表项，从而建立了 SPT 分支。

（2）随后，当组播数据沿 SPT 到达 RPT 与 SPT 分叉的路由器时，该路由器开始丢弃沿 RPT 到达的组播数据，同时向 RP 逐跳发送含 RP 位的剪枝报文，RP 收到该报文后继续向组播源方向发送剪枝报文（假设此时只有这一个接收者），从而完成了 SPT 切换；最终，组播数据就将沿 SPT 从组播源到达接收者。

通过 SPT 切换，PIM-SM 能够以比 PIM-DM 更经济的方式建立 SPT。如果禁止这种切换，可以通过在不可能成为 RP（包括 RP 和 C-RP）的 PIM-SM 组播路由器的对应实例 PIM 视图下使用 **spt-switch-threshold infinity** [**group-policy** *acl-number* [**order** *order-value*]]命令关闭特定组播组的 SPT 切换。命令中的参数说明如下：

- **group-policy** *acl-number*：可选参数，指定用于禁止 SPT 切换组策略中的基本 ACL 编号，取值范围为 2000～2999。通过源地址进行匹配组播组地址即可。如果不指定该参数，本配置将应用于所有组播组。
- **order** *order-value*：可选参数，指定上述基本 ACL 在组策略列表中的序号，取值范围为 1～现有组策略列表中的最大序号＋1，但取值范围中不包括该 ACL 在组策略列表中的原有序号。如果已为某 ACL 指定了 *order-value*，则不允许为该 ACL 指定相同的 *order-value*，否则系统将报错；如果不指定该参数，则不改变该 ACL 在组策略列表中的序号。

【注意】当需要调整组策略列表中已有 ACL 的次序时，可以通过配置参数 *acl-number* 指定该 ACL，并设置其 *order-value*，将该 ACL 插入到组策略列表的 *order-value* 位置。组策略列表中已有的其他 ACL 保持先后排列次序不变。

当需要启用组策略列表中没有的 ACL 时，可以通过配置参数 *acl-number* 指定该 ACL，并设置其 *order-value*，将该 ACL 插入到组策略列表的 *order-value* 位置。如果不指定 *order-value*，则将其插入组策略列表的尾部。

如果对同一组播组配置了多条该命令，则该组播组按顺序匹配到的第一个命令将生效。

以下示例是在不可能成为 RP 的交换机上禁止 SPT 切换。

```
<Sysname> system-view
[Sysname] pim
[Sysname-pim] spt-switch-threshold infinity
```

13.3.7　非管理域机制 PIM-SM 配置示例

本节介绍的示例是在非管理域机制下，也就是一个 PIM-SM 域不再根据组播组划分管理域。本示例拓扑如图 13-4 所示，接收者通过组播方式接收视频点播信息，不同组织的接收者群体在不同的网段中，每个网段中都存在至少一个接收者。

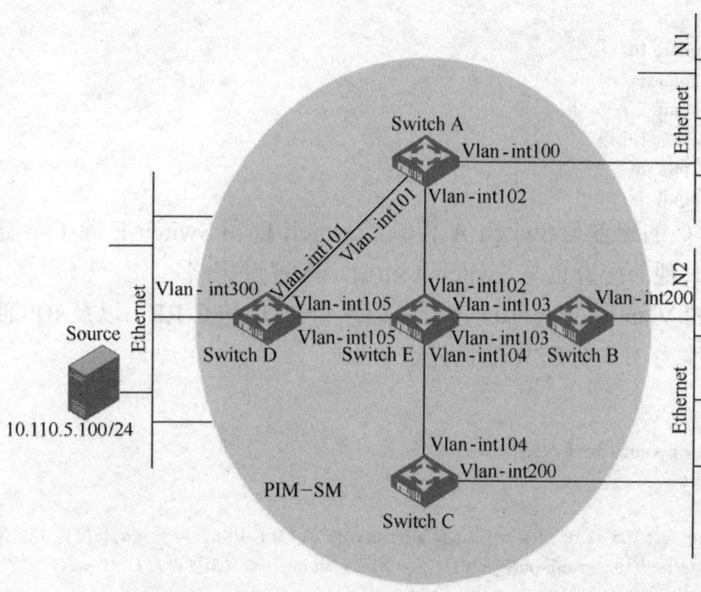

图 13-4　非管理域机制下的 PIM-SM 配置示例拓扑

示例中的 Host A 和 Host C 为两个网段中的组播信息接收者；Switch D 通过 Vlan-interface300 接口与组播源（Source）所在网络连接；Switch A 通过 Vlan-interface100 接口连接网段 N1，通过 Vlan-interface101 接口和 Vlan-interface102 接口分别连接 Switch D 和 Switch E；Switch B 和 Switch C 通过各自的 Vlan-interface200 接口连接网段 N2，分别通过 Vlan-interface103 和 Vlan-interface104 接口连接 Switch E。Switch A 与网段 N1 之间运行 IGMPv2；Switch B 和 Switch C 与网段 N2 之间也运行 IGMPv2。

现要将 Switch D 的 Vlan-interface105 接口和 Switch E 的 Vlan-interface102 接口都配置为 C-BSR 和 C-RP，其中 Switch E 上 C-BSR 的优先级较高。C-RP 所服务的组播组范围为 225.1.1.0/24，通过改变哈希掩码长度使此范围内的组地址间隔映射到这两个 C-RP 上。示例中各交换机的 VLAN 接口 IP 地址分配如表 13-16 所示。

表 13-16　非管理域机制下的 PIM-SM 配置示例各 VLAN 接口 IP 地址分配

设备	接口	IP 地址	设备	接口	IP 地址
Switch A	Vlan-int100	10.110.1.1/24	Switch D	Vlan-int300	10.110.5.1/24
	Vlan-int101	192.168.1.1/24		Vlan-int101	192.168.1.2/24
	Vlan-int102	192.168.9.1/24		Vlan-int105	192.168.4.2/24
Switch B	Vlan-int200	10.110.2.1/24	Switch E	Vlan-int104	192.168.3.2/24
	Vlan-int103	192.168.2.1/24		Vlan-int103	192.168.2.2/24
Switch C	Vlan-int200	10.110.2.2/24		Vlan-int102	192.168.9.2/24
	Vlan-int104	192.168.3.1/24		Vlan-int105	192.168.4.1/24

下面是具体的配置步骤。

（1）按照图 13-4 所示配置各接口的 IP 地址和子网掩码，具体配置过程略。

（2）根据具体环境配置 PIM-SM 域内的各交换机之间的 OSPF 路由，确保 PIM-SM 域内部在网络层互通，并且各交换机之间能够借助单播路由协议实现动态路由更新，具体配置过程略。

（3）在 Switch A 上启用 IP 组播路由，在各 VLAN 接口上启用 PIM-SM，并在其连接的网段的 Vlan-interface100 接口上启用 IGMP。

```
<SwitchA> system-view
[SwitchA] multicast routing-enable
[SwitchA] interface vlan-interface 100
[SwitchA-Vlan-interface100] igmp enable
[SwitchA-Vlan-interface100] pim sm
[SwitchA-Vlan-interface100] quit
[SwitchA] interface vlan-interface 101
[SwitchA-Vlan-interface101] pim sm
[SwitchA-Vlan-interface101] quit
[SwitchA] interface vlan-interface 102
[SwitchA-Vlan-interface102] pim sm
[SwitchA-Vlan-interface102] quit
```

Switch B 和 Switch C 的配置与 Switch A 相似，Switch D 和 Switch E 除了不需要在相应 VLAN 接口上启用 IGMP 外，其他的配置也与 Switch A 相似，配置过程略。

（4）在 Switch D 的 Vlan-interface105 接口上配置 C-BSR 和 C-RP，以及 RP 通告的组播地址范围，并指定哈希掩码长度为 32，C-BSR 的优先级为 10。

```
<SwitchD> system-view
[SwitchD] acl number 2011
[SwitchD-acl-basic-2011] rule permit source 225.1.1.0 0.0.0.255
[SwitchD-acl-basic-2011] quit
[SwitchD] pim
[SwitchD-pim] c-bsr vlan-interface 105 32 10   !---指定 Vlan-interface105 接口为 C-BSR，哈希掩码长度为 32，优先级值为 10
[SwitchD-pim] c-rp vlan-interface 105 group-policy 2011   !---指定 Vlan-interface105 接口为 C-RP，通告中的组播组地址范围由 ACL 2011 过滤
[SwitchD-pim] quit
```

（5）在 Switch E 的 Vlan-interface105 接口上配置 C-BSR 和 C-RP，以及 RP 通告的组播地址范围，并指定哈希掩码长度为 32，C-BSR 的优先级为 20。

```
<SwitchE> system-view
[SwitchE] acl number 2005
[SwitchE-acl-basic-2005] rule permit source 225.1.1.0 0.0.0.255
[SwitchE-acl-basic-2005] quit
[SwitchE] pim
[SwitchE-pim] c-bsr vlan-interface 102 32 20
[SwitchE-pim] c-rp vlan-interface 102 group-policy 2011
[SwitchE-pim] quit
```

（6）通过使用 **display pim interface** 命令可以查看各交换机启用了 PIM-SM 的 VLAN 接口上的 PIM 配置和运行情况。下面是 Switch A 上的 PIM 配置信息。

```
[SwitchA] display pim interface
 VPN-Instance: public net
 Interface          NbrCnt HelloInt   DR-Pri     DR-Address
 Vlan100              0      30         1          10.110.1.1     (local)
 Vlan101              1      30         1          192.168.1.2
 Vlan102              1      30         1          192.168.9.2
```

以上输出信息中各字段说明如下：

- VPN-Instance: public net——显示实例名，此处为公网实例（public net）
- Interface——VLAN 接口名称
- NbrCnt——对应 VLAN 接口所连接的 PIM 邻居数量
- HelloInt——对应 VLAN 接口发送 Hello 报文的时间间隔
- DR-Pri——对应 VLAN 接口竞选 DR 的优先级
- DR-Address——对应 VLAN 接口的 DR 的 IP 地址，local 表示为本地地址

通过使用 **display pim bsr-info** 命令可以查看交换机上 BSR 选举的信息，以及本地配置并生效的 C-RP 信息。下面是 Switch A 上的 BSR 信息，以及本地配置并生效的 C-RP 信息。在这里仅显示了当选的 BSR 信息，因为在 Switch A 上没有配置 C-BSR 和 C-RP。

```
[SwitchA] display pim bsr-info
 VPN-Instance: public net
 Elected BSR Address: 192.168.9.2
     Priority: 20
     Hash mask length: 32
     State: Accept Preferred
     Scope: Not scoped
     Uptime: 00:40:40
     Expires: 00:01:42
```

下面是 Switch D 上的 BSR 信息。此处除显示了与 Switch A 上一样的当选的 BSR 信息外，还显示了在本地交换机上配置的 C-BSR 和 C-RP 信息。

```
[SwitchD] display pim bsr-info
 VPN-Instance: public net
 Elected BSR Address: 192.168.9.2
     Priority: 20
     Hash mask length: 32
     State: Accept Preferred
     Scope: Not scoped
     Uptime: 00:05:26
     Expires: 00:01:45
 Candidate BSR Address: 192.168.4.2
     Priority: 10
     Hash mask length: 32
     State: Candidate
     Scope: Not scoped
```

```
Candidate RP: 192.168.4.2(Vlan-interface105)
    Priority: 192
    HoldTime: 150
    Advertisement Interval: 60
    Next advertisement scheduled at: 00:00:34
```

下面是 Switch E 上的 BSR 信息，以及本地配置并生效的 C-RP 信息。与 Switch D 一样，此处除显示了与 Switch A 上一样的当选的 BSR 信息外，还显示了在本地交换机上配置的 C-BSR 和 C-RP 信息。

```
[SwitchE] display pim bsr-info
 VPN-Instance: public net
 Elected BSR Address: 192.168.9.2
     Priority: 20
     Hash mask length: 32
     State: Elected
     Scope: Not scoped
     Uptime: 00:01:18
     Next BSR message scheduled at: 00:01:52
 Candidate BSR Address: 192.168.9.2
     Priority: 20
     Hash mask length: 32
     State: Elected
     Scope: Not scoped

Candidate RP: 192.168.9.2(Vlan-interface102)
     Priority: 192
     HoldTime: 150
     Advertisement Interval: 60
     Next advertisement scheduled at: 00:00:48
```

以上 **display pim bsr-info** 命令输出信息中各字段说明如下：

- VPN-Instance: public net——显示实例名，此处为公网实例（public net）
- Elected BSR Address——当选 BSR 的地址
- Candidate BSR Address——候选 BSR 的地址
- Priority——BSR 的优先级
- Hash mask length——哈希掩码长度
- State——BSR 的状态，如果是当选的 BSR，则显示 Elected，如果是候选的 BSR，则显示 Candidate
- Scope——BSR 所服务的管理域，因为本示例为非管理域机制，所以均显示 Not scoped（没有管理域）
- Uptime——BSR 已经存在的时间
- Next BSR message scheduled at——BSR 超时剩余时间
- Candidate RP——候选 RP 的地址
- Priority——候选 RP 的优先级
- HoldTime——候选 RP 的超时时间
- Advertisement Interval——候选 RP 发送宣告报文时间间隔
- Next advertisement scheduled at——候选 RP 发送下一个宣告报文的剩余时间

（7）通过使用 **display pim rp-info** 命令可以查看各交换机上获取的 RP 信息。下面是 Switch A 上的 RP 信息。

```
[SwitchA] display pim rp-info
 VPN-Instance: public net
 PIM-SM BSR RP information:
 Group/MaskLen: 225.1.1.0/24
     RP: 192.168.4.2
```

```
        Priority: 192
        HoldTime: 150
        Uptime: 00:51:45
        Expires: 00:02:22

        RP: 192.168.9.2
        Priority: 192
        HoldTime: 150
        Uptime: 00:51:45
        Expires: 00:02:22
```

以下是 **display pim rp-info** 命令输出信息中的各字段说明：

- VPN-Instance: public net——显示实例名，此处为公网实例（public net）
- BSR RP Address is——RP 的 IP 地址
- Group/MaskLen——RP 所服务的组播组
- [B]——表示 RP 服务于双向 PIM，不显示本字段则表示 RP 服务于 PIM-SM
- RP——RP 的 IP 地址
- Priority——RP 的优先级
- HoldTime——RP 的超时时间
- Uptime——RP 已存在的时间
- Expires——RP 超时的剩余时间

由于根据哈希算法得出 G 对应的 RP 为 Switch E，所以 Switch A、Switch B 和 Switch C 与 Switch E 之间都会生成 RPT。但当组播源 S（10.110.5.100/24）向 RP（Switch E）发起注册后，Switch D 与 Switch A 和 Switch E 之间又会生成 SPT。如果没有禁止 SPT 的切换，则当 Switch A 通过 Switch E 收到第一个组播数据后立即执行从 RPT 到 SPT 的切换，后续的数据会按照 Switch D 与 Switch A 之间的 SPT 路径分支转发。在 RPT 路径中的交换机（Switch A 和 Switch E）上存在（*，G）表项，而 SPT 路径中的交换机（Switch A 和 Switch D）上存在（S，G）表项。

（8）通过使用 **display pim routing-table** 命令可以查看交换机的 PIM 路由表信息。以下是 Switch A 上的 PIM 路由表信息。从中可以看出 Switch A 上存在（*，G）和（S，G）两种组播路由表项（注意输出信息中的粗体字部分）。

```
[SwitchA] display pim routing-table
 VPN-Instance: public net
 Total 1 (*, G) entry; 1 (S, G) entry

 (*, 225.1.1.0)
     RP: 192.168.9.2
     Protocol: pim-sm, Flag: WC
     UpTime: 00:13:46
     Upstream interface: Vlan-interface102
         Upstream neighbor: 192.168.9.2
         RPF prime neighbor: 192.168.9.2
     Downstream interface(s) information:
     Total number of downstreams: 1
         1: Vlan-interface100
             Protocol: igmp, UpTime: 00:13:46, Expires: 00:03:06

 (10.110.5.100, 225.1.1.0)
     RP: 192.168.9.2
     Protocol: pim-sm, Flag: SPT ACT
     UpTime: 00:00:42
     Upstream interface: Vlan-interface101
         Upstream neighbor: 192.168.1.2
         RPF prime neighbor: 192.168.1.2
     Downstream interface(s) information:
```

```
    Total number of downstreams: 1
        1: Vlan-interface100
            Protocol: pim-sm, UpTime: 00:00:42, Expires: 00:03:06
```

Switch B 和 Switch C 上的显示信息与 Switch A 类似，也同时有（*，G）和（S，G）路由表项，因为它们一开始也是通过 Switch E 的 RPT 路径分支获得（*，G）路由表项，然后在切换成 SPT 后，就形成了（S，G）路由表项。

下面是 Switch D 上的 PIM 路由表信息。从这里可以看出 Switch D 上只有 SPT 路径的组播路由表项，因为 Switch D 是组播源侧的 DR，Switch E 的 RPT 路径中并不包含它（因为 Switch D 中并没有接收者，所以会被剪枝），在切换成 SPT 后，它只与 Switch A、Switch E 之间存在 SPT，只有（S，G）路由表项（注意输出信息中的粗体字部分）。

```
[SwitchD] display pim routing-table
 VPN-Instance: public net
 Total 0 (*, G) entry; 1 (S, G) entry

 (10.110.5.100, 225.1.1.0)
     RP: 192.168.9.2
     Protocol: pim-sm, Flag: SPT LOC ACT
     UpTime: 00:00:42
     Upstream interface: Vlan-interface300
         Upstream neighbor: NULL
         RPF prime neighbor: NULL
     Downstream interface(s) information:
     Total number of downstreams: 1
         1: Vlan-interface105
             Protocol: pim-sm, UpTime: 00:00:42, Expires: 00:02:26
```

下面是 Switch E 上的 PIM 路由表信息。从这里可以看出 Switch E 上只有 RPT 路径的组播路由表项，因为 Switch E 是 RP，它与 Switch A、Switch B、Switch C 之间只存在 RPT，只有（*，G）路由表项（注意输出信息中的粗体字部分）。

```
[SwitchE] display pim routing-table
 VPN-Instance: public net
 Total 1 (*, G) entry; 0 (S, G) entry

 (*, 225.1.1.0)
     RP: 192.168.9.2 (local)
     Protocol: pim-sm, Flag: WC
     UpTime: 00:13:16
     Upstream interface: Register
         Upstream neighbor: 192.168.4.2
         RPF prime neighbor: 192.168.4.2
     Downstream interface(s) information:
     Total number of downstreams: 1
         1: Vlan-interface102
             Protocol: pim-sm, UpTime: 00:13:16, Expires: 00:03:22
```

13.3.8 管理域机制下的 PIM-SM 配置示例

管理域机制就是在一个 PIM-SM 域中会根据组播组地址划分多个管理域。本示例拓扑如图 13-5 所示。接收者通过组播方式接收视频点播信息，整个 PIM 域划分为管理域 1（对应的组播源为 Source 1）、管理域 2（对应的组播源为 Source 2）和 Global 域（对应的组播源为 Source 3），但管理域 1、管理域 2 所对应的组播组是一样的，都是 239.0.0.0/8。这是允许的，因为不同管理域所服务的组播组范围可以重叠，就相当于两个 LAN 中的私有 IP 地址段可以相同一样。Source 1 和 Source 2 都向组播组 239.1.1.1 发送内容不同的组播信息，Host A 和 Host B 则分别是管理域 1、管理域 2 的接收者，只接收来自对应管理域中的 Source 1 或 Source 2 的组播信息；Source 3 向组播组 224.1.1.1 发送组播信息，仅 Host C 为其接收者。也就是说管理域 1 中的 Source 1 发送的组播数据不会跑到管理域 2 和 Global 域，反之亦然，尽管管理域 1 和管理域 2 的组播组地址是相同的。

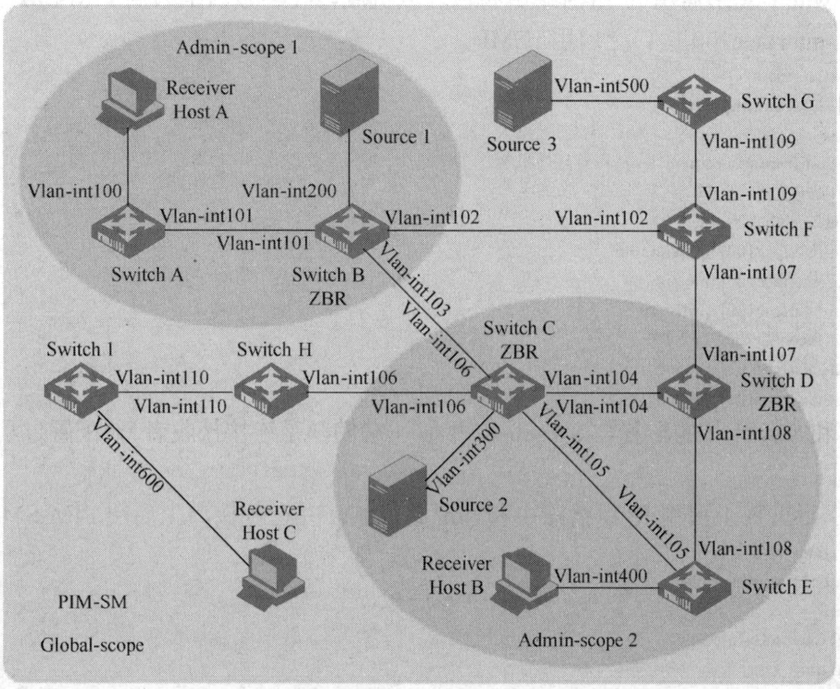

图 13-5　管理域机制下的 PIM-SM 配置示例拓扑

在拓扑结构中，Switch B、Switch C 和 Switch D 为各管理域的 ZBR。Switch B 的 Vlan-interface101 接口为管理域 1 的 C-BSR 和 C-RP，服务于 239.0.0.0/8 组播组；Switch D 的 Vlan-interface104 接口为管理域 2 的 C-BSR 和 C-RP，服务于 239.0.0.0/8 组播组；Switch F 的 Vlan-interface109 为 Global 域的 C-BSR 和 C-RP，服务于 239.0.0.0/8 以外的所有组播组。Switch A、Switch E 和 Switch I 分别与各自所连接的接收者之间运行 IGMPv2。各交换机 VLAN 接口和组播源 IP 地址分配如表 13-17 所示。

表 13-17　管理域机制下 PIM-SM 配置示例 VLAN 接口和组播源 IP 地址分配

设备	接口	IP 地址	设备	接口	IP 地址
Switch A	Vlan-int100	192.168.1.1/24	Switch D	Vlan-int104	10.110.4.2/24
	Vlan-int101	10.110.1.1/24		Vlan-int108	10.110.7.1/24
Switch B	Vlan-int200	192.168.2.1/24		Vlan-int107	10.110.8.1/24
	Vlan-int101	10.110.1.2/24	Switch E	Vlan-int400	192.168.4.1/24
	Vlan-int103	10.110.2.1/24		Vlan-int105	10.110.5.2/24
	Vlan-int102	10.110.3.1/24		Vlan-int108	10.110.7.2/24
Switch C	Vlan-int300	192.168.3.1/24	Switch F	Vlan-int109	10.110.9.1/24
	Vlan-int104	10.110.4.1/24		Vlan-int107	10.110.8.2/24
	Vlan-int105	10.110.5.1/24		Vlan-int102	10.110.3.2/24
	Vlan-int103	10.110.2.2/24	Switch G	Vlan-int500	192.168.5.1/24
	Vlan-int106	10.110.6.1/24		Vlan-int109	10.110.9.2/24
Switch H	Vlan-int110	10.110.10.1/24	Source 1	-	192.168.2.10/24
	Vlan-int106	10.110.6.2/24	Source 2	-	192.168.3.10/24
Switch I	Vlan-int600	192.168.6.1/24	Source 3	-	192.168.5.10/24
	Vlan-int110	10.110.10.2/24			

下面是具体的配置步骤。

（1）按照图 13-5 所示配置各接口的 IP 地址和子网掩码，具体配置过程略。

（2）根据具体网络环境，配置 PIM-SM 域内的各交换机之间的 OSPF 路由，确保 PIM-SM 域内部在网络层互通，并且各交换机之间能够借助单播路由协议实现动态路由更新，具体配置过程略。

（3）在 Switch A 上启用 IP 组播路由和管理域机制，在各接口上启用 PIM-SM，并在其连接有接收者的 Vlan-interface100 接口上启用 IGMP。

```
<SwitchA> system-view
[SwitchA] multicast routing-enable
[SwitchA] pim
[SwitchA-pim] c-bsr admin-scope   !---启用管理域机制
[SwitchA-pim] quit
[SwitchA] interface vlan-interface 100
[SwitchA-Vlan-interface100] igmp enable
[SwitchA-Vlan-interface100] pim sm
[SwitchA-Vlan-interface100] quit
[SwitchA] interface vlan-interface 101
[SwitchA-Vlan-interface101] pim sm
[SwitchA-Vlan-interface101] quit
```

Switch E 和 Switch I 的配置与 Switch A 相似（它们都是连接接收者），配置过程略，不同的只是所属的域不同。

（4）在 Switch B 上启用 IP 组播路由和管理域机制，并在各接口上启用 PIM-SM。

```
<SwitchB> system-view
[SwitchB] multicast routing-enable
[SwitchB] pim
[SwitchB-pim] c-bsr admin-scope
[SwitchB-pim] quit
[SwitchB] interface vlan-interface 200
[SwitchB-Vlan-interface200] pim sm
[SwitchB-Vlan-interface200] quit
[SwitchB] interface vlan-interface 101
[SwitchB-Vlan-interface101] pim sm
[SwitchB-Vlan-interface101] quit
[SwitchB] interface vlan-interface 102
[SwitchB-Vlan-interface102] pim sm
[SwitchB-Vlan-interface102] quit
[SwitchB] interface vlan-interface 103
[SwitchB-Vlan-interface103] pim sm
[SwitchB-Vlan-interface103] quit
```

Switch C、Switch D、Switch F、Switch G 和 Switch H 的配置与 Switch B 相似，配置过程略。

（5）在作为管理域 1 的 ZBR 的 Switch B 上将 Vlan-interface102 和 Vlan-interface103 接口配置为管理域 1 的边界。

```
[SwitchB] interface vlan-interface 102
[SwitchB-Vlan-interface102] multicast boundary 239.0.0.0 8
[SwitchB-Vlan-interface102] quit
[SwitchB] interface vlan-interface 103
[SwitchB-Vlan-interface103] multicast boundary 239.0.0.0 8
[SwitchB-Vlan-interface103] quit
```

（6）在作为管理域 2 的 ZBR 的 Switch C 上将 Vlan-interface103 和 Vlan-interface106 接口配置为管理域 2 的边界。

```
<SwitchC> system-view
[SwitchC] interface vlan-interface 103
[SwitchC-Vlan-interface103] multicast boundary 239.0.0.0 8
[SwitchC-Vlan-interface103] quit
[SwitchC] interface vlan-interface 106
[SwitchC-Vlan-interface106] multicast boundary 239.0.0.0 8
[SwitchC-Vlan-interface106] quit
```

（7）在作为管理域 2 的 Switch D 上将 Vlan-interface107 接口配置为管理域 2 的边界。

```
<SwitchD> system-view
[SwitchD] interface vlan-interface 107
[SwitchD-Vlan-interface107] multicast boundary 239.0.0.0 8
[SwitchD-Vlan-interface107] quit
```

（8）在 Switch B 上配置 RP 通告的服务范围，并将 Vlan-interface101 接口配置为管理域 1 的 C-BSR 和 C-RP。

```
[SwitchB] acl number 2001
[SwitchB-acl-basic-2001] rule permit source 239.0.0.0 0.255.255.255
[SwitchB-acl-basic-2001] quit
[SwitchB] pim
[SwitchB-pim] c-bsr group 239.0.0.0 8   !---配置管理域 C-BSR 所对应的组播组 239.0.0.0/8
[SwitchB-pim] c-bsr vlan-interface 101    !---配置 VLAN101 为 239.0.0.0/8 组播组管理域的 C-BSR
[SwitchB-pim] c-rp vlan-interface 101 group-policy 2001   !---配置 VLAN101 接口为由 ACL 101 定义的组播组 C-RP
[SwitchB-pim] quit
```

（9）在 Switch D 上配置 RP 通告的服务范围，并将 Vlan-interface104 接口配置为管理域 2 的 C-BSR 和 C-RP。

```
[SwitchD] acl number 2001
[SwitchD-acl-basic-2001] rule permit source 239.0.0.0 0.255.255.255
[SwitchD-acl-basic-2001] quit
[SwitchD] pim
[SwitchD-pim] c-bsr group 239.0.0.0 8
[SwitchD-pim] c-bsr vlan-interface 104
[SwitchD-pim] c-rp vlan-interface 104 group-policy 2001
[SwitchD-pim] quit
```

（10）在 Switch F 上将 Vlan-interface109 接口配置为 Global 域的 C-BSR 和 C-RP。

```
<SwitchF> system-view
[SwitchF] pim
[SwitchF-pim] c-bsr global   !---配置 Global 域的 C-BSR
[SwitchF-pim] c-bsr vlan-interface 109
[SwitchF-pim] c-rp vlan-interface 109
[SwitchF-pim] quit
```

（11）通过使用 **display pim bsr-info** 命令可以查看交换机上 BSR 选举的信息，以及本地配置并生效的 C-RP 信息。Switch B 上的 BSR 信息，以及本地配置并生效的 C-RP 信息如下所示。

```
[SwitchB] display pim bsr-info
 VPN-Instance: public net
 Elected BSR Address: 10.110.9.1
     Priority: 64
     Hash mask length: 30
     State: Accept Preferred
     Scope: Global
     Uptime: 00:01:45
     Expires: 00:01:25
 Elected BSR Address: 10.110.1.2
     Priority: 64
     Hash mask length: 30
     State: Elected
     Scope: 239.0.0.0/8
     Uptime: 00:04:54
     Next BSR message scheduled at: 00:00:06
 Candidate BSR Address: 10.110.1.2
     Priority: 64
     Hash mask length: 30
     State: Elected
     Scope: 239.0.0.0/8

 Candidate RP: 10.110.1.2(Vlan-interface101)
```

最权威的交换机配置与管理技术手册

```
Priority: 192
HoldTime: 150
Advertisement Interval: 60
Next advertisement scheduled at: 00:00:15
```

经验之谈

从以上输出信息可以看出，它显示了 Switch B 所在的管理域 1 和 Global 域中的当选 BSR 信息（分别为 10.110.1.2 和 10.110.9.1），以及管理域 1 配置的 C-BSR（10.110.1.2）和 C-RP（10.110.1.2）配置信息，但没有显示管理域 2 中的当选 BSR 信息。原因就在于不同管理域中的组播信息是相互隔离的，而 Global 域中的组播信息又是可以在整个 PIM-SM 域中传播，所以在 Switch B 上可以查看到 Global 域中的当选 BSR 信息。但是 Global 域中的候选 C-BSR 配置不能在整个 PIM-SM 域中传播，所以没有显示 Global 域中的 C-BSR 信息。下面在其他交换机上查看的 BSR 和 RP 信息道理一样。

之所以在输出信息中会出现当选 BSR 和 C-BSR 一样，是因为本示例中各管理域和 Global 域只配置了一个 C-BSR 和 C-RP，直接成为了当选 BSR 和当选 RP。

Switch D 上的 BSR 信息，以及本地配置并生效的 C-RP 信息如下所示。根据上面的介绍，可以很容易地理解在 Switch D 上查看的 BSR 和 RP 信息中只包括管理域 2 中的当选 BSR 信息（10.110.4.2）、C-BSR（10.110.4.2）和 C-RP（10.110.4.2）配置信息，以及 Global 域中的当选 BSR 信息（10.110.9.1）。

```
[SwitchD] display pim bsr-info
 VPN-Instance: public net
 Elected BSR Address: 10.110.9.1
     Priority: 64
     Hash mask length: 30
     State: Accept Preferred
     Scope: Global
     Uptime: 00:01:45
     Expires: 00:01:25
 Elected BSR Address: 10.110.4.2
     Priority: 64
     Hash mask length: 30
     State: Elected
     Scope: 239.0.0.0/8
     Uptime: 00:03:48
     Next BSR message scheduled at: 00:01:12
 Candidate BSR Address: 10.110.4.2
     Priority: 64
     Hash mask length: 30
     State: Elected
     Scope: 239.0.0.0/8

 Candidate RP: 10.110.4.2(Vlan-interface104)
     Priority: 192
     HoldTime: 150
     Advertisement Interval: 60
     Next advertisement scheduled at: 00:00:10
```

Switch F 上的 BSR 信息，以及本地配置并生效的 C-RP 信息如下所示。因为 Switch F 是在 Global 域中，所以它不能得到其他管理域中的当选 BSR、C-BSR 和 C-RP 信息，只能显示本 Global 域中的当选 BSR（10.110.9.1）、C-BSR（10.110.9.1）和 C-RP 信息（10.110.9.1）。

```
[SwitchF] display pim bsr-info
 VPN-Instance: public net
 Elected BSR Address: 10.110.9.1
```

```
        Priority: 64
        Hash mask length: 30
        State: Elected
        Scope: Global
        Uptime: 00:11:11
        Next BSR message scheduled at: 00:00:49
    Candidate BSR Address: 10.110.9.1
        Priority: 64
        Hash mask length: 30
        State: Elected
        Scope: Global

    Candidate RP: 10.110.9.1(Vlan-interface109)
        Priority: 192
        HoldTime: 150
        Advertisement Interval: 60
        Next advertisement scheduled at: 00:00:55
```

（12）通过使用 **display pim rp-info** 命令可以查看交换机上获取的 RP 信息。Switch B 上的 RP 信息如下所示。同样的道理，在管理域中可以查看到本地管理域和 Global 域中的 RP 信息，所以在 Switch B 上显示了本地管理域 1 和 Global 域中的两个不同组播当选 RP 信息（分别为 10.110.1.2 和 10.110.9.1）。

```
[SwitchB] display pim rp-info
 VPN-Instance: public net
 PIM-SM BSR RP information:
 Group/MaskLen: 224.0.0.0/4
     RP: 10.110.9.1
     Priority: 192
     HoldTime: 150
     Uptime: 00:03:39
     Expires: 00:01:51

 Group/MaskLen: 239.0.0.0/8
     RP: 10.110.1.2 (local)
     Priority: 192
     HoldTime: 150
     Uptime: 00:07:44
     Expires: 00:01:51
```

Switch D 上的 RP 信息如下所示。道理与上面 Switch B 上显示的 RP 信息一样，这里显示了本地管理域 2 和 Global 域中的 RP 信息（分别为 10.110.4.2 和 10.110.9.1）。

```
[SwitchD] display pim rp-info
 VPN-Instance: public net
 PIM-SM BSR RP information:
 Group/MaskLen: 224.0.0.0/4
     RP: 10.110.9.1
     Priority: 192
     HoldTime: 150
     Uptime: 00:03:42
     Expires: 00:01:48

 Group/MaskLen: 239.0.0.0/8
     RP: 10.110.4.2 (local)
     Priority: 192
     HoldTime: 150
     Uptime: 00:06:54
     Expires: 00:02:41
```

Switch F 上的 RP 信息如下所示。因为 Switch F 是在 Global 域上，所以仅显示 Global 域中的 RP 信息。

```
[SwitchF] display pim rp-info
 VPN-Instance: public net
 PIM-SM BSR RP information:
 Group/MaskLen: 224.0.0.0/4
     RP: 10.110.9.1 (local)
     Priority: 192
     HoldTime: 150
     Uptime: 00:00:32
     Expires: 00:01:58
```

13.4 H3C 交换机双向 PIM 与管理

双向 PIM 是应用于同时存在多个接收者和多个组播源的环境中。在这种情况下，如果使用传统的 PIM-DM 或 PIM-SM 按 SPT 转发组播数据，需在每台路由器上针对每个组播源都创建（S，G）表项，这将占用大量的系统资源。为了解决这个问题，提出了双向 PIM 的概念。双向 PIM 由 PIM-SM 发展而来，它通过建立以 RP 为中心、分别连接组播源和接收者的双向 RPT（分别如图 13-6 和图 13-7 所示），使组播数据沿着双向 RPT 从组播源经由 RP 转发到接收者。这样，在每台路由器上只需维护（*，G）表项即可，从而节约了系统资源。

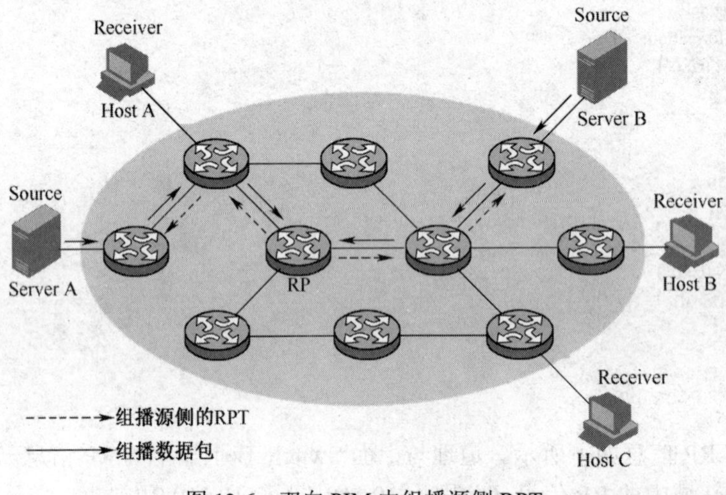

图 13-6 双向 PIM 中组播源侧 RPT

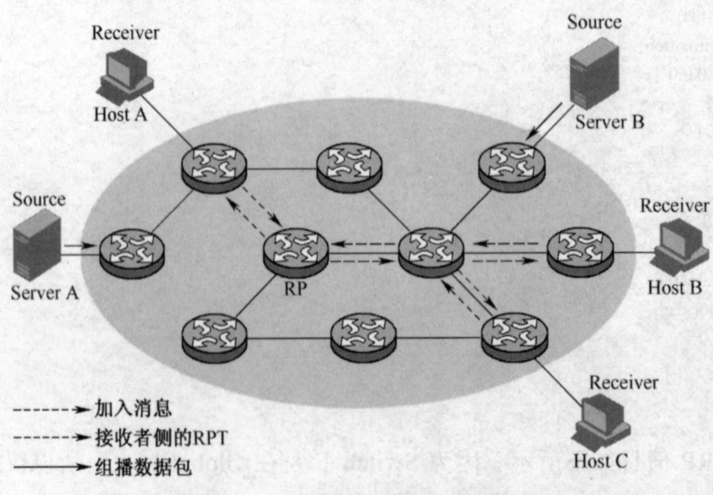

图 13-7 双向 PIM 中接收者侧的 RPT

经验之谈

理解双向 PIM 时，一定要先看组播源侧的 RPT，找到从组播源发出的数据到达 RP 的路径，因为在 PIM-SM 中组播数据是统一由 RP 进行转发的。然后再看接收者侧的 RPT，找到组播数据从 RP 向接收者发送的路径。总之，两个方向的 RPT 都是以 RP 为中心的。具体的工作原理参见本书第 9 章 9.4.4 节。

虽然说，双向 PIM 在一些地方与传统的 PIM-SM 有些区别，但在配置任务方面和配置方法上与 PIM-SM 基本相似。双向 PIM 配置任务如表 13-18 所示。对比本章前面表 13-8 列出的 PIM-SM 配置任务可以看出，两者基本一样，毕竟双向 PIM 是由 PIM-SM 扩展而来。不仅如此，两者的配置方法也基本相似，所以在此不再详细介绍，仅介绍各配置任务中一些主要区别。

表 13-18 双向 PIM 配置任务

配置任务		说明
启用 PIM-SM		必需
启用双向 PIM		必选
配置 RP	静态 RP 配置	三者必选其一
	C-RP 配置	
	启用自动 RP 侦听	
	全局 C-RP 定时器配置	可选
配置 BSR	C-BSR 配置	必选
	BSR 服务边界配置	可选
	全局 C-BSR 参数配置	可选
	C-BSR 定时器配置	可选
	关闭自举报文语义分片功能	可选
配置管理域	启用管理域机制	可选
	管理域边界配置	可选
	管理域和 Global 域的 C-BSR 配置	可选

【说明】在配置双向 PIM 之前，需要配置任一单播路由协议，实现域内网络层互通。

在配置双向 PIM 之前，需准备以下数据：

- 静态 RP 的 IP 地址及表示其所服务组范围的 ACL 规则
- C-RP 的优先级及表示其所服务组范围的 ACL 规则
- 合法 C-RP 的地址范围及表示其所服务组范围的 ACL 规则
- 发送宣告报文的时间间隔
- C-RP 超时时间
- C-BSR 的优先级
- 哈希掩码长度
- 表示合法 BSR 地址范围的 ACL 规则
- BSR 自举时间间隔
- BSR 自举超时时间

13.4.1 双向 PIM 与 PIM-SM 配置的主要区别

本节仅就双向 PIM 与 PIM-SM 的配置区别进行介绍，详细的说明可以参见 13.4 节的相应配置任务说明。

1．启用 PIM-SM

由于双向 PIM 是在 PIM-SM 的基础上实现的，因此在启用双向 PIM 之前须先启用 PIM-SM。在部署双向 PIM 域时，建议在其所有非边界 VLAN 接口上均启用 PIM-SM。这方面与 PIM-SM 的配置方法完全一样，具体配置方法参见 13.3.1 节。

2．启用双向 PIM

除了要在非边界 VLAN 接口上启用 PIM-SM 外，还需在双向 PIM 域内的所有路由器上全局启用双向 PIM。配置方法很简单，只需在对应的实例 PIM 视图下执行 **bidir-pim enable** 命令即可。默认情况下，双向 PIM 处于关闭状态，可用 **undo bidir-pim enable** 命令关闭双向 PIM。当然，同样也只有在相应实例中先启用了 IP 组播路由，本命令才能生效。

以下示例是在公网实例中启用 IP 组播路由和双向 PIM。

```
<Sysname> system-view
[Sysname] multicast routing-enable
[Sysname] pim
[Sysname-pim] bidir-pim enable
```

3．RP 配置

在双向 PIM 中，RP 也可以通过手工方式静态配置，或者通过 BSR 机制动态选举。需要在双向 PIM 域内的所有路由器上，但为了避免 PIM 路由表项出错，不要配置同一 RP 既服务于 PIM-SM 又服务于双向 PIM。

（1）静态 RP 配置

配置静态 RP 的具体方法参见本章前面 13.3.2 节的表 13-9，唯一不同的是在第 3 步的命令为 **static-rp** *rp-address* [*acl-number*] [**preferred**] **bidir**，多了一个 **bidir** 关键字，表示该 RP 是双向 PIM 的 RP，其他功能和参数完全一样，不再赘述。

【注意】双向 PIM 允许将静态 RP 的 IP 地址指定为一个实际不存在的 IP 地址，简称 RPA（Rendezvous Point Address，汇集点地址）。RPA 所属网段对应的链路就称为 RPL（Rendezvous Point Link，汇集点链路），连接到 RPL 上的所有接口都可以充当 RP，且互为备份。譬如，一条链路两端接口的 IP 地址分别为 10.1.1.1/24 和 10.1.1.2/24，可以将静态 RP 的 IP 地址指定为同网段但实际不存在的一个地址，如 10.1.1.100/24，该链路就成为了 RPL。

（2）C-RP 配置

在双向 PIM 域中，也可以把有意成为 RP 的路由器配置为 C-RP，这是通过能代表路由器本身的 Loopback 接口进行配置的，因为任何一个物理接口都不能同时作为两个方向 RPT 的 RP（有关 H3C 设备中的 Loopback 接口配置参见《路由器配置与管理完全手册——H3C 篇》）。BSR 通过接收来自 C-RP 的 C-RP 信息，或者接收来自其他路由器的自动 RP 宣告，收集 C-RP 信息并将其汇总为 RP-Set 信息，然后在全网内扩散。之后，网络内的其他路由器根据 RP-Set 信息计算出特定组播组范围所对应的 RP。建议在骨干网路由器上配置 C-RP。

为了防止 C-RP 欺骗，也需要在 BSR 上配置合法的 C-RP 地址范围及其所服务的组播组范围。同时由于每个 C-BSR 都可能成为 BSR，因此必须在双向 PIM 域内的所有 C-BSR 上都配置相同的过滤策略。

C-RP 的配置方法也与本章前面 13.3.2 节表 13-10 中介绍的方法一样，参见即可。只是在第 3 步命令的最后加了关键字 **bidir**——**c-rp** *interface-type interface-number* [**group-policy** *acl-number* | **priority** *priority* | **holdtime** *hold-interval* | **advertisement-interval** *adv-interval*] * **bidir**，代表是为双向 PIM 配置的 C-RP。而且此处的接口是代表路由器本身，能提供双向转发的 Loopback 接口。

（3）启用自动 RP 侦听

自动 RP 宣告和发现报文的目的地址分别为组播组地址 224.0.1.39 和 224.0.1.40。在设备上启用了自动 RP 侦听功能后，该设备便能够接收这两种报文，并记录报文中所携带的 RP 信息。这部分的配置与 PIM-SM 的自动 RP 侦听配置方法完全一样，参见 13.3.2 节相关说明即可。

4．全局 C-RP 定时器配置

为了使 BSR 能够在双向 PIM 域内分发 RP-Set 信息，C-RP 必须周期性地向 BSR 发送宣告报文，BSR 从该报文中学习 RP-Set 信息，并将该信息与自己的 IP 地址一起封装在自举报文中向域中的所有 PIM 路由器进行宣告。这部分的配置也与 PIM-SM 的配置完全一样，参见本章前面 13.3.2 节的表 13-11 即可。

5．BSR 配置

在一个双向 PIM 域中只能有一个 BSR，但需要配置至少一个 C-BSR。任意一台路由器都可以被配置为 C-BSR。在 C-BSR 之间通过自动选举产生 BSR，BSR 负责在双向 PIM 域中收集并发布 RP 信息。

本项配置任务与本章 13.3.3 节介绍的 PIM-SM BSR 配置方法完全一样，参见即可。

6．管理域配置

本项配置任务与本章前面 13.3.4 节介绍的 PIM-SM 管理域的配置方法完全一样，参见即可。

13.4.2　非管理域机制下的双向 PIM 配置示例

本示例拓扑如图 13-8 所示。整个 PIM 域采用非管理域机制双向 PIM 方式，Source 1 和 Source 2 都向组播组 225.1.1.1 发送组播信息，Host A 和 Host B 为组播信息的接收者。现将 Switch C 的 Vlan-interface102 接口配置为 C-BSR，Loopback0 接口配置为服务于双向 PIM 的 C-RP。Switch B 和 Switch D 分别与各自所连接的接收者之间运行 IGMPv2。示例中各交换机接口、组播源和接收者 IP 地址分配如表 13-19 所示。

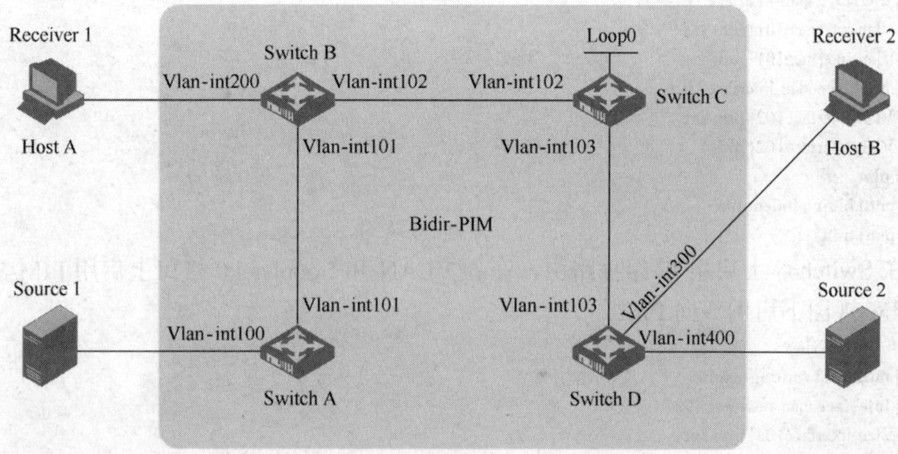

图 13-8　非管理域双向 PIM 配置示例拓扑

下面是具体的配置步骤。

（1）按照表 13-19 所示配置各交换机接口、组播源和接收者的 IP 地址和子网掩码，具体配置过程略。

（2）配置双向 PIM 域内的各交换机之间的 OSPF 路由，确保双向 PIM 域内部在网络层互通，并且各交换机之间能够借助单播路由协议实现动态路由更新，具体配置过程略。

表 13-19 示例中交换机接口、组播源和接收者 IP 地址分配

设备	接口	IP 地址	设备	接口	IP 地址
Switch A	Vlan-int100	192.168.1.1/24	Switch D	Vlan-int300	192.168.3.1/24
	Vlan-int101	10.110.1.1/24		Vlan-int400	192.168.4.1/24
Switch B	Vlan-int200	192.168.2.1/24		Vlan-int103	10.110.3.2/24
	Vlan-int101	10.110.1.2/24	Source 1	-	192.168.1.100/24
	Vlan-int102	10.110.2.1/24	Source 2	-	192.168.4.100/24
Switch C	Vlan-int102	10.110.2.2/24	Receiver 1	-	192.168.2.100/24
	Vlan-int103	10.110.3.1/24	Receiver 2	-	192.168.3.100/24
	Loop0	1.1.1.1/32			

（3）在 Switch A 上全局启用 IP 组播路由，在各 VLAN 接口上启用 PIM-SM，并在对应实例的 PIM 视图下启用双向 PIM。

```
<SwitchA> system-view
[SwitchA] multicast routing-enable
[SwitchA] interface vlan-interface 100
[SwitchA-Vlan-interface100] pim sm
[SwitchA-Vlan-interface100] quit
[SwitchA] interface vlan-interface 101
[SwitchA-Vlan-interface101] pim sm
[SwitchA-Vlan-interface101] quit
[SwitchA] pim
[SwitchA-pim] bidir-pim enable
[SwitchA-pim] quit
```

（4）在 Switch B 上全局启用 IP 组播路由，在各 VLAN 接口上启用 PIM-SM，在其连接有接收者的 Vlan-interface200 接口上启用 IGMP，并在对应实例的 PIM 视图下启用双向 PIM。

```
<SwitchB> system-view
[SwitchB] multicast routing-enable
[SwitchB] interface vlan-interface 200
[SwitchB-Vlan-interface200] igmp enable
[SwitchB-Vlan-interface200] pim sm
[SwitchB-Vlan-interface200] quit
[SwitchB] interface vlan-interface 101
[SwitchB-Vlan-interface101] pim sm
[SwitchB-Vlan-interface101] quit
[SwitchB] interface vlan-interface 102
[SwitchB-Vlan-interface102] pim sm
[SwitchB-Vlan-interface102] quit
[SwitchB] pim
[SwitchB-pim] bidir-pim enable
[SwitchB-pim] quit
```

（5）在 Switch C 上启用 IP 组播路由，在各 VLAN 和 Loopback0 接口上启用 PIM-SM，并在对应实例的 PIM 视图下启用双向 PIM。

```
<SwitchC> system-view
[SwitchC] multicast routing-enable
[SwitchC] interface vlan-interface 102
[SwitchC-Vlan-interface102] pim sm
[SwitchC-Vlan-interface102] quit
[SwitchC] interface vlan-interface 103
[SwitchC-Vlan-interface103] pim sm
[SwitchC-Vlan-interface103] quit
[SwitchC] interface loopback 0
[SwitchC-LoopBack0] pim sm
[SwitchC-LoopBack0] quit
[SwitchC] pim
[SwitchC-pim] bidir-pim enable
```

（6）在 Switch D 上启用 IP 组播路由，在各 VLAN 接口上启用 PIM-SM，在其连接有接收者

的 Vlan-interface300 接口上启用 IGMP，并在对应实例的 PIM 视图下启用双向 PIM。

```
<SwitchD> system-view
[SwitchD] multicast routing-enable
[SwitchD] interface vlan-interface 300
[SwitchD-Vlan-interface300] igmp enable
[SwitchD-Vlan-interface300] pim sm
[SwitchD-Vlan-interface300] quit
[SwitchD] interface vlan-interface 400
[SwitchD-Vlan-interface400] pim sm
[SwitchD-Vlan-interface400] quit
[SwitchD] interface vlan-interface 103
[SwitchD-Vlan-interface103] pim sm
[SwitchD-Vlan-interface103] quit
[SwitchD] pim
[SwitchD-pim] bidir-pim enable
[SwitchD-pim] quit
```

（7）在 Switch C 上将 Vlan-interface102 接口配置为 C-BSR，并将 Loopback0 接口配置为服务于双向 PIM 的 C-RP。由它担当双向 RPT 的 RP。

```
[SwitchC-pim] c-bsr vlan-interface 102
[SwitchC-pim] c-rp loopback 0 bidir
[SwitchC-pim] quit
```

（8）通过使用 **display pim df-info** 命令可以查看交换机上双向 PIM 的 DF（Designated Forwarder，指定转发者）信息。Switch A 上查到的双向 PIM 的 DF 信息如下所示。从中可以看出，Switch A 上的 VLAN100 接口成为了 192.168.1.1/24 网段的 DF，原因是在该网段只有这一个接口启用了双向 PIM，而 Switch A 上的 VLAN 101 接口竞选 10.110.1.0/24 网段的 DF 失败，原因是在这个网段中，在 Switch B 上的 VLAN101 接口到达 RP 的度量更小，所以这个网段中的 DF 是由 Switch B 上的 VLAN101 接口获得。

【说明】 DF 是双向 PIM 中的重要角色，只有 DF 才有能力将组播数据向 RP 方向转发。因此，每个 RP 在每个网段都需要有对应的 DF，以负责将该网段的组播数据向该 RP 转发。

```
[SwitchA] display pim df-info
 VPN-Instance: public net


 RP Address: 1.1.1.1
  Interface          State   DF-Pref    DF-Metric   DF-Uptime DF-Address
  Vlan100             Win      100          2          01:08:50   192.168.1.1 (local)
  Vlan101             Lose     100          1          01:07:49   10.110.1.2
```

以上输出信息中各字段说明如下：

- VPN-Instance: public net——显示当前实例为公网实例
- RP Address——显示双向 PIM 的 RP 地址
- Interface——显示参与 DF 选举的接口名称
- State——显示对应参选接口的 DF 选举状态：Win 表示获选，Lose 表示落选
- DF-Pref——显示对应 DF 选举参选接口发出的 DF 通告的路由优先级，优先级高的最终获胜，相等的话将继续比较所发送的 DF 通告的路由度量值，度量值小的获胜；如果度量也相等，则 IP 地址小的接口将获胜
- DF-Metric——显示对应 DF 选举参选接口发送的 DF 通告的路由度量值
- DF-Uptime——显示对应接口所在网段的 DF 的存在时间
- DF-Address——显示对应接口所在网段的 DF 的 IP 地址，local 表示为本地地址

Switch B 上查到的双向 PIM 的 DF 信息如下所示。从中可以看出，在 Switch B 上有两个 VLAN 接口成功获得了两个网段的 DF 角色，一个是 VLAN200 接口所在的 192.168.2.0/24 网段，另一个是 VLAN101 接口所在的 10.110.1.0/24 网段；而 VLAN102 接口的 DF 竞选失败，因为根据 DF

选举规则，它所在 10.110.2.0/24 网段的 DF 角色最后是由 Switch C 上的 VLAN102 接口获得。关于 DF 选举规则在前面已介绍，不再赘述。

```
[SwitchB] display pim df-info
 VPN-Instance: public net

 RP Address: 1.1.1.1
  Interface          State   DF-Pref    DF-Metric   DF-Uptime DF-Address
  Vlan200            Win     100        1           01:24:09  192.168.2.1 (local)
  Vlan101            Win     100        1           01:24:09  10.110.1.2 (local)
  Vlan102            Lose    0          0           01:23:12  10.110.2.2
```

Switch C 上查到的双向 PIM 的 DF 信息如下所示。从中可以看出，在 Switch C 上也有两个 VLAN 接口成功获得了两个网段的 DF 角色，一个是 VLAN102 接口所在的 10.110.2.0/24 网段，另一个是 VLAN103 接口所在的 10.110.3.0/24 网段。

```
[SwitchC] display pim df-info
 VPN-Instance: public net

 RP Address: 1.1.1.1
  Interface          State   DF-Pref    DF-Metric   DF-Uptime DF-Address
  Loop0              -       -          -           -         -
  Vlan102            Win     0          0           01:06:07  10.110.2.2 (local)
  Vlan103            Win     0          0           01:06:07  10.110.3.1 (local)
```

Switch D 上查到的双向 PIM 的 DF 信息如下所示。从中可以看出，在 Switch D 上也有两个 VLAN 接口成功获得了两个网段的 DF 角色，一个是 VLAN300 接口所在的 192.168.3.0/24 网段，另一个是 VLAN400 接口所在的 192.168.4.0/24 网段。而 VLAN103 接口的 DF 竞选失败，因为根据 DF 选举规则，它所在 10.110.3.0/24 网段的 DF 角色最后是由 Switch C 上的 VLAN103 接口获得。

```
[SwitchD] display pim df-info
 VPN-Instance: public net

 RP Address: 1.1.1.1
  Interface          State   DF-Pref    DF-Metric   DF-Uptime DF-Address
  Vlan300            Win     100        1           01:19:53  192.168.3.1 (local)
  Vlan400            Win     100        1           00:39:34  192.168.4.1 (local)
  Vlan103            Lose    0          0           01:21:40  10.110.3.1
```

（9）通过使用 **display multicast forwarding-table df-info** 命令可以查看交换机上组播转发表的 DF 信息。Switch A 上查到的组播转发表的 DF 信息如下所示。

```
[SwitchA] display multicast forwarding-table df-info
Multicast DF information of VPN-Instance: public net
Total 1 RP

Total 1 RP matched

00001. RP Address: 1.1.1.1
     MID: 0, Flags: 0x2100000:0
     Uptime: 00:08:32
     RPF interface: Vlan-interface101
     List of 1 DF interfaces:
       1: Vlan-interface100
```

Switch B 上查到的组播转发表的 DF 信息如下所示。

```
[SwitchB] display multicast forwarding-table df-info
Multicast DF information of VPN-Instance: public net
Total 1 RP

Total 1 RP matched

00001. RP Address: 1.1.1.1
     MID: 0, Flags: 0x2100000:0
```

```
    Uptime: 00:06:24
    RPF interface: Vlan-interface102
    List of 2 DF interfaces:
      1: Vlan-interface101
      2: Vlan-interface200
```

Switch C 上查到的组播转发表的 DF 信息如下所示。

```
[SwitchC] display multicast forwarding-table df-info
Multicast DF information of VPN-Instance: public net
Total 1 RP

Total 1 RP matched

00001. RP Address: 1.1.1.1
     MID: 0, Flags: 0x2100000:0
     Uptime: 00:07:21
     RPF interface: LoopBack0
     List of 2 DF interfaces:
       1: Vlan-interface102
       2: Vlan-interface103
```

Switch D 上查到的组播转发表的 DF 信息如下所示。

```
[SwitchD] display multicast forwarding-table df-info
Multicast DF information of VPN-Instance: public net
Total 1 RP

Total 1 RP matched

00001. RP Address: 1.1.1.1
     MID: 0, Flags: 0x2100000:0
     Uptime: 00:05:12
     RPF interface: Vlan-interface103
     List of 2 DF interfaces:
       1: Vlan-interface300
       2: Vlan-interface400
```

13.5　H3C 交换机 PIM-SSM 配置

SSM（Source-Specific Multicast，指定源组播）模型和 ASM（Any-Source Multicast，任意源组播）模型是两个完全对等的模型。目前，ASM 模型包括 PIM-DM 和 PIM-SM 两种模式；SSM 模型能够借助 PIM-SM 的部分技术来实现。

SSM 模型为指定源组播提供了解决方案，通过 IGMPv3 来维护主机与路由器之间的关系。鉴于 PIM-DM 模式以扩散/剪枝方式构建以组播源为根的 SPT，虽然 SPT 的路径最短，但是分发树的建立过程效率较低，不适合大中型网络。在实际应用中，通常采用 PIM-SM 模式的一部分技术来实现 SSM 模型。由于接收者已经通过其他渠道（如广告咨询等）知道了组播源的具体位置，因此在 SSM 模型中无需 RP，无需构建 RPT，无需源注册过程，也无需通过 MSDP（Multicast Source Discovery Protocol，组播源发现协议）来发现其他 PIM 域内的组播源。与 ASM 模型相比，SSM 模型仅需要 IGMPv3 和 PIM-SM 部分子集的支持，因此应确保连接有接收者的 PIM 路由器上启用了 IGMPv3。

PIM-SSM 的配置任务主要包括以下三个（一些公共属性的配置参见本章前面 13.1 节）：

- 启用 PIM-SM（必需）
- 配置 SSM 组播组范围（可选）
- 配置 PIM 公共特性（可选）

【说明】在配置 PIM-SSM 之前，需要配置任一单播路由协议，实现域内网络层互通；在配置 PIM-SSM 之前，需确定 SSM 组播组范围。

13.5.1 启用 PIM-SM

由于 SSM 模型是通过 PIM-SM 的部分子集功能实现的，所以系统在启用了 PIM-SM 的同时也具备了 PIM-SSM 能力。在部署 PIM-SM 域时，建议在其所有非边界接口上均启用 PIM-SM，具体启用方法参见本章 13.3.1 节。在同一台设备的同一个 VPN 实例中，所有接口上所启用的 PIM 模式必须相同。

13.5.2 SSM 组播组范围配置

通过本章前面的介绍已经知道，PIM-SSM 是在 PIM-SM 模型下工作的，那么来自组播源的信息传递给接收者时是采用 PIM-SSM 模型还是 PIM-SM 模型的呢？这取决于接收者订阅通道（S，G）中的组播组是否在 SSM 组播组范围之内，凡是启用了 PIM-SM 的接口，并且对属于该范围内的组播组采用 PIM-SSM 模型。配置 PIM-SSM 模型时，需在 PIM-SM 域内的所有路由器上进行如表 13-20 所示的配置。

表 13-20 SSM 组播组范围配置步骤

步骤	命令	说明
1	**system-view** 例如：<Sysname> **system-view**	进入系统视图
2	**pim** [**vpn-instance** *vpn-instance-name*] 例如：[Sysname] **pim**	进入公网实例或 VPN 实例 PIM 视图
3	**ssm-policy** *acl-number* 例如：[Sysname-pim] **ssm-policy** 2011	配置 SSM 组播组的范围。参数 *acl-number* 用来指定 SSM 组播组范围（是通过源地址来过滤的）的基本访问控制列表编号，取值范围为 2000～2999。此 ACL 需要先定义。 通过本命令可以定义允许或拒绝的组播组的地址范围。如果匹配通过，则组播运行模式为 PIM-SSM，否则为 PIM-SM。 默认情况下，SSM 组播组的范围为 232.0.0.0/8，可用 **undo ssm-policy** 命令恢复默认情况

以下示例是在公网实例中配置 SSM 组播组的范围为 232.1.0.0/16。

```
<Sysname> system-view
[Sysname] acl number 2011
[Sysname-acl-basic-2011] rule permit source 232.1.0.0 0.0.255.255
[Sysname-acl-basic-2011] quit
[Sysname] pim
[Sysname-pim] ssm-policy 2011
```

【注意】应确保域内所有路由器上配置的 SSM 组播组地址范围都一致，否则组播信息将无法通过 SSM 模型进行传输。如果某组播组属于 SSM 组播组范围，但该组成员使用 IGMPv1 或 IGMPv2 发送加入报文，则设备不会触发（*，G）加入报文。

13.5.3 PIM-SSM 配置示例

本示例拓扑如图 13-9 所示，Host A 和 Host C 为两个网段的组播信息接收者（Receiver）；Switch D 通过 Vlan-interface300 接口与组播源（Source）所在网络连接；Switch A 通过 Vlan-interface100 接口连接网段 N1，通过 Vlan-interface101 接口和 Vlan-interface102 接口分别连接 Switch D 和 Switch E；Switch B 和 Switch C 通过各自的 Vlan-interface200 接口连接网段 N2，分别

通过 Vlan-interface103 和 Vlan-interface104 接口连接 Switch E；Switch E 连接 Switch A、Switch B、Switch C 和 Switch D。

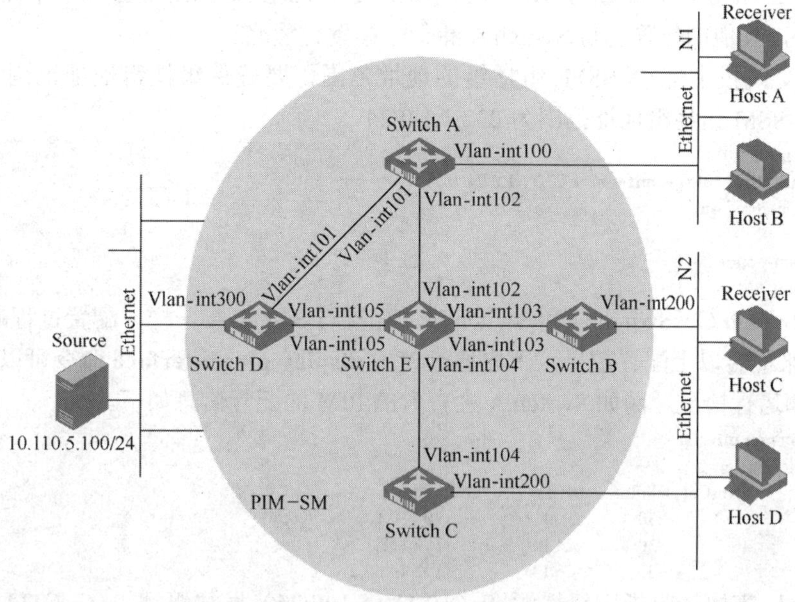

图 13-9　PIM-SSM 配置示例拓扑

SSM 组播组的范围是 232.1.1.0/24；Switch A 与网段 N1 之间，以及 Switch B 和 Switch C 与网段 N2 之间都运行 IGMPv3。各交换机 VLAN 接口 IP 地址分配如表 13-21 所示。

表 13-21　示例中各 VLAN 接口 IP 地址分配

设备	接口	IP 地址	设备	接口	IP 地址
Switch A	Vlan-int100	10.110.1.1/24	Switch D	Vlan-int300	10.110.5.1/24
	Vlan-int101	192.168.1.1/24		Vlan-int101	192.168.1.2/24
	Vlan-int102	192.168.9.1/24		Vlan-int105	192.168.4.2/24
Switch B	Vlan-int200	10.110.2.1/24	Switch E	Vlan-int104	192.168.3.2/24
	Vlan-int103	192.168.2.1/24		Vlan-int103	192.168.2.2/24
Switch C	Vlan-int200	10.110.2.2/24		Vlan-int102	192.168.9.2/24
	Vlan-int104	192.168.3.1/24		Vlan-int105	192.168.4.1/24

下面是具体的配置步骤。

（1）按照表 13-21 所示配置各交换机的各 VLAN 接口的 IP 地址和子网掩码，具体配置过程略。

（2）配置 PIM-SM 域内的各交换机之间的 OSPF 路由，确保 PIM-SM 域内部在网络层互通，并且各交换机之间能够借助单播路由协议实现动态路由更新，具体配置过程略。

（3）在各交换机 VLAN 接口上启用 IP 组播路由，并启用 PIM-SM 和 IGMPv3 协议。下面是在 Switch A 上启用 IP 组播路由，在各 VLAN 接口上启用 PIM-SM，并在其连接网段 N1 的 Vlan-interface100 接口上启用 IGMPv3。

```
<SwitchA> system-view
[SwitchA] multicast routing-enable
[SwitchA] interface vlan-interface 100
[SwitchA-Vlan-interface100] igmp enable
[SwitchA-Vlan-interface100] igmp version 3
[SwitchA-Vlan-interface100] pim sm
[SwitchA-Vlan-interface100] quit
[SwitchA] interface vlan-interface 101
[SwitchA-Vlan-interface101] pim sm
[SwitchA-Vlan-interface101] quit
```

```
[SwitchA] interface vlan-interface 102
[SwitchA-Vlan-interface102] pim sm
[SwitchA-Vlan-interface102] quit
```

Switch B 和 Switch C 的配置与 Switch A 相似；Switch D 和 Switch E 除了不需要在相应接口上启用 IGMPv3 外，其他的配置也与 Switch A 相似，配置过程略。

（4）在各交换机上配置 SSM 组播组的地址范围，要确保组播组地址范围一致。下面是在 Switch A 上配置 SSM 组播组地址范围为 232.1.1.0/24。

```
[SwitchA] acl number 2011
[SwitchA-acl-basic-2011] rule permit source 232.1.1.0 0.0.0.255
[SwitchA-acl-basic-2011] quit
[SwitchA] pim
[SwitchA-pim] ssm-policy 2011
[SwitchA-pim] quit
```

Switch B、Switch C、Switch D 和 Switch E 的配置与 Switch A 一样，配置过程略。

（5）下面来检验以上配置效果。首先通过使用 **display pim interface** 命令可以查看交换机接口上 PIM 的配置和运行情况。例如 Switch A 上查看的 PIM 的配置信息如下。

```
[SwitchA] display pim interface
 VPN-Instance: public net
 Interface             NbrCnt HelloInt    DR-Pri       DR-Address
 Vlan100                  0        30           1            10.110.1.1        (local)
 Vlan101                  1        30           1            192.168.1.2
 Vlan102                  1        30           1            192.168.9.2
```

假如 Host A 需要接收指定组播源 S（10.110.5.100/24）发往组播组 G（232.1.1.1）的信息，Switch A 会向组播源方向构造 SPT，SPT 路径中的交换机（Switch A 和 Switch D）上生成（S，G）表项，而 SPT 路径之外的交换机（Switch E）上没有组播路由项。

通过使用 **display pim routing-table** 命令可以查看交换机的 PIM 路由表信息。例如在 Switch A 上查看到的 PIM 路由表信息如下。从中可以看出，它已生成了（10.110.5.100，232.1.1.1）这个（S，G）通道 PIM 路由表项。

```
[SwitchA] display pim routing-table
 VPN-Instance: public net
 Total 0 (*, G) entry; 1 (S, G) entry

 (10.110.5.100, 232.1.1.1)
      Protocol: pim-ssm, Flag:
      UpTime: 00:13:25    !---显示以上 PIM 路由表项已存在的时长
      Upstream interface: Vlan-interface101     !---显示上行接口，也就是本交换机接收以上 PIM 路由表项的入口
           Upstream neighbor: 192.168.1.2      !---显示上行邻居设备，也就是本交换机接收以上 PIM 路由表项的入口交换机接口地址
           RPF prime neighbor: 192.168.1.2    !---以上 PIM 路由表项的 RPF 邻居设备接口
      Downstream interface(s) information:    !---以下显示的是下行接口信息
      Total number of downstreams: 1
           1: Vlan-interface100
                Protocol: igmp, UpTime: 00:13:25, Expires: 00:03:25
```

Switch B 和 Switch C 上的显示信息与 Switch A 类似。

在 Switch D 上查看的 PIM 路由表信息如下。

```
[SwitchD] display pim routing-table
 VPN-Instance: public net
 Total 0 (*, G) entry; 1 (S, G) entry

 (10.110.5.100, 232.1.1.1)
      Protocol: pim-ssm, Flag: LOC
      UpTime: 00:12:05
      Upstream interface: Vlan-interface300
           Upstream neighbor: NULL
           RPF prime neighbor: NULL
      Downstream interface(s) information:
      Total number of downstreams: 1
           1: Vlan-interface105
                Protocol: pim-ssm, UpTime: 00:12:05, Expires: 00:03:25
```

Cisco/H3C

第四篇

交换机端口监控和安全管理

在交换机的管理中，交换机的安全管理是非常复杂的一项管理任务，因为其中涉及到太多的安全技术和安全功能配置与管理，有基于端口的流量监控、安全认证（如 IEEE 802.1x 认证、MAC 地址认证和 Portal 认证）和访问控制（如端口安全功能），也有基于交换机的安全认证和访问控制（如基于 RADIUS、TACACS+、HWTACACS 的 AAA 访问控制模式）。

本篇也以对比的方式集中介绍了 Cisco Catalyst IOS 以太网交换机和 H3C 以太网交换机在端口监控和安全管理方面的配置与管理。包括以下 8 章：

第 14 章　Cisco IOS 交换机端口镜像配置与管理

第 15 章　Cisco IOS 交换机基于端口的安全配置与管理

第 16 章　Cisco IOS 交换机基于交换机的安全配置与管理

第 17 章　Cisco IOS 交换机 IEEE 802.1x 认证配置与管理

第 18 章　H3C 交换机端口镜像配置与管理

第 19 章　H3C 交换机端口安全和 MAC 地址认证配置与管理

第 20 章　H3C 交换机 AAA 安全访问配置与管理

第 21 章　H3C 交换机 IEEE 802.1x 和 Portal 认证配置与管理

14 Cisco IOS 交换机端口镜像配置与管理

Cisco 的 SPAN（Switched Port Analyzer，交换端口分析仪）有时也称“端口镜像”（Port Mirroring）或者“端口监控”（Port Monitoring），通过分析仪（如安装了 Sniffer、科来分析仪等工具软件的 PC 机）可以选择用于分析的网络通信。在进行网络监控时经常需要在交换机上配置一个处于混杂模式的端口来把交换机甚至整个网络的通信流量都镜像到这个端口上，以便实施实时抓包和网络通信监控，这就是本章所要介绍的 SPAN 和 RSPAN（Remote SPAN，远程交换端口分析仪）。

利用 SPAN 技术可以把交换机上某些想要被监控端口（以下简称受控端口）的数据流复制或镜像一份，发送给连接在监控端口上的流量分析仪，如 Cisco 的 IDS 或是装了 Sniffer 工具的 PC 机。受控端口和监控端口可以在同一台交换机上（本地 SPAN），也可以在不同的交换机上（远程 SPAN）。

14.1　SPAN/RSPAN 基础

什么是 SPAN，为什么需要 SPAN？这可能是我们认识 SPAN 后第一个想知道的。SPAN 的全称为 Switched Port Analyzer，中文名就是“交换端口分析仪”，用来对流经端口的通信流量进行监控。其最终的目的就是在监控端口连接安全设备（如安装了 Sniffer 类监控软件的 PC 机）实现对流经数据包的截取，以实现对整个网络的通信流量和数据包的分析，有助于网络性能分析与管理。其实 SPAN 的过程也就是通常所说的“端口镜像”，也有称“端口侦听”的。通过把交换机上的所有需要监控的端口的通信复制一份流向镜像端口，即可监控整个网络或者指定范围端口的通信。

14.1.1　SPAN 监控原理

之所以要在交换机上引入这项功能，是因为交换机与集线器相比，数据转发原理不一样，当集线器在一个端口上接收到数据时，集线器会向所有端口发送复制的这个数据包，除了接收数据包的这个端口之外。而交换机在启动时会建立一个基于所接收的不同数据包的源 MAC 地址的二层转发表进行数据包转发。在转发表建立后，交换机就可以有目的地把数据包转发到对应的端口。

例如，如果想捕获由 A 主机到 B 主机的通信，而且两主机是通过集线器连接的，则只需要在集线器上连接安装了 Sniffer 工具软件的监控器即可。在集线器的其他任何端口上都可以监听到 A 主机与 B 主机间的通信（注意图中的箭头颜色），如图 14-1 所示。也就是**如果网络集中连接设备是集线器，则无须进行端口镜像就可以在一个端口上监控到整个网络的通信**。

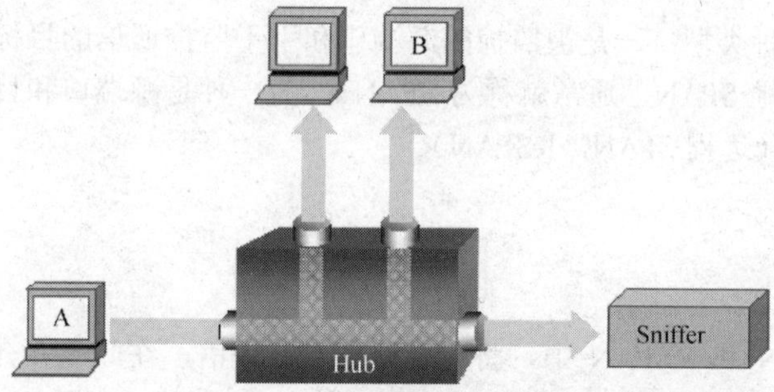

图 14-1　集线器网络的通信监控情形

如果连接设备是交换机，在学习到 A 和 B 主机的 MAC 地址后，主机 A 与主机 B 之间的单播通信仅转发到 B 或 A 主机所连接的交换机端口，所以连接在交换机其他端口上的 Sniffer 监控器就不能看到 A 与 B 之间的通信了，如图 14-2 所示。

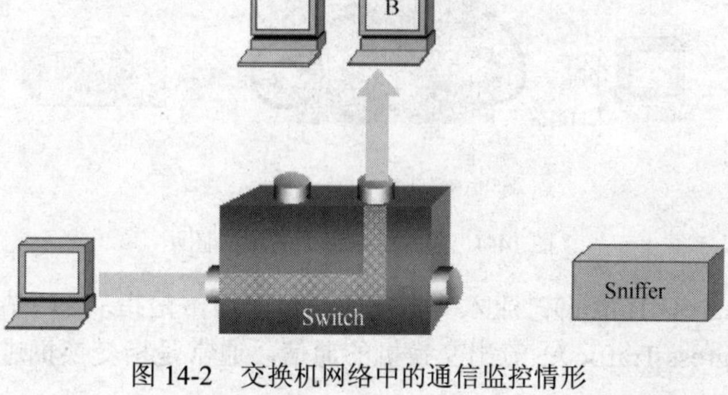

图 14-2　交换机网络中的通信监控情形

在这种情况下，Sniffer 监控器仅可以捕获到广播发送到所有端口的通信流，如广播通信、带有 CGMP（Cisco Group Management Protocol，思科组管理协议）或 IGMP（Internet Group Management Protocol，互联网组管理协议）的多播通信，以及不可识别的单播通信。

当交换机不能在它的 CAM（Content-Addressable Memory，按内容寻址内存）中找到与数据包中目标节点 MAC 一致的 MAC 地址时，交换机就不知道把数据包发送到哪里去了，最终就会以洪（Flood）方式把这个数据包发送到目标 VLAN 中的所有端口上。

那是不是在交换机上就没有办法实现像集线器那样在任一端口监控所有端口的通信呢？当然不是，在交换机上可以采取人工方式复制两主机之间通信的数据包到 Sniffer 监控器所连接的交换机端口上，这就是本章要介绍的主题——SPAN。

在图 14-3 中，Sniffer 监控器是连接到配置了可以接收每一个主机 A 发送的数据包副本的端口上。这种端口就称为 SPAN 端口（也就是后面所说的 SPAN 目标端口）。本节后面将介绍如何配置这样的 SPAN，使它可以按照需求监控其他端口上（这些端口也就是后面所说的 SPAN 源端口）的通信。

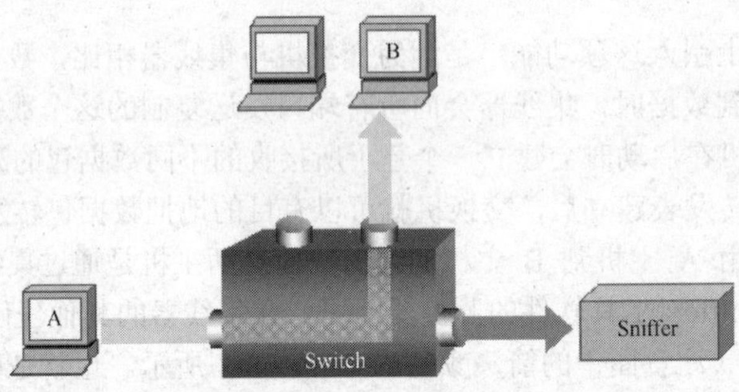

图 14-3　在交换机网络中实现通信监控的方式

在 SPAN 中又有两种类型：一是被监控的源端口和用于监控通信的目标端口在同一交换机上，这称为 Local SPAN（本地 SPAN，通常就称为 SPAN）；另一种是源端口和目标端口不在同一交换机上，称为 Remote SPAN（远程 SPAN，RSPAN）。

14.1.2　SPAN 术语

在上节提到的 SPAN 和 RSPAN 中，将涉及许多专业术语，在此一并介绍，以便于对后面监控原理的理解。这些术语在 SPAN 监控网络中对应所指的部分如图 14-4 所示。

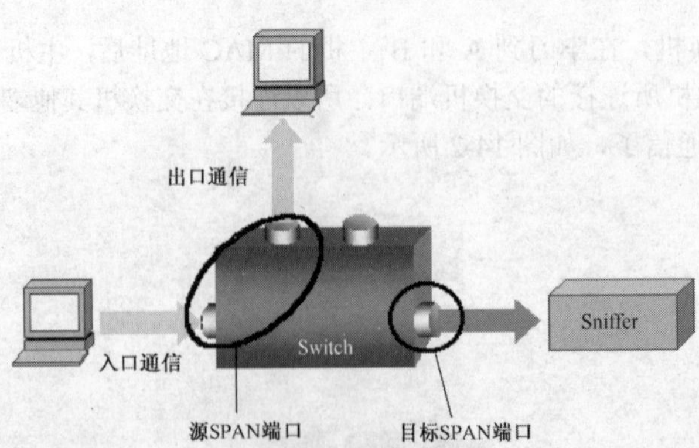

图 14-4　SPAN 网络中的术语图示

- 入口通信（Ingress Traffic）：流入交换机的通信，通常是指从 PC 站点进入交换机的通信。
- 出口通信（Egress Traffic）：流出交换机的通信，通常是指交换机进入 PC 站点的通信。

- 源 SPAN 端口（Source SPAN Port）：使用 SPAN 功能监控的端口。
- 源 SPAN VLAN（Source SPAN VLAN）：使用 SPAN 功能监控的 VLAN。
- 目标 SPAN 端口（Destination SPAN Port）：用于监控源端口通信的端口，通常是指网络分析仪连接的端口。
- 反射器端口（Reflector Port）：复制 RSPAN VLAN 中数据包的端口。
- 监控端口（Monitor Port）：这是在 Catalyst 2900XL/3500XL/2950 交换机中的术语，监控端口也是前面所说的目标 SPAN 端口。
- 本地 SPAN（Local SPAN）：只监控与目标端口处于同一交换机的端口通信的 SPAN。
- RSPAN：远程 SPAN（Remote SPAN），所监控的端口中有些不是与目标端口处于同一交换机上的 SPAN。RSPAN 是一个高级的 SPAN 功能，需要指定一个 VLAN 来承载交换机间由 SPAN 监控的通信，但并不是所有交换机都支持。
- PSPAN：基于端口的 SPAN（Port-based SPAN），用户在交换机上指定一个或多个源端口、一个目标端口。
- VSPAN：基于 VLAN 的 SPAN（VLAN-based SPAN），用户在交换机上选择监控属于特定 VLAN 中的所有端口。
- ESPAN：增强型 SPAN，但目前来说由于定义并不是十分明朗，所以还是很少用的。
- 管理源（Administrative Source）：已配置要监控的源端口或 VLAN 列表。
- 操作源（Operational Source）：被有效监控的端口列表。这个端口列表可以与前面介绍的管理源不一样。例如，一个处于关闭状态的端口可以显示在管理源中，但是它不会显示在操作源中。

在 Cisco Catalyst 以太网交换机中，各主要系列和型号的交换机对 SPAN 和 RSPAN 的支持情况如表 14-1 所示。由此可以看出，不同的 Cisco 交换机系列对 SPAN 或 RSPAN 的支持也不完全相同，配置方法也存在一些区别，在本节后面会对各主要交换机系列的 SPAN 和 RSPAN 配置方法分别予以介绍。

表 14-1　Catalyst 交换机对 SPAN 和 RSPAN 的支持情况

Catalyst 交换机	对 SPAN 的支持	对 RSPAN 的支持
Catalyst Express 500 系列	支持	不支持
Catalyst 6500/6000 系列	支持	支持
Catalyst 5500/5000 系列	支持	不支持
Catalyst 4900 系列	支持	支持
Catalyst 4500/4000 系列（包括 4912G）	支持	支持
Catalyst 3750 Metro 系列	支持	支持
Catalyst 3750/3750E/3750-X 系列	支持	支持
Catalyst 3560/3560E/3560-X 系列	支持	支持
Catalyst 3550 系列	支持	支持
Catalyst 3500XL 系列	支持	不支持
Catalyst 2970 系列	支持	支持
Catalyst 2960 系列	支持	支持
Catalyst 2955 系列	支持	支持
Catalyst 2950 系列	支持	支持
Catalyst 2940 系列	支持	不支持
Catalyst 2948G-L3	不支持	不支持
Catalyst 2948G-L2/2948G-GE-TX/2980G-A	支持	支持
Catalyst 2900XL 系列	支持	不支持
Catalyst 1900 系列	支持	不支持

14.1.3 SPAN 和 RSPAN 关键特性

在理解 SPAN 和 RSPAN 时，需要对上节所介绍的几个关键术语特性进行全面、深入的理解，只有这样才能更好地使用并在具体的配置中应用这些术语。

1．源端口特性

SPAN 中的源端口也就是被监控端口，是所要监控的用于网络分析的交换或路由端口（**注意，源端口既可以是二层交换端口，也可以是三层路由端口，而不仅是交换端口**）。在单一本地 SPAN 会话或 RSPAN 源会话中，可以监控源端口通信，包括接收和发送两个方向，有的交换机也可以仅监控某一个方向。交换机支持任何数量的源端口（应受交换机本身端口数影响）和任何数量的源 VLAN。

在一个 SPAN 会话中，SPAN 分析仪可以监控一个或多个源端口。可以在任何 VLAN 中配置源端口。中继端口可以被配置为源端口，并且可以与非中继源端口混合，但是 SPAN 不会从源中继端口上复制中继封装。

源端口有以下特性：

- 可以是任何端口类型，如以太网通道、快速以太网、千兆以太网等。
- 可以被多个 SPAN 会话监控。
- 不能成为目标端口。
- 每个端口可以配置不同的监控通信流方向（可以是入口、出口，或者两者同时监控）。对于以太网通道源，监控方向配置将应用到以太网通道端口组中的所有物理端口上。
- 源端口可以位于相同或不同的 VLAN 中。
- 对于 VLAN SPAN 源，在源 VLAN 中的所有活动端口都将作为源端口。

在把一个中继端口作为源端口时，默认情况下，在这个中继端口中所有活动 VLAN 通信都将被监控。可以使用 VLAN 过滤功能来限制在中继源端口上 SPAN 可以监控通信的 VLAN（也就是本章后面将要具体介绍的 VLAN 过滤器）。SPAN 中的 VLAN 过滤具有如下特性：

- VLAN 过滤仅应用于中继或语音 VLAN 端口，所以如果仅是监控非中继或语音端口，则不能配置 VLAN 过滤。
- VLAN 过滤仅应用于基于端口的会话，不能在 VLAN 源的 SPAN 或 RSPAN 会话中使用。
- 在指定了 VLAN 过滤列表后，则在中继端口或语音 VLAN 访问端口上，仅在过滤列表中的 VLAN 可以被监控。
- 来自其他类型端口（也就是非中继和语音端口）的 SPAN 通信不受 VLAN 过滤影响，也就是说在其他端口上所有 VLAN 仍都将被监控。
- VLAN 过滤仅影响通信流复制、转发到目标 SPAN 端口，不影响正常通信的数据交换。
- 不能在一个会话中同时使用源 VLAN 和 VLAN 过滤（因为 VLAN 过滤不是应用于基于源 VLAN 的 SPAN 或 SPAN 会话中，而是只能应用于基于源端口的 SPAN 或 RSPAN 会话中）。也就是说，可以配置源 VLAN 或 VLAN 过滤，但是不能同时配置。

2．源 VLAN 特性

一个源 VLAN 是用于网络通信分析的被监控的 VLAN。基于 VLAN 的 SPAN（VSPAN）使用 VLAN 作为 SPAN 源，是在一个或多个 VLAN 上进行的网络通信流监控。源 VLAN 中的所有端口都将成为源端口。VSPAN 中的 SPAN 或 RSPAN 源接口就是对应 VLAN 的 VLAN ID，且在指定的 VLAN 中的所有端口通信都将被监控。

VSPAN 具有以下特性：

- 在源 VLAN 中的所有活动端口都将作为源端口，而且双向通信都将被监控。
- 对于具体的端口来说，仅发送所属 VLAN 中需要被监控的 VLAN 中的通信流到目标端口。
- 如果目标端口属于源 VLAN，则它将从源端口列表中排除，不被监控。
- 如果端口添加到源 VLAN 或者从源 VLAN 中移除，在源 VLAN 中由这些端口接收到的通信将添加或者移出被监控的源 VLAN。
- 不能同时在与源 VLAN 的会话中使用 VLAN 过滤。也就是在基于 VLAN 的监控中，不能配置 VLAN 过滤。
- 可以仅监控以太网 VLAN。

3．目标端口特性

每一个本地 SPAN 会话或 RSPAN 目标会话必须有一个目标端口（也称“镜像端口”），用于接收源端口和源 VLAN 的通信副本。

一个目标端口也可以是一个二层交换端口或三层路由端口，用来转发所监控到的通信副本到 Sniffer 分析仪。在配置一个端口作为 SPAN 目标端口时，这个端口就仅用于 SPAN，不转发任何除 SPAN 会话以外的其他通信。

在 Cisco IOS 12.1(13)E 及更高版本中，也可以配置中继端口作为目标端口，允许目标中继端口传输封装通信。但在比 Cisco IOS 12.1(13)E 更早的 IOS 版本中，中继端口在配置为目标端口后会停止中继。

目标端口具有以下特性：

- 对于本地 SPAN，目标端口必须与源端口在同一交换机上。
- 目标端口可以是任何以太网物理端口。
- 目标端口在同一时间只能参与一个 SPAN 会话，处于一个 SPAN 会话的目标端口不能作为其他 SPAN 会话的目标端口。
- 目标端口不能作为源端口。
- 目标端口不能是以太网通道组（源端口可以是以太网通道组）。但是，目标端口可以是一个分配到一个以太网通道中的物理端口，即使相应以太网通道组已被指定为一个 SPAN 源。在该端口被配置为 SPAN 目标端口时，这个端口就会从以太网通道组中移除。
- 目标端口除了 SPAN 会话所必需的通信外，不会传输任何其他通信，除非启用了 MAC 地址学习功能。如果启用了学习功能，目标端口也可以传输目标端口已学习到 MAC 地址的主机的通信。
- 如果为一个网络安全设备（如 Sniffer 分析仪）启用了入口通信转发，则目标端口在二层进行通信转发。
- 在 SPAN 会话活动期间，目标端口是不参与生成树的。
- 当成为目标端口时，将不参与任何二层协议，如 STP、VTP、CDP、DTP 和 PagP 等。
- 属于 SPAN 会话中源 VLAN 的目标端口都是从源列表中排除的、不被监控的。
- 目标端口接收所有被监控的源端口上的双向通信流副本。如果目标端口监控的源端口太多，则可能造成通信堵塞。通信堵塞可能会影响一个或多个源端口的通信转发。

4．反射器端口特性

反射器端口（Reflector Port）是一个复制 RSPAN VLAN 上数据包的机制。反射器端口仅转发 RSPAN 源相关会话的通信。任何连接到端口的设备在设置为反射器端口时会丢失连接，直到 RSPAN 源会话被禁止。

反射器端口具有以下特性：

- 它是设置在 loopback 中的一个端口。

- 它不能是以太网通道组，不中继，也不能进行协议过滤。
- 它可以是以太网通道组中的一个物理端口，即使这个以太网通道组被指定为一个 SPAN 源。但在该端口被配置为反射器端口后，它将从以太网通道中移除。
- 用于反射器的端口不能作为SPAN源或目标端口，也不能同时作为其他会话的反射器端口。
- 它对于所有 VLAN 都是不可见的。
- 在反射器端口上用于环回（looped-back）通信的本地 VLAN 是 RSPAN VLAN。
- 反射器端口会环回未被标记的通信到交换机，然后这些通信转发到 RSPAN VLAN 中，并在该 VLAN 的所有中继端口上广播。
- 在反射器端口上，生成树是自动禁止的。
- 反射器端口接收所有被监控源端口上的双向通信副本。

14.1.4 本地 SPAN 和远程 SPAN 概述

本地 SPAN 在同一个交换机上支持源端口（Source Port）、源 VLAN（Source VLAN）和目标端口（Destination Port）。本地 SPAN 从位于同一交换机上的一个或多个任一 VLAN 中的源端口或者从一个或多个 VLAN 中复制通信到目标端口，用于数据包分析。

例如，在图 14-5 中，在以太网端口 5（E5）上的通信被复制到以太网端口 10（E10）上。E5 是作为源端口，E10 是作为目标端口的。安装了各类 Sniffer（嗅探）工具的 PC 机（担当网络分析仪角色）直接连接到 E10 端口上，这样它可以接收在 E5 端口上的所有网络通信，而不用直接连接到 E5 端口。

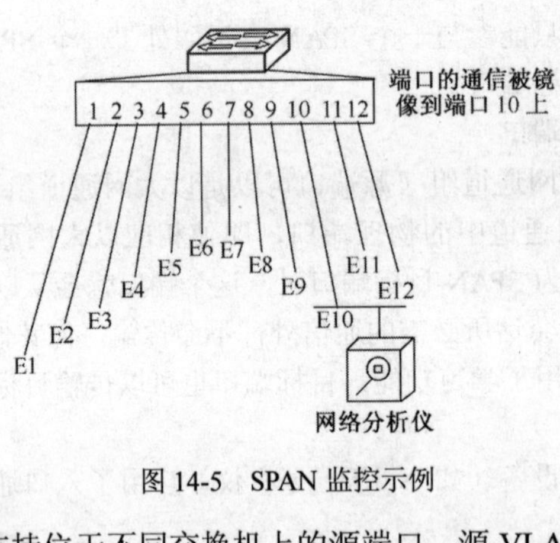

图 14-5 SPAN 监控示例

RSPAN（远程 SPAN）支持位于不同交换机上的源端口、源 VLAN 和目标端口，提供通过网络进行多个交换机的远程监控功能。

RSPAN 源中的通信通过反射器端口复制到 RSPAN VLAN，然后通过承载 RSPAN VLAN 通信的中继端口转发到任何 RSPAN 目标会话来实现监控 RSPAN VLAN 通信，如图 14-6 所示。图 14-6 中左、右两端的两个 RSPAN VLAN 其实分别叫目标 RSPAN VLAN 和源 RSPAN VLAN。这样就形成了 RSPAN 源会话和 RSPAN 目标会话中都各有源和目标。

SPAN 和 RSPAN 不会影响源端口的网络数据交换，只是源端口接收和发送的数据包副本发送到目标端口上。反射器端口和目标端口除了接收 SPAN 或 RSPAN 会话所需的通信外，不会接收和转发其他通信。在 SPAN 目标端口上也可以流入网络安全设备发来的通信，这就是后面在介绍具体配置时将介绍的入口通信转发（Ingress Traffic Forwarding）。例如，如果在目标端口上连接一个 IDS 设备，则这个 IDS 设备可以发送 TCP 请求怀疑是黑客发起的 TCP 会话。但在 RSPAN 目标端口上不能使用入口通信转发。

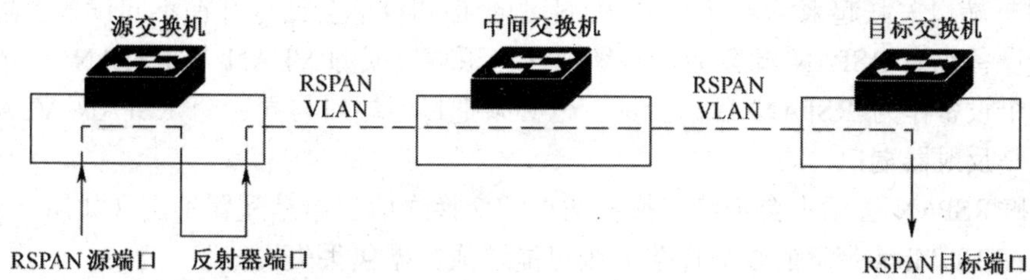

图 14-6　RSPAN 配置示例

如图 14-7 所示，Switch D 是作为目标交换机（目标端口所在的交换机），而 Switch A 和 Switch B 交换机是作为源交换机（源端口或源 VLAN 所在的交换机），Switch C 是作为连接源交换机与目标交换机的中间交换机。每个 RSPAN 会话是由用户指定的一个 RSPAN VLAN 来承载的，这个 RSPAN VLAN 是所有参与 RSPAN 监控的交换机专用的。也就是说 RSPAN 是通过专门的 VLAN 进行通信复制和转发的。不要在 RSPAN VLAN 中配置任何除用于承载 RSPAN VLAN 通信的反射器端口外的其他端口，RSPAN VLAN 也不会启用 MAC 地址学习功能。本地 SPAN 和 RSPAN 不会监控在源中继上 RSPAN VLAN 中的 RSPAN 通信。

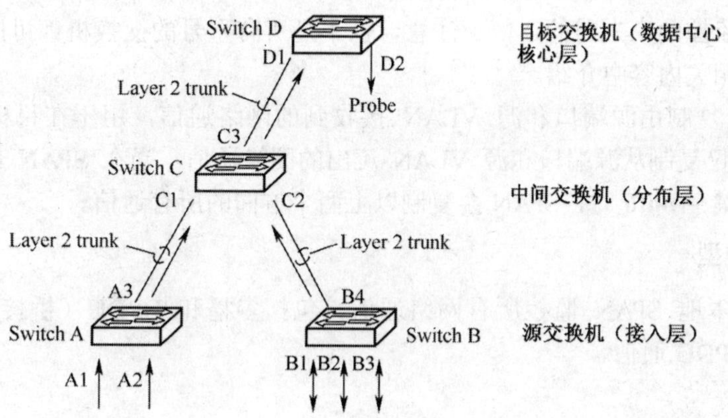

图 14-7　RSPAN 监控示例

来自源端口或源 VLAN 的 RSPAN 通信被交换到 RSPAN VLAN 中，然后再转发到位于 RSPAN VLAN 中的目标端口上。一个 RSPAN 会话中的源（包括端口或 VLAN）可以因不同源交换机而不同（也就是说有的源交换机可以仅是源端口，有的可以仅是源 VLAN），但是在每个 RSPAN 源交换机中的所有源都必须相同，也就是每个 RSPAN 源交换机必须要么是源端口，要么是源 VLAN，不能同时有。

14.1.5　本地 SPAN 和 RSPAN 会话

SPAN 会话（包括本地和远程）允许监控在一个或多个端口或者 VLAN 上的通信，并发送这些被监控的通信到一个或多个目标端口上（注意，并不是所有型号的交换机都支持有多个 SPAN 目标端口，具体参见表 14-1）。交换端口和路由端口都可以作为 SPAN 源或目标端口。

本地 SPAN 会话是由一组源端口或源 VLAN 与一个或多个目标端口关联组成的。可以在一个单一网络设备上配置一个本地 SPAN 会话。本地 SPAN 中，源（端口或 VLAN）和目标（端口）会话都必须在同一设备之上，是不可分开的。

RSPAN 会话是由一个 RSPAN 源会话、一个 RSPAN VLAN 和一个 RSPAN 目标会话组成的。RSPAN 源会话把 SPAN 源端口或 VLAN 与 RSPAN VLAN 关联起来，RSPAN 目标会话是把 RSPAN

VLAN 与目标端口关联起来。可以把 RSPAN 源会话和目标会话分开在不同设备上配置。要配置网络中的一个设备作为 RSPAN 源会话，必须把这些源端口或源 VLAN 与 RSPAN VLAN 进行关联；要配置另一个设备作为 RSPAN 目标会话，也必须把目标端口与同一个 RSPAN VLAN 关联起来。这个关联就是反射器端口。

SPAN 和 RSPAN 会话不会干涉交换机的正常交换通信，但是配置不当（如用一个 10Mb/s 带宽的端口来监控 100Mb/s 带宽的端口通信）则可能造成数据包丢失。

14.1.6 监控通信

本节介绍的是 SPAN（包括本地和远程 SPAN）可以监控的通信，包括以下几方面的内容：

- 监控通信方向。
- 监控通信类型。
- 复制通信。

1. 监控通信方向

可以配置 SPAN 会话来监控入口网络通信（称为 Ingress SPAN）、出口网络通信（称为 Egress SPAN），或者同时监控两个方向的通信。注意，也不是所有型号的交换机都可以选择监控方向，具体将在本章后面的相关内容中介绍。

入口 SPAN 仅复制由源端口和源 VLAN 接收到的网络通信，用于在目标端口上进行网络分析；而出口 SPAN 仅复制从源端口和源 VLAN 流出的网络通信。当在 **SPAN** 命令（本章后面将具体介绍）中键入关键字 **both** 时，SPAN 会复制以上两个方向的所有通信。

2. 监控通信类型

默认情况下，本地 SPAN 监控所有网络通信，包括多播和 BPDU（桥接协议数据单元），但 RSPAN 不能监控 BPDU 通信。

3. 复制通信

在一些配置中，SPAN 发送多份相同源通信的副本到目标端口。例如，在一个双向 SPAN 配置中有两个 SPAN 源（称为 s1（源 1）和 s2（源 2））和一个目标端口（称为 d1（目标 1））。如果一个包通过 s1 进入交换机，然后这个数据包从交换机的 s1 端口发送到 s2 端口，入口 SPAN 在 s1 端口入口方向复制这个包到 SPAN 目标端口 d1，而出口 SPAN 会在 s2 端口出口方向复制一份到目标端口 d1。如果包是从 s1 端口到 s2 端口进行二层交换，则两份 SPAN 复制的包是相同的；如果包从 s1 到 s2 进行的是三层交换，则三层的重写操作将改变数据包中的源和目的二层地址，这样一来，两份 SPAN 复制的包将不一样。

14.2 Catalyst Express 500 中的 SPAN 配置

Catalyst Express 500 交换机仅支持 SPAN 功能，而且其交换机端口仅可以通过使用 CNA（Cisco Network Assistant，思科网络助手）来配置 SPAN。

要完成 SPAN 配置，可以按如下步骤进行：

（1）在 Cisco 网站的 http://www.cisco.com/public/sw-center/index.shtml 网页上下载 CNA 程序，然后在 PC 机上安装 CNA。

（2）利用 CLI 界面完成 Catalyst Express 500 交换机的初始化配置。

（3）使用 CNA 登录到交换机中，单击 **Smartport** 按钮（灯泡状），显示如图 14-8 所示的交换机端口设置视图。

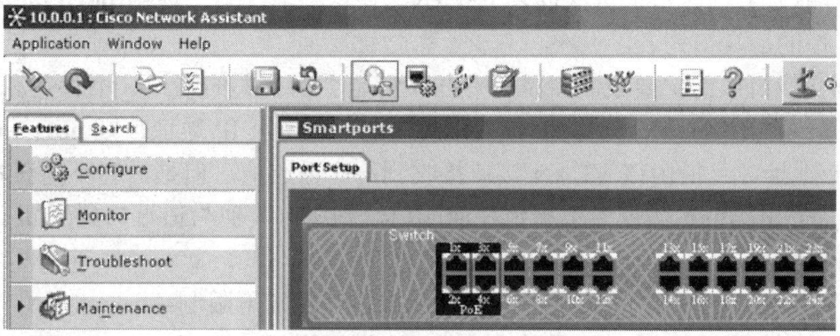

图 14-8　CNA 程序界面

（4）在任何想要用于连接 SPAN 监控器 PC 的端口上右击，在弹出的快捷菜单中选择 **Modify** 选项，此时会有一个小的弹出窗口显示，如图 14-9 所示。

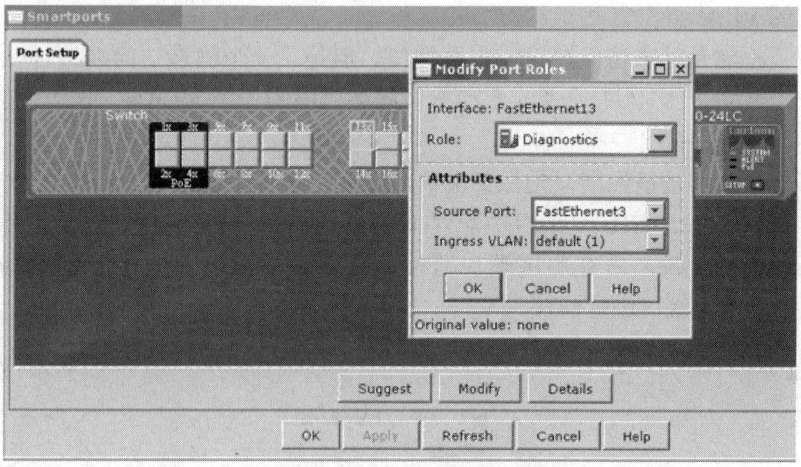

图 14-9　端口编辑窗口

（5）在 Role 下拉列表框中为该端口选择 **Diagnostics**（诊断）角色。在 Source Port 下拉列表框中选择要监控的源端口或源 VLAN。如果选择 none 选项，则该端口仅接收通信。在 Ingress VLAN（入口 VLAN）下拉列表框中可以选择允许监控器 PC 连接到 Source Port 下拉列表框中所选择的诊断端口，发送数据包到配置了所选择 VLAN 的网络，默认是管理 VLAN——VLAN 1。

（6）选择好后单击 OK 按钮，关闭弹出窗口。

（7）在下面的 Port Setup 窗口中单击 OK 按钮，应用设置。此时就可以使用任何 Sniffer 软件监控所设置的源端口或源 VLAN 通信了。

从以上配置可以看出，Catalyst Express 500 交换机的 SPAN 功能不是通过 CLI 本身进行配置，需要借助 CNA 来辅助配置。同时 Catalyst Express 500 交换机的 SPAN 功能也是最简单的一种，不支持多个源端口或源 VLAN 的监控，也不支持 RSPAN。

14.3　Catalyst 2900XL/3500XL 交换机的 SPAN 配置

Catalyst 2900XL/3500XL 交换机与上节介绍的 Catalyst Express 500 交换机的 SPAN 功能类似，仅支持本地 SPAN，而且 SPAN 功能也很简单。但是它是使用 CLI 进行配置的。

在这两个系列的交换机中，可以根据需要创建尽可能多的本地 PSPAN（基于端口的 SPAN）会话。例如，可以在已选择为目标 SPAN 端口（在 Catalyst 2900XL/3500XL 交换机中，目标 SPAN 端口就是指“镜像端口”）的端口上再次创建 PSPAN。在这种情况下，使用 **port monitor** *interface* 命令可以列出要监控的源端口列表。

这两个系列交换机中的主要限制就是所有与某特定会话有关的端口（不管是源端口，还是目标端口）必须在同一个 VLAN 中。如果为 VLAN 接口配置了一个 IP 地址，则 **port monitor** 命令仅镜像通信到这个 IP 地址，包括由该 VLAN 接口接收到的广播通信。但是，它不捕获本 VLAN 内部的通信。如果在 **port monitor** 命令中不指定任何端口，则所有其他与该端口属于同一个 VLAN 的端口通信都将被镜像。

在 Catalyst 2900XL/3500XL 交换机中，端口镜像还存在以下限制：

- 镜像端口不能是快速以太网通道或千兆以太网通道组。
- 镜像端口不能启用端口安全（Port Security）。
- 镜像端口不能是多 VLAN 端口。
- 镜像端口必须与被镜像端口处于同一个 VLAN 中。在镜像端口和被镜像端口上，不能改变所属的 VLAN。
- 镜像端口不能是动态访问端口或中继端口。但是，一个静态访问端口可以镜像一个中继端口、一个或多个 VLAN 或者一个动态访问端口中的一个 VLAN。被镜像的 VLAN 是与静态访问端口关联的。
- 如果镜像端口和被镜像端口是保护端口，则端口镜像不会工作。

在 Catalyst 2900XL/3500XL 交换机中配置 PSPAN 的方法很简单，只需要在目标端口配置模式下用 **port monitor** *interface* 命令启用端口监控、指定镜像源端口即可。可用 **no port monitor** *interface* 命令取消对指定端口进行监控。

下面以一个具体的示例进行介绍，示例要求如下（示例的网络结构示意图如图 14-10 所示）：

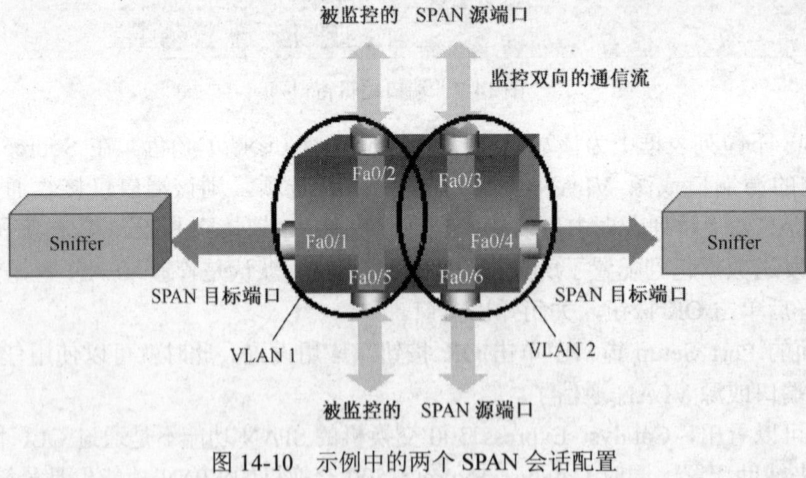

图 14-10 示例中的两个 SPAN 会话配置

- Fa0/1 端口镜像 Fa0/2 和 Fa0/5 两个端口的双向通信。端口 Fa0/1 也镜像管理接口 VLAN 1 的双向通信。
- Fa0/4 端口镜像 Fa0/3 和 Fa0/6 两个端口的通信。

具体的配置步骤如下：

（1）为了配置 Fa0/1 端口作为目标端口，源端口为 Fa0/2、Fa0/5 和 VLAN 1，首先进入 Fa0/1 的接口配置模式，然后使用 **port monitor** 命令把 Fa0/2、Fa0/5 和 VLAN 1 配置为镜像源。

```
Switch(config)#interface fastethernet 0/1
Switch(config-if)#port monitor fastethernet 0/2
```

```
Switch(config-if)#port monitor fastethernet 0/5
Switch(config-if)#port monitor vlan 1
```

通过以上第 2 条和第 3 条命令的执行，Fa0/2 和 Fa0/5 这两个端口接收或发送的数据包都会被复制到 Fa0/1 端口。第 4 条命令的目的一样，只是这里是把管理接口 VLAN 1 上的通信流也镜像到 Fa0/1 接口上。但要注意，这条命令并不会镜像所有 VLAN 1 中的通信，只是镜像 VLAN 1 这个虚拟管理接口上的通信。

（2）下面再配置另一条 SPAN 会话。这时是使用 Fa0/4 作为目标 SPAN 端口，配置方法与上一条 SPAN 会话完全一样，先要进入到 Fa0/4 端口配置模式，然后使用 **port monitor** 命令配置镜像源端口。完整的配置如下：

```
Switch(config-if)#interface fastethernet 0/4
Switch(config-if)#port monitor fastethernet 0/3
Switch(config-if)#port monitor fastethernet 0/6
Switch(config-if)#^Z
```

（3）最后，可以键入 **show running** 命令或 **show port monitor** 命令以在输出信息中检查上述配置是否正确，也就是看一下哪些端口被监控了。键入 **show port monitor** 命令后的输出如下。从中可以看出当前交换机上配置了两条 SPAN 镜像，目标端口分别是 FastEthernet0/1 和 FastEthernet0/4。

```
Switch#show port monitor
Monitor Port Port Being Monitored
-------------------- --------------------
FastEthernet0/1 VLAN1
FastEthernet0/1 FastEthernet0/2
FastEthernet0/1 FastEthernet0/5
FastEthernet0/4 FastEthernet0/3
FastEthernet0/4 FastEthernet0/6
```

【注意】Catalyst 2900XL/3500XL 交换机不支持仅接收方向（也就是入口方向）或仅发送方向（也就是出口方向）的 SPAN 镜像。所有 SPAN 端口会全部捕获双向的通信。

14.4　Catalyst 8500 交换机的 SPAN 配置

在 Catalyst 8500 交换机上也仅可以执行最基本的本地 SPAN 功能，而且称之为“端口侦听”，但相对前面介绍的 Catalyst 2900XL/3500XL 交换机来更加灵活些，因为它可以选择监控的流方向。在镜像目标端口的配置模式下键入 **snoop** 命令来设置基于端口的通信镜像或侦听。可以使用这个命令的 **no** 格式来禁止侦听，具体格式如下：

snoop interface *source_port* **direction** *snoop_direction*

no snoop interface *source_port*

参数 ***source_port*** 用来指定被监控的源端口，参数 ***snoop_direction*** 用来指定在被监控端口上镜像通信的方向，包括 receive（接收）、transmit（发送）或 both（两者都镜像）。

下面是一个配置示例，其中 fastethernet 12/0/15 为 SPAN 目标端口，被监控端口为 fastethernet 0/0/1，方向为接收和发送双方向。

```
8500CSR#configure terminal
8500CSR(config)#interface fastethernet 12/0/15
8500CSR(config-if)#shutdown
8500CSR(config-if)#snoop interface fastethernet 0/0/1 direction both
8500CSR(config-if)#no shutdown
```

以下是使用 **show snoop** 命令查看 SPAN 配置的输出信息：

```
8500CSR#show snoop
Snoop Test Port Name: FastEthernet1/0/4 (interface status=SNOOPING)
```

```
Snoop option:            (configured=enabled)(actual=enabled)
Snoop direction:         (configured=receive)(actual=receive)
Monitored Port Name:
(configured=FastEthernet1/0/3)(actual=FastEthernet1/0/3)
```

【说明】如果 Catalyst 8540 交换机运行的是一个 MSR（Multiservice ATM Switch Router，多服务 ATM 交换路由器）映像，则在以太网端口上不支持以上侦听命令。如果想要使 Catalyst 8540 交换机支持以上命令，则必须使用 CSR（Campus Switch Router，校园交换路由器）映像，如 8540c-in-mz。在交换机运行 MSR 映像时，仅可以在 ATM 接口上进行端口侦听。

14.5 CatOS 系统交换机上的 SPAN 配置

本节所介绍的内容适用于运行 CatOS 映像系统的 Catalyst 2900/4500/4000/5500/5000/6500/6000 系列交换机。但对于 Cisco Catalyst 2900 系列交换机，仅以下型号支持 SPAN：

- Cisco Catalyst 2948G-L2
- Cisco Catalyst 2948G-GE-TX
- Cisco Catalyst 2980G-A

对于 Cisco Catalyst 4000 系列交换机，对于模块机箱式交换机，仅有 Cisco Catalyst 4003 和 Cisco Catalyst 4006 两个型号的交换机支持 SPAN；对于固定配置交换机，仅有 Cisco Catalyst 4912G 型号的交换机支持 SPAN。

14.5.1 本地 SPAN 配置

SPAN 功能已逐渐添加到运行 CatOS 系统的交换机上。在这些交换机上，SPAN 配置是由一系列的 **set span** 命令组成的，并且有许多可选项，具体命令格式如下（参数说明如表 14-2 所示）：

set span disable [dest_mod/dest_port|all]

或

set span <*src_mod*|*src_ports...*|*src_vlans...*|*sc0*> **<dest_mod/dest_port> [rx|tx|both][inpkts <enable|disable>] [learning <enable|disable>] [multicast <enable|disable>] [filter** <*vlans...*>**][create]**

表 14-2 CatOS 系统交换机中的 set span 命令参数说明

参数	说明
disable	禁止 SPAN
dest_mod	（可选）监控模块（作为 SPAN 目标）
dest_port	（可选）监控端口（作为 SPAN 目标）
all	（可选）禁止监控所有 VLAN 通信
src_mod	监控模块（作为 SPAN 源）
src_ports...	监控端口（作为 SPAN 源）
src_vlan...	监控 VLAN（作为 SPAN 源）
sc0	监控 sc0 管理接口通信
rx	（可选）监控源上接收到的通信
tx	（可选）监控从源上发出的通信
both	（可选）监控源上接收和发送的双向通信
inpkts enable	（可选）在 SPAN 目标端口上启用正常流入通信的接收
inpkts disable	（可选）禁止 SPAN 目标端口上正常流入通信的接收
learning enable	（可选）学习包中的源 MAC 地址
learning disable	（可选）禁止学习包中的源 MAC 地址
filter	（可选）过滤不需要监控的 VLAN
vlan	（可选）指定不需要监控的 VLAN 号
create	（可选）创建新的 SPAN 会话

sc0：在需要监控 sc0 管理接口通信时，可以在 SPAN 配置中指定 sc0 关键字。这个选项仅可以在运行 CatOS 5.1 或更高版本的 Catalyst 5500/5000/6500/6000 系列交换机上使用。

inpkts *enable|disable*：这个选项极其重要，但仅在 CatOS 4.2 及以上版本映像交换机中支持。配置为 SPAN 目标端口的端口仍将属于它原来的 VLAN。如果这个端口是普通访问端口，则在目标端口上接收到数据包后进入 VLAN。如果使用一个 PC 作为 Sniffer 监控器，则可能需要这台 PC 与这个 VLAN 全面连接。如果连接目标端口到其他在网络中创建了环路的设备，这样的连接会存在风险。目标 SPAN 端口不支持运行 STP，可以在这种情况下结束这个存在风险的桥接环。这个选项的默认设置是禁止的，也就是说目标 SPAN 端口会放弃在端口上接收的包，以阻止桥接环的产生。

learning *enable|disable*：这个选项允许禁止目标端口的学习功能。默认情况下，学习功能是启用的，目标端口可以从端口上接收的数据包中学习到 MAC 地址。这个功能在 CatOS 5.2 的 Catalyst 4500/4000/5500/5000 系列和 CatOS 5.3 的 Catalyst 6500/6000 系列交换机中支持。

multicast *enable|disable*：这个选项用来启用或禁止多播数据包的监控，默认是启用的。这个功能在运行 CatOS 5.1 或更高版本的 Catalyst 5500/5000/6500/6000 系列交换机上可用。

在 Catalyst 6500/6000 系列交换机上，可以通过 **spanning port 15/1** 命令使用 15/1 或 16/1 端口作为 SPAN 源端口。这个端口可以监控转发到 MSFC（Multilayer Switch Feature Card，多层交换功能卡）上的通信。这个端口捕获到的是软路由或直接连接到 MSFC 的通信。

下面仅以最新的 CatOS 系统 Catalyst 6500/6000 系列交换机为例进行 SPAN 和 RSPAN 配置介绍。图 14-11 所示为 Catalyst 6500/6000 系列交换机第 6 插槽中的部分线路卡。在本示例中，配置如下：

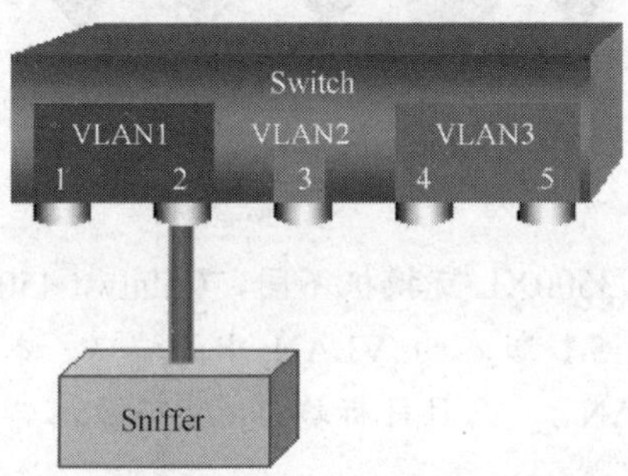

图 14-11 Catalyst 6500/6000 系列交换机第 6 插槽中的线路卡

- VLAN 1 端口 6/1 和 6/2 属于 VLAN 1。
- VLAN 2 端口 6/3 属于 VLAN 2。
- VLAN 3 端口 6/4 和 6/5 属于 VLAN 3。
- 在 6/2 端口中连接一个 Sniffer 监控器，并在几种不同情形使用这个端口作为监控端口（也就是前面所说的 SPAN 目标端口）。

1. 监控单一端口

可以使用 **set span** 命令来监控单一端口，语法格式为：

```
set span source_port destination_port
```

参数 *source_port* 和 *destination_port* 分别用来指定 SPAN 源端口和 SPAN 目标端口。如以下命令可以监控图 14-11 中端口 6/1 上的通信到端口 6/2 上。

```
switch (enable)> set span 6/1 6/2
```

每个在 6/1 端口接收或发送的数据包都将复制一份到 6/2 端口。使用 **show span** 命令可以查看当前 SPAN 配置汇总，如下：

```
switch (enable) >show span
Destination : Port 6/2
Admin Source : Port 6/1
```

```
Oper Source : Port 6/1
Direction : transmit/receive
Incoming Packets: disabled
Learning : enabled
Multicast : enabled
Filter : -
Status : active

Total local span sessions: 1
```

2．监控多个端口

前面说到的 **set span** *source_ports destination_port* 命令也允许用户指定多于一个源端口，只需简单地列出所要监控的源端口，各源端口间以英文逗号（,）分隔即可。也可以使用连接符号（-）来指定一个源端口范围。如图 14-12 所示为指定多于一个源端口的 SPAN 监控的示例：使用 6/2 作为 SPAN 目标端口（或称为监控端口），6/1 和 6/3～6/5 为被监控端口。**但目标端口只能有一个，而且总是源端口在命令的前面，目标端口在后面。**

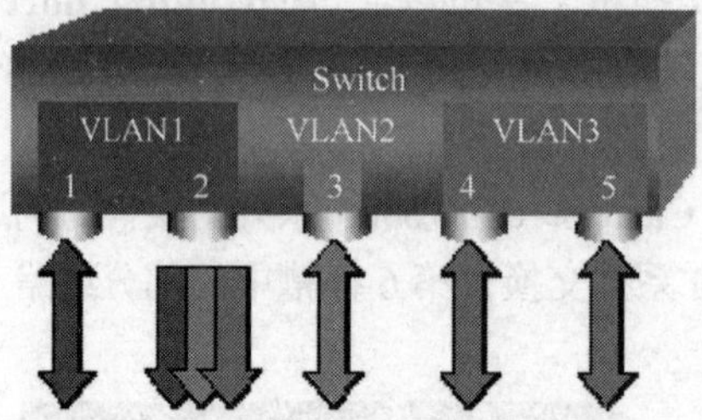

图 14-12　监控多个端口通信的示例

本示例配置命令如下：

```
switch (enable) set span 6/1,6/3-5 6/2
```

【说明】与 Catalyst 2900XL/3500XL 交换机不同，Catalyst 4500/4000/5500/5000/6500/6000 交换机可以监控多个运行早于 CatOS 5.1 版本的 VLAN 中的端口。本示例中，被监控的源端口 6/1 和 6/3～6/5 分别属于 VLAN 1～VLAN 3，而且目标端口 6/2 与源端口 6/1 属于同一个 VLAN。

3．监控 VLAN

与前面介绍的 Catalyst Express 500 和 Catalyst 8500 交换机不一样，在 CatOS 系统 Catalyst 4500/4000/5500/5000/6500/6000 交换机中可以使用 VLAN 作为 SPAN 监控源。可以使用 **span** *source_vlan(s) destination_port* 命令来配置一个端口监控本地整个 VLAN 的通信，只需要使用一个或多个作为源的 VLAN 来替代前面的源端口即可（如果有多个源 VLAN，同样可以使用逗号分隔或者连接符号连接指定一个范围）。

如图 14-13 所示的示例是要在 6/2 端口上监控 VLAN 2 和 VLAN 3 这两个本地 VLAN 的通信。配置命令如下：

```
switch (enable) set span 2,3 6/2
```

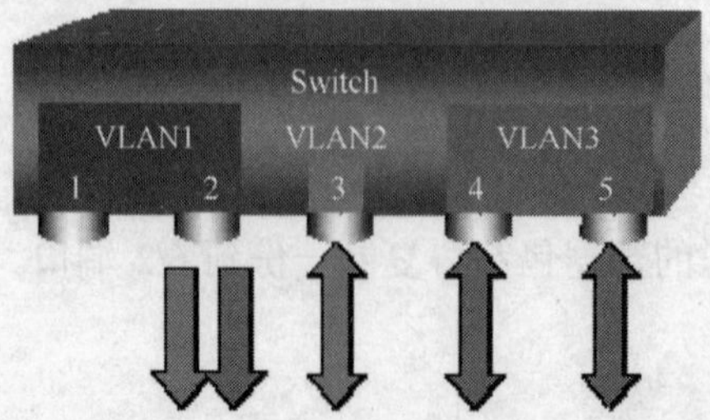

图 14-13　监控 VLAN 的示例

通过这个命令，每个流入或流出 VLAN 2 或 VLAN 3 的通信包都将被复制到 6/2 端口上进行监控。

4．入口/出口 SPAN

在上节介绍的利用 SPAN 监控 VLAN 中，流进和流出指定 VLAN 的通信都将被监控。在 Catalyst 4500/4000/5500/5000/6500/6000 系列交换机上允许仅监控指定端口的入口或出口方向的通信，只需在命令中添加监控方向的相应关键字，命令格式如下：

```
set span source_port destination_port [rx | tx | both]
```

如图 14-14 所示的示例是要仅监控 VLAN 1 和 VLAN 3 中所有流入的通信，然后镜像到 6/2 端口。

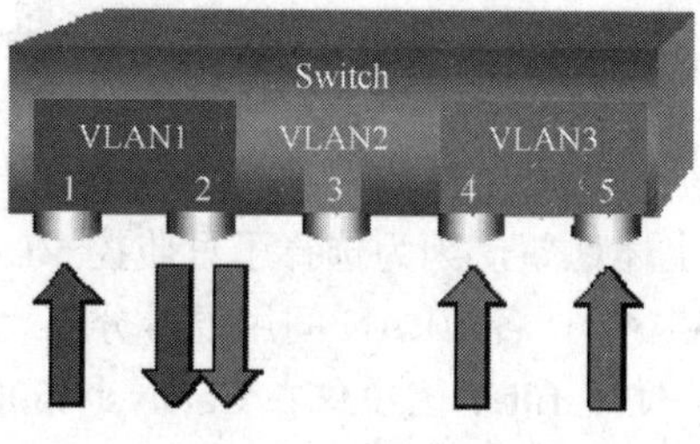

图 14-14　仅监控流入指定 VLAN 的通信的示例

配置命令如下：

```
switch (enable) set span 1,3 6/2 rx
```

14.5.2　中继端口上的本地 SPAN 的配置

中继在交换机上是一种特殊情形，因为在中继端口上可以承载多个 VLAN 的通信。如果中继端口被选作为源端口，则默认在这个中继端口上的所有 VLAN 通信都将被监控。当然也可以通过下面将要介绍的 VLAN 过滤来限定仅监控中继端口上特定 VLAN 的通信。

1．监控属于中继端口上的一个 VLAN 通信

图 14-15 显示了 6/5 端口是一个承载了所有 VLAN 的中继端口。现假设想要使用 SPAN 监控位于 VLAN 2 中的 6/4 端口和 6/5 中继端口的通信到 6/2 端口上。配置命令如下：

```
switch (enable) set span 6/4-5 6/2
```

在这种情况下，在 SPAN 目标端口上接收到的通信就是一个混合通信，包括想要监控的 6/4 端口上的通信和 6/5 中继端口上所有 VLAN 的通信。也就是说，没办法区别所接收的监控数据包是来自 6/4 端口，还是来自 6/5 中继端口上的 VLAN。

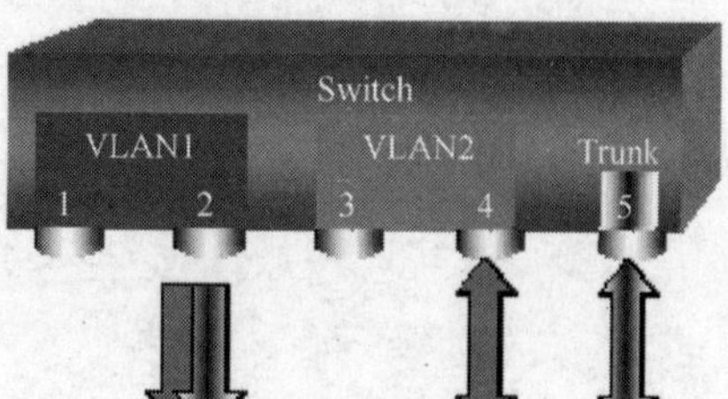

图 14-15　监控中继端口上一个 VLAN 通信的示例

当然也可以对整个 VLAN（如 VLAN 2）的通信进行监控（监控示意图如图 14-16 所示），配置语句如下：

```
switch (enable) set span 2 6/2
```

在这种配置下，至少还要监控中继链路上属于 VLAN 2 的通信。这样就存在一个问题，即同时监控了不想监控的 6/3 端口（同样属于 VLAN 2）上的通信。在 CatOS 系统中，还包括另一个关键

字 **filter**，允许从中继中选择中继链路上需要监控的特定 VLAN。配置命令如下（6/5 端口是中继端口，这样配置后的监控效果如图 14-17 所示）：

```
switch (enable) set span 6/4-5 6/2 filter 2
```

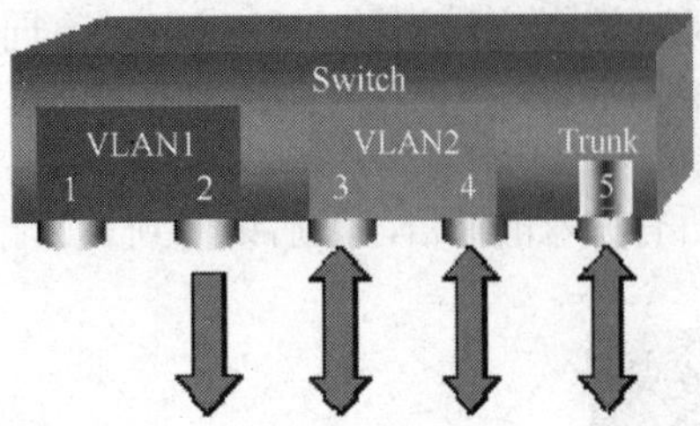

图 14-16　监控整个 VLAN 通信的示例

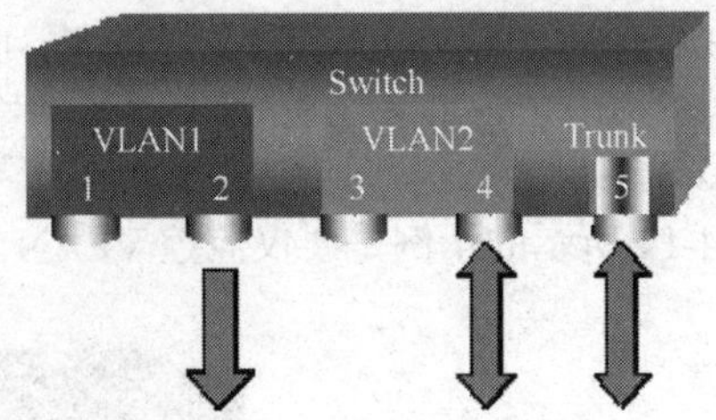

图 14-17　过滤中继端口上的监控 VLAN 后的监控效果

通过以上这个命令即可达到上述愿望，因为选择了只监控 VLAN 2 的通信。要注意的是，关键字 **filter** 可以指定多个要监控的 VLAN，各 VLAN 间用逗号分隔。

【说明】**set span** 命令中的关键字 **filter** 选项仅在 Catalyst 4500/4000/6500/6000 系列交换机上支持，Catalyst 5500/5000 系列交换机不支持这个选项。

2．在目标端口上的中继

如果有一个属于多个不同 VLAN 的源端口，或者在一个中继端口中的多个 VLAN 使用 SPAN 监控，则可能想要标识在监控端口上接收到的数据包属于哪个 VLAN。如果在配置某个端口为 SPAN 目标端口之前在这个端口上启用了中继，即可实现以上愿望。通过这种方法，所有转发到 Sniffer 监控器的数据包也将以它们各自的 VLAN ID 进行标识。当然这要求 Sniffer 监控器能识别相应的 VLAN 封装方式。示例的具体配置命令如下：

```
switch (enable) set span disable 6/2
This command will disable your span session.
Do you want to continue (y/n) [n]?y
Disabled Port 6/2 to monitor transmit/receive traffic of Port 6/4-5
2008 Sep 06 02:52:22 %SYS-5-SPAN_CFGSTATECHG:local span session
inactive for destination port 6/2
switch (enable) set trunk 6/2 nonegotiate isl   !-- 设置 6/2 端口为非协商的 ISL 中继模式

    Port(s) 6/2 trunk mode set to nonegotiate.
    Port(s) 6/2 trunk type set to isl.
  2008 Sep 06 02:52:33 %DTP-5-TRUNKPORTON:Port 6/2 has become isl trunk

switch (enable) set span 6/4-5 6/2
  Destination : Port 6/2
    Admin Source : Port 6/4-5
    Oper Source : Port 6/4-5
    Direction : transmit/receive
    Incoming Packets: disabled
    Learning : enabled
    Multicast : enabled
    Filter : -
    Status : active
    2008 Sep 06 02:53:23 %SYS-5-SPAN_CFGSTATECHG:local span session active for          destination port 6/2
```

14.5.3　多个并发本地 SPAN 会话的配置

到目前为止，仅介绍了单个 SPAN 会话的创建。在每次键入新的 **set span** 命令时，以前的配置都将失效。现在最新的 CatOS 版本 Catalyst 4500/4000/6500/6000 系列交换机上可以允许同时进行多个 SPAN 会话，所以可以同时有多个目标端口。执行 **set span** *source destination* **create** 命令可以添加其他的 SPAN 会话。

在如图 14-18 所示的示例中，6/1 端口的双向通信被监控到 6/2 端口上，VLAN 3 中的通信被监控到 6/3 端口上。

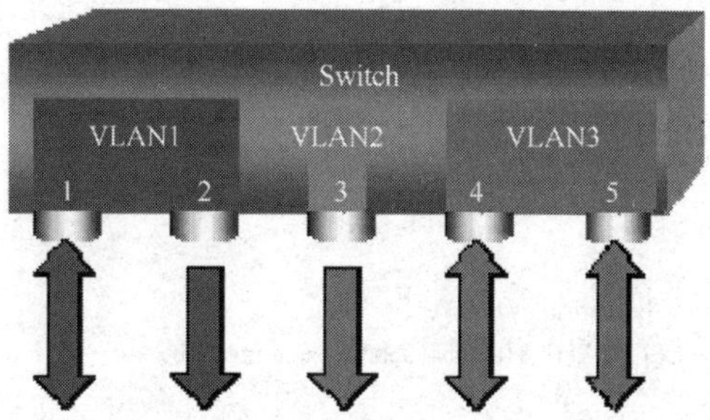

图 14-18 多个并发 SPAN 会话配置示例

具体配置命令如下：

```
switch (enable) set span 6/1 6/2
2008 Sep 05 08:49:04 %SYS-5-SPAN_CFGSTATECHG:local span session inactive for destination port 6/2
Destination : Port 6/2
Admin Source : Port 6/1
Oper Source : Port 6/1
Direction : transmit/receive
Incoming Packets: disabled
Learning : enabled
Multicast : enabled
Filter : -
Status : active
2008 Sep 05 08:49:05 %SYS-5-SPAN_CFGSTATECHG:local span session active for destination port 6/2
switch (enable) set span 3 6/3 create
Destination : Port 6/3
Admin Source : VLAN 3
Oper Source : Port 6/4-5,15/1
    Direction : transmit/receive
Incoming Packets: disabled
Learning : enabled
Multicast : enabled
Filter : -
Status : active
2008 Sep 05 08:55:38 %SYS-5-SPAN_CFGSTATECHG:local span session active for destination port 6/3
```

现在键入 **show span** 命令可以查看是否同时启用了两个 SPAN 会话，示例如下：

```
switch (enable) show span
        Destination : Port 6/2
        Admin Source : Port 6/1
        Oper Source : Port 6/1
        Direction : transmit/receive
        Incoming Packets: disabled
        Learning : enabled
        Multicast : enabled
        Filter : -
        Status : active
        ------------------------------------------------------------------
        Destination : Port 6/3
        Admin Source : VLAN 3
        Oper Source : Port 6/4-5,15/1
        Direction : transmit/receive
        Incoming Packets: disabled
```

```
        Learning : enabled
        Multicast : enabled
        Filter : -
        Status : active
        Total local span sessions: 2
```

如果想要删除当前的多个 SPAN 会话中的一个，则可以执行如下命令：

```
set span disable {all | destination_port}
```

因为每个会话仅允许一个目标端口，所以可以通过目标端口来区别不同的会话。如果想要删除使用 6/2 作为目标端口的会话，则可以使用以下命令：

```
switch (enable) set span disable 6/2
This command will disable your span session.
Do you want to continue (y/n) [n]?y
Disabled Port 6/2 to monitor transmit/receive traffic of Port 6/1
2000 Sep 05 09:04:33 %SYS-5-SPAN_CFGSTATECHG:local span session inactive
for destination port 6/2
```

此时可以通过键入 **show span** 命令来查看仍然保持的 SPAN 会话，如下所示：

```
switch (enable) show span
        Destination : Port 6/3
        Admin Source : VLAN 3
        Oper Source : Port 6/4-5,15/1
        Direction : transmit/receive
        Incoming Packets: disabled
        Learning : enabled
        Multicast : enabled
        Filter : -
        Status : active

      Total local span sessions: 1
```

键入 **set span disable all** 命令来禁止当前所有的会话，如下所示：

```
switch (enable) set span disable all
        This command will disable all span session(s).
        Do you want to continue (y/n) [n]?y
        Disabled all local span sessions
        2008 Sep 05 09:07:07 %SYS-5-SPAN_CFGSTATECHG:local span session inactive
        for destination port 6/3

      switch (enable) show span
        No span session configured
```

14.5.4 远程 SPAN 的配置示例

RSPAN 允许监控分布于整个交换网络的源端口，而不仅是与 SPAN 目标端口在同一交换机上的本地端口。这一功能在运行 CatOS 5.3 或更高版本的 Catalyst 6500/6000 系列交换机上得到了支持，在运行 CatOS 6.3 或更高版本的 Catalyst 4500/4000 系列交换机上也添加了。

1．RSPAN 会话网络结构

在 RSPAN 会话中，由 SPAN 监控的通信不会直接复制到 SPAN 目标端口上，但是会复制到指定的 RSPAN VLAN 中。目标端口可以在 RSPAN VLAN 的任何位置加载所监控的通信，而且这里可以有多个目标端口。图 14-19 所示为一个 RSPAN 会话示例。

在这个示例中，配置 RSPAN 监控主机 A 发送的通信。在主机 A 产生一个到达主机 B 的帧时，数据包被 Catalyst 6500/6000 交换机的一个 ASIC（Application-Specific Integrated Circuit，专用集成电路）PFC（Policy Feature Card，策略功能卡）复制到一个预定义的 RSPAN VLAN 中。然后，这个包向属于 RSPAN VLAN 中的所有其他端口广播。在 RSPAN 中，必须使所有交换机间的链路都成为中继。唯一的访问端口就是目标端口，如图中 S4 和 S5 交换机中用于与 Sniffer 监控器连接的端口。

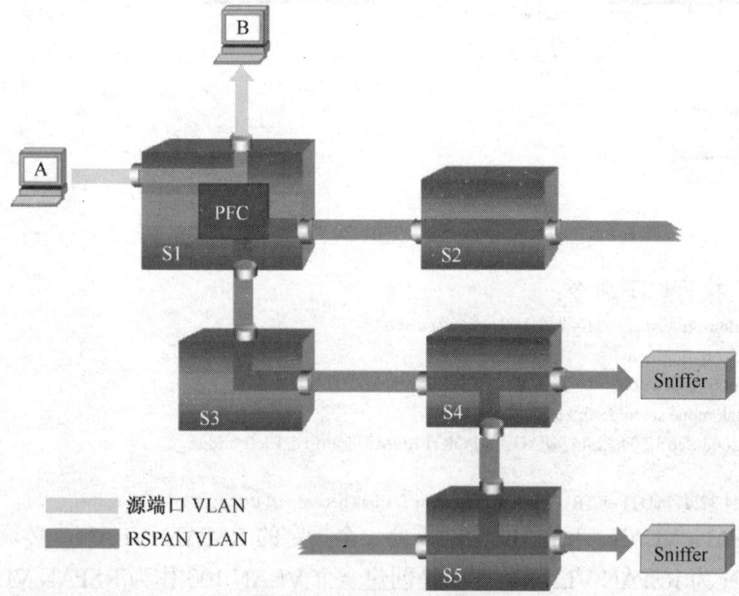

图 14-19　RSPAN 会话配置示例

在以上示例设计中，需要说明以下几方面：

- S1 称为源交换机。包仅可以进入配置为 RSPAN 源的交换机中的 RSPAN VLAN。现在普遍是一个交换机仅可以作为一个 RSPAN 会话的源交换机，也就是说，一个源交换机在同一时刻只能分配给一个 RSPAN VLAN。
- S2 和 S3 是中间交换机。它们不是 RSPAN 源，也不是 RSPAN 目标。一台交换机可以成为任何数量 RSPAN 会话的中间交换机。
- S4 和 S5 是目标交换机。它们中的有些端口被配置为 RSPAN 会话目标端口。通常，一台 Catalyst 6500/6000 交换机可以有最多 24 个 RSPAN 目标端口，为一个或多个不同 RSPAN 会话服务。在示例中，S4 交换机既是目标交换机，又是中间交换机。

可以看到，RSPAN 包在 RSPAN VLAN 中广播。即使交换机不是位于到达目标端口的路径上，如 S2，也会接收到这个在 RSPAN VLAN 范围中的广播包。为了完成广播，需要在 RSPAN VLAN 中禁止学习功能。

为了阻止环路，在 RSPAN VLAN 中要维护 STP。所以，RSPAN 不能监控 BPDU。

2. RSPAN 配置示例

在如图 14-20 所示的示例中，S1 和 S2 是两台 Catalyst 6500/6000 交换机。为了监控一些 S1 交换机上的端口或者 S2 交换机上的一些 VLAN 的通信，必须建立一个专用 RSPAN。所用的其他命令与前面介绍的 SPAN 配置非常类似。

具体配置步骤如下：

（1）把两个交换机置于相同的 VTP（VLAN Trunk Protocol，VLAN 中继协议）域，然后把其中一端配置为 desirable 中继模式，其他设置是 VTP 协商模式。

在 S1 交换机上执行以下命令：

```
S1> (enable) set vtp domain cisco        !--设置 VTP 域名为 cisco
     VTP domain cisco modified
```

图 14-20 RSPAN 配置示例

在 S2 交换机上执行以下命令：

```
S2> (enable) set vtp domain cisco        !--设置 VTP 域名为 cisco
    VTP domain cisco modified
S2> (enable) set trunk 5/1 desirable     !--设置 5/1 端口为 desirable 中继模式
    Port(s) 5/1 trunk mode set to desirable.
    S2> (enable) 2008 Sep 12 04:32:44 %PAGP-5-PORTFROMSTP:Port 5/1 left bridge
    port 5/1
    2008 Sep 12 04:32:47 %DTP-5-TRUNKPORTON:Port 5/1 has become isl trunk
```

（2）配置 RSPAN VLAN。RSPAN 会话需要一个指定的 RSPAN VLAN，必须创建此 VLAN。不能转换现有的 VLAN 为 RSPAN VLAN。下面是创建一个 VLAN 100 作为 RSPAN VLAN 的示例。

```
S2> (enable) set vlan 100 rspan
    Vlan 100 configuration successful
```

在配置为 VTP 服务器的交换机上执行了上述命令后，RSPAN VLAN 100 的相关信息会在整个 VTP 域中自动传播。

（3）配置 S2 交换机的 5/2 端口作为 RSPAN 目标端口。

```
S2> (enable) set rspan destination 5/2 100
    Rspan Type : Destination
    Destination : Port 5/2
    Rspan Vlan : 100
    Admin Source : -
    Oper Source : -
    Direction : -
    Incoming Packets: disabled
    Learning : enabled
    Multicast : -
    Filter : -
    Status : active
    2008 Sep 12 04:34:47 %SYS-5-SPAN_CFGSTATECHG:remote span destination session
    active for destination port 5/2
```

（4）配置 S1 交换机上的源端口。在本示例中，通过 6/2 端口进入 S1 交换机的通信将被监控。执行以下命令即可：

```
S1> (enable) set rspan source 6/2 100 rx
    Rspan Type : Source
    Destination : -
    Rspan Vlan : 100
    Admin Source : Port 6/2
    Oper Source : Port 6/2
    Direction : receive
    Incoming Packets: -
    Learning : -
    Multicast : enabled
    Filter : -
    Status : active
    S1> (enable) 2008 Sep 12 05:40:37 %SYS-5-SPAN_CFGSTATECHG:remote span
    source session active for remote span vlan 100
```

通过以上配置后，所有在 6/2 端口流入的包会在 RSPAN VLAN 100 中广播，并且通过中继到达 S1 交换机中配置的目标端口上。

（5）校验配置。执行 **show rspan** 命令查看交换机当前 RSPAN 配置汇总。

```
S1> (enable) show rspan
    Rspan Type : Source
    Destination : -
    Rspan Vlan : 100
    Admin Source : Port 6/2
    Oper Source : Port 6/2
    Direction : receive
    Incoming Packets: -
    Learning : -
    Multicast : enabled
    Filter : -
    Status : active
    Total remote span sessions: 1
```

14.5.5 功能汇总和限制

表 14-3 所示为不同 CatOS 系统交换机系列中的 SPAN 和 RSPAN 功能汇总。

表 14-3 不同 CatOS 系统交换机系列中的 SPAN 和 RSPAN 功能汇总

功能	Catalyst 4500/4000	Catalyst 5500/5000	Catalyst 6500/6000
inpkts ***enable|disable*** 选项	4.4	4.2	5.1
在不同 VLAN 中的多会话端口	5.1	5.1	5.1
sc0 option	—	5.1	5.1
multicast ***enable|disable*** 选项	—	5.1	5.1
learning ***enable|disable*** 选项	5.2	5.2	5.3
RSPAN	6.3	—	5.3

表 14-4 所示为不同 CatOS 系统交换机系列中的 SPAN 和 RSPAN 会话数限制。

表 14-4 不同 CatOS 系统交换机系列中的 SPAN 和 RSPAN 会话数限制

会话类型	Catalyst 4500/4000	Catalyst 5500/5000	Catalyst 6500/6000
接收或者双向的 SPAN 会话	5	1	2
发送方向的 SPAN 会话	5	4	4
微型协议分析仪会话	不支持	不支持	1
接收、发送或者双向 RSPAN 源会话	5	不支持	1 说明：管理引擎 720 支持两个 RSPAN 源会话
RSPAN 目标会话	5	不支持	24
总会话	5	5	30

14.6 中低端 IOS 系统交换机上的 SPAN 配置

本节所介绍的 SPAN 配置方法适用于运行 IOS 系统的 Catalyst 2940/2950/2955/2960/2970/3550/3560/3560-E/3560-X/3750/3750-E/3750-X 等 Cisco IOS 中低端系列交换机。下面是这些系列交换机中 SPAN 配置的基本说明：

- Catalyst 2950 交换机在同一时间可以仅有一个活动的 SPAN 会话，而且仅可监控源端口，不能监控 VLAN。
- Catalyst 2950/3550 交换机支持在运行 Cisco IOS 12.1(13)EA1 或以后版本的交换机的目标端

口上的通信。

- Catalyst 3550/3560/3560-E/3560-X/3750/3750-E/3750X 系列交换机可以支持在同一时刻有两个 SPAN 会话，可以监控源端口和 VLAN。
- Catalyst 2970/3560-E/3560-X/3750/3750-E/3750X 系列交换机在配置 RSPAN 会话时无须配置反射器端口。
- Catalyst 3560/3560-E/3560-X/3750/3750-E/3750X 系列交换机支持在交换机堆叠中任一交换机成员上的源和目标端口之间的会话。
- 在每个 SPAN 会话中仅可有一个目标端口，同一个端口不能是多个 SPAN 会话的目标端口，所以不能使用同一个目标端口建立两个 SPAN 会话。

在 Catalyst 2950 和 Catalyst 3550 交换机上 SPAN 功能的配置方法类似。但是，Catalyst 2950 交换机不能监控 VLAN。

14.6.1 Catalyst 2940/2950/2955 交换机的 SPAN 配置

Catalyst 2940/2950/2955 交换机的默认 SPAN 配置如表 14-5 所示。

表 14-5 Catalyst 2940/2950/2955 交换机的默认 SPAN 配置

功能	默认设置
SPAN 状态	禁止
要监控的源端口通信	双向监控
封装类型（目标端口）	本地格式（无封装类型头）
入口通信转发（目标端口）	禁止

1. Catalyst 2940/2950/2955 交换机的配置指南

在 Catalyst 2940/2950/2955 交换机上配置 SPAN 时，请参考以下指南：

- 目标端口不能成为源端口，源端口也不能是目标端口。
- 只能有一个目标端口。
- 以太网通道端口可以成为源端口，不能成为目标端口。
- 可以监控单一或者一个范围内端口的双向通信。
- 在配置一个端口为 SPAN 目标端口时，它不再是一个普通的交换端口，仅可允许被监控的通信流经该目标端口。
- 可以配置一个禁用的端口作为源或目标端口，但是 SPAN 功能只有在目标端口和至少一个端口启用时才启用。
- 因为 SPAN 目标端口从不参与任何 VLAN 生成树，但 SPAN 会同时监控 BPDU 包，所以在 SPAN 会话的目标端口上接收的任何生成树 BPDU 包都是从 SPAN 源端口复制的。
- 当启用 SPAN 时，发生配置改变时将出现以下结果：
  - 如果改变目标端口的 VLAN 配置，这些改变不会生效，直到 SPAN 禁止。
  - 如果禁止所有源端口或目标端口，SPAN 功能也将停止，直到源和目标端口重新启用。

2. 创建 SPAN 会话和指定要监控的端口

在 Catalyst 2940/2950/2955 交换机中，可以自特权模式开始按照表 14-6 所示的步骤创建一个 SPAN 会话，并指定被监控（源）端口和监控（目标）端口。

表 14-6　创建 SPAN 会话并指定源端口和目标端口的步骤

步骤	命令	说明
1	Switch# **configure terminal**	进入全局配置模式
2	Switch(config)# **no monitor session** {*session_number* | **all** | **local** | **remote**}	清除所有现有的 SPAN 会话配置。如果选择的是 **all** 选项，则清除所有 SPAN 会话；如果选择的是 **local** 选项，则仅清除所有本地 SPAN 会话；如果选择的是 **remote** 选项，则仅清除所有远程 SPAN（RSPAN）会话
3	Switch(config)# **monitor session** *session_number* **source interface** *interface-id* [, | -] [**both** | **rx** | **tx**]	指定要创建的 SPAN 会话和源端口。SPAN 会话是以 *session_number* 参数来指定的，默认是从 1 开始的。 参数 *interface-id* 用来指定要监控的源端口，可以是物理接口和以太网通道逻辑接口（如果是以太网通道接口，则此参数要改为 **port-channel** *port-channel-number*）。 [, | -]选项用来指定源端口的一个系列或一个范围，在逗号和连接符的前后都要键入空格。 后面 3 个可选项[**both** | **rx** | **tx**]用来指定监控通信的方向，**both** 代表要同时监控发送和接收两个方向的通信；**rx** 代表只监控接收方向的通信；**tx** 代表只监控发送方向的通信
4	Switch(config)# **monitor session** *session_number* **destination interface** *interface-id* [**encapsulation** {**dot1q**}]	指定 SPAN 会话和目标端口。这里的 *session_number* 必须与上一步设置的一样。*interface-id* 参数用来指定目标端口的接口，仅可以是物理接口，不能是以太网通道这样的逻辑接口。 [**encapsulation** {**dot1q**}]可选项用于指定输出包包头的封装类型。**dot1q** 表示以 IEEE 802.1Q 协议方式封装，如果不指定，包就以本地格式发送。本可选项仅当目标端口为中继端口时选用
5	Switch(config)# **end**	返回到特权模式
6	Switch# **show monitor** [**session** *session_number*]	校验以上设置
7	Switch# **copy running-config startup-config**	（可选）把当前配置保存在启动配置文件中

以下示例显示了如何创建一个序号为 1 的 SPAN 会话，其中源端口为 fastethernet0/1，目标端口为 fastethernet0/10。首先清除以前 SPAN 会话 1 的配置信息。

```
Switch(config)# no monitor session 1
Switch(config)# monitor session 1 source interface fastethernet0/1
Switch(config)# monitor session 1 destination interface fastethernet0/10 encapsulation dot1q
Switch(config)# end
```

3．创建一个 SPAN 会话并启用入口通信转发

自特权模式开始，按照表 14-7 所示的步骤创建 SPAN 会话，并指定 SPAN 源（被监控）端口和目标（监控）端口，在目标端口上启用入口通信（Ingress Traffic）转发，使目标端口同时具有普通交换端口的通信功能。总体步骤与表 14-6 所示的步骤基本一样，只是在第 4 步中多了一个[**ingress vlan** *vlan id*]可选项，用于指定启用入口通信转发时的默认 VLAN。

表 14-7　创建 SPAN 会话并启用入口通信的配置步骤

步骤	命令	说明
1	Switch#**configure terminal**	进入全局配置模式
2	Switch(config)#**no monitor session** {*session_number* | **all** | **local** | **remote**}	清除所有现有的 SPAN 会话配置。如果选择的是 **all** 选项，则清除所有 SPAN 会话；如果选择的是 **local** 选项，则仅清除所有本地 SPAN 会话；如果选择的是 **remote** 选项，则仅清除所有远程 SPAN（RSPAN）会话
3	Switch(config)#**monitor session** *session_number* **source interface** *interface-id* [, | -] [**both** | **rx** | **tx**]	指定要创建的 SPAN 会话和源端口。SPAN 会话是以 *session_number* 参数来指定的，默认是从 1 开始的。 参数 *interface-id* 用来指定要监控的源端口，可以是物理接口和以太网通道逻辑接口（如果是以太网通道接口，则此参数要改为 **port-channel** *port-channel-number*）。 [, | -]选项用来指定源端口的一个系列或一个范围，在逗号和连接符的前后都要键入空格。 后面 3 个可选项[**both** | **rx** | **tx**]用来指定监控通信的方向，**both** 代表要同时监控发送和接收两个方向的通信；**rx** 代表只监控接收方向的通信；**tx** 代表只监控发送方向的通信
4	Switch(config)#**monitor session** *session_number* **destination interface** *interface-id* [**encapsulation** {**dot1q**}] [**ingress vlan** *vlan id*]	指定 SPAN 会话和目标端口。这里的 *session_number* 必须与上一步设置的一样。*interface-id* 参数用来指定目标端口的接口，仅可以是物理接口，不能是以太网通道这样的逻辑接口

续表

步骤	命令	说明
4	（接前）	**[encapsulation {dot1q}]**可选项用于指定输出包包头的封装类型。**dot1q** 表示以 IEEE 802.1Q 协议方式封装，如果不指定，包就以本地格式发送。本可选项仅当目标端口为中继端口时选用。 **[ingress vlan** *vlan id*]可选项用来启用入口转发并指定一个默认的 VLAN
5	Switch(config)#**end**	返回到特权模式
6	Switch#**show monitor [session** *session_number*]	校验以上设置
7	Switch#**copy running-config startup-config**	（可选）把当前配置保存在启动配置文件中

以下示例显示了如何配置目标端口为 Fa 0/5，为使用不支持 802.1Q 封装的 Sniffer 监控设备配置入口通信转发 VLAN 为 VLAN 5。

```
Switch(config)# monitor session 1 destination interface Fa 0/5 ingress vlan 5
```

以下示例显示了如何配置目标端口为 Fa 0/5，为使用支持 802.1Q 封装的 Sniffer 监控设备配置入口通信转发 VLAN 为 VLAN 5。

```
Switch(config)# monitor session 1 destination interface Fa 0/5 encapsulation dot1q ingress vlan 5
```

以下示例显示了如何配置目标端口为 Fa 0/5，为使用支持 802.1Q 封装的 Sniffer 监控设备禁止入口通信转发。

```
Switch(config)# monitor session 1 destination interface Fa 0/5 encapsulation dot1q
```

4．从 SPAN 会话中删除端口

自特权模式开始，按照表 14-8 所示的步骤删除 SPAN 会话中的一个源端口。

表 14-8　从 SPAN 会话中删除源端口的步骤

步骤	命令	说明
1	Switch#**configure terminal**	进入全局配置模式
2	Switch(config)#**no monitor session** *session_number* **source interface** *interface-id* [, | -] [**both** | **rx** | **tx**]	指定要删除的源端口和 SPAN 会话。 参数 *interface-id* 用来指定要监控的源端口，可以是物理接口和以太网通道逻辑接口（如果是以太网通道接口，则此参数要改为 **port-channel** *port-channel-number*）。 [, | -]选项用来指定源端口的一个系列或一个范围，在逗号和连接符的前后都要键入空格。 后面 3 个可选项[**both** | **rx** | **tx**]用来指定不再监控的通信方向，**both** 代表不再监控发送和接收两个方向的通信；**rx** 代表不再监控接收方向的通信；**tx** 代表不再监控发送方向的通信
3	Switch(config)#**end**	返回到特权模式
4	Switch#**show monitor [session** *session_number*]	校验以上设置
5	Switch#**copy running-config startup-config**	（可选）把当前配置保存在启动配置文件中

要删除 SPAN 会话中的源或目标端口，可以使用 **no monitor session** *session_number* **source interface** *interface-id* 或 **no monitor session** *session_number* **destination interface** *interface-id* 全局配置命令。要改变中继封装的类型为默认的本地类型，可以使用不带封装关键字的 **monitor session** *session_number* **destination interface** *interface-id* 命令。

以下示例显示了如何从 SPAN 1 会话源端口中删除 fastEthernet0/1 接口。

```
Switch(config)# no monitor session 1 source interface fastEthernet0/1
Switch(config)# end
```

以下示例显示了如何禁止监控 fastEthernet0/1 接口上接收的通信。使用以下命令后，不监控 **fastEthernet0/1** 接口接收到的通信，但从该接口上发送的通信仍将被监控。

```
Switch(config)# no monitor session 1 source interface fastEthernet0/1 rx
```

14.6.2　Catalyst 2950/2955 交换机的 RSPAN 配置

本节所介绍的 RSPAN 配置不适用于 Catalyst 2940 交换机。

1. RSPAN 配置指南

要在 Catalyst 2950/2955 交换机上使用 RSPAN 功能，必须在交换机上安装了 EI（Enhanced Software Image，增强软件映像），并按照以下指南进行配置：

- 上节介绍的 SPAN 配置指南同样适用于这里的 SPAN 配置。
- RSPAN 和 SPAN 可以同时存在。
- 如果一个端口被监控了一个方向的通信，则可以使用 Catalyst 2950 或 Catalyst 2955 作为源交换机、中间交换机或目标交换机。
- 如果一个端口的双向通信都被监控，则要确保中间交换机和目标交换机不能是 Catalyst 2950 或 Catalyst 2955，但可以是 Catalyst 3550/3750/6000 系列交换机。
- 在 RSPAN 中，可以使源端口和目标端口分布在网络的多个交换机中。
- 一个端口不能同时是 RSPAN 源端口（或目标端口）和反射器端口。
- 在配置了一个交换端口为反射器端口时，它不再是普通的交换端口，仅有 looped-back（回环）通信通过这个端口。
- RSPAN 不能监控 BPDU 包或其他二层交换协议。
- 在一个由 Catalyst 2950 或 Catalyst 2955 交换机组成的网络中，必须在每个源交换机上使用唯一的 RSPAN VLAN 会话。如果有多个源交换机使用相同的 RSPAN VLAN 会话，则这些交换机被限制仅担当源交换机（不能用于其他普通的数据交换），以确保准确无误地传递所有被监控的通信到目标交换机上。
- 在满足以下条件后，可以配置任何 VLAN 作为 RSPAN VLAN：
  - ➢ RSPAN VLAN 没有配置成本地 VLAN。
  - ➢ 扩展范围 RSPAN VLAN 信息不能使用 VTP 传播到其他交换机上。
  - ➢ 在 RSPAN VLAN 中没有配置访问端口。
  - ➢ 所有参与 RSPAN 的交换机都支持 RSPAN。

【说明】RSPAN VLAN 不能是 VLAN 1 或 ID 范围在 1002～1005 间的令牌环和 FDDI VLAN。

- 应当在配置 RSPAN 源或目标会话前创建一个 RSPAN VLAN。
- 如果启用 VTP 和 VTP 修剪，RSPAN 通信将在中继链路上被修剪，以阻止不必要的 RSPAN 通信流在网络 VLAN ID 小于 1005 的 VLAN 中传播。

2. 创建 RSPAN 会话

首先，创建一个在所有参与 RSPAN 会话的交换机上都不存在的 RSPAN VLAN。在网络中启用 VTP，可以在一个交换机上创建 RSPAN，然后利用 VTP 传播这个 VLAN 信息到其他处于同一个 VTP 域中 VLAN ID 小于 1005 的 VLAN 的交换机中。

然后使用 VTP 修剪使 RSPAN 通信流更有效，或者手动从所有不需要承载 RSPAN 通信的中继上删除这个 RSPAN。

在创建了 RSPAN VLAN 后，自特权模式开始，按照表 14-9 所示的步骤创建一个 RSPAN 源会话，并指定源端口和目标 RSPAN VLAN。

表 14-9　创建 RSPAN 会话的步骤

步骤	命令	说明
1	Switch#**configure terminal**	进入全局配置模式
2	Switch(config)#**no monitor session** {*session_number* | **all** | **local** | **remote**}	清除所有现有的 RSPAN 会话配置。如果选择的是 **all** 选项，则清除所有 SPAN 会话；如果选择的是 **local** 选项，则仅清除所有本地 SPAN 会话；如果选择的是 **remote** 选项，则仅清除所有远程 SPAN（RSPAN）会话

续表

步骤	命令	说明
3	Switch(config)#**monitor session** *session_number* **source interface** *interface-id* [, | -] [**both** | **rx** | **tx**] Switch(config)#**monitor session** *session_number* **source interface** *interface-id* [, | -] [**both** | **rx** | **tx**]	指定要创建的 RSPAN 会话和源端口。RSPAN 会话是以 *session_number* 参数来指定的，默认是从 1 开始的。 参数 *interface-id* 用来指定要监控的源端口，可以是物理接口和以太网通道逻辑接口（如果是以太网通道接口，则此参数要改为 **port-channel** *port-channel-number*）。 [, | -]选项用来指定源端口的一个系列或一个范围，在逗号和连接符的前后都要键入空格。 后面 3 个可选项[**both** | **rx** | **tx**]是用来指定监控通信的方向，**both** 代表要同时监控发送和接收两个方向的通信；**rx** 代表只监控接收方向的通信；**tx** 代表只监控发送方向的通信
4	Switch(config)#**monitor session** *session_number* **destination remote vlan** *vlan-id* **reflector-port** *interface*	指定 RSPAN 会话、目标远程 VLAN 和反向器端口。这里的 *session_number* 必须与上一步设置的一样。*interface* 参数用来指定目标端口的接口，仅可以是物理接口，不能是以太网通道这样的逻辑接口。 **remote vlan** *vlan-id* 参数指定用于承载到目标端口通信的 RSPAN VLAN。 **reflector-port** *interface* 参数指定在 RSPAN VLAN 中广播 RSPAN 通信的反射器端口
5	Switch(config)#**end**	返回到特权模式
6	Switch#**show monitor** [**session** *session_number*]	校验以上设置
7	Switch#**copy running-config startup-config**	（可选）在启动配置文件中存储以上设置

以下示例显示了如何清除现有 RSPAN 配置，配置 RSPAN 1 来监控多个源接口，并配置目标 RSPAN VLAN 和反射器端口。

```
Switch(config)# no monitor session 1
Switch(config)# monitor session 1 source interface fastEthernet0/10 tx     !--监控 fastEthernet0/10 端口发送方向的通信
Switch(config)# monitor session 1 source interface fastEthernet0/2 rx      !--监控 fastEthernet0/2 端口接收方向的通信
Switch(config)# monitor session 1 source interface fastEthernet0/3 rx      !--监控 fastEthernet0/3 端口接收方向的通信
Switch(config)# monitor session 1 source interface port-channel 102 rx     !--监控以太网通道组 102 接收方向的通信
Switch(config)# monitor session 1 destination remote vlan 901 reflector-port fastEthernet0/1   !--定义 RSPAN VLAN 为 VLAN 901
                                                                                              !--反射器接口为 fastEthernet0/1
Switch(config)# end
```

3. 创建 RSPAN 目标会话

自特权模式开始，按照表 14-10 所示的步骤创建一个 RSPAN 目标会话，并且指定源 RSPAN VLAN 和目标端口。

表 14-10　创建 RSPAN 目标会话的步骤

步骤	命令	说明
1	Switch#**configure terminal**	进入全局配置模式
2	Switch(config)#**monitor session** *session_number* **source remote vlan** *vlan-id*	指定 RSPAN 会话和源 RSPAN VLAN。 参数 *session_number* 用来指定 RSPAN 会话号。 *vlan-id* 参数用来指定要监控的源 RSPAN VLAN，要与创建 RSPAN 源会话时指定的 RSPAN VLAN 一样
3	Switch(config)#**monitor session** *session_number* **destination interface** *interface-id* [**encapsulation** {**dot1q**}]	指定 RSPAN 会话和目标接口。这里的 *session_number* 必须与上一步设置的一样。*interface-id* 参数用来指定目标端口的接口，仅可以是物理接口，不能是以太网通道这样的逻辑接口。 [**encapsulation** {**dot1q**}]可选项用于指定输出包包头的封装类型。**dot1q** 表示以 IEEE 802.1Q 协议方式封装，如果不指定，包就以本地格式发送。本可选项仅当目标端口为中继端口时选用
4	Switch(config)#**end**	返回到特权模式
5	Switch#**show monitor** [**session** *session_number*]	校验以上设置
6	Switch#**copy running-config startup-config**	（可选）保存当前设置到启动配置文件中

以下示例显示了如何配置 VLAN 901 作为源 RSPAN VLAN 和 fastEthernet0/5 作为目标端口。

```
Switch(config)# monitor session 1 source remote vlan 901
Switch(config)# monitor session 1 destination interface fastEthernet0/5
```

```
Switch(config)# end
```

4．从 RSPAN 中删除端口

自特权模式开始，按照表 14-11 所示的步骤从 RSPAN 会话中删除 RSPAN 源端口。

表 14-11 从 RSPAN 中删除源端口的步骤

步骤	命令	说明
1	Switch#**configure terminal**	进入全局配置模式
2	Switch(config)#**no monitor session** *session_number* **source interface** *interface-id* [, | -] [**both** | **rx** | **tx**]	指定要删除的源端口。参数 *interface-id* 用来指定要删除的源端口，可以是物理接口和以太网通道逻辑接口（如果是以太网通道接口，则此参数要改为 **port-channel** *port-channel-number*）。 [, | -]选项用来指定源端口的一个系列或一个范围，在逗号和连接符的前后都要键入空格。 后面 3 个可选项[**both** | **rx** | **tx**]用来指定不再监控的通信方向，**both** 代表不再监控发送和接收两个方向的通信；**rx** 代表不再监控接收方向的通信；**tx** 代表不再监控发送方向的通信
3	Switch(config)#**end**	返回到特权模式
4	Switch#**show monitor** [**session** *session_number*]	校验以上设置
5	Switch#**copy running-config startup-config**	（可选）在启动配置文件中保存以上设置

以下示例显示了如何从 RSPAN 1 中删除作为源端口的 **fastEthernet0/1**。

```
Switch(config)# no monitor session 1 source interface fastEthernet0/1
Switch(config)# end
```

以下示例显示了如何禁止监控 **fastEthernet0/1** 接口上接收到的通信。使用以下命令后，不监控 **fastEthernet0/1** 接口接收到的通信，但从该接口上发送的通信仍将被监控。

```
Switch(config)# no monitor session 1 source interface fastEthernet0/1 rx
```

5．显示 SPAN 和 RSPAN 状态

要显示当前 SPAN 或 RSPAN 配置（Catalyst 2940 型号交换机不支持 RSPAN 创建与状态查看），可以使用 **show monitor session** *session_number* 特权模式命令。

以下示例显示了如何使用 **show monitor** 特权模式命令查看 SPAN 1 会话配置。

```
Switch# show monitor session 1
Session 1
---------
Type                : Local Session
Source Ports        :
    RX Only         : None
    TX Only         : None
    Both            : Fa0/4
Source VLANs        :
    RX Only         : None
    TX Only         : None
    Both            : None
Source RSPAN VLAN : None
Destination Ports : Fa0/5
    Encapsulation: DOT1Q
          Ingress: Enabled, default VLAN = 5
Reflector Port      : None
Filter VLANs        : None
Dest RSPAN VLAN     : None
```

14.6.3 Catalyst 2960/2970/3560/3560/3750 等系列交换机的 SPAN 配置

本节所介绍的 SPAN 配置同时适用于 Catalyst 2960/2970/3560/3560-E/3560-X/3750/3750-E/3750-X 等系列交换机，其默认 SPAN 和 RSPAN 配置如表 14-12 所示。

表 14-12 Catalyst 2970/3560/3750 等系列交换机上的默认 SPAN 和 RSPAN 配置

特征	默认设置
SPAN（包括 SPAN 和 RSPAN）状态	禁止
要监控的源端口通信	双向
封装类型（目标端口）	本地格式（不标记包）
入口转发（目标端口）	禁止
VLAN 过滤	把中继接口作为源端口，所有 VLAN 都被监控
RSPAN VLAN	没有配置

1. SPAN 配置指南

在 Catalyst 2960/2970/3560/3560-E/3560-X/3750/3750-E/3750-X 等系列交换机上配置 SPAN，参照如下配置指南：

- 可以在每台交换机上配置总共 2 个本地 SPAN 会话或者 RSPAN 源会话和 64 个 RSPAN 目标会话，也就是在每台交换机上有总共 66 个 SPAN 会话（包括本地 SPAN、RSPAN 源会话和 RSPAN 目标会话）。
- 对于 SPAN 源，在每个会话中可以监控一个端口或 VLAN 或者一系列或一个范围的端口或 VLAN 的通信。不能在单一的 SPAN 会话中混合源端口和源 VLAN。
- 目标端口不能成为源端口，源端口也不能成为目标端口。
- 不能在两个 SPAN 会话中使用相同的目标端口。
- 在配置一个交换端口作为 SPAN 目标端口时，它不再是普通的交换端口，仅有被监控的通信通过 SPAN 目标端口。
- 键入 SPAN 配置命令不会删除当前配置的 SPAN 参数，必须键入 **no monitor session** {*session_number* | **all** | **local** | **remote**}全局配置命令来删除配置的 SPAN 参数。
- 对于本地 SPAN，通过 SPAN 目标端口流出的包携带了原始包的封装头，如未标记、ISL 或者 IEEE 802.1Q 封装。当然后两种封装必须在命令中指定了 **encapsulation replicate** 关键字，如果没有指定这个关键字，包会以本地未标记格式发送。对于 RSPAN 目标端口，输出包是不标记的。
- 可以配置一个禁止的端口作为源或目标端口，但是 SPAN 功能只有在目标端口和至少一个源端口或源 VLAN 启动时才启用。
- 可以通过使用 **filter vlan** 关键字指定 VLAN 来限制 SPAN 通信。如果中继端口被监控，则仅指定 VLAN 中的通信被监控。默认情况下，中继端口中的所有 VLAN 的通信都将被监控。
- 不能在一个 SPAN 会话中混合源 VLAN 和过滤 VLAN。

2. 创建本地 SPAN 会话

自特权模式开始，按照表 14-13 所示的步骤来创建本地 SPAN 会话，并指定源端口或源 VLAN 和目标端口。

表 14-13 创建本地 SPAN 会话的步骤

步骤	命令	说明
1	Switch#**configure terminal**	进入全局配置模式
2	Switch(config)#**no monitor session** {*session_number* | **all** | **local** | **remote**}	删除当前现有的指定的或所有 SPAN 配置。*session_number* 参数用来指定 SPAN 会话号，取值范围为 1～66。 如果选择的是 **all** 选项，则清除所有 SPAN 会话；如果选择的是 **local** 选项，则仅清除所有本地 SPAN 会话；如果选择的是 **remote** 选项，则仅清除所有远程 SPAN（RSPAN）会话
3	Switch(config)#**monitor session** *session_number* **source** {**interface** *interface-id* | **vlan** *vlan-id*} [, | -] [**both** | **rx** | **tx**]	指定要创建的 SPAN 会话和源端口。SPAN 会话是以 *session_number* 参数来指定的，默认是从 1 开始的，范围为 1～66。 参数 *interface-id* 用来指定要监控的源端口，可以是物理接口和以太网通道逻辑接口（如果是以太网通道接口，则此参数要改为 **port-channel** *port-channel-number*）。有效的端口通道号是 1～12

续表

步骤	命令	说明
3	（接前）	*vlan-id* 参数用来指定要监控的源 VLAN，有效值为 1～4094，但要排除 RSPAN VLAN。 [, | -]选项用来指定源端口的一个系列或一个范围，在逗号和连接符的前后都要键入空格。 后面 3 个可选项[**both** | **rx** | **tx**]用来指定监控通信的方向，**both** 代表要同时监控发送和接收两个方向的通信；**rx** 代表只监控接收方向的通信；**tx** 代表只监控发送方向的通信
4	Switch(config)#**monitor session** *session_number* **destination** {**interface** *interface-id* [, | -] [**encapsulation replicate**]}	指定 SPAN 会话和目标端口。这里的 *session_number* 必须与上一步设置的一样。 *interface-id* 参数用来指定目标端口的接口，仅可以是物理接口，不能是以太网通道这样的逻辑接口，也不能是一个 VLAN。 [, | -]选项用来指定目标端口的一个系列或一个范围，在逗号和连接符的前后都要键入空格。 可选项 **encapsulation replicate** 用来指定目标端口复制源端口封装的方法，也就是保持原有封装方法不变。如果不指定，默认是以本地未标记格式发送的。 也可以使用以上命令多次，以配置多个配置不同的目标端口
5	Switch(config)#**end**	返回到特权模式
6	Switch#**show monitor** [**session** *session_number*] Switch#**show running-config**	校验以上设置
7	Switch#**copy running-config startup-config**	（可选）在启动配置文件中保存以上设置

要删除 SPAN 会话，可以使用 **no monitor session** *session_number* 全局配置命令；要删除 SPAN 会话中的源或目标端口或者源 VLAN，可以分别使用 **no monitor session** *session_number* **source** {**interface** *interface-id* | vlan *vlan-id*}和 **no monitor session** *session_number* **destination interface** *interface-id* 全局配置命令。对于目标端口，在以上 **no monitor session** *session_number* **destination interface** *interface-id* 命令中忽略 **encapsulation replicate** 关键字。

【示例 1】创建 SPAN 1 会话并镜像源端口 gigabitethernet 0/1 的通信到目标端口 gigabitethernet 0/10 上，并保持原来的封装方法。

```
Switch(config)# no monitor session 1
Switch(config)# monitor session 1 source interface gigabitethernet0/1
Switch(config)# monitor session 1 destination interface gigabitethernet0/10 encapsulation replicate
Switch(config)# end
```

【示例 2】删除 SPAN 1 会话中作为源端口的 gigabitethernet0/1 接口。

```
Switch(config)# no monitor session 1 source interface gigabitethernet0/1
Switch(config)# end
```

【示例 3】禁止监控 gigabitethernet0/1 接口上接收方向的通信，但从该接口上发送的通信仍将被监控。

```
Switch(config)# no monitor session 1 source interface gigabitethernet0/1 rx
```

【示例 4】删除现有 SPAN 2 会话中的配置，然后再创建新的 SPAN 2 会话来监控所有属于 VLAN 1～VLAN 3 的端口上接收到的通信，并发送到目标端口 gigabitethernet0/2。然后再修改配置，使它也能监控所有属于 VLAN 10 的所有双向通信。

```
Switch(config)# no monitor session 2
Switch(config)# monitor session 2 source vlan 1 - 3 rx
Switch(config)# monitor session 2 destination interface gigabitethernet0/2
Switch(config)# monitor session 2 source vlan 10
Switch(config)# end
```

3．创建本地 SPAN 会话和入口通信转发

配置方法与表 14-13 中所介绍的方法基本一样，不同的只是要启用目标端口上的入口通信。表 14-13 第 4 步的命令要改为：

monitor session *session_number* **destination** {**interface** *interface-id* [, | -] [**encapsulation replicate**]

[ingress {dot1q vlan *vlan-id* **| isl | untagged vlan** *vlan-id* **| vlan** *vlan-id***}]}**

通过与表 14-13 第 4 步中的对应命令比较可以发现两者的差别就是此处多了后面的入口通信配置可选项**[ingress {dot1q vlan** *vlan-id* **| isl | untagged vlan** *vlan-id* **| vlan** *vlan-id***}]}**，用于在目标端口上启用入口通信，也就是启用在目标端口上流入通信的转发（默认目标端口的通信是不再转发通信的，只用来监控），并且可以指定转发后的数据包封装格式。具体参数说明如下：

- **dot1q vlan** *vlan-id*：多选一可选参数，接收以 802.1Q 方式封装，默认 VLAN 为指定 VLAN 的流入包。
- **isl**：多选一可选参数，指定以 ISL 封装方式转发流入包。
- **untagged vlan** *vlan-id*：多选一可选参数，接收不带 VLAN 标记，且默认 VLAN 为指定 VLAN 的流入包。
- **vlan** *vlan-id*：多选一可选参数，设置流入通信的默认 VLAN 为指定 VLAN。

要删除 SPAN 会话，可以使用 **no monitor session** *session_number* 全局配置命令；要删除 SPAN 会话中的源或目标端口或者源 VLAN，可以分别使用 **no monitor session** *session_number* **source** {**interface** *interface-id* | vlan *vlan-id*}和 **no monitor session** *session_number* **destination interface** *interface-id* 全局配置命令。对于目标端口，在以上 **no monitor session** *session_number* **destination interface** *interface-id* 命令中忽略 **encapsulation replicate** 关键字。

以下示例显示了如何删除 SPAN 2 中的现有配置，并创建一个新的 SPAN 2 会话来监控 gigabitethernet0/1 上接收到的通信到目标端口 gigabitethernet0/2 上，并以源端口通信包的封装类型封装，然后以 802.1Q 封装方式启用入口通信转发，流入通信的默认 VLAN 为 VLAN 6。

```
Switch(config)# no monitor session 2
Switch(config)# monitor session 2 source interface gigabitethernet0/1 rx
Switch(config)# monitor session 2 destination interface gigabitethernet0/2 encapsulation replicate ingress dot1q vlan 6
Switch(config)# end
```

4．为过滤器指定 VLAN

如果监控源是中继端口，则可以使用 VLAN 过滤功能限制仅监控中继端口上指定的 VLAN 通信。可以按照表 14-14 所示的步骤自特权模式开始来限制 SPAN 源 VLAN 通信。

表 14-14　为过滤器指定 VLAN 的步骤

步骤	命令	说明
1	Switch#**configure terminal**	进入全局配置模式
2	Switch(config)#**no monitor session** {*session_number* | **all** | **local** | **remote**}	删除当前现有指定的或所有 SPAN 配置。*session_number* 参数用来指定 SPAN 会话号，取值范围为 1～66。 如果选择的是 **all** 选项，则清除所有 SPAN 会话；如果选择的是 **local** 选项，则仅清除所有本地 SPAN 会话；如果选择的是 **remote** 选项，则仅清除所有远程 SPAN（RSPAN）会话
3	Switch(config)#**monitor session** *session_number* **source interface** *interface-id*	指定源端口特性和 SPAN 会话。 *session_number* 参数用于指定要创建的 SPAN 会话号，取值范围为 1～66。 参数 *interface-id* 用来指定要监控的源端口，该接口必须已被配置为中继端口
4	Switch(config)#**monitor session** session_number **filter vlan** *vlan-id* [, | -]	限制到指定 VLAN 中的 SPAN 源通信。这里的 *session_number* 必须与上一步设置的一样。 *vlan-id* 参数的取值范围为 1～4094。[, | -]选项用来指定一个系列或一个范围的 VLAN，在逗号和连接符的前后都要键入空格
5	Switch(config)#**monitor session** *session_number* **destination** {**interface** *interface-id* [, | -] [**encapsulation replicate**]}	指定 SPAN 会话和目标端口。这里的 *session_number* 必须与上一步设置的一样。 *interface-id* 参数用来指定目标端口的接口，仅可以是物理接口，不能是以太网通道这样的逻辑接口。 [, | -]选项用来指定目标端口的一个系列或一个范围，在逗号和连接符的前后都要键入空格。 可选项 **encapsulation replicate** 用来指定目标端口复制源端口封装的方法，也就是保持原有封装方法不变。如果不指定，默认是以本地未标记格式发送的

续表

步骤	命令	说明
6	Switch(config)#**end**	返回到特权模式
7	Switch#**show monitor** [**session** *session_number*] Switch#**show running-config**	校验以上设置
8	Switch#**copy running-config startup-config**	（可选）在启动配置文件中保存以上设置

要监控中继端口上的所有通信，可以使用 **no monitor session** *session_number* **filter** 全局配置命令取消监控过滤设置。

以下示例显示了如何删除现有 SPAN 2 中的配置，然后创建新的 SPAN 2 会话来监控交换机 gigabitethernet0/4 接口上接收方向的通信，并把 VLAN 1～VLAN 5 和 VLAN 9 上的通信发送到 gigabitethernet0/8 目标接口上。

```
Switch(config)# no monitor session 2
Switch(config)# monitor session 2 source interface gigabitethernet0/4 rx
Switch(config)# monitor session 2 filter vlan 1 - 5 , 9
Switch(config)# monitor session 2 destination interface gigabitethernet0/8
Switch(config)# end
```

14.6.4　Catalyst 2960/2970/3560/3750 等系列交换机的 RSPAN 配置

本节介绍如何在 Catalyst 2960/2970/3560/3560-E/3560-X/3750/3750-E/3750-X 系列交换机上配置 RSPAN。

1．RSPAN 配置指南

在 Catalyst 2960/2970/3560/3560-E/3560-X/3750/3750-E/3750-X 系列交换机上配置 RSPAN，参考以下配置指南：

- 上节介绍的 SPAN 配置指南同样适用于这里的 SPAN 配置。
- RSPAN VLAN 有特殊的属性，应当保留一些 VLAN 作为 RSPAN VLAN，不要分配端口在这些 VLAN 中。
- 可以应用一个流出方向的 ACL 到 RSPAN 通信以选择过滤器或者指定数据包。在 RSPAN 源交换机的 RSPAN VLAN 中指定这些 ACL。
- 对于 RSPAN 配置，可以使源端口和目标端口分布在网络的多个交换机中。
- RSPAN 不能监控 BPDU 包或其他二层交换协议。
- RSPAN VLAN 仅在中继端口和访问端口上配置。为了避免 RSPAN VLAN 中不必要的通信，确保在所有参与 RSPAN 的交换机的 VLAN 中都支持 RSPAN。
- RSPAN VLAN 中的访问端口（包括语音 VLAN 端口）处于非活动状态。
- 在源中继端口已经激活 RSPAN VLAN 时，RSPAN VLAN 就包括基于端口的 RSPAN 会话的源。RSPAN VLAN 也可以是 SPAN 会话中的源。但是，由于交换机不监控 SPAN 通信，所以在任何识别为 RSPAN 源会话的 RSPAN VLAN 中不支持在入口处生成包。
- 在满足以下条件后，可以配置任何 VLAN 作为 RSPAN VLAN：
  - 在一个 RSPAN 会话中，所有交换机都使用相同的 RSPAN VLAN。
  - 所有参与的交换机都得支持 RSPAN。
- 建议配置 RSPAN 源或目标会话前要配置一个 RSPAN VLAN。
- 如果启用 VTP 和 VTP 修剪，RSPAN 通信将在中继链路上被修剪，以阻止不必要的 RSPAN 通信流在网络 VLAN ID 小于 1005 的 VLAN 中传播。

2. 配置作为 RSPAN VLAN 的 VLAN

首先为 RSPAN 会话创建一个新的 VLAN，使它成为 RSPAN VLAN。必须在所有参与 RSPAN 的交换机上创建 RSPAN VLAN。如果这个 RSPAN VLAN 的 ID 是在普通范围（小于 1005）内，并且在网络中启用了 VTP，则可以仅在一个交换机上创建 RSPAN VLAN，然后通过 VTP 把这个 VLAN 信息传播到 VTP 域中的其他交换机上。如果 RSPAN VLAN 是属于扩展范围（ID 大于 1005）的，则必须配置在源和目标以及任何中间交换机上创建 RSPAN VLAN。通常是创建 ID 小于 1005 的 RSPAN VLAN。

使用 VTP 修剪可以使 RSPAN 通信流更有效，或者手动从所有不需要加载 RSPAN 通信的中继中删除 RSPAN VLAN。

自特权模式开始，可以按照表 14-15 所示的步骤创建 RSPAN VLAN。

表 14-15　创建 RSPAN VLAN 的步骤

步骤	命令	说明
1	Switch# **configure terminal**	进入全局配置模式
2	Switch(config)# **vlan** *vlan-id*	键入 VLAN ID 创建一个 VLAN，进入 VLAN 配置模式，ID 范围是 2～1001 或 1006～4094。 RSPAN VLAN 不能是 VLAN 1 和 VLAN 1002～VLAN 1005
3	Switch(config-vlan)# **remote-span**	配置该 VLAN 作为 RSPAN VLAN
4	Switch(config-vlan)# **end**	返回到特权模式
5	Switch# **copy running-config startup-config**	（可选）在启动配置文件中保存以上设置

以下示例显示了从 VLAN 901 中删除 RSPAN 会话，然后转换它为普通 VLAN 的过程。

```
Switch(config)# vlan 901
Switch(config-vlan)# remote span
Switch(config-vlan)# end
```

3. 创建 RSPAN 源会话

自特权模式开始，按照表 14-16 所示的步骤来启动一个 RSPAN 源会话，并指定要监控的源和目标 RSPAN VLAN。

表 14-16　创建 RSPAN 源会话的步骤

步骤	命令	说明
1	Switch#**configure terminal**	进入全局配置模式
2	Switch(config)#**no monitor session** {*session_number* | **all** | **local** | **remote**}	删除当前现有指定的或所有 SPAN 配置。*session_number* 参数用来指定 SPAN 会话号，取值范围为 1～66。 如果选择的是 **all** 选项，则清除所有 SPAN 会话；如果选择的是 **local** 选项，则仅清除所有本地 SPAN 会话；如果选择的是 **remote** 选项，则仅清除所有远程 SPAN（RSPAN）会话
3	Switch(config)#**monitor session** *session_number* **source** {**interface** *interface-id* | vlan *vlan-id*} [, | -] [**both** | **rx** | **tx**]	指定要创建的 RSPAN 会话和源端口。RSPAN 会话是以 *session_number* 参数来指定的，默认是从 1 开始的。 参数 *interface-id* 用来指定要监控的源端口，可以是物理接口和以太网通道逻辑接口（如果是以太网通道接口，则此参数要改为 **port-channel** *port-channel-number*）。 *vlan-id* 参数用来指定源 VLAN。 [, | -]选项用来指定源端口或源 VLAN 的一个系列或一个范围，在逗号和连接符的前后都要键入空格。 后面 3 个可选项[**both** | **rx** | **tx**]用来指定监控通信的方向，**both** 代表要同时监控发送和接收两个方向的通信；**rx** 代表只监控接收方向的通信；**tx** 代表只监控发送方向的通信
4	Switch(config)#**monitor session** *session_number* **destination remote vlan** *vlan-id*	指定 RSPAN 会话和目标端口。这里的 *session_number* 必须与上一步设置的一样。 *vlan-id* 参数用来指定要监控的源 RSPAN VLAN，必须与前面专门创建的 RSPAN VLAN 一样

续表

步骤	命令	说明
5	Switch(config)#**end**	返回到特权模式
6	Switch#**show monitor** [**session** *session_number*] Switch#**show running-config**	校验以上配置
7	Switch#**copy running-config startup-config**	（可选）在启动配置文件中保存以上设置

要删除 RSPAN 会话，可以使用 **no monitor session** *session_number* 全局配置命令。

要从 RSPAN 会话中删除源端口或源 VLAN，可以使用 **no monitor session** *session_number* **source** {**interface** *interface-id* | vlan *vlan-id*}全局配置命令。要从 RSPAN 会话中删除 RSPAN VLAN，可以使用 **no monitor session** *session_number* **destination remote vlan** *vlan-id* 全局配置命令。

以下示例显示了如何删除现有 RSPAN 1 会话中的所有配置，然后创建一个新的 RSPAN 1 会话来监控多个源接口不同方向的通信，并配置 RSPAN VLAN 901 作为目标。

```
Switch(config)# no monitor session 1
Switch(config)# monitor session 1 source interface gigabitethernet0/10 tx
Switch(config)# monitor session 1 source interface gigabitethernet0/2 rx
Switch(config)# monitor session 1 source interface gigabitethernet0/3
Switch(config)# monitor session 1 source interface port-channel 12
Switch(config)# monitor session 1 destination remote vlan 901
Switch(config)# end
```

4．创建 RSPAN 目标会话

需要在不同交换机上配置 RSPAN 目标会话，也就是说不要在已配置源会话的交换机上配置目标会话。

自特权模式开始，按照表 14-17 所示的步骤在交换机上定义 RSPAN VLAN，创建一个 RSPAN 目标会话，并指定源 RSPAN VLAN 和目标端口。

表 14-17　创建 RSPAN 目标会话的步骤

步骤	命令	说明
1	Switch#**configure terminal**	进入全局配置模式
2	Switch(config)#**vlan** *vlan-id*	键入在源交换机上创建的 RSPAN VLAN ID，进入 VLAN 配置模式。 说明：如果源和目标交换机都启用 VTP，且 RSPAN VLAN ID 在 2～1005 范围，从本步开始到第 4 步都不需要，因为 RSPAN VLAN ID 会通过 VTP 传播到 VTP 域中的所有交换机上
3	Switch(config-vlan)#**remote-span**	标识以上创建的 VLAN 为 RSPAN VLAN
4	Switch(config-vlan)#**exit**	返回到特权模式
5	Switch(config)#**no monitor session** {*session_number* | **all** | **local** | **remote**}	删除现有 RSPAN 会话配置。*session_number* 为要删除的 RSPAN 会话号，范围为 1～66。 如果选择的是 **all** 选项，则清除所有 RSPAN 会话；如果选择的是 **local** 选项，则仅清除所有本地 SPAN 会话；如果选择的是 **remote** 选项，则仅清除所有远程 SPAN（RSPAN）会话
6	Switch(config)#**monitor session** *session_number* **source remote vlan** *vlan-id*	指定 RSPAN 会话和源 RSPAN VLAN。*session_number* 为要删除的 RSPAN 会话号，范围为 1～66。 *vlan-id* 参数用于指定要监控的源 RSPAN VLAN
7	Switch(config)#**monitor session** *session_number* **destination interface** *interface-id*	指定 RSPAN 会话和目标端口。这里的 *session_number* 必须与上一步设置的一样。 *interface-id* 参数用来指定目标端口的接口，仅可以是物理接口，不能是以太网通道这样的逻辑接口
8	Switch(config)#**end**	返回到特权模式
9	Switch#**show monitor** [**session** *session_number*] Switch#**show running-config**	校验以上设置
10	Switch#**copy running-config startup-config**	（可选）在启动配置文件中保存以上设置

要删除 RSPAN 会话，可以使用 **no monitor session** *session_number* 全局配置命令。

要从 RSPAN 会话中删除目标端口，可以使用 **no monitor session** *session_number* **destination interface** *interface-id* 全局配置命令。要从 RSPAN 会话中删除 RSPAN VLAN，可以使用 **no monitor session** *session_number* **source remote vlan** *vlan-id* 全局配置命令。

以下示例显示了如何配置 VLAN 901 作为源远程 VLAN，**gigabitethernet0/5** 作为目标端口。

```
Switch(config)# monitor session 1 source remote vlan 901
Switch(config)# monitor session 1 destination interface gigabitethernet0/5
Switch(config)# end
```

5. 创建 RSPAN 目标会话和配置入口通信转发

自特权模式开始，按照表 14-18 所示的步骤创建一个 RSPAN 目标会话，指定源 RSPAN VLAN 和目标端口，并在目标端口上为网络安全设备启用入口通信。

表 14-18 创建 RSPAN 目标会话和配置入口通信的步骤

步骤	命令	说明
1	Switch#**configure terminal**	进入全局配置模式
2	Switch(config)#**no monitor session** {*session_number* | **all** | **local** | **remote**}	删除当前现有的 RSPAN 配置。*session_number* 为要删除的 RSPAN 会话号，范围为 1～66。 如果选择的是 **all** 选项，则清除所有 RSPAN 会话；如果选择的是 **local** 选项，则仅清除所有本地 SPAN 会话；如果选择的是 **remote** 选项，则仅清除所有远程 SPAN（RSPAN）会话
3	Switch(config)#**monitor session** *session_number* **source remote vlan** *vlan-id*	指定 RSPAN 会话和源 RSPAN VLAN。*session_number* 为要创建的 RSPAN 会话号，范围为 1～66。 *vlan-id* 参数用于指定要监控的源 RSPAN VLAN
4	Switch(config)#**monitor session** *session_number* **destination** {**interface** *interface-id* [, | -] [**ingress** {**dot1q vlan** *vlan-id* | **isl** | **untagged vlan** *vlan-id* | **vlan** *vlan-id*}]}	指定 RSPAN 会话、目标端口、包封装类型和入口 VLAN。这里的 *session_number* 必须与上一步设置的一样。 在 RSPAN 目标会话中，必须使用与源 RSPAN VLAN 和目标端口相同的会话号。 *interface-id* 参数用来指定目标端口的接口，仅可以是物理接口，不能是以太网通道这样的逻辑接口。 [, | -]选项用来指定目标端口的一个系列或一个范围，在逗号和连接符的前后都要键入空格。 键入带有关键字的 **ingress** 可选项以启用目标端口上的入口通信转发，并指定以下封装类型之一： ● **dot1q vlan** *vlan-id*：以 802.1Q 封装方式转发指定 VLAN 的入口包 ● **isl**：以 ISL 封装方式转发指定 VLAN 的入口包 ● **untagged vlan** *vlan-id* 或 **vlan** *vlan-id*：以本地未标记格式转发指定 VLAN 的入口包
5	Switch(config)#**end**	返回到特权模式
6	Switch#**show monitor** [**session** *session_number*] Switch#**show running-config**	校验以上设置
7	Switch#**copy running-config startup-config**	（可选）在启动配置文件中保存以上设置

要删除 RSPAN 会话，可以使用 **no monitor session** *session_number* 全局配置命令。要从 RSPAN 会话中删除目标端口，可以使用 **no monitor session** *session_number* **destination interface** *interface-id* 全局配置命令。在以上 **no** 格式的命令中 **ingress** 选项是忽略的。

以下示例显示了如何配置 VLAN 901 作为 RSPAN 2 会话的源远程 VLAN，并指定 **gigabitethernet0/2** 作为目标端口，在以 VLAN 6 作为默认入口 VLAN 的接口上启用入口转发。

```
Switch(config)# monitor session 2 source remote vlan 901
Switch(config)# monitor session 2 destination interface gigabitethernet0/2 ingress vlan 6
Switch(config)# end
```

6. 为过滤器指定 VLAN

自特权模式开始，按照表 14-19 所示的步骤配置 RSPAN 源会话，以限制 RSPAN 源端通信到指定的 VLAN。

表 14-19　为过滤器指定 VLAN 的步骤

步骤	命令	说明
1	Switch#**configure terminal**	进入全局配置模式
2	Switch(config)#**no monitor session** {*session_number* | **all** | **local** | **remote**}	删除当前现有的 SPAN 配置。*session_number* 为要删除的 RSPAN 会话号，范围为 1～66。 如果选择的是 **all** 选项，则清除所有 SPAN 会话；如果选择的是 **local** 选项，则仅清除所有本地 SPAN 会话；如果选择的是 **remote** 选项，则仅清除所有远程 SPAN（RSPAN）会话
3	Switch(config)#**monitor session** *session_number* **source interface** *interface-id*	指定要创建的 SPAN 会话和源端口。SPAN 会话是以 *session_number* 参数来指定的，范围为 1～66。 参数 *interface-id* 用来指定要监控的源端口。该接口必须是已配置的中继端口
4	Switch(config)#**monitor session** *session_number* **filter vlan** *vlan-id* [, | -]	限制 RSPAN 源通信到指定的 VLAN。这里的 *session_number* 必须与上一步设置的一样。 *vlan-id* 参数的取值范围为 1～4094。[, | -]选项用来指定一个系列或一个范围的 VLAN，在逗号和连接符的前后都要键入空格
5	Switch(config)#**monitor session** *session_number* **destination remote vlan** *vlan-id*	指定 SPAN 会话和目标远程 VLAN。这里的 *session_number* 必须与上一步设置的一样。 *vlan-id* 参数用来指定承载被监控的通信到目标端口的 RSPAN VLAN
6	Switch(config)#**end**	返回到特权模式
7	Switch#**show monitor** [**session** *session_number*] Switch#**show running-config**	校验以上设置
8	Switch#**copy running-config startup-config**	（可选）在启动配置文件中保存以上设置

要监控中继端口上的所有 VLAN，可以使用 **no monitor session** *session_number* **filter vlan** 全局配置命令，取消监控过滤设置。

以下示例显示了如何删除现有 RSPAN 2 会话的配置，然后创建一个新的 RSPAN 2 会话来监控中继端口 **gigabitethernet0/4** 上接收方向的通信，并指定仅发送 VLAN 1～VLAN 5 和 VLAN 9 的通信到 RSPAN VLAN 902 上。

```
Switch(config)# no monitor session 2
Switch(config)# monitor session 2 source interface gigabitethernet0/4 rx
Switch(config)# monitor session 2 filter vlan 1 - 5 , 9
Switch(config)# monitor session 2 destination remote vlan 902
Switch(config)# end
```

7. 显示 SPAN 和 RSPAN 状态

要显示当前 SPAN 或 RSPAN 配置，可以使用 **show monitor** 用户模式命令。也可以使用 **show running-config** 特权模式命令来显示 SPAN 或 RSPAN 会话配置。

以下是交换机上两个会话的配置输出。

```
Switch# show monitor
Session 1
---------
 Type          :Local Session
Source Ports:
    RX Only:       Gi0/24
    TX Only:       None
    Both:          Gi0/1-2,Gi0/5-6
Source VLANs:
    RX Only:       None
    TX Only:       None
    Both:          None
Source RSPAN VLAN:None
Destination Ports:Gi0/18
    Encapsulation:Replicate
```

```
Filter VLANs:        None
Dest RSPAN VLAN:   None

Session 2
---------
 Type             :Remote Source Session
Source Ports:
     RX Only:          None
     TX Only:          None
     Both:             None
Source VLANs:
     RX Only:          None
     TX Only:          10
     Both:             1-9
Source RSPAN VLAN:None
Destination Ports:None
Filter VLANs:        None
Dest RSPAN VLAN:   105
```

以下是在启用了入口通信转发时执行 **show monitor session all** 命令的输出。

```
Switch# show monitor session all
Session 1
---------
Type                       :Local Session
Source Ports             :
     Both                  :Gi0/2
Destination Ports :Gi0/3
     Encapsulation :Replicate
             Ingress:Enabled, default VLAN = 5
     Ingress encapsulation:DOT1Q

Session 2
---------
Type                       :Local Session
Source Ports             :
     Both                  :Gi0/5
Destination Ports :Gi0/7
     Encapsulation :Replicate
             Ingress:Enabled
     Ingress encapsulation:ISL
```

以下是在启用入口转发时执行 **show running-config** 特权模式命令时的输出。SPAN 和 RSPAN 会话显示在最后面。

```
Switch(config)# monitor session 2 source remote vlan 901
Switch(config)# monitor session 2 destination interface gigabitethernet0/2 ingress vlan 6
Switch(config)# end
Switch# show running-config
Building configuration...

Current configuration : 8238 bytes
!
version 12.1
no service pad
service timestamps debug uptime
service timestamps log datetime
no service password-encryption
service sequence-numbers

<output truncated>

!
!
```

```
monitor session 2 destination interface gi0/2 ingress vlan 6
end
```

14.6.5　Catalyst 3550 交换机的 SPAN 配置

Catalyst 3550 系列交换机的默认 SPAN 配置如表 14-20 所示。

表 14-20　Catalyst 3550 系列交换机的默认 SPAN 配置

特征	默认设置
SPAN 状态	禁止
要监控的源端口通信方向	双向或仅接收方向
封装类型（目标端口）	本地格式（无封装类型头）
入口转发（目标端口）	禁止

有关 Catalyst 3550 系列交换机的 SPAN 配置指南参见 Catalyst 2900 系列交换机的 SPAN 配置指南。本节主要介绍各种 SPAN 配置方法。

1．创建 SPAN 会话并指定监控端口

自特权模式开始，按照表 14-21 所示的步骤创建一个 SPAN 会话，并指定监控源端口和目标端口。

表 14-21　创建 SPAN 会话并指定监控端口的步骤

步骤	命令	说明
1	Switch#**configure terminal**	进入全局配置模式
2	Switch(config)#**no monitor session** {*session_number* | **all** | **local** | **remote**}	删除当前现有指定的或所有 SPAN 配置。*session_number* 参数用来指定 SPAN 会话号，取值范围是 1 或 2。 如果选择的是 **all** 选项，则清除所有 SPAN 会话；如果选择的是 **local** 选项，则仅清除所有本地 SPAN 会话；如果选择的是 **remote** 选项，则仅清除所有远程 SPAN（RSPAN）会话
3	Switch(config)#**monitor session** *session_number* **source interface** *interface-id* [, | -] [**both** | **rx** | **tx**]	指定要创建的 SPAN 会话和源端口。SPAN 会话是以 *session_number* 参数来指定的，值为 1 或 2。 参数 *interface-id* 用来指定要监控的源端口，可以是物理接口和以太网通道逻辑接口（如果是以太网通道接口，则此参数要改为 **port-channel** *port-channel-number*）。 [, | -]选项用来指定源端口的一个系列或一个范围，在逗号和连接符的前后都要键入空格。 后面 3 个可选项[**both** | **rx** | **tx**]用来指定监控通信的方向，**both** 代表要同时监控发送和接收两个方向的通信；**rx** 代表只监控接收方向的通信；**tx** 代表只监控发送方向的通信
4	Switch(config)#**monitor session** *session_number* **destination interface** *interface-id* [**encapsulation** {**dot1q** | **isl**}]	指定 SPAN 会话和目标端口。这里的 *session_number* 必须与上一步设置的一样。 *interface-id* 参数用来指定目标端口的接口，仅可以是物理接口，不能是以太网通道这样的逻辑接口。 **encapsulation dot1q** | **isl** 可选项指定目标接口使用 IEEE 802.1Q 或 ISL 中继封装
5	Switch(config)#**end**	返回到特权模式
6	Switch#**show monitor** [**session** *session_number*]	校验以上配置
7	Switch#**copy running-config startup-config**	（可选）在启动配置文件中保存以上设置

以下示例显示了创建一个 SPAN 会话 1 来监控源端口 **fastethernet0/1** 上的双向通信到目标端口 **fastethernet0/10** 上，中继封装类型为 802.1Q，同时清除现有的 SPAN 会话 1 配置。

```
Switch(config)# no monitor session 1
Switch(config)# monitor session 1 source interface fastethernet0/1
Switch(config)# monitor session 1 destination interface fastethernet0/10 encapsulation dot1q
Switch(config)# end
```

2. 创建 SPAN 会话并启用入口通信转发

自特权模式开始，按照表 14-22 所示的步骤创建一个 SPAN 会话，并指定源和目标端口，在目标端口上为 Sniffer 类的监控设备启用入口通信转发。

表 14-22　创建 SPAN 会话并启用入口通信转发的步骤

步骤	命令	说明
1	Switch#**configure terminal**	进入全局配置模式
2	Switch(config)#**no monitor session** {*session_number* | **all** | **local** | **remote**}	删除当前现有指定的或所有 SPAN 配置。*session_number* 参数用来指定 SPAN 会话号，取值范围是 1 或 2。 如果选择的是 **all** 选项，则清除所有 SPAN 会话；如果选择的是 **local** 选项，则仅清除所有本地 SPAN 会话；如果选择的是 **remote** 选项，则仅清除所有远程 SPAN（RSPAN）会话
3	Switch(config)#**monitor session** *session_number* **source interface** *interface-id* [, | -] [**both** | **rx** | **tx**]	指定要创建的 SPAN 会话和源端口。SPAN 会话是以 *session_number* 参数来指定的，值为 1 或 2。 参数 *interface-id* 用来指定要监控的源端口，可以是物理接口和以太网通道逻辑接口（如果是以太网通道接口，则此参数要改为 **port-channel** *port-channel-number*）。 [, | -]选项用来指定源端口的一个系列或一个范围，在逗号和连接符的前后都要键入空格。 后面 3 个可选项[**both** | **rx** | **tx**]用来指定监控通信的方向，**both** 代表要同时监控发送和接收两个方向的通信；**rx** 代表只监控接收方向的通信；**tx** 代表只监控发送方向的通信
4	Switch(config)#**monitor session** *session_number* **destination interface** *interface-id* [**encapsulation** {**dot1q** [**ingress vlan** *vlan id*] | **isl** [**ingress**]} | **ingress vlan** *vlan id*]	指定 SPAN 会话和目标端口、包封装类型和入口通信转发 VLAN。这里的 *session_number* 必须与上一步设置的一样。 *interface-id* 参数用来指定目标端口的接口，仅可以是物理接口，不能是以太网通道这样的逻辑接口。 指定在 SPAN 目标端口上传送的包封装类型，如果不指定任何类型，则所有传送的包都将以本地格式发送。 **encapsulation dot1q** 可选项指定目标接口使用 IEEE 802.1Q 封装方法以本地不标记格式发送本地 VLAN 通信包，而其他 VLAN 的发送通信包以 **dot1q** 封装类型标记。 **encapsulation isl** 可选项用来指定目标端口上所有发送的包都使用 ISL 封装。 对于本地无标记和以 **dot1q** 封装的包，使用 **ingress vlan** *vlan id* 指定一个本地 VLAN，用于启用入口通信转发。 **ingress** 可选项用来在使用 ISL 封装时启用入口通信转发
5	Switch(config)#**end**	返回到特权模式
6	Switch#**show monitor** [**session** *session_number*]	校验以上配置
7	Switch#**copy running-config startup-config**	（可选）在启动配置文件中保存以上设置

以下示例显示了如何创建一个 SPAN 会话 1，为不支持 802.1Q 封装的 Sniffer 监控设备配置在 VLAN 5 上的入口通信转发的目标端口为 Fa 0/5。

```
Switch(config)# monitor session 1 destination interface Fa 0/5 ingress vlan 5
```

以下示例显示了如何创建一个 SPAN 会话 1，为支持 802.1Q 封装的 Sniffer 监控设备配置在 VLAN 5 上的入口通信转发的目标端口为 Fa 0/5。

```
Switch(config)# monitor session 1 destination interface Fa 0/5 encapsulation dot1q ingress vlan 5
```

以下示例显示了如何在目标端口 Fa 0/5 上禁止入口通信转发（不带 **ingress vlan** 可选项）。

```
Switch(config)# monitor session 1 destination interface Fa 0/5 encapsulation dot1q
```

3. 删除 SPAN 会话中的源端口

自特权模式开始，按照表 14-23 所示的步骤可以删除 SPAN 会话的源端口。

表 14-23　删除 SPAN 会话源端口的步骤

步骤	命令	说明
1	Switch#**configure terminal**	进入全局配置模式
2	Switch(config)#**no monitor session** *session_number* **source interface** *interface-id* [, | -] [**both** | **rx** | **tx**]	指定要删除的源端口和 SPAN 会话。*session_number* 参数用来指定 SPAN 会话号，取值范围是 1 或 2

续表

步骤	命令	说明
2	（接前）	参数 *interface-id* 用来指定要删除的源端口，可以是物理接口和以太网通道逻辑接口（如果是以太网通道接口，则此参数要改为 **port-channel** *port-channel-number*）。 [, | -]选项用来指定源端口的一个系列或一个范围，在逗号和连接符的前后都要键入空格。 后面 3 个可选项[**both** | **rx** | **tx**]用来指定不再监控的通信方向，**both** 代表不再监控发送和接收两个方向的通信；**rx** 代表不再监控接收方向的通信；**tx** 代表只监控发送方向的通信
3	Switch(config)#**end**	返回到特权模式
4	Switch#**show monitor** [**session** *session_number*]	校验以上配置
5	Switch#**copy running-config startup-config**	（可选）在启动配置文件中保存以上设置

要删除 SPAN 会话中的源或目标端口，可以使用 **no monitor session** *session_number* **source interface** *interface-id* 或 **no monitor session** *session_number* **destination interface** *interface-id* 全局配置命令。要改变封装类型为默认的本地格式，可以使用不带封装关键字的 **monitor session** *session_number* **destination interface** *interface-id* 全局配置命令。

以下示例显示了如何删除 SPAN 会话 1 中的 **fastEthernet0/1** 端口。

```
Switch(config)# no monitor session 1 source interface fastEthernet0/1
Switch(config)# end
```

以下示例显示了如何禁止源端口 **fastEthernet0/1** 上接收方向的通信监控。

```
Switch(config)# no monitor session 1 source interface fastEthernet0/1 rx
```

4．指定要监控的 VLAN

VLAN 监控类似于端口监控，可以按照表 14-24 所示的步骤自特权模式开始进行配置。

表 14-24　指定要监控的 VLAN 的步骤

步骤	命令	说明
1	Switch# **configure terminal**	进入全局配置模式
2	Switch(config)# **no monitor session** {*session_number* | **all** | **local** | **remote**}	删除当前现有指定的或所有 SPAN 配置。*session_number* 参数用来指定 SPAN 会话号，取值范围是 1 或 2。 如果选择的是 **all** 选项，则清除所有 SPAN 会话；如果选择的是 **local** 选项，则仅清除所有本地 SPAN 会话；如果选择的是 **remote** 选项，则仅清除所有远程 SPAN（RSPAN）会话
3	Switch(config)# **monitor session** *session_number* **source vlan** *vlan-id* [, | -] [**both** | **rx** | **tx**]	指定要创建的 SPAN 会话和监控的源 VLAN。可以仅监控 VLAN 接收方向的通信。SPAN 会话是以 *session_number* 参数来指定的，值为 1 或 2。 *vlan-id* 参数的取值范围为 1～4094。 [, | -]选项用来指定源端口的一个系列或一个范围，在逗号和连接符的前后都要键入空格。 后面 3 个可选项[**both** | **rx** | **tx**]用来指定监控通信的方向，**both** 代表要同时监控发送和接收两个方向的通信；**rx** 代表只监控接收方向的通信；**tx** 代表只监控发送方向的通信
4	Switch(config)# **monitor session** *session_number* **destination interface** *interface-id* [**encapsulation** {**dot1q** | **isl**}]	指定 SPAN 会话和目标端口，这里的 *session_number* 必须与上一步设置的一样。 *interface-id* 参数用来指定目标端口的接口，仅可以是物理接口，不能是以太网通道这样的逻辑接口。 （可选）为输出包指定封装头类型（**isl** 或 **dot1q**），如果不指定，则以本地格式发送
5	Switch(config)# **end**	返回到特权模式
6	Switch# **show monitor** [**session** *session_number*]	校验以上配置
7	Switch# **copy running-config startup-config**	（可选）在启动配置文件中保存以上设置

要删除 SPAN 会话中的一个或多个源 VLAN 或者目标端口，可以使用 **no monitor session**

session_number **source vlan** *vlan-id* **rx** 或 **no monitor session** *session_number* **destination** interface *interface-id* 全局配置命令。

以下示例显示了如何清除现有 SPAN 会话 2 的配置，创建新的 SPAN 会话 2 来监控属于 VLAN 1～VLAN 3 中所有端口接收方向的通信，然后发送到目标端口 **gigabitethernet0/7** 上。然后再修改配置，同时监控属于 VLAN 10 中所有端口上的接收方向的通信。

```
Switch(config)# no monitor session 2
Switch(config)# monitor session 2 source vlan 1 - 3 rx
Switch(config)# monitor session 2 destination interface gigabitethernet0/7
Switch(config)# monitor session 2 source vlan 10 rx
Switch(config)# end
```

5．为过滤器指定 VLAN

自特权模式开始，按照表 14-25 所示的步骤限制 SPAN 会话源为指定的 VLAN。

要监控中继端口上的所有 VLAN，可以使用 **no monitor session** *session_number* **filter** 全局配置命令。

表 14-25　为过滤器指定 VLAN 的步骤

步骤	命令	说明
1	Switch#**configure terminal**	进入全局配置模式
2	Switch(config)#**no monitor session** {*session_number* | **all** | **local** | **remote**}	删除当前现有指定的或所有 SPAN 配置。*session_number* 参数用来指定 SPAN 会话号，取值范围是 1 或 2。 如果选择的是 **all** 选项，则清除所有 SPAN 会话；如果选择的是 **local** 选项，则仅清除所有本地 SPAN 会话；如果选择的是 **remote** 选项，则仅清除所有远程 SPAN（RSPAN）会话
3	Switch(config)#**monitor session** *session_number* **source interface** *interface-id* **rx**	指定源端口特性和 SPAN 会话。 *session_number* 参数用于指定要创建的 SPAN 会话号，取值范围为 1 或 2。 参数 *interface-id* 用来指定要监控的源端口，该接口必须已被配置为中继端口
4	Switch(config)#**monitor session** *session_number* **filter vlan** *vlan-id* [, | -]	限制 SPAN 源通信为指定 VLAN。这里的 *session_number* 必须与上一步设置的一样。 *vlan-id* 参数的取值范围为 1～4094。[, | -]选项用来指定一个系列或一个范围的 VLAN，在逗号和连接符的前后都要键入空格
5	Switch(config)#**monitor session** *session_number* **destination interface** *interface-id*	指定 SPAN 会话和目标端口。这里的 *session_number* 必须与上一步设置的一样。 *interface-id* 参数用来指定目标端口的接口，仅可以是物理接口，不能是以太网通道这样的逻辑接口
6	Switch(config)#**end**	返回到特权模式
7	Switch#**show monitor** [**session** *session_number*]	校验以上配置
8	Switch#**copy running-config startup-config**	（可选）在启动配置文件中保存以上设置

以下示例显示了如何清除现有 SPAN 会话 2 的配置，创建新的 SPAN 会话 2 来监控中继端口 **gigabitethernet0/4** 上接收方向的通信，然后仅发送 VLAN 1～VLAN 5 和 VLAN 9 接收方向的通信到目标端口 **gigabitethernet0/8** 上。

```
Switch(config)# no monitor session 2
Switch(config)# monitor session 2 source interface gigabitethernet0/4 rx
Switch(config)# monitor session 2 filter vlan 1 - 5 , 9
Switch(config)# monitor session 2 destination interface gigabitethernet0/8
Switch(config)# end
```

14.6.6　Catalyst 3550 交换机的 RSPAN 配置

Catalyst 3500 系列交换机的 RSPAN 配置指南也请参见 Catalyst 2900 系列的 RSPAN 配置指南。在此也仅介绍具体的 RSPAN 配置方法。

1．创建 RSPAN 会话

首先在参与 RSPAN 会话的任一交换机上创建一个用于 RSPAN 会话的 RSPAN VLAN。通过在网络中启用 VTP，只需要在一个交换机上创建 RSPAN VLAN，则这个配置将自动在 VTP 域中的其他交换机上传播。

使用 VTP 修剪获得有效的 RSPAN 通信流或者从所有中继中手动删除不需要承载 RSPAN 通信的 RSPAN VLAN。

在创建 RSPAN VLAN 后，自特权模式开始，按照表 14-26 所示的步骤启动一个 RSPAN 源会话并指定源端口和目标 RSPAN VLAN。

表 14-26 创建 RSPAN 会话的步骤

步骤	命令	说明
1	Switch#**configure terminal**	进入全局配置模式
2	Switch(config)#**no monitor session** {*session_number* | **all** | **local** | **remote**}	删除当前现有指定的或所有 SPAN 配置。*session_number* 参数用来指定 SPAN 会话号，取值范围是 1 或 2。 如果选择的是 **all** 选项，则清除所有 SPAN 会话；如果选择的是 **local** 选项，则仅清除所有本地 SPAN 会话；如果选择的是 **remote** 选项，则仅清除所有远程 SPAN（RSPAN）会话
3	Switch(config)#**monitor session** *session_number* **source interface** *interface-id* [, | -] [**both** | **rx** | **tx**]	指定 RSPAN 会话和源端口，*session_number* 参数用于指定要创建的 RSPAN 会话号，取值范围是 1 或 2。 参数 *interface-id* 用来指定要监控的源端口，可以是物理接口和以太网通道逻辑接口（如果是以太网通道接口，则此参数要改为 **port-channel** *port-channel-number*）。 [, | -]选项用来指定源端口的一个系列或一个范围，在逗号和连接符的前后都要键入空格。 后面 3 个可选项[**both** | **rx** | **tx**]用来指定监控通信的方向，**both** 代表要同时监控发送和接收两个方向的通信；**rx** 代表只监控接收方向的通信；**tx** 代表只监控发送方向的通信
4	Switch(config)#**monitor session** *session_number* **destination remote vlan** *vlan-id* **reflector-port** *interface-id*	指定 RSPAN 会话、目标远程 VLAN 和反射器端口。这里的 *session_number* 必须与上一步设置的一样。 *vlan-id* 参数用来指定 RSPAN VLAN 来承载被监控的通信到目标端口。 *interface-id* 参数用来指定广播 RSPAN 通信到 RSPAN VLAN 的接口
5	Switch(config)#**end**	返回到特权模式
6	Switch#**show monitor** [**session** *session_number*]	校验以上配置
7	Switch#**copy running-config startup-config**	（可选）在启动配置文件中保存以上设置

以下示例显示了如何清除现有 RSPAN 会话 1 的配置，新建 RSPAN 会话 1 来监控多个源端口的通信，并配置目标 RSPAN VLAN 和反射器端口。

```
Switch(config)# no monitor session 1
Switch(config)# monitor session 1 source interface fastEthernet0/10 tx
Switch(config)# monitor session 1 source interface fastEthernet0/2 rx
Switch(config)# monitor session 1 source interface fastEthernet0/3 rx
Switch(config)# monitor session 1 source interface port-channel 102 rx
Switch(config)# monitor session 1 destination remote vlan 901 reflector-port fastEthernet0/1
Switch(config)# end
```

2．创建 RSPAN 目标会话

自特权模式开始，按照表 14-27 所示的步骤创建一个 RSPAN 目标会话，并指定源 RSPAN VLAN 和目标端口。

表 14-27 创建 RSPAN 目标会话的步骤

步骤	命令	说明
1	Switch#**cconfigure terminal**	进入全局配置模式
2	Switch(config)#**monitor session** *session_number* **source remote vlan** *vlan-id*	指定源 RSPAN VLAN 和 RSPAN 会话。 *session_number* 参数用于指定要创建的 SPAN 会话号，取值范围是 1 或 2。 参数 *interface-id* 用来指定要监控的源 RSPAN VLAN

续表

步骤	命令	说明
3	Switch(config)#**monitor session** *session_number* **destination interface** *interface-id* [**encapsulation** {**dot1q** | **isl**}]	指定 RSPAN 会话和目标端口。*session_number* 参数与上步的一样。 *interface-id* 参数用来指定目标端口。 （可选）为输出包指定封装类型（**isl** 或 **dot1q**），如果不指定，则包以本地格式发送
4	Switch(config)#**end**	返回到特权模式
5	Switch#**show monitor** [**session** *session_number*]	校验以上配置
6	Switch#**copy running-config startup-config**	（可选）在启动配置文件中保存以上设置

以下示例显示了如何配置 VLAN 901 作为源 RSPAN VLAN，**fastEthernet0/5** 作为目标端口。

```
Switch(config)# monitor session 1 source remote vlan 901
Switch(config)# monitor session 1 destination interface fastEthernet0/5
Switch(config)# end
```

3．创建 RSPAN 目标会话并启用入口通信转发

自特权模式开始，按照表 14-28 所示的步骤创建一个 RSPAN 目标会话，并指定源 RSPAN VLAN，然后为 Sniffer 类设备在目标端口上启用入口通信转发。

表 14-28　创建 RSPAN 目标会话并启用入口通信转发的步骤

步骤	命令	说明
1	Switch#**configure terminal**	进入全局配置模式
2	Switch(config)#**monitor session** *session_number* **source remote vlan** *vlan-id*	指定 RSPAN 会话和源 RSPAN VLAN。*session_number* 为 RSPAN 会话号，取值范围为 1 或 2。 *vlan-id* 参数用来指定要监控的源 RSPAN VLAN
3	Switch(config)#**monitor session** *session_number* **destination interface** *interface-id* [**encapsulation** {**dot1q** [**ingress vlan** *vlan-id*] | **isl** [**ingress**]} | **ingress vlan** *vlan-id*]	指定 RSPAN 会话和目标端口、包封装类型和入口通信转发 VLAN。这里的 *session_number* 必须与上一步设置的一样。 *interface-id* 参数用来指定目标端口的接口，仅可以是物理接口，不能是以太网通道这样的逻辑接口。 （可选）指定在 RSPAN 目标端口上传送的包封装类型，如果不指定任何类型，则所有传送的包都将以本地格式发送。 **encapsulation dot1q** 可选项指定目标接口使用 IEEE 802.1Q 封装方法发送本地不标记的 VLAN 通信包，而其他 VLAN 的发送通信包以 **dot1q** 封装类型标记。 **encapsulation isl** 可选项用来指定目标端口上所有发送的包都使用 ISL 封装。 （可选）对于本地无标记和以 **dot1q** 封装的包，使用 **ingress vlan** *vlan-id* 指定一个本地 VLAN，用于启用入口通信转发。其中的 *vlan-id* 参数用于指定发送数据包的本地 VLAN。 （可选）**ingress** 可选项用来在使用 ISL 封装时启用入口通信转发
4	Switch(config)#**end**	返回到特权模式
5	Switch#**show monitor** [**session** *session_number*]	校验以上配置
6	Switch#**copy running-config startup-config**	（可选）在启动配置文件中保存以上设置

以下示例显示了如何配置 VLAN 901 作为源 RSPAN VLAN，为支持 802.1Q 封装的 Sniffer 类监控设备配置 VLAN 5 中的入口通信转发的目标端口为 **fastEthernet0/5**。

```
Switch(config)# monitor session 1 source remote vlan 901
Switch(config)# monitor session 1 destination interface fastEthernet0/5 ingress vlan 5
Switch(config)# end
```

4．删除 RSPAN 会话源端口

自特权模式开始，按照表 14-29 所示的步骤删除 RSPAN 会话中的源端口。

表 14-29　删除 RSPAN 会话源端口的步骤

步骤	命令	说明
1	Switch#**configure terminal**	进入全局配置模式
2	Switch(config)#**no monitor session** *session_number* **source interface** *interface-id* [, | -] [**both** | **rx** | **tx**]	指定要删除的 RSPAN 源端口。*session_number* 参数用来指定 RSPAN 会话号，取值范围是 1 或 2。 参数 *interface-id* 用来指定要删除的源端口，可以是物理接口和以太网通道逻辑接口（如果是以太网通道接口，则此参数要改为 **port-channel** *port-channel-number*）。 [, | -]选项用来指定源端口的一个系列或一个范围，在逗号和连接符的前后都要键入空格。 后面 3 个可选项[**both** | **rx** | **tx**]用来指定不再监控的通信方向，**both** 代表不再监控发送和接收两个方向的通信；**rx** 代表不再监控接收方向的通信；**tx** 代表不再监控发送方向的通信
3	Switch(config)#**end**	返回到特权模式
4	Switch#**show monitor** [**session** *session_number*]	校验以上配置
5	Switch#**copy running-config startup-config**	（可选）在启动配置文件中保存以上设置

以下示例显示了如何删除 RSPAN 会话 1 中的源端口 fastEthernet0/1。

```
Switch(config)# no monitor session 1 source interface fastEthernet0/1
Switch(config)# end
```

以下示例显示了如何禁止源 RSPAN 端口 fastEthernet0/1 接收方向的通信监控。

```
Switch(config)# no monitor session 1 source interface fastEthernet0/1 rx
```

5．指定要监控的 VLAN

VLAN 监控与端口监控类似，自特权模式开始，按照表 14-30 所示的步骤指定要监控的 VLAN。

表 14-30　指定要监控的 VLAN 的步骤

步骤	命令	说明
1	Switch#**configure terminal**	进入全局配置模式
2	Switch(config)#**no monitor session** {*session_number* | **all** | **local** | **remote**}	删除当前现有的 SPAN 配置。*session_number* 为要删除的 SPAN 会话号，范围是 1 或 2。 如果选择的是 **all** 选项，则清除所有 SPAN 会话；如果选择的是 **local** 选项，则仅清除所有本地 SPAN 会话；如果选择的是 **remote** 选项，则仅清除所有远程 SPAN（RSPAN）会话
3	Switch(config)#**monitor session** *session_number* **source vlan** *vlan-id* [, | -] **rx**	指定 RSPAN 会话和源 VLAN，可以仅监控 VLAN 接收方向的通信。这里的 *session_number* 必须与上一步设置的一样。 *vlan-id* 参数的取值范围为 1～4094。 [, | -]选项用来指定一个系列或一个范围的 VLAN，在逗号和连接符的前后都要键入空格。 **rx** 表示仅监控接收方向的通信
4	Switch(config)#**monitor session** *session_number* **destination remote vlan** *vlan-id* **reflector port** *interface-id*	指定 RSPAN 会话、目标 RSPAN VLAN 和反射器端口。这里的 *session_number* 必须与上一步设置的一样。 *vlan-id* 参数用来指定承载被监控的通信到目标端口的 RSPAN VLAN。 *interface-id* 参数用来指定广播 RSPAN 通信到 RSPAN VLAN 的反射器端口
5	Switch(config)#**end**	返回到特权模式
6	Switch#**show monitor** [**session** *session_number*]	校验以上配置
7	Switch#**copy running-config startup-config**	（可选）在启动配置文件中保存以上设置

要删除 RSPAN 会话中的一个或多个源 VLAN，可以使用 **no monitor session** *session_number* **source vlan** *vlan-id* **rx** 全局配置命令。

以下示例显示了如何清除现有 RSPAN 会话 2 的配置，新建 RSPAN 会话 2 来监控属于 VLAN 1～VLAN 3 上所有端口接收方向的通信，然后使用反射器端口 **gigabitethernet0/7** 发送到目标 RSPAN VLAN 902 中。之后，配置同时监控属于 VLAN 10 中所有端口接收方向上的通信。

```
Switch(config)# no monitor session 2
Switch(config)# monitor session 2 source vlan 1 - 3 rx
```

```
Switch(config)# monitor session 2 destination remote vlan 902 reflector-port gigabitethernet0/7
Switch(config)# monitor session 2 source vlan 10 rx
Switch(config)# end
```

6．为过滤器指定 VLAN

自特权模式开始，按照表 14-31 所示的步骤限制 RSPAN 源 VLAN 为指定的 VLAN。

表 14-31　为过滤器指定 VLAN 的步骤

步骤	命令	说明
1	Switch#**configure terminal**	进入全局配置模式
2	Switch(config)#**no monitor session** {*session_number* | **all** | **local** | **remote**}	删除当前现有的 SPAN 配置。*session_number* 为要删除的 RSPAN 会话号，范围为 1 或 2。 如果选择的是 **all** 选项，则清除所有 SPAN 会话；如果选择的是 **local** 选项，则仅清除所有本地 SPAN 会话；如果选择的是 **remote** 选项，则仅清除所有远程 SPAN（RSPAN）会话
3	Switch(config)#**monitor session** *session_number* source interface *interface-id* rx	指定要创建的 SPAN 会话和源端口。SPAN 会话是以 *session_number* 参数来指定的，范围为 1 或 2。 参数 *interface-id* 用来指定要监控的源端口。该端口必须是已配置的中继端口
4	Switch(config)#**monitor session** *session_number* **filter vlan** *vlan-id* [, | -]	限制 RSPAN 源通信到指定的 VLAN。这里的 *session_number* 必须与上一步设置的一样。 *vlan-id* 参数的取值范围为 1～4094。 [, | -]选项用来指定一个系列或一个范围的 VLAN，在逗号和连接符的前后都要键入空格
5	Switch(config)#**monitor session** *session_number* **destination remote vlan** *vlan-id* **reflector port** *interface-id*	指定 SPAN 会话和目标远程 VLAN。这里的 *session_number* 必须与上一步设置的一样。 *vlan-id* 参数用来指定承载被监控的通信到目标端口的 RSPAN VLAN。 *interface-id* 参数用来指定用于广播 RSPAN 通信到 RSPAN VLAN 的反射器端口
6	Switch(config)#**end**	返回到特权模式
7	Switch#**show monitor** [**session** *session_number*]	校验以上设置
8	Switch#**copy running-config startup-config**	（可选）在启动配置文件中保存以上设置

要删除中继端口上的所有 VLAN 通信，可以使用 **no monitor session** *session_number* **filter vlan** 全局配置命令。

以下示例显示了如何清除现有 RSPAN 会话 2 的配置，新建 RSPAN 会话 2 来监控中继端口 **gigabitethernet0/4** 上接收方向的通信，使用 **gigabitethernet0/8** 作为反射器端口仅发送 VLAN 1～VLAN 5 和 VLAN 9 的通信到目标 RSPAN VLAN 902。

```
Switch(config)# no monitor session 2
Switch(config)# monitor session 2 source interface gigabitethernet0/4 rx
Switch(config)# monitor session 2 filter vlan 1 - 5 , 9
Switch(config)# monitor session 2 destination remote vlan 902 reflector-port gigabitethernet0/8
Switch(config)# end
```

7．显示 SPAN 和 RSPAN 状态

要显示 SPAN 或 RSPAN 配置状态，可以使用 **show monitor** 特权模式命令。

以下是在 SPAN 源会话 1 上使用 **show monitor** 特权模式命令的输出。

```
Switch# show monitor session 1
Session 1
---------
Type                 : Local Session
Source Ports         :
    RX Only          : None
    TX Only          : None
    Both             : Fa0/4
Source VLANs         :
    RX Only          : None
```

```
        TX Only             : None
        Both                : None
    Source RSPAN VLAN : None
    Destination Ports : Fa0/5
        Encapsulation: DOT1Q
              Ingress: Enabled, default VLAN = 5
    Reflector Port        : None
    Filter VLANs            : None
    Dest RSPAN VLAN       : None
```

14.7　IOS 系统 Catalyst 4500/4000/6500/6000 系列交换机上的 SPAN 配置

在运行 Cisco IOS 系统的 Catalyst 4500/4000/6500/6000 系列交换机上支持 SPAN 和 RSPAN，但配置方法还是存在一些差异的，下面分别进行介绍。

14.7.1　IOS 系统 Catalyst 4500/4000 系列交换机的 SPAN 配置

IOS 系统 Catalyst 4500/4000 系列交换机的默认 SPAN 和 RSPAN 配置如表 14-32 所示。

表 14-32　Catalyst 4500/4000 系列交换机的 SPAN 和 RSPAN 默认配置

特征	默认设置
SPAN 状态	禁止
监控源端口通信	双向
过滤器	所有 VLAN、包类型、地址类型
目标端口的封装类型	本地格式（无封装类型头）
目标端口的入口转发	禁止
目标端口的 MAC 地址学习功能	禁止

【注意】键入 SPAN 命令不能清除当前 SPAN 配置，必须使用 **no monitor session** 命令来清除当前 SPAN 会话参数配置。

1. SPAN 配置指南和限制

在 IOS 系统 Catalyst 4500/4000 系列交换机中，需要按照以下指南和限制来配置 SPAN：

- 必须使用网络分析仪来监控接口。
- 不能在一个 SPAN 会话中混合源 VLAN 和过滤器 VLAN，也就是说可以使用源 VLAN 或者过滤器 VLAN，但不能同时使用。
- 以太网通道接口可以作为 SPAN 源接口，但是不能作为 SPAN 目标接口。
- 在指定源接口，而没有指定通信类型时，则默认是监控双向通信的。
- 如果指定多个 SPAN 源接口，则这些接口可以属于不同的 VLAN。
- 必须键入不带其他参数的 **no monitor session** 命令来清除 SPAN 会话号。
- 执行 **no monitor** 命令会清除所有 SPAN 会话。
- SPAN 目标从不参与任何生成树实例。SPAN 包包括被监控通信中的 BPDU，所以任何在 SPAN 目标上的 BPDU 都来自 SPAN 源。

2. 配置 SPAN 源

在 IOS 系统 Catalyst 4500/4000 系列交换机中，可以按照表 14-33 所示的命令来配置 SPAN 源。

表 14-33 配置 SPAN 源命令

命令	说明
Switch(config)# [no] **monitor session** {*session_number*} {**source** {**interface** <*interface_list*> | [**vlan** *vlan_IDs*] | **cpu** [**queue** *queue_ids*] }[, | -] [**rx** | **tx** | **both**]	指定 SPAN 会话号（1～6）、源接口（快速以太网接口或千兆以太网接口）或源 VLAN（1～4094），并指定 CPU 接收或者发出的通信是否被复制到 SPAN 目标，指定监控的通信方向。 *session_number* 参数用来指定 SPAN 会话号，取值范围为 1～6。 *Interface_list* 参数用来指定要监控的源端口或端口列表，可以是物理接口，也可以是以太网通道接口（此时 **interface** <*interface_list*>要改为 **port-channel** *port-channel-number*）。 *vlan_IDs* 参数用来指定源 VLAN。 *queue_ids* 参数用来指定所包含的队列。 （可选）[, | -]选项用来指定一个系列或一个范围的接口。在逗号或连接符的前后都要留有一个空格。 后面 3 个可选项[**both** | **rx** | **tx**]用来指定监控通信的方向，**both** 代表要同时监控发送和接收两个方向的通信；**rx** 代表只监控接收方向的通信；**tx** 代表只监控发送方向的通信。如果不指定，则默认监控双向通信

以下示例显示了如何配置 SPAN 1 会话来监控 fastethernet 5/1 接口上的双向通信。

```
Switch(config)# monitor session 1 source interface fastethernet 5/1
```

以下示例显示了如何配置包括不同方向源监控的 SPAN 会话。

```
Switch(config)# monitor session 1 source interface fa2/3 rx
Switch(config)# monitor session 1 source interface fa2/2 tx
Switch(config)#
```

3．配置 SPAN 目标

配置 SPAN 会话目标只有一个命令：Switch(config)# [no] **monitor session** <*session_number*> **destination interface** <*interface*> [**encapsulation** {**isl** | **dot1q**}] [**ingress** [**vlan** *vlan_IDs*] [**learning**}]，从中可以看出它包括了许多可选项和参数。

该命令用于指定 SPAN 会话号和目标端口或 VLAN。*session_number* 参数的取值范围为 1～6，*interface* 参数用来指定目标接口，*vlan_IDs* 参数用来指定入口通信转发的目标 VLAN；[**encapsulation** {**isl** | **dot1q**}]用来指定目标中继端口上数据包的封装方式，具体选项说明在前面已多次介绍了，参见即可；**learning** 可选项用于指定是否启用目标端口的学习功能。

以下示例显示了如何配置 fastethernet 5/48 接口作为 SPAN 1 会话的目标端口。

```
Switch(config)# monitor session 1 destination interface fastethernet 5/48
```

4．在中继接口上监控源 VLAN

在中继接口上监控源 VLAN 也只需要一个命令：

```
Switch(config)# [no] monitor session {session_number} filter {vlan vlan_IDs [, | - ]} | {packet-type {good | bad}} | {address-type {unicast | multicast | broadcast} [rx | tx | both]}
```

本命令用于在 SPAN 源是中继接口时指定要监控的 VLAN。**filter** 关键字用来限制监控指定 VLAN 中的通信，通常用于中继接口监控。*vlan_IDs* 用于指定要监控的源 VLAN（会监控指定 VLAN 中的所有端口），使用 **no** 关键字的该命令可恢复到默认设置。

以下示例显示了在 SPAN 源是中继接口时如何监控 VLAN 1～VLAN 5 和 VLAN 9 上的通信。

```
Switch(config)# monitor session 2 filter vlan 1 - 5 , 9
```

5．SPAN 配置示例

本示例显示了如何使用本节所介绍的命令配置 SPAN 会话。现假设要监控 VLAN 57 中 fastethernet 4/10 接口上的双向通信（该接口是中继接口，承载了 VLAN 1～VLAN 4094 所有 VLAN 的通信）。另外，使用 fastethernet 4/15 作为目标接口。具体的配置命令如下：

```
Switch(config)# monitor session 1 source interface fastethernet 4/10
Switch(config)# monitor session 1 filter vlan 57
Switch(config)# monitor session 1 destination interface fastethernet 4/15
```

现在，已监控了 VLAN 57 中 fastethernet 4/10 中继接口的通信到 fastethernet 4/15 接口上。要禁

止该 SPAN 会话，可键入以下命令：

```
Switch(config)# no monitor session 1
```

6．校验配置

以下示例显示了如何校验 SPAN 2 会话中的配置。

```
Switch# show monitor session 2
Session 2
---------
Source Ports:
    RX Only:        Fa5/12
    TX Only:        None
    Both:           None
Source VLANs:
    RX Only:        None
    TX Only:        None
    Both:           None
Destination Ports: Fa5/45
Filter VLANs:      1-5,9
Switch#
```

7．CPU 端口侦听配置

在配置 SPAN 会话时，可以指定 CPU（或者一个 CPU 子集队列）作为 SPAN 源。队列可以用号码或名称来指定。在指定这样的源后，通过这个 CPU 子集队列的通信将被镜像到 SPAN 目标上。这种通信包括发送到或者来自 CPU 子集队列的控制包和常规数据包。

可以混合 CPU 源与端口源或 VLAN 源。配置 CPU 源侦听的命令如下：

```
Switch(config)# [no] monitor session {session_number} {source {interface interface_list | {vlan vlan_IDs | cpu [queue queue_ids] } [rx | tx | both]
```

该命令可用来指定要复制到 SPAN 目标，发送到或来自指定 CPU 或 CPU 子集队列的通信，*queue_ids* 参数用于指定要包括的 CPU 队列，可以用序号或名称来标识。其他参数在本节前面都有解释，在此不再赘述。

以下示例显示了如何配置一个 CPU 源来侦听 CPU 接收的所有数据包。

```
Switch(config)# monitor session 1 source cpu rx
```

以下示例显示了如何使用 CPU 队列名称和队列号码范围来指定 CPU 源。

```
Switch(config)# monitor session 2 source cpu queue control-packet rx
Switch(config)# monitor session 3 source cpu queue 21 -23 rx
```

8．封装类型及入口通信转发配置

在配置 SPAN 目标端口时，可以专门指定该端口上的数据包封装类型。指定后，从该端口上发出的包都将以指定的类型进行封装。Catalyst 4500 系列交换机管理引擎（Supervisor Engines）支持 ISL 封装和 802.1q 封装，也可以不标记包，不从源数据包中复制封装类型。如果不指定封装类型，则从该目标端口上发出的数据包都是未标记的。

在启用入口通信转发后，SPAN 目标端口接收流入的包，并进行常规交换。在配置了 SPAN 目标端口时，可以指定是否启用入口通信转发功能，使用哪个 VLAN 来交换未标记的入口包。

配置封装类型和入口通信转发的命令如下：

```
Switch(config)# [no] monitor session <session_number> destination interface <interface-id> [encapsulation {isl | dot1q}] [ingress [vlan vlan_IDs] [learning]]
```

通过这个命令可以指定目标端口上的入口通信转发以及包封装类型。*session_number* 指定 SPAN 会话号，取值范围为 1～6；*interface-id* 用来指定目标端口；*vlan_IDs* 用来承载入口通信的默认 VLAN。带 no 关键字的命令可用来恢复为默认配置。

以下示例显示了如何配置目标端口 fastethernet 5/48 上的入口包封装类型为 802.1q，并以本地

VLAN 7 为默认入口通信转发 VLAN。

```
Switch(config)# monitor session 1 destination interface fastethernet 5/48 encapsulation dot1q ingress vlan 7
```

通过以上命令的配置，SPAN会话1中的源通信将复制到目标端口fastethernet 5/48，包的封装类型为802.1q。目前端口上的入口通信包可以被以未标记格式转发到VLAN 7中。

9. 包过滤配置

在配置 IOS 系统 Catalyst 4500/4000 系列交换机 SPAN 会话时，可以像配置 VLAN 过滤一样配置包类型（如入口包和出口包）过滤。在指定了包过滤器时，则仅允许侦听指定类型的包，否则会侦听所有类型的包。

这里有两种类型的包过滤器：基于包（Packet-Based，如好的包和坏的包）和基于地址（Address-Based，如单播/多播/广播）。基于包的过滤器可以仅应用于入口方向，广播、多播和单播包的分类是基于目标硬件地址（MAC）的。

配置包过滤器的命令如下：

```
Switch(config)# [no] monitor session {session_number} filter {vlan vlan_IDs [, | - ] } | {packet-type {good | bad}} | {address-type {unicast | multicast | broadcast} [rx | tx | both]}
```

通过这个命令可以指定特定方向的包类型过滤器，*session_number* 参数用来指定 SPAN 会话号，取值范围为 1～6。*vlan_IDs* 参数用来配置 VLAN 源过滤，限制中继端口上要监控的 VLAN。可以使用带 no 关键字的该命令恢复到默认配置。

以下示例显示了如何创建一个 SPAN 会话仅接收单播数据包。

```
Switch(config)# monitor session 1 filter address-type unicast rx
```

10. SPAN 综合配置示例

以下示例显示了如何创建一个 SPAN 会话，侦听 gi1/1 接口上的单播，以 ISL 封装格式复制到目标端口 gi1/2 上，并启用入口通信转发。

```
Switch(config)# monitor session 1 source interface gi1/1 rx
Switch(config)# monitor session 1 destination interface gi1/2 encapsulation isl ingress
Switch(config)# monitor session 1 filter address-type unicast rx

Switch# show monitor

Session 1
---------
Type                    :Local Session
Source Ports            :
    RX Only             :Gi1/1
Destination Ports :Gi1/2
    Encapsulation :ISL
        Ingress :Enabled
Filter Addr Type        :
    RX Only             :Unicast
```

14.7.2 IOS 系统 Catalyst 4500/4000 系列交换机的 RSPAN 配置

首先为 RSPAN 会话创建一个新的 VLAN，使它成为 RSPAN VLAN。必须在所有参与 RSPAN 的交换机上创建 RSPAN VLAN。如果这个 RSPAN VLAN 的 ID 是在普通范围（小于 1005）内，并且在网络中启用了 VTP，则可以仅在一个交换机上创建 RSPAN VLAN，然后通过 VTP 把这个 VLAN 信息传播到 VTP 域中的其他交换机上。如果 RSPAN VLAN 是属于扩展范围（ID 大于 1005）的，则必须配置在源和目标以及任何中间交换机上创建 RSPAN VLAN。通常是创建 ID 小于 1005 的 RSPAN VLAN。

使用 VTP 修剪可以使 RSPAN 通信流更有效，或者手动从所有不需要加载 RSPAN 通信的中继中删除 RSPAN VLAN。

1. 创建 RSPAN 源会话

要创建一个 RSPAN 源会话，指定源端口和 RSPAN VLAN，可以按照表 14-34 所示的步骤进行。

表 14-34 创建 RSPAN 源会话的步骤

步骤	命令	说明
1	Switch# **configure terminal**	进入全局配置模式
2	Switch(config)# **no monitor session** {*session_number* | **all** | **local** | **remote**}	删除当前现有指定的或所有 SPAN 配置。*session_number* 参数用来指定 SPAN 会话号，取值范围是 1～6。 如果选择的是 **all** 选项，则清除所有 SPAN 会话；如果选择的是 **local** 选项，则仅清除所有本地 SPAN 会话；如果选择的是 **remote** 选项，则仅清除所有远程 SPAN（RSPAN）会话
3	Switch(config)# [no] **monitor session** {*session_number*} {**source** {**interface** <*interface_list*> | {**vlan** *vlan_IDs* | **cpu** [**queue** *queue_ids*]} [**rx** | **tx** | **both**]	指定要创建的 RSPAN 会话和源端口。RSPAN 会话是以 *session_number* 参数来指定的，取值范围为 1～6。 *interface-list* 参数用来指定要监控的源端口列表（可以用逗号或连接符指定），可以是物理接口和以太网通道逻辑接口（如果是以太网通道接口，则此参数要改为 **port-channel** *port-channel-number*）。 *vlan-IDs* 参数用来指定源 VLAN ID，取值范围为 1～4094。 *queue_ids* 参数用来指定 CPU 序列号或序列名，取值范围为 1～32。 后面 3 个可选项[**both** | **rx** | **tx**]用来指定监控通信的方向，**both** 代表要同时监控发送和接收两个方向的通信；**rx** 代表只监控接收方向的通信；**tx** 代表只监控发送方向的通信
4	Switch(config)# **monitor session** *session_number* **destination remote vlan** *vlan-id*	指定 RSPAN 会话和 RSPAN VLAN。这里的 *session_number* 必须与上一步设置的一样。 *vlan-id* 参数用来指定用于承载源通信的 RSPAN VLAN，必须与前面专门创建的 RSPAN VLAN 一样
5	Switch(config)# **end**	返回到特权模式
6	Switch# **show monitor** [**session** *session_number*]	校验以上设置
7	Switch# **copy running-config startup-config**	（可选）在启动配置文件中保存以上设置

以下示例显示了如何清除现有 RSPAN 会话 1 的配置，然后创建新的 RSPAN 会话 1 来监控多个源端口的通信，用于承载 RSPAN VLAN 为 VLAN 901。

```
Switch(config)# no monitor session 1
Switch(config)# monitor session 1 source interface fastEthernet3/10 tx
Switch(config)# monitor session 1 source interface fastEthernet3/2 rx
Switch(config)# monitor session 1 source interface fastEthernet3/3 rx
Switch(config)# monitor session 1 source interface port-channel 102 rx
Switch(config)# monitor session 1 destination remote vlan 901
Switch(config)# end
```

2. 创建 RSPAN 目标会话

要创建一个 RSPAN 目标会话，并指定 RSPAN VLAN 和目标端口，可以按照表 14-35 所示的步骤进行。

表 14-35 创建 RSPAN 目标会话的步骤

步骤	命令	说明
1	Switch# **configure terminal**	进入全局配置模式
2	Switch(config)# **monitor session** *session_number* source **remote vlan** *vlan-id*	指定 RSPAN 会话和源 RSPAN VLAN。*session_number* 为要删除的 RSPAN 会话号，范围为 1～6。 *vlan-id* 参数用于指定要监控的源 RSPAN VLAN 的 VLAN ID，取值范围为 1～4094
3	Switch(config)# [no] **monitor session** <*session_number*> **destination interface** <*interface*> [**encapsulation** {**isl** | **dot1q**}] [**ingress** [**vlan** *vlan_IDs*] [**learning**]]	指定 RSPAN 会话和目标端口。这里的 *session_number* 必须与上一步设置的一样。 *interface* 参数用来指定目标端口的接口，仅可以是物理接口，不能是以太网通道这样的逻辑接口

续表

步骤	命令	说明
3	（接前）	（可选）**encapsulation** 可选项用于指定流入目标端口的数据包的封装类型（isl 或 dot1q）。 （可选）*vlan_IDs* 参数用于指定承载入口通信转发 VLAN。 （可选）**learning** 可选项用于指定是否启用目标端口的 MAC 地址学习功能。如果启用则目标端口也可用于正常的通信交换
4	Switch(config)# **end**	返回到特权模式
5	Switch# **show monitor** [**session** *session_number*]	校验以上设置
6	Switch# **copy running-config startup-config**	（可选）在启动配置文件中保存以上设置

以下示例显示了如何配置 VLAN 901 作为 RSPAN 会话 1 的 RSPAN VLAN，gigabitEthernet1/2 作为目标端口。

```
Switch(config)# monitor session 1 source remote vlan 901
Switch(config)# monitor session 1 destination interface gigabitEthernet1/2
Switch(config)# end
```

3. 创建 RSPAN 目标会话和启用入口通信转发

要创建 RSPAN 目标会话，指定源 RSPAN VLAN 和启用入口通信转发，可以按照表 14-36 所示的步骤进行。

表 14-36 创建 RSPAN 目标会话的步骤

步骤	命令	说明
1	Switch# **configure terminal**	进入全局配置模式
2	Switch(config)# **monitor session** {*session_number*} **source vlan** *vlan_IDs*	指定 RSPAN 会话和源 RSPAN VLAN。*session_number* 为要创建的 RSPAN 会话号，范围为 1～66。 *vlan-IDs* 参数用于指定要监控的源 RSPAN VLAN，取值范围为 1～4094
3	Switch(config)# [**monitor session** session_number **destination interface** *interface-id* [**encapsulation** {**dot1q** [**ingress vlan** *vlan id*] | **isl** [**ingress**]} | **ingress vlan** *vlan id*] [**learning**]]	指定 RSPAN 会话、目标端口、包封装类型和入口 VLAN。这里的 *session_number* 必须与上一步设置的一样。 在 RSPAN 目标会话中，必须使用与源 RSPAN VLAN 和目标端口相同的会话号。 *interface-id* 参数用来指定目标端口的接口，仅可以是物理接口，不能是以太网通道这样的逻辑接口。 键入 **encapsulation dot1q** 来指定发送本地 VLAN 的未标记数据包，其他 VLAN 的数据包以 **dot1q** 封装格式发送；键入 **encapsulation isl** 来发送所有使用 ISL 封装的数据包。 **ingress** 可选项用来在数据包为 ISL 封装类型时启用目标端口上的入口通信转发。 **learning** 可选项用来在启用入口通信转发时启用 MAC 地址学习功能
4	Switch(config)# **end**	返回到特权模式
5	Switch# **show monitor** [**session** *session_number*]	校验以上设置
6	Switch# **copy running-config startup-config**	（可选）在启动配置文件中保存以上设置

以下示例显示了如何配置 VLAN 901 作为源 RSPAN VLAN，目标端口 gigabitEthernet1/2 的入口通信以 802.1q 封装方式发送到 VLAN 5 上。

```
Switch(config)# monitor session 1 source remote vlan 901
Switch(config)# monitor session 1 destination interface gigabitEthernet1/2 ingress vlan 5
Switch(config)# end
```

4. 从 RSPAN 会话中删除源端口

要从 RSPAN 会话中删除源端口，可以按照表 14-37 所示的步骤进行。

表 14-37　删除 RSPAN 会话中的源端口的步骤

步骤	命令	说明
1	Switch# **configure terminal**	进入全局配置模式
2	Switch(config)# [**no**] **monitor session** {*session_number*} {**source** {**interface** *interface_list* | {**vlan** *vlan_IDs* | **cpu** [**queue** *queue_ids*]} [**rx** | **tx** | **both**]	指定要删除的 RSPAN 会话源端口。RSPAN 会话是以 *session_number* 参数来指定的，默认是从 1 开始的，取值范围为 1～6。 *interface-list* 参数用来指定监控或不再监控的源端口列表。有效的接口包括物理接口、端口通道逻辑接口。 *vlan-IDs* 参数用来指定要监控或不再监控的 VLAN 范围，取值范围为 1～4094。 *queue_ids* 参数用来指定源序列，要么按照 CPU 序号排列，要么按照名称排列。 后面 3 个可选项[**both** | **rx** | **tx**]用来指定监控通信的方向，**both** 代表要同时监控发送和接收两个方向的通信；**rx** 代表只监控接收方向的通信；**tx** 代表只监控发送方向的通信
3	Switch(config)# **end**	返回到特权模式
4	Switch# **show monitor** [**session** *session_number*]	校验以上设置
5	Switch# **copy running-config startup-config**	（可选）在启动配置文件中保存以上设置

以下示例显示了如何删除 RSPAN 会话 1 中作为 RSPAN 源的端口 1。

```
Switch(config)# no monitor session 1 source interface gigabitEthernet1/1
Switch(config)# end
```

以下示例显示了如何禁止监控端口 1 上接收方向的通信（发送方向的通信仍是被监控的）。

```
Switch(config)# no monitor session 1 source interface gigabitEthernet1/1 rx
```

5. 指定要监控的 VLAN

VLAN 监控与端口监控类似，指定被监控的 VLAN 的步骤如表 14-38 所示。

要删除 RSPAN 会话中的一个或多个源 VLAN，可以使用 **no monitor session** *session_number* **source vlan** *vlan-id* **rx** 全局配置命令。

表 14-38　指定要监控的 VLAN 步骤

步骤	命令	说明
1	Switch# **configure terminal**	进入全局配置模式
2	Switch(config)# **no monitor session** {*session_number* | **all** | **local** | **remote**}	删除当前现有指定的或所有 SPAN 配置。*session_number* 参数用来指定 SPAN 会话号，取值范围是 1～6。 如果选择的是 **all** 选项，则清除所有 SPAN 会话；如果选择的是 **local** 选项，则仅清除所有本地 SPAN 会话；如果选择的是 **remote** 选项，则仅清除所有远程 SPAN（RSPAN）会话
3	Switch(config)# [**no**] **monitor session** {*session_number*} {**source** {**interface** *interface_list* | {**vlan** *vlan_IDs* | **cpu** [**queue** *queue_ids*]} [**rx** | **tx** | **both**]	指定 RSPAN 会话和源 VLAN。仅可以监控 VLAN 接收方向的通信。RSPAN 会话是以 *session_number* 参数来指定的，默认是从 1 开始的，取值范围为 1～6。 *interface-list* 参数用来指定监控或不再监控的源端口列表。有效的接口包括物理接口、端口通道逻辑接口。 *vlan-IDs* 参数用来指定要监控或不再监控的 VLAN 范围，取值范围为 1～4094。 *queue_ids* 参数用来指定源序列。 后面 3 个可选项[**both** | **rx** | **tx**]用来指定监控通信的方向，**both** 代表要同时监控发送和接收两个方向的通信；**rx** 代表只监控接收方向的通信；**tx** 代表只监控发送方向的通信
4	Switch(config)# **monitor session** *session_number* **destination remote vlan** *vlan-id*	指定 RSPAN 会话、目标远程 VLAN。 *session_number* 参数用来指定 RSPAN 会话号，取值范围为 1～6。 *vlan-id* 参数用于指定承载被监控通信到目标端口的 RSPAN VLAN
5	Switch(config)# **end**	返回到特权模式
6	Switch# **show monitor** [**session** *session_number*]	校验以上设置
7	Switch# **copy running-config startup-config**	（可选）在启动配置文件中保存以上设置

以下示例显示了如何清除现有 RSPAN 会话 2 的配置，配置新的 RSPAN 会话 2 来监控属于

VLAN 1～VLAN 3 的所有端口接收到的通信，并发送所监控的通信到目标远程 VLAN 902 中。最后，修改配置同时监控属于 VLAN 10 的所有端口上接收到的通信。

```
Switch(config)# no monitor session 2
Switch(config)# monitor session 2 source vlan 1 - 3 rx
Switch(config)# monitor session 2 destination remote vlan 902
Switch(config)# monitor session 2 source vlan 10 rx
Switch(config)# end
```

6．为过滤器指定 VLAN

要限制 RSPAN 源通信为指定的 VLAN，可以按照表 14-39 所示的步骤进行。

表 14-39 为过滤器指定 VLAN 的步骤

步骤	命令	说明
1	Switch# **configure terminal**	进入全局配置模式
2	Switch(config)# **no monitor session** {*session_number* | **all** | **local** | **remote**}	删除当前现有指定的或所有 SPAN 配置。*session_number* 参数用来指定 SPAN 会话号，取值范围是 1～6。 如果选择的是 **all** 选项，则清除所有 SPAN 会话；如果选择的是 **local** 选项，则仅清除所有本地 SPAN 会话；如果选择的是 **remote** 选项，则仅清除所有远程 SPAN（RSPAN）会话
3	Switch(config)# [no] **monitor session** {*session_number*} {**source** {**interface** *interface_list* | {**vlan** *vlan_IDs* | **cpu** [**queue** *queue_ids*]} [**rx** | **tx** | **both**]	指定源端口和 SPAN 会话。SPAN 会话是以 *session_number* 参数来指定的，取值范围为 1～6。 *interface-list* 参数用来指定要监控的源端口列表。指定的接口必须是已配置为中继端口的接口。 *vlan-IDs* 参数用来指定要监控的 VLAN 范围，取值范围为 1～4094。 *queue_ids* 参数用来指定源序列。 后面 3 个可选项[**both** | **rx** | **tx**]用来指定监控通信的方向，**both** 代表要同时监控发送和接收两个方向的通信；**rx** 代表只监控接收方向的通信；**tx** 代表只监控发送方向的通信
4	Switch(config)# **monitor session** *session_number* **filter vlan** *vlan-id* [, | -]	限制 RSPAN 源通信为指定的 VLAN。 *session_number* 参数用来指定 RSPAN 会话号，取值范围为 1～6。 *vlan-id* 参数用来指定过滤的源 VLAN 号，取值范围为 1～4094。 [, | -]选项用来指定源端口的一个系列或一个范围，在逗号和连接符的前后都要键入空格
5	Switch(config)# **monitor session** *session_number* **destination remote vlan** *vlan-id*	指定 RSPAN 会话和目标远程 VLAN。 *session_number* 参数用来指定 RSPAN 会话号，取值范围为 1～6。 *vlan-id* 参数用来指定承载被监控通信到目标端口的 RSPAN VLAN
6	Switch(config)# **end**	返回到特权模式
7	Switch# **show monitor** [**session** *session_number*]	校验以上设置
8	Switch# **copy running-config startup-config**	（可选）在启动配置文件中保存以上设置

要监控中继端口上的所有 VLAN，可以使用 **no monitor session** *session_number* **filter vlan** 全局配置命令。

以下示例显示了如何清除 RSPAN 会话 2 现有的配置，配置新的 RSPAN 会话 2 来监控中继端口 4 上接收的通信，仅发送 VLAN 1～VLAN 5 和 VLAN 9 的通信到目标远程 VLAN 902 上。

```
Switch(config)# no monitor session 2
Switch(config)# monitor session 2 source interface gigabitethernet1/1 rx
Switch(config)# monitor session 2 filter vlan 1 - 5 , 9
Switch(config)# monitor session 2 destination remote vlan 902
Switch(config)# end
```

7．显示 SPAN 和 RSPAN 状态

要显示当前 SPAN 或 RSPAN 的配置状态，可以使用 **show monitor** 特权模式命令。以下示例显示了如何使用 **show monitor** 命令显示 SPAN 源会话 1 的状态。

```
Switch# show monitor session 1
Session 1
```

```
---------
Type: Local Source Session
Source Ports:
    RX Only:                Fa3/13
    TX Only:           None
    Both:              None

Source VLANs:
    RX Only:           None
    TX Only:           None
    Both:              None
Source RSPAN VLAN: None
Destination Ports: None
  Encapsulation: DOT1Q
  Ingress:  Enabled, default VLAN=5
Filter VLANs:          None
Dest RSPAN VLAN:               None
Ingress : Enabled, default VLAN=2
Learning : Disabled
```

14.7.3　IOS 系统 Catalyst 6500/6000 系列交换机本地 SPAN 和 RSPAN 配置

要配置本地 SPAN 会话，需要为源端口和目标端口使用相同的会话号。

要配置 RSPAN 源会话，需要为源和目标 RSPAN VLAN 使用相同的会话号。

要配置 RSPAN 目标会话，需要为源 RSPAN VLAN 和目标端口使用相同的会话号。

1．配置 RSPAN VLAN

要在 IOS 系统 Catalyst 6500/6000 系列交换机上配置一个 VLAN 作为 RSPAN VLAN，可以按照表 14-40 所示的步骤进行。

表 14-40　配置 RSPAN VLAN 的步骤

步骤	命令	说明
1	Router(config)# **vlan** *vlan_ID*{[-*vlan_ID*]|[,*vlan_ID*]}	创建或编辑一个以太网 VLAN、一个以连接符连接的以太网 VLAN 范围或者以逗号分隔的多个以太网 VLAN
2	Router(config-vlan)# **remote-span**	配置一个 VLAN 作为 RSPAN VLAN
	Router(config-vlan)# **no remote-span**	清除 RSPAN VLAN 配置
3	Router(config-vlan)# **end**	更新 VLAN 数据库，返回到特权模式

2．配置本地 SPAN 或 RSPAN 源

经验之谈

要配置 RSPAN 源会话，则需要配置源和作为目标的 RSPAN VLAN；要配置 RSPAN 目标会话，则需要配置作为源的 RSPAN VLAN 和作为目标的端口。

要在 IOS 系统 Catalyst 6500/6000 系列交换机上配置本地 SPAN 和 RSPAN 源，可以按照表 14-41 所示的步骤进行。

表 14-41　配置本地 SPAN 和 RSPAN 源的步骤

步骤	命令	说明
1	Router(config)# **monitor session** *session_number* **source** {{*single_interface* | *interface_list* | *interface_range* | *mixed_interface_list* | *single_vlan* | *vlan_list* | *vlan_range* | *mixed_vlan_list*} [**rx** | **tx** | **both**]} | {**remote vlan** *rspan_vlan_ID*}}	配置会话号、源端口、源 VLAN 或者 RSPAN VLAN 监控的通信方向
2	Router(config)# **no monitor session** {*session_number* | **all** | **local** | **range** *session_range*[[,*session_range*],...] | **remote**}	清除指定的一个范围或者所有的本地 SPAN 或 RSPAN 监控配置

- *single_interface* 参数是用来指定单一接口的，格式为 **interface** *type slot|port*，类型包括 **ethernet**、**fastethernet**、**gigabitethernet** 或 **tengigabitethernet**。
- *interface_list* 参数用来指定以逗号分隔的非连续的单个接口，逗号两端要留有空格。
- *interface_range* 参数用来以连接符指定一个连续的接口范围，格式为"第一个接口 - 最后一个接口"，连接符两端要留有空格。
- *mixed_interface_list* 参数用来指定任何序列的接口列表，可以包括单一接口，也可以包括多个非连续的接口，还可以是连续的接口范围。
- *single_vlan* 参数用来指定一个单一 VLAN 号。
- *vlan_list* 参数用来指定以逗号分隔的多个非连续的单一 VLAN 号，逗号两端要留有空格。
- *vlan_range* 参数用来以连接符指定一个连续的 VLAN 范围，格式为"第一个 VLAN - 最后一个 VLAN"，连接符两端要留有空格。
- *mixed_vlan_list* 参数用来指定任何序列的 VLAN 列表，可以包括单一 VLAN，也可以包括多个非连续的 VLAN，还可以是连续的 VLAN 范围。
- 当要清除监控会话时，键入不带其他参数的 **no monitor session** *session_numbe* 命令将清除指定会话号的 SPAN 会话。
- *session_range* 用来指定一个会话号的范围，格式为"第一个会话号 - 最后一个会话号"，连接符两端要留有空格。

以下示例显示了如何配置会话 1 来监控 **fastethernet 5/1** 接口的双向通信。

```
Router(config)# monitor session 1 source interface fastethernet 5/1
```

3．在源中继端口上监控指定的源 VLAN

当本地 SPAN 或 RSPAN 源是一个中继端口时，要在 IOS 系统 Catalyst 6500/6000 系列交换机上监控指定的 VLAN 通信，可以按照表 14-42 所示的命令操作。

表 14-42　在源中继端口上监控指定的源 VLAN 所用的命令

命令	说明
Router(config)# **monitor session** *session_number* **filter** {*vlan_ID*} [,|-]	当监控源为中继端口时监控指定的 VLAN
Router(config)# **no monitor session** *session_number* **filter** {*vlan_ID*}	清除中继端口的源配置

以下示例指定当源为中继端口时如何监控 VLAN 1～VLAN 5 和 VLAN 9 的通信。

```
Router(config)# monitor session 2 filter vlan 1 - 5 , 9
```

4．配置一个目标端口为无条件中继

要在 IOS 系统 Catalyst 6500/6000 系列交换机上配置一个目标端口为中继端口，可以按照表 14-43 所示的步骤进行。

表 14-43　配置一个目标端口为中继端口的步骤

步骤	命令	说明
1	Router(config)# **interface** *type1 slot|port*	选择要配置的 VLAN 接口，并进入接口配置模式
2	Router(config-if)# **switchport**	配置所选择的接口为二层交换端口（仅当接口当前不是二层交换端口时需要进行此步）
3	Router(config-if)# **switchport trunk encapsulation** {**isl** | **dot1q**}	配置该接口为二层中继端口，封装类型为 ISL 或 802.1Q
4	Router(config-if)# **switchport mode trunk**	配置端口无条件地为中继端口
5	Router(config-if)# **switchport nonegotiate**	配置中继端口不使用 DTP

以下是 IEEE 802.1Q 中继端口示例。

```
Router(config)# interface fastethernet 5/12
Router(config-if)# switchport
Router(config-if)# switchport trunk encapsulation dot1q
```

```
Router(config-if)# switchport mode trunk
Router(config-if)# switchport nonegotiate
```

5. 配置本地 SPAN 或 RSPAN 目标

经验之谈

要配置 RSPAN 源会话，就需要配置监控源和作为目标的一个 RSPAN VLAN；要配置 RSPAN 目标会话，就需要配置目标端口和一个 RSPAN VLAN 作为监控源。

要在 IOS 系统 Catalyst 6500/6000 系列交换机上配置本地 SPAN 或 RSPAN 目标，可以按照表 14-44 所示的命令操作。

表 14-44 配置本地 SPAN 或 RSPAN 目标的操作命令

命令	说明
Router(config)# **monitor session** *session_number* **destination** {*single_interface* | *interface_list* | *interface_range* | *mixed_interface_list*} | {**remote vlan** *rspan_vlan_ID*}}	配置会话号和目标端口或 RSPAN VLAN
Router(config)# **no monitor session** {*session_number* | **all** | **local** | **range** *session_range*[[,*session_range*],...] | **remote**}	清除监控配置

以下示例显示了如何配置 fastethernet 5/48 作为 RSPAN 会话 1 的目标端口。

```
Router(config)# monitor session 1 destination interface fastethernet 5/48
Verifying the Configuration
```

以下示例显示了如何校验会话 2 的配置。

```
Router# show monitor session 2
Session 2
------------
Type : Remote Source Session

Source Ports:
    RX Only:        Fa3/1
Dest RSPAN VLAN:    901
Router#
```

以下示例显示了如何显示会话 2 的详细配置。

```
Router# show monitor session 2 detail
Session 2
------------
Type : Remote Source Session

Source Ports:
    RX Only:        Fa1/1-3
    TX Only:        None
    Both:           None
Source VLANs:
    RX Only:        None
    TX Only:        None
    Both:           None
Source RSPAN VLAN: None
Destination Ports: None
Filter VLANs:      None
Dest RSPAN VLAN:    901
```

6. SPAN 或 RSPAN 配置示例

以下示例显示了如何配置 RSPAN 会话 2。

```
Router(config)# monitor session 2 source interface fastethernet1/1 - 3 rx
Router(config)# monitor session 2 destination remote vlan 901
```

以下示例显示了如何配置会话 1 和会话 2。

```
Router(config)# no monitor session range 1-2
```

以下示例显示了如何配置带有多个源和 RSPAN 的会话 2。

```
Router(config)# monitor session 2 source interface fastethernet 5/15 , 7/3 rx
Router(config)# monitor session 2 source interface gigabitethernet 1/2 tx
Router(config)# monitor session 2 source interface port-channel 102
Router(config)# monitor session 2 source filter vlan 2 - 3
Router(config)# monitor session 2 destination remote vlan 901
```

以下示例显示了如何从会话 2 中删除源端口 fastethernet 5/15 和 fastethernet 7/3。

```
Router(config)# no monitor session 2 source interface fastethernet 5/15 , 7/3
```

以下示例显示了如何删除会话 2 的 VLAN 过滤器。

```
Router(config)# no monitor session 2 filter vlan 3
```

以下示例显示了如何创建一个 RSPAN 目标会话 8（源 RSPAN VLAN 为 VLAN 901，两个目标端口为 fastethernet 1/2 和 fastethernet 2/3）。

```
Router(config)# monitor session 8 source remote vlan 901
Router(config)# monitor session 8 destination interface fastethernet 1/2 , 2/3
```

15 Cisco IOS 交换机基于端口的安全配置与管理

在 Cisco IOS 交换机中，基于端口的安全配置主要包括被保护端口（Protected Port）、端口阻塞（Port Blocking）和端口安全（Port Security）这三大类。

被保护端口功能可以使同一交换机上不同二层端口之间的二层通信相互隔离（仅可通过三层设备进行三层通信），可以预防一些被怀疑端口监听、截取其他正常端口上的通信。这与 PVLAN 的隔离 VLAN 中的主机端口相互二层通信隔离的功能是一样的，但这里的被保护端口功能配置更简单。

端口阻塞功能可以阻止交换机在接收到不能识别的未知包时向所有其他端口进行泛洪转发，这样不仅可以避免交换机受到泛洪攻击，还可以降低交换机上系统资源和网络带宽的消耗。

端口安全功能是 Cisco IOS 交换机中基于端口的最强大安全功能，它可以通过在二层端口上配置静态安全 MAC 地址，或者指定端口可以使用的最大安全 MAC 地址数来使交换机的二层端口仅可以连接指定的设备，或者仅可以与指定数量的设备连接，防止非法用户的连接。如果为端口配置了一个或多个静态安全 MAC 地址，且配置最大安全 MAC 地址数为对应个数，则该端口仅可以与这些指定 MAC 地址的设备连接，其他 MAC 地址设备连接该端口时会被拒绝，相当于端口与 MAC 地址的绑定。

15.1 Cisco IOS 交换机端口保护功能及其配置

有些应用需要禁止在同一交换机上二层端口间的通信转发，以便相互之间不能看到邻居的通信（可以在一定程度上预防 ARP 欺骗，因为这样可以使 ARP 欺骗者所在端口接收不到网络中其他人发的二层通信）。在这样的环境中，被保护端口（Protected Port）功能可以确保在交换机上这些二层端口之间禁止单播、广播和组播通信交换。

15.1.1 端口保护功能简介

二层交换端口保护功能（仅适用于二层交换端口，不能是三层端口）是针对本地交换机而言的，它使得同一交换机上不同被保护端口之间的通信仅可以通过学习三层设备来实现，而不能像直接的二层通信，即使访问的两个端口都处于同一网段，处于同一 VLAN。这有点像 PVLAN 的隔离 VLAN 中的各端口间二层隔离一样。要阻止不同交换机上被保护端口间的通信，必须在不同交换机上为这些被保护端口配置相同的 VLAN，并且在不同交换机间配置中继链路。注意这里的被保护端口不同于本章后面将要介绍的安全端口（Secure Port）。

启用了二层端口保护功能后，被保护端口不会转发任何通信（包括单播、组播和广播）到任何其他被保护端口上。在被保护端口间不能在二层转发数据通信，仅可以转发控制通信，如 PIM 包，因为这些包是由交换机 CPU 处理的，在软件层进行转发。所有在保护端口间流经的数据通信必须通过三层设备进行转发。在保护端口和非保护端口间的转发行为正常进行。

【说明】因为一个交换机堆叠被看作是一台逻辑交换机，所以在交换机堆叠中任何保护端口间的通信转发都是不允许的，不管这些端口是否是在同一台物理交换机上。

默认没有定义任何被保护端口。

15.1.2 端口保护功能配置

可以在一个二层物理端口或者一个二层以太网通道逻辑接口上配置端口保护功能。当在以太网端口通道中启用了保护端口功能时，它将在通道组中所有物理端口上启用端口保护功能。

建议不要配置一个 PVLAN 端口作为被保护端口，不要配置一个被保护端口作为 PVLAN 端口，因为一个 PVLAN 隔离端口本身就不会转发通信到其他隔离端口或团体端口。

可按表 15-1 所示步骤配置一个二层端口为被保护端口。

表 15-1　被保护端口的配置步骤

步骤	命令	说明
1	**configure terminal** 例如：Switch# **configure terminal**	进入全局配置模式
2	**interface** *interface-id* 例如：Switch(config)# **interface** gigabitethernet 1/1	键入一个要启用保护端口功能的接口，进入接口配置模式
3	**switchport protected** 例如：Switch(config-if)# **switchport protected**	在以上接口上启用保护端口功能，默认是没有启用保护端口功能的，可用 **no switchport protected** 命令禁止保护端口功能
4	**end** 例如：Switch(config-if)# **end**	返回特权模式
5	**show interfaces** *interface-id* **switchport** 例如：Switch#**show interfaces** gigabitethernet 1/1 **switchport**	校验以上配置
6	**copy running-config startup-config** 例如：Switch# **copy running-config startup-config**	（可选）在启动配置文件中保存以上配置

以下示例是在 gigabitethernet1/0/1 端口上启用保护端口功能。

```
Switch# configure terminal
Switch(config)# interface gigabitethernet1/0/1
Switch(config-if)# switchport protected
Switch(config-if)# end
```

15.2　Cisco IOS 交换机端口阻塞功能及配置

默认情况下，交换机在接收到未知目的 MAC 地址（注意，这里的“未知”并不是说包中没有目的 MAC 地址，只是说包中的目的 MAC 地址设备端口不能识别，也就是这些 MAC 地址没有在设备端口的 ARP 列表中）包时将在所有端口进行泛洪。这样，如果未知单播或组播通信转发到保护端口时可以正常发布，所以仅靠保护端口功能还不能彻底阻止端口间通信的转发。要阻止未知单播或组播通信从一个端口转发到另一个端口，可以阻塞该端口（可以是保护端口，也可以是非保护端口）泛洪未知单播或组播通信到其他端口。

端口阻塞功能可有效防范网络中大量的泛洪攻击（如使用一些报文发送工具发送大量未知目的 MAC 地址的报文）现象，可以对怀疑存在泛洪攻击的端口进行阻塞，这样这个端口就不能再向网络中发送泛洪数据了，节省了设备系统资源和网络带宽资源。

【注意】端口阻塞功能仅针对未知目的 MAC 地址的泛洪通信而言，对于正常通信它没有阻止作用。另外，对于组播通信，端口阻塞功能仅阻止了二层包，对于包括 IPv4 或 IPv6 的三层组播包是不能阻止的。

默认情况下，端口（也仅可以是二层物理端口，或者二层以太网通道端口组）是不会阻止泛洪未知单播和组播通信到其他端口的。可按表 15-2 所示步骤配置端口的阻塞功能。

表 15-2　端口阻塞功能配置步骤

步骤	命令	说明
1	**configure terminal** 例如：Switch# **configure terminal**	进入全局配置模式
2	**interface** *interface-id* 例如：Switch(config)# **interface** gigabitethernet 1/1	键入要配置阻塞功能的接口，可以是二层物理端口，也可以是二层以太网通道逻辑接口，进入接口配置模式
3	**switchport block multicast** 例如：Switch(config-if)# **switchport block multicast**	阻止未知目的 MAC 地址二层组播包（不能阻止三层包的转发）从该接口上转发出去，可用 **no switchport block multicast** 命令恢复默认的正常组播通信转发状态
4	**switchport block unicast** 例如：Switch(config-if)# **switchport block unicast**	阻止未知目的 MAC 地址单播包从该接口上转发出去。可用 **no switchport block unicast** 命令恢复默认的正常单播通信转发状态
5	**end** 例如：Switch(config-if)# **end**	返回特权模式
6	**show interfaces** *interface-id* **switchport** 例如：Switch#**show interfaces** gigabitethernet 1/1 **switchport**	校验以下配置
7	**copy running-config startup-config** 例如：Switch# **copy running-config startup-config**	（可选）在交换机启动配置文件中保存以上配置

以下示例是组播单播和二层组播通信在 gigabitethernet1/0/1 端口上泛洪。

```
Switch# configure terminal
Switch(config)# interface gigabitethernet1/0/1
Switch(config-if)# switchport block multicast
Switch(config-if)# switchport block unicast
Switch(config-if)# end
```

15.3 Cisco IOS 交换机端口安全配置与管理

Cisco IOS 交换机中的端口安全（Port Security）功能可以限制在端口上使用的 MAC 地址（称之为“安全 MAC 地址”）数，允许阻止未授权 MAC 地址的访问，其实也就是通常所说的端口与 MAC 地址绑定。

15.3.1 端口安全功能简介

Cisco IOS 交换机的端口安全功能允许通过配置静态安全 MAC 地址实现仅允许固定设备连接，也允许在一个端口上配置一个最大的安全 MAC 地址数，仅允许在此数之前识别到的设备连接在该端口上。当超过了所设置的最大安全端口数，将触发一个安全违例事件，在端口上配置的一个基于违例行为模式的违例行为将被执行。如果在某个端口上配置的最大安全 MAC 地址数为 1，则设备上的该安全端口仅允许与固定设备连接。如果一个安全 MAC 地址在一个端口上进行了安全绑定，则这个 MAC 地址不能进入该端口加入的 VLAN 以外的任何其他端口，否则包将在硬件层被悄悄地丢弃。

1．端口安全功能支持的安全 MAC 地址类型

Cisco IOS 交换机端口安全功能支持以下几种安全 MAC 地址类型：

- 动态或学习类型：动态安全 MAC 地址是在接收到连接在安全端口上主机发来的包时学习到的。在用户的 MAC 地址不固定时（如网络用户使用的经常移动的便携式电脑，如笔记本电脑），可以使用此种类型。
- 静态或配置类型：静态安全 MAC 地址是用户通过 CLI 或者 SNMP 配置的 MAC 地址。在 MAC 地址保持固定时（如用户使用的是 PC 机），可以使用这种类型。
- 粘性（Sticky）类型：粘性安全 MAC 地址也是像动态安全 MAC 地址一样，是通过学习得到的，但是它是交换机重启后仍然有效，又有点像静态安全 MAC 地址那样。在存在大量固定 MAC 地址，而且又不想手动配置这些安全 MAC 地址时，就可以使用这种类型。

如果一个端口已达到了它最大的安全 MAC 地址数，而又想配置一个静态安全 MAC 地址，此时会被拒绝的，并显示一个错误提示。如果一个端口已达到了它最大的安全 MAC 地址数，而又添加了一个新的动态安全 MAC 地址，则会触发一个违例行为。

可以使用 **clear port-security** 命令清除动态安全 MAC 地址，也可以使用 **no switchport port-security mac-address** 命令一次性清除粘性和静态安全 MAC 地址。

2．安全 MAC 地址的最大数

一个安全端口默认有一个安全 MAC 地址。可以改变这个默认值在 1~3000 之间。当在一个端口上设置最大安全 MAC 数后，可以以下任一方式在地址表中包括这些安全 MAC 地址：

- 可以使用 switchport port-security mac-address *mac_address* 接口配置模式命令配置安全 MAC 地址。
- 可以通过 port-security mac-address VLAN 范围配置命令在中继端口上一个范围 VLAN 中配置所有安全 MAC 地址。
- 可以允许端口用所连接设备的 MAC 地址动态配置安全 MAC 地址。
- 可以静态配置一些安全 MAC 地址，而允许其余的安全 MAC 地址动态配置（如果端口链路关闭，则该端口上所有动态安全 MAC 地址将不再是安全的）。

- 可以配置 MAC 地址为粘性的（Sticky）。这些安全 MAC 地址可以动态学习，也可以手动配置，然后保存在 MAC 地址表中，并添加到运行配置文件中。然后这些地址会保存在交换机的启动配置文件中，在交换机重启后，接口不用再重新学习。虽然可以手动配置粘性安全 MAC 地址，但这种做法是不建议的。

经验之谈

在一个中继端口上，最大的安全 MAC 地址数可以基于端口和基于端口 VLAN 来配置。端口上配置的最大安全 MAC 地址数可以大于或等于（不能小于）端口 VLAN 上配置的最大安全 MAC 地址数。如果端口上配置的最大安全 MAC 地址数小于端口 VLAN 上配置的最大安全 MAC 地址数（例如 VLAN 10 上设置的最大安全 MAC 地址为 3，而端口的最大安全 MAC 地址数采用默认的 1），则在端口 VLAN 上的安全 MAC 地址数超过端口上设置的最大安全 MAC 地址数时，端口就将被关闭。

3．安全 MAC 地址老化

在接收超过 3000 个 MAC 地址时，可能想要老化安全 MAC 地址，以便将一些长时间没有连接的安全 MAC 地址从 MAC 地址表中除去。但是粘性（Sticky）安全 MAC 地址不支持老化过程。

默认情况下，端口安全不会对安全地址进行老化的，学习到后，这个 MAC 地址将一直在端口上保留，直到交换机重启或链路断开（当然这是在没有启用粘性 MAC 地址功能时）。端口安全允许基于绝对（Absolute）或者静止（Inactivity）模式配置 MAC 地址老化和老化时间。绝对模式的老化周期是在 n~n+1 分钟之间；静止模式的老化周期是在 n+1~n+2 分钟之间（时间增量为 1 分钟）。

使用安全 MAC 地址老化功能可以在还没达到端口上配置的最大安全 MAC 地址数之前，在安全端口上删除和添加 PC，无需手动删除现有的安全 MAC 地址。

除非明确地使用 **switchport port-security aging static** 命令静态配置 MAC 地址老化时间，静态安全 MAC 地址是不会进行老化进程的，即使在该端口上配置了老化进程。

4．端口上的粘性 MAC 地址

通过启用粘性端口安全功能，可以配置一个接口去转换动态 MAC 地址为粘性安全 MAC 地址，并添加它们到交换机的运行配置文件中。在不需要用户移动到其他端口时，可以使用这种功能，这样就不需要在每个端口上手动配置大量的安全 MAC 地址。

要启用粘性端口安全功能，可键入 **switchport port-security mac-address sticky** 接口配置模式命令。此时，接口将转换所有动态安全 MAC 地址为粘性安全 MAC 地址，包括在启用粘性安全 MAC 地址功能前动态学习到的所有 MAC 地址。

粘性安全 MAC 地址不会自动成为交换机启动配置文件的一部分，如果保存了运行配置文件，则在交换机重启后，接口也不用再重新学习 MAC 地址了，但是如果不保存运行配置文件，则以前自动转换的粘性安全 MAC 地址表将丢失。

如果禁止粘性端口安全功能，则粘性安全 MAC 地址将自动转换为动态安全 MAC 地址，并自动从交换机的运行配置文件中删除。在配置了最大安全 MAC 地址数后，这些粘性安全 MAC 地址将以表的形式存储。要使某设备成为某端口唯一的连接者，则可以在该端口上配置最大的安全 MAC 地址数为 1。如果添加到某端口的安全 MAC 地址数超过配置的最大安全 MAC 地址数将发生违例事件。

5．违例行为模式

可以配置发生违例事件后所采取的行为模式：

- 保护（Protect）：当安全 MAC 地址数超过端口上配置的最大安全 MAC 地址数时，未知源 MAC 地址的包将被丢弃，直到 MAC 地址表中的安全 MAC 地址数降到所配置的最大安全 MAC 地址数以内，或者增加最大安全 MAC 地址数。而且这种行为没有安全违例行为发生通知。建议不要在中继端口上配置保护行为，因为在中继端口上某个 VLAN 达到该 VLAN 中所配置的最大安全 MAC 地址数时端口将被禁止，即使端口上的安全 MAC 地址数并未达到端口上配置的最大安全 MAC 地址数。
- 限制（Restrict）：与前面的保护模式差不多，也是在安全 MAC 地址数达到端口上配置的最大安全 MAC 地址数时，未知源 MAC 地址的包将被丢弃，直到 MAC 地址表中的安全 MAC 地址数降到所配置的最大安全 MAC 地址数以内，或者增加最大安全 MAC 地址数。但这种行为模式会有一个 SNMP 捕获消息发送，并记录系统日志，违例计数器增加 1。SNMP 捕获通知发送的频率可以通过 **snmp-server enable traps port-security trap-rate** 命令来控制，默认值为 0，表示在发生任何安全违例事件时发送 SNMP 捕获通知。
- 关闭（Shutdown）：发生安全违例事件时，端口立即呈现错误（Error-disabled）状态，关闭端口（端口指示灯熄灭）。同时也会发送一个 SNMP 捕获消息并记录系统日志，违例计数器增加 1。在想禁止非 MAC 地址，需要安全环境下，可以使用这种模式。
- 关闭 VLAN（Shutdown VLAN）：适用于 VLAN 的安全违例模式。在这种模式下，在发生安全违例事件时，该端口对应的 VLAN 都将呈错误禁止状态，关闭对应 VLAN，而不关闭对应的端口。

表 15-3 列出了各种违例模式和对应采取的行为。

表 15-3　端口安全下的各种违例模式和对应采取的行为

违例模式	违例通信转发	发送 SNMP trap 消息	发送系统日志消息	显示错误消息	违例计数器递增	关闭端口
保护（Protect）	No	No	No	No	No	No
限制（Restrict）	No	Yes	Yes	No	Yes	No
关闭（Shutdown）	No	No	No	No	Yes	Yes
关闭 VLAN（Shutdown Vlan）	No	No	Yes	No	Yes	No

当一个安全端口处于错误禁止（Error-disabled）状态，可以通过 **errdisable recovery cause *psecure-violation*** 全局配置模式命令进行恢复，或者可以通过 **shutdown** 和 **no shutdown** 接口配置模式命令重启。如果端口是处于每 VLAN 错误禁止（per-VLAN errdisable）状态，则可以使用 **clear errdisable interface *name* vlan *range*** 命令在端口上重启这个 VLAN。也可以使用 **errdisable recovery interval** *interval* 命令自定义从指定的错误禁止状态恢复的时间，默认为 300 秒。

经验之谈

如果可以预见有非法安全 MAC 地址包将在某端口上发送，可能想要在安全端口上对非法安全 MAC 地址包进行传输速率限制。端口安全认为 MAC 地址为 0 的包为组播或广播源 MAC 地址，认为是非法包。可以选择限制这些包的传输速率，在超过速率时将在端口上捕获一个违例事件。也就为像组播或广播包传输留有一定的空间。

15.3.2　端口安全配置注意事项

在 Cisco IOS 交换机上配置端口安全功能时，请充分考虑以下注意事项。

- 安全端口（Secure Port）可以是静态访问端口或中继端口，而不能是动态访问端口或可路由端口。

- 安全端口也不能是本章 15.1 节介绍的被保护端口（Protected Port）。
- 安全端口不能是 SPAN（交换端口分析器）的目的端口。
- 安全端口不能是 PVLAN 端口。
- 安全端口不能属于以太网通道组。
- 不能在语音 VLAN 中配置静态安全或者粘性安全 MAC 地址。
- 当在配置了语音 VLAN 的接口上再启用端口安全功能时，要在该端口上配置最大安全 MAC 地址数为 2，在端口连接了 Cisco IP Phone，这个 IP Phone 需要一个安全 MAC 地址。Cisco IP Phone 的安全 MAC 地址是在语音 VLAN 中学习得到的，但是它不能从访问 VLAN 中学习得到。如果在 Cisco IP Phone 上连接一台 PC 机，则无需额外的 MAC 地址。如果在 Cisco IP Phone 上连接多台 PC 机，则必须配置足够的安全 MAC 地址来为每台 PC 机和 Cisco IP Phone 分配。
- 语音 VLAN 仅在访问端口支持，在中继端口上不支持。
- 当在接口上配置了最大安全 MAC 地址时，如果新配置的值大于以前配置的值，则新的值将覆盖以前的配置；相反如果新配置的值小于以前配置的值，则当在接口上配置的安全 MAC 地址数超出新配置值时被拒绝。
- 交换机不支持为粘性安全 MAC 地址配置老化时间。
- 当在 MAC 地址表中的地址数超过接口上配置的最大安全 MAC 地址数时，或者当试图访问接口的站点 MAC 地址不在安全 MAC 地址列表中时，或者当在其他接口上配置的安全 MAC 地址的站点试图访问该接口时，都将发生安全违例行为。

当安全端口处于错误禁止（Error-disabled）状态时，可以通过键入 **errdisable recovery cause** *psecure-violation* 全局配置模式命令进行恢复，可以通过依次键入 **shutdown** 和 **no shutdown** 接口配置模式命令，或者 **clear errdisable interface** 特权模式命令手动重启该端口。

设置最大安全 MAC 地址数为 1，并静态配置所允许连接的设备的 MAC 地址作为某接口的安全 MAC 地址，则可以确保该设备占用该端口的全部带宽，并且不允许其他设备在该端口上连接。

在配置粘性安全 MAC 地址时，请充分考虑以下注意事项。

- 如果使用 **switchport port-security mac-address sticky** 接口配置模式命令启用粘性动态学习功能，则接口将转换所有动态学习到的安全 MAC 地址为粘性安全 MAC 地址，并且自动添加所有粘性 MAC 地址到运行配置文件中。
- 如果使用 **no switchport port-security mac-address sticky** 接口配置模式命令禁止粘性动态学习功能，或者运行配置文件被删除，则粘性安全 MAC 地址仍将在运行配置文件中，但它们将从安全 MAC 地址表中删除。被删除的安全 MAC 地址可以被动态重新配置，并添加到安全 MAC 地址表中作为动态安全 MAC 地址。
- 当使用 **switchport port-security mac-address sticky** *mac-address* 接口配置模式命令配置粘性安全 MAC 地址时，这些 MAC 地址将被添加到安全 MAC 地址表和运行配置文件中。如果端口安全功能此时被禁止，则粘性安全 MAC 地址仍然保留在运行配置文件中。
- 如果保存粘性安全 MAC 地址在启动配置文件中，则在交换机重启或者接口关闭再重启时，接口无需重新学习这些 MAC 地址；如果不保存粘性安全 MAC 地址在交换机启动配置文件中，则这些粘性安全 MAC 地址将丢失。如果接口禁止了粘性安全功能，则粘性安全 MAC 地址将转换成动态安全 MAC 地址，并从运行配置文件中删除。
- 如果禁止了粘性安全功能，键入 **switchport port-security mac-address sticky** *mac-address* 接口配置模式命令，则会出现错误消息，粘性 MAC 地址也不会添加到运行配置文件中。

Cisco IOS 交换机上默认的端口安全配置如表 15-4 所示。

表 15-4 默认的端口安全配置

特性	默认设置
端口安全（Port Security）功能	在端口上禁用
粘性地址学习功能	禁止
每端口最大的安全 MAC 地址数	1
违例模式	关闭模式，即超出配置的端口安全 MAC 地址数时，关闭端口
端口安全老化进程	禁止，即老化时间为 0

15.3.3 在访问端口上配置端口安全

要通过限制和识别允许连接端口的站点 MAC 地址来约束通过一个端口的通信，也就是要在一个二层访问端口上启用端口安全功能，可执行表 15-5 所示步骤。

表 15-5 在访问端口上配置端口安全功能的步骤

步骤	命令	说明
1	**interface** *interface_id* 或 **interface** *port-channel port_channel_number* 例如：Switch(config)# **interface** Ethernet 1/1	键入要配置端口安全的端口，可以是二层端口、二层端口通道逻辑接口
2	**switchport mode access** 例如：Switch(config-if)# **switchport mode access**	设置以上端口为二层静态访问模式（动态访问端口不能配置为安全端口）
3	**switchport port-security** 例如：Switch(config-if)#**switchport port-security**	在以上接口上启用端口安全功能，可使用 **no switchport port-security** 命令恢复为非安全端口
4	**switchport port-security maximum** *value* 例如：Switch(config-if)#**switchport port-security maximum** 200	（可选）为以上接口配置最大的安全 MAC 地址数，取值范围为 1~3072，默认为 1，可用 **no switchport port-security maximum** *value* 命令恢复到默认设置
5	**switchport port-security [aging {static | time** *aging_time* | **type {absolute | inactivity}]** 例如：Switch(config-if)# **switchport port-security aging static**	为以上接口的所有安全 MAC 地址启用老化进程，配置老化时间和老化类型。启用这一功能后，在安全端口上没达到最大安全 MAC 地址数之前，无需手动删除现有的安全 MAC 地址来删除和添加新的 PC。命令中的参数和选项说明如下： ● **static**：多选一可选项，强制为端口上静态配置的安全 MAC 地址启用老化进程 ● **time** *aging_time*：多选一可选参数，为以上安全端口配置老化时间，取值范围为 0~1440 分钟，0 代表在该端口中禁止安全 MAC 地址老化进程 ● **type**：多选一可选项，为以上端口设置老化类型 ● **absolute**：二选一选项，指定以上端口上所有达到所配置的老化时间的安全 MAC 地址都将强制从安全 MAC 地址表中删除 ● **inactivity**：二选一选项，指定在安全 MAC 地址达到所配置的老化时间后，仅当没有来自该安全 MAC 地址的数据通信时才从安全 MAC 地址列表中删除 可用 **no switchport port-security** *aging time* 接口配置模式命令禁止该端口上所有安全 MAC 地址的老化进程
6	Switch(config-if)#**switchport port-security violation {protect | restrict | shutdown | shutdown vlan}** 例如：Switch(config-if)#**switchport port-security violation protect**	（可选）设置以上安全端口在检测到有违例事件发生时所采取的行为。命令中的选项说明如下（有关各模式的说明参见 15.3.1 节）： ● **protect**：设置为保护模式（Cisco Catalyst 4500/4900 系列不支持该模式） ● **restriet**：设置为限制模式 ● **shutdown**：设置为关闭模式 ● **shutdown vlan**：设置为关闭 VLAN 模式 可用 **no switchport port-security violation shutdown** 命令恢复违例模式为默认的关闭（**shutdown**）模式
7	**switchport port-security limit rate invalid-source-mac** *packets_per_sec* 例如：Switch(config-if)# **switchport port-security limit rate invalid-source-mac** 2	设置安全端口的非法包发送速率，默认值为 10pps

续表

步骤	命令	说明
8	**switchport port-security mac-address** *mac_address* 例如：**switchport port-security mac-address** 1.2.3	（可选）为以上安全端口静态配置一个安全 MAC 地址。在没达到最大 MAC 地址数之前，其他的 MAC 地址可通过动态学习。 可用 **no switchport port-security mac-address** *mac_address* 命令删除指定的安全 MAC 地址
9	**switchport port-security mac-address sticky** 例如：Switch(config-if)#**switchport port-security mac-address sticky**	（可选）在以上安全端口上启用粘性端口安全功能，使安全端口动态学习 MAC 地址并转换为粘性安全 MAC 地址，并保存在运行配置文件中，通过保存在启动配置文件中来实现在交换机重启或链路中断时接口仍无需重新学习 MAC 地址。 可用 **no switchport port-security mac-address sticky** 命令恢复粘性安全 MAC 地址为动态安全 MAC 地址
10	**switchport port-security mac-address** *mac_address* **sticky [vlan [voice | access]]** 例如：Switch(config-if)#**switchport port-security mac-address** 1.2.3 **sticky**	（可选）为以上安全接口手动配置静态粘性安全 MAC 地址（仅可应用于访问端口、PVLAN 主机端口和 PVLAN 混杂模式端口）。命令中的参数和选项说明如下： ● **access**：二选一可选项，指定配置的静态粘性安全 MAC 地址属于访问 VLAN ● **voice**：二选一可选项，指定配置的静态粘性安全 MAC 地址属于语音 VLAN 可用 **no switchport port-security mac-address** *mac_address* **sticky** 命令从 MAC 地址表中删除指定的安全 MAC 地址；可用 **no switchport port-security mac-address sticky** 命令转换粘性安全 MAC 地址为动态安全 MAC 地址
11	**end** 例如：Switch(config-if)# **end**	返回特权模式
12	Switch# **show port-security address interface** *interface_id* Switch# **show port-security address**	校验以上配置

要清除 CAM（Content Addressable Memory，内容可寻址存储器）表中指定接口上或者指定 VLAN 中动态学习到的端口安全 MAC 地址，可用 **clear port-security dynamic [address** *mac-addr* **[vlan** *vlan-id*]] | **[interface** *interface-id*] **[vlan access | voice]** 特权模式命令。

【示例 1】在二层访问端口 fastethernet 3/12 上启用粘性端口安全功能，设置最大安全 MAC 地址数为 5（不静态配置安全 MAC 地址，违例模式为默认的关闭端口模式）。

```
Switch# configure terminal
Enter configuration commands, one per line.   End with CNTL/Z.
Switch(config)# interface fastethernet 3/12
Switch(config-if)# switchport mode access
Switch(config-if)# switchport port-security
Switch(config-if)# switchport port-security maximum 5
Switch(config-if)# switchport port-security mac-address sticky
Switch(config-if)# end
```

可通过 **show port-security** 命令验证以上配置。

```
Switch# show port-security interface fastethernet 3/12
Port Security                   : Enabled
Port Status                     : Secure-up
Violation Mode                  : Shutdown
Aging Time                      : 0 mins
Aging Type                      : Absolute
SecureStatic Address Aging : Enabled
Maximum MAC Addresses           : 5
Total MAC Addresses             : 0
Configured MAC Addresses        : 0
Sticky MAC Addresses            : 0
Last Source Address:Vlan        : 0000.0000.0000:0
Security Violation Count        : 0
```

【示例 2】设置 fastethernet 3/12 端口的安全违例模式为 Restrict（受限）模式，配置在受限模式下通过 SNMP 捕获包检测端口安全违例事件的频率为 5（每秒发送 5 个 SNMP 包）。

```
Switch# configure terminal
Enter configuration commands, one per line. End with CNTL/Z.
Switch(config)# snmp-server enable traps port-security trap-rate 5
Switch(config)# interface fastethernet 3/12
Switch(config-if)# switchport port-security violation restrict
Switch(config-if)# end
```

【示例 3】设置二层访问端口 fastethernet 5/1 安全 MAC 地址的老化时间为 120 分钟。

```
Switch# configure terminal
Enter configuration commands, one per line. End with CNTL/Z.
Switch(config)# interface fastethernet 5/1
Switch(config-if)# switchport port-security aging time 120
Switch(config-if)# end
```

【示例 4】设置二层访问端口 fastethernet 3/5 的老化计时器类型为 Inactivity（静止）。

```
Switch# configure terminal
Enter configuration commands, one per line. End with CNTL/Z.
Switch(config)# interface fastethernet 3/5
Switch(config-if)# switch port-security aging type inactivity
Switch(config-if)# end
```

【示例 5】静态配置二层访问端口 fastethernet 5/1 的一个安全 MAC 地址为 0000.0000.0003，最大安全 MAC 地址数为 10。

```
Switch# configure terminal
Enter configuration commands, one per line.    End with CNTL/Z.
Switch(config)# interface fastethernet 5/1
Switch(config-if)# switchport mode access
Switch(config-if)# switchport port-security
Switch(config-if)# switchport port-security maximum 10
Switch(config-if)# switchport port-security mac-address 0000.0000.0003
Switch(config-if)# end
```

可通过 **show port address** 特权模式命令验证以上安全 MAC 地址配置。

```
Switch#show port address
Secure Mac Address Table
------------------------------------------------------------------------
Vlan    Mac Address        Type                          Ports    Remaining Age
                                                                       (mins)
----    -----------        ----                          -----    ------------
   1    0000.0000.0003     SecureConfigured              Fa5/1         -

------------------------------------------------------------------------
Total Addresses in System (excluding one mac per port)        : 2
Max Addresses limit in System (excluding one mac per port) : 3072
```

【示例 6】在二层访问端口 fastethernet 5/1 上启用粘性安全 MAC 地址功能，并配置最大安全 MAC 地址为 5。

```
Switch# configure terminal
Enter configuration commands, one per line. End with CNTL/Z.
Switch(config)# interface fastethernet 5/1
Switch(config-if)# switchport mode access
Switch(config-if)# switchport port-security
Switch(config-if)# switchport port-security mac-address sticky
Switch(config-if)# switchport port-security maximum 5
Switch(config-if)# end
```

可通过 **show port-security address** 特权模式命令查看端口上学习到的粘性安全 MAC 地址。

```
Switch# show port-security address
          Secure Mac Address Table
------------------------------------------------------------------------
Vlan    Mac Address        Type                          Ports    Remaining Age
                                                                       (mins)
----    -----------        ----                          -----    ------------
```

```
   1     0000.0000.0001     SecureSticky          Fa5/1      -
   1     0000.0000.0002     SecureSticky          Fa5/1      -
   1     0000.0000.0003     SecureSticky          Fa5/1      -
-----------------------------------------------------------------------
Total Addresses in System (excluding one mac per port)     : 2
Max Addresses limit in System (excluding one mac per port) : 3072
```

还可通过显示交换机上运行配置文件查看交换机对应端口上动态学习到的粘性安全 MAC 地址。

```
Switch# show running-config interface fastEthernet 5/1
Building configuration...

Current configuration : 344 bytes
!
interface FastEthernet5/1
 switchport mode access
 switchport port-security
 switchport port-security maximum 5
 switchport port-security mac-address sticky
 switchport port-security mac-address sticky 0000.0000.0001
 switchport port-security mac-address sticky 0000.0000.0002
 switchport port-security mac-address sticky 0000.0000.0003
end
```

【示例 7】设置二层访问端口 fastethernet 5/1 非法包的发送速率为 100pps。

```
Switch# configure terminal
Enter configuration commands, one per line. End with CNTL/Z.
Switch(config)# interface fastethernet 5/1
Switch(config-if)# switchport port-security limit rate invalid-source-mac 100
Switch(config-if)# end
```

如果要全部禁止非法包的发送，则要在 **switchport port-security limit rate invalid-source-mac** 命令中使用 **none** 关键字。

```
Switch# configure terminal
Enter configuration commands, one per line. End with CNTL/Z.
Switch(config)# interface fastethernet 5/1
Switch(config-if)# switchport port-security limit rate invalid-source-mac none
Switch(config-if)# end
```

【示例 8】如果要清楚指定动态安全 MAC 地址，则可使用带 **address** 关键字的 **clear port-security dynamic** 命令。如要清除动态安全 MAC 地址 0000.0001.0001。

```
Switch# clear port-security dynamic address 0000.0001.0001
```

如果要清楚指定接口上所有动态安全 MAC 地址，则可使用 **interface** 关键字的 **clear port-security dynamic** 命令。如要清除 fastethernet 5/1 端口上的所有动态安全 MAC 地址。

```
Switch# clear port-security dynamic interface fastethernet 5/1
```

如果要清除交换机上所有动态安全 MAC 地址，则直接使用不带任何关键字的 **clear port-security dynamic** 命令。

```
Switch# clear port-security dynamic
```

15.3.4　在 PVLAN 端口上配置端口安全

可以在一个 PVLAN 端口（可以是隔离 VLAN 主机端口，或者 PVLAN 混杂端口）上配置端口安全在限制 MAC 地址数的同时利用 PVLAN 功能。

图 15-2 所示是一个在 PVLAN 的隔离 VLAN 主机端口上部署端口安全的典型示例。在这个拓扑结构中，通过端口安全的配置，就可以实现通过交换机上的端口连接的 PC 仅可以与连接在交换机混杂端口上的路由器进行通信。即通过 a 端口连接的 PC 不能与通过 b 端口连接的 PC 通信。有

关 PVLAN 的详细知识和配置参见《Cisco/H3C 交换机配置与管理完全手册》(第二版)。

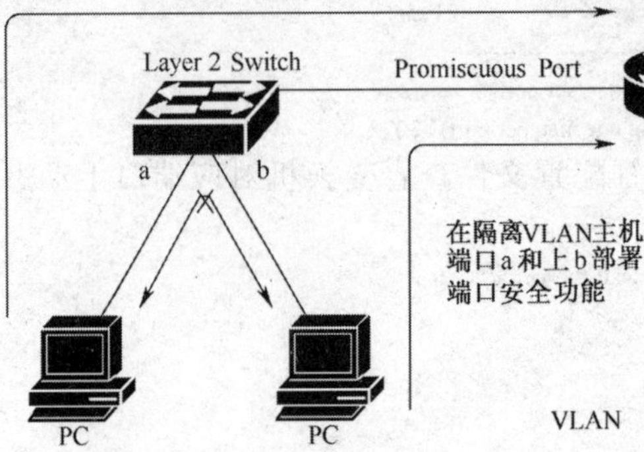

图 15-1　在 PVLAN 的隔离 VLAN 主机端口上部署端口安全功能示例

1. 在隔离 VLAN 主机端口上配置端口安全

在隔离 VLAN 主机端口上配置端口安全的步骤如表 15-6 所示。但在隔离 PVLAN 主机端口上的动态安全 MAC 地址仅在从 VLAN 中是安全的，在主 VLAN 中不是安全的，也就是说隔离 PVLAN 中的主机端口上的安全 MAC 地址设置仅对从 VLAN 有效，对主 VLAN 无效。

表 15-6　在 PVLAN 的隔离 VLAN 主机端口上配置端口安全的步骤

步骤	命令	说明
1	**configure terminal** 例如：Switch# **configure terminal**	进入全局配置模式
2	**vlan** *sec_vlan_id* 例如：Switch(config)# **vlan** 2	指定要配置从 VLAN 的 VLAN
3	**private-vlan isolated** 例如：Switch(config-vlan)# **private-vlan isolated**	设置以上 VLAN 为 PVLAN 的隔离 VLAN
4	**exit** 例如：Switch(config-vlan)# **exit**	返回全局配置模式
5	**vlan** *pri_vlan_id* 例如：Switch(config)# **vlan** 10	指定要配置主 VLAN 的 VLAN
6	**private-vlan primary** 例如：Switch(config-vlan)# **private-vlan primary**	指定以上 VLAN 为 PVLAN 的主 VLAN
7	**private-vlan association add** *sec_vlan_id* 例如：Switch(config-vlan)# **private-vlan association add** 2	在以上从 VLAN 和主 VLAN 间建立关联
8	**exit** 例如：Switch(config-vlan)# **exit**	返回全局配置模式
9	**interface** *interface_id* 例如：Switch(config)# **interface** ethernet 1/1	键入要配置端口安全的隔离主机端口，进入接口配置模式
10	**switchport mode private-vlan host** 例如：Switch(config-if)# **switchport mode private-vlan host**	指定以上端口为 PVLAN 主机端口
11	**switchport private-vlan host-association** *primary_vlan secondary_vlan* 例如：Switch(config-if)# **switchport private-vlan host-association** 10 2	把以上隔离主机端口与一个 PVLAN（包括主 VLAN 和从 VLAN）关联。参数 *primary_vlan* 用来指定 PVLAN 的主 VLAN；*secondary_vlan* 用来指定 PVLAN 的从 VLAN
12	**switchport port-security** 例如：Switch(config-if)# **switchport port-security**	在以上端口上启用端口安全功能
13	**end** 例如：Switch(config-if)# **end**	返回特权模式
14	Switch# **show port-security address interface** *interface_id* Switch# **show port-security address**	校验以上配置

在隔离 VLAN 中的 fastethernet 3/12 上启用端口安全功能。

```
Switch# configure terminal
Enter configuration commands, one per line. End with CNTL/Z.
```

```
Switch(config)# vlan 6
Switch(config-vlan)# private-vlan isolated
Switch(config-vlan)# exit
Switch(config)# vlan 3
Switch(config-vlan)# private-vlan primary
Switch(config-vlan)# private-vlan association add 6
Switch(config-vlan)# exit
Switch(config)# interface fastethernet 3/12
Switch(config-if)# switchport mode private-vlan host
Switch(config-if)# switchport private-vlan association host 3 6
Switch(config-if)# switchport port-security
Switch(config-if)# end
```

2．在 PVLAN 混杂端口上配置端口安全

在 PVLAN 混杂端口上配置端口安全的步骤如表 15-7 所示。

表 15-7 在 PVLAN 混杂端口上配置端口安全的步骤

步骤	命令	说明
1	**configure terminal** 例如：Switch# **configure terminal**	进入全局配置模式
2	**vlan** *sec_vlan_id* 例如：Switch(config)# **vlan** 2	指定要配置从 VLAN 的 VLAN
3	**private-vlan isolated** 例如：Switch(config-vlan)# **private-vlan isolated**	设置以上 VLAN 为 PVLAN 的隔离 VLAN
4	**exit** 例如：Switch(config-vlan)# **exit**	返回全局配置模式
5	**vlan** *pri_vlan_id* 例如：Switch(config)# **vlan** 10	指定要配置主 VLAN 的 VLAN
6	**private-vlan primary** 例如：Switch(config-vlan)# **private-vlan primary**	指定以上 VLAN 为 PVLAN 的主 VLAN
7	**private-vlan association add** *sec_vlan_id* 例如：Switch(config-vlan)# **private-vlan association add** 2	在以上从 VLAN 和主 VLAN 间建立关联
8	**exit** 例如：Switch(config-vlan)# **exit**	返回全局配置模式
9	**interface** *interface_id* 例如：Switch(config)# **interface** ethernet 1/2	键入要配置端口安全的混杂端口，进入接口配置模式
10	**switchport mode private-vlan promiscuous** 例如：Switch(config-if)# **switchport mode private-vlan promiscuous**	指定以上端口为 PVLAN 混杂端口
11	**switchport private-vlan mapping** *primary_vlan secondary_vlan* 例如：Switch(config-if)# **switchport private-vlan host-association** 10 2	把以上混杂端口与一个 PVLAN（包括主 VLAN 和从 VLAN）关联
12	**switchport port-security** 例如：Switch(config-if)# **switchport port-security**	在以上端口上启用端口安全功能
13	**end** 例如：Switch(config-if)# **end**	返回特权模式
14	Switch# **show port-security address interface** *interface_id* Switch# **show port-security address**	校验以上配置

以下示例是在 PVLAN 混杂端口 fastethernet 3/12 上启用端口安全功能。

```
Switch# configure terminal
Enter configuration commands, one per line. End with CNTL/Z.
Switch(config)# vlan 6
Switch(config-vlan)# private-vlan isolated
Switch(config-vlan)# exit
Switch(config)# vlan 3
Switch(config-vlan)# private-vlan primary
Switch(config-vlan)# private-vlan association add 6
Switch(config-vlan)# exit
```

```
Switch(config)# interface fastethernet 3/12
Switch(config-if)# switchport mode private-vlan promiscuous
Switch(config-if)# switchport mode private-vlan mapping 3 6
Switch(config-if)# switchport port-security
Switch(config-if)# end
```

15.3.5 在中继端口上配置端口安全

除了可以在二层访问端口上配置端口安全功能外，还可以在二层中继端口上启用。可以在中继端口上配置端口安全来限制每个 VLAN 中的 MAC 地址数。中继端口安全可以限制中继端口上具体 VLAN 上允许的 MAC 地址或者最大的 MAC 地址数。中继端口安全可以使服务商阻止与中继端口上针对具体 VLAN 所设置的安全 MAC 地址不同的 MAC 地址的访问。中继端口安全也在 PVLAN 中继端口上得到支持。

【注意】端口安全也可以在二层端口通道接口上配置，在以太网通道中的端口安全配置独立于其中的任何物理端口上的配置。

当基于每端口、每 VLAN 基础上配置安全端口相关参数时，请遵照以下配置指南：

- 不能在中继端口上为该端口不允许通过的 VLAN 配置安全 MAC 地址。
- 在 PVLAN 中继端口上不能为主 VLAN 中配置安全 MAC 地址，否则命令行会拒绝，并显示错误消息。
- 如果没有为中继端口上某 VLAN 中配置最大安全 MAC 地址数，则该中继端口配置的最大安全 MAC 地址数将应用到该 VLAN 上。在这种情形下，该 VLAN 中的最大安全 MAC 地址数将限制在该中继端口上配置的最大安全 MAC 地址数。
- 每 VLAN 配置的最大安全 MAC 地址数可以大于对应中继端口上配置的最大安全 MAC 地址数；中继端口上所有 VLAN 配置的最大安全 MAC 地址总和也可以超过该中继端口配置的最大安全 MAC 地址数。但无论是上述哪种情形，每个 VLAN 真正使用的安全 MAC 地址数必须小于 VLAN 中所配置的最大 MAC 地址数和该中继端口上所配置的最大安全 MAC 地址数。同样，在中继端口所有 VLAN 中使用的安全 MAC 地址总数不能超出该中继端口上配置的最大安全 MAC 地址数。换句话说也就是，尽管可以在每个 VLAN 上配置的最大安全 MAC 地址数可以超出中继端口上配置的最大安全 MAC 地址数，但每个 VLAN，以及中继端口上所有 VLAN 实际使用的安全 MAC 地址总数不能超过中继端口上配置的最大安全 MAC 地址数。
- 对于 PVLAN 中继端口，配置安全 MAC 地址的 VLAN 必须要么是 PVLAN 中继端口允许的，要么是 PVLAN 中关联的从 VLAN，不能是主 VLAN。
- 从 PVLAN 中继中移除关系的主/从 VLAN 对会引起与从 VLAN 相关的所有静态和粘性安全 MAC 地址从交换机运行配置文件中删除。与从 VLAN 关联的动态安全 MAC 地址将从系统中删除。同样，当一个 VLAN 从 PVLAN 中继端口上删除时，则与该 VLAN 相关的安全 MAC 地址也将删除。

【说明】对于普通中继端口或者 PVLAN 中继端口，如果某 VLAN 从允许列表中删除了，则所有与该 VLAN 相关的安全 MAC 地址也将删除。

在中继端口上配置端口安全的步骤如表 15-8 所示。

表 15-8 在中继端口上配置端口安全的步骤

步骤	命令	说明
1	**interface** *interface_id* **interface** *port-channel port_channel_number* 例如：Switch(config)# **interface** ethernet 1/1	键入要配置端口安全的二层中继物理端口或二层中继以太网通道接口，进入接口或者端口通道配置模式

续表

步骤	命令	说明
2	**switchport trunk encapsulation dot1q** 例如：Switch(config-if)# **switchport trunk encapsulation dot1q**	为以上中继接口配置 802.1Q 封装
3	**switchport mode trunk** 例如：Switch(config-if)# **switchport mode trunk**	设置以上二层端口或二层端口通道为中继模式
4	**switchport port-security maximum** *value* **vlan** 例如：Switch(config-if)# **switchport port-security maximum** 200	为以上中继接口中每个 VLAN 配置一个统一的最大 MAC 地址数，取值范围为 1~3072，默认为 1。可用 **no switchport port-security maximum** *value* 命令恢复到默认设置
5	**vlan-range** *range* 例如：Switch(config-if)# **vlan-range** 4-10	（可选）键入中继端口上要特别配置最大安全 MAC 地址数的 VLAN 范围，可以是一个或者多个 VLAN。单个 VLAN 间以空格分隔，VLAN 范围以“-”连接
6	Switch(config-if-vlan-range)# **port-security maximum** *value* 例如：Switch(config-if-vlan-range)# **port-security maximum** 500	（可选）仅当配置了第 5 步才需要配置此步。为以上 VLAN 范围中的每个 VLAN 配置一个最大安全 MAC 地址数，取值范围为 1~3072，默认为 1。可用 **no port-security maximum** 命令删除应用于以上所有 VLAN 的最大安全 MAC 地址数设置
7	**port-security mac-address** *mac_address* 例如：Switch(config-if-vlan-range)# **port-security mac-address** 1.2.3	（可选）仅当配置了第 5 步才需要配置此步。为以上范围 VLAN 配置一个静态安全 MAC 地址
8	**port-security mac-address sticky** *mac_address* 例如：Switch(config-if-vlan-range)# **port-security mac-address sticky** 2.3.4	（可选）仅当配置了第 5 步才需要配置此步。为以上范围 VLAN 配置一个粘性安全 MAC 地址
9	**end** 例如：Switch(config-if-vlan-range)# **end**	返回特权模式

【示例 1】在中继端口 **gigabitethernet1/1** 上启用端口安全功能，并为它上面的所有 VLAN 都配置最大的安全 MAC 地址数为 3。

```
Switch# configure terminal
Enter configuration commands, one per line. End with CNTL/Z.
Switch(config)# interface gigabitethernet1/1
Switch(config-if)# switchport trunk encapsulation dot1q
Switch(config-if)# switchport mode trunk
Switch(config-if)# switchport port-security
Switch(config-if)# switchport port-security maximum 3
```

可以通过 **show port-security** 命令验证以上配置，具体如下。从输出信息中可以看出，中继端口 gigabitethernet 1/1 上面的 6 个 VLAN 中所配置的最大安全 MAC 地址数均为 3。

```
Switch# show port-security interface gigabitethernet1/1 vlan
Default maximum: 3
VLAN   Maximum    Current
   1        3          0
   2        3          0
   3        3          0
   4        3          0

   5        3          0
   6        3          0
```

也可以通过 **show running interface** 命令查看 gigabitethernet 1/1 中继端口上的安全配置。

```
Switch# show running interface gigabitethernet1/1
Building configuration...

Current configuration : 161 bytes
!
interface GigabitEthernet1/1
 switchport trunk encapsulation dot1q
 switchport mode trunk
 switchport port-security
 switchport port-security maximum 3 vlan
end
```

最权威的交换机配置与管理技术手册

【示例 2】在中继端口上为 VLAN 2~6 这五个 VLAN 配置最大安全 MAC 地址为 3（必须先启用端口安全功能）。

```
Switch# configure terminal
Enter configuration commands, one per line. End with CNTL/Z.
Switch(config)# interface gigabitethernet1/1
Switch(config-if)# switchport trunk encapsulation dot1q
Switch(config-if)# switchport mode trunk
Switch(config-if)# switchport port-security
Switch(config-if)# vlan-range 2-6
Switch(config-if-vlan-range)# port-security maximum 3
Switch(config-if)# exit
```

【示例 3】在中继端口上为 VLAN 2~6 这五个 VLAN 手动配置静态和粘性安全 MAC 地址（必须先同时启用端口安全和粘性端口安全功能）。

```
Switch# configure terminal
Enter configuration commands, one per line. End with CNTL/Z.
Switch(config)# interface gigabitethernet1/1
Switch(config-if)# switchport trunk encapsulation dot1q
Switch(config-if)# switchport mode trunk
Switch(config-if)# switchport port-security
Switch(config-if)# switchport port-security mac-address sticky
Switch(config-if)# vlan-range 2-6
Switch(config-if-vlan-range)# port-security mac-address 1.1.1
Switch(config-if-vlan-range)# port-security mac-address sticky 1.1.2
Switch(config-if-vlan-range)# port-security mac-address sticky 1.1.3
Switch(config-if-vlan-range)# exit
```

可以通过 **show port-security** 命令查看指定接口上指定 VLAN 的端口安全配置。

```
Switch# show port-security interface g1/1 address vlan 2-4
          Secure Mac Address Table
------------------------------------------------------------------
Vlan    Mac Address        Type                    Ports   Remaining Age
                                                                (mins)
----    -----------        ----                    -----   ------------
  2     0001.0001.0001     SecureConfigured        Gi1/1        -
  2     0001.0001.0002     SecureSticky            Gi1/1        -
  2     0001.0001.0003     SecureSticky            Gi1/1        -
  3     0001.0001.0001     SecureConfigured        Gi1/1        -
  3     0001.0001.0002     SecureSticky            Gi1/1        -
  3     0001.0001.0003     SecureSticky            Gi1/1        -
  4     0001.0001.0001     SecureConfigured        Gi1/1        -
  4     0001.0001.0002     SecureSticky            Gi1/1        -
  4     0001.0001.0003     SecureSticky            Gi1/1        -
------------------------------------------------------------------
Total Addresses: 9
```

15.3.6 端口模式改变对端口安全配置的影响

通常，当一个端口模式改变时，所有与该端口相关的动态安全 MAC 地址都将删除；所有静态或粘性 MAC 地址，以及在本地 VLAN 上配置的其他端口安全参数配置都将迁移到该端口新模式的本地 VLAN 下。所有在非 VLAN 中的安全 MAC 地址都将被删除。

例如，如果一个端口的模式是从访问模式改变到 PVLAN 中继模式，则在原来访问端口访问 VLAN 中配置的所有静态或者粘性安全 MAC 地址都将迁移到新的 PVLAN 中继端口下 PVLAN 本地 VLAN 中，而其他所有安全 MAC 地址都将被删除。

同样，当一个端口从 PVLAN 中继模式改变到访问模式，则在 PVLAN 本地 VLAN 中配置的所有静态或粘性安全 MAC 地址都将迁移到新的访问端口访问 VLAN 中，其他安全 MAC 地址也将被删除。

当一个端口从中继模式改变为 PVLAN 中继模式时，如果该 VLAN 仍是新的 PVLAN 中继端口中允许的 VLAN，或者与 PVLAN 相关联的从 VLAN 时，则与原来中继端口上一个 VLAN 相关的安全 MAC 地址仍将保留，否则，与原来中继端口上一个 VLAN 相关的安全 MAC 地址将从运行配置文件中删除。

当一个端口从 PVLAN 中继模式改变为中继模式时，如果与安全 MAC 地址相关的 VLAN 仍是新的中继端口所允许通过的，则对应的静态或粘性安全 MAC 地址将继续保留，否则这些安全 MAC 地址将从运行配置文件中删除。

15.4　Cisco IOS 交换机上的端口安全配置管理

可以在特权模式下使用表 15-9 所示的一系列 **show port-security** 命令查看端口或 VLAN 中的端口安全配置。

表 15-9　Cisco IOS 交换机中的端口安全配置管理命令

命令	说明
show interface status err-disable	显示因端口安全违例事件而被禁止的接口
show port-security [**interface** *interface_id* | **interface** *port_channel port_channel*_number]	显示交换机上全部或者指定接口的端口安全配置，包括每个接口配置的最大安全 MAC 地址数、接口上当前已有的安全 MAC 地址数、已发生的安全违例事件数和违例模式
show port-security [**interface** *interface_id* | **interface** *port_channel port_channel*_number] **address**	显示交换机上所有或者指定接口上每个安全 MAC 地址的老化时间
show port-security [**interface** *interface_id* | **interface** *port_channel port_channel*_number] **vlan** *vlan_list*	显示交换机上所有或者指定接口、指定 VLAN 范围中配置的最大安全 MAC 地址数和当前已有安全 MAC 地址数
show port-security [**interface** *interface_id* | **interface** *port_channel port_channel*_number] [**address** [**vlan** *vlan_list*]]	显示在指定接口、指定 VLAN 范围中所有 MAC 地址

【示例 1】显示交换机上所有配置的端口安全配置，会在输出信息中显示当前交换机上已启用了端口安全的接口的相关端口安全配置，包括配置的最大安全 MAC 地址数（MaxSecureAddr）、当前已有安全 MAC 地址数（CurrentAddr）、安全违例次数（SecurityViolation）和安全违例行为模式（SecurityAction），并在最后会显示一个汇总。

```
Switch# show port-security
Secure Port  MaxSecureAddr  CurrentAddr  SecurityViolation  Security Action
                (Count)        (Count)          (Count)
---------------------------------------------------------------------------
      Fa3/1          2            2                0            Restrict
      Fa3/2          2            2                0            Restrict
      Fa3/3          2            2                0            Shutdown
      Fa3/4          2            2                0            Shutdown
      Fa3/5          2            2                0            Shutdown
      Fa3/6          2            2                0            Shutdown
      Fa3/7          2            2                0            Shutdown
      Fa3/8          2            2                0            Shutdown
     Fa3/10          1            0                0            Shutdown
     Fa3/11          1            0                0            Shutdown
     Fa3/12          1            0                0            Restrict
     Fa3/13          1            0                0            Shutdown
     Fa3/14          1            0                0            Shutdown
     Fa3/15          1            0                0            Shutdown
```

最权威的交换机配置与管理技术手册

```
Fa3/16              1           0                0          Shutdown
   Po2              3           0                0          Shutdown
-----------------------------------------------------------------------
Total Addresses in System (excluding one mac per port)       :8
Max Addresses limit in System (excluding one mac per port) :3072
Global SNMP trap control for port-security                    :20 (traps per second)
```

【示例 2】显示 fastethernet 5/1 接口上的端口安全设置。在这里将全面、详细地显示指定接口上配置的端口安全设置。

```
Switch# show port-security interface fastethernet 5/1
Port Security                : Enabled
Port Status                  : Secure-up
Violation Mode               : Shutdown
Aging Time                   : 0 mins
Aging Type                   : Absolute
SecureStatic Address Aging : Disabled
Maximum MAC Addresses        : 1
Total MAC Addresses          : 1
Configured MAC Addresses     : 0
Sticky MAC Addresses         : 1
Last Source Address:Vlan     : 0000.0001.001a:1
Security Violation Count     : 0
```

【示例 3】显示当前交换机上已配置的所有安全 MAC 地址（包括静态配置和动态学习到的）。在输出信息中显示每个安全 MAC 地址的类型（Type，包括“静态配置的安全 MAC 地址”、“动态学习的安全 MAC 地址”和“粘性安全 MAC 地址”这三类）、对应的 VLAN（Vlan）、所对应配置的端口（Ports），还有多长时间过期（Remaining Age），并在最后显示当前已有安全 MAC 地址总数和系统中允许的最大 MAC 地址数。

```
Switch# show port-security address
          Secure Mac Address Table
-------------------------------------------------------------------
Vlan    Mac Address        Type                  Ports    Remaining Age
                                                              (mins)
----    -----------        ----                  -----    ------------
   1    0000.0001.0000     SecureConfigured      Fa3/1       15 (I)
   1    0000.0001.0001     SecureConfigured      Fa3/1       14 (I)
   1    0000.0001.0100     SecureConfigured      Fa3/2        -
   1    0000.0001.0101     SecureConfigured      Fa3/2        -
   1    0000.0001.0200     SecureConfigured      Fa3/3        -
   1    0000.0001.0201     SecureConfigured      Fa3/3        -
   1    0000.0001.0300     SecureConfigured      Fa3/4        -
   1    0000.0001.0301     SecureConfigured      Fa3/4        -
   1    0000.0001.1000     SecureDynamic      Fa3/5       -
   1    0000.0001.1001     SecureDynamic      Fa3/5       -
   1    0000.0001.1100     SecureDynamic      Fa3/6       -
   1    0000.0001.1101     SecureDynamic      Fa3/6       -
   1    0000.0001.1200     SecureSticky     Fa3/7      -
   1    0000.0001.1201     SecureSticky     Fa3/7      -
   1    0000.0001.1300     SecureSticky     Fa3/8      -
   1    0000.0001.1301     SecureSticky     Fa3/8      -
   1    0000.0001.2000     SecureSticky     Po2      -
-------------------------------------------------------------------
Total Addresses in System (excluding one mac per port)       :8
Max Addresses limit in System (excluding one mac per port) :3072
```

【示例 4】显示 Gigabitethernet 1/1 端口上已有的安全 MAC 地址数和配置的最大安全 MAC 地址数。从输出信息中可以看出，该端口是一个中继端口，因为它上面配置的端口安全设置包括在不同 VLAN 中。

```
Switch# show port-security interface g1/1 vlan
Default maximum: 22
```

```
VLAN   Maximum   Current
2        22        3
3        22        3
4        22        3
5        22        1
6        22        2
```

【示例 5】显示中继端口 Gigabitethernet 1/1 中 VLAN 2~3 这两个 VLAN 中的端口安全设置。也就是显示每个 VLAN 已有的安全 MAC 地址数和所配置的最大安全 MAC 地址数。

```
Switch# show port-security interface g1/1 vlan 2-3
Default maximum: 22
VLAN   Maximum   Current
  2      22        3
  3      22        3
```

【示例 6】显示中继端口 Gigabitethernet 1/1 上配置的所有安全 MAC 地址，以及每个安全 MAC 地址所在的 VLAN（Vlan）、地址类型（Type）、对应的端口（Ports）和还有多长时间过期（Remaining Age）等信息。

```
Switch# show port-security interface g1/1 address

          Secure Mac Address Table
-------------------------------------------------------------------
Vlan   Mac Address      Type               Ports   Remaining Age(mins)
----   -----------      ----                       -----  ------------
  2    0001.0001.0001   SecureConfigured   Gi1/1      -
  2    0001.0001.0002   SecureSticky       Gi1/1      -
  2    0001.0001.0003   SecureSticky       Gi1/1      -
  3    0001.0001.0001   SecureConfigured   Gi1/1      -
  3    0001.0001.0002   SecureSticky       Gi1/1      -
  3    0001.0001.0003   SecureSticky       Gi1/1      -
  4    0001.0001.0001   SecureConfigured   Gi1/1      -
  4    0001.0001.0002   SecureSticky       Gi1/1      -
  4    0001.0001.0003   SecureSticky       Gi1/1      -
  5    0001.0001.0001   SecureConfigured   Gi1/1      -
  6    0001.0001.0001   SecureConfigured   Gi1/1      -
  6    0001.0001.0002   SecureConfigured   Gi1/1      -
-------------------------------------------------------------------
Total Addresses: 12
```

【示例 7】显示中继端口 Gigabitethernet 1/1 上 VLAN 2~3 这两个 VLAN 中配置的所有安全 MAC 地址，以及每个安全 MAC 地址所在的 VLAN（Vlan）、地址类型（Type）、对应的端口（Ports）和还有多长时间过期（Remaining Age）等信息。

```
Switch# show port-security interface g1/1 address vlan 2-3

          Secure Mac Address Table
-------------------------------------------------------------------
Vlan   Mac Address      Type               Ports   Remaining Age(mins)
----   -----------      ----               -----   ------------
  2    0001.0001.0001   SecureConfigured   Gi1/1      -
  2    0001.0001.0002   SecureSticky       Gi1/1      -
  2    0001.0001.0003   SecureSticky       Gi1/1      -
  3    0001.0001.0001   SecureConfigured   Gi1/1      -
  3    0001.0001.0002   SecureSticky       Gi1/1      -
  3    0001.0001.0003   SecureSticky       Gi1/1      -
-------------------------------------------------------------------
Total Addresses: 12
```

16 Cisco IOS 交换机基于交换机的安全配置与管理

上章介绍了 Cisco IOS 交换机基于端口的几种安全管理方法，本章要介绍的是基于交换机的几种访问控制方法，它们是特权模式保护、特权级别和特权用户级别的配置和访问控制配置方法，以及 TACACS+和 RADIUS 服务器网络访问控制配置方法。

TACACS+服务器和 RADIUS 服务器都属于 AAA 服务器类型，因为它们都可以提供认证（Authentication）、授权（Authorization）和计费（Accounting）三种服务。它们都可以对通过网络方式对交换机进行各种特权级别访问和网络服务访问进行控制，以确保对交换机特权访问和网络服务访问的安全。在配置过程中，需要在运行 TACACS+或 RADIUS 服务器程序的主机配置好相应服务器，然后与交换网络建立连接，配置好路由。这两种 AAA 服务器的配置方法基本一样，主要不同在于 TACACS+服务器程序使用 TCP 端口与交换机进行通信，而 RADIUS 服务器程序使用 UDP 端口与交换机通信。前者注重的是连接的可靠性，后者注重的是连接的高效性。目前使用 RADIUS 服务器作为 AAA 服务器更为主流，在几乎所有品牌设备和所有主流服务器系统都得到了支持。

16.1　阻止未授权用户访问交换机

可阻止未授权用户重新配置交换机，查看交换机配置。通常情况下是仅允许管理员访问交换机，而限制那些通过异步端口从外部拨号，或者从外部网络通过串行端口连接，或者通过本地网络终端或工作站连接的用户访问交换机。

要阻止未授权用户访问交换机，应当采用以下三个安全功能之一来进行配置：

- 最基本的是应当在每个要限制用户访问的交换机端口（如 Console 端口、AUX 端口等非普通以太网端口）上配置密码和特权。这些密码是在交换机上本地存储的，当用户通过一个端口或线路试图访问交换机时，他们必须正确输入指定端口或线路上配置的密码。具体参见本章后面的 16.1.1 节。
- 进一步的安全措施，可以同时配置用户名和密码，它们也是在交换机上本地存储的。这个用户名/密码对是分配到线路或者端口上的，在用户通过这些端口或者线路访问交换机前，必须同时正确输入用户名和密码。如果配置了不同的特权级别，也可以为每个用户名/密码对指派一个特定的特权级别。具体参见本章后面的 16.1.2 节。
- 如果要使用用户名/密码对，还可以把它们集中存储在网络中的一个安全服务器上，而不是本地存储在交换机上。这样多个网络设备可以使用相同的数据库来获取用户认证信息。具体参见本章后面的 16.2 节和 16.3 节。

16.1.1　特权模式访问保护配置

交换机访问控制的最简单方法是使用密码和指派特权级别。密码可以保护仅受限的用户访问交换机和网络，而特权级别则定义了用户在登录成功后可以使用的命令。

表 16-1 显示了 Cisco IOS 交换机上默认的密码和特权级别配置。

表 16-1　Cisco IOS 交换机上默认的密码和特权级别配置

功能	默认设置
密码和特权级别的启用	没有定义密码，配置了密码后在配置文件中默认也是没有经过加密的。默认的特权级别为 15，即通常所说的特权模式
加密密码和特权级别的启用	没有定义密码，配置了密码后在配置文件中默认是经过加密的。默认的特权级别为 15，即通常所说的特权模式
线路密码	没有定义密码

1．设置或者更改静态特权密码

特权密码控制了用户进入特权模式。设置或者更改静态特权密码的方法就是在全局配置模式下使用 **enable password** *password* 命令进行。在这里可以为进入特权模式定义一个新的密码，如果以前配置了特权密码，则修改原来的特权密码。密码长度在 1～25 字符之间，但不能以数字开头，允许有空格，但会忽略前导空格，而且区分大小写。如果密码中包括了“？”，则在键入？前，不能按下组合键【**Ctrl-v**】，直接输入带？的密码即可。如密码为“abc？123”，则在输入？前，不能按下组合键【**Ctrl-v**】，直接输入“abc？123”。默认是没有配置特权密码，所以我们通常是在全局配置模式下直接输入 enable 命令就可以进入特权模式。配置了特权密码后，在通过 enable 命令进入特权模式时会提示要输入正确的特权密码，否则进不去。可用 **no enable password** 全局配置模式命令删除原来配置的特权密码。

以下示例是配置特权密码为“l1u2c3k4y5”。

```
Switch(config)# enable password l1u2c3k4y5
```

2．通过加密保护特权密码

为了对特权模式提供进一步的安全保护，可以为不同级别用户配置不同的密码，或者对特权密码进行加密。可以使用 **enable password [level** *level*] {*password* | *encryption-type encrypted-password*}或 **enable secret [level** *level*] {*password* | *encryption-type encrypted-password*}全局配置模式命令来实现。这两个命令可以实现相同的效果，都可以配置新的加密特权密码，或者更改原来的特权密码设置，使用户在访问交换机特权模式或者进入指定特权级别前必须正确输入所配置的对应密码。但建议使用 **enable secret [level** *level*] {*password* | *encryption-type encrypted-password*}命令，因为该命令使用了增强的加密算法，它的加密是不可逆的，更加安全。

如果同时使用了以上两个命令配置，则 **enable secret [level** *level*] {*password* | *encryption-type encrypted-password*}命令的配置将优先于 **enable password [level** *level*] {*password* | *encryption-type encrypted-password*}命令的配置，即这两个命令不能同时生效。

对特权密码进行加密保护的具体配置步骤如表 16-2 所示。

表 16-2　对特权密码进行加密保护的步骤

步骤	命令	说明
1	**configure terminal** 例如：Switch#**configure terminal**	进入全局配置模式
2	**enable password [level** *level*] {*password* | *encryption-type encrypted-password*} 例如：Switch(config)#**enable password level** 5 grfw 或 **enable secret [level** *level*] {*password* | *encryption-type encrypted-password*} 例如：Switch(config)#**enable secret level** 5 grfw	为指定的特权级别定义新的特权密码，或者改变原来特权密码的设置。新密码可以是加密或非加密的，但 **enable secret** 命令的加密算法更先进，不可逆，也就是难以破解。命令中的参数说明如下： ● *level*：可选参数，指定配置的密码所适用的特权级别，取值范围为 1～15，级别 1 为普通用户模式，级别 15 为最高级别，也就是通常所说的特权模式。默认是级别 15。有关用户特权级别的划分将在本章后面 16.1.2 节介绍 ● *password*：二选一参数，配置对应特权级别的特权密码（不加密的），取值范围为 1～25 个字符，不能以数字开头，区分大小写，允许空格但会忽略前导空格。默认没有配置密码 ● *encryption-type encrypted-password*：二选一参数，指定对应特权级别的加密类型和加密密码。参数 *encryption-type*（加密类型）在这里仅可以选 5，这是 Cisco 的一种专有加密算法；参数 *encrypted-password* 用来指定对应特权级别的加密密码，但它不能手动输入，必须是从其他交换机配置中复制得到的。如果指定了加密类型，而又直接输入了明文密码，则不能再进入对应的特权级别了，不能以任何方法进行恢复，一定要切记 要删除对应特权级别下所配置的特权密码，则可使用对应的 **no enable password [level** *level*] 或者 **no enable secret [level** *level*]全局配置模式命令
3	**service password-encryption** 例如：Switch(config)#**service password-encryption**	（可选）指定在定义密码时，或者写入交换机配置文件时对以上配置的密码进行加密，阻止从交换机配置文件中重新获取密码。可用 **no service password-encryption** 命令禁止对特权密码进行加密
4	**end** 例如：Switch(config)#**end**	返回特权模式
5	**copy running-config startup-config** 例如：Switch#**copy running-config startup-config**	（可选）在交换机启动配置文件中保存以上配置

以下示例是对特权级别 2 配置加密密码“1FaD0$Xyti5Rkls3LoyxzS8”。

```
Switch(config)# enable secret level 2 5 $1$FaD0$Xyti5Rkls3LoyxzS8
```

3．禁止密码恢复

默认情况下，任何通过本地连接访问交换机的用户都可以通过在交换机启动时中断引导程序，配置新的密码来恢复丢失的密码。启用了密码恢复禁止功能后，终端用户仅可以在同意设置系统时钟为默认配置时才中断引导程序。禁止了密码恢复后，仍可以中断引导程序，改变用户密码，但是配置文件（config.text）和 VLAN 数据库文件（vlan.dat）也将被删除。

禁止密码恢复功能的配置很简单，只需在全局配置模式下使用 **no service password-recovery** 命令即可。这个设置是保存在交换机启动装载器（boot loader）和 IOS 系统可以访问到的闪存区域，但它不是文件系统的一部分，任何用户都不能访问它。要恢复密码恢复功能，则在全局配置模式下使用 **service password-recovery** 命令。

【注意】如果禁止了密码恢复功能，建议在安全服务器上备份交换机配置文件（不要在交换机上保留配置文件的备份），以防万一终端用户中断引导程序，设置系统时钟到默认值时删除配置文件。如果交换机工作在 VTP 透明模式，建议也在安全服务器上保留一个 VLAN 数据库文件备份。当交换机返回到默认系统配置时，可以通过 Xmode 协议从安全服务器上下载保存的配置文件和 VLAN 数据库文件到交换机上，予以恢复交换机。

如果已通过 boot manual 全局配置模式命令设置了交换机手动启动，则禁止密码恢复功能不会工作。

4．为终端线路配置 Telnet 密码

当第一次启动交换机时，将自动运行设置（setup）程序，可以分配 IP 地址信息，并创建一个默认的配置。这个设置程序也会提示为 Telnet 用户访问配置密码。如果在设置程序中没有配置这个密码，可以在任何时候通过 CLI 进行配置。具体步骤如表 16-3 所示。

表 16-3　为终端线路配置 Telnet 密码的步骤

步骤	命令	说明
1	**enable password** *password* 例如：Switch#**enable password** lycb	进入特权模式（如果配置了特权密码，则键入正确的密码）
2	**configure terminal** 例如：Switch# **configure terminal**	进入全局配置模式
3	**line vty** *line1 line2* 例如：Switch(config)# **line vty 0 15**	配置 Telnet 会话虚拟终端线路号，进入虚拟终端线路配置模式。线路号取值范围为 0~15，参数 *line1* 指定要配置的终端线路起始号，参数 *line2* 指定要配置的线路终止号，“0 15”表示在为所有 16 条 Telnet 线路配置，“2 6”表示正在为 2~6 号共 5 条 Telnet 线路进行配置，如果只一个数字，则表示仅为单条 Telnet 会话线路进行配置
4	**password** *password* 例如：Switch(config-line)# **password** grfw	为以上 Telnet 线路配置密码，可以是 1~25 个字符，不能以数字开头，区分大小写，可以包括空格，但前导空格会被忽略。默认是没有定义密码的，可用 **no password** 线路配置模式命令删除原来为对应 Telnet 线路配置的密码
5	**end** 例如：Switch(config-line)# **end**	返回特权模式
6	**show running-config** 例如：Switch# **show running-config**	在运行配置文件中查看以上 Telnet 线路密码配置
7	**copy running-config startup-config** 例如：Switch# **copy running-config startup-config**	（可选）保存以上配置到启动配置文件中

以下示例是配置 10 号 Telnet 的会话密码为 let45me67in89。

```
Switch(config)# line vty 10
Switch(config-line)# password let45me67in89
```

5．配置特权级别用户名和密码对

可以配置不同特权级别用户名和密码对，本地存储在交换机上。这个用户名和密码对可以分配给 Console 端口或 VTY 虚拟终端线路，用于在这些用户访问交换机时进行认证。如果已设定了多个特权级别，则也可以为每一个特定的特权级别分别设置一个用户名和密码对。具体配置步骤如表 16-4 所示。

最权威的交换机配置与管理技术手册

表 16-4 为端口或线路配置用户名和密码对的步骤

步骤	命令	说明
1	**configure terminal** 例如：Switch# **configure terminal**	进入全局配置模式
2	**username** *name* [**privilege** *level*] {**password** *encryption-type password*} 例如：Switch(config)# **username** winda **privilege** 10 **password** 0 grfw	为对应特权级别配置一个用户名和密码对。命令中的参数说明如下： ● *name*：配置访问对应特权级别的用户名，不能包括空格和问号（?） ● *level*：可选参数，指定以上用户登录后访问的特权级别，取值范围为 0~15，级别 15 是特权模式，而级别 1 为用户模式 ● *encryption-type*：指定密码的加密类型，0 表示不加密，7 表示使用 Cisco 自定义的加密算法对密码进行加密 ● *password*：指定访问对应特权级别的密码，为 1~25 个字符，区分大小写，可以包括空格，但会忽略前导空格，而且必须在命令的最后输入 要禁止基于指定用户名的认证，可使用 **no username** *name* 全局配置模式命令
3	**line** [**aux** | **console** | **vty**] *line-number* [*ending-line-number*] 例如：Switch(config)# **line console 0** 或 例如：Switch(config)# **line vty** 0 4	指定以上配置的用户名和密码对所适用的异步端口（或辅助端口，aux）、控制台端口（console，端口号固定为 0）或者虚拟终端线路（vty）。如果是 aux 或者 console 端口，则只能选择 0 号线路；如果是 vty 线路（Telnet 通信采用 VTY 虚拟终端线路），则线路号取值范围为 0~15，参数 *line-number* 指定要配置的终端线路起始号，参数 *ending-line-number* 指定要配置的线路终止号，“0 15”表示在为所有 16 条 Telnet 线路配置，“2 6”表示正在为 2~6 号共 5 条 Telnet 线路进行配置，如果只一个数字，则表示仅为单条 Telnet 会话线路进行配置
4	**login local** 例如：Switch(config-line)# **login local**	启用在登录时基于第 2 步配置的用户名和密码的本地密码检测，没有密码不能登录，可用 **no login** 线路配置模式命令禁止登录时的密码检测，允许无密码的连接
5	**end** 例如：Switch(config-line)# **end**	返回特权模式
6	**show running-config** 例如：Switch# **show running-config**	校验以上配置
7	**copy running-config startup-config** 例如：Switch# **copy running-config startup-config**	（可选）在交换机启动配置文件中保存以上配置

16.1.2 配置多个特权级别

默认情况下，Cisco IOS 系统有两个密码安全模式：用户模式和特权模式。可以为每个模式最多配置 16 个命令级别，可以允许不同用户集使用指定的命令集。例如，如果想要许多用户可以使用命令，则可以分配该级别的密码给更广泛的用户组，但是如果想要更严格地限制命令的使用，可以指派该命令为级别 3 安全层次，并且分发该级别用户密码给少数受限用户组。

1. 为命令设置特权级别

可以为一些不同模式下的命令设置特定的特权级别，仅持有对应特权级别密码的用户才可以访问它们。命令的特权级别配置如表 16-5 所示（注意，**高级别用户除了可以使用本级别可以使用的命令外，还可以使用下面所有低级别用户可以使用的命令**）。

表 16-5 不同模式命令特权级别的配置步骤

步骤	命令	说明
1	**configure terminal** 例如：Switch# **configure terminal**	进入全局配置模式
2	**privilege** *mode* **level** *level command* 例如：Switch(config)# **privilege** exec **level** 10 vlan	为指定命令设置新的配置模式和特权级别。命令中的参数说明如下： ● *mode*：为后面 *command* 参数所对应命令指定新的配置模式。**configure** 为全局配置模式，**exec** 为特权模式，**interface** 为接口配置模式，**line** 为线路配置模式等，具体参见《Cisco/H3C 交换机配置与管理完全手册（第二版）》第 2 章

续表

步骤	命令	说明
2	（接前）	● *level*：为后面 *command* 参数所对应命令配置新的特权级别，取值范围为 0～15，1 为用户模式，15 为最高级别，即特权模式 ● *command*：指定要设置新的配置模式和特权级别的命令，无需带选项和参数 可以多次执行本步操作，为需要的所有命令重新配置配置模式和特权级别，可用 **no privilege** *mode* **level** *level command* 全局配置模式命令恢复对应命令为默认的特权级别
3	**enable password level** *level password* 例如：Switch(config)#**enable password level** 10 grfw	为以上命令所在新的特权级别配置特权密码，参数 *level* 用来指定要配置密码的特权级别，取值范围为 0～15，1 为用户模式，15 为最高级别，即特权模式；参数 *password* 用来为对应特权级别配置密码，1～25 个字符，不能以数字开头，允许含有空格，但会忽略前导空格。默认是没有配置密码的
4	**end** 例如：Switch(config)#**end**	返回特权模式
5	**show running-config** 例如：Switch#**show running-config** 或 **show privilege** 例如：Switch#**show privilege**	校验以上特权级别的密码或特权级别配置
6	**copy running-config startup-config** 例如：Switch#**copy running-config startup-config**	（可选）在交换机启动配置文件中保存以上配置

当设置一个命令为某个特权级别，则所有该命令的子命令均设置为该特权级别。例如设置 **show ip traffic** 命令为特权级别 15，则 **show** 和 **show ip** 命令均自动设置为特权级别 15，除非另外再手动设置这些子命令为其他特权级别。

以下示例是设置 **configure** 命令为特权级别 14，并定义访问特权级别 14 命令的密码为“SecretPswd14”。

```
Switch(config)# privilege exec level 14 configure
Switch(config)# enable password level 14 SecretPswd14
```

2．更改线路的默认特权级别

可以为不同终端线路配置不同的特权级别，以便为不同用户分配不同的线路配置权限。终端线路特权级别的配置步骤如表 16-6 所示。

表 16-6　更改终端线路默认特权级别的配置步骤

步骤	命令	说明
1	**configure terminal** 例如：Switch# **configure terminal**	进入全局配置模式
2	**line vty** *line* 例如：Switch(config)# **line vty** 10	键入要限制访问的虚拟终端线路号
3	**privilege level** *level* 例如：Switch(config-line)# **privilege level** 12	改变以上虚拟终端线路的默认特权级别，参数的取值范围为 0~15，0 为用户模式，15 为最高级别的特权模式。 默认情况下，特权级别 15 是通过特权密码进入的，而特权级别 1 是不需要密码即可进入的，可使用 **no privilege level** 线路配置模式命令恢复对应线路的默认特权级别
4	**end** 例如：Switch(config-line)# **end**	返回特权模式
5	**show running-config** 例如：Switch# **show running-config** 或 **show privilege** 例如：Switch# **show privilege**	校验以上特权级别的密码或特权级别配置
6	**copy running-config startup-config** 例如：Switch# **copy running-config startup-config**	（可选）在交换机启动配置文件中保存以上配置

用户可以登录某线路，并启用不同的特权级别来覆盖使用 **privilege level** 线路配置模式命令配置的特权级别。他们还可以通过使用 **disable** 命令降低特权级别。如果用户已有更高特权级别的密码，则他们还可以使用这个密码来启用更高级的特权级别。可能需要为控制台线路来指定一个更高级别或者特权模式来限制对控制台线路的访问。

以下示例是配置 vty 线路 0 为特权级别 5，这样任何使用这条线路访问交换机的用户都具有特权级别 5 的权限。

```
Switch(config)#line vty 0
Switch(config-line)#privilege level 5
```

3．登录进入和退出一个特权级别

可在特权模式下键入 **enable** *level* 命令进入某个特权级别；在特权模式下使用 **disable** *level* 命令退出一个指定的特权级别。

16.2 TACACS+基础

TACACS+（Terminal Access Controller Access Control System Plus，增强终端访问控制器访问控制系统）是 TACACS 协议的更新版本。TACACS 是 UNIX 系统早期使用的认证协议，可使远程访问服务器将用户的登录信息发送到认证服务器以确定用户是否可以访问给定系统。但由于 TACACS 协议对控制信息不加密，因此安全性较差，所以才有后来的 TACACS+和 RADIUS 协议（远程访问拨号用户系统，通过 RADIUS 控制交换机访问的配置方法将在本章后面介绍）。这两个新协议的不同在于 TACACS+使用面向连接的 TCP 协议（端口号为 49），RADIUS 是非面向连接的 UDP 协议。TACACS+和 RADIUS 协议都是一种为路由器、网络访问服务器和其他互联计算设备通过一个或多个集中的服务器提供访问控制的协议，提供了独立的 Authentication（认证）、Authorization（授权）和 Accounting（记账或计费）服务，统称为 AAA（3A）。

本节先介绍 TACACS+的相关基础知识，下节将具体介绍 Cisco IOS 交换机上的 TACACS+的相关配置。

16.2.1 TACACS+简介

TACACS+是一个可以提供对试图访问交换机的用户进行集中验证的安全协议。TACACS+服务是在运行于 UNIX 或者 Windows NT 核心系统工作站的 TACACS+程序数据库中维护的。应当在交换机上配置 TACACS+前配置好 TACACS+服务器（也可以统称为 AAA 服务器）。

【说明】如果配置 TACACS+的交换机是一个交换机堆叠，则建议在交换机堆叠和 TACACS+服务器间部署冗余连接，这有助于确保 TACACS+服务器在即使有一个连接的堆叠成员从堆叠中移去时仍然保持连接。

TACACS+提供了模块化、独立的授权、认证和计费这三项功能，统称为 AAA 服务。TACACS+允许通过单一访问控制器来独立提供授权、认证和计费三项服务。TACACS+的目的是要通过单一管理服务提供一个管理多个网络访问点的方法。Cisco 交换机可以与其他 Cisco 路由器和访问服务器一起作为一个网络访问服务器。

TACACS+服务器程序可以提供以下服务：

- Authentication（认证）：此项服务用来辨识用户的身份，通过登录密码提示框、质询和响应消息支持提供全面的认证控制。

  认证功能可以管理与用户的对话，如要求输入用户名和密码，向登录询问几个问题（如家庭地址、母亲名字、服务类型等)。TACACS+认证服务也可以发送消息到登录用户屏蔽，例如提示用户密码即将到期，请及时修改用户密码的消息。

- Authorization（授权）：此项服务是对通过认证后的用户进行授权，也就是给这些用户分配相应的权限，提供在用户会话过程中用户权限的具体控制，包括但不限于设置自动运行命令、访问控制、会话期限或协议支持等。也可以强制约束用户可以执行的命令。
- Accounting（计费）：此项服务用来追踪用户的行为，收集和发送用于 TACACS+程序计费、审计和报告的信息。网络管理者可以使用计费功能跟踪用户的安全许可活动性，或者提供用户计费信息。计费记录包括用户的身份、每次的起始和终止登录时间、执行的命令、传输的包数量和字节数。

以上三项服务是相互独立的。TACACS+服务提供在交换机和 TACACS+程序间的认证，并确保交换机和 TACACS+程序之间的数据交换机密性，因为在交换机和 TACACS+程序之间的所有协议交换都是加密的。

16.2.2 TACACS+工作原理

总体而言，当一个用户试图通过认证对使用了 TACACS+的交换机进行一个简单的 ASCII 登录时，则会发生以下流程：

（1）当用户与交换机建立连接时，交换机会联系 TACACS+程序，在用户界面中显示一个输入用户名的提示，在用户正确输入用户名后，交换机然后联系 TACACS+ Daemon 程序，在用户界面中继续显示一个输入对应用户密码的提示。当用户输入好密码后，密码被发送到 TACACS+服务器程序。

TACACS+允许在 TACACS+服务器程序和用户之间进行对话，直到 TACACS+服务器 Daemon 程序已接收到足够的认证用户信息。此时，TACACS+服务器程序会提示输入用户名和密码，但也可以包括其他项目，如认证用户的母亲姓名等，当然这要根据交换机上具体的 TACACS+服务器配置而定。

（2）交换机根据用户的输入情况会从 TACACS+服务器程序接收到以下一个响应：

- 接受（ACCEPT）：用户通过认证，并开始提供服务，如果交换机配置了需要授权，则此时开始为对应用户账户进行授权。
- 拒绝（REJECT）：用户未通过认证，用户可能被拒绝访问或者提示重新进行登录流程，这要依据 TACACS+服务器程序上的配置而定。
- 错误（ERROR）：认证过程出现错误，当交换机接收到一个错误消息，交换机通常会试图使用在交换机上配置的认证方法列表中的一个其他认证方法对用户进行认证。
- 继续（CONTINUE）：提示用户输入其他认证信息。在通过认证后，如果在交换机上启用了授权，则用户还需要进行额外的授权（Authorization）阶段。

（3）如果需要进行授权（Authorization），则交换机会再次联系 TACACS+服务器程序，并且根据配置返回一个接受（ACCEPT）或者拒绝（REJECT）的授权响应。如果返回的是一个接受响应，则响应包含特权或者网络会话属性格式的数据，并且用户可以开始使用以下服务：

- Telnet、Secure Shell（SSH）、rlogin 或者某些特权服务。
- 连接参数，包括客户端 IP 地址、ACL 和用户连接超时时间。

下面介绍认证、授权和计费这三项功能的实现原理。

1. Authentication 原理

TACACS+认证主要使用以下这三种数据包：

- START：当用户尝试连接时，由交换机向 TACACS+服务器认证初始化消息。
- REPLY：在认证过程中，由 TACACS+服务器向交换机返回认证请求响应消息。
- CONTINUE：用来向 TACACS+服务器提交用户名、密码和其他额外的信息。

具体的认证过程如下所示（请对照图 16-1 中的流程序号）：

（1）交换机（AAA 客户端，下同）接收到一个用户连接请求。

（2）发送第一个包——START 到 TACACS+服务器。

（3）TACACS+服务器发送一个 REPLY 包到交换机，要求客户端获得用户名。

（4）交换机发送一个由请求连接用户提供的用户名的 CONTINUE 包到 TACACS+服务器。

（5）TACACS+服务器发送一个 REPLY 包到交换机，要求交换机去获取对应用户的密码。

（6）交换机发送一个由请求连接用户提供的密码的 CONTINUE 包到 TACACS+服务器。

（7）TACACS+服务器最后发送一个 REPLY 包到交换机，指示认证成功或者失败。这个 REPLY 包中可能是前面介绍的 ACCEPT、REJECT、ERROR 和 CONTINUE 四种类型之一。

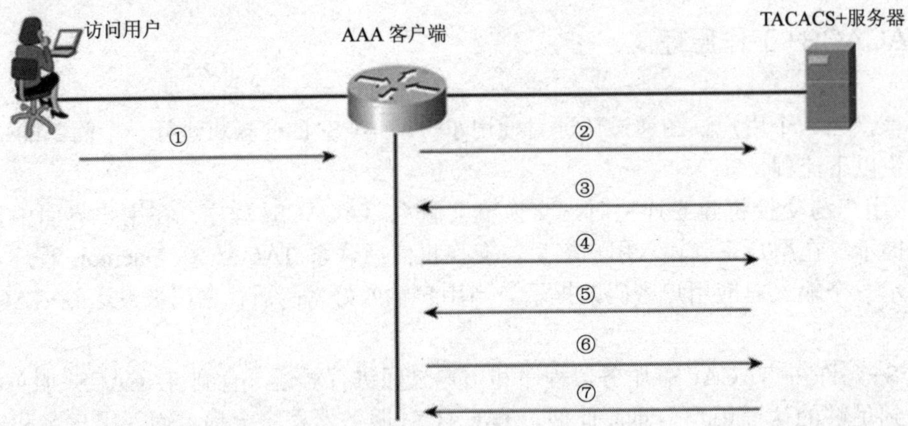

图 16-1　TACACS+认证流程

2．Authorization 原理

TACACS+授权主要使用以下两种报文：

- REQUEST：由交换机向 TACACS+服务器发送对通过认证的用户进行授权的请求包。
- RESPONSE：由 TACACS+服务器根据所配置的策略向交换机发送的授权请求响应包。

整个授权流程如下所示（请对照图 16-2 中的流程序号）：

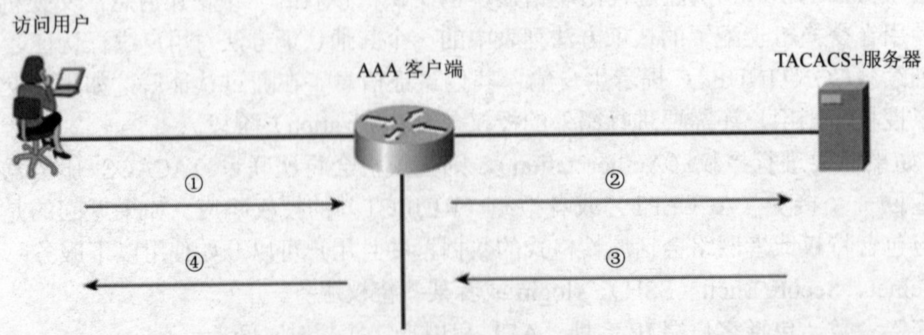

图 16-2　TACACS+授权流程

（1）交换机接收到用户的资源请求（假设用户已通过认证）。

（2）交换机发送一个 REQUEST 请求包到 TACACS+服务器。

（3）TACACS+服务器发送一个提示授权成功或者失败的 RESPONSE 响应包到交换机。

（4）交换机根据 TACACS+服务器的指示允许或者拒绝对应用户的访问。

在第 3 步中 TACACS+服务器发送到交换机的 RESPONSE 消息中可能包含下面的一种回复：

- FAIL：表明授权请求没有被授予。
- PASS_ADD：授权通过，但是 TACACS+服务器会请求其他信息。
- PASS_REPL：TACACS+服务器选择忽略交换机发送的 REQUEST 报文，并且在 RESPONSE 中返回 REQUEST 中的内容。
- FOLLOW：TACACS+服务器希望交换机发送授权信息到另外一台服务器中，这个 RESPONSE 报文中包含另一台 TACACS+服务器的相关信息。交换机可以选择到那台服务器上进行授权或者简单地把这个回复当作认证失败。
- ERROR：TACACS+服务器出错，通常是由于 TACACS+服务器和交换机的预共享密钥不匹配，也有可能是其他的原因。

3．Accounting 原理

TACACS+服务器的计费过程中会发送以下三种记录到 TACACS+服务器中：

- START：表示计费服务开始，并包含授权过程的信息和具体的计费信息。
- STOP：表示计费服务结束或终止，并同样包含授权过程的信息和具体的计费信息。
- CONTINUE：也叫做 Watchdog，允许交换机更新信息到 TACACS+服务器，并同样包含授权过程的信息和具体的计费信息。

具体的计费流程如下所示（请对照图 16-3 的流程序号）：

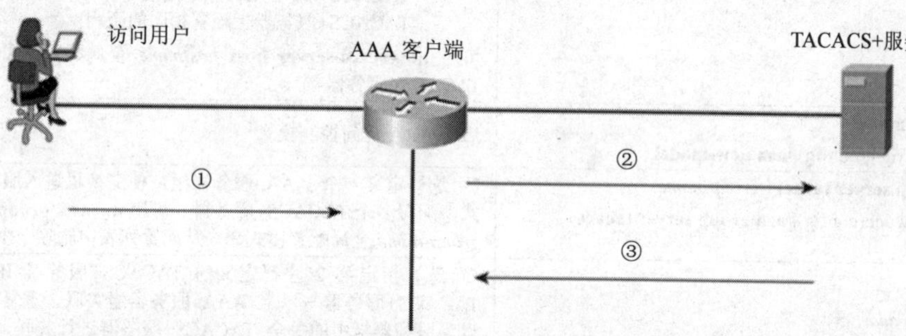

图 16-3　TACACS+计费流程

（1）用户从交换机上请求资源。

（2）交换机向 TACACS+服务器发送一个 START、STOP 或 CONTINUE 请求包。

（3）TACACS+服务器根据交换机发送的请求包类型对应发送 SUCCESS、ERROR 或者 FOLLOW 响应包。这三种响应包具体如下：

- SUCCESS：表明服务器接收了交换机发送的记录。
- ERROR：表明服务器没有提交收到的记录到数据库。
- FOLLOW：表明服务器希望交换机发送记录到另外一台 TACACS+服务器上，这个 RESPONSE 报文中包含另一台 TACACS+服务器的相关信息。

16.3　Cisco IOS 交换机上的 TACACS+配置与管理

本节介绍如何配置 Cisco IOS 交换机以支持 TACACS+。至少必须在交换机上配置一台或多台运行 TACACS+的服务器主机，定义 TACACS+认证的方法列表。另外，还可以定义 TACACS+授权和计费方法列表。这些服务的方法列表定义了使用认证、授权或者计费的方法和次序。

默认情况下，交换机上的 TACACS+和 AAA 服务是禁止的。

16.3.1 标识 TACACS+服务器主机，设置认证密钥

可以配置交换机使用一个或者多个 TACACS+服务器进行用户认证。也可以指定某些服务器提供特定的服务，如单独的认证、授权或者计费。这个服务器组是通过一个全局服务器主机列表来指定的，具体的配置步骤如表 16-7 所示。

表 16-7 TACACS+服务器主机和认证密钥配置步骤

步骤	命令	说明
1	**configure terminal** 例如：Switch#**configure terminal**	进入全局配置模式
2	**tacacs-server host** *hostname* [**port** *integer*] [**timeout** *integer*] [**key** *string*] 例如：Switch(config)#**tacacs-server host** Sea_Cure **port** 51 **timeout** 3 **key** a_secret	标识一个或多个主机运行 TACACS+服务器程序，如果要标识多个主机，则要多次配置此命令。命令中的参数说明如下： ● *hostname*：指定 TACACS+服务器主机名或 IP 地址（**注意，可以是 IP 地址**） ● **port** *integer*：可选参数，指定运行 TACACS+服务的 TCP 端口号，取值范围为 1～65535 的整数，默认为 49 ● **timeout** *integer*：可选参数，指定交换机等待 TACACS+服务器响应的时间，超时后即判定出错，取值范围为 1~1000 秒（必须是整数），默认为 5 秒 ● **key** *string*：可选参数，指定用于加密和解密所有交换机与 TACACS+服务器之间通信的共享密钥。必须在每个 TACACS+服务器上配置相同的密钥 可用 **no tacacs-server host** *hostname* 全局配置模式命令删除指定的 TACACS+服务器
3	**aaa new-model** 例如：Switch(config)#**aaa new-model**	启用 AAA 访问控制模式
4	**aaa group server tacacs+** *group-name* 例如：Switch(config)#**aaa group server tacacs+** tacgroup1	（可选）定义一个 AAA 服务器组，使交换机进入服务器组子配置模式，配置多个 TACACS+服务器。可用 **no aaa group server tacacs+** *group-name* 全局配置模式命令从配置列表中删除一个服务器组
5	**server** *ip-address* 例如：Switch **(config-sg-tacacs+)#server** 192.168.1.4	（可选）指定第 2 步已定义的 TACACS+服务器 IP 地址，使这些 TACACS+服务器与以上 AAA 服务器组关联。重复执行本步操作可以为服务器组中的每个 TACACS+服务器进行关联，可用 **no server** ***ip-address*** 服务器组子配置模式命令删除与交换机关联的一个 TACACS+服务器 IP 地址
6	**end** 例如：Switch **(config-sg-tacacs+)#end**	返回特权模式
7	**show tacacs** 例如：Switch #**show tacacs**	校验以上配置
8	**copy running-config startup-config** 例如：Switch #**copy running-config startup-config**	（可选）在交换机启动配置文件中保存以上配置

16.3.2 TACACS+登录认证配置

要配置 TACACS+ AAA 认证，需要定义一个认证方法名称列表，然后应用这个名称列表到不同的端口。这个方法列表定义了要执行的认证类型和执行的顺序。在执行任何已定义的认证方法前，必须把方法列表应用到指定的端口上，除了默认的方法列表（名为 default）外。默认的方法列表是自动应用到所有端口上的，除了已明确定义了方法列表的端口。自定义的方法列表将覆盖默认的方法列表。方法列表描述了认证一个用户的认证次序和方法。可以定义一个或多个安全协议用于认证，这样可以确保在最初认证方法失败时有一个认证备份系统。

TACACS+ AAA 认证名称列表配置步骤如表 2-8 所示。

表 16-8　TACACS+ AAA 认证名称列表配置步骤

步骤	命令	说明
1	**configure terminal** 例如：Switch#**configure terminal**	进入全局配置模式
2	**aaa new-model** 例如：Switch(config)#**aaa new-model**	启用 AAA 访问控制模式，可用 **no aaa new-model** 全局配置模式命令禁止 AAA 服务
3	**aaa authentication login** {**default** | *list-name*} *method1* [*method2*...] 例如：Switch(config)#**aaa authentication login** MIS-access **group tacacs+ enable none**	创建登录认证方法列表。命令中的参数和选项说明如下： ● **default**：二选一选项，指定创建一个默认登录列表名，这是默认设置，将自动应用到所有端口上，如果没有创建默认的认证方法列表，则仅检查本地用户数据库 ● *list-name*：为要创建的方法列表指定一个名称 ● *method1*[*method2*...]...：按先后次序指定要尝试采用的实际认证方法。仅当当前的认证方法出现错误时（不是在出现认证失败时）才选用其他的认证方法 可选择以下认证方法之一： ● **enable**：使用特权密码进行认证。在使用这种认证方法之前，必须通过 **enable** *password* 全局配置模式命令定义一个特权密码 ● **group tacacs+**：使用 TACACS+认证。在使用这种认证方法前，必须在交换机上指定要使用的 TACACS+服务器，参见 16.3.1 节 ● **line**：使用终端线路访问密码进行认证。在使用这种认证方法前，必须使用 **password** *password* 线路配置模式命令定义一个对应终端线路访问的密码 ● **local**：使用本地用户数据库进行认证。在使用这种认证方法之前，必须使用 **username** *password* 全局配置模式命令在本用户数据库中添加对应的用户密码 ● **local-case**：使用区分大小写的本地用户数据库进行认证。在使用这种认证方法前，必须使用 **username** *name* **password** 全局配置模式命令在本用户数据库中添加对应的用户账户和密码 ● **none**：不使用任何认证方式进行登录认证 可用 **no aaa authentication login** {**default** | *list-name*} *method1* [*method2*...]全局配置模式命令禁止 AAA 认证
4	**line** [**console** | **tty** | **vty**] *line-number* [*ending-line-number*] 例如：Switch(config)#**line vty** 0 10	进入线路配置模式，配置要应用以上认证方法列表的线路。参数 *line-number* 用来指定要应用以上认证方法列表的起始线路号，可选参数 *ending-line-number* 用来指定要应用以上认证方法列表的终止线路号
5	**login authentication** {**default** | *list-name*} 例如：Switch(config-line)#**login authentication default**	应用指定的认证方法列表到上述一条或多条终端线路上。如果选择 **default** 二选一选项，则指定使用由 **aaa authentication login default** 命令创建的默认认证方法列表；如果选择 *list-name* 二选一参数，则指定使用由 **aaa authentication login** *list-name* 命令创建的认证方法列表。 可用 **no login authentication** {**default** | *list-name*}线路配置模式命令禁止 AAA 认证（当选择 **default** 二选一选项时），或者返回到默认的认证方法（当选择 *list-name* 二选一参数时）
6	**end** 例如：Switch(config-line)#**end**	返回特权模式
7	**show running-config** 例如：Switch#**show running-config**	校验以上配置
8	**copy running-config startup-config** 例如：Switch#**copy running-config startup-config**	（可选）保存以上配置到交换机启动配置文件中

【示例 1】创建一个名为 MIS-access 的认证方法列表，第一个方法是 group tacacs+，如果没有找到对应的 TACACS+服务器，则返回一个错误信息，然后使用第二个方法 enable（基于特权密码进行认证），如果仍返回错误消息，则再尝试采用第三个方法 none（即不进行任何认证）。

```
Switch(config)#aaa authentication login MIS-access group tacacs+ enable none
```

【示例 2】创建一个默认认证方法列表，其中的三个认证方法依次是 group tacacs+、enable 和 none。

```
Switch(config)#aaa authentication login default group tacacs+ enable none
```

【注意】要使用 TACACS+认证方法通过 http 协议安全访问交换机，则还必须在交换机上使用 **ip http authentication aaa** 全局配置模式命令，因为仅配置 TACACS+认证不会确保通过 http 协议安全访问交换机。

16.3.3 为特权模式访问和网络服务配置 TACACS+授权

TACACS+ AAA 授权限制了用户的可用服务。当启用了 TACACS+ AAA 授权时，交换机使用从本地用户数据库或者 TACACS+服务器上用户配置文件中检索到的用户访问权限信息来配置用户会话（需要事先在本地用户数据库配置所需的各种用户和特权级别，或者在 TACACS+服务器上配置好相关用户权限）。仅当用户配置文件中的信息显示允许对应用户访问时，用户才可以许可访问所请求的服务。

可以使用 **aaa authorization tacacs+**全局配置模式命令来设置限制用户网络访问特权模式（包括各种特权级别，但不能限制本地 CLI 方式的特权模式访问）的参数。**aaa authorization exec tacacs+ local** 命令可以设置以下授权参数：

- 如果通过了 TACACS+认证，则使用 TACACS+进行特权模式访问授权
- 如果没有通过 TACACS+认证，则使用本地数据库对用户进行特权模式访问授权

【注意】授权对于使用 CLI 登录，已通过认证的用户来说是不起作用的，即使已配置了 TACACS+授权。也就是说，TACACS+授权仅对通过网络访问方式登录的用户有用。

为特权模式访问和网络服务 TACACS+授权的配置步骤如表 16-9 所示。

表 16-9 特权模式访问和网络服务 TACACS+授权的配置步骤

步骤	命令	说明
1	**configure terminal** 例如：Switch#**configure terminal**	进入全局配置模式
2	**aaa authorization network tacacs+** 例如：Switch(config)#**aaa authorization network tacacs+**	为用户的所有相关网络服务请求配置 TACACS+授权，可用 **no aaa authorization network tacacs+**命令禁止对用户的网络服务请求进行 TACACS+授权
3	**aaa authorization exec tacacs+** 例如：Switch(config)#**aaa authorization exec tacacs+**	为用户的特权模式访问配置 TACACS+授权，可用 **no aaa authorization exec tacacs+**命令对用户的网络访问特权模式（包括各种特权级别）进行 TACACS+授权
4	**end** 例如：Switch(config)# **end**	返回特权模式
5	**show running-config** 例如：Switch#**show running-config**	校验以上配置
6	**copy running-config startup-config** 例如：Switch#**copy running-config startup-config**	在交换机启动配置文件中保存以上配置

16.3.4 启用 TACACS+计费

TACACS+ AAA 计费功能可以跟踪用户访问的服务和网络资源量。当启用了 TACACS+ AAA 计费功能时，交换机会以计费记录的方式向 TACACS+服务器报告用户的活动性。每个计费记录包含计费属性一值（attribute-value，AV）对，并存储在 TACACS+服务器中。这个数据可以用于网络管理、客户计费和审核方面的分析。

在 Cisco IOS 交换机上对各种特权级别访问的用户和网络服务启用 TACACS+计费功能的配置步骤如表 16-10 所示。

表 16-10　对特权级别用户和网络服务启用 TACACS+计费功能的配置步骤

步骤	命令	说明
1	**configure terminal** 例如：Switch#**configure terminal**	进入全局配置模式
2	**aaa accounting network start-stop tacacs+** 例如：Switch(config)#**aaa accounting network start-stop tacacs+**	为用户的所有相关网络服务请求启用 TACACS+计费功能，可用 **no aaa accounting network start-stop tacacs+**命令禁止对用户的网络服务请求进行 TACACS+计费
3	**aaa accounting exec start-stop tacacs+** 例如：Switch(config)#**aaa accounting exec start-stop tacacs+**	启用 TACACS+计费功能，在开始特权模式进程时发送一个开始记录（start-record）计费通知，在终止特权模式进程时发送一个停止记录（stop-record）计费通知，可用 **no aaa accounting exec start-stop tacacs+**命令对用户的网络访问特权模式（包括各种特权级别）进行 TACACS+授权
4	**end** 例如：Switch(config)#**end**	返回特权模式
5	**show running-config** 例如：Switch#**show running-config**	校验以上配置
6	**copy running-config startup-config** 例如：Switch#**copy running-config startup-config**	（可选）在交换机启动配置文件中保存以上配置

16.3.5　TACACS+配置信息管理

TACACS+服务信息的管理比较简单，仅通过 **show tacacs** 特权模式命令就可以。示例如下（输出信息各字段说明如表 16-11 所示）。

```
Switch# show tacacs

Tacacs+ Server             : 172.19.192.80/49
              Socket opens:         3
             Socket closes:         3
             Socket aborts:         0
             Socket errors:         0
           Socket Timeouts:          0
   Failed Connect Attempts:        0
        Total Packets Sent:        7
        Total Packets Recv:        7
          Expected Replies:         0
  No current connection
```

表 16-11　show tacacs 命令输出信息字段说明

字段	说明
Tacacs+ Server	显示 TACACS+服务器的 IP 地址
Socket opens	成功连接的 TACACS+服务器连接 TCP 套接字（Socket）数
Socket closes	成功关闭的 TACACS+服务器连接 TCP 套接字数
Socket aborts	在 TACACS+服务器没有响应前就已关闭的 TACACS+服务器连接 TCP 套接字数
Socket errors	所有出现读取或者写入错误（如不正确的包格式和长度）的套接字数
Failed Connect Attempts	连接失败的 TACACS+服务器连接 TCP 套接字数
Total Packets Sent	已发送到 TACACS+服务器的包数
Total Packets Recv	已从 TACACS+服务器接收到的包数
Expected replies	从 TACACS+服务器接收到的过期应答数

16.4　RADIUS 基础

RADIUS（Remote Authentication Dial In User Service，远程用户拨入认证服务）协议最初是由 Livingston 公司提出的，原先的目的是为拨号用户进行认证和计费。后来经过多次改进，形成了一项通用的认证计费协议。RADIUS 是一种 C/S（客户端/服务器）结构的协议，它的客户端最初就是 NAS（Network Access Server，网络接入服务器），现在任何运行 RADIUS 客户端软件的计算机（Windows、Linux 和 UNIX 系统都支持）都可以成为 RADIUS 的客户端，Cisco 路由器和交换机都可以作为 RADIUS 客户端。RADIUS 客户端发送一个认证请求到中心 RADIUS 服务器，RADIUS 服务器控制着所有用户认证和网络服务访问信息。RADIUS 协议认证机制灵活，可以采用 PAP、CHAP 或者 UNIX 登录认证等多种方式。下面先来简单了解一下 RADIUS 协议。

16.4.1 RADIUS 简介

RADIUS 与上节介绍的 TACACS+协议一样，同样是一种远程访问控制协议，都提供认证（Authentication）、授权（Authorization）和计费（Accounting）三种功能，所以都可以称之为 AAA 服务器。但是 TACACS+协议采用的是 TCP 传输层协议，而 RADIUS 协议采用的是 UDP 协议。具体的区别将在本节后面介绍。

RADIUS 最初仅是针对拨号用户的 AAA 协议，后来随着用户接入方式的多样化发展，RADIUS 也适应多种用户接入方式，如以太网接入、ADSL 接入。IEEE 802.1x 标准是一种基于端口的标准，用于对无线网络的接入认证，在认证时也采用 RADIUS 协议。RADIUS 服务器通过认证授权来提供接入服务，通过计费来收集、记录用户对网络资源的使用。

1. RADIUS 工作模式

RADIUS 系统同样包括 RADIUS 客户端和 RADIUS 服务器两种工作模式：

- RADIUS 客户端：RADIUS 客户端一般位于 NAS 设备上，可以遍布整个网络，负责传输用户信息到指定的 RADIUS 服务器，然后根据从服务器返回的信息进行相应处理（如接受/拒绝用户接入）。
- RADIUS 服务器：RADIUS 服务器一般运行在中心计算机或工作站上，维护相关的用户认证和网络服务访问信息，负责接受用户连接请求并认证用户，然后给客户端返回所有需要的信息（如接受/拒绝认证请求）。

2. RADIUS 数据库

RADIUS 服务器通常要维护以下三个数据库：

- Users：用于存储用户信息（如用户名、口令以及使用的协议、IP 地址等配置信息）。
- Clients：用于存储 RADIUS 客户端的信息（如接入设备的共享密钥、IP 地址等）。
- Dictionary：用于存储 RADIUS 协议中的属性和属性值含义的信息。

RADIUS 客户端和 RADIUS 服务器之间认证消息的交互是通过共享密钥的参与来完成的，并且共享密钥不能通过网络来传输，增强了信息交互的安全性。另外，为防止用户密码在不安全的网络上传递时被窃取，在传输过程中对密码进行了加密。

RADIUS 服务器和 NAS 服务器通过 UDP 协议进行通信，RADIUS 服务器的 1812 端口负责认证，1813 端口负责计费工作。采用 UDP 的基本考虑是因为 NAS 和 RADIUS 服务器大多在同一个局域网中，使用 UDP 更加快捷方便，而且 UDP 是无连接的，会减轻 RADIUS 的压力，也更安全。

3. RADIUS 代理和重传机制

RADIUS 还支持代理和漫游功能。简单地说，代理就是一台服务器，可以作为其他 RADIUS 服务器的代理，负责转发 RADIUS 认证和计费数据包。所谓漫游功能，就是代理的一个具体实现，这样可以让用户通过本来与其无关的 RADIUS 服务器进行认证，用户到非归属运营商所在地也可以得到服务，也可以实现虚拟运营。

RADIUS 协议还规定了重传机制。如果 NAS 向某个 RADIUS 服务器提交请求没有收到返回信息，那么可以要求备份 RADIUS 服务器重传。由于有多个备份 RADIUS 服务器，因此 NAS 进行重传的时候，可以采用轮询的方法。如果备份 RADIUS 服务器的密钥和以前 RADIUS 服务器的密钥不同，则需要重新进行认证。

4．RADIUS 的主要应用环境

主要是在以下需要安全访问的网络环境中使用 RADIUS：

- 包括多个厂商的访问服务器网络，而且每个服务器都支持 RADIUS。例如，多个厂商的访问服务器使用一个基于 RADIUS 服务器的安全数据库。在包括多个厂商访问服务器的 IP 网络中，拨入用户是通过已自定义与 Kerberos 安全系统协同工作的 RADIUS 服务器得到认证。
- 支持 RADIUS 协议的整合网络环境安全环境，例如使用智能卡访问控制系统的访问环境。
- 网络已使用 RADIUS，可以添加一个包括 RADIUS 客户端的 Cisco 交换机到网络中。这可能是迁移到 TACACS+服务器的第一步。

16.4.2　RADIUS 工作原理

RADIUS 服务器支持多种方法来认证用户，如基于 PPP 的 PAP、CHAP 认证。另外，RADIUS 服务器还可以作为一个代理，以 RADIUS 客户端的身份与其他的 RADIUS 认证服务器进行通信，负责转发 RADIUS 认证和计费报文。

常用的 RADIUS 报文类型如下：

- Access-Request：由发起认证的交换机发起，携带用户的相关信息向 RADIUS 服务器请求认证。认证服务器会根据用户的信息以及认证所处的阶段进行响应。一次完整的认证过程中可能会有多次的请求与相应的交互。
- Access-Challenge/Accept/Reject：RADIUS 认证服务器对认证请求的响应可能有三种：认证质询、认证接受和认证拒绝。认证服务器接到的第一个认证请求报文一般只包含了用户名等基本信息，认证服务器会对此进行验证，确认该用户合法后会以一条认证挑战进行响应，要求用户验证密码。当发起认证的交换机把用户的响应以第二条认证请求报文返回后，认证服务器会对其进行验证，如果密码验证通过，则会发送一条认证接受报文；如果验证失败，则会发送一条认证拒绝报文；如果有需要，还会再次发起一条认证质询进行验证。
- Accounting-Request：由发起认证的交换机发送给 RADIUS 认证服务器，主要有计费开始请求、计费结束请求和计费更新请求三种，这三种类型由计费请求报文中的一个字段进行标识。
- Accounting-Response：计费响应报文由认证服务器发给认证交换机，根据交换机的计费请求进行相应的回复。

用户、RADIUS 客户端和 RADIUS 服务器之间的交互流程如图 16-4 所示，文字描述如下（对应图中的流程序号）：

（1）用户向交换机发起连接请求，向 AAA 客户端（也就是 RADIUS 客户端，此处为交换机）发送用户名和密码。

（2）交换机根据获取的用户名和密码，再向 RADIUS 服务器发送认证请求包（Access-Request），其中的密码在共享密钥的参与下由 MD5 算法进行加密处理。

（3）RADIUS 服务器对用户名和密码进行认证。如果认证成功，RADIUS 服务器向交换机返回认证接受包（Access-Accept）作为应答；如果认证失败，则 RADIUS 服务器向交换机返回认证拒绝包（Access-Reject）作为应答。如果有需要，还会再次发起一条认证质询报文（Access-Challenge）进行验证。由于 RADIUS 协议合并了认证和授权的过程，因此认证接受包中也包含了用户的授权信息。

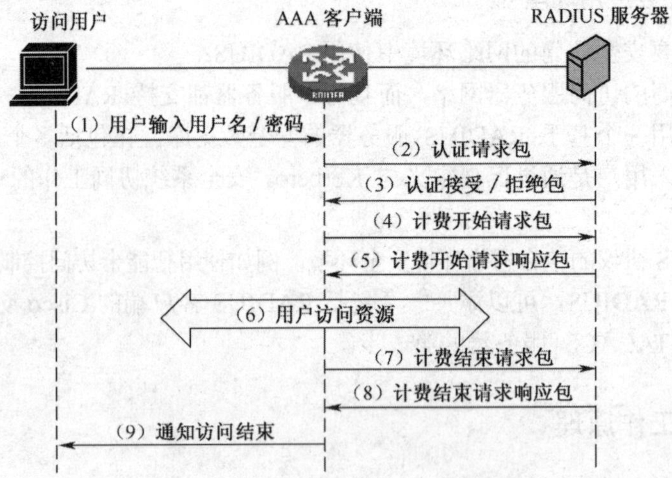

图 16-4　RADIUS 的基本消息交互流程

（4）交换机根据接收到的认证结果接入/拒绝用户。如果允许用户接入，则交换机向 RADIUS 服务器发送计费开始请求包（Accounting-Request）。

（5）RADIUS 服务器向交换机返回计费开始响应包（Accounting-Response），并开始计费。

（6）对应用户开始有权访问相应的网络资源。

（7）用户请求断开连接，交换机向 RADIUS 服务器发送计费停止请求包（Accounting-Request）。

（8）RADIUS 服务器返回计费结束响应包（Accounting-Response），并停止计费。

（9）用户结束访问网络资源。

16.5　Cisco IOS 交换机 RADIUS 配置与管理

本节将介绍如何配置交换机支持 RADIUS。至少，必须标识运行 RADIUS 服务器程序的一个或多个主机，并定义 RADIUS 认证的方法列表。也可以定义 RADIUS 授权和计费方法列表。方法列表定义了对用户进行认证、授权或计费的方法和次序。可以使用方法列表来指定使用一个或多个安全协议，如 TACACS+，或者本地用户查询，这样可以确保当前一个方法失败可以采用备份的方法。RADIUS 服务器系统首先使用第一个方法，如果第一个方法没有响应，软件自动选择列表中的下一个方法，直到认证、授权或者计费成功，或者方法列表中所列的方法都已选择完，但仍没有成功。

默认情况下，Cisco IOS 交换机是禁止 RADIUS 功能的。当启用 RADIUS 功能时，RADIUS 可以对通过 CLI 访问交换机的用户进行认证。但在交换机上配置 RADIUS 功能时，应当已经访问并配置一个 RADIUS 服务器。

16.5.1　标识 RADIUS 服务器主机

交换机与 RADIUS 服务器间的通信涉及到以下几个组件：

- RADIUS 服务器主机名或 IP 地址
- 认证目的端口
- 计费目的端口
- 密钥字符串
- 超时期限
- 重传值

可以通过主机名或者 IP 地址，主机名和指定的 UDP 端口号，或者它们的 IP 地址和指定的 UDP 端口号对 RADIUS 服务器进行标识。IP 地址和 UDP 端口号组合创建一个唯一的标识，允许通过不同端口来定义不同的 RADIUS AAA 服务器角色。这种唯一标识使得需要以同一 IP 地址向多个端口发送 RADIUS 请求。

如果同一个 RADIUS 服务器的两个不同主机条目是为同一个服务（如计费服务）配置的，则第二个主机条目配置就会作为第一个条目的失效切换备份。如果第一个主机条目提供计费服务失败，则会出现%RADIUS-4-RADIUS_DEAD 消息，然后交换机会试图使用第二个配置的主机条目提供计费服务。

RADIUS 服务器和交换机使用一个共享的文本字符串来加密密码和交换应答。要配置 RADIUS 使用 AAA 安全命令，则必须指定运行 RADIUS 服务器程序的主机和与交换机共享的这个加密密钥。

RADIUS 配置中的超时、重传和加密密钥值可以全局为所有的 RADIUS 服务器配置，或者基于每服务器模式单独配置，或者有些采用全局配置，有些则采用每服务器模式配置。要应用这些设置到所有 RADIUS 服务器与交换机的通信中，使用这三个唯一的全局配置命令：**radius-server timeout**、**radius-server retransmit** 和 **radius-server key**；要应用这些值到一个指定的 RADIUS 服务器与交换机的通信中，则使用 **radius-server host** 全局配置模式命令。

【注意】如果在交换机上同时基于全局和每服务器模式就超时、重传和密钥值进行了配置，则每服务器模式上配置的值将覆盖全局模式下的配置。

标识 RADIUS 服务器的配置步骤与本章前面标识 TACACS+服务器的配置方法差不多，具体如表 16-12 所示。可以配置交换机使用 AAA 服务器组来组合现有的 RADIUS 服务器主机，具体将在本章后面介绍。

表 16-12　标识 RADIUS 服务器的配置步骤

步骤	命令	说明
1	**configure terminal** 例如：Switch#**configure terminal**	进入全局配置模式
2	**radius-server host** {*hostname* | *ip-address*} [**auth-port** *port-number*] [**acct-port** *port-number*] [**timeout** *seconds*] [**retransmit** *retries*] [**key** *string*] 例如：Switch(config-if)#**radius-server host** 192.168.1.10 **timeout** 200 **retransmit** 3 **key** winda	指定远程 RADIUS 服务器主机名（选参数 *hostname* 时）或 IP 地址（选参数 *ip-address* 时）。命令中的参数说明如下： ● **auth-port** *port-number*：可选参数，指定交换机发送认证请求的目的 UDP 端口，如果不指定，则采用默认值，默认为 1645；如果设置为 0，则表明该 RADIUS 服务器主机不用于认证 ● **acct-port** *port-number*：可选参数，指定交换机发送计费请求的目的 UDP 端口，如果不指定，则采用默认值，默认为 1646；如果设置为 0，则表明该 RADIUS 服务器主机不用于计费 ● **timeout** *seconds*：可选参数，指定交换机重发请求前等待 RADIUS 服务器呼应的时间，取值范围为 1~1000 秒，本命令的设置将覆盖 **radius-server timeout** 全局配置模式命令的设置。如果本命令没有设置超时值，则使用 **radius-server timeout** 全局配置模式命令的设置 ● **retransmit** *retries*：可选参数，指定如果 RADIUS 服务器没有响应或者响应太慢，交换机向 RADIUS 服务器重发请求的次数，取值范围为 1~1000。如果本命令没有设置重传次数，则使用 **radius-server retransmit** 全局配置模式命令的设置 ● **key** *string*：可选参数，指定在交换机和 RADIUS 服务器之间认证和加密时所用的密钥。这是一个文本字符串，必须与 RADIUS 服务器上配置的密钥匹配，密钥的前导空格会被忽略，如果中间有空格，不要用引号括住密钥，除非引号本身是密钥的一部分

续表

步骤	命令	说明
2	（接前）	如果要使用同一个 IP 地址配置多个 RADIUS 服务器主机条目，则要多次执行此命令，但此时 UDP 端口号一定不要与原来相同 IP 地址的主机条目中的配置一样。这时交换机就会按照配置的先后次序来匹配 RADIUS 主机条目。 可用 **no radius-server host** *hostname* | *ip-addres* 命令删除指定的 RADIUS 服务器
3	**end** 例如：Switch(config-if)#**end**	返回特权模式
4	**show running-config** 例如：Switch#**show running-config**	校验以上配置
5	**copy running-config startup-config** 例如：Switch#**copy running-config startup-config**	（可选）在交换机启动配置文件中保存以上配置

【示例 1】配置一个 IP 地址为 **172.29.36.49** 的 RADIUS 服务器主机用于认证，端口号为 UDP 1612，密钥为 rad1；IP 地址为 **172.20.36.50** 的 RADIUS 服务器主机用于计费，端口号为 UDP 1618，密钥为 rad2。

```
Switch(config)# radius-server host 172.29.36.49 auth-port 1612 key rad1
Switch(config)# radius-server host 172.20.36.50 acct-port 1618 key rad2
```

【示例 2】配置名为 host1 的 RADIUS 服务器主机同时用于认证和计费，均使用默认的 UDP 端口号（认证使用 UDP 1645 号端口，计费使用 UDP 1646 号端口）。

```
Switch(config)# radius-server host host1
```

16.5.2 RADIUS 登录认证配置

与本章前面介绍的 TACACS+认证一样，要配置 RADIUS AAA 认证，需要定义一个认证方法名称列表，然后应用这个列表到不同端口上。方法列表定义了要执行的认证类型和次序。它必须在所定义的认证方法被执行前应用到指定的端口上，只有默认的方法列表例外，因为默认的方法列表是自动应用到除已确定了方法列表以外的所有端口上。方法列表描述了向请求认证用户询问的认证方法及次序。可以指定一个或多个安全协议用于认证，这样可以确保在原来认证方法失败后有备份的认证系统。

可按表 16-13 所示步骤配置 RADIUS 服务器认证方法列表。

表 16-13 RADIUS 服务器认证配置

步骤	命令	说明
1	**configure terminal** 例如：Switch#**configure terminal**	进入全局配置模式
2	**aaa new-model**	启用 AAA 访问控制模式，可用 **no aaa new-model** 全局配置模式命令禁止 AAA 功能
3	**aaa authentication login** {**default** | *list-name*} *method1* [*method2...*] 例如：Switch(config)#**aaa authentication login** auth-list **group radius line local** 或 **aaa authentication ppp** {**default** | *list-name*} *method1* [*method2...*] 例如：Switch(config)#**aaa authentication ppp** MIS-access **group radius none**	创建一个登录或者 PPP 会话认证方法列表。如果这里指定的方法列表没有在 **login authentication** {**default** | *list-name*}命令中指定，或者在本命令中选择 **default** 二选一选项，则会创建一个默认方法列表。默认方法列表将自动应用到所有没有自定义方法列表的端口上。 如果选择的是 *list-name* 二选一参数，则为创建的方法列表指定一个名称。参数 *method1...*用来指定一个实际的认证方法。可以指定多个（中间以空格分隔），使用时是仅当使用当前方法认证出错时（不是失败时）才使用下一个认证方法的。 可选择以下这些认证方法： ● **enable**：使用特权模式密码进行认证。在可以使用这种认证方法前，必须使用 **enable** *password* 全局配置模式命令定义一个特权模式密码 ● **group radius**：使用 RADIUS 认证。在使用这种认证方法之前，必须配置 RADIUS 服务器 ● **line**：使用终端线路密码进行认证。在使用这种认证方法之前，必须使用 **password** *password* 命令配置对应的终端线路密码

续表

步骤	命令	说明
3	（接前）	● **local**：使用本地用户数据库进行认证，但在此之前必须使用全局配置模式 **username** *name* **password** 命令在数据库中配置了对应的用户名 ● **local-case**：使用区分大小写的本地用户数据库进行认证，但在此之前必须使用 **username** *password* 全局配置模式命令在数据库中添加对应的用户信息 ● **none**：不使用任何认证方法 可使用 **no aaa authentication login** {**default** | *list-name*} *method1* [*method2...*]全局配置模式命令禁止 AAA 认证
4	**line** [**console** | **tty** | **vty**] *line-number* [*ending-line-number*] 例如：Switch(config)#**line vty** 0 15	进入终端线路配置模式，配置要应用以上认证方法列表的终端线路。参数 *line-number* 用于指定要应用认证方法列表的起始线路号，可选参数 *ending-line-number* 用于指定要应用上述认证方法列表的终止线路号
5	**login authentication** {**default** | *list-name*} 例如：Switch(config-line)#**login authentication** auth-list	在上述线路上应用认证方法列表。如果选择二选一选项 **default**，则指定应用使用 **aaa authentication login** 命令创建的默认认证方法列表；如果选择二选一参数 *list-name*，则应用使用 **aaa authentication login** 命令创建的指定认证方法列表。 可使用 **no login authentication** {**default** | *list-name*}线路配置模式命令禁止 AAA 认证（选择 **default** 二选一选项时），或者返回使用默认的认证方法列表（选择 *list-name* 二选一参数时）
6	**end** 例如：Switch(config-line)#**end**	返回特权模式
7	**show running-config** 例如：Switch#**show running-config**	校验以上配置
8	**copy running-config startup-config** 例如：Switch#**copy running-config startup-config**	（可选）在交换机启动配置文件中保存以上配置

以下示例是创建一个名为 MIS-access 的 RADIUS AAA 认证方法列表，第一个方法是 group radius（使用 RADIUS 服务器进行认证），当第一个方法认证出现错误时，则选择第二个认证方法 enable（使用特权模式密码进行认证），还出现错误的话，则采取第三个认证方法 none（不进行认证）。

```
Switch(config)#aaa authentication login MIS-access group tacacs+ enable none
```

【注意】要使用 RADIUS 认证方法通过 http 协议安全访问交换机，则还必须在交换机上配置 **ip http authentication aaa** 全局配置模式命令，因为仅配置 RADIUS 认证不会确保通过 http 协议安全访问交换机。

16.5.3 定义 RADIUS AAA 服务器组

可以配置交换机使用 RADIUS AAA 服务器组对访问用户进行用户认证。可以选择组中的其中一个服务器主机用于特定的服务（认证、授权或计费）。AAA 服务器组是在全局配置模式下配置的一个 RADIUS 服务器主机列表。

RADIUS AAA 服务器组也包括带有不同标识（由 IP 地址和端口号组成）的多个相同服务器的主机条目，允许同一个 RADIUS 服务器通过不同端口为不同用户提供不同的服务。如果在同一个 RADIUS 服务器主机上为同一个服务（如计费）配置了两个主机条目，则第二个配置的主机条目将会作为第一个主机条目的备份。

可以使用 **server** 组服务器配置模式命令来把指定的服务器与一个定义的服务器组进行关联，可以通过服务器的 IP 地址对服务器进行标识，或通过使用 **auth-port** 或 **acct-port** 选项标识多个主机实例或条目。具体的配置步骤如表 16-14 所示。

表 16-14 定义 RADIUS AAA 服务器组的配置步骤

步骤	命令	说明
1	**configure terminal** 例如：Switch#**configure terminal**	进入全局配置模式

续表

步骤	命令	说明
2	**radius-server host** {*hostname* | *ip-address*} [**auth-port** *port-number*] [**acct-port** *port-number*] [**timeout** *seconds*] [**retransmit** *retries*] [**key** *string*] 例如：Switch(config)#**radius-server host** 172.29.39.46 **auth-port** 1612 **acct-port** 1616 **timeout** 6 **retransmit** 5 **key** rad123	指定远程 RADIUS 服务器主机 IP 地址（选择 *ip-address* 二选一参数时）或主机名（选择 *hostname* 二选一参数时）。命令的其他参数说明如下： ● **auth-port** *port-number*：可选参数，指定 AAA 认证所用的目的 UDP 端口号，默认为 UDP 1645 ● **acct-port** *port-number*：可选参数，指定 AAA 认证所用的目的 UDP 端口号，默认为 UDP 1646 ● **timeout** *seconds*：可选参数，指定交换机在重发请求前等待 RADIUS 服务器应答的时间，取值范围为 1~1000 秒 本命令设置将覆盖 **radius-server timeout** 全局配置模式命令的设置；如果没有通过本命令进行超时设置，则使用 **radius-server timeout** 命令的全局配置。 ● **retransmit** *retries*：可选参数，指定在设置的超时时间内交换机没有接收到 RADIUS 的应答时重新向 RADIUS 服务器发送请求的次数。取值范围为 1~1000。如果没有通过本命令设置重传次数，则使用 **radius-server retransmit** 全局配置模式命令的重传次数设置 ● **key** *string*：可选参数，指定在交换机与 RADIUS 服务器之间通信的认证和数据加密的共享密钥（可以包括空格，但前导空格会忽略）。这个密钥是文本字符串，必须与 RADIUS 服务器上使用的密钥一致，而且后一次的密钥设置将覆盖前面的密钥设置 可以为同一个 IP 地址的 RADIUS 服务器多次执行本命令，以形成多个主机条目，但必须确保同一主机 IP 地址下的不同条目间的端口号是不一样的。这样交换机就会按照配置的先后次序搜索可用的主机条目。可用 **no radius-server host** *hostname* | *ip-address* 全局配置模式命令删除指定的 RADIUS 服务器
3	**aaa new-model** 例如：Switch(config)#**aaa new-model**	启用 AAA 访问控制模式，可用 **no aaa new-model** 全局配置模式命令禁止 AAA 功能
4	**aaa group server radius** *group-name* 例如：Switch(config)#**aaa group server radius** radiusgroup1	定义一个 RADIUS AAA 服务器组，进入服务器组配置模式，可用 **no aaa group server radius** *group-name* 全局配置模式命令删除指定的 AAA 服务器组
5	**server** *ip-address* [**auth-port** *port-number*] [**acct-port** *port-number*] 例如：Switch(config-sg-radius)#**server** 172.29.39.46	指定第 2 步中配置的 RADIUS 服务器 IP 地址、认证端口和计费端口，使这些 RADIUS 服务器与以上 AAA 服务器组进行关联。重复执行本步操作可以为服务器组中的每个 TACACS+服务器进行关联，可用 **no server** *ip-address* 服务器组子配置模式命令删除与交换机关联的一个 RADIUS 服务器 IP 地址
6	**end** 例如：Switch(config-sg-radius)#**end**	返回特权模式
7	**show running-config** 例如：Switch#**show running-config**	校验以上配置
8	**copy running-config startup-config** 例如：Switch#**copy running-config startup-config**	（可选）在交换机启动配置文件中保存以上配置

【示例 1】定义名为 host1 的 RADIUS 服务器，认证所用端口为 UDP 1612，而计费所用端口为 UDP 1616。

```
Switch(config)#radius-server host host1 auth-port 1612 acct-port 1616
```

【示例 2】定义名为 host1 的 RADIUS 服务器，认证所用端口为 UDP 1612，而计费所用端口为 UDP 1616，超时设置为 6 秒，重传次数为 5 次，而交换机与 RADIUS 服务器通信的数据加密和解密共享密钥为 rad123。

```
Switch(config)#radius-server host 172.29.39.46 auth-port 1612 acct-port 1616 timeout 6 retransmit 5 key rad123
```

【示例 3】以下是使用相同 UDP 端口在两台不同的 RADIUS 服务器上提供不同的服务。

```
Switch(config)#radius-server host host1.example.com auth-port 0
Switch(config)#radius-server host host2.example.com acct-port 0
```

【示例 4】定义两个 AAA 服务器组（group1 和 group2），group1 中有两个位于同一 RADIUS 服务器（IP 地址为 172.20.0.1）配置的主机条目，第二个主机条目作为第一个主机条目的备份；group2 中包括一个服务器（172.10.0.1）主机条目。

```
Switch(config)# radius-server host 172.20.0.1 auth-port 1000 acct-port 1001
Switch(config)# radius-server host 172.10.0.1 auth-port 1645 acct-port 1646
Switch(config)# aaa new-model
Switch(config)# aaa group server radius group1
Switch(config-sg-radius)# server 172.20.0.1 auth-port 1000 acct-port 1001
Switch(config-sg-radius)# server 172.20.0.1 auth-port 2000 acct-port 2001
Switch(config-sg-radius)# exit
Switch(config)# aaa group server radius group2
Switch(config-sg-radius)# server 172.10.0.1 auth-port 2000 acct-port 2001
Switch(config-sg-radius)# exit
```

16.5.4　用户特权访问和网络服务 RADIUS 授权配置

RADIUS 服务器 AAA 授权功能可以为用户的特权模式访问（包括各种特权级别）和网络服务进行授权，以限制用户可以访问的服务和资源。在启用了 AAA 授权功能后，交换机使用从本地用户数据库或者 RADIUS 服务器中检索到的服务配置文件信息配置用户的会话。仅当在对应用户配置文件中是允许的服务和资源，用户才可以访问。

可以使用 **aaa authorization radius** 全局配置模式命令来设置限制用户特权模式访问（仅可限制非 CLI 登录方式的用户）的参数，可以使用 **aaa authorization exec radius local** 命令设置以下授权参数：

- 对通过 RADIUS 认证的用户进行特权模式访问授权。
- 如果没有执行 RADIUS 服务器认证，则使用本地数据库进行特权模式访问授权。

可按表 16-15 所示步骤配置特权模式访问和网络服务 RADIUS 授权。

表 16-15　特权模式访问和网络服务 RADIUS 授权配置步骤

步骤	命令	说明
1	**configure terminal** 例如：Switch#**configure terminal**	进入全局配置模式
2	**aaa authorization network group radius** 例如：Switch(config)#**aaa authorization network group radius**	为用户的所有相关网络服务请求配置 RADIUS 授权，可用 **no aaa authorization network group radius** 命令禁止对用户的网络服务请求进行 RADIUS 授权
3	**aaa authorization exec group radius** 例如：Switch(config)#**aaa authorization exec group radius**	为用户的特权模式访问配置 RADIUS 授权，可用 **no aaa authorization exec group radius** 命令对用户的网络访问特权模式（包括各种特权级别）进行 RADIUS 授权
4	**end** 例如：Switch(config)#**end**	返回特权模式
5	**show running-config** 例如：Switch#**show running-config**	校验以上配置
6	**copy running-config startup-config** 例如：Switch#**copy running-config startup-config**	在交换机启动配置文件中保存以上配置

【说明】表 16-15 中第 3 步和第 4 步的两个命令其实是配置授权方法列表 **aaa authorization** {**network** | **exec** } {**default** | *list-name*} [*method1* [*method2...*]] 命令的子命令。授权方法列表与上节介绍的认证方法列表类似，除了以上两个命令中所选择的 **group radius** 外，还可以是 **local**（根据本地用户数据进行授权）、**none**（不授权）等。

16.5.5　启用 RADIUS 计费

RADIUS AAA 计费功能可以跟踪用户访问的服务和网络资源量。当启用了 RADIUS AAA 计费功能时，交换机会以计费记录的方式向 RADIUS 服务器报告用户的活动性。每个计费记录包含计费属性一值（attribute-value，AV）对，并存储在 RADIUS 服务器中。这个数据可以用于网络管理、客户计费和审核方面的分析。

在 Cisco IOS 交换机上对各种特权级别访问的用户和网络服务启用 RADIUS 计费功能的配置步骤如表 16-16 所示。

表 16-16 启用 RADIUS 计费功能的配置步骤

步骤	命令	说明
1	**configure terminal** 例如：Switch#**configure terminal**	进入全局配置模式
2	**aaa accounting network start-stop group radius** 例如：Switch(config)#**aaa accounting network start-stop group radius**	为用户的所有相关网络服务请求启用 RADIUS 计费功能，可用 **no aaa accounting network start-stop group radius** 命令禁止对用户的网络服务请求进行 RADIUS 计费
3	**aaa accounting exec start-stop group radius** 例如：Switch(config)#**aaa accounting exec start-stop group radius**	启用 RADIUS 计费功能，在开始特权模式进程时发送一个开始记录（start-record）计费的通知，在终止特权模式进程时发送一个停止记录（stop-record）计费的通知，可用 **no aaa accounting exec start-stop group radius** 命令对用户的网络访问特权模式（包括各种特权级别）进行 RADIUS 授权
4	**end** 例如：Switch(config)# **end**	返回特权模式
5	**show running-config** 例如：Switch#**show running-config**	校验以上配置
6	**copy running-config startup-config** 例如：Switch#**copy running-config startup-config**	（可选）在交换机启动配置文件中保存以上配置

【说明】表 16-16 中的第 2 步和第 3 步的两个命令其实是配置计费方法列表 **aaa accounting** { **network** | **exec** } {**start-stop** | **stop-only** | **none**} {**default** | *list-name*} 命令的子命令。对于 RADIUS 计费功能，参数 *list-name* 固定为 **group radius**。

16.5.6 RADIUS 服务器的公共属性配置

如果配置了多个 RADIUS 服务器，则可能需要配置一些专门针对交换机与多个服务器之间的通信进行设置的属性，如共享密钥、每个服务器重传请求的次数、重发请求所需等待的时间，以及认为某 RADIUS 服务器不可用所需等待的时间。可按表 16-17 所示步骤为交换机与所有 RADIUS 服务器间的通信配置公共属性。

表 16-17 RADIUS 服务器公共属性配置步骤

步骤	命令	说明
1	**configure terminal** 例如：Switch#**configure terminal**	进入全局配置模式
2	**radius-server key** *string* 例如：Switch(config)#**radius-server key** rad123	指定交换机与所有 RADIUS 服务器通信间的共享加密密钥
3	**radius-server retransmit** *retries* 例如：Switch(config)#**radius-server retransmit** 4	指定交换机在放弃向指定 RADIUS 服务器再发出请求前重新发送请求的次数，取值范围为 1~1000，默认为 3，可用 **no radius-server retransmit** 命令恢复为默认设置
4	**radius-server timeout** *seconds* 例如：Switch(config)#**radius-server timeout** 10	指定交换机在重新向 RADIUS 服务器发送请求前需要等待的时间，取值范围为 1~1000 秒，默认为 5 秒，可用 **no radius-server timeout** 命令恢复为默认设置
5	**radius-server deadtime** *minutes* 例如：Switch(config)#**radius-server deadtime** 60	指定在一个 RADIUS 服务器没有应答认证请求时，直接跳过继续向下一个 RADIUS 服务器请求（认为前一个 RADIUS 服务器失效）前所需等待的时间，取值范围为 1~1440 分钟，默认为 0，即不等待，可用 **no radius-server deadtime** 命令恢复为默认设置
6	**end** 例如：Switch(config)#**end**	返回特权模式
7	**show running-config** 例如：Switch#**show running-config**	校验以上设置

续表

步骤	命令	说明
8	**copy running-config startup-config** 例如：Switch#**copy running-config startup-config**	（可选）在交换机启动配置文件中保存以上配置

16.5.7 Cisco IOS 交换机 RADIUS 服务器配置示例

下面通过几个具体的配置示例加深对以上 RADIUS 服务器配置的理解。

【示例 1】配置通过 RADIUS 服务器对网络访问用户进行认证和授权。

```
Switch#configure terminal
Switch(config)#aaa authentication login use-radius group radius local  !---指定用户登录时首先使用 RADIUS 服务器进行认证，如果出现错误，则用户使用交换机上配置的本地用户数据库进行认证
Switch(config)#aaa authentication ppp user-radius if-needed group radius  !---指定为 PPP 会话使用 RADIUS 服务器进行认证
Switch(config)#aaa authorization exec default group radius  !---定义默认的特权模式访问用户授权方法列表，使用 RADIUS 授权
Switch(config)#aaa authorization network default group radius  !---定义默认的网络服务访问授权方法列表，使用 RADIUS 授权
```

【示例 2】在 IP 地址为 10.45.1.2 的 RADIUS 服务器上为用户登录和 PPP 会话配置 RADIUS 认证、授权和计费功能。

```
Switch#configure terminal
Switch(config)#radius-server host 10.45.1.2  !---定义 RADIUS 服务器 IP 地址为 10.45.1.2
Switch(config)#radius-server key myRaDiUSpassWoRd  !---定义交换机与 RADIUS 服务器之间通信的共享密钥为 myRaDiUSpassWoRd
Switch(config)#username root password ALongPassword  !---创建 root 用户，并指定密码为 ALongPassword
Switch(config)#aaa authentication ppp dialins group radius local  !---定义一个用于 PPP 用户，名为 dialins 的认证方法列表，首选 RADIUS 认证，如果出错，则选择交换机本地上创建的用户数据库（上一步已创建了用户账户）进行认证
Switch(config)#aaa authorization network default group radius local  !--- 定义 PPP 用户默认的网络服务访问用户授权方法列表，首选 RADIUS 授权，如果出错，则使用本地用户数据库进行授权
Switch(config)#aaa accounting network default start-stop group radius  !--- 定义 PPP 会话起始和终止计费的默认计费方法为 RADIUS
Switch(config)#aaa authentication login admins local  !---定义一个用于用户登录，名为 admins 的认证方法列表，使用本地认证
Switch(config)#aaa authorization exec default local  !---定义登录用户特权模式访问的默认授权方法列表，使用本地授权
Switch(config)#line 1 16
Switch(config-line)#utoselect ppp  !---指定允许自动进行 PPP 会话
Switch(config-line)#autoselect during-login  !---指定 PPP 用户登录时系统自动提示用户名或者密码提示符，不用按回车键
Switch(confi-line g)#login authentication admins  !---指定 PPP 用户登录时使用前面定义的名为 admins 的认证方法列表
Switch(config-line)#modem dialin  !---指定仅接受连接在交换机或路由器上的 Modem 的拨入请求
Switch(config-line)#exit
Switch(config)#interface group-async 1  !---键入异步接口，进入接口配置模式
Switch(config-if)#encaps ppp  !---对以上异步接口采用 PPP 协议封装
Switch(config-if)#ppp authentication pap dialins  !---指定对拨入用户使用前面定义的名为 dailins 的认证方法列表进行 PPP PAP 登录认证
```

【示例 3】创建一个名为 radgroup1 的 RADIUS 服务器组，它包括三个 RADIUS 服务器成员，它们都使用默认的 UDP 端口进行认证和计费。

```
Switch#configure terminal
Switch(config)#aaa group server radius radgroup1
Switch(config-sg-radius)#server 172.16.1.11
Switch(config-sg-radius)#server 172.17.1.21
Switch(config-sg-radius)#server 172.18.1.31
```

【示例 4】创建一个名为 radgroup2 的 RADIUS 服务器组，它包括三个 RADIUS 服务器成员，每个服务器使用相同的 IP 地址，但是它们的认证和计费功能所使用的 UDP 端口不一样。

```
Switch#configure terminal
Switch(config)#aaa group server radius radgroup2
Switch(config-sg-radius)#server 172.16.1.1 auth-port 1000 acct-port 1001
Switch(config-sg-radius)#server 172.16.1.1 auth-port 2000 acct-port 2001
Switch(config-sg-radius)#server 172.16.1.1 auth-port 3000 acct-port 3001
```

【示例 5】下面是一个综合 RADIUS 服务器组配置，包括两个 RADIUS 服务器组：group1 和 group2，其中 IP 地址为 10.2.2.2 的服务器同时加入了两个组。这两个组均配置了两条相同 RADIUS 服务的主机条目，后一个条目是作为前一个条目的失效切换备份，group1 的死亡计时器为 1 分钟，而 group2 的死亡计时器为 2 分钟。

```
Switch#configure terminal
Switch(config)#aaa new-model
Switch(config)#aaa authentication ppp default group group1    !---PPP 会话默认使用 group1 中的服务器配置进行认证
Switch(config)#aaa group server radius group1
Switch(config-sg-radius)#server 10.1.1.1 auth-port 1645 acct-port 1646
Switch(config-sg-radius)#server 10.2.2.2 auth-port 2000 acct-port 2001
Switch(config-sg-radius)#deadtime 1
Switch(config-sg-radius)#exit
Switch(config)#aaa group server radius group2
Switch(config-sg-radius)#server 10.2.2.2 auth-port 2000 acct-port 2001
Switch(config-sg-radius)#server 10.3.3.3 auth-port 1645 acct-port 1646
Switch(config-sg-radius)#deadtime 2
Switch(config-sg-radius)#exit
Switch(config)#radius-server host 10.1.1.1 auth-port 1645 acct-port 1646
Switch(config)#radius-server host 10.2.2.2 auth-port 2000 acct-port 2001
Switch(config)#radius-server host 10.3.3.3 auth-port 1645 acct-port 1646
```

16.6 Cisco IOS 交换机 RADIUS 服务器负载均衡配置

可以在 RADIUS AAA 服务器中配置各 RADIUS 服务器均衡分担认证和计费处理负载，这样可以更加及时地由当前可用的服务器响应用户的请求，提高请求处理效率。

运行 RADIUS 负载均衡的先决条件如下：

- 必须在各个 RADIUS 服务器上启用了 AAA 访问控制模式
- 必须在 RADIUS 服务器上配置了像认证、计费这样的功能
- 必须建立 AAA 服务器组

但 RADIUS 服务器负载均衡又具有以下局限性：

- RADIUS 服务器代理不支持负载均衡
- 流入 RADIUS 请求，如 POD（Packet of Disconnect，断开连接包）请求不支持负载均衡
- 私有服务器组不支持负载均衡

16.6.1 RADIUS 服务器负载均衡原理

要配置 RADIUS 服务器负载均衡功能，必须理解以下几个方面：

- RADIUS 服务器负载均衡是如何工作的
- RADIUS 服务器组是如何处理负载均衡的
- RADIUS 服务器状态和自动测试

下面分别予以介绍。

1. RADIUS 服务器负载均衡是如何工作的

负载均衡在一个 RADIUS 服务器组内分批次分发事务处理，每一批次中的某个事务处理被分配到当前拥有最低未处理事务数的 RADIUS 服务器（也就是负荷最低的服务器）中。具体分配流程如下：

（1）新处理批次接收第一个事务处理。

（2）检查所有服务器的事务处理队列。

（3）标识具有最低未处理事务数的服务器。

（4）被标识的服务器被分配某批次中下一个事务处理。

事务处理批次的大小（也就是一次发送多少个事务处理）是用户配置的参数，改变批次的大小可能影响 CPU 负荷和网络流通量。当事务处理批次大小增加时，CPU 负荷减小，网络流通量将增加，因为批次大小越大，事务处理越可能分配到更多的 RADIUS 服务器来处理，单个服务器主机所需处理的事务量可能越小，轮询的时间间隔可能越长，因为同时多个 RADIUS 服务器进行了事务处理，所以网络流通量可能越大。可是，如果使用了一个大的事务处理批次，则所有可用的服务器资源都可能得不到完全利用，因为单个服务器所需处理的事务量比较小，可能很快就被处理完了，轮询的时间间隔比较长，导致服务器空闲时间比较长。当批次大小减小时，CPU 负荷将增加（因为轮询的时间间隔越短），而网络流通量将减小（因为同时进行事务处理的 RADIUS 服务器和同时处理的事务越少）。通常，建议使用默认的批次大小——25，即包括 25 个事务处理，因为它是一个可使网络具有高的网络流通量，而不会显著影响 CPU 负荷的优化值。

经验之谈

如果在 RADIUS 服务器组中有 10 台或更多的服务器，建议设置高的批次大小，以减小单个 RADIUS 服务器 CPU 负荷，因为这时可以充分利用多服务器的优势，使多个服务器共同分担事务处理任务。

2. RADIUS 服务器组中负载均衡的实现

可以基于交换机上配置的每个命名 RADIUS 服务器组或者全部的 RADIUS 服务器组来配置负载均衡。在 AAA 方法列表配置命令 **aaa group server radius** *group-name* 中的 RADIUS 服务器组必须指明是 RADIUS 服务器。在这个服务器组中的所有服务器可以实现负载均衡。

可以在相同或者不同 RADIUS 服务器上配置 AAA 认证和计费功能。在某些情形下，在同一台服务器上实现预认证、认证或者计费会话的全部（注意：是针对一项功能的全部会话）事务处理，这就是 Cisco 中所说的首选服务器（Preferred Server）功能。首选服务器是一项内部默认设置，它告诉 AAA 使用同一台 RADIUS 服务器提供开始和停止某一功能的会话记录，而不管服务器的负荷如何。当使用了首选服务器功能，则指示某服务器将用于初始化某项功能的进程。

除非以下情形，否则首选服务器将被使用：

- 在配置 RADIUS 服务器的 **radius-server host** 命令中使用了 **ignore-preferred-server** 关键字
- 首选服务器失效了
- 首选服务器被隔离
- 设置了 Want Server（希望服务器）标记、覆盖了首选服务器设置

希望服务器（Want Server）标记是一个内部设置，用于设置必须使用同一台服务器进行所有多阶段事务处理，而不管服务器所承担的负荷如何。如果希望服务器不可用，则事务处理将失效。

如果存在以下配置之一，则可能需要使用 ignore-preferred-server 关键字：

- 认证服务器和计费服务器均相互独立指定
- 可以跟踪所有呼叫记录统计和呼叫记录详细情况，包括呼叫开始和停止记录，而这些记录是保存在各自独立的服务器上

3. RADIUS 服务器状态和自动测试

RADIUS 服务器负载均衡在分配事务处理批次时使服务器进入计费状态。仅向校验处于活跃状态的服务器发送事务处理批次。建议测试所有 RADIUS 负载均衡服务器的状态，包括低使用率的

服务器，如备份服务器。

事务处理不会发送到被标记为已“死亡”（Dead）的服务器上。服务器标记为死亡是因为它的死亡计时器（Dead Timer）过期，此时它将被隔离，直到通过 RADIUS 服务器自动测试器功能标记为活跃为止。

RADIUS 自动测试器使用以下步骤检测服务器是否活跃和是否可进行事务处理进程：

（1）以一个测试用户账户周期性地发送请求到要测试的服务器上。

（2）如果收到来自对应服务器的 Access-Reject（访问拒绝）消息，则表明该服务器是活跃的；如果没有收到来自对应服务器的响应消息，则表明该服务器是非活跃的，要么是已死亡的，要么是被隔离的。

如果事务处理发送到一台测试过程中没有响应的服务器上，在被标记为死亡前，这个事务处理被失效切换到下一个可用的服务器。

16.6.2 RADIUS 服务器负载均衡配置

上节介绍到，RADIUS 服务器负载均衡既可以基于交换机上配置的每个命名 RADIUS 服务器组配置（也就是所进行的配置仅适用于某个名称 RADIUS 服务器组），也可以基于全局配置模式下为交换机上所有配置的 RADIUS 服务器组进行负载均衡配置（也就是所进行的配置适用于所有 RADIUS 服务器组）。本节将分别予以介绍。

1. 基于命名 RADIUS 服务器组配置负载均衡

可按表 16-18 所示步骤为每个名称 RADIUS 服务器组配置负载均衡，所进行的配置仅作用于对应的 RADIUS 服务器组。

表 16-18 基于每个命名 RADIUS 服务器组的负载均衡配置步骤

步骤	命令	说明
1	**configure terminal** 例如：Switch# **configure terminal**	进入全局配置模式
2	**radius-server host** {*hostname* | *ip-address*} [**test username** *user-name*] [**auth-port** *port-number*] [**ignore-auth-port**] [**acct-port** *port-number*] [**ignore-acct-port**] [**idle-time** *seconds*] [**retransmit** *retries*] [**key** *string*] 例如：Switch(config)#**radius-server host** 192.0.2.1 **test username** test1 **idle-time** 1	指定 RADIUS 负载均衡服务器组中的一个 RADIUS 服务器主机。要为 RADIUS 服务器组中的每个服务器执行此项配置。命令中的参数和选项说明如下： ● *hostname* | *ip-address*：指定 RADIUS 服务器主机名或 IP 地址 ● **test username** *user-name*：可选参数，指定用于自动测试负载均衡的用户名 ● **auth-port** *port-number*：可选参数，指定 RADIUS 认证所用的 UDP 端口号，默认为 UDP 1645 端口 ● **ignore-auth-port**：可选项，关闭 RADIUS 服务器负载均衡时的认证功能 ● **acct-port** *port-number*：可选参数，指定 RADIUS 计费所用的 UDP 端口号，默认为 UDP 1646 端口 ● **ignore-acct-port**：可选项，关闭 RADIUS 服务器负载均衡时的计费功能 ● **idle-time** *seconds*：交换机在重传请求前等待 RADIUS 服务器应答的时间间隔，取值范围为 1~1000 秒。如果没有在本命令中配置此参数，则使用 **radius-server timeout** 命令进行的全局配置 ● **retransmit** *retries*：可选参数，指定在设置的超时时间内交换机没有接收到 RADIUS 的应答时重新向 RADIUS 服务器发送请求的次数。取值范围为 1~1000。如果没有通过本命令设置重传次数，则使用 **radius-server retransmit** 全局配置模式命令的重传次数设置 ● **key** *string*：可选参数，指定在交换机与 RADIUS 服务器之间通信的认证和数据加密的共享密钥（可以包括空格，但前导空格会忽略）。这个密钥是文本字符串，必须与 RADIUS 服务器上使用的密钥一致，而且后一次的密钥配置将覆盖前面的密钥配置 可用 **no radius-server host** {*hostname* | *ip-address*}命令删除指定的 RADIUS 服务器

续表

步骤	命令	说明
3	**aaa group server radius** *group-name* 例如：Switch(config)#**aaa group server radius** rad-sg	创建一个 AAA 服务器组，进入服务器组子配置模式
4	**load-balance method least-outstanding [batch-size** *number*] [**ignore-preferred-server**] 例如：Switch(config-sg)#**load-balance method least-outstanding batch-size** 30	在以上 RADIUS 服务器组中启用负载均衡。命令中的参数和选项说明如下： ● **batch-size** *number*：可选参数，为每批次分配的事务处理数，取值范围为 1~2147483647，默认为 25 ● **ignore-preferred-server**：可选项，指示不使用常用服务器，也就是单一认证、授权和计费会话可以使用不同 RADIUS 服务器，否则将启用常用服务器，即单一认证、授权和计费会话使用同一服务器处理。默认是不启用常用服务器的 可使用 **no load-balance** 命令禁止 RADIUS 服务器组中的服务器负载均衡

【示例 1】指定主机名为 host1 的服务器作为 RADIUS 服务器，并使用默认端口作为认证和计费端口。

```
Switch(config)#radius-server host host1
```

【示例 2】指定主机名为 host1 的服务器作为 RADIUS 服务器，使用 UDP 1612 端口作为认证端口，使用 UDP 1616 作为计费端口。

```
Switch(config)#radius-server host host1 auth-port 1612 acct-port 1616
```

【示例 3】指定 IP 地址为 192.0.2.176 的服务器作为 RADIUS 服务器，使用 test1 作为测试用户名，使用 UDP 1612 端口作为认证端口，使用 UDP 1616 作为计费端口。

```
Switch(config)#radius-server host 192.0.2.176 test username test1 auth-port 1612 acct-port 1616
```

可用 **show running-config** 命令查看配置文件中的命名 RADIUS 服务器组配置。示例如下：

```
Switch# show running-config
⋮
aaa group server radius server-group1
 server 192.0.2.238 auth-port 2095 acct-port 2096
 server 192.0.2.238 auth-port 2015 acct-port 2016
 load-balance method least-outstanding batch-size 5
!
aaa authentication ppp default group server-group1
aaa accounting network default start-stop group server-group1
⋮
```

也可以通过 **show aaa servers** 命令查看命名 RADIUS 服务器组中的服务器状态。示例如下：

```
Switch# show aaa servers

RADIUS:id 8, priority 1, host 192.0.2.238, auth-port 2095, acct-port 2096
     State:current UP, duration 3781s, previous duration 0s
     Dead:total time 0s, count 0
     Quarantined:No
     Authen:request 0, timeouts 0
            Response:unexpected 0, server error 0, incorrect 0, time 0ms
            Transaction:success 0, failure 0
     Author:request 0, timeouts 0
            Response:unexpected 0, server error 0, incorrect 0, time 0ms
            Transaction:success 0, failure 0
     Account:request 0, timeouts 0
            Response:unexpected 0, server error 0, incorrect 0, time 0ms
            Transaction:success 0, failure 0
     Elapsed time since counters last cleared:0m

RADIUS:id 9, priority 2, host 192.0.2.238, auth-port 2015, acct-port 2016
     State:current UP, duration 3781s, previous duration 0s
     Dead:total time 0s, count 0
     Quarantined:No
```

```
        Authen:request 0, timeouts 0
                Response:unexpected 0, server error 0, incorrect 0, time 0ms
                Transaction:success 0, failure 0
        Author:request 0, timeouts 0
                Response:unexpected 0, server error 0, incorrect 0, time 0ms
                Transaction:success 0, failure 0
        Account:request 0, timeouts 0
                Response:unexpected 0, server error 0, incorrect 0, time 0ms
                Transaction:success 0, failure 0
        Elapsed time since counters last cleared:0m
Router#
```

2．基于全局 RADIUS 服务器组启用负载均衡

可按表 16-19 所示步骤为交换机上所有已配置的 RADIUS 服务器组配置负载均衡，所进行的配置作用于所有 RADIUS 服务器组。

表 16-19　在交换机上所有 RADIUS 服务器组间启用负载均衡的配置步骤

步骤	命令	说明
1	**configure terminal** 例如：Switch# **configure terminal**	进入全局配置模式
2	**radius-server host** {*hostname* | *ip-address*} [**test username** *user-name*] [**auth-port** *port-number*] [**ignore-auth-port**] [**acct-port** *port-number*] [**ignore-acct-port**] [**idle-time** *seconds*] 例如： Switch(config)# **radius-server host** 192.0.2.1 **test username** test1 **idle-time** 100	指定 RADIUS 负载均衡服务器组中的一个 RADIUS 服务器主机，具体参数说明参见表 16-18 第 2 步
3	**radius-server load-balance method least-outstanding** [**batch-size** *number*] [**ignore-preferred-server**] 例如：Switch(config)# **radius-server load-balance method least-outstanding**	基于全局启用 RADIUS 服务器均衡，具体参数说明参见表 16-18 第 4 步

16.6.3　RADIUS 服务器负载均衡故障排除

在配置了 RADIUS 服务器负载均衡后，可以监控延时计时器（Idle Timer）、死亡计时器（Dead Timer）和负载均衡服务器会话，或者手动测试服务器状态。

可以使用以下命令进行 RADIUS 服务器负载均衡故障排除：

- **debug aaa test** 命令可以监测到延时计时器和死亡计时器的过期，测试包发送时服务器的状态，或者校验服务器状态。
- **debug aaa sg-server selection** 命令可以用于检测到选择哪个服务器进行负载均衡。
- **test aaa group** *group-name username password* **new-code** 命令可用于手动校验 RADIUS 负载均衡服务器状态。参数 *group-name* 指定要测试的 RADIUS 服务器组名称，参数 *username* 指定用于测试的用户名；参数 *password* 指定用于测试的用户账户密码，可选项指定新代码的返回路径。

延时计时器（Idle Timer）用于检测 RADIUS 服务器状态，以及是否有流入请求。监控延时计时器对检测是否有响应服务器，保持 RADIUS 服务器更新，以充分利用可用资源非常有用。例如，一个更新的延时计时器将有助于确保流入请求发送到活跃的服务器上。

死亡计时器（Dead Timer）用于检测服务器是否失效，或者更新一个失效服务器适当的状态。

监控服务器选择可帮助检测发生服务器选择改变的频次，分析是否存在瓶颈，是否存在大量的等候请求队列，是否仅指定的服务器在处理请求。

【示例 1】以下调试输出显示了 IP 地址为 192.0.2.245 的服务器延时计时器过期了，因为服务器已被隔离（Quarantined）了，但通过测试被激活了（注意，输出信息的时间顺序是自上而下的，

参见输出信息中的粗体字部分）。

```
Switch# debug aaa test

Jul 16 00:07:01: AAA/SG/TEST: Server (192.0.2.245:1700,1701) quarantined.
Jul 16 00:07:01: AAA/SG/TEST: Sending test request(s) to server (192.0.2.245:1700,1701)
Jul 16 00:07:01: AAA/SG/TEST: Sending 1 Access-Requests, 1 Accounting-Requests in current
batch.
Jul 16 00:07:01: AAA/SG/TEST(Req#: 1): Sending test AAA Access-Request.
Jul 16 00:07:01: AAA/SG/TEST(Req#: 1): Sending test AAA Accounting-Request.
Jul 16 00:07:01: AAA/SG/TEST: Obtained Test response from server (192.0.2.245:1700,1701)
Jul 16 00:07:01: AAA/SG/TEST: Obtained Test response from server (192.0.2.245:1700,1701)
Jul 16 00:07:01: AAA/SG/TEST: Necessary responses received from server
(192.0.2.245:1700,1701)
Jul 16 00:07:01: AAA/SG/TEST: Server (192.0.2.245:1700,1701) marked ALIVE. Idle timer set
for 60 sec(s).
Jul 16 00:07:01: AAA/SG/TEST: Server (192.0.2.245:1700,1701) removed from quarantine.
```

【示例 2】以下调试输出显示了 5 个访问请求正在以批次大小为 3 的方式发送到一个服务器组。

```
Switch# debug aaa sg-server selection

Jul 16 03:15:05: AAA/SG/SERVER_SELECT: Obtaining least loaded server.   !---获取负荷最小的服务器
Jul 16 03:15:05: AAA/SG/SERVER_SELECT: [3] transactions remaining in batch. Reusing server.   !---把第 3 个事务处理分发到当前最小负荷服务器上
Jul 16 03:15:05: AAA/SG/SERVER_SELECT: Obtaining least loaded server.   !---再次获取负荷最小的服务器
Jul 16 03:15:05: AAA/SG/SERVER_SELECT: [2] transactions remaining in batch. Reusing   server. !---再把第 2 个事务处理分发到此时最小负荷的服务器上
Jul 16 03:15:05: AAA/SG/SERVER_SELECT: Obtaining least loaded server.   !---再次获取负荷最小的服务器
Jul 16 03:15:05: AAA/SG/SERVER_SELECT: [1] transactions remaining in batch. Reusing server.   !---再把第 1 个事务处理分发到此时最小负荷的服务器上
Jul 16 03:15:05: AAA/SG/SERVER_SELECT: Obtaining least loaded server.   !---再次获取负荷最小的服务器
Jul 16 03:15:05: AAA/SG/SERVER_SELECT: No more transactions in batch. Obtaining a new server.   !---因为批次大小为 3，所以该批次中 3 个事务处理已被分发完，没有其他事务处理了，下面进行的是第 2 个批次（包括 2 个事务处理，因为总共有 5 个访问请求）
Jul 16 03:15:05: AAA/SG/SERVER_SELECT: Obtaining a new least loaded server.   !---获取新的最小负荷服务器，下面显示服务器 0 当前还有 3 个事务要处理，其他两个服务器均没有要处理的事务
Jul 16 03:15:05: AAA/SG/SERVER_SELECT: Server[0] load: 3
Jul 16 03:15:05: AAA/SG/SERVER_SELECT: Server[1] load: 0
Jul 16 03:15:05: AAA/SG/SERVER_SELECT: Server[2] load: 0
Jul 16 03:15:05: AAA/SG/SERVER_SELECT: Selected Server[1] with load 0 !---选择 1 号服务器
Jul 16 03:15:05: AAA/SG/SERVER_SELECT: [3] transactions remaining in batch. !---把第 2 个批次中的第 3 号事务处理给 1 号服务器（注意，尽管该批次中只有两个事务处理，但均要按批次大小进行编号，从最大号编起，所以新的批次中最大事务处理号仍为 3）
Jul 16 03:15:05: AAA/SG/SERVER_SELECT: Obtaining least loaded server.   !---再次获取负荷最小的服务器
Jul 16 03:15:05: AAA/SG/SERVER_SELECT: [2] transactions remaining in batch. Reusing server.   !---把第 2 个批次中的第 2 号事务处理给 2 号服务器，至此所有 5 个请求均已分发完
```

【示例 3】以下调试输出显示了当使用的测试用户名 lab 与用户配置文件不匹配时，RADIUS 服务器 SG1 发出的拒绝访问（Access-Reject）响应，表示该服务器是活跃的（注意输出信息中的粗体字部分）。

```
Switch# test aaa group SG1 test lab new-code

00:06:07: RADIUS/ENCODE(00000000):Orig. component type = INVALID
00:06:07: RADIUS/ENCODE(00000000): dropping service type, "radius-server attribute 6 on-for-login-auth" is off
00:06:07: RADIUS(00000000): Config NAS IP: 192.0.2.4
00:06:07: RADIUS(00000000): sending
00:06:07: RADIUS/ENCODE: Best Local IP-Address 192.0.2.141 for Radius-Server 192.0.2.176
00:06:07: RADIUS(00000000): Send Access-Request to 192.0.2.176:1645 id 1645/1, len 50
00:06:07: RADIUS:   authenticator CA DB F4 9B 7B 66 C8 A9 - D1 99 4E 8E A4 46 99 B4
00:06:07: RADIUS:   User-Password          [2]    18   *
00:06:07: RADIUS:   User-Name               [1]    6    "lab"
00:06:07: RADIUS:   NAS-IP-Address         [4]    6    192.0.2.141
00:06:07: RADIUS: Received from id 1645/1 192.0.2.176:1645, Access-Reject, len 44
00:06:07: RADIUS:   authenticator 2F 69 84 3E F0 4E F1 62 - AB B8 75 5B 38 82 49 C3
```

```
00:06:07: RADIUS:   Reply-Message        [18]  24
00:06:07: RADIUS:   41 75 74 68 65 6E 74 69 63 61 74 69 6F 6E 20 66   [Authentication f]
00:06:07: RADIUS:   61 69 6C 75 72 65                                  [ailure]
00:06:07: RADIUS(00000000): Received from id 1645/1
00:06:07: RADIUS/DECODE: Reply-Message fragments, 22, total 22 bytes
Router#
```

16.6.4 RADIUS 服务器负载均衡配置示例

同样，为了加深对 RADIUS 服务器负载均衡配置的理解，本节也列举两个典型的配置示例。

【示例 1】以下是一个全局 RADIUS 服务器组负载均衡配置示例。本示例中的两台 RADIUS 负载均衡服务器 IP 地址是一样的（都为 192.0.2.238），但是所用的认证和计费端口不一样，批次大小为 5，交换机与 RADIUS 服务器通信的共享密钥均为 cisco。

```
Switch#configure terminal
Switch(config)#aaa authentication ppp default group radius    !---全局配置 RADIUS 服务器采用 RADIUS 认证方法
Switch(config)#aaa accounting network default start-stop group radius    !---全局配置 RADIUS 服务器采用 RADIUS 计费方法
Switch(config)#radius-server host 192.0.2.238 auth-port 2095 acct-port 2096 key cisco    !---配置 IP 地址为 192.0.2.238 的 RADIUS 服务器主机的 RADIUS 认证端口为 UDP 2095，RADIUS 计费端口为 UDP 2096
Switch(config)#radius-server host 192.0.2.238 auth-port 2015 acct-port 2016 key cisco    !---配置另一台 IP 地址为 192.0.2.238 的 RADIUS 服务器主机的 RADIUS 认证端口为 UDP 2015，RADIUS 计费端口为 UDP 2016
Switch(config)#radius-server load-balance method least-outstanding batch-size 5    !---全局启用 RADIUS 服务器负载均衡，批次大小为 5
```

可用 **show running-config | include radius** 特权模式命令在交换机运行配置文件中查看以上 RADIUS 负载均衡服务器配置。

可用 **show debug** 特权模式命令查看以上示例中首选服务器（Preferred Server）选择和用户请求处理进程。具体如下（显示了 10 个事务处理的分发流程，输出信息阅读顺序为自上而下，有关首选服务器选择和事务处理分发流程说明参见 16.6.3 节）：

```
Switch# show debug

General OS:
  AAA server group server selection debugging is on
#
<sending 10 pppoe requests>
Router#
*Feb 28 13:40:32.199:AAA/SG/SERVER_SELECT(00000014):No preferred server available.
*Feb 28 13:40:32.199:AAA/SG/SERVER_SELECT:Obtaining least loaded server.
*Feb 28 13:40:32.199:AAA/SG/SERVER_SELECT:No more transactions in batch. Obtaining a new server.
*Feb 28 13:40:32.199:AAA/SG/SERVER_SELECT:Obtaining a new least loaded server.
*Feb 28 13:40:32.199:AAA/SG/SERVER_SELECT:Server[0] load:0
*Feb 28 13:40:32.199:AAA/SG/SERVER_SELECT:Server[1] load:0
*Feb 28 13:40:32.199:AAA/SG/SERVER_SELECT:Selected Server[0] with load 0
*Feb 28 13:40:32.199:AAA/SG/SERVER_SELECT:[5] transactions remaining in batch.
*Feb 28 13:40:32.199:AAA/SG/SERVER_SELECT(00000014):Server (192.0.2.238:2095,2096) now being used as preferred server
*Feb 28 13:40:32.199:AAA/SG/SERVER_SELECT(00000015):No preferred server available.
*Feb 28 13:40:32.199:AAA/SG/SERVER_SELECT:Obtaining least loaded server.
*Feb 28 13:40:32.199:AAA/SG/SERVER_SELECT:[4] transactions remaining in batch. Reusing server.
*Feb 28 13:40:32.199:AAA/SG/SERVER_SELECT(00000015):Server (192.0.2.238:2095,2096) now being used as preferred server
*Feb 28 13:40:32.199:AAA/SG/SERVER_SELECT(00000016):No preferred server available.
*Feb 28 13:40:32.199:AAA/SG/SERVER_SELECT:Obtaining least loaded server.
*Feb 28 13:40:32.199:AAA/SG/SERVER_SELECT:[3] transactions remaining in batch. Reusing server.
*Feb 28 13:40:32.199:AAA/SG/SERVER_SELECT(00000016):Server (192.0.2.238:2095,2096) now being used as preferred server
*Feb 28 13:40:32.199:AAA/SG/SERVER_SELECT(00000017):No preferred server available.
*Feb 28 13:40:32.199:AAA/SG/SERVER_SELECT:Obtaining least loaded server.
*Feb 28 13:40:32.199:AAA/SG/SERVER_SELECT:[2] transactions remaining in batch. Reusing server.
*Feb 28 13:40:32.199:AAA/SG/SERVER_SELECT(00000017):Server (192.0.2.238:2095,2096) now being used as preferred server
*Feb 28 13:40:32.199:AAA/SG/SERVER_SELECT(00000018):No preferred server available.
```

```
*Feb 28 13:40:32.199:AAA/SG/SERVER_SELECT:Obtaining least loaded server.
*Feb 28 13:40:32.199:AAA/SG/SERVER_SELECT:[1] transactions remaining in batch. Reusing server.
*Feb 28 13:40:32.199:AAA/SG/SERVER_SELECT(00000018):Server (192.0.2.238:2095,2096) now being used as preferred server
*Feb 28 13:40:32.199:AAA/SG/SERVER_SELECT(00000019):No preferred server available.
*Feb 28 13:40:32.199:AAA/SG/SERVER_SELECT:Obtaining least loaded server.
*Feb 28 13:40:32.199:AAA/SG/SERVER_SELECT:No more transactions in batch. Obtaining a new server.
*Feb 28 13:40:32.199:AAA/SG/SERVER_SELECT:Obtaining a new least loaded server.
*Feb 28 13:40:32.199:AAA/SG/SERVER_SELECT:Server[1] load:0
*Feb 28 13:40:32.199:AAA/SG/SERVER_SELECT:Server[0] load:5
*Feb 28 13:40:32.199:AAA/SG/SERVER_SELECT:Selected Server[1] with load 0
*Feb 28 13:40:32.199:AAA/SG/SERVER_SELECT:[5] transactions remaining in batch.
*Feb 28 13:40:32.199:AAA/SG/SERVER_SELECT(00000019):Server (192.0.2.238:2015,2016) now being used as preferred server
.
```

也可以通过 **show aaa server** 特权模式命令查看以上示例全局 RADIUS 服务器组中的服务器状态，示例如下，显示了示例中两个 RADIUS 服务器的配置和认证、计费信息。

```
Router# show aaa server

RADIUS:id 4, priority 1, host 192.0.2.238, auth-port 2095, acct-port 2096
    State:current UP, duration 3175s, previous duration 0s
    Dead:total time 0s, count 0
    Quarantined:No
    Authen:request 6, timeouts 1
            Response:unexpected 1, server error 0, incorrect 0, time 1841ms
            Transaction:success 5, failure 0
    Author:request 0, timeouts 0
            Response:unexpected 0, server error 0, incorrect 0, time 0ms
            Transaction:success 0, failure 0
    Account:request 5, timeouts 0
            Response:unexpected 0, server error 0, incorrect 0, time 3303ms
            Transaction:success 5, failure 0
    Elapsed time since counters last cleared:2m

RADIUS:id 5, priority 2, host 192.0.2.238, auth-port 2015, acct-port 2016
    State:current UP, duration 3175s, previous duration 0s
    Dead:total time 0s, count 0
    Quarantined:No
    Authen:request 6, timeouts 1
            Response:unexpected 1, server error 0, incorrect 0, time 1955ms
            Transaction:success 5, failure 0
    Author:request 0, timeouts 0
            Response:unexpected 0, server error 0, incorrect 0, time 0ms
            Transaction:success 0, failure 0
    Account:request 5, timeouts 0
            Response:unexpected 0, server error 0, incorrect 0, time 3247ms
            Transaction:success 5, failure 0
    Elapsed time since counters last cleared:2m
```

【示例 2】以下是一个命名 RADIUS 服务器组负载均衡配置示例。示例中也包括两个 IP 地址相同，但认证、计费所用的端口不同的 RADIUS 服务器，它们都在名为 server-group1 的 AAA 服务器组中，现要在这两台服务器上配置 RADIUS 负载均衡。

```
Switch#configure terminal
Switch(config)#aaa authentication ppp default group server-group1    !---指定 RADIUS 服务器组采用 server-group1 组配置的认证方法作为 PPP 会话的默认认证方法
Switch(config)# aaa accounting network default start-stop group server-group1    !---指定 RADIUS 服务器组采用 server-group1 组配置的计费方法作为 PPP 会话的默认计费方法
Switch(config)# aaa group server radius server-group1   !---定义一个名为 server-group1 的 AAA 服务器组
Switch(config-sg-radius)# server 192.0.2.238 auth-port 2095 acct-port 2096
Switch(config-sg-radius)# server 192.0.2.238 auth-port 2015 acct-port 2016
Switch(config-sg-radius)# load-balance method least-outstanding batch-size 5
```

同样可用 **show running-config | include radius** 特权模式命令在交换机运行配置文件中查看以上 RADIUS 负载均衡服务器配置。

以上示例的首选服务器选择和用户认证、计费请求的处理流程同样可以通过 **show debug** 命令查看，具体如下（显示了 10 个事务处理的分发流程，输出信息阅读顺序为自上而下，有关首选服务器选择和事务处理分发流程说明参见 16.6.3 节）：

```
Switch# show debug

General OS:
  AAA server group server selection debugging is on
#
<sending 10 pppoe requests>
Router#

*Feb 28 13:51:16.019:AAA/SG/SERVER_SELECT(0000002C):No preferred server available.
*Feb 28 13:51:16.019:AAA/SG/SERVER_SELECT:Obtaining least loaded server.
*Feb 28 13:51:16.019:AAA/SG/SERVER_SELECT:No more transactions in batch. Obtaining a new
server.
*Feb 28 13:51:16.019:AAA/SG/SERVER_SELECT:Obtaining a new least loaded server.
*Feb 28 13:51:16.019:AAA/SG/SERVER_SELECT:Server[0] load:0
*Feb 28 13:51:16.019:AAA/SG/SERVER_SELECT:Server[1] load:0
*Feb 28 13:51:16.019:AAA/SG/SERVER_SELECT:Selected Server[0] with load 0
*Feb 28 13:51:16.019:AAA/SG/SERVER_SELECT:[5] transactions remaining in batch.
*Feb 28 13:51:16.019:AAA/SG/SERVER_SELECT(0000002C):Server (192.0.2.238:2095,2096) now
being used as preferred server
*Feb 28 13:51:16.019:AAA/SG/SERVER_SELECT(0000002D):No preferred server available.
*Feb 28 13:51:16.019:AAA/SG/SERVER_SELECT:Obtaining least loaded server.
*Feb 28 13:51:16.019:AAA/SG/SERVER_SELECT:[4] transactions remaining in batch. Reusing
server.
*Feb 28 13:51:16.019:AAA/SG/SERVER_SELECT(0000002D):Server (192.0.2.238:2095,2096) now
being used as preferred server
*Feb 28 13:51:16.019:AAA/SG/SERVER_SELECT(0000002E):No preferred server available.
*Feb 28 13:51:16.019:AAA/SG/SERVER_SELECT:Obtaining least loaded server.
*Feb 28 13:51:16.019:AAA/SG/SERVER_SELECT:[3] transactions remaining in batch. Reusing
server.
*Feb 28 13:51:16.019:AAA/SG/SERVER_SELECT(0000002E):Server (192.0.2.238:2095,2096) now
being used as preferred server
*Feb 28 13:51:16.019:AAA/SG/SERVER_SELECT(0000002F):No preferred server available.
*Feb 28 13:51:16.019:AAA/SG/SERVER_SELECT:Obtaining least loaded server.
*Feb 28 13:51:16.019:AAA/SG/SERVER_SELECT:[2] transactions remaining in batch. Reusing
server.
*Feb 28 13:51:16.019:AAA/SG/SERVER_SELECT(0000002F):Server (192.0.2.238:2095,2096) now
being used as preferred server
*Feb 28 13:51:16.019:AAA/SG/SERVER_SELECT(00000030):No preferred server available.
*Feb 28 13:51:16.019:AAA/SG/SERVER_SELECT:Obtaining least loaded server.
*Feb 28 13:51:16.019:AAA/SG/SERVER_SELECT:[1] transactions remaining in batch. Reusing
server.
*Feb 28 13:51:16.019:AAA/SG/SERVER_SELECT(00000030):Server (192.0.2.238:2095,2096) now
being used as preferred server
*Feb 28 13:51:16.023:AAA/SG/SERVER_SELECT(00000031):No preferred server available.
*Feb 28 13:51:16.023:AAA/SG/SERVER_SELECT:Obtaining least loaded server.
*Feb 28 13:51:16.023:AAA/SG/SERVER_SELECT:No more transactions in batch. Obtaining a new
server.
*Feb 28 13:51:16.023:AAA/SG/SERVER_SELECT:Obtaining a new least loaded server.
*Feb 28 13:51:16.023:AAA/SG/SERVER_SELECT:Server[1] load:0
*Feb 28 13:51:16.023:AAA/SG/SERVER_SELECT:Server[0] load:5
*Feb 28 13:51:16.023:AAA/SG/SERVER_SELECT:Selected Server[1] with load 0
*Feb 28 13:51:16.023:AAA/SG/SERVER_SELECT:[5] transactions remaining in batch.
*Feb 28 13:51:16.023:AAA/SG/SERVER_SELECT(00000031):Server (192.0.2.238:2015,2016) now
being used as preferred server
```

```
*Feb 28 13:51:16.023:AAA/SG/SERVER_SELECT(00000032):No preferred server available.
*Feb 28 13:51:16.023:AAA/SG/SERVER_SELECT:Obtaining least loaded server.
*Feb 28 13:51:16.023:AAA/SG/SERVER_SELECT:[4] transactions remaining in batch. Reusing
server.
.
```

通过 **show aaa servers** 命令查看的 RADIUS 服务器组配置如下：

```
Router# show aaa servers

RADIUS:id 8, priority 1, host 192.0.2.238, auth-port 2095, acct-port 2096
     State:current UP, duration 3781s, previous duration 0s
     Dead:total time 0s, count 0
     Quarantined:No
     Authen:request 0, timeouts 0
            Response:unexpected 0, server error 0, incorrect 0, time 0ms
            Transaction:success 0, failure 0
     Author:request 0, timeouts 0
            Response:unexpected 0, server error 0, incorrect 0, time 0ms
            Transaction:success 0, failure 0
     Account:request 0, timeouts 0
            Response:unexpected 0, server error 0, incorrect 0, time 0ms
            Transaction:success 0, failure 0
     Elapsed time since counters last cleared:0m

RADIUS:id 9, priority 2, host 192.0.2.238, auth-port 2015, acct-port 2016
     State:current UP, duration 3781s, previous duration 0s
     Dead:total time 0s, count 0
     Quarantined:No
     Authen:request 0, timeouts 0
            Response:unexpected 0, server error 0, incorrect 0, time 0ms
            Transaction:success 0, failure 0
     Author:request 0, timeouts 0
            Response:unexpected 0, server error 0, incorrect 0, time 0ms
            Transaction:success 0, failure 0
     Account:request 0, timeouts 0
            Response:unexpected 0, server error 0, incorrect 0, time 0ms
            Transaction:success 0, failure 0
     Elapsed time since counters last cleared:0m
```

17 Cisco IOS 交换机 IEEE 802.1x 认证配置与管理

随着宽带以太网建设规模的迅速扩大，网络上原有的认证系统已经不能很好地适应用户数量急剧增加和宽带业务多样性的要求。IEEE 在 2001 年正式颁布了 IEEE 802.1x 标准，用于基于以太的局域网、城域网和各种宽带接入手段的用户/设备接入认证。这种认证采用基于以太网端口的用户访问控制技术，只有网络系统允许并授权的用户可以访问网络系统的各种业务（如以太网连接、网络层路由、Internet 接入等业务），既可以克服 PPPoE 方式的诸多问题，又避免了引入集中式宽带接入服务器所带来的巨大投资。

IEEE 802.1x 是一个基于端口的网络访问控制协议，最早是为解决基于 IEEE 802.11 标准的无线局域网的认证而开发的，目前已可广泛应用于有线和无线以太网用户认证中。目前，几乎所有的以太网交换机都支持 IEEE 802.1x 协议。采用现有的可扩展认证协议（Extensible Authentication Protocol，EAP），是 IETF 提出的 PPP 协议的扩展。虽然 IEEE 802.1x 定义了基于端口的网络接入控制协议，但是在实际应用中该协议仅适用于接入设备与接入端口间的点到点的连接方式，其中端口可以是物理端口，也可以是逻辑端口。典型的应用方式有两种：一种是以太网交换机的一个物理端口仅连接一个计算机；另一种是基于无线局域网（WLAN）的接入方式。其中，前者是基于物理端口的，而后者是基于逻辑端口的。

本章首先将详细地介绍 IEEE 802.1x 认证原理和基础知识，然后介绍 Cisco IOS 交换机中 IEEE 802.1x 认证配置与管理方法。

17.1 理解 IEEE 802.1x 基于端口认证

IEEE 802.1x 标准定义了一个 C/S 模式的访问控制和认证协议，以阻止未授权客户端通过公共可访问端口连接 LAN。认证服务器在交换机或者 LAN 提供可用服务之前为每个连接在交换机端口上的客户端提供认证。在通过认证以前，IEEE 802.1x 访问控制仅允许 EAPOL（Extensible Authentication Protocol over LAN，基于局域网的可扩展认证协议）、CDP（Cisco Discovery Protocol，思科发现协议）、STP（Spanning Tree Protocol，生成树协议）这类控制通信通过端口到达所连接的客户端；认证成功后，其他数据或语音通常都可以在端口上通过了。

17.1.1 IEEE 802.1x 认证设备角色

在整个 IEEE 802.1x 基于端口认证体系网络中，包括三种基本角色的设备，如图 17-1 所示。

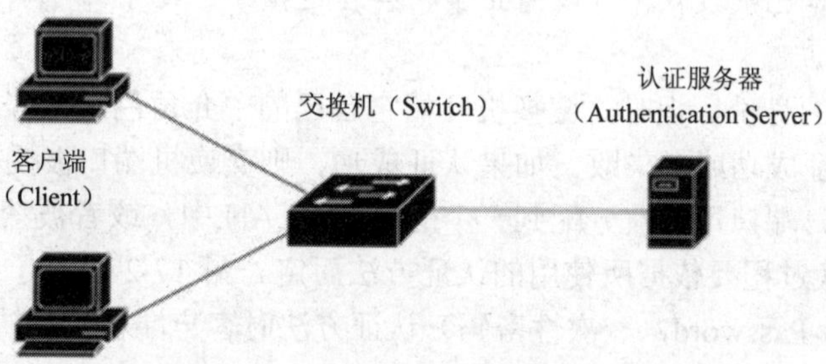

图 17-1 IEEE 802.1x 基于端口认证设备角色

- 客户端（Client）：是指连接交换机端口的工作站主机，是请求访问交换机和 LAN 服务，并从交换机上得到响应的工作站设备。这个工作站设备必须运行与 IEEE 802.1x 标准兼容的客户端软件，如 Windows XP/7 等系统。这里的“客户端”角色在 IEEE 802.1x 标准中称之为恳求者（Supplicant）。
- 认证服务器（Authentication Server）：执行实际的客户端认证工作的主机设备，通常是运行 RADIUS 服务器程序的主机。认证服务器确认客户端身份的合法性，并通知交换机对应客户端是否通过了认证，是否可以访问局域网和交换机服务。因为交换机是担当中间代理角色，所以认证服务对于客户端来说是透明的。目前在 Cisco IOS 交换机中仅支持 RADIUS 服务器作为 IEEE 802.1x 认证服务器。
- 交换机（Switch，可以是边缘交换机或无线 AP）：对客户端提供基于客户端认证状态的网络访问控制。交换机在客户端和认证服务器之间起一个中间代理角色，向客户端发送请求标识信息，通过认证服务验证客户端标识信息，同时向客户端中继转发认证服务器对客户端的请求响应。交换机包括 RADIUS 客户端软件，负责 EAP 帧封装和解封装。这里的“交换机”角色在 IEEE 802.1x 标准中是称之为认证者（Authenticator）。

在交换机接收到来自客户端的 EAPOL 帧时，中继转发到认证服务器，然后去掉以太网头部，保留 EAP 帧，并以 RADIUS 帧格式重新封装。EAP 帧在封装过程中不作修改，RADIUS 认证服务器必须在本地（Native）帧格式中支持 EAP。当交换机收到来自认证服务器的 EAPOL 帧时，也会去掉认证服务器的头部，同时也只保留 EAP 帧，然后重新加上以太网头进行再封装，发送给客户端。

目前可以支持 IEEE 802.1x 的 Cisco 交换机设备包括 Catalyst 3750-X、Catalyst 3750-E、Catalyst

3750、Catalyst 3650-X、Catalyst 3560-E、Catalyst 3560、Catalyst 3550、Catalyst 2970、Catalyst 2960、Catalyst 2955、Catalyst 2950、Catalyst 2940，还有 Cisco 的无线 AP。

17.1.2 IEEE 802.1x 认证初始化和消息交换

在 IEEE 802.1x 认证过程中，交换机和客户端可以初始化认证进程。如果在一个端口上通过 **authentication port-control auto** 或者 **dot1x port-control auto** 接口配置模式命令启用了认证，交换机在链路状态从关闭到打开发生改变，或者周期性地保持打开状态时进行认证初始化，然后进行认证。交换机发送一个 EAP-Request/Identity 请求帧到客户端请求客户端的标识，客户端在收到这个请求帧后，用一个 EAP-Response/Identity 帧进行响应。但是，在客户端启动过程中不会接收来自交换机的 EAP-Request/Identity 帧，客户端可以通过发送一个 EAPOL-start 帧来初始化认证进程，提示交换机请求客户端的身份标识。

【注意】如果网络接入设备不支持 IEEE 802.1x 认证，任何来自客户端的 EAPOL 帧都将被丢弃。如果客户端在三次试图开始认证后仍没有接收到来自交换机的 EAP-Request/Identity 帧，则客户端就认为所连接的端口已被授权，可以像正常一样发送帧了。处于许可状态的端口，意味着已成功通过认证。

当客户端提供了它的身份标识时，交换机开始它自己的中介角色，在客户端和认证服务器之间传递 EAP 帧，直到认证成功或者失败。如果认证成功，则交换机端口被授权；如果认证失败，则可以再次重新进行认证，端口可能被分配到一个受限的 VLAN 中，或者被禁止网络访问。

具体的 EAP 帧交换过程要依据所使用的认证方法而定。图 17-2 显示了在客户端使用 RADIUS 服务器 OTP（One-Time-Password，一次性密码）认证方法时客户端初始化认证过程中 EAP 消息的交换流程。

图 17-2 IEEE 802.1x 认证消息交换流程

如果交换机在等待来自客户端 EAPOL 消息交换过程中 IEEE 802.1x 认证超时（默认是发送三次 EAPOL 消息的时间），同时又开启了 MAC 认证旁路特性，则交换机在检测到来自客户端的一个以太网包时可以对客户端进行授权。交换机使用客户端发来的以太网包中的 MAC 地址作为它的身份标识，连同在 RADIUS-Access/Request 帧中的信息一起发送给 RADIUS 服务器。然后认证服务器会发送一个 RADIUS-Access/Accept 帧给交换机，表示认证成功，端口成为被授权端口。如果 MAC 地址旁路认证失败，并指定了一个来宾 VLAN（Guest VLAN），则交换机分配该端口到这个来宾 VLAN 中。如果交换机在等待一个以太网包时检测到一个 EAPOL 包，则交换机停止旁路 MAC 认证进程和 IEEE 802.1x 认证。图 17-3 显示了在旁路 MAC 地址认证过程中的消息交换流程。

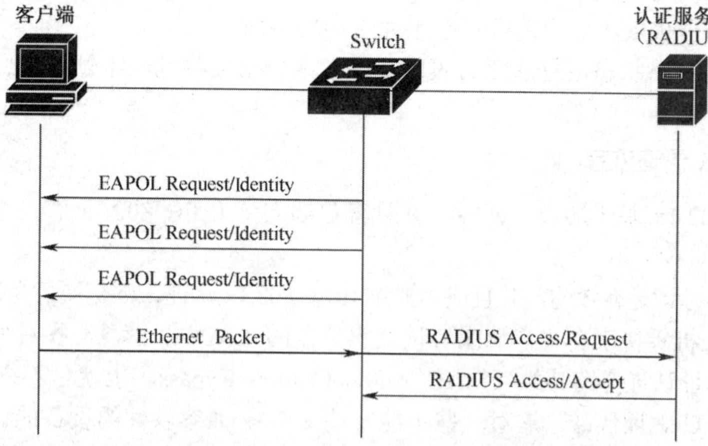

图 17-3　旁路 MAC 地址认证过程中的消息交换流程

17.1.3　IEEE 802.1x 认证流程

交换机端口状态决定了所连接的客户端是否被允许访问网络。端口最初的状态是未授权状态，此时端口除了 IEEE 802.1x 协议包外不能接收和发送任何包。在端口通过 IEEE 802.1x 认证后，则该端口转换成授权状态，允许所有通信通过。

如果一个不兼容 IEEE 802.1x 的客户端连接到一个未授权的交换机端口上，则交换机会向该客户请求标识。但是，在此时该客户不会响应交换机的这个请求，继续保持未授权状态，该客户端也不允许访问网络。如果在该端口上配置了一个来宾 VLAN，则该端口以未授权状态被置于这个来宾 VLAN 中。

相反，如果一个支持 IEEE 802.1x 的客户端连接到一个没有运行 IEEE 802.1x 协议的交换机端口上，客户端通过发送 EAPOL-Start 帧初始化认证过程。但是，此时，客户端不会收到交换机的响应，在多次发送请求仍没收到交换机的响应后，客户端就认为它所连接的端口是处于授权状态的，正常发送数据。

1．端口状态

可以通过 **authentication port-control**（在 Cisco IOS 12.2(46)SG 及早期版本中为 **dot1x port-control auto**）接口配置命令的以下关键字来控制端口状态。

- **force-authorized**：禁止 IEEE 802.1x 认证，使端口处于不需要 IEEE 802.1x 认证消息交换的授权状态。该端口无需经过 IEEE 802.1x 认证正常接收和发送客户端的通信。这是默认设置。
- **force-unauthorized**：使端口处于未授权状态，忽略客户端的所有认证请求。交换机不能为连接在这些端口上的客户端提供认证服务。
- **auto**：允许进行 IEEE 802.1x 认证，使端口最开始为未授权状态，仅允许接收和发送 EAPOL 帧。当对应端口所在链路状态由关闭到打开时，或者当接收到一个 EAPOL-Start 帧时开始 IEEE 802.1x 认证。交换机向客户端请求标识，并开始在客户端和认证服务器之间中继认证消息。交换机可以使用客户端的 MAC 地址来唯一标识访问网络的每个客户端。

如果客户端成功通过认证，则其所连接的端口状态改变为授权状态，来自该客户端的所有通信均可通过此端口；如果认证失败，则此端口仍保持在未授权状态，但是仍将尝试认证。如果认证服务器不可达，则交换机可以重传客户端的认证请求；如果在指定次数重传后仍不能接收到来自认证服务器的响应，则认证失败，对应的客户端不允许访问网络。

如果对应端口的链路状态由打开变为关闭，或者端口上接收到一个帧，则此端口恢复为未授权状态。

2. IEEE 802.1x 认证流程

当启用 IEEE 802.1x 基于端口认证时，并且客户端支持 IEEE 802.1x 客户端，则将发生以下认证事件：

- 如果客户端标识是有效的，并且成功通过 IEEE 802.1x 认证，则交换机允许客户端访问网络。
- 如果在交换机等待来自客户端或者认证服务器的 EAPOL 消息交换过程中超时，并且启用了 MAC 地址认证旁路特性（MAC Authentication Bypass，也就是不进行 802.1x 认证，直接采用 MAC 地址认证，这对一些不能安装 802.1x 兼容软件的设备的认证非常必要，如打印机和特殊的终端），交换机可以使用客户端 MAC 进行认证。如果客户端 MAC 地址是有效的，且通过了 MAC 地址认证，则交换机允许客户端访问网络；如果客户端 MAC 地址是无效的，MAC 地址认证失败，则交换机分配这个客户端到来宾 VLAN（Guest VLAN，在已配置了来宾 VLAN 的前提下），仅提供有限的服务。
- 如果交换机从兼容 IEEE 802.1x 的客户端获得一个无效的客户端身份标识，并且指定了一个受限的 VLAN（如来宾 VLAN），则交换机可以分配该客户端到受限 VLAN 中，仅提供有限服务。
- 如果 RADIUS 认证服务器不可用（关闭了），但启用了临界认证（Critical Authentication，也即 Inaccessible Authentication Bypass，或者称之为 AAA 失效策略）特性，则交换机通过把端口置于 RADIUS 服务器上配置的或者用户指定的访问 VLAN 的临界认证状态允许客户端访问网络。

图 17-4 显示了 IEEE 802.1x 基于端口认证流程，如果在某个端口上启用了多域认证（Multi Domain Authentication，MDA），则以下流程也适用于语音认证。

当发生以下情形时，交换机会重新认证客户端：

- 启用了周期性重认证（Periodic Re-authentication）功能，并且重认证计时器已过期。

可以使用一个指定的值，或者 RADIUS 服务器上的配置值来配置重认证计时器。在使用配置的 RADIUS 服务器进行 IEEE 802.1x 认证后，交换机使用基于会话超时（Session-Timeout）RADIUS 属性（属性 27）和终止行为（Termination-Action）RADIUS 属性（属性 29）的计时器。

会话超时属性指定了多长时间后进行重认证，而终止行为属性指定在重认证过程中将发生的行为。这个行为包括两种：初始化（Initialize）和重认证（Re-authentication）。当设置为初始化行为时（此时默认属性值为 DEFAULT），IEEE 802.1x 会话终止，在重认证过程中断开连接；当设置为重认证属性时（此时属性值为 RADIUS-Request），在重认证过程中 IEEE 802.1x 会话不受影响。

- 手动通过 **dot1x re-authenticate interface** *interface-id* 特权模式命令对客户端进行重认证。

17.1.4 IEEE 802.1x 主机模式

IEEE 802.1x 端口的主机模式决定了在该端口上连接了多个客户端时是否允许多个主机被认

证，以及如何强制认证。可以配置 IEEE 802.1x 端口使用以下任意五种模式之一，另外，其他每种模式可以修改为允许预认证开放访问模式：

- 单主机模式（Single-Host Mode）
- 多主机模式（Multiple-Hosts Mode）
- 多域认证模式（Multidomain Authentication Mode）
- 多认证模式（Multiauthentication Mode）
- 预认证开放访问（Preauthentication Open Access）

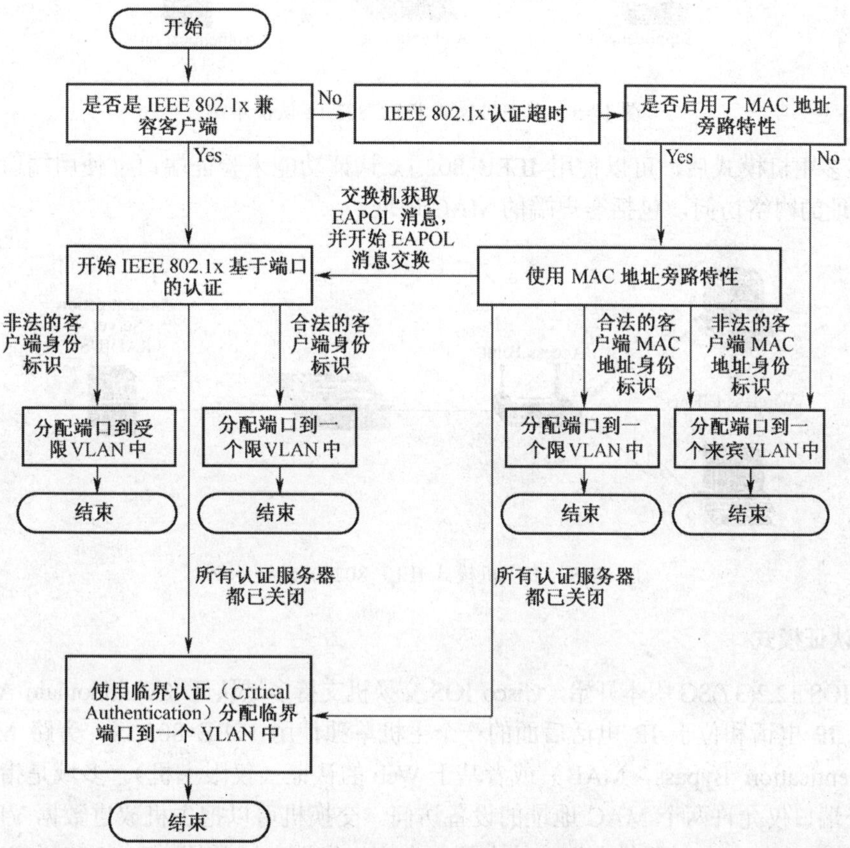

图 17-4　IEEE 802.1x 认证流程

1．单主机模式

可以配置 IEEE 802.1x 端口为单主机模式或多主机模式。在单主机模式（Single-Host Mode）中，通常是一个交换机端口下连接的是一台客户端，而不是连接的是一个网段（如图 17-5 所示），且仅一个客户端可以连接在已启用 IEEE 802.1x 的端口上。交换机在链路状态改变至打开状态后通过发送一个 EAPOL 帧来检测客户端。如果客户端离开或者接上其他客户端的话，交换机会改变端口链路状态为关闭，端口返回为未授权状态，不允许新的客户端访问网络。这就是“单主机”的意思。

2．多主机模式

在多主机模式（Multiple-Hosts Mode）下，可以在一个启用了 IEEE 802.1x 的端口上连接多个主机，如一个交换机端口下面连接了另一台交换机或者 WLAN AP。图 17-6 显示了在 WLAN 中 IEEE 802.1x 基于端口认证。在这种模式中，AP 所有连接的客户端口只要其中一个经过了授权，则所有客户端都可以允许进行网络访问。如果这个端口没有经过授权，则交换机拒绝所有连接的客户端的访问。在这种拓扑中，WLAN AP 负责为它所连接的客户端进行认证，同时它又作为交换机的客户端。

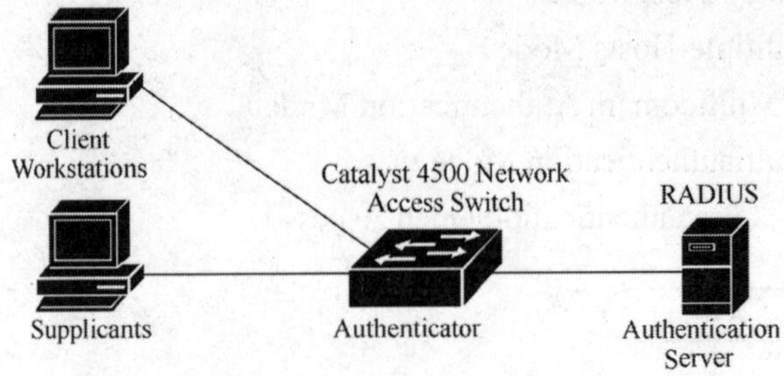

图 17-5　单主机模式 IEEE 802.1x 认证示例

在启用了多主机模式后，可以使用 IEEE 802.1x 认证功能来验证端口，使用端口安全功能管理所有 MAC 地址的网络访问，包括客户端的 MAC 地址。

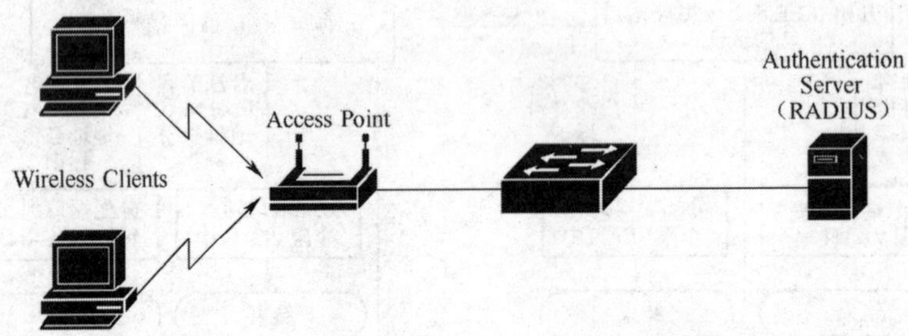

图 17-6　多主机模式 IEEE 802.1x 认证示例

3．多域认证模式

自 Cisco IOS 12.2(37)SG 版本开始，Cisco IOS 交换机支持多域认证（Multidomain Authentication，MDA），允许 IP 电话和位于 IP 电话后面的一个主机单独使用 IEEE 802.1x、旁路 MAC 地址认证（MAC Authentication Bypass，MAB）或者基于 Web 的认证（仅限主机）。多域是指两个域：数据和语音，每个端口仅允许两个 MAC 地址的设备访问。交换机可以把主机放进数据 VLAN 中，而把 IP 电话放进语音 VLAN 中，即使它们连接在同一个交换机端口。数据 VLAN 和语音 VLAN 可以在 CLI 中独立配置。设备标识为数据或者语音设备依据的是从 AAA 服务器上接收到的厂商特殊属性（vendor-specific-attributes，VSAs）。数据和语音 VLAN 也可以在认证过程中从 AAA 服务器接收的 VSAs 中获得。

图 17-7 显示了一个在启用了 IEEE 802.1x 端口上连接的 IP 电话后面再连接了单一主机的典型 MDA 应用。因为客户端不是直接连接交换机的，所以在客户端断开连接时交换机也不能检测到端口链路的丢失。为了阻止其他设备使用原客户端已建立的认证属性非法连接在这个已启用 IEEE 802.1x 端口上，Cisco IP 电话会发送一个 CDP 主机存在类型－长度－值（TLV）包通知交换机连接客户端的端口链路状态改变。

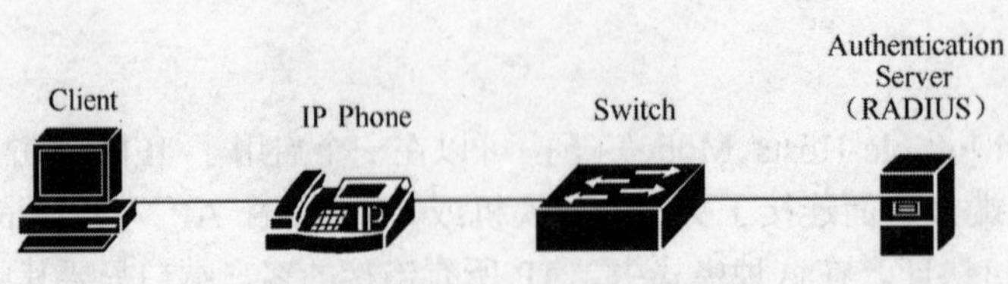

图 17-7　多域认证模式 IEEE 802.1x 认证示例

4．多认证模式

自 Cisco IOS 12.2(50)SG 版本开始支持多认证模式（Multiauthentication Mode），允许一个语音 VLAN 中的客户端和多个数据 VLAN 中的认证客户端。当一个集线器或者 AP 连接到一个启用了 IEEE 802.1x 的端口时，多认证模式通过为每个客户端请求认证提供多个主机模式的增强安全。对于不兼容 IEEE 802.1x 的设备，可以使用 MAB（旁路 MAC 地址认证）或者基于 Web 认证方式作为个别主机的认证方法，允许在一个端口上为不同主机提供不同的认证方法。

多认证模式通过分配认证设备到数据或者语音 VLAN 中支持语音 VLAN 中的 MDA（多域认证）功能。当一个端口处于多认证模式，来宾 VLAN 和认证失败的 VLAN 将不再为数据设备激活。

5．预认证开放访问

自 Cisco IOS 12.2(50)SG 版本开始，以上四种认证模式中的任何一种可以额外配置允许一个设备在通过认证前获取网络访问权限。这种预认证开放访问（Preauthentication Open Access）功能在预启动执行环境（Pre-boot eXecution Environment，PXE，如远程启动设备）应用中非常有用，因为这类设备必须在启动时访问网络，从网络上下载包括认证客户端的可启动映像。

在配置了主机模式下可通过 **authentication open** 命令启用预认证开放访问功能，作为配置的主机认证模式扩展。例如，如果在单主机模式下启用预认证开放访问功能，则端口上仅允许一个 MAC 地址访问。当启用预认证开放功能时，端口上的初始化通信仅受在端口上配置的其他不依赖于 IEEE 802.1x 的访问控制方法限制。如果在端口上没有配置其他访问控制方法，则客户端设备可以全面访问所配置的 VLAN。

17.1.5　使用 MAC 移动特性

连接在交换机已启用了 IEEE 802.1x 认证的端口上的主机应当可以在一个交换机上的相同或者不同 VLAN 中的端口间不受限制地移动，就像它们已移动到其他交换机的端口上。但在 Cisco IOS 12.2(54)SG 版本以前，当一个 MAC 地址在一个交换机端口上被认证，这个地址是不允许连接在其他已启用了 IEEE 802.1x 的交换机端口上。如果交换机在其他已启用了 IEEE 802.1x 的交换机端口上检测到相同的 MAC 地址，则这个地址是不允许的。

自 Cisco IOS 12.2(54)SG 版本开始，可以移动一个 MAC 到相同交换机的其他端口上。这种 MAC 地址移动功能对于直接连接在已启用 IEEE 802.1x 认证端口上的主机，或者连接在 Cisco IP 电话后面的主机都没有问题，在初始化主机断开连接时，会发生端口关闭事件，或者收到代理 EAPoL-Logoff/CDP TLV。但 MAC 地址移动功能不适用于连接在集线器、第三方 IP 电话或者早期 Cisco IP 电话后面的主机，因为这种情况下原来主机的会话会一直保持激活状态。通过 MAC 地址移动功能，可以断开一个主机的连接，然后直接连接在交换机的另一个端口上。

可以全局启用 MAC 移动功能，以便设备可以在新的交换机端口上得到认证。当一个主机移动到另外一个端口时，在原来的端口上的会话将被删除，主机会在新的端口上重新得到认证。

17.1.6　使用 MAC 替换特性

自 Cisco IOS 12.2(54)SG 版本开始，可以允许新主机连接到原来通过认证的主机所连接的交换机端口上。如果配置的违例行为为替换（Replace），则原来主机将被新主机替换，而不会使端口呈现错误禁止（Err-disabling）状态，也不会对端口进行任何限制。

这种 MAC 地址替换功能对于直接连接在已启用 IEEE 802.1x 端口上的主机，或者连接在 Cisco IP 电话后面的主机都没问题，在初始化主机断开连接时会出现端口关闭，或者接收到代理 EAPOL-

Logoff/CDP TLV。但是这种 MAC 地址替换功能也不适用于连接在集线器、第三方 IP 电话或者早期 Cisco IP 电话后面的主机，此时在原来已启用 IEEE 802.1x 认证端口上连接新主机时会发生一个违例事件。在单主机模式和多域认证模式中，当配置的违例行为是替换时，交换机会终止原来的会话，重新基于新的 MAC 地址进行认证；而在多认证模式中，不会发生移去现有会话。

17.1.7 使用带 VLAN 分配功能的 IEEE 802.1x

可以使用 VLAN 分配功能来限制某些用户的网络访问。在 VLAN 分配功能下，IEEE 802.1x 认证端口基于连接该端口的客户端用户名分配一个 VLAN（可以是标准 VLAN 或者 PVLAN）。RADIUS 服务器数据库维护用户名-VLAN 的映射关系。在端口成功进行了认证后，RADIUS 服务器发送这个对应的 VLAN 到交换机上。

在支持 PVLAN 的交换机上，可以通过分配端口到 PVLAN 中来隔离端口。

当在交换机上配置带有 VLAN 分配功能的 IEEE 802.1x 认证时，将具有以下特性：

- 如果在 RADIUS 服务器上没有提供 VLAN，则端口成功认证后配置到访问 VLAN 或者隔离 PVLAN。
- 如果 RADIUS 服务器提供了无效的 VLAN 信息，则端口保持未授权状态。此时会阻止端口因分配到不适当的 VLAN 而出现配置错误。
- 自 Cisco IOS 15.0(2)SG 版本开始，如果在端口上启用了 IEEE 802.1x 多认证模式，将为第一个经过认证的主机成功进行 VLAN 分配，后面授权的数据主机，也被认为是成功通过了认证，要么不分配 VLAN，要么是分配到第一个通过认证的主机所在 VLAN。这样可以确保端口上所有成功认证的主机都属于同一个 VLAN 中的成员，但是也只有第一个通过认证的主机有可以灵活选择 VLAN 的权力。
- 如果 RADIUS 服务器提供了有效的 VLAN 信息，则端口被授权，在通过认证后被分配到指定的 VLAN 中。
- 如果启用了多主机模式，所有主机都与第一个通过认证的主机在相同的 VLAN 中。
- 如果一个端口禁止了 IEEE 802.1x，则返回所配置的访问 VLAN 中。
- 启用了 IEEE 802.1x 认证的端口必须被配置为一个访问端口或者一个 PVLAN 主机端口。当配置为一个 PVLAN 主机端口时，在该端口上的所有主机都将分配到 PVLAN 中，不管是否需要这样配置。
- 如果配置了一个来宾 VLAN 来处理没有响应的主机，所配置的 VLAN 类型必须与端口类型匹配，也就是说在访问端口上配置的来宾 VLAN 必须是 VLAN，在 PVLAN 主机端口上配置的来宾 VLAN 必须是 PVLAN。如果来宾 VLAN 类型与端口类型不匹配，则没有响应的主机被认为是已处理过的，就像没有配置来宾 VLAN 一样，禁止对应主机的网络访问。
- 要分配一个端口到 PVLAN，命名 VLAN 必须为从 PVLAN。交换机会从所配置的主从 VLAN 映射关系中确定隐含的主 VLAN。如果改变已在 RADIUS 分配的 VLAN 中授权的端口上的访问 VLAN 或者 PVLAN 中的主机-VLAN 映射关系，则端口仍保留在分配的 VLAN 中。

17.1.8 为来宾 VLAN 使用 IEEE 802.1x

可以使用来宾 VLAN 启用非兼容 IEEE 802.1x 主机使用 IEEE 802.1x 认证访问网络。例如，可以在更新系统支持 IEEE 802.1x 认证时使用来宾 VLAN。

来宾 VLAN 支持基于每端口配置，可以使用任一 VLAN 作为来宾 VLAN，只要它的类型与端口类型匹配即可。如果端口已在来宾 VLAN 中处于转发状态，而又在主机接口上启用了 IEEE 802.1x，则端口立即从来宾 VLAN 中移出，等待认证者（即交换机）的认证。

在端口上启用 IEEE 802.1x 认证时，如果主机在规定时间内响应来自交换机的请求包失败，则认证服务器把该端口置于来宾 VLAN 中。

如果端口是配置作为 PVLAN 主机端口，来宾 VLAN 必须为从 PVLAN；如果端口配置的是访问端口，则来宾 VLAN 必须是一个标准 VLAN；如果一个端口上的来宾 VLAN 不与端口类型匹配，则交换机就认为没有配置来宾 VLAN，禁止该端口上主机的网络访问。

当使用来宾 VLAN IEEE 802.1x 认证时，请遵照以下使用指南：

- 当重新配置来宾 VLAN 为另一个 VLAN 时，任何认证失败的端口都将移动到新的来宾 VLAN 中，端口仍保留为当前的授权状态。
- 当关闭或者从 VLAN 数据库中删除一个来宾 VLAN 时，任何认证失败的端口立即切换到未授权状态，重新开始认证进程。来宾 VLAN 不允许周期性地重认证。

当使用 Windows XP 主机的来宾 IEEE 802.1x 认证时，请遵照以下使用指南：

- 如果 Windows XP 主机响应交换机失败，则端口试图进行三次重连接（每次连接的时间间隔为 30 秒），三次连接仍不成功，则主机上不再显示登录窗口，所以必须拔出主机网线，重新插到交换机端口上。
- 主机使用错误的登录账户和密码进行响应将导致认证失败，认证失败的主机不会放进来宾 VLAN 中。第一次认证失败后，即启动超时计时器，过期后，在 Windows XP 主机上又会显示登录窗口，可以重新输入账户和密码，如果再次认证失败，再次启动超时计时器，过期后，在 Windows XP 主机上再次会显示登录窗口，可以重新输入账户和密码。如果第三次认证失败，则该主机所连接的端口置于未授权状态，必须断开主机的网络连接，然后重新插入端口上，重新进行认证。

17.1.9 使用带 MAB 的 IEEE 802.1x

本章前面已讲到，IEEE 802.1x 认证有三种角色：客户端（Client）、交换机（Authenticator，也称“认证者”）和认证服务器（Authentication Server）。典型情况下，支持 IEEE 802.1x 的客户端发送它自己的信任凭证到担当认证者角色的交换机，然后由交换机中继转发到用于认证的认证服务器上。但是，在实际的网络环境中并不是所有客户端都兼容支持 IEEE 802.1x，这时就不能直接经过 IEEE 802.1x 进行认证了，但它们仍可以通过旁路 MAC 认证特性（MAC Authentication Bypass，MAB），使用连接的客户端设备的 MAC 地址进行认证，以允许或者禁止它们对网络的访问。这里的“旁路”的意思就是“绕过 IEEE 802.1x 认证”，选择作为可选的 MAC 地址认证方式的意思。通常是使用在像打印机这类不能安装兼容 IEEE 802.1x 协议软件的设备所连接端口上启用旁路 MAC 地址认证方式。

在典型的应用中，RADIUS 服务器维护网络访问设备的 MAC 地址数据库，当在一个端口上检测到一个新的 MAC 地址时，就会产生一个以设备 MAC 地址同时作为用户名和密码的 RADIUS 请求。当认证成功后，对应设备就可以访问网络了；如果认证失败，则这个端口被移到已配置的来宾 VLAN 中，或者继续保持未授权状态（在没有配置来宾 VLAN 时）。

MAB 仅可以在配置了 IEEE 802.1x 的端口上启用。MAB 功能作为一种可选方案提供了基于 MAC 地址的认证。如果在一个端口上同时配置了 MAB 和 IEEE 802.1x 认证，则端口首先尝试使用 IEEE 802.1x 认证，如果主机响应交换机的 EAPOL 包失败，则该端口继续侦听流经的包，并获取接入设备的 MAC 地址，采用 MAB 认证，而不是总尝试进行 IEEE 802.1x 认证。

基于默认的 IEEE 802.1x 计时器值，在以上两种认证机制转换过程中需要等待约 90 秒时间。可以缩短这个转换周期时间。它将影响 EAPOL 包发送的频次，更小的计时器值使得发送 EAPOL 包的时间间隔更短。在启用了 MAB 认证方式时，在完成了一个完整的 EAPOL 发送周期后，所学习到的 MAC 地址被转发到认证服务器。

MAB 功能为端口链路上第一个检测到的 MAC 地址进行认证。一旦所接收的 MAC 地址是 RADIUS 服务器允许的，则该端口就被认为被授权了。如果在最初通过 MAB 认证的端口上接收到一个 EAPOL 帧，则会重新开始 IEEE 802.1x 认证。图 17-8 显示了 MAB 认证过程中的消息交换流程。文字说明如下：

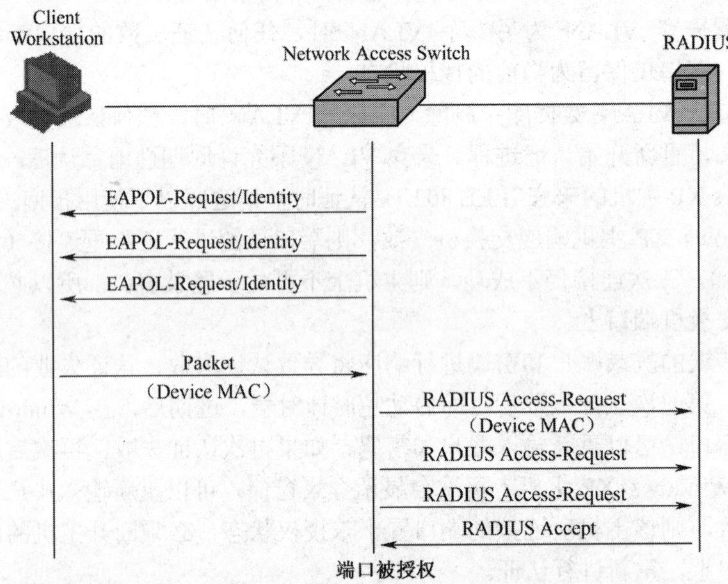

图 17-8　MAB 认证消息交换流程

（1）如果 IEEE 802.1x 认证失败，则该端口移动到所配置的认证失败（Authentication-failed）VLAN 中，而不管在该端口上是否配置了 MAB。认证失败 VLAN 仅用于 IEEE 802.1x 认证失败（Dot1x-authentication-failed）的用户，IEEE 802.1x 认证失败的用户不会再尝试 MAB 认证，MAB 认证仅适用于不支持 IEEE 802.1x 的用户。

当在端口上同时配置了 MAB 和来宾 VLAN，并且在交换机向客户端发送三个 EAPOL-Request/Identity 请求后仍没有收到来自客户端的 EAPOL 响应帧时，IEEE 802.1x 状态机制转移到 MAB 状态，使端口监听通信，并获取通信包中的 MAC 地址。当检测到的 MAC 地址认证失败，则该端口就会被移到该端口上所配置的来宾 VLAN 中。

（2）在来宾 VLAN 中的端口可以通过该来宾 VLAN 中的所有通信。如果此时在端口上换上一个不支持 IEEE 802.1x 的客户端，虽然会被授权，但会由于之前失败授权设备的检测仍然置于来宾 VLAN 中。但当链路断开，或者检测到一个 EAPOL 帧时，将使该客户端离开来宾 VLAN，返回到默认的 IEEE 802.1x 认证模式（单主机模式）。

（3）一旦一个新的 MAC 地址通过 MAB 认证，就会按照交换机中配置的 IEEE 802.1x 认证或者端口安全（Port Security）配置对该客户端进行通信限制。端口默认的 IEEE 802.1x 认证模式为单主机模式，如果端口改变为多主机模式，端口安全必须强制相应数量的 MAC 地址允许通过该端口。

17.1.10　使用基于 Web 认证的 IEEE 802.1x

基于 Web 认证的功能也称之为 Web 认证代理，允许对没有运行 IEEE 802.1x 客户端系统的主机用户进行认证。

在配置基于 Web 认证时，需要考虑以下指南：

- 作为可选的基于 Web 的端口认证仅适用于访问模式的交换机端口，不适用于中继模式端口，也不适用于以太网通道。
- 尽管可选的基于 Web 认证是特定接口的配置，但是基于 Web 认证可选行为是在全局 fallback 配置文件中配置的。如果全局配置发生改变，新的配置文件只有到下一个认证实例发生时才生效。

17.1.11 使用带临界认证的 IEEE 802.1x

当交换机不能访问 RADIUS 服务器，客户端就不能被认证，此时可以配置交换机通过旁路临界认证（Inaccessible Authentication Bypass）功能允许连接在临界（Critical）端口上，并且启用了临界认证功能的客户端访问网络。

当启用了旁路临界认证，交换机会监控配置的 RADIUS 服务器状态。如果没有可达到的 RADIUS 服务器，由于 RADIUS 服务器不可达而得不到认证的客户端将被授权。旁路临界认证可以为数据客户端和语音客户端启用。对于数据客户端，可以基于每端口指定一个旁路临界认证 VLAN；对于语音客户端会在配置的语音 VLAN 中被授权。对于语音客户端，旁路临界认证可以工作在多域认证模式和多认证模式。

默认情况下，数据客户端在 RADIUS 服务器不可达时已通过旁路临界认证授权。在 RADIUS 服务器恢复可达后，所有该端口上的数据客户端都将使用 **authentication server dead action reinitialize vlan** 接口配置命令进行重新认证。这个命令是在多认证模式下使用的，且不能与 **authentication server dead action authorize vlan** 命令同时使用。

【注意】*在多认证模式下，不能使用* **authentication server dead action authorize vlan** *命令来为数据客户端启用旁路临界认证，需要使用* **authentication server dead action reinitialize vlan** *vlan-id* *命令。*

当 RADIUS 服务器可达后，临界授权端口可以被配置为自动重认证。在端口返回为基于 Web 认证模式时不能激活旁路临界认证。

17.2 Cisco IOS 交换机 IEEE 802.1x 基于端口认证基本配置

在 Cisco IOS 交换机上配置基于端口的 IEEE 802.1x 认证的基本思路如下：

（1）在交换机上全局和基于端口启用 IEEE 802.1x 认证功能。

（2）配置用于 IEEE 802.1x 认证的 RADIUS 服务器。

（3）调整 IEEE 802.1x 认证计时器。

（4）配置其他 IEEE 802.1x 认证功能选项。

IEEE 802.1x 认证的基本配置任务如下：

- 启用 IEEE 802.1x 认证（必需）
- 配置交换机与 RADIUS 服务器之间的通信（必需）
- 配置 IEEE 802.1x 认证主机模式（可选）
- 配置 IEEE 802.1x 认证违例行为模式（可选）
- 配置 RADIUS 服务器会话计时器（可选）
- 配置 MAC 移动特性（可选）

- 配置 MAC 替换特性（可选）
- 配置带来宾 VLAN 的 IEEE 802.1x（可选）
- 配置带旁路 MAC 地址认证的 IEEE 802.1x（可选）
- 配置带旁路临界认证的 IEEE 802.1x（可选）
- 配置后退认证（可选）
- 启用多主机认证模式（可选）
- 配置周期性重认证（可选）
- 修改静止等待周期（可选）
- 配置交换机到客户端的帧重传时间间隔和最大次数（可选）

表 17-1 所示的是 Cisco IOS 交换机上的默认 IEEE 802.1x 配置。

表 17-1 Cisco IOS 交换机默认 IEEE 802.1x 配置

特性	默认设置
AAA 访问控制模式	禁止
RADIUS 服务器的 IP 地址/UDP 认证端口/Key（密钥）	没定义/1645/没指定
每接口 IEEE 802.1x 协议启用状态	强制授权，不采用 802.1x 认证
周期性地重认证	禁止
重认证时间间隔	3600 秒
静止周期（与客户端进行认证消息交换失败时，交换机保持静止状态的时间）	60 秒
重传时间（交换机在发送 EAP 请求/标识包前等待客户端响应的时间）	30 秒
最大重传次数（在重新进行认证进程前交换机向客户端发送 EAP 请求/标识包的最多次数）	2
多主机支持	禁止
客户端超时周期（当交换机重新中继认证服务器发来的请求到客户端前，需要等待客户端响应的时间）	30 秒
认证服务器超时周期（交换机在重新中继客户端的响应到认证服务器前，需要等待认证服务器响应的时间）	30 秒

【注意】IEEE 802.1x 仅支持二层静态访问端口、PVLAN 主机端口和三层可路由端口，不支持其他任何类型端口，如以太网通道接口、VLAN 接口等。

另外，在以下各项功能配置中，绝大多数配置步骤是相同的，只是特定功能的配置命令不同而已，大家在学习时要注意总结。

17.2.1 启用 IEEE 802.1x 认证

要启用基于端口的 IEEE 802.1x 认证，首先必须在交换机上全局启用 IEEE 802.1x，然后启用 AAA 访问控制模式，指定 RADIUS 服务器和认证方法列表。认证方法列表描述了可采用的认证方法和它们选用的次序。认证服务器首先使用认证方法列表中的第一个方法，如果响应失败，则采用第二个，以此类推，直到认证成功或者认证方法列表中的所有方法均已尝试仍然失败。具体配置方法如表 17-2 所示。

表 17-2 启用 IEEE 802.1x 认证的配置步骤

步骤	命令	说明
1	**configure terminal** 例如：Switch# **configure terminal**	进入全局配置模式
2	**dot1x system-auth-control** 例如：Switch(config)# **dot1x system-auth-control**	在交换机上全局启用 IEEE 802.1x 认证功能，可用 **no dot1x system-auth-control** 命令全局禁止交换机的 IEEE 802.1x 认证功能
3	**aaa new-model** 例如：Switch(config)# **aaa new-model**	全局启用 AAA 访问控制模式，可用 **no aaa new-model** 命令全局禁用 AAA 访问控制模式

续表

步骤	命令	说明
4	**aaa authentication dot1x {default}** *method1* [*method2...*] 例如：Switch(config)# **aaa authentication dot1x default**	创建一个 IEEE 802.1x AAA 认证方法列表。命令中的参数和选项说明如下： ● **default**：定义默认的认证方法列表，它将自动应用到当前交换机的所有接口上 ● *method1* [*method2...*]：指定可用的认证方法列表，可以有以下两种选择： ➢ **group radius**——指定使用 RADIUS 服务器进行认证 ➢ **none**——指定不进行认证，客户端自动通过认证，无需使用客户端提供的任何信息 要禁止使用指定的 IEEE 802.1x AAA 认证方法列表，可使用 **no aaa authentication dot1x {default** | *list-name***}** *method1* [*method2...*]全局配置模式命令
5	**aaa authorization network {default} group radius** 例如：Switch(config)# **aaa authorization network group radius**	（可选）为交换机上用户所有相关的网络服务（如 VLAN 分配）配置使用 RADIUS 认证
6	**radius-server host** *ip-address* 例如：Switch(config)# **radius-server host** 172.16.10.1	（可选）在使用 RADIUS 服务器进行认证时指定 RADIUS 服务器 IP 地址
7	**radius-server key** *string* 例如：Switch(config)# **radius-server key** radkey	（可选）在使用 RADIUS 服务器进行认证时指定与 RADIUS 服务器通信加密的密钥
8	**interface** *interface-id* 例如：Switch(config)# **interface** fastethernet 3/1	键入要启用 IEEE 802.1x 认证的端口，进入接口配置模式
9	**switchport mode access** 例如：Switch(config-if)# **switchport mode access**	把以上端口转换为访问模式
10	**dot1x pae authenticator** 例如：Switch(config-if)# **dot1x pae authenticator**	以默认参数启用以上端口的 IEEE 802.1x 认证功能
11	在 Cisco IOS 12.2(50)SG 及以后版本中： **authentication port-control auto** 例如：Switch(config-if)# **authentication port-control auto** 在 Cisco IOS 12.2(46)SG 及以前版本中： **dot1x port-control auto** 例如：Switch(config-if)# **dot1x port-control auto**	在以上端口上启用 IEEE 802.1x 认证
12	**end** 例如：Switch(config-if)# **end**	返回特权模式
13	**show dot1x interface** *interface-id* **details** 例如：Switch # **show dot1x interface** fastethernet 3/1 **details** **show running-config** 例如：Switch# **show running-config**	校验以上配置
14	**copy running-config startup-config** 例如：Switch# **copy running-config startup-config**	（可选）在交换机启动配置文件中保存以上配置

【注意】建议在端口上启用 STP 的 PortFast 特性，以确保通过认证后立即进入转发状态。有关 PortFast 特性的配置参见本书姊妹篇——《Cisco/H3C 交换机配置与管理完全手册》（第二版）。

当在一个端口上配置了任何 IEEE 802.1x 参数，就会在端口上自动进行 IEEE 802.1x 认证，在配置文件中自动添加 **dot1x pae authenticator** 命令，无需人工干预。

【示例 1】在 fastethernet2/1 端口上启用 IEEE 802.1x 和 AAA 访问控制模式，并校验该端口上的 IEEE 802.1x 配置。

在 Cisco IOS 12.2(50)SG 及以后版本中的配置如下：

```
Switch# configure terminal
Switch(config)# dot1x system-auth-control
Switch(config)# aaa new-model
Switch(config)# aaa authentication dot1x default group radius
Switch(config)# interface fastethernet2/1
Switch(config-if)# switchport mode access
Switch(config-if)# dot1x pae authenticator
```

```
Switch(config-if)# authentication port-control auto
Switch(config-if)# end

Switch# show authentication sessions interface f9/2
            Interface:  FastEthernet9/2
          MAC Address:  0007.e95d.83c4
           IP Address:  Unknown
               Status:  Running
               Domain:  UNKNOWN
       Oper host mode:  single-host
     Oper control dir:  both
      Session timeout:  N/A
         Idle timeout:  N/A
    Common Session ID:  0A050B160000009505106398
      Acct Session ID:  0x0000009B
               Handle:  0x0D000095

Runnable methods list:
      Method    State
      dot1x     Running
      mab       Not run
```

在 Cisco IOS 12.2(46)SG 或早期版本中的配置如下：

```
Switch# configure terminal
Switch(config)# dot1x system-auth-control
Switch(config)# aaa new-model
Switch(config)# aaa authentication dot1x default group radius
Switch(config)# interface fastethernet2/1
Switch(config-if)# switchport mode access
Switch(config-if)# dot1x pae authenticator
Switch(config-if)# dot1x port-control auto
Switch(config-if)# end

Switch# show dot1x interface f9/2 details

Dot1x Info for FastEthernet9/2
-----------------------------------
PAE                         = AUTHENTICATOR
PortControl                 = AUTO
ControlDirection            = Both
HostMode                    = SINGLE_HOST
QuietPeriod                 = 60
ServerTimeout               = 0
SuppTimeout                 = 30
ReAuthMax                   = 2
MaxReq                      = 2
TxPeriod                    = 30

Dot1x Authenticator Client List
-------------------------------
Supplicant                  = 0007.e95d.83c4
Session ID                  = 0A050B160000009505106398
    Auth SM State           = AUTHENTICATING
    Auth BEND SM State      = REQUEST
Port Status                 = UNAUTHORIZED
```

【示例 2】通过 **show authentication sessions** 和 **show dot1x interface** 两个特权模式命令显示授权端口状态（注意两个命令输出信息中的粗体字部分）。

```
Switch# show authentication sessions   int G4/5
            Interface:  GigabitEthernet4/5
```

```
            MAC Address:   0015.e981.0531
             IP Address:   Unknown
              User-Name:   ctssxp
                 Status:   Authz Success
                 Domain:   DATA
         Oper host mode:   single-host
       Oper control dir:   both
        Session timeout:   N/A
           Idle timeout:   N/A
      Common Session ID:   0A053F0F00000004041E6B0C
        Acct Session ID:   0x00000021
                 Handle:   0x2C000004
Runnable methods list:
       Method      State
       dot1x       Authc Success

Switch# show dot1x interface G4/5 details
Dot1x Info for GigabitEthernet4/5
-----------------------------------
PAE                       = AUTHENTICATOR
PortControl               = AUTO
ControlDirection          = Both
HostMode                  = SINGLE_HOST
QuietPeriod               = 60
ServerTimeout             = 0
SuppTimeout               = 30
ReAuthMax                 = 2
MaxReq                    = 2
TxPeriod                  = 30
Dot1x Authenticator Client List
-------------------------------
Supplicant                = 0015.e981.0531
Session ID                = 0A053F0F00000004041E6B0C
    Auth SM State         = AUTHENTICATED
    Auth BEND SM State    = IDLE
Port Status               = AUTHORIZED
```

17.2.2　配置交换机与 RADIUS 服务器之间的通信

RADIUS 服务器可通过其主机名或 IP 地址，或者主机名和指定的 UDP 端口，或者 IP 地址和指定的 UDP 端口来标识，以便交换机可以与其建立通信。IP 地址和 UDP 端口号的组合创建了一个唯一的标识，可以使一台 RADIUS 服务器通过多个 UDP 端口发送 RADIUS 请求。如果在相同的 RADIUS 服务器上为相同的服务（如认证）配置了两个不同的主机条目，则第二个主机条目是作为第一个主机条目失效切换备份。在交换机上标识 RADIUS 服务器的步骤如表 17-3 所示。

表 17-3　标识 RADIUS 服务器的步骤

步骤	命令	说明
1	**configure terminal** 例如：Switch# **configure terminal**	进入全局配置模式
2	**radius-server host** {*hostname* | *ip-address*} **auth-port** *port-number* [**acct-port** *port-number*] [**test username** *name*] [**ignore-auth-port**] [**ignore-acct-port**] [**idle-time** *min*] **key** *string* 例如：Switch(config)# **radius-server host** 172.120.39.46 **auth-port** 1612 **key** rad123	在交换机上配置用于 IEEE 802.1x 认证的 RADIUS 认证服务器参数。命令中的参数和选项说明如下： ● *hostname* | *ip-address*：指定 RADIUS 服务器主机名或 IP 地址 ● **auth-port** *port-number*：指定 RADIUS 认证所用的 UDP 端口号，默认为 UDP 1645 端口 ● **acct-port** *port-number*：可选参数，指定 RADIUS 计费所用的 UDP 端口号，默认为 UDP 1646 端口 ● **test username** *user-name*：可选参数，指定用于自动测试 RADIUS 服务器是否可用的用户名

续表

步骤	命令	说明
2	（接前）	● **ignore-auth-port**：可选项，关闭 RADIUS 服务器的认证功能 ● **ignore-acct-port**：可选项，关闭 RADIUS 服务器的计费功能 ● **idle-time** *min*：交换机在发送测试包前需要等待的时间，取值范围为 1～35791 秒，默认为 60 分钟 ● **key** *string*：可选参数，指定在交换机与 RADIUS 服务器之间通信的认证和数据加密的共享密钥（可以包括空格，但前导空格会忽略）。这个密钥是文本字符串，必须与 RADIUS 服务器上使用的密钥一致，而且后一次的密钥配置将覆盖前面的密钥配置 可用 **no radius-server host** {*hostname* | *ip-address*}命令删除指定的 RADIUS 服务器
3	**radius-server deadtime** *minutes* 例如：Switch(config)# **radius-server deadtime** 10	（可选）指定在检测到某 RADIUS 服务器不可达（已死亡）时，等待其是否能恢复的时间，取值范围为 0~1440 分钟，默认为 0，不等待。可用 **no radius-server deadtime** 命令恢复为默认设置
4	**radius-server dead-criteria** [**time** *seconds*] [**tries** *number-of-tries* 例如：Switch(config)# **radius-server dead-criteria time** 60 **tries** 5	（可选）配置一个决定一个 RADIUS 服务器是否已“死亡”的标准，参数 *seconds* 用来指定在交换机发送的请求没有应答时，宣布某 RADIUS 服务器死亡前所需等待的时间，取值范围为 1~120 秒，如果不配置，则取值范围为 1~60 秒，依据 RADIUS 服务器的速率而定；参数 *num* 用来指定在宣布某 RADIUS 服务器死亡前重发请求的次数，取值范围为 1~100。可用 **no radius-server dead-criteria** [**time** *seconds* | **tries** *number-of-tries*] 命令删除指定的配置
5	**ip radius source-interface** *interface-name* 例如：Switch(config)# **ip radius source-interface** fastethernet3/1	指定发送所有 RADIUS 包的源接口
6	**end** 例如：Switch(config)# **end**	返回特权模式
7	**show running-config** 例如：Switch# **show running-config**	校验以上配置
8	**copy running-config startup-config** 例如：Switch# **copy running-config startup-config**	（可选）在交换机启动配置文件中保存以上配置更改

以下示例是配置 IP 地址 172.120.39.46 作为 RADIUS 服务器 IP 地址，指定认证端口为 UDP 1612，通信密钥为 rad123，发送 RADIUS 服务包的接口为 Gigabitethernet3/2。

```
Switch# configure terminal
Switch(config)# radius-server host 172.120.39.46 auth-port 1612 key rad123
Switch(config)# ip radius source-interface gigabitethernet3/2
Switch(config)# end
Switch#
```

可以通过 **radius-server host** 全局配置模式命令为所有 RADIUS 服务器全局配置超时、重传和与交换机通信的共享密钥，具体参见第 16 章 16.5.6 节。如果要基于每个服务器来配置这些参数，则可以使用 **radius-server timeout** *seconds*、**radius-server retransmit** *retries* 和 **radius-server key** {**0** *string* | **7** *string* | *string*}这三个全局配置模式命令。

也需要在 RADIUS 服务器上创建一个 AAA 客户端，包括担当 AAA 客户端的交换机 IP 地址和相互通信的密钥。不同系统平台下的 RADIUS 服务器配置方法不一样，请参考相关资料。

17.2.3 IEEE 802.1x 认证主机模式配置

有关 IEEE 802.1x 认证主机模式的详细介绍可参见本章 17.1.4 节。可按表 17-4 所示步骤自特权模式开始配置本章前面介绍的四种 IEEE 802.1x 认证模式（注意：预开放访问模式是通过对其他四种模式的修改得到的）。多认证模式仅在 Cisco IOS 12.2(50)SG 及以后版本中支持。

表 17-4 主机模式配置步骤

步骤	命令	说明
1	**configure terminal** 例如：Switch# **configure terminal**	进入全局配置模式
2	**radius-server vsa send authentication** 例如：Switch(config)# **radius-server vsa send authentication**	配置交换机识别和使用特定厂商属性（Vendor-Specific Attribute，VSA）
3	**interface** *interface-id* 例如：Switch(config)# **interface** gigaethernet1/1	键入一个要配置 IEEE 802.1x 认证模式的交换机端口，进入接口配置模式
4	Cisco IOS 12.2(50)SG 及以后版本： **authentication host-mode** {**single-host** | **multi-host** | **multi-domain** | **multi-auth**} 例如：Switch(config-if)# **authentication host-mode single-host** Cisco IOS 12.2(46)SG 及以前版本： **dot1x host-mode** {**single-host** | **multi-host** | **multi-domain**} 例如：Switch(config-if)# **dot1x host-mode single-host**	指定以上端口 IEEE 802.1x 认证模式。命令中的各个多选一选项说明如下： ● **single-host**：指定使用单主机认证模式，仅允许一台主机连接 ● **multi-host**：指定使用多主机认证模式，这样只要第一个主机通过认证后，间接连接在该端口下的其他所有主机均将被授权 ● **multi-domain**：指定使用多域认证模式，允许一个主机和一个语音设备（如 IP 电话）在以上端口上得到授权，但在此之前必须为语音设备配置好语音 VLAN ● **multi-auth**：指定使用多认证模式，允许间接连接在以上端口上的多个主机和一个语音设备在端口上被授权，仅在 Cisco IOS 12.2(50)SG 及以后版本中支持，而且在配置多认证时必须在接口上使用 **dot1x port-control auto** 接口配置模式命令，让接口进行自动决定端口认证状态 要在端口上禁止对应认证模式，则可使用 **no authentication host-mode** { **single-host** | **multi-host** | **multi-domain** | **multi-auth**}接口配置模式命令（Cisco IOS 12.2(50)SG 及以后版本时），或者 **no dot1x host-mode** { **single-host** | **multi-host** | **multi-domain**}接口配置模式命令（Cisco IOS 12.2(46)SG 及以前版本时）
5	**switchport voice vlan** *vlan-id* 例如：Switch(config-if)# **switchport voice vlan** 10	（可选）为语音设备配置语音 VLAN，如果没有连接语音设备，则直接跳过此步
6	**end** 例如：Switch(config-if)# **end**	返回特权模式
7	**show dot1x interface** *interface-id* **[detail]** 例如：Switch# **show dot1x interface** gigaethernet1/1**detail**	校验以上配置
8	**copy running-config startup-config** 例如：Switch# **copy running-config startup-config**	（可选）保存以上配置到交换机启动配置文件中

【示例 1】在端口上启用多主机 IEEE 802.1x 认证模式，允许间接连接在该端口下的多个主机得到授权。因为不同 IOS 版本的配置命令有所不同，故下面要分别进行介绍。

Cisco IOS 12.2(50)SG 及以后版本中的配置如下：

```
Switch# config terminal
Switch(config)# interface gigabitethernet2/1
Switch(config-if)# authentication port-control auto  !---设置以上端口的授权状态是自动模式，启用基于端口的 IEEE 802.1x 认证，并且最开始使端口处于未授权状态，在端口上仅允许 EAPOL 帧收发
Switch(config-if)# authentication host-mode multi-host
Switch(config-if)# end
```

Cisco IOS 12.2(46)SG 及以前版本中的配置如下：

```
Switch# config terminal
Switch(config)# interface gigabitethernet2/1
Switch(config-if)# dot1x port-control auto
Switch(config-if)# dot1x host-mode multi-host
Switch(config-if)# end
```

【示例 2】在 FastEthernet3/1 端口上启用多域认证，同时允许该端口上一台间接连接的主机和一台直接连接的支持 IEEE 802.1x 认证的语音设备得到认证。

Cisco IOS 12.2(50)SG 及以后版本中的配置如下：

```
Switch# config terminal
Enter configuration commands, one per line. End with CNTL/Z.
Switch(config)# interface FastEthernet3/1
Switch(config-if)# shutdown
Switch(config-if)# switchport access vlan 12
Switch(config-if)# switchport mode access
Switch(config-if)# switchport voice vlan 10
Switch(config-if)# dot1x pae authenticator    !---把以上端口仅作为 IEEE 802.1x 认证的认证者，不响应客户端的任何消息
Switch(config-if)# authentication port-control auto
Switch(config-if)# authentication host-mode multi-domain
Switch(config-if)# no shutdown
Switch(config-if)# end
```

Cisco IOS 12.2(46)SG 及以前版本中的配置如下：

```
Switch# config terminal
Enter configuration commands, one per line. End with CNTL/Z.
Switch(config)# interface FastEthernet3/1
Switch(config-if)# shutdown
Switch(config-if)# switchport access vlan 12
Switch(config-if)# switchport mode access
Switch(config-if)# switchport voice vlan 10
Switch(config-if)# dot1x pae authenticator
Switch(config-if)# dot1x port-control auto
Switch(config-if)# dot1x host-mode multi-domain
Switch(config-if)# no shutdown
Switch(config-if)# end
```

【示例 3】在端口上启用多域认证，允许该端口上一台间接连接的主机和一台直接连接的不支持 802.1x 认证的语音设备得到认证。

Cisco IOS 12.2(50)SG 及以后版本中的配置如下：

```
Switch# config terminal
Enter configuration commands, one per line. End with CNTL/Z.
Switch(config)# interface FastEthernet3/1
Switch(config-if)# shutdown
Switch(config-if)# switchport access vlan 12
Switch(config-if)# switchport mode access
Switch(config-if)# switchport voice vlan 10
Switch(config-if)# dot1x pae authenticator
Switch(config-if)# authentication port-control auto
Switch(config-if)# authentication host-mode multi-domain
Switch(config-if)# mab eap    !---在端口上启用使用 EAP 的基于 MAC 地址认证
Switch(config-if)# no shutdown
Switch(config-if)# end
```

Cisco IOS 12.2(46)SG 及以前版本中的配置如下：

```
Switch# config terminal
Enter configuration commands, one per line. End with CNTL/Z.
Switch(config)# interface FastEthernet3/1
Switch(config-if)# shutdown
Switch(config-if)# switchport access vlan 12
Switch(config-if)# switchport mode access
Switch(config-if)# switchport voice vlan 10
Switch(config-if)# dot1x pae authenticator
Switch(config-if)# dot1x port-control auto
Switch(config-if)# dot1x host-mode multi-domain
Switch(config-if)# dot1x mac-auth-bypass    !---在端口上启用旁路 MAC 地址认证，与 Cisco IOS 12.2(50)SG 及以后版本中的 mab eap
命令功能一样
Switch(config-if)# no shutdown
Switch(config-if)# end
```

【示例 4】校验以上示例中 FastEthernet3/1 端口上的 IEEE 802.1x 的多域认证配置。

```
Switch# show dot1x interface FastEthernet3/1 detail
```

```
Dot1x Info for FastEthernet3/1
-----------------------------------
PAE                        = AUTHENTICATOR
PortControl                = AUTO
ControlDirection           = Both
HostMode                   = MULTI_DOMAIN
ReAuthentication           = Disabled
QuietPeriod                = 60
ServerTimeout              = 30
SuppTimeout                = 30
ReAuthPeriod               = 3600 (Locally configured)
ReAuthMax                  = 2
MaxReq                     = 2
TxPeriod                   = 30
RateLimitPeriod            = 0

Dot1x Authenticator Client List
-------------------------------
Domain                     = DATA
Supplicant                 = 0000.0000.ab01
     Auth SM State         = AUTHENTICATED
     Auth BEND SM Stat = IDLE
Port Status                = AUTHORIZED
Authentication Method      = Dot1x
Authorized By              = Authentication Server
Vlan Policy                = 12

Domain                     = VOICE
Supplicant                 = 0060.b057.4687
     Auth SM State         = AUTHENTICATED
     Auth BEND SM Stat = IDLE
Port Status                = AUTHORIZED
Authentication Method      = Dot1x
Authorized By              = Authentication Server

Switch#
```

17.2.4　IEEE 802.1x 认证违例行为模式配置

可以使用 **authentication violation** 接口配置模式命令配置以下 IEEE 802.1x 认证违例模式之一：Restrict（限制）、Shutdown（关闭）和 Replace（替换）。

在单主机模式中，当在数据 VLAN 中检测到超过一台设备时就会触发安全违例事件；在多域认证模式中，当在数据或者语音 VLAN 中检测到超过一台设备时就会触发安全违例事件。

在多主机模式或者多认证模式中不能触发安全违例事件。

当出现安全违例事件时，端口依据所配置的以下违例行为对端口提供对应保护。

- Shutdown（关闭）：在这种行为模式下，使端口呈现错误禁止（Error-disabling）状态，关闭端口，这是默认的违例行为。
- Restrict（限制）：这种行为模式下，端口状态不受影响，但会通知交换机对对应的 MAC 地址的设备通信进行限制。
- Replace（替换）：在这种行为模式下，用新的主机 MAC 地址替换原来允许的主机 MAC 地址进行认证，端口状态也不受影响，端口不会呈现错误禁止（Error-disabling）状态，也不会对端口通信进行限制。

可以按照表 17-5 所示步骤配置 IEEE 802.1x 认证的违例行为，可以是关闭（Shutdown）、受限（Restrict）或者替换（Replace）模式。

表 17-5 IEEE 802.1x 认证违例行为模式的配置步骤

步骤	命令	说明
1	**configure terminal** 例如：Switch# **configure terminal**	进入全局配置模式
2	Switch(config)# **interface** *interface-id* 例如：Switch(config)# **interface** gigabitethernet 1/1	键入要配置 IEEE 802.1x 认证违例行为模式的端口，进入接口配置模式
3	**authentication violation [restrict | shutdown | replace]** 例如：Switch(config-if)# **authentication violation shutdown**	（可选）配置在发生安全违例行为时对 IEEE 802.1x 端口的处置模式（注意，该命令也可以全局配置，适用于所有 IEEE 802.1x 端口）： ● **restrict**：多选一可选项，指定端口处于受限模式，但不关闭该端口 ● **shutdown**：多选一可选项，指定端口处于关闭模式，关闭该端口。这是默认的违例行为模式 ● **replace**：多选一可选项，指定在单主机认证模式或者多域认证模式下，当原主机断开连接，新主机连接该端口时使用新主机的 MAC 地址进行认证
4	**end** 例如：Switch(config-if)# **end**	返回特权模式
5	**show running-config** 例如：Switch# **show running-config**	校验以上配置
6	**copy running-config startup-config** 例如：Switch # **copy running-config startup-config**	（可选）在交换机启动配置文件中保存以上配置

以下示例是全局配置交换机 IEEE 802.1x 认证违例行为模式为关闭模式。

```
Switch# configure terminal
Switch(config)# authentication violation shutdown
```

在关闭模式下发生安全违例行为时，端口呈现错误禁止（Error-disabled）状态，并显示以下消息：

```
A port is error-disabled when a security violation triggers on shutdown mode. The following syslog messages displays:
%AUTHMGR-5-SECURITY_VIOLATION: Security violation on the interface <interface name>, new
MAC address <mac-address> is seen.
%PM-4-ERR_DISABLE: security-violation error detected on <interface name>, putting
<interface name> in err-disable state
```

17.2.5 IEEE 802.1x 认证 MAC 移动特性配置

MAC 地址移动可在所有主机模式中支持，通过认证的主机可以移动到启用了任一主机模式的任何交换机端口上，而且同样保持通过认证状态。有关 IEEE 802.1x 认证的 MAC 移动特性的详细介绍参见本章 17.1.6 节。在配置 MAC 移动特性前，要删除原来已配置的端口安全配置（Port Security）。有关 Cisco IOS 交换机端口的端口安全配置参见本书第 15 章。

在交换机上要全局启用 MAC 称动属性，可按表 17-6 所示步骤进行。

表 17-6 全局配置 MAC 移动特性的步骤

步骤	命令	说明
1	**configure terminal** 例如：Switch# **configure terminal**	进入全局配置模式
2	**authentication mac-move permit** 例如：Switch(config)# **authentication mac-move permit**	全局启用 MAC 移动属性
3	**end** 例如：Switch(config)# **end**	返回特权模式
4	**show running-config** 例如：Switch# **show running-config**	校验以上配置
5	**copy running-config startup-config** 例如：Switch # **copy running-config startup-config**	（可选）在交换机启动配置文件中保存以上配置

以下示例是在交换机上全局启用 MAC 移动属性。

```
Switch# configure terminal
Switch(config)# authentication mac-move permit
```

当启用了 MAC 移动属性时，将显示如下信息：

```
%AUTHMGR-5-SECUREMACMOVE: <mac-addr> moved from <interface-name> to <interface-name>
```

17.2.6　IEEE 802.1x 认证 MAC 替换特性配置

如果一个用户断开了连接，但是交换机还没有收到 EAPOL-Logoff 离开包，则原来用户的会话仍将持续。默认情况下，对于单主机认证模式或者多域认证模式是不能再有新的主机可以连接在该端口上的。如果一个新的主机试图连接在该端口上，将触发一个违例事件。但是当配置的违例行为模式为替换（Replace）时，交换机就会中止原来的会话，重新基于新主机 MAC 地址进行认证，这就是 IEEE 802.1x 认证的 MAC 替换特性。MAC 替换属性允许新主机连接到原来通过 IEEE 802.1x 认证的主机所断开的端口上，并采用新主机 MAC 地址替换原来主机 MAC 地址通过认证。有关 IEEE 802.1x 认证的 MAC 替换特性的详细介绍参见本章 17.1.7 节。

MAC 替换特性配置是基于端口的，具体步骤如表 17-7 所示。

表 17-7　MAC 替换特性配置步骤

步骤	命令	说明
1	**configure terminal** 例如：Switch# **configure terminal**	进入全局配置模式
2	**interface** *interface-id* 例如：Switch(config)# **interface** gigabitethernet 1/1	键入要配置 MAC 地址替换特性的端口
3	**authentication violation replace** 例如：Switch(config-if)# **authentication violation replace**	在新连接的主机工作在单主机或者多域认证模式时，断开原来的会话，使用新主机 MAC 地址通过认证
4	**end** 例如：Switch(config-if)# **end**	返回特权模式
5	**show running-config** 例如：Switch# **show running-config**	校验以上配置
6	**copy running-config startup-config** 例如：Switch # **copy running-config startup-config**	（可选）在交换机启动配置文件中保存以上配置

以下示例是在交换机配置 MAC 替换属性。

```
Switch# configure terminal
Switch(config)# interface fastethernet7/1
Switch(config-if)# authentication violation replace
```

当发现 MAC 地址替换时会显示以下信息：

```
%AUTHMGR-5-SECUREMACREPLACE: <mac-addr> replaced <mac-addr> on <interface-name>
```

17.2.7　带来宾 VLAN 的 IEEE 802.1x 配置

可以为每个 IEEE 802.1x 端口配置一个来宾 VLAN，为客户提供受限服务，如下载 IEEE 802.1x 客户端软件。这些客户端可能要为 IEEE 802.1x 认证进行升级，而有些客户端又可能不兼容 IEEE 802.1x，所以需要从网络中下载支持 IEEE 802.1x 认证的客户端软件。

当在一个 IEEE 802.1x 端口上启用来宾 VLAN 时，交换机会指派这些客户端到一个来宾 VLAN 中，提供以下一种应用：

- 认证服务器不接收客户端响应交换机发出的 EAPOL 请求或者客户端标识帧
- 客户端不发送 EAPOL 包

自 Cisco IOS 12.2(25)EWA 版本开始，交换机维护 EAPOL 包历史。如果在链路生存时间内接口上检测到其他的 EAPOL 包，则访问就会被禁止。EAPOL 包历史被重置，链路丢失。

当端口被移动到来宾 VLAN 时，任何数量的兼容 IEEE 802.1x 的客户端都可允许访问该端口。如果一个兼容 IEEE 802.1x 的客户端加入到配置了来宾 VLAN 的相同端口，则该端口在所配置的访问 VLAN 中将置于未授权状态，重新开始认证。

【注意】当一个端口置于一个来宾 VLAN 时，它自动置于多主机模式，连接该端口的客户端数也将不受限制。在交换机上全局改变多主机认证模式配置不会影响在来宾 VLAN 中的端口。除了 RSPAN VLAN 和语音 VLAN 外，其他任何活跃的 VLAN 都可配置为来宾 VLAN。有关 IEEE 802.1x 认证的来宾 VLAN 特性详细介绍参见本章 17.1.9 节。

带来宾 VLAN 的 IEEE 802.1x 认证配置步骤如表 17-8 所示。

表 17-8 带来宾 VLAN 的 IEEE 802.1x 认证配置步骤

步骤	命令	说明
1	**configure terminal** 例如：Switch# **configure terminal**	进入全局配置模式
2	**interface** *interface-id* 例如：Switch(config)# **interface** gigabitethernet 1/1	键入要配置 IEEE 802.1x 认证的端口，进入接口配置模式
3	**switchport mode access** 例如：Switch(config-if)# **switchport mode access** 或 **switchport mode private-vlan host** 例如：Switch(config-if)# **switchport mode private-vlan host**	把以上端口转换为二层访问模式或者 PVLAN 主机端口
4	**dot1x pae authenticator** 例如：Switch(config-if)# **dot1x pae authenticator**	在端口上以默认参数启用 IEEE 802.1x 认证
5	Cisco IOS 12.2(50)SG 及以后版本： Switch(config-if)# **authentication event no-response action authorize vlan** *vlan-id* 例如：Switch(config-if)# **action authorize vlan** 10 Cisco IOS Release 12.2(46)SG 及以前版本： Switch(config-if)# **dot1x guest-vlan** *vlan-id* 例如：Switch(config-if)# **dot1x guest-vlan** 10	在以上端口启用一个来宾 VLAN，可用 **no authentication event no-response action authorize vlan** *vlan-id* 或 **no dot1x guest-vlan** *vlan-id* 接口配置模式命令禁止来宾 VLAN 功能
6	Cisco IOS 12.2(50)SG 及以后版本： **authentication port-control auto** 例如：Switch(config-if)# **authentication port-control auto** Cisco IOS Release 12.2(46)SG 及以前版本： **dot1x port-control auto** 例如：Switch(config-if)# **dot1x port-control auto**	在以上端口上启用 IEEE 802.1x 认证
7	**end** 例如：Switch(config-if)# **end**	返回特权模式
8	**show running-config** 例如：Switch# **show running-config**	校验以上配置
9	**copy running-config startup-config** 例如：Switch # **copy running-config startup-config**	（可选）在交换机启动配置文件中保存以上配置

【示例 1】在静态访问端口 fastethernet 4/3 上指定常规 VLAN 50 作为来宾 VLAN。因为在不同 IOS 版本中的配置命令有些不同，下面分别予以介绍。

Cisco IOS 12.2(50)SG 及以后版本中的配置如下：

```
Switch# configure terminal
Switch(config)# interface fastethernet4/3
Switch(config-if)# switchport mode access
Switch(config-if)# dot1x pae authenticator
Switch(config-if)# authentication event no-response action authorize vlan 50
Switch(config-if)# authentication port-control auto
Switch(config-if)# end
Switch#
```

Cisco IOS 12.2(46)SG 及以前版本中的配置如下：

```
Switch# configure terminal
Switch(config)# interface fastethernet4/3
Switch(config-if)# switchport mode access
Switch(config-if)# dot1x pae authenticator
Switch(config-if)# dot1x guest-vlan 50
Switch(config-if)# dot1x port-control auto
Switch(config-if)# end
Switch#
```

【示例 2】在 PVLAN 主机端口 fastethernet 4/3 上指定一个从 PVLAN 100 作为来宾 VLAN。

Cisco IOS 12.2(50)SG 及以后版本中的配置如下：

```
Switch# configure terminal
Switch(config)# interface fastethernet4/3
Switch(config-if)# switchport mode private-vlan host
Switch(config-if)# authentication port-control auto
Switch(config-if)# authentication event no-response action authorize vlan 100
Switch(config-if)# end
Switch#
```

Cisco IOS 12.2(46)SG 及以前版本中的配置如下：

```
Switch# configure terminal
Switch(config)# interface fastethernet4/3
Switch(config-if)# switchport mode private-vlan host
Switch(config-if)# dot1x port-control auto
Switch(config-if)# dot1x guest-vlan 100
Switch(config-if)# end
Switch#
```

要允许请求客户端加入来宾 VLAN，则还需要按如表 17-9 所示步骤进行配置。

表 17-9 允许客户端加入来宾 VLAN 的配置步骤

步骤	命令	说明
1	**configure terminal** 例如：Switch# **configure terminal**	进入全局配置模式
2	**dot1x guest-vlan supplicant** 例如：Switch# **dot1x guest-vlan supplicant**	在交换机上全局启用允许把客户端加入到来宾 VLAN 中。 要禁止客户端的来宾 VLAN 功能，可使用 **no dot1x guest-vlan supplicant** 全局配置模式命令
3	Switch(config)# **interface** *interface-id* 例如：Switch(config)# **interface** gigabitethernet 1/1	键入要启用 IEEE 802.1x 认证的端口，进入接口配置模式
4	**switchport mode access** 例如：Switch(config-if)# **switchport mode access** 或 **switchport mode private-vlan host** 例如：Switch(config-if)# **switchport mode private-vlan host**	把以上端口转换为二层访问端口或者 PVLAN 中从 VLAN 主机端口
5	**dot1x pae authenticator** 例如：Switch(config-if)# **dot1x pae authenticator**	以默认参数启用以上端口的 IEEE 802.1x 认证
6	**dot1x guest-vlan** *vlan-id* 例如：Switch(config-if)# **dot1x guest-vlan** 10	指定一个活动标准 VLAN 作为 IEEE 802.1x 认证的来宾 VLAN，取值范围为 1~4094
7	Cisco IOS 12.2(50)SG 及以后版本： **authentication port-control auto** 例如：Switch(config-if)# **authentication port-control auto** Cisco IOS Release 12.2(46)SG 及以前版本： **dot1x port-control auto** 例如：Switch(config-if)# **dot1x port-control auto**	在以上端口上启用 IEEE 802.1x 认证
8	**end** 例如：Switch(config-if)# **end**	返回特权模式
9	**show dot1x interface** *interface-id* 例如：Switch# **show dot1x interface** gigabitethernet 1/1	校验以上端口上的来宾 VLAN 配置

续表

步骤	命令	说明
10	**copy running-config startup-config** 例如：Switch# **copy running-config startup-config**	（可选）在交换机启动配置文件中保存以上配置

【示例 3】在交换机上全局启用来宾 VLAN 功能，并指定标准 VLAN 5 作为来宾 VLAN。因不同 IOS 版本中的配置命令有所不同，下面分别予以介绍。

在 Cisco IOS 12.2(50)SG 及以后版本中的配置：

```
Switch# configure terminal
Switch(config)# dot1x guest-vlan supplicant
Switch(config)# interface gigabitethernet5/9
Switch(config-if)# switchport mode access
Switch(config-if)# dot1x pae authenticator
Switch(config-if)# authentication event no-response action authorize vlan 5
Switch(config-if)# authentication port-control auto
Switch(config-if)# end
Switch#
```

在 Cisco IOS 12.2(46)SG 及以前版本中的配置：

```
Switch# configure terminal
Switch(config)# dot1x guest-vlan supplicant
Switch(config)# interface gigabitethernet5/9
Switch(config-if)# switchport mode access
Switch(config-if)# dot1x pae authenticator
Switch(config-if)# dot1x guest-vlan 5
Switch(config-if)# dot1x port-control auto
Switch(config-if)# end
Switch#
```

17.2.8 带 MAB 认证的 IEEE 802.1x 配置

当终端发送 EAPOL 认证信息的数据包通过交换机端口时，交换机如果开启了旁路 MAC 地址认证（MAC Authentication Bypass，MAB）特性，则交换机在等待 802.1x 认证超时后会自动以终端 MAC 地址作为账户和密码进行 MAB 认证。如果 RADIUS 服务器上已授权该 MAC 地址的网络访问权限，则 MAB 认证成功。

使用旁路 MAC 地址认证特性，交换机可以使用发送 EAPOL 请求响应消息的客户端进行认证，比如端口上连接的是一台打印机。配置 MAB 认证的基本步骤如表 17-10 所示。有关 IEEE 802.1x 认证的 MAB 特性的详细介绍参见本章 17.1.10 节。

表 17-10　MAB 认证配置步骤

步骤	命令	说明
1	**configure terminal** 例如：Switch# **configure terminal**	进入全局配置模式
2	Switch(config)# **interface** *interface-id* 例如：Switch(config)# **interface** gigabitethernet 1/1	键入要配置 MAB 认证的端口，进入接口配置模式
3	**switchport mode access** 例如：Switch(config-if)# **switchport mode access** 或 **switchport mode private-vlan host** 例如：Switch(config-if)# **switchport mode private-vlan host**	把以上端口转换为访问端口或者 PVLAN 中从 VLAN 主机端口
4	**dot1x pae authenticator** 例如：Switch(config-if)# **dot1x pae authenticator**	以默认参数启用以上端口的 IEEE 802.1x 认证

续表

步骤	命令	说明
5	Cisco IOS 12.2(50)SG 及以后版本： **authentication port-control auto** 例如：Switch(config-if)# **authentication port-control auto** Cisco IOS Release 12.2(46)SG 及以前版本： **dot1x port-control auto** 例如：Switch(config-if)# **dot1x port-control auto**	在以上端口上启用 IEEE 802.1x 认证
6	Cisco IOS 12.2(50)SG 及以后版本： **mab [eap]** 例如：Switch(config-if)# **mab [eap]** Cisco IOS Release 12.2(46)SG 及以前版本： **dot1x mac-auth-bypass [eap]** Switch(config-if)# **dot1x mac-auth-bypass eap**	在以上 IEEE 802.1x 端口上启用 MAB 认证。可选项 **eap** 用来指定使用完整的对话，以区别标准的 RADIUS Access-Request（访问请求）、Access-Accept（访问接受）对话模式。默认是不带此可选项的
7	**end** 例如：Switch(config-if)# **end**	返回特权模式
8	**show mab interface** *interface-id* **details** 例如：Switch# **show mab interface** gigabitethernet 1/1 **details**	校验以上配置
9	**copy running-config startup-config** 例如：Switch# **copy running-config startup-config**	（可选）在交换机启动配置文件中保存以上配置

【注意】从一个端口上删除 IEEE 802.1x MAB 配置不会影响端口的授权状态，即如果端口是未认证状态，它将继续保持这个状态；如果端口是通过了 MAB 认证的状态，交换机还原到认证者（Authenticator）角色；如果一个端口已通过 MAC 进行认证，然后删除 MAB 配置，则端口继续保持通过认证状态，直到发生重认证。此时，如果在端口上检测到新的 IEEE 802.1x 认证请求者，则原来的 MAC 地址将被删除。

以下示例显示的是如何在 gigabitethernet3/3 端口上启用 MAB 认证，然后校验 MAB 配置的过程。同样因不同 IOS 版本中的配置命令有所不同，下面分别予以介绍。

在 Cisco IOS 12.2(50)SG 及以后版本中的配置：

```
Switch# configure terminal
Switch(config)# interface gigabitethernet3/3
Switch(config-if)# switchport mode access
Switch(config-if)# dot1x pae authenticator
Switch(config-if)# authentication port-control auto
Switch(config-if)# mab
Switch(config-if)# end
Switch# show mab interface gigabitethernet3/3 details
MAB details for GigabitEthernet3/3
-------------------------------------
Mac-Auth-Bypass              = Enabled

MAB Client List
---------------
Client MAC                   = 0001.0001.0001
Session ID                   = C0A8016F0000002304175914
MAB SM state                 = TERMINATE
Auth Status                  = AUTHORIZED
```

在 Cisco IOS 12.2(46)SG 及以前版本中的配置：

```
Switch# configure terminal
Switch(config)# interface gigabitethernet3/3
Switch(config-if)# switchport mode access
Switch(config-if)# dot1x pae authenticator
Switch(config-if)# dot1x port-control auto
Switch(config-if)# dot1x mac-auth-bypass
```

```
Switch(config-if)# end
Switch# show dot1x interface gigabitethernet 3/3 details
Dot1x Info for GigabitEthernet3/3
-----------------------------------
PAE                         = AUTHENTICATOR
PortControl                 = AUTO
ControlDirection            = Both
HostMode                    = SINGLE_HOST
ReAuthentication            = Disabled
QuietPeriod                 = 60
ServerTimeout               = 30
SuppTimeout                 = 30
ReAuthPeriod                = 3600 (Locally configured)
ReAuthMax                   = 2
MaxReq                      = 2
TxPeriod                    = 1
RateLimitPeriod             = 0
Mac-Auth-Bypass             = Enabled
Dot1x Authenticator Client List
-------------------------------
Supplicant                  = 0000.0000.0001
 Auth SM State              = AUTHENTICATED
 Auth BEND SM Stat = IDLE
Port Status                 = AUTHORIZED
Authentication Method       = MAB
Authorized By               = Authentication Server
Vlan Policy                 = N/A
Switch#
```

17.2.9 带临界认证的 IEEE 802.1x 配置

默认情况下，如果在端口上启用了 IEEE 802.1x 功能，如果交换机无法到达 RADIUS 服务器，那么客户机也将无法被认证。但自 Cisco IOS 12.2(25)SED 版本开始，这种情况下可以采用一种叫做临界认证（Critical Authentication，也即 Inaccessible Authentication Bypass）的方法将客户机连接到临界（Critical）端口，使它们可以访问网络资源。当启用该特性后，交换机将检查 RADIUS 认证服务器的状态，如果服务器可用，则交换机将能够对客户机认证；如果服务器不可用，交换机将授权客户机访问网络的权限，并将端口设置为临界认证（Critical-authentication）状态。

配置临界认证前必须先按照本章 17.2.2 节介绍的方法配置交换机监控 RADIUS 服务器状态，特别是要配置 RADIUS 服务器测试用户名（Test Username）、延时时间（Idle-time）、死亡时间（Deadtime）和死亡标准（Dead-criteria）等参数。在确定 RADIUS 服务器不可达时，就可以采用临界认证。配置临界认证的步骤如表 17-11 所示。

表 17-11　临界认证的配置步骤

步骤	命令	说明
1	**configure terminal** 例如：Switch# **configure terminal**	进入全局配置模式
2	**dot1x critical eapol** 例如：Switch(config)# **dot1x critical eapol**	（可选）配置在端口通过 EAP 消息交换处于临界认证过程中时是否发送 EAPOL-Success（EAPOL 成功）包。 默认情况下，当端口处于临界认证进行过程中时，不发送 EAPOL-Success 包。当端口已完成了临界认证，没有 EAP 交换时，EAPOL-Success 包始终发送，而不管此命令的配置
3	Cisco IOS 12.2(50)SG 及以后版本： Switch(config)# **authentication critical recovery delay** *msec* 例如：Switch(config)# **authentication critical recovery delay** 100	（可选）指定当 RADIUS 服务器不可达时，交换机等待临界认证端口重新初始化的时间。取值范围为 1~10000 毫秒，默认情况下为 100 毫秒

续表

步骤	命令	说明
3	Cisco IOS Release 12.2(46)SG 及以前版本： **dot1x critical recovery delay** *msec* 例如：Switch(config)# **dot1x critical recovery delay** 100	（接前）
4	**interface** *interface-id* 例如：Switch(config)# **interface** gigabitethernet 1/1	键入要配置临界认证的端口，进入接口配置模式
5	**switchport mode access** 例如：Switch(config-if)# **switchport mode access** 或 **switchport mode private-vlan host** 例如：Switch(config-if)# **switchport mode private-vlan host**	把以上端口转换为访问端口或者 PVLAN 中从 VLAN 主机端口
6	**dot1x pae authenticator** 例如：Switch(config-if)# **dot1x pae authenticator**	以默认参数启用以上端口的 IEEE 802.1x 认证
7	Cisco IOS 12.2(50)SG 及以后版本： **authentication port-control auto** 例如：Switch(config-if)# **authentication port-control auto** Cisco IOS Release 12.2(46)SG 及以前版本： **dot1x port-control auto** 例如：Switch(config-if)# **dot1x port-control auto**	在以上端口上启用 IEEE 802.1x 认证
8	Cisco IOS 12.2(50)SG 及以后版本： **authentication event server dead action authorize** [**vlan** *vlan-id*] 例如：Switch(config-if)# **authentication event server dead action authorize vlan** 5 Cisco IOS Release 12.2(46)SG 及以前版本： **dot1x critical** 例如：Switch(config-if)# **dot1x critical**	在以上端口上为客户端启用临界认证功能，并为客户端指定一个 VLAN。如果没有指定 VLAN，则客户端分配到端口上配置的数据 VLAN 中。 要禁止端口上的临界认证，可使用 **no authentication event server dead action authorize vlan** 或 **no dot1x critical** 接口配置模式命令。 自 Cisco IOS 15.0(2)SG 版本开始，可以通过使用 **authentication event server dead action reinitialize vlan** 接口配置模式命令为数据客户端（语音客户端不受影响）启用临界认证，强制所有未授权的数据客户端在 RADIUS 服务器不可达时进行重认证。可用 **no authentication event server dead action reinitialize vlan** 命令禁止临界认证
9	Cisco IOS 12.2(50)SG 及以后版本： **authentication event server dead action authorize voice** 例如：Switch(config-if)#**authentication event server dead action authorize voice**	（可选）为以上端口上的语音客户端启用临界认证，仅适用于多域认证模式和多认证模式。可用 **no authentication event server dead action authorize voice** 接口配置模式命令禁止对语音设备临界认证
10	Cisco IOS 12.2(50)SG 及以后版本： **authentication event server alive action reinitialize** 例如：Switch(config-if)#**authentication event server alive action reinitialize** Cisco IOS Release 12.2(46)SG 及以前版本： **dot1x critical recovery action reinitialize** 例如：Switch(config-if)#**dot1x critical recovery action reinitialize**	（可选）指定端口如果通过了临界认证，当在 RADIUS 服务器恢复可用时进行重新初始化。默认端口不进行重新初始化
11	**end** 例如：Switch(config)# **end**	返回特权模式
12	**show dot1x interface** *interface-id* **details** 例如：**show dot1x interface** gigabitethernet 1/1 **details**	（可选）校验以上配置
	copy running-config startup-config 例如：Switch# **copy running-config startup-config**	（可选）在交换机启动配置文件中保存以上配置

以下示例显示了一个完整的 IEEE 802.1x 临界认证配置，包括所需的 AAA 和 RADIUS 服务器（IP 地址为 10.1.2.3，使用 UDP 1645 端口进行认证，UDP 1646 端口进行计费，加密密钥为 mykey）。测试 RADIUS 服务器的用户名为 username，测试是否死亡的时间间隔为 1 分钟。当 RADIUS 服务器不可用时，把 FastEthernet 3/1 端口设为临界端口，分配到 VLAN 17 中，并且指定在 RADIUS 服务器可用后自动重新进行初始化。

在 Cisco IOS 12.2(50)SG 及以后版本中的配置：

```
Switch# configure terminal
```

最权威的交换机配置与管理技术手册

```
Switch(config)# aaa new-model
Switch(config)# aaa authentication dot1x default group radius
Switch(config)# dot1x system-auth-control
Switch(config)# radius-server host 10.1.2.3 auth-port 1645 acct-port 1646 test username
randomuser idle-time 1 key mykey
Switch(config)# radius deadtime 1
Switch(config)# radius dead-criteria time 15 tries 3
Switch(config)# interface f3/1
Switch(config-if)# switchport mode access
Switch(config-if)# dot1x pae authenticator
Switch(config-if)# authentication port-control auto
Switch(config-if)# authentication event server dead action authorize vlan 17
Switch(config-if)# end
Switch# show dot1x int fastethernet 3/1 details

Dot1x Info for FastEthernet3/1
-----------------------------------
PAE                          = AUTHENTICATOR
PortControl                  = AUTO
ControlDirection             = Both
HostMode                     = SINGLE_HOST
ReAuthentication             = Disabled
QuietPeriod                  = 60
ServerTimeout                = 30
SuppTimeout                  = 30
ReAuthPeriod                 = 3600 (Locally configured)
ReAuthMax                    = 2
MaxReq                       = 2
TxPeriod                     = 30
RateLimitPeriod              = 0
Critical-Auth                = Enabled
Critical Recovery Action     = Reinitialize
Critical-Auth VLAN           = 17
Dot1x Authenticator Client List
-------------------------------
Supplicant                   = 0000.0000.0001
Auth SM State                = AUTHENTICATING
Auth BEND SM Stat = RESPONSE
Port Status                  = AUTHORIZED
Authentication Method        = Dot1x
Authorized By                = Critical-Auth
Operational HostMode         = SINGLE_HOST
Vlan Policy                  = 17

Switch#
```

在 Cisco IOS 12.2(46)SG 及以前版本中的配置：

```
Switch# configure terminal
Switch(config)# aaa new-model
Switch(config)# aaa authentication dot1x default group radius
Switch(config)# dot1x system-auth-control
Switch(config)# radius-server host 10.1.2.3 auth-port 1645 acct-port 1646 test username
randomuser idle-time 1 key mykey
Switch(config)# radius deadtime 1
Switch(config)# radius dead-criteria time 15 tries 3
Switch(config)# interface f3/1
Switch(config-if)# switchport mode access
Switch(config-if)# dot1x pae authenticator
Switch(config-if)# dot1x port-control auto
Switch(config-if)# dot1x critical
```

```
Switch(config-if)# dot1x critical vlan 17
Switch(config-if)# dot1x critical recovery action reinitialize
Switch(config-if)# end
Switch# show dot1x int fastethernet 3/1 details

Dot1x Info for FastEthernet3/1
-----------------------------------
PAE                        = AUTHENTICATOR
PortControl                = AUTO
ControlDirection           = Both
HostMode                   = SINGLE_HOST
ReAuthentication           = Disabled
QuietPeriod                = 60
ServerTimeout              = 30
SuppTimeout                = 30
ReAuthPeriod               = 3600 (Locally configured)
ReAuthMax                  = 2
MaxReq                     = 2
TxPeriod                   = 30
RateLimitPeriod            = 0
Critical-Auth              = Enabled
Critical Recovery Action   = Reinitialize
Critical-Auth VLAN         = 17
Dot1x Authenticator Client List
-------------------------------
Supplicant                 = 0000.0000.0001
Auth SM State              = AUTHENTICATING
Auth BEND SM Stat = RESPONSE
Port Status                = AUTHORIZED
Authentication Method      = Dot1x
Authorized By              = Critical-Auth
Operational HostMode       = SINGLE_HOST
Vlan Policy                = 17

Switch#
```

17.2.10 启用后退认证

在配置为多认证模式的 IEEE 802.1x 端口上，可以同时配置 MAB 和（或）Web 认证作为后退认证（Fallback Authentication）方式，用于对不支持 IEEE 802.1x 的主机进行认证。可以通过配置一个认证方法列表来规定选择使用这些不同认证方法的顺序和优先级。有关 MAB 认证的配置方法参见本章前面 17.2.9 节介绍。

启用后退认证的配置步骤如表 17-12 所示。

表 17-12 后退认证的配置步骤

步骤	命令	说明
1	**ip admission name** *rule-name* **proxy http** 例如：Switch(config)# **ip admission name** rule-fallback **proxy http**	配置基于 Web 认证的认证规则
2	**fallback profile** *profile-name* 例如：Switch(config)# **fallback profile** profile- fallback	为基于 Web 认证创建一个后退配置文件，进入后退配置文件配置模式
3	**ip access-group** *rule-name* **in** 例如：Switch(config-fallback-profile)# **ip access-group** acl1 **in**	指定在进行基于 Web 认证前应用一个基于 Web 认证的认证规则，它是需要事先通过 ACL 配置的
4	**ip admission name** *rule-name* 例如：Switch(config-fallback-profile)# **ip admission name** rule-fallback	把以上认证规则与配置文件进行关联，使客户端在进行基于 Web 认证时采用此认证规则进行管理
5	**exit** 例如：Switch(config-fallback-profile)# **exit**	返回全局配置模式

续表

步骤	命令	说明
6	**interface** *type slot/port* 例如：Switch(config)# **interface** gigabitethernet 1/1	键入要配置后退认证的端口，进入接口配置模式
7	Cisco IOS 12.2(50)SG 及以后版本： **authentication port-control auto** 例如：Switch(config-if)# **authentication port-control auto** Cisco IOS Release 12.2(46)SG 及以前版本： **dot1x port-control auto** 例如：Switch(config-if)# **dot1x port-control auto**	在以上端口上启用 IEEE 802.1x 认证
8	**authentication order** *method1* [*method2*] [*method3*] 例如：Switch(config-if)# **authentication order dot1x webauth**	（可选）指后退认证方法列表，可选的认证方法包括 **dot1x**、**mab** 和 **webauth**，它们在列表中的顺序也决定了它们选择使用的优先级，越在前面的优先级越高
9	**authentication priority** *method1* [*method2*] [*method3*] 例如：Switch(config-if)# **authentication priority dot1x mab webauth**	（可选）覆盖上一步根据在认证方法列表中的位置所确定的认证方法优先级设置，通过本命令可以强制设置各个认证方法的优先级，在前面的优先级更高
10	**authentication event fail action next-method** 例如：Switch(config-if)# **authentication event fail action next-method**	指定采用当前认证方法认证失败后自动采用下一个认证方法
11	Cisco IOS 12.2(50)SG 及以后版本： **mab [eap]** 例如：Switch(config-if)# **mab [eap]** Cisco IOS Release 12.2(46)SG 及以前版本： **dot1x mac-auth-bypass [eap]** 例如：Switch(config-if)# **dot1x mac-auth-bypass eap**	启用 MAB（旁路 MAC 地址认证），使用了可选项后则表示在 RADIUS 认证过程中可以使用 EAP 协议
12	**authentication fallback** *profile-name* 例如：Switch(config-if)# **authentication fallback** profile-fallback	使用第 2 步创建的后退配置文件启用基于 Web 的认证
13	**authentication violation [shutdown | restrict]** 例如：Switch(config-if)# **authentication violation shutdown**	（可选）配置安全违例行为模式，默认为关闭端口模式（**shutdown**），具体参见 17.2.4 节
14	**authentication timer inactivity** {*seconds* | **server**} 例如：Switch(config-if)# **authentication timer inactivity** 600	（可选）指定 MAB 和 IEEE 802.1x 认证非活跃超时计时器，默认是禁止这个计时器的。命令的两个参数和选项说明如下： ● *seconds*：指定非活跃计时器周期，取值范围为 1~65535 秒 ● **server**：指定从认证服务器获取非活跃超时计时器值
15	**authentication timer restart** *seconds* 例如：Switch(config-if)# **authentication timer restart** 120	（可选）指定重新开始一个认证未授权端口的认证进程周期，取值范围为 1~65535 秒，默认为 60 秒
16	**exit** 例如：Switch(config-if)# **exit**	返回全局配置模式
17	**ip device tracking** 例如：Switch(config)# **ip device tracking**	启用 IP 设备跟踪表（这是基于 Web 认证所需的）
18	**exit** 例如：Switch(config)# **exit**	返回特权模式
19	**show dot1x interface** *type slot/port* 例如：Switch# **show dot1x interface** gigabitethernet 1/1	校验以上配置

以下示例配置 IEEE 802.1x 端口 gigabitethernet5/9 的后退认证方法为 MAB 和基于 Web 认证。后退认证规则名为 rule1，后退认证配置文件名为 fallback1。

在 Cisco IOS 12.2(50)SG 及以后版本中的配置：

```
Switch(config)# ip admission name rule1 proxy http
Switch(config)# fallback profile fallback1
Switch(config-fallback-profile)# ip access-group default-policy in
Switch(config-fallback-profile)# ip admission rule1
Switch(config-fallback-profile)# exit
Switch(config)# interface gigabitethernet5/9
Switch(config-if)# switchport mode access
Switch(config-if)# authentication port-control auto
Switch(config-if)# dot1x pae authenticator
```

```
Switch(config-if)# authentication order dot1x mab webauth
Switch(config-if)# mab eap
Switch(config-if)# authentication fallback fallback1
Switch(config-if)# exit
Switch(config)# ip device tracking
Switch(config)# exit
```

要确定一个配置了后退认证的 IEEE 802.1x 端口上的主机是否经过了认证，可以通过 **show authentication sessions interface** 命令查看当前认证管理器会话信息。示例如下，从输出信息中可以看出，该端口上配置 IEEE 802.1x 和 MAB 两种认证方法，首先采用 IEEE 802.1x 认证方法，且成功认证（注意输出信息中的粗体字部分）：

```
Switch# show authentication sessions interface gigabitethernet5/9
            Interface:  GigabitEthernet5/9
          MAC Address:  0060.b057.4687
           IP Address:  Unknown
            User-Name:  test2
               Status:  Authz Success
               Domain:  DATA
       Oper host mode:  multi-auth
     Oper control dir:  both
        Authorized By:  Authentication Server
          Vlan Policy:  N/A
      Session timeout:  N/A
         Idle timeout:  N/A
    Common Session ID:  C0A8013F0000000901BAB560
      Acct Session ID:  0x0000000B
               Handle:  0xE8000009

Runnable methods list:
       Method     State
       dot1x      Authc Success
       mab        Not run
```

还可使用 **show dot1x interface** 命令查看指定接口上的 IEEE 802.1x 认证配置详细信息。示例如下（注意输出信息中的粗体字部分）：

```
Switch# show dot1x interface gigabitethernet5/9 detail
Dot1x Info for GigabitEthernet5/9
-----------------------------------
PAE                       = AUTHENTICATOR   !---显示端口角色为认证者
PortControl               = AUTO   !---显示客户端的认证状态由交换机检测确定
ControlDirection          = Both     !---显示端口对双方向通信都进行认证
HostMode                  = MULTI_AUTH   !---显示端口 IEEE 802.1x 认证模式为多认证模式
QuietPeriod               = 60   !---显示认证失败后再次进行认证所需等待的时间为 60 秒
ServerTimeout             = 0    !---显示交换机在向 RADIUS 服务器发送 EAPOL 认证请求包而没有收到来自 RADIUS 服务器响应时，不再等待就重传请求
SuppTimeout               = 30   !---显示交换机在向客户端发送 EAPOL 标识请求包而没收到来自客户端的响应时，等待 30 秒再重发请求
ReAuthMax                 = 2   !---显示最多进行 2 次重认证
MaxReq                    = 2   !---显示交换机最多向客户端发送 2 次 EAPOL 标识请求
TxPeriod                  = 2   !---显示交换机向客户端发送 EAPOL 标识请求包中的延时时间为 2 秒
Dot1x Authenticator Client List
-------------------------------
Supplicant                = 0060.b057.4687
Session ID                = C0A8013F0000000901BAB560
    Auth SM State         = AUTHENTICATED
    Auth BEND SM State    = IDLE
Port Status               = AUTHORIZED
```

要显示主机是否使用了 MAB 认证和 MAB 认证配置，可以使用 **show authentication sessions interface** 命令和 **show mab interface** 命令进行查看。示例如下（注意输出信息中的粗体字部分）：

```
Switch# show authentication sessions interface GigabitEthernet7/2
            Interface:  GigabitEthernet7/2
          MAC Address:  0060.b057.4687
           IP Address:  192.168.22.22
            User-Name:  0060b0574687
               Status:  Authz Success
               Domain:  DATA
       Oper host mode:  multi-auth
     Oper control dir:  both
        Authorized By:  Authentication Server
          Vlan Policy:  N/A
      Session timeout:  N/A
         Idle timeout:  N/A
    Common Session ID:  C0A8013F0000000B01BBD278
      Acct Session ID:  0x0000000D
               Handle:  0xF500000B
Runnable methods list:
       Method   State
       dot1x    Failed over
       mab      Authc Success

Switch# show mab interface GigabitEthernet7/2 detail
MAB details for GigabitEthernet7/2
-------------------------------------
Mac-Auth-Bypass              = Enabled

MAB Client List
---------------
Client MAC                   = 0060.b057.4687
Session ID                   = C0A8013F0000000B01BBD278
MAB SM state                 = TERMINATE
Auth Status                  = AUTHORIZED
```

要显示主机是否使用了基于 Web 的认证和 Web 认证配置，可以使用 **show authentication sessions interface** 命令和 **show ip admission cache** 命令进行查看。示例如下（注意输出信息中的粗体字部分）：

```
Switch# show authentication sessions interface G4/3
            Interface:  GigabitEthernet4/3
          MAC Address:  0015.e981.0531
           IP Address:  10.5.63.13
               Status:  Authz Success
               Domain:  DATA
       Oper host mode:  single-host
     Oper control dir:  both
        Authorized By:  Authentication Server
          Vlan Policy:  N/A
      Session timeout:  N/A
         Idle timeout:  N/A
    Common Session ID:  0A053F0F0000000200112FFC
      Acct Session ID:  0x00000003
               Handle:  0x09000002
Runnable methods list:
       Method   State
       dot1x    Failed over
       mab      Failed over
       webauth  Authc Success

Switch# show ip admission cache
Authentication Proxy Cache
Total Sessions: 1 Init Sessions: 0
```

```
Client IP 10.5.63.13 Port 4643, timeout 1000, state ESTAB
```

下面是一个在 Cisco IOS 12.2(46)SG 及以前版本中的后退认证配置示例：

```
Switch(config)# ip admission name rule1 proxy http
Switch(config)# fallback profile fallback1
Switch(config-fallback-profile)# ip access-group default-policy in
Switch(config-fallback-profile)# ip admission rule1
Switch(config-fallback-profile)# exit
Switch(config)# interface gigabit5/9
Switch(config-if)# switchport mode access
Switch(config-if)# dot1x port-control auto
Switch(config-if)# dot1x pae authenticator
Switch(config-if)# authentication order dot1x mab webauth
Switch(config-if)# dot1x mac-auth-bypass eap
Switch(config-if)# adot1x fallback fallback1
Switch(config-if)# exit
Switch(config)# ip device tracking
Switch(config)# exit
```

17.2.11 启用周期性重认证

可以启用 IEEE 802.1x 周期性重认证功能，并且指定重认证周期。如果在启用重认证功能前没有指定周期值，则重认证周期为 3600 秒。

自动进行的周期性重认证是基于每个端口进行配置，应用于连接在对应端口上的所有客户端，具体的配置步骤如表 17-13 所示。

表 17-13 周期性重认证配置步骤

步骤	命令	说明
1	**configure terminal** 例如：Switch# **configure terminal**	进入全局配置模式
2	**interface** *interface-id* 例如：Switch(config)# **interface** gigabitethernet 1/1	键入要配置周期性重认证的端口，进入接口配置模式
3	**switchport mode access** 例如：Switch(config-if)# **switchport mode access**	把以上端口转换为二层访问模式
4	**dot1x pae authenticator** 例如：Switch(config-if)# **dot1x pae authenticator**	使用默认参数在以上端口上启用 IEEE 802.1x 认证
5	Cisco IOS 12.2(50)SG 及以后版本： **authentication periodic** 例如：Switch(config-if)# **authentication periodic** Cisco IOS Release 12.2(46)SG 及以前版本： **dot1x reauthentication** 例如：Switch(config-if)# **dot1x reauthentication**	对连接在以上端口上的客户端启用周期性重认证功能，默认是禁止重认证功能，可用 **no authentication periodic** 或 **no dot1x reauthentication** 接口配置模式命令禁止端口上的周期性重认证功能
6	Cisco IOS 12.2(50)SG 及以后版本： Switch(config-if)# **authentication timer reauthenticate** {*seconds* | **server**} 例如：Switch(config-if)# **authentication timer reauthenticate** 1800 Cisco IOS Release 12.2(46)SG 及以前版本： **dot1x timeout reauth-period** {*seconds* | **server**} 例如：Switch(config-if)# **authentication timer reauthenticate server**	手工指定重认证周期，或者从 RADIUS 服务器获得重认证周期值，取值范围为 1~65535 秒，默认为 3600 秒。可用 **no authentication timer reauthenticate** 或 **no dot1x timeout reauth-attempts** 接口配置模式命令恢复为默认设置
7	Cisco IOS 12.2(50)SG 及以后版本： **authentication port-control auto** 例如：Switch(config-if)# **authentication port-control auto** Cisco IOS Release 12.2(46)SG 及以前版本： **dot1x port-control auto** 例如：Switch(config-if)# **dot1x port-control auto**	在以上端口上启用 IEEE 802.1x 认证
8	**end** 例如：Switch(config-if)# **end**	返回特权模式

以下示例显示了如何在端口上启用周期性重认证功能，并且设置重认证周期为 4000 秒。

在 Cisco IOS 12.2(50)SG 及以后版本中的配置：

```
Switch# configure terminal
Switch(config)# interface fastethernet5/9
Switch(config-if)# switchport mode access
Switch(config-if)# dot1x pae authenticator
Switch(config-if)# authentication periodic
Switch(config-if)# authentication timer reauthenticate 4000
Switch(config-if)# authentication port-control auto
Switch(config-if)# end
Switch#
```

在 Cisco IOS 12.2(46)SG 及以前版本中的配置：

```
Switch# configure terminal
Switch(config)# interface fastethernet5/9
Switch(config-if)# switchport mode access
Switch(config-if)# dot1x pae authenticator
Switch(config-if)# dot1x reauthentication
Switch(config-if)# dot1x timeout reauth-period 4000
Switch(config-if)# dot1x port-control auto
Switch(config-if)# end
Switch#
```

17.2.12 启用多主机认证模式

可以为一个端口配置多主机认证模式，这样在端口被授权后，所有间接连接在该端口的主机（如通过连接另一个交换机再连接多个主机，或者 AP 连接多个 WLAN 主机）均获得访问网络的权限；如果该端口未被授权（重认证失败，或者没有收到 EAPOL-logoff 消息），交换机禁止所有间接连接在该端口上的主机访问网络。

多主机认证模式的配置步骤如表 17-14 所示。

表 17-14 多主机认证模式的配置步骤

步骤	命令	说明
1	**configure terminal** 例如：Switch# **configure terminal**	进入全局配置模式
2	**interface** *interface-id* 例如：Switch(config)# **interface** gigaethernet1/1	键入多个主机间接连接的交换机端口，进入接口配置模式
3	**switchport mode access** 例如：Switch(config-if)# **switchport mode access**	转换以上端口为二层访问模式端口
4	**dot1x pae authenticator** 例如：Switch(config-if)# **dot1x pae authenticator**	使用默认参数在以上端口上启用 IEEE 802.1x 认证
5	Cisco IOS 12.2(50)SG 及以后版本： **authentication host-mode multi-host** 例如：Switch(config-if)# **authentication host-mode multi-host** Cisco IOS 12.2(46)SG 及以前版本： **dot1x host-mode multi-host** 例如：Switch(config-if)#**dot1x host-mode multi-host**	指定以上端口为 IEEE 802.1x 多主机认证模式，可用 **no authentication host-mode multi-host** 接口配置模式命令（Cisco IOS 12.2(50)SG 及以后版本时）或者 **no dot1x host-mode multi-host** 接口配置模式命令（Cisco IOS 12.2(46)SG 及以前版本时）禁止多主机认证模式
6	Cisco IOS 12.2(50)SG 及以后版本： **authentication port-control auto** 例如：Switch(config-if)# **authentication port-control auto** Cisco IOS Release 12.2(46)SG 及以前版本： **dot1x port-control auto** 例如：Switch(config-if)# **dot1x port-control auto**	在以上端口上启用 IEEE 802.1x 认证
7	**end** 例如：Switch(config-if)# **end**	返回特权模式
8	**show dot1x interface** *interface-id* **[detail]** 例如：Switch# **show dot1x interface** gigaethernet1/1**detail**	校验以上配置

续表

步骤	命令	说明
9	**copy running-config startup-config** 例如：Switch# **copy running-config startup-config**	（可选）保存以上配置到交换机启动配置文件中

以下示例显示的是如何在端口上启用 IEEE 802.1x 多主机认证模式。

在 Cisco IOS 12.2(50)SG 及以后版本中的配置：

```
Switch# configure terminal
Switch(config)# interface fastethernet5/9
Switch(config-if)# switchport mode access
Switch(config-if)# dot1x pae authenticator
Switch(config-if)# authentication host-mode multi-host
Switch(config-if)# authentication port-control auto
Switch(config-if)# end
Switch#
```

在 Cisco IOS 12.2(46)SG 及以前版本中的配置：

```
Switch# configure terminal
Switch(config)# interface fastethernet5/9
Switch(config-if)# switchport mode access
Switch(config-if)# dot1x pae authenticator
Switch(config-if)# dot1x host-mode multi-host
Switch(config-if)# dot1x port-control auto
Switch(config-if)# end
Switch#
```

17.2.13　修改静止等待周期

在交换机认证客户端失败，则交换机会在一个延时后重新对客户端进行认证。这个延时时间就是 quiet-period（静止周期）值。具体的配置步骤如表 17-15 所示。

表 17-15　静止周期修改配置步骤

步骤	命令	说明
1	**configure terminal** 例如：Switch# **configure terminal**	进入全局配置模式
2	**interface** *interface-id* 例如：Switch(config)# **interface** gigaethernet1/1	键入要配置静止周期的交换机端口，进入接口配置模式
3	**switchport mode access** 例如：Switch(config-if)# **switchport mode access**	转换以上端口为二层访问模式端口
4	**dot1x pae authenticator** 例如：Switch(config-if)# **dot1x pae authenticator**	使用默认参数在以上端口上启用 IEEE 802.1x 认证
5	**dot1x timeout quiet-period** *seconds* 例如：Switch(config-if)# **dot1x timeout quiet-period** 30	设置交换机在对客户端认证失败后再次重新认证所需等待的时间，取值范围为 0~65535 秒，默认值为 60 秒，可用 **no dot1x timeout quiet-period** 命令恢复为默认设置
6	Cisco IOS 12.2(50)SG 及以后版本： **authentication port-control auto** 例如：Switch(config-if)# **authentication port-control auto** Cisco IOS Release 12.2(46)SG 及以前版本： **dot1x port-control auto** 例如：Switch(config-if)# **dot1x port-control auto**	在以上端口上启用 IEEE 802.1x 认证
7	**end** 例如：Switch(config-if)# **end**	返回特权模式
8	**show dot1x all** 例如：Switch# **show dot1x all**	校验以上配置
9	**copy running-config startup-config** 例如：Switch# **copy running-config startup-config**	（可选）保存以上配置到交换机启动配置文件中

以下示例显示的是如何配置交换机 fastethernet4/1 端口重试客户端认证的等待时间为 30 秒。

在 Cisco IOS 12.2(50)SG 及以后版本中的配置：

```
Switch# configure terminal
Switch(config)# interface fastethernet4/1
Switch(config-if)# switchport mode access
Switch(config-if)# dot1x pae authenticator
Switch(config-if)# dot1x timeout quiet-period 30
Switch(config-if)# authentication port-control auto
Switch(config-if)# end
Switch#
```

在 Cisco IOS 12.2(46)SG 及以前版本中的配置：

```
Switch# configure terminal
Switch(config)# interface fastethernet4/1
Switch(config-if)# switchport mode access
Switch(config-if)# dot1x pae authenticator
Switch(config-if)# dot1x timeout quiet-period 30
Switch(config-if)# dot1x port-control auto
Switch(config-if)# end
Switch#
```

17.2.14 修改交换机到客户端的帧重传时间间隔和重传次数

客户端发送 EAP-Response/Identity 标识响应帧来响应来自交换机的 EAP-Request/Identity 标识请求帧。如果交换机在等待一个时间间隔后仍收不到来自客户端的响应帧时，再次重发标识请求帧。这个等待的时间我们可以在交换机上配置，但建议不要修改默认值，仅需要对那些链路性能不好的客户端所连接端口的重传时间间隔进行改变。另外，还可以配置交换机在重新开始新的认证进程前，向客户端重传 EAP-Request/Identity 标识请求帧的最多次数。具体配置步骤如表 17-16 所示。

表 17-16　修改重传时间间隔和重传次数的配置步骤

步骤	命令	说明
1	**configure terminal** 例如：Switch# **configure terminal**	进入全局配置模式
2	**interface** *interface-id* 例如：Switch(config)# **interface** gigaethernet1/1	键入要配置静止周期的交换机端口，进入接口配置模式
3	**switchport mode access** 例如：Switch(config-if)# **switchport mode access**	转换以上端口为二层访问模式端口
4	**dot1x pae authenticator** 例如：Switch(config-if)# **dot1x pae authenticator**	使用默认参数在以上端口上启用 IEEE 802.1x 认证
5	**dot1x timeout tx-period** *seconds* 例如：Switch(config-if)# **dot1x timeout tx-period** 50	设置交换机在重传 EAP-Request/Identity 标识请求帧前，等待客户端响应的时间。取值范围为 1~65535 秒，默认值为 30 秒，可用 **no dot1x timeout tx-period** 命令恢复为默认设置
6	**dot1x max-req** *count* 例如：Switch(config-if)# **dot1x max-req** 3 或 **dot1x max-reauth-req** *count* 例如：Switch(config-if)# **dot1x max-reauth-req** 4	指定在没有收到来自客户端的 EAP-Response/Identity 标识响应帧时重传 EAP-Request/Identity 标识请求帧的最大次数，取值范围为 1~10 次，默认为 2 次。 可用 **no dot1x max-req** 或 **no dot1x max-reauth-req** 接口配置模式命令恢复为默认设置
7	Cisco IOS 12.2(50)SG 及以后版本： **authentication port-control auto** 例如：Switch(config-if)# **authentication port-control auto** Cisco IOS Release 12.2(46)SG 及以前版本： **dot1x port-control auto** 例如：Switch(config-if)# **dot1x port-control auto**	在以上端口上启用 IEEE 802.1x 认证
8	**end** 例如：Switch(config-if)# **end**	返回特权模式
9	**show dot1x all** 例如：Switch# **show dot1x all**	校验以上配置

续表

步骤	命令	说明
10	**copy running-config startup-config** 例如：Switch# **copy running-config startup-config**	（可选）保存以上配置到交换机启动配置文件中

【示例 1】设置 fastethernet5/9 端口在没有接收到来自客户端的标识响应帧时，重传 EAP-Request/Identity 标识请求前所需等待的时间间隔为 60 秒。

在 Cisco IOS 12.2(50)SG 及以后版本中的配置：

```
Switch# configure terminal
Switch(config)# interface fastethernet5/9
Switch(config-if)# switchport mode access
Switch(config-if)# dot1x pae authenticator
Switch(config-if)# dot1x timeout tx-period 60
Switch(config-if)# authentication port-control auto
Switch(config-if)# end
Switch#
```

在 Cisco IOS 12.2(46)SG 及以前版本中的配置：

```
Switch# configure terminal
Switch(config)# interface fastethernet5/9
Switch(config-if)# switchport mode access
Switch(config-if)# dot1x pae authenticator
Switch(config-if)# dot1x timeout tx-period 60
Switch(config-if)# dot1x port-control auto
Switch(config-if)# end
Switch#
```

【示例 2】设置 fastethernet5/9 端口在没有接收到来自客户端的标识响应帧，开始新的认证进程前，重传 EAP-Request/Identity 标识请求帧的最多次数为 5。

在 Cisco IOS 12.2(50)SG 及以后版本中的配置：

```
Switch# configure terminal
Switch(config)# interface fastethernet5/9
Switch(config-if)# switchport mode access
Switch(config-if)# dot1x pae authenticator
Switch(config-if)# dot1x max-reauth-req 5
Switch(config-if)# authentication port-control auto
Switch(config-if)# end
Switch#
```

在 Cisco IOS 12.2(46)SG 及以前版本中的配置：

```
Switch# configure terminal
Switch(config)# interface fastethernet5/9
Switch(config-if)# switchport mode access
Switch(config-if)# dot1x pae authenticator
Switch(config-if)# dot1x max-reauth-req 5
Switch(config-if)# dot1x port-control auto
Switch(config-if)# end
Switch#
```

18 H3C 交换机端口镜像配置与管理

端口镜像是将指定端口（源端口）的报文复制一份到其他端口（目的端口），目的端口会与数据监测设备相连，用户利用这些数据监测设备（如安装了 Sniffer 或者科来分析仪软件的计算机）来分析复制到目的端口的报文，进行网络监控和故障排除，是一种数据分析和管理功能。例如我们要监控某个流量异常（如有许多广播报文）的端口的通信，或者某个通信异常（如异常慢）的网段，或者个别用户的通信等。

本章介绍 H3C 以太网交换机的端口镜像配置与管理方法。目前，绝大多数 H3C 以太网交换机系列都支持端口镜像功能，如 S9500E、S9500、S7500E、S7500、S5800、S5600、S5500、S5510、S5120-EI、S3600-EI、S3100 等系列。

18.1 H3C 以太网交换机的端口镜像基础

端口镜像一般是将符合指定规则的报文复制到镜像目的端口。一般镜像目的端口会接入数据检测设备（如安装了 Sniffer 之类流量监控软件的设备），用户利用这些设备对镜像过来的报文进行分析，进行网络监控和故障排除等。如图 18-1 所示是一个简单的端口镜像示意图。

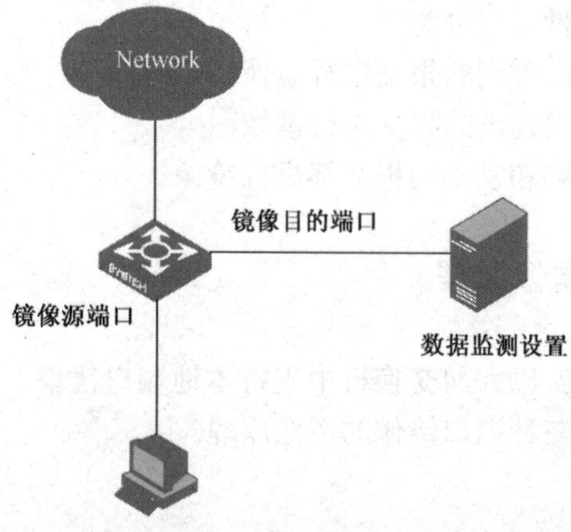

图 18-1 端口镜像示意图

18.1.1 H3C 交换机端口镜像简介

端口镜像，即将指定端口（可以是本地的，也可以是远程的）接收或者发送的报文复制到指定的本地端口。在这里先要理解几个重要的概念。

- 源端口：被监控的端口称之为“源端口”，可以是一个或多个端口、VLAN 中的端口，我们将之分别称为源端口、源 VLAN。
- 源设备：源端口所在的设备。
- 目的端口：与数据监测设备相连的那些端口。源端口上监控到的数据会复制一份到这个端口上，然后目的端口再将其接收到的镜像报文转发给与之相连的数据监测设备。
- 目的设备：目的端口所在的设备。
- 镜像组：镜像组就是包括源端口和（/或）目的端口的一个组。根据具体的实现方式不同，镜像组可分为本地镜像组、远程源镜像组和远程目的镜像组三类。
- 反射端口、出端口和远程镜像 VLAN：都是在二层远程端口镜像的实现过程中用到的概念。远程镜像 VLAN 是将镜像报文从源设备传送至目的设备的专用 VLAN；反射端口和出端口都位于源设备上，用来将镜像报文发送到远程镜像 VLAN 中，二者的区别在于前者不必加入远程镜像 VLAN 中，而后者则必须加入到远程镜像 VLAN 中。

1. 端口镜像分类

H3C 以太网交换机的端口镜像可分为三类：本地端口镜像、二层远程端口镜像和三层远程端口镜像。如果源端口与目的端口在同一交换机上，我们称之为本地端口镜像，如果源端口与目的端口不在同一交换机上，则称之为远程镜像。远程镜像中又可分为二层远程端口镜像和三层远程端口镜像两种。二层远程端口镜像是将本地设备源端口上的报文通过二层网络复制到另一台设备的目的端口，用于监控和分析这些报文。三层远程端口镜像是将本设备源端口上的报文通过三层网络复制到另一台设备的目的端口，用于监控和分析这些报文。三层远程端口镜像可以实现不同网络甚至不同地域间的镜像功能，极大扩展了镜像功能监测的范围，并通过隧道方式保证了镜像报文的安全，适用于在通过隧道连接的不同站点间进行数据采集和分析。但是三层远程端口镜像要对应交换机支持三层以太网端口类型（一些支持 Comware 5.x 版本的软件系统的 H3C 以太网交换机，如 S7500E、S5500-EI 等系列）才行，可通过 port link-mode route 命令把二层以太网端口转换成三层以太网端口。

2．端口镜像方向

端口数据的镜像还有方向性，可分为：

- 入方向：仅对从源端口收到的报文进行镜像。
- 出方向：仅对从源端口发出的报文进行镜像。
- 双向：对从源端口收到和发出的报文都进行镜像。

18.1.2 H3C 交换机端口镜像原理

在上节已介绍到，在 H3C 以太网交换机中支持本地端口镜像、二层远程端口镜像和三层远程端口镜像三种。本节要介绍这三种端口镜像的镜像原理。

1．本地端口镜像原理

对于本地端口镜像，镜像源和镜像目的都属于同一台设备上的同一个镜像组，该镜像组就称为本地镜像组。本地端口镜像通过本地镜像组的方式实现，即源端口和目的端口在同一个本地镜像组中，设备将源端口的报文复制一份并转发到目的端口。

如图 18-2 所示，源端口（GE3/0/1）的报文被镜像到目的端口（GE3/0/2），这样连接在目的端口上的数据监测设备就可以对这些报文进行监控和分析。这是最简单的端口镜像方式。如果交换机上有多个单板，则本地镜像组支持跨板镜像，即目的端口和源端口可以在同一设备的不同单板上。

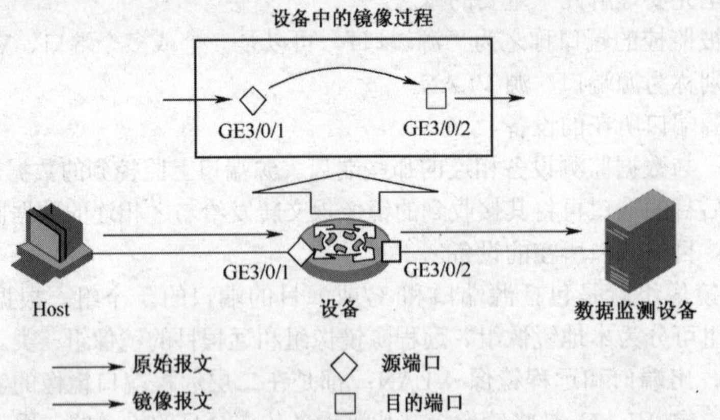

图 18-2 本地端口镜像示例

2．二层远程端口镜像原理

二层远程端口镜像通过远程源镜像组和远程目的镜像组互相配合的方式实现。二层远程端口镜像的实现方式包括：固定反射端口方式、非固定反射端口方式和出端口方式。其中，固定反射端口方式和非固定反射端口方式也统称为反射端口方式，其区别在于：支持前者的设备内部有一个固定的反射端口，因此无需人工配置反射端口；而支持后者的设备则需人工配置反射端口。

如图 18-3 所示是反射端口方式的二层远程端口镜像示例。此时源设备将进入源端口 GE3/0/1

的报文复制一份给反射端口 GE3/0/3，再由该反射端口将镜像报文在远程镜像 VLAN 中广播，最终镜像报文经由中间设备转发至目的设备。目的设备收到该报文后判别其 VLAN ID，如果与远程镜像 VLAN 的 VLAN ID 相同，就将其转发至目的端口 GE3/0/2，最后由该端口将镜像报文转发给数据监测设备。

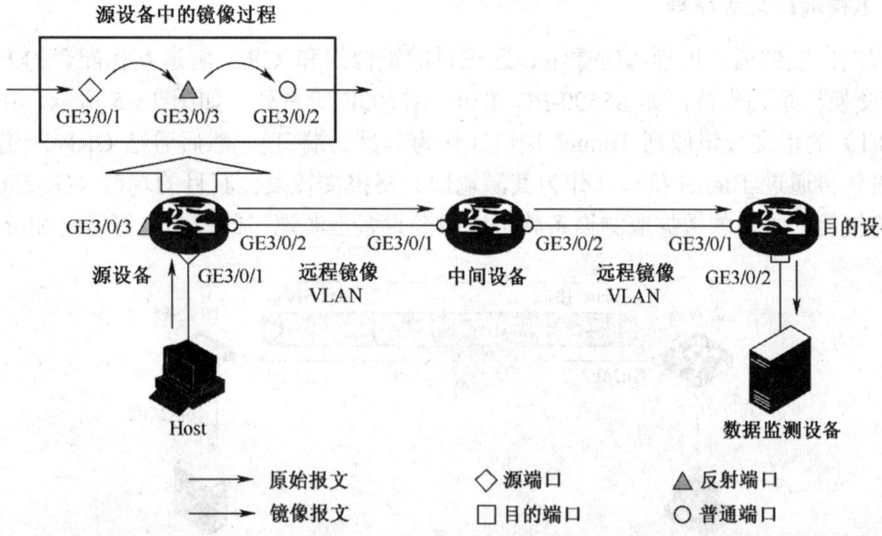

图 18-3　反射端口方式的二层远程端口镜像示例

如图 18-4 所示是出端口方式的二层远程端口镜像示例。此时源设备将进入源端口 GE3/0/1 的报文复制一份给出端口 GE3/0/2，该端口将镜像报文转发给中间设备，再由中间设备在远程镜像 VLAN 中广播，最终到达目的设备。目的设备收到该报文后判别其 VLAN ID，如果与远程镜像 VLAN 的 VLAN ID 相同，就将其转发至目的端口 GE3/0/2，最后由该端口将镜像报文转发给数据监测设备。

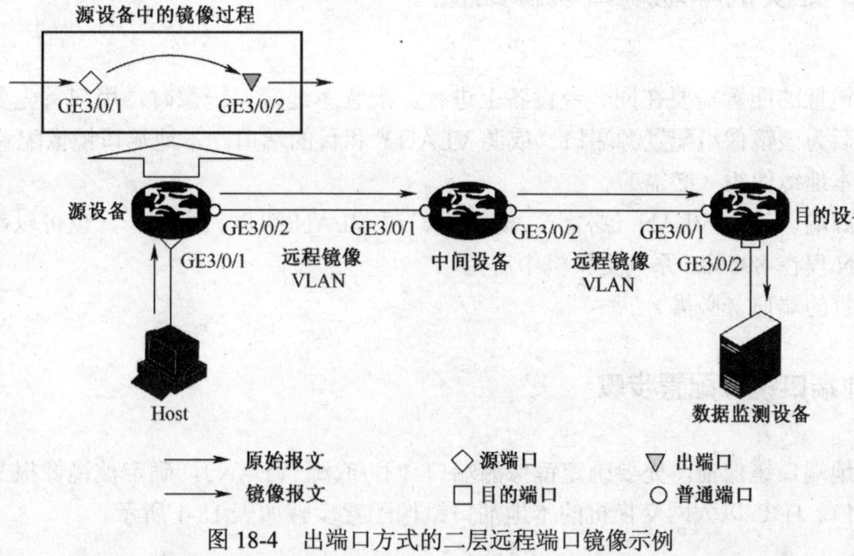

图 18-4　出端口方式的二层远程端口镜像示例

【注意】中间设备需允许远程镜像 VLAN 通过，以确保源设备与目的设备之间的二层网络畅通。在镜像报文从源设备到达目的设备的过程中，请确保其 VLAN ID 不被修改或删除，否则二层远程镜像功能将失效。

对于反射端口方式，由于镜像报文将被源设备在远程镜像 VLAN 中广播，因此通过将源设备上不属于镜像源的端口加入远程镜像 VLAN，也可实现本地端口镜像的功能；而对于出端口方式则无此实现。

如果要在一个镜像组中对同一个端口收发的报文进行双向镜像时，需要在源设备、中间设备和目的设备上通过 **mac-address mac-learning disable** 命令用来关闭远程镜像 VLAN 的 MAC 地址学习功能，以保证镜像功能的正常进行。具体将在本章后面介绍。

3. 三层远程端口镜像原理

三层远程端口镜像通过远程源镜像组、远程目的镜像组和 GRE 隧道互相配合的方式实现，但仅少数 H3C 交换机系列支持，如 S5500-EI、S58、S7500E 等系列。如图 18-5 所示，在源设备上源端口（GE2/0/1）的报文被镜像到 Tunnel 接口（作为其目的端口），然后通过 GRE 隧道发送至目的设备，目的设备再通过 Tunnel 接口（作为其源端口）将报文转发至其目的端口（GE2/0/2）。这样，目的设备上连接目的端口的数据监测设备就可以对源设备上源端口的报文进行监控和分析。

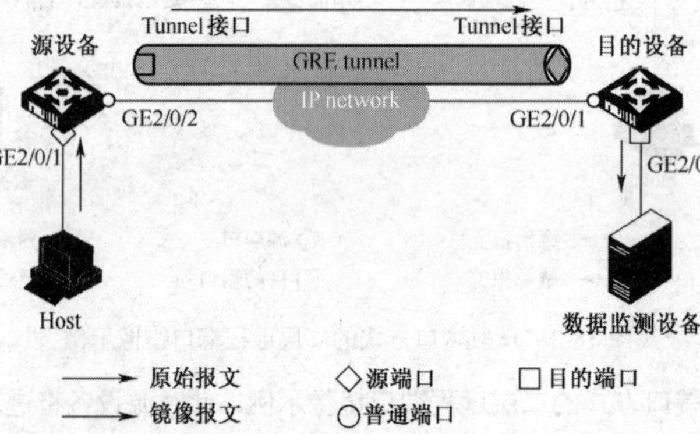

图 18-5 三层远程端口镜像示例

18.2 H3C 交换机本地端口镜像配置

本地端口镜像的配置需要在同一台设备上进行。配置本地端口镜像时，用户首先要创建一个本地镜像组，然后为该镜像组配置源端口（或源 VLAN）和目的端口。本地端口镜像配置任务如下：

- 创建本地镜像组（必需）
- 配置源端口或源 VLAN（必需）：源端口、源 VLAN 可以只配其一，也可以都配置，但源 VLAN 仅在 S9500E 系列交换机中支持
- 配置目的端口（必需）

18.2.1 本地端口镜像配置步骤

在配置本地端口镜像前，先要确定镜像源端口（和/或源 VLAN），确定被镜像报文的方向，确定镜像目的端口。H3C 以太网交换机的本地端口镜像配置步骤如表 18-1 所示。

表 18-1 H3C 交换机的本地端口镜像配置步骤

步骤	命令	说明
1	**system-view** 例如：< Sysname > **system-view**	进入系统视图
2	**mirroring-group** *group-id* **local** 例如：[Sysname] **mirroring-group** 1 **local**	为镜像组配置源端口，创建本地镜像组，创建镜像组后，用户必须配置其他相关参数，此镜像组才能生效。可用 **undo mirroring-group local** 命令删除镜像组

续表

<table>
<tr><th>步骤</th><th>命令</th><th colspan="2">说明</th></tr>
<tr><td rowspan="3">3</td><td>mirroring-group group-id mirroring-port mirroring-port-list { both | inbound | outbound }
例如：[Sysname] mirroring-group 1 mirroring-port GigabitEthernet1/0/1 both</td><td>在系统视图下配置指定端口为本地镜像组的源端口</td><td rowspan="3">（二者必选其一）可以在系统视图下同时配置多个源端口，也可以在具体的端口视图下配置源端口，两种视图下的配置效果相同。命令中的参数和选项说明如下：
● group-id：指定要添加源端口的端口镜像组的组号，取值范围为 1～4
● mirroring-port-list：指定要添加到端口镜像组中的源端口列表。表示方式为{ interface-type interface-number [to interface-type interface-number] }&<1-8>。其中，interface-type 为端口类型，interface-number 为端口号。&<1-8>表示前面的参数最多可以输入 8 次。每次之间，以及各分离端口用空格分隔
● both：指定对端口接收和发送的报文都进行镜像
● inbound：指定仅对端口接收的报文进行镜像
● outbound：指定仅对端口发送的报文进行镜像
【注意】一个镜像组内可以配置多个源端口。不要将源端口加入到源 VLAN 中，否则会影响镜像功能的正常使用。通常，一个端口只能被一个镜像组使用；而在支持多目的端口的设备上，一个端口可被多个镜像组用作源端口，但源端口不能再被用作本镜像组或其他镜像组的反射端口、出端口或目的端口。
另外，源端口只能是以太网接口，目的端口可以是以太网接口或二层聚合接口</td></tr>
<tr><td>interface interface-type interface-number
例如：[Sysname] interface GigabitEthernet1/0/1</td><td rowspan="2">在接口视图下配置本端口为本地镜像组的源端口</td></tr>
<tr><td>mirroring-group group-id mirroring-port { both | inbound | outbound }
例如：[Sysname–GigabitEthernet1/0/1] mirroring-group 1 mirroring-port both</td></tr>
<tr><td>4</td><td>mirroring-group group-id mirroring-vlan mirroring-vlan-list { both | inbound | outbound }
例如：[Sysname] mirroring-group 1 mirroring-vlan 2 to 5 both</td><td colspan="2">（可选，仅 S9500E 系列交换机支持）为本地镜像组配置源 VLAN，一个镜像组内可以配置多个源 VLAN。IRF 模式下，不支持为镜像组配置源 VLAN。默认情况下，本地镜像组没有源 VLAN。命令中的参数说明如下：
● group-id：指定要配置源 VLAN 的本地镜像组的编号，该镜像组必须已通过第 2 步创建。取值范围为 1～64
● mirroring-vlan-list：指定源 VLAN 列表，表示方式为{ vlan-id [to vlan-id] }&<1-8>。其中，vlan-id 为 VLAN 的编号，取值范围为 1～4094。&<1-8>表示前面的参数最多可以输入 8 次。每次之间，以及各分离端口用空格分隔
● both：指定对从源 VLAN 中收发的报文都进行镜像
● inbound：指定仅对源 VLAN 中收到的报文进行镜像
● outbound：指定仅对从源 VLAN 中发出的报文进行镜像
可用 undo mirroring-group group-id mirroring-vlan mirroring-vlan-list { both | inbound | outbound }命令删除镜像组的源 VLAN，但该命令中配置的报文镜像方向必须与 mirroring-group mirroring-vlan 命令中配置的报文镜像方向相同，否则执行该命令无效
【注意】只能为本地镜像组或远程源镜像组配置源 VLAN，不能为远程目的镜像组配置源 VLAN；只能将已存在的静态 VLAN 配置为源 VLAN，且一个 VLAN 只能配置为一个镜像组的源 VLAN。当某 VLAN 被配置为源 VLAN 后，必须先删除源 VLAN 的配置才能删除该 VLAN</td></tr>
<tr><td rowspan="3">5</td><td>mirroring-group group-id monitor-port monitor-port-id
例如：[Sysname] mirroring-group 1 monitor-port GigabitEthernet4/0/2</td><td>在系统视图下配置指定端口为本地镜像组的目的端口</td><td rowspan="3">（二者必选其一）在系统视图下或者在具体的端口视图下为镜像组配置目的端口，两种视图下的配置效果相同。命令中的参数说明如下：
● group-id：指定要配置目的端口的本地镜像组的编号，该镜像组必须已在第 1 步创建，取值范围为 1～64
● monitor-port-id：指定目的端口
● 默认情况下，镜像组没有目的端口，可用 undo mirroring-group group-id monitor-port monitor-port-id 命令删除镜像组的目的端口</td></tr>
<tr><td>interface interface-type interface-number
例如：[Sysname] interface GigabitEthernet4/0/2</td><td rowspan="2">在接口视图下配置本端口为本地镜像组的目的端口</td></tr>
<tr><td>mirroring-group group-id monitor-port
例如：[Sysname-GigabitEthernet4/0/2] mirroring-group 1 monitor-port</td></tr>
</table>

续表

步骤	命令	说明
	（接前）	（接前）	【注意】一个镜像组内只能配置一个目的端口，目的端口不能是现有镜像组的成员端口；不要将目的端口加入到源 VLAN 中，或在目的端口上启用生成树，否则会影响镜像功能的正常使用。 从目的端口发出的报文包括镜像报文和其他端口正常转发来的报文。只能为本地镜像组或远程目的镜像组配置目的端口，不能为远程源镜像组配置目的端口。 目的端口可以是以太网接口或者二层聚合接口

【示例 1】创建本地镜像组 1。

```
<Sysname> system-view
[Sysname] mirroring-group 1 local
```

【示例 2】为已存在的镜像组 1 添加 GigabitEthernet 1/0/1~GigabitEthernet 1/0/5 这五个源端口，并且监控收、发两个方向的流量。

```
<Sysname> system-view
[Sysname] mirroring-group 1 mirroring-port GigabitEthernet 1/0/1 to GigabitEthernet 1/0/5 both
```

【示例 3】从镜像组 1 中删除源端口 GigabitEthernet 1/0/1~GigabitEthernet 1/0/3 这三个端口。

```
[Sysname] undo mirroring-group 1 mirroring-port Ethernet 1/0/1 to Ethernet 1/0/3 both
```

【示例 4】创建本地镜像组 1，配置其源 VLAN 为 VLAN 1，并对该 VLAN 收发的报文都进行镜像。

```
<Sysname> system-view
[Sysname] mirroring-group 1 local
[Sysname] mirroring-group 1 mirroring-vlan 1 both
```

【示例 5】配置端口 GigabitEthernet 1/0/4 为本地镜像组 1 的目的端口。

```
< Sysname > system-view
System View: return to User View with Ctrl+Z.
[Sysname] mirroring-group 1 local
[Sysname] mirroring-group 1 monitor-port GigabitEthernet 1/0/4
```

【示例 6】下面是一个综合示例。对交换机的 GigabitEthernet 2/0/1 端口进行镜像，镜像目的端口为 GigabitEthernet 2/0/4，对源端口接收和发送的报文都进行镜像。

在以太网端口视图下的配置方法如下：

```
< Sysname > system-view
[Sysname] mirroring-group 1 local
[Sysname] interface GigabitEthernet 2/0/4
[Sysname -GigabitEthernet2/0/4] mirroring-group 1 monitor-port
[Sysname -GigabitEthernet2/0/4] quit
[Sysname] interface GigabitEthernet 2/0/1
[Sysname -GigabitEthernet2/0/1] mirroring-group 1 mirroring-port both
```

在系统视图下的配置方法如下：

```
< Sysname > system-view
[Sysname] mirroring-group 1 local
[Sysname] mirroring-group 1 monitor-port GigabitEthernet 2/0/4
[Sysname] mirroring-group 1 mirroring-port GigabitEthernet 2/0/1 both
```

18.2.2 本地端口镜像配置示例

本示例拓扑如图 18-6 所示，交换机通过端口 GigabitEthernet1/0/1 和 GigabitEthernet1/0/2 分别连接市场部和技术部，并通过端口 GigabitEthernet1/0/3 连接 Server。现要求通过配置源端口方式的本地端口镜像，使 Server 可以监控所有进、出市场部和技术部的报文。

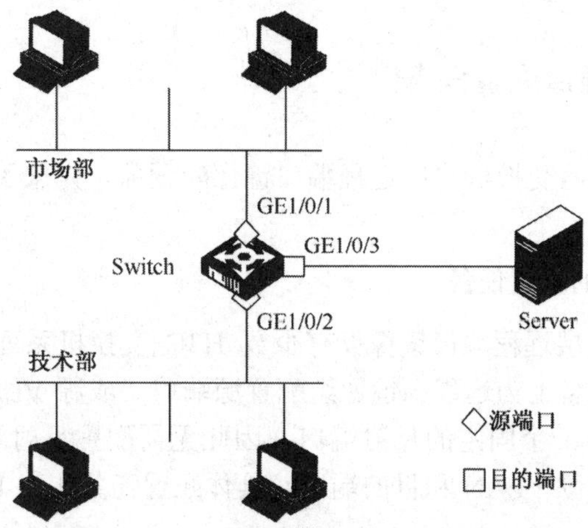

图 18-6　H3C 交换机端口镜像配置示例

下面是具体的配置步骤，主要包括本地端口镜像组、源端口和目的端口配置。

```
<Switch> system-view     !---创建本地镜像组 1
[Switch] mirroring-group 1 local
[Switch] mirroring-group 1 mirroring-port gigabitethernet 1/0/1 gigabitethernet 1/0/2 both  !---配置本地镜像组 1 的源端口为 GigabitEthernet1/0/1 和 GigabitEthernet1/0/2，并指定同时监控收、发两个方向的流量
[Switch] mirroring-group 1 monitor-port gigabitethernet 1/0/3   !---配置本地镜像组 1 的目的端口为 GigabitEthernet1/0/3
[Switch] interface gigabitethernet 1/0/3
[Switch-GigabitEthernet1/0/3] undo stp enable   !---在目的端口 GigabitEthernet1/0/3 上关闭生成树协议，以确保该端口不被生成树协议关闭
[Switch-GigabitEthernet1/0/3] quit
```

可通过 display mirroring-group all 命令查看所有镜像组的配置信息，验证配置的正确性。

```
[Switch] display mirroring-group all
mirroring-group 1:
    type: local
    status: active
    mirroring port:
        GigabitEthernet1/0/1   both
        GigabitEthernet1/0/2   both
    mirroring CPU:
    monitor port: GigabitEthernet1/0/3
```

配置完成后，用户可以通过 Server 监控所有进、出市场部和技术部的报文。

18.3　H3C 交换机二层远程端口镜像配置

二层远程端口镜像的配置需要分别在源设备和目的设备上进行；如果存在中间设备，则需要在中间设备上允许远程镜像 VLAN 通过，以确保源设备与目的设备之间的二层网络畅通。二层远程端口镜像的配置方式包括：固定反射端口方式、非固定反射端口方式和出端口方式。但是，并不是所有支持二层远程端口镜像的 H3C 交换机都同时支持这三种配置方式，绝大多数只支持出端口配置方式。另外，在具体的配置上，目前的 H3C 以太网交换机中，又存在两种完全不同的配置方法。在 S5600、S3600、S3100 等低端系列与 S5100、S5120、S5500、S58、S7500、S7500E 等中高端系列中的配置方法完全不一样，所以本节要分别予以介绍。

【注意】在配置二层远程端口镜像时不建议启用 GVRP（GARP VLAN Registration Protocol，GARP VLAN 注册协议）功能，否则 GVRP 可能将远程镜像 VLAN 注册到不需要监控的端口上，导致目的端口收到很多不必要的报文。

18.3.1 二层远程端口镜像配置任务

在正式介绍 H3C 以太网交换机二层远程端口镜像配置前，先来了解以上三种二层远程端口镜像所需进行的配置任务。

1．固定反射端口方式的配置任务

固定反射端口方式的二层远程端口镜像仅有少数 H3C 交换机系列支持，如 S9500E 系列交换机。配置时，首先要在源设备上为远程源镜像组配置源端口（或源 VLAN）和远程镜像 VLAN（由于支持该方式的设备内部有一个固定的反射端口，因此无需配置反射端口），然后在目的设备上为远程目的镜像组配置远程镜像 VLAN 和目的端口。具体配置任务如表 18-2 所示。

表 18-2 固定反射端口方式的二层远程端口镜像配置任务

配置任务		说明
配置远程源镜像组	创建远程源镜像组	必需
	配置源端口	二者至少选其一，源端口、源 VLAN 可以只配置其一，也可以都配置
	配置源 VLAN	
	配置远程镜像 VLAN	必需
配置远程目的镜像组	创建远程目的镜像组	必需
	配置目的端口	必需
	配置远程镜像 VLAN	必需
	将目的端口加入远程镜像 VLAN	必需

2．非固定反射端口方式的配置任务

非固定反射端口方式的二层远程端口镜像也是仅有少数 H3C 以太网交换机支持，如 S9500E 系列交换机。配置时，首先在源设备上为远程源镜像组配置源端口（或源 VLAN）、反射端口和远程镜像 VLAN，然后在目的设备上为远程目的镜像组配置远程镜像 VLAN 和目的端口。具体配置任务如表 18-3 所示。

表 18-3 非固定反射端口方式的二层远程端口镜像配置任务

配置任务		说明
配置远程源镜像组	创建远程源镜像组	必需
	配置源端口	二者至少选其一，源端口、源 VLAN 可以只配置其一，也可以都配置
	配置源 VLAN	
	配置反射端口	必需
	配置远程镜像 VLAN	必需
配置远程目的镜像组	创建远程目的镜像组	必需
	配置目的端口	必需
	配置远程镜像 VLAN	必需
	将目的端口加入远程镜像 VLAN	必需

3．出端口方式的配置任务

出端口方式的二层远程端口镜像是绝大多数 H3C 以太网交换机所支持的一种二层远程端口镜像方式。配置时，首先在源设备上为远程源镜像组配置源端口、出端口和远程镜像 VLAN，然后在目的设备上为远程目的镜像组配置远程镜像 VLAN 和目的端口。具体配置任务如表 18-4 所示。

综合比较以上三种二层远程端口镜像的配置任务可以看出，它们之间在配置任务的主要区别就是在源镜像组的配置上。具体可用表 18-5 列出。

表 18-4　出端口方式的二层远程端口镜像配置任务

配置任务		说明
配置远程源镜像组	创建远程源镜像组	必需
	配置源端口	必需
	配置出端口	必需
	配置远程镜像 VLAN	必需
配置远程目的镜像组	创建远程目的镜像组	必需
	配置目的端口	必需
	配置远程镜像 VLAN	必需
	将目的端口加入远程镜像 VLAN	必需

表 18-5　二层远程端口镜像配置任务

配置任务		说明
配置远程源镜像组	创建远程源镜像组	必需
	配置源端口	二者至少选其一，源端口、源 VLAN 可以只配置其一，也可以都配置
	配置源 VLAN（仅适用于 S9500E 系列交换机）	
	配置反射端口（仅非固定反射端口方式需要）	必需
	配置出端口（仅出端口方式需要）	
	配置远程镜像 VLAN	必需
配置远程目的镜像组	创建远程目的镜像组	必需
	配置目的端口	必需
	配置远程镜像 VLAN	必需
	将目的端口加入远程镜像 VLAN	必需

【注意】这里在源交换机和目的交换机，以及中间交换机上配置的远程镜像组、远程镜像 VLAN 都要一致。

18.3.2　低端 H3C 交换机远程端口镜像的配置步骤

在像 S3100、S5510、S5600 等低端 H3C 交换机系列中，远程端口镜像没有二层与三层之分，但实际上只是二层远程端口镜像。虽然在这些交换机中并没有明确指出是什么类型的二层远程端口镜像方式，但从其配置步骤可以看出它属于非固定反射端口的二层远程端口镜像方式。同时还要注意到，这些低端交换机的远程端口镜像配置任务仍可参见表 18-3，但它们的非固定反射端口配置命令与下节将要介绍的中高端 H3C 交换机的非固定反射端口二层远程端口镜像配置命令之间有些存在明显的区别，所以在此单独介绍。

1. 充当源交换机时的配置

在作为远程端口镜像源交换机时，事先要做好以下准备工作：

- 确定了镜像源端口、反射端口和远程镜像 VLAN
- 确定了被镜像报文的方向
- 确保远程镜像 VLAN 内源交换机到目的交换机的二层互通性

在以上这些低端 H3C 交换机的远程端口镜像中，充当源交换机时的配置步骤如表 18-6 所示。

表 18-6　充当远程端口镜像源交换机的配置步骤

步骤	命令	说明
1	**system-view** 例如：<Sysname> **system-view**	进入系统视图
2	**vlan** *vlan-id* 例如：[Sysname] **vlan** 5	创建并进入 VLAN 视图。*vlan-id* 指定要配置为远程镜像 VLAN 的 VLAN ID

续表

步骤	命令	说明
3	**remote-probe vlan enable** 例如：[Sysname-vlan5] **remote-probe vlan enable**	将当前 VLAN 配置为远程镜像 VLAN，可用 **undo remote-probe vlan enable** 命令将当前的远程镜像 VLAN 恢复为普通 VLAN。 【注意】用户不能将默认 VLAN、管理 VLAN 或者动态 VLAN 配置为远程镜像 VLAN；将某一 VLAN 配置为远程镜像 VLAN 后，该 VLAN 不能直接删除，必须先在 VLAN 视图下执行 **undo remote-probe vlan enable** 命令后才允许删除这个 VLAN
4	**quit** 例如：[Sysname-vlan5] **quit**	退出当前视图
5	**mirroring stp-collaboration** 例如：[Sysname] **mirroring stp-collaboration** **interface** *interface-type interface-number* 例如：[Sysname] **interface** GigabitEthernet 1/0/2	（可选）开启端口镜像与 STP 联动功能，开启该功能后，设备将通过监测端口的 STP 状态来自动控制该端口上的镜像功能是否生效。对于处在 Discarding 状态的端口，自动取消端口上的镜像功能，并在端口恢复 Forwarding 状态时，同时恢复端口镜像功能，提高镜像功能的使用效率。本配置对所有端口均生效，即配置后设备上的所有端口均可实现端口镜像与端口 STP 状态的联动。默认情况下，没有开启端口镜像与 STP 联动功能，可用 **mirroring stp-collaboration** 命令关闭端口镜像与 STP 联动功能。当多台设备形成 IRF 堆叠并使用镜像功能时，建议用户开启端口镜像与 STP 联动功能。 进入与中间交换机或目的交换机相连的端口视图
6	**port link-type trunk** 例如：[Sysname-gigabitEthernet1/0/2] **port link-type trunk**	配置以上端口类型为 Trunk。默认情况下，端口类型为 Access
7	**port trunk permit vlan** *remote-probe-vlan-id* 例如：[Sysname-gigabitEthernet1/0/2] **port trunk permit vlan** 5	配置以上 Trunk 端口允许远程镜像 VLAN 的报文通过。源交换机上与中间交换机或目的交换机相连的端口必须添加该配置
8	**quit** 例如：[Sysname-gigabitEthernet1/0/2] **quit**	退出当前视图
9	**mirroring-group** *group-id* **remote-source** 例如：[Sysname] **mirroring-group** 1 **remote-source**	创建远程源镜像组，参数 *group-id* 用来指定要创建的镜像组的编号，取值范围为 1～20（不同交换机支持的镜像组数可能不一样，下同，不再赘述）。 【注意】像 S3100、S5100、S5600 这样的低端 H3C 交换机系列只支持配置一个本地端口镜像目的端口或者一个远程端口镜像反射端口，二者不能同时配置。因此在同一台交换机上，只能存在一个生效的本地镜像组或一个生效的远程源镜像组，并且二者不能同时存在
10	**mirroring-group** *group-id* **mirroring-port** *mirroring-port-list* { **both** | **inbound** | **outbound** } 例如：[Sysname] **mirroring-group** 1 **mirroring-port** GigabitEthernet 1/0/10 **both**	配置远程端口镜像源端口，具体参见 18.2.1 节表 18-1 中的第 3 步。建议用户不要在与中间交换机或目的交换机相连的端口上配置镜像源端口，否则可能引起网络内的流量混乱
11	**mirroring-group** *group-id* **reflector-port** *reflector-port* 例如：[Sysname] **mirroring-group** 1 **reflector-port** GigabitEthernet 1/0/1	为远程源镜像组配置反射端口，命令中参数说明如下： ● *group-id*：指定要配置反向端口的镜像组的编号，取值范围为 1～20 ● **reflector-port** *reflector-port*：指定反射端口 可用 **undo mirroring-group** *group-id* **reflector-port** *reflector-port* 命令取消远程源镜像组所配置的反射端口。 【注意】反射端口不能是现有镜像组的成员端口、Fabric 端口、汇聚组成员端口、开启了 LACP 功能的端口或者开启了 STP 功能的端口，必须是 Access 端口，且不能配置 VLAN-VPN、端口环回检测、包过滤、QoS 和端口安全等功能。 将某个端口配置为反射端口后，交换机会将此端口的链路状态配置为 up，双工模式配置为 full，端口速率配置为该端口支持的最高速率，并且用户不能再修改端口的双工模式、端口速率和 MDI 属性的取值。 将某一端口配置为反射端口后，请用户不要再将此端口用于其他用途，而是仅用于端口镜像
12	**mirroring-group** *group-id* **remote-probe vlan** *remote-probe-vlan-id* 例如：[Sysname] **mirroring-group** 1 **remote-probe vlan** 5	为指定远程源镜像组配置远程镜像 VLAN。命令中的参数说明如下： ● *group-id*：指定要配置远程镜像 VLAN 的镜像组的编号，取值范围为 1～20 ● **remote-probe vlan** *remote-probe-vlan-id*：指定镜像组的远程镜像 VLAN 可用 **undo mirroring-group** *group-id* **remote-probe vlan** *remote-probe-vlan-id* 命令取消相关配置 【注意】将某一个 VLAN 配置为远程源镜像组或远程目的镜像组所使用的远程镜像 VLAN 之前，必须先执行本表第 3 步的 **remote-probe vlan enable** 命令，配置该 VLAN 为远程镜像 VLAN

【示例 1】将 VLAN 5 配置为远程镜像 VLAN。

```
<H3C> system-view
System View: return to User View with Ctrl+Z.
[H3C] vlan 5
[H3C-vlan5] remote-probe vlan enable
```

【示例 2】开启交换机的端口镜像与 STP 联动功能。

```
<Sysname> system-view
[Sysname] mirroring stp-collaboration
```

【示例 3】配置端口 GigabitEthernet 1/0/2 为远程源镜像组 1 的反射端口。

```
<H3C> system-view
System View: return to User View with Ctrl+Z.
[H3C] mirroring-group 1 remote-source
[H3C] mirroring-group 1 reflector-port GigabitEthernet 1/0/2
```

【示例 4】配置远程源镜像组 1 的远程镜像 VLAN 为 VLAN 100。

```
<H3C> system-view
System View: return to User View with Ctrl+Z.
[H3C] vlan 100
[H3C-vlan100] remote-probe vlan enable
[H3C-vlan100] quit
[H3C] mirroring-group 1 remote-source
[H3C] mirroring-group 1 remote-probe vlan 100
```

2．充当中间交换机时的配置

当 S3100、S5100、S5600 等低端系列 H3C 交换机充当远程端口镜像的中间交换机时，需要先做好以下配置准备：

- 确定了 Trunk 端口、远程镜像 VLAN
- 确保远程镜像 VLAN 内源交换机到目的交换机的二层互通性

在远程端口镜像中，S3100、S5100、S5600 等低端 H3C 交换机充当远程端口镜像中间交换机的配置步骤如表 18-7 所示。因为其中的命令在本章前面都有介绍，所以不再进行详细说明了。

表 18-7　充当远程端口镜像中间交换机的配置步骤

步骤	命令	说明
1	**system-view** 例如：<Sysname> **system-view**	进入系统视图
2	**vlan** *vlan-id* 例如：[Sysname] **vlan** 5	创建远程镜像 VLAN，并进入 VLAN 视图。*vlan-id* 为远程镜像 VLAN 的 VLAN ID。这里的远程镜像 VLAN 要与在源交换机上配置的远程镜像 VLAN 一样，当然也要与目的交换机上配置的远程镜像 VLAN 一样
3	**remote-probe vlan enable** 例如：[Sysname-vlan5] **remote-probe vlan enable**	定义当前 VLAN 为远程端口镜像 VLAN
4	**quit** 例如：[Sysname-vlan5] **quit**	退出当前视图
5	**interface** *interface-type interface-number* 例如：[Sysname] **interface** GigabitEthernet 1/0/2	进入与源交换机、目的交换机或其他中间交换机相连的端口视图
6	**port link-type trunk** 例如：[Sysname-gigabitEthernet 1/0/2] **port link-type trunk**	配置当前端口类型为 Trunk。默认情况下，端口类型为 Access
7	**port trunk permit vlan** *remote-probe-vlan-id* 例如：[Sysname-gigabitEthernet 1/0/2] **port trunk permit vlan** 5	配置 Trunk 端口允许以上创建的远程镜像 VLAN 的报文通过。但要注意的是：在中间交换机上与源交换机、目的交换机或其他中间交换机相连的端口上都要进行本步配置

3．充当目的交换机时的配置

在 S3100、S5100、S5600 等低端系列 H3C 交换机充当远程镜像目的交换机时，需要事先做好以下配置准备：

- 确定了镜像目的端口、远程镜像 VLAN

● 确保远程镜像 VLAN 内源交换机到目的交换机的二层互通性

充当目的交换机的配置步骤如表 18-8 所示。

表 18-8 充当远程端口镜像目的交换机的配置步骤

步骤	命令	说明
1	**system-view** 例如：<Sysname> **system-view**	进入系统视图
2	**vlan** *vlan-id* 例如：[Sysname] **vlan** 3	创建 Remote-probe VLAN，并进入 VLAN 视图。*vlan-id* 为 Remote-probe VLAN 的 ID
3	**remote-probe vlan enable** 例如：[Sysname-vlan3] **remote-probe vlan enable**	定义当前 VLAN 为远程端口镜像 VLAN。被配置成远程端口镜像 VLAN 后，该 VLAN 不能直接删除，必须先删除远程镜像 VLAN 的配置才能够删除这个 VLAN。如果镜像组生效后，远程镜像 VLAN 被取消，那么该镜像组将失效
4	**quit** 例如：[Sysname-vlan3] **quit**	退出当前视图
5	**interface** *interface-type interface-number* 例如：[Sysname] **interface** GigabitEthernet 1/0/10	进入与源交换机或中间交换机相连的端口视图
6	**port link-type trunk** 例如：[Sysname-gigabitEthernet 1/0/10] **port link-type trunk**	配置当前端口类型为 Trunk。默认情况下，端口类型为 Access
7	**port trunk permit vlan** *remote*-probe-*vlan-id* 例如：[Sysname-gigabitEthernet 1/0/10] **port trunk permit vlan** 3	配置 Trunk 端口允许以上创建的远程端口镜像 VLAN 的报文通过。目的交换机上与源交换机或中间交换机相连的端口都要进行本步配置
8	**quit** 例如：[Sysname-gigabitEthernet 1/0/10] **quit**	退出当前视图
9	**mirroring-group** *group-id* **remote-destination** 例如：[Sysname] **mirroring-group** 2 **remote-destination**	配置远程目的镜像组，参数 *group-id* 用来指定要创建的目的镜像组的编号，取值范围为 1～20。创建镜像组后，用户必须配置其他相关参数，此镜像组才能生效。 【注意】S3100、S5100、S5600 等低端系列 H3C 以太网交换机只支持配置一个本地端口镜像目的端口或者一个远程端口镜像反射端口，并且二者不能同时配置。因此在同一台交换机上，只能存在一个生效的本地镜像组或一个生效的远程源镜像组，并且二者不能同时存在
10	**mirroring-group** *group-id* **monitor-port** *monitor-port* 例如：[Sysname] **mirroring-group** 2 **monitor-port** GigabitEthernet 1/0/5	为远程目的镜像组配置目的端口，具体参见 18.2.1 节表 18-1 的第 4 步。 【注意】远程镜像目的端口上不能启用 LACP 及 STP，且必须是 Access 端口。当端口被配置为远程镜像目的端口后，交换机不允许用户改变该端口的端口类型和默认 VLAN ID
11	**mirroring-group** *group-id* **remote-probe vlan** *remote-probe-vlan-id* 例如：[Sysname] **mirroring-group** 2 **remote-probe vlan** 3	指定以上配置远程端口镜像 VLAN 为指定的镜像组的远程端口镜像 VLAN，参见表 18-6 的第 12 步

比较表 18-6 和表 18-8 可以看出，源交换机和目的交换机上的配置步骤基本类似，不同的只是在源交换机上配置镜像源端口（包括监控的方向），在目的交换机上配置的是镜像目的端口，在源交换机上还要配置反射端口，但它们都要创建远程端口镜像组（两者的远程端口镜像组必须一样）、远程端口镜像 VLAN（两者的远程端口镜像 VLAN 必须一样），配置中继链路对远程镜像 VLAN 中继。

因为其中的配置命令基本上与源交换机上的配置命令一样，所以在此仅介绍在本章前面没介绍的镜像目的端口配置示例。

以下示例是配置端口 GigabitEthernet 1/0/4 为本地镜像组 1 的镜像目的端口。

```
<H3C> system-view
System View: return to User View with Ctrl+Z.
[H3C] mirroring-group 1 local
[H3C] mirroring-group 1 monitor-port GigabitEthernet 1/0/4
```

18.3.3 中高端 H3C 交换机二层远程端口镜像的配置步骤

本节要统一介绍 H3C 以太网交换机的二层远程端口镜像配置。绝大多数支持端口镜像的 H3C

以太网交换机都支持二层远程端口镜像，只是仅极少数支持固定反射端口方式和非固定反射端口方式（像 S9500E 等以交换机），绝大多数是只支持出端口方式的远程端口镜像。

在中高端 H3C 交换机中的二层远程端口镜像配置中主要包括两个方面的配置：一是远程源镜像组的配置，二是远程目的镜像组的配置。下面分别予以介绍。在源交换机上的远程源镜像组配置步骤如表 18-9 所示，在目的交换机上的远程目的镜像组配置步骤如表 18-10 所示。如果经过中间交换机，则只需在中间交换机的 Trunk 链路上允许源 VLAN 的报文经过即可（当然在源交换机和目的交换机的中继链路上都要做 VLAN 中继配置），中继配置具体可参见 18.3.2 节的表 18-7 即可。

表 18-9　二层远程端口镜像远程源镜像组的配置步骤

<table>
<tr><th>步骤</th><th>命令</th><th colspan="2">说明</th></tr>
<tr><td>1</td><td>system-view
例如：<Ssysname> system-view</td><td colspan="2">进入系统视图</td></tr>
<tr><td>2</td><td>mirroring-group group-id remote-source
例如：mirroring-group 1 remote-source</td><td colspan="2">创建远程源镜像组，参数 group-id 用来指定要创建的远程源镜像组编号，取值范围为 1～4。默认情况下，不存在任何远程源镜像组</td></tr>
<tr><td rowspan="3">3</td><td>mirroring-group group-id mirroring-port mirroring-port-list { both | inbound | outbound }
例如：mirroring-group 1 mirroring-port GigabitEthernet4/0/2 to GigabitEthernet4/0/5 both</td><td>在系统视图下配置指定端口为远程源镜像组源端口。默认情况下，远程源镜像组没有源端口</td><td rowspan="3">（二者必选其一）可以在系统视图下为指定镜像组配置一个或多个源端口，也可以在接口视图下将当前接口配置为指定镜像组的源端口，二者的配置效果相同。
具体参见 18.2 节表 18-1 中的第 3 步介绍</td></tr>
<tr><td>interface interface-type interface-number
例如：interface GigabitEthernet4/0/2</td><td rowspan="2">在接口视图下配置本端口为远程源镜像组的源端口。默认情况下，端口不是任何远程源镜像组的源端口</td></tr>
<tr><td>mirroring-group group-id mirroring-port { both | inbound | outbound }
例如：mirroring-group 1 mirroring-port both</td></tr>
<tr><td>4</td><td>mirroring-group group-id mirroring-vlan mirroring-vlan-list { both | inbound | outbound }
例如：mirroring-group 1 mirroring-vlan 2 to 5 both</td><td colspan="2">（可选）为远程源镜像组配置源 VLAN，仅少数 H3C 交换机支持，如 9500E 系列交换机。默认情况下，远程源镜像组没有源 VLAN，具体参见 18.2 节表 18-1 中的第 4 步介绍。
在配置源 VLAN 之前，需完成以下任务：
● 配置源 VLAN 所使用的静态 VLAN
● 配置远程镜像 VLAN 所使用的静态 VLAN
● 配置前请先在反射端口上启用生成树功能
● 一个镜像组内可以配置多个源 VLAN</td></tr>
<tr><td rowspan="3">5</td><td>mirroring-group group-id monitor-egress monitor-egress-port-id
例如：mirroring-group 1 monitor-egress GigabitEthernet4/0/1</td><td>在系统视图下配置指定端口为远程源镜像组的出端口</td><td rowspan="3">（二者必选其一，但仅出端口方式需要配置，如 S5120、S58、S7500E 等系列）。命令中的参数说明如下：
● group-id：指定要配置出端口的端口镜像组编号，取值范围为 1～4
● monitor-egress-port-id：指定镜像组的出端口
● 默认情况下，镜像组没有出端口，可用 undo mirroring-group group-id monitor-egress monitor-egress-port-id 命令（系统视图下）或者 undo mirroring-group group-id monitor-egress 命令（接口视图下）取消为远程源镜像组配置的指定出端口
【注意】只有远程源镜像组可以配置出端口，其他类型的镜像组不能配置出端口。且一个远程源镜像组只能配置一个出端口</td></tr>
<tr><td>interface interface-type interface-number
例如：interface GigabitEthernet4/0/1</td><td rowspan="2">在接口视图下配置本端口为远程源镜像组的出端口</td></tr>
<tr><td>mirroring-group group-id monitor-egress
例如：mirroring-group 1 monitor-egress</td></tr>
<tr><td rowspan="3">6</td><td>mirroring-group group-id reflector-port reflector-port
例如：mirroring-group 1 reflector-port GigabitEthernet4/0/6</td><td>在系统视图下配置指定端口为远程源镜像组反射端口</td><td rowspan="3">（二者必选其一，但仅非固定反射端口方式需要配置，如 S9500E 系列交换机）可以在系统视图下为指定镜像组配置反射端口，也可以在接口视图下将当前接口配置为指定镜像组的反射端口，二者的配置效果相同。命令中的参数说明如下：
● group-id：指定要配置反射端口的镜像组编号，取值范围为 1～64
● reflector-port：指定镜像组的反射端口
默认情况下，远程源镜像组没有反射端口，可用 undo mirroring-group group-id reflector-port reflector-port 命令（系统视图下）或者 undo mirroring-group group-id reflector-port 命令（接口视图下）删除指定的远程源镜像组的反射端口</td></tr>
<tr><td>interface interface-type interface-number
例如：interface GigabitEthernet4/0/6</td><td rowspan="2">在接口视图下配置本端口为远程源镜像组的反射端口</td></tr>
<tr><td>mirroring-group group-id reflector-port
例如：mirroring-group 1 reflector-port</td></tr>
</table>

续表

<table>
<tr><th>步骤</th><th>命令</th><th colspan="2">说明</th></tr>
<tr><td>6</td><td>（接前）</td><td>（接前）</td><td>【注意】一个镜像组内只能配置一个反射端口。不要将反射端口加入到源 VLAN 中，否则会影响镜像功能的正常使用。
反射端口必须是 Access 端口且属于默认 VLAN，不能是现有镜像组的成员端口或源镜像目的端口。
对于某些型号的设备，只有当端口的双工模式、端口速率和 MDI 属性值均为默认值时，才能将其配置为反射端口。当端口已配置为反射端口后，不能再修改其双工模式、端口速率和 MDI 属性值，即这些属性只能取默认值。
不要在反射端口上连接网线，也不要在反射端口上配置下列功能：生成树、802.1x、IGMP Snooping、静态 ARP、MAC 地址学习、QinQ、端口环回和业务环回功能，否则会影响镜像功能的正常使用</td></tr>
<tr><td>7</td><td>mirroring-group group-id remote-probe vlan rprobe-vlan-id
例如：mirroring-group 1 remote-probe vlan 5</td><td colspan="2">为远程源镜像组配置远程镜像 VLAN。命令中的参数说明如下：<ul><li>group-id：指定要配置远程镜像 VLAN 的镜像组编号，取值范围为 1～64</li><li>rprobe-vlan-id：指定配置的远程镜像 VLAN 编号，必须为已存在的静态 VLAN</li></ul>默认情况下，远程源镜像组没有远程镜像 VLAN，可用 undo mirroring-group group-id remote-probe vlan rprobe-vlan-id 命令删除镜像组的远程镜像 VLAN。
【注意】在配置远程镜像 VLAN 时要注意以下事项：
配置远程镜像 VLAN 前要配置好该静态 VLAN，当一个 VLAN 已被指定为远程镜像 VLAN 后，不要将该 VLAN 再作其他用途。
源设备和目的设备上的远程镜像组必须使用相同的远程镜像 VLAN。
只有为远程源镜像组和远程目的镜像组配置远程镜像 VLAN，不能为本地镜像组配置远程镜像 VLAN。
只能将已存在的静态 VLAN 配置为远程镜像 VLAN，且一个 VLAN 只能配置为一个镜像组的远程镜像 VLAN。
当某 VLAN 被配置为远程镜像 VLAN 后，必须先删除远程镜像 VLAN 的配置才能删除该 VLAN</td></tr>
</table>

表 18-10　远程目的镜像组的配置步骤

<table>
<tr><th>步骤</th><th>命令</th><th colspan="2">说明</th></tr>
<tr><td>1</td><td>system-view
例如：<Sysname> system-view</td><td colspan="2">进入系统视图</td></tr>
<tr><td>2</td><td>mirroring-group group-id remote-destination
例如：mirroring-group 1 remote-destination</td><td colspan="2">创建远程目的镜像组。默认情况下，不存在任何远程目的镜像组</td></tr>
<tr><td rowspan="3">3</td><td>mirroring-group group-id monitor-port monitor-port-id
例如：mirroring-group 1 monitor-port GigabitEthernet1/0/1</td><td>在系统视图下配置指定端口为远程目的镜像组的目的端口。默认情况下，远程目的镜像组没有目的端口</td><td rowspan="3">（二者必选其一）可以在系统视图下为指定镜像组配置目的端口，也可以在接口视图下将当前接口配置为指定镜像组的目的端口，二者的配置效果相同。
【注意】一个镜像组内只能配置一个目的端口，不要将目的端口加入到源 VLAN 中，或在目的端口上启用生成树，否则会影响镜像功能的正常使用。
从目的端口发出的报文包括镜像报文和其他端口正常转发来的报文。为了保证数据监测设备只对镜像报文进行分析，请将目的端口只用于端口镜像，不作其他用途</td></tr>
<tr><td>interface interface-type interface-number
例如：interface GigabitEthernet1/0/1</td><td rowspan="2">在接口视图下配置本端口为远程目的镜像组的目的端口。默认情况下，端口不是任何远程目的镜像组的目的端口</td></tr>
<tr><td>mirroring-group group-id monitor-port
例如：mirroring-group 1 monitor-port</td></tr>
<tr><td>4</td><td>mirroring-group group-id remote-probe vlan rprobe-vlan-id
例如：mirroring-group 1 remote-probe vlan 5</td><td colspan="2">为远程目的镜像组配置远程镜像 VLAN。默认情况下，远程目的镜像组没有远程镜像 VLAN，具体参见表 18-7 中的第 7 步介绍。
【注意】当一个 VLAN 已被指定为远程镜像 VLAN 后，请不要将该 VLAN 再作其他用途</td></tr>
</table>

续表

步骤	命令	说明
5	**interface** *interface-type interface-number* 例如：**interface** GigabitEthernet1/0/1	（三者必选其一）将目的端口为 Access、Trunk 或 Hybrid 端口加入远程镜像 VLAN。 【注意】这里的端口一定要与第 3 步配置的目的端口一致；这里所要加入的 VLAN 一定要与第 4 步配置的远程镜像 VLAN 一致
	port access vlan *vlan-id* 例如：**port access vlan** 5	
	port trunk permit vlan *vlan-id* 例如：**port trunk permit vlan** 5	
	port hybrid vlan *vlan-id* { **tagged** | **untagged** } 例如：**port hybrid vlan** 5	

因为以上命令中绝大多数在本章前面的 18.3.2 节已进行了详细介绍，所以在此仅给出一些本章前面没有介绍的命令配置示例。

【示例 1】在系统视图下为远程源镜像组 1 配置出端口 GigabitEthernet 2/0/1。

```
<Sysname> system-view
[Sysname] mirroring-group 1 remote-source
[Sysname] mirroring-group 1 monitor-egress GigabitEthernet 2/0/1
```

【示例 2】在以太网端口视图下为远程源镜像组 2 配置出端口 GigabitEthernet 2/0/2。

```
<Sysname> system-view
[Sysname] mirroring-group 2 remote-source
[Sysname] interface GigabitEthernet 2/0/2
[Sysname-GigabitEthernet2/0/2] mirroring-group 2 monitor-egress
```

【示例 3】创建远程源镜像组 2，配置其源 VLAN 为 VLAN 2，并对该 VLAN 收发的报文都进行镜像。

```
<Sysname> system-view
[Sysname] mirroring-group 2 remote-source
[Sysname] mirroring-group 2 mirroring-vlan 2 both
```

18.3.4　利用远程镜像 VLAN 实现本地镜像支持多个目的端口的配置步骤

传统的本地镜像配置方式仅支持在一个镜像组中指定一个镜像目的端口，虽然可以通过在多个镜像组中指定同一个源端口的方式，实现将流经某端口的数据镜像至多个目的端口，但这种方式十分浪费镜像组资源，并且目的端口的数量仍然有限。此时可以利用远程镜像 VLAN 的原理来实现这种需求。

在二层远程端口镜像中，会使用到远程镜像 VLAN，镜像报文在远程镜像 VLAN 中以广播的方式发送。因此，可以利用远程镜像 VLAN 的原理，在本地设备上创建远程源镜像组，并指定远程镜像 VLAN，同时将本设备上连接数据检测设备的多个端口（目的端口）加入该 VLAN。完成以上配置后，镜像报文在远程镜像 VLAN 中广播时便可以从这些目的端口中发送出去，实现将镜像报文输出至多个目的端口的需求。但这种功能仅少数 H3C 以太网交换机系列支持，如 S58 系列和 S7500 系列等。

利用远程镜像 VLAN 实现本地镜像支持多个目的端口的配置步骤如表 18-11 所示。

表 18-11　利用远程镜像 VLAN 实现本地镜像支持多个目的端口的配置步骤

步骤	命令	说明	
1	**system-view** 例如：<Sysname> **system-view**	进入系统视图	
2	**mirroring-group** *group-id* **remote-source** 例如：[Sysname]**mirroring-group** 1 **remote-source**	创建远程源镜像组。默认情况下，不存在任何镜像组	
3	**mirroring-group** *group-id* **mirroring-port** *mirroring-port-list* { **both** | **inbound** | **outbound** } 例如：[Sysname]**mirroring-group** 1 **mirroring-port** gigabitethernet 1/0/1 to gigabitethernet 1/0/3 **both**	在系统视图下为远程源镜像组配置源端口	（二者必选其一）默认情况下，镜像组没有源端口，具体参见 18.2.1 节表 18-1 的第 3 步

续表

步骤	命令	说明	
3	**interface** *interface-type interface-number* 例如：[Sysname]**interface** gigabitethernet 1/0/1	在端口视图下为远程源镜像组配置源端口	（接前）
	mirroring-group *group-id* **mirroring-port** { **both** | **inbound** | **outbound** } 例如：[Sysname- gigabitethernet 1/0/1]**mirroring-group** 1 **mirroring-port both**		
4	**mirroring-group** *group-id* **reflector-port** *reflector-port* 例如：[Sysname]**mirroring-group** 1 **reflector-port** gigabitethernet 1/0/5	为远程源镜像组配置反射端口。默认情况下，镜像组没有反射端口	
5	**vlan** *vlan-id* 例如：[Sysname]**vlan** 5	创建远程镜像 VLAN 并进入 VLAN 视图。默认情况下，镜像组没有远程镜像 VLAN	
6	**port** *interface-list* 例如：[Sysname-vlan5]**port** gigabitethernet 1/0/10	将镜像目的端口加入以上远程镜像 VLAN。默认情况下，新建 VLAN 中不包含任何端口	
7	**quit** 例如：[Sysname-vlan5] **quit**	退出至系统视图	
8	**mirroring-group** *group-id* **remote-probe vlan** *rprobe-vlan-id* 例如：[Sysname] **mirroring-group** 1 **remote-probe vlan** 5	指定以上 VLAN 为远程镜像组的远程镜像 VLAN。默认情况下，镜像组没有远程镜像 VLAN	

【注意】在利用远程镜像 VLAN 实现本地镜像支持多个目的端口的配置中，需要注意以下事项：

- EA、SA 类型单板的端口不支持被配置成为反射端口。
- 镜像反射端口必须是 Access 类型的端口，且必须属于默认 VLAN（VLAN1）。建议选择设备上未使用的端口作为镜像反射端口，且建议关闭反射端口的生成树协议。Combo 端口不能被配置为镜像反射端口。
- 一个镜像组内可以配置多个源端口，但不要将源端口加入到远程镜像 VLAN 中，否则会影响镜像功能的正常使用。
- 在一个镜像组内，如果已经配置了镜像反射端口，则无法再配置镜像出端口。
- 一个 VLAN 只能作为一个远程源镜像组的远程镜像 VLAN，且建议该 VLAN 只用于端口镜像，不要在该 VLAN 上配置其他业务功能或创建对应的 VLAN 接口。
- 远程镜像 VLAN 必须为静态 VLAN，且在被配置成远程镜像 VLAN 后，该 VLAN 不能直接删除，必须先删除远程镜像 VLAN 的配置才能够删除这个 VLAN。
- 如果镜像组生效后，远程镜像 VLAN 被取消，那么该镜像组将失效。
- 镜像目的端口必须是 Access 类型的端口。

因本节所介绍的命令在本章前面均已介绍，所以在此不再另外给出相应命令配置示例。只不过本节所配置的是在本地端口镜像中使用了远程端口镜像中的反射端口和远程镜像 VLAN，用一个包括多个目的端口的远程镜像 VLAN 来替代原来本地端口镜像中的单一目的端口，以实现多个监控器监视同一组数据。

18.3.5 低端 H3C 交换机远程端口镜像配置示例

本配置示例适用于表 18-12 所示的 H3C 交换机系列。

表 18-12 本示例配置所适用的 H3C 交换机系列

产品	软件版本	硬件版本
S5600 系列	Release 1510、Release 1602 软件版本	全系列硬件版本
S5100-SI/EI 系列	Release 2200、Release 2201 软件版本	全系列硬件版本
S3600-EI 系列	Release 1510、Release 1602 软件版本	全系列硬件版本
S3100-EI 系列	Release 2104、Release 2107 软件版本	全系列硬件版本
S3100-C-SI 系列 S3100-T-SI 系列	Release 0011、Release 2102、Release 2107 软件版本	全系列硬件版本

续表

产品	软件版本	硬件版本
S3100-TP-SI 系列	Release 2102、Release 2107 软件版本	全系列硬件版本（除 S3100-52TP-SI）
S3100-52TP-SI	Release 2106、Release 2107 软件版本	S3100-52TP-SI
S3100-52P	Release 1500、Release 1602 软件版本	S3100-52P
S2126-EI	Release 2102、Release 2106、Release 2107 软件版本	S2126-EI
S2000-EA 系列	Release 2107 软件版本	全系列硬件版本
E352&E328	Release 1510、Release 1602 软件版本	E352&E328
E152	Release 1500、Release 1602 软件版本	E152
E126	Release 0011、Release 2102、Release 2107 软件版本	E126
E126A	Release 2104、Release 2107 软件版本	E126A

本示例拓扑如图 18-7 所示。Switch A 通过 GigabitEthernet 2/0/2 和数据检测设备相连。Switch A 的 Trunk 端口 GigabitEthernet 2/0/1 和 Switch B 的 Trunk 端口 GigabitEthernet 2/0/1 相连；Switch B 的 Trunk 端口 GigabitEthernet 2/0/2 和 Switch C 的 Trunk 端口 GigabitEthernet 2/0/1 相连；Switch C 的端口 GigabitEthernet 2/0/2 和 PC1 相连。现要通过数据检测设备对 PC1 发送的报文进行监控和分析。

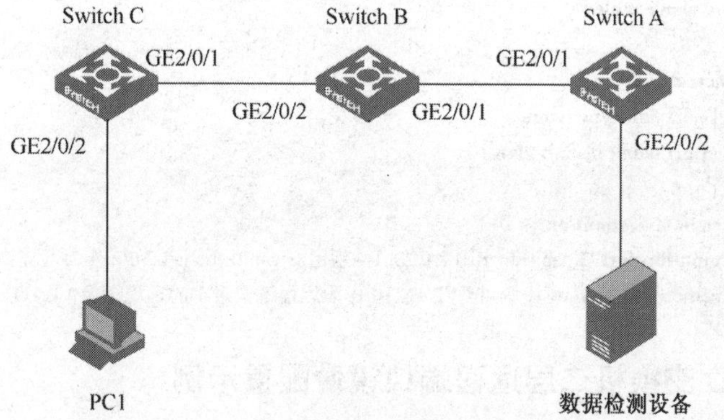

图 18-7 远程端口镜像组网示意图

根据本示例的以上要求，要使用远程端口镜像功能实现该需求，需要进行如下配置：定义 VLAN 10 为远程镜像 VLAN。Switch A 为目的交换机，连接数据监控设备的端口 GigabitEthernet 2/0/2 为镜像目的端口。GigabitEthernet 2/0/2 必须为 Access 端口，并且不能启用 STP 及 LACP。Switch B 为中间交换机；Switch C 为源交换机，GigabitEthernet 2/0/2 为镜像源端口，定义 GigabitEthernet 2/0/3 为反射端口。GigabitEthernet 2/0/3 必须为 Access 端口，并且不能启用 STP 及 LACP。

具体的配置步骤如下：

（1）Switch C 上的配置。该交换机作为远程镜像的源交换机，主要需创建源远程镜像组、远程镜像源端口、远程镜像 VLAN 和反射端口，并配置中继接口上允许镜像 VLAN 报文通过。

```
<H3C> system-view
[H3C] vlan 10
[H3C-vlan10] remote-probe vlan enable    !---将 VLAN 10 配置为远程镜像 VLAN
[H3C-vlan10] quit
[H3C] interface GigabitEthernet 2/0/1
[H3C-GigabitEthernet2/0/1] port link-type trunk
[H3C-GigabitEthernet2/0/1] port trunk permit vlan 10    !---允许远程镜像 VLAN 5 的报文通过
[H3C-GigabitEthernet2/0/1] quit
[H3C] mirroring-group 1 remote-source    !---创建源远程镜像组 1
[H3C] mirroring-group 1 mirroring-port GigabitEthernet 2/0/2 inbound    !---将连接 PC1 的 GigabitEthernet 2/0/2 端口作为镜像源端口，并指定监控其入方向的流量
[H3C] mirroring-group 1 reflector-port GigabitEthernet 2/0/3    !---将 GigabitEthernet 2/0/3 端口作为反射端口
[H3C] mirroring-group 1 remote-probe vlan 10    !---将 VLAN 10 作为源镜像组 1 的远程镜像 VLAN
```

（2）Switch B 上的配置。该交换机作为中间交换机，主要配置就是要在其两端的中继接口上允许远程镜像 VLAN 的报文通过。

```
<H3C> system-view
[H3C] vlan 10
[H3C-vlan10] remote-probe vlan enable
[H3C-vlan10] quit
[H3C] interface GigabitEthernet 2/0/1
[H3C-GigabitEthernet2/0/1] port link-type trunk
[H3C-GigabitEthernet2/0/1] port trunk permit vlan 10
[H3C-GigabitEthernet2/0/1] quit
[H3C] interface GigabitEthernet 2/0/2
[H3C-GigabitEthernet2/0/2] port link-type trunk
[H3C-GigabitEthernet2/0/2] port trunk permit vlan 10
```

（3）Switch A 的配置。该交换机作为远程镜像的目的交换机，主要需配置镜像目的端口、远程镜像 VLAN（要与源交换机和中间交换机上配置 VLAN 一样，而且必须是静态的）。

```
<H3C> system-view
[H3C] vlan 10
[H3C-vlan10] remote-probe vlan enable
[H3C-vlan10] quit
[H3C] interface GigabitEthernet 2/0/1
[H3C-GigabitEthernet2/0/1] port link-type trunk
[H3C-GigabitEthernet2/0/1] port trunk permit vlan 10
[H3C-GigabitEthernet2/0/1] quit
[H3C] mirroring-group 1 remote-destination
[H3C] mirroring-group 1 monitor-port GigabitEthernet 2/0/2   !---指定 GigabitEthernet 2/0/2 作为远程镜像的目的端口
[H3C] mirroring-group 1 remote-probe vlan 10 !---把 VLAN 10 作为远程镜像组 1 的远程镜像 VLAN
```

18.3.6 中高端 H3C 交换机二层远程端口镜像配置示例

本配置示例适用于 S5500-EI、S5120、S58、S7500、S7500E、S9500、S9500E 等中高端 H3C 以太网交换机，是一个出端口方式的二层远程端口镜像配置示例。本示例的拓扑结构如图 18-8 所示。在一个二层网络中，Switch A 通过端口 GigabitEthernet1/0/1 连接市场部，并通过 Trunk 端口 GigabitEthernet1/0/2 与 Switch B 的 Trunk 端口 GigabitEthernet1/0/1 相连；Switch C 通过端口 GigabitEthernet1/0/2 连接 Server，并通过 Trunk 端口 GigabitEthernet1/0/1 与 Switch B 的 Trunk 端口 GigabitEthernet1/0/2 相连。现要通过配置远程端口镜像，使 Server 可以穿越二层网络监控所有进、出市场部的报文。

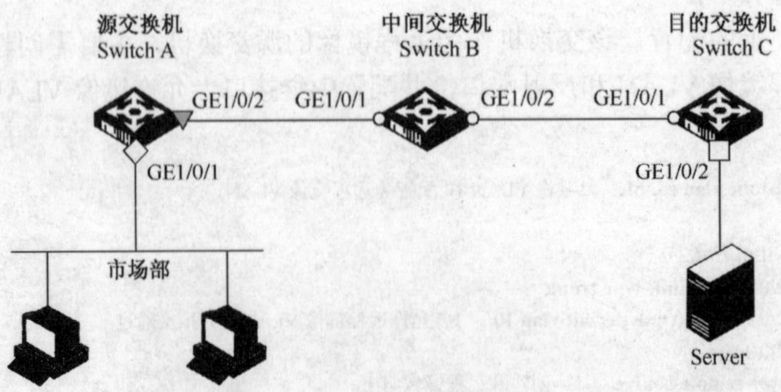

图 18-8 二层远程端口镜像配置示例

下面是具体的配置步骤。

（1）Switch A 上的配置。该交换机作为源交换机，主要需配置远程镜像组、远程镜像 VLAN、源端口有相应的中继链路通话远程镜像 VLAN 报文通过。

```
<SwitchA> system-view
[SwitchA] mirroring-group 1 remote-source  !---创建远程源镜像组 1
[SwitchA] vlan 2   !---创建用于远程镜像的 VLAN 2
[SwitchA-vlan2] quit
[SwitchA] mirroring-group 1 remote-probe vlan 2  !---配置远程源镜像组 1 的远程镜像 VLAN 为 VLAN 2
[SwitchA] mirroring-group 1 mirroring-port gigabitethernet 1/0/1 both  !---配置二层远程镜像的源端口为 GigabitEthernet1/0/1
[SwitchA] mirroring-group 1 monitor-egress gigabitethernet 1/0/2  !---配置二层远程镜像的出端口为 GigabitEthernet1/0/2
[SwitchA] interface gigabitethernet 1/0/2
[SwitchA-GigabitEthernet1/0/2] port link-type trunk  !---配置出端口 GigabitEthernet1/0/2 为 Trunk 口
[SwitchA-GigabitEthernet1/0/2] port trunk permit vlan 2  !---配置出端口上允许 VLAN 2 的报文通过
[SwitchA-GigabitEthernet1/0/2] undo stp enable  !---关闭出端口上的生成树协议
[SwitchA-GigabitEthernet1/0/2] quit
```

（2）Switch B 上的配置。该交换机作为中间交换机，主要需配置连接源交换机和目的交换机的中继链路，允许远程镜像 VLAN 的报文通过。

```
<SwitchB> system-view
[SwitchB] interface gigabitethernet 1/0/1
[SwitchB-GigabitEthernet1/0/1] port link-type trunk
[SwitchB-GigabitEthernet1/0/1] port trunk permit vlan 2
[SwitchB-GigabitEthernet1/0/1] quit
[SwitchB] interface gigabitethernet 1/0/2
[SwitchB-GigabitEthernet1/0/2] port link-type trunk
[SwitchB-GigabitEthernet1/0/2] port trunk permit vlan 2
[SwitchB-GigabitEthernet1/0/2] quit
```

（3）Switch C 上的配置。该交换机作为远程镜像的目的交换机，主要需配置远程镜像组、远程镜像 VLAN（均要与源交换机上配置的一致）、目的端口，以及中继链路上允许远程镜像 VLAN 的报文通过。

```
<SwitchC> system-view
[SwitchC] interface gigabitethernet 1/0/1
[SwitchC-GigabitEthernet1/0/1] port link-type trunk
[SwitchC-GigabitEthernet1/0/1] port trunk permit vlan 2
[SwitchC-GigabitEthernet1/0/1] quit
[SwitchC] mirroring-group 1 remote-destination
[SwitchC] vlan 2
[SwitchC-vlan2] quit
[SwitchC] mirroring-group 1 remote-probe vlan 2  !---配置远程目的镜像组 1 的远程镜像 VLAN 为 VLAN 2
[SwitchC] interface gigabitethernet 1/0/2
[SwitchC-GigabitEthernet1/0/2] mirroring-group 1 monitor-port  !---指定 gigabitethernet 1/0/2 为目的端口
[SwitchC-GigabitEthernet1/0/2] undo stp enable  !---关闭目的端口上的生成树协议
[SwitchC-GigabitEthernet1/0/2] port access vlan 2  !---将目的端口远程镜像 VLAN
[SwitchC-GigabitEthernet1/0/2] quit
```

以上配置完成后，用户就可以通过 Server 监控所有进、出市场部的报文。

18.3.7　利用远程镜像 VLAN 实现本地镜像支持多个目的端口典型配置示例

本配置示例仅适用于 S58 系列（部分机型）、S7500 系列交换机。示例拓扑如图 18-9 所示。示例中，三个部门 A、B、C 分别使用 GigabitEthernet 1/0/1～GigabitEthernet 1/0/3 端口接入 Switch A，现要求通过镜像功能，使三台数据检测设备 Server A、Server B、Server C 都能够对三个部门发送和接收的报文进行镜像。

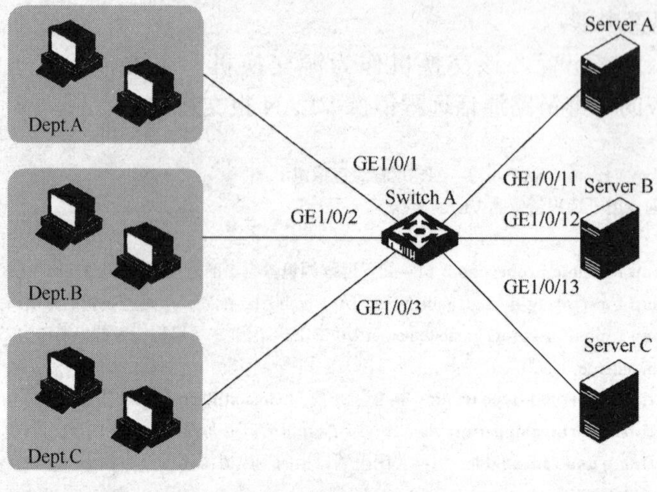

图 18-9　利用远程镜像 VLAN 实现本地镜像支持多个目的端口的配置示例

具体的配置步骤如下。

```
<SwitchA> system-view
[SwitchA] mirroring-group 1 remote-source
[SwitchA] mirroring-group 1 mirroring-port gigabitethernet 1/0/1 to gigabitethernet 1/0/3 both  !---将接入部门 A、B、C 的三个端口配置为远程源镜像组 1 的源端口
[SwitchA] mirroring-group 1 reflector-port GigabitEthernet 1/0/5  !---将设备上任意未使用的端口（此处以 GigabitEthernet 1/0/5 为例）配置为镜像组 1 的反射端口
[SwitchA] interface GigabitEthernet 1/0/5
[SwitchA-GigabitEthernet1/0/5] undo stp enable  !---关闭反射端口上的生成树协议
[SwitchA] vlan 10
[SwitchA-vlan10] port gigabitethernet 1/0/11 to gigabitethernet 1/0/13  !---将接入三台数据检测设备的端口加入 VLAN 10
[SwitchA-vlan10] quit
[SwitchA] mirroring-group 1 remote-probe vlan 10  !---配置 VLAN 10 作为镜像组 1 的远程镜像 VLAN
```

18.4　H3C 交换机三层远程端口镜像配置

前面介绍的本地端口镜像和二层远程端口镜像实际上都是二层端口镜像，它们可以穿越二层网络，但无法穿越三层网络。而本节介绍的三层远程端口镜像可以将本设备源端口上的报文通过三层网络复制到另一台设备的目的端口，用于监控和分析这些报文，可以实现不同网络甚至不同地域间的镜像功能，极大扩展了镜像功能监测的范围，并通过隧道方式保证了镜像报文的安全，适用于在通过隧道连接的不同站点间进行数据采集和分析。

18.4.1　三层远程端口镜像的配置步骤

三层远程端口镜像的配置需要分别在源设备和目的设备上进行。首先要分别在源设备和目的设备上先创建一个本地镜像组，然后为该镜像组配置源端口/源 CPU 和目的端口（**在二层远程端口镜像中源端口只在源交换机上配置，而目的端口只在目的交换机上配置，这是一个明显的区别**），不同的是：在源设备上，需要将源端口/源 CPU 指定为待监控的端口/CPU，目的端口指定为 Tunnel 接口；在目的设备上，需要将源端口指定为 Tunnel 接口对应的物理端口，目的端口指定为连接数据监测设备的端口。具体配置任务如表 18-13 所示（要分别在源交换机和目的交换机上配置，且仅 S5500-EI、S58、S7500E 等少数几个系列的 H3C 以太网交换机支持）。在配置三层远程端口镜像之前，需要先完成 GRE 隧道的配置。

表 18-13 三层远程端口镜像配置任务

配置任务		说明
源设备上的配置	创建本地镜像组	必需
	配置源端口	二者至少选其一。 源端口和源 CPU 可以只配置其一，也可以都配置
	配置源 CPU	
	配置目的端口	必需
目的设备上的配置	创建本地镜像组	必需
	配置源端口	必需
	配置目的端口	必需

从以上配置任务可以看出，三层远程端口镜像的配置任务比较简单，只需要分别在源交换机和目的交换机上创建相同的本地镜像组，然后配置各自的源和目的端口就可。当然这是没有包括 GRE 隧道配置的。

【说明】在 S5800&S5820X 系列交换机上，可以通过将一个端口配置为多个镜像组的源端口，实现将通过该端口的数据镜像至多个目的端口。其中：

- 在 S5800 系列交换机上，对源端口的单向数据进行镜像需要占用一个镜像资源，对源端口的双向数据进行镜像需要占用两个镜像资源，S5800 系列交换机对一个源端口最多分配四个镜像资源。即一个端口作为单向源端口最多可以加入四个镜像组，作为双向源端口最多可以加入两个镜像组，或者以一个双向源端口和两个单向源端口的形式加入三个镜像组。
- 在 S5820X 系列交换机上，每个端口无论作为单向或双向源端口，均最多只能加入两个镜像组。
- 源端口不能再被用作本镜像组或其他镜像组的出端口或目的端口。

1. GRE 隧道配置步骤

GRE（Generic Routing Encapsulation，通用路由封装）协议是对某些网络层协议（如 IP 和 IPX）的数据报文进行封装，使这些被封装的数据报文能够在另一个网络层协议（如 IP）中传输。GRE 是 Tunnel（隧道）技术的一种，属于第三层隧道协议。

GRE 隧道是一个虚拟的点到点的连接，为封装的数据报文提供了一条传输通路，GRE 隧道的两端分别对数据报进行封装及解封装。下面以图 18-10 所示的网络为例说明 X 协议（IP 或者 IPX 协议）的报文穿越 IP 网络在 GRE 隧道中传输的过程：

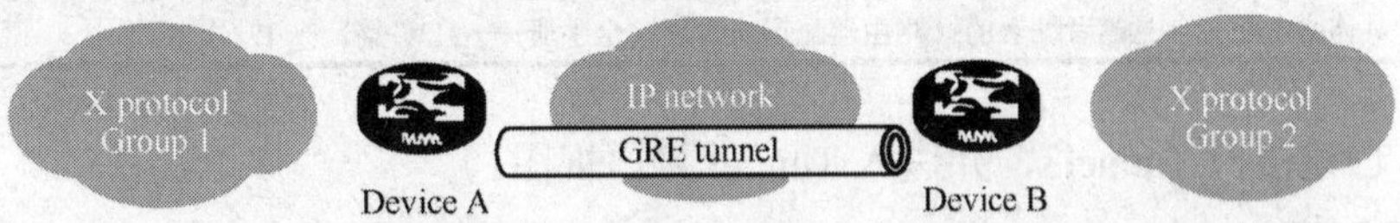

图 18-10 X 协议网络通过 GRE 隧道互连示意图

（1）加封装过程

①Device A 连接 Group 1 的接口收到 X 协议报文后，首先交由 X 协议处理。

②X 协议检查报文头中的目的地址域来确定如何路由此包。

③如果报文的目的地址要经过 Tunnel 才能到达，则设备将此报文发给相应的 Tunnel 接口。

④Device A 上的 Tunnel 接口收到此报文后进行 GRE 封装，再封装 IP 报文头后，设备根据此 IP 包的目的地址及路由表对报文进行转发，从相应的网络接口发送出去。

（2）解封装的过程

解封装过程和加封装的过程相反。

①Device B 从 Tunnel 接口收到 IP 报文，检查目的地址。

②如果发现目的地是本路由器，且 IP 报文头中的协议号为 47（表示封装的报文为 GRE 报

文），则 Device B 剥掉此报文的 IP 报头，交给 GRE 协议处理（进行检验密钥、检查校验报文的序列号等）。

③GRE 协议完成相应的处理后，剥掉 GRE 报头，再交由 X 协议对此数据报进行后续的转发处理。

GRE 隧道的基本配置步骤如表 18-14 所示。

表 18-14 GRE 隧道的基本配置步骤

步骤	命令	说明
1	**system-view** 例如：<Sysname> **system-view**	进入系统视图
2	**interface tunnel** *interface-number* 例如：[Sysname] **interface tunnel** 0	创建一个 Tunnel 接口，并进入该 Tunnel 接口视图。参数 *number* 用来指定 Tunnel 接口号，取值范围为 0～1023。默认情况下，设备上无 Tunnel 接口，可用 **undo interface tunnel** *interface-number* 命令删除指定的 Tunnel 接口。 【注意】Tunnel 接口号只具有本地意义，隧道两端可以使用相同或不同的接口号
3	**ip address** *ip-address* { *mask* | *mask-length* } 例如：[Sysname-tunnel0] **ip address** 10.10.10.1 8	设置 Tunnel 接口的 IPv4 地址。默认情况下，Tunnel 接口上没有设置 IPv4 地址
4	**tunnel-protocol gre** 例如：[Sysname-tunnel0] **tunnel-protocol gre**	配置隧道模式为 GRE 隧道模式。默认情况下，采用 GRE 隧道模式，可用 **undo tunnel-protocol** 命令恢复默认情况。 【注意】在隧道的两端应配置相同的隧道模式，否则可能造成报文传输失败
5	**source** { *ip-address* | *interface-type interface-number* } 例如：[Sysname-tunnel0] **source** 1.1.1.1	设置 Tunnel 接口的源端地址或接口。参数 *ip-address* 用来指定 Tunnel 接口的源端 IPv4 地址；参数 *interface-type interface-number* 用来指定 Tunnel 接口类型及接口编号，接口类型包括：Tunnel 和 VLAN 接口等。 默认情况下，Tunnel 接口上没有设置源端地址和接口，可用 **undo source** 命令删除设置的源端地址或接口。 【注意】Tunnel 接口的源端地址是发出报文的接口地址，该地址应该设置为对端 Tunnel 接口的目的端地址；对于自动隧道，使用同种封装协议的 Tunnel 接口不能配置完全相同的源地址；对于手动隧道，使用同种封装协议的 Tunnel 接口不能配置相同的源端地址和目的端地址
6	**destination** *ip-address* 例如：[Sysname-tunnel0] **destination** 2.2.2.2	设置 Tunnel 接口的目的端地址，参数 *ip-address* 用来指定 Tunnel 接口的目的端 IPv4 地址。 默认情况下，Tunnel 接口上没有设置目的端地址，可用 **undo destination** 命令删除设置的目的端地址。 【注意】Tunnel 接口的目的端地址是对端接收报文的接口地址，该地址应该设置为对端 Tunnel 接口的源端地址；对于自动隧道，使用同种封装协议的 Tunnel 接口不能配置完全相同的源地址；对于手动隧道，使用同种封装协议的 Tunnel 接口不能配置相同的源端地址和目的端地址
7	配置通过 Tunnel 的路由。源端路由器和目的端路由器上都必须存在经过 Tunnel 转发的路由，这样需要进行 GRE 封装的报文才能正确转发。可以选择配置静态路由，也可以选择配置动态路由（如 RIP、OSPF、BGP、IS-IS 等）。在 Tunnel 的两端都要进行此项配置，具体路由配置参见笔者编著的《路由器配置与管理完全手册——H3C 篇》一书	

【示例 1】创建接口 Tunnel3，并进入 Tunnel 接口视图。

```
<Sysname> system-view
[Sysname] interface tunnel 3
[Sysname-Tunnel3]
```

【示例 2】指定 Tunnel1 接口的隧道模式为 GRE 隧道模式。

```
<Sysname> system-view
[Sysname] interface tunnel 1
[Sysname-Tunnel1] tunnel-protocol gre
```

【示例 3】配置 Tunnel0 接口，此接口封装的报文实际出口为 Vlan-interface100（接口 IP 地址为 192.100.1.1）。

```
<Sysname> system-view
[Sysname] interface tunnel 0
[Sysname-Tunnel0] source 192.100.1.1
```

或使用接口形式：

```
<Sysname> system-view
```

```
[Sysname] interface tunnel 0
[Sysname-Tunnel0] source vlan-interface 100
```

【示例 4】配置 H3C1 的 Vlan-int100 接口（IP 地址是 193.101.1.1）和 H3C2 的 Vlan-int100 接口（IP 地址是 192.100.1.1）分别为两个设备间隧道的源和目的接口。

```
<H3C1> system-view
[H3C1] interface tunnel 0
[H3C1-Tunnel0] source 193.101.1.1
[H3C1-Tunnel0] destination 192.100.1.1
<H3C2> system-view
[H3C2] interface tunnel 0
[H3C2-Tunnel0] source 192.100.1.1
[H3C2-Tunnel0] destination 193.101.1.1
```

2. 三层远程端口镜像配置步骤

三层远程端口镜像的具体配置步骤如表 18-15 所示（注意，要分别在源交换机和目的交换机上配置）。

表 18-15　三层远程端口镜像的具体配置步骤

<table>
<tr><th>步骤</th><th>命令</th><th colspan="3">说明</th></tr>
<tr><td>1</td><td>system-view
例如：<Sysname> system-view</td><td colspan="3">进入系统视图</td></tr>
<tr><td>2</td><td>mirroring-group group-id local
例如：[Sysname] mirroring-group 1 local</td><td colspan="3">创建本地镜像组。默认情况下，不存在任何镜像组。注意这里创建的本地镜像组，不是远程镜像组</td></tr>
<tr><td rowspan="4">3</td><td>mirroring-group group-id mirroring-port mirroring-port-list { both | inbound | outbound }</td><td>在系统视图下为本地镜像组配置源端口。默认情况下，镜像组没有源端口</td><td rowspan="3">（二者必选其一）可以在系统视图下为指定镜像组配置一个或多个源端口，也可以在端口视图下将当前端口配置为指定镜像组的源端口，二者的配置效果相同。在源设备上，将源端口指定为待监控的端口；而在目的设备上，将源端口指定为 Tunnel 接口对应的物理端口</td><td rowspan="4">（二者必选其一）一个镜像组内可以配置多个源端口；一个镜像组内可以配置多个源 CPU</td></tr>
<tr><td>interface interface-type interface-number</td><td rowspan="2">在端口视图下配置本端口为本地镜像组的源端口。默认情况下，端口不是任何镜像组的源端口</td></tr>
<tr><td>mirroring-group group-id mirroring-port { both | inbound | outbound }</td></tr>
<tr><td>mirroring-group group-id mirroring-cpu slot slot-number-list { both | inbound | outbound }</td><td colspan="2">在系统视图下为本地镜像组配置源 CPU。默认情况下，镜像组没有源 CPU（仅 S58 系列 H3C 以太网交换机支持）。命令中的参数说明如下：
● group-id：指定镜像组的编号，取值范围为 1～4
● slot slot-number-list：指定源 CPU 所在设备的成员编号。表示方式为 slot-number-list = { slot-number [to slot-number] }&<1-8>，&<1-8>表示前面的参数最多可以输入 8 次。在 IRF 中，使用 slot-number 可以配置指定编号的成员设备的 CPU 作为源 CPU
● both：指定对从源 CPU 收到和发出的报文都进行镜像
● inbound：指定仅对从源 CPU 收到的报文进行镜像
● outbound：指定仅对从源 CPU 发出的报文进行镜像
● 可用 undo mirroring-group group-id mirroring-cpu slot slot-number-list { both | inbound | outbound }命令删除镜像组的源 CPU
【注意】只能为本地镜像组或远程源镜像组配置源 CPU，不能为远程目的镜像组配置源 CPU。undo mirroring-group mirroring-cpu 命令中指定的报文镜像方向（both、inbound 或 outbound）必须与 mirroring-group mirroring-cpu 命令中指定的报文镜像方向相同，否则执行该命令无效</td></tr>
<tr><td rowspan="3">4</td><td>mirroring-group group-id monitor-port monitor-port-id</td><td>在系统视图下为本地镜像组配置目的端口。默认情况下，镜像组没有目的端口</td><td colspan="2" rowspan="3">（二者必选其一）可以在系统视图下为指定镜像组配置目的端口，也可以在端口/Tunnel 接口视图下将当前端口/Tunnel 接口配置为指定镜像组的目的端口，二者的配置效果相同。在源设备上，将目的端口指定为 Tunnel 接口；而在目的设备上，将目的端口指定为连接数据监测设备的端口。
【注意】一个镜像组内只能配置一个目的端口；不要在目的端口上启用 STP、MSTP 和 RSTP，否则会影响镜像功能的正常使用</td></tr>
<tr><td>interface interface-type interface-number</td><td rowspan="2">在端口/Tunnel 接口视图下配置本端口/Tunnel 接口为本地镜像组的目的端口。默认情况下，端口/Tunnel 接口不是任何镜像组的目的端口</td></tr>
<tr><td>mirroring-group group-id monitor-port</td></tr>
</table>

续表

步骤	命令		说明
4	（接前）	（接前）	目的端口收到的报文包括复制自源端口的报文和来自其他端口的正常转发报文。为了保证数据监测设备只对源端口的报文进行分析，将目的端口只用于端口镜像，不作其他用途。 镜像组的目的端口不能配置为已经接入 RSTP 环的端口

因为表中绝大多数命令在本章前面已有介绍，故在此仅介绍没有介绍的以 CPU 作为镜像源的 **mirroring-group** *group-id* **mirroring-cpu slot** *slot-number-list* **{ both | inbound | outbound }**命令。

【示例 1】创建本地镜像组 1，配置其源 CPU 为当前设备（独立运行）的 CPU，并对从该 CPU 收发的报文都进行镜像。

```
<Sysname> system-view
[Sysname] mirroring-group 1 local
[Sysname] mirroring group 1 mirroring cpu slot 1 both
```

【示例 2】在 IRF 中，删除镜像组 1 位于编号为 2 的成员设备上的源 CPU。

```
<Sysname> system-view
[Sysname] undo mirroring-group 1 mirroring-cpu slot 2 both
```

18.4.2 三层远程端口镜像配置示例

本配置示例拓扑如图 18-11 所示。在一个三层网络中，Switch A 通过端口 GigabitEthernet1/0/1 连接市场部，并通过端口 GigabitEthernet1/0/2 与 Switch B 的端口 GigabitEthernet1/0/1 相连；Switch C 通过端口 GigabitEthernet1/0/2 连接 Server，并通过端口 GigabitEthernet1/0/1 与 Switch B 的端口 GigabitEthernet1/0/2 相连。现要求通过配置远程端口镜像，使 Server 可以通过 GRE 隧道穿越三层网络监控所有进、出市场部的报文。

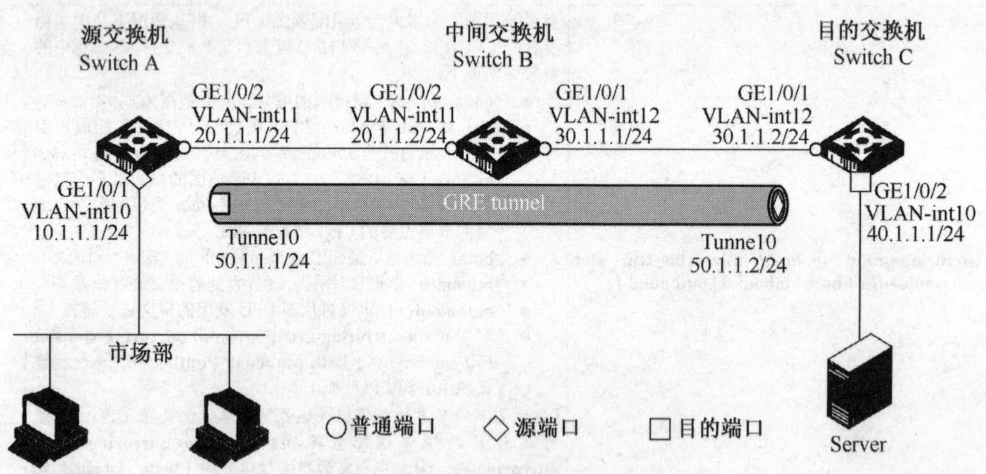

图 18-11　三层远程端口镜像配置示例

下面是具体的配置步骤。

（1）按照图 18-11 把各交换机上相应的端口加入到对应的 VLAN 中，然后为各 VLAN 配置相应的 IP 地址和子网掩码。具体过程略。

（2）Switch A 上的配置。该交换机作为三层远程端口镜像的源交换机，首先要进行 GRE 隧道创建和配置（包括路由配置），然后要按表 18-14 进行三层远程镜像配置。

①创建并配置 Tunnel 接口。

```
<SwitchA> system-view
[SwitchA] interface tunnel 0    !---创建接口 Tunnel0
[SwitchA-Tunnel0] ip address 50.1.1.1 24    !---为 Tunnel0 接口配置 IP 地址和掩码，这个 IP 地址可以与源和目的地址不在同一网段
[SwitchA-Tunnel0] tunnel-protocol gre    !---配置 Tunnel0 接口采用 GRE 隧道模式
[SwitchA-Tunnel0] source 20.1.1.1    !---为 Tunnel0 接口指定源地址
[SwitchA-Tunnel0] destination 30.1.1.2    !--- 为 Tunnel0 接口指定目的地址
[SwitchA-Tunnel0] quit
[SwitchA] service-loopback group 1 type tunnel    !---创建并配置业务环回组 1，服务类型为 tunnel
[SwitchA] interface GigabitEthernet 1/0/3
[SwitchA-GigabitEthernet1/0/3] undo stp enable    !---关闭生成树协议
[SwitchA-GigabitEthernet1/0/3] port service-loopback group 1    !---将设备上的任意端口（此处以 GigabitEthernet1/0/3 为例）加入业务环回组 1
[SwitchA-GigabitEthernet1/0/3] quit
[SwitchA] interface tunnel 0
[SwitchA-Tunnel0] service-loopback-group 1    !---在 Tunnel 接口视图下指定隧道引用的业务环回组 1
[SwitchA-Tunnel0] quit
```

②配置 Switch A 上的 OSPF 路由，向邻居设备通告它上面所连接的网络。有关 OSPF 路由的配置方法参见笔者编著的《路由器配置与管理完全手册——H3C 篇》一书。

```
[SwitchA] ospf 1
[SwitchA-ospf-1] area 0
[SwitchA-ospf-1-area-0.0.0.0] network 10.1.1.0 0.0.0.255
[SwitchA-ospf-1-area-0.0.0.0] network 20.1.1.0 0.0.0.255
[SwitchA-ospf-1-area-0.0.0.0] network 50.1.1.0 0.0.0.255
[SwitchA-ospf-1-area-0.0.0.0] quit
[SwitchA-ospf-1] quit
```

③配置三层远程镜像。创建本地镜像组，指定源和目的端口。

```
[SwitchA] mirroring-group 1 local    !---创建本地镜像组 1
[SwitchA] mirroring-group 1 mirroring-port gigabitethernet 1/0/1 both    !---配置本地镜像组 1 的源端口为 GigabitEthernet1/0/1，并指定监控收发两个方向的报文
[SwitchA] mirroring-group 1 monitor-port tunnel 0    !--- 配置本地镜像组 1 的目的端口为 Tunnel0
```

（3）Switch B 上的配置。该交换机作为三层远程镜像的中间交换机，只需要配置好路由即可。

```
<SwitchB> system-view
[SwitchB] ospf 1
[SwitchB-ospf-1] area 0
[SwitchB-ospf-1-area-0.0.0.0] network 20.1.1.0 0.0.0.255
[SwitchB-ospf-1-area-0.0.0.0] network 30.1.1.0 0.0.0.255
[SwitchB-ospf-1-area-0.0.0.0] quit
[SwitchB-ospf-1] quit
```

（4）Switch C 上的配置。它上面的配置与 Switch A 上的配置类似，也是先要进行 GRE 隧道创建和配置（包括路由配置），然后要按表 18-14 进行三层远程镜像配置。

①创建并配置 Tunnel 接口（注意它上面的 Tunnel 接口的源和目的 IP 地址与 Switch A 上的 Tunnel 接口的源和目的 IP 地址是互换的）。

```
<SwitchC> system-view
[SwitchC] interface tunnel 0
[SwitchC-Tunnel0] ip address 50.1.1.2 24
[SwitchC-Tunnel0] tunnel-protocol gre
[SwitchC-Tunnel0] source 30.1.1.2
[SwitchC-Tunnel0] destination 20.1.1.1
[SwitchC-Tunnel0] quit
[SwitchC] service-loopback group 1 type tunnel
[SwitchC] interface GigabitEthernet 1/0/3
[SwitchC-GigabitEthernet1/0/3] undo stp enable
[SwitchC-GigabitEthernet1/0/3] port service-loopback group 1
```

```
[SwitchC-GigabitEthernet1/0/3] quit
[SwitchC] interface tunnel 0
[SwitchC-Tunnel0] service-loopback-group 1
[SwitchC-Tunnel0] quit
```

②配置 OSPF 路由。

```
[SwitchC] ospf 1
[SwitchC-ospf-1] area 0
[SwitchC-ospf-1-area-0.0.0.0] network 30.1.1.0 0.0.0.255
[SwitchC-ospf-1-area-0.0.0.0] network 40.1.1.0 0.0.0.255
[SwitchC-ospf-1-area-0.0.0.0] network 50.1.1.0 0.0.0.255
[SwitchC-ospf-1-area-0.0.0.0] quit
[SwitchC-ospf-1] quit
```

③配置三层远程镜像。创建本地镜像组，指定源和目的端口。

```
[SwitchC] mirroring-group 1 local
[SwitchC] mirroring-group 1 mirroring-port gigabitethernet 1/0/1 inbound   !---配置本地镜像组 1 的源端口为 GigabitEthernet1/0/1，并指定监控入方向报文
[SwitchC] mirroring-group 1 monitor-port gigabitethernet 1/0/2   !--- 配置本地镜像组 1 的目的端口为 GigabitEthernet1/0/2
[SwitchC] interface gigabitethernet 1/0/2
[SwitchC-GigabitEthernet1/0/2] undo stp enable   !---关闭目的端口上的生成树协议
```

以上配置完成后，用户就可以通过 Server 监控所有进、出市场部的报文。

18.5 H3C 交换机端口镜像管理

H3C 以太网交换机的端口镜像配置信息管理（显示的顺序按照镜像组号的排列进行）均可以在任意视图下使用 **display mirroring-group** { *group-id* | **all** | **local** | **remote-destination** | **remote-source** } [| { **begin** | **exclude** | **include** } *regular-expression*]命令进行。命令中的参数和可选项说明如下：

- *group-id*：多选一参数，指定要显示指定的端口镜像组配置信息，取值范围为 1～20（注意，不同交换机支持的镜像组数不一样）。
- **all**：多选一选项，指定显示所有镜像组的配置信息。
- **local**：多选一选项，指定显示本地镜像组的配置信息。
- **remote-destination**：多选一选项，指定显示远程目的镜像组的配置信息。
- **remote-source**：多选一选项，指定显示远程源镜像组的配置信息。
- |：可选项，指定使用正则表达式对显示信息进行过滤。
- **begin**：多选一可选项，指定从包含指定正则表达式的行开始显示。
- **exclude**：多选一可选项，指定只显示不包含指定正则表达式的行。
- **include**：多选一可选项，指定只显示包含指定正则表达式的行。
- *regular-expression*：可选参数，指定用于过滤显示信息的正则表达式，为 1～256 个字符的字符串，区分大小写。

下面的示例是显示所有镜像组的信息。从输出信息中可以看出，在当前交换机上已配置了三个端口镜像组（mirroring-group 1~3）。输出信息中的各字段说明如表 18-16 所示。

```
<Sysname> display mirroring-group all
mirroring-group 1:
    type: remote-source
    status: inactive
    mirroring port:
        GigabitEthernet1/0/5   both
    mirroring CPU:
```

```
        reflector port:
        monitor egress port:
        remote-probe VLAN:
    mirroring-group 2:
        type: remote-destination
        status: inactive
        monitor port: GigabitEthernet1/0/2
        remote-probe VLAN:
    mirroring-group 3:
        type: local
        status: active
        mirroring port:
            GigabitEthernet1/0/1    both
        mirroring CPU:
        monitor port: GigabitEthernet1/0/10
```

表 18-16　display mirroring-group 命令输出信息字段说明

字段	说明
mirroring-group	显示当前端口镜像组的组号
type	显示当前镜像组的类型： ● local：表示当前镜像组为本地镜像组 ● remote-source：表示当前镜像组为远程源镜像组 ● remote-destination：表示当前镜像组为远程目的镜像组
status	显示当前镜像组的状态： ● Active：表示已经生效 ● Inactive：表示没有生效
mirroring port	显示当前镜像组的镜像源端口
mirroring CPU	显示当前镜像组的镜像源 CPU
monitor port	显示当前镜像组的镜像目的端口
reflector port	显示当前镜像组的镜像反射端口
monitor egress port	显示当前镜像组的镜像组出端口
remote-probe vlan	显示当前镜像组的远程镜像 VLAN

19 H3C 交换机端口安全和 MAC 地址认证配置与管理

本章介绍的内容主要包括两部分：一是 H3C 以太网交换机的端口安全功能配置与管理，二是 H3C 以太网交换机的 MAC 地址认证配置与管理。这两项安全功能都可以基于端口实现对接入用户网络的访问和（或）接入用户数的控制。它们虽然可以各自独立使用，但也可以结合使用，特别是端口安全功能往往会借助 MAC 地址认证功能来实现一些特定的用户认证需求。

因为多数情况下端口安全控制和 MAC 地址认证需要借助 RADIUS 服务器，甚至 IEEE 802.1x 认证功能，所以本章有些命令的具体说明需要参见本书后面的第 20 章和第 21 章。学习时，建议与在本书第 15 章中介绍的 Cisco IOS 交换机端口安全配置方法进行对比，这样可以便于记忆，加深对两个品牌交换机的端口安全功能配置区别的理解。

19.1　H3C 交换机端口安全基础

我们在本书第 15 章中介绍了 Cisco IOS 交换机系统中的“端口安全”功能，允许通过配置静态安全 MAC 地址实现仅允许固定设备连接，也允许在一个端口上配置一个最大的安全 MAC 地址数，仅允许在此数之前识别到的设备连接在该端口上。当超过了所设置的最大安全端口数，将触发一个安全违例事件，在端口上配置的一个基于违例行为模式的违例行为将被执行。如果在某个端口上配置的最大安全 MAC 地址数为 1，则设备上的该安全端口仅允许与固定设备连接。

但 H3C 交换机中的“端口安全”（Port Security）并不完全一样，它是一种对网络接入进行控制的安全机制（防止非法接入），是对已有的 IEEE 802.1x 认证和 MAC 地址认证的扩充。H3C 交换机中的端口安全主要功能就是用户通过定义各种安全模式，来控制端口上的 MAC 地址学习或对用户进行认证，从而让设备学习到合法的源 MAC 地址，以达到相应的网络管理效果。在 H3C 交换机上启用了端口安全功能之后，对于交换机不能通过安全模式学习到其源 MAC 地址的报文，系统将视为非法报文；对于不能通过 IEEE 802.1x 认证或 MAC 地址认证的事件，将被视为非法事件。当发现非法报文或非法事件后，系统将触发相应特性，并按照预先指定的方式自动进行处理，减少了用户的维护工作量，极大地提高了系统的安全性和可管理性。

19.1.1　H3C 交换机端口安全特性和模式

H3C 以太网交换机的基本端口安全模式可分为两大类：控制 MAC 学习类和认证类。控制 MAC 学习类无需认证，包括端口自动学习 MAC 地址和禁止 MAC 地址学习两种模式；认证类则是利用 MAC 地址认证或 IEEE 802.1x 认证机制来实现，包括单独认证和组合认证等多种模式。

配置了安全模式的端口上收到用户报文后，首先查找 MAC 地址表，如果该报文的源 MAC 地址已经存在于 MAC 地址表中，则端口转发该报文，否则根据端口所在安全模式进行相应的处理（学习、认证），并在发现非法报文后触发端口执行以下相应的安全防护特性：

- Need To Know（NTK）

Need To Know（需要知道）特性通过检测从端口发出的数据帧的目的 MAC 地址，保证数据帧只能被发送到已经通过认证或被端口学习到的 MAC 地址所属的设备或主机上，从而防止非法设备窃听网络数据。

- Intrusion Protection（入侵防御）

入侵防御特性指通过检测从端口上接收到的数据帧的源 MAC 地址，对接收非法源 MAC 地址的报文的端口将采取相应的安全策略，包括端口被暂时断开连接、永久断开连接或 MAC 地址被过滤（默认 3 分钟，不可配置），以保证端口的安全性。

- Trap 警告

Trap 警告特性是指在端口有特定的数据包（非法入侵，或有用户上、下线）传送时，确定设备是否发送 Trap 信息，便于网络管理员对这些特殊的行为进行监控。

H3C 以太网交换机可用的端口安全模式说明如表 19-1 所示，不同模式有不同的工作机制和特性支持。但要注意，并不是每款机型都支持端口安全配置，也不是每款机型都支持表中全部的端口安全模式。如 S3610、S5510、S7500、S9500、S9500E 等系列不支持端口安全配置；也有一些 H3C 以太网交换机并不支持表 19-1 中的全部端口安全模式，具体将在表中注明。主要支持端口安全配置的系列包括：S3600、S5600、S5510-SI/EI、S58、S7500E 等系列。

表 19-1　端口安全模式描述表

安全模式		工作机制	特性支持
默认模式	noRestrictions	表示端口的安全功能关闭，访问不受限制	不支持
端口控制 MAC 地址学习情形下的安全模式	autoLearn	端口可通过手工配置或自动学习安全 MAC 地址，然后被添加到安全 MAC 地址表中。只有源 MAC 地址为安全 MAC 地址、手工配置的 MAC 地址的报文，才能通过该端口。当端口下的安全 MAC 地址数超过端口允许学习的最大安全 MAC 地址数后，端口模式会自动转变为 secure 模式，停止添加新的安全 MAC 地址，这与 Cisco IOS 交换机的端口安全功能是一样的	当设备发现非法报文后，将触发 NTK 特性和入侵防御特性
	secure	禁止端口动态学习新的 MAC 地址，只有源 MAC 地址为端口上原有的安全 MAC 地址、手工配置的 MAC 地址的报文才能通过该端口	
端口采用 IEEE 802.1x 认证情形下的安全模式	userLogin	对接入用户采用基于端口的 IEEE 802.1x 认证。此模式下，端口下的第一个 IEEE 802.1x 用户认证成功后，其他用户无须认证就可接入，有关 H3C 以太网交换机的 IEEE 802.1x 认证相关知识和配置将在本书第 21 章介绍	不支持
	userLoginSecure	对接入用户采用基于 MAC 地址的 IEEE 802.1x 认证（相当于在本书第 17 章介绍的 Cisco IOS 交换机 IEEE 802.1x 认证中的旁路 MAC 地址认证（MAB））。此模式下，端口最多只允许一个 IEEE 802.1x 认证用户接入（也就是在 Cisco IOS 交换机中所说的 IEEE 802.1x 单主机模式）	
	userLoginWithOUI	该模式与 userLoginSecure 模式类似，但端口上除了允许一个 IEEE 802.1x 认证用户接入之外，还额外允许一个特殊用户接入，该用户报文的源 MAC 地址的 OUI（Organizationally Unique Identifier，全球唯一标示符，是 MAC 地址的前 24 位）与设备上配置的 OUI 值相符。在用户接入方式为有线的情况下，对 IEEE 802.1x 报文进行 IEEE 802.1x 认证，对非 802.1x 报文直接进行 OUI 匹配，IEEE 802.1x 认证成功和 OUI 匹配成功的报文都允许通过端口	
	userLoginSecureExt	与 userLoginSecure 模式类似，但端口下的 IEEE 802.1x 认证用户可以有多个（也就是在 Cisco IOS 交换机中所说的 IEEE 802.1x 多主机模式）	
端口采用 MAC 地址认证情形下的安全模式	macAddressWithRadius	对接入用户采用 MAC 地址认证，允许多个用户接入	当设备发现非法报文后，将触发 NTK 特性和入侵防御特性
端口采用 IEEE 802.1x 和 MAC 地址认证组合认证情形下的安全模式	macAddressOrUserLoginSecure	MAC 地址认证和 IEEE 802.1x 认证可以同时共存，但 IEEE 802.1x 认证优先级大于 MAC 地址认证；接入用户通过 MAC 地址认证后，仍然可以进行 IEEE 802.1x 认证；接入用户通过 IEEE 802.1x 认证后，不再进行 MAC 地址认证。 此模式下，端口最多只允许接入一个经过认证的 IEEE 802.1x 用户，但端口下经过认证的 MAC 地址认证用户可以有多个	
	macAddressElseUserLoginSecure	接入用户可以进行 MAC 地址认证或 IEEE 802.1x 认证，当其中一种方式认证成功则表明认证通过。 此模式下，端口最多只允许接入一个经过认证的 IEEE 802.1x 用户，但端口下经过认证的 MAC 地址认证用户可以有多个	
	macAddressOrUserLoginSecureExt	与 macAddressOrUserLoginSecure 安全模式类似，但允许端口下有多个 IEEE 802.1x 和 MAC 地址认证用户	
	macAddressElseUserLoginSecureExt	与 macAddressElseUserLoginSecure 安全模式类似，但允许端口下有多个 IEEE 802.1x 和 MAC 地址认证用户	
	macAddressAndUserLoginSecure（仅 S3100、S5510-SI/EI 和 S5600 系列支持）	对接入用户先进行 MAC 地址认证，当 MAC 地址认证成功后，再进行 IEEE 802.1x 认证。只有在这两种认证都成功的情况下，才允许该用户接入网络；此模式下，端口最多只允许一个用户接入网络	
	macAddressAndUserLoginSecureExt（仅 S3100、S5510-SI/EI 和 S5600 系列支持）	与 macAddressAndUserLoginSecure 模式类似。但此模式下，端口允许接入网络的用户可以有多个	

经验之谈

由于安全模式种类较多，为便于记忆，可对表 19-1 中的部分端口安全模式名称的构成按如下规则理解（或者说是对这些安全模式进行宏观分类）：

- 带有“userLogin”的模式表示支持基于端口的 IEEE 802.1x 认证；带有“macAddress”的模式表示支持基于 MAC 地址认证；带有“Secure”的 userLogin 模式表示支持基于 MAC 地址的 IEEE 802.1x 认证（也就是 Cisco IOS 交换机中所说的 IEEE 802.1x 旁路 MAC 地址认证）。
- 带有“Else”的模式中，“Else”之前的认证模式先被采用，失败后根据请求认证的报文协议类型决定是否转为“Else”之后的认证方式；带有“Or”的模式中，“Or”连接的两种认证方式无固定生效顺序，设备根据请求认证的报文协议类型决定认证方式。
- 带有“Ext”表示可允许多个 IEEE 802.1x 用户认证成功（也就是支持 IEEE 802.1x 多主机认证模式），不携带则表示仅允许一个 IEEE 802.1x 用户认证成功（也就是仅支持 IEEE 802.1x 单主机认证模式）。
- 当多个用户通过认证时，端口下所允许的最大用户数根据不同的端口安全模式，取配置的最大安全 MAC 地址数与相应模式下允许认证用户数两者之中的最小值。例如，userLoginSecureExt 模式下端口下所允许的最大用户为所配置的最大安全 MAC 地址数与 IEEE 802.1x 认证所允许的最大用户数的最小值。
- 在 userlogin 安全模式下，NTK 特性和 Intrusion Protection 特性不会被触发。其他模式下，当设备发现非法报文或非法事件后，将触发 NTK 特性和 Intrusion Protection 特性。
- 当端口工作在 userLoginWithOUI 模式下时，即使 OUI 地址不匹配，也不会触发 Intrusion Protection 特性。
- macAddressElseUserLoginSecure 或 macAddressElseUserLoginSecureExt 安全模式下工作的端口，对于同一个报文只有在 MAC 地址认证和 IEEE 802.1x 认证均失败后，才会触发 Intrusion Protection 特性。

19.1.2　详解端口安全模式工作原理

在上节的表 19-1 中介绍了 H3C 以太网交换机中各种环境下的多种端口安全模式，本节具体介绍这些安全模式的工作原理。

1．autoLearn 模式与 secure 模式

在 autoLearn（自动学习）模式下，可通过手工配置或通过动态进行 MAC 学习，此时得到的 MAC 地址称为 Secure MAC（安全 MAC 地址）。在这种模式下，只有源 MAC 为 Secure MAC 的报文才能通过该端口；但当端口下的 Secure MAC 地址表项数超过端口允许学习的最大安全 MAC 地址数后，该端口不会再添加新的 Secure MAC，并且端口模式会自动转变为 secure。

如果直接将端口安全模式设置为 secure 模式，则将禁止端口学习新的 MAC 地址，只有已配置的静态或动态 MAC 的报文才能通过该端口。

根据以上描述，可以得出在 autoLearn 和 secure 模式下报文处理流程如图 19-1 所示。

2．单一 IEEE 802.1x 认证方式

从表 19-1 可以看出，采用单一 IEEE 802.1x 认证方式的端口安全模式包括以下几种：

- userLogin：对接入用户采用基于端口的 IEEE 802.1x 认证。
- userLoginSecure：对接入用户采用基于用户 MAC 地址的 IEEE 802.1x 认证（也就是 Cisco IOS 交换机中所说的 MAB），认证成功后端口开启，但也只允许认证成功的用户报文通过。此模式下，端口最多只允许接入一个经过 IEEE 802.1x 认证的用户（即 IEEE 802.1x 单主机模式）。
- userLoginSecureExt：与 userLoginSecure 类似，但端口下的 IEEE 802.1x 认证用户可以有多个（即 IEEE 802.1x 多主机模式）。

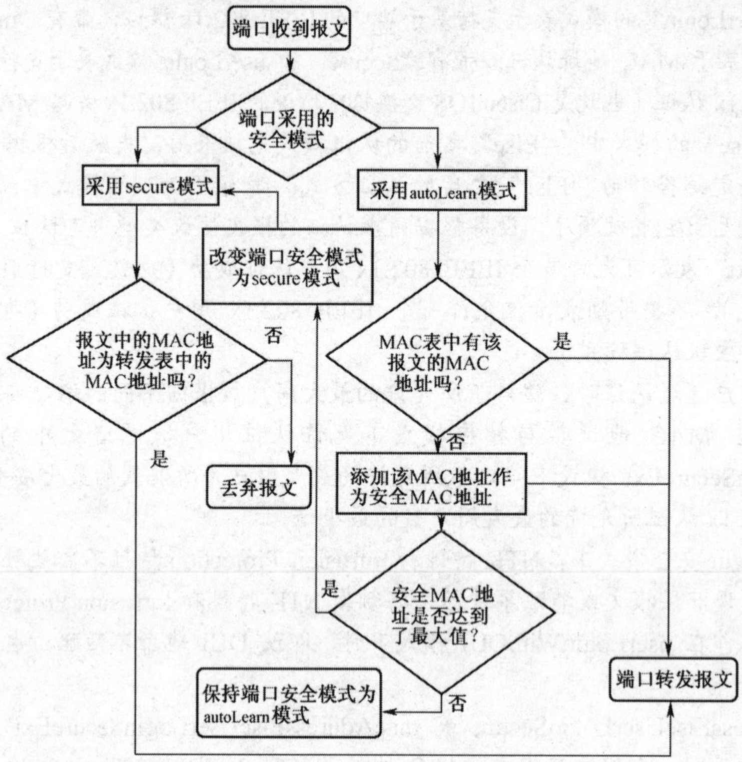

图 19-1　autoLearn 模式与 secure 模式报文处理流程图

- userLoginWithOUI：与 userLoginSecure 类似，端口最多只允许一个 IEEE 802.1x 认证用户，但同时端口还允许一个 OUI 地址的报文通过。

因为 H3C 以太网交换机的 IEEE 802.1x 认证将在本书第 21 章专门介绍，故在此不再赘述。

3．MAC 地址认证

在表 19-1 中支持 MAC 地址认证的端口安全模式为 macAddressWithRadius。它可对接入用户采用 MAC 地址的认证。

MAC 地址认证是一种基于端口和 MAC 地址对用户的网络访问权限进行控制的认证方法，它不需要用户安装任何客户端软件。设备在启动了 MAC 地址认证的端口上首次检测到用户的 MAC 地址以后，即启动对该用户的认证操作。认证过程中，不需要用户手动输入用户名或者密码。如果该用户认证成功，则允许其通过端口访问网络资源，否则该用户的 MAC 地址就被添加为静默 MAC。在静默时间内（可通过静默定时器配置），来自此 MAC 地址的用户报文到达时，设备直接做丢弃处理，以防止非法 MAC 短时间内的重复认证。

目前设备支持两种方式的 MAC 地址认证，通过 RADIUS（Remote Authentication Dial-In User Service，远程认证拨号用户服务）服务器进行远程认证和在接入设备上进行本地认证。有关 H3C 以太网交换机的 RADIUS 服务器认证方式将在本书第 20 章专门介绍；有关 MAC 地址认证将在本章 19.5 节介绍。

4．and 方式

在表 19-1 中所列的端口安全模式中，采用 and 方式（也就是同时采用）的端口安全模式包括以下两个：

- macAddressAndUserLoginSecure：接入用户首先进行 MAC 地址认证，当 MAC 地址认证成功后再进行 IEEE 802.1x 认证。只有在这两种认证都成功的情况下，才允许该用户接入网络。此模式下，端口最多只允许一个用户接入网络。

- macAddressAndUserLoginSecureExt：与 macAddressAndUserLoginSecure 类似。但此模式下，端口允许接入网络的用户可以有多个。

根据以上描述得出这两种 and 方式的端口安全模式的报文处理流程如图 19-2 所示。

5. else 方式

在表 19-1 中所列的端口安全模式中，采用 else 方式（也就是多选一方式）的端口安全模式包括以下两个：

- macAddressElseUserLoginSecure：对接入用户首先进行 MAC 地址认证，如果成功则表明认证通过，如果失败再进行 IEEE 802.1x 认证。此模式下，端口最多只允许接入一个用户经过 IEEE 802.1x 认证，但端口下可以有多个通过 MAC 地址认证。
- macAddressElseUserLoginSecureExt：与 macAddressElseUserLoginSecure 类似。但此模式下，端口允许多个用户通过 IEEE 802.1x 认证。

根据以上描述得出这两种 else 方式的端口安全模式的报文处理流程如图 19-3 所示。

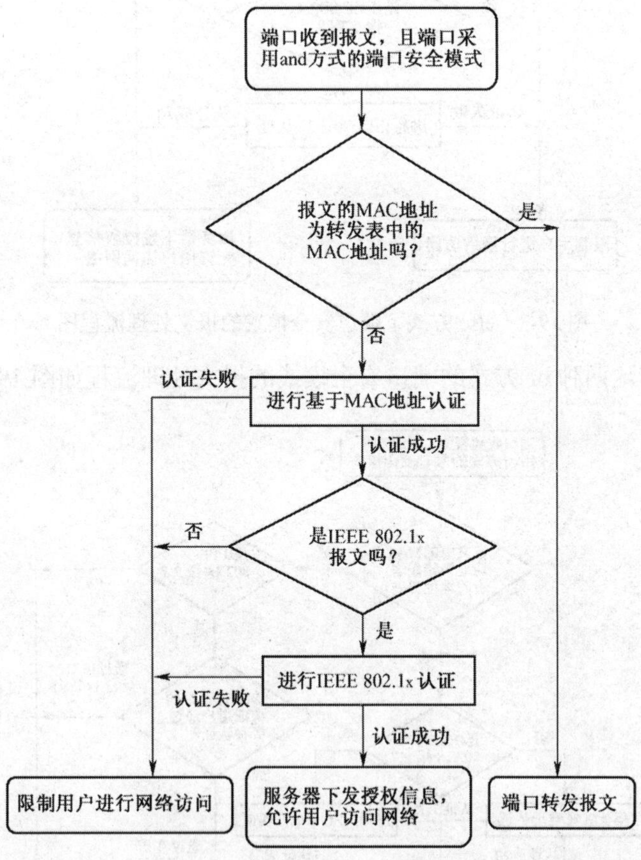

图 19-2　and 方式下端口安全模式的报文处理流程图

6. or 方式

在表 19-1 中所列的端口安全模式中，采用 or 方式（也就是多选方式）的端口安全模式包括以下两个：

- macAddressOrUserLoginSecure：接入用户通过 MAC 地址认证后，仍然可以进行 IEEE 802.1x 认证；但接入用户通过 IEEE 802.1x 认证后，不再进行 MAC 地址认证。此模式下，端口最多只允许接入一个经过认证的 IEEE 802.1x 用户，但可以有多个经过基于 MAC 地址认证的用户。

- macAddressOrUserLoginSecureExt：与 macAddressOrUserLoginSecure 类似。但此模式下可以允许多个通过 IEEE 802.1x 认证的用户。

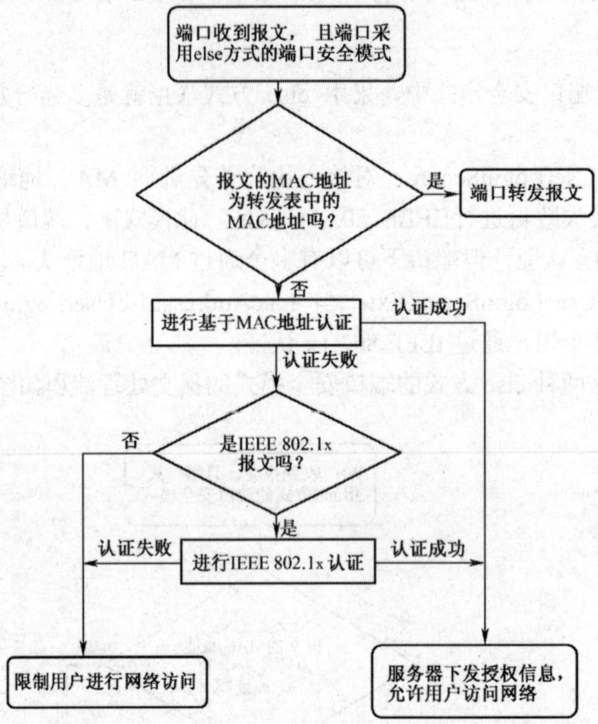

图 19-3　else 方式下端口安全模式的报文处理流程图

根据以上描述得出这两种 or 方式的端口安全模式的报文处理流程如图 19-4 所示。

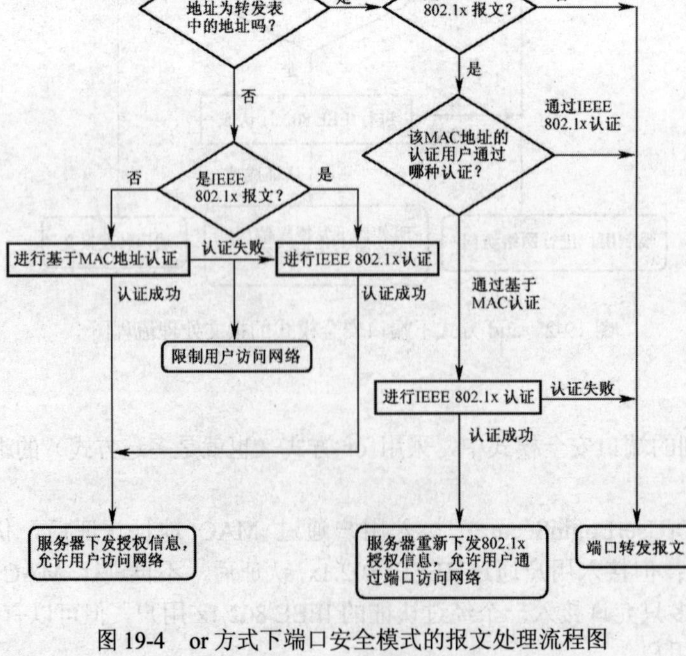

图 19-4　or 方式下端口安全模式的报文处理流程图

19.2　H3C 交换机端口安全配置与管理

本节要正式全面介绍 H3C 以太网交换机的各方面配置与管理方法。其中主要的配置任务如表 19-2 所示。

表 19-2　H3C 以太网交换机端口安全配置任务

配置任务		说明
启动端口安全功能		必选
配置端口允许的最大 MAC 地址数		可选
配置端口安全模式		必选
配置端口安全特性	配置 NTK 特性	可选，根据实际组网需求选择其中一种或多种特性
	配置 Intrusion Protection 特性	
	配置 Trap 特性	
端口在 macAddressOrUserLoginSecure 安全模式下支持 Guest VLAN		可选
配置当前端口不应用 RADIUS 服务器下发的授权信息		可选
配置安全 MAC 地址		可选

19.2.1　启用端口安全功能

由于默认情况下，端口处于不受限状态，也就无需经过任何认证，所以要使用端口安全功能，必须先在交换机上全局启用端口安全功能（**只能全局启用，而不能基于端口启用**）。但在启动端口安全功能之前，需要全局关闭基于端口的 IEEE 802.1x 认证和 MAC 地址认证功能。

全局启用端口安全功能的方法是在系统视图下使用 **port-security enable** 命令。当全局启用端口安全功能后，端口的如下配置会被自动恢复为默认情况：IEEE 802.1x 认证（关闭）、端口接入控制方式（**macbased**）、端口接入控制模式（**auto**）、MAC 地址认证（关闭），且这些配置不能再进行手动配置，只能随端口安全模式的改变由系统配置。

19.2.2　端口最大安全 MAC 地址数

端口安全可以允许某个端口下有多个用户通过认证，但是允许的用户数不能超过设置的最大值。配置端口允许的最大 MAC 地址数有两个作用：

- 控制能够通过某端口接入网络的最大用户数。
- 控制端口安全能够添加的安全 MAC 地址数。

【注意】端口安全允许某个端口下有多个用户通过认证时，端口下所允许的最大用户数根据不同的端口安全模式，取最大安全 MAC 地址数与相应模式下允许认证用户数的最小值。例如，userLoginSecureExt 模式下，端口下所允许的最大用户数为配置的最大 MAC 地址数与 IEEE 802.1x 认证所允许的最大用户数的最小值。**而且最大安全 MAC 地址数配置必须在端口安全模式配置前进行**，否则不能配置最大安全 MAC 地址数。

另外，该配置与 MAC 地址管理中配置的端口通过 **mac-address max-mac-count** *count* 命令最多可以学习到的 MAC 地址数无关。

最大安全 MAC 地址数配置步骤如表 19-3 所示。

表 19-3　端口最大安全 MAC 地址数配置步骤

步骤	命令	说明
1	**system-view** 例如：<Sysname> **system-view**	进入系统视图
2	**interface** *interface-type interface-number* 例如：[Sysname] **interface** gigabitethernet 1/0/1	进入以太网端口视图
3	**port-security max-mac-count** *count-value* 例如：[Sysname-GigabitEthernet1/0/1] **port-security max-mac-count** 100	配置端口允许接入的最大 MAC 地址数（即最大安全 MAC 地址数），取值范围为 1～1024。默认情况下，最大 MAC 地址数不受限制，可用 **undo port-security max-mac-count** 命令恢复为默认值

19.2.3　端口安全模式配置

在本章前面的表 19-1 中列出了各种环境下可选的多种端口安全模式，这些端口安全模式决定了对应端口所采用的接入控制方式或认证方式。它们的具体配置步骤如表 19-4 所示。

表 19-4　端口安全模式配置步骤

步骤	命令	说明
1	**system-view** 例如：<Sysname> **system-view**	进入系统视图
2	**port-security oui** *OUI-value* **index** *index-value* 例如：[Sysname] **port-security oui** 000d-2a10-0033 index 4	（可选）设置用户认证的 OUI 值。在端口安全模式为 **userLoginWithOUI** 时，端口除了可以允许一个 IEEE 802.1x 的接入用户通过认证之外，还可以允许一个指定 OUI 值的源 MAC 地址的用户通过认证。命令的参数说明如下： ● *OUI-value*：指定 OUI 值，输入格式为 H-H-H 的 48 位 MAC 地址。系统会自动取输入的前 24 位作为 OUI 值，忽略后 24 位 ● *index-value*：标识此 OUI 的索引值，取值范围为 1～16
3	**interface** *interface-type interface-number* 例如：[Sysname]**interface** gigabitethernet 1/0/1	进入以太网端口视图
4	**port-security port-mode** { **autolearn** | **mac-and-userlogin-secure** | **mac-and-userlogin-secure-ext** | **mac-authentication** | **mac-else-userlogin-secure** | **mac-else-userlogin-secure-ext** | **secure** | **userlogin** | **userlogin-secure** | **userlogin-secure-ext** | **userlogin-secure-or-mac** | **userlogin-secure-or-mac-ext** | **userlogin-withoui** } 例如：[Sysname-GigabitEthernet1/0/1]**port-security port-mode secure**	配置所需的端口安全模式，具体模式介绍参见表 19-1。默认情况下，端口处于 **noRestriction**（不限制）模式，端口处于无限制状态，可根据实际需要，用户可以配置不同的安全模式。 【注意】端口安全模式与端口下的 IEEE 802.1x 认证的启用、端口接入控制方式、端口接入控制模式以及端口下的 MAC 地址认证的启用的配置是相互排斥的，必须先关闭 IEEE 802.1x 认证和基于 MAC 地址的认证，启用端口安全功能后，端口接入控制方式、端口接入控制模式会恢复为默认状态，参见上节说明。 当端口安全已经启用且当前端口安全模式不是默认的 noRestrictions 模式时，如果要改变端口安全模式，必须首先执行 **undo port-security port-mode** 命令恢复端口安全模式为 noRestrictions 模式，然后再进行安全模式改变。 配置端口安全模式为 autoLearn 时，首先需要通过 **port-security max-mac-count** 命令设置端口允许的最大安全 MAC 地址数。 端口上有用户在线的情况下，端口安全模式无法改变

【注意】在已经配置了安全模式的端口下，将不能再进行以下配置：

- 配置最大安全 MAC 地址学习个数（所以需先配置最大安全 MAC 地址数）。
- 配置镜像反射端口。
- 配置 Fabric 端口。
- 配置端口汇聚。

【示例 1】在交换机上全局启用端口安全功能，并配置 GigabitEthernet1/0/1 端口的安全模式为 secure，禁止学习新的安全 MAC 地址。

```
<Sysname> system-view
[Sysname] port-security enable
[Sysname] interface gigabitethernet 1/0/1
[Sysname-GigabitEthernet1/0/1] port-security port-mode secure
```

【示例 2】将 GigabitEthernet1/0/1 端口的安全模式改变为 userLogin，采用 IEEE 802.1x 认证。此时要注意的是不能直接从其他端口安全模式切换配置为新的模式，必须先恢复为默认的 noRestrictions 模式，然后再进行新的安全模式配置。

```
[Sysname-GigabitEthernet1/0/1] undo port-security port-mode
[Sysname-GigabitEthernet1/0/1] port-security port-mode userlogin
```

19.2.4 安全 MAC 地址配置

安全 MAC 地址是一种特殊的 MAC 地址，保存后重启设备不会丢失。在同一个 VLAN 内，一个安全 MAC 地址只能被添加到一个端口上。利用该特点，可以实现同一 VLAN 内 MAC 地址与端口的绑定。它适用于端口采用 autoLearn 安全模式下对端口的接入控制。

安全 MAC 地址可以通过以下两种途径生成：

- 由 autoLearn 安全模式下的启用端口安全功能的端口自动学习。
- 通过命令行或者 MIB 手动添加。

根据是否支持配置老化时间，可将安全 MAC 地址分为静态和动态两类：

- 静态安全 MAC 地址：由管理员手工添加，静态安全 MAC 地址没有老化时间，不会自动老化。
- 动态安全 MAC 地址（也称为 Sticky 类型安全 MAC 地址）：可通过端口自动学习或者管理员手工添加，动态安全 MAC 地址默认不老化，但用户可通过命令行配置动态安全 MAC 地址的老化时间（当老化时间到达时，这类安全 MAC 地址即被删除），灵活控制端口上安全 MAC 地址的有效性。动态安全 MAC 地址的配置，可以有效防止在合法用户非正常离线的情况下，非法用户仿冒其 MAC 地址接入网络，并持续占用网络资源的问题。

当端口下的安全 MAC 地址数目超过端口允许学习的最大安全 MAC 地址数后，该端口不会再添加新的安全 MAC 地址，仅接收并允许数据帧中的源 MAC 地址为安全 MAC 地址或通过命令行 mac-address dynamic、mac-address static 手工添加的 MAC 地址的报文访问网络设备。

在配置安全 MAC 地址之前，需要完成以下配置任务（也就是前面三个小节的配置）：

- 全局启用端口安全功能
- 设置端口允许的最大安全 MAC 地址数
- 配置端口安全模式为 autoLearn

安全 MAC 地址的具体配置步骤如表 19-5 所示。

表 19-5 安全 MAC 地址的配置步骤

<table>
<tr><th>步骤</th><th>命令</th><th colspan="2">说明</th></tr>
<tr><td>1</td><td>system-view
例如：<Sysname> system-view</td><td colspan="2">进入系统视图</td></tr>
<tr><td>2</td><td>port-security timer autolearn aging time-value
例如：[Sysname]port-security timer autolearn aging 30</td><td colspan="2">（可选）配置动态安全 MAC 地址的老化时间，取值范围为 0～129600 分钟，取值为 0 表示不会老化。默认情况下，动态安全 MAC 地址不会老化，可用 undo port-security timer autolearn aging 命令恢复默认情况。该配置对所有端口学习到的或者手工添加的动态安全 MAC 地址（Sticky MAC）有效</td></tr>
<tr><td>3</td><td>port-security mac-address security [sticky] mac-address interface interface-type interface-number vlan vlan-id
例如：[Sysname]port-security mac-address security 0001-0001-0002 interface gigabitethernet 1/0/1 vlan 10</td><td>在系统视图下配置安全 MAC 地址</td><td rowspan="3">（二者必选其一）默认情况下，没有配置安全 MAC 地址。命令中的参数说明如下：
● sticky：表示要添加一个可老化的安全 MAC 地址（Sticky MAC）。Sticky MAC 的老化时间可配置（通过上一步的 port-security timer autolearn aging 命令），当老化时间到达时即被删除。如果不指定本参数，则表示添加的是一个不老化的安全 MAC 地址
● mac-address：指定要添加的安全 MAC 地址，格式为 H-H-H</td></tr>
<tr><td>4</td><td>interface interface-type interface-number
例如：[Sysname] interface gigabitethernet 1/0/1</td><td rowspan="2">在二层以太网端口视图下配置安全 MAC 地址</td></tr>
<tr><td>5</td><td>port-security mac-address security [sticky] mac-address vlan vlan-id</td></tr>
</table>

续表

步骤	命令		说明
	例如：[Sysname-GigabitEthernet1/0/1] **port-security mac-address security sticky** 0001-0002-0003 **vlan** 4	（接前）	● **interface** *interface-type interface-number*：指定添加安全MAC地址的端口 ● **vlan** *vlan-id*：指定安全 MAC 地址所属的 VLAN。其中，*vlan-id* 表示 VLAN 编号，取值范围为 1～4094 可用 **undo port-security mac-address security** 系统视图命令删除匹配的安全MAC地址。 【注意】配置了安全 MAC 地址的端口必须属于对应安全MAC地址所属的VLAN。 此命令只有在端口安全功能打开（使用 **port-security enable** 命令）且指定端口的端口安全模式为 autoLearn（使用 **port-security port-mode autolearn** 命令）的时候才能配置成功。 删除安全MAC地址的命令只能在系统视图下执行。 已添加的安全 MAC 地址，除非首先将其删除，否则不能重复添加或者修改其地址类型，例如已经在某端口上添加了一条安全MAC地址 **port-security mac-address security 1-1-1 vlan 10**，则不能再添加一条安全 MAC 地址 **port-security mac-address security sticky 1-1-1 vlan 10**

【说明】端口自动学习或手工配置的安全MAC地址均会被写入配置文件，端口up或down时不会丢失。保存配置文件后，即使设备重启，端口上所配置的安全MAC地址也不会被删除，对于动态安全MAC地址，其老化定时器会重新开始计时。

在自动老化之前，安全MAC地址均可通过命令行删除，或者因为配置的改变（端口的安全模式被改变、端口安全功能被关闭）而被系统自动删除。

【示例 1】配置 Sticky MAC 地址的老化时间为 30 分钟。

```
<Sysname> system-view
[Sysname] port-security timer autolearn aging 30
```

【示例 2】全局启用交换机的端口安全功能，配置 GigabitEthernet1/0/1 端口的安全模式为autoLearn，并在系统视图下为该端口添加一条静态安全MAC地址：0001-0001-0002，该安全MAC地址属于VLAN 10。

```
<Sysname> system-view
[Sysname] port-security enable
[Sysname] interface gigabitethernet 1/0/1
[Sysname-GigabitEthernet1/0/1] port-security max-mac-count 100
[Sysname-GigabitEthernet1/0/1] port-security port-mode autolearn
[Sysname-GigabitEthernet1/0/1] quit
[Sysname] port-security mac-address security 0001-0001-0002 interface gigabitethernet 1/0/1 vlan 10
```

【示例 3】全局启用交换机的端口安全功能，配置 GigabitEthernet1/0/1 端口的安全模式为autoLearn，并在端口视图下为该端口添加一条动态安全MAC地址：0001-0002-0003，该安全MAC地址属于VLAN 4。

```
<Sysname> system-view
[Sysname] port-security enable
[Sysname] interface gigabitethernet 1/0/1
[Sysname-GigabitEthernet1/0/1] port-security max-mac-count 100
[Sysname-GigabitEthernet1/0/1] port-security port-mode autolearn
[Sysname-GigabitEthernet1/0/1] port-security mac-address security sticky 0001-0002-0003 vlan 4
```

19.2.5 端口安全的相关特性配置

在 19.1.1 节我们介绍了 H3C 以太网交换机的三种端口安全特性：NTK（Need To Know）特性、入侵防御（Intrusion Protection）特性和 Trap 警告特性。本节要介绍它们的具体配置方法，但要注意各种端口安全模式对这些特性的支持情况，不能随意配置。

1. NTK 特性配置

NTK 特性用来限制认证端口上出方向的报文转发。即在用户通过认证后，以此 MAC 为目的地址的报文都可以正常转发，其他的报文将禁止转发。可以设置以下三种方式：

- **ntkonly**：仅允许目的 MAC 地址为已通过认证的 MAC 地址的单播报文通过。
- **ntk-withbroadcasts**：允许目的 MAC 地址为已通过认证的 MAC 地址的单播报文或广播地址的报文通过。
- **ntk-withmulticasts**：允许目的 MAC 地址为已通过认证的 MAC 地址的单播报文、广播地址或组播地址的报文通过。

配置了 NTK 特性的端口在以上任何一种方式下都不允许目的 MAC 地址未知的单播报文通过。具体的配置方法很简单，只需在对应的端口视图下使用 **port-security ntk-mode** { **ntkonly** | **ntk-withbroadcasts** | **ntk-withmulticasts** }命令进行配置即可。命令中的三个可选项说明如上所示。默认情况下，没有配置 NTK 特性，即所有报文都可成功发送。

【示例 1】配置 GigabitEthernet1/0/1 端口的 NTK 特性为 **ntkonly**，即仅发送目的地址为已认证的 MAC 地址的单播报文。

```
<Sysname> system-view
[Sysname] interface gigabitethernet 1/0/1
[Sysname-GigabitEthernet1/0/1] port-security ntk-mode ntkonly
```

2. 入侵防御特性配置

当设备检测到一个非法的用户（也就是未通过认证的用户）通过端口试图访问网络时，入侵防御（Intrusion Protection）特性用于配置设备可能对其采取的以下三种安全措施（相当于 Cisco IOS 交换机通常所说的安全违例行为模式）：

- **blockmac**：表示将非法报文的源 MAC 地址加入阻塞 MAC 地址列表中，源 MAC 地址为阻塞 MAC 地址的报文将被丢弃。此 MAC 地址在被阻塞 3 分钟（系统默认，不可配置）后恢复正常。
- **disableport**：表示将收到非法报文的端口永久关闭。
- **disableport-temporarily**：表示将收到非法报文的端口暂时关闭一段时间。关闭时长可通过 **port-security timer disableport** 命令配置。

入侵防御特性的具体配置步骤如表 19-6 所示。

表 19-6 入侵防御特性配置步骤

步骤	命令	说明
1	**system-view** 例如：<Sysname> **system-view**	进入系统视图
2	**interface** *interface-type interface-number* 例如：[Sysname] **interface** gigabitethernet 1/0/1	进入以太网端口视图
3	**port-security intrusion-mode** { **blockmac** | **disableport** | **disableport-temporarily** } 例如：[Sysname-GigabitEthernet1/0/1]**port-security intrusion-mode blockmac**	设置入侵防御特性被触发后，交换机采取的相应动作，具体参见本节前面说明。默认情况下，没有设置入侵防御特性，不进行入侵检测处理，可用 **undo port-security intrusion-mode** 命令恢复为默认情况
4	**quit** 例如：[Sysname-GigabitEthernet1/0/1] **quit**	退回系统视图
5	**port-security timer disableport** *timer* 例如：[Sysname] **port-security timer disableport** 120	（可选）设置当使用 **port-security intrusion-mode** 命令设置为 **disableport-temporarily** 模式时系统暂时断开端口连接的时间，取值范围为 20～300 秒。默认情况下，系统暂时断开端口连接的时间为 20 秒，可用 **undo port-security timer disableport** 命令恢复默认情况

【注意】当用户在同一端口上配置 NTK 特性和使用 **port-security intrusion-mode blockmac** 命令后，交换机将无法禁止目的 MAC 地址为非法 MAC 地址的报文从该端口发出，也就是说 NTK 特性对目的 MAC 地址为非法 MAC 地址的报文不起作用。

在 macAddressElseUserLoginSecure 或 macAddressElseUserLoginSecureExt 端口安全模式下，对于同一个报文只有当 MAC 地址认证和 IEEE 802.1x 认证均失败时才会触发入侵防御特性。

【示例 2】配置 GigabitEthernet1/0/1 端口的入侵防御特性被触发后，将非法报文的源 MAC 地址置为阻塞 MAC。

```
<Sysname> system-view
[Sysname] interface gigabitethernet 1/0/1
[Sysname-GigabitEthernet1/0/1] port-security intrusion-mode blockmac
```

【示例 3】配置 GigabitEthernet1/0/1 端口的入侵防御特性被触发后，收到非法报文的端口暂时关闭 30 秒。

```
<Sysname> system-view
[Sysname] port-security timer disableport 30
[Sysname] interface gigabitethernet 1/0/1
[Sysname-GigabitEthernet1/0/1] port-security intrusion-mode disableport-temporarily
```

3. Trap 警告特性配置

Trap 特性用于在端口上发生关键事件时触发警告开关输出对应的 Trap 信息。以下四种情况下可能会触发 Trap 消息：

- **addresslearned**：端口学习到新 MAC 地址时发出警告信息。
- **dot1xlogfailure/dot1xlogon/dot1xlogoff**：IEEE 802.1x 用户认证失败/认证成功/下线时发出警告日志。
- **ralmlogfailure/ralmlogon/ralmlogoff**：基于 MAC 地址认证用户认证失败/认证成功/下线时发出警告信息。
- **intrusion**：发现非法报文时发出警告信息。

以上这些情形是否需要发出 Trap 警告消息，可以人工配置，具体是在系统视图下使用 **port-security trap { addresslearned | dot1xlogfailure | dot1xlogoff | dot1xlogon | intrusion | ralmlogfailure | ralmlogoff | ralmlogon }**命令。通过该命令可以打开指定警告信息的发送开关。默认情况下，Trap 信息的发送开关是处于关闭状态的。命令中的多选一选项说明如下：

- **addresslearned**：端口学习警告。在端口学习到新 MAC 地址时发出警告信息。
- **dot1xlogfailure**：IEEE 802.1x 认证失败警告。
- **dot1xlogon**：IEEE 802.1x 认证成功警告。
- **dot1xlogoff**：IEEE 802.1x 认证用户下线警告。
- **intrusion**：发现非法报文警告。
- **ralmlogfailure**：基于 MAC 地址的 RADIUS 认证失败警告。
- **ralmlogoff**：基于 MAC 地址的 RADIUS 认证用户下线警告。
- **ralmlogon**：基于 MAC 地址的 RADIUS 认证成功警告。

一条命令只能配置一个开关，如果要打开多个 Trap 消息发送开关，则可执行多条本命令。可用 **undo port-security trap { addresslearned | dot1xlogfailure | dot1xlogoff | dot1xlogon | intrusion | ralmlogfailure | ralmlogoff | ralmlogon }**命令关闭指定警告信息的发送开关。

19.2.6 macAddressOrUserLoginSecure 安全模式下来宾 VLAN 支持的配置

来宾 VLAN（Guest VLAN）是用户在认证失败的情况下，可以访问的指定 VLAN。对于支持来宾 VLAN 的 macAddressOrUserLoginSecure 安全模式来说，每个端口下可连接一个或多个认证用户，但同一时刻每个端口最多只允许一个用户通过安全认证。具体情况如下：

（1）当端口上连接的第一个认证用户触发 IEEE 802.1x 认证或 MAC 地址认证时：如果该用户没有通过 IEEE 802.1x 认证或 MAC 地址认证，则该端口会被加入到来宾 VLAN 中，此后所有在该端口接入的用户将被授权访问此来宾 VLAN 里的资源，而不能访问网络中其他 VLAN 中的资源；如果该用户通过了 IEEE 802.1x 认证或 MAC 地址认证，因为该端口安全模式下，同一时刻只允许接入一个经过认证的用户，所以其他用户的认证请求将不再进行处理，后续用户的认证失败，但端口不会加入到来宾 VLAN 中。

（2）当某端口已经加入来宾 VLAN：该端口下连的认证用户仍然可以进行 IEEE 802.1x 认证，如果有一个用户认证成功，该端口会离开来宾 VLAN，回到该端口所配置的正常 VLAN 中，并且不再处理该端口下其他用户的认证请求。同样，在某端口已经加入来宾 VLAN 时，该端口下连的认证用户仍然允许进行 MAC 地址认证，但此时 MAC 地址认证不是由用户报文来触发，而是由交换机每隔一定时间自动利用该端口下学习到的来宾 VLAN 内的第一个 MAC 地址触发基于 MAC 地址的 RADIUS 认证，如果认证成功，端口会离开来宾 VLAN。

从上面的描述可以看出，macAddressOrUserLoginSecure 安全模式下的来宾 VLAN 支持配置主要包括两个方面：一是认证失败后端口所要加入的来宾 VLAN 的指定；二是在端口加入来宾 VLAN 后，交换机触发 MAC 地址认证的周期，但这个是可选配置。具体配置步骤如表 19-7 所示。

【注意】来宾 VLAN 配置仅 S3100、3600、5600 等主要适用于接入层的低端交换机，对于像 S58、S7500E 等系列不支持，因为它们主要用于汇聚层以上，一般不直接用于接入客户端。

表 19-7　macAddressOrUserLoginSecure 安全模式下来宾 VLAN 支持的配置步骤

步骤	命令	说明
1	**system-view** 例如：<Sysname> **system-view**	进入系统视图
2	**port-security timer guest-vlan-reauth** *interval* 例如：[Sysname] **port-security timer guest-vlan-reauth** 1200	（可选）配置在端口加入来宾 VLAN 后，交换机触发基于 MAC 地址的 RADIUS 认证的周期，取值范围为 1～3600 秒。默认情况下，交换机触发基于 MAC 地址的 RADIUS 认证的周期为 30 秒，可用 **undo port-security timer guest-vlan-reauth** 命令恢复为默认设置
3	**interface** *interface-type interface-number* 例如：[Sysname] **interface** gigabitethernet 1/0/1	进入以太网端口视图
4	**port-security port-mode userlogin-secure-or-mac** 例如：[Sysname-GigabitEthernet1/0/1]**port-security port-mode userlogin-secure-or-mac**	指定端口安全模式为 macAddressOrUserLoginSecure。端口只有在 macAddressOrUserLoginSecure 安全模式下才能指定其可访问的来宾 VLAN
5	**port-security guest-vlan** *vlan-id* 例如：[Sysname-GigabitEthernet1/0/1]**port-security guest-vlan** 100	指定某个已创建的普通 VLAN 为当前端口可访的来宾 VLAN，取值范围为 1～4094。默认是没有指定来宾 VLAN 的，可用 **undo port-security guest-vlan** 命令取消指定的来宾 VLAN

【注意】指定某 VLAN 为当前端口可访问的来宾 VLAN 前，需要确保该 VLAN 已经创建，并且该 VLAN 内包含用户需要访问的资源。但如果当前端口下有接入用户正在进行认证或已经通过认证，则无法为其指定来宾 VLAN。

每个端口下可连接一个或多个认证用户，如果该端口指定了可访问的来宾 VLAN，则同一时刻每个端口最多只允许一个用户通过安全认证（其余的 IEEE 802.1x 认证用户的客户端会显示认证失败；由于 MAC 地址认证时没有客户端，因此认证失败且无任何提示）。

当端口已经指定了来宾 VLAN 的情况下、如果要改变端口安全模式，必须首先执行 **undo port-security guest-vlan** 命令取消给该端口指定的来宾 VLAN。

如果在端口下同时指定来宾 VLAN 和使用 **port-security intrusion-mode disableport** 命令，则在认证失败后，只触发入侵防御特性，不会再将该端口加入来宾 VLAN。也不建议在端口上同时指定来宾 VLAN 功能和使用 **port-security intrusion-mode blockmac** 命令，因为如果认证失败，触发入侵防御 blockmac 特性后，该接入用户发出的报文将被丢弃，用户无法访问来宾 VLAN。

以下示例是设置 GigabitEthernet1/0/1 端口的安全模式为 macAddressOrUserLoginSecure，并指定已创建的 VLAN 100 为来宾 VLAN。

```
<Sysname> system-view
System View: return to User View with Ctrl+Z.
[Sysname] interface gigabitethernet 1/0/1
[Sysname-GigabitEthernet1/0/1] port-security port-mode userlogin-secure-or-mac
[Sysname-GigabitEthernet1/0/1] port-security guest-vlan 100
```

19.2.7 不应用 RADIUS 服务器下发的授权信息的配置

IEEE 802.1x 用户或基于 MAC 地址认证用户（不适用于采用 autoLearn 和 secure 这两种端口安全模式用户）在 RADIUS 服务器上通过认证时，服务器会把授权信息下发给设备端，比如动态 VLAN 下发等。如果用户不希望下发动态 VLAN，可以使用命令使当前端口不应用 RADIUS 服务器下发的授权信息，也就是忽略由 RADIUS 服务器下发的授权信息，仅允许通过认证的用户访问必需的资源。

配置端口不应用 RADIUS 服务器下发的授权信息的配置方法很简单，只需在对应端口视图下使用 **port-security authorization ignore** 命令即可。默认情况下，端口将应用 RADIUS 服务器下发的授权信息，可用 **undo port-security authorization ignore** 命令恢复为默认情况，也就是应用 RADIUS 服务器下发的授权信息。

以下示例是配置 GigabitEthernet1/0/1 端口不应用 RADIUS 服务器下发的授权信息。

```
<Sysname> system-view
[Sysname] interface gigabitethernet 1/0/1
[Sysname-GigabitEthernet1/0/1] port-security authorization ignore
```

19.2.8 端口安全配置管理

可在任意视图下执行表 19-8 所示的 **display** 命令，显示配置端口安全后的运行情况，查看端口安全配置信息，验证配置效果。

表 19-8 端口安全配置管理命令

命令	说明
display port-security [**interface** *interface-list*] [| { **begin** | **exclude** | **include** } *regular-expression*]	显示端口安全的配置信息、运行情况和统计信息
display port-security mac-address security [**interface** *interface-type interface-number*] [**vlan** *vlan-id*] [**count**] [| { **begin** | **exclude** | **include** } *regular-expression*]	显示安全 MAC 地址信息
display port-security mac-address block [**interface** *interface-type interface-number*] [**vlan** *vlan-id*] [**count**] [| { **begin** | **exclude** | **include** } *regular-expression*]	显示阻塞 MAC 地址信息

1. display port-security 命令

display port-security [**interface** *interface-list*] [| { **begin** | **exclude** | **include** } *regular-expression*] 命令用来显示端口安全的配置信息、运行情况和统计信息。命令中的参数和可选项说明如下：

- **interface** *interface-list*：可选参数，指定要显示端口安全配置信息的以太网端口列表，表示多个以太网端口。表示方式为{ *interface-type interface-number* [**to** *interface-type interface-number*] }<1-10>。其中，*interface-type* 为端口类型，*interface-number* 为端口号。<1-10>表示前面的参数最多可以输入 10 次。起始端口类型必须和终止端口类型一致，并且终止端口号必须大于起始端口号。如果不指定该可选参数，则显示交换机上所有端口的端口安全配置信息。

- **|**：可选项，指定使用正则表达式对显示信息进行过滤。
- **begin**：多选一可选项，指定从包含指定正则表达式的行开始显示。
- **exclude**：多选一可选项，指定只显示不包含指定正则表达式的行。
- **include**：多选一可选项，指定只显示包含指定正则表达式的行。
- *regular-expression*：可选参数，指定用于过滤显示信息的正则表达式，为 1～256 个字符的字符串，区分大小写。

【说明】以上正则表达式中的选项和参数不适用于 S2000-EA、S5600、S5100-SI/EI 等低端交换机系列。下同，不再赘述。

【示例 1】显示当前交换机上所有端口的端口安全信息。输出信息中各字段说明如表 19-9 所示。

```
<Sysname> display port-security
 Equipment port-security is enabled
 AddressLearn trap is enabled
 Intrusion trap is enabled
 Dot1x logon trap is enabled
 Dot1x logoff trap is enabled
 Dot1x logfailure trap is enabled
 RALM logon trap is enabled
 RALM logoff trap is enabled
 RALM logfailure trap is enabled
 AutoLearn aging time is 30 minutes
 Disableport Timeout: 20s
 OUI value:
   Index is 1,   OUI value is 000d1a
   Index is 2,   OUI value is 003c12

GigabitEthernet1/0/1 is link-down
    Port mode is userLoginWithOUI
    NeedToKnow mode is NeedToKnowOnly
    Intrusion Portection mode is DisablePort
    Max MAC address number is 50
    Stored MAC address number is 0
    Authorization is ignored
 GigabitEthernet1/0/2 is link-down
    Port mode is noRestriction
    NeedToKnow mode is disabled
    Intrusion mode is NoAction
    Max MAC address number is not configured
    Stored MAC address number is 0
    Authorization is permitted
```

表 19-9　display port-security 命令输出信息字段说明

字段	说明
Equipment port-security	显示端口安全的开启状态
AddressLearn trap	显示端口学习警告开关的开启状态
Intrusion trap	显示入侵检测警告开关的开启状态
Dot1x logon trap	显示 IEEE 802.1x 认证成功警告开关的开启状态
Dot1x logoff trap	显示 IEEE 802. 1x 认证用户下线警告开关的开启状态
Dot1x logfailure	显示 IEEE 802. 1x 认证失败警告开关的开启状态
RALM logon trap	显示基于 MAC 地址认证成功警告开关的开启状态
RALM logoff trap	显示基于 MAC 地址认证用户下线警告开关的开启状态
RALM logfailure trap	显示基于 MAC 地址认证失败警告开关的开启状态
AutoLearn aging time	显示 Sticky MAC 地址的老化时间
Disableport Timeout	显示收到非法报文的端口暂时被关闭的时间，单位为秒
OUI value	显示允许通过认证的用户的 24 位 OUI 值

续表

字段	说明
Index	显示 OUI 的索引
Port mode	显示端口安全模式，具体参见表 19-1
NeedToKnow mode	显示 NTK 模式，具体参见 19.2.5 节
Intrusion mode	显示入侵防御特性模式，具体参见 19.2.5 节
Max MAC address number	显示端口下允许学习的安全 MAC 地址的最大数目
Stored MAC address number	显示端口下保存的安全 MAC 地址数目
Authorization	显示服务器的授权信息是否被忽略的情况： ● permitted：表示当前端口应用 RADIUS 服务器下发的授权信息 ● ignored：表示当前端口不应用 RADIUS 服务器下发的授权信息

2．display port-security mac-address block 命令

display port-security mac-address block [**interface** *interface-type interface-number*] [**vlan** *vlan-id*] [**count**] [| { **begin** | **exclude** | **include** } *regular-expression* 命令用来显示阻塞 MAC 地址信息。命令中的参数和可选项说明如下：

- **interface** *interface-type interface-number*：可选参数，指定要显示阻塞 MAC 地址信息的端口。如果不选择此可选参数，则显示所有端口上的阻塞 MAC 地址信息。
- **vlan** *vlan-id*：可选参数，指定要显示阻塞 MAC 地址信息的 VLAN。
- **count**：可选项，统计符合条件的阻塞 MAC 地址个数。

后面的正则表达式选项参数，参见 **display port-security** 命令的相关介绍，不再赘述。

【示例 2】显示当前交换机上所有阻塞 MAC 地址。

```
<Sysname> display port-security mac-address block
MAC ADDR            From Port              VLAN ID
000f-3d80-0d2d      GigabitEthernet1/0/1   30

--- On slot 1, 1 mac address(es) found ---

--- 1 mac address(es) found ---
```

【示例 3】显示当前交换机上所有阻塞 MAC 地址计数。

```
<Sysname> display port-security mac-address block count

--- On slot 1, 1 mac address(es) found ---

--- 1 mac address(es) found ---
```

【示例 4】显示当前交换机上指定 VLAN 中的阻塞 MAC 地址。

```
<Sysname> display port-security mac-address block vlan 30
MAC ADDR            From Port              VLAN ID
000f-3d80-0d2d      GigabitEthernet1/0/1   30

--- On slot 1, 1 mac address(es) found ---

--- 1 mac address(es) found ---
```

【示例 5】显示当前交换机上指定端口下的阻塞 MAC 地址。

```
<Sysname> display port-security mac-address block interface gigabitethernet1/0/1
MAC ADDR            From Port              VLAN ID
000f-3d80-0d2d      GigabitEthernet1/0/1   30

--- On slot 1, 1 mac address(es) found ---

--- 1 mac address(es) found ---
```

【示例 6】显示当前交换机上指定端口下的在指定 VLAN 中的阻塞 MAC 地址。

```
<Sysname> display port-security mac-address block interface gigabitethernet 1/0/1 vlan 30
MAC ADDR            From Port              VLAN ID
```

```
000f-3d80-0d2d        GigabitEthernet1/0/1        30
--- On slot 1, 1 mac address(es) found ---

--- 1 mac address(es) found ---
```

以上输出信息中各字段说明如下所示：

- MAC ADDR：显示阻塞 MAC 地址
- From Port：显示阻塞 MAC 地址所在端口
- VLAN ID：显示端口所属 VLAN
- 1 mac address(es) found：显示当前阻塞 MAC 地址数目

3．display port-security mac-address security 命令

display port-security mac-address security [**interface** *interface-type interface-number*] [**vlan** *vlan-id*] [**count**] [| { **begin** | **exclude** | **include** } *regular-expression*] 命令用来显示安全 MAC 地址信息。当端口工作于 autoLearn 模式时，端口上通过自动学习或者静态配置的安全 MAC 地址可通过该命令查看。命令中的参数和可选项说明如下：

- **interface** *interface-type interface-number*：可选参数，指定要显示安全 MAC 地址信息的端口。
- **vlan** *vlan-id*：可选参数，指定要显示安全 MAC 地址信息的 VLAN。
- **count**：可选项，统计符合条件的安全 MAC 地址个数。

后面的正则表达式选项参数，参见 **display port-security** 命令的相关介绍，不再赘述。

【示例 7】显示当前交换机上所有安全 MAC 地址。

```
<Sysname> display port-security mac-address security
MAC ADDR         VLAN ID   STATE        PORT INDEX                 AGING TIME(s)
0002-0002-0002   10        Security     GigabitEthernet1/0/1       NOAGED
000d-88f8-0577   10        Security     GigabitEthernet1/0/1       NOAGED

   ---  2 mac address(es) found  ---
```

【示例 8】显示当前交换机上所有安全 MAC 地址计数。

```
<Sysname> display port-security mac-address security count
 2 mac address(es) found
```

【示例 9】显示当前交换机上指定 VLAN 中的安全 MAC 地址。

```
<Sysname> display port-security mac-address security vlan 10
MAC ADDR         VLAN ID   STATE        PORT INDEX                 AGING TIME(s)
0002-0002-0002   1 0       Security     GigabitEthernet1/0/1       NOAGED
000d-88f8-0577   10        Security     GigabitEthernet1/0/1       NOAGED

   ---  2 mac address(es) found  ---
```

【示例 10】显示当前交换机上指定端口下的安全 MAC 地址。

```
<Sysname> display port-security mac-address security interface gigabitethernet1/0/1
MAC ADDR         VLAN ID   STATE        PORT INDEX                 AGING TIME(s)
000d-88f8-0577   10        Security     GigabitEthernet1/0/1       NOAGED

   ---  1 mac address(es) found  ---
```

【示例 11】显示当前交换机上指定端口下的在指定 VLAN 中的安全 MAC 地址。

```
<Sysname> display port-security mac-address security interface gigabitethernet 1/0/1 vlan 10
MAC ADDR         VLAN ID   STATE        PORT INDEX                 AGING TIME(s)
000d-88f8-0577   10        Security     GigabitEthernet1/0/1       NOAGED

   ---  1 mac address(es) found  ---
```

以上输出信息中各字段说明如下所示：

- MAC ADDR：显示安全 MAC 地址。
- VLAN ID：显示端口所属 VLAN。

- STATE：添加的 MAC 地址类型，Security 表示该项是安全 MAC 地址。
- PORT INDEX：显示安全 MAC 地址所在端口。
- AGING TIME(s)：显示安全 MAC 地址的存活时间，目前暂不区分动态、静态 MAC 地址，均显示为 NOAGED。
- 2 mac address(es) found：显示当前保存的安全 MAC 地址数目。

19.3 H3C 交换机端口安全配置示例

在本章前面的表 19-1 中已介绍了 H3C 以太网交换机中的几种端口安全模式，在此介绍几种常用的端口安全模式配置示例，以加深对 H3C 以太网交换机各种端口安全模式的端口安全配置方法的理解。

19.3.1 autoLearn 模式的端口安全配置示例

autoLearn 安全模式的端口可通过手工配置或自动学习安全 MAC 地址，并被添加到安全 MAC 地址表中（无需通过认证）。当端口下的安全 MAC 地址数超过端口允许学习的最大安全 MAC 地址数后，端口模式会自动转变为 secure 模式。之后，该端口停止添加新的安全 MAC，只有源 MAC 地址为安全 MAC 地址、手工配置的 MAC 地址的报文，才能通过该端口。

本示例拓扑结构如图 19-5 所示。现要求在交换机的端口 GE1/0/1 上对接入用户做如下的限制：

- 允许最多 80 个用户自由接入，不进行认证，将学习到的用户 MAC 地址添加为安全 MAC 地址。
- 为确保用户 Host 总是能够接入，将该用户的 MAC 地址 0001-0002-0003 静态添加作为安全 MAC 地址添加到 VLAN 1 中。
- 当安全 MAC 地址数量达到 80 后，停止继续学习新的 MAC 地址作为安全 MAC 地址；当再有新的 MAC 地址接入时，触发 Intrusion Protection（入侵防御）特性，并将此端口关闭 30 秒。

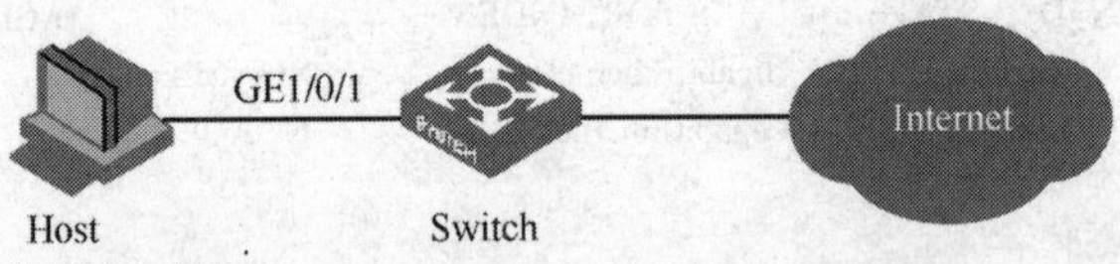

图 19-5　autoLearn 模式端口安全配置示例

autoLearn 安全模式的配置很简单，只需要配置在端口上启用 autoLearn 安全模式，然后根据需要手动添加静态安全 MAC 地址，设置最大安全 MAC 地址数，设置端口安全特性就行了，无需认证配置。下面是具体的配置步骤：

```
<Switch> system-view
[Switch] port-security enable
[Switch] interface gigabitethernet 1/0/1
[Switch-GigabitEthernet1/0/1] port-security max-mac-count 80 !---设置端口允许接入的最大 MAC 地址数为 80
[Switch-GigabitEthernet1/0/1] port-security port-mode autolearn   !---配置端口的安全模式为 autoLearn
[Switch-GigabitEthernet1/0/1] mac-address security 0001-0002-0003 vlan 1   !---将 Host 的 MAC 地址 0001-0002-0003 作为安全 MAC
添加到 VLAN 1 中
[Switch-GigabitEthernet1/0/1] port-security intrusion-mode disableport-temporarily !---设置入侵防御特性被触发后，暂时关闭该端口
[Switch-GigabitEthernet1/0/1] quit
[Switch] port-security timer disableport 30   !---设置关闭端口的时间为 30 秒
```

19.3.2　macAddressWithRadius 模式的端口安全配置示例

macAddressWithRadius 安全模式是对接入用户采用 MAC 地址认证方法，允许多个用户接入。

本示例拓扑如图 19-6 所示。客户端通过端口 GE1/0/1 连接到交换机上，交换机通过 RADIUS 服务器对客户端进行身份认证，如果认证成功，客户端被授权允许访问 Internet 资源。现希望对接入用户的端口 GE1/0/1 做如下限制：

- 对接入用户进行基于 MAC 地址认证。
- 所有用户都属于域：aabbcc.net，MAC 地址认证时使用用户 PC 的 MAC 地址作为用户名和密码。
- 对未通过 MAC 认证的报文，触发入侵防御特性，仅允许源地址是此 MAC 地址的报文通过，保证该端口的安全性。

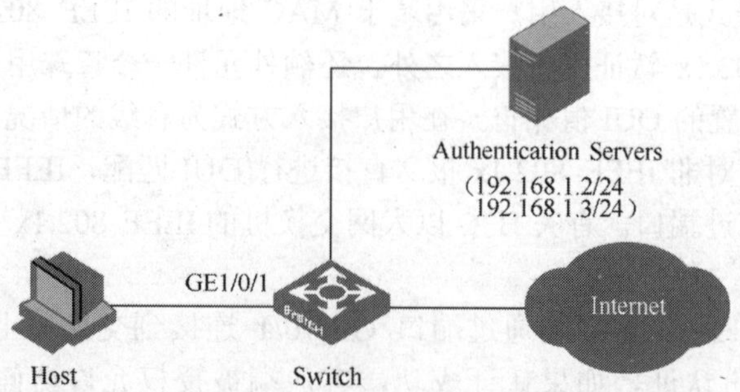

图 19-6　macAddressWithRadius 模式端口安全配置示例

macAddressWithRadius 安全模式的配置相对比较复杂，因为尽管可以采用 RADIUS 服务器作为认证服务器，或者在本地进行认证，但通常是采用 RADIUS 服务器认证方式，所以除了像上节介绍的 autoLearn 安全模式、端口安全特性配置外，更重要的是 RADIUS 服务器和 MAC 地址认证的配置两个方面。在 RADIUS 服务器配置方面主要包括 RADIUS 认证/计费服务器的指定，RADIUS 服务器与交换机通信的共享密钥，而 MAC 地址认证中主要是需指定认证方法和认证用户的 ISP 域（是指同一个 ISP 用户群）。

下面是本示例 macAddressWithRadius 安全模式的具体配置步骤（有些配置步骤涉及到将要在第 20 章介绍的 H3C 以太网交换机 RADIUS 服务器配置，具体参见本书第 20 章，有关 MAC 地址认证将在本章 19.5 节具体介绍）：

1．RADIUS 服务器认证方案配置

```
<Switch> system-view
[Switch] radius scheme radius1  !---创建名为 radius1 的 RADIUS 认证方案
[Switch-radius-radius1] primary authentication 192.168.1.3  !---设置主认证 RADIUS 服务器的 IP 地址为 192.168.1.3
[Switch-radius-radius1] secondary authentication 192.168.1.2  !---设置备份认证 RADIUS 服务器的 IP 地址为 192.168.1.2
[Switch-radius-radius1] primary accounting 192.168.1.2  !---设置主计费 RADIUS 服务器的 IP 地址为 192.168.1.2
[Switch-radius-radius1] secondary accounting 192.168.1.3  !---设置备份计费 RADIUS 服务器的 IP 地址为 192.168.1.3
[Switch-radius-radius1] key authentication winda  !---设置与认证 RADIUS 服务器交互报文时的密钥为 winda
[Switch-radius-radius1] key accounting lycb  !---设置与计费 RADIUS 服务器交互报文时的密钥为 lycb
[Switch-radius-radius1] user-name-format without-domain !---设置将去除域名的用户名发送给 RADIUS 服务器
[Switch-radius-radius1] quit
[Switch] domain aabbcc.net  !---创建名为 aabbcc.net 的 ISP 域，并进入其视图
[Switch-isp-aabbcc.net] scheme radius-scheme radius1  !---指定 radius1 为该域用户的 RADIUS 方案
[Switch-isp-aabbcc.net] quit
```

2. MAC 地址认证方案配置

```
[Switch] domain default enable aabbcc.net    !---配置域 aabbcc.net 为默认用户域
[Switch] mac-authentication authmode usernameasmacaddress usernameformat without-hyphen  !---配置采用 MAC 地址用户名进行认证，并指定不使用带有分隔符的小写形式的 MAC 地址作为验证的用户名和密码
[Switch] mac-authentication domain aabbcc.net   !---配置 MAC 地址认证用户所使用的 ISP 域
```

3. 端口安全配置

```
[Switch] port-security enable   !---启动端口安全功能
[Switch] interface gigabitethernet 1/0/1
[Switch-GigabitEthernet1/0/1] port-security port-mode mac-authentication   !---配置端口安全模式为 mac-authentication
[Switch-GigabitEthernet1/0/1] port-security intrusion-mode blockmac   !---设置入侵防御特性被触发后，丢弃源 MAC 地址是此 MAC 地址的报文
```

19.3.3 userLoginWithOUI 模式的端口安全配置示例

userLoginWithOUI 模式是对接入用户采用基于 MAC 地址的 IEEE 802.1x 认证方式，同时端口上除了允许一个 IEEE 802.1x 认证用户接入之外，还额外允许一个特殊用户接入，该用户报文的源 MAC 的 OUI 与设备上配置的 OUI 值相符。在用户接入方式为有线的情况下，对 IEEE 802.1x 报文进行 IEEE 802.1x 认证，对非 IEEE 802.1x 报文直接进行 OUI 匹配，IEEE 802.1x 认证成功和 OUI 匹配成功的报文都允许通过端口。有关 H3C 以太网交换机的 IEEE 802.1x 认证配置方法参见本书第 21 章。

本示例拓扑参见图 19-6。客户端通过端口 GE1/0/1 连接到交换机上，交换机通过 RADIUS 服务器对客户端进行身份认证，如果认证成功，客户端被授权允许访问 Internet 资源。现要求做如下限制：

- 允许一个 IEEE 802.1x 用户上线。
- 设置 2 个 OUI 值，允许端口上有一个与 OUI 值匹配的 MAC 地址用户通过。
- 打开指定 Trap 信息开关，使管理员能够对 IEEE 802.1x 认证用户的行为进行监控。

本示例的配置与上节介绍的 macAddressWithRadius 安全模式的配置差不多，也是需要配置以下两个主要方面：

- IEEE 802.1x 认证所需的 RADIUS 服务器配置
- userLoginWithOUI 端口安全模式配置

1. IEEE 802.1x 认证方案中的 RADIUS 服务器配置

```
<Switch> system-view
[Switch] radius scheme radius1
[Switch-radius-radius1] primary authentication 192.168.1.3
[Switch-radius-radius1] primary accounting 192.168.1.2
[Switch-radius-radius1] secondary authentication 192.168.1.2
[Switch-radius-radius1] secondary accounting 192.168.1.3
[Switch-radius-radius1] key authentication winda
[Switch-radius-radius1] key accounting lcyb
[Switch-radius-radius1] timer 5 !---设置系统向 RADIUS 服务器重发报文的时间间隔为 5 分钟
[Switch-radius-radius1] retry 5 !--- 设置系统向 RADIUS 服务器重发报文的最大次数为 5 次
[Switch-radius-radius1] timer realtime-accounting 15   !---设置向 RADIUS 服务器发送实时计费报文的时间间隔为 15 分钟
[Switch-radius-radius1] user-name-format without-domain   !---设置将去除域名的用户名发送给 RADIUS 服务器
[Switch-radius-radius1] quit
[Switch] domain aabbcc.net
[Switch-isp-aabbcc.net] scheme radius-scheme radius1 local   !---指定 IEEE 802.1x 认证方法列表
[Switch-isp-aabbcc.net] access-limit enable 30   !---设置该 ISP 域最多可允许 30 个用户
[Switch] domain default enable aabbcc.net
[Switch] local-user grfw
```

```
[Switch-luser-localuser] service-type lan-access
[Switch-luser-localuser] password simple localpass
[Switch-radius-radius1] quit
```

2．端口安全配置

```
[Switch] port-security enable
[Switch] port-security oui 1234-0100-1111 index 1
[Switch] port-security oui 1234-0200-1111 index 2
[Switch] interface gigabitethernet 1/0/1
[Switch-GigabitEthernet1/0/1] port-security port-mode userlogin-withoui
[Switch-GigabitEthernet1/0/1] quit
[Switch] port-security trap dot1xlogfailure
[Switch] port-security trap dot1xlogon
[Switch] port-security trap dot1xlogoff
```

19.3.4　macAddressElseUserLoginSecureExt 模式端口安全配置示例

macAddressElseUserLoginSecureExt 模式下的端口将同时处于 macAddressWithRadius 模式和 userLoginSecure 模式下，但 MAC 地址认证优先级大于 IEEE 802.1x 认证；非 IEEE 802.1x 报文直接进行 MAC 地址认证，IEEE 802.1x 报文先进行 MAC 地址认证，如果 MAC 地址认证失败再进行 IEEE 802.1x 认证。

本示例拓扑仍参见图 19-6。客户端通过端口 GE1/0/1 连接到交换机上，交换机通过 RADIUS 服务器对客户端进行身份认证。如果认证成功，客户端被授权允许访问 Internet 资源。现要对接入用户的端口 GE1/0/1 做如下的限制：

- 为方便用户访问 Internet 资源，采用 MAC 地址认证的方式对接入用户进行身份认证，但是当无法进行 MAC 地址认证或 MAC 地址认证失败时，为保证用户能够顺利访问 Internet 资源，认证用户还可以再进行 IEEE 802.1x 认证。
- 允许最多 64 个 IEEE 802.1x 认证用户访问 Internet，通过认证的 IEEE 802.1x 用户和 MAC 地址用户总数最多不能超过 200 个。
- 所有用户都属于域：abc.net，MAC 地址认证时使用用户 PC 的 MAC 地址作为用户名和密码。
- 为防止报文发往未知目的 MAC 地址，启动 Need To Know 特性。

很显然，macAddressElseUserLoginSecureExt 模式的配置包括两种认证的配置：一是 MAC 地址认证，二是 IEEE 802.1x 认证。具体的配置步骤如下：

1．IEEE 802.1x 认证方案中的 RADIUS 服务器配置

```
<Switch> system-view
[Switch] radius scheme radius1
[Switch-radius-radius1] primary authentication 192.168.1.3
[Switch-radius-radius1] primary accounting 192.168.1.2
[Switch-radius-radius1] secondary authentication 192.168.1.2
[Switch-radius-radius1] secondary accounting 192.168.1.3
[Switch-radius-radius1] key authentication winda
[Switch-radius-radius1] key accounting lycb
[Switch-radius-radius1] timer 5
[Switch-radius-radius1] retry 5
[Switch-radius-radius1] timer realtime-accounting 15
[Switch-radius-radius1] user-name-format without-domain
[Switch-radius-radius1] quit
[Switch] domain abc.net
[Switch-isp-abc.net] scheme radius-scheme radius1
[Switch-isp-abc.net] idle-cut enable 20 2000
```

最权威的交换机配置与管理技术手册

```
[Switch-isp-abc.net] quit
[Switch] domain default enable abc.net
[Switch] dot1x max-user 64   !---配置同时接入的 IEEE 802.1x 用户的最大数
```

2．MAC 地址认证方案配置

```
[Switch] mac-authentication authmode usernameasmacaddress usernameformat without-hyphen   !---配置采用 MAC 地址用户名进行认证，并指定不使用带有分隔符的小写形式的 MAC 地址作为验证的用户名和密码
[Switch] mac-authentication domain abc.net   !---配置 MAC 地址认证用户所使用的 ISP 域
```

3．端口安全配置

```
[Switch] interface gigabitethernet 1/0/1
[Switch-GigabitEthernet1/0/1] port-security max-mac-count 200   !---配置端口允许的最大安全 MAC 地址数为 200
[Switch-GigabitEthernet1/0/1] port-security port-mode mac-else-userlogin-secure-ext
[Switch-GigabitEthernet1/0/1] port-security ntk-mode ntkonly
```


19.3.5 macAddressOrUserLoginSecure 模式来宾 VLAN 配置示例

macAddressOrUserLoginSecure 模式中，端口将同时处于 userLoginSecure 模式和 macAddressWithRadius 模式。在用户接入方式为有线的情况下，对于非 IEEE 802.1x 报文直接进行 MAC 地址认证，对于 IEEE 802.1x 报文直接进行 IEEE 802.1x 认证。

本示例拓扑如图 19-7 所示，交换机的端口 GE1/0/2 下连接着 PC 和打印机两种设备，这两台设备不同时使用。为了保证接入设备的安全访问，采用 macAddressOrUserLoginSecure 端口安全模式，并在该安全模式下应用来宾 VLAN。现要对接入用户的端口 GE1/0/2 做如下的限制：

- PC 通过 IEEE 802.1x 认证接入网络，打印机接入网络时根据 MAC 地址进行 MAC 地址认证。
- Switch 的 GE1/0/3 端口连接 Internet 网络，该端口在 VLAN 1 内。正常情况下，GE1/0/2 端口也在 VLAN 1 内。
- VLAN 10 为来宾 VLAN，在该 VLAN 内包含一个用于客户端软件下载和升级的 Update Server。当用户认证失败后，端口 GE1/0/2 将会加入 VLAN 10，此时用户只能访问 VLAN 10。当用户认证成功后，端口 GE1/0/2 会回到 VLAN 1。

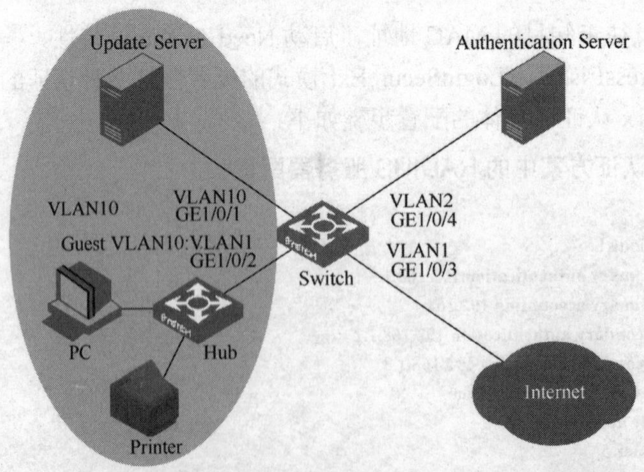

图 19-7　macAddressOrUserLoginSecure 模式下来宾 VLAN 配置示例

从以上介绍也可得知，macAddressOrUserLoginSecure 安全模式的配置也包括 IEEE 802.1x 认证和 MAC 地址认证两种方案，具体的配置如下：

1．IEEE 802.1x 认证方案中的 RADIUS 服务器配置

```
<Switch> system-view
[Switch] radius scheme 2000
[Switch-radius-2000] primary authentication 10.11.1.1 1812
[Switch-radius-2000] primary accounting 10.11.1.1 1813
[Switch-radius-2000] key authentication abc
[Switch-radius-2000] key accouting abc
[Switch-radius-2000] user-name-format without-domain
[Switch-radius-2000] quit
[Switch] domain system
[Switch-isp-system] scheme radius-scheme 2000
[Switch-isp-system] quit
```

2．MAC 地址认证方案配置

```
[Switch] mac-authentication authmode usernameasmacaddress usernameformat without-hyphen
[Switch] mac-authentication domain system
```

3．端口安全配置

```
[Switch] port-security enable
[Switch] port-security timer guest-vlan timer 60   !---配置自动进行 MAC 认证的周期为 60 秒
[Switch] vlan 10
[Switch–vlan10] port gigabitethernet 1/0/1   !---把连接 Update Server 的端口 GigabitEthernet1/0/1 加入来宾 VLAN 中
[Switch] interface gigabitethernet1/0/2
[Switch-GigabitEthernet1/0/2] port-security port-mode userlogin-secure-or-mac
[Switch-GigabitEthernet1/0/2] port-security guest-vlan 10   !---配置端口的来宾 VLAN 为 VLAN 10
```

最后可以通过 **display current-configuration** 或者 **display interface** gigabitethernet 1/0/2 命令查看来宾 VLAN 的配置情况。当用户认证失败后，通过 **display vlan** 10 命令可以查看端口配置的来宾 VLAN 是否生效。

19.4　H3C 交换机 MAC 地址认证基础

MAC 地址认证是一种基于端口和 MAC 地址对用户的网络访问权限进行控制的认证方法，H3C 以太网交换机大多数都支持 MAC 地址认证，但 S3610、S5510、S7500 等系列不支持 MAC 地址认证。

MAC 地址认证不需要用户安装任何客户端软件，设备在启动了 MAC 地址认证的端口上首次检测到用户的 MAC 地址以后，即启动对该用户的认证操作。认证过程中，不需要用户手动输入用户名或者密码。如果该用户认证成功，则允许其通过端口访问网络资源，否则该用户的 MAC 地址就被添加为静默 MAC。在静默时间内（可通过静默定时器配置），来自此 MAC 地址的用户报文到达时，设备将直接做丢弃处理，以防止非法 MAC 地址短时间内的重复认证。

19.4.1　两种 MAC 地址认证方式

目前 H3C 以太网交换机支持两种 MAC 地址认证方式：通过 RADIUS 服务器进行远程认证和在接入交换机上进行本地认证。另外，根据交换机最终用于验证用户身份的用户名格式和内容的不同，可以将 MAC 地址认证使用的用户名格式分为两种类型：

- MAC 地址用户名格式：使用用户的 MAC 地址作为认证时的用户名和密码。
- 固定用户名格式：不论用户的 MAC 地址为何值，所有用户均使用设备上指定的一个固定用户名和密码替代用户的 MAC 地址作为身份信息进行认证。由于同一个端口下可以有多

个用户进行认证，因此这种情况下端口上的所有 MAC 地址认证用户均使用同一个固定用户名进行认证，服务器端仅需要配置一个用户账户即可满足所有认证用户的认证需求，适用于接入客户端比较可信的网络环境。

1．使用 RADIUS 服务器进行 MAC 地址认证

当选用 RADIUS 服务器进行 MAC 地址认证时，交换机将作为 RADIUS 客户端，与 RADIUS 服务器配合完成 MAC 地址认证操作：

- 采用 MAC 地址用户名格式时，交换机将检测到的用户 MAC 地址作为用户名和密码发送给 RADIUS 服务器进行验证。
- 采用固定用户名格式时，交换机将已经在本地配置的用户名和密码作为待认证用户的用户名和密码，发送给 RADIUS 服务器。

RADIUS 服务器完成对该用户的认证后，认证通过的用户可以访问网络。

2．本地 MAC 地址认证

当选用本地认证方式进行 MAC 地址认证时，直接在交换机上完成对用户的认证。需要在交换机本地上配置用户名和密码：

- 采用 MAC 地址用户名格式时，交换机将检测到的用户 MAC 地址作为待认证用户的用户名和密码与配置的本地用户名和密码进行匹配。本地用户名是否使用分隔符“-”要与 **mac-authentication authmode usernameasmacaddress usernameformat** 命令设置的格式相同，否则会导致认证失败。
- 采用固定用户名时，所有用户 MAC 地址将自动匹配到已配置的本地用户名和密码。

用户名和密码匹配成功后，用户可以访问网络。

19.4.2 MAC 地址认证定时器

在 H3C 以太网交换机中，可配置的 MAC 地址认证定时器包括以下四种：

- 下线检测定时器（**Offline-detect**）：用来设置交换机检测用户是否已下线的时间间隔。当检测到用户下线后，交换机立即通知 RADIUS 服务器，停止对该用户的计费。
- 静默定时器（**Quiet**）：用来设置用户认证失败以后，该用户需要等待的时间间隔。在静默期间，交换机不处理该用户的认证功能，静默之后交换机再重新对用户发起认证。当一个 MAC 地址认证失败后，此 MAC 就被设置为静默 MAC。在静默定时器时长之内，对来自此 MAC 地址的数据报文，交换机直接做丢弃处理。静默 MAC 的功能主要是防止非法 MAC 短时间内的重复认证。
- 服务器超时定时器（**Server-timeout**）：用来设置交换机同 RADIUS 服务器的连接超时时间。在用户的认证过程中，如果服务器超时定时器超时，则此次认证失败。
- 重认证定时器（**Guest-vlan-reauth**）：用来配置交换机对 MAC 地址认证的来宾 VLAN 内的用户进行重认证的时间间隔。

19.4.3 与 MAC 地址认证配合使用的特性

在 H3C 以太网交换机 MAC 地址认证中，同时使用了以下特性：

1．下发 VLAN

为了将受限的网络资源与未认证用户隔离，通常将受限的网络资源和用户划分到不同的

VLAN。MAC 地址认证支持认证服务器（远程或本地）授权下发 VLAN 功能，即当用户通过 MAC 地址认证后，认证服务器将指定的受限网络资源所在的 VLAN 作为授权 VLAN 下发到用户认证的端口。该端口被加入到授权 VLAN 中后，用户便可以访问这些受限的网络资源。

设备根据用户接入的端口链路类型，按以下三种情况将端口加入下发的授权 VLAN 中。

- 如果用户从 Access 类型的端口接入，则端口离开当前 VLAN 并加入下发的授权 VLAN 中。
- 如果用户从 Trunk 类型的端口接入，则设备允许下发的授权 VLAN 通过该端口，并且修改该端口的默认 VLAN 为下发的授权 VLAN。
- 如果用户从 Hybrid 类型的端口接入，则设备允许授权下发的 VLAN 以不携带 Tag 的方式通过该端口，并且修改该端口的默认 VLAN 为下发的授权 VLAN。需要注意的是，如果该端口上启用了 MAC VLAN 功能，则设备将根据认证服务器下发的授权 VLAN 动态地创建基于用户 MAC 地址的 VLAN，而端口的默认 VLAN 并不改变。

2. 下发 ACL

从认证服务器（远程或本地）下发的 ACL 被称为授权 ACL，它为用户访问网络提供了良好的过滤条件设置功能。MAC 地址认证支持认证服务器授权下发 ACL 功能，即当用户通过 MAC 地址认证后，如果认证服务器上配置了授权 ACL，则设备会根据服务器下发的授权 ACL 对用户所在端口的数据流进行控制。为使下发的授权 ACL 生效，需要提前在设备上配置相应的 ACL 规则。而且在用户访问网络的过程中，可以通过改变服务器的授权 ACL 设置来改变用户的访问权限。

3. 来宾 VLAN

来宾 VLAN 功能允许用户在认证失败的情况下访问某一特定 VLAN（这就是来宾 VLAN）中的资源，比如获取客户端软件，升级客户端或执行其他一些用户升级程序。

如果接入用户的端口上配置了来宾 VLAN，则该端口上认证失败的用户会被加入来宾 VLAN 中，且交换机允许来宾 VLAN 以不携带 Tag 的方式通过该端口，即该用户被授权访问来宾 VLAN 里的资源。如果来宾 VLAN 中的用户再次发起认证未成功，则该用户将仍然处于来宾 VLAN 内；如果认证成功，则会根据认证服务器是否下发授权 VLAN 决定是否将用户加入到下发的授权 VLAN 中，在认证服务器未下发授权 VLAN 的情况下，用户回到加入来宾 VLAN 之前端口所在的 VLAN。

19.5 H3C 交换机 MAC 地址认证配置与管理

H3C 以太网交换机的 MAC 地址认证配置可以划分为基本功能配置和增强功能配置两大部分。基本功能配置部分包括了实现 MAC 地址认证所必需的部分，如启用 MAC 地址认证功能，指定并配置用于 MAC 地址认证的 RADIUS 服务器，配置用于本地 MAC 地址认证的用户名和密码；增强功能配置部分则包括扩展使用 MAC 地址认证的这部分功能配置，如来宾 VLAN 配置，静默 MAC 地址配置，最大认证用户数配置等。

在正式进行 MAC 地址认证前，需做好以下准备工作：

- 创建并配置 ISP 域。
- 如果采用本地认证方式，需在交换机上创建本地用户并设置其密码，且本地用户的服务类型应设置为 **lan-access**。
- 如果采用远程 RADIUS 认证方式，需要确保交换机与 RADIUS 服务器之间的路由可达，并添加 MAC 地址认证用户账号。

19.5.1 基本 MAC 地址认证功能配置

H3C 以太网交换机的基本 MAC 地址认证功能配置包括全局配置和端口配置两部分，但只有全局和端口的 MAC 地址认证特性均开启后，MAC 地址认证配置才能在端口上生效。

1. 全局 MAC 地址认证配置

全局 MAC 地址认证是在系统视图下进行的，主要包括全局启用 MAC 地址认证功能、配置 MAC 地址认证计时器、MAC 地址认证用户名格式三个方面。具体配置步骤如表 19-10 所示。

表 19-10 全局 MAC 地址认证功能配置步骤

<table>
<tr><th>步骤</th><th colspan="2">命令</th><th>说明</th></tr>
<tr><td>1</td><td colspan="2">system-view
例如：<Sysname> system-view</td><td>进入系统视图</td></tr>
<tr><td>2</td><td colspan="2">mac-authentication
例如：[Sysname] mac-authentication</td><td>全局启用 MAC 地址认证功能。默认情况下，全局的 MAC 地址认证功能为关闭状态</td></tr>
<tr><td>3</td><td colspan="2">mac-authentication timer { offline-detect offline-detect-value | quiet quiet-value | server-timeout server-timeout-value }
例如：[Sysname]mac-authentication timer server-timeout 150</td><td>（可选）配置 MAC 地址认证定时器。命令中的多选一参数说明如下（要配置不同定时器值需多次执行本命令）：
● offline-detect offline-detect-value：指定下线检测定时器，取值范围 60～65535 秒
● quiet quiet-value：指定静默定时器，取值范围 1～3600 秒
● server-timeout server-timeout-value：指定服务器超时定时器，取值范围为 100～300 秒
默认情况下，下线检测定时器为 300 秒，静默定时器为 60 秒，服务器超时定时器取值为 100 秒，可用 undo mac-authentication timer { offline-detect | quiet | server-timeout } 命令将指定的定时器恢复为默认值</td></tr>
<tr><td rowspan="4">4</td><td rowspan="4">S2000-EA、S5600、S5100-SI/EI 等低端交换机系列</td><td>mac-authentication authmode usernameasmacaddress [usernameformat { with-hyphen | without-hyphen } { lowercase | uppercase } | fixedpassword password]
例如：[Sysname]mac-authentication authmode usernameasmacaddress usernameformat with-hyphen lowercase</td><td>（可选）设置 MAC 地址认证时采用 MAC 地址用户名形式，并配置具体用户名格式。命令中的参数和可选项说明如下：
● usernameformat：可选项，设置用户名和密码的输入格式。
● with-hyphen：二选一可选项，指定采用带有分隔符“-”的 MAC 地址作为 MAC 地址认证的用户名和密码，例如“00-05-e0-1c-02-e3”
● without-hyphen：二选一可选项，指定采用不带有分隔符“-”的 MAC 地址作为 MAC 地址认证的用户名和密码，例如“0005e01c02e3”
● lowercase：二选一可选项，指定 MAC 地址格式为小写格式
● uppercase：二选一可选项，指定 MAC 地址格式为大写格式
● fixedpassword password：二选一可选参数，配置 MAC 地址认证采用的固定密码（不再采用 MAC 地址作为密码），密码为长度 1～63 个字符的字符串
默认情况下，MAC 地址认证时采用的用户名、密码为 MAC 地址形式，可用 undo mac-authentication authmode usernameasmacaddress [usernameformat | fixedpassword] 命令恢复 MAC 地址认证时采用的用户名形式为默认情况</td></tr>
<tr><td>mac-authentication authmode usernamefixed
例如：[Sysname]mac-authentication authmode usernamefixed</td><td>（可选）设置 MAC 地址认证时采用固定用户名形式，默认情况下，系统采用 MAC 地址用户名进行认证</td></tr>
<tr><td>mac-authentication authusername username
例如：[Sysname]mac-authentication authusername winda</td><td>设置采用固定用户名形式时的用户名，为长度不超过 55 个字符的字符串，默认情况下，固定用户名形式时的用户名为 mac，可用 undo mac-authentication authusername 命令将用户名恢复为系统默认的 mac</td></tr>
<tr><td>mac-authentication authpassword password
例如：[Sysname]mac-authentication authpassword lycb123</td><td>设置 MAC 地址认证采用固定用户名形式时的密码，为长度不超过 63 个字符的字符串，默认情况下，没有配置固定用户名的密码</td></tr>
</table>

续表

步骤	命令		说明
4	S5500-SI/EI、S58、S7500E、S9500、S9500E 等中高端交换机系列	**mac-authentication user-name-format** { **fixed** [**account** *name*] [**password** { **cipher** | **simple** } *password*] | **mac-address** [{ **with-hyphen** | **without-hyphen** } [**lowercase** | **uppercase**]] } 例如：[Sysname] **mac-authentication user-name-format fixed account** abc **password cipher** xyz	（可选）配置 MAC 地址认证用户的用户名格式。命令中的参数和可选项说明如下： ● **fixed**：二选一选项，指定采用固定用户名格式 ● **account** *name*：可选项，指定发送给 RADIUS 服务器进行认证或者在本地进行认证的用户名，为不超过 55 个字符的字符串，不区分大小写，默认值为 mac ● **password** { **cipher** | **simple** } *password*：可选参数，指定固定用户名的密码。其中，**cipher** 表示密文显示密码，**simple** 表示明文显示密码，*password* 表示用户密码。密文显示的情况下，可输入不超过 63 个字符的明文字符串密码，也可输入长度为 24 或 88 个字符的密文字符串密码；明文显示的情况下，只能输入不超过 63 个字符的明文字符串。默认情况下，没有配置密码 ● **mac-address**：二选一选项，指定采用用户的 MAC 地址作为用户名和密码 ● **with-hyphen**：二选一可选项，指定采用带连字符“-”的 MAC 地址格式，例如 00-05-e0-1c-02-e3 ● **without-hyphen**：二选一可选项，指定采用不带连字符“-”的 MAC 地址格式，例如 0005e01c02e3 ● **lowercase**：二选一可选项，指定 MAC 地址中的字母为小写 ● **uppercase**：二选一可选项，指定 MAC 地址中的字母为大写 默认情况下，使用用户的源 MAC 地址作为用户名与密码，其中字母为小写，MAC 地址不带连字符“-”

【示例 1】配置服务器超时定时器时长为 150 秒。

```
<Sysname> system-view
[Sysname] mac-authentication timer server-timeout 150
```

【示例 2】配置 MAC 认证的用户名为 abc，密码是明文显示的 xyz。

```
<Sysname> system-view
[Sysname] mac-authentication user-name-format fixed account abc password simple xyz
```

【示例 3】配置 MAC 认证的用户名为 abc，密码是密文显示的 xyz。

```
<Sysname> system-view
[Sysname] mac-authentication user-name-format fixed account abc password cipher xyz
```

【示例 4】配置 MAC 认证的用户名为 abc，密码是密文显示的 5Q4$,*^18N'Q=^Q`MAF4<1（注意，密文只能从交换机中其他密文配置中复制得到，不能手动输入，否则根本不知道对应的密码是什么）。

```
<Sysname> system-view
[Sysname] mac-authentication user-name-format fixed account abc password cipher 5Q4$,*^18 N'Q=^Q`MAF4<1
```

【示例 5】配置用户的 MAC 地址为用户名和密码，使用带连字符“-”的 MAC 地址格式，其中字母大写。

```
<Sysname> system-view
[Sysname] mac-authentication user-name-format mac-address with-hyphen uppercase
```

2．端口 MAC 地址认证配置

端口 MAC 地址认证配置是对具体的端口 MAC 地址认证进行配置的，但是必须先全局配置 MAC 地址认证功能，否则端口上的 MAC 地址认证功能配置不会生效。端口下的 MAC 地址认证配置步骤如表 19-11 所示。

表 19-11　端口 MAC 地址认证功能配置步骤

步骤	命令	说明
1	**system-view** 例如：<Sysname> **system-view**	进入系统视图

续表

<table>
<tr><th>步骤</th><th>命令</th><th colspan="2">说明</th></tr>
<tr><td rowspan="3">2</td><td>mac-authentication interface interface-list
例如：[Sysname]mac-authentication interface GigabitEthernet 1/0/1 to GigabitEthernet 1/0/5</td><td>系统视图下开启端口 MAC 地址认证特性。参数 interface-list 用来指定要开启 MAC 地址认证功能的以太网端口列表，表示方式为{ interface-type interface-number [to interface-type interface-number] } &<1-10>。其中 interface-type 为端口类型，interface-number 为端口号。命令中&<1-10>表示前面的参数最多可以重复输入 10 次</td><td rowspan="3">（二者必选其一）默认情况下，端口的 MAC 地址认证特性为关闭状态</td></tr>
<tr><td>interface interface-type interface-number</td><td rowspan="2">二层以太网端口视图下开启端口 MAC 地址认证特性</td></tr>
<tr><td>mac-authentication</td></tr>
<tr><td rowspan="2">3</td><td>S2000-EA、S5600、S5100-SI/EI 等低端交换机系列：
mac-authentication max-auth-num user-number
例如：[Sysname-GigabitEthernet1/0/2]mac-authentication max-auth-num 10</td><td colspan="2">（可选）配置当前端口可以接入的 MAC 地址认证用户的最大数量，当接入用户达到配置的限制数量时，交换机将不会再对之后接入的用户进行认证触发动作，这些用户也就无法正常访问网络。默认情况下，端口允许接入的 MAC 地址认证用户的最大数量为 256 个，可用 undo mac-authentication max-auth-num 命令恢复为默认值</td></tr>
<tr><td>S5500-SI/EI、S58、S7500E、S9500、S9500E 等中高端交换机系列：
mac-authentication max-user user-number
例如：[Sysname-GigabitEthernet1/0/1]mac-authentication max-user 32</td><td colspan="2">（可选）配置当前端口可以接入的 MAC 地址认证用户的最大数量，当接入用户达到配置的限制数量时，交换机将不会再对之后接入的用户进行认证触发动作，这些用户也就无法正常访问网络。默认情况下，端口允许接入的 MAC 地址认证用户的最大数量为 2048 个，可用 undo mac-authentication max-user 命令恢复为默认值</td></tr>
</table>

【注意】当端口当前有用户在线时，不能配置此端口的 MAC 地址认证用户的最大数量。

当端口下同时配置了 MAC 地址认证用户数量限制和本章前面介绍的端口安全的用户数量限制时，允许接入的 MAC 地址认证用户数将为这两种配置中的较小值。

19.5.2 MAC 地址认证域配置

默认情况下，对端口上接入的用户进行 MAC 地址认证时，使用系统默认的 ISP 域 system。为了便于接入设备的管理员更为灵活地部署用户的接入策略，H3C 交换机支持指定 MAC 地址认证用户使用特定的 ISP 域（这个 ISP 域是根据接入用户所使用的 ISP 来划分的，主要用来区分不同的接入用户群体，相当于 Windows 和 Linux 系统中的用户组）。这个特定的 ISP 域可以通过以下两种配置实现：

- 在系统视图下指定一个认证域，该认证域适用于所有启用了 MAC 地址认证功能的端口。
- 在具体的二层以太网端口视图下指定该端口的认证域，不同的端口可以指定不同的认证域。如果在系统视图和二层以太网端口视图下都指定了认证域，则端口优先采用本端口上指定的认证域。

在系统视图和二层以太网端口视图下配置 MAC 地址认证域的配置方法都是使用 **mac-authentication domain** *domain-name* 命令。参数用来指定 MAC 地址认证中用户使用的 ISP 域，为不超过 128 个字符的非空字符串，且不能包括“/”、“:”、“*”、“?”、“<”和“>”等特殊字符。可用 **undo mac-authentication domain** 命令恢复使用系统默认的 ISP 域 system。

以下示例是全局配置交换机上各端口 MAC 地址认证用户使用的 ISP 域名为 abc。

```
<Sysname> system-view
System View: return to User View with Ctrl+Z.
[Sysname] mac-authentication domain abc
```

19.5.3 MAC 地址认证来宾 VLAN 配置

在完成 MAC 地址认证基本功能配置后，交换机可以对接入用户根据其 MAC 地址或固定的用户名和密码进行认证。对于认证失败的客户端，交换机不会将其 MAC 地址学习到本地的 MAC 地址转发表，以防止非法用户访问网络。

在某些情况下，对于认证未通过的客户端要求其仍然可以访问网络中的部分受限资源，例如病毒库升级服务器等，这时可以使用来宾 VLAN 功能来实现。用户可以为交换机的每个端口设置一个来宾 VLAN，当端口连接的客户端认证失败后，该端口将被自动加入来宾 VLAN，客户端的 MAC 地址也将被学习到来宾 VLAN 的 MAC 地址表中，该用户即可以访问来宾 VLAN 内的网络资源。

在端口加入来宾 VLAN 后，交换机将定期对该端口第一个接入用户（即第一个学习到的单播 MAC 地址对应的用户）进行重认证。如果用户通过重认证，该端口将退出来宾 VLAN，返回该端口原来配置的正常 VLAN 中，用户也将可以正常访问网络。

【注意】由于来宾 VLAN 是基于端口加入 VLAN 的方式实现的，如果某端口下连接了多个用户，当第一个用户认证失败后，其他用户随之也只能访问来宾 VLAN 内的内容，而且交换机只会对第一个接入该端口的用户的 MAC 地址进行重认证，其他用户将不会再有通过认证的机会。因此，在端口下连接客户端数量大于 1 时，将不能配置来宾 VLAN。

当用户认证失败时，交换机将该失败端口加入来宾 VLAN，因此，对于 Access 端口，来宾 VLAN 可以有效实现隔离未认证用户的功能。但对于 Trunk 和 Hybrid 端口，如果接收的报文本身已经带有 VLAN 标记，且在端口允许通过的 VLAN 范围内，该报文将被正确转发，而不受来宾 VLAN 的影响。即在用户认证失败的情况下，Trunk 和 Hybrid 端口仍能向除来宾 VLAN 之外的 VLAN 转发数据。

配置来宾 VLAN 前，需配置好以下任务：

- 交换机上全局开启了 MAC 地址认证功能。
- 对应端口上已开启了 MAC VLAN 功能。
- 已经创建需要配置为来宾 VLAN 的 VLAN。

MAC 地址认证来宾 VLAN 的具体配置步骤如表 19-12 所示。

表 19-12　MAC 地址认证来宾 VLAN 配置步骤

步骤	命令	说明
1	**system-view** 例如：<Sysname> **system-view**	进入系统视图
2	**interface** *interface-type interface-number* 例如：[Sysname] **interface** GigabitEthernet 1/0/	进入以太网端口视图
3	**mac-authentication guest-vlan** *vlan-id* 例如：[Sysname-GigabitEthernet1/0/1] **mac-authentication guest-vlan** 10	配置当前端口的来宾 VLAN。默认情况下，没有配置端口的来宾 VLAN，可用 **undo mac-authentication guest-vlan** 命令取消端口的来宾 VLAN 配置
4	**quit** 例如：[Sysname-GigabitEthernet1/0/1] **quit**	退出至系统视图
5	**mac-authentication timer guest-vlan-reauth** *interval* （仅 S2000-EA、S5600、S5100-SI/EI 等低端交换机系列支持） 例如：[Sysname] **mac-authentication timer guest-vlan-reauth** 60	（可选）配置交换机对来宾 VLAN 内用户进行重认证的时间间隔，取值范围为 1～3600 秒，默认情况下，交换机对来宾 VLAN 内用户进行重认证的时间间隔为 30 秒

【注意】当端口连接的客户端数量大于 1 时，将不能配置该端口的来宾 VLAN。当端口配置了来宾 VLAN 后，该端口也将只允许一个 MAC 地址认证用户接入。即使配置的 MAC 地址认证用户的最大数目限制大于 1，也将不会生效。

被配置为来宾 VLAN 的 VLAN 不能使用 **undo vlan** 命令直接删除，必须先删除来宾 VLAN 配置，才能够删除。

一个端口只能配置一个来宾 VLAN，并且对应的 VLAN 必须已经存在，否则将会配置失败。如果需要修改当前端口的来宾 VLAN，需要先删除之前的来宾 VLAN 配置，再重新进行配置。

在配置了端口的来宾 VLAN 后，将不能在此端口开启 IEEE 802.1x 认证功能。

MAC 地址认证的来宾 VLAN 功能在端口安全开启的情况下不生效。

19.5.4 MAC 地址认证管理

可在任意视图下执行 **display mac-authentication** [**interface** *interface-list*] [| { **begin** | **exclude** | **include** } *regular-expression*]命令显示配置后 MAC 地址认证的运行情况，查看显示信息验证配置的效果。可在用户视图下，执行 **reset mac-authentication statistics** [**interface** *interface-list*]命令清除相关统计信息。

display mac-authentication [**interface** *interface-list*] [| { **begin** | **exclude** | **include** } *regular-expression*]命令用来显示 MAC 地址认证的相关信息，主要包括全局及端口的配置信息、认证报文统计信息以及认证用户信息。命令中的参数和可选项说明如下：

- **interface** *interface-list*：可选参数，指定要查看 MAC 地址认证信息的端口列表，可以是一个或多个端口，表示方式为{ *interface-type interface-number* [**to** *interface-type interface-number*] }<1-10>。其中，*interface-type* 为端口类型，*interface-number* 为端口号。<1-10>表示前面的参数最多可以输入 10 次。起始端口类型必须和终止端口类型一致，并且终止端口号必须大于起始端口号。如果指定了该可选参数，则显示全局和指定端口上的 MAC 地址认证信息。

后面的正则表达式选项和参数与 19.2.8 节中介绍的正则表达式选项和参数功能一样，都是用于过滤输出显示信息，参见即可。但该命令的正则表达式选项和参数仅适用于 S5500-SI/EI、S58、S7500E、S9500、S9500E 等中高端交换机系列。

如果不指定任何参数，则显示交换机上全局及所有端口上的 MAC 地址认证信息。

以下示例是显示交换机上所有 MAC 地址认证信息。命令输出信息中的各字段说明如表 19-13 所示。

```
<Sysname> display mac-authentication
MAC address authentication is enabled.
 User name format is MAC address in lowercase, like xxxxxxxxxxxx
 Fixed username:mac
 Fixed password:not configured
          Offline detect period is 300s
          Quiet period is 60s.
          Server response timeout value is 100s
          the max allowed user number is 2048 per slot
          Current user number amounts to 0
          Current domain: not configured, use default domain

Silent Mac User info:
          MAC Addr          From Port                    Port Index
GigabitEthernet1/0/1 is link-up
  MAC address authentication is enabled
  Authenticate success: 0, failed: 0
 Max number of on-line users is 2048
  Current online user number is 0
          MAC Addr          Authenticate state           Auth Index
……（略）
```

表 19-13　display mac-authentication 命令输出信息字段说明

字段	说明
MAC address authentication is enabled	表示 MAC 地址认证特性已经开启
User name format is MAC address in lowercase, like xxxxxxxxxxxx	显示 MAC 地址认证使用的用户名格式，有以下两种情况：采用 MAC 地址形式时，则显示具体的用户名格式以及是否带连字符、字母是否大小写，例如本例中“User name format is MAC address in lowercase, like xxxxxxxxxxxx”，它表示用户名格式为不带连字符的 MAC 地址，其中字母为小写；采用固定用户名格式时，则显示“User name format is fixed account”

续表

字段	说明
Fixed username:	显示固定用户名，也有以下两种情况：采用 MAC 地址格式时，该值显示为“mac”，无实际意义，仅表示采用 MAC 地址作为用户名和密码；采用固定用户名格式时，该值为配置的用户名（默认为 mac）
Fixed password:	显示固定用户名的密码，也有以下两种情况：采用 MAC 地址格式时，该值显示为“not configured”；采用固定用户名格式时，该值为配置的用户密码
Offline detect period	显示下线检测定时器的时间间隔
Quiet period	显示静默定时器的时间间隔
Server response timeout value	显示服务器连接超时定时器的值
The max allowed user number	显示最大支持的 MAC 地址认证用户数
Current user number amounts	显示当前接入用户数
Current domain: not configured, use default domain	显示当前 ISP 域没有配置，使用默认域
Silent Mac User info	显示静默用户信息
GigabitEthernet1/0/1 is link-up	显示端口 GigabitEthernet1/0/1 链路处于 UP 状态
MAC address authentication is enabled	显示端口 GigabitEthernet1/0/1 MAC 地址认证特性已开启
Authenticate success: 0, failed: 0	显示端口上 MAC 地址认证的统计信息，包括认证通过和认证失败的数目
Max number of on-line users	显示端口最多可容纳的接入用户数。如果端口没有开启 MAC 地址认证，则显示 0
Current online user number	显示端口当前在线用户数
MAC Addr	显示当前在线用户的 MAC 地址
Authenticate state	显示端口当前在线用户的状态，共有四种： ● CONNECTING：正在连接 ● SUCCESS：认证通过 ● FAILURE：认证失败 ● LOGOFF：已下线
AuthIndex	显示当前在线用户的认证体索引号

reset mac-authentication statistics [**interface** *interface-list*]命令用来清除 MAC 认证的统计信息。参数 **interface** *interface-list* 参见前面介绍。如果不指定端口类型和端口号，则清除设备上的全局及所有端口的 MAC 认证统计信息；如果指定端口类型和端口号，则仅清除指定端口上的 MAC 认证统计信息。

19.5.5　本地 MAC 地址认证配置示例

在本章前面已介绍到，H3C 以太网交换机的 MAC 地址认证有 RADIUS 服务器远程认证方式和交换机本地认证方式两种。本节先以一个具体的示例介绍本地 MAC 地址认证方式的综合配置方法。

本示例拓扑如图 19-8 所示，某用户的工作站与 S5800 系列以太网交换机的 GigabitEthernet1/0/1 端口连接。现希望在 GigabitEthernet1/0/1 端口上对用户接入进行 MAC 地址认证，以控制其对 Internet 的访问。要求交换机每隔 180 秒就对用户是否下线进行检测；并且当用户认证失败时，需等待 180 秒后才能对用户再次发起认证。所有用户都属于域 abc.net，认证时使用本地认证的方式；使用用户的 MAC 地址作为用户名和密码，其中 MAC 地址带连字符、字母小写。

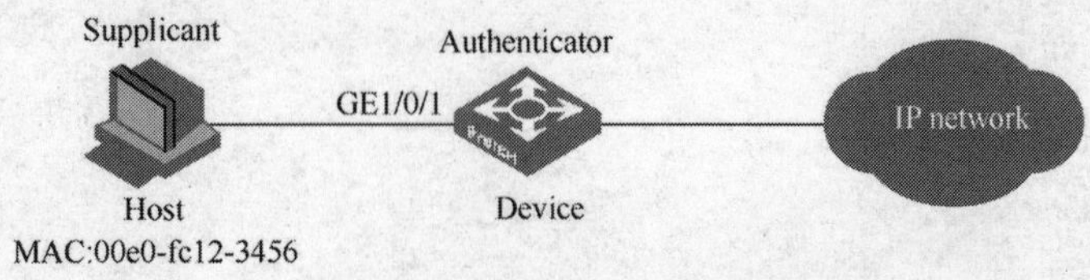

图 19-8　本地 MAC 地址认证配置示例

本示例的具体配置步骤如下：

（1）配置本地 MAC 地址认证用户名和密码。

```
<Device> system-view
[Device] local-user 00-e0-fc-12-34-56   !---以用户的 MAC 地址 00-e0-fc-12-34-56 添加本地接入用户
[Device-luser-00-e0-fc-12-34-56] password simple 00-e0-fc-12-34-56   !--- 以用户的 MAC 地址 00-e0-fc-12-34-56 配置用户密码
[Device-luser-00-e0-fc-12-34-56] service-type lan-access   !---配置访问类型为 LAN 访问
[Device-luser-00-e0-fc-12-34-56] quit
```

（2）配置 MAC 地址认证 ISP 域，使用本地认证方法。

```
[Device] domain abc.net
[Device-isp-abc.net] authentication lan-access local
[Device-isp-abc.net] quit
```

（3）开启全局和端口 MAC 地址认证功能。

```
[Device] mac-authentication
[Device] mac-authentication interface gigabitethernet 1/0/1
[Device] mac-authentication domain abc.net   !---配置 MAC 地址认证用户所使用的 ISP 域为 abc.net
[Device] mac-authentication timer offline-detect 180   !---配置 MAC 地址认证的离线检测定时器
[Device] mac-authentication timer quiet 180   !---配置 MAC 地址认证的静默等待定时器
[Device] mac-authentication user-name-format mac-address with-hyphen lowercase   !---配置 MAC 地址认证用户名格式：使用带连字符的 MAC 地址作为用户名与密码，其中字母小写
```

下面来验证配置结果，通过 **display mac-authentication** 命令可以查看 MAC 地址认证配置信息。从输出信息中可以验证以上配置是否生效，各字段的含义参见本章表 19-13。

```
<Device> display mac-authentication
MAC address authentication is enabled.
 User name format is MAC address in lowercase, like xx-xx-xx-xx-xx-xx
 Fixed username:mac
 Fixed password:not configured
          Offline detect period is 180s
          Quiet period is 180s.
          Server response timeout value is 100s
          The max allowed user number is 2048 per slot
          Current user number amounts to 1
          Current domain is abc.net

Silent Mac User info:
          MAC Addr          From Port                    Port Index

Gigabitethernet1/0/1 is link-up
  MAC address authentication is enabled
  Authenticate success: 1, failed: 0
 Max number of on-line users is 2048
  Current online user number is 1
          MAC Addr          Authenticate state           Auth Index
          00e0-fc12-3456    MAC_AUTHENTICATOR_SUCCESS      29
```

当用户认证成功后，可通过 **display connection** 命令查看上线用户的连接信息。从输出信息中可以看出当前用户的基本配置信息，如所使用的用户名、IPv4 或者 IPv6 地址、MAC 地址和当前用户总数。

```
<Device> display connection

Slot:  1
Index=29   ,Username=00-e0-fc-12-34-56@abc.net
 IP=N/A
 IPv6=N/A
 MAC=00e0-fc12-3456

Total 1 connection(s) matched on slot 1.
Total 1 connection(s) matched.
```

19.5.6　使用 RADIUS 服务器进行 MAC 地址认证的配置示例

本示例介绍的是使用 RADIUS 服务器进行远程 MAC 地址认证的综合配置方法，拓扑如图 19-9 所示，用户主机 Host 通过端口 GigabitEthernet1/0/1 连接到 S5100-EI 交换机上，然后通过 RADIUS 服务器对用户进行 MAC 地址认证、授权和计费。

现希望在端口 GigabitEthernet1/0/1 上对用户接入进行 MAC 地址认证，以控制其对 Internet 的访问。要求交换机每隔 180 秒就对用户是否下线进行检测；并且当用户认证失败时，需等待 180 秒后才能对用户再次发起认证。所有用户都属于域 abc.net，认证时采用固定用户名格式，用户名为 winda，密码为 123456。

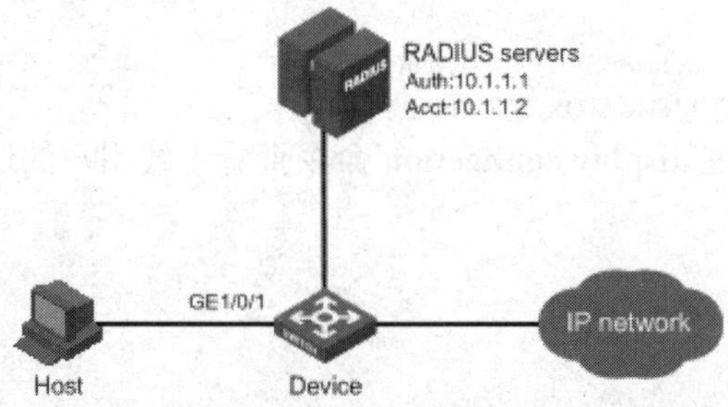

图 19-9　使用 RADIUS 服务器进行 MAC 地址认证配置示例

下面是具体的配置步骤。

在配置前要先确保 RADIUS 服务器与交换机的路由可达，并成功添加了接入用户账户 winda，密码为 123456。

（1）配置 RADIUS 服务器方案（具体命令说明参见本书第 20 章）。

```
<Device> system-view
[Device] radius scheme radmac
[Device-radius-2000] primary authentication 10.1.1.1 1812
[Device-radius-2000] primary accounting 10.1.1.2 1813
[Device-radius-2000] key authentication abc
[Device-radius-2000] key accounting abc
[Device-radius-2000] user-name-format without-domain
[Device-radius-2000] quit
```

（2）配置 ISP 域默认使用的 AAA 方案，也就是前面定义的 RADIUS 服务器方案。

```
[Device] domain abc.net
[Device-isp- abc.net] authentication default radius-scheme radmac
[Device-isp- abc.net] authorization default radius-scheme radmac
[Device-isp- abc.net] accounting default radius-scheme radmac
[Device-isp- abc.net] quit
```

（3）全局和端口开启 MAC 地址认证功能，并配置认证计时器和用户名格式。

```
[Device] mac-authentication
[Device] mac-authentication interface gigabitethernet 1/0/1
[Device] mac-authentication domain abc.net
[Device] mac-authentication timer offline-detect 180
[Device] mac-authentication timer quiet 180
[Device] mac-authentication user-name-format fixed account winda password simple 123456
```

可以通过 **display mac-authentication** 命令显示 MAC 地址认证配置信息，验证配置结果。输出信息中各字段说明参见本章前面的表 19-13。

```
<Device> display mac-authentication
MAC address authentication is enabled.
User name format is fixed account
 Fixed username:winda
```

```
Fixed password:123456
            Offline detect period is 180s
            Quiet period is 180s.
            Server response timeout value is 100s
            The max allowed user number is 2048 per slot
            Current user number amounts to 1
            Current domain is radmac

Silent Mac User info:
            MAC Addr                From Port               Port Index

Gigabitethernet1/0/1 is link-up
   MAC address authentication is enabled
   Authenticate success: 1, failed: 0
  Max number of on-line users is 2048
   Current online user number is 1
      MAC Addr              Authenticate state              Auth Index
      00e0-fc12-3456     MAC_AUTHENTICATOR_SUCCESS          29
```

用户认证成功后，可通过 **display connection** 命令查看上线用户的连接信息。

```
<Device> display connection

Index=29    ,Username=aaa@radmac
MAC=00e0-fc12-3456
IP=N/A
IPv6=N/A
 Total 1 connection(s) matched.
```

20 H3C 交换机 AAA 安全访问配置与管理

本章比较全面地介绍了 H3C 以太网交换机的各种 AAA 访问控制方案配置方法。通过本书第 16 章我们已经知道，AAA 是一种基于交换机的访问控制模式，总体来说 H3C 以太网交换机的 AAA 方案配置与 Cisco IOS 交换机的差不多，都使用了 RADIUS AAA 方案，但在另一种 AAA 方案中，H3C 以太网交换机上不是直接使用通用的 TACACS 协议，而是使用了改进型的华为/H3C 私有协议 HWTACACS 协议。

AAA 方案包括了本地、远程（采用 RADIUS 或者 HWTACACS 服务器）认证、授权和计费方案，也可以不进行认证、授权和计费。可以对包括 802.1x LAN 访问用户、Telnet、SSH、Portal 等各种类型用户进行访问控制。本章介绍的 H3C 以太网交换机配置思路清晰，案例丰富，可灵活应用于各种 AAA 方案环境。

20.1 H3C 交换机 AAA 基础

AAA 是 Authentication，Authorization and Accounting（认证、授权和计费）的简称，是对网络访问控制的一种管理模式。它提供了一个对认证、授权和计费这三种功能进行统一配置的框架："认证"确定哪些用户可以访问网络服务器；"授权"确定具有访问权限的用户最终可以获得哪些服务；"计费"确定如何对正在使用网络资源的用户进行计费。

20.1.1 AAA 简介

AAA 一般采用 C/S（客户端/服务器）结构：客户端运行于被管理的资源侧（注意，这里不是指终端用户，而是指网络设备，如接入交换机），服务器上集中存放用户信息。因此，AAA 框架具有良好的可扩展性，并且容易实现用户信息的集中管理。

1. AAA 认证

AAA 支持以下认证方式：

- 不认证：对接入用户信任，不进行合法性检查。这是默认认证方式。
- 本地认证：采用本地存储的用户信息对用户进行验证。本地认证的优点是速度快，可以降低运营成本；缺点是存储信息量受设备硬件条件（如闪存大小）限制。
- 远程认证：在 H3C 以太网交换机中，远程认证是指通过 RADIUS 服务器或 HWTACACS（Cisco IOS 交换机中采用的是 TACACS+协议）服务器对接入用户进行的认证。此时，H3C 交换机作为 RADIUS 或者 HWTACACS 客户端，与 RADIUS 服务器或 TACACS 服务器通信。远程认证的优点是便于集中管理，并且提供丰富的业务特性；缺点是必须提供专门的 RADIUS 或者 HWTACACS 服务器，并进行正确的服务器配置。

2. AAA 授权

AAA 支持以下授权方式：

- 直接授权：对用户信任，直接授权通过。
- 本地授权：根据交换机上为本地用户账号配置的相关属性进行授权。
- RADIUS 认证成功后远程授权：由 RADIUS 服务器对用户进行远程授权。要注意：RADIUS 协议的认证和授权是绑定在一起的，不能单独使用 RADIUS 服务器进行授权。
- HWTACACS 远程授权：由 HWTACACS 服务器对用户进行远程授权（HWTACACS 服务器的授权是独立于认证进行的）。

3. AAA 计费

AAA 支持以下计费方式：

- 不计费：不对用户计费。
- 本地计费：实现了本地用户连接数的统计和限制，并没有实际的费用统计功能。
- 远程计费：支持通过 RADIUS 服务器或 TACACS 服务器进行远程计费。

20.1.2 ISP 域简介

在 H3C 以太网交换机的 AAA 中用到一个 ISP 域的概念。ISP 域即 ISP 用户群，通常是把经过同一个 ISP 接入的用户划分到同一个 ISP 域中。这主要是应用于存在多个 ISP 的应用环境中，因为同一个接入设备接入的有可能是不同 ISP 的用户。由于各 ISP 用户的用户属性（例如用户名及密码构成、服务类型/权限等）有可能各不相同，因此有必要通过设置 ISP 域的方法把它们区别开。如果只有一个 ISP，则可以直接使用系统的默认域 system。

在 ISP 域视图下，可以为每个 ISP 域配置包括使用的 AAA 策略在内的一整套单独的 ISP 域属性。用户的认证、授权、计费都是在用户所属的 ISP 域视图下应用预先配置的认证、授权、计费方案来实现的。这个用户所属的 ISP 域，由其登录时提供的用户名决定：

- 如果用户登录时输入“userid@domain-name”形式的用户名，则其所属的 ISP 域为“domain-name”域。
- 如果用户登录时输入“userid”形式的用户名，则其所属的 ISP 域为接入设备上配置的默认域 system。

为便于对不同接入方式的用户进行区分管理，AAA 还可以将域用户划分为以下两个类型：

- lan-access 用户（局域网访问用户）：通过 LAN 接入的用户，如直接接入 LAN 中，然后通过 IEEE 802.1x 认证、MAC 地址认证的用户。
- login 用户：通过远程网络登录的用户，如 SSH、Telnet、FTP、终端接入用户。

这种用户类型的划分，使得 AAA 为用户指定认证、授权、计费方案的方法更加灵活。不仅可以在 ISP 域视图下针对不同的用户接入方式配置不同的认证、授权、计费方案。另外，在某些特定场景下，当用户输入的用户名必须为“*userid*”形式（某些特殊的客户端不允许输入带后缀的用户名）时可以通过用户的接入类型的区分为用户选择不同的认证、授权、计费方案。

【说明】因为 RADIUS 服务器已在本书第 16 章介绍 Cisco IOS 交换机的 AAA 时有全面介绍，故在此不再赘述，仅介绍在 H3C 以太网交换机中特定使用的 HWTACACS 服务器。

20.1.3 HWTACACS 简介

HWTACACS（HUAWEI Terminal Access Controller Access Control System，华为终端访问控制器访问控制系统）是在 TACACS 协议（有关 TACACS 协议参见本书第 16 章）基础上进行了功能增强的安全协议。该协议与 RADIUS 协议类似，交换机设备也是用来担当客户端的，也是通过 C/S 模式与 HWTACACS 服务器通信来实现多种用户的 AAA 功能，可用于 PPP 和 VPDN 接入用户及终端用户的认证、授权和计费。但是 RADIUS 服务器的认证和授权是捆绑在一起进行的，而 TACACS 和 HWTACACS 的认证和授权是独立进行的。

与 RADIUS 相比，TACACS/HWTACACS 具有更加可靠的传输和加密特性，更加适合于安全控制，因为 RADIUS 使用的是非可靠的 UDP 协议进行报文传输的，而 HWTACACS 使用的是可靠的 TCP 协议进行报文传输的。HWTACACS 协议与 RADIUS 协议的主要区别如表 20-1 所示。

表 20-1 TACACS/HWTACACS 协议和 RADIUS 协议区别

比较项目	TACACS/HWTACACS 协议	RADIUS 协议
使用的传输层协议	使用 TCP 协议，网络传输更可靠，但传输效率低	使用 UDP 协议，不可靠，但传输效率高
加密方式	除了 HWTACACS 报文头，对报文主体全部进行加密	只是对验证报文中的密码字段进行加密
认证与授权是否分离	认证和授权分离，例如，可以用一个 TACACS/HWTACACS 服务器进行认证，另外一个 TACACS/HWTACACS 服务器进行授权	认证和授权一起处理
主要应用	更适用于进行安全控制	更适用于进行计费
是否支持对配置命令进行授权	支持	不支持

TACACS/HWTACACS 主要用于远程登录用户（非直接 LAN 访问用户）的访问控制和计费，

交换机作为 TACACS/HWTACACS 的客户端，充当中间代理的作用，将请求认证的用户的用户名和密码发给 TACACS/HWTACACS 服务器进行验证，验证通过并得到授权之后，用户才可以登录到交换机上进行操作。

下面以 Telnet 用户为例说明使用 HWTACACS 对用户进行认证、授权和计费的基本流程（同时适用于 TACACS 协议）。流程图如图 20-1 所示，文字描述如下：

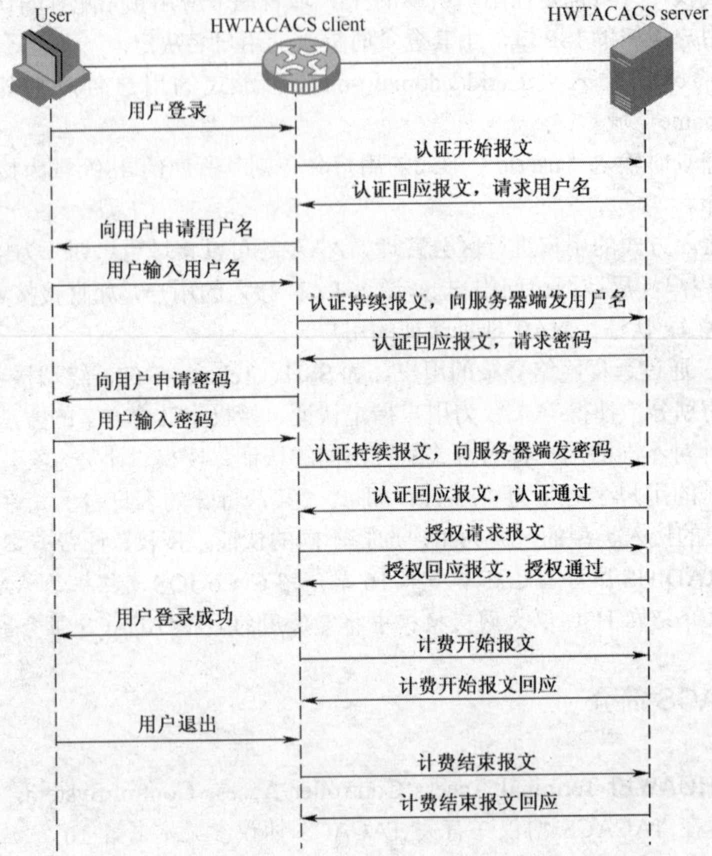

图 20-1　通过 HWTACACS 服务器对 Telnet 用户进行认证、授权和计费的流程

（1）用户请求登录交换机，HWTACACS 客户端（交换机）收到请求之后，向 HWTACACS 服务器发送认证开始报文。

（2）HWTACACS 服务器发送认证回应报文，请求认证请求的用户名；交换机收到回应报文后，向访问用户询问其用户名。

（3）交换机在收到访问用户名后，向 HWTACACS 服务器发送认证持续报文，其中就包括了从认证请求用户那里得到的用户名。

（4）HWTACACS 服务器发送认证回应报文，请求登录密码；交换机在收到回应报文后，继续向认证请求用户询问其登录密码。

（5）交换机在收到登录密码后，向 HWTACACS 服务器发送认证持续报文，其中就包括了从认证请求用户那里得到的登录密码。

（6）HWTACACS 服务器向交换机发送认证回应报文，指示用户通过认证。

（7）交换机向 HWTACACS 服务器发送授权请求报文。

（8）HWTACACS 服务器向交换机发送授权回应报文，指示用户通过授权。

（9）交换机在收到授权回应成功报文，向请求认证用户输出交换机的配置界面。

（10）交换机向 HWTACACS 服务器发送计费开始报文。

（11）HWTACACS 服务器向交换机发送计费回应报文，指示计费开始报文已经收到。

（12）当用户退出时，交换机再向 HWTACACS 服务器发送计费结束报文。

（13）HWTACACS 服务器向交换机发送计费回应报文，指示计费结束报文已经收到。

20.1.4　H3C 交换机配置 AAA 配置任务

要采用 AAA 访问控制模式对接入用户的网络访问进行控制时，首先需要做的是进行一个总体 AAA 方案设计和配置。在 H3C 以太网交换机 AAA 方案中，又可以区分 ISP 域是采用认证、授权、计费捆绑方式，还是采用认证、授权、计费分离方式。如果采用捆绑方式，则在配置 ISP 域的 AAA 方案时支持在同一个 ISP 域视图下，针对不同的用户接入方式配置不同的 AAA 方案；如果采用分离方式，则在配置 ISP 域的 AAA 方案时用户可以分别指定认证、授权、计费方案。如果采用 RADIUS、HWTACACS 认证方案，需要提前完成 RADIUS 或 HWTACACS 相关配置。

在作为 AAA 客户端的接入设备（如 H3C 以太网交换机）上，AAA 的基本配置思路如下：

（1）配置 AAA 方案：根据需要配置本地或远程认证方案。

- 本地认证：需要配置本地用户，即 local user 的相关属性，包括手动添加认证的用户名和密码等。
- 远程认证：需要配置 RADIUS 或 HWTACACS 方案，并在服务器上配置相应的用户属性。

（2）配置实现 AAA 的方法：在用户所属的 ISP 域中分别指定实现认证、授权、计费的方法，都可以选择 none（不）、local（本地）和 scheme（远程）方法。

整体 AAA 配置任务如表 20-2 所示。

表 20-2　H3C 交换机 AAA 配置任务

配置任务		说明
配置 AAA 方案	配置本地用户	至少选其一
	配置 RADIUS 方案	
	配置 HWTACACS 方案	
在 ISP 域中配置实现 AAA 的方法	创建 ISP 域	必需
	配置 ISP 域的属性	可选
	配置 ISP 域的 AAA 认证方法	至少选其一
	配置 ISP 域的 AAA 授权方法	
	配置 ISP 域的 AAA 计费方法	
配置强制切断用户		可选
配置 NAS-ID 与 VLAN 的绑定		可选
配置双机热备模式下的设备 ID		可选
配置设备作为 RADIUS 服务器		可选

20.2　H3C 交换机本地用户配置与管理

当选择使用本地（local）认证方法对用户进行认证时，应在交换机上创建本地用户并配置相关属性。所谓本地用户，是指在本地交换机上设置的一组以用户名为唯一标识的用户。为使某个请求网络服务的用户可以通过本地认证，需要在设备上的本地用户数据库中添加相应的表项。具体步骤是先创建一个本地用户并进入本地用户视图，然后在本地用户视图下配置相应的用户属性。

20.2.1　本地用户属性

在 H3C 以太网交换机上可配置的本地用户属性包括：

● 服务类型

用户接入设备时可使用的网络服务类型。该属性是本地认证的检测项，如果没有用户可以使用的服务类型，则该用户无法接入设备。H3C 以太网交换机可支持的服务类型包括：FTP、lan-access、Portal（Web 认证）、SSH、Telnet、Terminal。有关 Portal 用户将在本书第 21 章介绍。

● 用户状态

用于指示是否允许该用户请求网络服务器，包括 active（活跃）和 block（阻塞）两种状态。active 表示允许该用户请求网络服务，block 表示禁止该用户请求网络服务。

● 最大用户数

指使用当前用户名接入设备的最大用户数目。如果当前该用户名的接入用户数已达到最大值，则使用该用户名的新用户将被禁止接入。

● 有效期

指用户账户的有效的截止日期。用户进行本地认证时，接入设备检查当前系统时间是否在用户的有效期内，如果在有效期内则允许该用户登录，否则拒绝。

● 所属的用户组

每一个本地用户都属于一个本地用户组，并继承组中的所有属性（密码管理属性和用户授权属性），相当于 Windows 系统的工作组。

● 密码管理属性

指用户密码的安全属性，可根据设置的密码策略对认证密码进行管理和控制。可设置的密码策略包括：密码老化时间、密码最小长度、密码组合策略。

本地用户的密码管理属性在系统视图（具有全局性）、用户组视图和本地用户视图下都可以配置，其生效的优先级顺序由高到低依次为本地用户、用户组、全局。全局配置对所有本地用户生效，用户组的配置对组内所有本地用户生效。

● 绑定属性

指用户认证时需要检测的属性，用于限制接入用户的范围。如果用户的实际属性与设置的绑定属性不匹配，则不能通过认证。可绑定的属性包括：ISDN 用户的主叫号码、用户 IP 地址、用户接入端口、用户 MAC 地址、用户所属 VLAN。

● 用户授权属性

本地用户的授权属性在用户组和本地用户视图下都可以配置，且本地用户视图下的配置优先级高于用户组视图下的配置。用户组的配置对组内所有本地用户生效。

用户认证通过后，接入设备下发给用户权限。可支持的授权属性包括：ACL、PPP 回呼号码、闲置切换功能、用户级别、用户角色、User Profile、VLAN、FTP/SFTP 工作目录。

20.2.2 本地用户属性配置

在 H3C 以太网交换机上配置上节介绍的本地用户属性的具体步骤如表 20-3 所示。

表 20-3 本地用户的属性配置步骤

步骤	命令	说明
1	**system-view** 例如：<Sysname> **system-view**	进入系统视图
2	**local-user password-display-mode** { **auto** | **cipher-force** } 例如：[Sysname]**local-user password-display-mode auto**	（可选）设置本地用户密码的显示方式。二选一选项 **cipher-force** 表示强制 cipher 方式，即所有本地用户的密码显示方式必须采用密文方式；二选一选项 **auto** 表示为自动方式，即本地用户的密码显示方式可以由用户自己通过 **password** 命令来设置。 默认情况下，所有接入用户的密码显示方式为 **auto**，表示按照用户设置密码时指定的密码显示方式显示，可用 **undo local-user password-display-mode** 命令恢复默认的本地用户的密码显示方式

续表

<table>
<tr><th>步骤</th><th>命令</th><th colspan="2">说明</th></tr>
<tr><td>3</td><td>local-user user-name
例如：[Sysname] local-user winda</td><td colspan="2">添加本地用户，并进入本地用户视图。本地用户名为不超过 184 个字符的字符串。该字符串中不能包括“/”、“\”、“:”、“*”、“?”、“<”、“>”以及“|”等字符，“a”、“al”、“all”不能作为用户名。并且“@”出现的次数不能多于 1 次；纯用户名（“@”以前部分，即用户标识）不能超过 55 个字符，域名（“@”以后的部分）不能超过 128 个字符。如果用户名中使用“~”字符，则最后一个“～”字符后如果是数字，数字必须不少于 5 位。因为当用户名长度超过 16 个字符时，为避免过长用户名显示造成换行，视图名称显示为“系统提示符-用户名的前 15 位～4 位索引号”。
默认情况下，系统中没有任何本地用户，可用 undo local-user { user-name | all [service-type { ftp | lan-access | ssh | telnet | terminal }] }命令删除指定类型的本地用户。命令中的 all 表示删除所有的本地用户；service-type 指定删除指定服务类型的用户。其中，ftp 指定 FTP 用户；lan-access 指定用户为 lan-access 类型（主要指以太网接入用户，比如 IEEE 802.1x 用户）；ssh 为 SSH 用户；telnet 为 Telnet 用户；terminal 为从 Console 口登录的终端用户</td></tr>
<tr><td>4</td><td>password { cipher | simple } password
例如：[Sysname-luser-winda] password cipher 123456</td><td colspan="2">（可选）设置本地用户的密码。命令中的参数和选项说明如下：
● simple：二选一选项，表示密码为明文
● cipher：二选一选项，表示密码为密文
● password：指定密码
对于 simple 方式，密码必须是明文密码；对于 cipher 方式，密码可以是密文密码，也可以是明文密码，结果视输入而定。明文密码可以是长度小于等于 63 的连续字符串，如：aabbcc。密文口令的长度为 24 或者 88 位，如“_(TT8F)Y\5SQ=^Q`MAF4<1!!”。
可用 undo password 命令取消本地用户的密码。
【注意】当采用 local-user password-display-mode cipher-force 命令后，即使用户通过 password 命令指定密码显示方式为明文显示（即 simple 方式）后，密码也会显示为密文。
在 cipher 方式下，长度小于等于 16 的明文密码会被加密为长度是 24 的密文，长度大于 16 且小于等于 63 的明文密码会被加密为长度是 88 的密文。当用户输入长度为 24 的密码时，如果密码能够被系统解密，则按密文密码处理；如果不能被解密，则按明文密码处理</td></tr>
<tr><td>5</td><td>state { active | block }
例如：[Sysname-luser-winda]state active</td><td colspan="2">（可选）设置本地用户的状态。二选一选项 active 用来指定当前本地用户（本地用户视图）处于活动状态，即系统允许当前本地用户（本地用户视图）请求网络服务；二选一选项 block 用来指定当前本地用户（本地用户视图）处于“挂起”状态，即系统不允许当前本地用户（本地用户视图）请求网络服务。
默认情况下，当一个本地用户被创建以后，其状态为 active，允许该用户请求网络服务</td></tr>
<tr><td>6</td><td>access-limit max-user-number
例如：[Sysname-luser-winda]access-limit 10</td><td colspan="2">（可选）设置当前用户名可容纳的最大本地接入用户数（也就是同时使用本用户名接入的用户数），取值范围为 1～1024。由于 FTP 用户不支持计费，因此 FTP 用户不受此属性限制。
默认情况下，不限制当前本地用户名可容纳的接入用户数，可用 undo access-limit 命令恢复默认设置</td></tr>
<tr><td>7</td><td>password-control aging aging-time
例如：[Sysname-luser-winda]password-control aging 10</td><td rowspan="3">设置本地用户的密码管理属性（仅 S550-SI/EI、S58、S9500、S9500E 等中高端系列交换机支持）。
【注意】这三项设置均可以在系统视图/用户组/本地用户视图下设置：系统视图下配置具有全局性，对所有用户组有效，用户组视图下的配置对用户组内所有本地用户有效，本地用户视图下的配置只对当前本地用户有效。
本地用户密码设置生效的优先级顺序由高到低依次为本地用户视图、用户组视图、全局视图。即，系统优先采用本地用户视图下的配置，如果本地用户视图下未配置，则采用用户组视图下的配置，如果用户组视图下也未配置，则采用全局视图下的配置</td><td>（可选）设置密码的老化时间，取值范围为 1～365 天。默认情况下，全局的密码老化时间为 90 天；用户组的密码老化时间为全局配置的密码老化时间；本地用户的密码老化时间为所属用户组的密码老化时间，如果用户组未配置该值，则采用全局配置值，可用 undo password-control aging 命令恢复默认设置</td></tr>
<tr><td>8</td><td>password-control length length
例如：[Sysname-luser-winda]password-control length 6</td><td>（可选）设置用户密码的最小长度，取值范围为 4～32。默认情况下，全局的密码最小长度为 10 个字符，本地用户的密码最小长度为全局配置。用户组的密码最小长度为全局配置的密码最小长度；本地用户的密码最小长度为所属用户组的密码最小长度，如果用户组未配置该值，则采用全局配置值，可用 undo password-control length 命令恢复默认设置</td></tr>
<tr><td>9</td><td>password-control composition type-number type-number [type-length type-length]
例如：[Sysname-luser-winda]password-control composition type-number 1 type-length 3</td><td>（可选）设置用户密码的组合策略，参数 type-number type-number 用来指定密码元素（包括数字、字符、大写字母、小写字母四种）的最少组合类型数，取值范围为 1～4；可选参数 type-length type-length 用来指定密码中至少要包含每种元素的个数，取值范围为 1～63。
默认情况下，全局的密码元素的最少组合类型为 1 种，至少要包含每种元素的个数为 1 个；用户组的密码组合策略为全局配置的密码组合策略；本地用户的密码组合策略为所属用户组的密码组合策略，如果用户组未配置该值，则采用全局配置值，可用 undo password-control composition 命令恢复默认设置</td></tr>
</table>

续表

步骤	命令	说明
10	**service-type** { **ftp** | **lan-access** | { **ssh** | **telnet** | **terminal** } * | **portal** } 例如：[Sysname-luser-winda]**service-type ftp lan-access portal**	设置本地用户可以使用的服务类型，对应不同的用户类型。命令中的选项说明如下： ● **ftp**：可多选选项，指定用户可以使用 FTP 服务，即可以使用 FTP 方式登录。如果授权 FTP 服务，默认授权使用设备的根目录 ● **lan-access**：可多选选项，指定用户可以使用 lan-access 服务。主要指以太网接入用户，比如 802.1x 用户 ● **ssh**：可多选选项，指定用户可以使用 SSH 服务，即可以使用 SSH 安全方式登录 ● **telnet**：可多选选项，指定用户可以使用 Telnet 服务，即可以使用 Telnet 方式登录 ● **terminal**：可多选选项，指定用户可以使用 terminal 服务（即从 Console 口、AUX 口登录） ● **portal**：可选项，指定用户可以使用 Portal 服务（即 Web 认证服务） 默认情况下，系统不对本地用户授权任何服务，可用 **undo service-type** { **ftp** | **lan-access** | { **ssh** | **telnet** | **terminal** } * | **portal** }命令删除用户可以使用的服务类型
11	**bind-attribute** { **call-number** *call-number* [: *subcall-number*] | **ip** *ip-address* | **location port** *slot-number subslot-number port-number* | **mac** *mac-address* | **vlan** *vlan-id* } * 例如：[Sysname-luser-winda]**bind-attribute mac** 1-2-3 **vlan** 10	（可选）设置本地用户的绑定属性。当对本地用户进行认证时，如果配置了绑定属性，则会检查用户的实际属性与配置的绑定属性是否一致，如果不一致则认证失败。而且，由于认证检测时不区分用户的接入服务类型，即会对所有类型的用户都进行已配置绑定属性的认证检测，因此在配置绑定属性时要考虑某类型的用户是否需要绑定某些属性。例如，只有支持 IP 地址上传功能的 IEEE 802.1x 认证用户才可以配置绑定 IP 地址；对于不支持 IP 地址上传功能的 MAC 地址认证用户，如果配置了绑定 IP 地址，则会导致该用户的本地认证失败。命令中的可多选参数和选项说明如下： ● **call-number** *call-number*：指定 ISDN 用户认证的主叫号码，为 1～64 个字符的字符串 ● *subcall-number*：指定子主叫号码。如果配置了子主叫号码，则主叫号码与子主叫号码的总长度不能大于 62 个字符 ● **ip** *ip-address*：指定用户的 IP 地址。该绑定属性仅适用于 lan-access 类型中的 IEEE 802.1x 用户 ● **location**：设置用户的端口绑定属性。该绑定属性仅适用于 lan-access 类型的用户 ● **port** *slot-number subslot-number port-number*：指定用户绑定的端口。其中 *slot-number* 为单板所在槽位号，取值范围为 0～255。*subslot-number* 为子槽位号，取值范围为 0～15。*port-number* 为端口号，取值范围 0～255。注意：绑定的端口只针对端口号，不区分端口类型。该绑定属性仅适用于 lan-access 类型的用户 ● **mac** *mac-address*：指定用户的 MAC 地址，为 H-H-H 格式。该绑定属性仅适用于 lan-access 类型的用户 ● **vlan** *vlan-id*：设置用户所属于的 VLAN。其中，*vlan-id* 为 VLAN 编号，取值范围为 1～4094。该绑定属性仅适用于 lan-access 类型的用户 默认情况下，未设置本地用户的任何绑定属性，可用 **undo bind-attribute** { **call-number** | **ip** | **location** | **mac** | **vlan** } *命令删除配置的用户绑定属性
12	**authorization-attribute** { **acl** *acl-number* | **callback-number** *callback-number* | **idle-cut** *minute* | **level** *level* | **user-profile** *profile-name* | **user-role security-audit** | **vlan** *vlan-id* | **work-directory** *directory-name* } * 例如：[Sysname-luser-winda] **authorization-attribute level** 3 **vlan** 10	（可选）设置本地用户的授权属性。命令的可多选参数和选项说明如下： ● **acl** *acl-number*：指定本地用户的授权 ACL，取值范围为 2000～5999 ● **callback-number** *callback-number*：指定本地用户的授权 PPP 回呼号码，为 1～64 个字符的字符串，区分大小写 ● **idle-cut** *minute*：启用本地用户的闲置切断功能，取值范围为 1～120，单位为分钟。如果用户在线后连续闲置的时长超过该值，设备会强制该用户下线 ● **level** *level*：指定本地用户的级别，取值范围为 0～3。其中 0 为访问级，1 为监控级，2 为系统级，3 为管理级，数值越小，用户的级别越低。当登录设备用户界面的验证方式配置为 **scheme** 时，用户成功登录后所能访问的命令行的级别由本参数决定。默认情况下，本地用户的级别为 0，即用户成功登录后默认可以访问级别为 0 的命令行 ● **user-profile** *profile-name*：指定本地用户的授权 User Profile。其中，*profile-name* 表示用户配置文件的名称，为 1～32 个字符的字符串，只能包含英文字母、数字、下划线，且必须以英文字母开始，区分大小写 ● **user-role security-audit**：授权本地用户的角色，对不同角色的用户下发不同的命令行使用权限。其中，**security-audit** 表示授权本地用户为安全日志管理员，该类型的本地用户通过认证后，仅能执行与安全日志文件操作相关的命令，比如保存安全日志文件等。该属性仅在本地用户视图下支持 ● **vlan** *vlan-id*：指定本地用户的授权 VLAN，取值范围为 1～4094 ● **work-directory** *directory-name*：授权 FTP/SFTP 用户可以访问的目录。其中，*directory-name* 表示 FTP/SFTP 用户可以访问的目录，为 1～135 个字符的字符串，不区分大小写，且该目录必须已经存在 对于 **lan-access**、**portal** 用户，仅授权属性 **acl**、**idle-cut**、**user-profile** 和 **vlan** 有效；对于 **ssh**、**terminal** 用户，仅授权属性 **level** 有效；对于 **ftp** 用户，仅授权属性 **level** 和 **work-directory** 有效；对于 **telnet** 用户，仅授权属性 **level** 和 **user-role** 有效；对于其他类型的本地用户，所有授权属性均无效

续表

步骤	命令	说明
12		默认情况下，未设置本地用户的任何授权属性，可用 **undo authorization-attribute { acl | callback-number | idle-cut | level | user-profile | user-role | vlan | work-directory }** *命令删除配置的授权属性，恢复用户具有的默认访问权限
13	**expiration-date** *time* 例如：[Sysname-luser-winda] **expiration-date** 10:12:12-2012/1/1	（可选）设置本地用户的有效期。有用户临时需要接入网络时，可以建立来宾账户来管理用户的临时访问，并通过该命令对用户账户的有效期进行控制。 参数 *time* 可以精确到秒，格式为 HH:MM:SS-MM/DD/YYYY（时:分:秒-月/日/年）或 HH:MM:SS-YYYY/MM/DD（时:分:秒-年/月/日）。其中，HH:MM:SS 中的 HH 取值范围为 0～23，MM 和 SS 取值范围为 0～59；MM/DD/YYYY 中的 MM 的取值范围为 1～12，DD 的取值范围与月份有关，YYYY 的取值范围为 2000～2035。除表示零点外，格式中的前导 0 可以省略不写，比如 2:2:0-2011/2/2 等效于 02:02:00-2012/02/02。 默认情况下，未设置本地用户的有效期，可用 **undo expiration-date** 命令取消本地用户的有效期配置
14	**group** *group-name* 例如：[Sysname-luser-winda] **group** abc	（可选）设置本地用户所属的用户组，为 1～32 个字符的字符串，不区分大小写。默认情况下，本地用户属于系统默认用户组 system，可用 **undo group** 命令恢复默认配置

【示例 1】强制所有本地用户采用密文方式显示密码。

```
<Sysname> system-view
System View: return to User View with Ctrl+Z.
[Sysname] local-user password-display-mode cipher-force
```

【示例 2】添加名为 winda 的本地用户。

```
<Sysname> system-view
System View: return to User View with Ctrl+Z.
[Sysname] local-user winda
New local user added.
[Sysname-luser-winda]
```

【示例 3】添加名为“01234567891234567”的本地用户（此时要注意，本示例的用户名长度超过了 16 位，视图名称最终显示为“系统提示符-用户名的前 15 位~4 位索引号”）。

```
<Sysname> system-view
System View: return to User View with Ctrl+Z.
[Sysname]local-user 01234567891234567
New local user added.
[Sysname-luser-012345678912345~0000]
```

【示例 4】设置用户 winda 的密码采用明文方式，密码为 12345678。

```
<Sysname> system-view
System View: return to User View with Ctrl+Z.
[Sysname] local-user winda
New local user added.
[Sysname-luser-winda] password simple 12345678
```

【示例 5】设置用户 winda 处于“挂起”状态。

```
<Sysname> system-view
System View: return to User View with Ctrl+Z.
[Sysname] local-user winda
[Sysname-user-winda] state block
```

【示例 6】指定用户 winda 可以使用 Telnet 和 SSH 服务。

```
<Sysname> system-view
[Sysname] local-user winda
[Sysname-luser-winda] service-type telnet ssh
```

【示例 7】配置本地用户 winda 的绑定 IP 为 1.2.3.4。

```
<Sysname> system-view
[Sysname] local-user winda
[Sysname-luser-winda] bind-attribute ip 1.2.3.4
```

【示例 8】配置用户组 abc 的 Level 级别为 2，授权 VLAN 为 VLAN 2。

```
<Sysname> system-view
[Sysname] user-group abc
[Sysname-ugroup-abc] authorization-attribute level 2 vlan 2
```

【示例 9】配置用户 winda 的有效期为 2012/11/30 的 12:10:20。

```
<Sysname> system-view
[Sysname] local-user winda
[Sysname-luser-winda] expiration-date 12:10:20-2012/11/30
```

【示例 10】设置本地用户 winda 所属的用户组为 abc。

```
<Sysname> system-view
[Sysname] local-user winda
[Sysname-luser-winda] group abc
```

20.2.3 用户组属性配置

与 Windows 系统用户组一样，H3C 以太网交换机中，为了简化本地用户的配置，减轻用户属性配置工作量，增强本地用户的可管理性，也引入了用户组的概念。用户组是一个本地用户属性的集合，表 19-3 所示某些需要集中管理的属性（不是所有用户属性都可以的）可在用户组中统一配置和管理。然后使用 **group** *group-name* 命令把要共享这些属性的用户添加到指定的用户组中，则用户组内的所有本地用户都可以继承这些公共属性。目前，用户组中可以管理的内容包括本地用户的密码管理属性和授权属性。

每个新增的本地用户都默认属于一个系统自动创建的用户组 system，且继承该组的所有属性。本地用户所属的用户组可以通过使用本地用户视图下的 **group** 命令来修改所属的用户组。具体配置步骤如表 20-4 所示。

表 20-4 用户组属性的配置步骤

<table>
<tr><th>步骤</th><th>命令</th><th colspan="2">说明</th></tr>
<tr><td>1</td><td>system-view
例如：<Sysname> system-view</td><td colspan="2">进入系统视图</td></tr>
<tr><td>2</td><td>user-group group-name
例如：[Sysname] user-group produ</td><td colspan="2">创建用户组，为 1～32 个字符的字符串，不区分大小写。进入用户组视图</td></tr>
<tr><td>3</td><td>password-control aging aging-time
例如：[Sysname-ugroup-produ] password-control aging 10</td><td rowspan="3">（可选）设置用户组的密码控制属性。默认情况下，采用全局设置</td><td>设置用户密码的老化时间，参见表 20-3 中的第 7 步</td></tr>
<tr><td>4</td><td>password-control length length
例如：[Sysname-ugroup-produ] password-control length 9</td><td>设置用户密码的最小长度，参见表 20-3 中的第 8 步</td></tr>
<tr><td>5</td><td>password-control composition type-number type-number [type-length type-length]
例如：[Sysname-ugroup-produ]password-control composition type-number 3 type-length 2</td><td>设置用户密码组合策略，参见表 20-3 中的第 9 步</td></tr>
<tr><td>6</td><td>authorization-attribute { acl acl-number | callback-number callback-number | idle-cut minute | level level | user-profile profile-name | vlan vlan-id | work-directory directory-name } *
例如：[Sysname-ugroup-produ] authorization-attribute idle-cut 10 level 2 vlan 10</td><td colspan="2">（可选）设置用户组的授权属性。默认情况下，未设置用户组的授权属性，参见表 20-3 中的第 12 步</td></tr>
</table>

20.2.4 本地用户及本地用户组管理

可在任意视图下执行以下两个 **display** 命令显示配置后本地用户及本地用户组的运行情况，验证配置效果。

1. display local-user 命令

display local-user [**idle-cut** { **disable** | **enable** } | **service-type** { **ftp** | **lan-access** | **portal** | **ssh** | **telnet** | **terminal** } | **state** { **active** | **block** } | **user-name** *user-name* | **vlan** *vlan-id*] [**slot** *slot-number*] [| { **begin** | **exclude** | **include** } *regular-expression*] 命令用来显示所有或指定的本地用户的相关信息。命令中的参数和选项说明如下：

- **idle-cut { disable | enable }**：可选项，显示禁止或者允许启用闲置切断功能的本地用户。其中，**disable** 表示禁止用户启用闲置切断功能；**enable** 表示允许用户启用闲置切断功能。
- **service-type**：可选项，显示指定用户类型的所有本地用户信息。**ftp** 指定用户为 FTP 类型；**lan-access** 指定用户为 lan-access 类型（主要指以太网接入用户，比如 IEEE 802.1x 用户）；**portal** 为 Portal 用户（Web 认证的访问用户）；**ssh** 为 SSH 用户；**telnet** 为 Telnet 用户；**terminal** 为从 CON 口、AUX 口登录的终端用户。
- **state { active | block }**：可选项，显示指定状态下的所有本地用户信息。其中，**active** 表示系统允许用户请求网络服务；**block** 表示系统不允许用户请求网络服务。
- **user-name** *user-name*：可选参数，显示指定用户名的本地用户信息。其中，*user-name* 表示本地用户名，为 1～55 个字符的字符串，区分大小写，不能携带域名。
- **vlan** *vlan-id*：可选参数，显示指定 VLAN 内的所有本地用户信息。其中，*vlan-id* 为 VLAN 编号，取值范围为 1～4094。
- **slot** *slot-number*：可选参数，显示指定交换机堆叠成员设备的本地用户信息。*slot-number* 表示 IRF 堆叠中设备的成员编号，取值范围以设备的实际情况为准，可使用 **display irf** 命令查看。如果未形成 IRF，则 *slot-number* 为当前设备编号。
- **|**：可选项，使用正则表达式对显示信息进行过滤。有关正则表达式的详细介绍，请参见“基础配置指导”中的“CLI 配置”。
- **begin**：多选一可选项，指定从包含指定正则表达式的行开始显示。
- **exclude**：多选一可选项，指定只显示不包含指定正则表达式的行。
- **include**：多选一可选项，指定只显示包含指定正则表达式的行。
- *regular-expression*：可选参数，表示正则表达式，为 1～256 个字符的字符串，区分大小写。

【说明】以上正则表达式中的选项和参数不适用于 S2000-EA、S5600、S5100-SI/EI 等低端交换机系列。下同，不再赘述。

【示例 1】显示所有本地用户的相关信息。输出信息中的字段说明如表 20-5 所示。

```
<Sysname> display local-user
The contents of local user abc:
  State:                     Active
  ServiceType:               lan-access
  Access-limit:              Enable            Current AccessNum: 0
  User-group:                system
  Bind attributes:
  Authorization attributes:
    User Privilege:          3
Total 1 local user(s) matched.
```

表 20-5　display local-user 命令输出信息字段说明

字段	说明
State	显示本地用户状态（Active：激活，Block：阻塞）
ServiceType	显示本地用户使用的服务类型（ftp、lan-access、portal、ssh、telnet、terminal）
Access-limit	显示当前用户名的连接数限制
Current AccessNum	显示当前接入用户数
User-group	显示本地用户所属用户组
Bind attributes	显示本地用户的绑定属性
Authorization attributes	显示本地用户的授权属性
User Privilege	显示本地用户级别
Total 1 local user(s) matched.	显示总计有 1 个本地用户匹配

2. display user-group 命令

display user-group [*group-name*] [| { **begin** | **exclude** | **include** } *regular-expression*] 命令用来显示用户组的相关配置。参数 *group-name* 用来指定要查看组信息的用户组名称，为 1～32 个字符的字符串，不区分大小写。关于正则表达式的相关参数和选项说明参见上一命令的相关介绍。

【示例 2】显示用户组 abc 的相关配置。命令输出信息的字段说明如表 20-6 所示。

```
<Sysname> display user-group abc
The contents of user group abc:
 Authorization attributes:
   Idle-cut:                    120(min)
   Work Directory:              FLASH:
   Level:                       1
   Acl Number:                  2000
   Vlan ID:                     1
   User-Profile:                1
   Callback-number:             1
 Password-Aging:                Enabled (1 day(s))
 Password-Length:               Enabled (4 characters)
 Password-Composition:          Enabled (1 type(s),   1 character(s) per type)
Total 1 user group(s) matched.
```

表 20-6 display user-group 命令输出信息字段说明

字段	说明
Idle-cut	显示闲置切断时间（单位：分钟）
Work Directory	显示 FTP/SFTP 用户可以访问的目录
Level	显示本地用户的级别
Acl Number	显示授权 ACL 号
Vlan ID	显示授权 VLAN ID
User-Profile	显示授权 User Profile 名称
Callback-number	显示 PPP 回呼号码
Password-Aging	显示本地用户密码老化时间
Password-Length	显示本地用户密码最小长度
Password-Composition	显示本地用户密码组合策略
Total 1 user group(s) matched.	显示总计有 1 个用户组匹配

20.3 H3C 交换机 RADIUS 方案配置与管理

AAA 方案如果使用 RADIUS 服务器进行认证、授权和计费，则需要先配置 RADIUS 方案。其中的主要配置包括指定各种 RADIUS 服务器的 IP 地址、UDP 端口号和报文共享密钥，以及其他一些必要的参数设置。主要的配置任务如表 20-7 所示（绝大多数是需要根据实际需要进行的可选配置任务）。

表 20-7 RADIUS 方案配置任务

配置任务	说明
创建 RADIUS 方案	必需
配置 RADIUS 方案所属的 VPN	可选
配置 RADIUS 认证/授权服务器	必需
配置 RADIUS 计费服务器及相关参数	可选
配置 RADIUS 报文的共享密钥	可选
配置发送 RADIUS 报文的最大尝试次数	可选
配置支持的 RADIUS 服务器的类型	可选
配置 RADIUS 服务器的状态	可选

续表

配置任务	说明
配置发送给 RADIUS 服务器的数据相关属性	可选
配置发送 RADIUS 报文使用的源地址	可选
配置发送 RADIUS 报文使用的备份源地址	可选
配置 RADIUS 服务器的定时器	可选
配置 RADIUS 的 Trap 功能	可选
启用监听端口	可选

20.3.1　创建 RADIUS 方案

在进行 RADIUS 的其他配置之前，必须首先创建一个所需的 RADIUS 方案。创建 RADIUS 方案的方法很简单，只需在系统视图下使用 **radius scheme** *radius-scheme-name* 命令即可。参数 *radius-scheme-name* 用来指定要创建的 RADIUS 方案的名称，为 1～32 个字符的字符串，不区分大小写。

一个 RADIUS 方案可以同时被多个 ISP 域引用。每个 RADIUS 方案至少须指明 RADIUS 认证/授权/计费服务器的 IP 地址、UDP 端口号以及 RADIUS 客户端与之交互所需的一些参数。具体将在下面各小节中介绍。

默认情况下，未定义 RADIUS 方案，可用 **undo radius scheme** *radius-scheme-name* 命令删除指定的 RADIUS 方案，但当有使用 RADIUS 方案的用户在线时，不允许使用 **undo radius scheme** 命令删除该方案。

以下示例是创建名为 radius1 的 RADIUS 方案并进入其视图。

```
<Sysname> system-view
[Sysname] radius scheme radius1
[Sysname-radius-radius1]
```

如果要使用创建的 RADIUS 方案应用于指定的 VPN 实例，则可在对应的 RADIUS 方案视图下使用 **vpn-instance** *vpn-instance-name* 命令来指定所应用的 VPN 实例。 有关 H3C 交换机或路由器 VPN 方面的配置请参见《路由器配置与管理完全手册——H3C 篇》一书。

20.3.2　RADIUS 认证/授权服务器

因为 RADIUS 服务器中的认证和授权是捆绑进行的，用户只要通过了认证即获得了授权，所以 RADIUS 的认证和授权服务器往往是在一台 RADIUS 服务器上同时配置的。而 RADIUS 计费服务器则可以单独配置。在这里可以配置一台主认证/授权服务器和多台从认证/授权服务器。

RADIUS 主认证/授权服务器的配置命令是 **primary authentication** { *ip-address* [*port-number* | **key** *string* | **vpn-instance** *vpn-instance-name*] * | **ipv6** *ipv6-address* [*port-number* | **key** *string*] * }（在 RADIUS 方案视图下执行）。命令中的参数说明如下：

- *ip-address*：二选一参数，指定主 RADIUS 认证/授权服务器的 IPv4 地址。
- **ipv6** *ipv6-address*：二选一参数，指定主 RADIUS 认证/授权服务器的 IPv6 地址。
- *port-number*：可多选参数，指定 RADIUS 认证/授权 UDP 端口号，默认为 1812，取值范围为 1～65535。
- **key** *string*：可多选参数，指定主 RADIUS 认证/授权服务器与交换机通信的共享密钥，为 1～64 个字符的字符串，区分大小写。
- **vpn-instance** *vpn-instance-name*：可多选参数，指定主 RADIUS 认证/授权服务器所属的 VPN 实例名称，为 1～31 个字符的字符串，区分大小写。

默认情况下，未配置主认证/授权服务器，可用 **undo primary authentication** 命令删除设置的主 RADIUS 认证/授权服务器。

RADIUS 从认证/授权服务器的配置命令为 **secondary authentication** { *ip-address* [*port-number* | **key** *string* | **vpn-instance** *vpn-instance-name*] * | **ipv6** *ipv6-address* [*port-number* | **key** *string*] * }（在 RADIUS 方案视图下执行），与主认证/授权服务器配置命令相比只是命令关键字不同，参数与主认证/授权服务器的配置一样。默认情况下，未配置从认证/授权服务器，可用 **undo secondary authentication** [*ipv4-address* | **ipv6** *ipv6-address*] 命令删除指定的从 RADIUS 认证/授权服务器。

【注意】在配置主/从 RADIUS 认证/授权服务器时，需要注意以下事项：

- 需保证设备上设置的认证/授权报文的共享密钥与 RADIUS 服务器上的完全一致。
- 设备与主认证/授权服务器通信时优先使用以上命令设置的共享密钥，如果此处未设置，则使用 **key authenticaiton** *string* 命令设置的共享密钥。
- 主认证/授权服务器和从认证/授权服务器的 IP 地址不能相同，否则将提示配置不成功。
- 主认证/授权服务器和从认证/授权服务器的 IP 地址协议版本必须一致，否则提示错误。
- 认证/授权服务器与计费服务器的 IP 地址协议版本必须一致，否则提示错误。
- 以上命令指定的服务器所属的 VPN 实例比 RADIUS 方案所属的 VPN 实例具有更高的优先级。
- 如果在认证过程中使用本命令删除了主认证服务器，则设备在与当前服务器通信超时后，将会重新从主服务器开始依次查找状态为 **active** 的服务器进行通信。
- 主认证/授权服务器和从认证/授权服务器同时配置的情况下，当主认证/授权服务器不可达时，设备将使用从认证/授权服务器进行认证、授权。但建议在不需要备份的情况下，只配置主 RADIUS 认证/授权服务器。
- 在实际组网环境中，可以指定一台 RADIUS 服务器作为主认证/授权服务器，并指定多台（最多 16 台）RADIUS 服务器作为从认证/授权服务器；也可以指定一台服务器既作为某个方案的主认证/授权服务器，又作为另一个方案的从认证/授权服务器。

【示例 1】设置 RADIUS 方案 radius1 的主认证/授权服务器的 IP 地址为 10.10.1.1，使用 UDP 端口 1612 提供 RADIUS 认证/授权服务。

```
<Sysname> system-view
[Sysname] radius scheme radius1
[Sysname-radius-radius1] primary authentication 10.10.1.1 1612
```

【示例 2】设置 RADIUS 方案 radius1 的从认证/授权服务器的 IP 地址为 10.10.1.2，使用 UDP 端口 1612 提供 RADIUS 认证/授权服务。

```
<Sysname> system-view
[Sysname] radius scheme radius1
[Sysname-radius-radius1] secondary authentication 10.10.1.2 1612
```

【示例 3】设置 RADIUS 方案 radius2 的两个从认证/授权服务器的 IP 地址分别为 10.10.1.1 和 10.10.1.2，均使用 UDP 端口 1612 提供 RADIUS 认证/授权服务。

```
<Sysname> system-view
[Sysname] radius scheme radius2
[Sysname-radius-radius2] secondary authentication 10.10.1.1 1612
[Sysname-radius-radius2] secondary authentication 10.10.1.2 1612
```

20.3.3 RADIUS 计费服务器及相关参数配置

RADIUS 计费服务器的配置相对上节介绍的 RADIUS 认证/授权服务器配置来说要稍微复杂一些，因为除了可以指定主/从服务器 IP 地址、计费所使用的 UDP 端口、与交换机交互通信的共享密钥外，还可以配置一些诸如停止计费报文缓存功能、允许停止计费请求无响应的最大次数、允许实时计费请求无响应的最大次数这些参数，具体如表 20-8 所示。

表 20-8　RADIUS 计费服务器及相关参数配置步骤

<table>
<tr><th>步骤</th><th>命令</th><th colspan="2">说明</th></tr>
<tr><td>1</td><td>system-view
例如：<Sysname> system-view</td><td colspan="2">进入系统视图</td></tr>
<tr><td>2</td><td>radius scheme radius-scheme-name
例如：[Sysname] radius scheme radius1</td><td colspan="2">创建 RADIUS 方案，并进入 RADIUS 方案视图</td></tr>
<tr><td rowspan="2">3</td><td>primary accounting { ip-address [port-number | vpn-instance vpn-instance-name | key string] * | ipv6 ipv6-address [port-number | key string] * }
例如：[Sysname-radius-radius1] primary accounting 10.10.1.1 1613</td><td>配置主 RADIUS 计费服务器。命令中的参数说明如下：
● ip-address：二选一参数，指定主 RADIUS 计费服务器的 IPv4 地址
● ipv6 ipv6-address：二选一参数，指定主 RADIUS 计费服务器的 IPv6 地址
● port-number：可多选参数，指定 RADIUS 计费所用的 UDP 端口号，默认为 1813，取值范围为 1～65535
● key string：可多选参数，指定主 RADIUS 计费服务器与交换机通信的共享密钥，为 1～64 个字符的字符串，区分大小写
● vpn-instance vpn-instance-name：可多选参数，指定主 RADIUS 计费服务器所属的 VPN 实例名称，为 1～31 个字符的字符串，区分大小写
默认情况下，未配置主计费服务器，可用 undo primary accounting 命令删除设置的主 RADIUS 计费服务器</td><td rowspan="2">（二者至少选其一）默认情况下，未配置主/从计费服务器</td></tr>
<tr><td>secondary accounting { ip-address [port-number | vpn-instance vpn-instance-name | key string] * | ipv6 ipv6-address [port-number | key string] * }
例如：[Sysname-radius-radius1] secondary accounting 10.10.1.2 1613 key ok</td><td>配置从 RADIUS 计费服务器，参数与上面的主计费服务器配置命令的对应参数一样，参见即可。
默认情况下，未配置从计费服务器，可用 undo secondary accounting [ipv4-address | ipv6 ipv6-address] 命令删除指定的从 RADIUS 计费服务器</td></tr>
<tr><td>4</td><td>stop-accounting-buffer enable
例如：[Sysname-radius-radius1]stop-accounting-buffer enable</td><td colspan="2">（可选）允许在设备上缓存没有得到响应的停止计费请求报文。由于停止计费请求报文涉及到话单结算，并最终影响收费多少，对用户和 ISP 都有比较重要的影响，因此设备应该尽最大努力把它发送给 RADIUS 计费服务器。所以，如果 RADIUS 计费服务器对设备发出的停止计费请求报文没有响应，设备应将其缓存在本机上，然后发送直到 RADIUS 计费服务器产生响应，或者在发送的次数达到指定的次数限制后将其丢弃。但在计费服务器已被删除的情况下，停止计费报文不会被缓存。
默认情况下，允许设备缓存没有得到响应的停止计费请求报文，可用 undo stop-accounting-buffer enable 命令禁止在设备上缓存没有得到响应的停止计费请求报文</td></tr>
<tr><td>5</td><td>retry stop-accounting retry-times
例如：[Sysname-radius-radius1]retry stop-accounting 5</td><td colspan="2">（可选）设置当出现没有得到响应的停止计费请求时，将该报文存入设备缓存后，发起停止计费请求的最大尝试次数，取值范围为 10～65535。假设 RADIUS 服务器的应答超时时长（timer response-timeout 命令设置）为 3 秒，发送 RADIUS 报文的最大尝试次数（retry 命令设置）为 5，设备允许的停止计费请求无响应的最大次数为 20 次（retry stop-accounting 命令设置），则其含义为：设备发起停止计费请求，如果 3 秒钟内得不到回应就重新发起一次请求，如果重传 5 次都没有得到回应就认为该次停止计费请求失败，设备会将其缓存在本机上，然后再发起一次请求，重复上述过程，20 次尝试均失败以后，设备将其丢弃。
默认情况下，发起停止计费请求的最大尝试次数为 500，可用 undo retry stop-accounting 命令恢复默认值</td></tr>
<tr><td>6</td><td>retry realtime-accounting retry-times
例如：[Sysname-radius-radius1]retry realtime-accounting 5</td><td colspan="2">（可选）设置允许实时计费请求无响应的最大次数，取值范围为 1～25。RADIUS 服务器通常通过连接超时定时器来判断用户是否在线。如果 RADIUS 服务器长时间收不到设备传来的实时计费报文，它会认为线路或设备故障并停止对用户计费。为了配合 RADIUS 服务器的这种特性，有必要在不可预见的故障条件下，在设备端尽量与 RADIUS 服务器同步切断用户连接。设备提供对实时计费请求连续无响应次数限制的设置——在设备向 RADIUS 服务器发出的实时计费请求没有得到响应的次数超过所设定的限度时，设备将切断用户连接。
假设 RADIUS 服务器的应答超时时长（由 timer response-timeout 命令设置）为 3 秒，发送 RADIUS 报文的最大尝试次数（retry 命令设置）为 3，设备的实时计费间隔（由 timer realtime-accounting 命令设置）为 12 分钟，设备允许实时计费失败的最大次数为 5 次（由 retry realtime-accounting 命令设置），则其含义为：设备每隔 12 分钟发起一次计费请求，如果 3 秒钟得不到回应就重新发起一次请求，如果 3 次发送都没有得到回应就认为该次实时计费失败，然后每隔 12 分钟再发送一次，5 次均失败以后，设备将切断用户连接。
默认情况下，最多允许 5 次实时计费请求无响应，可用 undo retry realtime-accounting 命令恢复默认值</td></tr>
</table>

【注意】主计费服务器和从计费服务器的 IP 地址不能相同，并且各从计费服务器的 IP 地址也不能相同，否则将提示配置不成功。主服务器和从服务器的 IP 地址版本必须保持一致，并且各从服务器的 IP 地址版本也必须保持一致；计费服务器和认证/授权服务器的 IP 地址版本也必须保持一致。另外，需保证交换机上的 RADIUS 计费服务端口与 RADIUS 服务器上的计费端口设置一致。

交换机与主计费服务器通信时优先使用本命令设置的共享密钥，如果此处未设置，则使用 **key accounting** *string* 命令设置的共享密钥。需保证交换机上设置的计费报文的共享密钥与 RADIUS 服务器上的完全一致。

主计费服务器和从计费服务器同时配置的情况下，当主计费服务器不可达时，设备将使用从计费服务器进行计费。但建议在不需要备份的情况下，只配置主 RADIUS 计费服务器。在实际组网环境中，可以指定一台 RADIUS 服务器作为主计费服务器，并指定多台（最多 16 台）RADIUS 服务器作为从计费服务器；也可以指定一台服务器既作为某个方案的主计费服务器，又作为另一个方案的从计费服务器。

如果在发送计费开始请求过程中修改了主计费服务器，则交换机在与当前服务器通信超时后，将会重新从主服务器开始依次查找状态为 **active** 的服务器进行通信；如果 RADIUS 计费服务器对设备发出的停止计费请求报文没有响应，且设备启用了停止计费报文缓存功能，设备应将其缓存在本机上，然后重新发送直到 RADIUS 计费服务器产生响应，或者在重新发送的次数达到指定的次数限制后将其丢弃。

在交换机向 RADIUS 服务器发出的实时计费请求没有得到响应的次数超过所设定的限度时，设备将切断用户连接。如果在线用户正在使用的计费服务器被删除，则交换机将无法发送用户的实时计费请求和停止计费请求，且停止计费报文不会被缓存到本地。

目前 RADIUS 不支持对 FTP 用户进行计费。

【示例 1】设置 RADIUS 方案 radius1 的主计费服务器的 IP 地址为 10.10.1.1，使用 UDP 端口 1613 提供 RADIUS 计费服务。

```
<Sysname> system-view
[Sysname] radius scheme radius1
[Sysname-radius-radius1] primary accounting 10.10.1.1 1613
```

【示例 2】设置 RADIUS 方案 radius1 的从计费服务器的 IP 地址为 10.10.1.2，使用 UDP 端口 1613 提供 RADIUS 计费服务。

```
<Sysname> system-view
[Sysname] radius scheme radius1
[Sysname-radius-radius1] secondary accounting 10.10.1.2 1613
```

【示例 3】设置 RADIUS 方案 radius2 的两个从计费服务器的 IP 地址分别为 10.10.1.1 和 10.10.1.2，均使用 UDP 端口 1613 提供 RADIUS 计费服务。

```
<Sysname> system-view
[Sysname] radius scheme radius2
[Sysname-radius-radius2] secondary accounting 10.10.1.1 1613
[Sysname-radius-radius2] secondary accounting 10.10.1.2 1613
```

【示例 4】在 RADIUS 方案 radius1 中，设置设备最多可以尝试向该方案中的服务器发起 1000 次停止计费请求。

```
<Sysname> system-view
[Sysname] radius scheme radius1
[Sysname-radius-radius1] retry stop-accounting 1000
```

【示例 5】设置对于 RADIUS 方案 radius1 中的服务器，设备能够缓存没有得到响应的停止计费请求报文。

```
<Sysname> system-view
[Sysname] radius scheme radius1
[Sysname-radius-radius1] stop-accounting-buffer enable
```

【示例 6】设置 RADIUS 方案 radius1 最多允许 5 次实时计费请求无响应。

```
<Sysname> system-view
[Sysname] radius scheme radius1
[Sysname-radius-radius1] retry realtime-accounting 5
```

20.3.4　RADIUS 报文的共享密钥配置

交换机与 RADIUS 服务器使用 MD5 算法来加密 RADIUS 报文，双方通过设置共享密钥来验证报文的合法性。只有在密钥一致的情况下，彼此才能接收对方发来的报文并作出响应。除了可以在 20.3.2 节和 20.3.3 节介绍 RADIUS 认证/授权和 RADIUS 计费服务器时配置与交换机交互的密钥外，还可以针对整个 RADIUS 方案在配置 RADIUS 认证/授权和 RADIUS 计费服务器时配置与交换机交互的密钥。

配置的方法是在具体的 RADIUS 方案视图下使用 **key** { **accounting** | **authentication** } *string* 命令，在这里可以分别为 RADIUS 认证/授权服务器和 RADIUS 计费服务器分别配置与交换机交互的密钥。参数 *string* 用来指定交互密钥，为 1～64 个字符的字符串，区分大小写。默认情况下，没有配置共享密钥，可用 **undo key** { **accounting** | **authentication** }命令删除指定服务器的共享密钥配置。

【注意】由于交换机优先采用配置 RADIUS 认证/授权/计费服务器时指定的报文共享密钥，因此，本配置中指定的报文共享密钥仅在配置 RADIUS 认证/授权/计费服务器时未指定相应密钥的情况下使用。但都必须保证设备上设置的共享密钥与 RADIUS 服务器上的完全一致。

【示例 1】将 RADIUS 方案 radius1 的认证/授权报文的共享密钥设置为 hello。

```
<Sysname> system-view
[Sysname] radius scheme radius1
[Sysname-radius-radius1] key authentication hello
```

【示例 2】将 RADIUS 方案 radius1 的计费报文的共享密钥设置为 ok。

```
<Sysname> system-view
[Sysname] radius scheme radius1
[Sysname-radius-radius1] key accounting ok
```

20.3.5　RADIUS 服务器报文发送的最大尝试次数配置

由于 RADIUS 协议采用 UDP 报文来承载数据，因此其通信过程是不可靠的。如果 RADIUS 服务器在应答超时定时器规定的时长内没有响应设备，则交换机有必要向 RADIUS 服务器重传 RADIUS 请求报文。如果累计的传送次数超过最大尝试次数而 RADIUS 服务器仍旧没有响应，则交换机将尝试与其他服务器通信，如果不存在状态为 **active** 的服务器，则认为本次认证失败。有关 RADIUS 服务器状态的配置将在下节介绍。

RADIUS 服务器报文发送的最大尝试次数的配置方法很简单，只需在具体的 RADIUS 方案视图下使用 **retry** *retry-times* 命令即可，取值范围为 1～20。默认情况下，发送 RADIUS 报文的最大尝试次数为 3 次，可用 **undo retry** 命令恢复默认设置。

以下示例是设置在 RADIUS 方案 radius1 下 RADIUS 服务器发送报文的最大尝试次数为 5 次。

```
<Sysname> system-view
[Sysname] radius scheme radius1
[Sysname-radius-radius1] retry 5
```

【注意】发送 RADIUS 报文的最大尝试次数与 RADIUS 服务器应答超时时间的乘积不能超过 75 秒。RADIUS 服务器应答超时时间的配置请参考命令 **timer response-timeout** *seconds*，取值范围为 1～10 秒。

20.3.6 配置支持的RADIUS服务器的类型

在 H3C 以太网交换机中除了支持标准的 RADIUS 协议外，还有自己的私有 RADIUS 协议（它是在标准 RADIUS 协议下的扩展）。私有 RADIUS 协议主要体现在 H3C 以太网设备中配置的 RADIUS 服务器程序，如 iMC。

可以通过在具体的 RADIUS 方案视图下使用 **server-type** { **extended** | **standard** }命令指定要使用的 RADIUS 服务器类型。命令的两个选项说明如下：

- **extended**：指定采用 **extended** 类型的 RADIUS 服务器（一般为 iMC），即要求 RADIUS 客户端和 RADIUS 服务器按照 H3C 私有 RADIUS 协议的规程和报文格式进行交互。
- **standard**：指定采用 **standard** 类型的 RADIUS 服务器，即要求 RADIUS 客户端和 RADIUS 服务器按照标准 RADIUS 协议的规程和报文格式进行交互。

使用 iMC 服务器时，RADIUS 服务器类型应选择 **extended** 类型。使用其他第三方 RADIUS 服务器时，RADIUS 服务器类型可以选择 **standard** 类型或 **extended** 类型。但是，如果使用设备作为 RADIUS 服务器对 login 用户进行认证，则此处的 RADIUS 服务器类型必须指定为 **standard**。

以下示例是将 RADIUS 方案 radius1 的 RADIUS 服务器类型设置为 **standard**。

```
<Sysname> system-view
[Sysname] radius scheme radius1
[Sysname-radius-radius1] server-type standard
```

【说明】iMC（智能管理中心）是 H3C 推出的综合网络管理产品，它以业务管理为核心，重点关注网络中的资源、最终用户以及各种应用业务，为网络管理者提供了资源管理、用户管理和网络业务管理的融合解决方案，实现了网络业务的端到端管理。

iMC 基于 Web 页面开发，用户访问时无需安装任何客户端。直接运行 Web 浏览器，在地址栏中输入 http://172.8.9.60:8080/imc 或 https://172.8.9.60:8443/imc（IP 地址和端口号应与实际安装环境保持一致）。

20.3.7 RADIUS服务器状态配置

RADIUS 方案中各服务器的状态（**active**、**block**）决定了设备向哪个服务器发送请求报文，以及交换机在与当前服务器通信中断的情况下，如何转至与另外一个服务器进行交互。在实际组网环境中，可指定一个主 RADIUS 服务器和多个从 RADIUS 服务器，由从服务器作为主服务器的备份。通常情况下，设备上主从服务器的切换遵从以下原则：

- 当主/从服务器状态均为 **active**（活跃）时，交换机首先尝试与主服务器通信，如果主服务器不可达，则交换机会更改主服务器的状态为 **block**（阻塞），并启动该主服务器的 **timer quiet** 定时器，然后按照从服务器的配置先后顺序依次查找状态为 **active** 的从服务器进行认证或者计费。
- 如果某个状态为 **active** 的从服务器也不可达，则交换机也将该从服务器的状态置为 **block**，同时启动该服务器的 **timer quiet** 定时器，并继续查找状态为 **active** 的其他从服务器。如果所有已配置的服务器都不可达，则认为本次认证或计费失败。
- 当某 RADIUS 服务器（可能是以前查找到的主服务器或某个从服务器）的 **timer quiet** 定时器超时，或者交换机收到该服务器的认证/计费应答报文时，该服务器的状态将恢复为 **active** 状态。在一次认证或计费过程中，如果交换机在尝试与从服务器通信时，主服务器状态由 **block** 恢复为 **active**，则交换机并不会立即恢复与主服务器的通信，而是继续查找从服务器。

- 当主/从服务器的状态均为 **block** 时，交换机仅与主服务器通信，如果此时主服务器可达，则主服务器状态变为 **active**，否则保持不变。但只要存在状态为 **active** 的服务器，交换机就仅与状态为 **active** 的服务器通信，即使该服务器不可达，设备也不会尝试与状态为 **block** 的服务器通信。当交换机收到 RADIUS 服务器的认证或计费应答报文后，会将与报文源 IP 地址相同，且状态为 **block** 的认证或计费服务器的状态更改为 **active**。
- 一个用户的计费流程开始之后，交换机就不会再与其他的计费服务器通信，即该用户的实时计费报文和停止计费报文只会发往当前使用的计费服务器。如果当前使用的计费服务器被删除，则实时计费和停止计费报文都将无法发送。
- 如果在认证或计费过程中删除了对应的 RADIUS 服务器，则交换机在与当前服务器通信超时后，将会重新从主服务器开始依次查找状态为 **active** 的服务器进行通信。

因为默认情况下交换机将配置了 IP 地址的各 RADIUS 服务器的状态均置为 **active**，认为所有的服务器均处于正常工作状态。但有些情况下用户可能需要通过以下配置手工改变 RADIUS 服务器的当前状态。例如，已知某服务器故障，为避免设备认为其 **active** 而可能进行的无意义尝试，可暂时将该服务器状态手工配置为 **block** 来满足此需求。手工改变 RADIUS 服务器状态的配置步骤如表 20-9 所示。

表 20-9 RADIUS 服务器状态配置步骤

步骤	命令	说明	
1	**system-view** 例如：<Sysname> **system-view**	进入系统视图	
2	**radius scheme** *radius-scheme-name* 例如：[Sysname] **radius scheme** radius1	进入指定的 RADIUS 方案视图	
3	**state primary authentication** { **active** | **block** } 例如：[Sysname-radius-radius1]**state primary authentication active**	设置主 RADIUS 认证/授权服务器的状态	（可选）默认情况下，RADIUS 方案中配置了 IP 地址的各 RADIUS 服务器的状态均为 **active**。**state** 命令设置的服务器状态属于动态信息，不能被保存在配置文件中，设备重启后，服务器状态恢复为默认状态 **active**。可通过执行 **display radius scheme** 命令查看各服务器的当前状态
	state primary accounting { **active** | **block** } 例如：[Sysname-radius-radius1]**state primary accounting block**	设置主 RADIUS 计费服务器的状态	
	state secondary authentication [**ip** *ipv4-address* | **ipv6** *ipv6-address*] { **active** | **block** } 例如：[Sysname-radius-radius1]**state secondary authentication ip** 172.16.10.1 **active**	设置从 RADIUS 认证/授权服务器的状态，包括 IPv4 或 IPv6 地址	
	state secondary accounting [**ip** *ipv4-address* | **ipv6** *ipv6-address*] { **active** | **block** } 例如：[Sysname-radius-radius1]**state secondary accounting ip** 172.16.10.2 **block**	设置从 RADIUS 计费服务器的状态，包括 IPv4 或 IPv6 地址	

20.3.8 发送给 RADIUS 服务器的数据相关属性配置

在交换机发送给 RADIUS 服务器的数据中，接入用户通常以“*userid@isp-name*”的格式命名的，“@”后面的部分为 ISP 域名。交换机就是通过该域名来决定将用户归于哪个 ISP 域的。但是，有些较早期的 RADIUS 服务器不能接受携带有 ISP 域名的用户名，在这种情况下，有必要将用户名去域名后再传送给 RADIUS 服务器。因此，交换机提供此命令以指定发送给 RADIUS 服务器的用户名是否携带有 ISP 域名。另外，在计费过程中，对用户发送的数据的统计和计费单位也是要事先确定的。这些属性的具体配置步骤如表 20-10 所示。

表 20-10 发送给 RADIUS 服务器的数据相关属性的配置步骤

步骤	命令	说明
1	**system-view** 例如：<Sysname> **system-view**	进入系统视图
2	**radius scheme** *radius-scheme-name* 例如：[Sysname] **radius scheme** radius1	进入指定的 RADIUS 方案视图

续表

步骤	命令	说明
3	**user-name-format** { **keep-original** | **with-domain** | **without-domain** } 例如：[Sysname-radius-radius1]**user-name-format without-domain**	（可选）设置交换机发送给 RADIUS 服务器的用户名格式。命令中的多选一选项说明如下： ● **keep-original**：指定发送给 RADIUS 服务器的用户名与用户输入的保持一致，也就是保持不变 ● **with-domain**：指定发送给 RADIUS 服务器的用户名必须带 ISP 域名 ● **without-domain**：指定发送给 RADIUS 服务器的用户名不带 ISP 域名 默认情况下，交换机发送给 RADIUS 服务器的用户名携带有 ISP 域名
4	**data-flow-format** { **data** { **byte** | **giga-byte** | **kilo-byte** | **mega-byte** } | **packet** { **giga-packet** | **kilo-packet** | **mega-packet** | **one-packet** } } * 例如：[Sysname-radius-radius1]**data-flow-format data kilo-byte packet kilo-packet**	（可选）设置交换机发送给 RADIUS 服务器的数据流单位。命令中的选项说明如下： ● **data byte**：多选一选项，设置数据流的单位为字节 ● **data giga-byte**：多选一选项，设置数据流的单位为千兆字节 ● **data kilo-byte**：多选一选项，设置数据流的单位为千字节 ● **data mega-byte**：多选一选项，设置数据流的单位为兆字节 ● **packet giga-packet**：多选一选项，设置数据包的单位为千兆包 ● **packet kilo-packet**：多选一选项，设置数据包的单位为千包 ● **packet mega-packet**：多选一选项，设置数据包的单位为兆包 ● **packet one-packet**：多选一选项，设置数据包的单位为包 默认情况下，数据的单位为 **byte**，数据包的单位为 **one-packet**，可用 **undo data-flow-format** 命令恢复默认情况。 设备上配置的发送给 RADIUS 服务器的数据流单位应与 RADIUS 服务器上的流量统计单位保持一致，否则无法正确计费

【说明】由于有些较早期的 RADIUS 服务器不能接受携带有 ISP 域名的用户名，因此必须将用户名的域名去除后再传送给 RADIUS 服务器。可以通过 **user-name-format without-domain** 命令来指定发送给 RADIUS 服务器的用户名不携带 ISP 域名。

如果指定某个 RADIUS 方案不允许用户名中携带有 ISP 域名，那么不要在两个乃至两个以上的 ISP 域中同时设置使用该 RADIUS 方案，否则，会出现虽然在不同的 ISP 域中的实际用户不同，但因传送到它的用户名相同，RADIUS 服务器会认为用户相同的错误。

以下示例是指定发送给 RADIUS 方案 radius1 中 RADIUS 服务器的用户名不得携带域名。

```
<Sysname> system-view
[Sysname] radius scheme radius1
[Sysname-radius-radius1] user-name-format without-domain
```

20.3.9 发送 RADIUS 报文使用的源地址配置

RADIUS 服务器上通过 IP 地址来标识接入交换机设备，并根据收到的 RADIUS 报文的源 IP 地址是否与服务器所管理的接入设备的 IP 地址匹配，来决定是否处理来自该接入设备的认证或计费请求。如果 RADIUS 服务器收到的 RADIUS 认证或计费报文的源地址在所管理的接入设备 IP 地址范围内，则进行后续的认证或计费处理，否则直接对其做丢弃处理。因此，为保证认证和计费报文可被服务器正常接收并处理，接入设备上发送 RADIUS 报文使用的源地址必须与 RADIUS 服务器上指定的接入设备的 IP 地址保持一致。

通常，该地址为接入设备上与 RADIUS 服务器路由可达的接口 IP 地址，但在一些特殊的组网环境中，例如接入设备与 RADIUS 服务器之间存在 NAT 设备时，需要将该地址指定为转换后的公网 IP 地址；另外在接入设备使用 VRRP 进行双机热备应用时，可以将该地址指定为 VRRP 上行链路所在备份组的虚拟 IP 地址。

发送 RADIUS 报文的源地址配置可以在系统视图和 RADIUS 方案视图下进行，系统视图下的配置将对所有 RADIUS 方案生效，RADIUS 方案视图下的配置仅对本方案有效，并且具有高于前者的优先级。在系统视图下的配置命令为 **radius nas-ip** { *ip-address* [**vpn-instance** *vpn-instance-name*] |

ipv6 *ipv6-address* }，在 RADIUS 方案视图下的配置命令为 **nas-ip** { *ip-address* | **ipv6** *ipv6-address* }。默认情况下没有指定源地址，即以发送报文的接口地址作为源地址。

交换机在向 RADIUS 服务器发送 RADIUS 报文时，首先判断当前所使用的 RADIUS 方案中是否通过 **nas-ip** 命令配置了发送 RADIUS 报文使用源地址，如果配置存在，则使用该地址作为发送 RADIUS 报文使用的源地址，否则，根据当前使用的服务器所属的 VPN 查找系统视图下通过 **radius nas-ip** 命令配置的私网源地址，对于公网服务器则直接查找该命令配置的公网源地址。如果系统视图下配置了相应的源地址，则使用该地址作为发送 RADIUS 报文使用的源地址，否则，使用通过路由查找到的报文出接口地址作为发送 RADIUS 报文使用的源地址。

【示例 1】配置设备发送 RADIUS 报文使用的源地址为 129.10.10.1。

```
<Sysname> system-view
[Sysname] radius nas-ip 129.10.10.1
```

【示例 2】配置设备发送 RADIUS 报文使用的源 IP 地址为 10.1.1.1。

```
<Sysname> system-view
[Sysname] radius scheme test1
[Sysname-radius-test1] nas-ip 10.1.1.1
```

20.3.10　发送 RADIUS 报文使用的备份源地址配置

在双机热备的组网环境中，正常情况下，主交换机通过与 RADIUS 服务器交互对 Portal 用户（接入用户）进行认证，并负责将生成的 Portal 在线用户数据通过备份链路同步给备用交换机，而备用交换机只接收和处理主交换机发送的同步消息。但当主交换机发生故障时，由于 RADIUS 服务器不知道备用交换机的源地址，因此不会主动向备用交换机发送 RADIUS 报文。为解决这个问题，需要将备用交换机发送 RADIUS 报文使用的源地址发给 RADIUS 服务器，使 RADIUS 服务器在主交换机不可达时可以主动向备用交换机发送 RADIUS 报文，而指向备用交换机的 IP 地址就是通过在主交换机上配置发送 RADIUS 报文使用的备份源地址完成的。

备份源地址可以在系统视图和 RADIUS 方案视图下配置。在系统视图下的配置方法是使用 **radius nas-backup-ip** *ip-address* [**vpn-instance** *vpn-instance-name*]命令，对所有 RADIUS 方案生效；默认情况下，没有指定设备发送 RADIUS 报文使用的备份源 IP 地址，可用 **undo radius nas-backup-ip** 命令恢复为默认情况。

备份源地址的 RADIUS 方案视图配置方法是使用 **nas-backup-ip** *ip-address* 命令，仅对对应的 RADIUS 方案有效，并且具有高于前者的优先级。默认情况下，未指定设备发送 RADIUS 报文使用的备份源 IP 地址，可用 **undo nas-backup-ip** 命令恢复为默认情况。

【说明】包括公网备份源地址和私网备份源地址在内，系统最多允许指定 16 个备份源地址。其中，最多只能指定一个公网备份源地址，新配置的公网备份源地址会覆盖原有的公网备份源地址。而且，每一个 VPN 只能指定一个私网备份源地址，新配置会覆盖原有配置。

设备发送 RADIUS 报文使用的备份源地址仅在双机热备环境下生效，而且，本端交换机所设置的备份源地址必须是互备环境中另一交换机上正常发送 RADIUS 报文使用的源地址。

【示例 1】在双机热备的组网环境中，设置本端交换机发送 RADIUS 报文使用的源 IP 地址为 2.2.2.2，备份源 IP 为 3.3.3.3。

```
<Sysname> system-view
[Sysname] radius nas-ip 2.2.2.2
[Sysname] radius nas-backup-ip 3.3.3.3
```

在对端交换机上，应该设置本端交换机发送 RADIUS 报文使用的源 IP 地址为 3.3.3.3，备份源 IP 为 2.2.2.2。也就是这两个交换机是互为备份的。

【示例 2】在双机热备的组网环境中，设置本端交换机发送 RADIUS 报文使用的源 IP 地址为

2.2.2.2，备份源 IP 为 3.3.3.3。

```
<Sysname> system-view
[Sysname] radius scheme aaa
[Sysname-radius-aaa] nas-ip 2.2.2.2
[Sysname-radius-aaa] nas-backup-ip 3.3.3.3
```

同样，需要在对端交换机上，设置本端交换机发送 RADIUS 报文使用的源 IP 地址为 3.3.3.3，备份源 IP 为 2.2.2.2。

20.3.11 RADIUS 服务器的定时器配置

在交换机与 RADIUS 服务器交互的过程中，会在交换机上启动以下几种定时器：

- 服务器响应超时定时器（**response-timeout**）：用于确定在 RADIUS 请求报文（认证/授权请求或计费请求）发送多长时间后再重传 RADIUS 请求报文。
- 服务器恢复激活状态定时器（**quiet**）：用于确定在服务器不可达时，状态变为 **block**，交换机会与其他状态为 **active** 的服务器交互，并开启超时定时器，在设定的一定时间间隔之后，将该服务器的状态恢复为 **active**。这段时间被称为 RADIUS 服务器恢复激活状态时长。
- 实时计费间隔定时器（**realtime-accounting**）：设置实时计费的时间间隔。在设置了该属性以后，每隔设定的时间，设备会向 RADIUS 服务器发送一次在线用户的计费信息。

以上 RADIUS 服务器的定时器配置步骤如表 20-11 所示。

表 20-11　RADIUS 服务器的定时器配置步骤

步骤	命令	说明
1	**system-view** 例如：<Sysname> system-view	进入系统视图
2	**radius scheme** *radius-scheme-name* 例如：[Sysname] **radius scheme** radius1	进入指定的 RADIUS 方案视图
3	**timer response-timeout** *seconds* 例如：[Sysname-radius-radius1]**timer response-timeout** 8	（可选）设置 RADIUS 服务器应答超时时间，取值范围为 1～10 秒，但 RADIUS 报文超时重传次数的最大值设置（由 **retry** 命令设置）与这里的 RADIUS 服务器响应超时时间设置的乘积不能超过 75 秒。默认情况下，RADIUS 服务器应答超时定时器为 3 秒，可用 **undo timer response-timeout** 命令恢复为默认值
4	**timer quiet** *minutes* 例如：[Sysname-radius-radius1]**timer quiet** 20	（可选）设置服务器恢复激活状态的时间，取值范围为 1～255 分钟。要根据配置的从服务器数量合理设置服务器恢复激活状态的时间。如果服务器恢复激活状态时间设置的过短，就会出现设备反复尝试与状态 **active** 但实际不可达的服务器通信而导致的认证或计费频繁失败的问题。默认情况下，服务器恢复激活状态的时间为 5 分钟，可用 **undo timer quiet** 命令恢复为默认值
5	**timer realtime-accounting** *minutes* 例如：[Sysname-radius-radius1]**timer realtime-accounting** 51	（可选）设置实时计费间隔，取值范围为 0～60 分钟，非零取值必须为 3 的倍数。默认情况下，实时计费间隔为 12 分钟，可用 **undo timer realtime-accounting** 命令恢复默认设置。 当实时计费间隔设置为 0 时，如果服务器上配置了实时计费间隔，则设备按照服务器上配置的实时计费间隔向 RADIUS 服务器发送在线用户的计费信息；如果服务器上没有配置该值，则设备不向 RADIUS 服务器发送在线用户的计费信息。 实时计费间隔的取值对设备和 RADIUS 服务器的性能有一定的相关性要求，取值小，会增加网络中的数据流量，对设备和 RADIUS 服务器的性能要求就高；取值大，会影响计费的准确性。因此要结合网络的实际情况合理设置计费间隔的大小，一般情况下，建议当用户量比较大（如达到了 1000 个以上）时，尽量把该间隔的值设置得大一些

20.3.12 RADIUS 的 Trap 功能配置

Trap 功能就是在出现 RADIUS 服务器状态改变，RADIUS 服务器不可达，认证失败，或者尝试认证次数超过设置值时，由交换机向请求用户发送警告消息的功能。在 H3C 以太网交换机的 RADIUS AAA 方案中，可以配置以下 Trap 功能，控制交换机触发输出相应的 Trap 信息：

- RADIUS 服务器可达状态改变时输出 Trap 信息。当交换机向 RADIUS 服务器发送计费或认证请求没有响应时，交换机就认为 RADIUS 服务器不可达，并输出 Trap 信息。具体情况为：当交换机向服务器重发的计费或认证请求报文累计次数达到最大传送次数时，系统发送一次 Trap 报文；当 RADIUS 服务器在不可达状态下收到 RADIUS 服务器发送的报文时，交换机又认为 RADIUS 服务器可达了，此时也会输出 Trap 信息。
- 认证失败次数与认证请求次数的百分比超过一定阈值时输出 Trap 信息。该阈值目前只能够通过 MIB（管理信息库）方式进行配置，取值范围为 1%～100%，默认为 30%。由于正常情况下，认证失败的比率较小，如果交换机触发输出了该类 Trap 信息，则管理员可能需要确认配置是否正确或设备与服务器的通信是否正常。

交换机 Trap 功能的配置方法是在系统视图下使用 **radius trap** { **accounting-server-down** | **authentication-error-threshold** | **authentication-server-down** }命令。命令中的多选一选项说明如下（如果要设置多种 Trap 功能，则要多次执行本命令）：

- **accounting-server-down**：指定在 RADIUS 计费服务器可达状态发生改变时发送 Trap 信息。
- **authentication-error-threshold**：指定在认证失败次数超过阈值时发送 Trap 信息。该阈值为认证失败次数与认证请求总数的百分比，取值范围为 1%～100%，默认为 30%。
- **authentication-server-down**：指定在 RADIUS 认证服务器可达状态发生改变时发送 Trap 信息。

默认情况下，RADIUS Trap 功能处于关闭状态，可用 **undo radius trap** { **accounting-server-down** | **authentication-error-threshold** | **authentication-server-down** }命令关闭指定的 RADIUS Trap 功能。

以下示例是启用在 RADIUS 计费服务器可达状态发生改变时发送 Trap 消息的功能。

```
<Sysname> system-view
[Sysname] radius trap accounting-server-down
```

20.3.13　启用监听端口

为了使交换机（RADIUS 客户端）可以接收到来自 RADIUS 服务器的报文，向 RADIUS 服务器发送报文，需要在交换机上启用监听端口。但要注意的是，默认情况下，监听端口处于使能状态，所以正常情况下，本项配置任务是无需进行的。

如果关闭交换机上的监听端口，可以接受来自认证请求者的认证/授权/计费请求，也可以处理 RADIUS 的定时器消息，但向 RADIUS 服务器发送报文时会失败，也不能接收来自 RADIUS 服务器的报文。如果配置了 RADIUS 方案和本地认证/授权/计费方法，则 RADIUS 请求失败后会转由本地方法继续认证/授权/计费。

另外，如果关闭交换机的监听端口，则在线用户的计费结束报文无法发出，且不能被缓存。这样一来，RADIUS 服务器因为收不到在线用户的下线报文，会出现有一段时间用户已经下线而不知情的情况。同时，缓存的计费报文的发送会失败，失败次数达到配置的最大次数后，计费报文将从缓存中被删除。

可以在系统视图下使用 **radius client enable** 命令启用已关闭的监听端口。如果需要关闭监听端口，则可在系统视图下使用 **undo radius client** 命令。

20.3.14　RADIUS 方案管理

最后可在任意视图下执行以下 **display** 命令查看和验证交换机上的 RADIUS 服务器配置，以及

RADIUS 认证/授权/计费统计信息；在用户视图下，执行以下 **reset** 命令清除相关统计信息。

1．display radius scheme 命令

display radius scheme [*radius-scheme-name*] [**slot** *slot-number*] [| { **begin** | **exclude** | **include** } *regular-expression*] 命令用来显示所有或指定 RADIUS 方案的配置信息。命令中的参数和选项说明如下：

- *radius-scheme-name*：可选参数，指定显示指定 RADIUS 方案配置信息。如果不指定此参数，则显示所有 RADIUS 方案的配置信息。
- **slot** *slot-number*：指定显示指定 IRF 堆叠成员设备上的 RADIUS 方案配置信息。如果不指定此参数，则显示所有成员设备上 RADIUS 方案的配置信息。
- |：可选项，指定使用后面的正则表达式对显示信息进行过滤。
- **begin**：多选一可选项，指定从包含指定正则表达式的行开始显示。
- **exclude**：多选一可选项，指定只显示不包含指定正则表达式的行。
- **include**：多选一可选项，只显示包含指定正则表达式的行。
- *regular-expression*：可选参数，指定用于过滤显示信息的正则表达式，为 1～256 个字符的字符串，区分大小写。

【示例 1】显示交换机上所有 RADIUS 方案的配置信息。输出信息中的字段说明如表 20-12 所示。

```
<Sysname> display radius scheme
------------------------------------------------------------------
SchemeName   : radius1
  Index : 0                              Type : extended
  Primary Auth Server:
    IP: 1.1.1.1                                   Port: 1812    State: active
    Encryption Key : 345
    VPN instance    : 1
  Primary Acct Server:
    IP: 1.1.1.1                                   Port: 1813    State: active
    Encryption Key : 345
    VPN instance    : 1
  Second Auth Server:
    IP: 1.1.2.1                                   Port: 1812    State: active
    Encryption Key : N/A
    VPN instance    : N/A
    IP: 1.1.3.1                                   Port: 1812    State: active
    Encryption Key : N/A
    VPN instance    : N/A
  Second Acct Server:
    IP: 1.1.2.1                                   Port: 1813    State: block
    Encryption Key : N/A
    VPN instance    : N/A
  Auth Server Encryption Key : 123
  Acct Server Encryption Key : N/A
  Accounting-On packet disable, send times : 5 , interval : 3s
  Interval for timeout(second)                          : 3
  Retransmission times for timeout                      : 3
  Interval for realtime accounting(minute)              : 12
  Retransmission times of realtime-accounting packet    : 5
  Retransmission times of stop-accounting packet        : 500
  Quiet-interval(min)                                   : 5
  Username format                                       : without-domain
  Data flow unit                                        : Byte
  Packet unit                                           : one
  NAS-IP address                                        : 1.1.1.1
```

```
Attribute 25                                                    : car
------------------------------------------------------------------
Total 1 RADIUS scheme(s).
```

表 20-12　display radius scheme 命令输出信息字段说明

字段	说明
SchemeName	显示 RADIUS 方案名称
Index	显示 RADIUS 方案索引号
Type	显示 RADIUS 服务器类型
Primary Auth Server	显示主认证服务器
Primary Acct Server	显示主计费服务器
Second Auth Server	显示从认证服务器
Second Acct Server	显示从计费服务器
Encryption Key	显示认证/计费服务器的共享密钥
IP	显示主认证/计费服务器 IP 地址，没有配置时，显示为 N/A
Port	显示主认证/计费服务器接入端口号，没有配置时，显示默认值
State	显示主认证/计费服务器目前状态：active（激活）、block（阻塞）
VPN instance	显示服务器所属的 VPN 实例名称
Auth Server Encryption Key	显示认证服务器的共享密钥
Acct Server Encryption Key	显示计费服务器的共享密钥
Accounting-On packet disable	显示 accounting-on 功能未启用
send times	显示 accounting-on 报文的重发次数
interval	显示 accounting-on 报文的重发间隔（秒）
Interval for timeout(second)	显示超时时间（秒）
Retransmission times for timeout	显示超时重发次数
Interval for realtime accounting(minute)	显示实时计费间隔（分钟）
Retransmission times of realtime-accounting packet	显示实时计费报文重发次数
Retransmission times of stop-accounting packet	显示无响应停止计费报文重发次数
Quiet-interval(min)	显示主服务器恢复激活状态的时间
Username format	显示发送给 RADIUS 服务器的用户名格式
Data flow unit	显示流量数据的单位
Packet unit	显示数据包的单位
NAS-IP address	显示发送 RADIUS 报文的源 IP 地址
Backup-NAS-IP address	显示发送 RADIUS 报文的备份源 IP 地址
Attribute 25	显示将 RADIUS Attribute 25 解析为 CAR 参数
Total 1 RADIUS scheme(s)	显示共计 1 个 RADIUS 方案

2. display radius statistics 命令

display radius statistics [**slot** *slot-number*] [| { **begin** | **exclude** | **include** } *regular-expression*] 命令用来显示 RADIUS 报文的统计信息。命令中的 **slot** *slot-number* 参数用来指定要显示报文统计信息的指定 IRF 堆叠成员设备的成员编号。后面与正则表达式相关的参数和选项说明参见 **display radius scheme** 命令的相关介绍。

【示例 2】显示交换机上所有 RADIUS 报文统计信息。命令输出信息中的字段说明如表 20-13 所示。

```
<Sysname> display radius statistics
Slot    1:state statistic(total=4096):
        DEAD = 4096         AuthProc = 0          AuthSucc = 0
AcctStart = 0          RLTSend = 0          RLTWait = 0
 AcctStop = 0            OnLine = 0             Stop = 0
 StateErr = 0
Received and Sent packets statistic:
Sent PKT total      = 6
Received PKT total = 0
Resend Times         Resend total
1                    2
```

```
2                    2
Total                4
RADIUS received packets statistic:
Code =   2     Num = 0          Err = 0
Code =   3     Num = 0          Err = 0
Code =   5     Num = 0          Err = 0
Code = 11     Num = 0          Err = 0
Running statistic:
RADIUS received messages statistic:
Normal auth request          Num = 2          Err = 0          Succ = 2
EAP auth request             Num = 0          Err = 0          Succ = 0
Account request              Num = 0          Err = 0          Succ = 0
Account off request          Num = 0          Err = 0          Succ = 0
PKT auth timeout             Num = 5          Err = 1          Succ = 4
PKT acct_timeout             Num = 0          Err = 0          Succ = 0
Realtime Account timer       Num = 0          Err = 0          Succ = 0
PKT response                 Num = 0          Err = 0          Succ = 0
Session ctrl pkt             Num = 0          Err = 0          Succ = 0
Normal author request        Num = 0          Err = 0          Succ = 0
Set policy result            Num = 0          Err = 0          Succ = 0
RADIUS sent messages statistic:
Auth accept                  Num = 0
Auth reject                  Num = 1
EAP auth replying            Num = 0
Account success              Num = 0
Account failure              Num = 0
Server ctrl req              Num = 0
RecError_MSG_sum             = 0
SndMSG_Fail_sum              = 0
Timer_Err                    = 0
Alloc_Mem_Err                = 0
State Mismatch               = 0
Other_Error                  = 0
No-response-acct-stop packet = 0
Discarded No-response-acct-stop packet for buffer overflow = 0
```

表 20-13　display radius statistics 命令输出信息字段说明

字段	说明
slot	显示 IRF 成员设备编号
state statistic(total=4096)	显示状态统计（总数=4096）
DEAD	显示空闲态用户数
AuthProc	显示认证等待态用户数
AuthSucc	显示认证成功态用户数
AcctStart	显示计费开始态用户数
RLTSend	显示实时计费发送态用户数
RLTWait	显示实时计费等待态用户数
AcctStop	显示计费等待停止态用户数
OnLine	显示在线态用户数
Stop	显示停止态用户数
StateErr	显示未知错误态用户数
Received and Sent packets statistic	显示收发报文数目统计
Sent PKT total	显示发送报文总数
Received PKT total	显示接收报文总数
Resend Times	显示重传报文的次数
Resend total	显示单次重传报文数
Total	显示重传报文总数
RADIUS received packets statistic	显示 RADIUS 模块接收报文数目统计
Code	显示报文类型

续表

字段	说明
Num	显示报文总数
Err	显示错误报文数
Running statistic	显示运行间报文数目统计
RADIUS received messages statistic	显示 RADIUS 已接收消息数目统计
Normal auth request	显示普通认证请求报文数
EAP auth request	显示 EAP 认证请求报文数
Account request	显示计费请求报文数
Account off request	显示计费停止请求报文数
PKT auth timeout	显示认证超时报文数
PKT acct_timeout	显示计费超时报文数
Realtime Account timer	显示实时计费请求报文数
PKT respons	显示响应报文数
Session ctrl pkt	显示会话控制报文数
Normal author request	显示普通授权请求报文数
Succ	显示成功报文数
Set policy result	显示 Set policy 结果报文数
RADIUS sent messages statistic	显示 RADIUS 已发送消息数目统计
Auth accept	显示认证接收报文数
Auth reject	显示认证拒绝报文数
EAP auth replying	显示 EAP 认证回应报文数
Account success	显示计费成功报文数
Account failure	显示计费失败报文数
Server ctrl req	显示服务器控制请求报文数
RecError_MSG_sum	显示接收错误消息总数
SndMSG_Fail_sum	显示发送消息失败总数
Timer_Err	显示启动定时器失败报文数
Alloc_Mem_Err	显示申请内存失败报文数
State Mismatch	显示状态不匹配报文数
Other_Error	显示其他错误报文数
No-response-acct-stop packet	显示停止计费报文无响应数
Discarded No-response-acct-stop packet for buffer overflow	显示因缓存区满而丢弃的无响应停止计费报文总数

3. display stop-accounting-buffer 命令

display stop-accounting-buffer { **radius-scheme** *radius-server-name* | **session-id** *session-id* | **time-range** *start-time stop-time* | **user-name** *user-name* } [**slot** *slot-number*] [| { **begin** | **exclude** | **include** } *regular-expression*] 命令用来显示缓存的但没有得到响应的停止计费请求报文。命令中的参数和选项说明如下：

- **radius-scheme** *radius-scheme-name*：多选一参数，指定显示指定 RADIUS 方案缓存的停止计费请求报文。
- **session-id** *session-id*：多选一参数，指定显示指定会话 ID 缓存的停止计费请求报文。其中，*session-id* 为 1～50 个字符的字符串。
- **time-range** *start-time stop-time*：多选一参数，指定显示指定时间段的停止计费请求报文，格式为 hh:mm:ss-mm/dd/yyyy（时:分:秒-月/日/年）或 hh:mm:ss-yyyy/mm/dd（时:分:秒-年/月/日）。
- **user-name** *user-name*：多选一参数，指定显示指定用户名缓存的停止计费请求报文。其中，*user-name* 表示用户名，为 1～80 个字符的字符串，区分大小写。输入的用户名是否携带 ISP 域名，必须与 RADIUS 方案中的 **user-name-format** 配置保持一致。
- **slot** *slot-number*：可选参数，指定显示指定成员设备上缓存的停止计费请求报文。

后面与正则表达式相关的参数和选项说明参见 **display radius scheme** 命令的相关介绍。

【示例 3】显示从 2011 年 8 月 31 日 0 点 0 分 0 秒到 2011 年 10 月 31 日 23 点 59 分 59 秒期间内系统缓存的停止计费请求报文。

```
<Sysname> display stop-accounting-buffer time-range 0:0:0-08/31/2011 23:59:59-10/31/2011
 Slot 1:
Total 0 record(s) Matched
```

4．reset radius statistics 命令

reset radius statistics [**slot** *slot-number*] 命令用来清除 RADIUS 协议的统计信息。参数 **slot** *slot-number* 用来指定清除指定成员设备上 RADIUS 协议的统计信息。

5．reset stop-accounting-buffer 命令

reset stop-accounting-buffer { **radius-scheme** *radius-server-name* | **session-id** *session-id* | **time-range** *start-time stop-time* | **user-name** *user-name* } [**slot** *slot-number*] 命令用来清除缓存中的没有得到响应的停止计费请求报文。命令中的参数可参见前面介绍的 **display stop-accounting-buffer** 命令中的对应参数。

【示例 4】清除 winda@test 用户缓存在系统中的停止计费请求报文。

```
<Sysname> reset stop-accounting-buffer user-name winda@test
```

【示例 5】清除从 2011 年 8 月 31 日 0 点 0 分 0 秒到 2011 年 10 月 31 日 23 点 59 分 59 秒期间内系统缓存的停止计费请求报文。

```
<Sysname> reset stop-accounting-buffer time-range 0:0:0-08/31/2011 23:59:59-10/31/2011
```


20.4 H3C 交换机 HWTACACS 方案配置与管理

在 H3C 以太网交换机的 AAA 配置中，除了可以选用公用的 RADIUS 服务器进行认证/授权/计费外，还可以选择华为/H3C 私用的 HWTACACS 服务器认证/授权/计费方案。HWTACACS AAA 方案中主要包括的配置任务如表 20-14 所示。

表 20-14 HWTACACS 方案配置任务

配置任务	说明
创建 HWTACACS 方案	必需
配置 HWTACACS 认证服务器	必需
配置 HWTACACS 授权服务器	可选
配置 HWTACACS 计费服务器	可选
配置 HWTACACS 报文的共享密钥	必需
配置发送给 HWTACACS 服务器的数据相关属性	可选
配置发送 HWTACACS 报文使用的源地址	可选
配置 HWTACACS 服务器的定时器	可选
HWTACACS 显示和维护	可选

20.4.1 创建 HWTACACS 方案

与上节介绍的 RADIUS 方案一样，HWTACACS 的配置也是从 HWTACACS 方案创建开始的。创建 HWTACACS 方案的方法是在系统视图下使用 **hwtacacs scheme** *hwtacacs-scheme-name* 命令，方案创建后同时自动进入了该 HWTACACS 方案视图。参数 *hwtacacs-scheme-name* 用来指定要创建的 HWTACACS 方案名称为 1～32 个字符的字符串，不区分大小写。系统最多支持配置 16 个 HWTACACS 方案。默认情况下，没有创建 HWTACACS 方案，可用 **undo hwtacacs scheme** *hwtacacs-scheme-name* 命令删除指定的 HWTACACS 方案，但不允许仍有用户在使用 HWTACACS

方案。

以下示例是创建名为 hwt1 的 HWTACACS 方案，并进入相应的 HWTACACS 视图。

```
<Sysname> system-view
[Sysname] hwtacacs scheme hwt1
[Sysname-hwtacacs-hwt1]
```

20.4.2　HWTACACS 服务器配置

在本章已介绍到，HWTACACS 与 RADIUS 的一个明显的区别是 RADIUS 中的认证/授权功能是在同一台服务器上同时进行的，通过认证的用户就得到了授权，而 HWTACACS 中的认证、授权和计费都是分开进行的，都可以有各自的服务器。另外，HWTACACS 与 RADIUS 一样，也可以对各种服务配置一台主服务器和多台从服务器。因为它们的配置方法基本一样，故在此一并介绍。具体配置方法如表 20-15 所示。

表 20-15　HWTACACS 服务器配置步骤

步骤	命令	说明	
1	**system-view** 例如：<Sysname> **system-view**	进入系统视图	
2	**hwtacacs scheme** *hwtacacs-scheme-name* 例如：[Sysname] **hwtacacs scheme** hwt1	进入 HWTACACS 方案视图	
3	**primary authentication** *ip-address* [*port-number* | **vpn-instance** *vpn-instance-name*] * 例如：[Sysname-hwtacacs-hwt1] **primary authentication** 10.10.1.10 49	配置主 HWTACACS 认证服务器。命令中的参数说明如下： ● *ip-address*：指定主 HWTACACS 认证服务器的 IP 地址，必须是合法的单播地址 ● *port-number*：可多选参数，指定主 HWTACACS 认证服务器的端口号，默认为 49，取值范围为 1～65535 ● **vpn-instance** *vpn-instance-name*：可多选参数，指定主 HWTACACS 认证服务器所属的 VPN 实例名称，为 1～31 个字符的字符串，区分大小写 可用 **undo primary authentication** 命令删除配置的主 HWTACACS 认证服务器	（二者至少选其一）默认情况下，没有配置主/从认证服务器
	secondary authentication *ip-address* [*port-number* | **vpn-instance** *vpn-instance-name*] * 例如：[Sysname-hwtacacs-hwt1] **secondary authentication** 10.10.1.11 49	配置从 HWTACACS 认证服务器。参数说明参见主认证服务器配置命令中的介绍。可用 **undo secondary authentication** 命令删除配置的从 HWTACACS 认证服务器	
4	**primary authorization** *ip-address* [*port-number* | **vpn-instance** *vpn-instance-name*] * 例如：[Sysname-hwtacacs-hwt1] **primary authorization** 10.10.1.10 50	设置主 HWTACACS 授权服务器。参数说明参见主认证服务器配置命令中的介绍（把认证服务器改为授权服务器）。可用 **undo primary authorization** 命令删除配置的主 HWTACACS 授权服务器	（二者至少选其一）默认情况下，没有配置主/从授权服务器
	secondary authorization *ip-address* [*port-number* | **vpn-instance** *vpn-instance-name*] * 例如：[Sysname-hwtacacs-hwt1] **secondary authorization** 10.10.1.11 50	设置从 HWTACACS 授权服务器。参数说明参见主认证服务器配置命令中的介绍（把认证服务器改为授权服务器）。可用 **undo secondary authorization** 命令删除配置的从 HWTACACS 授权服务器	
5	**primary accounting** *ip-address* [*port-number* | **vpn-instance** *vpn-instance-name*] * 例如：[Sysname-hwtacacs-hwt1]**primary accounting** 10.10.1.10 51	设置主 HWTACACS 计费服务器。参数说明参见主认证服务器配置命令中的介绍（把认证服务器改为计费服务器）。可用 **undo primary accounting** 命令删除配置的主 HWTACACS 计费服务器	（二者至少选其一）默认情况下，没有配置主/从计费服务器
	secondary accounting *ip-address* [*port-number* | **vpn-instance** *vpn-instance-name*] * 例如：[Sysname-hwtacacs-hwt1]**secondary accounting** 10.10.1.11 51	设置从 HWTACACS 计费服务器。参数说明参见主认证服务器配置命令中的介绍（把认证服务器改为计费服务器）。可用 **undo secondary accounting** 命令删除配置的从 HWTACACS 计费服务器	
6	**stop-accounting-buffer enable** 例如：[Sysname-hwtacacs-hwt1]**stop-accounting-buffer enable**	（可选）启用停止计费报文缓存功能。默认情况下，使能停止计费报文缓存功能	
7	**retry stop-accounting** *retry-times* 例如：[Sysname-hwtacacs-hwt1] **retry stop-accounting** 5	（可选）设置在出现没有得到响应的停止计费请求时，将该报文存入设备缓存后，停止计费请求报文的最大重发次数，取值范围为 1～300。 默认情况下，*retry-times* 的值为 100，可用 **undo retry stop-accounting** 命令恢复默认设置	

【注意】在配置以上主、从服务器时需要注意以下事项：

- 主认证、授权或计费服务器和对应的从认证、授权或计费服务器的 IP 地址不能相同，否则将提示配置不成功。但是可在一台物理服务器上同时配置认证、授权或计费服务器，只要对应的主、从服务器 IP 地址不一样就行了。
- 需保证交换机上的 HWTACACS 服务端口与对应 HWTACACS 服务器上的对应服务端口设置一致。但如果在同一台物理服务器上同时配置认证、授权、计费服务器，如果 IP 地址一样的话，则这三个服务的端口号不要一样。
- 如果交换机与 MPLS VPN 私网服务器通信，为保证 HWTACACS 报文被发送到指定的私网服务器，需保证以上主、从服务器配置命令中指定的 VPN 实例和服务器实际所在的 VPN 实例一致。且以上主、从服务器命令指定的服务器所属的 VPN 实例比 HWTACACS 方案所属的 VPN 实例具有更高的优先级。
- 如果重复执行以上主、从服务器配置命令，新的配置将覆盖对应的原来配置。
- 只有当没有活跃的、用于发送认证报文的 TCP 连接使用该认证服务器时，才允许删除该服务器。删除服务器只对之后的报文有效。

【示例 1】配置主 HWTACACS 认证服务器的 IP 地址为 10.10.1.1，使用 TCP 端口 49 提供 HWTACACS 认证服务。

```
<Sysname> system-view
[Sysname] hwtacacs scheme hwt1
[Sysname-hwtacacs-hwt1] primary authentication 10.10.1.1 49
```

【示例 2】配置从 HWTACACS 认证服务器的 IP 地址为 10.10.1.10，使用 TCP 端口 49 提供 HWTACACS 认证服务。

```
<Sysname> system-view
[Sysname] hwtacacs scheme hwt1
[Sysname-hwtacacs-hwt1] secondary authentication 10.10.1.10 49
```

【示例 3】配置主 HWTACACS 授权服务器的 IP 地址为 10.10.1.2，使用 TCP 端口 49 提供 HWTACACS 授权服务。

```
<Sysname> system-view
[Sysname] hwtacacs scheme hwt1
[Sysname-hwtacacs-hwt1] primary authorization 10.10.1.2 49
```

【示例 4】配置从 HWTACACS 授权服务器的 IP 地址为 10.10.1.3，使用 TCP 端口 49 提供 HWTACACS 授权服务。

```
<Sysname> system-view
[Sysname] hwtacacs scheme hwt1
[Sysname-hwtacacs-hwt1] secondary authorization 10.10.1.3 49
```

【示例 5】配置主 HWTACACS 计费服务器的 IP 地址为 10.10.1.4，使用 TCP 端口 49 提供 HWTACACS 计费服务。

```
<Sysname> system-view
[Sysname] hwtacacs scheme hwt11
[Sysname-hwtacacs-hwt1] primary accounting 10.10.1.4 49
```

【示例 6】配置从 HWTACACS 计费服务器的 IP 地址为 10.10.1.5，使用 TCP 端口 49 提供 HWTACACS 计费服务。

```
<Sysname> system-view
[Sysname] hwtacacs scheme hwt1
[Sysname-hwtacacs-hwt1] secondary accounting 10.10.1.5 49
```

【示例 7】配置对于 HWTACACS 方案 hwt1 中的服务器，设备能够缓存没有得到响应的停止计费请求报文。

```
<Sysname> system-view
[Sysname] hwtacacs scheme hwt1
[Sysname-hwtacacs-hwt1] stop-accounting-buffer enable
```

【示例 8】设置对于 HWTACACS 方案 hwt1 中的服务器，设备系统最多可以将缓存的停止计费请求报文发送 50 次。

```
<Sysname> system-view
[Sysname] hwtacacs scheme hwt1
[Sysname-hwtacacs-hwt1] retry stop-accounting 50
```

20.4.3　HWTACACS 报文共享密钥配置

与 RADIUS 方案一样，使用 HWTACACS 方案，HWTACACS 服务器也需要与作为客户端的 HWTACACS 交换机进行通信交互，这时为了通信的安全需要对通信报文进行加密，所以需要配置 HWTACACS 服务器与交换机通信时共享的密钥。只有在密钥一致的情况下，双方才能彼此接收对方发来的报文并作出响应。共享密钥的配置方法是在具体的 HWTACACS 方案视图下使用 **key** { **accounting** | **authentication** | **authorization** } *string* 命令，它可以用来配置 HWTACACS 认证、授权、计费报文的共享密钥。但要注意，在交换机上某 HWTACACS 方案中配置的对应服务共享密钥一定要与 HWTACACS 服务器上对应 HWTACACS 方案中配置的对应服务共享密钥完全一样。默认情况下，没有配置共享密钥。

以下示例是配置 HWTACACS 计费报文共享密钥为 hello。

```
<Sysname> system-view
[Sysname] hwtacacs scheme hwt1
[Sysname-hwtacacs-hwt1] key accounting hello
```

20.4.4　发送给 HWTACACS 服务器的数据相关属性配置

与本章前面 20.3.7 节介绍的发送给 RADIUS 服务器的数据相关属性配置一样，发送给 HWTACACS 服务器的数据也可以配置相关属性，主要包括用户名格式和数据流单位。它们都是在具体的 HWTACACS 方案视图下进行配置的。

配置发送给 HWTACACS 服务器的用户名格式的命令是 **user-name-format** { **keep-original** | **with-domain** | **without-domain** }。默认情况下，发往 HWTACACS 服务器的用户名带域名。

配置发送给 HWTACACS 服务器的数据流的单位的命令是 **data-flow-format** { **data** { **byte** | **giga-byte** | **kilo-byte** | **mega-byte** } | **packet** { **giga-packet** | **kilo-packet** | **mega-packet** | **one-packet** } } *。默认情况下，数据的单位为 **byte**，数据包的单位为 **one-packet**。**undo data-flow-format** { **data** | **packet** }命令可以恢复默认情况。

这两个命令均可参见 20.3.7 节表 20-10 中的对应介绍。

【示例 1】指定发送给 HWTACACS 方案 hwt1 的用户不带 ISP 域名。

```
<Sysname> system-view
[Sysname] hwtacacs scheme hwt1
[Sysname-hwtacacs-hwt1] user-name-format without-domain
```

【示例 2】设置发往 HWTACACS 服务器的数据流的数据单位为 **kilo-byte**，数据包的单位为 **kilo-packet**。

```
<Sysname> system-view
[Sysname] hwtacacs scheme hwt1
[Sysname-hwtacacs-hwt1] data-flow-format data kilo-byte packet kilo-packet
```

20.4.5　发送 HWTACACS 报文使用的源地址配置

与本章前面介绍的 RADIUS 服务器一样，HWTACACS 服务器上也是通过 IP 地址来标识接入设备，并根据收到的 HWTACACS 报文的源 IP 地址是否与服务器所管理的接入设备的 IP 地址匹配来决定是否处理来自该接入设备的认证或计费请求。为保证认证和计费报文可被服务器正常接收并处理，接入设备上发送 HWTACACS 报文使用的源地址必须与 HWTACACS 服务器上指定的接入设备的 IP 地址保持一致。

通常，该地址为接入设备上与 HWTACACS 服务器路由可达的接口 IP 地址，但在一些特殊的组网环境中，例如接入设备与 HWTACACS 服务器之间存在 NAT 设备时，需要将该地址指定为转换后的公网 IP 地址；在接入设备使用 VRRP 进行双机热备应用时，可以将该地址指定为 VRRP 上行链路所在备份组的虚拟 IP 地址。

发送 HWTACACS 报文使用的源地址可以在系统视图下全局配置，也可以在具体的 HWTACACS 方案视图下配置。系统视图下的配置方法是使用 **hwtacacs nas-ip** *ip-address* [**vpn-instance** *vpn-instance-name*]命令，将对所有 HWTACACS 方案生效。默认情况下，不指定源地址，即以发送报文的接口地址作为源地址，可用 **undo hwtacacs nas-ip** *ip-address* [**vpn-instance** *vpn-instance-name*]命令删除指定的源地址。

HWTACACS 方案视图下的配置方法是使用 **nas-ip** *ip-address* 命令，仅对本方案有效，并且具有高于前者的优先级。默认情况下，不指定源地址，即以发送报文的接口地址作为源地址，**undo nas-ip** 命令用来恢复默认情况。

设备发送 HWTACACS 报文时，首先判断当前所使用的 HWTACACS 方案中是否在具体的 HWTACACS 方案视图下通过 **nas-ip** 命令配置了发送 HWTACACS 报文使用源地址，如果已配置，则使用该地址作为发送 HWTACACS 报文的源地址，否则根据当前使用的服务器所属的 VPN 查找系统视图下通过 **hwtacacs nas-ip** 命令配置的私网源地址，对于公网服务器则直接查找该命令配置的公网源地址。如果在系统视图下配置了相应的源地址，则使用该地址作为发送 HWTACACS 报文的源地址，否则使用通过路由查找到的报文出接口地址作为发送 HWTACACS 报文的源地址。

【示例 1】配置交换机发送 HWTACACS 报文使用的源地址为 129.10.10.1。

```
<Sysname> system-view
[Sysname] hwtacacs nas-ip 129.10.10.1
```

【示例 2】配置交换机发送 HWTACACS 报文使用的源 IP 地址为 10.1.1.1。

```
<Sysname> system-view
[Sysname] hwtacacs scheme hwt1
[Sysname-hwtacacs-hwt1] nas-ip 10.1.1.1
```

20.4.6 HWTACACS 服务器的定时器配置

与 20.3.10 节介绍 RADIUS 服务器的定时器配置一样，也可对 HWTACACS 服务器设置以下三个定时器：

- 服务器响应超时定时器（**response-timeout**）：用于确定在 HWTACACS 请求报文（认证/授权/计费请求）发送多长时间后再重传 HWTACACS 请求报文。
- 服务器恢复激活状态定时器（**quiet**）：用于确定在服务器不可达时，状态变为 **block**，交换机会与其他状态为 **active** 的服务器交互，并开启超时定时器，在设定的一定时间间隔之后，将该服务器的状态恢复为 **active**。这段时间被称为 HWTACACS 服务器恢复激活状态时长。
- 实时计费间隔定时器（**realtime-accounting**）：设置实时计费的时间间隔。为了对用户实施实时计费，有必要设置实时计费的时间间隔。在设置了该属性以后，每隔设定的时间，交换机会向 HWTACACS 服务器发送一次在线用户的计费信息。但是如果服务器对实时计费报文没有正常响应，交换机也不会强制切断在线用户。实时计费间隔时间取值必须为 3 的整数倍。实时计费间隔的取值对设备和 HWTACACS 服务器的性能有一定的相关性要求，取值越小，对设备和 HWTACACS 服务器的性能要求越高。

以上三个定时器的设置步骤如表 20-16 所示。

表 20-16　HWTACACS 服务器的定时器配置步骤

步骤	命令	说明
1	**system-view** 例如：<Sysname> **system-view**	进入系统视图
2	**hwtacacs scheme** *hwtacacs-scheme-name* 例如：[Sysname] **hwtacacs scheme** hwt1	进入指定的 HWTACACS 方案视图
3	**timer response-timeout** *seconds* 例如：[Sysname-hwtacacs-hwt1] **timer response-timeout** 100	（可选）设置 HWTACACS 服务器应答超时时间，取值范围为 1～300 秒。默认情况下，应答超时时间为 5 秒，可用 **undo timer response-timeout** 命令恢复默认设置
4	**timer quiet** *minutes* 例如：[Sysname-hwtacacs-hwt1] **timer quiet** 60	（可选）设置主服务器恢复激活状态的时间，取值范围为 1～255 分钟。默认情况下，主服务器恢复激活状态前需要等待 5 分钟，可用 **undo timer quiet** 命令恢复默认设置
5	**timer realtime-accounting** *minutes* 例如：[Sysname-hwtacacs-hwt1] **timer realtime-accounting** 10	（可选）设置实时计费的时间间隔，取值范围为 0～60 分钟，非零取值必须为 3 的倍数。0 表示设备不向 HWTACACS 服务器发送在线用户的计费信息。取值越小，对设备和 HWTACACS 服务器的性能要求越高。建议当用户量比较大（>1000）时，尽量把该间隔的值设置得大一些。 默认情况下，实时计费间隔为 12 分钟，可用 **undo timer realtime-accounting** 命令恢复默认设置

【示例 1】配置 TACACS 服务器响应超时时间为 30 秒。

```
<Sysname> system-view
[Sysname] hwtacacs scheme hwt1
[Sysname-hwtacacs-hwt1] timer response-timeout 30
```

【示例 2】设置主服务器恢复激活状态的时间为 10 分钟。

```
<Sysname> system-view
[Sysname] hwtacacs scheme hwt1
[Sysname-hwtacacs-hwt1] timer quiet 10
```

【示例 3】将 HWTACACS 方案 hwt1 的实时计费的时间间隔设置为 51 分钟。

```
<Sysname> system-view
[Sysname] hwtacacs scheme hwt1
[Sysname-hwtacacs-hwt1] timer realtime-accounting 51
```

20.4.7 HWTACACS 方案管理

最后可在任意视图下执行以下 **display** 命令查看和验证交换机上的 HWTACACS 服务器配置，以及 HWTACACS 认证/授权/计费统计信息；在用户视图下，执行以下 **reset** 命令清除相关统计信息。

1. display hwtacacs 命令

display hwtacacs [*hwtacacs-server-name* [**statistics**]] [**slot** *slot-number*] [| { **begin** | **exclude** | **include** } *regular-expression*]命令用来查看所有或指定 HWTACACS 方案的配置信息或统计信息。命令中的参数说明如下：

- *hwtacacs-scheme-name*：可选参数，指定要显示 HWTACACS 方案的配置或统计信息的 HWTACACS 方案。如果不指定此参数名，则显示所有 HWTACACS 方案的配置信息。
- **statistics**：可选项，指定显示 HWTACACS 服务器的详细统计信息。
- **slot** *slot-number*：可选参数，指定显示指定 IRF 堆叠成员设备上的 HWTACACS 方案配置信息或统计信息。如果不指定此参数，则显示所有成员设备上 HWTACACS 方案的配置信息。

后面与正则表达式相关的参数和选项说明参见 20.3.13 节中 **display radius scheme** 命令的相关介绍。

【示例 1】查看 HWTACACS 方案 hwt1 的配置情况。命令输出信息中的各字段说明如表 20-17 所示。

```
<Sysname> display hwtacacs hwt1
------------------------------------------------------------------
  HWTACACS-server template name         : hwt1
  Primary-authentication-server      : 172.31.1.11:49
  VPN instance                       : vpn1
  Primary-authorization-server       : 172.31.1.11:49
  VPN instance                       : vpn1
  Primary-accounting-server          : 172.31.1.11:49
  VPN instance                       : vpn1
  Secondary-authentication-server    : 0.0.0.0:0
  VPN instance                       : -
  Secondary-authorization-server     : 0.0.0.0:0
  VPN instance                       : -
  Secondary-accounting-server        : 0.0.0.0:0
  VPN instance                       : -
  Current-authentication-server      : 172.31.1.11:49
  Current-authorization-server       : 172.31.1.11:49
  Current-accounting-server          : 172.31.1.11:49
  NAS-IP-address                     : 0.0.0.0
  key authentication                 : 790131
  key authorization                  : 790131
  key accounting                     : 790131
  VPN instance                       : -
  Quiet-interval(min)                : 5
  Realtime-accounting-interval(min)  : 12
  Response-timeout-interval(sec)     : 5
  Acct-stop-PKT retransmit times     : 100
  Username format                    : with-domain
  Data traffic-unit                  : B
  Packet traffic-unit                : one-packet
------------------------------------------------------------------
```

表 20-17　display hwtacacs 命令输出信息字段说明

字段	说明
HWTACACS-server template name	显示 HWTACACS 服务器方案名
Primary-authentication-server	显示主认证服务器 IP 地址/接入端口号，没有指定时，IP 地址/接入端口号显示为 0.0.0.0:0。下同
Primary-authorization-server	显示主授权服务器 IP 地址/接入端口号
Primary-accounting-server	显示主计费服务器 IP 地址/接入端口号
Secondary-authentication-server	显示从认证服务器 IP 地址/接入端口号
Secondary-authorization-server	显示从授权服务器 IP 地址/接入端口号
Secondary-accounting-server	显示从计费服务器 IP 地址/接入端口号
Current-authentication-server	显示当前认证服务器 IP 地址/接入端口号
Current-authorization-server	显示当前授权服务器 IP 地址/接入端口号
Current-accounting-server	显示当前计费服务器 IP 地址/接入端口号
VPN instance	显示服务器所属的 VPN 实例名
NAS-IP-address	显示接入设备 IP 地址，没有指定时，IP 地址显示为 0.0.0.0
key authentication	显示认证密钥
key authorization	显示授权密钥
key accounting	显示计费密钥
Quiet-interval	显示主服务器恢复激活状态的时间
Realtime-accounting-interval	显示实时计费间隔
Response-timeout-interval	显示服务器响应超时间隔

续表

字段	说明
Acct-stop-PKT retransmit times	显示停止计费报文的重传次数
Username format	显示发送给 HWTACACS 服务器的用户名格式
Data traffic-unit	显示数据流量单位
Packet traffic-unit	显示包流量单位

2. display stop-accounting-buffer hwtacacs-scheme 命令

display stop-accounting-buffer hwtacacs-scheme *hwtacacs-scheme-name* [**slot** *slot-number*] [| { **begin** | **exclude** | **include** } *regular-expression*]命令用来显示缓存的没有得到响应的停止计费请求报文。参数 **slot** *slot-number* 用来指定要显示缓存的停止计费请求报文的指定 IRF 堆叠成员设备编号。后面与正则表达式相关的参数和选项说明参见 20.3.13 节中 **display radius scheme** 命令的相关介绍。

【示例 2】显示 HWTACACS 方案 hwt1 缓存的停止计费请求报文。

```
<Sysname> display stop-accounting-buffer hwtacacs-scheme hwt1
 Slot 1:
Total 0 record(s) Matched
```

3. reset hwtacacs statistics 命令

reset hwtacacs statistics { **accounting** | **all** | **authentication** | **authorization** } [**slot** *slot-number*]命令用来清除 HWTACACS 协议的统计信息。命令中的参数和选项说明如下：

- **accounting**：多选一选项，指定清除 HWTACACS 协议关于计费的统计信息。
- **all**：多选一选项，指定清除 HWTACACS 的所有统计信息。
- **authentication**：多选一选项，指定清除 HWTACACS 协议关于认证的统计信息。
- **authorization**：多选一选项，指定清除 HWTACACS 协议关于授权的统计信息。
- **slot** *slot-number*：可选参数，指定清除指定 IRF 堆叠成员设备上的 HWTACACS 协议的统计信息。

【示例 3】清除 HWTACACS 协议的所有统计信息。

```
<Sysname> reset hwtacacs statistics all
```

4. reset stop-accounting-buffer 命令

reset stop-accounting-buffer hwtacacs-scheme *hwtacacs-scheme-name* [**slot** *slot-number*]命令用来清除缓存中的没有得到响应的停止计费请求报文。参数 **hwtacacs-scheme** *hwtacacs-scheme-name*：用来指定要清除缓存的停止计费请求报文的 HWTACACS 方案；可选参数 **slot** *slot-number* 用来指定要清除缓存的停止计费请求报文的 IRF 堆叠成员设备的成员编号。

【示例 4】清除 HWTACACS 方案 hwt1 缓存在系统中的停止计费请求报文。

```
<Sysname> reset stop-accounting-buffer hwtacacs-scheme hwt1
```

20.5 在 H3C 交换机 ISP 域中配置实现 AAA 的方法

默认情况下，H3C 以太网交换机中用户都是在默认的 ISP 域 system 中，所以可以不用另外创建 ISP 域。但如果网络中的接入用户存在多个 ISP 域，则需要为不同用户群创建对应的 ISP 域。每个 ISP 域中的用户的 AAA 访问控制配置可以完全不一样。每个 ISP 域中都有默认的认证、授权、计费方法，分别为本地认证、本地授权、本地计费。通过在 ISP 域视图下引用预先配置的认证、授权、计费方案来实现对用户的认证、授权和计费。如果用户所属的 ISP 域下未应用任何认证、授权、计费方法，系统将使用默认的认证、授权、计费方法。

在 ISP 域中，如果采用本地认证方案，则需要完成本地用户的配置；如果采用远程认证、授权或计费方案，则需要按照本章前面 20.3 节或 20.4 节先创建 RADIUS 方案或 HWTACACS 方案。

在 ISP 域中配置实现 AAA 的方法所需进行的具体配置任务参见本章前面的表 20-2。

20.5.1 创建 ISP 域

在多 ISP 的应用环境中，不同 ISP 域的用户有可能接入同一台交换机，而且各 ISP 用户的用户属性（例如用户名及密码构成、服务类型/权限等）有可能不相同，因此有必要通过设置 ISP 域把它们区分开，并为每个 ISP 域单独配置包括 AAA 方法在内的属性集。

对于接入交换机来说，每个接入用户都属于一个 ISP 域。系统中最多可以配置 16 个 ISP 域（包括一个系统默认的 ISP 域 system。如果某个用户在登录时没有提供 ISP 域名，系统将把它归于默认的 ISP 域。

创建 ISP 域的方法如表 20-18 所示。

表 20-18 创建 ISP 域的配置步骤

步骤	命令	说明
1	**system-view** 例如：<Sysname> system-view	进入系统视图
2	**domain** *isp-name* 例如：[Sysname] **domain** dinaxin	创建 ISP 域并进入其视图，参数 *isp-name* 用来指定新建的 ISP 域名，为 1～24 个字符的字符串，不区分大小写，不能包括“/”、“\”、“:”、“*”、“?”、“<”、“>”以及“@”字符。所有的 ISP 域在创建后即处于 **active** 状态。 默认情况下，系统存在一个名称为 system 的 ISP 域，不能被删除，只能修改。可用 **undo domain** *isp-name* 命令删除指定的 ISP 域
3	**quit** 例如：[Sysname-isp-dianxin] **quit**	返回系统视图
4	**domain default enable** *isp-name* 例如：[Sysname] **domain default enable** dinaxin	（可选）手工配置默认的 ISP 域，所有在登录时没有提供 ISP 域名的用户都属于这个域。默认情况下，系统默认的 ISP 域为 system，可用 **undo domain default enable** 命令恢复默认情况

以下示例是创建一个新的 ISP 域 dianxin，并设置为系统默认的 ISP 域。

```
<Sysname> system-view
[Sysname] domain dianxin
[Sysname-isp-dianxin] quit
[Sysname] domain default enable dianxin
```

20.5.2 ISP 域属性配置

创建好 ISP 域后，还可以为新建的 ISP 域配置基本的属性，如 ISP 状态、接入用户数限制、默认的授权配置文件、闲置切断功能等，当然这些都是可选的，因为它们都是默认设置。具体配置步骤如表 20-19 所示。

表 20-19 ISP 域属性配置步骤

步骤	命令	说明
1	**system-view**	进入系统视图
2	**domain** *isp-name*	进入指定的 ISP 域视图
3	**state** { **active** | **block** }	（可选）设置 ISP 域的状态。命令中的两个二选一选项说明如下： ● **active**：指定当前 ISP 域处于活动状态，即系统允许该域下的用户请求网络服务 ● **block**：指定当前 ISP 域处于“阻塞”状态，即系统不允许该域下的用户请求网络服务 默认情况下，当一个 ISP 域被创建以后，其状态为 **active**，即允许任何属于该域的用户请求网络服务，可用 **undo state** 命令恢复默认情况

续表

步骤	命令	说明
4	**access-limit enable** *max-user-number*	（可选）设置当前 ISP 域可容纳接入用户数的限制。参数 *max-user-number* 用来指定当前 ISP 域可容纳接入用户数的最大值（超过这个值的用户将被拒绝），取值范围为 1～2147483646。 默认情况下，不对当前 ISP 域可容纳的接入用户数作限制，可用 **undo access-limit enable** 命令恢复默认情况
5	**idle-cut enable** *minute* [*flow*]	（可选）设置用户闲置切断功能。命令中的参数说明如下： ● *minute*：指定允许用户在线后连续的最大空闲时间（低于这个值时该用户将被切断），取值范围为 1～120 分钟 ● *flow*：可选参数，指定允许用户闲置时的最小数据流量（低于这个值时该用户将被切断），取值范围为 1～10240000 字节，默认值为 10240 默认情况下，用户闲置切断功能处于关闭状态，可用 **undo idle-cut enable** 命令恢复默认情况。 【注意】此命令目前只对 lan-access、Portal 服务类型的用户有效。而且在 AAA 服务器上也可以配置最大空闲时间实现对用户的闲置切断功能，具体为当用户在指定的最大空闲时间内产生的流量小于 10240 个字节时，会被强制下线。但是，只有在交换机上的闲置切断功能处于关闭状态时，AAA 服务器才会根据自身的配置来控制用户的闲置切断
6	**self-service-url enable** *url-string*	（可选）设置自助服务器定位功能。参数 *url-string* 用来指定自助服务器修改用户密码页面的 URL，为 1～64 个字符的字符串。字符串必须以“http://”开始，字符串中不能包括“?”字符。 默认情况下，自助服务器定位功能处于关闭状态，可用 **undo self-service-url enable** 命令恢复默认情况。 【注意】此命令需要与支持自助服务的 RADIUS 服务器配合使用，如 iMC。安装自助服务软件的服务器即自助服务器。自助服务即用户可以对自己的账号或卡号进行管理和控制。安装自助服务软件的服务器即自助服务器。 如果在交换机上配置了此命令，用户可以通过如下操作定位到自助服务器：用户在 802.1x 客户端软件上选择“更改用户密码”；客户端软件打开用户默认的浏览器，定位到指定的自助服务器更改用户密码的 URL 页面；用户可以在该页面上修改自己的密码。但只有用户通过认证后才能在客户端软件上选择“更改用户密码”选项，否则该选项为灰色，不可用
7	**authorization-attribute user-profile** *profile-name*	（可选）配置当前 ISP 域的默认授权 User Porfile。参数 *profile-name* 用来指定要使用的 User Profile 名称，为 1～31 个字符的字符串，区分大小写。重复配置本命令，会覆盖原有的配置。 默认情况下，当前 ISP 域无默认授权 User Porfile，可用 **undo authorization-attribute user-profile** 命令恢复默认情况。 如果当前 ISP 域的用户认证成功，但认证服务器（包括本地认证下的接入设备）未对该 ISP 域下发授权 User Porfile，则系统使用本配置指定的 User Porfile 作为当前 ISP 域的授权 User Porfile

【示例 1】设置当前 ISP 域 dianxin 处于“阻塞”状态，该域下的接入用户不能再请求网络服务。

```
<Sysname> system-view
[Sysname] domain dianxin
[Sysname-isp-dianxin] state block
```

【示例 2】设置 ISP 域 dianxin 最多可容纳 500 个接入用户。

```
<Sysname> system-view
[Sysname] domain dianxin
[Sysname-isp-dianxin] access-limit enable 500
```

【示例 3】允许 ISP 域 dianxin 中的用户启用闲置切断功能，用户的最大空闲时间为 50 分钟，闲置时的最小数据流量为 1024 个字节。

```
<Sysname> system-view
[Sysname] domain dianxin
[Sysname-isp-dianxin] idle-cut enable 50 1024
```

【示例 4】在 ISP 域 dianxin 下，配置自助服务器修改用户密码页面的 URL 为 http://10.153.89.94/selfservice/modPasswd1x.jsp|userName。

```
<Sysname> system-view
[Sysname] domain dianxin
[Sysname-isp-dianxin] self-service-url enable http://10.153.89.94/selfservice/modPasswd1x.jsp|userName
```

【示例 5】配置 ISP 域 dianxin 下的默认授权 User Profile 为 profile1。

```
<Sysname> system-view
[Sysname] domain dianxin
[Sysname-isp-dianxin] authorization-attribute user-profile profile1
```

20.5.3 ISP 域的 AAA 认证方法配置

在 AAA 中，认证、授权和计费是三个独立的业务流程。认证的职责是完成各接入或服务请求的用户名/密码/用户信息的交互认证过程，它不会下发授权信息给请求用户，也不会触动计费的流程。

AAA 支持不认证（**none**）、本地认证（**local**）和远程认证（**scheme**）三种认证方法。在 AAA 中，可以只使用认证，而不使用授权或计费。如果用户没有进行任何配置，则 ISP 域的默认认证方法为 **local**。ISP 域中 AAA 认证方法的基本配置思路如下：

（1）如果用户使用 RADIUS 或 HWTACACS 认证，则需要先配置要引用的 RADIUS 或 HWTACACS 方案；如果使用 **local** 或 **none** 认证，则不需要配置方案。

（2）确定要配置的接入方式或者服务类型。AAA 可以对不同的接入方式和服务类型配置不同的认证方案，并且从配置上限制了用户接入时使用的认证协议。

（3）确定是否为所有的接入方式或服务类型配置认证方法。

具体的配置步骤如表 20-20 所示。

表 20-20 ISP 域的 AAA 认证方法的配置步骤

步骤	命令	说明
1	**system-view** 例如：<Sysname> **system-view**	进入系统视图
2	**domain** *isp-name* 例如：[Sysname] **domain** dianxin	进入指定的 ISP 域视图
3	**authentication default** { **hwtacacs-scheme** *hwtacacs-scheme-name* [**local**] | **local** | **none** | **radius-scheme** *radius-scheme-name* [**local**] } 例如：[Sysname-isp-dianxin]**authentication default radius-scheme** rdus1	（可选）为所有类型的用户配置默认的认证方法，但此配置的优先级低于具体接入方式的配置。命令的参数和可选项说明如下： ● **hwtacacs-scheme** *hwtacacs-scheme-name*：多选一参数，指定采用的 HWTACACS 认证方案。后面跟的 **local** 可选项表示采用本地认证作为备选认证方案 ● **local**：多选一选项，指定采用本地认证 ● **none**：多选一选项，指定不进行认证 ● **radius-scheme** *radius-scheme-name*：多选一参数，指定采用的 RADIUS 认证方案。后面跟的 **local** 可选项表示采用本地认证作为备选认证方案 默认情况下，当前 ISP 域的默认认证方法为 **local**，可用 **undo authentication default** 命令恢复默认情况 【注意】当前 ISP 域所引用的 RADIUS 或 HWTACACS 必须是已配置的。当前 ISP 域的默认的认证方法仅对该域中未指定具体认证方法的所有接入用户都起作用，下同，不再赘述
4	**authentication lan-access** { **local** | **none** | **radius-scheme** *radius-scheme-name* [**local** | **none**] } 例如：[Sysname-isp-dianxin]**authentication lan-access local**	（可选）为 lan-access 用户配置认证方法。命令的参数和可选项说明如下： ● **local**：多选一选项，指定采用本地认证 ● **none**：多选一选项，指定不进行认证 ● **radius-scheme** *radius-scheme-name*：指定采用的 RADIUS 认证方案。后面跟的[**local** | **none**]可选项分别表示采用本地认证或不进行认证作为备选认证方案 默认情况下，lan-access 用户采用默认的认证方法（即第 3 步配置的默认认证方法），可用 **undo authentication lan-access** 命令恢复默认情况
5	**authentication login** { **hwtacacs-scheme** *hwtacacs-scheme-name* [**local**] | **local** | **none** | **radius-scheme** *radius-scheme-name* [**local**] } 例如：[Sysname-isp-dianxin]**authentication login hwtacacs-scheme** hwt1	（可选）为 Login 用户配置认证方法。命令的参数和可选项说明参见本表第 3 步的对应参数说明。 默认情况下，Login 用户采用默认的认证方法（即第 3 步配置的默认认证方法），可用 **undo authentication login** 命令恢复默认情况

续表

步骤	命令	说明
6	**authentication portal** { **local** | **none** | **radius-scheme** *radius-scheme-name* [**local**] } 例如：[Sysname-isp-dianxin] **authentication portal radius-scheme** rdus1 **local**	（可选）为 Portal 用户配置认证方法。命令的参数和可选项说明参见本表第 4 步的对应参数说明。 默认情况下，Portal 用户采用默认的认证方法（即第 3 步配置的默认认证方法），可用 **undo authentication portal** 命令恢复默认情况
7	**authentication super** { **hwtacacs-scheme** *hwtacacs-scheme-name* | **radius-scheme** *radius-scheme-name* } 例如：[Sysname-isp-dianxin]**authentication super hwtacacs-scheme** hwt1	（可选）配置级别切换认证方法。命令的参数和可选项说明参见本表第 3 步的对应参数说明。 默认情况下，级别切换认证采用默认的认证方法（即第 3 步配置的默认认证方法），可用 **undo authentication super** 命令恢复默认情况

【注意】当选择 RADIUS 认证方案时，AAA 只接受 RADIUS 服务器的认证结果，RADIUS 授权的信息虽然在认证成功回应的报文中携带，但在认证回应的处理流程中不会被处理。

如果配置 AAA 认证方法时指定了参数 **radius-scheme** *radius-scheme-name* **local** 或 **hwtacacs-scheme** *hwtacacs-scheme-name* **local**，则 **local** 为远端服务器没有正常响应后的备选认证方法。

如果 **local** 或者 **none** 作为第一认证方法，那么只能采用本地认证或者不进行认证，不能同时采用远程认证方法。

当使用 HWTACACS 方案进行级别切换认证时，系统默认使用登录用户名进行用户级别切换认证；当使用 RADIUS 方案进行级别切换认证时，系统使用 RADIUS 服务器上配置的“$enab+*level*$”形式的用户名替换原有用户名（登录用户名或用户输入的用户名）进行用户级别切换认证，其中 *level* 为用户希望切换到的级别。例如，用户希望切换到级别 3，输入的用户名为“user1”，在要求携带域名认证的情况下，系统使用用户名“$enab3@*domain_name*$”进行用户级别切换认证，否则使用“$enab3$”进行用户级别切换认证。

【示例 1】在 ISP 域 dianxin 下，配置默认认证方法为使用 RADIUS 方案 rd 进行认证，并且使用 **local** 作为备份认证方法。

```
<Sysname> system-view
[Sysname] domain dianxin
[Sysname-isp-dianxin] authentication default radius-scheme rd local
```

【示例 2】在 ISP 域 dianxin 下，为 lan-access 用户配置认证方法为 **local**。

```
<Sysname> system-view
[Sysname] domain dianxin
[Sysname-isp-dianxin] authentication lan-access local
```

【示例 3】在 ISP 域 dianxin 下，配置 lan-access 用户使用 RADIUS 方案 rd 进行认证，并且 **local** 作为备份认证方法。

```
<Sysname> system-view
[Sysname] domain dianxin
[Sysname-isp-dianxin] authentication lan-access radius-scheme rd local
```

【示例 4】在 ISP 域 dianxin 下，为 Login 用户配置认证方法为 **local**。

```
<Sysname> system-view
[Sysname] domain dianxin
[Sysname-isp-dianxin] authentication login local
```

【示例 5】在 ISP 域 dianxin 下，配置 Login 用户使用 RADIUS 方案 rd 进行认证，并且使用 **local** 作为备份认证方法。

```
<Sysname> system-view
[Sysname] domain dianxin
[Sysname-isp-dianxin] authentication login radius-scheme rd local
```

【示例 6】在 ISP 域 dianxin 下，为 Portal 用户配置认证方法为 **local**。

```
<Sysname> system-view
[Sysname] domain dianxin
[Sysname-isp-dianxin] authentication portal local
```

【示例 7】在 ISP 域 dianxin 下，配置 Portal 用户使用 RADIUS 方案 rd 进行认证，并且 **local** 作为备份认证方法。

```
<Sysname> system-view
[Sysname] domain dianxin
[Sysname-isp-dianxin] authentication portal radius-scheme rd local
```

【示例 8】在 ISP 域 dianxin 下，配置使用 HWTACACS 方案 tac 进行级别切换认证。

```
<Sysname> system-view
[Sysname] super authentication-mode scheme
[Sysname] domain dianxin
[Sysname-domain-dianxin] authentication super hwtacacs-scheme tac
```

20.5.4 ISP 域的 AAA 授权方法配置

在 AAA 中，授权是一个和认证、计费同级别的独立流程，其职责是发送授权请求给所配置的授权服务器，授权通过后向用户下发授权信息。在 ISP 域的 AAA 配置中，授权方法为可选配置。

H3C 以太网交换机 AAA 也支持不授权（**none**）、本地授权（**local**）和远程授权（**scheme**）三种授权方法。如果用户没有进行任何配置，则 ISP 域的默认授权方法为 **local**。如果用户配置的授权方法为 **none**，则意味着用户是不需要授权的，此时，认证通过的用户只有系统所给予的默认权限。EXEC 用户（控制台用户，可以通过 Console/aux 口或者 Telnet 连接设备，每个连接称为一个 EXEC 用户，如 Telnet 用户、SSH 用户）的默认级别为最低权限的访问级。FTP 用户被默认授权使用设备的根目录。

ISP 域中 AAA 授权方法的基本配置思路如下：

（1）如果用户要使用 HWTACACS 授权，则需要先配置要引用的 HWTACACS 方案；如果是 RADIUS 授权，只有在认证和授权方法中引用相同的 RADIUS 方案，授权才起作用。

（2）确定要配置的接入方式或者服务类型，AAA 可以按照不同的接入方式和服务类型进行 AAA 授权的配置，并且从配置上正确限制了接入所能使用的授权协议。

（3）确定是否为所有的接入方式或服务类型配置授权方法。

在 ISP 域中配置 AAA 授权方法的步骤如表 20-21 所示。

表 20-21 ISP 域的 AAA 授权方法配置步骤

步骤	命令	说明
1	**system-view** 例如：<Sysname> **system-view**	进入系统视图
2	**domain** *isp-name* 例如：[Sysname] **domain** dianxin	进入 ISP 域视图
3	**authorization default** { **hwtacacs-scheme** *hwtacacs-scheme-name* [**local**] | **local** | **none** | **radius-scheme** *radius-scheme-name* [**local**] } 例如：[Sysname-isp-dianxin]**authorization default local**	（可选）为所有类型的用户配置默认的授权方法，但此配置的优先级低于具体接入方式的配置。命令的参数和可选项说明如下： ● **hwtacacs-scheme** *hwtacacs-scheme-name*：多选一参数，指定采用的 HWTACACS 授权方案。后面跟的 **local** 可选项表示采用本地授权作为备选授权方案 ● **local**：多选一选项，指定采用本地授权 ● **none**：多选一选项，指定不进行授权。接入设备不请求授权信息，不对用户可以使用的操作以及用户允许使用的网络服务进行授权。此时，认证通过的 Login 用户（通过 Console/aux 口或者 Telnet、FTP 访问设备的用户）只有系统所给予的 0 级别的命令行访问权限，其中 FTP 用户可访问设备的根目录；认证通过的非 Login 用户可直接访问网络 ● **radius-scheme** *radius-scheme-name*：多选一参数，指定采用的 RADIUS 授权方案。后面跟的 **local** 可选项表示采用本地授权作为备选授权方案 默认情况下，当前 ISP 域的默认授权方法为 **local**，可用 **undo authentication default** 命令恢复默认情况

续表

步骤	命令	说明
3		【注意】当前 ISP 域所引用的 RADIUS 或 HWTACACS 必须是已配置的。在一个 ISP 域中，只有配置的认证和授权方法中引用了相同的 RADIUS 方案时，RADIUS 授权过程才能生效。当前 ISP 域的默认的授权方法仅对该域中未指定具体授权方法的所有接入用户起作用，下同，不再赘述
4	**authorization command** { **hwtacacs-scheme** *hwtacacs-scheme-name* [**local** | **none**] | **local** | **none** } 例如：[Sysname-isp-dianxin]**authorization command hwtacacs-scheme** hwta1 **local**	（可选）配置命令行授权方法。命令中的参数和选项说明如下： ● **hwtacacs-scheme** *hwtacacs-scheme-name*：多选一参数，指定采用的 HWTACACS 授权方案。后面跟的 **local** 可选项表示采用本地授权作为备选授权方案；后面跟的 **none** 可选项表示采用不进行授权作为备选授权方案 ● **local**：多选一选项，指定采用本地授权 ● **none**：多选一选项，指定不进行授权。接入设备不请求授权信息，不对用户可以使用的操作以及用户允许使用的网络服务进行授权，认证通过的用户只有系统所给予的 0 级别的命令行访问权限 默认情况下，命令行授权采用当前 ISP 域的默认授权方法（即第 3 步配置的默认授权方法），可用 **undo authorization command** 命令恢复默认情况。 【注意】当用户采用本地命令行授权时，成功登录设备的用户只能执行不大于本地用户级别的命令行
5	**authorization lan-access** { **local** | **none** | **radius-scheme** *radius-scheme-name* [**local** | **none**] } 例如：[Sysname-isp-dianxin]**authorization lan-access local**	（可选）为 lan-access 用户配置授权方法。命令中的参数和选项说明如下： ● **local**：多选一选项，指定采用本地授权 ● **none**：多选一选项，指定不授权。接入设备不请求授权信息，不对用户可以使用的操作以及用户允许使用的网络服务进行授权，认证通过的 lan-access 用户可直接访问网络 ● **radius-scheme** *radius-scheme-name*：多选一选项，指定采用 RADIUS 授权方案。后面跟的 **local** 可选项表示采用本地授权作为备选授权方案；后面跟的 **none** 可选项表示采用不进行授权作为备选授权方案 默认情况下，lan-access 用户采用默认的授权方法（即第 3 步配置的默认授权方法），可用 **undo authorization lan-access** 命令恢复默认情况
6	**authorization login** { **hwtacacs-scheme** *hwtacacs-scheme-name* [**local**] | **local** | **none** | **radius-scheme** *radius-scheme-name* [**local**] } 例如：[Sysname-isp-dianxin]**authorization login radius-scheme** rd **local**	（可选）为 Login 用户配置授权方法。命令中的参数和选项说明如下： ● **hwtacacs-scheme** *hwtacacs-scheme-name*：多选一选项，指定采用 HWTACACS 授权方案 ● **local**：多选一选项，指定采用本地授权 ● **none**：多选一选项，指定不授权。接入设备不请求授权信息，不对用户可以使用的操作以及用户允许使用的网络服务进行授权。此时，认证通过的 Login 用户（通过 Console/aux 口或者 Telnet、FTP 访问设备的用户）只有系统所给予的 0 级别的命令行访问权限，其中 FTP 用户可访问设备的根目录 ● **radius-scheme** *radius-scheme-name*：多选一选项，指定采用 RADIUS 授权方案。后面跟的 **local** 可选项表示采用本地授权作为备选授权方案 默认情况下，Login 用户采用默认的授权方法（即第 3 步配置的默认授权方法），可用 **undo authorization login** 命令恢复默认情况
7	**authorization portal** { **local** | **none** | **radius-scheme** *radius-scheme-name* [**local**] } 例如：[Sysname-isp-dianxin]**authorization portal radius-scheme** rd **local**	（可选）为 Portal 用户配置授权方法。命令中的参数和选项说明如下： ● **local**：多选一选项，指定采用本地授权 ● **none**：多选一选项，指定不授权。接入设备不请求授权信息，不对用户可以使用的操作以及用户允许使用的网络服务进行授权，认证通过的 Portal 用户可直接访问网络 ● **radius-scheme** *radius-scheme-name*：指定采用 RADIUS 授权方案。后面跟的 **local** 可选项表示采用本地授权作为备选授权方案 默认情况下，Portal 用户采用默认的授权方法（即第 3 步配置的默认授权方法），可用 **undo authorization portal** 命令恢复默认情况

【注意】RADIUS 授权是特殊的流程，只有在认证和授权方法中引用的 RADIUS 方案相同的条件下，RADIUS 授权才起作用。对于所有 RADIUS 授权失败的情况，授权失败返回给交换机的原因为服务器没有响应。

如果配置 AAA 授权方法时指定了参数 **radius-scheme** *radius-scheme-name* **local** 或 **hwtacacs-scheme** *hwtacacs-scheme-name* [**local** | **none**]，则 **local** 或 **none** 为远端服务器没有正常响应后的备选授权方法。而当 **local** 或者 **none** 作为第一授权方法时，没有备选授权方式，只能采用本地授权或者

直接授权。

RADIUS 服务器的授权信息是随认证应答报文发给 RADIUS 客户端的，故不能单独指定授权服务器。因此，如果使用 RADIUS 认证和 RADIUS 授权，必须保证认证和授权方法中引用的 RADIUS 方案相同，否则系统会给出错误提示。

【示例 1】在 ISP 域 dianxin 下，配置默认授权方法为使用 RADIUS 方案 rd 进行授权，并且使用 **local** 作为备份授权方法。

```
<Sysname> system-view
[Sysname] domain dianxin
[Sysname-isp-dianxin] authorization default radius-scheme rd local
```

【示例 2】 在 ISP 域 dianxin 下，配置命令行授权方法为 **local**。

```
<Sysname> system-view
[Sysname] domain dianxin
[Sysname-isp-dianxin] authorization command local
```

【示例 3】在 ISP 域 dianxin 下，配置使用 HWTACACS 方案 hwtac 进行命令行授权，并且使用 **local** 作为备份授权方法。

```
<Sysname> system-view
[Sysname] domain dianxin
[Sysname-isp-dianxin] authorization command hwtacacs-scheme hwtac local
```

【示例 4】在 ISP 域 dianxin 下，为 lan-access 用户配置授权方法为 **local**。

```
<Sysname> system-view
[Sysname] domain dianxin
[Sysname-isp-dianxin] authorization lan-access local
```

【示例 5】在 ISP 域 dianxin 下，配置 lan-access 用户使用 RADIUS 方案 rd 进行授权，并且使用 **local** 作为备份授权方法。

```
<Sysname> system-view
[Sysname] domain dianxin
[Sysname-isp-dianxin] authorization lan-access radius-scheme rd local
```

【示例 6】在 ISP 域 dianxin 下，为 Login 用户配置授权方法为 **local**。

```
<Sysname> system-view
[Sysname] domain dianxin
[Sysname-isp-dianxin] authorization login local
```

【示例 7】在 ISP 域 dianxin 下，配置 Login 用户使用 RADIUS 方案 rd 进行授权，并且使用 **local** 作为备份授权方法。

```
<Sysname> system-view
[Sysname] domain dianxin
[Sysname-isp-dianxin] authorization login radius-scheme rd local
```

【示例 8】在 ISP 域 dianxin 下，为 Portal 用户配置授权方法为 **local**。

```
<Sysname> system-view
[Sysname] domain dianxin
[Sysname-isp-dianxin] authorization portal local
```

【示例 9】在 ISP 域 dianxin 下，配置 Portal 用户使用 RADIUS 方案 rd 进行授权，并且使用 **local** 作为备份授权方法。

```
<Sysname> system-view
[Sysname] domain dianxin
[Sysname-isp-dianxin] authorization portal radius-scheme rd local
```

20.5.5 ISP 域的 AAA 计费方法配置

在 AAA 中，计费是一个和认证、授权同级别的独立流程，其职责为发送计费开始/更新/结束请求给所配置的计费服务器。与 AAA 认证、授权一样，它也有不计费（**none**）、本地计费（**local**）和远程计费（**scheme**）三种计费方法。

计费不是必须使用的。在 ISP 域的 AAA 配置中，允许不配置计费方法，此时当前 ISP 域默认的计费方法就为 **local**。当选择远程计费方式时，如果远程计费服务器无效，则使用配置的本地计费或不计费备选计费方式。

H3C 以太网交换机 AAA 计费的基本配置思路如下：

（1）如果用户要使用 RADIUS 或 HWTACACS 计费，则需要先配置要引用的 RADIUS 方案或 HWTACACS 方案；如果要使用 **local** 或 **none** 计费，则不需要配置方案。

（2）确定要配置的接入方式或者服务类型，AAA 可以支持为按照不同的接入方式和服务类型进行 AAA 计费的配置，并且从配置上正确限制了接入所能使用的计费协议。

（3）确定是否为所有的接入方式或服务类型配置计费方法。

具体的 ISP 域 AAA 计费方法配置步骤如表 20-22 所示。

表 20-22 ISP 域的 AAA 计费方法的配置步骤

步骤	命令	说明
1	**system-view** 例如：<Sysname> **system-view**	进入系统视图
2	**domain** *isp-name* 例如：[Sysname] **domain** dianxin	进入 ISP 域视图
3	**accounting optional** 例如：[Sysname-isp-dianxin] **accounting optional**	（可选）打开计费可选开关。默认情况下，ISP 域的计费开关处于关闭状态，可用 **undo accounting optional** 命令关闭计费可选开关
4	**accounting default** { **hwtacacs-scheme** *hwtacacs-scheme-name* [**local**] | **local** | **none** | **radius-scheme** *radius-scheme-name* [**local**] } 例如：[Sysname-isp-dianxin] **accounting default none**	（可选）为所有类型的用户配置默认的计费方法，但此配置的优先级低于具体接入方式的配置。命令的参数和可选项说明如下： ● **hwtacacs-scheme** *hwtacacs-scheme-name*：多选一参数，指定采用的 HWTACACS 计费方案。后面跟的 **local** 可选项表示采用本地计费作为备选计费方案 ● **local**：多选一选项，指定采用本地计费 ● **none**：多选一选项，指定不进行计费 ● **radius-scheme** *radius-scheme-name*：多选一参数，指定采用的 RADIUS 计费方案。后面跟的 **local** 可选项表示采用本地计费作为备选计费方案 默认情况下，当前 ISP 域的默认计费方法为 **local**，可用 **undo accounting default** 命令恢复默认情况。 【注意】当前 ISP 域所引用的 RADIUS 或 HWTACACS 必须是已配置的。本地计费只是为了支持本地用户的连接数管理，没有实际计费相关的统计功能。当前 ISP 域的默认的计费方法仅对该域中未指定具体计费方法的所有接入用户起作用，下同，不再赘述
5	**accounting command hwtacacs-scheme** *hwtacacs-scheme-name* 例如：[Sysname-isp-dianxin]**accounting command hwtacacs-scheme** hwtac1	（可选）配置命令行计费方法。命令中的 **hwtacacs-scheme** *hwtacacs-scheme-name* 用来指定采用的 HWTACACS 计费方案。 默认情况下，命令行计费采用当前 ISP 域的默认计费方法（即第 4 步配置的默认计费方法），可用 **undo accounting command** 命令恢复默认情况。 【注意】命令行计费支持的远程 AAA 方案目前仅为 HWTACACS 方案，不支持 RADIUS 方案
6	**accounting lan-access** { **local** | **none** | **radius-scheme** *radius-scheme-name* [**local** | **none**] } 例如：[Sysname-isp-dianxin]**accounting lan-access local**	（可选）为 lan-access 用户配置计费方法。命令中的参数和选项说明如下： ● **local**：多选一选项，指定采用本地计费 ● **none**：多选一选项，指定不计费 ● **radius-scheme** *radius-scheme-name*：多选一选项，指定采用 RADIUS 计费方案。后面跟的 **local** 可选项表示采用本地计费作为备选计费方案；后面跟的 **none** 可选项表示采用不进行计费作为备选计费方案 默认情况下，lan-access 用户采用当前 ISP 域默认的计费方法（即第 4 步配置的默认计费方法），可用 **undo accounting lan-access** 命令恢复默认情况
7	**accounting login** { **hwtacacs-scheme** *hwtacacs-scheme-name* [**local**] | **local** | **none** | **radius-scheme** *radius-scheme-name* [**local**] } 例如：[Sysname-isp-dianxin]**accounting login hwtacacs-scheme** hwtac1 **local**	（可选）为 Login 用户配置计费方法。命令中的参数和选项说明如下： ● **hwtacacs-scheme** *hwtacacs-scheme-name*：多选一选项，指定采用 HWTACACS 计费方案 ● **local**：多选一选项，指定采用本地计费 ● **none**：多选一选项，指定不计费 ● **radius-scheme** *radius-scheme-name*：多选一选项，指定采用 RADIUS 计费方案。后面跟的 **local** 可选项表示采用本地计费作为备选计费方案

续表

步骤	命令	说明
7		默认情况下，Login 用户采用当前 ISP 域默认的计费方法（即第 4 步配置的默认计费方法），可用 **undo accounting login** 命令恢复默认情况
8	**accounting portal** { **local** | **none** | **radius-scheme** *radius-scheme-name* [**local**] } 例如：[Sysname-isp-dianxin]**accounting portal radius-scheme** rd **local**	（可选）为 Portal 用户配置计费方法。命令中的参数和选项说明如下： ● **local**：多选一选项，指定采用本地计费 ● **none**：多选一选项，指定不计费 ● **radius-scheme** *radius-scheme-name*：指定采用 RADIUS 计费方案。后面跟的 **local** 可选项表示采用本地计费作为备选计费方案 默认情况下，Portal 用户采用当前 ISP 域默认的计费方法（即第 4 步配置的默认计费方法），可用 **undo accounting portal** 命令恢复默认情况

【注意】在对用户实施计费时，如果发现没有可用的计费服务器或与计费服务器通信失败，而又配置了 **accounting optional** 命令，则用户可以继续使用网络资源，否则用户连接将被切断。

本地计费方法并不用于对用户实施实际的计费功能，只是用来配合本地用户视图下的 **access-limit** 命令来实现本地用户连接数的限制功能。在计费可选开关打开的情况下，本地用户的连接数限制功能不生效。

如果配置 AAA 计费方法时指定了参数 **radius-scheme** *radius-scheme-name* **local** 或 **hwtacacs-scheme** *hwtacacs-scheme-name* **local**，则 **local** 为远端服务器没有正常响应后的备选计费方法。如果 **local** 或者 **none** 作为第一计费方法，那么只能采用本地认证或者不进行计费，不能同时采用远程计费方法。Login 类型的接入中 FTP 方式不支持计费流程。

【示例 1】在 ISP 域 dianxin 下，配置默认计费方法为使用 RADIUS 方案 rd 进行计费，并且使用 **local** 作为备份计费方法。

```
<Sysname> system-view
[Sysname] domain dianxin
[Sysname-isp-dianxin] accounting default radius-scheme rd local
```

【示例 2】在 ISP 域 dianxin 下，配置使用 HWTACACS 计费方案 hwtac 进行命令行计费。

```
<Sysname> system-view
[Sysname] domain dianxin
[Sysname-isp-dianxin] accounting command hwtacacs-scheme hwtac
```

【示例 3】在 ISP 域 dianxin 下，配置默认计费方法为使用 RADIUS 方案 rd 进行计费，并且使用 **local** 作为备份计费方法。

```
<Sysname> system-view
[Sysname] domain dianxin
[Sysname-isp-dianxin] accounting default radius-scheme rd local
```

【示例 4】在 ISP 域 dianxin 下，为 lan-access 用户配置计费方法为 **local**。

```
<Sysname> system-view
[Sysname] domain dianxin
[Sysname-isp-dianxin] accounting lan-access local
```

【示例 5】在 ISP 域 dianxin 下，配置 lan-access 用户使用 RADIUS 方案 rd 进行计费，并且使用 **local** 作为备份计费方法。

```
<Sysname> system-view
[Sysname] domain dianxin
[Sysname-isp-dianxin] accounting lan-access radius-scheme rd local
```

【示例 6】在 ISP 域 dianxin 下，为 Login 用户配置计费方法为 **local**。

```
<Sysname> system-view
[Sysname] domain dianxin
[Sysname-isp-dianxin] accounting login local
```

【示例 7】在 ISP 域 dianxin 下，配置 Login 用户使用 RADIUS 方案 rd 进行计费，并且使用 **local** 作为备份计费方法。

```
<Sysname> system-view
[Sysname] domain dianxin
[Sysname-isp-dianxin] accounting login radius-scheme rd local
```

【示例 8】在 ISP 域 dianxin 下，为 Portal 用户配置计费方法为 **local**。

```
<Sysname> system-view
[Sysname] domain dianxin
[Sysname-isp-dianxin] accounting portal local
```

【示例 9】在 ISP 域 dianxin 下，配置 Portal 用户使用 RADIUS 方案 rd 进行计费，并且使用 **local** 作为备份计费方法。

```
<Sysname> system-view
[Sysname] domain dianxin
[Sysname-isp-dianxin] accounting portal radius-scheme rd local
```

20.5.6　强制切断用户连接配置

管理员可以强制切断全部或指定类型服务接入的用户连接。执行的方法只需在系统视图下使用 **cut connection** { **access-type** { **dot1x** | **mac-authentication** | **portal** } | **all** | **domain** *isp-name* | **interface** *interface-type interface-number* | **ip** *ip-address* | **mac** *mac-address* | **ucibindex** *ucib-index* | **user-name** *user-name* | **vlan** *vlan-id* } [**slot** *slot-number*]命令即可。但目前，此命令仅对 lan-access（包括 802.1x 和 MAC 认证方式）、Portal 服务类型的用户有效。命令中的参数和选项说明如下：

- **access-type**：多选一选项，指定切断的接入类型。它包括以下几种可选接入类型：
  - **dot1x**：表示 802.1x 认证接入方式。
  - **mac-authentication**：表示 MAC 地址认证接入方式。
  - **portal**：表示 Portal 认证接入方式。
- **all**：多选一选项，指定切断所有用户连接。
- **domain** *isp-name*：多选一参数，指定切断指定 ISP 域的用户连接。
- **interface** *interface-type interface-number*：多选一参数，指定切断指定接口的用户连接。
- **ip** *ip-address*：多选一参数，指定切断指定 IP 地址的用户连接。
- **mac** *mac-address*：多选一参数，指定切断指定 MAC 地址的用户连接。
- **ucibindex** *ucib-index*：多选一参数，指定切断指定连接索引号的用户连接，取值范围为 0～4294967295。
- **user-name** *user-name*：多选一参数，指定切断指定用户名的用户连接。其中，*user-name* 表示用户名，为 1～80 个字符的字符串，区分大小写。如果用户输入的用户名未携带域名，则系统默认其带默认域名或强制认证域名。
- **vlan** *vlan-id*：多选一参数，指定切断指定 VLAN 中的用户连接。其中，*vlan-id* 的取值范围为 1～4094。
- **slot** *slot-number*：多选一参数，指定切断指定 IRF 堆叠成员设备上的用户连接。

【注意】如果客户端配置的用户名携带版本号或者用户名中存在空格，则无法通过用户名 *user-name* 来检索和切断用户连接，但是通过其他方式（如 IP 地址、连接索引号等）仍然可以检索和切断用户的连接。

如果接入用户的接口上配置了指定接入类型的强制认证域（例如 802.1x 强制认证域），则通过该接口上线的指定接入类型的用户将使用强制认证域进行认证、授权和计费，因此如果要通过 **cut connection domain** *isp-name* 命令切断该类用户连接，则必须指定用户使用的强制认证域名。

对于使用域名分隔符\或者/的 802.1x 在线用户，不能通过 **cut connection user-name** *user-name* 命令切断其连接。例如，执行 **cut connection user-name** aaa\bbb 命令后，不能切断在线用户 aaa\bbb 的连接。

【示例 1】切断 ISP 域 test 下的所有用户连接。

```
<Sysname> system-view
[Sysname] cut connection domain test
```

【示例 2】切断用户名为 winda 的用户连接。

```
<Sysname> system-view
[Sysname] cut connection user-name winda
```

20.5.7 配置设备作为 RADIUS 服务器

除了可以使用远程的 RADIUS 服务器为交换机上接入的用户进行认证、授权和计费，还可以把一台交换机自身配置为 RADIUS 服务器，这样就无需配置、调用运行 RADIUS 服务器程序主机作为 RADIUS 服务器，实施起来更方便。

要把交换机配置为 RADIUS 服务器，必须完成以下两项配置任务：

- 配置 RADIUS 用户
- 指定 RADIUS 客户端

1. 配置 RADIUS 用户

为使某个请求网络服务的用户可以通过 RADIUS 认证，需要在设备上的 RADIUS 用户数据库中添加通话通过的 RADIUS 用户。所谓 RADIUS 用户，是指在支持 RADIUS 服务器功能的交换机上设置的一组用户属性的集合。可配置的用户属性包括：用户密码、授权属性、账户有效期和用户描述信息。具体配置步骤如表 20-23 所示。

表 20-23 配置 RADIUS 用户的步骤

<table>
<tr><th>步骤</th><th>命令</th><th>说明</th></tr>
<tr><td>1</td><td>system-view</td><td>进入系统视图</td></tr>
<tr><td>2</td><td>radius-server user user-name</td><td>创建 RADIUS 用户，并进入指定的 RADIUS 服务器用户视图。参数 user-name 用来指定要创建的 RADIUS 用户名，为 1～64 个字符的字符串，区分大小写。用户名可以携带域名，不能包括符号“?”、“<”、“>”、“\”、“"”、“%”、“'”、“&”、“#”以及空格，且不能为“a”、“al”或“all”。
默认情况下，不存在任何 RADIUS 用户，可用 undo radius-server user { user-name | all }命令删除指定或所有的 RADIUS 用户。
【注意】RADIUS 服务器上添加的用户名是否携带域名要与接入设备上设置的发送给 RADIUS 服务器的用户名格式保持一致。例如，如果接入设备上设置的发送给 RADIUS 服务器的用户名携带域名（user-name-format with-domain），则 RADIUS 服务器上添加的 RADIUS 用户名也需要携带域名</td></tr>
<tr><td>3</td><td>password [cipher | simple] password</td><td>（可选）配置 RADIUS 用户密码。命令中的参数说明如下：
● cipher password：二选一参数，设置为密文密码，且密码将以密文显示。其中，password 为特定长度的密文密码，长度取值可为 12、24、32、44、64、76、88、96、108、120、128、140、152、160、172 或 184 位，例如“_(TT8F]Y\5SQ=^Q`MAF4<1!!”
● simple password：二选一参数，设置为明文密码，且密码将以明文显示。其中，password 为长度不大于 128 位的明文密码，例如“aabbcc”
在不指定 simple 和 cipher 的情况下，password 为长度不大于 128 位的明文密码，且将以密文显示。
默认情况下，没有设置 RADIUS 用户的密码，可用 undo password 命令取消 RADIUS 用户的密码</td></tr>
<tr><td>4</td><td>authorization-attribute { acl acl-number | vlan vlan-id } *</td><td>（可选）配置 RADIUS 用户的授权属性，该属性在用户认证通过之后，由作为 RADIUS 服务器的设备在认证回应报文中告知 RADIUS 客户端，RADIUS 客户端将授权属性下发给用户，并对用户进行权限控制。命令中的参数说明如下：
● acl acl-number：可多选参数，指定 RADIUS 用户的授权 ACL。其中，acl-number 为授权 ACL 的编号，取值范围为 2000～5999
● vlan vlan-id：可多选参数，指定 RADIUS 用户的授权 VLAN。其中，vlan-id 为 VLAN 编号，取值范围为 1～4094
默认情况下，未配置任何授权信息，可用 undo authorization-attribute { acl | vlan } * 命令删除配置的授权属性</td></tr>
</table>

续表

步骤	命令	说明
5	**expiration-date** *time*	（可选）配置 RADIUS 用户的有效期。在有用户需要临时接入网络的情况下，设备管理员可以为用户建立临时使用的来宾账户，并通过该配置对来宾账户进行有效期的控制。当该用户通过认证时，RADIUS 服务器设备检查当前系统时间是否在用户的有效期内，如果在有效期内则允许用户登录，否则拒绝用户登录。参数 *time* 用来指定 RADIUS 用户的有效期，可以精确到秒，格式为 HH:MM:SS-MM/DD/YYYY（时:分:秒-月/日/年）或 HH:MM:SS-YYYY/MM/DD（时:分:秒-年/月/日）。其中，HH:MM:SS 中的 HH 取值范围为 0～23，MM 和 SS 取值范围为 0～59；MM/DD/YYYY 中的 MM 的取值范围为 1～12，DD 的取值范围与月份有关，YYYY 的取值范围为 2000～2035。除表示零点外，格式中的前导 0 可以省略不写，比如 2:2:0-2011/10/2 等效于 02:02:00-2011/10/02。 默认情况下，未配置用户的有效期，设备不进行用户有效期的检查，可用 **undo expiration-date** 命令取消 RADIUS 用户的有效期配置。 【注意】如果设备管理员手工修改系统时间，或其他原因导致系统时间发生变化，则在用户认证时使用修改后的系统时间与配置的用户有效期进行比较
6	**description** *text*	（可选）配置 RADIUS 用户的描述信息。这些描述信息能够帮助管理员记忆并管理用户信息。参数 *text* 用来指定 RADIUS 用户的描述信息，为 1～255 个字符的字符串，区分大小写。 默认情况下，未配置任何描述信息，可用 **undo description** 命令取消 RADIUS 用户的描述信息

【示例 1】创建名称为 user1 的 RADIUS 用户，并进入该用户视图。

```
<Sysname> system-view
[Sysname] radius-server user user1
[Sysname-rdsuser-user1]
```

【示例 2】设置 RADIUS 用户 user1 的密码为明文 123456，且将以明文显示。

```
<Sysname> system-view
[Sysname] radius-server user1
[Sysname-rdsuser-user1] password simple 123456
```

【示例 3】设置 RADIUS 用户 user2 的密码为密文 TEzJOUGCmuE=（注意，密文只能从交换机配置中复制，不能手工直接输入），且将以密文显示。

```
<Sysname> system-view
[Sysname] radius-server user2
[Sysname-rdsuser-user2] password cipher TEzJOUGCmuE=
```

【示例 4】设置 RADIUS 用户 user3 的密码为明文 123456，且将以密文显示。

```
<Sysname> system-view
[Sysname] radius-server user3
[Sysname-rdsuser-user3] password 123456
```

【示例 5】配置 RADIUS 用户 user1 的授权 VLAN 为 VLAN 3。

```
<Sysname> system-view
[Sysname] radius-server user user1
[Sysname-rdsuser-user1] authorization-attribute vlan 3
```

【示例 6】配置 RADIUS 用户 user1 的有效期为 2012/05/31 的 12:10:20。

```
<Sysname> system-view
[Sysname] radius-server user user1
[Sysname-rdsuser-user1] expiration-date 12:10:20-2012/05/31
```

【示例 7】配置 RADIUS 用户 user1 的描述信息为 VIP user。

```
<Sysname> system-view
[Sysname] radius-server user user1
[Sysname-rdsuser-user1] description VIP user
```

2. 指定 RADIUS 客户端

RADIUS 服务器上使用 IP 地址来标识被管理的 RADIUS 客户端（交换机）。RADIUS 服务器只处理来自其管理范围内的客户端的 RADIUS 报文，对其他报文直接作丢弃处理。RADIUS 客户端的 IP 地址以及与 RADIUS 客户端通信的共享密钥的配置方法是在系统视图下使用 **radius-server**

client-ip *ip-address* [**key** *string*]命令配置。命令中的参数说明如下：

- *ip-address*：指定 RADIUS 客户端的 IPv4 地址。
- **key** *string*：可选参数，指定与 RADIUS 客户端通信的共享密钥，为 1～64 个字符的字符串，区分大小写。

默认情况下，未指定任何 RADIUS 客户端，可用 **undo radius-server client-ip** { *ip-address* | **all** } 命令删除指定或所有的 RADIUS 客户端。

【注意】RADIUS 服务器上指定的 RADIUS 客户端 IP 地址必须和 RADIUS 客户端上配置的发送 RADIUS 报文的源 IP 地址保持一致，具体参见本章 20.3.8 节。RADIUS 服务器上指定的共享密钥也必须和 RADIUS 客户端上配置的与 RADIUS 服务器通信的共享密钥保持一致，具体参见本章 20.3.4 节。可通过多次执行本命令，指定多个 RADIUS 客户端。

【示例 8】指定一个 RADIUS 客户端的 IP 地址为 10.1.1.1，共享密钥为 123456。

```
<Sysname> system-view
[Sysname] radius-server client-ip 10.1.1.1 key 123456
```

20.6 H3C 交换机 AAA 配置示例

通过以上各节的介绍，对 H3C 以太网交换机 AAA 访问控制配置进行了比较全面的介绍。本节通过结合几个典型的配置示例，对各种典型应用环境下的 H3C 以太网交换机 AAA 访问控制配置方法进行综合介绍。

20.6.1 Telnet 用户的 local 认证、HWTACACS 授权、RADIUS 计费配置

这是一种混合 AAA 方案配置示例，要求配置交换机对 Telnet 用户（其他接入如果需要此类 AAA 应用，和本示例的 Telnet 接入 AAA 配置类似，只有接入方式的区别）采用 local 认证方式，采用 HWTACACS 授权方式，采用 RADIUS 计费方式。

本示例拓扑如图 20-2 所示。在本示例中，有一台 HWTACACS 服务器（担当授权服务器的职责）与交换机相连，服务器 IP 地址为 10.1.1.2。交换机与授权 HWTACACS 服务器交互报文时的共享密钥均为 expert，发送给 HWTACACS 服务器的用户名中不带域名。同时，还有一台 RADIUS 服务器（担当计费服务器的职责）与交换机相连，服务器 IP 地址为 10.1.1.1。交换机与计费 RADIUS 服务器交互报文时的共享密钥为 expert。现仅以一个用户名为 winda，密码为 hello 的用户为例进行介绍。

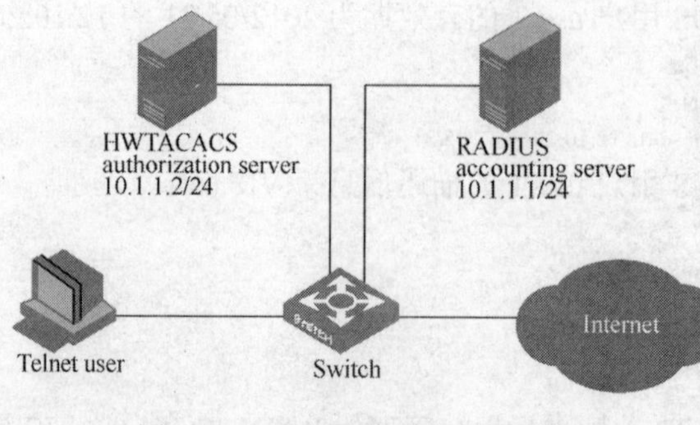

图 20-2 Telnet 用户 AAA 配置示例

在本示例中是专门针对 Telnet 用户进行 AAA 访问控制的，所以首先需要在交换机上启用 Telnet 服务（如果是其他服务类型用户，则要启用对应的其他服务），在对应线路上启用 AAA 认

证，然后才是具体的 AAA 配置。

在示例中，AAA 配置中分成了三种不同的方案：采用 local 认证方式，采用 HWTACACS 授权方式，采用 RADIUS 计费方式。根据本章表 20-2 所示的 AAA 配置任务可以看出，首先需要配置对应的 HWTACACS 授权方案和 RADIUS 计费方案，然后为这类 Telnet 用户配置应用 AAA 方案的 ISP 域及相关属性。

下面是具体的配置步骤。

（1）开启交换机 Telnet 服务器功能，启用 AAA 认证方式。

```
<Switch> system-view
[Switch] telnet server enable     !---开启交换机 Telnet 服务器功能
[Switch] user-interface vty 0 4
[Switch-ui-vty0-4] authentication-mode scheme    !---配置 Telnet 虚拟终端线路采用 AAA 认证方式
[Switch-ui-vty0-4] quit
```

（2）因为本示例采用的是本地认证方式，所以需要在交换机创建本地用户，然后根据需要配置其相关属性。如果选择的是远程认证方式，则不用在交换机上配置本地用户。

```
[Switch] local-user winda
[Switch-luser-winda] service-type telnet
[Switch-luser-winda] password simple hello
[Switch-luser-winda] quit
```

（3）配置 HWTACACS 授权方案。

```
[Switch] hwtacacs scheme hwtac
[Switch-hwtacacs-hwtac] primary authorization 10.1.1.2 49    !---指定 HWTACACS 主授权服务器 IP 地址为 10.1.1.2 49
[Switch-hwtacacs-hwtac] key authorization expert    !---指定 HWTACACS 授权服务器与交换机交互通信的共享密钥为 expert
[Switch-hwtacacs-hwtac] user-name-format without-domain    !---设置发送给 HWTACACS 服务器的用户名格式为不带域名
[Switch-hwtacacs-hwtac] quit
```

（4）配置 RADIUS 计费方案。

```
[Switch] radius scheme rd
[Switch-radius-rd] primary accounting 10.1.1.1 1813
[Switch-radius-rd] key accounting expert
[Switch-radius-rd] server-type extended    !---指定采用私有 RADIUS 协议进行通信，即指定使用 iMC 与 RADIUS 服务器进行通信
[Switch-radius-rd] user-name-format without-domain
[Switch-radius-rd] quit
```

（5）配置 Telnet 用户 ISP 域及相应的 AAA 方案。

```
[Switch] domain telisp
[Switch-isp- telisp] authentication login local
[Switch-isp- telisp] authorization login hwtacacs-scheme hwtac
[Switch-isp- telisp] accounting login radius-scheme rd
[Switch-isp- telisp] quit
```

使用 Telnet 登录时输入用户名为 winda@telisp，以使用域 telisp 进行认证。

20.6.2 SSH 用户的 RADIUS 认证和授权配置示例

本示例仅需配置 AAA 中的认证和授权，而且都是采用 RADIUS 服务器进行的（要注意，RADIUS 的认证和授权是捆绑进行的，必须在同一 RADIUS 服务器上配置）。

本示例拓扑如图 20-3 所示。要配置交换机实现 RADIUS 服务器对登录交换机的 SSH 用户进行 RADIUS 服务器认证和授权。RADIUS 服务器是由一台 iMC 服务器担当认证/授权 RADIUS 服务器的职责，服务器 IP 地址为 10.1.1.1/24。交换机与 RADIUS 服务器交互报文时使用的共享密钥为 expert，向 RADIUS 服务器发送的用户名带域名。服务器根据用户名携带的域名来区分提供给用户的服务。

本示例仅以一个名为 winda@sshisp，密码为 hello 的 SSH 用户（SSH 用户与 Telnet 用户类似，只是 Telnet 登录无需配置密钥对）登录交换机时使用 RADIUS 服务器进行认证，认证通过后的用

户级别为 3。

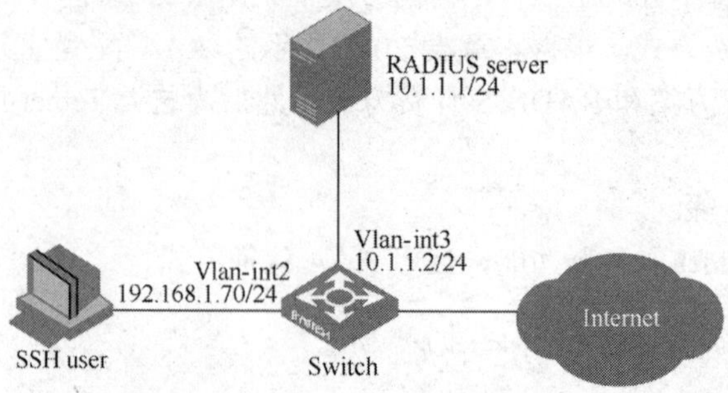

图 20-3　SSH 用户 RADIUS 认证/授权配置示例

在这里也首先分析一下本示例的基本配置思路。与上节介绍的 Telnet 用户 AAA 方案配置一样，首先也是要在交换机对应的虚拟终端线路上启用 SSH 服务，但 SSH 用户还需要配置 RSA 和 DSA 密钥对，然后才进行 AAA 方案配置。

在 AAA 方案配置中，本示例包括四部分：创建本地 SSH 用户及其属性配置；配置 iMC RADIUS 服务器（因为本示例所使用的 RADIUS 服务器在 iMC 服务器上）；配置 RADIUS 认证/授权方案；配置 SSH 用户 ISP 域 AAA 方案。

下面是具体的配置步骤。

（1）在交换机上 SSH 用户登录采用 AAA 认证方式，登录协议为 SSH，配置 RAS 和 DSA 密钥对，启用 SSH 服务器。

```
[Switch] user-interface vty 0 4
[Switch-ui-vty0-4] authentication-mode scheme
[Switch-ui-vty0-4] protocol inbound ssh   !---配置用户远程登录交换机的协议为 SSH
[Switch-ui-vty0-4] quit
[Switch] public-key local create rsa   !---生成 RSA 密钥对
[Switch] public-key local create dsa    !---生成 DSA 密钥对
[Switch] ssh server enable     !---启用 SSH 服务
```

【说明】生成服务器 RSA 和 DSA 密钥对是完成 SSH 登录的必要操作。生成密钥对时，系统会提示输入密钥的长度，取值范围为 512~2048 位，默认为 1024 位。

（2）配置 iMC RADIUS 服务器。

下面以 iMC 为例（使用 iMC 版本为：iMC PLAT 3.20-R2606、iMC UAM 3.60-E6206），说明 RADIUS 服务器的基本配置。主要配置包括指定 RADIUS 客户端（交换机）和用于认证的用户。

①在 iMC 服务器浏览器地址栏中输入 http://10.1.1.1:8080/imc 登录进入 iMC 管理平台。

②添加 RADIUS 客户端，也就是交换机。选择“业务”标签页，单击导航栏中的“接入业务/接入设备配置”菜单项，进入“接入设备配置”页面，然后单击“增加”按钮，进入“增加接入设备”页面，如图 20-4 所示。然后进行如下配置：

- 在“共享密钥”文本框中设置与交换机交互报文时使用的认证、计费共享密钥为“expert”。
- 在“认证端口”和“计费端口”两个文本框中设置 RADIUS 认证及计费的端口号分别为“1812”和“1813”。
- 在“业务类型”下拉列表中选择业务类型为“设备管理业务”选项。
- 在“接入设置类型”下拉列表中选择接入设备类型为“H3C”选项。
- 在“组网方式”下拉列表中选择“不启用混合组网”选项。
- 在“设备列表”栏中单击“选择”或“手工增加”按钮添加 IP 地址为 10.1.1.2 的接入设备。

最后单击页面底部的“确定”按钮完成操作。

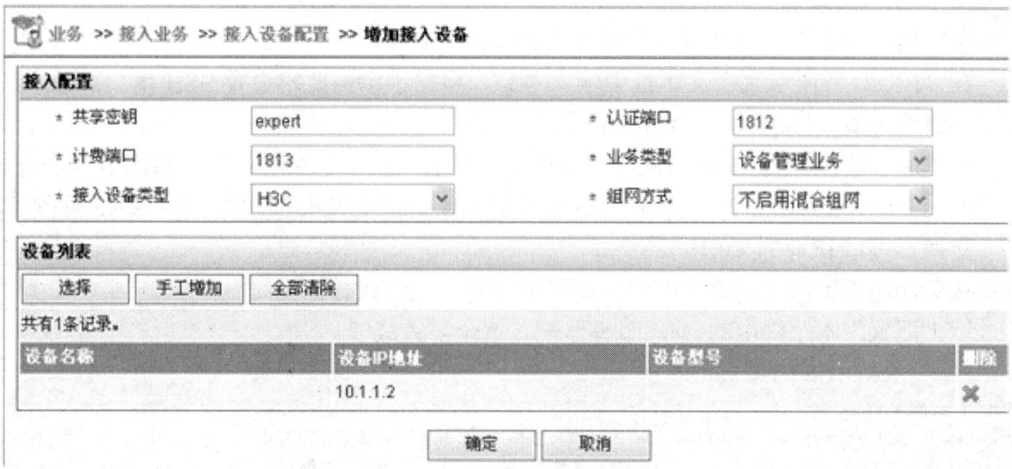

图 20-4 iMC 增加接入设备配置页面

【注意】添加的接入交换机 IP 地址要与在交换机上配置的发送 RADIUS 报文的源地址保持一致。默认情况下，交换机发送 RADIUS 报文的源地址是发送 RADIUS 报文的接口 IP 地址。下面的示例中同样有此要求，不再赘述。

如果交换机使用默认的发送 RADIUS 报文的源地址，例如，本例中为接口 Vlan-interface3 的 IP 地址 10.1.1.2，则此处接入交换机 IP 地址就选择 10.1.1.2。如果交换机上通过 **nas-ip** 或者 **radius nas-ip** 命令指定了发送 RADIUS 报文的源地址，则此处的接入设备 IP 地址就需要修改并与指定的源地址保持一致。

③添加认证用户。选择“用户”标签页，单击导航栏中的“接入用户视图/设备管理用户”菜单项，进入“设备管理用户”页面，然后单击“增加”按钮，进入“增加设备管理用户”页面，如图 20-5 所示。在此页面中进行如下配置：

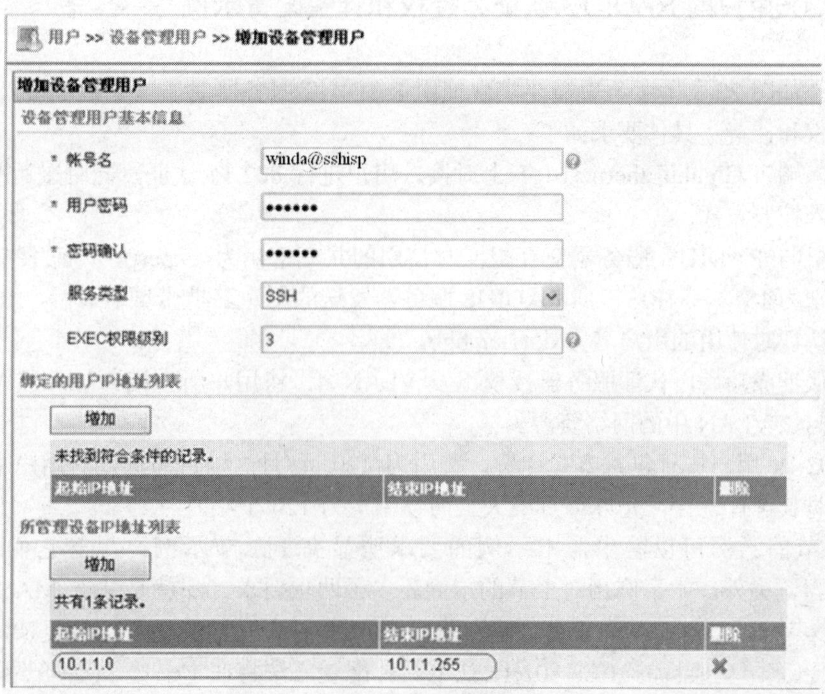

图 20-5 iMC 增加设备管理用户页面

- 在“账号名”、“用户密码”、“密码确认”三个文本框中分别输入用户名“winda@sshisp”和密码。
- 在“服务类型”下拉列表中选择服务类型为“SSH”。
- 在“EXEC 权限级别”文本框中输入“3”，根据本示例要求设置 SSH 用户登录系统后的用户级别为最高特权级别（默认为 0）。
- 在“所管理设备 IP 地址列表”栏中单击“增加”按钮增加所管理设备的 IP 地址，IP 地址范围为“10.1.1.0～10.1.1.255”（这个范围就包括了交换机与 iMC RADIUS 服务器连接的交换机端口 IP 地址 10.1.1.2）。

最后在页面底部单击“确定”按钮（图中未显示）完成操作。

通过以上配置，本示例中的 iMC 服务器配置就全部完成了。

（1）配置 RADIUS 方案 rad。

```
[Switch] radius scheme rad
[Switch-radius-rad] primary authentication 10.1.1.1 1812  !---配置主认证服务器的 IP 地址（这是 iMC 服务器的 IP 地址）为10.1.1.1，认证端口号为 1812
[Switch-radius-rad] key authentication expert  !---配置与认证服务器交互报文时的共享密钥为 expert
[Switch-radius-rad] user-name-format with-domain  !---配置向 RADIUS 服务器发送的用户名携带域名
[Switch-radius-rad] server-type extended  !---配置 RADIUS 服务器的服务类型。使用 iMC 服务器时，RADIUS 服务器类型应选择extended
[Switch-radius-rad] quit
```

（2）配置 SSH 用户 ISP 域的 AAA 方案。

```
[Switch] domain sshisp
[Switch-isp- sshisp] authentication login radius-scheme rad
[Switch-isp- sshisp] authorization login radius-scheme rad
[Switch-isp- sshisp] quit
```

通过以上配置，用户向交换机发起 SSH 连接时，在 SSH 客户端按照提示输入用户名 winda@sshisp 及正确的密码后，可成功进入交换机的用户界面，并可以使用级别为 0、1、2、3 的命令。

20.6.3 802.1x 用户的 RADIUS 认证、授权和计费配置示例

本示例拓扑如图 20-6 所示。现需要实现使用 RADIUS 服务器对通过交换机接入的 802.1x 用户进行认证、授权和计费。具体要求如下：

- 在接入端口 GigabitEthernet1/0/1 上对接入用户进行 802.1x 认证，同时采用基于 MAC 地址的接入控制方式。
- 交换机与 RADIUS 服务器交互报文时使用的共享密钥为 expert，认证/授权、计费的端口号分别为 1812 和 1813，向 RADIUS 服务器发送的用户名携带域名。
- 用户认证时使用的用户名为 dot1x@bbb。
- 用户认证成功后，认证服务器授权下发 VLAN 4，将用户所在端口加入该 VLAN，允许用户访问该 VLAN 中的网络资源。
- 对 802.1x 用户进行包月方式计费，费用为 120 元/月，以月为周期对用户上网服务的使用量按时长进行统计，允许每月最大上网使用量为 120 个小时。

对比上一节的示例可以看出，本示例的要求明显高于上节示例，尽管它们都是使用 iMC RADIUS 服务器。另外，本示例相对上节的示例还多了两项要求，那就是基于 MAC 地址接入控制的 IEEE 802.1x 认证和 RADIUS 计费，特别是 RADIUS 计费功能的配置比较复杂，要配置计费策略。有关 H3C 以太网交换机的 IEEE 802.1x 认证具体配置方法将在本书第 21 章介绍。

综合分析本示例的要求，可以得出它的基本配置思路。总体来说包括以下四个方面：在交换机

和对应的端口上启用 IEEE 802.1x 认证和基于 MAC 地址的接入控制；配置 iMC RADIUS 认证/授权、计费服务器功能；配置 RADIUS 方案；配置 IEEE 802.1x 用户 ISP 域 AAA 方案。下面分别予以介绍。

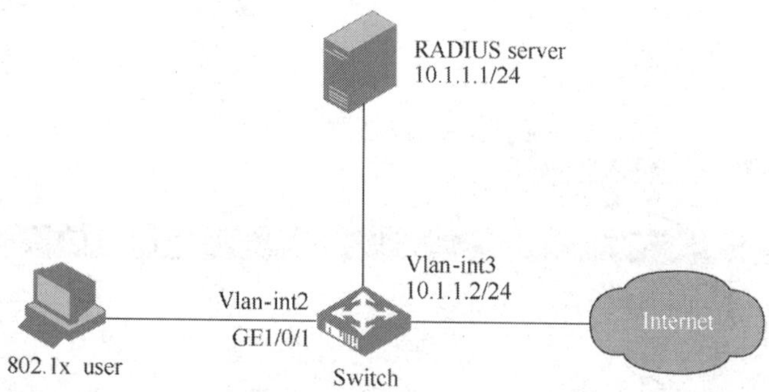

图 20-6　802.1x 用户 RADIUS 认证、授权和计费配置示例

1. 交换机上 802.1x 认证配置

```
[Switch] dot1x   !---开启全局 802.1x 认证
[Switch] interface gigabitethernet 1/0/1
[Switch-GigabitEthernet1/0/1] dot1x   !---开启端口 GigabitEthernet1/0/1 的 802.1x 认证
[Switch-GigabitEthernet1/0/1] quit
[Switch] dot1x port-method macbased interface gigabitethernet 1/0/1   !---设置接入控制方式（该命令可以不配置，因为端口的接入控制在默认情况下就是基于 MAC 地址的）
```

2. 配置 iMC RADIUS 服务器

本示例中的 iMC 服务器配置与上节示例中的 iMC 服务器配置主要多了计费功能的配置。下面以 iMC 为例（使用 iMC 版本为：iMC PLAT 3.20-R2606、iMC UAM 3.60-E6206、iMC CAMS 3.60-E6206），说明本示例的 RADIUS 服务器的基本配置。

（1）登录进入 iMC 管理平台，选择“业务”标签页，单击导航栏中的“接入业务/接入设备配置”菜单项，进入“接入设备配置”页面，然后单击“增加”按钮，进入“增加接入设备”页面，如图 20-7 所示。然后进行如下配置：

- 在“共享密钥”文本框中设置与交换机交互报文时使用的认证、计费共享密钥为“expert”。
- 在“认证端口”和“计费端口”两个文本框中设置 RADIUS 认证及计费的端口号分别为“1812”和“1813”。
- 在“业务类型”下拉列表中选择业务类型为“LAN 接入业务”选项。
- 在“接入设置类型”下拉列表中选择接入设备类型为“H3C”选项。
- 在“组网方式”下拉列表中选择“不启用混合组网”选项。
- 在“设备列表”栏中单击“选择”或“手工增加”按钮添加 IP 地址为 10.1.1.2 的接入设备；

其他参数采用默认值，然后单击“确定”按钮完成操作。

（2）添加计费策略。选择“业务”标签页，单击导航栏中的“计费业务/计费策略管理”菜单项，进入“计费策略管理”页面，单击“增加”按钮，进入“计费策略配置”页面，如图 20-8 所示。然后进行如下配置：

- 在“策略名称”文本框中输入计费策略名称“UserAcct”。
- 在“计费策略模板”下拉列表中选择计费策略模板为“包月类型计费”选项。
- 在“包月基本信息”栏中设置：计费方式为“按时长”、计费周期类型为“月”、周期内固定费用为“120 元”。
- 在“包月使用量限制设置”栏中设置：允许每月最大上网使用量为 120 个小时。

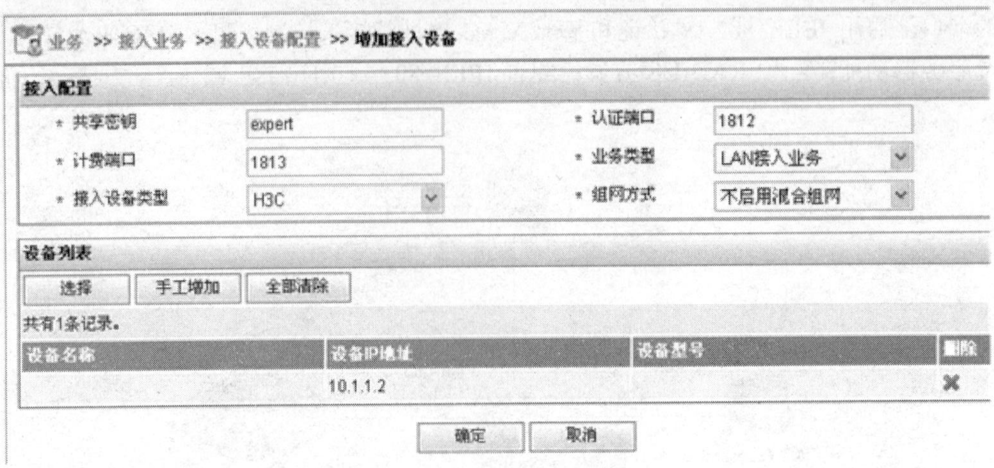

图 20-7 iMC 增加接入设备页面

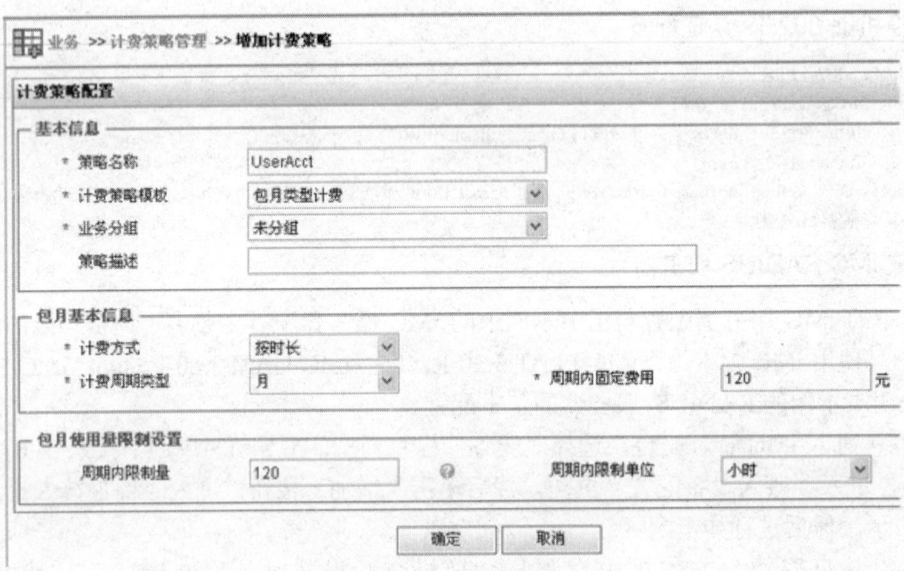

图 20-8 iMC 增加计费策略页面

其他参数采用默认值，然后单击页面底部的“确定”按钮完成操作。

（3）配置 LAN 接入业务类型和用户。选择“业务”标签页，单击导航栏中的“接入业务/服务配置管理”菜单项，进入“服务配置管理”页面，单击“增加”按钮，进入“增加服务配置”页面，如图 20-9 所示。然后进行如下配置：

- 在“服务名”文本框中输入服务名为“Dot1x auth”，在“服务后缀”文本框中输入“bbb”（ISP 域名）。指定服务后缀的情况下，RADIUS 方案中必须指定向服务器发送的用户名中携带域名。
- 在“计费策略”下拉列表中选择“UserAcct”，这是上一步配置的计费策略。
- 在“下发 VLAN”文本框中配置授权下发的 VLAN ID 为“4”（这是根据本示例要求而定的）。

其他选项根据需要配置，然后单击页面底部的“确定”按钮（图中未显示）完成操作。

（4）添加 802.1x 用户。选择“用户”标签页，单击导航栏中的“接入用户视图/所有接入用户”菜单项，进入“接入用户列表”页面，单击“增加”按钮，进入“增加接入用户”页面，如图 20-10 所示。然后进行如下配置：

- 在“用户姓名”栏中单击“选择”或者“增加用户”按钮添加用户姓名为“test”。

图 20-9　iMC 增加服务配置页面

- 在“账号名”和“密码”两个文本框中依次输入“dot1x”和密码。
- 在“接入服务”栏中选择该用户所关联的接入服务为“Dot1x auth”（这是上一步配置的服务名）。

其他选项可根据需要配置，然后在页面底部单击“确定”按钮完成操作。

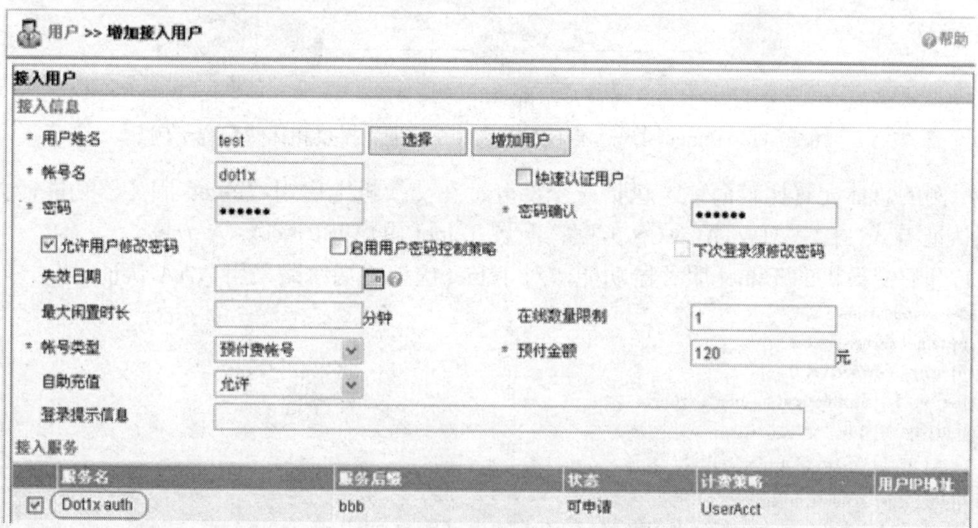

图 20-10　iMC 增加接入用户页面

通过以上配置，本示例中的 iMC 服务器配置就全部完成了。

3．配置 RADIUS 方案

```
<Switch> system-view
[Switch] radius scheme rad
[Switch-radius-rad] server-type extended
[Switch-radius-rad] primary authentication 10.1.1.1
```

```
[Switch-radius-rad] primary accounting 10.1.1.1
[Switch-radius-rad] key authentication expert
[Switch-radius-rad] key accounting expert
[Switch-radius-rad] user-name-format with-domain
[Switch-radius-rad] quit
```

4．配置 802.1x 用户 ISP 域 AAA 方案

```
[Switch] domain bbb
[Switch-isp-bbb] authentication lan-access radius-scheme rad
[Switch-isp-bbb] authorization lan-access radius-scheme rad
[Switch-isp-bbb] accounting lan-access radius-scheme rad
[Switch-isp-bbb] quit
```

以上就是本示例的全部配置。

20.6.4 Telnet 用户的 HWTACACS 认证、授权、计费配置示例

本示例与 20.6.1 节的配置示例差不多，不同的只是本示例使用的是 HWTACACS 服务器对 Telnet 用户进行认证、授权和计费工作。

本示例拓扑结构如图 20-11 所示。HWTACACS 服务器担当认证、授权、计费服务器的职责，服务器 IP 地址为 10.1.1.1/24。交换机与认证、授权、计费 HWTACACS 服务器交互报文时的共享密钥均为 expert，向 HWTACACS 服务器发送的用户名中不带域名。

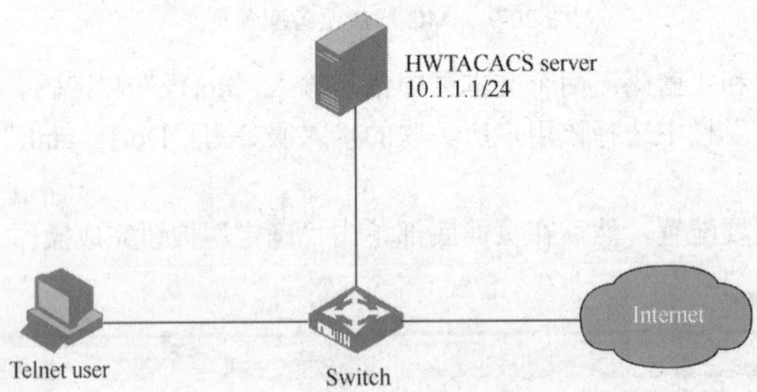

图 20-11　Telnet 用户远端 HWTACACS 认证、授权和计费配置示例

本示例的总体配置比较简单，包括三个部分：在交换机上启用 Telnet 服务器功能，并配置采用 AAA 认证方式；配置 HWTACACS 方案；配置 Telnet 用户 ISP 域 AAA 方案。

（1）开启交换机的 Telnet 服务器功能，对 Telnet 虚拟终端线路采用 AAA 认证。

```
<Switch> system-view
[Switch] telnet server enable
[Switch] user-interface vty 0 4
[Switch-ui-vty0-4] authentication-mode scheme
[Switch-ui-vty0-4] quit
```

（2）配置 HWTACACS 方案。

```
[Switch] hwtacacs scheme hwtac
[Switch-hwtacacs-hwtac] primary authentication 10.1.1.1 49
[Switch-hwtacacs-hwtac] primary authorization 10.1.1.1 49
[Switch-hwtacacs-hwtac] primary accounting 10.1.1.1 49
[Switch-hwtacacs-hwtac] key authentication expert
[Switch-hwtacacs-hwtac] key authorization expert
[Switch-hwtacacs-hwtac] key accounting expert
[Switch-hwtacacs-hwtac] user-name-format without-domain
[Switch-hwtacacs-hwtac] quit
```

（3）配置 Telnet 用户 ISP 域 AAA 方案。

```
[Switch] domain telhwt1
```

```
[Switch-isp- telhwt1] authentication login hwtacacs-scheme hwtac
[Switch-isp- telhwt1] authorization login hwtacacs-scheme hwtac
[Switch-isp- telhwt1] accounting login hwtacacs-scheme hwtac
[Switch-isp- telhwt1] quit
```

如果不区分用户类型，则可采用以下配置的默认 AAA 方法。

```
[Switch] domain telhwt1
[Switch-isp- telhwt1] authentication default hwtacacs-scheme hwtac
[Switch-isp- telhwt1] authorization default hwtacacs-scheme hwtac
[Switch-isp- telhwt1] accounting default hwtacacs-scheme hwtac
```

使用 Telnet 登录时输入用户名为 *userid*@telhwt1，以使用域 telhwt1 进行认证。

20.6.5　设备作为 RADIUS 服务器对 Telnet 用户进行接入认证的配置示例

我们在本章 20.5.7 节已学习到，可以配置 H3C 以太网交换机作为 RADIUS 服务器，对用户进行认证/授权。在这种应用时，我们最关键的是要在担当 RADIUS 服务器的交换机上配置要提供服务的 RADIUS 客户端交换机和用于认证的用户集。

本示例拓扑结构如图 20-12 所示。Telnet 用户与 Switch A 相连，Switch A 作为接入设备（NAS）对 Telnet 用户进行接入认证。Switch B 作为 RADIUS 服务器对用户进行认证、授权，服务器 IP 地址为 10.1.1.2/24、认证端口号为 1645。NAS 与 RADIUS 认证、授权服务器交互报文时的共享密钥均为 abc，向 RADIUS 服务器发送的用户名中不带域名。

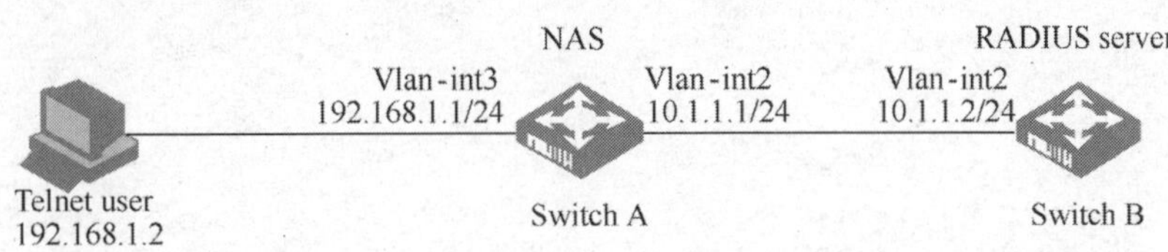

图 20-12　设备作为 RADIUS 服务器对 Telnet 用户进行接入认证的配置示例

下面是具体的配置步骤。

（1）在 NAS 交换机上启用 Telnet 服务，并配置 Telnet 虚拟终端线路采用 AAA 认证方式。

```
<SwitchA> system-view
[SwitchA] telnet server enable
[SwitchA] user-interface vty 0 4
[SwitchA-ui-vty0-4] authentication-mode scheme
[SwitchA-ui-vty0-4] quit
```

（2）配置 RADIUS 服务器。

```
<SwitchB> system-view
[SwitchB] radius-server user winda   !---创建名称为 winda 的 RADIUS 用户，并进入该用户视图
[SwitchB-rdsuser-winda] password simple abc123   !---指定用户 winda 的密码为明文 abc123，且将以明文显示
[SwitchB-rdsuser-winda] quit
[SwitchB] radius-server client-ip 10.1.1.1 key abc   !---配置 RADIUS 客户端 IP 为 10.1.1.1，共享密钥为 abc
```

（3）配置 RADIUS 方案。

```
[SwitchA] radius scheme rad
[SwitchA-radius-rad] primary authentication 10.1.1.2 1645 key abc
[SwitchA-radius-rad] user-name-format without-domain
[SwitchA-radius-rad] nas-ip 10.1.1.1
[SwitchA-radius-rad] quit
```

（4）配置 Telnet 用户 ISP 域 WINDA 方案。

```
[SwitchA] domain telrd1
[SwitchA-isp-telrd1] authentication login radius-scheme rad
[SwitchA-isp-telrd1] authorization login radius-scheme rad
[SwitchA-isp-telrd1] accounting login none   !---配置 Telnet 用户的计费方案为 none，不计费
[SwitchA-isp-telrd1] server-type standard   !---配置 RADIUS 服务器的服务类型为 standard。使用设备作为服务器对 Login 用户进行
```

```
认证时，RADIUS 服务器类型应配置为 standard
[SwitchA-isp-telrd1] quit
[SwitchA] domain default enable telrd1   !---配置系统默认 ISP 域为 telrd1，使得用户名中未携带域名的用户可使用 telrd1 域进行认证
```

用户 winda 向 Switch A 发起 Telnet 连接，按照提示输入用户名 winda@telrd1（或不携带域名的 winda）及密码 abc123 后，可成功通过认证，并进入 Switch A 的用户界面。在 Switch A 上可查看到已在线 Telnet 用户的连接情况。

```
<SwitchA> display connection

Index=1      ,Username=winda@telrd1
IP=192.168.1.2
IPv6=N/A
 Total 1 connection(s) matched.
```

21 H3C 交换机 IEEE 802.1x 和 Portal 认证配置与管理

在 H3C 以太网交换机中也支持公用的基于端口的 IEEE 802.1x 认证，同时还提供了一种基于 Web 认证网站的 Portal 认证方式（通常称之为 Web 认证）。但要注意的是，这两种认证方式均不能独立完成认证功能，均需要借助 RADIUS 服务器和 AAA 访问控制方案来实现。因为 IEEE 802.1x 认证方面的基础知识在本书的第 17 章介绍 Cisco IOS 交换机 IEEE 802.1x 认证配置中已有详细介绍，故在本章不再赘述。

另外，由于通过配置端口安全特性也可以为用户提供 IEEE 802.1x 认证服务，且还可以提供 IEEE 802.1x 和 MAC 地址认证的扩展和组合应用，因此在需要灵活使用这两种认证方式的组网环境下，推荐使用端口安全特性。在无特殊组网要求的情况下，无线环境中通常使用端口安全特性。而在仅需要 IEEE 802.1x 特性来完成接入控制的组网环境下，推荐单独使用 IEEE 802.1x 特性。有关 H3C 以太网交换机端口安全方面的配置请参见本书第 19 章。

21.1 H3C 交换机 IEEE 802.1x 基础

IEEE 802 LAN/WAN 委员会为解决无线局域网网络安全问题，提出了 802.1x 协议。后来，IEEE 802.1x 协议作为局域网端口的一个普通接入控制机制在以太网中被广泛应用，主要解决以太网内认证和安全方面的问题。

IEEE 802.1x 协议是一种基于端口的网络接入控制协议。“基于端口的网络接入控制”是指在局域网接入交换机的端口这一级对所接入的用户设备通过认证来控制对网络资源的访问。因为在 H3C 以太网设备中对 IEEE 802.1x 的描述有所不同（实质上原理是一样的），所以在此再简单介绍一下，详细的 IEEE 802.1x 协议基础知识参见本书第 17 章。

21.1.1 IEEE 802.1x 的体系结构

IEEE 802.1x 系统为典型的 C/S 结构，如图 21-1 所示，在 H3C 以太网设备中表述为三个实体：客户端（Client）、设备端（Device）和认证服务器（Server）。

图 21-1 IEEE 802.1x 认证系统的体系结构

- 客户端：位于局域网段一端的一个实体，由该链路另一端的设备端对其进行认证。客户端一般为一个用户终端设备，用户可以通过启动客户端软件发起 IEEE 802.1x 认证。客户端必须支持 EAPOL（Extensible Authentication Protocol over LAN，局域网上的可扩展认证协议）。
- 设备端：位于局域网段一端的另一个实体，对所连接的客户端进行认证。设备端通常为支持 IEEE 802.1x 协议的网络设备。它为客户端提供接入局域网的端口，该端口可以是物理端口，也可以是逻辑端口。
- 认证服务器：为设备端提供认证服务的实体。认证服务器用于实现对用户进行认证、授权和计费，通常为 RADIUS 服务器。

21.1.2 IEEE 802.1x 的认证方式

IEEE 802.1x 认证系统使用 EAP（Extensible Authentication Protocol，可扩展认证协议）来实现客户端、设备端和认证服务器之间认证信息的交换，各实体之间 EAP 协议报文的交互形式如下：

- 在客户端与设备端之间，EAP 协议报文使用 EAPOL 封装格式，并直接承载于 LAN 环境中。
- 在设备端与 RADIUS 服务器之间，EAP 协议报文可以使用以下两种方式进行交互。
  - EAP 中继：在这种交互方式中，EAP 协议报文由设备端进行中继，设备将 EAP 报文使用 EAPOR（EAP over RADIUS）封装格式承载于 RADIUS 协议中，发送给 RADIUS 服务器进行认证。该认证方式的优点是，设备处理简单，可支持多种类型的 EAP 认证方法，例如 MD5-Challenge、EAP-TLS、PEAP 等，但要求服务器端支持相应的认证方法。

➢ EAP 终结：该交互方式中，EAP 协议报文由设备端进行终结，设备将客户端认证信息封装在标准 RADIUS 报文中，与服务器之间采用 PAP（Password Authentication Protocol，密码验证协议）或 CHAP（Challenge Handshake Authentication Protocal，质询握手验证协议）方式进行认证。该认证方式的优点是，现有的 RADIUS 服务器基本均可支持 PAP 和 CHAP 认证，无需升级服务器，但设备处理较为复杂，且不能支持除 MD5-Challenge 之外的其他 EAP 认证方法。

21.1.3 IEEE 802.1x 端口状态及接入控制方式

在 IEEE 802.1x 认证中，连接客户端口被划分为两个逻辑端口：受控端口和非受控端口。任何到达该端口的帧，在受控端口与非受控端口上均可见。

非受控端口始终处于双向连通状态，主要用来传递 IEEE 802.1x 认证所需的 EAPOL 协议帧，保证客户端始终能够发出或接收认证报文。

受控端口根据认证结果又有“授权”和“非授权”两种状态，在授权状态下处于双向连通状态，用于传递业务报文；在非授权状态下禁止从客户端接收任何报文。设备端利用认证服务器对需要接入局域网的客户端执行认证，并根据认证结果（Accept 或 Reject）对受控端口的授权/非授权状态进行相应地控制。处于授权状态时，相当于受控端口打开，而处于非授权状态时，受控端口相当于关闭。在非授权状态下，受控端口也可以被设置成单向受控和双向受控；双向受控时禁止帧的发送和接收；单向受控时禁止从客户端接收帧，但允许向客户端发送帧。但是，目前的 H3C 以太网设备仅支持单向受控。

H3C 以太网设备不仅支持协议所规定的基于端口的接入认证方式（**portbased**），还对其进行了扩展、优化，支持基于 MAC 地址的接入控制方式（**macbased**）。当采用 **portbased** 接入控制方式时，只要该端口下的第一个用户认证成功后，其他接入用户无须认证就可使用网络资源，但是当第一个用户下线后，其他用户也会被拒绝使用网络；而采用 **macbased** 的接入控制方式时，该端口下的所有接入用户均需要单独认证，当某个用户下线时，也只有该用户无法使用网络，不影响其他用户。

21.1.4 H3C 交换机中与 IEEE 802.1x 配合使用的特性

其实本节的内容在本书第 17 章介绍 Cisco IOS 交换机 IEEE 802.1x 特性时已有介绍（除 Hybrid 端口类型外），在此再回顾一下。

1. VLAN 下发

IEEE 802.1x 用户在服务器上通过认证时，服务器会把授权信息传送给设备端。如果服务器上配置了下发 VLAN 信息，则授权信息中含有授权下发的 VLAN 信息，设备根据用户认证上线的端口链路类型，按以下三种情况将端口加入下发 VLAN 中。

➢ 在端口的链路类型为 Access 时，则当前 Access 端口离开用户原来配置的 VLAN，然后加入授权下发的 VLAN 中。
➢ 在端口的链路类型为 Trunk 时，则设备会添加授权下发的 VLAN 允许通过当前 Trunk 端口，同时端口的默认 VLAN ID 为下发 VLAN 的 VLAN ID。
➢ 在端口的链路类型为 Hybrid 时，则设备会添加授权下发的 VLAN，并且允许以不携带 Tag 的方式通过当前 Hybrid 端口。在端口的控制方式为 macbased 时，如果当前 Hybrid 端口上开启了 MAC VLAN 功能，则设备将根据认证服务器下发的授权 VLAN 动态地创建基于用户 MAC 的 VLAN，而端口的默认 VLAN ID 并不改变；如果当前 Hybrid 端口上没有开启 MAC VLAN 功能，则设备会将端口的默认 VLAN ID 修改为第一个通过认证的用户的授权 VLAN ID，而后续用户如果要认证成功，其授权 VLAN 必须与该用户的授权 VLAN 相同。在端口的控制方式为 portbased 时，设备会将端口的默认 VLAN ID 修改为下发 VLAN 的 VLAN ID。

授权下发的 VLAN 并不改变端口的配置，但是授权下发的 VLAN 的优先级高于用户配置的 VLAN，也就是说通过认证后起作用的 VLAN 是授权下发的 VLAN，用户配置的 VLAN 在用户下线后才生效。

【注意】在启动了 IEEE 802.1x 周期性重认证功能的 Hybrid 端口上，如果用户在 MAC VLAN 功能开启之前上线，则 MAC VLAN 功能不能对它生效，即系统不会根据服务器下发的 VLAN 生成该用户的 MAC VLAN 表项，除非该在线用户重认证成功且服务器授权下发的 VLAN 发生变化时，MAC VLAN 功能才会对它生效。

2. Guest VLAN

来宾（Guest）VLAN 功能允许用户在没有认证的情况下，可以访问某一特定 VLAN 中的资源，比如获取客户端软件，升级客户端或执行其他一些用户升级程序。根据端口的接入控制方式不同，来宾 VLAN 的生效情况有所不同，也就是形成了 PGV（Port-based Guest VLAN，基于端口认证的来宾 VLAN）和 MGV（MAC-based Guest VLAN，基于 MAC 地址认证的来宾 VLAN）这两种不同的来宾 VLAN。

（1）PGV

在接入控制方式为 portbased 的端口上配置来宾 VLAN 后，如果在一定的时间内（默认 90 秒），该端口上无客户端进行认证或者无客户端认证成功，则该端口将被加入来宾 VLAN，所有在该端口接入的用户将被授权访问来宾 VLAN 里的资源。这时的来宾 VLAN 就称之为 PGV。端口加入来宾 VLAN 的情况与加入授权下发 VLAN 相同，与端口链路类型有关。

当端口上处于来宾 VLAN 中的用户发起认证且失败时，如果端口配置了 Auth-Fail VLAN，则该端口会被加入 Auth-Fail VLAN；如果端口没有配置 Auth-Fail VLAN，则该端口仍然处于 Guest VLAN 内。

当端口上处于来宾 VLAN 中的用户发起认证且成功时，端口会离开来宾 VLAN，之后端口加入 VLAN 情况与认证服务器是否下发 VLAN 有关，具体如下：

- 如果认证服务器下发 VLAN，则端口加入下发的 VLAN 中。用户下线后，端口离开下发的 VLAN 回到初始 VLAN 中，该初始 VLAN 为端口加入来宾 VLAN 之前所在的 VLAN。
- 如果认证服务器没有下发 VLAN，则端口回到初始 VLAN 中。用户下线后，端口仍在该初始 VLAN 中。

（2）MGV

在接入控制方式为 macbased 的端口上配置来宾 VLAN 后，端口上没有认证的用户被授权访问来宾 VLAN 里的资源。这时的来宾 VLAN 就称之为 MGV。

- 在端口上处于来宾 VLAN 中的用户发起认证且失败时，如果端口配置了 Auth-Fail VLAN，则认证失败的用户将被加入 Auth-Fail VLAN；如果端口没有配置 Auth-Fail VLAN，则该用户将仍然处于来宾 VLAN 内。
- 在端口上处于来宾 VLAN 中的用户发起认证且成功时，设备会根据认证服务器是否下发 VLAN 决定将该用户加入到下发的 VLAN 中，或回到加入来宾 VLAN 之前端口所在的初始 VLAN。

3. Auth-Fail VLAN

认证失败（Auth-Fail）VLAN 功能允许用户在认证失败的情况下可以访问某一特定 VLAN 中的资源。需要注意的是，这里的认证失败是认证服务器因某种原因明确拒绝用户认证通过，比如用户密码错误，而不是认证超时或网络连接等原因造成的认证失败。

根据端口的接入控制方式不同，认证失败 VLAN 的生效情况有所不同。与来宾 VLAN 类似，根据端口的接入控制方式不同，可以将认证失败 VLAN 划分为 PAFV（Port-based Auth-Fail VLAN，基于端口认证的认证失败 VLAN）和 MAFV（MAC-based Auth-Fail VLAN，基于 MAC 地址认证的认证失败 VLAN）。

（1）PAFV

在接入控制方式为 portbased 的端口上配置认证失败 VLAN 后，如果该端口上有用户认证失败，则该端口会被加入到认证失败 VLAN，所有在该端口接入的用户将被授权访问认证失败 VLAN 里的资源。这种认证失败 VLAN 就称之为 PAFV。端口加入这种认证失败 VLAN 的情况与加入授权下发 VLAN 相同，与端口链路类型有关。

当端口上处于认证失败 VLAN 中的用户再次发起认证时，如果认证失败，则该端口将会仍然处于认证失败 VLAN 内；如果认证成功，则该端口会离开认证失败 VLAN，之后端口加入 VLAN 情况与认证服务器是否下发 VLAN 有关，具体如下：

- 如果认证服务器下发 VLAN，则端口加入下发的 VLAN 中。用户下线后，端口会离开下发的 VLAN 回到初始 VLAN 中，该初始 VLAN 为端口加入任何授权 VLAN 之前所在的 VLAN。
- 如果认证服务器没有下发 VLAN，则端口回到初始 VLAN 中。用户下线后，端口仍在该初始 VLAN 中。

（2）MAFV

在接入控制方式为 macbased 的端口上配置认证失败 VLAN 后，该端口上认证失败的用户将被授权访问认证失败 VLAN 里的资源。这种认证失败 VLAN 就称之为 MAFV。

当这种认证失败 VLAN 中的用户再次发起认证时，如果认证成功，则设备会根据认证服务器是否下发 VLAN 决定将该用户加入到下发的 VLAN 中，或回到加入认证失败 VLAN 之前端口所在的初始 VLAN。

4. ACL 下发

ACL 下发功能提供了控制用户访问网络资源和限制用户访问权限的功能。当用户上线时，如果 RADIUS 服务器上配置了授权 ACL，则设备会根据服务器下发的授权 ACL 对用户所在端口的数据流进行控制；在服务器上配置授权 ACL 之前，需要在设备上配置相应的规则。管理员可以通过改变服务器的授权 ACL 设置或设备上对应的 ACL 规则来改变用户的访问权限。

21.2 H3C 交换机 IEEE 802.1x 配置与管理

IEEE 802.1x 提供了一个用户身份认证的实现方案，但它必须同时选择使用 RADIUS 或本地认证方法完成用户的身份认证。因此，需要**首先**配置 IEEE 802.1x 用户所属的 ISP 认证域及其使用的 AAA 方案，即本地认证方案或 RADIUS 方案。如果需要通过 RADIUS 服务器进行认证，则应该在 RADIUS 服务器上配置相应的用户名和密码；如果需要本地认证，则应该在设备上手动添加认证的用户名和密码。配置本地认证时，用户使用的服务类型必须设置为 **lan-access**。

【说明】本章仅介绍端口上的 IEEE 802.1x 认证相关特性，至于在整个 IEEE 802.1x 认证过程中所使用的 AAA 方案配置可参见本书第 20 章。

H3C 以太网交换机上的 IEEE 802.1x 认证主要配置任务如表 21-1 所示（不包括相关联的 AAA 方案配置）。**注意，配置中所指的“端口”均必须为二层以太网端口，不支持三层端口和其他类型端口。**

表 21-1 IEEE 802.1x 认证主要配置任务

配置任务	说明
开启 IEEE 802.1x 特性	必需
配置 IEEE 802.1x 用户的认证方法	可选
配置端口的授权状态	可选
配置端口接入控制方式	可选
配置端口同时接入用户数的最大值	可选
配置设备向接入用户发送认证请求报文的最大次数	可选
配置 IEEE 802.1x 定时器参数	可选
配置在线用户握手功能	可选
开启组播触发功能	可选
开启单播触发功能	可选
配置端口的强制认证域	可选
配置静默定时器功能	可选
配置重认证功能	可选
配置来宾 VLAN	可选
配置 Auth-Fail VLAN	可选

21.2.1 开启 802.1x 特性

【注意】端口启动 IEEE 802.1x 特性与端口加入聚合组及端口加入业务环回组互相排斥。且只有同时开启全局和端口的 IEEE 802.1x 特性后，IEEE 802.1x 的配置才能在端口上生效。

在 H3C 以太网上开启 IEEE 802.1x 特性是进行 IEEE 802.1x 应用的必需配置，需要在全局和对应的用户端口同时开启 IEEE 802.1x 特性才能最终生效。具体步骤如表 21-2 所示。

表 21-2 开启 IEEE 802.1x 特性

<table>
<tr><th>步骤</th><th>命令</th><th colspan="2">说明</th></tr>
<tr><td>1</td><td>system-view
例如：<Sysname> system-view</td><td colspan="2">进入系统视图</td></tr>
<tr><td>2</td><td>dot1x
例如：[Sysname] dot1x</td><td colspan="2">开启全局的 IEEE 802.1x 特性。默认情况下，全局的 IEEE 802.1x 特性为关闭状态，可用 undo dot1x 命令关闭全局 IEEE 802.1x 特性</td></tr>
<tr><td rowspan="2">3</td><td>dot1x interface interface-list
例如：[Sysname]dot1x interface GigabitEthernet 1/0/1</td><td>在系统视图下开启端口的 IEEE 802.1x 特性</td><td rowspan="2">（二者必选其一）默认情况下，所有端口的 IEEE 802.1x 特性为关闭状态，可用 undo dot1x interface interface-list 命令关闭指定端口 IEEE 802.1x 特性</td></tr>
<tr><td>interface interface-type interface-number
例如：[Sysname]interface GigabitEthernet 1/0/1
dot1x
例如：[Sysname-GigabitEthernet1/0/1] dot1x</td><td>在二层以太网端口视图下开启端口的 IEEE 802.1x 特性</td></tr>
</table>

21.2.2 IEEE 802.1x 认证方法配置

在本章前面已介绍，H3C 以太网设备支持 EAP 中继和 EAP 终结两种 IEEE 802.1x 认证方式。在这两种方式中，H3C 以太网交换机对来自客户端的 EAP 报文的处理方法有所不同。

在 EAP 中继方式下，交换机对客户端发送的 EAP 协议报文进行中继处理，并将其中的 EAP 数据包封装在 RADIUS 报文的属性字段中（也就是在 EAP 中继方式下，交换机将接收到的客户端的 EAP 报文中的数据包（去掉 EAP 头部）重新封装在 RADIUS 报文中），然后再发送给认证服务器进行认证，可支持所有的 EAP 认证类型。

在 EAP 终结方式下，交换机对客户端发送的 EAP 协议报文进行本地终结，然后将 EAP 报文转换成标准的 RADIUS 报文（也就是 EAP 终结方式下，交换机直接将接收到的客户端的 EAP 报文全部转换成标准的 RADIUS 报文），然后再发给 RADIUS 服务器来完成认证，可支持 PAP 或 CHAP 认证方法。

配置 IEEE 802.1x 认证方法很简单，只需在系统视图下使用 **dot1x authentication-method** { **chap** | **eap** | **pap** }命令即可。命令中的三个多选一选项说明如下：

- **chap**：多选一选项，指定 802.1x 用户采用 CHAP 认证方式。
- **eap**：多选一选项，指定 802.1x 用户采用 EAP 认证方式。
- **pap**：多选一选项，指定 802.1x 用户采用 PAP 认证方式。

PAP（Password Authentication Protocol，密码验证协议）和 CHAP（Challenge Handshake Authentication Protocol，质询握手验证协议）认证方式都是 EAP 终结方式下采用的。此时交换机将收到的客户端 EAP 报文中的用户认证信息重新封装在标准的 RADIUS 报文报文中，然后采用 PAP 或 CHAP 认证方式与 RADIUS 服务器完成认证交互。该认证方式的优点是，现有的 RADIUS 服务器基本均可支持 PAP 和 CHAP 认证，无需升级服务器，但设备处理较为复杂，且不能支持除 MD5-Challenge 之外的其他 EAP 认证方法。

PAP 认证方式是通过用户名和口令来对用户进行验证，其特点是在网络上以明文方式传送用户名和口令，仅适用于对网络安全要求相对较低的环境。目前，仅 H3C iNode 802.1x 客户端支持此认证方式。CHAP 认证方式是采用客户端与服务器端交互挑战信息的方式来验证用户身份，其特点是只在网络上传送用户名，不以明文方式传输口令。与 PAP 相比，CHAP 认证保密性较好，更为安全可靠。EAP 认证是 EAP 中继方式下采用的。此时交换机将收到的客户端 EAP 报文直接封装到 RADIUS 报文的属性字段中，发送给 RADIUS 服务器完成认证。该认证方式的优点是，设备处理简单，且可支持多种类型的 EAP 认证方法，例如 MD5-Challenge、EAP-TLS、PEAP 等，但要求服务器端支持相应的认证方法。

默认情况下，IEEE 802.1x 用户认证方法为 CHAP 认证，可用 **dot1x authentication-method** 命令恢复 802.1x 用户的默认认证方式。

【注意】本地认证支持 PAP 和 CHAP。当采用 RADIUS 认证方法时，PAP、CHAP、EAP 认证功能的最终实现，需要 RADIUS 服务器支持相应的 PAP、CHAP、EAP 认证。

另外，如果采用 EAP 中继认证方式，则设备会把客户端输入的内容直接封装后发给服务器，这种情况下 **user-name-format** 命令的设置无效，该命令具体参见本书第 20 章中的 H3C 交换机 AAA 配置与管理。

21.2.3　端口授权状态的配置

在 21.1.3 节已介绍到，H3C 以太网交换机的 IEEE 802.1x 端口有受控和非受控两种逻辑端口。而受控端口又有“授权”和“非授权”两种状态，对端口的控制都是通过控制受控端口状态来进行的。所以对 IEEE 802.1x 端口的配置实际上都是对受控逻辑端口进行配置的，非受控逻辑端口总是保持打开的。通过配置受控端口的授权状态，可以控制受控端口上接入的用户是否需要经过认证来访问网络资源。受控端口可以配置为以下三种授权状态之一：

- 强制授权（**authorized-force**）：表示受控端口始终处于授权状态，允许用户不经认证即可访问网络资源。
- 强制非授权（**unauthorized-force**）：表示受控端口始终处于非授权状态，不允许用户进行认证，即设备端不对通过该端口接入的客户端提供认证服务。

- 自动识别（**auto**）：表示受控端口初始状态为非授权状态，仅允许 EAPOL 报文收发，不允许用户访问网络资源；但一旦通过认证，端口状态会立即切换到授权状态，允许用户访问网络资源。这种模式下的端口的最终状态是视端口通过认证的情况自动决定。

配置端口授权状态的方法既可以在系统视图下使用 **dot1x port-control** { **authorized-force** | **auto** | **unauthorized-force** } [**interface** *interface-list*]命令配置，又可以在端口视图下使用 **dot1x port-control** { **authorized-force** | **auto** | **unauthorized-force** }命令配置。前者可针对多个端口，后者仅针对当前端口，两个命令中的选项参见前面说明。参数 *interface-list* 用来指定要配置授权状态的以太网端口列表，表示方式为{ *interface-type interface-number* [**to** *interface-type interface-number*] } <1-10>。其中 *interface-type* 为端口类型，*interface-number* 为端口号。命令中<1-10>表示前面的参数最多可以重复输入 10 次。如果不输入 *interface-list* 参数，则表示作用于所有端口。如果在不同视图下先后对同一个端口的授权状态进行了配置，则后配置的参数生效。

默认情况下，端口的授权状态为 **auto**，可用 **undo dot1x port-control** 命令恢复默认的授权状态。

【示例 1】指定 GigabitEthernet 1/0/1 端口处于强制非授权状态。

```
<Sysname> system-view
System View: return to User View with Ctrl+Z.
[Sysname] dot1x port-control unauthorized-force interface GigabitEthernet 1/0/1
```

或

```
<Sysname> system-view
System View: return to User View with Ctrl+Z.
[Sysname]interface GigabitEthernet 1/0/1
[Sysname-GigabitEthernet1/0/1] dot1x port-control unauthorized-force
```

【示例 2】指定 GigabitEthernet 1/0/1～GigabitEthernet 1/0/10 这十个端口中每个端口均处于强制授权状态。

```
<Sysname> system-view
System View: return to User View with Ctrl+Z.
[Sysname] dot1x port-control authorized-force interface GigabitEthernet 1/0/1 to GigabitEthernet 1/0/10
```

21.2.4 端口接入控制方式配置

在本章 21.1.4 节中已介绍到，H3C 以太网设备支持两种 IEEE 802.1x 端口（其实也是针对“受控”逻辑端口）接入控制方式：基于端口（**portbased**）和基于 MAC 地址（**macbased**）接入控制。当采用基于端口的接入控制方式时，只要该端口下的第一个用户认证成功后，其他接入用户无须认证就可使用网络资源，但是当第一个用户下线后，其他用户也会被拒绝使用网络。而采用基于 MAC 地址的接入控制方式时，该端口下的所有接入用户均需要单独认证，当某个用户下线时，也只有该用户无法使用网络，其他用户不受影响。

端口接入控制方式的配置也是既可在系统视图下使用 **dot1x port-method** { **macbased** | **portbased** } [**interface** *interface-list*]命令配置，又可在端口视图下使用 **dot1x port-method** { **macbased** | **portbased** }命令配置。前者可针对多个端口，后者仅针对当前端口。如果在不同视图下先后对同一个端口的接入控制方式进行了配置，则后配置的参数生效。两个命令中的参数和选项说明如下：

- **macbased**：二选一选项，指定 IEEE 802.1x 认证系统采用基于 MAC 地址认证接入控制方式。
- **portbased**：二选一选项，指定 IEEE 802.1x 认证系统采用基于端口认证接入控制方式。
- *interface-list*：可选参数，指定要配置接入控制方式的以太网端口列表，表示方式为 *interface-list*={ *interface-type interface-number* [**to** *interface-type interface-number*] } <1-10>。其中 *interface-type* 为端口类型，*interface-number* 为端口号。命令中<1-10>表示前

面的参数最多可以重复输入 10 次。如果不输入此参数，则表示作用于所有端口。

默认情况下，接入控制方式为 **macbased**，可用 **undo dot1x port-method** 命令恢复默认的接入控制方式。

【示例 1】指定 GigabitEthernet 1/0/1 端口采用基于端口认证接入控制方式。

```
<Sysname> system-view
System View: return to User View with Ctrl+Z.
[Sysname] dot1x port-method portbased interface GigabitEthernet 1/0/1
```

或

```
<Sysname> system-view
System View: return to User View with Ctrl+Z.
[Sysname]interface GigabitEthernet 1/0/1
[Sysname-GigabitEthernet1/0/1] dot1x port-method portbased
```

【示例 2】指定 GigabitEthernet 1/0/1～GigabitEthernet 1/0/10 这十个端口中每个端口均采用基于 MAC 地址认证的接入控制方式。

```
<Sysname> system-view
System View: return to User View with Ctrl+Z.
[Sysname] dot1x port-method macbased interface GigabitEthernet 1/0/1 to GigabitEthernet 1/0/10
```

【注意】如果端口上同时启动了 IEEE 802.1x 和 Portal 认证（将在本章后面介绍）功能，则端口接入控制方式必须为 **macbased**。

21.2.5　端口允许同时接入的用户最大数配置

在交换机的某端口下面连接的不是终端用户，而是连接一个下级交换机 AP 时，下面接的用户可能非常多。这时如果有需要，可以在 IEEE 802.1x 端口上配置允许通过认证的最大用户数（但不是像端口安全中可以明确指定哪个用户可以访问）。

端口允许同时接入的用户最大数也是既可以在系统视图下使用 **dot1x max-user** *user-number* [**interface** *interface-list*]命令配置，又可以在端口视图下使用 **dot1x max-user** *user-number* 命令配置。同样，前者可针对多个端口，后者仅针对当前端口。如果在不同视图下先后对同一个端口的最大接入用户数进行了配置，则后配置的参数生效。命令中的参数说明如下：

- *user-number*：端口可容纳接入用户数量的最大值，取值范围为 1～256（S3600、S5100、S5600 等低档交换机系列）、2048（S5500、S58、S7500、S7500E 等中高档交换机系列）。
- *interface-list*：可选参数，指定要配置允许同时接入的最大用户数的以太网端口列表，表示方式为{ *interface-type interface-number* [**to** *interface-type interface-number*] } <1-10>。其中 *interface-type* 为端口类型，*interface-number* 为端口号。命令中<1-10>表示前面的参数最多可以重复输入 10 次。如果不输入此参数，则表示作用于所有端口。

默认情况下，端口上可容纳同时接入的用户数量最大值为 256（S3600、S5100、S5600 等低档交换机系列）、2048（S5500、S58、S7500、S7500E 等中高档交换机系列），可用 **undo dot1x max-user [interface** *interface-list*]命令恢复默认值。

【示例 1】指定 GigabitEthernet 1/0/1 端口允许同时接入的最大用户数为 50。

```
<Sysname> system-view
System View: return to User View with Ctrl+Z.
[Sysname] dot1x dot1x max-user 50 interface GigabitEthernet 1/0/1
```

或

```
<Sysname> system-view
System View: return to User View with Ctrl+Z.
[Sysname]interface GigabitEthernet 1/0/1
[Sysname-GigabitEthernet1/0/1] dot1x portbaseddot1x max-user 50
```

最权威的交换机配置与管理技术手册

【示例 2】指定 GigabitEthernet 1/0/1～GigabitEthernet 1/0/10 这十个端口中每个端口允许同时接入的用户最大数为 50。

```
<Sysname> system-view
System View: return to User View with Ctrl+Z.
[Sysname] dot1x dot1x max-user 50 interface GigabitEthernet 1/0/1 to GigabitEthernet 1/0/10
```

21.2.6 IEEE 802.1x 定时器参数配置

在 IEEE 802.1x 认证过程中会启动以下多个定时器以控制接入用户、交换机以及 RADIUS 服务器之间进行的交互：

- 握手定时器（**handshake-period**）：此定时器是在用户认证成功后启动的，交换机以此间隔为周期发送握手请求报文，以定期检测用户的在线情况。如果在配置的发送次数后仍没有收到客户端的响应报文就认为用户已经下线。
- 静默定时器（**quiet-period**）：在对用户认证失败以后，交换机需要静默一段时间（该时间由静默定时器设置）。在此静默期间，交换机不处理该用户的认证请求。不过首先需要在对应端口视图下使用 **dot1x quiet-period** 命令开启交换机的静默定时器功能。
- 周期性重认证定时器（**reauth-period**）：如果端口下开启了周期性重认证功能，交换机将以此定时器设置的时间间隔为周期对该端口在线用户发起重认证。**S3610、S5100、S5600 等低端交换机系列不支持此定时器。**首先需要在对应端口视图下使用 **dot1x re-authenticate** 命令开启端口的周期性重认证功能。
- 认证服务器超时定时器（**server-timeout**）：当交换机向认证服务器发送了 RADIUS Access-Request 请求报文后，交换机会启动此定时器。如果在该定时器设置的时间内，交换机没有收到认证服务器的响应将重发认证请求报文。
- 客户端认证超时定时器（**supp-timeout**）：当交换机向客户端发送了 EAP-Request/MD5 Challenge 请求报文后，交换机会启动此定时器。如果在该定时器设置的时间内，交换机没有收到客户端的响应将重发该报文。
- 用户标识请求超时定时器（**tx-period**）：该定时器定义了两个时间间隔。第一个是在交换机向客户端发送 EAP-Request/Identity 标识请求报文后，交换机会启动该定时器。如果在 **tx-period** 设置的时间间隔内，交换机没有收到来自客户端的响应将重发认证请求报文；第二个是为了兼容不主动发送 EAPOL-Start 连接请求报文的客户端，交换机会定期组播 EAP-Request/Identity 标识请求报文来检测客户端。
- 客户端版本请求超时定时器（**ver-period**）。如果在该定时器设置的时间内，客户端没有成功发送版本应答报文，则交换机将重发版本请求报文。**不过仅 S3610、S5100、S5600 等低端交换机系列支持此定时器。**

以上 IEEE 802.1x 认证定时器的配置方法是在系统视图下使用 **dot1x timer** { **handshake-period** *handshake-period-value* | **quiet-period** *quiet-period-value* | **reauth-period** *reauth-period-value* | **server-timeout** *server-timeout-value* | **supp-timeout** *supp-timeout-value* | **tx-period** *tx-period-value* | **ver-period** *ver-period-value*}命令进行。命令中的多选一参数（如果要设置不同定时器，则必须分开配置）说明如下：

- *handshake-period-value*：握手定时器的值，取值范围为 5～1024 秒，默认值为 15 秒。
- *quiet-period-value*：静默定时器的值，取值范围为 10～120 秒，默认值为 60 秒。
- *reauth-period-value*：周期性重认证定时器的值，取值范围为 60～7200 秒，默认值为 3600 秒。
- *server-timeout-value*：认证服务器超时定时器的值，取值范围为 100～300 秒，默认值为

100 秒。

- *supp-timeout-value*：客户端认证超时定时器的值，取值范围为 1～120 秒，默认值为 30 秒。
- *tx-period-value*：用户名请求超时定时器的值，取值范围为 10～120 秒，默认值为 30 秒。
- *ver-period-value*：版本请求超时定时器设置的时长，取值范围为 1～30 秒，默认值为 30 秒。

经验之谈

一般情况下，用户无需使用 **dot1x timer** 命令改变定时器值，除非在一些特殊或恶劣的网络环境下，可以使用该命令调节交互进程。例如，用户网络状况比较差的情况下，可以适当地将客户端认证超时定时器值调大一些；网络处在风险位置，容易受攻击的情况下，可以适当地将静默定时器值调大一些，反之，可以将其调小一些来提高对用户认证请求的响应速度；还可以通过调节认证服务器超时定时器的值来适应不同认证服务器的性能差异。

【示例 1】设置认证服务器的超时定时器时长为 150 秒。

```
<Sysname> system-view
System View: return to User View with Ctrl+Z.
 [Sysname] dot1x timer server-timeout 150
```

【示例 2】设置周期性重认证定时器时长为 180 秒。

```
<Sysname> system-view
System View: return to User View with Ctrl+Z.
[Sysname] dot1x timer reauth-period 150
```

21.2.7　交换机向客户端发送认证请求的最大次数配置

如果交换机向用户发送认证请求报文后，在规定的时间里（可通过上节介绍的 **dot1x timer tx-period** *tx-period-value* 或者 **dot1x timer supp-timeout** *supp-timeout-value* 命令设定）没有收到客户端的响应，则交换机会尝试向客户端重发该认证请求报文。如果交换机累计发送认证请求报文的次数达到配置的最大值后仍然没有收到来自对应客户端的响应，则交换机会停止发送认证请求，认为认证失败。

配置交换机向接入用户发送认证请求报文的最大次数的方法是在系统视图下使用 **dot1x retry** *max-retry-value* 命令，取值范围为 1～10。本命令设置后将作用于所有端口。默认情况下，可重复向接入用户发送认证请求帧的最大次数为 2 次，可用 **undo dot1x retry** 命令将该最大发送次数恢复为默认值。

以下示例是配置当前交换机最多向客户端发送 5 次认证请求帧，5 次过后还没响应，则认为对应客户端的认证失败。

```
<Sysname> system-view
System View: return to User View with Ctrl+Z.
[Sysname] dot1x retry 5
```

21.2.8　开启组播和单播触发功能

组播和单播触发功能适用于客户端不支持主动认证，且仅部分客户端需要进行认证的网络环境中，这样可以避免不希望认证或已认证的客户端收到多余的认证触发报文。如果设备端在设置的时长内没有收到客户端的响应，则重发该报文。**同样，该单播触发功能也只有 S5500、S58、S7500、S7500E 等中高端交换机支持**。默认情况下，IEEE 802.1x 的单播触发功能处于关闭状态，可使用 **undo dot1x unicast-trigger** 命令关闭对应端口上的 IEEE 802.1x 单播触发功能。

可以在具体的端口视图下通过 **dot1x multicast-trigger** 命令来开启对应端口的组播触发功能。如果端口启动了 IEEE 802.1x 的组播触发功能，则该端口会定期向客户端发送组播触发报文来启动认证。**该功能用于支持不能主动发起认证的客户端，且只有 S5500、S58、S7500、S7500E 等中高端交换机支持**。默认情况下，组播触发功能处于开启状态，可用 **undo dot1x multicast-trigger** 命令关闭对应端口上的 IEEE 802.1x 组播触发功能。

另外，还可以在具体的端口视图下通过 **dot1x unicast-trigger** 命令来开启交换机的单播触发功能。如果端口上启动了 IEEE 802.1x 的单播触发功能，当端口收到源 MAC 未知的报文时，会主动向该 MAC 地址发送单播认证报文来触发认证。如果设备端在设置的客户端认证超时时间内（该时间由 21.2.6 节介绍的 **dot1x timer supp-timeout** 命令设置）没有收到客户端的响应，则重发该报文（重发次数由 **dot1x retry** 设置）。

【示例 1】在端口 GigabitEthernet1/0/1 上开启 802.1x 的组播触发功能。

```
<Sysname> system-view
[Sysname] interface gigabitethernet 1/0/1
[Sysname-GigabitEthernet1/0/1] dot1x multicast-trigger
```

【示例 2】在端口 GigabitEthernet1/0/1 上开启 802.1x 的单播触发功能。

```
<Sysname> system-view
[Sysname] interface gigabitethernet 1/0/1
[Sysname-GigabitEthernet1/0/1] dot1x unicast-trigger
```

【注意】建议不要在同一端口上同时开启组播和单播触发功能，以免认证报文重复发送。

21.2.9 端口的强制认证域配置

配置端口的强制认证域（Mandatory Domain）为 802.1x 接入提供了一种安全控制策略。所有从该端口接入的 802.1x 用户将被强制使用指定的认证域来进行认证、授权和计费，可以防止用户通过恶意假冒其他域账号从本端口接入网络。另外，管理员也可以通过配置强制认证域对不同端口接入的用户指定不同的认证域，从而增加了管理员部署 802.1x 接入策略的灵活性。

端口的强制认证域的配置方法是在对应的端口视图下使用 **dot1x mandatory-domain** *domain-name* 命令进行。参数 *domain-name* 用来指定强制的 ISP 认证域名，为 1～24 个字符的字符串，不区分大小写。默认情况下，没有定义强制认证域，可用 **undo dot1x mandatory-domain** 命令删除该端口上 802.1x 用户的强制认证域。

【注意】指定了强制域后，从指定端口上接入的 802.1x 用户将按照如下先后顺序选择认证域：端口上配置的强制 ISP 域→用户名中指定的 ISP 域→系统默认的 ISP 域。使用不携带任何参数的 **display connection** 命令显示该端口下的用户连接信息时，所显示的用户域名为用户登录时使用的认证域名。但是，如果要通过 **display connection domain** *isp-name* 命令显示该类用户，或者通过 **cut connection domain** *isp-name* 命令切断该类用户连接时，必须指定强制认证域名。

以下示例是在端口 GigabitEthernet1/0/1 上配置 IEEE 802.1x 用户使用强制认证域 lycb_gz。

```
<Sysname> system-view
[Sysname] interface gigabitethernet 1/0/1
[Sysname-GigabitEthernet1/0/1] dot1x mandatory-domain lycb_gz
```

假设当用户 winda 通过认证后，通过 **display connection** 命令可查看端口 GigabitEthernet1/0/1 上的用户连接信息，具体如下。

```
[Sysname-GigabitEthernet1/0/1] display connection interface gigabitethernet 1/0/1


Index=68   ,Username=winda@lycb_gz
MAC=0015-e9a6-7cfe
IP=3.3.3.3
IPv6=N/A
 Total 1 connection(s) matched.
```

21.2.10　来宾 VLAN 配置

来宾 VLAN（Guest VLAN）是把端口上没有得到认证的用户加入到特定的 VLAN，使它们可以访问有限的网络资源，如用来下载更新 IEEE 802.1x 客户端系统的软件。有关来宾 VLAN 的详细知识参见本章前面的 21.1.4 节相关内容。

在配置来宾 VLAN 之前，需要进行以下配置准备：

- 已经创建需要配置为来宾 VLAN 的 VLAN。
- 在接入控制方式为 portbased 的端口上，须保证 IEEE 802.1x 的组播触发功能处于开启状态。
- 在接入控制方式为 macbased 的端口上，须保证端口类型为 Hybrid，且端口上的 MAC VLAN 功能处于启用状态。

【说明】MAC VLAN 也就是通常所说的基于 MAC 划分的 VLAN，是 VLAN 的一种划分方式。它是根据报文的源 MAC 地址来决定给报文添加某个 VLAN 的标签，通常与 IEEE 802.1x 这类安全技术结合使用，以实现终端的安全、灵活接入。有关 MAC VLAN 的划分和配置方法请参见本书姊妹篇——《Cisco/H3C 交换机配置与管理完全手册》(第二版)。

来宾 VLAN 也是既可以在系统视图下使用 **dot1x guest-vlan** *guest-vlan-id* [**interface** *interface-list*]命令配置，又可以在对应的二层以太网端口视图下使用 **dot1x guest-vlan** *guest-vlan-id* 命令配置。参数 *guest-vlan-id* 用来指定端口上来宾 VLAN ID，取值范围为 1～4094，但该 VLAN 必须已经创建。至于可选参数 *interface-list* 参见本章前面命令中的该参数说明，如果不选择此可选参数，则来宾 VLAN 配置将在当前交换机的所有端口生效。

默认情况下，端口没有配置来宾 VLAN，可用 **undo dot1x guest-vlan** 或者 **undo dot1x guest-vlan** [**interface** *interface-list*]命令取消全部或指定端口的来宾 VLAN。

【示例 1】配置端口 GigabitEthernet1/0/1 的来宾 VLAN 为已经创建的 VLAN 999。

```
<Sysname> system-view
[Sysname] dot1x guest-vlan 999 interface gigabitethernet 1/0/1
```

【示例 2】配置端口 GigabitEthernet1/0/2～GigabitEthernet1/0/5 的来宾 VLAN 为已经创建的 VLAN 10。

```
<Sysname> system-view
[Sysname] dot1x guest-vlan 10 interface gigabitethernet 1/0/2 to gigabitethernet 1/0/5
```

【示例 3】配置所有端口的来宾 VLAN 为已经创建的 VLAN 7。

```
[Sysname] dot1x guest-vlan 7
```

【示例 4】配置端口 GigabitEthernet1/0/7 的来宾 VLAN 为已经创建的 VLAN 3。

```
<Sysname> system-view
[Sysname] interface gigabitethernet 1/0/7
[Sysname-GigabitEthernet1/0/7] dot1x guest-vlan 3
```

【注意】不同的端口可以配置不同的来宾 VLAN，但一个端口最多只能配置一个来宾 VLAN。

在接入控制方式为 macbased 的端口上同时配置了 IEEE 802.1x 认证的来宾 VLAN 与 MAC 地址认证的来宾 VLAN 时，则仅 IEEE 802.1x 认证的来宾 VLAN 有效，即用户触发 MAC 地址认证且失败后，也不会加入 MAC 地址认证的来宾 VLAN，如果之后没有触发或者没有成功通过 IEEE 802.1x 认证，则会加入 IEEE 802.1x 认证的来宾 VLAN 中（如果端口上还配置了 IEEE 802.1x 认证的 Auth-Fail VLAN，则用户认证失败后加入 Auth-Fail VLAN）。

在接入控制方式为 macbased 的端口上生成的来宾 VLAN 表项会覆盖已生成的阻塞 MAC 表项，但如果端口因检测到非法报文而关闭，则 IEEE 802.1x 的来宾 VLAN 功能无法生效。对于 Hybrid 端口，不建议将指定的来宾 VLAN 修改为携带 Tag 的方式。

如果某个 VLAN 被指定为 Super VLAN，则该 VLAN 不能被指定为某个端口的来宾 VLAN；同样，如果某个 VLAN 被指定为某个端口的来宾 VLAN，则该 VLAN 不能被指定为 Super VLAN。关于 Super VLAN 的详细内容请参见《Cisco/H3C 交换机配置与管理完全手册》(第二版)。

21.2.11 认证失败 VLAN 配置

认证失败 VLAN（Auth-Fail VLAN）是允许用户在认证失败的情况下（不是前面介绍的来宾 VLAN 中所指的在没有得到认证的情况下）可以访问某一特定 VLAN 中的资源。具体参见本章前面 21.1.4 节相关内容。

在配置认证失败 VLAN 之前，需要进行以下配置准备：

- 已经创建需要配置为认证失败 VLAN 的 VLAN。
- 在接入控制方式为 portbased 的端口上，须保证 IEEE 802.1x 的组播触发功能处于开启状态。
- 在接入控制方式为 macbased 的端口上，须保证端口类型为 Hybrid，且端口上的 MAC VLAN 功能处于开启状态。

认证失败 VLAN 是在具体二层以太网端口视图下使用 **dot1x auth-fail vlan** *authfail-vlan-id* 命令配置的（**注意，不能在系统视图下为所有端口配置**）。参数 *guest-vlan-id* 用来指定端口上的认证失败 VLAN ID，取值范围为 1～4094，但该 VLAN 必须已经创建。

默认情况下，端口没有配置认证失败 VLAN，可用 **undo dot1x auth-fail vlan** 命令取消对应端口上的认证失败 VLAN 配置。

【注意】在接入控制方式为 **portbased** 的端口上配置的认证失败 VLAN，只有 IEEE 802.1x 组播触发功能开启的情况下才生效。认证失败 VLAN 生效后，如果将端口的接入控制方式由 **portbased** 修改为 **macbased**，则端口会离开认证失败 VLAN。

在接入控制方式为 **macbased** 的端口上配置的认证失败 VLAN，只有 MAC VLAN 功能开启的情况下才生效。认证失败 VLAN 生效后，如果将端口的接入控制方式由 **macbased** 修改为 **portbased**，则已建立的认证失败 VLAN 表项会被删除。认证失败 VLAN 表项中记录了加入认证失败 VLAN 的 MAC 地址与端口上启用的 MAC VLAN，可以通过 **display mac-vlan** 命令查看。

如果某个 VLAN 被指定为 Super VLAN，则该 VLAN 不能被指定为某个端口的认证失败 VLAN；同样，如果某个 VLAN 被指定为某个端口的认证失败 VLAN，则该 VLAN 不能被指定为 Super VLAN。

禁止直接删除已被配置为认证失败 VLAN 的 VLAN，如果要删除该 VLAN，请先通过 **undo dot1x auth-fail vlan** 命令取消 IEEE 802.1x 的认证失败 VLAN 配置。

以下示例是在端口 GigabitEthernet1/0/1 上配置认证失败 VLAN 为 3。

```
<Sysname> system-view
[Sysname] interface gigabitethernet 1/0/1
[Sysname-GigabitEthernet1/0/1] dot1x auth-fail vlan 3
```

21.2.12 IEEE 802.1x 认证管理

可在任意视图下执行以下 **display dot1x display** 命令显示配置后 IEEE 802.1x 的运行情况，验证配置的效果。可在用户视图下，执行 **reset dot1x statistics** 命令清除 IEEE 802.1x 的统计信息。

1. display dot1x 命令

display dot1x [**sessions** | **statistics**] [**interface** *interface-list*] [| { **begin** | **exclude** | **include** } *regular-expression*] 命令用来显示 IEEE 802.1x 的相关信息，包括会话连接信息、相关统计信息或配置信息等。命令中的参数和选项说明如下：

- **sessions**：二选一可选项，指定显示 IEEE 802.1x 的会话连接信息。
- **statistics**：二选一可选项，指定显示 IEEE 802.1x 的相关统计信息。

如果不指定 **sessions** 和 **statistics** 可选项，则显示 IEEE 802.1x 的所有信息，包括会话连接信息、相关统计信息和配置信息等。

- **interface** *interface-list*：可选参数，指定要显示 IEEE 802.1x 相关信息的以太网端口列表，表示多个以太网端口，表示方式为{ *interface-type interface-number* [**to** *interface-type interface-number*] }<1-10>。其中，*interface-type* 为端口类型，*interface-number* 为端口号。<1-10>表示前面的参数最多可以输入 10 次。起始端口类型必须和终止端口类型一致，并且终止端口号必须大于起始端口号。
- |：可选项，指定使用正则表达式对显示信息进行过滤。
- **begin**：多选一可选项，指定从包含指定正则表达式的行开始显示。
- **exclude**：多选一可选项，指定只显示不包含指定正则表达式的行。
- **include**：多选一可选项，指定只显示包含指定正则表达式的行。
- *regular-expression*：可选参数，指定用于过滤输出信息的正则表达式，为 1～256 个字符的字符串，区分大小写。

【示例 1】显示交换机上所有 IEEE 802.1x 信息。命令输出信息中各字段说明如表 21-3 所示。

```
<Sysname> display dot1x
Equipment 802.1x protocol is enabled
CHAP authentication is enabled
EAD quick deploy is enabled

Configuration: Transmit Period       30 s,  Handshake Period        15 s
               Quiet Period          60 s,  Quiet Period Timer is disabled
               Supp Timeout          30 s,  Server Timeout          100 s
               Reauth Period       3600 s
               The maximal retransmitting times          3
EAD quick deploy configuration:
               EAD timeout:     30m

The maximum 802.1x user resource number is 2048 per slot
Total current used 802.1x resource number is 1

GigabitEthernet1/0/1    is link-up
  802.1x protocol is enabled
  Handshake is disabled
  Handshake secure is disabled
  802.1x unicast-trigger is enabled
  Periodic reauthentication is disabled
  The port is an authenticator
  Authenticate Mode is Auto
  Port Control Type is Mac-based
  802.1x Multicast-trigger is enabled
  Mandatory authentication domain: NOT configured
  Guest VLAN: 4
  Auth-fail VLAN: NOT configured
  Max number of on-line users is 2048

  EAPOL Packet: Tx 1087, Rx 986
  Sent EAP Request/Identity Packets : 943
       EAP Request/Challenge Packets: 60
       EAP Success Packets: 29, Fail Packets: 55
```

```
Received EAPOL Start Packets : 60
        EAPOL LogOff Packets: 24
        EAP Response/Identity Packets : 724
        EAP Response/Challenge Packets: 54
        Error Packets: 0
1. Authenticated user : MAC address: 0015-e9a6-7cfe

Controlled User(s) amount to 1
```

表 21-3 display dot1x 命令输出信息字段说明

字段	说明
Equipment 802.1x protocol is enabled	显示全局的 802.1x 特性已经开启
CHAP authentication is enabled	显示是否启用 CHAP 认证
EAD quick deploy is enabled	显示 EAD 快速部署功能启用状态
Transmit Period	显示发送间隔定时器的时长
Handshake Period	显示设备向客户端发送握手报文的时间间隔
Reauth Period	显示周期性重认证的时间间隔
Quiet Period	显示静默定时器的时长
Quiet Period Timer is disabled	显示静默定时器的开启状态
Supp Timeout	显示客户端认证超时定时器的时长
Server Timeout	显示认证服务器超时定时器的时长
The maximal retransmitting times	显示设备向接入用户发送认证请求报文的最大次数
EAD quick deploy configuration	显示 EAD 快速部署功能的具体配置
URL	显示用户 IE 访问重定向的 URL
Free IP	显示用户可访问的免认证网段
EAD timeout	显示 ACL 老化定时器超时时间
The maximum 802.1x user resource number per slot	显示每板最大支持的接入用户数
Total current used 802.1x resource number	显示当前在线接入用户数
GigabitEthernet1/0/1 is link-up	显示端口 GigabitEthernet1/0/1 的链路状态
802.1x protocol is disabled	显示该端口是否启用 802.1x 协议
Handshake is disabled	显示握手功能的启用状态
Handshake secure is disabled	显示安全握手功能的启用状态
802.1x unicast-trigger is disabled	显示 IEEE 802.1x 单播触发功能的启用状态
Periodic reauthentication is disabled	显示周期性重认证功能的启用状态
The port is an authenticator	显示该端口担当设备端作用
Authenticate Mode is Auto	显示端口接入控制的模式为 auto
Port Control Type is Mac-based	显示端口接入控制方式为 mac-based，即基于 MAC 地址对接入用户进行认证
802.1x Multicast-trigger is enabled	显示 IEEE 802.1x 组播触发功能的启用状态
Mandatory authentication domain	显示端口接入用户的强制认证域
Guest VLAN	显示端口配置的 Guest VLAN，没有配置则显示 NOT configured
Auth-fail VLAN	显示端口配置的 Auth Fail VLAN，没有配置则显示 NOT configured
Max number of on-line users	显示本端口最多可容纳的接入用户数
EAPOL Packet	显示 EAPOL 报文数目：Tx 表示发送的报文数目；Rx 表示接收的报文数目
Sent EAP Request/Identity Packets	显示发送的 EAP Request/Identity 报文数
EAP Request/Challenge Packets	显示发送的 EAP Request/Challenge 报文数
EAP Success Packets	显示发送的 EAP Success 报文数
Fail Packets	显示发送的 EAP Failure 报文数
Received EAPOL Start Packets	显示接收的 EAPOL Start 报文数
EAPOL LogOff Packets	显示接收的 EAPOL Logoff 报文数
EAP Response/Identity Packets	显示接收的 EAP Response/Identity 报文数
EAP Response/Challenge Packets	显示接收的 EAP Response/Challenge 报文数
Error Packets	显示接收的错误报文数
Authenticated user	显示认证通过的用户
Controlled User(s) amount	显示该端口受控用户数目

2．reset dot1x statistics 命令

reset dot1x statistics [**interface** *interface-list*] 命令用来清除 IEEE 802.1x 认证的统计信息。可选参数 *interface-list* 用来指定要清除 IEEE 802.1x 认证统计信息的端口列表，具体参见本节上一命令说明。如果不选择此可选参数，则清除设备上的全局及所有端口的 IEEE 802.1x 认证统计信息。

【示例 2】清除 GigabitEthernet1/0/1 端口上的 IEEE 802.1x 认证统计信息。

```
<Sysname> reset dot1x statistics interface gigabitethernet 1/0/1
```

21.2.13　H3C 交换机 IEEE 802.1x 认证配置示例

本示例拓扑如图 21-2 所示，是一个 H3C 以太网交换机 IEEE 802.1x 综合配置示例。

示例中，用户通过交换机的 GigabitEthernet1/0/1 端口接入网络，交换机采用 IEEE 802.1x 对接入该端口的用户进行认证，以控制其访问 Internet。在本节前面就已说到，IEEE 802.1x 认证不是孤立进行的，必须依靠 AAA 方案对启用了 IEEE 802.1x 认证特性的二层以太网端口上连接的用户进行认证。其中包括的可选认证方案包括 RADIUS 认证方案和本地认证方案。

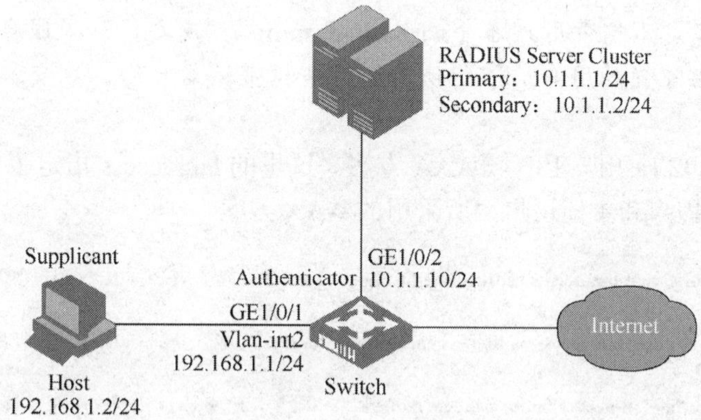

图 21-2　IEEE 802.1x 认证综合配置示例

本示例中采用两台 RADIUS 服务器，其 IP 地址分别为 10.1.1.1 和 10.1.1.2，使用前者作为主认证/计费服务器，使用后者作为备份认证/计费服务器。GigabitEthernet1/0/1 端口下的所有接入用户均需要单独认证（也就是采用基于 MAC 地址认证方式进行认证），当某个用户下线时，也只有该用户无法使用网络。认证时，首先进行 RADIUS 认证，如果 RADIUS 服务器没有响应再转而进行本地认证；计费时，如果 RADIUS 计费失败则切断用户连接使其下线。

GigabitEthernet1/0/1 端口下的所有接入用户都属于同一个 ISP 域 abc.net，该域中最多可容纳 30 个用户。交换机与 RADIUS 认证服务器交互报文时的共享密钥为 winda，与 RADIUS 计费服务器交互报文时的共享密钥为 lycb。

通过以上分析，我们可以得出本配置示例的基本配置思路：首先要配置 IEEE 802.1x 认证所需调用（是通过在 AAA 方案中指定所服务的用户类型来进行调用的）的 AAA 方案。这其中包括 RADIUS 认证/计费方案，以及本地认证方案；然后配置 GigabitEthernet1/0/1 端口接入用户 ISP 域方案；最后在 GigabitEthernet1/0/1 端口启用 IEEE 802.1x 认证特性及其他相关属性。下面是具体的配置步骤（有关 H3C 以太网交换机 AAA 方案中的配置方法参见本书第 20 章）。

（1）配置本地认证中所需的本地用户。

在交换机本地创建本地用户 winda，密码为明文输入的 winda123（此处添加的本地用户的用户名和密码需要与 RADIUS 服务器中配置的用户名和密码保持一致）。

```
<Switch> system-view
[Switch] local-user winda
[Switch-luser-localuser] service-type lan-access
[Switch-luser-localuser] password simple winda123
[Switch-luser-localuser] authorization-attribute idle-cut 20   !---启动闲置切断功能，并指定正常连接时用户空闲时间超过 20 分钟，则切断其连接
[Switch-luser-localuser] quit
```

（2）配置 RADIUS 方案。

```
[Switch] radius scheme radius1
[Switch-radius-radius1] primary authentication 10.1.1.1
[Switch-radius-radius1] primary accounting 10.1.1.1
[Switch-radius-radius1] secondary authentication 10.1.1.2
[Switch-radius-radius1] secondary accounting 10.1.1.2
[Switch-radius-radius1] key authentication winda
[Switch-radius-radius1] key accounting lycb
[Switch-radius-radius1] user-name-format without-domain   !---配置发送给 RADIUS 服务器的用户名不携带域名
[Switch-radius-radius1] quit
```

【说明】发送给服务器的用户名是否携带域名与服务器端是否接受携带域名的用户名以及服务器端的配置有关。

如果服务器端不接受携带域名的用户名，或者服务器上配置的用户认证所使用的服务不携带域名后缀，则交换机上指定不携带用户名（**without-domain**）；反之，如果服务器端可接受携带域名的用户名，且服务器上配置的用户认证所使用的服务携带域名后缀，则交换机上指定携带用户名（**with-domain**）。

（3）配置 IEEE 802.1x 用户 ISP 域 AAA 方案。这里的 lan-access 指定了要对所有 lan-access 用户（包括 IEEE 802.1x 用户和本地用户）所采用的 AAA 方案。

```
[Switch] domain abc.net
[Switch-isp-abc.net] authentication lan-access radius-scheme radius1 local   !---配置 IEEE 802.1x 用户使用 RADIUS 方案 radius1 进行认证，并采用 local 作为备选方案
[Switch-isp-abc.net] authorization lan-access radius-scheme radius1 local   !---配置 IEEE 802.1x 用户使用 RADIUS 方案 radius1 进行授权，并采用 local 作为备选方案
[Switch-isp-abc.net] accounting lan-access radius-scheme radius1   !---配置 IEEE 802.1x 用户使用 RADIUS 方案 radius1 进行计费
[Switch-isp-abc.net] access-limit enable 30   !---配置该域最多可容纳 30 个用户
[Switch-isp-abc.net] idle-cut enable 20   !---启动闲置切断功能，并指定正常连接时用户空闲时间超过 20 分钟，则切断其连接
[Switch-isp-abc.net] quit
[Switch] domain default enable abc.net   !---指定域 abc.net 为默认的 ISP 域
```

（4）开启 IEEE 802.1x 认证特性并配置所需属性。

```
[Switch] dot1x
[Switch] interface gigabitethernet 1/0/1
[Switch-GigabitEthernet1/0/1] dot1x
[Switch-GigabitEthernet1/0/1] quit
[Switch] dot1x port-method macbased interface gigabitethernet 1/0/1   !---配置基于 MAC 地址的接入控制方式
```

配置好以上配置后，可使用 **display dot1x interface** gigabitethernet 1/0/1 命令查看 IEEE 802.1x 的配置情况。当 IEEE 802.1x 用户输入正确的用户名和密码成功通过 RADIUS 认证上线后，可使用 **display connection** 命令查看到上线用户的连接情况。如果 RADIUS 服务器无响应，则进行本地认证。

21.2.14 带来宾 VLAN 和 VLAN 下发功能的 IEEE 802.1x 认证配置示例

本示例的配置与上节介绍的 IEEE 802.1x 配置其实差不多，主要区别就是要为没有进行认证的用户配置要加入的来宾 VLAN，为通过认证的用户配置要加入的标准 VLAN。

本示例拓扑如图 21-3 所示，一台主机（Host）通过 IEEE 802.1x 认证接入网络，认证服务器为 RADIUS 服务器。Host 接入交换机的 GigabitEthernet1/0/2 端口在 VLAN 1 内；RADIUS 认证服务器在 VLAN 2 内；更新服务器（Update Server）是用于客户端软件下载和升级的服务器，在 VLAN 10

内；交换机连接 Internet 网络的端口 GigabitEthernet1/0/3 在 VLAN 5 内。现需实现如下需求：

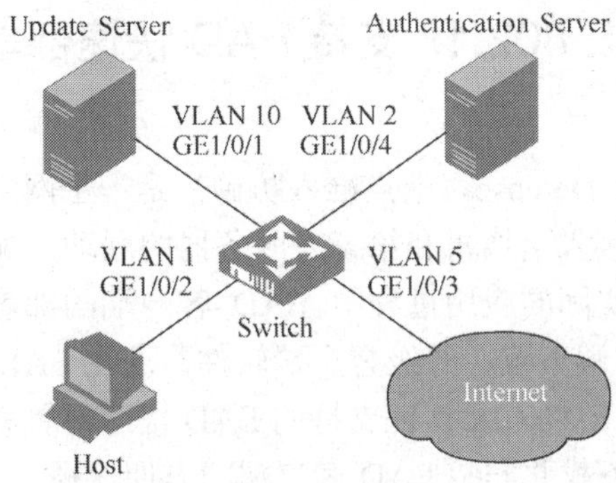

图 21-3　带来宾 VLAN 和 VLAN 下发功能的 IEEE 802.1x 认证配置示例

如果一定的时间内（默认为 90 秒）GigabitEthernet1/0/2 端口上无客户端进行认证，或者无客户端认证成功，则将该端口加入来宾 VLAN（指定为 VLAN 10）中，此时 Host 和 Update Server 都在 VLAN 10 内，Host 可以访问更新服务器并下载 IEEE 802.1x 客户端；如果用户认证成功上线后，认证服务器下发 VLAN 5，此时 Host 和连接 Internet 网络的 GigabitEthernet1/0/3 端口都在 VLAN 5 内，Host 可以访问 Internet。

本示例与上节示例在配置上的主要区别是本示例不采用本地认证作为备选认证方案（也就不用配置本地用户），另外本示例的 IEEE 802.1x 认证特性中要配置来宾 VLAN 和下发 VLAN（下发 VLAN 功能是在 RADIUS 服务器上的“授权”功能上配置的，不是在交换机上配置）。其他的配置与上节 IEEE 802.1x 认证配置示例方法是一样的。具体配置步骤如下：

（1）按图 21-3 所示把各端口添加到对应的 VLAN 中（略）。

（2）配置 IEEE 802.1x 认证所需的 RADIUS 认证/计费方案。

```
[Switch] radius scheme rd1
[Switch-radius-rd1] primary authentication 10.11.1.1 1812
[Switch-radius-rd1] primary accouting 10.11.1.1 1813
[Switch-radius-rd1] key authentication ok
[Switch-radius-rd1] key accouting ok
[Switch-radius-rd1] user-name-format without-domain
[Switch-radius-rd1] quit
```

（3）配置 IEEE 802.1x 用户 ISP 域 AAA 方案。

```
[Switch] domaim abc.net
[Switch-isp-abc.net] authentication lan-access radius-scheme rd1
[Switch-isp-abc.net] authorization   lan-access radius-scheme rd1
[Switch-isp-abc.net] accounting lan-access radius-scheme rd1
[Switch-isp-system] quit
```

（4）开启 IEEE 802.1x 特性并配置所需属性。

```
[Switch] dot1x
[Switch] interface gigabitethernet 1/0/2
[Switch-GigabitEthernet1/0/2] dot1x
[Switch-GigabitEthernet1/0/2] dot1x port-method portbased   !---配置端口上进行接入控制的方式为 portbased
[Switch-GigabitEthernet1/0/2] dot1x port-control auto   !---配置端口上进行接入控制的模式为 auto
[Switch-GigabitEthernet1/0/2] quit
[Switch] dot1x guest-vlan 10 interface gigabitethernet 1/0/2   !---配置指定端口的来宾 VLAN 为 VLAN 10
```

可通过 **display dot1x interface** gigabitethernet 1/0/2 命令查看 GigabitEthernet1/0/2 端口上来宾 VLAN 的配置情况。如果在指定的时间之内无客户端进行认证或者无客户端认证成功，则可通过 **display vlan** 10 命令查看到 GigabitEthernet1/0/2 端口是否加入了配置的来宾 VLAN；在用户认证成功之后，可通过 **display interface** gigabitethernet 1/0/2 命令看到用户接入的 GigabitEthernet1/0/2 端口是否加入了认证服务器下发的 VLAN 5 中。

21.3 H3C 交换机 IEEE 802.1x 支持 EAD 快速部署配置与管理

EAD（Endpoint Admission Defense，端点准入防御）是一个网络端点接入控制方案。它通过安全客户端、安全策略服务器、接入交换机和第三方服务器的联动，加强了对用户的集中管理，提升网络的整体防御能力。但是在实际的应用过程中 EAD 客户端的部署工作量很大，例如，需要网络管理员手动为每一个 EAD 客户端下载、升级客户端软件，这在 EAD 客户端数目较多的情况下给管理员带来了操作上的不便。IEEE 802.1x 认证支持的 EAD 快速部署就可以解决以上问题，可为所有接入网络的终端用户提供自动下载并安装 EAD 客户端的方便途径。

21.3.1 IEEE 802.1x 支持 EAD 快速部署的实现机制

IEEE 802.1x 支持的 EAD 快速部署是通过"用户受限访问"和"用户 HTTP 访问 URL 重定向"这两种功能的配合工作来实现的。

1. 用户受限访问

EAD 所需的用户受限访问是通过 IEEE 802.1x 认证成功之前（包括认证失败）终端用户只能访问一个特定的 IP 地址段来实现的。在该特定的 IP 地址段中可以配置一个或多个特定服务器，用于提供 EAD 客户端的下载升级或者动态地址分配等服务。

2. 用户 HTTP 访问 URL 重定向

在 EAD 的支持下，终端用户在 IEEE 802.1x 认证成功之前（包括认证失败），如果使用浏览器访问网络，设备会将用户访问的 URL 重定向到已配置的 URL（例如，重定向到 EAD 客户端下载界面），这样只要用户打开浏览器，就必须进入管理员预设的界面。提供重定向 URL 的服务器必须位于用户受限访问的特定网段内。

21.3.2 EAD 快速部署配置

【注意】目前，MAC 地址认证和端口安全特性不支持 EAD 的快速部署功能，全局启用 MAC 认证或端口安全功能将会使 EAD 快速部署功能失效。

在配置 EAD 快速部署前，需全局启用 IEEE 802.1x 认证特性，同时还需要在指定端口上启用 IEEE 802.1x 认证特性，接入控制模式为 **auto**。然后再进行上节介绍的两种功能配置。

1. 用户可访问的免认证网段配置

在上节介绍的"用户受限访问"功能配置中就是通过配置免认证网段来实现的。它是为 IEEE 802.1x 用户在认证成功之前（包括认证失败）指定可以访问的 IP 地址段（也称为 Free IP）。配置 Free IP 网段的方法是在系统视图下使用 **dot1x free-ip** *ip-address* { *mask-address* | *mask-length* }命令。默认情况下，没有指定 Free IP，可用 **undo dot1x free-ip** { *ip-address* { *mask* | *mask-length* } | **all** }命令删除配置的 Free IP。配置好 Free IP 网段后，EAD 的快速部署功能将立即处于启用状态。

【注意】Free IP 功能与全局启用 MAC 认证、端口安全功能以及二层 Portal 功能是相互排斥的；且 Free IP 功能只在端口接入控制模式为 **auto** 的情况下生效。没有通过 IEEE 802.1x 认证的用户如果要通过外网的 DHCP 服务器动态获得 IP 地址，则需要在设备上配置该 DHCP 服务器所在的 Free IP。

【示例 1】配置终端用户在 IEEE 802.1x 认证之前可访问的免认证网段为 192.168.0.0/24。

```
<Sysname> system-view
[Sysname] dot1x free-ip 192.168.0.0 24
```

2. 用户 HTTP 访问的重定向 URL 配置

在 EAD 的支持下，终端用户在 IEEE 802.1x 认证成功之前（包括认证失败），如果使用浏览器访问除 Free IP 网段外的其他网络，交换机就会将用户访问的 URL 重定向到已配置的 HTTP 访问的重定向地址。但要注意的是：重定向的 URL 和 Free IP 必须在同一个网段内，否则无法访问指定的重定向 URL；用户 HTTP 访问的重定向 URL 可多次配置，但仅最后配置的一条有效。

用户 HTTP 访问的重定向 URL 的配置方法是在系统视图下使用 **dot1x url** *url-string* 命令进行配置的。参数 *url-string* 用来指定重定向后的 URL 地址，为 1～64 个字符的字符串，区分大小写，格式为“http://*url-string*”。

【示例 2】配置用户 HTTP 访问的重定向 URL 为 http://192.168.0.1。

```
<Sysname> system-view
[Sysname] dot1x url http://192.168.0.1
```

21.3.3　EAD 规则的老化超时时间配置

EAD 快速部署功能通过制定 EAD 规则（通常为 ACL 实现）来给予没有通过认证的终端用户受限制的网络访问权限；在用户认证成功后，所调用的 ACL 将被释放。由于交换机支持的 ACL 数量有限，当大量用户同时上线时，ACL 资源将迅速被占用，如果没有用户认证成功，将出现 ACL 数量不足的情况，这样会导致一部分新接入的用户无法上线。此时管理员可以通过配置 EAD 规则老化超时时间来控制用户对 ACL 资源的占用。当用户访问网络时该定时器即开始计时，在定时器超时或者用户下载客户端并成功通过认证之后，该用户所占用的 ACL 资源即被删除，这样那些在超时时间内没有进行任何操作的用户所占用的 ACL 资源会及时得到释放，使其他用户可以进行接入。在接入用户数量较多时，可以将超时时间适当缩短，以提高 ACL 的使用效率。

EAD 规则老化超时时间的配置是在系统视图下使用 **dot1x timer ead-timeout** *ead-timeout-value* 命令进行的。参数 *ead-timeout-value* 用来指定 EAD 规则的老化超时时间，取值范围为 1～1440 分钟。默认情况下，EAD 规则老化超时时间为 30 分钟，可用 **undo dot1x timer ead-timeout** 命令恢复默认设置。

以下示例是配置 EAD 规则的老化超时时间为 5 分钟。

```
<Sysname> system-view
[Sysname] dot1x timer ead-timeout 5
```

【说明】可在任意视图下执行 **display dot1x** [**sessions** | **statistics**] [**interface** *interface-list*]命令查看所做的 EAD 快速部署配置及其运行情况，验证配置效果。因该命令已在本章前面 21.2.11 节中有详细介绍，故在此不再赘述，参见即可。

21.3.4　EAD 快速部署配置示例

本示例拓扑如图 21-4 所示。某公司用户主机通过 Switch 接入 Internet，并通过 DHCP 服务器动态获取 IP 地址。目前，公司部署 EAD 解决方案，要求所有用户主机通过 IEEE 802.1x 认证上网，这就要求所有主机上安装配套的 IEEE 802.1x 客户端。由于网络中的用户主机数量较大，为减轻网络管理员安装以及升级 IEEE 802.1x 客户端的工作量，在 192.168.2.0/24 网段部署一台 Web 服务器专门提供客户端软件下载。

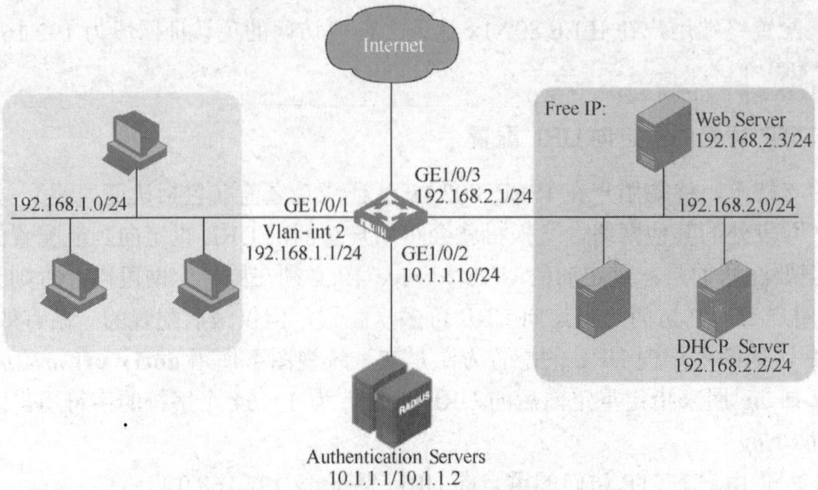

图 21-4 EAD 快速部署配置示例

以上要求的具体体现如下：

- 还没有进行 IEEE 802.1x 认证或者 IEEE 802.1x 认证失败的用户，只能访问 Web 服务器所在网段 192.168.2.0/24，并可通过该网段内的 DHCP 服务器动态获取 192.168.1.0/24 网段的 IP 地址。
- 还没有进行 IEEE 802.1x 认证或者 IEEE 802.1x 认证失败的用户通过浏览器访问非 192.168.2.0/24 网段的外部网络时，用户访问的页面均会被 Switch 重定向至管理员预设的 Web 服务器页面，该 Web 服务器页面将提示用户进行 IEEE 802.1x 客户端的下载。
- 用户成功通过 802.1x 认证之后，可正常访问网络。

本示例的配置主要包括以下几个方面：

- 因为用户都是通过 DHCP 服务器获取 IP 地址的，所以需要配置 DHCP 服务器，而且必须保证用户可以获取位于 Free IP 网段 192.168.1.0/24 的 IP 地址。在此仅介绍 DHCP 服务器中与本示例相关的配置，有关 H3C 以太网设备的 DHCP 服务器详细配置参见《路由器配置与管理完全手册——H3C 篇》一书。
- 完成 Web 服务器的配置，保证用户可成功登录预置的 Web 页面进行 IEEE 802.1x 客户端的下载。在此不作介绍。
- 完成 RADIUS 认证服务器和用户 ISP 域 AAA 方案配置，保证用户的认证/授权/计费功能正常运行。因为这里的配置与 21.2.12 节的相关配置基本一样，故在此也不再赘述。
- 配置 IEEE 802.1x 认证及 EAD 快速部署。

（1）配置各接口的 IP 地址（略）。

（2）配置 DHCP 中继。

```
<Switch> system-view
[Switch] dhcp enable
[Sysname] dhcp server ip-pool 0
[Sysname-dhcp-pool-0] network 192.168.1.0 mask 255.255.255.0   !---配置客户端自动获取认证网段的 IP 地址池
[Switch] dhcp relay server-group 1 ip 192.168.2.2   !---配置 DHCP 服务器的地址
[Switch] interface vlan-interface 2
[Switch-Vlan-interface2] dhcp select relay   !---配置 VLAN 接口 2 工作在 DHCP 中继模式
[Switch-Vlan-interface2] dhcp relay server-select 1   !---配置连接客户端的 VLAN 接口 2 对应 DHCP 服务器组 1
[Switch-Vlan-interface2] quit
```

（3）配置 RADIUS 方案和 ISP 域 AAA 方案（略）。

（4）配置 IEEE 802.1x 认证及 EAD 快速部署。

```
[Switch] dot1x
[Switch] interface gigabitethernet 1/0/1
```

```
[Switch-GigabitEthernet1/0/1] dot1x
[Switch] dot1x free-ip 192.168.2.0 24   !---配置 Free IP
[Switch] dot1x url http://192.168.2.3   !---配置 IE 访问的重定向 URL
```

以上配置完成之后，执行 **display dot1x** 命令可以查看 802.1x 的配置情况。用户主机成功获得 DHCP 服务器分配的 IP 地址之后，在 Windows 系统主机上执行 **ping** Free IP 网段中的地址，可验证在 IEEE 802.1x 认证成功之前是否可以访问免认证网段 192.168.2.0/24。结果证明，用户在 IEEE 802.1x 认证成功之前，通过浏览器访问任何非 Free IP 网段的外部网站地址时，都会被重定向到 Web 服务器页面，此页面提供 IEEE 802.1x 客户端的下载服务。

21.4　H3C 交换机 Portal 认证基础

Portal 认证很难从字面上理解，其实它就是通过一个专门的网站对访问互联网的用户进行认证，所以通常也称为 Web 认证，而将用于 Portal 认证的网站称为门户网站（也就是相当于访问其他资源前的“大门”一样）。所以 Portal 认证是用于互联网访问的一种认证，对用户访问互联网的权限进行限制。

【注意】目前 H3C 以太网交换机系列中主要是一些中高端的产品系列支持 Portal 认证功能，如 S5500-EI、S58、S7500E、S9500、S9500E 等系列，像 S3610、S5600、S5100、S5510、S5510-SI、S7500 等系列并不支持 Portal 认证。

21.4.1　Portal 认证简介

在采用 Portal 认证的环境中，没有认证的用户访问互联网时，设备会强制用户登录到特定的站点，此时用户仅可以免费访问这个特定站点中的服务。当用户需要访问互联网中的其他站点时，必须在这个特定的门户网站中通过认证。

1. Portal 认证的两种方式

Portal 认证有两种方式：主动认证和强制认证。用户可以主动访问已知的 Portal 认证网站，输入用户名和密码进行认证，这种 Portal 认证方式称之为主动认证。而在用户试图通过 HTTP 访问其他网站时，首先将被强制访问 Portal 认证网站，然后进行 Portal 认证，这种 Portal 认证方式称之为强制认证。

除了标准的互联网访问用户认证功能外，Portal 认证还有一些扩展功能，如通过强制接入终端实施补丁和防病毒策略，加强网络终端对病毒攻击的主动防御能力。具体扩展功能如下：

- 在 Portal 身份认证的基础上增加了安全认证机制，可以检测接入终端上是否安装了防病毒软件、是否更新了病毒库、是否安装了非法软件、是否更新了操作系统补丁等。
- 用户通过身份认证后仅可获得访问部分互联网资源（受限资源）的权限，如病毒服务器、操作系统补丁更新服务器等；当用户通过安全认证后便可以访问更多的互联网资源（非受限资源）。

2. Portal 认证系统的组成

Portal 认证系统的典型结构如图 21-5 所示。它由五个基本要素组成：认证客户端、接入交换机、Portal 服务器、认证/计费服务器和安全策略服务器。

【说明】由于 Portal 服务器既可以是接入交换机之外的独立实体，也可以是存在于接入交换机之内的内嵌实体（此种情况称之为“本地 Portal 服务器”），因此本章后面除了明确指明为本地 Portal 服务器外，其他所有 Portal 服务器均指独立的 Portal 服务器。

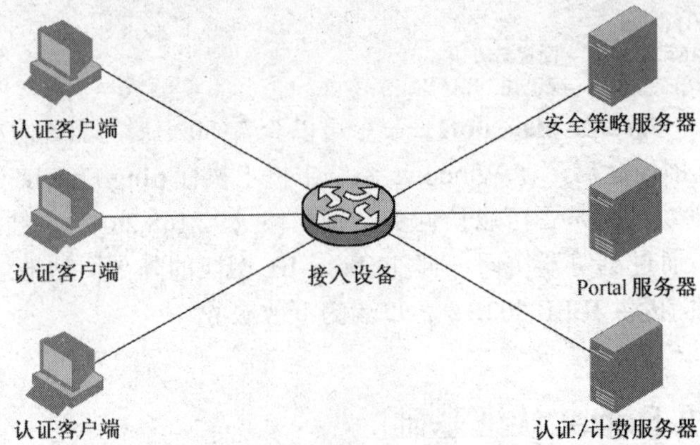

图 21-5　Portal 认证系统的典型结构

- 认证客户端：安装于用户终端的客户端系统，为运行 HTTP/HTTPS 协议的浏览器或运行 Portal 客户端软件的主机。对接入终端的安全性检测是通过 Portal 客户端和安全策略服务器之间的信息交流完成的。
- 接入交换机：交换机、路由器等宽带接入交换机的统称，主要有三方面的作用：①在认证之前，将认证网段内用户的所有 HTTP 请求都重定向到 Portal 服务器；②在认证过程中，与 Portal 服务器、安全策略服务器、认证/计费服务器交互，完成身份认证/安全认证/计费的功能；③在认证通过后，允许用户访问被管理员授权的互联网资源。
- Portal 服务器：接收 Portal 客户端认证请求的服务器端系统，提供免费门户服务和基于 Web 认证的界面，与接入交换机交互认证客户端的认证信息。
- 认证/计费服务器：与接入交换机进行交互，完成对用户的认证和计费。目前支持 Portal 认证的远端认证/计费服务器为 RADIUS 服务器。
- 安全策略服务器：与 Portal 客户端、接入交换机进行交互，完成对用户的安全认证，并对用户进行授权操作。

以上五个基本组成要素的交互过程可以概括为：

（1）没有认证用户访问网络时，在 Web 浏览器地址栏中输入一个互联网的地址，那么此 HTTP 请求在经过接入交换机时会被重定向到 Portal 服务器的 Web 认证主页上（此处与本章前面介绍的 IEEE 802.1x 认证中的 EAD 快速部署功能类似）；如果需要使用 Portal 的扩展认证功能，则用户终端必须安装使用 Portal 客户端软件。

（2）用户在认证主页/认证对话框中输入认证信息后提交，Portal 服务器会将用户的认证信息传递给接入交换机。

（3）接入交换机与认证/计费服务器进行交互，完成对接入用户的认证和计费。

（4）通过认证后，如果没有对用户采用安全策略，则接入交换机会打开用户与互联网的通路，允许用户访问互联网；如果对用户采用了安全策略，则客户端、接入交换机与安全策略服务器交互，对用户的安全检测通过之后，安全策略服务器根据用户的安全性授权用户访问非受限资源。但目前通过访问 Web 页面进行的 Portal 认证不能对用户实施安全策略检查，安全检查功能的实现需要与 H3C iNode 客户端配合。

【说明】无论是 Web 客户端还是 H3C iNode 客户端发起的 Portal 认证，均能支持 Portal 认证穿越 NAT，即 Portal 客户端位于私网，Portal 服务器位于公网，接入交换机上启用 NAT 功能的组网环境下，NAT 地址转换不会对 Portal 认证造成影响，但建议在此组网环境下，将发送 Portal 报文的源地址配置为接口的公网 IP 地址。

3. 使用本地 Portal 服务器的 Portal 认证系统

前面说了，Portal 认证系统中的 Portal 服务器可以是内嵌在接入交换机中的功能模块，此时的 Portal 服务器称之为“本地 Portal 服务器”。这种情况下，整个 Portal 认证系统仅包括三个基本要素：认证客户端、接入交换机和认证/计费服务器，如图 21-6 所示。

图 21-6　使用本地 Portal 服务器的 Portal 认证系统组成

【注意】使用本地 Portal 服务器的 Portal 认证系统不支持 Portal 扩展功能，因此不需要部署安全策略服务器。另外，接入交换机中提供的本地 Portal 服务器仅可实现简单的 Portal 服务器功能，如给用户提供通过 Web 方式登录、下线的基本功能，并不能完全替代独立的 Portal 服务器。

在本地 Portal 服务器环境中，认证客户端和内嵌本地 Portal 服务器的接入交换机之间可以采用 HTTP 和 HTTPS 协议通信。如果客户端和接入交换机之间交互 HTTP 协议，则报文以明文形式传输，安全性无法保证；如果客户端和接入交换机之间交互 HTTPS 协议，则报文基于 SSL 提供的安全机制以密文的形式传输，数据的安全性有保障。

本地 Portal 服务器支持由用户自定义认证页面的内容，即允许用户编辑一套认证页面的 HTML 文件，并在压缩之后保存至设备的存储设备中。该套自定义页面中包括六个认证页面：登录页面、登录成功页面、在线页面、下线成功页面、登录失败页面和系统忙页面。本地 Portal 服务器根据不同的认证阶段向客户端推出对应的认证页面，如果不进行自定义，则分别推出系统提供的默认认证页面。

21.4.2　二层 Portal 认证方式

不同的组网方式下，可采用的 Portal 认证方式不同。按照网络中实施 Portal 认证的网络层次来分，Portal 的认证方式分为两种：二层认证方式和三层认证方式。本节先介绍二层认证方式。

二层 Portal 认证方式支持在接入交换机连接用户的二层端口上开启 Portal 认证功能，只允许源 MAC 地址通过认证的用户才能访问外部网络资源。目前，该认证方式仅支持本地 Portal 认证，即接入交换机作为本地 Portal 服务器向用户提供 Web 认证服务。另外，该方式还支持服务器下发授权 VLAN 和将认证失败用户加入认证失败 VLAN 功能（三层认证方式不支持）。

1. 二层 Portal 认证流程

目前，二层 Portal 认证只支持本地 Portal 认证，即由接入交换机作为本地 Portal 服务器向用户提供 Web 认证服务，具体认证过程如下。

（1）Portal 用户通过 HTTP 或 HTTPS 协议发起认证请求。HTTP 报文经过配置了本地 Portal 服务器的接入交换机的端口时会被重定向到本地 Portal 服务器的监听 IP 地址（是一个与用户之间路由可达的三层接口 IP 地址，通常为 Loopback 接口 IP），打开由本地 Portal 服务器提供的 Web 页面，供用户输入用户名和密码来进行认证。

（2）接入交换机与 RADIUS 服务器之间进行 RADIUS 协议报文的交互，对用户身份进行验证。如果认证成功，则接入交换机上的本地 Portal 服务器向客户端发送登录成功页面，通知客户端认证成功，允许用户访问互联网。

2. 二层 Portal 认证支持的特性

二层 Portal 认证支持以下特性：

- 下发授权 VLAN

二层 Portal 认证支持服务器下发授权 VLAN。当用户通过 Portal 认证后，如果授权服务器上配置了下发 VLAN 功能，那么服务器会将授权 VLAN 信息下发给接入交换机，由接入交换机将认证成功的用户加入对应的授权 VLAN 中，则端口上会生成该用户 MAC 对应的 MAC VLAN 表项，如果该 VLAN 不存在，则接入交换机首先创建 VLAN，而后将用户加入授权 VLAN 中。通过支持下发授权 VLAN，可实现对已认证用户可访问网络资源的控制。

- Auth-Fail VLAN

认证失败 VLAN（Auth-Fail VLAN）功能允许用户在认证失败的情况下，可以访问某一特定 VLAN 中的资源，比如病毒补丁服务器，存储客户端软件或杀毒软件的服务器，进行升级客户端或执行其他一些用户升级程序。

二层 Portal 认证支持基于 MAC 的认证失败 VLAN，如果接入用户的端口上配置了认证失败 VLAN，则端口上会基于认证失败的 MAC 地址生成相应的 MAC VLAN 表项，认证失败的用户将会被加入认证失败 VLAN 中。加入认证失败 VLAN 中的用户可以访问该 VLAN 中的非 HTTP 资源，但用户的所有 HTTP 访问请求会被重定向到接入交换机上进行认证，如果用户仍然没有通过认证，则将继续处于认证失败 VLAN 内；如果认证成功，则回到加入认证失败 VLAN 之前端口所在的 VLAN。处于认证失败 VLAN 中的用户，如果在指定时间（默认 90 秒）内无流量通过接入端口，则将离开该 VLAN，回到端口的初始 VLAN。

【说明】用户加入授权 VLAN 或认证失败 VLAN 后，需要自动申请或者手动更新客户端 IP 地址，以保证可以与授权 VLAN 或认证失败 VLAN 中的资源互通。

- ACL 下发

当用户上线时，如果服务器上配置了授权 ACL，则设备会根据服务器下发的授权 ACL 对用户所在端口的数据流进行控制；在服务器上配置授权 ACL 之前，需要在设备上配置相应的规则。管理员可以通过改变服务器的授权 ACL 设置或设备上对应的 ACL 规则来改变用户的访问权限。

21.4.3 三层 Portal 认证方式

三层 Portal 认证方式支持在接入交换机连接用户的三层接口上开启 Portal 认证功能。

1. 三层 Portal 认证方式

三层 Portal 认证又可分为三种不同的认证方式：直接认证方式、二次地址分配认证方式和可跨三层认证方式。直接认证方式和二次地址分配认证方式下，认证客户端和接入交换机之间没有三层转发设备；可跨三层认证方式下，认证客户端和接入交换机之间可以跨接三层转发设备。

- 直接认证方式

用户在认证前通过手工配置或 DHCP 直接获取一个公网 IP 地址，只能访问 Portal 服务器，以及设定的免费访问地址；认证通过后即可访问网络资源。认证流程相对二次地址较为简单。

- 二次地址分配认证方式

用户在认证前通过 DHCP 获取一个私网 IP 地址，只能访问 Portal 服务器，以及设定的免费访问地址；认证通过后，用户会申请到一个公网 IP 地址（一般是通过 NAT 转换分配的），即可访问网络资源。该认证方式解决了 IP 地址规划和分配问题，对没有认证通过的用户不分配公网 IP 地址。例如运营商对于小区宽带用户只在访问小区外部资源时才分配公网 IP。但使用本地 Portal 服务器的 Portal 认证不支持二次地址分配认证方式。

● 可跨三层认证方式

这种认证方式与直接认证方式基本相同，但是这种认证方式允许认证用户和接入交换机之间跨越三层转发设备。

对于以上三种认证方式，IP 地址都是用户的唯一标识。接入交换机基于用户的 IP 地址下发 ACL 对接口上通过认证的用户报文转发进行控制。由于直接认证和二次地址分配认证下的接入交换机与用户之间没有跨越三层转发设备，因此接口可以学习到用户的 MAC 地址，接入交换机可以利用学习到 MAC 地址增强对用户报文转发的控制粒度。

【说明】在对接入用户身份可靠性要求较高的网络应用中，传统的基于用户名和口令的用户身份验证方式存在一定的安全问题，基于数字证书的用户身份验证方式通常被用来建立更为安全和可靠的网络接入认证机制。EAP（Extensible Authentication Protocol，可扩展认证协议）可支持多种基于数字证书的认证方式（例如 EAP-TLS），它与 Portal 认证相配合，可共同为用户提供基于数字证书的接入认证服务。

2．三层 Portal 认证流程

在以上三种三层 Portal 认证方式中，直接认证和可跨三层 Portal 认证流程基本相同。二次地址分配认证流程因为有两次地址分配过程，所以其认证流程和另外两种认证方式有所不同。

直接认证/可跨三层 Portal 认证流程如下：

（1）首先 Portal 用户通过 HTTP 协议发起认证请求。HTTP 报文经过接入交换机时，对于访问 Portal 服务器或设定的免费访问地址的 HTTP 报文，接入交换机允许其通过；对于访问其他地址的 HTTP 报文，接入交换机将其重定向到 Portal 服务器。Portal 服务器提供 Web 页面供用户输入用户名和密码来进行认证。

（2）用户输入用户名和密码信息后，Portal 服务器与接入交换机之间进行 CHAP（Challenge Handshake Authentication Protocol，质询握手验证协议）认证交互。如果采用 PAP（Password Authentication Protocol，密码验证协议）认证，则 Portal 服务器将用户输入的用户名和密码组装成认证请求报文发往接入交换机，同时开启定时器等待认证应答报文。

（3）然后接入交换机与 RADIUS 服务器之间进行 RADIUS 协议报文的交互。认证后向接入交换机返回认证应答报文。

（4）然后接入交换机向 Portal 服务器中继发送认证应答报文。如果认证成功，则 Portal 服务器再向客户端转发认证通过报文，通知客户端认证成功。否则，通知客户端认证失败。

（5）客户端认证成功后，Portal 服务器再向接入交换机发送认证应答确认。

（6）如果支持 Portal 认证扩展功能，则客户端会与安全策略服务器之间进行安全信息交互。安全策略服务器检测接入终端的安全性是否合格，包括是否安装防病毒软件、是否更新病毒库、是否安装了非法软件、是否更新操作系统补丁等。

（7）安全策略服务器根据用户的安全性授权用户访问非受限资源，授权信息保存到接入交换机中，接入交换机将使用该信息控制用户的访问。

二次地址分配认证方式的流程如下：

（1）～（4）与直接/可跨三层 Portal 认证过程一样。

（5）客户端收到认证通过报文后，通过 DHCP 获得新的公网 IP 地址，并通知 Portal 服务器用户已获得新 IP 地址。

（6）Portal 服务器通知接入交换机客户端获得的新公网 IP 地址。

（7）接入交换机通过检测 ARP 协议报文发现了用户 IP 变化，并通告 Portal 服务器已检测到用户 IP 变化。

（8）Portal 服务器通知客户端认证成功，并向接入交换机发送 IP 变化确认报文。

（9）如果支持 Portal 认证扩展功能，客户端还会与安全策略服务器之间进行安全信息交互。安全策略服务器检测接入终端的安全性是否合格，包括是否安装防病毒软件、是否更新病毒库、是否安装了非法软件、是否更新操作系统补丁等。

（10）安全策略服务器根据用户的安全性授权用户访问非受限资源，授权信息保存到接入交换机中，接入交换机将使用该信息控制用户的访问。

21.4.4　Portal 认证的双机热备和多实例支持

所谓双机热备，其实是双机业务备份。在两台设备上分别指定相同的备份 VLAN，专用于传输双机热备相关的报文。在设备正常工作时，对业务信息进行主备同步；在设备故障后，利用 VRRP 或动态路由（例如 OSPF）机制实现业务流量切换到备份设备，由备份设备继续处理业务，从而保证了当前的业务不被中断。

在一些关键性组网应用中，用户对网络可靠性的要求比较高，此时配置 Portal 认证的双机热备功能可以保证这些关键业务节点在单点故障的情况下信息流仍然不中断。

如图 21-7 所示是一个典型的 Portal 双机热备组网示例。用户通过 Portal 认证接入网络，为避免接入交换机单机故障的情况下造成的 Portal 业务中断，接入交换机（Switch A 和 Switch B）提供了 Portal 支持双机热备功能。接入交换机 Switch A 和 Switch B 通过备份 VLAN 互相备份两台设备上的 Portal 在线用户信息，实现当其中一台设备发生故障时，另外一台设备可以对新的 Portal 用户进行接入认证，并能够保证所有已上线 Portal 用户的正常数据通信。

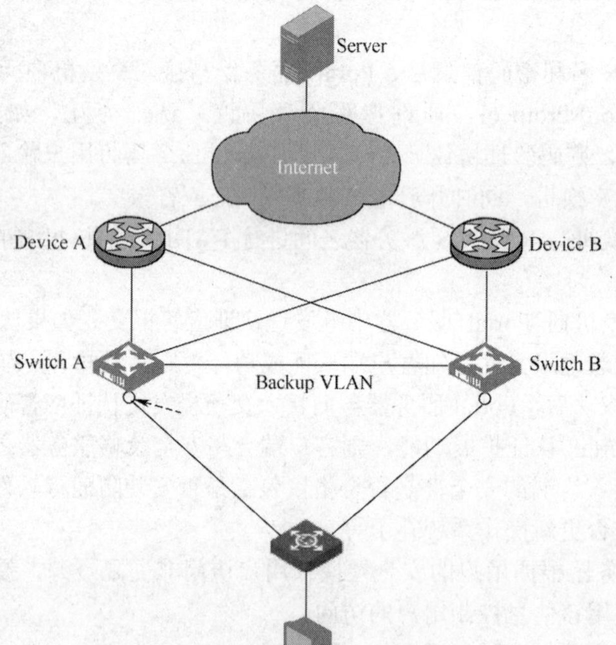

图 21-7　Portal 双机热备应用示例

在 Portal 双机热备应用中，互为热备的接入交换机可以处于以下两种工作状态之一：

- 独立运行状态：设备没有与其他设备建立备份连接时所处的一种稳定状态。
- 同步运行状态：设备与对端设备之间成功建立备份连接，可以进行数据备份时所处的一种稳定状态。

Portal 双机热备的用户工作模式有以下三种：

- Stand-alone：独立模式，表示用户数据只在一台设备上存在。此模式下，当前设备处于独立运行状态，或者当前设备处于同步运行状态但用户数据还没有同步。
- Primary：主模式，表明用户是由本端设备上线，用户数据由本端设备生成。本端设备处于同步运行状态，可以处理并接收服务器发送的报文。
- Secondary：从模式，表明用户是由对端设备上线，用户数据是由对端设备同步到本端设备上。本端设备处于同步运行状态，只接收并处理同步消息，不处理服务器发送的报文。

另外，在实际组网的应用中，企业的各分支机构是属于不同 VPN，且各 VPN 之间的业务是相互隔离的。如果各分支机构的 Portal 用户要通过位于总部 VPN 中的服务器进行统一认证，则需要 Portal 支持多实例。

通过 Portal 多实例支持，可实现 Portal 认证报文通过 MPLS VPN 进行交互。如图 21-8 所示，连接客户端 CE（客户端边缘）设备的 PE（服务提供商边缘）设备作为 NAS，通过 MPLS VPN 将私网客户端的 Portal 认证报文透传给网络另一端的私网服务器，并在 AAA 支持多实例的配合下，实现对私网 VPN 客户端的 Portal 接入认证，满足了私网 VPN 业务隔离情况下的客户端集中认证，且各私网的认证报文互不影响。

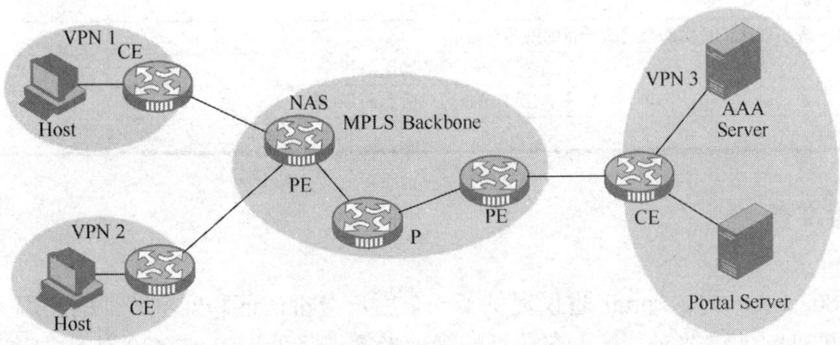

图 21-8　Portal 多实例应用示例

21.5　H3C 交换机 Portal 认证配置与管理

通过上节介绍已经知道，H3C 以太网交换机的 Portal 认证有二层认证和三层认证之分，分别对应应用于二层以太网端口和三层以太网端口。这两种认证方式不仅认证原理有较大不同（参见本章前面的 21.4.2 节和 21.4.3 节），而且它们的配置方法也存在较大区别，所以它们的可配置任务也有较大区别，分别如表 21-4 和表 21-5 所示。

表 21-4　二层 Portal 配置任务

配置任务		说明
指定二层 Portal 认证的本地 Portal 服务器 IP 地址		必需
配置本地 Portal 服务器	自定义认证页面	可选
	配置本地 Portal 服务器	必需
启用二层 Portal		必需
控制 Portal 用户的接入	配置免认证规则	可选
	配置认证网段	
	配置 Portal 最大用户数	
	指定 Portal 用户使用的认证域	
	配置允许触发 Portal 认证的 Web 代理服务器端口	
	配置 Portal 用户认证端口的自动迁移功能	
配置 Portal 认证的认证失败 VLAN		可选

续表

配置任务	说明
指定 Portal 用户认证成功后认证页面的自动跳转目的网站地址	可选
配置二层 Portal 用户的在线检测功能	可选
强制 Portal 用户下线	可选

表 21-5 三层 Portal 配置任务

<table>
<tr><th colspan="2">配置任务</th><th>说明</th></tr>
<tr><td colspan="2">指定三层 Portal 认证的 Portal 服务器监听 IP 地址</td><td>必需</td></tr>
<tr><td colspan="2">配置本地 Portal 服务器</td><td>可选</td></tr>
<tr><td colspan="2">启用三层 Portal</td><td>必需</td></tr>
<tr><td rowspan="4">控制 Portal 用户的接入</td><td>配置免认证规则</td><td rowspan="6">可选</td></tr>
<tr><td>配置认证网段</td></tr>
<tr><td>配置 Portal 最大用户数</td></tr>
<tr><td>指定 Portal 用户使用的认证域</td></tr>
<tr><td rowspan="2">配置接口发送 RADIUS 报文的相关属性</td><td>配置接口的 NAS-Port-Type</td></tr>
<tr><td>配置接口的 NAS-ID Profile</td></tr>
<tr><td colspan="2">配置接口发送 Portal 报文使用的源地址</td><td>可选</td></tr>
<tr><td colspan="2">配置 Portal 支持双机热备</td><td>可选</td></tr>
<tr><td colspan="2">指定 Portal 用户认证成功后认证页面的自动跳转目的网站地址</td><td>可选</td></tr>
<tr><td rowspan="2">配置 Portal 探测功能</td><td>配置 Portal 服务器探测功能</td><td rowspan="2">可选</td></tr>
<tr><td>配置 Portal 用户信息同步功能</td></tr>
<tr><td colspan="2">强制 Portal 用户下线</td><td>可选</td></tr>
</table>

21.5.1 配置准备

与 IEEE 802.1x 一样，Portal 也仅提供了一个用户身份认证和安全认证的实现方案，但是仅仅依靠 Portal 不足以实现该方案。接入交换机的管理者需选择使用 RADIUS 认证方法，以配合 Portal 完成用户的身份认证。Portal 认证的配置前提：

- Portal 服务器、RADIUS 服务器已安装并配置成功。本地 Portal 认证无需单独安装 Portal 服务器。
- 如果采用二次地址分配认证方式，接入交换机需启动 DHCP 中继的安全地址匹配检查功能，另外需要安装并配置好 DHCP 服务器。
- 用户、接入交换机和各服务器之间路由可达。
- 如果通过远端 RADIUS 服务器进行认证，则需要在 RADIUS 服务器上配置相应的用户名和密码，然后在接入交换机端进行 RADIUS 客户端的相关设置。具体参见本书第 20 章。
- 如果需要支持 Portal 的扩展功能，需要安装并配置 iMC EAD。同时保证在接入交换机上的 ACL 配置和安全策略服务器上配置的受限资源 ACL 号、非受限资源 ACL 号对应。

21.5.2 指定 Portal 服务器

无论是二层 Portal 认证，还是三层 Portal 认证，都必须指定一个 Portal 服务器。二层认证使用接入交换机内嵌的本地 Portal 服务器，而三层认证可使用本地 Portal 服务器，也可使用外部 Portal 服务器。

1．指定二层 Portal 认证的本地 Portal 服务器监听 IP 地址

因为二层 Portal 认证使用的是接入交换机内嵌的本地 Portal 服务器，所以需要将接入交换机上一个与 Portal 客户端路由可达的三层接口 IP 地址指定为本地 Portal 服务器的监听 IP 地址，并强烈

建议使用设备上空闲的 Loopback 接口的 IP 地址。使用 Loopback 接口状态稳定（为虚拟接口，不可关闭）的优点，避免因为接口故障导致用户无法打开认证页面的问题。另外，由于发送到 Loopback 接口的报文不会被转发到网络中，当请求上线的用户数目较大时，可减轻对系统性能的影响。

指定二层 Portal 认证的本地 Portal 服务器监听 IP 地址的方法是在系统视图下使用 **portal local-server ip** *ip-address* 命令进行配置。默认情况下，没有指定本地 Portal 服务器的监听 IP 地址，可用 **undo portal local-server ip** 命令恢复默认配置，也即删除所有配置的监听 IP 地址。但是，已配置的本地 Portal 服务器监听 IP 地址仅在二层 Portal 认证没有在任何端口上启用时才可以被删除或修改。

【示例 1】配置二层 Portal 认证的本地 Portal 服务器监听 IP 地址为 192.168.1.1/24。

```
<Sysname> system-view
[Sysname] interface loopback 1
[Sysname-LoopBack1] ip address 192.168.1.1 24
[Sysname-LoopBack1] quit
[Sysname] portal local-server ip 192.168.1.1
```

2. 指定三层 Portal 认证的 Portal 服务器

三层认证可使用本地 Portal 服务器，也可使用外部 Portal 服务器。当使用外部 Portal 服务器时，除了要指定 Portal 服务器的 IP 地址外，还要指定接入交换机与 Portal 服务器交互的一些参数，主要包括交互通信时的共享加密密钥、服务器端口号以及服务器提供的 Web 认证地址。根据不同的组网环境，服务器 IP 地址的指定有所不同，如果是使用外部 Portal 服务器，则指定为外部 Portal 服务器的 IP 地址；如果是使用本地 Portal 服务器，则指定为设备上与 Portal 客户端路由可达的三层接口 IP 地址。

三层 Portal 认证的 Portal 服务器的具体配置方法是在系统视图下使用 **portal server** *server-name* **ip** *ip-address* [**key** *key-string* | **port** *port-id* | **url** *url-string* | **vpn-instance** *vpn-instance-name*] *命令进行配置。命令中的参数说明如下：

- *server-name*：指定 Portal 服务器名称，为 1～32 个字符的字符串，区分大小写。
- *ip-address*：指定 Portal 服务器的 IP 地址。如果使用本地 Portal 服务器，则此地址为接入交换机上与 Portal 客户端路由可达的三层接口 IP 地址。
- *key-string*：可多选参数，指定接入交换机与 Portal 服务器通信需要的共享密钥，为 1～16 个字符的字符串，区分大小写。接入交换机与 Portal 服务器交互的 Portal 报文中会携带一个在该共享密钥参与下生成的验证字，该验证字用于接收方校验收到的 Portal 报文的正确性。
- *port-id*：可多选参数，指定接入交换机向 Portal 服务器主动发送报文时使用的目的端口号，取值范围为 1～65534，默认值为 50100。
- *url-string*：可多选参数，指定为用户访问互联网时重定向 HTTP 报文的 URL 地址。默认的 HTTP 报文重定向地址格式为 http://*ip-address*，其中 *ip-address* 为 Portal 服务器的 IP 地址。重定向地址支持域名解析，但需要使用 **portal free-rule** 命令将 DNS 服务器地址加入 Portal 的免认证地址范围内。
- *vpn-instance-name*：可多选参数，指定 Portal 服务器所属的 VPN 实例名称，为 1～31 个字符的字符串，区分大小写。

默认情况下，没有指定三层 Portal 认证的 Portal 服务器，可用 **undo portal server** *server-name* **[key | port | url | vpn-instance]**命令删除指定的 Portal 服务器，或者恢复服务器参数为默认值。

【注意】如果指定名字的 Portal 服务器存在，但该接口上没有用户，则在使用不带任何可选参数的 undo portal server server-name 命令时将删除指定 Portal 服务器；否则相同条件下，指定参数 port、url 时，将恢复指定参数为默认值。

已配置的 Portal 服务器及其参数仅在该 Portal 服务器没有被任何接口引用时才可以被删除或修

改。要删除或修改已经被接口引用的 Portal 服务器配置，必须首先在引用该 Portal 服务器的接口上使用 undo portal 命令取消配置。

使用本地 Portal 服务器时，Portal 服务器参数 key、port、url 和 vpn-instance 均不需配置，否则即使配置了也无效。

目前，接入交换机上最多允许指定 4 个 Portal 服务器。且仅 IE 浏览器、Firefox 浏览器和 Safari 浏览器支持关闭登录成功/在线页面后的强制用户下线功能，而其他浏览器（例如 Chrome 浏览器、Opera 浏览器等）均不支持该功能。

【示例 2】配置 Portal 服务器的 IP 地址为 192.168.0.111，密钥为 portal，HTTP 重定向的 URL 为 http://192.168.0.111/portal。

```
<Sysname> system-view
[Sysname] portal server pts ip 192.168.0.111 key portal url http://192.168.0.111/portal
```


21.5.3 本地 Portal 认证 Web 页面自定义配置

如果采用的是本地 Portal 服务器，则本地 Portal 服务器负责向用户显示认证 Web 页面，而且认证页面的内容和样式管理员可自定义。如果没有配置自定义认证页面，则向用户推出系统提供的默认认证页面。

用户自定义的 Portal 认证 Web 页面是以 Zip 压缩文件格式保存在本地设备的存储设备中。每套 Portal 认证 Web 页面可包括六个主索引页面（登录页面、登录成功页面、登录失败页面、在线页面、系统忙页面、下线成功页面）及其页面元素（认证页面需要应用的各种文件，如 Logon.htm 页面中的 back.jpg），每个主索引页面可以引用若干页面元素。如果用户只自定义了部分主索引页面，则其余主索引页面使用系统提供的默认认证页面。

用户在自定义这些页面时需要遵循一定的规范，否则会影响本地 Portal 服务器功能的正常使用和系统运行的稳定性。但主索引页面文件名不能自定义，必须使用以下所示的固定文件名：

- 登录页面：logon.htm
- 登录成功页面：logonSuccess.htm
- 登录失败页面：logonFail.htm
- 在线页面（用于提示用户已经在线）：online.htm
- 系统忙页面（用于提示系统忙或者该用户正在登录过程中）：busy.htm
- 下线成功页面：logoffSuccess.htm

主索引页面文件之外的其他文件名可由用户自定义，但需注意文件名和文件目录名中不能含有中文且不区分大小写。

1．页面请求规范

本地 Portal 服务器只能接受 Get 请求和 Post 请求。Get 请求用于获取认证页面中的静态文件，其内容不能为递归内容。例如，logon.htm 文件中包含了 ca.htm 文件的内容，但 ca.htm 文件中又包含了对 logon.htm 的引用，这种递归引用是不允许的。Post 请求用于用户提交用户名和密码以及用户执行登录、下线操作。

认证页面中表单（Form）的编辑必须符合以下原则：

- 认证页面可以含有多个 Form，但是必须有且只有一个 Form 的 action=logon.cgi，否则无法将用户信息送到本地 Portal 服务器。
- 用户名属性固定为“PtUser”，密码属性固定为“PtPwd”。
- 需要有用于标记用户登录还是下线的属性“PtButton”，取值为“Logon”表示登录，取值为“Logoff”表示下线。

- 登录 Post 请求必须包含“PtUser”、“PtPwd”和“PtButton”三个属性。
- 下线 Post 请求必须包含“PtButton”这个属性。

需要包含登录 Post 请求的页面有 logon.htm 和 logonFail.htm。

logon.htm 页面脚本内容的部分示例：

```
<form action=logon.cgi method = post >
<p>User name:<input type="text" name = "PtUser" style="width:160px;height:22px" maxlength=64>
<p>Password :<input type="password" name = "PtPwd" style="width:160px;height:22px" maxlength=32>
<p><input type=SUBMIT value="Logon" name = "PtButton" style="width:60px;">
</form>
```

需要包含下线 Post 请求的页面有 logonSuccess.htm 和 online.htm。

online.htm 页面脚本内容的部分示例：

```
<form action=logon.cgi method = post >
<p><input type=SUBMIT value="Logoff" name="PtButton" style="width:60px;">
</form>
```

2．页面文件压缩及保存规范

完成所有 Portal 认证页面的编辑之后，必须按照标准 Zip 格式将其压缩到一个（不要分开压缩）Zip 文件中。该 Zip 文件的文件名只能包含字母、数字和下划线，但默认认证页面文件必须以 defaultfile.zip 为文件名保存。但在压缩后的 Zip 文件的根目录中必须直接包含认证页面，不允许存在子目录。

压缩生成的 Portal 认证 Zip 格式页面文件可以通过 FTP 或 TFTP 的方式上传至设备，并保存在设备的指定目录下。默认认证页面文件必须保存在设备的根目录下，非默认认证页面文件可以保存在设备根目录下或者根目录的 portal 目录下。

Zip 文件保存目录示例：

```
<Sysname> dir
Directory of flash:/portal/
   0     -rw-     1405   Feb 28 2008 15:53:31    ssid2.zip
   1     -rw-     1405   Feb 28 2008 15:53:20    ssid1.zip
   2     -rw-     1405   Feb 28 2008 15:53:39    ssid3.zip
   3     -rw-     1405   Feb 28 2008 15:53:44    ssid4.zip
2540 KB total (1319 KB free)
```

3．页面文件大小和内容规范

为了方便 Portal 认证服务器系统向客户端显示自定义的认证页面，需要在认证页面文件大小和内容上做如下限制：

- 每套页面（包括主索引页面文件及其页面元素）压缩后的 Zip 文件大小不能超过 500K 字节。
- 每个单独页面（包括单个主索引页面文件及其页面元素）压缩前的文件大小不能超过 50K 字节。
- 页面元素只能包含 HTML、JS、CSS 和图片之类的静态内容。

4．关闭登录成功/在线页面后强制用户下线

在 Portal 用户认证成功后，本地 Portal 认证服务器系统会推出登录成功页面（文件名为 logonSuccess.htm）。认证通过后再次通过登录页面进行认证操作，系统会显示在线页面（文件名为 online.htm）。如果希望用户关闭这两个页面的同时，触发设备执行强制当前在线用户下线的操作，就需要按照如下要求在这两个页面文件的脚本文件中增加如下内容。

- 添加对 JS 文件“pt_private.js”的引用。
- 添加触发页面卸载的函数“pt_unload()”。
- 添加 Form 的提交事件处理函数“pt_submit()”。
- 添加页面加载的初始化函数“pt_init()”。

需要在 logonSuccess.htm 和 online.htm 页面脚本中增加的内容如示例中**粗体**显示部分：

```
<html>
<head>
<script type="text/javascript" language="javascript" src="pt_private.js"></script>
</head>
<body onload="pt_init();" onbeforeunload="return pt_unload();">
... ...
<form action=logon.cgi method = post onsubmit="pt_submit()">
... ...
</body>
</html>
```

5. 认证成功后认证页面自动跳转

如果想要支持 Portal 认证成功后，自定义认证页面的自动跳转功能，即在用户认证成功后自动从认证页面跳转到设备指定的网站页面，则需要按照如下要求在认证页面 logon.htm 和 logonSuccess.htm 的脚本文件中做如下改动。

- 将 logon.htm 文件中的 Form 的 target 值设置为“_blank”。

修改的脚本内容如下**粗体**部分所示：

```
<form method=post action=logon.cgi target="blank">
```

- logonSucceess.htm 文件添加页面加载的初始化函数“pt_init()”。

增加的脚本内容如下**粗体**部分所示：

```
<html>
<head>
<title>LogonSuccessed</title>
<script type="text/javascript" language="javascript" src="pt_private.js"></script>
</head>
<body onload="pt_init();" onbeforeunload="return pt_unload();">
... ...
</body>
</html>
```

【说明】推荐使用 IE 6.0 版本以上的浏览器。另外，需要用户浏览器设置为允许弹出窗口，或者将设备的 IP 地址设置为允许弹出的网站地址。如果浏览器禁止弹出窗口，则关闭登录成功或在线页面时会提示用户无法下线，用户可以单击“取消”回到原页面。

Chrome 浏览器不支持关闭登录成功/在线页面后的强制用户下线功能。

刷新登录成功/在线页面或者使该页面跳转到别的网站上时都会触发强制用户下线事件。

21.5.4 本地 Portal 服务器配置

在使用本地 Portal 服务器的 Portal 认证中，需指定 Portal 客户端和本地 Portal 服务器之间采用的通信协议（HTTP 或 HTTPS），还可配置本地 Portal 服务器默认认证页面的欢迎信息。

如果要指定本地 Portal 服务器支持的协议类型为 HTTPS，则还需要首先完成以下配置：

- 配置 PKI 策略，并成功申请本地证书和 CA 证书。
- 配置 SSL 服务器端策略，并指定使用已配置的 PKI 域。

由于在指定本地 Portal 服务器支持的协议类型时，本地 Portal 服务器将同时加载已保存在根目录的默认认证页面文件，因此如果需要使用自定义的默认认证页面文件，则需要首先完成对它的编辑和保存工作，否则使用系统默认的默认认证页面。

Portal 客户端和本地 Portal 服务器之间采用的通信协议（HTTP 或 HTTPS）的指定方法是在系统视图下使用 **portal local-server** { **http** | **https server-policy** *policy-name* }命令。命令中的参数和选项说明如下：

- **http**：二选一选项，指定本地 Portal 服务器使用 HTTP 协议和客户端交互认证信息。
- **https**：二选一选项，指定本地 Portal 服务器使用 HTTPS 协议和客户端交互认证信息。
- **server-policy** *policy-name*：二选一参数，指定 HTTPS 服务关联的 SSL 服务器端策略。其中，*policy-name* 表示 SSL 服务器端策略名，为 1～16 个字符的字符串，不区分大小写。

如果指定 HTTP 协议，则 HTTP 报文的重定向地址格式为：http://*设备 IP*/portal/logon.htm，客户端通过 HTTP 协议与 Portal 服务器交互认证信息；如果指定 HTTPS 协议，则 HTTP 报文的重定向地址格式为：https://*设备 IP*/portal/logon.htm，客户端通过 HTTPS 协议与 Portal 服务器交互认证信息。但已经被 HTTPS 服务关联的 SSL 服务器端策略不能使用 **undo ssl server-policy** 命令删除。

默认情况下，本地 Portal 服务器不支持任何协议类型（会同时加载默认认证页面文件），可用 **undo portal local-server** { **http** | **https** }命令取消本地 Portal 服务器支持的协议类型。

【注意】本设备上所有与 HTTPS 服务相关联的 SSL 服务器端策略必须相同。

如果设备上有本地 Portal 用户在线，则不能取消支持的协议类型或修改支持的协议类型，也不能修改关联的 SSL 服务器端策略。

更改 HTTPS 服务关联的 SSL 服务器端策略时，必须先使用 **undo portal local-server https** 命令取消配置的 HTTPS 协议，然后再重新指定 SSL 服务器策略。

【示例 1】配置本地 Portal 服务器支持 HTTP 协议方式。

```
<Sysname> system-view
[Sysname] portal local-server http
```

【示例 2】配置本地 Portal 服务器支持 HTTPS 协议方式，并引用已经配置的 SSL 服务器端策略 policy1。

```
<Sysname> system-view
[Sysname] portal local-server https server-policy policy1
```

【示例 3】更改 SSL 服务器端策略为 policy2。

```
[Sysname] undo portal local-server https
[Sysname] portal local-server https server-policy policy2
```

要配置本地 Portal 服务器默认认证页面的欢迎信息，可在系统视图下使用 **portal server banner** *banner-string* 命令。参数 *banner-string* 用来指定用户自定义的 Web 页面欢迎信息，为 1～50 个字符的字符串，区分大小写，不允许为"<"、"&"。字符串中可包括连续多个连续空格，浏览器将会识别为一个空格。**但要注意：配置的 Web 页面欢迎信息仅对默认的认证页面有效，对于用户自定义的认证页面无效。**默认情况下，无 Web 页面欢迎信息，可用 **undo portal server banner** 命令恢复默认配置。

【示例 4】配置本地 Portal 服务器提供的 Web 页面欢迎信息为：Welcome to Portal Authentication。

```
<Sysname> system-view
[Sysname] portal server banner Welcome to Portal Authentication
```

21.5.5　启用 Portal 认证

只有在接口上启用了 Portal 认证，对接入用户的 Portal 认证功能才能生效。因为 Portal 认证有二层和三层之分，而且启用认证时所用的命令也不一样，所以下面分别予以介绍。

1．启用二层 Portal 认证

二层 Portal 认证是在二层端口上启用的。在启用二层 Portal 认证之前，需要确保满足以下要求：

- 已经指定了本地 Portal 服务器的监听 IP 地址，因为二层认证仅可使用本地 Portal 服务器。
- 没有在任何接口上启用三层 Portal 认证，因为同一交换机上二层 Portal 认证和三层 Portal 认证是相斥的。并且不建议端口上同时启用端口安全、802.1x 的 Guest VLAN 或 802.1x 的 EAD 快速部署功能。

- 如果要支持授权 VLAN 下发功能，则需要在端口上启用 MAC VLAN 功能。

启用二层 Portal 认证的方法是在对应的二层以太网端口视图下使用 **portal local-server enable** 命令进行的。默认情况下，没有启用二层 Portal 认证，可用 **undo portal** 以太网端口视图命令恢复对应接口的默认配置。

【示例 1】在二层以太网端口 GigabitEthernet1/0/1 上启用二层 Portal 认证。

```
<Sysname> system-view
[Sysname] interface gigabitethernet 1/0/1
[Sysname-GigabitEthernet1/0/1] portal local-server enable
```

2．启用三层 Portal 认证

三层 Portal 认证是在三层端口（包括三层虚拟端口）上启用的。在启用三层 Portal 认证之前，需要确保满足以下要求：

- 启用 Portal 的接口已配置或者获取了合法的 IP 地址。
- 接口上引用的 Portal 服务器名已经存在。
- 没有在任何端口上启用二层 Portal 认证，同样是因为二层 Portal 认证和三层 Portal 认证是相斥的。
- 设备向 Portal 服务器主动发送报文时使用的目的端口号必须与远程 Portal 服务器实际使用的端口号保持一致。
- 为保证设备能够向 MPLS VPN 私网中的 Portal 服务器发送报文，配置 Portal 服务器时需指定服务器所属的 VPN 且必须和该服务器所在的 VPN 保持一致。

启用三层 Portal 认证的方法是在对应的三层以太网端口上使用 **portal server** *server-name* **method** { **direct** | **layer3** | **redhcp** }命令进行的。命令中的参数和选项说明如下：

- *server-name*：指定 Portal 服务器名称，为 1～32 个字符的字符串，区分大小写。
- **method**：指定认证方式。包括以下三种可选认证方式：
  - **direct**：直接认证方式。
  - **layer3**：三层认证方式。
  - **redhcp**：二次地址分配认证方式。在二次地址分配认证方式下，允许用户在没有通过 Portal 认证时以公网地址向外发送报文，但相应的回应报文则受限制。

默认情况下，没有启用三层 Portal 认证，可用 **undo portal** 以太网端口视图命令在对应接口上取消三层 Portal 认证。但已配置的 Portal 服务器及其参数仅在该 Portal 服务器没有被接口引用时才可以被删除或修改。

【示例 2】在接口 Vlan-interface10 上启用三层 Portal 认证。指定 Portal 服务器 portl，并配置为直接认证方式。

```
<Sysname> system-view
[Sysname] interface vlan-interface 10
[Sysname–Vlan-interface10] portal server port1 method direct
```

21.5.6 Portal 用户接入控制配置

在 Portal 认证中，对 Portal 用户的接入控制配置包括以下几个方面：

- 免认证规则配置
- 认证网段配置（仅适用于三层 Portal 认证）
- Portal 最大用户数配置
- Portal 用户认证域的配置
- 允许触发 Portal 认证的 Web 代理服务器端口配置（仅适用于二层 Portal 认证）

- Portal 用户认证端口的自动迁移功能（仅适用于二层 Portal 认证）

下面分别予以介绍。

1. 免认证规则配置

免认证规则（free-rule）就是让特定的用户不需要通过 Portal 认证就可以访问外网特定资源。免认证规则的匹配项可以包括 IP 地址、MAC 地址、所连设备的接口和所属 VLAN，只有符合免认证规则的用户报文才不会触发 Portal 认证，这些报文所属的用户才可以直接访问网络资源。

对于二层 Portal 认证，只能配置从任意源地址（即 **source any**）到任意或指定目的地址的免认证规则，而对于三层 Portal 认证，可以指定源地址。免认证规则的具体配置方法是在系统视图下使用 **portal free-rule** *rule-number* { **destination** { **any** | **ip** { *ip-address* **mask** { *mask-length* | *netmask* } | **any** } } | **source** { **any** | [**interface** *interface-type interface-number* | **ip** { *ip-address* **mask** { *mask-length* | *mask* } | **any** } | **mac** *mac-address* | **vlan** *vlan-id*] * } } *命令进行的。命令中的参数和选项说明如下：

- *rule-number*：指定免认证规则编号，取值范围为 0～255。
- **any**：任一目的地址，或者任一源地址，表示不对前面的参数做限制。如果是二层 Portal 认证，则源 IP 地址必须为 **any**，而且不能指定后面的 **ip** *ip-address*、**interface** *interface-type interface-number*、**mac** *mac-address* 和 **vlan** *vlan-id* 这些源地址参数。
- **ip** *ip-address*：指定免认证用户可以访问的目的或源 IP 地址（只有三层认证才可以指定源 IP 地址）。
- **mask** { *mask-length* | *netmask* }：指定免认证规则的目的或源 IP 地址的子网掩码。其中，*mask-length* 为子网掩码长度，取值范围为 0～32；*netmask* 为子网掩码，点分十进制格式。
- **interface** *interface-type interface-number*：指定免认证规则的源接口。*interface-type interface-number* 为接口类型和接口编号。
- **mac** *mac-address*：指定免认证规则的源 MAC 地址，为 H-H-H 的形式。
- **vlan** *vlan-id*：指定免认证规则中的源 VLAN 编号。

配置了到指定目的地址的免认证规则后，用户不需要通过 Portal 认证即可访问指定目的网段或地址的网络资源，且用户访问这些资源的 HTTP 请求不会被重定向到 Portal 认证页面上。通常，可以将一些提供特定服务器资源（例如软件升级服务器）的 IP 地址指定为免认证用户可以访问的目的 IP 地址，便于二层 Portal 用户在免认证的情况下获取特定的服务资源。

可用 **undo portal free-rule** { *rule-number* | **all** }命令删除免认证规则。

【注意】如果同时指定源 IP 地址与源 MAC 地址，则必须保证 IP 地址为 32 位掩码的主机地址（也就是 *mask-length* 参数必须是 32，或者 *netmask* 参数必须为 255.255.255.255），否则指定的 MAC 地址无效；而如果免认证规则中同时配置了 **vlan** 和 **interface** 项，则要求 **interface** 属于该 VLAN，否则该规则无效。

相同内容的免认证规则不能重复配置，否则提示免认证规则已存在或重复。无论接口上是否启用了 Portal 认证，只能添加或者删除免认证规则，不能修改；加入聚合组的二层接口不能被指定为免认证规则的源接口，反之亦然。

【示例 1】配置 Portal 免认证规则，符合源地址为 10.10.10.1/24 和目的 IP 地址任意的报文不会触发 Portal 认证。

```
<Sysname> system-view
[Sysname] portal free-rule 15 source ip 10.10.10.1 mask 24 destination ip any
```

2. 认证网段配置

认证网段功能可实现只有在认证网段范围内的用户报文才能触发 Portal 强制认证。如果用户在访问外部网络之前没有主动进行 Portal 认证，且用户报文既不满足前面介绍的免认证规则，又不在认证网段内，则用户报文将被接入交换机丢弃。但本特性仅三层 Portal 认证支持，也就是只能在三层端口视图下配置。

配置认证网段的方法是在对应的三层端口视图下使用 **portal auth-network** *network-address* { *mask-length* | *mask* }命令。参数 *network-address* 用来指定认证网段地址，后面的{ *mask-length* | *mask* }两个二选一参数分别用来指定网段的子网掩码长度和子网掩码。直接认证方式的认证网段为所设置的任意源 IP，二次地址分配方式的认证网段为由接口私网 IP 决定的私网网段。

默认情况下，认证网段为 0.0.0.0/0，表示对任意源 IP 都进行认证，可用 **undo portal auth-network** { *network-address* | **all** }命令取消认证网段的配置。

【示例 2】配置认证网段为 10.10.10.0/24。

```
<Sysname> system-view
[Sysname] interface vlan-interface 2
[Sysname–Vlan-interface2] portal auth-network 10.10.10.0 24
```

3．Portal 认证最大接入用户数配置

可以通过在系统视图下使用 **portal max-user** *max-number* 命令控制同时在线的 Portal 用户数。通过该配置可以控制系统中的 Portal 接入用户总数。参数 *max-number* 用来指定允许同时在线的最大 Portal 用户数，取值范围为 1～6000。默认情况下，Portal 最大用户数为 6000，可用 **undo portal max-user** 命令恢复默认情况。当配置的 Portal 最大用户数小于当前已经在线的 Portal 用户数，则该命令可以执行成功，且在线 Portal 用户不受影响，但系统将不允许新的 Portal 用户接入。

【示例 3】配置 Portal 最大用户数为 1000。

```
<Sysname> system-view
[Sysname] portal max-user 1000
```

4．指定 Portal 用户使用的认证域

通过在指定接口上配置 Portal 用户使用的认证域，使得所有从该接口接入的 Portal 用户被强制使用指定的认证域来进行认证、授权和计费。即使连接不同端口的 Portal 用户输入的用户名中携带的域名相同，也可以通过该配置对不同接口指定不同的认证域，从而增加了管理员部署 Portal 接入策略的灵活性。

指定 Portal 用户使用的认证域的方法是在对应的端口（可以是二层端口，也可以是三层端口）视图下使用 **portal domain** *domain-name* 命令。参数 *domain-name* 用来指定要在该端口下强制使用的 ISP 认证域名，为 1～24 个字符的字符串，不区分大小写，且必须是已经存在的域名。默认情况下，没有指定 Portal 用户使用的 ISP 认证域，可用 **undo portal domain** 命令恢复默认情况。有关 H3C 以太网交换机 ISP 域的创建请参见本书第 20 章。

【示例 4】指定从接口 Vlan-interface10 上接入的 Portal 用户使用认证域 lycb。

```
<Sysname> system-view
[Sysname] interface vlan-interface 10
[Sysname–Vlan-interface10] portal domain lycb
```

5．允许触发 Portal 认证的 Web 代理服务器端口配置

默认情况下，只有没有认证用户发起的目的端口号为 80 的 HTTP 请求才会被设备重定向，并触发 Portal 认证，如果用户使用 Web 代理服务器上网，并且代理服务器的端口号不是 80，则用户的这类 HTTP 请求报文将被丢弃，不能触发 Portal 认证。这种情况下，网络管理员可以通过在设备上添加允许触发 Portal 认证的 Web 代理服务器端口号来允许使用 Web 代理服务器的用户浏览器向某些非 80 端口发起的 HTTP 请求也可以触发 Portal 认证。另外，如果用户所在的组网环境中有非 80 端口的 Web 服务器，并且用户访问该服务器之前需要经过 Portal 认证，则也可以将这些端口添加为 Web 代理服务器端口，使得用户访问该 Web 服务器之前也会触发 Portal 认证。这样可以减少一些使用非 80 端口访问互联网的用户遭到 Portal 认证拒绝的情况发生。但要注意，本特性仅二层

Portal 认证支持。

配置允许触发 Portal 认证的 Web 代理服务器端口的方法是在系统视图下使用 **portal web-proxy port** *port-number* 命令。参数 *port-number* 用来指定 Web 代理服务器的 TCP 端口号，取值范围为 1～65535。默认情况下，不存在允许触发 Portal 认证的非 80 的 Web 代理服务器端口，设备只对目的端口为 80 的 HTTP 请求进行重定向，可用 **undo portal web-proxy port** { *port-number* | **all** }命令删除指定或所有的 Web 代理服务器端口。

【注意】通过多次执行本命令，最多可以添加 4 个 Web 代理服务器端口。如果用户浏览器使用的 Web 代理服务器端口是 80，则不需要进行本配置。

如果用户浏览器采用 WPAD（Web Proxy Auto Discovery，Web 代理自动发现）方式自动配置 Web 代理，则不仅需要网络管理员在设备上添加 Web 代理服务器端口，还需要配置免认证规则，允许目的 IP 地址为 WPAD 主机 IP 地址的用户报文免认证。

【示例 5】配置允许触发 Portal 认证的 Web 代理服务器端口为 8080。

```
<Sysname> system-view
[Sysname] portal web-proxy port 8080
```

6. Portal 用户认证端口的自动迁移功能配置

在用户和设备之间存在 Hub、二层交换机或 AP 的组网环境下，如果在线用户在没有下线的情况下从同一设备上的当前认证端口离开并迁移到其他启用了二层 Portal 的认证端口上接入时，由于原端口上仍然存在该用户的认证信息，因此设备默认不允许用户在新端口上认证上线。但在开启 Portal 用户认证端口的自动迁移功能后，设备允许在线用户离开当前端口后在新端口上上线。具体分为以下两种情况：

（1）如果原认证端口状态没有 down，且用户先后接入的两个端口属于同一个 VLAN，则用户不需要重新认证就能够继续以在线状态在新的端口上访问网络，并按照新的端口信息继续计费。

（2）如果原认证端口状态变为 down，或者尽管原认证端口状态没有 down，但是两个认证端口所属的 VLAN 不同，则设备会将用户在原端口上的认证信息删除掉，并要求用户在新端口上重新进行认证。但要注意的是，本特性仅在二层 Portal 认证得到支持。

【注意】在开启了本功能的情况下，如果用户认证端口迁移后原端口状态变为 down，则用户也会下线，所以本功能仅能在用户和设备之间存在 Hub、二层交换机或 AP 的组网环境下生效，因为这时用户是间接连接在交换机的端口上的，而交换机端口上直接连接的是下级的 Hub、二层交换机或无线 AP，只要下级设备不断开，这个端口也就不会 down 掉。

用户迁移到新端口上之后，如果设备发现该用户具有授权属性（例如授权 VLAN），则设备会尝试在新的端口上添加该用户的授权信息，如果授权信息添加失败，设备会删除原端口上的用户信息，要求用户重新进行认证。

配置 Portal 用户认证端口的自动迁移功能的方法是在系统视图下使用 **portal move-mode auto** 命令进行的。默认情况下，Portal 用户认证端口的自动迁移功能处于关闭状态，可用 **undo portal move-mode** 命令恢复默认情况。认证成功的用户从同一设备上的当前认证端口离开并迁移到其他认证端口上接入时，由于原端口上仍然保留该用户的认证信息，从而无法在新端口上认证上线。

【示例 6】开启 Portal 用户认证端口的自动迁移功能。

```
<Sysname> system-view
[Sysname] portal move-mode auto
```

21.5.7 Portal 认证的认证失败 VLAN 配置

可以为 Portal 认证失败后的端口指定一个可以加入的 VLAN，这个 VLAN 就称之为 Auth-Fail

VLAN（认证失败 VLAN），使这些认证失败的用户仅可以访问指定 VLAN 中的资源（如其中包括了用于客户端更新的软件资源）。在进行本配置之前，先创建好对应的 VLAN。但要注意的是，本特性仅在二层 Portal 认证得到支持。

配置认证失败 VLAN 的方法是在对应的二层以太网端口视图下使用 **portal auth-fail vlan** *authfail-vlan-id* 命令。为使该配置生效，必须启用端口上的 MAC VLAN 功能，端口上 Portal 认证失败产生的 MAC VLAN 表项不会覆盖已存在的其他认证方式产生的 MAC VLAN 表项。不同的端口可以配置相同或者不同的认证失败 VLAN，但一个端口最多只能配置一个认证失败 VLAN。默认情况下，端口没有配置 Portal 认证的认证失败 VLAN，可用 **undo portal auth-fail vlan** 命令恢复默认配置。

以下示例是配置 Portal 用户认证失败后加入的认证失败 VLAN 为 VLAN 5。

```
<Sysname> system-view
[Sysname] vlan 5
[Sysname-vlan5] quit
[Sysname] interface gigabitethernet 1/0/1
[Sysname-GigabitEthernet1/0/1] port link-type hybrid
[Sysname-GigabitEthernet1/0/1] mac-vlan enable
[Sysname-GigabitEthernet1/0/1] portal auth-fail vlan 5
```

21.5.8 接口发送 RADIUS 报文的相关属性配置

通过本章前面的介绍，我们已经知道，Portal 认证中也是采用 RADIUS 服务器进行的，所以接入交换机也需要与 RADIUS 服务器进行交互，可以配置交换机的三层端口 NAS-Port-Type（接入设备端口类型）和 NAS-ID Profile（接入设备 ID 配置文件）属性。但要注意的是，本特性仅在三层 Portal 认证得到支持。

1. NAS-Port-Type 属性配置

RADIUS 标准 NAS-Port-Type 属性用于表示用户接入的端口类型。当接口上有 Portal 用户上线时，如果该接口上配置了 NAS-Port-Type，则使用对应三层端口视图下的 **portal nas-port-type** { **ethernet** | **wireless** }命令配置的值作为向 RADIUS 服务器发送的 RADIUS 请求报文的 NAS-Port-Type 属性值，否则使用接入交换机获取到的用户接入的端口类型填充该属性。命令中的两个选项说明如下：

- **ethernet**：二选一选项，指定用户接入的端口类型为以太网类型，对应的编码值为 15。
- **wireless**：二选一选项，指定用户接入的端口类型为符合 IEEE 802.11 标准的 WLAN 无线接口，对应的编码值为 19。该参数通常在接入无线 Portal 用户的接口上指定，可保证接入交换机向 RADIUS 服务器传递的用户端口类型为无线类型。

默认情况下，没有指定用户接入的交换机端口的 NAS-Port-Type，RADIUS 请求报文中的 NAS-Port-Type 属性值为接入交换机获取到的用户接入的端口类型值，可用 **undo portal nas-port-type** 命令恢复默认情况。

【注意】如果作为 Portal 认证接入交换机的 BAS（Broadband Access Server，宽带接入服务器）与 Portal 客户端之间跨越了多个网络设备，则可能无法正确获取到接入用户的实际端口信息。例如对于 Portal 认证接入的无线客户端，BAS 获取到的接入端口类型有可能是设备上认证该用户的有线接口类型。因此，为保证 BAS 能够向 RADIUS 服务器正确传递用户的接入端口信息，需要网络管理员在了解用户的实际接入环境后，通过本命令指定相应的 NAS-Port-Type。

以下示例是配置接口 Vlan-interface 2 的 NAS-Port-Type 为 IEEE 802.11 WLAN 接口类型。

```
<Sysname> system-view
[Sysname] interface vlan-interface 2
[Sysname-Vlan-interface2] portal nas-port-type wireless
```

2．NAS-ID Profile 属性配置

在某些组网环境下依靠 VLAN 来确定用户的接入位置时，网络运营商需要使用 NAS-Identifier 来标识用户的接入位置。当接口上有 Portal 用户上线时，如果该接口上指定了 NAS-ID Profile，则接入交换机会根据指定的 Profile 名字和用户接入的 VLAN 来获取与此 VLAN 绑定的 NAS-ID，此 NAS-ID 的值将作为向 RADIUS 服务器发送的 RADIUS 请求报文中的 NAS-Identifier 属性值。

本特性中指定的 Profile 名字用于标识 VLAN 和 NAS-ID 的绑定关系，该绑定关系由 AAA 中的 **nas-id** *id-value* **bind vlan** *vlan-id* 命令生成。**在接口上没有指定 NAS-ID Profile 或指定的 Profile 中没有找到匹配的绑定关系的情况下，使用设备名作为接口的 NAS-ID。**

配置接口的 NAS-ID Profile 的步骤如表 21-6 所示。

表 21-6 配置接口的 NAS-ID Profile 的步骤

步骤	命令	说明
1	**system-view** 例如：<Sysname> **system-view**	进入系统视图
2	**aaa nas-id profile** *profile-name* 例如：[Sysname] **aaa nas-id profile** aaa	创建 NAS-ID Profile，并进入 NAS-ID-Profile 视图。参数 *profile-name* 用来指定保存 NAS-ID 与 VLAN 绑定关系的 Profile 名称，为 1～16 个字符的字符串，不区分大小写。 可用 **undo aaa nas-id profile** *profile-name* 命令删除一个指定的 NAS-ID Profile
3	**nas-id** *nas-identifier* **bind vlan** *vlan-id* 例如：[Sysname-nas-id-prof-aaa]**nas-id** 222 **bind vlan** 2	设置 NAS-ID 与 VLAN 的绑定关系，即把一个 NAS-ID 指定给一个 VLAN。命令中的参数说明如下： ● *nas-identifier*：NAS-ID 名称，为 1～20 个字符的字符串，区分大小写 ● *vlan-id*：与 NAS-ID 绑定的 VLAN ID，取值范围为 1～4094 ● 默认情况下，没有设置任何绑定关系，可用 **undo nas-id** *nas-identifier* **bind vlan** *vlan-id* 命令删除一个指定的 NAS-ID 和 VLAN 的绑定关系 【注意】一个 NAS-ID Profile 视图下，可以指定多个 NAS-ID 与 VLAN 的绑定关系。一个 NAS-ID 可以与多个 VLAN 绑定，但是一个 VLAN 只能与一个 NAS-ID 绑定。如果多次将一个 VLAN 与不同的 NAS-ID 进行绑定，则最后的绑定关系生效
4	**quit**	退出当前视图
5	**interface** *interface-type interface-number* 例如：[Sysname]**interface** vlan-interface 2	进入接口视图
6	**portal nas-id-profile** *profile-name* 例如：[Sysname-Vlan-interface2]**portal nas-id-profile** aaa	指定接口的 NAS-ID Profile，参数 *profile-name* 用来指定标识指定 VLAN 和 NAS-ID 绑定关系的 Profile 名称。默认情况下，没有指定 NAS-ID Profile，可用 **undo portal nas-id-profile** 命令删除指定的 NAS-ID Profile

【示例 1】创建一个名为 aaa 的 NAS-ID Profile。

```
<Sysname> system-view
[Sysname] aaa nas-id profile aaa
[Sysname-nas-id-prof-aaa]
```

【示例 2】把 NAS-ID 222 指定给 VLAN 2。

```
<Sysname> system-view
[Sysname] aaa nas-id profile aaa
[Sysname-nas-id-prof-aaa] nas-id 222 bind vlan 2
```

【示例 3】在接口 Vlan-interface 2 上指定名为 aaa 的 NAS-ID Profile。

```
<Sysname> system-view
[Sysname] interface vlan-interface 2
[Sysname-Vlan-interface2] portal nas-id-profile aaa
```

21.5.9 接口发送 Portal 报文使用的源地址配置

通过在启用 Portal 的接口上配置发送 Portal 报文使用的源 IP 地址，可以保证接入交换机以此

IP 地址为源地址向 Portal 服务器发送报文，且 Portal 服务器向接入交换机回应的报文以此 IP 地址为目的地址。这与本书第 20 章介绍的发送 RADIUS 报文的源地址的配置用途是一样的，也主要是在像 VRRP 这样的双机备份环境中需要指定，因为这时配置的是 VRRP 路由器组的虚拟 IP 地址，而不是某台成员路由器的物理接口 IP 地址。

发送 Portal 报文使用的源 IP 地址的配置方法很简单，只需在对应的三层接口上使用 **portal nas-ip** *ip-address* 命令进行配置即可。参数 *ip-address* 用来指定接口发送 Portal 报文的源 IP 地址（应该为本机的单播 IPv4 地址），不能为全 0 地址、全 1 地址、D 类地址、E 类地址和环回地址。默认情况下，没有指定源地址，即以接入用户的接口地址作为发送 Portal 报文的源地址，可用 **undo portal nas-ip** 命令恢复默认情况。但要注意的是，本特性仅在三层 Portal 认证得到支持。

以下示例是配置接口 Vlan-interface5 发送 Portal 报文使用的源地址为 10.1.1.2。

```
<Sysname> system-view
[Sysname] interface vlan-interface 5
[Sysname-Vlan-interface5] portal nas-ip 10.1.1.2
```

21.5.10 配置 Portal 支持双机热备

为实现 Portal 支持双机热备，在保证实现业务流量切换的 VRRP 或动态路由机制工作正常的前提下，还需要完成以下配置任务（本特性仅在三层 Portal 认证中支持）：

- 指定备份 Portal 业务所涉及的接口，并在该业务备份接口上启用 Portal。
- 配置业务备份接口所属的 Portal 备份组，两台设备上有备份关系的业务备份接口属于同一个 Portal 备份组。
- 配置双机热备模式下的设备 ID，保证设备上用户的全局唯一性，该设备 ID 必须不同于对端的设备 ID。
- 配置设备发送 RADIUS 报文的备份源 IP 地址，使得对端设备也能够收到服务器发送的报文。备份源 IP 地址必须指定为对端设备发送 RADIUS 报文使用的源 IP 地址（此配置可选）。
- 指定备份 VLAN，并启用双机热备功能，相关配置请参考“可靠性配置指导”的“双机热备配置”。

对端设备上也需要完成以上配置，才能保证双机热备环境下的 Portal 业务备份正常进行。

当双机工作状态由独立运行状态转换为同步运行状态，且 Portal 备份组已生效时，两台设备上已经上线的 Portal 用户数据会开始进行相互的备份。

配置 Portal 支持双机热备的步骤如表 21-7 所示。

表 21-7　配置 Portal 支持双机热备的步骤

步骤	命令	说明
1	**system-view** 例如：<Sysname> **system-view**	进入系统视图
2	**interface** *interface-type interface-number* 例如：[Sysname] **interface** vlan-interface 1	进入接口视图
3	**portal backup-group** *group-id* 例如：[Sysname-Vlan-interface1] **portal backup-group** 1	配置业务备份接口所属的 Portal 备份组，属于同一个 Portal 备份组的业务备份接口互相备份 Portal 用户数据。参数 *group-id* 用来表示接口所属的 Portal 备份组序号，取值范围为 1～256。 默认情况下，业务备份接口不属于任何 Portal 备份组，可用 **undo portal backup-group** 命令恢复默认情况。 相互备份的两台设备上业务备份接口所属的 Portal 备份组必须相同，且接口状态均 up，并都启用了 Portal 认证，这两个业务备份接口之间的用户数据才可以进行同步。 当有接口已经加入某一备份组后，该设备上的其他接口不能再加入该备份组
4	**quit** 例如：[Sysname-Vlan-interface1] **quit**	退回系统视图

续表

<table>
<tr><th>步骤</th><th>命令</th><th colspan="2">说明</th></tr>
<tr><td>5</td><td>nas device-id device-id
例如：[Sysname] nas device-id 10</td><td colspan="2">配置双机热备模式下的设备 ID。参数 device-id 用来指定设备 ID，取值为 1 或 2。双机热备组网环境下的两台设备的设备 ID 分别为 1 和 2。默认情况下，设备运行在单机模式下，无设备 ID，可用 undo nas device-id 命令恢复默认情况。
【注意】改变设备 ID 后，设备上所有在线用户均会被强制下线。
为保证双机模式下两台设备之间的业务备份正常工作，需要保证两台设备的设备 ID 分别为 1 和 2。
由于设备 ID 是设备运行在双机模式下的标志，因此单机运行的环境下，不建议配置此命令</td></tr>
<tr><td rowspan="3">6</td><td>radius nas-backup-ip ip-address [vpn-instance vpn-instance-name]
例如：[Sysname] radius nas-backup-ip 3.3.3.3</td><td>在系统视图下指定设备发送 RADIUS 报文使用的备份源 IP 地址。本命令包括公网备份源地址和私网备份源地址在内，系统最多允许指定 16 个备份源地址。其中，最多只能指定一个公网备份源地址，新配置的公网备份源地址会覆盖原有的公网备份源地址。而且，每一个 VPN 只能指定一个私网备份源地址，新配置会覆盖原有配置</td><td rowspan="3">（二者必选其一）RADIUS 服务器上通过 IP 地址来标识接入交换机，并根据收到的 RADIUS 报文的源 IP 地址是否与服务器所管理的接入交换机的 IP 地址匹配，来决定是否处理来自该接入交换机的认证或计费请求。因此，为保证认证和计费报文可被服务器正常接收并处理，接入交换机上发送 RADIUS 报文使用的源地址必须与 RADIUS 服务器上指定的接入交换机的 IP 地址保持一致。两个命令中的参数说明如下：
● ip-address：指定的备份源 IP 地址，禁止配置全 0 地址、全 1 地址、D 类地址、E 类地址和环回地址。在双机热备运行的环境下，此地址必须指定为对端设备上发送 RADIUS 报文的源 IP 地址
● vpn-instance vpn-instance-name：备份源 IP 地址所属的 VPN 实例名称，为 1～31 个字符的字符串，区分大小写。如果指定该参数，则表示配置的是私网备份源地址；如果不指定该参数，则表示配置的是公网备份源地址
默认情况下，没有指定发送 RADIUS 报文使用的备份源 IP 地址。如果将设备发送 RADIUS 报文使用的源 IP 地址指定为 VRRP 备份组的虚拟 IP 地址，则不需要本配置，分别可用 undo radius nas-backup-ip 或 undo nas-backup-ip 命令恢复默认情况。
【注意】RADIUS 方案视图下的 nas-backup-ip 命令只对本 RADIUS 方案有效，系统视图下的 radius nas-backup-ip 命令对所有 RADIUS 方案有效。RADIUS 方案视图下的设置具有更高的优先级</td></tr>
<tr><td>radius scheme radius-scheme-name
例如：[Sysname] radius scheme aaa</td><td rowspan="2">在 RADIUS 方案视图下指定设备发送 RADIUS 报文使用的备份源 IP 地址。
本命令只能指定一个备份源 IP 地址，新配置的备份源 IP 地址会覆盖原有的备份源 IP 地址</td></tr>
<tr><td>nas-backup-ip ip-address
例如：[Sysname-radius-aaa] nas-backup-ip 3.3.3.3</td></tr>
</table>

【示例 1】在双机热备组网环境中，配置备份源设备的业务备份接口 Vlan-interface1 属于 Portal 备份组 1。

```
<Sysname> system-view
[Sysname] interface vlan-interface 1
[Sysname-Vlan-interface1] portal backup-group 1
```

【示例 2】在双机热备的组网环境中，配置本端设备运行在双机热备模式，设备 ID 为 1。

```
<Sysname> system-view
[Sysname] nas device-id 1
Warning: This command will cut all user connections on this device. Continue? [Y/N]
```

然后，在对端设备上配置设备的设备 ID 为 2。

【示例 3】在双机热备的组网环境中，在 RADIUS 方案视图下设置本端设备发送 RADIUS 报文使用的源 IP 地址为 2.2.2.2，备份源 IP 为 3.3.3.3。

```
<Sysname> system-view
[Sysname] radius scheme aaa
[Sysname-radius-aaa] nas-ip 2.2.2.2
[Sysname-radius-aaa] nas-backup-ip 3.3.3.3
```

然后，在对端设备上设置设备发送 RADIUS 报文使用的源 IP 地址为 3.3.3.3，备份源 IP 为 2.2.2.2。

【示例 4】在双机热备的组网环境中，在系统视图下设置本端设备发送 RADIUS 报文使用的源 IP 地址为 2.2.2.2，备份源 IP 为 3.3.3.3。

```
<Sysname> system-view
[Sysname] radius nas-ip 2.2.2.2
[Sysname] radius nas-backup-ip 3.3.3.3
```

然后，在对端设备上设置设备发送 RADIUS 报文使用的源 IP 地址为 3.3.3.3，备份源 IP 为 2.2.2.2。

【注意】由于配置或改变设备的设备 ID 会导致设备上所有在线用户被强制下线，因此需慎重操作，并建议该配置成功执行后，保存配置并重启设备。工作于双机热备模式下的任何一台设备上的用户被强制下线，都会导致另外一台设备上的相同用户信息同时被删除。设备和 Portal 服务器上均可执行强制用户下线操作，例如，设备上可通过执行 **cut connection**、**portal delete-user** 命令来强制用户下线。

在双机热备运行的情况下，不要删除已配置的备份源 IP 地址，否则可能会导致备份设备上的在线用户无法收到服务器发送的报文。

互为备份的两台设备上的 AAA 及 Portal 的相关配置必须保持一致，比如两台设备上都必须配置相同的 Portal 服务器。

双机热备模式下，设备不支持业务备份接口启用二次地址方式的 Portal 认证。

Portal 支持双机热备的 VRRP 组网环境下，如果 Portal 服务器上配置的接入交换机的 IP 地址为 VRRP 备份组地址，则在启用 Portal 的业务备份接口下，需要配置接口发送 Portal 报文使用的源地址为 VRRP 备份组地址。

21.5.11 指定 Portal 用户认证成功后认证页面的自动跳转目的网站地址

没有认证用户上网时，首先会主动或被强制登录到 Portal 认证页面进行认证，当用户输入正确的认证信息且认证成功后，如果设备上指定了认证页面的自动跳转目的网站地址，则认证成功的用户将在一定的时间间隔（由 **wait-time** 参数配置）之后被强制登录到该指定的目的网站页面。这个强制的目的网站页面配置方法是在系统视图下使用 **portal redirect-url** *url-string* [**wait-time** *period*] 命令进行配置的。命令中的参数说明如下：

- *url-string*：指定 Portal 用户认证成功后，认证页面的自动跳转目的网站地址，为 1～127 个字符的字符串，必须是以 http://或者 https://开头的完整的 URL 路径。
- *period*：可选参数，指定 Portal 用户认证成功后认证页面等待进行跳转的时间间隔，取值范围为 1～90 秒，默认值为 5 秒。

默认情况下，对于本地 Portal 认证，用户认证成功后认证页面不会进行跳转；对于远程 Portal 认证，用户认证成功后认证页面将会跳转到用户初始访问的网站页面，可用 **undo portal redirect-url** 命令恢复默认情况。

【注意】对于三层远程 Portal 认证，该特性需要与支持自动跳转页面功能的 iMC 服务器配合使用。**wait-time** 参数只对本地 Portal 认证有效，对于远程 Portal 认证无效。

如果二层 Portal 认证用户认证成功后要被授权 VLAN，则用户上线后可能需要更新自己的 IP 地址，本命令中指定的网站页面跳转等待时间间隔应该大于用户更新 IP 地址的时间，否则用户可能会因为 IP 地址还没有完成更新而无法打开指定的跳转网站页面。

以下示例是指定 Portal 用户认证成功后，认证页面在 3 秒后自动跳转为 http://www.testpt.cn 网站页面。

```
<Sysname> system-view
[Sysname] portal redirect-url http://www.testpt.cn wait-time 3
```

21.5.12　Portal 探测功能配置

在 H3C 以太网交换机的 Portal 认证存在两种探测功能：一是在二层 Portal 认证中支持的 Portal 用户在线检测功能；二是在三层 Portal 认证中支持 Portal 服务器探测功能。另外，在三层 Portal 认证中还有一种接入交换机与 Portal 服务器之间的用户信息同步检测功能。下面分别予以介绍。

1．二层 Portal 用户在线检测功能配置

当二层以太网端口上有 Portal 用户上线时，接入交换机会启动一个用户在线检测定时器，定期对该端口上的所有在线用户的 MAC 地址表项进行检测，查看定时器超时前该用户是否有报文发送到设备上来确认该用户是否在线，以便及时发现异常离线用户。如果发现某用户 MAC 地址表项已经被老化，或检测间隔内没有收到过该用户的报文，则认为一次检测失败，连续两次检测失败后，设备会强制该用户下线。但要注意的是，本特性仅在二层 Portal 认证中支持。

这项用户在线检测功能是二层 Portal 认证本身具有，但可以配置其探测的时间间隔，具体方法是在对应的三层以太网端口视图中使用 **portal offline-detect interval** *offline-detect-interval* 命令。参数 *offline-detect-interval* 用来指定交换机进行用户在线检测的时间间隔，取值范围为 60～65535 秒。由于设备进行检测时如果发现用户 MAC 地址表项已经老化则会认为检测失败，为了避免这种无效检测，建议配置的检测时间间隔小于等于用户 MAC 地址表项的老化时间。默认情况下，二层 Portal 用户在线检测时间间隔为 300 秒，可用 **undo portal offline-detect interval** 命令恢复为默认情况。

【示例 1】配置交换机检测 GigabitEthernet1/1/1 端口上二层 Portal 用户在线状态的时间间隔为 3000 秒。

```
<Sysname> system-view
[Sysname] interface gigabitethernet 1/1/1
[Sysname-GigabitEthernet1/1/1] portal offline-detect interval 3000
```

2．Portal 服务器探测功能配置

在 Portal 认证的过程中，如果接入交换机与 Portal 服务器的通信中断，则会导致新用户无法上线，已经在线的 Portal 用户无法正常下线的问题。为解决这些问题，需要接入交换机能够及时探测到 Portal 服务器可达状态的变化，并能触发执行相应的操作来应对这种变化带来的影响。例如，当接入交换机发现 Portal 服务器不可达时，可打开网络限制，允许 Portal 用户不需经过认证即可访问网络资源，也就是通常所说的 Portal 逃生功能，该功能为一种灵活的用户接入方案。但要注意的是，本特性仅在三层 Portal 认证得到支持。

交换机可以对指定 Portal 服务器的可达状态进行探测，探测方式可以选择以下一种或同时使用两种：

- 探测 HTTP 连接：接入交换机定期向 Portal 服务器的 HTTP 服务端口发起 TCP 连接，如果连接成功建立则表示此服务器的 HTTP 服务已开启，就认为一次探测成功且服务器可达。如果连接失败则认为一次探测失败。
- 探测 Portal 心跳报文：支持 Portal 逃生心跳功能的 Portal 服务器（目前仅 iMC 支持）会定期向接入交换机发送 Portal 心跳报文，设备通过检测此报文来判断服务器的可达状态，如果设备在指定的周期内收到 Portal 心跳报文或者其他认证报文，且验证其正确，则认为此次探测成功且服务器可达，否则认为此次探测失败。

可以探测的参数包括：

（1）探测间隔：进行探测尝试的时间间隔。

（2）失败探测的最大次数：允许连续探测失败的最大次数。如果连续探测失败数目达到此值，则认为服务器不可达。在可达状态发生改变时可以选择以下一种或同时使用多种触发操作：

- 发送 Trap：Portal 服务器可达或者不可达的状态改变时，向网管服务器发送 Trap 信息。Trap 信息中记录了 Portal 服务器名以及该服务器的当前状态。
- 发送日志：Portal 服务器可达或者不可达的状态改变时，发送日志信息。日志信息中记录了 Portal 服务器名以及该服务器状态改变前后的状态。
- 打开网络限制（Portal 逃生）：Portal 服务器不可达时，暂时取消端口进行的 Portal 认证，允许该端口接入的所有 Portal 用户访问网络资源。之后，如果设备收到 Portal 服务器的心跳报文，或者收到其他认证报文（上线报文、下线报文等），则恢复该端口的 Portal 认证功能。

【注意】可同时配置多种探测方式和可触发执行的操作，但如果同时指定了两种探测方式，则只要使用任何一种探测方式进行探测的失败次数达到最大值就认为服务器不可达。在服务器不可达状态下，只有使用两种探测方式的探测都成功才能认为服务器恢复为可达状态。

如果同时指定了多种触发操作，则 Portal 服务器可达状态改变时系统可并发执行多种操作。

对指定 Portal 服务器配置的探测功能，只有接口上启用了 Portal 认证并引用该 Portal 服务器之后才能生效。

在设备上删除 Portal 服务器时将会同时删除该服务器的探测功能配置，对同一服务器多次执行探测功能的配置时，新的配置将覆盖原有的配置，可选参数没有配置时，使用默认值。

整个以上 Portal 服务器探测功能的配置可在系统视图下使用 **portal server** *server-name* **server-detect method** { **http** | **portal-heartbeat** } * **action** { **log** | **permit-all** | **trap** } * [**interval** *interval*] [**retry** *retries*]命令进行。命令中的参数和选项说明如下：

- *server-name*：指定要探测的 Portal 服务器名称，为 1～32 个字符的字符串，区分大小写。该 Portal 服务器必须已经存在。
- **server-detect method** { **http** | **portal-heartbeat** }：指定 Portal 服务器探测方式。包括以下两种，且可同时选择。
  - **http**：可多选选项，表示采用探测 HTTP 连接方式。接入设备定期向 Portal 服务器的 HTTP 服务端口发起 TCP 连接，如果连接成功建立则表示此服务器的 HTTP 服务已开启，就认为一次探测成功且服务器可达。如果连接失败则认为一次探测失败。当 Portal 服务器不支持逃生心跳功能的时候只能使用此探测方式。
  - **portal-heartbeat**：可多选选项，表示采用探测 Portal 心跳报文方式。设备检测 Portal 服务器定期发送的 Portal 心跳报文来判断服务器的可达状态，如果设备在指定的周期内收到 Portal 心跳报文，且验证其正确，则认为此次探测成功且服务器可达，否则认为此次探测失败。该方式仅对支持 Portal 心跳检测机制（目前仅 iMC 的 Portal 服务器支持）的 Portal 服务器有效。为了配合此类型的探测，还需要在 Portal 服务器上选择支持逃生心跳功能，且服务器上配置的逃生心跳间隔要小于等于设备上配置的探测间隔。
- **action** { **log** | **permit-all** | **trap** }：指定在 Portal 服务器可达状态发生变化时，可触发执行的操作。包括以下三种，且同时可选择多种。
  - **log**：可多选选项，表示在 Portal 服务器可达或者不可达的状态发生改变时，发送日志信息。日志信息中记录了 Portal 服务器名以及该服务器状态改变前后的状态。
  - **permit-all**：可多选选项，也称为 Portal 逃生，表示在 Portal 服务器不可达时，暂时取消端口进行的 Portal 认证，允许所有 Portal 用户访问网络资源。之后，如果端口收到服务器的探测报文，或者收到其他认证报文（上线报文、下线报文等），则恢复其 Portal 认证功能。
  - **trap**：可多选选项，表示在 Portal 服务器可达或者不可达的状态发生改变时，向网管服务器发送 Trap 信息。Trap 信息中记录了 Portal 服务器名以及该服务器的当前状态。

- **interval** *interval*：可选参数，指定进行探测尝试的时间间隔，取值范围为 20～600，单位为秒，默认值为 20。
- **retry** *retries*：可选参数，指定连续探测失败的最大次数，取值范围为 1～5，默认值为 3。如果连续探测失败数目达到此值，则认为服务器不可达。

默认情况下，没有配置对 Portal 服务器的探测功能，可用 **undo portal server** *server-name* **server-detect** 命令取消对指定的 Portal 服务器的探测功能配置。

【示例 2】配置对 Portal 服务器 pts 的探测功能。探测方式为同时探测 HTTP 连接和 Portal 心跳报文，每次探测间隔时间为 600 秒，如果连续二次探测均失败，则发送服务器不可达的 Trap 信息和日志信息，并打开网络限制，允许没有认证用户访问网络。

```
<Sysname> system-view
[Sysname] portal server pts server-detect method http portal-heartbeat action log permit-all trap interval 600 retry 2
```

【说明】只有支持 Portal 逃生心跳功能（目前仅 iMC 的 Portal 服务器支持）的 Portal 服务器，命令中的 **portal-heartbeat** 类型的探测方法才有效。为了配合此类型的探测，还需要在 Portal 服务器上选择支持逃生心跳功能，并建议此处的 **interval** 与 **retry** 参数值的乘积大于等于 Portal 服务器上的逃生心跳间隔时长，其中 interval 取值最好大于 Portal 服务器的逃生间隔时长。

3．Portal 用户信息同步功能配置

为了解决接入交换机与 Portal 服务器通信中断后，两者的 Portal 用户信息不一致问题，设备提供了一种 Portal 用户信息同步功能。该功能利用了 Portal 同步报文的发送及检测机制，由 Portal 服务器周期性地（周期为 Portal 服务器上指定的用户心跳间隔值）将在线用户信息通过用户同步报文发送给接入交换机；接入交换机检测到该用户同步报文后，将其中携带的用户信息与自己的用户信息进行对比，如果发现同步报文中有设备上不存在的用户信息，则将这些自己没有的用户信息反馈给 Portal 服务器，Portal 服务器将删除这些用户信息；如果发现接入交换机上的某用户信息在连续 N（N 为 **retry** 参数的取值）个周期内，都没有在该 Portal 服务器发送过来的用户同步报文中出现过，则认为 Portal 服务器上已不存在该用户，设备将强制该用户下线。但要注意的是，本特性仅在三层 Portal 认证得到支持。

Portal 用户同步功能的配置方法是在系统视图下使用 **portal server** *server-name* **user-sync** [**interval** *interval*] [**retry** *retries*]命令。命令中的参数和选项说明如下：

- *server-name*：指定要进行用户信息同步的 Portal 服务器名称，为 1～32 个字符的字符串，区分大小写。该 Portal 服务器必须已经存在。
- **user-sync**：开启 Portal 用户同步功能。
- **interval** *interval*：可选参数，指定检测用户同步报文的时间间隔，取值范围为 60～3600 秒，默认值为 300。
- **retry** *retries*：可选参数，指定连续检测失败的最大次数，取值范围为 1～5，默认值为 4。如果接入设备上的某用户信息在连续 *retries* 个周期内，都没有在该服务器发送的用户同步报文中出现过，则认为 Portal 服务器上已不存在该用户，设备将强制该用户下线。

默认情况下，没有配置 Portal 用户同步功能，可用 **undo portal server** *server-name* **user-sync** 命令取消指定的 Portal 用户同步功能配置。

【说明】只有在支持 Portal 用户心跳功能（目前仅 iMC 的 Portal 服务器支持）的 Portal 服务器的配合下本功能才有效。为了实现该功能，还需要在 Portal 服务器上选择支持用户心跳功能，并建议此处的 **interval** 与 **retry** 参数值的乘积应该大于等于 Portal 服务器上的用户心跳间隔时长，其中 interval 取值最好大于 Portal 服务器的用户心跳间隔时长。

对于设备上多余的用户信息，即在 N 个周期后被判定为 Portal 服务器上已不存在的用户信息，设备会在第 N + 1 个周期内的某时刻将其删除掉。

【示例 3】配置对 Portal 服务器 pts 的 Portal 用户同步功能，检测用户同步报文的时间间隔为 600 秒，如果设备中的某用户信息在连续两个探测周期内都没有在该 Portal 服务器发送的同步报文中出现，设备将强制该用户下线。

```
<Sysname> system-view
[Sysname] portal server pts user-sync interval 600 retry 2
```

21.5.13 强制 Portal 用户下线

通过配置强制用户下线可以终止对指定 IP 地址用户的认证过程，或者将已经通过认证的指定 IP 地址的用户删除。强制用户下线的方法是在系统视图下执行 **portal delete-user** { *ip-address* | **all** | **interface** *interface-type interface-number* }命令。命令中的参数和选项说明如下：

- *ip-address*：多选一参数，指定要强制下线的用户的 IP 地址。
- **all**：多选一选项，指定强制所有用户下线。
- **interface** *interface-type interface-number*：多选一参数，指定把指定接口上的所有用户强制下线。

以下示例是强制 IP 地址为 1.1.1.1 的用户下线。

```
<Sysname> system-view
[Sysname] portal delete-user 1.1.1.1
```

21.5.14 Portal 认证管理

可在任意视图下执行表 21-8 所示的一系列 **display** 命令显示配置后 Portal 的运行情况，验证配置的效果，也可在用户视图下执行表中的一系列 **reset** 命令清除 Portal 统计信息。因为命令较多，由于篇幅限制，在此不作具体介绍。

表 21-8 Portal 认证管理命令

命令	说明
display portal acl { **all** | **dynamic** | **static** } **interface** *interface-type interface-number* [| { **begin** | **exclude** | **include** } *regular-expression*]	显示接口上 Portal 的 ACL 信息
display portal connection statistics { **all** | **interface** *interface-type interface-number* } [| { **begin** | **exclude** | **include** } *regular-expression*]	显示接口上 Portal 的连接统计信息
display portal free-rule [*rule-number*] [| { **begin** | **exclude** | **include** } *regular-expression*]	显示 Portal 的免认证规则信息
display portal interface *interface-type interface-number* [| { **begin** | **exclude** | **include** } *regular-expression*]	显示指定接口的 Portal 配置信息
display portal local-server [| { **begin** | **exclude** | **include** } *regular-expression*]	显示本地 Portal 服务器信息
display portal server [*server-name*] [| { **begin** | **exclude** | **include** } *regular-expression*]	显示 Portal 服务器信息
display portal server statistics { **all** | **interface** *interface-type interface-number* } [| { **begin** | **exclude** | **include** } *regular-expression*]	显示接口上 Portal 服务器的统计信息
display portal tcp-cheat statistics [| { **begin** | **exclude** | **include** } *regular-expression*]	显示 TCP 仿冒统计信息
display portal user { **all** | **interface** *interface-type interface-number* } [| { **begin** | **exclude** | **include** } *regular-expression*]	显示 Portal 用户的信息
reset portal connection statistics {**all** | **interface** *interface-type interface-number* }	清除接口上 Portal 的连接统计信息
reset portal server statistics { **all** | **interface** *interface-type interface-number* }	清除接口上 Portal 服务器的统计信息
reset portal tcp-cheat statistics	清除 TCP 仿冒统计信息

21.5.15 二层 Portal 认证配置示例

本示例拓扑如图 21-9 所示。用户主机与接入交换机直接相连，接入交换机对连接在

GigabitEthernet1/0/1 端口上的用户进行二层 Portal 认证。二层 Portal 认证的具体要求如下：

- 使用远程 RADIUS 服务器进行认证、授权和计费。
- 使用远程 DHCP 服务器为用户分配 IP 地址。
- 本地 Portal 认证服务器的监听 IP 地址为 4.4.4.4，设备向 Portal 用户推出自定义的认证页面，并使用 HTTP 传输认证数据。
- 认证成功的用户可被授权加入 VLAN 3。
- 认证失败的用户将被加入 VLAN 2，允许访问其中的 Update 服务器资源。
- 主机通过 DHCP 动态获取 IP 地址，认证前使用 192.168.1.0/24 网段的 IP 地址，认证成功后使用 3.3.3.0/24 网段的 IP 地址，认证失败后使用 2.2.2.0/24 网段的 IP 地址。

配置之前需做好以下准备工作：

- 保证启动 Portal 之前各主机、服务器和设备之间的路由可达。
- 完成 RADIUS 服务器的配置，保证用户的认证/授权/计费功能正常运行。本例中，RADIUS 服务器上需要配置一个 Portal 用户（账户名为 userpt），并配置授权 VLAN。
- 完成 DHCP 服务器的配置，主要包括：指定为 Portal 客户端分配的 IP 地址范围（192.168.1.0/24、3.3.3.0/24、2.2.2.0/24）；指定客户端的默认网关地址（192.168.1.1、3.3.3.1、2.2.2.1），并将 Update server 地址（2.2.2.2）排除在可分配的 IP 地址范围外；确定分配给客户端的 IP 地址的租约期限（建议尽量取较小的值，以缩短认证状态变化后 IP 地址更新的时间）；保证 DHCP 服务器上具有到达客户端主机的路由。
- 由于 DHCP 服务器与 DHCP 客户端不在同一个网段，因此需要在客户端所在的网段设置 DHCP 中继。具体将在下面介绍。

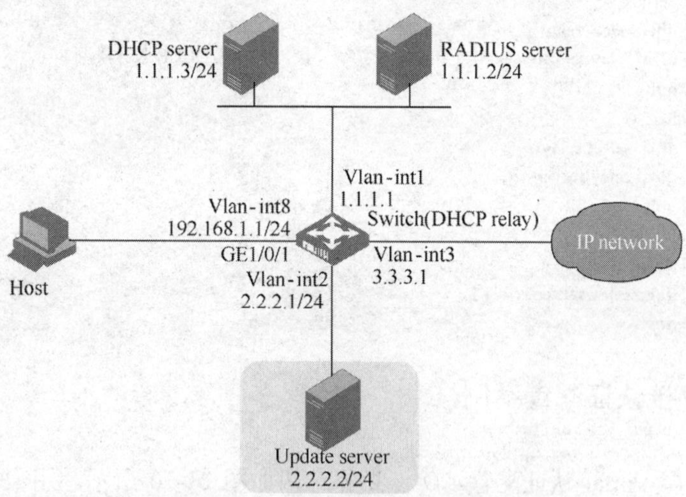

图 21-9　二层 Portal 认证配置示例

本示例中需要配置的主要任务如下：

- 配置采用本地 Portal 服务器的二层 Portal 认证
- 配置进行 Portal 认证所需的 RADIUS 方案
- 配置 Portal 用户 ISP 域 AAA 方案
- 配置 DHCP 服务器中继

下面是具体的配置步骤。

（1）配置 Portal 认证。

```
[Switch] interface loopback 12
[Switch-LoopBack12] ip address 4.4.4.4 32   !---配置 Loopback 接口 12 的 IP 地址为 4.4.4.4
[Switch-LoopBack12] quit
```

```
[Switch] portal local-server ip 4.4.4.4    !---指定二层 Portal 认证的本地 Portal 服务器监听 IP 地址为 4.4.4.4
[Switch] interface gigabitethernet 1/0/1
[Switch-GigabitEthernet1/0/1] port link-type hybrid
[Switch-GigabitEthernet1/0/1] mac-vlan enable    !---在端口 GigabitEthernet1/0/1 上启用 MAC VLAN
[Switch-GigabitEthernet1/0/1] portal local-server enable    !---在端口 GigabitEthernet1/0/1 上启用 Portal 认证
[Switch-GigabitEthernet1/0/1] portal auth-fail vlan 2    !---配置认证失败的 VLAN 为 VLAN 2
[Switch-GigabitEthernet1/0/1] quit
```

（2）配置 RADIUS 方案。

```
[Switch] radius scheme rs1    !---创建名为 rs1 的 RADIUS 方案
[Switch-radius-rs1]server-type extended    !---配置 RADIUS 方案的服务器类型。使用 iMC 服务器时，RADIUS 服务器类型应选择extended
[Switch-radius-rs1] primary authentication 1.1.1.2
[Switch-radius-rs1] primary accounting 1.1.1.2
[Switch-radius-rs1] key accounting radius
[Switch-radius-rs1] key authentication radius
[Switch-radius-rs1] quit
```

（3）配置 Portal 用户 ISP 认证域 AAA 方案。

```
[Switch] domain triple
[Switch-isp-triple] authentication portal radius-scheme rs1
[Switch-isp-triple] authorization portal radius-scheme rs1
[Switch-isp-triple] accounting portal radius-scheme rs1
[Switch-isp-triple] quit
[Switch] domain default enable triple    !---配置系统默认的 ISP 域 triple，所有接入用户共用此默认域的认证和计费方法。如果用户登录时输入的用户名没有携带 ISP 域名，则使用默认域下的认证方法
```

（4）配置 DHCP 中继。

```
[Switch] dhcp enable
[Switch] dhcp relay server-group 1 ip 1.1.1.3    !---配置 DHCP 服务器的地址
[Switch] interface vlan-interface 8
[Switch-Vlan-interface8] dhcp select relay    !---配置 VLAN 接口 8 工作在 DHCP 中继模式
[Switch-Vlan-interface8] dhcp relay server-select 1    !---配置 VLAN 接口 8 对应 DHCP 服务器组 1
[Switch-Vlan-interface8] quit
[Switch] interface vlan-interface 2
[Switch-Vlan-interface2] dhcp select relay
[Switch-Vlan-interface2] dhcp relay server-select 1
[Switch-Vlan-interface2] quit
[Switch] interface vlan-interface 3
[Switch-Vlan-interface3] dhcp select relay
[Switch-Vlan-interface3] dhcp relay server-select 1
[Switch-Vlan-interface3] quit
```

21.5.16 Portal 直接认证配置举例

本示例是一个三层 Portal 认证配置示例，拓扑结构如图 21-10 所示。用户主机与接入交换机直接相连，采用直接方式的 Portal 认证（采用 iMC Portal 服务器，采用 RADIUS 服务器作为认证/计费服务器）。用户通过手工配置或 DHCP 获取的一个公网 IP 地址进行认证，在通过 Portal 认证前，只能访问 Portal 服务器；在通过 Portal 认证后，可以使用此 IP 地址访问非受限互联网资源。

1. 配置 Portal 服务器

下面以 iMC 为例（使用 iMC 版本为：iMC PLAT 3.20-R2602、iMC UAM 3.60-E6102），说明 Portal server 的基本配置。

（1）配置 Portal 服务器。登录进入 iMC 管理平台，选择“业务”标签页，单击导航栏中的“Portal 服务器管理/服务器配置”菜单项，进入“Portal 服务器配置”页面，如图 21-11 所示。在“Portal 主页”文本框中输入 Portal 认证主页地址，形式为 http://*ip*:*port*/portal，其中 *ip* 和 *port* 在安装 iMC UAM 的时候确定，port 一般使用默认值 8080 即可。

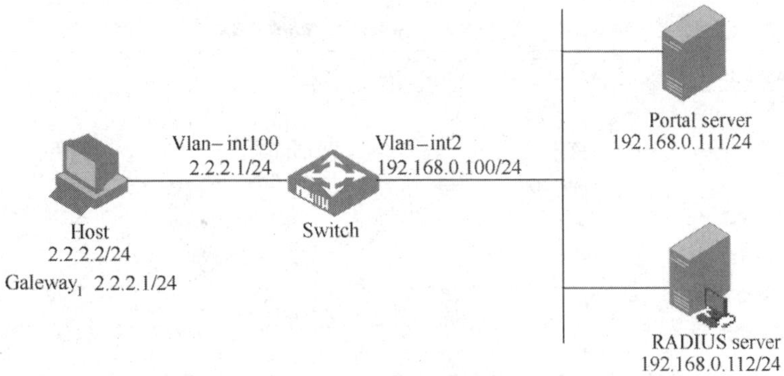

图 21-10　Portal 直接认证配置示例

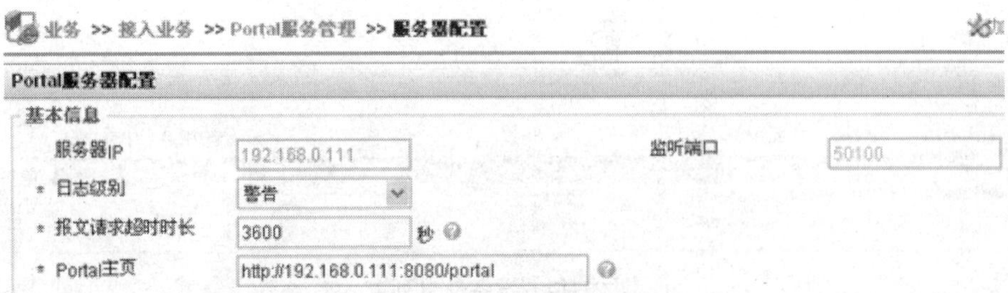

图 21-11　Portal 服务器配置页面

（2）配置 IP 地址组。单击导航栏中的“Portal 服务器管理/IP 地址组配置”菜单项，进入 Portal IP 地址组配置页面，然后单击“增加”按钮，进入“增加 IP 地址组”配置页面，如图 21-12 所示。在其中填写 IP 地址组名、起始地址和终止地址。用户主机 IP 地址必须包含在这个 IP 地址组范围内。

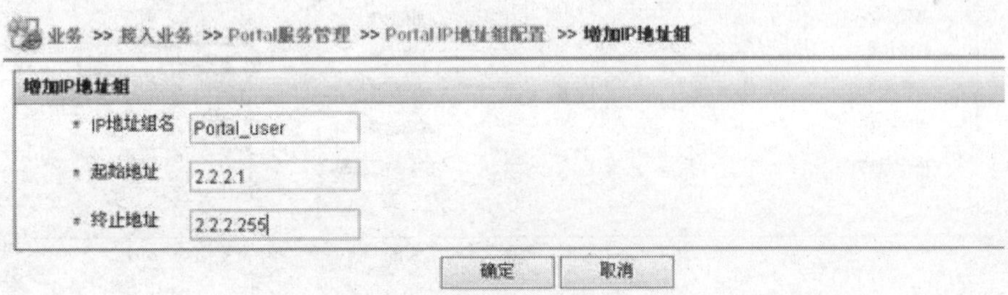

图 21-12　增加 IP 地址组配置页面

（3）增加 Portal 设备。单击导航栏中的“Portal 服务器管理/设备配置”菜单项，进入“Portal 设备配置”页面，然后单击“增加”按钮，进入“增加设备信息”配置页面，如图 21-13 所示。在其中填写设备名；输入 IP 地址为与接入用户相连的设备接口 IP；输入密钥，要与接入交换机上的配置保持一致；选择是否进行二次地址分配，本例中为直接认证，因此为否。

（4）配置 Portal 设备关联 IP 地址组。在“Portal 设备配置”页面的设备信息列表中，单击 Switch 设备的<端口组信息管理>链接（如图 21-14 所示），进入“端口组信息配置”页面，然后单击“增加”按钮，进入“增加端口组信息”配置页面，如图 21-15 所示。填写端口组名；选择 IP 地址组，用户接入网络时使用的 IP 地址必须属于所选的 IP 地址组。其他参数采用默认值即可。

（5）最后单击导航树中的“业务参数配置/系统配置手工生效”菜单项，使以上 Portal 服务器配置生效。

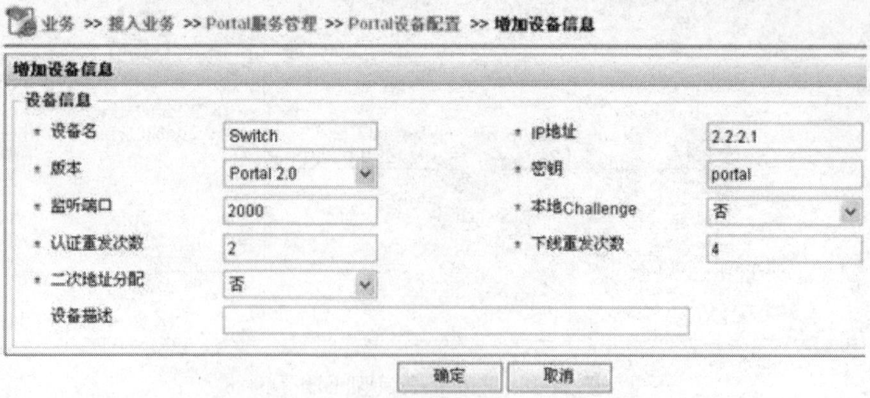

图 21-13　增加设备信息配置页面

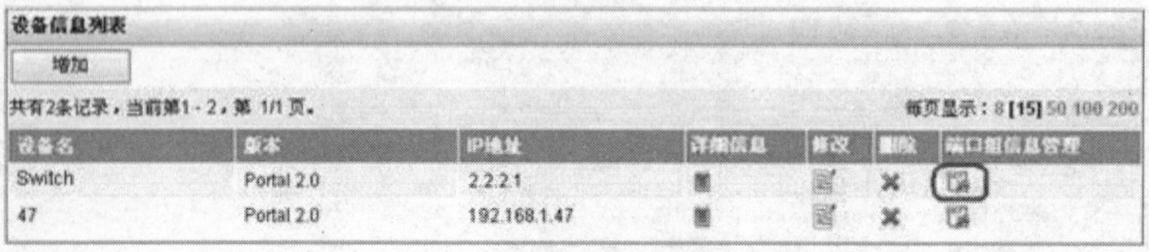

图 21-14　设备信息列表

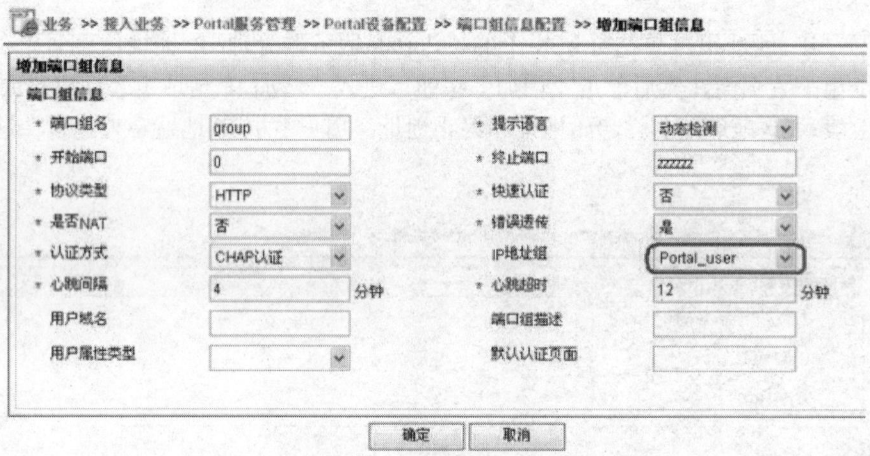

图 21-15　增加端口组信息配置页面

2．配置 RADIUS 方案

```
<Switch> system-view
[Switch] radius scheme rs1
[Switch-radius-rs1] server-type extended
[Switch-radius-rs1] primary authentication 192.168.0.112
[Switch-radius-rs1] primary accounting 192.168.0.112
[Switch-radius-rs1] key authentication radius
[Switch-radius-rs1] key accounting radius
[Switch-radius-rs1] user-name-format without-domain
[Switch-radius-rs1] quit
```

3．配置 Portal 用户 ISP 域 AAA 方案

```
[Switch] domain dm1
[Switch-isp-dm1] authentication portal radius-scheme rs1
[Switch-isp-dm1] authorization portal radius-scheme rs1
[Switch-isp-dm1] accounting portal radius-scheme rs1
```

```
[Switch-isp-dm1] quit
[Switch] domain default enable dm1
```

4．配置 Portal 认证

```
[Switch] portal server newpt ip 192.168.0.111 key portal port 50100 url http://192.168.0.111:8080/portal   !---配置 Portal 服务器名称为 newpt，IP 地址为 192.168.0.111，密钥为 portal，端口为 50100，URL 为 http://192.168.0.111:8080/portal
[Switch] interface vlan-interface 100
[Switch-Vlan-interface100] portal server newpt method direct   !---在与用户 Host 相连的接口上启用直接 Portal 认证
[Switch] quit
```